BASE
DU SYSTÈME MÉTRIQUE DÉCIMAL,

OU

MESURE DE L'ARC DU MÉRIDIEN

COMPRIS ENTRE LES PARALLÈLES

DE DUNKERQUE ET BARCELONE,

EXÉCUTÉE EN 1792 ET ANNÉES SUIVANTES,

PAR MM. MÉCHAIN ET DELAMBRE.

Rédigée par M. Delambre, secrétaire perpétuel de l'Institut pour les sciences mathématiques, professeur d'astronomie au collége de France, membre du bureau des longitudes, de l'académie Napoléon, des sociétés royales de Londres, d'Upsal et de Copenhague, des académies de Berlin et de Suède, de la société Italienne et de celle de Gottingue, et membre de la Légion d'honneur.

TOME SECOND.

PARIS.

BAUDOUIN, IMPRIMEUR DE L'INSTITUT DE FRANCE.

JUILLET 1807.

AVERTISSEMENT.

Ce second volume contient le reste de nos observations de tout genre avec une partie des calculs.

La mesure des deux bases, qu'on y trouvera d'abord, auroit dû terminer le premier volume qui par ce moyen eût renfermé toute la partie géodésique. Je l'ai séparée des triangles pour que les deux volumes fussent plus égaux; mais quand je pris ce parti, je n'avois pas tous les manuscrits de M. Méchain; je ne connoissois ni toutes ses observations d'azimut, ni les observations bien plus nombreuses qu'il a faites de la latitude de l'Observatoire impérial après le rapport des commissaires et l'adoption du mètre définitif; enfin je ne pouvois prévoir tout ce que les observations de Barcelone me forceroient d'ajouter à ma rédaction primitive. Ce sont ces additions importantes qui, contre mon intention, m'ont forcé de donner au tome second une centaine de pages de plus qu'au premier.

Nous avons pu dans la partie géodésique nous borner au résultat définitif de chaque série. Quand l'angle est constant, que les objets observés sont immobiles, la réduction de chacun des angles partiels est la même que celle de l'angle moyen qui résulte de toutes les observations. Donner tous les détails n'auroit eu que le médiocre avantage de montrer la progression qui règne entre les différens multiples d'un même angle ; or il suffit de dire que cette marche est toujours régulière, même dans les séries qui diffèrent le plus ; la preuve en sera dans nos registres qui resteront en dépôt à l'Observatoire impérial. Ce qui, pour le dire en passant, prouve que les différences entre les séries d'un même angle mesuré à des jours ou à des heures différentes, ne doivent pas être imputées à l'observateur, mais aux circonstances extérieures qui avoient changé.

Dans les observations d'azimut et de latitude, l'astre change à chaque instant de position ; chaque observation exige une réduction différente ; il falloit donc publier ces observations dans le plus grand détail et joindre à chacune la réduction qui lui est propre, ou ne donner que les quantités réduites et qu'on auroit été comme forcé d'adopter de confiance. Nous aurions épargné deux ou trois cents pages, mais personne n'auroit pu vérifier nos calculs, ni juger en connoissance de cause.

Non seulement nous étions convenus, M. Méchain et moi, de publier toutes nos observations fidèlement copiées sur les originaux avec les réductions calculées ; j'ai cru devoir y joindre encore des tables construites sur des formules que je démontre, et par le moyen desquelles on pourra vérifier sans peine et dans l'instant les réductions au méridien et les corrections de la réfraction moyenne, d'après l'état du baromètre et du thermomètre.

M. Méchain pendant son séjour en Espagne se donnoit la peine de calculer directement pour chaque jour la position apparente de l'étoile, et pour chaque observation particulière la réduction au méridien et la réfraction. Il a depuis adopté l'usage de ces tables que je construisois d'avance, et qui diminuent singulièrement la fatigue et l'ennui des calculs, sans rien ôter à la précision, qu'elles augmentent plutôt en rendant les erreurs presque impossibles. Les calculs qu'il a faits ainsi des deux manières prouvent la bonté de la méthode abrégée, ou plutôt ces tables ont prouvé la grande exactitude que M. Méchain savoit mettre dans tous ses calculs ainsi que dans toutes ses observations.

Cette sûreté, cette précision qui le distinguoient, et qui étoient universellement reconnues, auroient dû le rassurer sur une singularité qui l'a prodigieusement inquiété, et que présentent ses observations de latitudes faites en 1792 à Montjouy et l'année suivante à Barcelone.

Ces diverses observations sont les unes comme les autres faites avec un soin extrême et les attentions les plus recherchées. Les séries marchent avec la plus grande régularité ; l'accord n'est pas moins grand entre les différentes étoiles. Elles attestent l'observateur le plus habile et le plus scrupuleux. Toutes conduisent à la même conclusion, et cette conclusion est assez étrange.

La différence entre les deux latitudes est de 3''24 plus grande qu'elle ne devroit être d'après la distance des deux observatoires, distance qui est parfaitement connue, et qui n'est que de 950 toises.

Au lieu d'attribuer, comme il auroit pu, cette anomalie aux inégalités de la terre, il vouloit en trouver la cause dans les erreurs de ses observations. Il désira les recommencer toutes, et ne l'ayant pu il vouloit supprimer les observations de Barcelone qui ne lui avoient pas été demandées, et qu'il n'avoit faites que pour mettre à profit son séjour en Espagne après le refus des passeports qu'il avoit sollicités pour rentrer en France. La commission, d'après le compte succinct qu'il lui rendit de ces dernières observations, crut devoir s'en tenir aux observations de Montjouy, qui lui étoient présentées comme plus directes et préférables en ce qu'elles avoient été faites à quelques pieds seulement de l'extrémité sud des triangles, au lieu que les autres exigeoient une réduction d'une minute à fort peu près.

Mais en examinant avec le plus grand scrupule ces observations de Barcelone, je ne les ai trouvées ni moins bonnes, ni moins nombreuses, ni moins certaines que celles de Montjouy. Elles me paroissent constater un fait déjà soupçonné, qui n'a rien que de très-vraisemblable et qui maintenant me semble avéré ; c'est-à-dire, l'influence très-sensible des irrégularités locales de la terre.

Dépositaire des manuscrits de M. Méchain depuis l'instant où ils sont revenus d'Espagne, j'ai cru qu'il étoit de mon devoir de publier tout sans la moindre réserve pour constater un fait aussi intéressant. On peut sans beaucoup d'inconvéniens laisser aux astronomes la critique et le choix de leurs observations, quand il s'agit d'un point ordinaire ou d'un élément qui peut se vérifier journellement dans tous les observatoires, comme l'obliquité de l'écliptique ou les réfractions. Mais quand il s'agit d'observations qu'on n'a pas l'occasion de répéter à volonté et d'opérations telles que celles qui ont pour objet de déterminer la grandeur et la figure de la terre, alors l'astronome qui est chargé d'une mission publique, doit au gouvernement qui l'a employé, et à tous les savans qui liront son ouvrage, le compte le plus scrupuleux de tout ce qu'il a observé. Il peut avoir son avis et en exposer les raisons, mais il doit par une publication entière mettre ses lecteurs à portée de tirer de son travail toutes les conséquences auxquelles ce travail peut conduire.

Le résultat très-inattendu de ces observations de Barcelone comparées à celles de Montjouy démontre la nécessité de la règle à laquelle je m'étois soumis dès le *premier instant*, de *conserver précieusement tous les* originaux et de reporter chaque jour dans un registre toutes les observations, avant d'entreprendre aucun calcul, afin de prévenir tout soupçon en me mettant moi-même dans l'impossibilité de rien changer ou de rien soustraire. Si M. Méchain n'a pas jugé que cette précaution fût indispensable, si les registres qu'il nous a laissés n'ont été formés que long-temps après, et s'ils ne sont pas revêtus à chaque page de la signature de ses coopérateurs depuis le premier jour jusqu'au dernier, nous avons au moins presque tous les originaux de ses observations et des preuves irrécusables qui démontrent l'authenticité de tout ce que nous possédons; mais il est probable que nous n'avons pas toutes ses observations de latitude et d'azimut, et il nous manque les originaux de quelques angles terrestres, et notamment ceux des stations où il n'a pas été lui-même.

En avant ou à la suite de chaque espèce d'observations j'expose les formules qui servent à les réduire ou à déterminer le degré de précision qu'on en peut attendre.

Ces formules étoient déjà pour la plupart dans mon mémoire sur la détermination de l'arc du méridien, ouvrage rédigé à la hâte, et qui n'avoit été destiné d'abord qu'aux membres de la commission chargés d'examiner tout le travail. Toutes ces formules ont été depuis adoptées dans divers Traités de Géodésie. Elles sont ici augmentées, simplifiées, moins incomplètes quand elles ne sont qu'approximatives et démontrées le plus souvent d'une manière nouvelle.

Tous mes calculs ont été faits par la trigonométrie sphérique : dans toutes les mesures de degrés qui ont précédé la nôtre on n'avoit employé que la trigonométrie rectiligne, et l'on avoit négligé la courbure des arcs terrestres. Dans ces derniers tems on a trouvé des moyens fort ingénieux pour corriger cette erreur et ramener à la trigonométrie rectiligne les formules des triangles sphériques, lorsque les côtés de ces triangles sont fort petits. Mais il m'a semblé que les véritables formules sphériques étoient encore préférables, et qu'on en pouvoit faciliter l'usage au moyen de trois équations bien simples, qui même n'en sont qu'une, qui peut se renfermer dans une table subsidiaire d'un usage très-facile, et qui alors remplace avec avantage toutes les règles différentes qu'on a données jusqu'ici. Voici ces formules :

$$Log.\ cos.\ A = -3\ log.\left(\frac{A}{sin.\ A}\right) = +3\ log.\left(\frac{sin.\ A}{A}\right)$$

$$Log.\ sin.\ A = log.\ A + \tfrac{1}{3}\ log.\ cos.\ A = log.\ A - \tfrac{2}{3}\ log.\left(\frac{A}{sin.\ A}\right)$$

$$Log.\ tang.\ A = log.\ A - \tfrac{2}{3}\ log.\ cos.\ A = log.\ A + \tfrac{2}{3}\ log.\left(\frac{A}{sin.\ A}\right)$$

Tant que l'arc *A* ne passera pas quatre ou cinq degrés, ces formules auront toute l'exactitude requise, car en supposant 6° l'erreur seroit à peine de $\frac{1}{3}$ de toise ou deux pieds.

Dans ce cas, *log.* $\left(\frac{A}{sin.\ A}\right)$ est une quantité qui varie fort lentement. Pour la trouver avec une grande précision, il suffit de connoître l'arc à quelques secondes près, ce qui est toujours facile. Ainsi un arc étant donné en toises on sait toujours à fort peu près ce qu'il vaut en secondes; mais pour éviter au calculateur cette petite recherche j'ai fait une table de la correction $\frac{1}{3}$ *log.* $\left(\frac{A}{sin.\ A}\right)$; l'arc étant donné en toises, on trouve à vue dans la table ce qu'il faut retrancher de son logarithme pour avoir le logarithme de son sinus, en doublant la correction on a ce qu'il faut ajouter au logarithme de l'arc toujours en toises pour avoir le logarithme de la tangente exprimée pareillement en toises. Enfin en triplant la correction et prenant le complément arithmétique on a le logarithme du cosinus, le rayon étant supposé *l'unité*.

Au moyen de cette table il n'y a aucune formule de trigonométrie sphérique qui ne puisse facilement s'appliquer aux problèmes géodésiques.

Les mêmes formules s'appliquent également à nombre de problèmes astronomiques dans lesquels on a de petits triangles sphériques à calculer, comme dans les calculs des éclipses et dans celui des parallaxes de toute espèce. Alors même on n'a plus besoin de table subsidiaire, les arcs étant exprimés en degrés minutes et secondes, les tables donnent tout naturellement *log. cos.A*, et tout se réduit aux formules suivantes dont l'erreur en supposant $A = 6^{o}$ n'est guère que o''o55.

$$Log.\ sin.\ A = log.\ A \text{ en secondes} + log.\ sin.\ 1'' + \tfrac{1}{3}\ log.\ cos.\ A$$
$$Log.\ tang.\ A = log.\ A \text{ en secondes} + log.\ sin.\ 1'' - \tfrac{2}{3}\ log.\ cos.\ A.$$

Avec ma table subsidiaire j'ai pu calculer tous les triangles comme sphériques et sans altérer aucun angle, et même je n'ai eu besoin de ma table que deux fois, l'une pour la base de Melun, et l'autre pour celle de Perpignan. A la vérité je n'avois ainsi que les sinus des côtés en toises au lieu des côtés mêmes ; mais ces sinus me suffisoient pour les calculs subséquens, comme on le verra dans le troisième volume, et d'ailleurs ma table me donnoit les moyens de changer les sinus en arcs par la simple addition d'un nombre pris à vue. Elle me donnoit aussi le moyen de changer les sinus en cordes, les cordes en arcs ou les arcs en cordes, suivant la méthode dont je voudrois faire choix pour calculer l'arc du méridien compris entre les parallèles de Dunkerque et de Barcelone.

J'ai trouvé partout le plus grand accord entre les calculs faits par cette nouvelle méthode et ceux que j'avois exécutés plus anciennement par les méthodes connues.

Pour former le tableau complet des triangles qui termine ce volume, j'avois besoin de la hauteur des signaux au-dessus du niveau de la mer. Chacune de ces hauteurs a été déterminée par les distances réciproques des deux signaux au zénith, et toujours par deux stations différentes dont les hauteurs étoient connues par les calculs précédens.

L'effet incertain et variable des réfractions terrestres n'a pas empêché que la hauteur de Rodès au-dessus des moyennes eaux de la mer à Dunkerque ne se soit trouvée précisément égale à la hauteur de ce même clocher au-dessus de la Méditerranée. Ainsi nos triangles fournissent entre Dunkerque et Barcelone environ deux cents points dont les hauteurs paroissent certaines à une ou deux toises près, et l'on pourroit par des opérations semblables en déduire avec une précision presque égale celles de tous les points de la France de proche en proche.

Ces mêmes hauteurs prises deux à deux fournissent les moyens de déterminer la constante de la réfraction terrestre, et cette constante est à peu près 0.079 ; elle peut se réduire à presque rien par des temps chauds et pluvieux; dans les temps froids elle peut aller à 0.09 et même 0.10. Dans l'hiver par les temps de brouillard elle peut monter à 0.15, 0.16 et 0.17; mais ces cas extrêmes sont bien rares; je ne les ai guères trouvés qu'à Bonnières en été et à Boiscommun en hiver, et le résultat moyen et le plus sûr est 0.079.

Le tableau complet donne encore les distances vraies

des sommets des signaux ou les côtés des triangles inclinés à l'horizon.

Toutes ces distances et ces hauteurs sont exprimées en toises, ce qui étoit nécessaire, puisque le mètre n'est pas encore déterminé, et que les règles qui ont servi à mesurer les deux bases étoient de doubles toises dont les divisions étoient des fractions décimales de la toise simple. Cependant par anticipation j'ai donné les distances réduites au niveau de la mer en mètres d'après le rapport fixé par la commission des poids et mesures.

Le troisième et dernier volume qui est sous presse, contiendra la détermination de l'arc mesuré, celle de l'aplatissement par la comparaison de notre arc avec celui du Pérou mesuré par Bouguer et La Condamine; la fixation du mètre; les longitudes, les latitudes, les azimuts, les distances à la méridienne et à la perpendiculaire de Dunkerque pour tous les points observés, et enfin la comparaison de notre méridienne avec celle qui a été vérifiée en 1739 par MM. Cassini et La Caille. J'y donnerai ensuite tous les mémoires de M. de Borda sur la dilatation des règles de platine et de cuivre, et sur la longueur du pendule à Paris, les différens rapports faits à la commission sur toutes les parties du travail, et le volume finira par les expériences de M. Lefèvre-Gineau pour la détermination du kilogramme.

Tous les originaux et registres d'observations ont été déposés à l'Observatoire pour y être conservés avec le plus grand soin. Sur ma demande le bureau des longitudes a nommé des commissaires pour recevoir ce dépôt et prendre connoissance des notes que j'ai cru devoir ajouter aux manuscrits de M. Méchain, dans la vue d'exposer ses méthodes de calcul sur lesquelles il n'a pas laissé le moindre renseignement, ou de fixer d'une manière durable ce qu'il n'a marqué souvent qu'au crayon qui pourroit cesser d'être lisible avec le temps. Ces commissaires sont MM. Bouvard, Burckhardt et Biot. Dans la séance du 12 août ils ont fait leur rapport, et leur conclusion est que *j'ai pleinement satisfait à l'engagement annoncé de déposer tous les originaux, mon registre-journal, et les copies diverses des observations ou calculs de M. Méchain.* Il me reste quatre volumes de registres où mes observations et mes calculs sont rangés dans l'ordre le plus naturel. Je les déposerai de même ainsi que ma correspondance originale avec M. Méchain, dont on verra quelques fragmens aux articles de Dunkerque et de Barcelone.

J'ai hasardé, page 531, quelques conjectures qui pourront recevoir quelques modifications quand nous aurons pu nous procurer des renseignemens plus précis sur la position respective des observatoires de Barcelone et Montjouy.

ERRATA.

Pages.	Lignes.	
30	1re	$2\ r.\ cos^2.\ \frac{1}{2} A$: lisez $2\ r.\ sin^2.\ \frac{1}{2} A$.
42	18	en *I* : lisez en *L*.
51	24	$2^t1093387$: *lisez* $2^t1092387$.
53	18	Soient *CA* et *CB* : ajoutez *fig.* 16 *bis*.
57	23	et 24 pour le terme : *lisez* par le terme.
58	15	journée du 8 : *lisez* du 7.
Id.	29	$\frac{6}{10}$ de millimètre $= 0^l266$: *lisez* six dimillièmes de toise $= 0^l52$.
66	10	distances au soleil : *lisez* du soleil.
84	—	*Nota*. Le signe $\pm \odot$ indique qu'il faut ajouter le diamètre du soleil à la distance mesurée ou l'en retrancher.
96	—	vers le bas, 59° 5′ 90″0 : *lisez* 89° 5′ 30″0
117	—	*planche VII*, *fig.* 19 : lisez *planche IX*, *fig.* 1.
131	—	du sud à l'ouest (+ 0·397 *dP*) *lisez* — 0·397 *dP*.
133	—	31 18 56·4 : *lisez* 21 18 56·4.
144	2	4″9 *sin. P cos. P* : lisez — 4″9 *sin. P cos. P*.
Id.	14	quand *cos. a* : lisez *a*.
162	—	vers le bas : ajoutez *pl. VIII*, *fig.* 3 et *pl. VII*, *fig.* 1.
165	—	centre du tambour, *fig.* 9 : lisez *fig.* 10.
172	—	pour $-\frac{1}{14}$. On : *lisez* Pour $-\frac{1}{14}$ on:
210	14	*C. sin.* (*D* — *L*) 9·21875 : *lisez* 0·21875.
233	11	dans l'expression de *dr* au lieu des trois — : *mettez* trois +
257	—	colonne *f* 0·059 : *lisez* 0·159.
340	—	3h 51′ 27″ : *lisez* 2h 51′ 27″
372	—	18 janvier 2h 31′ 1″ : *lisez* 2 35 1
449	—	12h 16′ 25″ : *lisez* 29″
489	—	*Planche IX* : lisez *Planche XI*.
493	—	*Planche IX* : lisez *Planche XI*.
494	1	deux toises : *lisez* deux mires.
506	—	1280·8037 : *lisez* 1280·8087.
551	8	7h 56′ 30″ L'original porte 40″ au lieu de 30″ ; l'angle horaire devient 7′ 19″7 : la réduction diminue de 14″6 et la latitude devient plus foible de 1″83
583	—	3 février 17h 40′44″. L'original porte 54″ ce qui diminue la latitude de 0″1

Pages.	Lignes.	
638	—	Mouvement observé — 17″74 : *lisz* — 14″74.
641	—	Tour St-Vincent : *lisez* école centrale, et portez deux lignes plus bas les mots Tour St-Vincent.
660	9	l'aberration : *lisez* la parallaxe.
664	15	$\left(\frac{m-n}{sin^2.}\right)^2$; *lisez* $\left(\frac{m-n}{m+n}\right)^2$
666	13	CA : lisez $log.\ CA$
Id.	22	$2a - \frac{1}{2}a$: *lisez* $2a(1 - \frac{1}{2}a)$
Id.	24	*lisez* $-(\frac{1}{2}a + \frac{1}{4}a^2 - \frac{1}{8}a^3) \cos. 2L$
Id.	25	*lisez* $\frac{3}{8}(a^2 + a^3)$
667	20	*lisez* $\frac{1}{2} sin^4. I. sin^4. L$
670	29	*fig.* 21 : lisez *fig.* 20.
672	dern.	*lisez* $M'(1 - \frac{1}{2}e^2 sin. L')$
676	—	Form. 40 les parenthèses comme à la formule (41)
677	2	rétablissez le dénominateur $(L' - L)$
678	19	$L'L$: lisez $L' + L$
679	18	$\frac{3}{8}e^4. \frac{111}{512}e^6$: *lisez* $\frac{3}{8}e^4. + \frac{111}{512}e^6$.
680	4	L' : lisez L
Id.	—	$a^4. e^6. = 8a^3$: lisez $a^4.; e^6 = 8a^3$.
691	4	*lisez* à l'aide d'une table de la différence entre la corde.
695	3	du log. de cet arc. Ces mots doivent commencer la ligne suivante.
696	29	$\frac{1}{3}$: *lisez* $\frac{2}{3}$.
698	10	*lisez* 2 *log. A*
708	13	il a été fait : *lisez* ils ont été faits.
714	4	*planche X* : lisez *XI.*
755	29	Morogues 127·48 : *lisez* 227·48.
757	1	Herment 494·05 : *lisez* 434·05.
764	—	La Roguière : *lisez* La Rogière.
799	—	Table II : *lisez* Table III.
Id.	—	à 25000ᵗ 0·0619 : *lisez* 0·0610.
811	—	17310·3013 : *lisez* 17311·3013.
813	—	25939·5940 : *lisez* 25933·5940.
817	—	10222 : *lisez* 10122 deux fois.
824	—	7456·6 : *lisez* 7455·6.
776	—	20346·5675 : *lisez* 20346·9675.
Id.	—	17765·2057 : *lisez* 17755·5057.

TABLE DES ARTICLES

CONTENUS

DANS LES DEUX PREMIERS VOLUMES

DE LA MÉRIDIENNE.

TOME PREMIER.

DISCOURS PRÉLIMINAIRE.

Mesure de la méridienne.

TOME SECOND.

Observations de Dunkerque.

Paris, rue de Paradis.

Observatoire impérial.

Évaux.

Carcassonne.

Perpignan.

Calcul des triangles.

FIN DE LA TABLE DES DEUX PREMIERS VOLUMES.

MESURE
DE LA MÉRIDIENNE.

OBSERVATIONS GÉODÉSIQUES.

MESURE DES BASES.

DANS le volume précédent nous avons donné les angles de position entre tous les signaux, et les distances de ces mêmes signaux au zénith les uns des autres. Nous avons réuni dans un tableau général tous les triangles nécessaires au calcul de la méridienne, quelques triangles de vérification, et même plusieurs triangles secondaires qui serviront à donner les positions géographiques de plusieurs points intéressans. Le discours préliminaire contient les méthodes de calcul et les formules de toutes les réductions dont ces angles avoient besoin. Pour tous ces calculs nous trouvions dans l'opération de 1740 des bases d'une exactitude plus que suffisante; mais, pour avoir la longueur véritable de tous nos côtés, et celle de la méridienne, il falloit de nouvelles bases déterminées avec plus de soin et par des moyens susceptibles d'une plus grande précision. J'en ai mesuré deux, l'une auprès de Melun, l'autre auprès de Perpignan. On verra ci-après, dans un mémoire de Borda, la construction des règles de platine qui ont servi à ces mesures, et les expériences auxquelles ces règles ont été soumises; mais nous devons placer ici tout ce qui est nécessaire à l'intelligence des opérations.

Description des instrumens qui ont servi à la mesure des bases.

Les règles sont au nombre de quatre, et marquées chacune de leur numéro, qui sert à les distinguer. En outre, les pièces de bois sur lesquelles elles portoient étoient peintes de couleurs différentes, qui dispensoient de regarder le numéro.

Elles sont de platine, ont deux toises de longueur, environ six lignes de largeur et près d'une ligne d'épaisseur.

Chacune de ces règles de platine est recouverte d'une autre règle qui est de cuivre, et plus courte de six pouces à peu près.

La règle de cuivre est fixée par un bout, au moyen de trois vis, à la règle de platine; mais par l'autre bout, et dans toute sa longueur, elle est libre, et peut, en vertu de sa dilatation relative, s'avancer plus ou moins le long de la règle de platine. Un vernier placé vers l'extrémité libre de la règle de cuivre, indique avec une grande précision l'alongement relatif du cuivre, d'où l'on peut conclure l'alongement absolu du platine. On verra dans le mémoire déja cité qu'une variation d'une partie du vernier indique 0ᵗ00000.9245 de dilatation dans la règle de platine.

L'extrémité, qui n'est point recouverte par la règle de cuivre, est garnie d'une languette ou petite règle de platine glissant à léger frottement entre deux coulisses. Cette languette est divisée en dix-millièmes de toise; un vernier tracé sur l'une des coulisses donne les cent-millièmes.

La languette, en glissant entre les coulisses, forme à la règle un prolongement dont la quantité exacte est indiquée par le vernier.

Ce vernier, comme celui du thermomètre métallique, est garni d'un microscope, pour plus d'exactitude et de facilité dans l'observation; en sorte que dans la lecture, outre les cent-millièmes que le vernier donne sans équivoque, on peut encore estimer les moitiés, les tiers ou les quarts des cent-millièmes de toises, et mes registres portent par-tout les millioniêmes, sur lesquels il ne faut pourtant compter qu'à deux ou trois près.

Avec aussi peu d'épaisseur, nos règles de platine sont trop flexibles pour être employées seules et sans garniture. Chacune de ces règles étoit portée sur une pièce de bois bien dressée, sur laquelle elle étoit contenue entre de petites montures qui l'empêchoient de s'écarter de la ligne droite, sans gêner en rien la dilatation.

Un toit recouvroit les pièces de bois, afin de garantir les règles des rayons du soleil, qui auroient produit dans la règle de cuivre une dilatation rapide, tandis que le platine, abrité par le cuivre, se seroit échauffé beaucoup plus lentement; en sorte que la marche du vernier eût indiqué pendant quelques instans une dilatation absolue, et non plus l'alongement relatif. Mais sous ce toit on avoit laissé quelques pouces de jour, afin que l'observateur eût continuellement la vue des règles, et qu'il pût s'apercevoir du moindre dérangement qu'elles pourroient éprouver. Il en résultoit cet inconvénient, que le matin et le soir, quand le soleil avoit peu de hauteur, les rayons trop obliques n'étoient plus arrêtés par le toit, et, pour en préserver les règles, je faisois alors tendre, du côté du soleil seulement, une bande de toile qui s'attachoit au toit et réfléchissoit les rayons ou les arrêtoit.

Chaque pièce de bois portoit sur deux trépieds de fer qui se caloient au moyen de trois vis.

Le jeu de ces vis n'étoit que de quelques pouces, pour plus de solidité. Ces trépieds portoient à leur tour sur des soles de bois dont la surface inférieure étoit armée de trois pointes de fer qui, enfonçant en terre, les empêchoient de glisser et maintenoient tout l'appareil dans une position invariable, à moins que le vent ne fût excessif; mais dans ce cas on interrompoit la mesure.

Les trépieds étoient placés sous la règle, à deux pieds et demi des extrémités.

Pour aligner les règles, on avoit implanté dans le

toit, vers les deux extrémités, des pointes verticales de fer dont l'axe, prolongé dans sa partie inférieure, auroit coupé en deux également la largeur de la règle. Ainsi, quand les deux pointes étoient dans l'alignement de la base, on étoit sûr que sa règle de platine y étoit également.

Tout ceci s'entendra mieux encore à l'inspection des planches *I* et *II*.

La *fig.* 1, *pl. I*, représente une des quatre règles placée sur ses supports exactement comme elle étoit sur le terrain au temps de la mesure de la base.

On voit d'abord les deux soles *SS*, *SS*, armées chacune de trois pointes qui, entrant dans la terre, empêchoient tout l'appareil de charrier.

Sur les soles on aperçoit les triangles de fer *TT*, *TT*, avec les trois vis qui leur servoient de pied, et qu'on employoit pour les caler. La tête de la troisième vis est cachée par la règle de bois.

Sur cette pièce est étendue la règle de platine, recouverte de la règle de cuivre. On distingue de distance en distance les montures destinées à maintenir ces règles bien droites latéralement, et des brides dont l'office est d'empêcher la règle de cuivre de se séparer de la règle de platine, et de prévenir le dérangement des règles pendant leur transport.

Vers l'extrémité antérieure on voit les microscopes *m*, *m*, du thermomètre et de la languette.

La règle est recouverte d'un toit *ttt* élevé d'un décimètre environ au-dessus de la pièce de bois.

Vers les deux bouts de ce toit sont les pointes *pp* qui servoient à l'alignement.

Enfin, vers le tiers de la longueur, on voit, à droite et à gauche du milieu, deux supports qui traversent le toit et sont terminés par une tête de vis qui y fixe une garniture destinée à les protéger dans les transports, et qui s'ôtoit pour la mesure.

Ces supports servoient à placer le niveau pour la mesure de l'inclinaison. La surface supérieure des deux supports étoit dans un plan bien parallèle à celui de la règle.

La *fig.* 2 représente la surface supérieure de la règle de bois.

Les brides *bbbb* contenoient la règle dans le sens vertical, sans la serrer pourtant, et sans nuire à la dilatation.

En *P*, *P*, *P*, *P*, sont quatre doubles équerres traversées de deux vis horizontales destinées à ajuster la règle et la maintenir bien droite dans le sens latéral.

Enfin, en *S* et *S* sont les supports du niveau. La vis qui tient la garniture destinée à les défendre en est retranchée, et l'on voit l'écrou destiné à la recevoir.

La *fig.* 3 représente la règle de platine et de cuivre dans le sens de son épaisseur. Vers la partie antérieure on distingue le petit bouton *b* qui sert à pousser la languette. A peu de distance du bouton on voit l'extrémité de la règle de cuivre qui, comme nous l'avons déja dit, est de six pouces environ plus courte que celle de platine.

A l'autre extrémité on reconnoît au changement d'épaisseur l'endroit où commence la règle de cuivre.

La *fig.* 4 montre la surface supérieure de la règle.

A l'un des bouts *b* on voit les trois vis qui attachent la règle de cuivre à celle de platine.

Vers l'autre extrémité *b'* l'on voit dans la règle de cuivre un vide de figure rectangulaire qui encadre, avec des interstices aux deux bouts, une petite règle de cuivre fixée sur le platine : c'est le thermomètre métallique.

Plus loin est le bouton *b''* de la languette, laquelle glisse entre deux coulisses *cc*.

La *fig.* 5 représente la partie d'avant de la règle ; la *fig.* 6 la partie de l'arrière. A l'une et à l'autre on voit dans la monture une ouverture à travers laquelle passe l'extrémité de la règle de platine. Du côté de l'avant, cette extrémité peut s'alonger au moyen de la languette, qu'on pousse doucement en appuyant contre le bouton jusqu'à ce qu'elle vienne heurter l'arrière de la règle suivante.

La *fig.* 7 est la moitié antérieure du toit ; l'autre moitié est toute semblable, à l'exception de l'échancrure *chr*, qui n'est là que pour laisser passer les microscopes.

En *P* est une des pointes, en *S* l'un des supports du niveau.

Les *fig.* 8 et 9 sont deux différentes vues de la sole de bois.

La *fig.* 10 est le trépied ou *T* de fer, à côté duquel on voit une de ses vis dont la partie supérieure, *fig.* 11, est un carré qui entre dans une tête ronde de bois, à l'aide de laquelle on tourne la vis, quand il faut caler la règle. On voit en *mm* la tête de bois dans laquelle entre le carré *c* de la vis ; mais pour fixer cette tête à la vis, il y a une autre petite vis qu'on voit en *a* et *b*, et qui entre dans le carré de la grande.

La *fig.* 12 est le trépied vu de profil.

La *pl. II* contient les développemens de plusieurs des parties dont la *pl. I* fait voir l'ensemble.

La *fig.* 13 nous montre le vernier 0....10 qui, par l'alongement relatif du cuivre, glisse le long de la division 0, 10, 20, 30, etc., tracée sur une petite règle de cuivre fixée invariablement sur le platine.

Plus loin on voit la languette avec ses divisions 0....300, et le petit vernier 0...10 tracé sur l'une des coulisses qui sert à sous-diviser les parties marquées sur la languette.

Dans la figure la languette est entièrement rentrée, et son zéro coïncide avec celui du vernier. Quand on pousse la languette en dehors, le vernier indique la partie saillante ; il est propre par conséquent à mesurer le vide resté entre deux règles consécutives.

La *fig.* 14 montre en *rr* l'épaisseur de la règle, et en *cc* celle des coulisses et de la languette *L*. Ces épaisseurs sont égales entre elles.

La *fig.* 15 représente les pointes d'alignement ; *h* est la coupe horizontale d'une de ces pointes, qui sont toutes des cônes tronqués. Les vis *v v* servent à fixer sur le toit *tt* la base courbe *bb* de la pointe.

La *fig.* 16 est la vis qui fixe la garniture destinée à garantir les supports de niveau.

La *fig.* 17 montre en détail les différentes parties qui composent les microscopes. La *fig.* 18 montre le porte-loupe ou le pied du microscope de la languette. Ce pied est échancré en *abcd*, afin d'embrasser la règle au long de laquelle il est quelquefois utile de le faire glisser. Le microscope du thermomètre demeurant toujours fixe au même point, son pied est attaché par les vis *vv*, *fig.* 19.

La *pl. III* montre le niveau tel qu'il est dans la mesure de l'inclinaison des règles, *fig.* 20.

On remarque d'abord l'équerre *ABD* en bois ;

La règle fixe *fix* arrêtée sur l'équerre par différentes vis, *fig.* 21 ;

La rainure *rain* ménagée pour conduire la règle mobile au point qui doit marquer l'inclinaison ;

Un arc de cercle de 10°, divisé en cent vingt parties, qui valent par conséquent 5′ chacune. Cette règle est en cuivre, aussi bien que l'alidade ou règle mobile.

L'alidade, mobile autour du centre *C*, *fig.* 20, glisse dans la rainure pour arriver au point où l'on veut l'avoir, et s'y fixe au moyen de la vis de pression *a*. Il seroit bien long de l'amener ainsi au point bien juste ; mais quand on y est à peu près, on serre la vis de pression, et l'on achève, avec autant de facilité que d'exactitude, au moyen du levier *lv*.

Au-dessus de ce levier on voit le niveau qui tient à l'alilade ou règle mobile au moyen de deux vis qu'on peut serrer et desserrer à volonté, pour rendre l'axe du niveau perpendiculaire ou oblique à celui de l'alidade.

L'axe du niveau étant bien perpendiculaire à celui de l'alidade, si l'on place les deux pieds *A*, *D* de l'équerre sur un plan bien horizontal, et que l'on amène l'alidade au milieu de l'arc, sur le point 60, la bulle du niveau se trouvera juste entre ses deux repères.

Dans cet état, supposons qu'il faille mesurer l'inclinaison d'un plan, transportez-y l'équerre. S'il y a inclinaison, la bulle se dérangera. Mettez l'alidade en liberté, et reconduisez-la au point où il faut pour que la bulle soit entre ses repères; quand vous y serez parvenu à peu près, serrez la vis de pression, et achevez au moyen du levier : alors lisez ce que donne le vernier, et la différence à 60^p sera l'inclinaison. Supposons que vous ayez trouvé $75^p\ 4'$, ôtez-en 60, il restera $15^p\ 4'$ $= 15 \times 5' + 4' = 79' = 1^\circ\ 19'$; c'est l'inclinaison.

Si vous avez trouvé $45^p\ 4'$, l'inclinaison sera $(60-45) \times 5' - 4' = 15 \times 5' - 4' = 75' - 4' = 71' = 1^\circ\ 11'$.

Dans le premier cas le plan s'abaisse de $1^\circ\ 19'$ dans le sens où vont les divisions.

Dans le second, il s'élève de $1^\circ\ 11'$ dans le même sens. Généralement les parties du limbe valant chacune cinq minutes, et celle du vernier chacune une minute, on multipliera par cinq les parties du limbe; au produit on ajoutera celles du vernier, de la somme on retranchera 300', le reste sera l'abaissement du plan.

Si la somme est moindre que 300', le reste sera négatif, et montrera l'élévation du plan toujours dans le sens des divisions, ou de gauche à droite.

Il n'est pas très-aisé d'amener l'axe du niveau à une situation bien perpendiculaire à l'axe de l'alidade, ou de faire que le point du niveau soit juste à 60 parties; mais il y a un moyen bien simple de connoître de combien il s'en faut.

Quand vous avez fait l'observation de la manière qui vient d'être indiquée, retournez l'instrument bout pour bout, c'est-à-dire mettez le pied A où étoit le pied D, et réciproquement, l'inclinaison agira en sens contraire. Notez la seconde observation, la différence des deux arcs sera la double inclinaison, et la demi-somme sera le point du niveau.

Ainsi à Melun, à la mesure de l'inclinaison pour la première règle, on avoit lu . . . . $53^p\ 2'$
A la seconde . . . . $66^p\ 2'$

La différence ou la double inclinaison étoit . . . . $+\ 13^p\ 0'$
Ou . . . . $65'\ 0''$
Donc l'inclinaison étoit . . . . $+\ 32'\ 30''$

Et la règle alloit en montant, ce qui a lieu toutes les fois que l'arc est plus petit dans l'observation directe qu'après le retournement. En général, l'élévation de la partie de l'avant au-dessus du niveau de la partie de l'arrière, est égale à la moitié de l'excès du second arc sur le premier $= \frac{1}{2}(A'' - A')$.

A la neuvième règle le premier arc étoit . . $60^p\ 3'$
Le second arc . . . . $59^p\ 1'$

La double inclinaison étoit . . . . $-\ 1^p\ 2'$
L'inclinaison . . . . $-\ (\frac{1}{2}^p + 1') = -\ 3'\ 30''$

La règle alloit en descendant.

La somme des deux arcs . . . . $119^p\ 4'$
Le point du niveau . . . . $59^p\ \frac{1}{2} + 2' = 59^p\ 4'\ \frac{1}{2}$

Un peu plus loin, le premier arc . . . . . 77^p 2'
Le second . . . . 42^p 3'

La différence . . . . 34^p 4'
L'inclinaison . . . . — 17^p 2' = — 87' = — 1° 27'

La règle alloit en descendant.

La somme . . . . 119^p 5' = 120' = 2° 0'
Le point de niveau . . . . = 60' = 1° 0'

Nous trouvons donc pour le point de niveau, par le premier exemple, ... 59^p 4' 30"
Pour le second . . . . 59^p 4' 30"
Pour le troisième . . . . 59^p 5' 0"

L'instrument étoit donc très-passablement rectifié. Il ne donne pas les fractions de minutes, et elles sont inutiles pour notre objet. En effet, le cosinus d'un petit angle est sensiblement le même, soit qu'on augmente ou diminue l'angle de quelques minutes.

L'instrument ainsi rectifié ne peut mesurer que des inclinaisons de 3°. Il est arrivé quelques circonstances fort rares, c'est-à-dire une fois à Melun et une à Perpignan, où l'inclinaison alloit à 3° $\frac{1}{2}$ environ.

Dans ce cas je déserrois l'une des vis qui attachent le niveau à l'alidade : le niveau cessoit d'être perpendiculaire à l'alidade, le point de niveau n'étoit plus à 59^p 4' $\frac{5}{8}$. Voici le procédé que je suivois, et qui servira d'exemple pour les cas pareils.

Après avoir déserré la vis, l'observation directe étoit impossible ; mais le retournement a donné 85^p 4'. Il s'agit d'en conclure l'inclinaison de la règle. Cette inclinaison sera $85^p + 4' - N$, N étant le point encore inconnu du niveau.

La règle suivante, beaucoup moins inclinée, pouvoit se mesurer dans les deux sens.

Dans le premier sens elle donna	73p 0'
Et dans le second	15p 3'
La somme est	88p 3'
La demi-somme ou N = ...	44p 1'5
	85p 4'
L'inclinaison, 85p 4' — N = ...	41p 2'5

La règle, très-inclinée, alloit donc en montant de 41p 2' ½ = 207' ½ = 3° 27' ½. La règle suivante avoit pour inclinaison

$$-\frac{73^p - 15^p\ 3'}{2} = -\frac{57^p\ 2'}{2} = -28^p\ \tfrac{1}{2} + 1'$$
$$= -143'\ \tfrac{1}{2} = -2^\circ\ 23'\ 30''$$

elle alloit en descendant.

Après ces observations je ramenai le point de niveau vers 60p, comme il étoit auparavant.

Quoique l'arc divisé fût de 10° et s'étendît de part et d'autre à 5° du point de niveau, cependant la rainure n'étant pas assez prolongée, l'alidade n'avoit guère que 3° de jeu de chaque côté.

La *fig.* 22 montre l'alidade suivant son épaisseur et suivant sa largeur. Suivant l'épaisseur, il n'y a rien de remarquable que le biseau *b* qui la termine et qui porte le vernier.

Suivant la largeur, on voit, en commençant par le haut, un trou rond qui donne passage à une vis ou cylindre autour duquel se fait le mouvement. Plus bas on voit la pièce à laquelle est fixé le niveau et les deux vis qui attachent cette pièce à la règle mobile; plus bas, une espèce de bride ou de double équerre dans laquelle se meut le levier qui donne le mouvement lent à l'alidade; plus bas, une ouverture ménagée pour laisser à la règle mobile la liberté de se mouvoir d'une petite quantité quand la vis de pression est serrée, afin qu'on puisse au moyen du levier, amener la règle à la position dans laquelle la bulle sera contenue entre ses repères. Enfin, tout au bas, est le vernier.

La *fig.* 23, *pl. IV*, représente le cylindre autour duquel tourne l'alidade. Ce cylindre est vu de front en *A*, de côté en *B*; en *C*, *D*, *E*, *F* et *G* sont les parties qui servent à visser ce cylindre à l'équerre.

La *fig.* 24 nous montre le niveau et sa monture. On y voit deux trous par lesquels passent les vis qui attachent le niveau à la règle mobile. Le trou d'en haut est plus large, afin qu'en desserrant la vis qui le traverse, on puisse incliner le niveau comme nous avons dit ci-dessus. La *fig.* 25 représente ce niveau de côté.

La *fig.* 26 représente le levier qui donne le mouvement lent. En *A* est une vis qui entre dans la règle mobile, à l'endroit marqué *a'*, *fig.* 22, et qui fait qu'en tournant le levier autour de la vis de pression arrêtée sur le limbe, on donne nécessairement un petit mouvement à la règle mobile.

Ce levier est échancré par le bout *echr*, et cette échancrure embrasse la vis de pression.

La *fig.* 27 est ce même levier vu de côté. On y remarque en *a* la vis qui entraîne dans son mouvement l'alidade, en *b* le bouton par lequel on saisit le levier pour le faire mouvoir.

Enfin la *fig.* 28 représente la vis de pression et ses développemens. *A* est la tête de la vis vue de face ; *B* la même vis vue de profil ; *mn* est la partie du levier qui embrasse la vis ; *pq* est la partie qu'on voit dans la rainure, *fig.* 21, où l'on peut remarquer l'ouverture de l'écrou dans lequel entre la vis de pression. La vis, en tournant, presse la pièce *pq* contre la surface intérieure de la règle fixe, et arrête par ce moyen le levier qui embrasse cette vis. Si l'on pousse ce levier par un bouton *b*, *fig.* 27, le levier ne peut que tourner autour de la vis de pression. Dans ce mouvement la vis *a* décrit autour de la vis de pression un petit arc, et entraîne la régle mobile qui tourne autour du centre *C* au haut de l'équerre ; par l'effet de ce mouvement la ligne qui joint *CaV* n'est plus une ligne droite, elle devient brisée, et plus longue par conséquent que la ligne droite. On doit concevoir la lettre *V* placée sur la vis. La partie de l'échancrure qui embrasse la vis *V* n'est plus la même ; elle est plus loin de *C* et plus près de l'extrémité du levier : voilà pourquoi on y a fait une échancrure au lieu d'un trou rond.

Les *fig.* 29 et 30 représentent de face les parties *m n* et *pq*. Enfin la *fig.* 31 montre un ressort à boudin qui est placé entre la tête de la vis et la partie *mn*, et fait que *mn* serre la partie supérieure du limbe, tandis que *pq* presse la partie inférieure de ce même limbe; ce qui produit un frottement et suffit pour maintenir l'alidade sur le point où on l'a amenée. Ce frottement cède pourtant à l'effort que l'on fait au moyen du levier.

Les lignes *CV* et *Ca* sont constantes, et leur différence est peu considérable; *Va* est variable, mais de peu de chose, et elle est toujours fort petite. L'angle *CVa* est beaucoup plus grand que *VCa*: ainsi un mouvement considérable du levier autour de la vis *V* ne produit qu'un petit mouvement *VCa* dans l'alidade *Ca*.

Réduction de la ligne brisée à la ligne droite.

Nos bases n'étoient ni l'une ni l'autre des lignes parfaitement droites; elles étoient composées chacune de deux parties rectilignes qui formoient un angle très-approchant de 180°. La même chose, à très-peu près, avoit eu lieu dans l'opération de 1740, à la base de Perpignan. On voit dans la *Méridienne vérifiée*, p. XLIX, que cette base, à 4760 pieds du terme austral, formoit un angle de 179° 56′ 51″, ou, si l'on veut, la déviation de la ligne droite étoit de 3′ 9″. Dans nos bases la déviation étoit de 49′ à Melun, et de 23′ à Perpignan; mais il n'en peut résulter aucun inconvénient, et la réduction est très-facile.

Soient en effet *b* et *c* deux lignes inclinées dont on

veut connoître l'excès sur la droite d qui joint leurs extrémités, et A l'angle formé par ces deux lignes, on aura généralement

$$d^2 = b^2 + c^2 - 2bc.\cos.A = (b+c)^2 - 2bc(1+\cos.A)$$
$$= (b+c)^2 - 4bc.\cos^2.\tfrac{1}{2}A$$

$$d = (b+c)\left(1 - \frac{4bc.\cos^2.\frac{1}{2}A}{(b+c)^2}\right)^{\frac{1}{2}} = (b+c)(1-x)^{\frac{1}{2}}$$
$$= (b+c)\left(1 - \tfrac{1}{2}x - \tfrac{1}{2}.\tfrac{1}{4}x^2 - \tfrac{1}{2}.\tfrac{1}{4}.\tfrac{3}{6}x^3 - \tfrac{1}{2}.\tfrac{1}{4}.\tfrac{3}{6}.\tfrac{5}{8}x^4 - \text{etc.}\right)$$
$$= (b+c)\left(1 - \tfrac{1}{2}x - \tfrac{1}{2}.\tfrac{1}{4}x^2 - \tfrac{1}{2}.\tfrac{1}{4}.\tfrac{3}{6}.x^3 - \tfrac{1}{2}.\tfrac{1}{4}.\tfrac{3}{6}.\tfrac{5}{8}.x^4 - \text{etc.}\right)$$
$$= (b+c) - (b+c)\left(\tfrac{1}{2}x + \tfrac{1}{2}.\tfrac{1}{4}x^2 + \tfrac{1}{2}.\tfrac{1}{4}.\tfrac{3}{6}x^3 + \text{etc.}\right)$$

On fera donc

$$x = \frac{4bc.\cos^2.\frac{1}{2}A}{(b+c)^2}$$

Un calcul fort simple donnera les différens termes de la série qui exprime l'excès de la somme des deux côtés sur le troisième, c'est-à-dire ce qu'il faut retrancher de la base brisée pour avoir la base en ligne droite.

Quand l'angle approche très-fort de 180°, la série est fort convergente; il suffit d'un très-petit nombre de termes.

A Melun, le second terme étoit de 0ᵗ00000.3; à Perpignan il étoit de 0ᵗ00000.0096. On pourroit donc très-bien s'en tenir au premier terme, qui se réduit à $\frac{2bc.\cos^2.\frac{1}{2}A}{(b+c)}$.

Soit K le module, et l'on aura généralement

$$\log.d = \log.(b+c) - \tfrac{1}{2}K\left(x + \tfrac{1}{2}x^2 + \tfrac{1}{8}x^3 + \text{etc.}\right).$$

Opérations préparatoires.

Au coude formé par les deux parties de la base j'ai fait enfoncer en terre un pieu de trois pieds de longueur et de six pouces de diamètre. La tête de ce pieu étoit de quelques pouces au-dessous du sol. C'est en partant de l'axe de ce pieu, et en me dirigeant successivement sur les signaux placés aux deux termes, que j'ai tracé l'alignement des bases. Voici l'ordre suivi dans cette opération fondamentale.

La colonne du cercle étant mise dans une situation verticale au moyen du petit niveau, et l'axe de rotation étant perpendiculaire à la direction de la base, je plaçois le fil vertical sur le signal du terme vers lequel je me dirigeois, celui de Melun, par exemple; et pour m'assurer que la position de l'instrument étoit en effet bien verticale, je donnois un mouvement de rotation au cercle, et dans ce mouvement je voyois si le sommet du signal répondoit successivement à tous les points du fil. Alors je faisois placer sur le terrain, de 100 en 100 toises, une barre de fer bien verticale, et quand, d'après les signaux que je faisois, on étoit parvenu à la mettre bien exactement sous le fil de ma lunette, on l'enfonçoit dans le terrain à coups de marteau. Quand on avoit ainsi fait un trou suffisant, on retiroit la barre de fer, et l'on y substituoit un piquet de bois de 15 à 18 pouces de longueur et de trois pouces d'écarrissage par la tête; l'autre bout finissoit en pointe. On enfonçoit ce pieu à grands coups de marteau jusqu'à ce qu'il fût à fleur de terre. Pendant cette opération j'observois si le pieu continuoit d'être bien coupé par le fil. Quelquefois, en l'enfonçant, on le dérangeoit à droite ou à gauche d'une quantité qu'il étoit aisé d'estimer en parties du diamètre du pieu même; j'en tenois note, pour y avoir égard au temps de la mesure. Mais toutes ces déviations se sont trouvées trop foibles pour produire aucun effet sensible sur la longueur des bases. En effet, aucune des déviations ne passe $\frac{1}{2}$ pouce ou $\frac{1}{144}$ de toise. La distance d'un piquet à l'autre est de 100 toises : le sinus de la déviation est donc $\frac{1}{14400}$. Soit a l'angle dont le sinus est $\frac{1}{14400}$; la partie de la base qui aura la déviation sera trop grande de

$$200^t. \sin^2. \tfrac{1}{2}\, a = 50^t. \sin^2. a = \frac{50^t}{(14400)^2} = \frac{1^t}{4800}$$

et quand on supposeroit une pareille déviation à toutes les parties pareilles de la base, qui sont au nombre de soixante, l'erreur totale ne seroit encore que $\frac{60}{4800} = \frac{1^t}{80}$.

J'ai donc pu négliger toutes ces petites déviations qui, loin d'être au nombre de 60, n'alloient pas à 10 pour chaque base.

Il eût été trop incommode de diriger ainsi, du même point et du coude de la base, toutes les opérations par lesquelles on plantoit tous ces piquets qui devoient nous conduire dans la mesure. Quand il y en avoit trois ou quatre de placés, je transportois le cercle au dernier de tous, et de cette nouvelle station j'en déterminois trois ou quatre autres ainsi, de proche en proche, jusqu'à la conclusion.

Remarquez que, dans toutes ces stations, ce n'étoit pas la colonne de l'instrument qu'il falloit placer perpendiculairement au-dessus du piquet, mais le plan même du cercle, ou plutôt l'axe de la lunette, de manière qu'en la dirigeant au nadir, le rayon visuel passât par l'axe du piquet.

L'alignement ainsi tracé dans toute son étendue, on commençoit la mesure; mais avant tout on avoit fait au coude les observations nécessaires pour déterminer l'angle que formoient les deux parties de la base brisée.

Ordre suivi dans les mesures.

Voici l'ordre qu'on a suivi de la manière la plus invariable dans la mesure des deux bases.

La règle n° I étoit d'abord placée dans la direction de la base de manière qu'un fil à plomb tangent à l'extrémité de la règle, tomboit exactement sur le point de départ: ainsi il faudra tenir compte de la demi-épaisseur du fil au point de contact.

Cette première règle avoit été mise dans la direction convenable, au moyen des deux pointes de fer implantées dans le toit. Pour se diriger, on avoit placé une mire ou règle bien verticale au-dessus du premier piquet, à cent toises de là; un observateur, couché sur le terrain, en arrière de la règle, examinoit si les deux pointes se projettoient bien sur le milieu de la mire.

A la suite de la première règle, on plaçoit dans la

même direction la règle n° II, ayant soin de laisser entre les deux un petit intervalle qui devoit ensuite être mesuré par la languette.

La règle n° III étoit mise de même à la suite du n° II, et le n° IV à la suite du n° III.

Les quatre règles ainsi placées, je vérifiois si les huit pointes se projettoient bien sur le milieu de la mire.

Alors on posoit le niveau sur la règle n° I, la face tournée d'abord vers l'orient; je lisois l'observation, et elle étoit à l'instant inscrite sur deux registres différens qui étoient collationnés aussitôt. On posoit le niveau une seconde fois, mais la face vers l'occident, et cette seconde observation étoit de même lue, inscrite et collationnée.

On en faisoit autant aux trois règles suivantes.

Alors je me couchois sur le terrain pour lire le vernier du thermomètre métallique du n° I; je poussois doucement la languette, pour la mettre en contact avec la règle n° II. Ces deux observations s'inscrivoient à mesure, comme toutes les autres, sur le double registre, après quoi on venoit voir au microscope de la languette si je ne m'étois pas trompé dans l'observation. Après la lecture, je faisois rentrer la languette dans sa coulisse. La même opération avoit lieu successivement sur les règles II et III.

Les quatre règles étoient, comme j'ai dit ci-dessus, portées chacune sur deux trépieds de fer, et les trépieds sur leurs soles, dont les pointes entroient dans la terre; en sorte que les règles n'éprouvoient aucun mouvement, même quand on posoit le niveau.

Des supports, c'est-à-dire des trépieds sur leurs soles, étoient d'avance placés sur le terrain pour recevoir la règle n° I, qui étoit alors transportée à la suite du n° IV. J'en mesurois l'inclinaison au moyen du niveau, et je lisois le thermomètre et la languette du n° IV.

La règle n° II étoit alors portée à la suite du n° I, et toutes les observations se succédoient dans le même ordre jusqu'à la fin de la journée, c'est-à-dire que toutes les fois qu'une règle étoit ainsi transportée, je commençois par en mesurer l'inclinaison, après quoi je lisois le thermomètre et la languette de la règle précédente. Ainsi, l'inclinaison mesurée, on s'abstenoit scrupuleusement de toucher à la règle, dans la crainte d'altérer le moins du monde les intervalles que la languette devoit mesurer.

Quand on voyoit la nécessité de s'arrêter, c'est-à-dire une demi-heure avant l'instant où la lecture des verniers devoit être impossible, on présentoit d'une manière provisoire la règle par laquelle on vouloit recommencer le lendemain (c'étoit toujours le n° I); on marquoit ensuite sur le terrain l'endroit où elle devoit aboutir. On la retiroit ensuite pour faire un trou en terre. Dans le fond de ce trou on enfonçoit un pieu sur lequel on attachoit une plaque de plomb avec deux ou trois clous.

Ces préparatifs achevés, on replaçoit la règle n° I, sa languette rentrée dans sa coulisse; on mesuroit l'inclinaison; on lisoit le thermomètre et la languette du n° IV, le thermomètre du n° I, après quoi, de l'extrémité antérieure de la règle, on descendoit un fil à plomb dont la pointe laissoit une marque sur la plaque du piquet. Par ce point on traçoit sur le plomb deux lignes qui se coupoient à angles droits ; l'une dans le sens de la base, et l'autre dans la direction perpendiculaire ; on recouvroit la plaque de plomb d'une pièce de bois dont la base étoit creusée en calotte, afin qu'elle ne touchât aucunement la plaque. On rebouchoit le trou en y remettant toute la terre qu'on en avoit tirée.

Le lendemain on découvroit la plaque, on plaçoit la règle n° I dans la même position que la veille, c'est-à-dire de manière que le fil à plomb tombât exactement sur le même point.

Cette règle étoit la première de la nouvelle journée ; on mettoit ensuite les trois autres comme on avoit fait le premier jour ; on en observoit l'inclinaison, le thermomètre et la languette, et la journée continuoit comme la précédente.

L'inclinaison et la température de la règle n° I pouvoient être et sans doute étoient un peu différentes le matin de ce qu'elles avoient été la veille : mais peu importoit ; il suffisoit que l'extrémité antérieure de la règle se trouvât au même point, et c'est ce qu'on obtenoit par le fil à plomb.

J'appelle, comme on voit, extrémité antérieure celle qui étoit la plus avancée, c'est-à-dire plus éloignée du point où l'on avoit commencé la mesure.

Pour peu que l'air fût agité, l'on s'entouroit de toiles pour garantir le fil à plomb, et dans tous les cas on répétoit l'épreuve plusieurs fois.

Jamais on n'a eu la moindre incertitude sur le départ d'aucune journée. Nos piquets, leurs plaques et le pied de la perpendiculaire ont toujours été retrouvés intacts.

Il resteroit à dire comment s'est terminée la mesure des deux bases; car on imagine bien que la dernière règle n'est pas arrivée juste au second terme. On verra dans les articles particuliers aux bases de Melun et de Perpignan, les moyens divers dont nous nous sommes servis dans des circonstances tout-à-fait différentes.

Quatre personnes étoient employées à placer d'avance les supports et à transporter les règles quand on leur en donnoit l'ordre.

Aussitôt que la règle étoit sur les trépieds, M. Tranchot la faisoit aligner, puis il aidoit à caler la règle par un bout.

M. Bellet la caloit par l'autre, et l'amenoit à la hauteur nécessaire pour que l'arête horizontale supérieure de la règle pût être rencontrée par la surface inférieure de la languette, ou du moins par la partie inférieure de l'épaisseur. Nous dirons tout-à-l'heure la raison de cette pratique.

Cette partie de l'opération étoit sans contredit la plus longue et la plus fatigante de toutes par la position de l'observateur, qui étoit obligé d'être continuellement courbé et un genou en terre.

M. Tranchot tenoit en outre l'un des deux registres où tous les détails de la mesure sont consignés.

L'autre registre étoit tenu par Leblanc de Pommard, aujourd'hui auditeur au Conseil d'État, et mon beau-

beau-fils. Il se chargeoit en outre de vérifier après moi l'observation microscopique de la languette.

Pour moi, je me promenois continuellement le long des règles, pour surveiller toutes les parties de l'opération, et je n'avois d'ailleurs d'autre besogne que celle de lire les verniers, de pousser la languette, de la faire rentrer, et enfin celle de dicter les notes où sont exposées toutes les circonstances de la mesure. Ces notes sont peu nombreuses, ou du moins peu étendues; elles ne sont presque rien qu'un journal météorologique, car rien d'ailleurs n'a été plus uniforme et moins fécond en événemens que la mesure de nos deux bases.

Chaque soir, en rentrant, je consignois dans mon registre une copie des observations et de toutes les mesures de la journée, et cette copie, soigneusement collationnée, étoit ensuite revêtue de la signature de MM. Tranchot et Pommard. Le but de ces registres où, depuis le mois de juin 1792 jusqu'au dernier complémentaire an 6, toutes les observations ont été consignées jour par jour et dans l'ordre où elles ont été faites, étoit de me mettre dans l'impossibilité de rien altérer et de rien supprimer, comme on le pourroit soupçonner si les observations n'eussent été consignées que sur des feuilles volantes ou dans des registres formés long-temps après, et sans aucune authenticité.

La surface inférieure des languettes doit être considérée comme un prolongement de la surface supérieure des règles, en conséquence il faut que la partie inférieure de la languette vienne joindre la partie supérieure de la règle suivante, et, si l'on pouvoit suivre rigoureusement ce précepte, la partie supérieure des règles, depuis un terme de la base jusqu'à l'autre, formeroit une ligne ou surface mathématique et sans épaisseur sensible, et c'est un nouvel avantage de ces languettes que celui de faciliter les moyens d'éluder l'épaisseur d'ailleurs si peu considérable de nos règles.

Mais il y auroit eu quelque danger à vouloir suivre trop exactement ce précepte. En effet, quand une règle n eût été plus élevée par le second bout que par le premier, si, par mégarde, on eût placé le premier bout un peu trop bas, la languette de la règle précédente $(n - 1)$, au lieu de remplir exactement l'intervalle, eût empiété sur la règle n, et le vernier eût indiqué pour la languette une saillie trop considérable. Pour éviter cet inconvénient, on tenoit donc la surface supérieure de la règle n un peu plus élevée que la surface inférieure de la languette $(n - 1)$.

De cette précaution il résulte une erreur qu'il s'agit d'estimer. Il peut arriver différens cas. (*Pl. V*, *fig.* 12)

1°. La règle n peut être placée entre deux règles $(n - 1)$ et $(n + 1)$, qui toutes deux vont en descendant plus que la règle n, en sorte que les deux extrémités a et b soient en contact avec les épaisseurs des règles voisines. Dans ce cas, en nommant I l'inclinaison de la ligne ab, qui est celle que mesure l'équerre, on aura de cette partie de la base l'expression

$$ab. \cos. I = (r + l). \cos. I$$

r étant la longueur de la règle, et l celle de la languette. Alors il n'y a nulle erreur, nul besoin de correction.

2°. La règle n peut être entre les règles $(n-1)$ et $(n+1)$, inclinées dans des sens différens (*fig.* 13), en sorte que les points de contact soient distans, non plus de la quantité $ab=(r+l)$, mais de $ac=\frac{(r+l)}{\cos. bac}$, dont l'inclinaison est $(I+bac)=(I+a)$. Cette partie de la base est donc

$$\frac{r+l}{\cos. a}(\cos. I.\cos. a - \sin. I.\sin. a)$$
$$=(r+l).\cos. I-(r+l).\sin. I.\operatorname{tang}. a$$
$$=(r+l).\cos. I-(r+l).\sin. I\left(\frac{bc}{ab}\right)$$
$$=(r+l).\cos. I-bc.\sin. I.$$

Au lieu donc de n'employer, comme on fait, que

$$(r+l).\cos. I$$

il faut encore la petite correction

$$-bc.\sin. I=-(r+l).\sin. I.\operatorname{tang}. a$$

3°. La règle n peut être placée entre deux règles $(n-1)$ et $(n+1)$, qui vont toutes deux en montant plus que la règle n (*fig.* 14); en sorte que la distance des points de contact est

$$cd=\frac{ab}{\cos. u}$$

et cette partie de la base

$$=\frac{(r+l).\cos.(I+u)}{\cos. u}=(r+l).\cos. I-(r+l).\sin. I.\operatorname{tang}. u$$

Or

$$tang.\ u = \frac{ad}{au} = \frac{bc}{ub} = \frac{ad + bc}{au + ub} = \frac{ad + dc}{ab}$$

donc cette partie de la base

$$= (r + l).\ cos.\ I - (r + l).\ sin.\ I.\ tang.\ u$$
$$= (r + l).\ cos.\ I - (ad + bc).\ sin.\ I;$$

La correction est donc, en ce cas,

$$- (ad + bc).\ sin.\ I.$$

Le point c étant toujours plus élevé que le point b, et le point d toujours au-dessous du point a, les quantités bc et $(ad + bc)$ sont toujours censées positives; mais $sin.\ I$ sera négatif si b est plus bas que a. Ainsi ces corrections peuvent être positives ou négatives; elles seront soustractives tant que la base ira en montant, additives dans le cas contraire. Or nos deux bases vont le plus souvent en montant: donc nous aurons plus de corrections soustractives que de positives.

$(r + l).\ sin.\ I$ est évidemment la quantité dont l'extrémité b de la règle est plus élevée que l'extrémité a; c'est la différence de niveau. Soit donc dN cette quantité, la correction deviendra

$$- dN.\ tang.\ u = - \frac{dN.\ (ad + bc)}{r + l}.$$

Cette quantité, dans le premier cas, se réduit à 0

Dans le second, à . . . . $bc : (r + l)$

Dans le troisième elle est . . . . $ad + bc : (r + l)$

La quantité moyenne sera $= \frac{1}{3}(3\,bc) = bc = \frac{1}{3}(ad + 2\,bc) : (r + l)$

bc est probablement toujours au-dessous de $\frac{1}{2}$ ligne, et certainement au-dessous de 1^l; ainsi la valeur moyenne de tangente u est très-probablement moindre que $\frac{1}{3456}$, et certainement moindre que $\frac{1}{1728}$.

Nos registres donnent pour chaque règle une valeur approximative de dN; ainsi la somme des corrections sera

$$-\Sigma\,\frac{dN}{1728} \quad \text{ou} \quad -\Sigma\,\frac{dN}{3456}$$

Suivant nos registres, ΣdN est de 6 à 7 toises; suivant les distances au zénith, ΣdN est de 8 à 9 toises: d'où il suit que -4^l5 est la limite que ne peut atteindre la somme des corrections, et -2^l25 celle qu'elle n'atteint probablement pas.

Ainsi nos bases sont trop fortes de 2 à 3 lignes au plus; on peut donc les diminuer de 0^t002 ou 0^t003.

Il y a une autre cause d'erreur qui est commune à toutes les bases qu'on a mesurées, et qui le sera pareillement à toutes celles qu'on pourra mesurer par la suite; c'est l'erreur de l'alignement, qui ne sera jamais une ligne parfaitement droite, mais un composé de lignes inégalement brisées qui approchera plus ou moins de la ligne droite, et qui sera toujours trop long.

Soit A l'angle d'inclinaison d'une règle sur la véritable

base rectiligne, $2\ r.\ cos.\ 2^{a}\ \frac{1}{2}\ A$ sera la réduction à la ligne droite, ou $4^{t}.\ sin^{2}.\ \frac{1}{2}\ A$, ou $1^{t}.\ sin^{2}.\ A$.

Supposons qu'en alignant nous nous soyons trompés de l'épaisseur de l'une des pointes verticales qui nous dirigeoient, c'est-à-dire de 2 lignes, le sinus de A sera de

$$\frac{2}{1728} = \frac{1}{864};\ 1^{t}.\ sin^{2}.\ A = \frac{1^{l}}{864^{2}} = \frac{1^{l}}{864}$$

Trois mille règles donneroient à ce compte une erreur de $\frac{3000^{l}}{864}$ pour toute la base, c'est-à-dire un peu plus que 3 lignes.

Cette correction seroit encore dans le même sens que la précédente, et de même valeur moyenne, à peu près. En les réunissant, on auroit probablement $0^{t}005$ à retrancher de chacune de mes bases.

Une source d'erreurs particulière à nos règles seroit la correction du zéro de la languette. Quand deux règles sont en contact immédiat, si l'on pousse la languette contre la règle suivante, le vernier devroit marquer zéro, puisque l'intervalle est nul entre les deux règles.

Suivant les expériences de Borda, qu'on verra ci-après, la correction moyenne des verniers étoit — $0^{t}00000.15$.

Suivant celles que j'ai faites immédiatement avant la mesure de Melun, elle étoit — $0^{t}00000.3644$; en frimaire an 7, au retour de Perpignan, elle étoit — $0^{t}00000.66$. Il paroît que cette correction va en augmentant. De l'an 6 à l'an 7, on peut l'attribuer à l'usage fréquent qu'on a fait des languettes; mais, entre les expériences de Borda et les miennes, je ne sais quelle en peut être la raison. La plus grande variation est donc $0^t00000.5$. En me servant de la correction de Borda, la base de Melun seroit de 0^t006 plus grande que je ne l'ai faite; celle de Perpignan plus grande de 0^t015. Voilà donc jusqu'ici la plus grande cause d'incertitude.

J'ai cru devoir employer pour Melun la correction déterminée immédiatement auparavant $0^t00000.3644$; pour Perpignan, je me suis servi de la correction $0^t00000.66$, déterminée immédiatement après.

Pendant les deux mesures, j'ai tenté plusieurs vérifications qui m'ont donné des quantités différentes le plus souvent, mais toujours fort petites. Je n'en ai donc fait aucun usage, et je m'en suis tenu aux corrections que j'avois trouvées par des moyens beaucoup plus sûrs et plus susceptibles de précision, dans l'atelier de M. Lenoir, et de concert avec lui.

L'incertitude que nous examinons en ce moment ne monte donc guère qu'à un pouce, en mettant tout au pis; au reste, Borda lui-même n'a jamais prétendu qu'on pût arriver à une précision plus grande sur une base de 6000 toises.

Après ces notions générales également applicables à nos deux bases, passons à ce qui les regarde chacune en particulier.

Base de Melun.

On a vu aux stations de Melun et Lieursaint, p. 142 et 145, la manière dont on a marqué les deux termes, et les précautions prises pour les conserver.

Mon premier soin a été ensuite de choisir le point où il seroit plus avantageux de briser la base, de marquer ce point d'une manière qui fût long-temps reconnoissable, et d'y faire les observations suivantes pour déterminer l'angle.

A l'angle de la base de Melun.

DISTANCES AU ZÉNITH.

Signal de Melun.

10 99^g8172 99^g8172 = $89°$ $50'$ $7''728$ (dans le ciel.)

D. et B. n° 4. 30 germinal an 6, à 0^h $30'$.

Signal de Lieursaint.

10 997^g838 99^g7838 = $89°$ $48'$ $19''512$ (dans le ciel.)

D. et B. n° 4. Fini à 1^h. Ces deux distances ont été prises à 10 pieds $\frac{2}{3}$ du poteau, en allant vers Melun.

Signal de Malvoisine.

10 997^g478 99^g7478 = $89°$ $46'$ $22''872$ (dans le ciel.)

D. et B. n° 4. Fini à 1^h $\frac{1}{4}$. Cette distance a été prise à 8 pieds $\frac{1}{3}$ du poteau, et plus loin de Malvoisine.

ANGLES.

Entre les signaux de Lieursaint et Malvoisine.

20 1705^g45025 $85^g2725125$ = $76°$ $44'$ $42''94$
$+$ $2''18$

Horizon . . . . $76°$ $44'$ $45''12$

Entre les signaux de Malvoisine et Melun.

20	2276829025	1138145125 =	102° 25′ 59″0205
			+ 2″95
	Horizon		102° 26′ 1″97
	Angle précédent		76° 44′ 45″12
	Angle entre les deux parties de la base .		179° 10′ 47″09
	$P = 3945^t$ $Q = 2134^t$. . .		— 6″18
	Angle des cordes *.		179° 10′ 40″91

Immédiatement après ces observations, nous avons, à partir du piquet planté au coude de la base, commencé le tracé de l'alignement, en nous dirigeant d'abord sur Melun, et deux jours après sur Lieursaint, mais toujours en partant du même piquet.

La mesure de la base a commencé le 5 floréal (24 mai 1798); elle a continué sans un seul jour d'interruption, et elle a été terminée le 15 prairial (3 juin), après quarante-cinq jours de travail.

Il seroit trop long de rapporter des observations qui tiennent plus de cent vingt pages dans mes registres; mais pour qu'on soit en état de juger de la sûreté de la méthode qu'on a suivie et des soins qu'on a pris pour rendre les erreurs pour ainsi dire impossibles, on va donner la copie figurée de la première page, qui est aussi le tableau de la première journée.

N° I. *Base de Melun.*

Nos. des règles	Thermom. métallique.	Languettes.	Niveau vers Brie.	Niveau vers Malvois.	Inclin. double.	Réduct. à l'horizon.	$dN +$	$dN -$
1	416.0	409.8	53.2	66.2	13.0	9.0	189	
2	416.5	235.9	81.4	38.0	43.4	101.4	. . .	637
3	415.0	346.4	50.4	68.4	18.0	17.3	262	
4	420.4	506.6	72.1	48.1	24.0	30.5	. . .	349
1	418.3	464.8	83.3	35.0	47.3	119.8	. . .	692
2	420.0	406.7	72.1	47.4	24.2	31.5	. . .	355
3	417.0	415.7	66.4	43.4	13.0	9.0	. . .	189
4	424.1	464.7	75.2	44.3	30.4	50.2	. . .	418
1	424.3	448.8	60.3	59.1	1.2	0.1	. . .	20
2	422.8	529.2	59.1	60.3	1.2	0.1	20	
3	421.4	410.2	65.1	54.4	10.2	5.7	. . .	151
4	430.7	609.3	75.0	45.2	29.3	46.3	. . .	430
1	426.1	487.4	53.4	66.4	13.0	9.0	189	
2	427.2	492.2	77.2	42.3	34.4	64.0	. . .	506
3	424.6	481.9	61.1	59.1	2.0	0.2	. . .	29
4	432.7	465.7	64.1	56.0	8.1	3.6	. . .	119
1	425.5	669.8	76.0	44.3	31.2	52.2	. . .	457
2	427.4	492.6	72.4	47.3	25.1	33.6	. . .	356
3	420.8	443.0	71.1	48.4	22.2	26.5	. . .	326
4	425.8	495.9	72.3	47.2	25.1	33.6	. . .	366
1	430.6	394.6	63.0	57.1	5.4	1.8	. . .	84
2	432.0	431.3	77.0	43.2	33.3	59.7	. . .	489
3	426.5	629.4	66.2	54.0	12.2	8.1	. . .	180
4	425.8	566.8	79.0	41.1	37.4	75.6	. . .	550
1	422.3	365.6	63.4	55.4	8.0	3.4	. . .	116
2	428.3	628.6	73.4	46.0	27.4	40.9	. . .	404
3	431.3	683.9	63.0	57.3	5.2	1.6	. . .	78
4	427.3	709.4	60.0	59.4	0.1	0.0	. . .	3
1	424.7	582.0	76.1	43.3	32.3	56.2	. . .	474
2	423.7	519.0	67.3	52.3	15.0	11.9	. . .	218
3	418.8	928.4	68.4	51.4	17.0	15.3	. . .	247
4	420.9	489.3	67.3	52.3	15.0	11.9	. . .	218
1	416.6	604.3	63.3	56.2	7.1	2.8	. . .	105
2	421.4	583.3	73.4	46.4	26.4	38.2	. . .	390
3	416.8	480.0	65.4	54.4	11.0	6.4	. . .	160
4	419.3	627.0	80.3	39.4	40.4	88.0	. . .	593
1	414.6	609.1	60.4	59.3	1.1	0.1	. . .	17
2	420.0	235.0	85.4	34.3	51.0	137.5	. . .	742
3	412.3	453.5	60.0	60.3	0.3	0.0	9	
4	415.7	627.8	79.2	41.1	38.1	77.2	. . .	555
1	411.0	415.9	60.4	59.4	1.0	0.1	. . .	15
2	416.4	347.4	66.3	53.2	13.1	9.2	. . .	192
3	409.5	644.5	75.1	44.4	30.2	48.9	. . .	412
4	405.5	1207.1	63.4	56.2	7.2	2.9	. . .	108
1	408.0	602.0	71.4	47.2	24.2	31.5	. . .	355
2	409.6	534.8	78.1	40.3	37.3	74.8	. . .	547
3	405.3	617.5	67.3	51.1	16.2	14.2	. . .	239
4	412.5	944.0	68.4	49.3	19.1	19.5	. . .	279
48								− 13230
96	20182.3	25736.1				1481.2	+ 669	− 12561

REMARQUES. 5. *floréal.* La mesure a commencé vers 11 heures du matin, et n'a fini qu'après le coucher du soleil. Temps superbe; soleil sans le moindre nuage; un peu de vent, qui a cessé vers le soir.

La première colonne est remplie des numéros indicatifs des règles; ils se succèdent invariablement dans le même ordre, qui recommence à chaque case de quatre lignes.

Au bas est la somme 48. C'est le nombre des règles posées dans cette journée; et comme chaque règle vaut 2 toises, on voit au-dessous le nombre 96, qui est celui des toises.

Dans la seconde colonne on voit, sous le titre de *thermomètre métallique*, ce que le vernier a donné pour le thermomètre de chaque règle. En comparant ce que la même règle a donné dans les différentes cases, on y voit une marche assez régulière pour prouver qu'il n'y a pas eu d'erreur sensible, et cette probabilité s'augmente quand on voit que la marche des quatre thermomètres est à peu près la même, malgré la différence des nombres. Au bas de la colonne est la somme des quarante-huit observations thermométriques.

La colonne des languettes vient ensuite, et donne en cent millièmes de toise la quantité qu'il faut ajouter à chaque règle. La somme est pareillement au bas de la colonne.

Ces quantités n'offrent pas les mêmes vérifications que les précédentes, mais elles ont été observées avec un soin particulier, et vérifiées par un second observateur; d'ailleurs elles sont si petites qu'il y faudroit des erreurs absolument invraisemblables pour que la longueur de la base en fût altérée sensiblement.

La quatrième colonne renferme les observations du

niveau dans les deux sens. Elle offre une excellente vérification, en ce que la somme des deux nombres est à peu près constante, et de 119P4 le plus souvent.

La colonne suivante est la différence des deux observations de niveau : ainsi, à la première ligne, 13.0 $= 66.2 - 53.2$. Ces treize parties valent $\frac{130'}{2} = 65' = 1^{\circ}\ 5'$. C'est la double inclinaison, et l'inclinaison simple est par conséquent $32'\ 30''$.

A la seconde ligne, la double inclinaison est 43P 4', et l'inclinaison simple

$$= \frac{430\ 8'}{4} = 107'\ 30'' + 2' = 109'\ 30'' = 1^{\circ}\ 49'\ 30''$$

En supposant la règle de 2 toises, la réduction à l'horizon sera

$$2.2^{t}.\ sin^{2}.\ \tfrac{1}{2}\ inclin. = 4^{t}.\ sin^{2}.\ \tfrac{1}{4}\ (double\ inclin.)$$

Sur cette formule j'ai construit une table où l'on prenoit à vue la réduction à l'horizon qui se trouve dans la sixième colonne. Cette table a pour argument la double et non la simple inclinaison, afin d'épargner une division à chaque ligne, et rendre l'opération plus courte et plus sûre.

Les languettes exigent une réduction analogue; leur formule est

$$2l.\,sin^{2}.\tfrac{1}{4}(2I) = \frac{2l}{4^{t}}[4^{t}.\,sin^{2}.\tfrac{1}{4}(2I)] = \tfrac{1}{2}l.\,4^{t}.\,sin^{2}.\tfrac{1}{4}(2I)$$

$= réduct.\ de\ la\ règle \times la\ demi\text{-}longueur\ de\ la\ languette.$

Une seconde table, ayant pour argumens le nombre pris dans la première et la longueur de la languette, donnoit encore à vue la correction de la languette. Cette correction a été calculée ainsi pour chaque règle, et la somme s'est trouvée — $0^t00178.8$. On trouveroit — 0^t00185 en la calculant tout d'un coup par la formule suivante, qui seroit un peu moins exacte :

$$\textit{réduct. des lang.} = \frac{\textit{somme des lang.} \times \textit{réduct. des règles}}{\textit{nombre des règles}}$$

La différence est insensible; en conséquence on s'est dispensé de mettre sur le registre les réductions partielles à la suite de chaque languette.

Les deux dernières colonnes contiennent, sous le titre de dN, ou différence de niveau, la quantité $(r+l).\sin. I$. Ces différences, additionnées successivement, donneroient le nivellement de toute la base; mais elles ne sont qu'approchées, parce qu'elles supposent le point de contact dans la surface inférieure de la languette n et dans la surface supérieure de la règle $(n+1)$, et parce que la règle $(n+1)$ étoit constamment plus haute que n d'une quantité inconnue. Ainsi le nivellement par la somme des dN doit donner pour la différence de niveau des deux termes une quantité trop petite. En effet, elle a donné 7^t4, au lieu que les distances au zénith ont donné 9^t0. L'erreur est d'environ 1^t6. 3020 règles, toutes plus élevées de $\frac{1}{2}$ ligne que ne suppose le calcul des dN, donneroient 1510 lignes, c'est-à-dire 128^l de plus que nous n'avons trouvé. Il faudroit donc supposer que chacune de ces règles eût été tenue presque $\frac{1}{4}$ ligne plus haut que la précédente ; ce qui me paroît un peu fort, mais n'est pourtant pas impossible. Il en résulte que la base de Melun a besoin de la correction — $2^l 25$ = $0^t 0026$, que nous avons indiquée ci-dessus comme possible.

Quand la base va en montant, la seconde observation de niveau donne un nombre plus fort que la première, et dN est marquée du signe +; dans le cas contraire, dN a le signe —.

Après cette première page, donnée avec tous les détails possibles, nous ne présenterons dans le tableau II que les sommes qui se trouvent au bas des soixante-une pages qu'a fournies la base de Melun. Toutes les additions et tous les calculs qu'elles supposent ont été faits triples par Tranchot, Pommard et moi, à l'exception des dN, qui n'ont été calculés que par Tranchot.

Il n'est pas inutile de remarquer que les additions ayant été faites sur des registres dont la pagination étoit différente, les sommes partielles qui formoient la somme totale n'étoient pas les mêmes, et qu'ainsi la vérification étoit plus certaine encore que si toutes les pages eussent été du même nombre de règles.

Ces registres sont au nombre de quatre. Les deux premiers sont les originaux écrits par Tranchot et Pommard sur le terrain ; le troisième est la copie que je faisois chaque soir ; le quatrième est une copie faite par Tranchot. Tous ces registres seront déposés à l'Observatoire.

Nº II.

Base de Melun.

Pag.	Nombres des règles.	Somme des thermomètres.	Somme des languettes.	Somme des réduct. à l'horizon.	Somme des différences de niveau.	
1	48	20182.3	25736.1	1481.2	— 12561	
2	52	21636.4	36697.8	1556.1	— 518	
3	52	22109.7	41738.2	839.7	. . . . .	+ 6514
4	48	20137.3	40253.6	893.1	. . . . .	+ 3714
5	52	22193.0	44089.2	431.4	. . . . .	+ 6342
6	48	20295.7	42633.2	433.7	. . . . .	+ 6871
7	48	20516.2	45958.0	1376.0	. . . . .	+ 13700
8	52	22214.0	55659.3	1678.9	. . . . .	+ 12925
9	52	22119.3	54014.9	630.2	. . . . .	+ 555
10	48	20767.0	50835.9	566.4	— 4650	
11	52	21897.9	58342.3	312.6	— 1664	
12	48	20755.6	55103.6	242.3	— 1559	
13	52	22007.4	60734.9	194.7	. . . . .	+ 284
14	48	20599.4	57242.1	182.2	. . . . .	+ 3897
15	52	21832.1	62514.6	457.5	. . . . .	+ 8054
16	52	21811.2	63410.4	177.2	. . . . .	+ 3836
17	52	21537.7	64141.5	273.9	. . . . .	+ 2133
18	48	19815.7	59756.0	162.8	— 420	
19	48	19870.6	60774.2	238.1	. . . . .	+ 4824
20	48	19894.7	58883.0	280.0	— 1634	
21	52	21106.2	64877.7	394.3	— 5716	
22	48	20299.6	63235.8	2188.0	— 17981	
23	52	21871.2	62806.2	1840.2	— 10093	
24	48	19972.1	59716.0	928.4	. . . . .	+ 4969
25	52	21853.1	63532.0	967.5	. . . . .	+ 3929
26	48	20855.0	57182.9	958.0	. . . . .	+ 3624
27	52	22070.2	64529.7	1477.2	. . . . .	+ 5633
28	48	19981.7	55319.9	1327.7	. . . . .	+ 12920
29	52	21597.7	61365.2	617.2	. . . . .	+ 6264
30	52	21458.3	63978.6	360.6	. . . . .	+ 342
	1504	6.33488.3	16.55962.8	23458.1	— 56696	+ 111331

Pag.	Nombre des règles.	Somme des thermomètres.	Somme des languettes.	Somme des réduct. à l'horizon.	Somme des différences de niveau.	
31	48	19989.4	67649.2	173.9	. . . . . .	+ 117
32	48	21059.0	59136.2	586.4	— 485	
33	52	22185.3	63150.2	955.3	— 1216	
34	48	20489.1	56373.4	166.2	. . . . . .	+ 3369
35	52	22665.5	62147.3	564.6	. . . . . .	+ 1787
36	48	20257.9	57928.5	427.7	. . . . . .	+ 4520
37	52	22388.8	59161.5	258.8	. . . . . .	+ 4133
38	48	20619.2	53439.2	206.4	. . . . . .	+ 3517
39	52	21735.3	59434.6	166.1	. . . . . .	+ 5631
40	48	19928.4	56509.3	148.3	. . . . . .	+ 3329
41	52	21670.8	60528.9	185.9	. . . . . .	+ 938
42	48	20141.8	56643.2	333.5	. . . . . .	+ 3300
43	52	21892.3	60567.4	243.0	. . . . . .	+ 104
44	48	19915.7	52626.1	157.3	— 1783	
45	52	22055.0	60810.1	127.7	. . . . . .	+ 1354
46	48	20059.9	56569.7	227.9	. . . . . .	+ 527
47	52	22024.6	61243.9	397.2	. . . . . .	+ 2068
48	48	20299.7	58145.5	275.5	. . . . . .	+ 280
49	52	22180.7	61777.3	209.9	— 1910	
50	48	20580.8	56285.7	299.0	— 624	
51	52	22080.8	61383.1	244.9	. . . . . .	+ 1303
52	48	20394.0	55379.9	318.1	— 1702	
53	52	21745.6	61623.6	307.3	— 1861	
54	48	20167.3	56110.7	205.1	— 2561	
55	52	21976.5	57946.3	253.4	— 2123	
56	48	20370.9	55020.0	296.0	. . . . . .	+ 165
57	52	21987.6	59069.0	265.6	. . . . . .	+ 632
58	48	20208.6	54963.3	526.7	— 861	
59	52	22065.7	61078.1	257.2	. . . . . .	+ 2157
60	48	20327.0	54288.5	275.5	— 206	
61	21	8912.3	24015.8	162.8	— 894	
	1517	6.42375.5	17.71005.5	9253.2	— 16226	+ 3.5231
	1504	6.33488.3	16.55062.8	23458.1	— 56696	+ 11.1331
	3021	12.75863.8	34.26068.3	0,32711.3	— 72922	+ 14.6562
						— 7.2922
						+ 7.3640

La réunion de toutes ces sommes, donne, pour résultat général :

Toises		6042
Languettes		34.26068.3
Épaisseur du fil à plomb	+	0.00057.8
Réduction à l'horizon.	−	0.32711.0
Réduction des languettes	−	178.8
Base mesurée		6075.93236.3
Thermomètres		12.75863.8
Somme des *dN*		7'364

La base mesurée a besoin de plusieurs corrections.

1°. La dernière règle ou la 3021ᵉ dépassoit un peu le terme austral. De l'extrémité de cette règle on avoit abaissé, comme à la fin d'une journée, un fil à plomb sur une plaque de plomb clouée dans un mastic qui recouvroit le massif de pierre du terme boréal.

Entre ce point et le terme l'intervalle s'est trouvé de 48ˡ5; mais cette longueur étoit l'hypoténuse d'un triangle rectangle dont la hauteur étoit 10 lignes. La différence horizontale étoit donc de 47ˡ458 = — 0ᵗ05492.8. Cette différence est trop forte d'une demi-épaisseur du fil qui soutenoit le plomb : ainsi, après l'avoir retranchée, il faut ajouter une demi-épaisseur du fil. On avoit déja une demi-épaisseur à ajouter pour le commencement; c'est au total une épaisseur du cordonnet qui soutenoit le plomb ou le perpendicule, on peut l'évaluer à une demi-ligne ou 0ᵗ00057.8. Cette petite correction est déja employée ci-dessus; reste donc — 0ᵗ05492.8.

2°. Notre mesure est celle d'une ligne brisée dont les

deux parties font à l'horizon un angle de 179° 10′ 47″09; les deux parties étant, l'une de 3945^t et 2131^t, la réduction aux cordes est de 6″18, et par conséquent l'angle des cordes = 179° 10′ 40″91 = A. On a donc

$$\tfrac{1}{2} A = 89^\circ\ 35'\ 20''5$$

d'où l'on conclut pour la réduction à la ligne droite (page 17):

Premier terme	− 0.142369
Second terme	− 0.000002
Total	− 0.142371

3°. Outre cette correction, le coude de notre base en exige encore une autre dont il faut que je rende compte, quoiqu'elle soit assez petite pour être négligée.

Entre la dernière règle lue le 17 floréal et le centre du poteau où se faisoit le coude, il restoit 1^{pi} 7^{po} 8^l à très-peu près. Au lieu de mesurer exactement cette longueur EP (*fig.* 15), j'ai fait aligner vers le point L sur la règle de mire placée en I, à 100^t 1^{pi} 7^{po} 8^l; en sorte qu'au lieu de mesurer $EP + PL$, j'ai mesuré EL, qui est un peu trop court. La différence, suivant la formule, est

$$\left(\frac{2\,EP.\,PL}{EP+PL}\right).\cos^2.\tfrac{1}{2}P = \frac{100^t \times 0^t27315.\ \cos^2.\ \tfrac{1}{2}(179^\circ\ 10'\ 40''91)}{100^t27315}$$

$$= + 0^t0000278$$

L'angle ELP est de 8″; la ligne ELI est donc aussi brisée: elle auroit donc besoin d'une correction

$$= \frac{2\,EL.\,LI.\cos^2.\tfrac{1}{2}L}{EL+LI} = \frac{200^t5463.\ \sin^2.\ 4''}{3945} = 0^t000000.00000.19.$$

4°. Chacune des parties de la base est un arc. Soit R le rayon de la terre, la différence de la corde à l'arc sera $-\frac{(arc)^3}{24\ R^2}$.

Cette formule donne :

Pour la partie 3945ᵗ		— 0.0002388
Pour la partie 2131ᵗ		— 376
Réduction aux cordes		— 0.00027.64
Correction du vernier des languettes		— 0.01100.48
Réduction des articles précédens .	1°. . .	— 0.05492.8
	2°. . .	— 0.14237.1
	3°. . .	+ 0.00002.78
Somme		— 0.20855.24
Résultat immédiat		6075.93236.35
Base corrigée		6075.72381.11

Il faut la réduire au niveau de la mer.

Le sol du terme austral est élevé de . .	36ᵗ11	au-dessus de la mer.
Celui du terme boréal est élevé de . .	45ᵗ91	
Moyenne entre les deux termes .	41ᵗ00	
Le sol au coude est élevé de . .	42ᵗ00	

En regardant l'élévation moyenne entre les deux termes comme l'élévation moyenne de la base, la réduction au niveau de la mer seroit — 0ᵗ07615. En partageant la base en sept arcs différens, j'ai trouvé — 0ᵗ07735.

La différence vaut une ligne, et pour chaque toise dont on changeroit la hauteur moyenne, on auroit

1/5 de variation dans la réduction au niveau de la mer.

Je m'en tiens à	— 0.07735
	6075.72381
Base au niveau de la mer	6075.64646

La somme 12.75863.8 des thermomètres métalliques, divisée par le nombre 3021 des observations, donne le quotient 0.00422.33, qui nous montre la température moyenne de nos règles.

Le point de la glace à ces mêmes règles est	0.00383.3
Dix degrés du thermomètre de Réaumur valent	23.16
Par conséquent 3° donnent	6.948
Ainsi, à 13° de Réaumur répondent	413.408
Nous avions	422.3
Différence	+ 8.9
Alongement de la règle de platine pour une partie du thermomètre	0.9245
Alongement pour 8.9 parties	8.228
Ces parties sont des deux cent-millièmes de la règle.	
En les multipliant par 3038, nombre des règles, on aura pour la réduction à 13° de Réaumur.	0ᵗ24997 (1)
Avec cette correction la base	6075.64646
donnera pour la base réduite à la mer, à 13°, à une ligne droite	6075.89643
Différence de la corde à l'arc	87
Arc de la base	6075.89730

Cette valeur est donnée en parties d'une toise qui seroit égale au huitième de nos quatre règles.

---

(1) En général, soit R le nombre des règles, T la somme des thermomètres, G le point de la glace sur ces thermomètres, $+\left(\frac{T}{R} - G\right) 0.9245\, R$ sera la réduction à la température de la glace; ce qui revient à $0.9245\,(T - G.R)$. Mais si G est le terme qui sur ces règles répond à 13° de Réaumur, la réduction sera pour 13°, et ainsi de toute autre température.

Le 6 frimaire an 7, au retour de Perpignan, l'excès de cette toise moyenne sur la toise moitié du n° I est de 0.00000.10.

La réduction sera donc.	+ 608
	6075.89730
	6075.90338
Pour les petites erreurs inévitables dans l'alignement, et pour l'épaisseur des règles, j'ai dit qu'on pourroit retrancher 0.003 ou 0.005, et je supposerai en nombre rond	6075.9

J'ai successivement présenté à la commission, pour cette base, les valeurs 6075.921077 et 6075.89197; il faut donner la raison de cette différence. D'abord on peut remarquer que si je propose ce changement, ce ne peut être que pour l'intérêt de la vérité; car il diminuera un peu l'accord entre mes deux bases.

En faisant sur le registre l'addition de toutes les réductions à l'horizon, celle de la vingt-deuxième page fut omise, je ne sais comment. Cette page nous avoit occupés plus que les autres, parce que c'est celle où le coude exige deux réductions particulières. En les calculant avec soin on oublia la réduction ordinaire, et c'est en faisant ensuite l'opération sur un autre registre où les pages étoient autrement divisées, qu'on trouva dans la somme totale des réductions une différence de 0.02188 dont il fallut chercher la cause. Sur quoi il faut observer que la base adoptée par la commission est une ligne droite, et que, pour la changer en arc, il faut y ajouter $0^t000872$; ce qui donne $6075^t900069$ quand on a retranché les 0.02188. C'est sur cette base que tous mes derniers calculs ont été faits.

N° III.

Base de Perpignan.

Pag.	Nombre des règles.	Somme des thermomètres.	Somme des languettes.	Somme des réduct. à l'horizon.	Somme des différences de niveau.	
1	52	22664.7	63381.8	418.1	+ 13	
2	48	20727.2	57473.9	862.2	+ 1211	
3	52	22300.5	61113.9	583.1	+ 2735	
4	48	20774.0	58129.1	242.9	+ 2132	
5	52	22841.5	62728.8	1332.3	+ 1679	
6	48	21033.7	56344.1	237.3	+ 1980	
7	52	23092.6	63665.5	351.5	+ 257	
8	48	21649.3	59608.2	377.9	. . . . . .	— 1933
9	52	23331 6	62568.8	348.1	+ 351	
10	48	20914.5	55234.7	227.6	+ 262	
11	52	22696.1	60264.9	208.7	+ 1118	
12	48	20888.3	55449.2	224.6	. . . . . .	— 1612
13	52	22918.0	63567.4	300.1	. . . . . .	— 670
14	48	21235.1	56209.5	234.5	+ 775	
15	48	21246.0	56130.3	374.2	+ 3927	
16	52	22682.4	59573.6	563.5	. . . . . .	— 2912
17	52	22708.7	60114.6	521.1	+ 2991	
18	48	21092.0	55495.5	207.6	. . . . . .	— 647
19	52	22931.7	58355.3	1001.3	+ 8684	
20	48	21338.5	54509.3	495.3	. . . . . .	— 3979
21	52	22819.6	61659.2	343.8	+ 3203	
22	48	21101.5	56585.4	298.3	+ 1851	
23	52	22833.1	60024.4	413.2	+ 3618	
24	48	20987.1	55536.3	400.7	+ 3778	
25	52	22816.5	61613.8	536.2	+ 2234	
26	48	21051.7	56327.5	452.4	+ 1590	
27	52	23162.2	58266.7	837.2	. . . . . .	— 7941
28	48	21109.8	53942.1	414.8	. . . . . .	— 4160
29	52	22771.6	63076.5	475.1	+ 3407	
30	48	20709.8	54711.6	1627.9	+ 5586	
	1500	6.58429.3	17.61692.4	14881.5	+ 53392	— 23854

Pag.	Nombre des règles.	Somme des thermomètres.	Somme des languettes.	Somme des réduct. à l'horizon.	Somme des différences de niveau.	
31	52	22692.3	59954 6	1576.1	....	— 1.2901
32	48	21244.1	57961.5	1338.7	....	— 6265
33	52	23356.4	62407.2	1708.4	+ 919	— 3898
34	48	21734.6	56236.1	471.4	....	
35	52	22832.2	60150.5	313.6	....	— 719
36	48	21292.1	56545.5	321.6	....	— 1387
37	52	22726.2	61183.3	256.0	....	— 293
38	48	20738.6	57076.7	343.3	....	— 965
39	52	22224.3	64397.9	306.0	....	— 1126
40	48	20938.9	58861.9	257.5	+ 859	
41	52	22396.8	61185.4	6419.8	+ 3.1429	
42	48	20684.1	56752.3	5708.0	+ 2.8237	
43	52	22419.2	62854.7	143.9	....	— 116
44	48	20545.7	57824.8	5183.9	....	— 2.7331
45	52	22178 7	60585.1	1351.0	+ 2853	
46	48	20572.8	60135.7	934.2	+ 1.0411	
47	48	20428.4	58637.2	661.1	+ 1814	
48	48	18815.8	52580.9	286.8	+ 4668	
49	52	20803.9	58409.3	697.2	+ 2529	
50	48	18813.5	52968.3	521.5	+ 4805	
51	52	20867.4	57845.0	419.7	+ 1570	
52	44	16981.0	46484.5	446.7	+ 4654	
53	52	18948.7	60011.9	530.8	+ 4157	
54	48	16949.4	46156.3	243.5	+ 3600	
55	52	18611.1	50642.0	244.8	+ 3461	
56	48	16989.6	46551.7	366.5	+ 2787	
57	52	18921.1	54808.1	293.6	+ 2362	
58	48	17523.0	45490.9	241.2	+ 1017	
59	52	19553.6	48812.9	128.0	....	— 637
60	43	51329.3	1.39655.7	1193.5	....	— 1971
	1487	6.44112.8	17.63167.9	32908.5	+ 11.2132	— 5.7609
	1500	6.58429.3	17.61692.4	14881.5	+ 5.3392	— 2.3854
	2987	13.02542.1	35.24860.3	0.47790.0	+ 16.5524	— 8.1463
					— 8.1463	
					+ 8.4061	

Base de Perpignan.

Le troisième tableau, pages 46 et 47, est absolument semblable au second, et ne demande aucune explication.

La base de Perpignan a été mesurée sur la grande route de cette ville à Narbonne.

On a vu, tome I, page 408, les raisons qui ont déterminé le choix de M. Méchain, et celles qui l'ont empêché de placer les deux termes sur la route même, Ils sont au-delà du fossé, à l'ouest.

La route n'a que 8 toises dans sa plus grande largeur; on se propose même de la réduire à 6, et ce retranchement est déja exécuté en plusieurs endroits. Le pont de l'Agly, qui se trouve vers le milieu de la base, n'a que 12 pieds de largeur intérieurement, et les bornes réduisent l'espace libre à 9 pieds.

La route fait un coude très-sensible au Vernet, qui est à une demi-lieue de Perpignan; c'est là qu'est le terme sud. Il est marqué par un massif en briques qui s'élève de quelques pouces au-dessus du terrain. De là jusqu'à Salces la route est sensiblement droite; cependant elle a une légère déviation près du mas de la Garrigue.

On ne pouvoit conduire l'alignement aux deux termes, parce qu'il auroit traversé le fossé très-obliquement et dans une longueur qui auroit rendu la mesure impossible. J'ai pris le parti de faire placer un signal sur la hauteur du Vernet, dans l'alignement de la route, à quelque distance du terme sud, et un autre signal sur la route même, vers Salces, à quelque distance du terme nord.

Il falloit un point d'où l'on aperçût ces deux signaux; je l'ai rencontré à 300 toises environ du pont de l'Agly, vers Salces. J'y ai fait enfoncer en terre, quelques pouces au-dessous du niveau de la route, un piquet de 2 pieds de longueur et de 6 pouces d'écarrissage.

L'alignement a été tracé d'ailleurs comme celui de Melun.

Le 12 thermidor an 6, nous avons fait au coude de la base les observations suivantes.

DISTANCES AU ZÉNITH.

Signal de Salces.

10 1000^{g}759 100^{g}0759 = 90° 4′ 5″9 (en terre.)

D. et B. n° 4. 11^{h} ½ du matin. Ondulations. Ce signal a depuis été déplacé.

Tour de Tautavel.

10 974^{g}442 97^{g}4442 = 87° 41′ 59″2 (dans le ciel.)

Signal du Vernet.

10 998^{g}368 99^{g}8368 = 89° 51′ 11″232 (en terre.)

Le signal du Vernet avoit 28 pieds de hauteur, et il étoit placé sur un terrain qui s'élevoit de 1^{t} au-dessus de la route.

ANGLE.

Entre la tour de Tautavel et le signal du Vernet.

20 2046^{g}340 102^{g}3170 = 92° 5′ 7″08
+ 26″98

Horizon . . . . 92° 5′ 34″06

Ondulations, sur-tout au Vernet. Toutes ces observations ont été faites sans interruption, avec le même instrument.

DISTANCE AU ZÉNITH.

Nouveau signal de Salces.

10	1000g668	100g0668	=	90° 3′ 36″432

D. et T. n° 4. 14 thermidor. Beaucoup d'ondulations. Le signal de Salces étoit haut de 4 toises.

ANGLE.

Entre le signal de Salces et la tour de Tautavel.

20	19628121	98g10605	=	88° 17′ 43″602
				— 13″58
Horizon				88° 17′ 30″02
Entre Tautavel et le Vernet . .				92° 5′ 34″06
Angle au coude				180° 23′ 4″08
$P = 3358^t$; $Q = 2648^t$ . .				+ 12″97
Angle au coude = A				180° 23′ 17″05
		$\frac{1}{2} A$	=	90° 11′ 38″5

La *fig.* 16 représente le chemin de Perpignan à Salces ; V est le signal du Vernet, S le signal de Salces, $abcd$ le pont de l'Agly, BCA est l'alignement qui fait en C un angle saillant du côté des signaux. Les points A et B sont déterminés par les perpendiculaires abaissées de S et de V sur CA et CB.

L'alignement, commencé le 12, ne fut terminé que le 18 thermidor. Le 19 nous commençâmes la mesure du côté de Salces, en plaçant la première règle en nm, en sorte que $Sn = Sm = 6^t\ 3^{pi}\ 2^{po}\ 1^l = 6^t52894$; d'où $nA = 1^t$. La réduction à l'horizon pour la règle nº I étoit en ce moment $0^t 00038$, dont la moitié 19 doit se retrancher de nA, qui devient $= 0.99981$. C'est ce qu'il faut retrancher de la mesure commencée en n pour la réduire au point A.

$$SA = (\overline{Sn}^2 - \overline{nA}^2)^{\frac{1}{2}} = \overline{(Sn + nA)(Sn - nA)}^{\frac{1}{2}}$$
$$= (7^t 52894 \times 5^t 52894)^{\frac{1}{2}} = 6^t 4519$$

Cette valeur m'a paru sûre à quelques lignes, ce qui est plus que suffisant pour l'usage qu'on en doit faire. On s'est attaché sur-tout à rendre bien égales les distances Sn et Sm; l'épreuve, réitérée plusieurs fois avec un cordeau bien tendu, n'a jamais donné une ligne de différence.

On a planté un piquet en n, comme à la fin d'une journée.

Le premier jour complémentaire, la mesure finit au terme sud.

Le côté $pV = qV$ du triangle isocèle est de 16pi 3po 8l5 $= 2^t 71817.13$.

La base pq du même triangle $=$ *règle nº II + règle nº III + languettes nºs 1 et 2* $-$ 13po 10l5 $= 4^t 02576.9 - 166^l 5 = 4^t 02576.9 - 0^t 19270.8 = 3^t 83306.1$.

Ainsi, de la base terminée au point q, il faut retrancher (13po 10l5 $+ \frac{1}{2} pq) = 0^t 19270.8 + 1^t 91653.05 = 2^t 1093387$.

$$VB = (4^t 63470.1 \times 0^t 80164.1)^{\frac{1}{2}} = 1^t 92753.1$$

Pour prendre ces mesures on a découvert momentanément les deux termes; on les a trouvés tels que Méchain les a décrits aux articles du Vernet et de Salces, tome I. Tranchot, qui avoit coopéré à l'établissement de ces termes, et qui coopéroit à la mesure des bases, les reconnut parfaitement. La plaque de cuivre étoit recouverte d'une plaque de plomb au-dessus de laquelle la maçonnerie formoit une petite chambre.

Le terme sud n'étoit pas aussi bien conservé que le terme nord. On voyoit quelques traces d'humidité au pourtour du pieu et même de la plaque de cuivre; mais le centre et les deux cercles étoient parfaitement visibles. On a bien essuyé avant de recouvrir, et la maçonnerie a été rétablie comme auparavant. La conservation des massifs a été instamment recommandée à l'administration départementale et à l'ingénieur en chef.

La mesure totale a donné	5974'0
Languettes	35.248603
Réduction à l'horizon	— 0.477900
Réduction des languettes	— 0.002862
Longueur mesurée	6008.767841

Thermomètres . 13.02532.1 Différ. de niveau 8.4063

La première partie, de Salces au coude, étoit de . .	2632.0
Languettes	15.49671
Réduction à l'horizon	— 0.116923
Réduction des languettes	— 706
Première partie, règles entières	2647.379081
Fraction de la 2633e règle	1.542824
Réduction	— 311
De Salces au coude	2648.921594
Longueur totale	6008.767841
Du coude au Vernet	3359.846247

De la première partie	2648.921594
Retranchez nA	0.999810
Il restera	2647.921784
Différence de l'arc à la corde	— 72
Première corde	2647.921712
De la seconde partie mesurée	3359.846247
Retranchons $\frac{1}{2}pq$	— 1.916530
Et . . . . . uq	— 0.192708
Il restera	3357.737009
Différence de l'arc à la corde	— 147
Seconde corde	3357.736862
Première corde	2647.921712
Ligne brisée, ou somme des deux cordes	6005.658574
Réduction à la ligne droite	— 0.033955
Autre petite corr. au coude $\frac{0.45718 \times 99^t54284 . \cos^2 . \frac{1}{2}A}{100^t}$	— 0.000010
Ligne droite mesurée	6005.624609

Cette ligne n'est pas encore la base véritable. Soient CA et CB les deux lignes droites mesurées, AB sera la droite dont on vient de trouver la valeur $6005^t624609$, S et V les deux termes de la base, l'un vers Salces, l'autre vers le Vernet. C'est la ligne SV qu'il faut connoître. Nous avons vu que SA est perpendiculaire sur CA, VB sur CB; abaissons les perpendiculaires Sa et Vb, nous aurons

$$aSA + SaA + SAa = 180° = CAB + CAS + SAa$$

d'où

$$aSA + SaA = CAB + CAS$$

ou

$$aSA + 90° = CAB + 90° \quad \text{et} \quad aSA = CAB$$

On trouvera de même que $bVB = CBA$,

$$\left(\frac{CA - CB}{CA + CB}\right) cot. \tfrac{1}{2} ACB = tang. \tfrac{1}{2}(CBA - CAB) = \frac{709.815.\ tang.\ 11'\ 38''5}{6005.659}$$

ou

$$\tfrac{1}{2}(CBA - CAB) = \frac{705.815 \times 11'\ 38''5}{6005.659} = 1'\ 22''6$$

$$\tfrac{1}{2}(CBA + CAB) = \ldots\ldots\ldots = 11'\ 38''5$$

d'où

$$CAB = ASa = \ldots\ldots\ldots = 13'\ 1''1$$

$$CBA = bVB = \ldots\ldots\ldots = 10'\ 15''9$$

$Aa = SA.\ sin.\ aSA$

$= 6^t451900.\ sin.\ 13'\ 1''1 = 0^t0244432$ $Sa = SA.\ cos.\ aSA = 6^t45185$

$bB = VB.\ sin.\ bVB$ . . . .

$= 1.927531.\ sin.\ 10'\ 15''9 = 0.0057574$ $Vb = VB.\ cos.\ bVB = 1.927518$

$SA - Vb = Sa' = 4.524332$

$Aa + bB = 0.0301894$

$AB = 6005.624609$

$ab = 6005.6547984$ 6005.6547984

$$tang.\ SVa' = \frac{Sa'}{Va'} = \frac{Sa'}{ab'} = \frac{4.524332}{6005.654788}$$

$$VS = Va'.\ sec.\ SVa' = Va' + Va'.\ tang.\ SVa'.\ tang.\ \tfrac{1}{2} SVa$$

$$= Va' + \tfrac{1}{2} Va'.\ tang^2.\ SVa' = 0.0017034$$

Base véritable 6005.6565914

Suivant un nivellement exécuté par M. Méchain le premier ventose an 4, le terme nord étoit élevé au-dessus de l'étang de Leucate de . . . 6^t14

L'étang de Leucate communiquoit à la mer par la coupure au château Saint-Ange, qui étoit ouverte depuis quelque temps.

Par un grand nombre de distances au zénith observées et calculées par Méchain, la différence de niveau entre les deux termes étoit de 9.57

Ainsi l'élévation du terme austral est de 15.71

L'élévation moyenne entre les deux termes 10.92

Et la réduction au niveau de la mer . . . . $0^t0020048$

Au lieu de 9^t57 de différence entre les deux termes, les dN de la base ne donnent que 8.41, environ $\frac{1}{8}$ de moins.

Ajoutons $\frac{1}{8}$ à tous les dN, et calculons l'élévation moyenne de chaque page, en partant de 6^t14 pour le terme nord, nous trouverons pour la somme des réductions . . . . — 0.01734.89

La base véritable étoit 6005.65650.18

La base au niveau de la mer sera 6005.63915.29

La somme des thermomètres 13.025321 donne par un milieu 436.07

13 degrés de Réaumur répondent à 413.41

La température excédoit 13 degrés de 22.66

0.00022.66 × 0.9245 × 3002.818, donne . . . . . . + 0.62906

Base à 13 degrés de Réaumur 6006.26821.29

L'erreur du vernier, au retour de Perpignan, étoit . . 0.00000.66

Cette quantité multipliée par 2987, nombre des règles, donne pour correction de la base . . . . — 0.01971.42

Base en toises moyennes 6006.24849.87

Réduction au n° I 608

Base définitive en corde 6006.25458

Différence de la corde à l'arc 87

Base en arc 6006.25545

La base présentée à la commission étoit 6006.247848

Pour l'épaisseur des règles et les erreurs dans l'alignement, il faut, comme à la base de Melun, retrancher 0.003 ou 0.005; ce qui nous réduit à 6006^t25.

Le changement que des calculs plus approfondis me fournissent, va encore à rendre moindre l'accord entre les deux bases; mais c'est de si peu de chose que l'effet n'en sera pas sensible. Ces légères différences sont des quantités dont il nous est impossible de répondre ; ainsi, sans chercher une précision imaginaire, on peut se borner aux quantités suivantes.

Base de Melun en arc	6075ᵗ90
Base de Perpignan en arc	6096ᵗ25

Ces bases sont exprimées en toises qui sont la moitié de la règle nº I, de cette règle qu'on a désignée plus particulièrement sous le nom de module, et sur laquelle on a définitivement construit le mètre prototype déposé aux archives nationales. Voyez le rapport de M. Van-Swinden, tome II des *Mémoires de la classe des sciences mathématiques et physiques*, p. 43.

Opérations faites le premier ventose an 4, pour déterminer la différence de niveau de l'étang de Leucate ou de Salces, et du signal de l'extrémité nord de la base près de Salces.

Je donne les calculs de cet article tels que je les trouve dans les papiers de M. Méchain. Il a publié lui-même, tome I, page 421, la distance du signal de Salces au zénith du point *O* (*fig.* 17).

Cette distance est	89° 31′ 3″5625
Demi-épaisseur du fil	3″00
Réfraction	6″00
Distance vraie au zénith	89° 31′ 12″56

Au bord de l'eau, en *B*, à 5 toises 2 pieds du centre du cercle *O*, on avoit placé une mire élevée de 6 pieds au-dessus de l'eau, et l'on en a pris la distance au zénith du point O; savoir,

4   401g284   100g3210 = 90° 17′ 20″04

On en a conclu que le centre du cercle étoit au-dessus du niveau de l'étang de	1t 0pi 1po936
La distance OS du centre du cercle au centre du signal, mesurée en ligne droite, et avec une chaîne, a été trouvée de 1123t 2pi; en conséquence le bord du signal étoit plus élevé que le centre du cercle de	9t 2pi 5po628
Donc la base supérieure du signal étoit au-dessus du niveau de l'étang de	10t 2pi 7po564
Sa hauteur au-dessus de la plaque de cuivre où l'on avoit marqué le terme nord de la base, étoit de	4t 1pi 9po25
Donc le terme nord est au-dessus de l'étang de	6t 0pi 10po31

Pour la différence de niveau entre le terme nord et le terme sud de la base.

Par les observations réciproques faites au terme nord et au mont d'Espira, on a trouvé la différence de niveau de ces deux points	226t84724
Par de semblables observations entre le Vernet et Espira l'on a trouvé	217.2823
Donc entre le terme nord et le terme sud	9.56494
Pour le terme nord et Forceral	254.2100
Pour le terme sud et Forceral	244 6871
Donc entre le terme nord et le terme sud	9.5229
Par les observations réciproques aux deux termes	9.22466
Par les observations des deux termes au pont de l'Agly . . .	9.76667
De pareilles sur la tour de Rivesaltes	9.66667
Par un milieu entre toutes ces valeurs	9.56917
Terme nord	6.14
Terme sud	15.71

Ce sont les quantités que nous avons employées dans

les dernières lignes de la page 54 et dans les premières de la page 55.

Pour terminer ce qui concerne la mesure des bases, et donner une idée de l'exactitude des opérations dans les circonstances même les plus défavorables, j'ai cru devoir transcrire ici le passage suivant, que je tire de mes registres :

Le 7 fructidor, à la base de Perpignan, un vent impétueux venoit à chaque instant déranger les règles. Malgré leur poids et le frottement qu'elles éprouvoient sur leur trépied de fer, nous ne pouvions les conserver long-temps dans la direction de la base. Le vent les faisoit charrier sur leurs supports, en sorte qu'après avoir lutté contre ces difficultés une partie de la journée, nous prîmes le parti d'interrompre la mesure, que nous recommençâmes en entier le 11, par un temps beaucoup plus calme.

Journée du 8. 68 règles valent . . .	136.0	
Languettes	0.79755.7	Thermom. 0.30015.7
Réduction à l'horizon	— 437.6	
Réduction pour les languettes . . .	— 2.6	
Résultat définitif	136.79315 5	
Journée du 11. 68 règles	136.0	
Languettes	0.80229.6	0.29599.7
Réduction à l'horizon	— 466.3	
Réduction pour les languettes . . .	— 3.0	
. . . .	136.79760 3	0.00416.0
Réduction à la température du 8 . .	— 00384.6	Différence de température à multiplier par 0.9245.
Mesure exacte	136.79375.7	
Mesure du 8	136.79315.5	
Différence	0.00060.2	

c'est-à-dire $\frac{6}{10}$ de millimètre = 0l266. C'est à cette petite fraction que se réduit la différence entre deux mesures dont l'une nous avoit parfaitement contentés, et l'autre nous avoit paru assez incertaine pour devoir être recommencée en entier.

Soins pris pour la conservation des deux termes de la base de Melun.

On a vu, tome I, p. 142, que chacun de ces termes est un point marqué à la surface supérieure d'un cylindre de cuivre, scellé en plomb dans un massif construit en pierres de taille; ce massif est fondé sur le roc, et la coupe horizontale est un carré de 2.43 mètres de côté.

Pour mieux désigner et conserver plus sûrement ce point, on en a fait le centre commun de plusieurs cercles décrits sur la surface supérieure du cylindre.

Au temps de la mesure de la base, on avoit recouvert le cylindre d'une plaque de plomb, et en outre d'une pierre taillée en calotte sphérique, fixée et défendue seulement par un peu de maçonnerie; précaution suffisante alors, parce que les termes étoient enfermés dans d'énormes signaux qui empêchoient les voitures et les animaux d'en approcher.

On avoit laissé subsister ces signaux pour le cas où la commission des poids et mesures jugeroit à propos de vérifier la direction aussi bien que la longueur de la base mesurée, ainsi que les triangles subsidiaires qui joignoient la base aux triangles principaux.

D'après l'examen des instrumens qui ont servi à la mesure de la base, et celui des registres où j'ai consigné tous les détails et les attentions scrupuleuses que j'ai eues pendant toute l'opération, la commission a jugé inutile toute recherche ultérieure sur une longueur confirmée d'ailleurs d'une manière si satisfaisante par l'autre base mesurée près de Perpignan. En conséquence je me suis déterminé à faire abattre les deux signaux; mais auparavant il falloit pourvoir à la conservation des cylindres qui fixent les termes de la base. M. d'Herbelot, ingénieur en chef du département de Seine-et-Marne, qui avoit bien voulu diriger toutes les constructions précédentes, se prêta avec la même complaisance à ce que je désirois en cette occasion. Dans un voyage qu'il fit à Paris il nous apporta un plan qui fut vu et approuvé par plusieurs membres de la commission, et notamment par MM. Laplace et Méchain.

Ce plan arrêté, M. d'Herbelot se chargea de faire tailler les pierres et les bornes, afin que, trouvant tout préparé quand j'arriverois à Melun, je ne fusse pas obligé de m'absenter si long-temps.

Le 9 octobre 1799, je me suis rendu à Melun avec M. Bellet, qui avoit placé les cylindres et pris une part si active à la mesure des bases, ainsi qu'à toutes les opérations faites depuis Dunkerque jusqu'à Rodez.

Le 10, en présence de M. d'Herbelot, nous avons fait lever la calotte sphérique et la plaque de plomb qui recouvroit le terme sud, près de Melun. Nous avons retrouvé tout au même état qu'au temps de la mesure. Alors nous avons placé sur le cylindre une nouvelle plaque de plomb plus grande que la première, et, pour empêcher l'humidité d'en approcher, nous avons fait verser dessus quelques litres de machefer; après quoi, sur le cadre qui forme autour du massif une bordure élevée de 22 centimètres, on a placé devant nous deux pierres épaisses qui, entrant à feuillure dans ce cadre, le recouvrent en entier et y laissent dans l'intérieur un vide dont la hauteur est d'un décimètre.

Ces deux pierres, scellées avec soin en ciment, ont été recouvertes ensuite d'une pierre unique, égale aux deux autres prises ensemble, et dont la surface supérieure est taillée en pyramide quadrangulaire très-écrasée, comme on peut le voir dans la *fig.* 18, *pl. VI.*

Le lendemain, MM. Laplace et Prony, venus exprès de Paris, ont examiné le travail, l'ont trouvé conforme au plan arrêté, et ils en ont approuvé l'exécution.

Ce jour et les suivans, jusqu'au 13, ont été employés à placer les seize bornes qui environnent le massif et une partie circulaire du pavé, avec une pente suffisante pour l'écoulement des eaux.

Ces ouvrages terminés au terme sud, le 14 j'ai fait découvrir le terme nord, près de Lieursaint; il s'est trouvé tout aussi bien conservé que le terme sud. On l'a recouvert avec les mêmes précautions. Toutes les constructions sont aussi les mêmes. Quand j'ai quitté Lieursaint, le 17, il ne restoit plus à faire que le pavé. M. Bellet y est resté jusqu'à l'entier achévement, c'est-à-dire jusqu'au 20 octobre.

Avec ces précautions on pourroit pendant bien long-temps reconnoître sans la moindre incertitude les termes de la base et recommencer la mesure; mais on se propose d'élever à chaque extrémité un monument plus durable et plus digne de l'opération dont il conservera la mémoire.

Les plans et les devis en ont été approuvés depuis long-temps : plus anciennement encore, M. Méchain avoit envoyé le projet des pyramides qui doivent assurer la conservation des termes de la base de Perpignan ; mais le discrédit des assignats en fit différer l'exécution. Les précautions prises dans le temps et décrites aux pages 409 et 415 du premier volume, et ci-dessus, page 52, ne peuvent entrer en comparaison avec ce qu'on a fait à Melun et Lieursaint ; mais les termes du Vernet et de Salces sont placés de manière à courir peu de risques, à moins que la pluie ne vienne à filtrer, malgré le ciment, à travers les faces de la pyramide écrasée qui les recouvre : mais, dans ce cas même, on pourroit toujours retrouver les deux extrémités, à quelques lignes près, à moins que le propriétaire du terrain ne s'avisât de le retourner et de disperser les briques dont les deux massifs sont composés. Les pyramides sont donc bien plus nécessaires à Perpignan qu'à Melun. M. Méchain avoit proposé, pour plus de solidité, de les construire en marbre du pays, ce qui n'auroit pas augmenté considérablement la dépense.

FIN DES OBSERVATIONS GÉODÉSIQUES.

OBSERVATIONS
ASTRONOMIQUES.

Après les observations des angles et la mesure des bases, l'ordre veut que nous donnions d'abord les observations azimutales, qui nous feront connoître dans quelle direction la méridienne coupe tous nos triangles. J'ai fait ces observations à Watten, à Paris et à Bourges; M. Méchain les a faites à Carcassonne et à Montjouy. J'ai préféré Watten à Dunkerque pour y être plus tranquillement et plus commodément, et sur-tout à cause des oscillations très-sensibles qu'éprouve la tour de Dunkerque, non seulement quand on sonne la cloche, mais même, pour peu que le vent souffle avec quelque force; l'ébranlement est si considérable qu'il eût certainement altéré la marche de la pendule, s'il ne l'eût même quelquefois arrêtée tout-à-fait. La tour de Watten nous offroit au contraire la plus grande solidité, une plate-forme entièrement libre, et une tourelle où nous pouvions placer commodément notre pendule. Nous l'y plaçâmes dans les derniers jours de mai. La saison étoit dès-lors assez belle, et la sécheresse commençoit à se faire remarquer; cependant les nuages interrompirent plus d'une fois nos observations, ils ne nous laissèrent même pas voir une seule fois le soleil levant, et un vent très-incommode rendit nos observations assez douteuses les deux premiers jours. Les deux derniers nous dédommagèrent, et le milieu entre toutes les observations diffère à peine d'une seconde d'avec ce que donnent celles qui s'accordent le mieux.

A Paris, je pus choisir à mon gré les circonstances; j'observai le soleil levant et le soleil couchant, et je répétai les observations dans trois saisons différentes. J'étois pour cela fort commodément sur la terrasse de mon observatoire, rue de Paradis.

A Bourges, je ne pus encore observer que le soleil couchant; mais les 180 distances du soleil au clocher de Vasselay, que je mesurai en trois jours, s'accordèrent aussi bien qu'on peut l'attendre de mesures de ce genre. J'observois sur la tour, et la tourelle de l'escalier renfermoit la boîte de ma pendule.

M. Méchain observa sur la tour de Saint-Vincent de Carcassonne. Il paroît qu'il ne fut pas d'abord assez content de ses observations; car il a supprimé différentes séries qui ne s'accordoient pas aussi bien que les autres. En réunissant de ces séries tout ce qui en reste avec assez de détails pour être calculé, j'en ai tiré un résultat qui diffère à peu près d'une minute de celui des observations préférées par M. Méchain. J'ai aussi rétabli quelques séries d'observations du soleil pour la pendule, mais il n'en est pas résulté de changement bien sensible pour la réduction au temps vrai. J'aurois donc pu m'en tenir aux séries adoptées par M. Méchain, mais j'ai cru qu'il seroit bon de montrer quelle confiance on peut avoir aux hauteurs du soleil prises avec le cercle répétiteur, pour connoître l'état d'une pendule, et l'on n'en jugeroit pas aussi bien si l'on ne voyoit que des observations d'élite.

Les observations pour la pendule vont jusqu'au 7 matin et soir, et les observations azimutales finissent le 5. Cela pourroit donner à croire qu'il y a eu le 6 et le 7 quelques observations d'azimut qui ne nous sont pas parvenues.

Les observations faites à Montjouy sont moins nombreuses; cependant je trouve que dès le 5 novembre 1792 Méchain avoit fait un premier essai qui lui avoit donné, à une minute près, l'azimut de Matas. Je trouve aussi aux 14 et 15 décembre 1792 des observations dans lesquelles le bord précédent du soleil couchant avoit été comparé au signal de Matas. J'ai refait les calculs, et j'ai trouvé un azimut plus petit de 15″ que celui auquel M. Méchain s'est arrêté d'après d'autres observations.

Le 2 mars, il mesura huit distances du soleil levant au mont Matas, et quatre distances entre le soleil couchant et le même signal.

Le 7 mars, il mesura quatre distances de l'étoile polaire à un réverbère placé sur le pic de *las Agujas*; le 9 mars, il mesura seize fois cette distance.

Pour ces observations il se servoit d'un chronomètre de Berthoud, qu'il comparoit à la pendule avant et après les observations. La pendule étoit réglée par les hauteurs correspondantes, prises assidûment depuis près de trois mois pour les observations de latitude.

Le temps vrai est l'élément fondamental du calcul des azimuts ; ainsi, pour donner au lecteur la faculté de refaire nos calculs et de juger tous nos résultats, il faut rapporter les observations mêmes qui ont servi à trouver la marche de la pendule. Le format de ce livre ne nous a pas permis de donner les tableaux synoptiques de toutes ces opérations tels qu'ils sont dans nos registres. Nous présentons d'abord les observations brutes, c'est-à-dire les temps de la pendule, et à côté les arcs parcourus par l'alidade dans les distances au soleil, soit au zénith, soit au signal. Ces arcs sont lus de deux en deux observations, et plus souvent de quatre en quatre. On peut faire autant de calculs et avoir autant de déterminations distinctes qu'on a de ces arcs mesurés doubles ou quadruples : mais ce seroit prendre une peine assez grande et assez superflue ; on peut les réunir en plus grand nombre. Ainsi, pour les distances au zénith qui règlent la pendule, je réunis toutes les observations d'une série en deux ou trois séries partielles, dont je donnerai ci-après le calcul. Ces séries partielles sont renfermées sous une acolade qui sert à en fixer les limites, et suivies d'un numéro qui les fait distinguer, et par lequel je les désignerai dans le tableau de la marche de la pendule ou des azimuts.

J'ai cru inutile de rapporter les hauteurs correspondantes qui ont réglé la pendule à Montjouy ; il suffira de dire qu'il y en avoit chaque jour dix le matin et autant le soir, et qu'elles s'accordent toutes à une petite fraction de seconde, excepté une seule où la différence est de 0″9.

WATTEN
Pendule.

AZIMUTS.

Distances du soleil au zénith pour la pendule.

27 *mai* 1793. F. B.

Bar. 28 pouces 0.0 lignes.
Therm. 0.1412 = 11.3 degrés.

	Arcs.	
3h 23′ 2″5		1
24 35.0 . . .	108^{g}560	1
26 37.5		1
27 48.5 . . .	218.260	1
29 43.0		1
31 9.0 . . .	329.043	1
33 11.5		1
34 21.0 . . .	440.950	1
36 12.0		1
37 26.0 . . .	553.880	1
39 15.0		2
40 33.0 . . .	667.860	2
42 28.0		2
43 49.0 . . .	782.950	2
45 19.0		2
47 30.5 . . .	899.327	2
49 58.0		2
51 8.0 . . .	1016.947	2
53 2.0		2
54 10.5 . . .	1135.620	2

28 *mai* 1793. F. B.

Bar. 27 pouces 9 lignes.
Therm. 0.1462 = 11.7 degrés.

	Arcs.	
6 53 54.0		1
55 1.5 . . .		1
56 25.7		1
57 46.5 . . .	360.950	1
7 0 23.5		1
1 37 5 . . .	543.081	1
4 22.0		1
5 29.0 . . .	726.440	1
7h 7′ 9″0		2
8 46.0 . . .	910^{g}737	2
10 42.0		2
11 48.5 . . .	1096.060	2
13 34.0		2
14 34.0 . . .	1282.253	2

30 *mai* 1793.

Bar. 27 p. 9.8 lig. Th. 0.11 = 8.8 degrés.

	Arcs.	
4 46 29.5		1
47 31.0		1
48 55.5		1
49 50.5 . . .	273.502	1
51 57.5		1
52 55.0		1
54 21.0		1
55 27.0 . . .	548.840	1
57 20.0		1
58 12.5		1
59 30.0		1
5 0 36.0 . . .	828.840	1
2 21.0		2
3 19.5		2
4 23.0		2
5 30.0 . . .	1112.313	2
7 7.0		2
8 1.5		2
9 2.0		2
9 54.5 . . .	1399.040	2

Premier juin 1793.

Bar. 27 p. 11.8 lig. Th. 0.131 = 10.48 d.

	Arcs.	
4 24 7.0		1
25 8.5 . . .	127.100	1
26 17.5		1
27 15.0 . . .	254.942	1
32 41.0		1
34 6.5 . . .	385.101	1

ATTEN.
ndule.

h	m	s		Arcs.	Série
4h	38′	53″5	Nuages.		
	39	35.5	. . .	517^{g}310	
	40	59.5			
	41	45.5	. . .	650.250	2
	43	9.5			
	43	52.5	. . .	783.951	
	58	16.5	Dérangement dans les lunettes.		
	59	5.5			
5	0	19.5			
	1	10.5	. . .	1203.150	3
	4	29.0			
	5	21.5	. . .	1344.341	
	6	59.0			
	7	38.0	. . .	1486.370	

La pendule arrêtée est remise en mouvement.

h	m	s		Arcs.	Série
5	50	51.0			
	51	57.0	. . .	157.410	
	53	5.5			
	54	18.5	. . .	315.590	4
	55	42.5			
	56	52.5	. . .	474.650	
	58	40.0			
	59	34.0	. . .	634.677	
6	1	31.5			5
	2	30.0	. . .	795.685	
	3	37.5			
	4	47.0	. . .	957.500	
	6	4.0			
	6	55.5	. . .	1120.030	
	9	37.5			6
	10	21.0	. . .	1283.740	
	11	59.9			
	12	34.0	. . .	1448.218	

3 *juin* 1793.

Bar. 27 p. 11.6 lig. Th 0.165 = 13.2 deg.

h	m	s		Arcs.	Série
4h	12′	17″0			
	13	27.0	. . .	122^{g}220	
	14	49.5			
	15	39.0	. . .	245.260	
	17	12.0			
	18	12.5	. . .	369.161	1
	19	54.0			
	20	44.0	. . .	493.980	
	22	28.0			
	23	12.5	. . .	619.670	
	24	46.0			
	25	34.0	. . .	746.175	
	27	0.5			
	28	11.5	. . .	873.530	
	29	21.0			
	30	6.0	. . .	1001.623	2
	32	5.5			
	32	58.0	. . .	1130.703	
	35	42.5			
	36	31.0	. . .	1261.040	

5 *juin* 1793.

Bar. 27 p. 11.7 lig. Th. 0.180 = 14.4 deg.

h	m	s		Arcs.	Série
4	51	40.5			
	52	28.5	. . .	135.095	
	54	5.0			
	55	9.5	. . .	271.083	
	56	28.5			
	57	25.0	. . .	407.895	1
	59	12.5			
5	0	3.5	. . .	545.635	
	1	53.0			
	2	43.5	. . .	684.311	

WATTEN. Pendule.

	Arcs.			Arcs.	
5h 4' 22"0		2	5h 39' 52"5		2
5 16.5 . . .	823s866		40 42.0 . . .	897s505	
7 15.0			42 15.0		
8 34.0 . . .	964.497		42 56.5 . . .	1049.780	
10 1.5			44 18.5		
10 41.5 . . .	1105.990		45 12.5 . . .	1202.808	
12 30.5			46 36.0		
13 35.5 . . .	1248.411		47 21.0 . . .	1356.592	
14 59.0			49 7.5		
15 45.0 . . .	1391.650		49 51.5 . . .	1511.240	

6 *juin* 1793.

Bar. 27 p. 10.8 lig. Th. 0.1656 = 13.25 d.

5 28 45.0		1
29 25.0 . . .	147.615	
30 49.5		
31 34.5 . . .	295.957	
33 1.0		
34 17.0 . . .	445.147	
35 39.0		
36 34.0 . . .	595.195	
38 0.5		
38 43.0 . . .	746.017	

Les degrés du thermomètre centésimal sont donnés sous la forme de fraction de l'intervalle entre la glace et l'eau bouillante pris pour unité; on les multiplie par 80 pour avoir les degrés ordinaires: ainsi 0.1656 × 80 = 13d 148.

Entre le clocher de Gravelines et le centre du soleil.

Azimuts.

30 *mai* 1793. D. F.

Bar. 27 p. 9.8 lig. Th. 0.11 = 8.8 deg.
Beaucoup de vent.

6 25 38.0 Nuages.		1
28 8.0 . . .	116.775	
30 9.0		
32 8.0 . . .	231.640	
34 13.0		
35 20.0 . . .	344.882	
37 25.5		
38 29.5 . . .	456.700	
40 25.0		
41 24.0 . . .	566.59	
43 26.5 + ⊙		
44 17.5 . . .	675.758	
46 37.5		
48 2.5 . . .	783.378	
51 16.0		
52 33.0 . . .	888.933	

7 0 0.0 Nuages.		2
1 11.5 . . .	990.590	
3 19.5		
4 9.0 . . .	1090.860	
5 30.5		
6 22.0 . . .	1190.143	
8 36.5		
9 25.5 . . .	1288.043	

$r = 3^t\ 10879$
$y = 210°\ 31'\ 54''$

Réduct. au centre — 34"1

Les observations des jours suivans ont été faites exactement à la même place.

WATTEN.
Azimuts.

Premier juin 1793. D. F.

Bar. 27 p. 11.8 lig. Th. 0.131 = 10.5 d.

Vent incommode.

Temps	Arcs.	
5h 17′ 44″0		
19 5.0 . . .	$145^{g}547$	
20 39.0		
21 39.5 . . .	293.874	
23 7.5		
24 16.5 . . .	439.072	
25 54.0		
27 0.0 . . .	583.057	
29 1.0		
30 30.0 . . .	725.585	1
31 43.5		
32 48.5 . . .	867.000	
34 50.5		
35 48.0 . . .	1007.060	
37 55.0		
39 3.5 . . .	1145.722	
40 5.0		
41 58.5 . . .	1283.080	

Après ces observations, un coup de vent arrête la pendule, dont la boîte avoit été ouverte par des curieux, dans un moment où nous avions interrompu les observations. Je remets la pendule en mouvement, on fait les observations de la page 68, et puis les observations azimutales qui suivent.

Temps	Arcs.	
6 26 54.0		
27 56.0 . . .	116.685	
29 34.5		
30 27.5 . . .	232.200	
33 57.0		
35 23.0 . . .	345.633	2
38 15.5		
39 23.0 . . .	457.208	
40 47.0		
41 37.5 . . .	567.710	
43 45.0		
44 28.0 . . .	676.910	

3 *juin* 1793. D. F.

Bar. 27 p. 11.6 lig. Th. 0.165 = 13.20 d.

Temps	Arcs.	
5h 41′ 4″0 42 46.5 44 17.5 45 31.5	. . $2736^{g}3365$	
46 56.5 48 18.0 49 29.0 50 50.5	. . 541.815	
52 8.0 53 8.0 54 22.0 56 2.0	. . 805.813	1
58 5.0 59 15.0 6 0 22.0 1 53.0	. . 1064.485	
3 37.0 5 40.0 6 53.0 8 2.0	. . 1317.660	

F. B.

Temps	Arcs.	
6 16 49.75 18 40.0 20 53.0 22 55.0	. . 1558.680	
24 23.5 25 56.5 26 45.5 27 59.5	. . 1793.750	
29 30.5 30 16.0 31 11.0 32 1.5	. . 2024.817	2
33 49.5 34 46.5 56 8.0 36 51.5	. . 2251.715	
38 3.75 39 1.25 40 17.0 41 8.0	. . 2474.827	

WATTEN.
Azimuts.

D. F.

Temps		Arcs.	
6h 51′ 58″.25			
53 52.25			
54 48.0	. .	2684g920	
55 55.0			
57 28.0			
58 31.0	. .	2890.617	
59 31.5			
7 0 42.0			3
3 7.0			
4 21.0	. .	3091.070	
5 27.0			
6 41.0			
8 37.0			
9 45.5	. .	3287.000	
10 20.5			
11 9.0			

F. B.

Temps		Arcs.	
7 13 41.5			
14 19.0	. .	3478.678	
15 3.0			
15 45.5			
17 14.5			
18 18.5	. .	3666.870	
19 7.0			
19 48.5			4
21 21.5			
22 4.5	. .	3851.528	
22 47.0			
24 7.5			
25 51.0			
26 51.5	. .	4031.810	
28 17.5			
28 56.5			

D. F.

Temps		Arcs	
7h 33′ 6″.25			
34 29.0	. .	4205g586	
35 13.5			
36 30.5			
39 39.0			
40 37.5	. .	4374.010	
41 13.0			
42 2.0			5
43 37.0			
44 28.0	. .	4538.950	
45 15.0			
45 57.0			
47 7.5			
47 59.0	. .	4700.777	
48 42.0			
49 38.0			
7 52 8.25			
53 0.5	. .	4858.164	
53 46.0			
54 40.0			
56 28.0			
57 15.0	.	5011.833	
57 59.0			
58 51.5			6
8 0 37.0			
1 47.0	. .	5161.263	
3 12.0			
4 22.0			
5 52.5			
6 39.0	. .	5306.425	
8 3.5			
8 58.0			

5 juin 1793. D. F.

Bar. 27 p. 11.7 lig. Th. 0.18 = 14.4. d.

Temps		Arcs	
6 34 32.5	Nuages.		
35 29.0	. . .	113.992	
36 58.0			1
37 56.0	. . .	226.890	

WATTEN.

Azimuts.

		Arcs.	
7h 29′ 36″0			
30 39.0	. . .	316.213	
32 9.5			
33 2.0	. . .	404.444	
36 5.0			
37 2.0	. . .	490.920	
39 8.0			
39 54.0	. . .	576.072	2
41 10.5			
42 3.0	. . .	660.310	
43 33.5			
44 23.0	. . .	743.500	
46 2.0			
47 4.0	. . .	825.547	

		Arcs.	
8h 5′ 32″25			
6 46.25	. . .	898.995	
10 42.25			
11 36.0	. . .	970.258	3
13 52.0			
14 57.0	. . .	1040.107	

Le soleil se couche.

PARIS. Observatoire de la rue de Paradis.

PARIS.

Pendule.

Passages au méridien.

6 prairial an 7.

Soleil	4h 8′ 6″4		9′ 14″3
	10 22.2		51 15.7
Correct. de la pendule.			— 30.0

			Corrections de la pendule.
θ Vierge . . .	13	0 5.2	— 30.86
γ Hydre		8 33.3	— 30.66
α Vierge . . .		15 9.0	— 30.84
ζ Vierge		24 59.7	— 30.98
η Bouvier . .		45 39.0	— 30.76
α Dragon . . .		59 30.3	— 30.86
Arcturus .	14	7 2.2	— 31.00
Correction moyenne.			— 30.85

7 prairial an 7.

Soleil	4h 12′ 8″5		13′ 16″7
	14 24.8		47 13.1
			— 0 29.8

			Corrections de la pendule.
ε Gr. Ourse .	12	45 42.3	— 31.74
ε Vierge		52 42.2	— 31.00
θ Vierge	13	0 5.1	— 30.86
γ Hydre		8 33.2	— 30.60
α Vierge . . .		15 9.3	— 30.98
ζ Vierge . . .		24 59.9	— 31.02
η Gr. Ourse .		40 10.1	— 31.46
η Bouvier . .		45 39.6	— 31.20
α Dragon . . .		59 32.4	— 32.70
Correction moyenne.			— 31.28

PARIS. Pendule.

8 *prairial an* 7.

		Corrections de la pendule.
ι Gr. Ourse.	12h 45′ 42″5	— 31″94
ι Vierge ...	52 43.0	— 31.80
θ Vierge ...	13 0 5.9	— 31.78
γ Hydre....	8 33.8	— 31.20
α Vierge ...	15 9.7	— 31.42
Correction moyenne.		— 31.63

9 *prairial an* 7.

Soleil .... { 4 20 17.2 / 23 33.6 } 21 25.4 / 39 6.4

— 0 31.8

ι Gr. Ourse.	12 45 42.2	— 31.68
ε Vierge ...	52 42.5	— 31.31
γ Hydre....	13 8 33.2	— 30.60
α Vierge ...	15 9.6	— 31.32
ζ Gr. Ourse.	16 22.5	— 31.76
Correction moyenne.		— 31.33

10 *vendémiaire an* 8.

Soleil .... { 12 33 57.8 / 36 6.1 } 35 1.9 / 25 58.4

— 1 0.3

		Corrections de la pendule.
μ Pégase....	22 41 23.2	— 1 2.8
Fomalhaut.	47 35.8	— 1 2.3
ο Androm ..	53 46.3	— 1 1.8
α De Pégase.	55 50.1	— 1 2.74
Correction moyenne.		— 1 2.65

12 *vendémiaire an* 8.

Soleil .... { 12h 41′ 15″4 / 43 24.1 } 42′ 19″8 / 18 41 8

— 1 1.6

		Corrections de la pendule.
α La Lyre ..	18 31 11.2	— 1 2.26
β La Lyre ..	43 43.1	— 1 2.58
ζ Sagittaire.	50 30.7	— 1 2.22
ζ Aigle	57 14.2	— 1 2.44
Correction moyenne.		— 1 2.37

13 *vendémiaire an* 8.

Distance du soleil au zénith.

Bar. 28 p. 0.8 lig. Th. 0.104 = 8.3 deg.

	Arcs totaux.	Temps par un milieu.
9h 22′ 46″0 23 44.0 24 40.0 26 1.0	1 307°131	9h 24′ 17″75
27 54.5 28 57.5 30 16.0 31 0.0	2 211.143	29 32.0
32 28.0 33 32.0 34 30.0 35 14.0	3 112.576	33 56.0
36 53.0 37 58.0 38 58.0 39 55.0	4 11.438	38 26.0

PARIS. Pendule.

	Arcs totaux.	Temps par un milieu.
9h 41′ 21″ 0 42 43.0 43 35.5 44 39.0	5 307g668	9h 43′ 4″6

Soleil .... { 12 44 55.4 / 12 47 4.2 } 45 59.8 / 15 3.0

— 1 2.8

7 *brumaire an* 8.

Soleil .... { 14h 12′ 48″ 4 / 15 1.3 } 13′ 54″ 8 / 44 57.6

58 52.4

Correct. de la pendule + 1 7.6

β Dauphin..	20 27 1.5	+ 1 7.54	
α Cygne....	33 27.7	+ 1 7.82	
ε Cygne....	36 58.0	+ 1 7.96	
η Céphée ...	40 2.9	+ 1 8.30	

Correction moyenne. + 1 7.90

8 *brumaire an* 8.

	Arcs totaux.	Temps par un milieu.
10h 43′ 7″ 0 44 10.0 45 28.0 46 26.0	1 347g526	10h 44′ 47″ 75
10h 48′ 23″ 0 49 16.5 50 45.5 51 48.5	2 292g060	10h 50′ 3″ 37
58 15.0 54 0.5 54 52.0 55 49.0	3 234.084	54 29.12

	Arcs totaux.	Temps par un milieu.
57 17.0 58 35.0 59 46.0 11h 0 34.0	4 173.594	59 3.0
1 43.0 2 49.5 3 44.0 4 24.5	5 110.850	11 3 10.25
6′ 20″ 0 7 23.5 8 17.0 9 14.5	6 45g596	11h 7′ 48″ 75

Distance du soleil au zénith.

Bar. 27 p. 10.8 lig. Th. 0.075 = 6.1 deg.

Soleil... { 2h 16′ 39″ 31 / 18 52 78 } 2h 17′ 46″ 04

Brouillard épais ; observations très-peu sûres.

13 *thermidor an* 8.

Bar. 28 p. 3.0 lig. Th. 0.315 = 25.2 deg.

Soleil .... { 8h 44 22.3 / 46 35.8 } 45 29.0 / 14 40.2

— 0 .2

Distances du soleil au zénith.

	Arcs totaux.	Temps par un milieu.
14h 24′ 40″ 0 25 46.5 26 54.0 28 26.5	1 325.665	14 26.75

PARIS.

Pendule.

	Arcs totaux.	Temps par un milieu.
14h 30′48″0 31 46.3 32 48.5 33 43.0	2 255g505	14h 32′ 16″45
35 11.5 36 2.0 36 59.5 38 15.0	3 188 446	36 37.00
40 2.2 41 19.0 42 22.0 43 10.0	4 125 986	41 43.30
46 54.0 48 4.5 49 9.5 49 58.5	5 67.130	48 31.60

		Corrections de la pendule.
δ Dragon . . .	19h 12′39″1	— 8″44
β Cygne	22 51.1	— 9.21
α Sagittæ . . .	31 21.2	— 9.56
γ Aquilæ . . .	36 57.1	— 9.69
α Aquilæ . . .	41 13.8	— 10.21
Correction moyenne.		— 9.32

14 *thermidor an* 8.

Soleil . . {8h 48′ 15″7, 50 28.7} 8h 49′ 22″2

10.47.3

— 9.5

18 *thermidor an* 8.

		Corrections de la pendule.
La Chèvre.	5h 2′ 12″0	— 14″90
Rigel	5 11.0	— 14.53

Soleil . . {9h 3′ 44″4, 5 57.0} 9h 4′ 50″5

55 22.4

— 0 13.1

Distance du soleil au zénith.

Bar. 28 p. 3.0 lig. Th. 0.23 = 18.3 deg.

	Arcs totaux.	Temps par un milieu.
14h 26′ 56″2 27 50.0 29 1.0 30 14.5	1 317g421	14h 28′ 30″42
31 35.5 32 37.2 33 59.5 35 47.5	2 238.457	33 29.92
38 4.5 39 5.0 40 13.2 41 7.5	3 163.920	39 37.55
43 12.0 43 57.6 44 52.0 45 40.5	4 92.852	44 25.52
56 16.0 57 11.0 58 29.2 59 23.0	5 31.400	57 49.80

		Corrections de la pendule.
δ Herculis . .	17h 7′ 6″0	— 14″71
α Ophiuchi .	25 55.6	— 14.43
β Ophiuchi .	33 52.2	— 14.85
γ Ophiuchi .	38 8.6	— 14.38
γ Sagittaire .	53 15.2	— 14.72
Correction moyenne.		— 14.50

Le 20 soleil. 9h 12′ 35″0

14 47 41 5

Correction. — 18.4

7 prairial an 7, au coucher du soleil. D. B.

Entre le clocher Saint-Laurent et le soleil couchant.

Bar. 28 p. 4.0 lig. Th. 19.375 = 15.575 deg.

		Arcs totaux.	Temps par un milieu.
11h	2′ 38″0	1	
	4 38.0	305°657	11h 5′ 6″75
	5 46.0		
	7 25.0		
	9 48.0	2	
	11 17.0	205.773	11 54.87
	12 40.0		
	13 54.5		
	15 43.0	3	
	16 49.5	101.338	17 29.12
	18 1.0		
	19 23.0		
	21 41.5	4	
	23 14.0	391.751	23 47.25
	24 31.0		
	25 42.5		
	27 28.5	5	
	29 8.0	277.112	29 57.0
	30 55.5		
	32 16.5		
	33 43.0	6	
	35 24.0	157.522	35 58.37
	36 26.5		
	38 20.0		
	47 14.0	7	
	48 35.0	27.083	49 7.25
	49 48.0		
	50 52.0		

$r = 0^{\circ}8333\,(O+y) = 153^{\circ}\,16'\,2''$.

Réduction au centre + 1′ 29″0

8 prairial an 7, au soleil couchant. D. B.

Entre Saint-Laurent et le soleil couchant.

Bar. 28 p. 3.2 lig. Th. 0.20 = 16.0 deg.

		Arcs totaux.	Temps par un milieu.
10h	40′ 23″5	1	
	44 53.5	324°453	10h 45′ 19″5
	47 15.0		
	48 46.0		
	50 33.5	2	
	51 55.0	243.050	52 35.25
	53 12.5		
	54 40.0		
	56 21.0	3	
	58 11.0	156.530	58 56.12
	59 32.5		
11	1 40.0		
	3 31.0	4	
	5 4.0	64.468	11 5 47.62
	6 42.0		
	7 53.5		
	9 48.0	5	
	11 25.0	367.412	11 56.00
	12 28.0		
	14 3.0		
	16 3.0	6	
	16 58.0	265.780	17 33.00
	17 55.0		
	19 16.0		
	21 39.0	7	
	22 55.5	158.958	23 55.75
	24 45.0		
	26 23.5		
	28 26.0	8	
	29 30.5	47.156	29 59.37
	30 28.0		
	31 33.0		

	Arcs totaux.	Temps par un milieu.
11h 33′ 31″0	9	
34 27.5	330^g929	11h 35′ 23″ 12
36 1.0		
37 33.0		
39 14.0	10	
40 51.0	209.777	41 22.75
42 1.0		
43 25.0		
44 54.0	11	
46 15.0	83.963	47 3.37
47 5 .5		
49 14.0		
51 23.0	12	
52 47.5	353.010	33 16.12
53 58.0		
54 56.0		
57 23.0	13	
58 30.0	217 348	58.58.00
59 27.0		
12 0 32.0		

Même place que le 7.

9 prairial an 7. D. B.

Entre le clocher de Sainte-Marguerite et le soleil levant.

Bar. 28 pouc. 3.5 lig. Th. 0.75 = 6 deg.

	Arcs totaux.	Temps par un milieu.
20h 48′ 2″0	1	
49 52.0	239^g471	20h 50′ 29″5
51 21.0		
52 43.0		
54 32.0	2	
55 52.0	73.863	56 52.5
57 16.0		
59 50.0		

	Arcs totaux.	Temps par un milieu.
21h 1′ 28″0	3	
3 25.0	302^g800	21h 3′ 53″5
4 39.0		
6 2.0		
7 47.0	4	
9 3.0	127.233	9 46.5
10 19.0		
11 57.0		
15 2.0	5	
16 30.0	346.012	17 23.25
18 19.0		
19 42.0		
21 41.0	6	
23 3.0	160.064	23 55.25
24 23.0		
26 34.0		
28 25.0	7	
29 43.0	369.409	30 26.0
31 14.0		
33 2.0		
35 2.0	8	
36 55.0		
38 49.0	173.936	37 42 75
40 5.0		
42 1.0	9	
43 51.0	373.981	44 32.2
45 17.0		
47 0.0		
48 49.0	10	
50 37.0	169.518	51 43.5
52 18.0		
55 10.0		
22 59 42.0	11	
1 7.0	358.863	22 2 10.5
2 58.0		
4 55.0		
6 47.0	12	
8 11.0		
9 24.0	144.472	8 56.75
11 25.0		

$r = 0^g9028$ $(O+y) = 219°\ 36'$.
Réduction au centre — 2 1″.

PARIS.

endule.

D. B.

Entre le clocher Saint-Laurent et le soleil couchant.

Bar. 28 p. 3.4 lig. Th. 0.219 = 17.5 deg.

		Arcs totaux.	Temps par un milieu.
10h 43′ 34″ 0	1		
44 58.0		326g895	10h 45′ 46″ 25
46 22.5			
48 10.5			
49 53.0	2		
51 8.0		248.976	51 46.75
52 25.0			
53 41.0			
55 35.5	3		
57 25.0		166.176	57 50.12
58 33.0			
59 47.0			
11 1 25.0	4		
2 51.0		78.876	11 3 25.50
4 4.0			
5 22.0			
7 16.0	5		
8 25.0		387.041	9 2.00
9 36.0			
10 51.0			
12 43.0	6		
13 58.5		290.620	14 40.60
15 21.0			
16 40.0			
18 16.0	7		
19 33.0		189.687	20 12.87
20 51.0			
22 11.5			
23 57.0	8		
25 16.0		84.008	11 26 2.52
26 49.0			
28 8.0			
29 35.0	9		
30 55.0		373g738	11h 31′ 38″ 75
32 21.0			
33 44.0			
35 38.0	10		
36 50.0		258.625	37 33.75
38 18.0			
39 29.0			
41 22.0	11		
42 19.0		138.962	43 6.00
43 40.0			
45 3.0			
46 42.0	12		
47 43.0		15.044	48 16.75
48 45.0			
49 57.0			
51 49.0	13		
53 20.0		286.510	53 52.50
54 35.0			
55 46.0			
57 29.0	14		
58 35.0		153.379	59 26.75
59 44.0			
12 1 59.0			

Même place que le 7 au soir.

10 *prairial an 7.*

Entre le clocher Sainte-Marguerite et le soleil levant.

Bar. 28 pouc. 2 lig. Th. 0.950 = 7.2 deg.

		Arcs totaux.	Temps par un milieu.
20h 46′ 12″ 0	1		
47 37.0		244g982	20h 48′ 15″ 0
48 53.0			
50 18.0			
51 51.0	2		
53 27.0		85.094	54 18.25
55 11.0			
56 44.0			

PARIS.

Azimuts.

			Arcs totaux.	Temps par un milieu.
	58 28.0	3	$320^{g}341$	$21^{h}\ 0'\ 26''\ 0$
	59 42.0			
21	0 57.0			
	2 37.0			
	4 45.0	4	150.607	6 50.0
	6 9.0			
	7 27.0			
	8 59.0			
	10 43.0	5	376.438	12 38.4
	11 51.5			
	13 23.0			
	14 36.0			
	16 19.0	6	197.443	19 5.75
	18 47.0			
	20 5.0			
	21 12.0			
	22 58.0	7	14.280	24 48.5
	24 10.0			
	25 23.0			
	26 43.0			
	28 18.0	8	227.307	30 9.25
	29 37.0			
	30 41.0			
	32 1.0			
	33 58.0	9	36.294	35 57.62
	35 26.0			
	36 41.0			
	37 45.5			
	40 3.0	10	241.012	42 17.1
	41 45.0			
	42 53.0			
	44 27.5			
	45 59.0	11	42.019	47 59.25
	47 18.0			
	48 44.0			
	49 56.0			
	52 11.0	12	$238^{g}612$	$21^{h}\ 54'\ 57''\ 75$
	54 29.0			
	55 49.0			
	57 22.0			
	59 22.0	13	31.353	1 23.35
22	0 44.0			
	1 52.0			
	3 35.0			

Même place que le 9 au matin.

10 *vendémiaire an* 8.

Entre la pyramide Montmartre et le soleil couchant.

Bar. 28 p. 0.0 lig. Th. 0.14.5 = 11.6 deg.

		Arcs totaux.	Temps par un milieu.
$17^{h}\ 29'\ 5''5$	1	$347^{g}980$	$17^{h}\ 30'\ 53''\ 45$
30 21.0			
31 26.5			
32 42.0			
34 53.5	2	690.773	36 57.30
36 14.0			
37 32.0			
39 10.5			
40 40.5	3	229.436 — ☉	42 29.7
41 49.5			
43 8.5			
44 18.0			
47 0.0	4	162.230	48 42.45
48 4.0			
49 18.0			
50 29.0			
51 56.0	5	90.778	53 44.15
53 1.0			
54 27.0			
55 33.0			

PARIS.

Azimuts.

12 *vendémiaire an 8.*

Entre la pyramide Montmartre et le soleil couchant.

Bar. 27 p. 10.4 lig. Th. 11.75 = 9.4 deg.

		Arcs totaux.	Temps par un milieu.
17^h 53′ 30″0	1	335^g392	17^h 55′ 32″75
55 24.0			
56 11.0			
57 6.0			
58 38.0	2	266.750	18 0 20.75
59 46.0			
18 0 57.0			
2 2.0			
3 46.0	3	193.854	5 24.00
4 52.0			
6 0.0			
6 58.0			
8 35.0	4	116.952	10 12.75
9 44.0			
10 42.0			
11 50.0			
13 52.0	5	35.572	15 35.5
15 10.0			
16 15.5			
17 4.5			

Place du soleil couchant.

13 *vendémiaire an 8.*

Entre le Panthéon et le soleil levant.

Bar. 28 pouc. 0.8 lig. Th. 0.096 = 7.6 deg.

		Arcs totaux.	Temps par un milieu.
8^h 22′ 44″0	1	27^g900	8^h 24′ 34″5
23 53.5			
25 15.0			
26 25.5			
27 57.0	2	50.923	29 52.25
29 18.0			
30 23.5			
31 50.5			
8^h 33′ 15″0	3	69^g214	8^h 34′ 59″5
34 17.0			
35 38.5			
36 47.5			
38 37.0	4	82 310	40 35.62
39 44.5			
41 17.0			
42 44.0			
44 35.0	5	90.150	46 16.4
45 40.5			
46 49.0			
48 1.0			

Bar. 28 pouc. 0.8 lig. Th. 0.104 = 8.3 deg.

		Arcs totaux.	Temps par un milieu.
49 44.0	6	92.982	51 39.5
51 3.0			
52 19.0			
53 32.0			
55 45.0	7	90.232	* 56 24.75
56 52.0			
58 30.0			
59 32.0			
9 1 2.0	8	83.482	9 2 20.9
2 3.0			
3 2.0			
4 16.5			
5 53.5	9	71.330	7 47.2
7 7.4			
8 24.0			
9 44.0			
11 23.0	10	54.220	13 5.0
12 26.5			
13 35.5			
14 55.0			

PARIS.

Azimuts.

30 *octobre* 1799.

Entre le Panthéon et le soleil levant.

Bar. 27 p. 10.4 lig. Th. 0.0639 = 5.1 deg.

	Arcs totaux.	Temps par un milieu.
9h 39' 45" 0	1	
41 30.0	18g272	9h 41' 49" 0
42 24.0		
43 37.0		
45 9.0	2	
46 17.5	32.664	46 53.87
47 27.0	— ☉	
48 42.0		
50 10.0	3	
51 8.0		
52 11.0	42.766	51 44.62
53 29.5	— ☉	
55 2.0	4	
56 0.5		
57 1.5	47.976	56 34.62
58 14.5		
59 49.5	5	
10 0 56.0		
2 1.5	48.764	10 1 31.25
3 18.0		
4 53.5	6	
6 9.0		
7 13.0	44.948	6 39.75
8 23.5		
10 2.0	7	
11 29.0		
12 34.5	36.354	11 58.00
13 46.5		
15 29.5	8	
16 47.0		
17 58.0	22.880	17 22.25
19 14.5		
10h 20 36.5	9	
21 37.5	58g042	10h 22' 11" 5
22 39.0		
23 53.0		
25 9.5	10	
26 17.5		
27 30.0	382.936	26 54.0
28 39.0		

Bar. 27 p. 10.2 lig. Th. 0.075 = 6.1 deg.

r = 0'9197 (O + *y*) = 315° 31' 40".

Premier août 1800.

Entre Saint-Laurent et le soleil levant.

Bar. 28 p. 3.0 lig. Th. 0.294 = 23.5 deg.

	Arcs totaux.	Temps par un milieu.
14h 58 42.0	1	
15 0 34.5	343.761	15 1 19.37
2 22.0		
3 39.0		
6 12.0	2	
7 52.5	281.489	8 48.17
9 49.0		
11 19.2		
14 17.2	3	
16 11.5	212.713	16 52.05
17 49.0		
19 10.5		
21 9.5	4	
22 34.0	138.482	23 34.87
24 25.0		
26 11.0		
28 3.0	5	
29 22.0	58.173	31 2.5
32 43.0		
34 2.0		

r = 0'8194 (*O* + *y*) = 153° 57' 50"

Réduction au centre + 1' 25" 7

Paris. Azimuts.

18 *thermidor an* 8. (6 *août* 1800.)

Entre Saint-Laurent et le soleil levant.

Bar. 28 p. 3.0 lig. Th. 0.25 = 20 deg.

	Arcs totaux.	Temps par un milieu.
15h 11′ 8″0 12 40.2 14 19.4 15 47.0	1 353g391	15h 13′ 28″65
17 57.0 19 37.5 21 58.0 23 26.0	2 301.527	20 44.62
15h 25′ 27″0 27 31.8 29 27.4 30 48.0	3 242g966	15h 28′ 18″55
33 20.8 34 37.0 36 26.5 38 31.5	4 178.372	35 43.95
40 44.4 42 12.6 44 8.0 45 19.2	5 107.774	43 6.05

BOURGES.

Bourges. Pendule.

Distances du soleil au zénith pour la pendule.

8 *juillet* 1795. D. et B.

Bar. 27 p. 7.5 lig. Th. 0.23 = 18.4 deg.

	Arcs.	
5 7 56.0		1
9 12.5 . . .	143.326	
10 44.0		
12 6.0 . . .	287.708	
13 34.5		
14 40.0 . . .	433.106	
16 3.0		2
17 18.0 . . .	579.445	
18 49.0		
20 3.0 . . .	726.847	
22 8.0		
23 28.0 . . .	875.496	
5 25 2.0		3
26 28.0 . . .	1025.123	
28 1.0		
29 19.5 . . .	1176.044	
30 58.0		
31 55.0 . . .	1327.909	
33 30.0		4
34 48.0 . . .	1480.778	
36 45.0		
37 58.0 . . .	1634.848	
40 22.5		
41 52.0 . . .	1790.287	

Bourges.
Pendule.

9 *juillet* 1795. D. et B.

Distances du soleil au zénith pour la pendule.

Bar. 27 p. 7.2 lig. Th. 0.182 = 14.56 deg.

Temps	Arcs.	Série
4h 3′ 39″.0		1
4 50.0 . . .	119·246	
7 9.0		
8 10.0 . . .	239·744	
9 52.0		2
11 5.0 . . .	361·308	
12 26.5		
13 19.0 . . .	483·804	
14 39.0		3
15 35.0 . . .	607·119	
16 56.5		
17 49.5 . . .	731·286	
19 4.4		4
20 4.5 . . .	856·308	
21 34.0		
22 27.5 . . .	982·242	
24 28.0		5
25 37.0 . . .	1109·329	
27 27.0		
28 21.0 . . .	1237·476	
29 53.0		6
30 42.0 . . .	1366·532	
32 12.0		
33 0.0 . . .	1496·451	

10 *juillet* 1795. D. et B.

Distances du soleil au zénith pour la pendule.

Bar. 27 p. 6.0 lig. Th. 0.214 = 17.12 deg.

Temps	Série	Arcs.
5h 6′ 4″.0	1	
7 8.0		286·654
8 0.0		
8 58.0		
10 29.5	2	
11 24.5		576·574
12 22.0		
13 20.0		
14 41.0	3	
15 41.5		869·677
16 44.0		
17 38.0		
19 22.0	4	
20 21.0		1166·317
21 29.4		
22 25.5		
24 6.0	5	
25 17.0		1466·885
26 47.0		
28 24.0		

BOURGES. Azimuts.

Entre le clocher de Vasselai et le soleil.

8 *juillet* 1795. D. et B.

Bar. 27 p. 7.5 lig. Th. 0.230 = 18.4 deg.

	Temps	Arcs.	
5^h	55′ 2″0		1
	56 22.5 . . .	159^g020	
	57 50.0		
	59 51.5 . . .	316.206	
6	1 26.0		
	3 2.5 . . .	473.219	
	7 11.5		
	8 23.5 . . .	627.426	
	10 1.75		
	13 21.0 . . .	780.072	
		+ ⊙	
	15 14.0		2
	16 41.5 . . .	931.000	
	18 29.0		
	19 46.0 . . .	1080.654	
	21 41.5		
	23 12.0 . . .	1228.973	
	25 4.5		
	27 5.0 . . .	1375.240	
	30 54.5	+ ⊙	
	32 10.0 . . .	1519.290	
	43 23.0		3
	44 39.0 . . .	1658.874	
	46 22.0		
	47 36.0 . . .	1797.248	
	49 13.0		
	50 22.0 . . .	1934.476	
	52 36.0		
	53 45.0 . . .	2070.336	
	55 51.5		
	57 27.0 . . .	2204.767	
7^h	2′33″0		4
	4 8.0 . . .	2336^g468	
	5 54.0		
	7 0.0 . . .	2465.906	
	8 23.25		
	9 26.0 . . .	2595.765	
	10 58.0		
	11 55.0 . . .	2724.162	
	13 41.5		
	14 47.0 . . .	2851.420	
	20 59.0		5
	22 12.0 . . .	2975.640	
	23 41.0		
	25 1.0 . . .	3098.750	
	26 25.5		
	27 35.0 . . .	3220.788	
	29 6.0		
	30 27.0 . . .	3341.676	
	31 34.2		
	32 45.5 . . .	3461.589	
	34 59.0		
	36 40.0 . . .	3580.008	

Bar. 27 p. 7.5 lig. Th 0.198 = 15.84 deg.

Nous finissons, parce qu'on ne voit plus assez bien le clocher; les dix dernières observations sont même un peu incertaines pour cette raison.

$$r = 1^t22917$$
$$(O + y) = 323^\circ\ 26'\ 23''$$

BOURGES; Azimuts.

9 juillet 1795. D. et B.

Bar. 27 p. 7.3 lig. Th. 0.186 = 14.88 deg.

Temps		Arcs.
5h 51′ 35″3	1	320^{g}234
52 51.0		
53 52.0		
55 5.5		
57 3.5	2	636.004
58 26.0		
59 31.5		
60 51.0		
6 2 45.0	3	947.268
3 50.5		
5 22.2		
5 32.0		
10 31.0	4	1252.484
11 38.0		
12 46.0		
13 48.5		
15 35.25	5	1553.609
16 42.5		
17 45.5		
18 58.0		
22 42.0	6	1848.925
23 50.5		
25 2.5		
26 16.5		
28 10.0	7	2139.693
29 22.0		
30 50.0		
31 59.5		
36 15.5	8	2424.009
37 29.0		
38 44.5		
39 43.0		
6h 44′ 0″0	9	2701^{g}888
45 21.5		
46 44.0		
47 48.0		
49 19.0	10	2975.278
50 43.0		
52 12.0		
53 38.5		
56 46.0	11	3242.974
57 54.25		
59 3.0		
60 7.5		
7 8 22.5	12	3501.160
9 34.0		
10 41.0		
11 46.0		
14 32.0	13	3754.054
16 8.5		
17 4.5		
18 28.5		
19 59.0	14	4003.430
21 2.5		
22 5.5		
23 7.5		
25 0.0	15	4247.179
26 24.5		
27 41.0		
29 1.5		
30 43.25	16	4487.190
31 36.0		
32 48.0		
34 8.0		
36 38.5	17	4722.236
37 49.0		
38 56.25		
40 6.5		

Même place que le 8.

Bourges. Azimuts.

10 *juillet* 1795. D. et B.

Bar. 27 p. 6 lig. Th. 0.214 = 17.12 deg.

Temps		Arcs.
6h 8′ 30″0	1	
49 46.25	. . . .	306.967
11 4.0		
12 14.5		
13 56.0	2	
15 6.0	. . . .	609.736
16 8.0		
17 16.0		
18 45.5	3	
19 44.0	. . . .	908.793
20 34.5		
21 49.5		
23 21.0	4	
24 30.0	. . . .	1204.072
25 29.5		
26 16.0		
27 54.5	5	
29 23.75	. . . .	1495.372
30 29.0		
31 30.0		
35 55.5	6	
37 1.0	. . . .	1779.763
38 12.0		+ ☉
39 22.25		
41 12.0	7	
42 39.75	. . . .	2060.920
43 42.0		− ☉
44 38.5		
46 20.25	8	
47 24.0	. . . .	2337.451
48 30.2		
49 46.0		
6h 51′ 37″0	9	
52 53.0	. . . .	2609.538
54 0.5		
55 18.33		
7 0 13.25	10	
1 35.75	. . . .	2874.668
2 28.25		
3 37.0		

Au coucher du soleil.

Bar. 27 p. 6 lig. Th. 0.208 = 16.64 deg.

Temps		Arcs.
7 6 19.5	11	
7 37.5	. . . .	3135.148
9 5.0		
10 27.5		
12 6.5	12	
13 27.75	. . . .	3391.090
14 35.0		
15 35.5		
18 31.0	13	
19 33.0	. . . .	3641.460
20 27.0		
21 38.5		
24 21.0	14	
25 22.0	. . . .	3887.078
26 22.0		
27 14.5		
28 38.25	15	
29 35.0	. . . .	4129.121
30 48.25		
31 45.25		

CARCASSONNE.

Distances du soleil au zénith pour la pendule.

14 *mai* 1797.

Bar. 27 p. 10.6 lig. Th. 0.15 = 12.0 deg.

Temps		Arcs.
9h 13′ 39″ 0	1	
14 40.0	....	189g 052
15 52.0		
16 43.0		
18 33.0	2	
19 43.0	....	374.331
21 4.0		
21 53.0		
23 48.0	3	
24 56.0	....	555.810
25 58.0		
26 57.0		

14 *mai soir.*

Bar. 27 p. 9.6 lig. Therm. 0.2 = 16 deg.

Temps		Arcs.
2 44 0.0	4	
45 19.0	....	187.302
46 36.5		
47 31.0		
49 34.5	5	
50 16.25	....	378.524
51 18.0		
52 5.0		
54 6.5	6	
55 3.75	....	573.291
56 9.0		
57 8.0		
2h 59′ 17″ 5	7	
0 18.0	....	772g 207
1 53.0		
2 40.5		

Rejetées.

Temps		Arcs.
3 12 11.0	8	
13 22.0		
14 55.0	....	208.886
15 47.0	Je lis .	208.986
17 22.0	9	
19 21.0	....	422.330
20 31.0		
21 23.0		
23 20.5	10	
24 14.0	....	639.600
25 10.0		
25 52.0		

Rejetées.

Temps		Arcs.
36 10.0	11	
37 1.5	....	227.362
37 53.0		
38 34.0		
40 11.0	12	
41 12.0	....	458.2025
42 26.5		
43 19.0		
45 28.0	13	
46 12.0	....	693.014
47 12.5		
48 10.0		

CARCASSONNE.
Pendule.

15 mai matin.

Bar. 27 p. 7.6 lig. Th. 0.165 = 13.20 deg.

Temps	Série	Arcs.
8h 8' 30"0	14	$239^{g}5425$
9 21.5		
10 25.0		
11 12.75		
13 31.0	15	474.660
14 40.5		
16 20.0		
17 3.0		
19 14.0	16	705.683
19 49.0		
20 58.5		
22 4.0		

15 mai soir.

Bar. 27 p. 6 lig. Therm. 0.24 = 19.2 deg.

Temps	Série	Arcs.
3 42 27.5	17	231.920
43 21.5		
44 41.5		
45 33.5		
47 49.0	18	467.982
48 41.0		
49 43.5		
50 30.75		
53 10.0	19	708.455
54 10.0		
55 19.5		
56 7.0		

16 mai soir.

Temps	Série	Arcs.
4 1 29.5	20	246.522
2 27.0		
3 32.0		
4 45.25		
4h 8' 14"0	21	$498^{g}264$
8 51.0		
10 8.0		
10 55.5		
13 33.5	22	754.913
14 24.0		
16 39.5		
17 50.5		

17 mai matin.

Bar. 27 p. 9.2. lig. Th. 0.185 = 14.8 deg

Temps	Série	Arcs.
7 44 40.0	23	257.70
45 19.25		
46 10.0		
47 1.0		
49 29.0	24	511.413
50 12.5		
51 12.0		
52 1.5		
53 46.5	25	761.574
54 36.0		
55 41.0		
56 26.0		

17 mai soir.

Bar. 27 p. 9.5 lig. Th. 0.23 = 18.4 deg.

Temps	Série	Arcs.
4 10 55.5	26	253.576
12 0.0		
13 18.0		
14 16.0		
16 30.25	27	511.700
17 17.25		
19 4.0		
20 7.25		
22 11.5	28	774.201
23 5.25		
24 11.25		
25 13.0		

CARCASSONNE
Pendule.

24 mai soir.

Bar. 27 p. 10 lig. Th. 0.23 = 18.4 deg.

		Arcs.
3h 50′ 3″5 50 46·75 51 21·25 52 39·0	29	232°038
54 37·25 55 24·0 56 24·5 57 13·0	30	467·759
59 21·0 4 0 8·5 1 5·0 2 5·0	31	707·310

25 mai matin.

Bar. 27 p. 10.4 lig. Th. 0.20 = 16 degrés.

7 52 9·75 53 9·0 54 20·0 55 27·75	32	247·267
58 45·0 59 35·25 8 0 46·5 1 34·5	33	489·373
3 51·0 4 44·75 6 9·25 7 9·50	34	727·194

26 mai matin.

Bar. 27 p. 10 lig. Th. 0.23 = 18.4 deg.

		Arcs
9h 20′ 27″5 21 50·0 23 25·0 24 34·5	35	176°583
28 19·0 29 12·5 30 33·0 31 50·5	36	347·612
35 5·0 35 59·0 37 3·0 37 51·0	37	513·789

26 mai soir.

Bar. 27 p. 10 lig. Th. 0.27 = 21.6 deg.

2 59 41·5 3 0 54·75 2 17·5 3 0·75	38	191·314
5 28·5 6 39·5 7 58·5 9 17·75	39	387·224
11 17·0 12 17·25 13 22·0 14 32·75	40	587·4525

CARCASSONNE.
Azimuts.

Entre le signal de Nore et le soleil.

12 *mai soir.*

Temps		Arcs.
7h 0′36″5 3 22.5	1	194g822
5 8.5 6 31.0	2	388.240
8 36.0 9 41.0	3	580.450

$r = 0^t923611$ $y = 185°\ 26'\ 42''0$
Réduction au centre . — 1″41

15 *mai matin.*

Bar. 27 p. 7.6 lig. Th. 0.125 = 10.0 deg.

Temps		Arcs.
4 54 43.0 55 51.0 57 47.0 59 24.5	4	195.486
5 3 10.0 3 57.5 5 15.0 6 11.0	5	396.64475
9 28.0 10 28.5 12 26.0 13 23.0	6	602.86575
16 52.5 17 55.0 18 59.5 19 54.0	7	814.324
5h 23′16″0 24 35.5 25 49.0 26 44.0	8	1030g386
31 6.5 32 3.0 33 2.0 34 1.0	9	1253.0165

Nuages.

Temps		Arcs.
51 16.5 53 57.5 55 3.0 56 16.0	10	1491.8280
58 42.25 59 43.75 6 0 40.0 1 36.5	11	1735.32825
5 51.0 7 7.5 8 13.5 9 22.0	12	1984.64025
12 49.0 13 47.0 15 1.75 16 26.0	13	2239.3285
19 55.5 21 12.0 23 6.5 26 56.5	14	2500.5055
32 3.0 33 6.0 34 57.5 36 8.25	15	2770.5275

Temps	N°	Arcs.
6h 40' 39"0 41 37.5 42 37.25 44 10.5	16	3046g99725
48 3.0 48 51.0 50 11.0 51 6.5	17	3329.18525
54 41.0 55 46.25 57 0.5 58 41.5	18	3616.87075
7 4 17.0 5 16.5 6 34.0 7 21.5	19	3911.87875
11 45.0 12 52.0 13 10.75 14 56.5	20	4204.812

r = 0'9351852 y = 184° 9' 29"0
Réduction . . . . — 1"09

Distance du signal de Nore au zénith.

10 97.4064 = 87° 39' 57"7
+ 3"0
87° 40' 0"7

16 *mai matin.*

Distance du signal de Nore au zénith.

10 97.4160 = 87° 40' 27"8
+ 3"0
87° 40' 30"8

Bar. 27 p. 8 lig. Th. 0,235 = 19,8 deg.

CARCASSONNE. Azimuts.

Temps	N°	Arcs.
5h 16' 57"0 18 11.5 19 48.5 21 18.0	1	453g60276
24 18.5 25 28.0 26 39.0 27 52.5	2	903.1695
31 31.0 32 48.0 34 5.5 35 0.5	3	1348.4505
38 38.5 39 34.0 40 50.0 41 38.0	4	1789.62975
44 46.5 45 53.0 47 9.0 48 2.0	5	2226.95875

Bar. 27 p. 8 lig. Th. 0,225 = 18,0 deg.

Temps	N°	Arcs.
52 31.5 54 11.0 55 0.0 55 44.0	6	2659.34875
59 43.0 6 0 37.0 1 28.5 2 29.0	7	3087.47825
6 27.5 7 18.5 8 23.0 9 12.0	8	3511.23050

CARCASSONNE. Azimuts.

Temps	N°	Arcs.
6h 12' 49"0	9	3930^{g}61425
13 41.5		
15 12.5		
16 19.0		
20 25.5	10	4345.09975
21 22.5		
22 23.5		
23 16.0		
28 21.75	11	4754.0975
29 27.0		
30 30.0		
31 42.0		
36 20.5	12	5157.7080
37 23.5		
38 24.0		
39 17.5		
45 27.25	13	5555.1170 + ⊙
46 7.25		
47 16.75		
48 16.5		
51 37.5	14	5947.99125
52 38.0		
53 40.0		
55 3.5		
58 52.5	15	6335.7740
59 50.5		
7 0 48.0		
1 59.5		

$r = 0'936342$ $y = 184^\circ\ 55'\ 39''$

Bar. 27 p. 8.2 lig. Th. 0.207 = 16.56 deg.

17 mai matin.

Bar. 27 p. 9.2 lig. Th. 0.16 = 12.8 deg.

Temps	N°	Arcs.
4 46 59.25	1	188.20325
48 29.0		
49 42.25		
50 56.75		
4h 54' 38"0	2	381^{g}9375
55 45.5		
57 28.25		
58 29.25		
5 2 58.75	3	581.482
3 49.5		
5 0.25		
5 59.0		
9 56.25	4	786.164
10 45.0		
11 49.0		
12 48.5		
17 6.67	5	996.63425
18 17.25		
19 56.0		
20 46.5		
25 54.5	6	1213.4135
26 49.5		
27 50.0		
28 48.5		
32 45.75	7	1435.51275
33 52.5		
34 49.5		
35 45.0		
39 52.0	8	1662.95075
40 48.0		
41 46.25		
42 34.5		
46 43.25	9	1895.67325
47 41.5		
48 28.5		
49 30.0		

La suite est interrompue; on a tourné une alidade pour l'autre.

Temps	N°	Arcs.
6 1 18.75	10	244.284
2 33.5		
3 40.5		
4 22.5		

Arcs.

6h 7′ 37″5
8 26.0
9 20.5
10 16.5
11 . . . . 493g2015

12 59.0
13 51.75
14 30.14
17 11.25
12 . . . . 744.0025

Il paroît qu'il y a eu dérangement ici dans l'alidade.

21 45.0
22 37.0
23 31.0
24 31.25
13 . . . . 1006.04025

27 28.75
28 51.0
29 59.67
31 1.33
14 . . . . 1270.96775

34 0.0
34 51.75
35 43.0
36 31.5
15 . . . . 1540.55425

40 3.5
40 51.75
41 43.5
42 34.75
16 . . . . 1814.8850

$r = 0^{\prime}93386 \qquad y = 185^{\circ}\ 19^{\prime}\ 41^{\prime\prime}$

Distance de Nore au zénith.

$$97.4024 = 87^{\circ}\ 39^{\prime}\ 43^{\prime\prime}8$$
$$+\ 3^{\prime\prime}0$$

A 6h 50′ . . . $87^{\circ}\ 39^{\prime}\ 46^{\prime\prime}8$

24 *juin soir.*

$$97.41566 = 87^{\circ}\ 40^{\prime}\ 26^{\prime\prime}76$$
$$+\ 3^{\prime\prime}0$$
$$87^{\circ}\ 40^{\prime}\ 29^{\prime\prime}76$$

Bar. 27 p. 10 lig. Th. 0.23 = 18.4 deg.

Arcs.

5h 38′ 11″5
39 42.0
40 52.0
43 12.0
1 . . . . 435g4305

47 16.5
48 47.5
49 59.5
51 17.5
2 . . . . 865.4955

55 3.0
56 33.0
57 35.0
58 37.0
3 . . . . 1290.85725

6 2 57.5
4 4.5
5 7.0
6 4.5
4 . . . . 1711.4200

9 43.0
10 41.0
12 3.0
13 0.5
5 . . . . 2127.60425

18 7.25
19 34.0
20 42.25
21 35.5
6 . . . . 2538.15375

26 48.0
28 4.0
29 4.0
29 52.0
7 . . . . 2943.08525

32 55.5
33 51.0
35 9.0
36 14.5
8 . . . . 3343.9095

39 39.0
40 38.0
41 48.0
42 50.5
9 . . . . 3740.1685

CARCASSONNE. Azimuts.

		Arcs.
6h 46′ 13″5, 47 6·0, 47 56·5, 48 50·0	10	4132·09375
53 13·0, 54 41·0, 55 38·5, 56 29·25	11	4518·7980
7 0 3·25, 1 6·0, 2 4·75, 3 31·0	12	4900·788

		Arcs.
7h 8′ 31″75, 9 23·25, 10 24·75, 11 18·25	13	5276·9125
14 52·8, 16 1·5, 16 54·0, 17 52·0	14	5648·33725

Bar. 27 p. 10 lig. Th. 0.2 = 16 deg.

Distance de Nore au zénith.

97·4087 = 87° 40′ 4″2
\+ 3″0

87° 40′ 7″2

MONTJOUI.

Distances du soleil au zénith pour le chronomètre.

ANNÉE 1792.	ARCS.			CHRONOMÈTRE.			RÉDUCTION au temps vrai.	
	D.	M.	S.	H.	M.	S.	M.	S.
11 décembre . .	70	1	22·0	21	58	25·3	3	51·43
12	73	14	17·5	21	27	6·0	3	28·67
13	73	31	53·3	21	25	15·5	3	5·50

Midis vrais par les hauteurs correspondantes.

	H.	M.	S.
25 février 1793 .	0	1	38·22
1 mars	0	0	4·17
3	11	59	13·50
7	11	57	29·49
11	11	55	38·72

MONTJOUI. Azimuts.

14 *décembre* 1792.

Entre le signal de Matas et le bord précédent du soleil couchant.

Bar. 27 p. 7 lig. Th. 0.1115 = 9 deg.

Arcs.

4h 29′ 12″5
30 34.5
32 22.5
34 04.0 } . . 594° 18′ 21″0

Réduct. au temps vrai + 2′ 58″6
r = 2ᵗ11 (O + y) = 12° 32′ ½
Réduction au centre . + 9″2

15 *décembre*.

Bar. 27 p. 8 lig. Th. 0.0975 = 7.8 deg.

4 15 49.0
18 32.5
20 8.0
22 1.0 } 669.493

Réduct. au temps vrai + 2′ 35″5

24 13.25
26 9.5 } 1002.140

Réduct. au temps vrai + 2′ 35″4
r = 2ᵗ12 (O + y) = 11° 15′ 0″0
Réduction au centre + 9″1

2 *mars* 1793.

Pendule . . . . 7h 37′ 31″66
Chronomètre . . 7h 40′ 0″0
Réduction . . . — 2′ 28″34

Entre le soleil levant et le signal de Matas.

6h 42′ 36″0
45 35.5
47 47.0
50 6.5
51 56.5
53 52.25
55 42.0
57 53.0 }

Arc parcouru. . . 604° 50′ 11″33
Arc simple. . . 75° 36′ 16″41

r = 2ᵗ1333 y = 12° 32′ 0″0
Réduction . . . = — 10″19

Pendule . . . . 12° 18′ 30″5
Chronomètre . . 12° 21′ 0″0
Réduc. à la pend. — 2′ 29″5

2 *mars soir*.

Pendule . . . . . . 5h 1′ 29″0
Chronomètre . . . 5h 4′ 0″0
Réduct. à la pend. — 2′ 31″0

Entre Matas et le soleil couchant.

5 26 38.0
28 56.0
31 13.5
33 7.5 } . . 512° 4′ 9″0

Arc simple. . . 128° 1′ 2″25

3 *mars matin*.

Pendule . . . . . . 8° 28′ 25″0
Chronomètre . . . 8° 31′ 0″0
Réduct. à la pend. — 2′ 35″0

r = 1ᵗ8472 (O + y) = 10° 47′
Réduction au centre + 8″72

MONTJOUI. Azimuts.

7 *mars* 1793.

Entre l'étoile polaire et le réverbère de la Sierra-Morella,

Chronomètre.

		Arc parcouru.
7h 17′ 16″0	} 1	401° 35′ 24″0
20 26.0		
23 47.0		
26 53.0		

Réduct. du chronomètre à la pendule . . . . — 3′ 6″5

Bar. 27 p. 5.4 lig. Th. 0.094 = 7.52 deg.

		Arcs.
7h 19′ 4″0	} 2	803° 11′ 30″0
21 28.0		
23 54.0		
26 29.0		
32 37.0	} 3	1204° 54′ 50″0
35 14.0		
37 24.0		
40 28.0		
47 1.0	} 4	1606° 45′ 10″0
48 45.0		
50 37.0		
54 19.0		

9 *mars* 1793.

Entre la polaire et le réverbère de la Sierra-Morella.

Bar. 27 p. 6.5 lig. Th. 0.106 = 6.48 deg.

Chronomètre.

		Arcs.
7h 2′ 10″0	} 1	401° 33′ 30″0
4 21.0		
10 44.0		
13 53.0		

$r = 0^{\circ}81667$ $y = 288°$ 8′ 0″0

Réduction au centre + 15″40

Réduction du chronomètre à la pendule. — 3′ 20″0

Le 10 mars, à la fin du jour, le ciel étoit absolument couvert; cependant, comme le réverbère de la Sierra-Morella étoit allumé, M. Méchain en a pris la distance au zénith, et il a trouvé :

Par quatre observations . . . . . 356° 22′ 0″0 . . Arc simple 89° 5′ 30″0
Par huit . . . . 712° 44′ 9″0 . . . . 89° 5′ 31″1

Barom. 27 pouces 5.0 lignes. Therm. 0.112 = 8.96 degrés.

Le 7, par huit observations . . 712° 45′ 21″0 . . . . 89° 5′ 40″0

Passons à des renseignemens plus particuliers sur les cinq azimuts observés depuis Watten jusqu'à Montjouy.

Watten.

On verra plus loin que la latitude de Watten est à très-peu près 50° 49′ 32″, et que la longitude en temps est de 28″ à l'occident de Paris. Avec ces données j'ai commencé par calculer sur mes tables solaires insérées dans la troisième édition de l'*Astronomie* de M. Lalande, les déclinaisons suivantes pour le midi vrai de Watten, du 27 mai au 6 juin, c'est-à-dire pour tout le temps qu'ont duré ces observations.

Jours.	Déclinaison du soleil.	Différences premières.	Différences secondes.	Mouvement horaire.
27 mai . .	21° 25′ 13″3 B	+ 9′ 36″6		+ 24″02
28	21 34 49.9	+ 9 14.2	— 22″4	+ 23.08
29	21 44 4.1	+ 8 51.7	— 22.5	+ 22.15
30	21 52 55.8	+ 8 29.0	— 22.7	+ 21.20
31	22 1 24.8	+ 8 6.2	— 22.8	+ 20.24
1 juin . .	22 9 31.0	+ 7 43.2	— 23.0	+ 19.29
2	22 17 14.2	+ 7 19.8	— 23.3	+ 18.31
3	22 24 34.0	+ 6 56.3	— 23.5	+ 17.34
4	22 31 30.3	+ 6 32.7	— 23.6	+ 16.35
5	22 38 3.0	+ 6 9.0	— 23.7	+ 15.37
6	22 44 12.0	+ 5 45.1	— 23.9	+ 14.37

Ces déclinaisons sont nécessaires pour le calcul du temps vrai et pour celui des azimuts.

Le 27 mai 1793, je pouvois calculer mes distances

du soleil au zénith de deux en deux, et c'est par là que j'ai commencé. Réunissant ensuite ces mêmes observations quatre à quatre, six à six, huit à huit et même dix à dix, je vis bientôt que j'arrivois aux mêmes résultats par une voie plus courte, et je devins moins prodigue de calculs.

Ainsi, pour réunir dix à dix les observations du 27, je prends la somme des dix premiers temps de la pendule, et la divisant par dix, j'ai pour terme moyen 3h 30′ 24″6.

L'arc, dans ces dix observations, est la somme des dix distances au zénith qui répondoient aux dix instans marqués. C'est 553g880, dont le dixième 55g358 = 49° 50′ 57″12, est la distance au zénith qui répond à 3h 30′ 24″6, ou peu s'en faut. Cette distance au zénith, corrigée de la réfraction et de la parallaxe, devient 49° 51′ 58″. Je connois d'ailleurs la distance du pôle au zénith, 39° 10′ 22″, et la distance polaire du soleil, 68° 33′ 23″, complément de la déclinaison prise dans la table précédente.

Avec ces trois côtés je calcule l'angle au pôle, que je trouve de	3h 28′ 24″0
Mais la pendule marquoit	3h 30′ 24″6
Ainsi la réduction au temps vrai sera	— 2′ 0″6

Pour les dix observations suivantes je fais pareillement la somme et le dixième des dix instans marqués par la pendule.

L'arc des vingt observations est	1135.620
L'arc des dix premières est	553.880
L'arc des dix dernières sera	581.740

Dont le dixième est 58g174 = 52° 21′ 23″52. Avec la réfraction et la parallaxe il devient 52° 22′ 31″, et j'ai pour l'angle horaire . . . . 3h 44′ 48″8
Quand l'horloge marquoit . . . . 3h 46′ 49″3

Ainsi la réduction au temps vrai étoit.	— 2′ 0″5
Ci-dessus nous avons trouvé	— 2′ 0″6
Mais en réunissant les vingt observations on auroit . .	— 1′ 59″.

Je ne parle dans ces calculs ni du demi-diamètre du soleil, ni de l'épaisseur du fil; on élude ces deux quantités par la manière d'observer que voici:

Dans la première observation, rendez le bord du fil tangent extérieurement au bord inférieur apparent; dans la seconde, rendez le bord du fil tangent extérieurement au bord supérieur apparent, vous aurez deux distances au zénith; l'une trop forte du demi-diamètre du soleil, plus la demi-épaisseur du fil, et l'autre trop foible de la même quantité: ainsi la somme des deux distances inégales vaut la somme des deux distances du centre du soleil au zénith.

Au lieu du contact extérieur, vous pouvez employer le contact intérieur, c'est-à-dire noter l'instant où le soleil, par son mouvement, achève de traverser le fil, reparoît au second bord du fil dans l'une des observations, et disparoît au premier dans l'autre. Ces instans paroissent plus aisés à bien saisir que le contact extérieur, et pour moi je les préfère; au reste chacun peut consulter son organe: mais il importe de faire un choix et de s'habituer à une manière invariable d'observer qu'on puisse suivre machinalement sans jamais se tromper, comme il arrive infailliblement à tout le monde dans les premiers temps, et comme il arriveroit bien plus souvent si l'on changeoit de méthode.

Pour ne pas me fatiguer la vue à suivre le soleil trop long-temps, je me reposois, à Watten, sur M. Lefrançais Lalande du soin d'observer les distances au zénith pour la pendule. Pour les distances du soleil au clocher de Gravelines, M. Lefrançais Lalande visoit à Gravelines et moi au soleil; quelquefois M. Lefrançais Lalande observoit le soleil, alors M. Bellet visoit à Gravelines.

On observoit toujours alternativement les deux bords du soleil; quand on y a manqué par mégarde, on a mis à la suite de l'arc observé la correction dont il a besoin.

Année 1793.		ARCS.		PENDULE.	Réduction au temps vrai.
27 mai.	1	55g388	= 49° 50′ 57″ 12	3h 30′ 24″6	— 2′ 0″6
	2	58.174	= 52 21 23.52	3 46 49.3	— 2 0.5
Milieu				3 38 37.0	— 2 0.55
28 mai.	1	90.805	= 81 43 28.2	6 59 22.5	— 2 44.1
	2	92.6355	= 83 22 18.8	7 11 5.6	— 2 44.0
Milieu				7 5 14.0	— 2 44.05
30 mai.	1	69.07	= 62 9 46.8	4 53 35.5	— 4 0.7
	2	71.275	= 64 8 51.0	5 6 12.3	— 4 1.5
Milieu				4 59 54.0	— 4 1.1

Année 1793.		ARCS.		PENDULE.	Réduction au temps vrai.
1 juin.	1	64g1835	= 57°45′54″5	4h 28′ 16″0	— 5′ 19″20
	2	66.475	= 59 49 39.0	4 41 23.0	— 5 20.36
	3	70.805	= 63 43 28.0	5 6 6.66	— 5 20.2
Milieu				4 45 15.0	— 5 19.92
1 juin.	1	79.10833	= 71 11 51.0	5 53 47.8	— 5 4.6
	2	80.475	= 72 25 39.0	6 1 50.0	— 5 6.0
	3	81.78633	= 73 36 27.72	6 9 35.2	— 5 6.4
Milieu				6 2 43.0	— 5 5.67
3 juin.	1	61.967	= 55 46 13.1	4 17 47.55	— 6 22.7
	2	64.137	= 57 43 23.9	4 30 13.60	— 6 23.6
Milieu				4 24 0.0	— 6 23.15
5 juin.	1	68.4311	= 61 35 16.76	4 57 6.95	— 7 44.3
	2	70.7339	= 63 39 37.84	5 10 18.05	— 7 45.5
Milieu				5 3 42.0	— 7 44.9
6 juin.	1	74.6017	= 67 8 29.5	5 33 40.85	— 8 26.2
	2	76.5223	= 68 52 12.35	5 44 49.3	— 8 27.3
Milieu				5 39 15.0	— 8 26.65

RÉSUMÉ.

Jours.	Heures.	Réduction au temps vrai.	Variation horaire.
30 mai . .	5	— 4′ 1″13	— 1″67
1 juin . .	5	— 5 20.4	— 1.65
1 juin . .	6	— 5 6.0	
3 juin . .	6	— 6 25.66	— 1.66
5 juin . .	6	— 7 48.62	— 1.68

La pendule, avant de voyager, étoit réglée sur le temps sidéral; j'en avois un peu baissé la lentille en la plaçant dans la tourelle de Watten, mais je n'avois pas le loisir de lui faire suivre plus exactement le temps solaire, ce qui au reste étoit parfaitement inutile.

J'ai dit que le premier juin un coup de vent avoit arrêté la pendule, dont quelques curieux avoient imprudemment ouvert la boîte. Ce contre-temps, non seulement nous fit perdre une trentaine de distances azimutales, mais rendit celles que nous mesurâmes ce même soir beaucoup moins sûres; car on sait qu'une pendule qui vient d'être remise en mouvement a pendant quelque temps une marche moins sûre et moins égale.

Si nous en jugeons par les réductions au temps vrai que nous donnons ici de deux en deux jours, parce que les nuages ont empêché toute observation dans les jours intermédiaires, la marche de la pendule avoit toute la régularité qu'on peut exiger, et le temps vrai paroît tout aussi exactement déterminé par nos hauteurs absolues qu'il pourroit l'être de toute autre manière.

Si l'on en juge par l'accord des différentes parties d'une même série, on sera conduit à la même conséquence, sur-tout si l'on considère que la variation horaire étant de 1″66, il faut augmenter de $\frac{1''}{3}$ environ la réduction donnée par la première série, pour la comparer à la seconde qui, sans cela, paroîtroit toujours plus forte, et qui l'est même souvent un peu trop malgré cela.

Mais cette régularité dans la marche n'empêche pas qu'on ne puisse soupçonner quelque cause constante qui auroit eu son effet tous les jours dans le même sens.

Soit B la distance du soleil au zénith, P l'angle horaire, H la hauteur de l'équateur, C la distance du soleil au pôle, on aura

$$\cos. B = \cos. P. \sin. H. \sin. C + \cos. H. \cos. C$$

d'où

$$\begin{aligned} dP = & \frac{dB. \sin. B}{\sin. P. \sin. H. \sin. C} + dH. \cot. H. \cot. P \\ & + dC. \cot. C. \cot. P \\ & - dH. \cot. C. \operatorname{cosec}. P \\ & - dC. \cot. H. \operatorname{cosec}. P \\ = & \frac{1.69\, dB. \sin. B}{\sin. P} + 1.23\, dH. \cot. P \\ & - 0.39\, dH. \operatorname{cosec}. P \\ & - 1.23\, dC. \operatorname{cosec}. P \\ & + 0.39\, dC. \cot. P \end{aligned}$$

La latitude de Watten ayant été déduite de celle de Dunkerque, ne doit pas être en erreur de plus d'une seconde, et les termes dépendans de dH ne vont probablement pas à $1''23. \cot. P - 0''39. \text{cosec}. P$. Or $\cot. P$, nulle à 6^h, est toujours une fraction ; le terme $1''23. \cot. P$ est donc toujours $< 1''23$, ce qui, divisé par 15, ne donne pas d'erreur sensible sur l'heure. Le terme $- 0''39. \text{cosec}. P$ est souvent plus petit encore, et ils sont de signe contraire avant 6^h ; ils doivent donc se réduire presque à rien.

Nous supposions en 1792 l'obliquité plus foible de 3 à 4 secondes qu'elle ne nous a paru par les observations des douze dernières années ; ainsi dC pourroit bien être de $3''$, et les termes dépendans de dC iroient à $- 3''69. \text{cosec}. P + 1''17. \cot. P$. Il seroit aisé de calculer ce qui en résulteroit pour chaque série, mais il est aisé de voir qu'on ne doit pas en craindre plus de $\frac{1}{3}$ ou même $\frac{1}{4}$ de seconde de temps.

Reste donc le terme $\frac{1.69\ dB.\ \sin.\ B}{\sin.\ P}$, dans lequel $\frac{\sin.\ B}{\sin.\ P}$ est < 1. Ainsi l'erreur en temps est $\frac{1}{10}$ de dB environ. dB peut se composer de l'erreur des réfractions, ce qui ne peut être bien considérable, et de l'erreur de l'observation, qui ne peut pas être bien forte après quatre, huit ou douze observations.

Nous pouvons donc regarder le temps comme aussi bien déterminé qu'il soit possible, mais pas cependant autant qu'il seroit à desirer, puisqu'une seconde de temps fait le plus souvent varier un azimut de $10''$ environ.

Observatoire de la rue de Paradis.

A Paris j'avois, pour régler ma pendule, ma lunette méridienne. J'observois chaque jour, outre le soleil, un assez grand nombre d'étoiles. Le soleil doit donner la correction pour les observations azimutales; les étoiles servent à prouver que la lunette tournoit bien dans le méridien, et donnoit par conséquent le midi juste.

La différence de la correction entre le soleil et les étoiles peut tenir à l'erreur des tables solaires, d'après lesquelles l'ascension droite de la *Connoissance des temps* de ces années, a été calculée; elle pourroit encore venir en partie d'une petite inégalité dans la pendule en huit ou dix heures de temps, intervalle entre les diverses observations.

Le 10 vendémiaire an 8 on remarque entre le soleil et les étoiles une différence de 2″ que je ne sais à quoi attribuer, les étoiles n'indiquant pas de déviation dans la lunette, et le lendemain au jour on l'a en effet trouvé bien exactement sur la marque méridienne. Le 12, le soleil s'est rapproché des étoiles, dont il ne diffère plus que de deux tiers de seconde qui viennent peut-être des tables.

La pendule sidérale dont je me servois à Paris rend le calcul des angles horaires un peu plus long. En voici les principes.

Soit $(24^h + x) = 24^h$ solaires vraies, T' le temps

sidéral écoulé depuis midi vrai, T le temps solaire répondant à T';

$$24^h + x : 24^h :: T' : T = \left(\frac{24^h \cdot T'}{24^h + x}\right) = \frac{T'}{1 + \left(\frac{x}{24^h}\right)}$$

donc

$$T = T'\left[1 - \left(\frac{x}{24^h}\right) + \left(\frac{x}{24^h}\right)^2 - \text{etc.}\right]$$

donc

$$T = T' - T'\left(\frac{x}{24^h}\right) + T'\left(\frac{x}{24^h}\right)^2 - \text{etc.}$$

ou, si x est en secondes,

$$T = T' - T'\left(\frac{x}{86400}\right) + T'\left(\frac{x}{86400}\right)^2$$

On peut négliger les termes suivans, mais les $\left(\frac{x}{86400}\right)^2$ négligés produiroient par fois une erreur de 0″2, qui feroient 3″ de degré et 2″ d'erreur sur l'azimut.

Le 13 vendémiaire, le 8 brumaire et le 13 thermidor, j'ai déterminé la correction de la pendule par des hauteurs absolues du soleil, pour les comparer à l'observation à la lunette méridienne.

Les tableaux suivans renferment les résultats de ces comparaisons.

Corrections de la pendule sidérale, par les observations du 13 vendémiaire an 8, ou 5 octobre 1799.

SÉRIES.	ARCS.	PENDULE.	Réduction au temps vrai — Pour l'instant de l'observation.	Réduction au temps vrai — Pour 9h 33' 51"
1	76g78275 = 69° 6' 16"1	9h 24' 17"8	— 45' 29"0	45' 30"4
2	76.003 = 68 24 9.7	9 29 32.0	— 45 28.0	28.7
3	75.35825 = 67 49 20.7	9 33 56.0	— 45 28.0	28.0
4	74.7155 = 67 14 38.2	9 38 26.0	— 45 30.0	29.3
5	74.0575 = 66 39 6.3	9 43 4.6	— 45 31.8	30.4
	Milieu	9 33 51.2	— 45 29.4	45 29.36
	Le 13 la lunette méridienne a donné . . .		— 45 59.8	
	Le 12		— 42 19.8	
	Augmentation pour 24h solaires vraie . . .		3 40.0	

$$24^h\ 3'\ 40'' : 3'\ 40'' :: 3^h\ 12'\ 9'' : 29''3$$

Otez ces 29"3 de ce que marquoit la pendule à midi, vous aurez pour réduction au temps vrai 45' 30"5 au lieu de 45' 29"4. C'est 1"1 que l'on aura de plus par la lunette méridienne; mais sur les cinq résultats partiels des hauteurs il y en a eu deux qui donnoient 30"4. Ainsi il y a grande apparence que la faute vient en grande partie des hauteurs absolues, qui ne réussissent pas aussi bien en vendémiaire que dans l'été.

Corrections de la pendule sidérale par les observations du 8 brumaire an 8, ou 30 octobre 1799.

SÉRIES.	ARCS.	PENDULE.	RÉDUCTION AU TEMPS VRAI — Pour l'instant de l'observation.	RÉDUCTION AU TEMPS VRAI — Pour 10h 56' 34"
1	86g8815 = 78° 11' 36"0	10h 44' 47"8	— 2h 17' 11"0	2h 17' 12"9
2	86.1335 = 77 31 12.5	10 50 3.4	— 2 17 12.2	13.2
3	85.5060 = 76 57 19.4	10 54 29.1	— 2 17 11.7	12.0
4	84.8775 = 76 23 23.1	10 59 3.0	— 2 17 13.4	12.9
5	84.3140 = 75 52 57.4	11 3 10.2	— 2 17 13.4	12.0
6	83.6865 = 75 19 4.3	11 7 48.7	— 2 17 13.5	11.7
	Milieu	10 56 33.7	— 2 17 12.53	2 17 12.45
	Le 7, la lunette méridienne donnoit . . .		2 13 54.85	
	Le 8		2 17 46.01	
	La différence en 24h 3' 51" est		3 51.19	
	Pour 3h 22' on auroit		32.3	
	Ainsi la lunette méridienne donneroit . . .		2 17 13.7	

C'est-à-dire 1"2 de plus que les hauteurs; mais observons que le 8 le soleil ne se voyoit au méridien qu'à travers un brouillard très-épais, et que mon registre porte pour ces observations, *très-peu sûres*.

N'oublions pas non plus qu'une partie de la différence peut venir d'une petite irrégularité dans la pendule pendant l'intervalle de 3 heures environ qui séparent les hauteurs absolues du passage au méridien.

Corrections de la pendule sidérale par les observations du 13 thermidor an 8, ou premier août 1800.

SÉRIES.	ARCS.	PENDULE.	RÉDUCTION AU TEMPS VRAI — Pour l'instant de l'observation.	RÉDUCTION AU TEMPS VRAI — Pour 14h 36′ 37″
1	81g41625 = 73° 16′ 28″6	14h 26′ 26″7	— 8h 46′ 24″1	25″74
2	82.4625 = 74 12 58.5	14 32 16.4	— 8 46 23.6	24.30
3	83.23525 = 74 54 42.2	14 36 37.0	— 8 46 26.4	26.4
4	84.38500 = 75 56 47.4	14 41 43.3	— 8 46 25.9	24.92
5	85.36100 = 76 49 29.6	14 48 31.6	— 8 46 26.2	24.3
	Milieu	14 36 37.0	— 8 46 25.2	25.1
	Le 13, la lunette méridienne donnoit . . .		— 8 45 29.0	
	Le 14		— 8 49 22.2	
	Avance en 24h 3′ 53″		— 3 53.2	
	En 5h 51′ la pendule avance de		— 56.97	
	Donc, au temps des hauteurs		— 8 46 25.97	
	Différence		— 0.77	

La lunette donne toujours plus jusqu'à présent. La différence est dans les limites des erreurs des hauteurs, puisque nous avons une série partielle qui donne 0″43 de plus que la lunette.

Je fais toujours abstraction des petites irrégularités dont les meilleures pendules ne sont pas tout-à-fait exemptes, et qui peuvent aller à quelque fraction de seconde.

Corrections de la pendule sidérale par les observations du 18 thermidor an 8, ou 6 août 1800.

SÉRIES.	ARCS.	PENDULE.	RÉDUCTION AU TEMPS VRAI. Pour l'instant de l'observation.	Pour 9h 5′ 45″
1	79g35525 = 71° 25′ 11″	14h 28′ 30″4	— 9h 5′ 41″6	43″4
2	80.25900 = 72 13 59	14 33 29.9	43.3	44.3
3	81.36575 = 73 13 45	14 39 37.6	44.8	44.8
4	82.2330 = 74 0 35	14 44 25.5	44.7	43.9
5	84.6370 = 76 10 24	14 57 49.8	49.0	46.1
Milieu		14 40 47.0	— 9 5 44.7	44.5
En rejetant la dernière . . .		14 36 31.0	. . . .	44.1
Le 18 thermidor, la lunette méridienne . .			. . . .	9 4 50.7
Le 20			. . . .	12 35.0
				7 45.3
				3 52.15
En 5h 31′ 40″, avance de la pendule . . .			. . . .	53.29
Donc, par la lunette méridienne . .			. . . .	9 5 43.99

C'est-à-dire 0″2 de moins que par les hauteurs absolues. Ce seroit 0″6 de moins que par les hauteurs, si l'on ne rejettoit pas la dernière série; le 13 thermidor, la lunette donnoit au contraire 0″77 de plus, et la lunette étoit cependant sur la même mire. Les hauteurs absolues ne fournissent donc aucun motif de croire que la lunette ne fût pas exactement dans le méridien. Dans ce cas il seroit prouvé par le fait que les hauteurs absolues peuvent être en erreur d'une seconde, ce dont on conçoit d'ailleurs la possibilité. Je n'oserois pas répondre au reste qu'il n'y eût aussi un quart de seconde de déviation quand je prends le midi : la mire n'est pas toujours parfaitement visible ; les ondulations la rendent quelquefois peu sûre : enfin on sait qu'il n'est pas aisé de répondre d'une fraction de seconde, et même d'une seconde de temps absolu. Quant au temps relatif, c'est une chose différente. Heureusement il n'y a peut-être pas en astronomie une seule observation dans laquelle une seconde de temps absolu soit de quelque conséquence, si ce n'est celle par laquelle on veut déterminer un azimut ; encore pourroit-on dire que, pour l'usage qu'on en fait, trois ou quatre secondes de temps seroient encore de fort peu de conséquence.

Bourges.

POUR calculer les observations faites à Bourges, j'ai d'abord calculé par mes tables les déclinaisons du soleil renfermées dans le tableau suivant :

ANNÉE 1795.	DÉCLINAISON.	DIFFÉR. PREM.	DIFFÉR. SEC.
8 juillet . .	22° 29′ 4″0		
9	22 22 0.5	7′ 3″5	
10	22 14 34.0	7 26.5	23″0
11	22 6 44.5	7 49.5	23.0

Avec ces déclinaisons et la latitude 47° 5′ 5″, j'ai tiré des observations les résultats suivans :

ANNÉE 1795.		ARCS.	PENDULE.	RÉDUCTION au temps vrai.
8 juillet.	1	72g18433 = 64° 57′ 57″2	5h 11′ 22″2	— 3′ 52″6
	2	73.73167 = 66 21 30.6	5 19 38.2	— 3 52.6
	3	75.40217 = 67 51 43.0	5 28 37.2	— 3 54.8
	4	77.063 = 69 21 24.1	5 37 32.6	— 3 53.4
Milieu			5 24 17.55	— 3 53.35
9 juillet.	1	59.936 = 53 56 32.6	4 5 57.0	— 3 51.0
	2	61.015 = 54 54 48.6	4 11 40.6	— 3 51.0
	3	61.8705 = 55 41 00.4	4 16 15.0	— 3 53.4
	4	62.739 = 56 27 54.4	4 20 47.6	— 3 50.0
	5	63.8085 = 57 25 39.5	4 26 28.2	— 3 50.6
	6	64.74375 = 58 16 9.75	4 31 26.7	— 3 53.1
Milieu			4 18 45.8	— 3 51.5
10 juillet.	1	71.6635 = 64 29 49.7	5 9 32.6	— 3 47.8
	2	72.480 = 65 13 55.0	5 11 54.0	— 3 48.4
	3	73.27575 = 65 56 53.4	5 16 11.1	— 3 50.3
	4	74.160 = 66 44 38.4	5 20 54.5	— 3 50.5
	5	75.142 = 67 37 40.1	5 26 8.5	— 3 49.3
Milieu			5 16 32.1	— 3 49.2

Marche de la pendule.

JUILLET.	H. M.	RÉDUCTION au temps vrai.	RETARD diurne.	RETARD horaire.
8	6 0	— 3′ 53″30	1″93	0″0804
9	6 0	— 3 51.37	2.34	0.0975
10	6 0	— 3 49.03		

Carcassonne.

CETTE station et celle de Montjouy sont de M. Méchain.

ANNÉE 1797.		ARCS.	PENDULE.	RÉDUCTION au temps vrai.
14 mai, matin.	1	47g263 = 42° 32′ 12″0	9h 15′ 13″5	− 1′ 29″51
	2	. . . = 41 41 16.0	9 20 18.25	− 1 32.04
	3	. . . = 40 50 3.0	9 25 24.75	− 1 31.76
Milieu des deux derniers			9 22 51.01	− 1 31.90
Soir . .		48.26294 = 43 27 12.0	2 53 19.8	− 1 32.6

Cette première série avoit été rejetée par M. Méchain. Il paroît qu'on s'étoit trompé dans la lecture de quelques alidades. En réunissant les seize observations, j'en ai tiré un résultat satisfaisant.

		ARCS.	PENDULE.	RÉDUCTION au temps vrai.
Soir . .	1	52.2465 = 47 1 19.0	3 14 3.75	− 1 34.1
	2	53.361 = 48 1 30.0	3 19 39.2	− 1 34.4
	3	54.3175 = 48 53 9.0	3 24 39.1	− 1 35.1
Milieu			3 19 27.35	− 1 34.53

Cette série avoit aussi été supprimée.

		ARCS.	PENDULE.	RÉDUCTION au temps vrai.
Soir . .	1	56.8405 = 51 9 23.2	3 37 24.62	− 1 33.95
	2	57.7101 = 51 56 20.8	3 41 47.12	− 1 34.20
	3	58.7029 = 52 49 57.3	3 46 45.62	− 1 34.06
Milieu			3 41 59.12	− 1 34.07

De cette série, comparée à celle du matin, M. Méchain conclut qu'à midi la réduction étoit − 1′ 32″913. Les deux séries rejetées la rendroient plus foible de quelques dixièmes.

Année 1797.		ARCS.	PENDULE.	Réduction au temps vrai.
15 mai, matin.	1	59g8856 = 53° 53′ 49″4	8h 9′ 52″31	— 1′ 33″0
	2	58·7794 = 52 54 5·2	8 15 23·63	— 1 33·1
	3	57·7557 = 51 58 48·6	8 20 31·37	— 1 33·5
Milieu			. . . .	— 1 33·2
Soir . .	1	57·980 = 52 10 55·2	3 44 1·0	— 1 36·14
	2	59·0155 = 53 6 50·2	3 49 11·1	— 1 35·28
	3	60·1182 = 54 6 23·1	3 54 41·6	— 1 35·50
Milieu			. . . .	— 1 35·61
Et à midi, par un milieu entre les 2 séries .			. . . .	— 1 34·4
16 mai, soir.	1	61·6305 = 55 28 2·8	4 3 3·44	— 1 37·05
	2	62·9355 = 56 38 31·0	4 9 32·12	— 1 37·07
	3	64·1622 = 57 44 45·7	4 15 36·88	— 1 36·96
Milieu			. . . .	— 1 37·03
17 mai, matin.	1	64·4250 = 57 58 57·0	7 45 47·56	— 1 36·18
	2	63·4282 = 57 5 7·5	7 50 43·75	— 1 36·40
	3	62·54025 = 56 17 10·4	7 55 7·37	— 1 36·14
Milieu			. . . .	— 1 36·24
Par conséquent à 12h, le 16			. . . .	— 1 36·64
17 mai, soir.	1	63·3940 = 57 3 16·6	4 12 37·37	— 1 38·40
	2	64·5310 = 58 4 40·4	4 18 14·69	— 1 37·78
	3	65·62525 = 59 3 45·8	4 23 40·25	— 1 38·35
Milieu			. . . .	— 1 38·18
Par conséquent à midi, le 17			. . . .	— 1 37·41

Année 1797.		ARCS.	PENDULE.	Réduction au temps vrai.
24 mai, soir.	1	58.0095 = 52 12 30.8	3 51 20.13	— 2 11.08
	2	58.9302 = 53 2 14.0	3 55 54.64	— 2 10.99
	3	59.8877 = 53 53 56.3	4 0 39.90	— 2 11.11
Milieu		. . . .	. . . .	— 2 11.06
25 mai, matin.	1	61.8167 = 55 38 6.3	7 53 46.62	— 2 13.54
	2	60.5265 = 54 28 25.9	8 0 10.31	— 2 13.87
	3	59.4552 = 53 30 35.0	8 5 28.62	— 2 13.38
Milieu		. . . .	. . . .	— 2 13.60
Et le 24, à 12h		. . . .	. . . .	— 2 12.33
26 mai, matin.	1	44.1457 = 39 43 52.2	9 22 34.25	— 2 18.84
	2	42.7572 = 38 28 53.5	9 29 58.75	— 2 20.43
	3	41.5442 = 37 23 23.4	9 36 29.56	— 2 20.08
Par un milieu entre les deux dernières		. .	. . . .	— 2 20.25
26 mai, soir.	1	47.8285 = 43 2 44.3	3 1 28.62	— 2 24.46
	2	48.9775 = 44 4 47.1	3 7 21.06	— 2 23.39
	3	50.0571 = 45 3 5.1	3 12 52.25	— 2 24.30
Milieu		. . . .	. . . .	— 2 24.05
Donc à midi, le 26		. . . .	. . . .	— 2 22.15

Résumé.

ANNÉE 1797.	HEURES	RÉDUCTION au temps vrai.	ACCÉLÉRAT. diurne.	RÉDUCTION au temps moyen.	DIFFÉRENCE.
14 mai .	0	— 1′ 32″91	1″49	— 5 31.63	+ 1″08
15 . . .	0	— 1 34.40	1.50	— 5 32.71	+ 0.41
16 . . .	12	— 1 36.64	1.54	— 5 33.32	— 0.26
17 . . .	0	— 1 37.41	0.47	— 5 33.19	+ 0.90
24 . . .	12	— 2 12.33	6.54	— 5 40.0	+ 0.50
26 . . .	0	— 2 22.15		— 5 40.72	

A ce tableau M. Méchain a joint le suivant, pour les déclinaisons du soleil.

13 mai . .	18° 34′ 8″4	14′ 25″0	— 18″9
14	18 48 33.4	14 6.1	— 19.8
15	19 2 39.5	13 46.3	— 19.0
16	19 16 25.8	13 27.3	— 19.7
17	19 29 53.1	13 7.6	
18	19 43 0.7		
23	20 43 33.2	11 3.6	— 21.7
24	20 54 36.8	10 41.9	— 21.3
25	21 5 18.7	10 20.6	— 22.2
26	21 15 39.3	9 58.4	
27	21 25 37.7		

Montjouy.

LES observations d'azimut ont été faites sur la plate-forme de la tour, et comme on ne pouvoit entendre les oscillations de la pendule, qui étoit dans un observatoire construit au pied de la même tour, on s'est servi d'un excellent chronomètre de Louis Berthoud, que l'on avoit soin de comparer à la pendule avant et après les observations. Dès le 5 novembre 1792 M. Méchain avoit essayé de déterminer à peu près l'azimut de Matas. Il avoit trouvé une minute de trop, c'est-à-dire 27° 40' 44"; mais il avertit que cette détermination n'a pas la précision d'une minute; on n'a retrouvé que le calcul, et non pas les observations mêmes.

Le 14 et le 15 décembre il observa de nouveau l'azimut du même signal, et, pour connoître l'état de son chronomètre, il prit, les 11, 12 et 13, les distances du soleil au zénith que nous avons rapportées.

Pour les observations du mois de mars, le chronomètre étoit réglé sur la pendule, dont on aura la marche par les midis vrais des hauteurs correspondantes.

Les tableaux que nous avons pris dans les registres de M. Méchain n'ont pas besoin d'autre explication, et nous allons passer au calcul de nos cinq azimuts.

Soit NPZ le méridien (*pl. VII, fig.* 19), N le point nord de l'horizon, P le pôle, Z le zénith, S le lieu vrai du soleil, S' le lieu apparent. Dans le triangle PZS nous connoissons

$$\begin{aligned} PZ &= \textit{hauteur de l'équateur} = H \\ PS &= 90° - \textit{déclin. de l'astre} = C \\ ZPS &= \textit{angle horaire} = P \end{aligned}$$

Ainsi

$$\cos. ZS = \cos. B = \cos. P . \sin. H . \sin. C + \cos. H . \cos. C$$

$$\sin. PZS = \sin. Z = \frac{\sin. P . \sin. C}{\sin. B}$$

Soit r la réfraction et p la parallaxe de hauteur,

$$ZS' = B' = B + p - r$$

alors, dans le triangle GZS' nous aurons

$S'G =$ *distance observée* $= D$; $ZS' = B'$; $ZG = A$

faites

$$R = \frac{A + B' + D}{2} - A; \quad R' = \frac{A + B' + D}{2} - B'$$

$$sin^2. \tfrac{1}{2} GZS' = \frac{sin. R. sin. R'}{sin. A. sin. B'} = sin^2. \tfrac{1}{2} Z'$$

C'est à cet angle qu'il faut appliquer la réduction au centre $+ \frac{r. sin. (O + y)}{D. sin. 1'}$, si l'objet terrestre est à droite de l'astre, et $- \frac{r. sin. y}{G. sin. 1'}$, si l'objet terrestre est à gauche de l'astre,

$$PZG = PZS - GZS = Z - Z'$$

Cette solution est générale; elle suppose que l'objet terrestre est entre l'astre et le point nord de l'horizon, et elle donne l'azimut compté du point nord. Si l'objet terrestre G étoit entre l'astre et le point midi de l'horizon, Z' changeroit de signe. Mais cette solution a un inconvénient : si PZS diffère peu de 90°, on ne saura s'il faut le faire aigu ou obtus.

Comptez l'azimut du midi, vous aurez

$$cot. MZS = cot. Z = cot. P. cos. H - \frac{cot. C. sin. H}{sin. P}$$

$$sin. S = sin. B = \frac{sin. P. sin. C}{sin. Z}$$

et achevez le calcul comme ci-dessus. Mais si B diffère

peu de 90°, vous ne saurez s'il doit être obtus ou aigu, et il est aisé de s'y tromper. Dans ce cas, faites, comme ci-dessus,

$$cos.\ B = cos.\ P.\ sin.\ H.\ sin.\ C + cos.\ H.\ cos.\ C$$

et alors il n'y a plus d'ambiguité. Si *cos.* B est positif, B sera $< 90°$; s'il est négatif, il sera $> 90°$.

L'azimut compté du point sud sera plus petit ou plus grand que 90°, selon que *cot.* Z sera positive ou négative.

Mais voici une autre solution qui n'offre aucun cas douteux, et qui me paroît plus commode. Faites

$$tang.\ a = \frac{cot.\ \frac{1}{2} P.\ cos.\ \frac{1}{2}(C - H)}{cos.\ \frac{1}{2}(C + H)}$$

$$tang.\ b = \frac{cot.\ \frac{1}{2} P.\ sin.\ \frac{1}{2}(C - H)}{sin.\ \frac{1}{2}(C + H)}$$

et

$$sin.\ \frac{1}{2} B = \frac{sin.\ \frac{1}{2} P.\ sin.\ \frac{1}{2}(C + H)}{cos.\ b}$$

vous aurez

$$PZS = a + b$$

Observez que b est négatif si $C < H$;

$$MZS = 180 - (a + b)$$

Si l'astre est très-voisin de l'horizon, au lieu de résoudre le triangle GZS', on peut employer, pour réduire GS' à l'horizon, les tables qui nous ont servi pour les angles de nos triangles; mais dans ce cas il y a peu de chose à gagner, parce qu'on n'en est pas moins obligé d'employer les logarithmes pour le reste de l'opération. J'ai donc employé toujours le calcul trigonométrique.

Cette méthode seroit parfaitement sûre, si l'on pouvoit calculer séparément chacune des observations ; mais on est obligé de les assembler au moins deux à deux, et l'on est contraint de supposer que la moyenne entre les deux distances observées de l'astre et du signal, répond à l'instant qui tient le milieu entre les deux observations. L'expérience nous a pleinement rassurés contre cette objection ; car j'ai assemblé les observations deux à deux, quatre à quatre, six à six et même dix à dix, sans trouver de différence sensible. Cependant comme rien ne prouve que, dans de certaines circonstances, l'erreur ne puisse devenir plus considérable, il y a plusieurs moyens de se précautionner.

Voici celui qui se présente le premier.

Trouvez d'abord, par la méthode ci-dessus, une valeur approchée de l'azimut inconnu, servez-vous de cette valeur pour calculer les distances apparentes de l'astre au signal pour les momens de toutes les observations ; prenez la somme de toutes ces distances, et la divisez par le nombre des observations, vous aurez une distance moyenne. Calculez de même la distance apparente pour l'instant moyen ; et formez les deux équations suivantes,

(*distance calculée pour l'instant moyen* — *distance moyenne calculée*)
= *correct. de la dist. moyenne observ.*

et

distance pour l'instant moyen = *distance moyenne observée*
+ (*dist. calculée pour l'instant moyen*
— *distance moyenne calculée*)

Ce moyen est fort bon; il pourroit s'appliquer également aux distances d'un astre au zénith, pour connoître le temps; mais il est effrayant par sa longueur. En voici un autre un peu plus court.

Calculez, pour chaque observation, la distance apparente, au moyen d'une valeur approchée de l'azimut cherché.

Soit Δ cette distance, z l'azimut de l'astre, x celui du signal,

$$\cos.\Delta = \cos.(x - z).\sin.A.\sin.B' + \cos.A.\cos.B$$

d'où

$$d\Delta = \frac{d(x-z).\sin.(x-z).\sin.A.\sin.B'}{\sin.\Delta}$$
$$= \frac{dx.\sin.(x-z).\sin.A.\sin.B'}{\sin.\Delta}$$

Soit

$$a = \frac{\sin.(x-z).\sin.A.\sin.B'}{\sin.\Delta}$$

vous aurez $$d\Delta = adx$$

Nommez Σa la somme de tous les a, G la somme des distances observées, et $\Sigma\Delta$ la somme de tous les Δ calculés; alors

$$G = \Sigma.\Delta + dx\,\Sigma a \quad \text{et} \quad dx = \frac{G - \Sigma.\Delta}{\Sigma a}$$

Pour les distances au zénith qui servent à régler la pendule, on auroit

$$a = \frac{\sin.P.\sin.H.\sin.C}{\sin.B'}; \quad dP = \frac{G - \Sigma.B'}{\Sigma a}$$

ou $$dT = \frac{G - \Sigma.B'}{15\,\Sigma a}.$$

WATTEN.

Azimut de Gravelines, sur l'horizon de Watten.

Les observations du 30 mai 1793 donnent les quantités suivantes :

Nombre des observ.	Temps vrai.	Angle horaire vrai.	Distance observée.	Azimut.
	H. M. S. T.	SIG. D. M. S.	D. M. S.	D. M. S.
16	6 35 16 56.4	3 8 49 14.0	50 2 7.4	20 20 54.9
8	7 0 44 54.0	3 15 11 13.5	44 54 0.1	20 20 54.0
	Milieu			20 20 54.45

Ces observations s'accordent fort bien ; cependant un vent incommode les rendoit un peu suspectes.

Observations du premier juin.

18	5 24 18 40.0	2 21 4 40.0	64 9 14.4	20 21 24.9

Observations suspectes pour la même raison.

Après que la pendule, arrêtée par le vent, eut été remise en mouvement :

12	6 30 55 28.8	3 7 43 52.2	50 46 5.7	20 21 48.0

Plus suspectes encore, parce que le même vent continuoit, et qu'en outre le mouvement de la pendule n'avoit probablement pas repris son égalité ordinaire.

Milieu des deux séries du premier juin	20 21 36.5
Milieu des deux du 30 mai	20 20 54.5
Milieu entre les observations incertaines . . .	20 21 15.5

WATTEN.

Observations du 3 juin.

Nombre des observ.	TEMPS VRAI.	ANGLE HORAIRE vrai.	DISTANCE observée.	AZIMUT.
	H. M. S. T.	SIG. D. M. S.	D. M. S.	D. M. S.
20	5 48 0 43.0	2 27 0 11.0	59 17 41.0	20 21 23.9
20	6 23 53 40.0	3 5 58 25.0	52 4 21.0	20 21 24.0
16	6 55 33 46.0	3 13 53 26.0	45 41 5.0	20 21 13.9
16	7 14 23 10.0	3 18 37 48.0	41 53 44.0	20 21 20.3
16	7 35 45 5.0	3 23 56 16.0	37 37 46.0	20 21 1.8
8	7 49 2 20.0	3 27 15 35.0	34 59 38.0	20 21 16.0
8	7 58 27 22.0	3 29 36 50.0	33 8 30.0	20 21 3.5
	Milieu			20 21 14.8
	Observations du 5 juin.			
4	6 28 26 15.0	3 7 6 34.0	51 3 1.0	20 21 16.0
14	7 30 53 7.0	3 22 43 17.0	38 29 6.0	20 21 11.0
6	8 2 44 24.0	4 0 41 6.0	32 11 2.0	20 21 6.0
	Milieu des séries du troisième jour			20 21 11.0
	Du second			14.8
	Des deux premiers			15.5
	Milieu entre les trois résultats			20 21 14.0
	Milieu entre les 184 observations			20 21 15.3

Ainsi l'azimut de Gravelines à Watten est de . . 20° 21′ 15″0

Ou, si on le compte du midi au couchant . . . 159° 38′ 45″0

Je m'en tiens à ce résultat, auquel toutes nos combinaisons nous ramènent. On trouvera que j'ai rassemblé un bien grand nombre d'observations. J'avois beaucoup plus divisé les séries; mais les résultats étoient sensiblement les mêmes, et les petites différences qu'on y peut trouver ne sont rien auprès de l'incertitude qui est propre à ce genre d'observations.

ARIS.

Observatoire de la rue de Paradis.

Azimut du clocher de Saint-Laurent. 7 *prairial an* 7 (26 *mai* 1799), *soir.*

Nombre des observ.	Temps de la pendule.	Angle horaire vrai.	Distance observée.	Azimut.
	H. M. S.	SIG. D. M. S.	D. M. S.	D. M. S.
4	11 5 6.75	3 12 40 16.0	68 46 22.0	2 0 60.0
4	11 11 54.87	3 14 22 0.0	67 31 34.0	2 0 57.0
4	11 17 29.12	3 15 45 20.0	66 30 8.0	2 0 55.0
4	11 23 47.25	3 17 19 36.0	65 20 35.0	2 0 59.0
4	11 29 57.0	3 18 51 47.0	64 12 22.0	2 0 60.0
4	11 35 58.37	3 20 21 46.0	63 5 32.0	2 0 64.0
4	11 49 7.25	3 23 38 32.0	60 39 4.0	2 0 50.0
	Milieu des 28			182 0 57.0
	Entre Saint-Laurent et le Panthéon			152 48 3.0
	Azimut du Panthéon			29 12 54.0
	8 *prairial* (27 *mai*).			
4	10 45 19.5	3 6 43 16.0	72 59 52.0	2 0 32.0
4	10 52 35.25	3 8 31 54.0	71 41 18.0	2 0 47.0
4	10 58 56.12	3 10 6 51.0	70 31 59.0	2 0 35.0
4	11 5 47.62	3 11 49 25.0	69 17 10.0	2 0 43.0
4	11 11 56.0.	3 11 21 16.0	68 9 45.0	2 0 39.0
4	11 17 33.0	3 14 45 16.0	67 7 58.0	2 0 39.0
4	11 23 55.75	3 16 20 42.0	65 57 54.0	2 0 54.0
4	11 29 59.37	3 17 51 21.0	64 50 40.0	2 0 37.0
4	11 35 23.12	3 19 12 3.0	63 50 56.0	2 0 41.0
4	11 41 22.75	3 20 41 42.0	62 44 27.0	2 0 43.0
4	11 47 3.37	3 22 6 37.0	61 41 31.0	2 0 51.0
4	11 53 16.12	3 23 39 33.0	60 32 8.0	2 0 40.0
4	11 58 58.0	3 25 4 46.0	59 28 34.0	2 0 39.0
	Milieu entre les 52			182 0 41.0
				152 48 3.0
	Azimut du Panthéon			29 12 38.0

PARIS.

Azimut de Sainte-Marguerite. 9 prairial (28 mai 1799), matin.

Nombre des observ.	Temps de la pendule.	Angle horaire vrai.	Distance observée.	Azimut.
	H. M. S.	SIG. D. M. S.	D. M. S.	D. M. S.
4	20 50 29.5	3 22 24 54.0	53 52 51.0	113 15 44.0
4	20 56 52.5	3 20 49 24.0	52 44 17.0	113 15 38.0
4	21 3 53.5	3 19 4 27.0	51 30 39.0	113 15 48.0
4	21 9 46.5	3 17 36 27.0	50 29 51.0	113 15 32.0
4	21 17 23.25	3 15 42 36.0	49 13 31.0	113 15 41.0
4	21 23 55.25	3 14 4 52.0	48 9 42.0	113 15 43.0
4	21 30 36.0	3 12 24 58.0	47 6 10.0	113 15 34.0
4	21 37 42.75	3 10 38 35.0	46 1 7.0	113 15 48.0
4	21 44 32.2	3 8 56 30.0	45 0 36.0	113 15 35.0
4	21 51 43.5	3 7 9 0.0	43 59 45.0	113 15 44.0
4	22 2 10.5	3 4 32 40.0	42 36 9.0	113 15 33.0
4	22 8 56.75	3 2 51 24.0	41 45 43.0	113 15 42.0
Azimut de Sainte-Marguerite				113 15 40.0
				111 15 9.0
Azimut de Saint-Laurent				182 0 31.0
				152 48 3.0
Azimut du Panthéon				29 12 28.0

Saint-Laurent. 28 *mai* 1799.

Nombre des observ.	Temps de la pendule.	Angle horaire vrai.	Distance observée.	Azimut.
4	10 45 46.25	3 5 49 0.0	73 33 5.0	2 0 42.0
4	10 51 46.75	3 7 18 52.0	72 28 6.0	2 0 40.0
4	10 57 50.12	3 8 49 28.0	71 22 12.0	2 0 28.0
4	11 3 25.50	3 10 13 4.0	70 21 27.0	2 0 36.0
4	11 9 2.0	3 11 36 58.0	69 20 14.0	2 0 39.0
4	11 14 40.60	3 13 1 22.0	68 18 19.0	2 0 34.0
4	11 20 12.87	3 14 24 13.0	67 17 24.0	2 0 29.0
4	11 26 2.52	3 15 51 22.0	66 13 20.0	2 0 37.0
4	11 31 38.75	3 17 15 12.0	65 11 21.0	2 0 31.0
4	11 37 33.75	3 18 43 41.0	64 5 58.0	2 0 35.0
4	11 43 6.0	3 20 6 31.0	63 4 33.0	2 0 32.0
4	11 48 16.75	3 21 23 59.0	62 7 6.0	2 0 36.0
4	11 53 52.50	3 22 47 41.0	61 4 48.0	2 0 28.0
4	11 59 26.75	3 24 11 1.0	60 2 44.0	2 0 31.0
Milieu				182 0 34.0
				152 48 3.0
Azimut du Panthéon				29 12 31.0

PARIS.

Sainte-Marguerite. 29 *mai* 1799, *soir.*

Nombre des observ.	Temps de la pendule.	Angle horaire vrai.	Distance observée.	Azimut.
	H. M. S.	SIG. D. M. S.	D. M. S.	D. M. S.
4	20 48 15.0	3 23 59 14.0	55 7 15.0	113 15 31.0
4	20 54 18.25	3 22 28 39.0	54 1 31.0	113 15 44.0
4	21 0 26.0	3 20 56 59.0	52 55 50.0	113 15 42.0
4	21 6 50.0	3 19 21 15.0	51 48 35.0	113 15 44.0
4	21 12 38.4	3 17 54 24.0	50 48 43.0	113 15 44.0
4	21 19 5.75	3 16 17 50.0	49 43 34.0	113 15 42.0
4	21 24 48.5	3 14 52 23.0	48 47 18.0	113 15 45.0
4	21 30 9.25	3 13 32 28.0	47 55 52.0	113 15 46.0
4	21 35 57.62	3 12 05 34.0	47 1 20.0	113 15 46.0
4	21 42 17.1	3 10 30 58.0	46 3 42.0	113 15 45.0
4	21 47 59.25	3 9 5 41.0	45 13 28.0	113 15 47.0
4	21 54 57.75	3 7 21 21.0	44 14 8.0	113 15 40.0
4	22 1 23.35	3 5 45 15.0	43 22 0.0	113 15 42.0
Azimuts...		Sainte-Marguerite		113 15 43.0 111 15 9.0
		Saint-Laurent		182 0 34.0 152 48 3.0
		Panthéon		29 12 31.0

Pyramide Montmartre. 10 *vendémiaire an* 8 (2 *octobre*), *soir.*

Nombre des observ.	Temps de la pendule.	Angle horaire vrai.	Distance observée.	Azimut.
4	17 30 53.45	2 13 46 46.0	78 17 44.0	153 33 33.0
4	17 36 57.30	2 15 17 28.0	77 7 42.0	153 33 26.0
4	17 42 29.7	2 16 40 10.0	76 3 57.0	153 33 19.0
4	17 48 42.45	2 18 13 20.0	74 52 43.0	153 33 30.0
4	17 53 44.15	2 19 28 31.0	73 55 25.0	153 33 39.0
Azimuts...		Pyramide		153 33 28.0 28 27 17.0
		Saint-Laurent		182 0 45.0 152 48 3.0
		Panthéon		29 12 42.0

PARIS.

Pyramide de Montmartre. 4 octobre, soir.

Nombre des observ.	Temps de la pendule.	Angle horaire vrai.	Distance observée.	Azimut.
	H. M. S.	SIG. D. M. S.	D. M. S.	D. M. S.
4	17 55 32.76	2 18 6 24.0	75 27 48.0	152 33 26.0
4	10 0 20.75	2 19 18 13.0	74 33 20.0	153 33 35.0
4	18 5 24.0	2 20 33 50.0	72 35 54.0	153 33 19.0
4	18 10 12.75	2 21 45 51.0	72 41 49.0	153 33 31.1
4	18 15 35.50	2 23 6 20.0	71 41 22.0	153 33 22.0
Azimuts	Pyramide			153 33 27.0
				28 27 17.0
	Saint-Laurent			182 0 44.0
				152 48 3.0
	Panthéon			29 12 41.0
	Panthéon. 5 octobre 1799, matin.			
4	8 24 34.5	2 5 11 26.0	96 16 39.0	29 12 31.0
4	8 29 52.25	2 3 52 12.0	95 10 49.0	29 12 40.0
4	8 34 59.5	2 2 35 35.0	94 6 56.0	29 12 35.0
4	8 40 35.6	2 1 11 45.0	92 56 48.8	29 12 22.0
4	8 46 16.4	1 29 46 45.0	91 45 50.0	29 12 31.0
4	8 51 39.5	1 28 26 12.0	90 38 14.0	29 12 21.0
4	8 56 24.75	1 27 15 4.0	89 22 54.0	29 12 31.0
4	9 2 20.90	1 25 46 15.0	88 28 52.0	29 12 30.0
4	9 7 47.20	1 24 24 53.0	87 15 57.0	29 12 44.0
4	9 13 5.0	1 23 5 38.0	86 9 1.0	29 12 26.0
	Milieu			29 12 31.0
	Panthéon. 30 octobre 1799, matin.			
4	9 41 49.0	2 8 48 14.0	94 6 40.3	29 12 7.0
4	9 46 53.8	2 7 32 13.0	93 14 17.5	29 12 11.0
4	9 51 44.6	2 6 19 43.0	92 16 22.6	29 12 13.0
4	9 56 34.6	2 5 7 26.	91 10 20.0	29 12 19.0
4	10 1 31.2	2 3 53 27.0	90 10 38.0	29 12 12.0

PARIS.

Nombre des observ.	Temps de la pendule.	Angle horaire vrai.	Distance observée.	Azimut.
	H. M. S.	SIG. D. M. S.	D. M. S.	D. M. S.
4	11 6 39.75	2 2 36 32.0	89 8 29.0	29 12 13.0
4	10 11 58.0	2 1 17 11.0	88 3 59.0	29 12 7.0
4	10 17 22.25	1 29 56 20.0	86 58 6.0	29 12 5.0
4	10 22 11.5	1 28 44 13.0	85 59 11.0	29 12 4.0
4	10 26 54.0	1 27 33 47.0	85 1 34.0	29 12 8.0
	Milieu			29 12 10.0
	Saint-Laurent. 1 *août* 1800.			
4	15 1 19.4	3 3 42 16.0	77 20 46.4	2 0 1.0
4	15 8 48.2	3 5 34 10.0	75 59 19.7	2 0 5.0
4	15 16 52.0	3 7 34 48.0	74 31 31.4	2 0 10.0
4	15 23 34.9	3 9 15 14.0	73 17 52.9	2 0 8.0
4	15 31 2.5	3 11 6 50.0	71 55 49.7	2 0 8.0
	Saint-Laurent			182 0 4.0
				152 48 3.0
	Panthéon			29 12 1.0
	6 *août* 1800, *matin.*			
4	15 13 28.65	3 1 54 50.0	79 30 46.7	2 0 25.0
4	15 20 44.62	3 3 43 32.0	78 19 50.2	2 0 22.0
4	15 28 18.55	3 6 35 43.0	76 49 25.5	2 0 28.0
4	15 35 43.95	3 7 27 46.0	75 27 58.9	2 0 24.0
4	15 43 6.05	3 9 18 0.0	74 6 55.6	2 0 32.0
				2 0 26.0
				152 48 3.0
	Panthéon			29 12 23.0

Résumé.

PARIS.

	MATIN.	SOIR.
	D. M. S.	D. M. S.
Azimut du Panthéon	29 12 28.0 29 12 31.0 29 12 42.0 29 12 31.0 29 12 10.0	29 12 54.0 29 12 38.0 29 12 31.0 29 12 1.0 29 12 23.0
	29 12 28.0	29 12 29.4 29 12 28.0
Résultat définitif des 396 observations.	. . . . . .	29 12 28.7

On voit que le soir et le matin c'est à peu près la même chose ; ainsi les azimuts qui n'ont pu être observés que le soir, comme ceux de Watten et de Bourges, n'en doivent guères être moins sûrs pour cela. La plus grande difficulté est d'avoir le temps absolu, et l'erreur du soir, si la pendule n'a pas varié, ne corrige pas celle du matin.

Bourges.

BOURGES.

8 *juillet* 1795. Hauteur de l'équateur, 42° 54′ 55″.

Nombre des observ.	TEMPS de la pendule.	ANGLE HORAIRE vrai.	DISTANCE observée.	AZIMUT.
	H. M. S.	SIG. D. M. S.	D. M. S.	D. M. S.
10	6 3 15.2	2 29 50 29.0	70 10 23.3	5 6 59.0
10	6 23 1.8	3 4 47 8.0	66 38 4.8	5 6 62.0
10	6 50 7.45	3 11 33 34.0	61 41 34.5	5 6 50.0
10	7 8 52.57	3 16 14 51.0	58 15 4.7	5 6 41.0
20	7 28 27.1	3 21 8 29.0	67 33 12.0	5 6 51.0
Azimut de Vasselai, du nord				5 6 52.6

Bourges.

9 *juillet* 1795.

Nombre des observ.	Temps de la pendule.			Angle horaire vrai.				Distance observée.			Azimut.		
	H.	M.	S.	SIG.	D.	M.	S.	D.	M.	S.	D.	M.	S.
4	5	53	20.95	2	27	22	24.0	72	3	9.5	5	6	51.0
4	5	58	58.00	2	26	46	40.0	71	2	53.7	5	6	46.0
4	6	4	37.28	3	0	11	32.0	70	2	3.8	5	6	36.0
4	6	12	10.87	3	2	4	52.0	68	40	25.0	5	6	34.0
4	6	17	15.30	3	3	21	0.0	67	45	11.0	5	6	46.0
4	6	24	27.87	3	05	09	8.0	66	26	46.0	5	6	44.0
4	6	30	5.37	3	6	33	31.0	65	25	22.0	5	6	44.0
4	6	38	3.00	3	8	32	55.0	63	58	16.0	5	6	42.0
4	6	45	58.47	3	10	31	46.0	62	31	22.0	5	6	39.0
4	6	51	28.12	3	11	54	12.0	61	30	46.0	5	6	50.0
4	6	58	27.70	3	13	39	6.0	60	13	54.0	5	6	41.0
4	7	10	5.52	3	16	33	39.0	58	5	31.0	5	6	42.0
4	7	16	33.22	3	18	10	32.0	56	54	4.0	5	6	48.0
4	7	21	33.62	3	19	25	35.0	55	58	42.0	5	6	55.0
4	7	27	1.45	3	20	47	38.0	54	57	53.0	5	6	39.0
4	7	32	18.81	3	22	6	54.0	54	0	9.0	5	6	36.0
4	7	38	22.57	9	23	37	50.0	52	53	7.0	5	6	37.0
	Azimut de Vasselai										5	6	43.0

10 *juillet*.

Nombre des observ.	H.	M.	S.	SIG.	D.	M.	S.	D.	M.	S.	D.	M.	S.
4	6	10	23.70	3	1	38	40.0	69	4	3.0	5	6	50.0
4	6	15	36.30	3	2	56	52.5	68	7	23.0	5	6	44.0
4	6	20	13.37	3	4	6	5.6	67	17	16.0	5	6	40.0
4	6	24	54.12	3	5	16	17.0	66	26	16.0	5	6	45.0
4	6	29	49.31	3	6	30	5.0	65	32	33.0	5	6	46.0
4	6	37	37.70	3	8	27	11.0	64	7	10.0	5	6	38.0
4	6	43	3.07	3	9	48	32.0	63	7	44.0	5	6	37.0
4	6	48	0.12	3	11	2	48.0	62	13	10.0	5	6	44.0
4	6	53	27.20	3	12	24	34.0	61	13	10.5	5	6	45.0
4	7	1	58.57	3	14	32	24.0	59	39	15.3	5	6	44.0
4	7	8	22.47	3	16	8	22.0	58	28	36.0	5	6	47.0
4	7	13	56.18	3	17	31	49.0	57	27	20.0	5	6	38.0

BOURGES.

Nombre des observ.	Temps de la pendule.	Angle horaire vrai.	Distance observée.	Azimut.
	H. M. S.	SIG. D. M. S.	D. M. S.	D. M. S.
4	7 20 2·37	3 19 3 22·0	56 20 0·0	5 6 33·0
4	7 25 49·87	3 20 30 15·0	55 15 50·6	5 6 41·0
4	7 30 11·70	3 21 35 42·0	54 27 35·0	5 6 42·0

Première journée . . . . (+ 0·39 dP)	5 6 52·5
Seconde journée . . . . (+ 0·37 dP)	5 6 43·0
Troisième journée . . . (+ 0·43 dP)	5 6 42·5
Milieu . . . . (+ 0·39 dP)	5 6 46·0
Milieu entre les 180 observations	5 6 44·0

Je m'en tiens à ce résultat, qui s'approche plus de ceux des deux derniers jours, qui me paroissent préférables.

Réduction. Voyez p. 84	+ 35·0
Azimut compté du nord . . . . (+ 0·397 dP) .	5 7 19·0
Azimut compté du sud à l'ouest. (+ 0·397 dP) .	174 52 41·0
Angle entre Vasselai et Dun, t. I, p. 215 . . .	205 41 59·7
Azimut de Dun . . . . — 0·397 dP +	329 10 41·3

Carcassonne.

Azimut du signal de Nore. 12 mai 1797, soir.

	Temps vrai.			
2	7 0 29·	3 15 7 15·0	87 40 11·64	21 19 22·0
2	7 4 19· 3	3 16 4 49·5	87 2 17·16	21 18 57·0
2	7 7 38· 0	3 16 54 30·0	86 29 43·85	21 18 55·0

Milieu	21 19 4·7
	— 1·4
Réduit au centre	21 19 3·3

Je n'ai retrouvé que les calculs.

CARCASSONNE.

14 *mai* 1797.

Nombre des observ.	Temps de la pendule.	Angle horaire vrai.	Distance observée.	Azimut.
	H. M. S.	SIC. D. M. S.	D. M. S.	D. M. S.
4	5 28 4.12	2 21 37 46.8	101 16 24.0	21 19 6.9
4	5 34 55.9	2 23 20 43.5	100 20 39.7	21 18 48.6
4	5 40 37.94	2 24 46 14.1	99 31 28.1	21 19 19.8
4	5 47 27.3	2 26 28 34.5	98 37 26.5	21 18 45.8
	Milieu			21 19 0.3
				— 1.4
	Réduit au centre			21 18 58.3

On n'a pas retrouvé l'original de ces observations, mais les calculs très-détaillés et faits par M. Méchain. La réduction de la pendule au temps vrai étoit — 1′ 33″0.

15 *mai, matin.*

Nombre des observ.	Temps de la pendule.	Angle horaire vrai.	Distance observée.	Azimut.
4	16 56 56.37	3 16 9 24.0	43 59 3.7	21 18 52.7
4	17 4 38.37	3 14 13 54.0	45 15 32.5	21 19 5.2
4	17 11 26.37	3 12 31 54.0	46 24 5.0	21 18 53.5
4	17 18 25.25	3 10 47 11.0	47 34 41.0	21 19 1.1
4	17 25 6.12	3 9 6 58.0	48 42 54.8	21 19 0.2
4	17 32 33.12	3 7 15 13.0	49 59 26.2	21 19 2.8
4	17 54 8.25	3 1 51 26.0	53 43 57.3	21 18 59.0
4	18 0 10.62	3 0 20 51.0	54 47 15.2	21 18 59 1
4	18 7 38.5	2 28 28 53.0	56 5 43.0	21 19 8.8
4	18 14 30.94	2 26 45 46.0	57 18 17.5	21 19 8.86
4	18 22 47.62	2 24 41 36.4	58 45 53.4	21 19 0.8
4	18 34 3.69	2 21 52 35.0	60 45 17.82	21 19 0.95
4	18 42 16.06	2 19 49 30.0	62 12 20.5	21 19 2.93
4	18 49 32.87	2 18 0 18.0	63 29 32.8	21 19 4.00
4	18 56 32.31	2 16 15 27.0	64 43 45.3	21 19 0.56
4	19 5 52.25	2 13 55 28.0	66 22 36.5	21 19 2.2
	Milieu			21 19 1.4
				— 1.1
	Réduit au centre			21 19 0.3

16 *mai* 1797, *soir.*

Nombre des observ.	Temps de la pendule	Angle horaire vrai.	Distance observée.	Azimut.
	H. M. S.	SIC. D. M. S.	D. M. S.	D. M. S.
4	5 19 3.75	2 19 21 57.0	102 3 38.0	21 18 58.8
4	5 26 4.50	2 21 7 8.0	101 9 9.0	21 19 1.0
4	5 33 21.25	2 22 56 19.0	100 11 17.6	21 19 0.1
4	5 40 10.12	2 24 38 32.0	99 15 55.2	21 18 57.8
4	5 46 27.62	2 26 12 55.0	98 23 56.5	21 19 1.4
4	5 54 21.6	2 28 11 25.0	97 17 15.9	21 18 53.3
4	6 1 4.37	2 29 52 5.6	96 19 44.9	21 19 5.6
4	6 7 50.25	3 1 33 35.0	95 20 39.3	21 18 54.8
4	6 14 30.50	3 3 13 37.0	94 21 40.8	31 18 56.4
4	6 21 51.87	3 5 3 58.0	93 15 33.3	21 19 3.7
4	6 30 0.19	3 7 6 2.0	92 1 27.8	21 18 58.7
4	6 37 51.37	3 9 3 50.0	90 48 44.5	21 19 11.9
	Milieu			21 19 0.3
				— 1.1
	Réduit au centre			21 18 59.2

17 *mai, matin.*

Nombre des observ.	Temps de la pendule	Angle horaire vrai.	Distance observée.	Azimut.
4	16 49 1.81	3 18 8 44.0	42 20 44.6	21 18 55.8
4	16 56 35.25	3 16 15 23.0	43 35 24.7	21 19 1.3
4	17 4 26.87	3 14 17 28.0	44 53 51.0	21 19 1.6
4	17 11 19.69	3 12 34 16.0	46 3 12.4	21 18 58.3
4	17 19 1.60	3 10 38 48.0	47 21 26.9	21 18 54.2
4	17 27 20.63	3 8 34 2.0	48 46 31.2	21 19 1.0
4	17 34 18.19	3 6 49 39.0	49 58 20.4	21 19 0.0
4	17 41 15.19	3 5 52 24.0	51 10 24.8	21 18 57.8
4	17 48 5.81	3 3 22 45.0	52 21 45.2	21 19 0.2
	Milieu			21 18 58.9
				— 1.4
	Réduit au centre			21 18 57.5

Suite du 17 mai, matin.

Nombre des observ.	Temps de la pendule.	Angle horaire vrai.	Distance observée.	Azimut.
	H. M. S.	SIG. D. M. S.	D. M. S.	D. M. S.
4	18 2 58.81	2 29 39 30.0	54 57 50.0	21 18 59.5
4	18 8 55.12	2 28 10 26.0	56 0 23.2	21 19 9.3
4	18 14 38.06	2 26 44 37.0	. . . . . .	. . . . . .
4	18 23 6.06	2 24 37 42.0	. . . . . .	. . . . . .
4	18 29 20.19	2 23 4 10.0	59 36 31.3	21 19 2.6
4	18 35 16.56	2 21 35 5.0	60 39 25.0	21 19 7.5
4	18 41 18.37	2 20 5 8.0	61 43 27.9	21 18 44.4
	Milieu			21 18 59.9
				— 1.4
	Réduit au centre			21 18 58.0

Il faut qu'il y ait eu un dérangement dans l'alidade entre la douzième et la seizième observation, car je n'ai rien pu tirer de ces deux séries partielles. Les autres s'accordent fort bien avec tout ce qui précède; ainsi je n'ai pas regretté la peine que j'ai prise à les calculer, car M. Méchain les avoit rejetées d'après l'irrégularité qu'il avoit remarquée dans les distances.

24 mai, soir.

Nombre des observ.	Temps de la pendule.	Angle horaire vrai.	Distance observée.	Azimut.
4	5 40 29.37	2 24 34 41.0	97 58 18.7	21 18 51.5
4	5 49 20.25	2 26 47.24.0	96 45 52.6	21 18 56.3
4	5 56 57.00	2 28 41.35.0	95 42 23.0	21 19 0.1
4	6 4 33.37	3 0 35.40.0	94 37 35.8	21 18 53.7
4	6 11 21.87	3 2 17.47.0	93 38 29.2	21 18 53.0
4	6 19 59.75	3 4 27.14.0	92 22 25.1	21 18 56.1
4	6 28 27.00	3 6 34. 3.0	91 6 34.5	21 18 59.3
4	6 34 32.5	3 8 5.25.0	90 11 5.7	21 18 54.3
4	6 41 13.87	3 9 45.45.0	89 9 29.8	21 18 52.1
4	6 47 31.50	3 11 20. 9.0	88 10 59.5	21 18 57.8
4	6 55 0.44	3 13 12.23.0	87 0 30.4	21 18 57.8
4	7 1 41.00	3 14 52.30.0	85 56 51.9	21 18 54.0
4	7 9 54.50	3 16 55.52.0	84 37 40.8	21 18 58.4
4	7 16 25.00	3 18 33.29.0	83 34 14.0	21 18 54.0
	Milieu			21 18 55.6
				— 1.4
	Réduit au centre			21 18 54.2

CARCASSONNE

Résumé.

	MATIN.	SOIR.
	D. M. S.	D. M. S.
Azimut du signal de Nore	21 18 60.3	21 18 63.3*
	21 18 57.5	21 18 58.9*
	21 18 58.5*	21 18 59.2
		21 18 54.2
	26.3	35.6
Résultats	21 18 58.8	21 18 58.91

On peut donc supposer 21° 18′ 58″85, avec beaucoup de vraisemblance.

M. Méchain, en rejetant les séries marquées d'un astérisque, et en supprimant dans les autres séries quelques observations qui lui paroissoient moins sûres, a trouvé :

Par 64 observations du matin	60.33
Par 36 autres	57.54
Milieu	58.93
Par 48 du soir	58.06
Par 56	54.20
Milieu	56.13
Milieu général	57.53

Mais il me semble qu'on peut au moins supposer 21° 18′ 58″, ou bien 201° 18′ 58″, en comptant du midi vers l'ouest.

MONTJOUY.

Montjouy.

Azimut de Matas. 14 *décembre soir.*

Nombre des observ.	TEMPS VRAI.	ANGLE HORAIRE vrai.	DISTANCE observée.	AZIMUT.
	H. M. S.	SIC. D. M. S.	D. M. S.	D. M. S.
4	4 34 21.975	2 8 38 0.0	148 50 55.0	27 39 37.0

L'ambiguité dont nous avons parlé, page 88, avoit ici produit une erreur de 2' sur l'azimut, et M. Méchain avoit rejeté la série comme défectueuse.

La réduction au centre étoit les deux jours + 9.2 ou + 9.1.

15 *décembre.*

4	4 21 43 125	2 5 25 47.0	150 54 30.0	27 39 19.0
2	4 27 46 775	2 6 56 42.0	149 57 48.0	27 39 37.0
	Milieu			27 39 28.0
	Milieu des deux jours			27 39 32.0

2 *mars.*

Matin.	6 48 28.3	2 17 52.55	75 37 2.65	27 39 47.3

La réduction au centre + 10.1 est comprise dans les azimuts.

Soir . .	5 27 54.55	2 21 58 38.0	128 4 36.8	27 39 51.1
	D'où, par un milieu			27 39 49.2
	Le milieu, en comptant les observations, seroit			27 39 48.6

Azimut du pic las Agujas par la polaire. 7 mars 1793.

Temps de la pendule.	Angles horaires diminués de 77° 47′ 8″.	Réduction. —	Sommes.
H. M. S.	D. M. S.	M. S.	
7 14 9.5	7 28 35.0	0 54.58	
7 17 19.5	8 16 13.0	0 66.76	
7 20 40.5	9 6 36.0	0 80.98	
7 23 46.5	9 53 14.0	0 95.35	
Somme des réductions.		— 4 57.67	
Somme des distances		401 35 24.0	
Somme corrigée		401 30 26.33	
Plus courte distance		100 22 36.6	
Distance de l'étoile au pôle		1 47 41.4	
Dist. du réverbère au pôle apparent .		102 10 18.0	
Distance du réverbère au zénith . .		89 5 40.0	
Arc horizontal		107 9 17.54	
Réduction au centre		+ 15.4	
Azimut du réverbère.		107 9 32.94	
Entre le réverbère et Matas		134 49 32.78	
Azimut de Matas		27 39 59.84	

9 *mars.*

	Angles horaires diminués de 77° 46′ 50″.		
6 58 50	5 42 44.2	0 31.88 . .	
7 1 1	6 15 34.6	0 38.27 . .	. . 3 23.48
7 7 24	7 51 35.3	1 0.31 . .	
7 10 33	8 38 58.1	1 13.02 . .	
7 15 44	9 56 55.8	1 36.54 . .	
7 18 8	10 33 1.8	1 48.54 . .	. . 7 42.34
7 20 34	11 9 37.7	2 1.41 . .	
7 23 9	11 48 29.1	2 15.85 . .	

Temps de la pendule.			Angles horaires diminués de 77° 46′ 50″4.			Réduction.		Sommes.
H.	M.	S.	D.	M.	S.	M.	S.	
7	29	17	13	20	44.3	2	53.37	
7	31	54	14	0	5.8	3	10.75	13 17 81
7	34	4	14	32	41.1	3	25.75	
7	37	8	15	18	48.7	3	47.94	
7	43	41	16	57	19.8	4	39.07	
7	45	25	17	23	24.1	4	53.44	20 23.82
7	47	17	17	51	28.6	5	9.32	
7	50	59	18	47	7.8	5	41.99	

Ces sommes de réductions, retranchées des sommes de distances observées, donnent pour plus courtes distances.

100 22 31.63
100 22 34.41
100 22 30.55
100 22 29.05

Plus courte distance du réverbère à l'étoile	100 22 31.41
Distance de l'étoile au pôle apparent	1 47 41.4
Distance du réverbère au pôle	102 10 12.81
Azimut du réverbère	107 9 22.08
	15.4
Azimut réduit au centre	107 9 37.48
Angle entre Matas et le réverbère, t. I, p. 504 .	134 49 32.78
Azimut de Matas	27 39 55.30
Idem, le 7	27 39 59.84
Par le soleil	27 39 37 *
	27 39 28 *
	27 39 47
	27 39 51

Les observations les plus sûres sont, pour la polaire, celles du 9, et elles donnent 27 39 55.3

Les meilleures du soleil sont les dernières, et elles donnent par un milieu 27 39 49.0

Le résultat des meilleures observations est donc . . 27 39 52.1

Toutes ces quantités sont fidèlement copiées des calculs de M. Méchain. Ces calculs ne sont accompagnés d'aucun renseignement, d'aucune figure. Les formules données ci-dessus pour le soleil sont ici insuffisantes; voyons ce qu'il y faut ajouter.

Soit Z le zénith de Montjouy, *pl. IX*, *fig.* 2, ZR la distance de ce zénith au réverbère de *las Agujas*, P le pôle, PR la distance du réverbère au pôle, ab le parallèle de l'étoile polaire, Ra sera la plus courte distance de l'étoile au réverbère. On conçoit qu'en suivant l'étoile pendant quelque temps, on peut reconnoître à très-peu près quelle est cette plus courte distance : alors on connoîtra Ra et RP. On connoît PZ et ZR; avec les trois côtés on calculera l'angle RPZ, ou l'angle du cercle horaire qui passe par le réverbère, ou le méridien du réverbère et l'angle PZR, azimut du réverbère.

Les observations du soleil avoient déja fait connoître PZM azimut de Matas; on avoit mesuré l'angle MZR ou l'angle horizontal entre Matas et le réverbère. On connoissoit donc à quelques secondes près PZR azimut du réverbère.

Ainsi l'on avoit

$$PZM = 27^\circ\ 39'\ 50''$$

et

$$MZR = 134^\circ\ 49'\ 32''$$

d'où

$$PZR = 107^\circ\ 9'\ 42''$$

On avoit d'ailleurs

$$PZ = 48^\circ\ 38'\ 16''$$

et

$$ZR = 89^\circ\ \ 5'\ 34''$$

On en pouvoit aisément conclure ZPR, ou la différence des méridiens 77° 47′ 0″, et la distance du réverbère au pôle, 102° 10′ 45″. Les observavions ont donné ensuite 102° 10′ 18″ et 102° 10′ 14″ pour cette distance, avec 77° 47′ 8″ et 77° 46′ 50″ pour la différence des méridiens. La différence 77° 47′, convertie en temps, donne 5^h 11′ 8″; c'est l'angle horaire de l'étoile quand elle est dans le méridien du réverbère. Ainsi, pour connoître le temps de la plus courte distance, il falloit, puisque l'horloge étoit réglée sur le temps moyen, calculer le temps moyen du passage de l'étoile au méridien de Montjouy suivant les préceptes qu'on trouve dans les tables solaires, et puis convertir les 77° 47′ en temps solaire moyen. Ce temps, ajouté à celui du passage, donnoit l'instant des plus courtes distances. Quand l'étoile étoit en c, il falloit commencer à mesurer les distances au réverbère et continuer ces mesures jusqu'à ce que l'étoile fût arrivée en b, en sorte que ca et cb fussent à peu près égaux; toute distance autre que aR avoit besoin d'une réduction, car $Rb > Ra$. Pour calculer cette réduction, soit D la distance polaire RP, B la distance polaire Pa, nous aurons

$$Ra = (D - B) = \textit{plus courte distance}$$

Soit $Rb = (D - B + u)$, nous aurons

$$\begin{aligned} \cos.(D - d + u) &= \cos.\, RPb.\, \sin.\, D.\, \sin.\, B \\ &\quad + \cos.\, D.\, \cos.\, B = \cos.\,(D - B) \\ &\quad - 2\, \sin.\, D.\, \sin.\, B.\, \sin^2.\, \tfrac{1}{2}\, RPb \end{aligned}$$

et

$$\begin{aligned} &\cos.\,(D - B) - \cos.\,(D - B + u) \\ &= 2\, \sin.\, D.\, \sin.\, B.\, \sin^2.\, \tfrac{1}{2}\,(P - p) \end{aligned}$$

et

$$\begin{aligned} &2\, \sin.\, \tfrac{1}{2}\, u.\, \sin.\,(D - B + \tfrac{1}{2}\, u) \\ &= 2\, \sin.\, D.\, \sin.\, B.\, \sin^2.\, \tfrac{1}{2}\,(P - p) \end{aligned}$$

d'où

$$u = \frac{2\, \sin.\, D.\, \sin.\, B.\, \sin^2.\, \tfrac{1}{2}\,(P - p)}{\sin.\,(D - B + \tfrac{1}{2}\, u)}$$

Cette formule est toute semblable à celle que nous trouverons ci-après pour les réductions des distances au zénith, observées près du méridien.

Je vois par les calculs de M. Méchain qu'il a fait

$$u = \frac{2\, \sin.\, D.\, \sin.\, B.\, \sin^2.\, \tfrac{1}{2}\,(P - p)}{\sin.\,(D - B)}$$

et il le pouvoit, parce que les angles $(P - p)$ étoient petits.

P est l'angle horaire de l'étoile pour chaque observation, on le connoît par l'instant que marque la pendule au temps de l'observation, p est l'angle RPZ $= 77^\circ\, 47'$. Voilà pourquoi dans le tableau des calculs on voit l'angle horaire diminué de $77^\circ\, 47'\, 8''$ le 7 mars, et $77^\circ\, 46'\, 50''$ le 9. Chaque jour on calcule B distance apparente de l'étoile au pôle. Quant à D, l'on peut très-bien lui donner sa valeur approchée, sauf à recommencer le calcul de u s'il est nécessaire, et si la plus courte distance observée se trouvoit par ce premier calcul différer beaucoup de celle qu'on auroit supposée.

On voit que dans les deux jours les observations de distances ont commencé plus de 20′ après le passage, sans doute par la difficulté de trouver l'étoile dans le crépuscule. L'inconvénient n'est pas bien grave. La réduction dans les neuf derniers momens augmente de 32″6 pour 2′ 42″ de temps, c'est 1″ par 7″ de temps; ainsi quand on se tromperoit de 7″ de temps sur le passage par le cercle PR, il n'en résulteroit qu'une seconde sur celle de toutes les réductions qui varie le plus, et l'erreur seroit nulle sur la réduction moyenne.

La solution que nous venons d'exposer suppose que l'étoile décrit réellement son parallèle vrai cab, *fig.* 2; mais la réfraction altère les angles horaires ainsi que toutes les distances de l'étoile, soit au zénith, soit au pôle, soit au réverbère, et cette considération exige une nouvelle réduction aux distances observées, pour les dégager de l'effet de la réfraction.

En effet, soit Za, *fig.* 3, le vertical de l'étoile, la réfraction élève l'étoile de a en a'. Or

$$\begin{aligned} aa' &= 57''.\ tang.\ (Za - 171''.\ tang.\ Za) \\ &= 57''.\ tang.\ Za - \frac{0''047.\ tang.\ Za}{\cos^2.\ Za} \end{aligned}$$

Nous pourrons négliger ce petit terme qui, pour Montjouy, ne passe jamais 0″1.

Du lieu apparent a' menez la perpendiculaire $a'b$ sur Pa, et vous aurez

$$a'b = a'a.\ sin.\ a = 57''.\ tang.\ Za.\ sin.\ a$$

mais

$$sin.\ Za : sin.\ P :: sin.\ PZ : sin.\ a = \frac{sin.\ P.\ sin.\ PZ}{sin.\ Za}$$
$$= \frac{sin.\ P.\ cos.\ L}{sin.\ Za}.$$

donc

$$a'b = \frac{57''.\ tang.\ Za.\ cos.\ L.\ sin.\ P}{sin.\ Za} = \frac{57''.\ cos.\ L.\ sin.\ P}{cos.\ Za}$$
$$= \frac{57''.\ cos.\ L.\ sin.\ P}{cos.\ Pa.\ sin.\ L + sin.\ Pa.\ cos.\ L.\ cos.\ P}$$
$$= \frac{57''\ cot.\ L.\ sin.\ P}{cos.\ B}\ (1 - tang.\ B.\ cot.\ L.\ cos.\ P + \text{etc.})$$

B est ici, comme ci-dessus, la distance au pôle ou Pa. On peut négliger les termes suivans, vu la petitesse de l'arc B et de sa tangente.

Nous aurons donc

$$a'b = \frac{57''.\ cot.\ L.\ sin.\ P}{cos.\ B} - \frac{57''.\ cot^2.\ L.\ sin.\ B.\ sin.\ P.\ cos.\ P}{cos^2.\ B}$$

et

$$aPa' = \frac{a'b}{sin.\ B} = -\ dP = \frac{57''.\ cot.\ L.\ sin.\ P}{sin.\ B.\ cos.\ B}$$
$$- \frac{57.\ cot^2.\ L.\ sin.\ P.\ cos.\ P}{cos^2.\ B}$$

Je fais $aPa' = -\ dP$, parce que la réfraction diminue

l'angle horaire $P. + dP$ en temps $= 2'.18''.\ sin.\ P$ $4''9.\ sin.\ P.\ cos.\ P.$

Dans les observations faites à Montjouy P différoit peu d'un angle droit et l'étoile s'éloignoit du méridien supérieur : ainsi la plus courte distance apparente étoit retardée par l'effet de l'aberration de $2'\ 18''$ à peu près ; mais nous n'avons nul besoin de connoître le moment de cette plus courte distance qui n'a point été observée.

On a de plus

$$ab = aa'.\ cos.\ a = 57''.\ tang.\ Za.\ cos.\ a$$

$$= 57''.\ tang.\ Za \left(\frac{sin.\ L - cos.\ B.\ cos.\ Za}{sin.\ B.\ sin.\ Za}\right)$$

$$= \frac{57''}{sin.\ B.\ cos.\ Za}.\ (sin.\ L - cos.\ B.\ cos.\ Za)$$

$$= \frac{57''.\ sin.\ L}{sin.\ B.\ cos.\ Za} - 57''.\ cot.\ B = -dB$$

parce que la réfraction diminue l'arc B quand $cos.\ a$ est un angle aigu. On aura donc en ce cas

$$-dB = -57''.cot.B + \frac{57''.\ sin.\ L}{sin.B(cos.B.sin.L + sin.B.cos.L.cos.P)}$$

$$= -57''.cot.B + \frac{57''}{sin.\ B.\ cos.\ B\ (1 + tang.\ B.\ cot.\ L.\ cos.\ P)}$$

$$= -\frac{57''.\ cos^2.\ B}{sin.\ B.\ cos.\ B} + \frac{57''}{sin.\ B.\ cos.\ B}(1 - tang.\ B.cot.L.\ cos.\ P. + \text{etc.})$$

$$= \frac{57''.\ sin^2.\ B}{sin.\ B.\ cos.\ B} - \frac{57''.\ cot.\ L.\ cos.\ P}{cos^2.\ B}$$

$$= 57''.\ tang.\ B - \frac{57''.\ cot.\ L.\ cos.\ P}{cos^2.\ B}$$

$$= 1''786 - 64''84.\ cos.\ P, \text{ pour Montjouy.}$$

Cette quantité ne nous intéresse pas encore directement, puisque l'on n'observe pas la distance apparente au pôle; on n'observe que la distance apparente de l'étoile au signal terrestre, et c'est cette distance qu'il faut corriger.

Or le triangle RbP, *fig.* 2, donne

$$\cos. Rb = \cos. bPR. \sin. Pb. \sin. PR + \cos. Pb. \cos. PR$$

ou

$$\cos. M = \cos. (P - p). \sin. B. \sin. A + \cos. B. \cos. A$$

M étant la distance vraie de l'étoile au réverbère, et A la distance du réverbère au pôle, l'angle p est constant, P varie en raison de la réfraction, ainsi que B, mais A ne pourroit varier que par un changement dans la réfraction terrestre que nous ne considérons point ici, d'autant plus que M. Méchain observoit la distance du réverbère au zénith presque au même instant que la distance à l'étoile.

En différentiant dans ces suppositions nous aurons

$$- dM = - \frac{dP. \sin. A. \sin. B. \sin. (P - p)}{\sin. M} + \frac{dB. \sin. A. \cos. B. \cos. (P - p)}{\sin. M} - \frac{dB. \cos. A. \sin. B}{\sin. M}$$

$$= + \left(\frac{57''.\, cot.\, L.\, sin.\, P}{sin.\, B.\, cos.\, B} - \frac{57''.\, cot^2.\, L.\, sin.\, P.\, cos.\, P}{cos^2.\, B}\right)$$

$$\times \left(\frac{sin.\, A.\, sin.\, B.\, sin.\, (P - p)}{sin.\, M}\right)$$

$$- \left(57''.\, tang.\, B - \frac{57''.\, cot.\, L.\, cos.\, P}{cos^2.\, B}\right)$$

$$\times \left(\frac{sin.\, A.\, cos.\, B.\, cos.\, (P - p)}{sin.\, M}\right)$$

$$+ \left(57''.\, tang.\, B - \frac{57''.\, cot.\, L.\, cos.\, P}{cos^2.\, B}\right) \frac{cos.\, A.\, sin.\, B}{sin.\, M}$$

$$= + \frac{57''.\, sin.\, A.\, cot.\, L.\, sin.\, P.\, sin.\, (P - p)}{cos.\, B.\, sin.\, M}$$

$$- \frac{57''.\, sin.\, A.\, tang.\, B.\, cot^2.\, L.\, sin.\, P.\, cos.\, P.\, sin.\, (P - p)}{cos.\, B}$$

$$- \frac{57''.\, sin.\, A.\, sin.\, B.\, cos.\, (P - p)}{sin.\, M}$$

$$+ \frac{57''.\, cot.\, L.\, sin.\, A.\, cos.\, P.\, cos.\, (P - p)}{cos.\, B.\, sin.\, M}$$

$$+ \frac{57''.\, cos.\, A.\, sin.\, B.\, tang.\, B}{sin.\, M}$$

$$- \frac{57''.\, cos.\, A.\, tang.\, B.\, cot.\, L.\, cos.\, P}{cos.\, B.\, sin.\, M}$$

$$= \frac{57''.\, sin.\, A.\, cot.\, L.\, cos.\, (P - P + p)}{cos.\, B.\, sin.\, M}$$

$$- \frac{57''.\, sin.\, A.\, sin.\, B.\, cos.\, (P - p)}{sin.\, M}$$

$$- \frac{57''.\, sin.\, A.\, tang.\, B.\, cot^2.\, L.\, sin.\, P.\, cos.\, P.\, sin.\, (P - p)}{cos.\, B.\, sin.\, M}$$

$$+ \frac{57''.\, cos.\, A.\, sin.\, B.\, tang.\, B}{sin.\, M}$$

$$- \frac{57''.\, cos.\, A.\, tang.\, B.\, cot.\, L.\, cos.\, P}{sin.\, M}$$

$$= \frac{57''.\sin. A.\cot. L.\cos. p}{\cos. B.\sin. M} + \frac{57''.\cos. A.\sin. B.\tang. B}{\sin. M}$$

$$- \frac{57''.\sin. A.\sin. B.\cos. (P - p)}{\sin. M}$$

$$- \frac{57''.\sin. A.\tang. B.\cot^2. L.\sin. P.\cos. P.\sin. (P - p)}{\cos. B.\sin. M}$$

$$- \frac{57''.\cos. A.\tang. B.\cot. L.\cos. P}{\sin. M}$$

Or ici

$L = 41^\circ\ 21'\ 44''$; $B = 1^\circ\ 47'\ 43''$; $A = 100^\circ\ 22'\ 33''$

donc

$$-dM = + \frac{13''39}{\sin. M} - \frac{0''01}{\sin. M} - \frac{1''76.\cos. (P - p)}{\sin. M}$$

$$- \frac{2''268.\sin. P.\cos. P.\sin. (P - p)}{\sin. M} + \frac{0''366.\cos. P}{\sin. M}$$

$$= + \frac{13''38}{\sin. M} - \frac{1''76.\cos. (P - p)}{\sin. M}$$

$$- \frac{2''268.\sin. P.\cos. P.\sin. (P - p)}{\sin. M} + \frac{0''366.\cos. P}{\sin. M}$$

$$= + \frac{13''38}{\sin. M} - \frac{1''76.\cos. p.\cos. P.}{\sin. M} - \frac{1''76.\sin. p.\sin. P}{\sin. M}$$

$$- \frac{2''268.\sin. P.\cos. P.\sin. P.\cos. p}{\sin. M}$$

$$+ \frac{2''268.\sin. P.\cos^2. P.\sin. p}{\sin. M} + \frac{0''366.\cos. P}{\sin. M}$$

$$= \frac{13''38}{\sin. M} - \frac{0''006.\cos. P}{\sin. M} + \frac{0''50.\sin. P}{\sin. M} - \frac{2''217.\sin^3. P}{\sin. M}$$

$$- \frac{0''48.\sin^2. P.\cos. P}{\sin. M}$$

$$= \frac{13''38}{\sin. M} + \frac{0''50.\sin. P}{\sin. M} - \frac{2''22.\sin^3. P}{\sin. M} - \frac{0''48.\sin^2. P.\cos. P}{\sin. M}$$

Or, dans ces observations qui se font vers la plus grande digression, P diffère peu d'un angle droit. Le dernier terme, qui dépend de $\cos. P$, est donc insensible, et les trois autres à très-peu près constans; alors

$$-dM = \frac{13''38 - 1''72}{\sin. M} = \frac{11''66}{\sin. M}$$

et M ne variant lui-même que de quelques minutes, nous aurons

$$-dM = \frac{11''66}{\sin. 100^\circ 22'} = 11''93$$

Ainsi la réfraction diminue la distance du réverbère au pôle de 11''93; la distance observée est donc trop petite de 11''93. Il faudra donc ajouter 12'' à toutes les distances observées, ou à la plus courte distance conclue des observations.

Ainsi, page 137, à la plus courte distance, ...	100° 22′ 36″6
Ajoutons	12″0
La distance corrigée de la réfraction sera	100° 22′ 48″6
La distance vraie de l'étoile au pôle étoit	1° 47′ 43″4
La distance du réverbère au pôle	102° 10′ 32″0
La distance du réverbère au zénith	89° 5′ 40″0
La distance du pôle au zénith	48° 38′ 16″0
On en conclut l'azimut	107° 9′ 17″8
Réduction au centre	+ 15″4
Azimut réduit au centre	107° 9′ 33″2
Entre Matas et le réverbère	134° 49′ 32″8
Azimut de Matas	27° 39′ 59″6

A la plus courte distance de la page 138	100° 22′ 31″41
Ajoutez pour la réfraction	11″93
Et la distance de l'étoile au pôle	1° 47′ 43″4
La distance du réverbère au pôle sera	102° 10′ 26″7
La distance du pôle au zénith	48° 38′ 16″0
La distance du réverbère au zénith observée	89° 5′ 34″0
D'où l'on conclut pour l'azimut	107° 9′ 17″4
Réduction au centre	+ 15″4
Azimut réduit	107° 9′ 32″8
Entre Matas et le réverbère	134° 49′ 32″8
Azimut de Matas	27° 40′ 0″0
Le 7 nous avions	27° 39′ 59″6
Milieu par la polaire	27° 39′ 59″8
Par un milieu entre toutes les observations du soleil on auroit	27° 39′ 43″0
Le milieu seroit	27° 39′ 51″4
M. Méchain préfère les observations solaires, qui donnent	27° 39′ 49″0
Alors le milieu entre le soleil et la polaire seroit	27° 39′ 54″5

Une observation du 5 novembre 1792, que nous n'avons pas rapportée, mais que j'ai calculée d'après le manuscrit, donneroit 27° 40′ 44″; mais en la réunissant à toutes les autres on auroit 27° 39′ 55″2 par le soleil; et par un milieu entre toutes les observations, 27° 39′ 57″5.

L'incertitude se borne donc à un petit nombre de secondes, et mes résultats diffèrent très-peu de ceux de M. Méchain, malgré la différence des méthodes.

Voici, autant que j'en puis juger par ses calculs que j'ai sous les yeux, celle qu'il a suivie : il appliquoit à la distance polaire B la correction $-\frac{64'' \, sin. \, B}{sin. \, L. \, cos. \, L}+64''.$ $cot. \, L. \, sin. \, B. \, sin^2. \, t.$ Cet angle t avoit pour sinus logar. 9.999250 dans l'un des calculs, et devoit valoir 86° 28′ ou 93° 22′; dans le second calcul le logarithme du sinus étoit 9.9900570; l'angle étoit donc 77° 47′ ou 102° 13′. Mais 77° 47′ est l'angle horaire du réverbère; ainsi le second calcul paroît fait pour la plus courte distance; l'autre paroît être pour l'instant qui tient le milieu entre les quatre observations du 7 mars. Il trouve de cette manière les corrections — 1″77 et — 1″87, et, en nombre rond, il fait la correction — 2″.

Ensuite, pour calculer l'angle au zénith ou l'azimut du réverbère, il ajoute la réfraction 63″7 à la hauteur du pôle, et par conséquent il diminue de 63″7 la distance du pôle au zénith. C'est avec cette distance diminuée qu'il a trouvé l'angle horaire p de 77° 47′ 8″ le 7 mars, et de 77° 46′ 50″ le 9 du même mois. Dans ce dernier calcul il emploie pour chaque jour la plus courte distance déduite des observations, et à laquelle il ajoute la distance de l'étoile au pôle diminuée de 2″. La distance observée est, comme on a vu, trop petite de 12″; la distance de l'étoile au pôle est trop foible de 2″: ainsi la distance du réverbère au pôle est trop petite de 14″. Pour compenser cette diminution il diminue de 63″7 la distance du pôle au zénith, en sorte que l'azimut reste à peu près le même.

En effet, le triangle ZPR donne

$$cos. \, Z. \, cos. \, L. \, sin. \, A + sin. \, L. \, cos. \, A = cos. \, C$$

en nommant A la distance du réverbère au zénith, et C la distance du pôle au réverbère ; d'où l'on tire

$$dZ = \frac{dC.\sin.C}{\sin.Z.\cos.L.\sin.A} - dL.\cot.Z.\tang.L + \frac{dL.\cot.A}{\sin.Z}$$

$$= \frac{-14''.\sin.C}{\sin.Z.\cos.L.\cos.A} - 64''.\cot.Z.\tang.L + \frac{64''.\cot.A}{\sin.Z}$$

$$= -19''09 + 17''3 + 1''05 = -0''74$$

Les deux méthodes conduisent donc, à fort peu près, au même résultat ; je regrette que M. Méchain n'ait pas dit sur quels fondemens il a établi la sienne, qui sans doute n'est qu'approximative. L'usage n'en seroit peut-être pas bien sûr dans une autre occasion ; mais celle que je viens de démontrer est générale, et je la crois plus commode.

Rien n'empêcheroit au reste de calculer le triangle ZPa, où l'on connoît deux côtés et l'angle horaire, d'en conclure $Za' + PZa$, après quoi le triangle ZR donneroit l'angle au zénith, auquel il faudroit ajouter $a'PZ$ pour avoir l'azimut ; mais le calcul seroit plus long.

On peut faire sur les observations azimutales deux questions qu'il est utile d'éclaircir :

1°. Quelles sont les circonstances les plus favorables pour tirer de ces observations les résultats les plus exacts ?

2°. Vaut-il mieux observer la polaire que le soleil ?

Soit, *fig.* 1, G le signal, S le lieu vrai, S' le lieu apparent de l'astre, Z l'azimut PZS de l'astre, $Z' = GZS$;

$B = ZS$; $B' = ZS'$; $ZG = A$; $PS = C$; $PZ = H$; $GS' = D$.

L'azimut du signal $= a = Z - Z'$; d'où

$$da = dZ - dZ'$$

Or le triangle PZS donne

$$sin.\ B.\ sin.\ Z = sin.\ P.\ sin.\ C$$

d'où

$$\frac{sin.\ C}{sin.\ B} = \frac{sin.\ Z}{sin.\ P} \quad \text{et} \quad \frac{sin.\ P}{sin.\ B} = \frac{sin.\ Z}{sin.\ C}$$

Différentions la première de ces équations, nous en tirerons

$$dz = \frac{dP.\ cos.\ P.\ sin.\ C}{cos.\ Z.\ sin.\ B} + \frac{dC.\ cos.\ C.\ sin.\ P}{cos.\ Z.\ sin.\ B} - \frac{dB.\ cos.\ B.\ sin.\ Z}{cos.\ Z.\ sin.\ B}$$

$$= \frac{dP.\ cos.\ P.\ sin.\ Z}{cos.\ Z.\ sin.\ P} + \frac{dC.\ cos.\ C.\ sin.\ Z}{cos.\ Z.\ sin.\ C} - dB.\ cot.\ B.\ tang.\ Z$$

$$= dP.\ cot.\ P.\ tang.\ Z + dC.\ cot.\ C.\ tang.\ Z - dB.\ cot.\ B.\ tang.\ Z$$

Le triangle $S'ZG$ donne

$$cos.\ D = cos.\ Z'.\ sin.\ A.\ sin.\ B' + cos.\ A.\ cos.\ B'$$

d'où

$$dZ' = \frac{dD.\ sin.\ D}{sin.\ A.\ sin.\ B'.\ sin.\ Z'} + \frac{dA.\ cos.\ A.\ sin.\ B'.\ cos.\ Z'}{sin.\ A.\ sin.\ B'.\ sin.\ Z'} + \frac{dB'.\ sin.\ A.\ cos.\ B'.\ cos.\ Z'}{sin.\ A.\ sin.\ B'\ sin.\ Z'} - \frac{dA.\ sin.\ A.\ cos.\ B'}{sin.\ A.\ sin.\ B'.\ sin.\ Z'} - \frac{dB'.\ sin.\ B'.\ cos.\ A}{sin.\ A.\ sin.\ B'.\ sin.\ Z}$$

ou

$$dZ' = \frac{dD.\, sin.\, D}{sin.\, A.\, sin.\, B'.\, sin.\, Z'} + dA.\, cot.\, A.\, cot.\, Z' + dB'.\, cot.\, B'.\, cot.\, Z' - dA.\, cot.\, B'.\, cosec.\, Z' - dB'.\, cot.\, A.\, cosec.\, Z'$$

Réunissant ces deux valeurs, on en conclut

$$da = dP.\, cot.\, P.\, tang.\, Z + dC.\, cot.\, C.\, tang.\, Z - dB.\, cot.\, B.\, tang.\, Z - \frac{dD.\, sin.\, D}{sin.\, A.\, sin.\, B'.\, sin.\, Z'} - dA.\, cot.\, A.\, cot.\, Z' - dB'.\, cot.\, B'.\, cot.\, Z' + dA.\, cot.\, B'.\, cosec.\, Z' + dB'.\, cot.\, A.\, cosec.\, Z'$$

Le terme le plus important est celui qui dépend de l'angle horaire P : or, la seule inspection du terme $dP.\, cot.\, P.\, tang.\, Z$ fait voir qu'il faut éviter les observations aux environs du premier vertical ; car alors Z différant peu de 90° le facteur *tang.* Z seroit très-considérable, et la moindre erreur dP deviendroit très-sensible ; mais on voit aussi que ce terme est nul à 6^h, parce qu'alors $P = 90°$ et $cot.\, P = 0$. Quand l'angle diffère peu de 6^h et P de 90°, ce terme doit être fort petit, et comme il change de signe à 6^h, on voit que dans les observations voisines du cercle de 6^h, les erreurs de la pendule sont très-petites et de signes contraires avant et après, en sorte qu'elles doivent se compenser et s'anéantir.

Pour éviter $Z = 90°$ il faut remarquer que *tang. C. cos. P* = *cot. L*, ou *cos. P* = *cot. L. cot. C*, quand l'astre est dans le premier vertical : on ne devra donc commencer qu'après l'heure trouvée par cette équation. Plus l'astre sera loin du premier vertical, moins l'erreur de l'horloge sera sensible, toute chose égale d'ailleurs.

Pour l'étoile polaire *tang. Z* seroit un facteur de peu de valeur, et elle a à cet égard un grand avantage sur le soleil; mais l'ascension droite de l'étoile n'étant pas sûre à 4″ de temps près, tandis que celle du soleil est sûre à moins de 0″67, la préférence me paroît due au soleil, du moins à cet égard.

dC sera moindre pour l'étoile polaire que pour le soleil; mais *dC. cot. C* n'est presque rien pour le soleil, au lieu que *cot. C* étant 32.12 pour la polaire, *dC. cot. C* = 32″12, en supposant *dC* = 1″. Or il est impossible que *dC. cot. C* > 2″ pour le soleil. Le soleil est donc encore préférable, quoique *tang. Z* diminue beaucoup la différence.

dC. cot. B est moindre pour le soleil, mais *dB tang. Z* est moindre pour l'étoile. A cet égard le choix est à peu près indifférent.

Tous les autres termes dépendant de *cosec. Z′* et de *cot. Z′*, on voit qu'il faut faire *Z′* le plus approchant qu'on pourra de 90°.

dA peut varier de 2′ par le changement de réfraction; mais *dA. cot. A* sera nulle si *A* = 90°. Il faut donc, autant qu'on le pourra, choisir un objet très-voisin de l'horizon; alors le terme sera insensible.

$dA.\ cot.\ B'.\ cosec.\ Z'$ nous avertit de ne pas observer l'astre trop haut. Ce terme peut être important pour l'étoile polaire; ainsi il est presque indispensable d'observer A avant et après les observations de distances GS'; au lieu que pour le soleil, dZ ne devient considérable qu'à l'heure du coucher ou du lever : mais alors $cot.B' = 0$.

Dans le terme dD on a $\frac{sin.\ D}{sin.\ Z'}$, peu différent de l'unité, de même que $sin.\ A$; et si l'astre est près de l'horizon, $\frac{dD}{sin.\ B'}$ ne diffère guère de dD. D'ailleurs ce terme disparoîtra presque toujours, si l'on a soin de multiplier les observations.

$dB'.\ cot.\ A$ doit être insensible pour le soleil, et sur-tout pour l'étoile.

Soit r la réfraction de hauteur, $dB' = (dB + dr)$, la partie $dr.\ cot.\ B'.\ cot.\ Z' = d\,(57'').\ tang.\ B'.\ cot.\ B'.\ cot.\ Z' = d\,(57'').\ cot.\ Z'$ est la même pour le soleil et pour la polaire, et elle doit être fort peu de chose. Quant à $dB.\ cot.\ B'.\ cot.\ Z'$, il est ordinairement de signe contraire à $-dB.\ cot.\ B.\ tang.\ Z$; et comme $cos.\ B$ et $cos.\ B'$ diffèrent peu, ces deux termes réunis valent $-dB.\ cot.\ B\,(tang.\ Z - cot.\ Z')$, c'est-à-dire très-peu de chose.

Je conclus de là, 1°. que le soleil doit donner tout au moins autant d'exactitude que l'étoile, et comme il est infiniment plus commode pour toutes sortes de raisons, je m'y suis borné.

2°. Qu'il faut observer l'astre au cercle horaire de 6^h, un peu avant et un peu après.

3°. Qu'il faut placer le signal dans l'horizon autant que possible.

4°. Qu'il faut le placer de manière que la distance soit de 90° à peu près.

5°. Pour faire évanouir les erreurs dC et dB, il faut observer alternativement le matin et le soir; ce qui fera que *tang.* Z changera de signe, et que ces erreurs se détruiront en grande partie.

Telles sont les règles que je m'étois faites; mais dans la pratique on n'est pas toujours maître de les suivre.

A Watten, *cot.* L. *cot.* C donnoit le passage par le premier vertical à 4^h 40′ ou $4^h\,\frac{3}{4}$. Toutes mes observations sont donc loin du premier vertical, et avoisinent le cercle de 6^h; et si l'on examine les observations du 3 juin, il en résultera, ce me semble, que l'azimut est connu, à très-peu de secondes près; car on ne voit pas les erreurs changer beaucoup après le passage par le cercle horaire de 6^h. Par un milieu entre toutes les observations, il semble que l'erreur de l'horloge n'a pas dû produire une incertitude de plus de demi-seconde sur le temps vrai. A Paris, où les observations ont été variées de plus de manières, et faites en trois saisons, l'incertitude est moindre encore. A Carcassonne, comme à Paris, les résultats du soir et du matin sont très-bien d'accord. A Montjouy, quoique les observations soient moins nombreuses, on a la polaire, qui confirme ce qu'on a trouvé par le soleil. Il paroît donc que l'on peut, avec beaucoup de vraisemblance, compter sur chacun des cinq azimuts, à une demi-seconde de temps près, ou bien à cinq ou six secondes de degré, et il paroît impossible que l'erreur monte à une seconde de temps ou dix secondes de degré; et si ces différens azimuts ne s'accordent pas entre eux dans ces limites, c'est à d'autres causes qu'il faudra l'attribuer.

L'usage que l'on fait des observations azimutales pour calculer l'arc du méridien compris entre les parallèles extrêmes, ne demandant pas dans cet élément une très-grande précision, ne mérite pas tous les détails où nous sommes entrés sur les azimuts; il auroit suffi et au-delà des observations faites à Watten et à Montjouy. On auroit donc pu se dispenser de toutes celles qu'on a faites à Paris, à Bourges et à Carcassonne; mais ces observations peuvent jeter quelque jour sur la figure de la terre. Si les parallèles sont des cercles, les observations d'azimuts faites en différens lieux le long de l'arc mesuré, doivent s'accorder entre elles, et les azimuts de Paris, de Bourges, de Carcassonne et de Montjouy doivent se déduire de celui de Watten par le calcul; mais si les parallèles sont applatis aussi bien que le méridien, les observations des divers azimuts ne pourront plus s'accorder. Cette question est assez curieuse pour motiver la peine que nous avons prise de multiplier comme nous avons fait les observations et les calculs. On verra ci-après ce qu'ont indiqué nos cinq azimuts; il nous suffit pour le moment d'avoir exposé les motifs qui nous ont guidés.

OBSERVATIONS DE LATITUDE.

De toutes les opérations qui concourent à la mesure des degrés du méridien, les observations de latitude sont celles qui demandent plus de précautions, plus de soins et plus de temps ; mais elles sont les moins pénibles et les moins désagréables pour l'astronome. Il est en effet bien différent d'avoir dans un même lieu son logement, son cabinet et son observatoire ; d'y être, pendant qu'on opère, à l'abri des injures du temps ; de n'avoir en face qu'une ouverture de quelques décimètres, suffisante pour apercevoir l'étoile dans les deux positions du cercle ; de pouvoir enfin se consoler par le travail ou le sommeil des interruptions forcées qu'amènent trop souvent les brumes et les nuages : ou bien d'être obligé d'aller chaque matin à plusieurs lieues de son habitation, gravir une montagne, pour y rester tout le jour exposé aux intempéries de la saison, dans la crainte de manquer un instant favorable ; d'y être souvent dans l'inaction, sans abri, quelquefois même sans avoir la faculté de faire un pas pour se distraire quand on est assailli par des vents impétueux ou des pluies continuelles. Telle est en effet la position de l'observateur sur des montagnes comme Puy-Violan et Bugarach. Mais, sans parler des stations où les dangers viennent encore ajouter aux désagrémens de la situation, je serois beaucoup moins effrayé d'avoir à recommencer les dix-huit cents observations que j'ai faites, ainsi que M. Méchain, pour la latitude de Paris, que s'il me falloit refaire des stations telles que celles de Chapelle-la-Reine, de Sermur ou de la Fagitière. Il est vrai que le malheur des circonstances, l'extrême pénurie, les obstacles de tout genre qui, en nous forçant à l'inaction dans les beaux jours, nous mettoient souvent dans la nécessité de prolonger les travaux dans la saison la plus contraire, ont fait presque tous les désagrémens de ces stations qui, dans des temps plus heureux, n'auroient présenté que des inconvéniens supportables. De là vient aussi que, suivant les circonstances, nous nous sommes bornés quelquefois au travail purement nécessaire, tandis qu'en d'autres occasions nous avons multiplié les mesures avec une abondance qu'on a été tenté de nous reprocher comme un luxe, et qui auroit été bien inutile en effet, si nous n'avions voulu profiter de tous les moyens qui étoient quelquefois en notre pouvoir pour connoître mieux les déclinaisons de nos étoiles, afin que cette connoissance nous servît à juger de la précision où nous pouvons nous flatter d'être arrivés dans les stations moins heureuses, par exemple, à celle de Dunkerque, commencée trop tard et interrompue trop souvent par les pluies ou les temps nébuleux, et que par cette raison j'avois craint long-temps d'être forcé de recommencer.

Avant d'entrer dans le détail des opérations particulières par lesquelles nous avons déterminé les latitudes de Dunkerque, Paris, Évaux, Carcassonne, et du fort de Montjouy près de Barcelone, il faut exposer les vérifications de l'instrument dont nous nous sommes servis, les attentions générales que nous avons eues pendant tout le cours des opérations, et les différentes méthodes de calcul et de réductions que nous avons employées.

Description et vérifications du cercle de Borda.

La *pl. VII*, *fig.* 1, montre le cercle en perspective, et dans une position inclinée, telle qu'on la lui donne pour les observations azimutales. On y voit le limbe divisé en quatre mille parties; les six rayons qui attachent les lunettes et l'axe; la lunette supérieure, qui est placée au centre, et les quatre alidades avec leurs verniers et leurs microscopes. Les alidades 1 et 3 ont de plus une vis de pression *a* qui sert à les fixer contre le limbe (1), et une vis de rappel *b* qui sert à conduire

---

(1) On ne serre jamais que l'une de ces vis de pression. On choisit celle qui est la plus commode, suivant la position du cercle et celle de l'observateur; mais, quand l'une est serrée, il faut que l'autre soit lâche, sans quoi le mouvement de rappel deviendroit impossible; on risqueroit de fausser ou arracher la vis de rappel, si on la tournoit brusquement et sans égard à la résistance qu'on éprouveroit.

la lunette exactement sur l'objet. Dans l'épaisseur du cercle on aperçoit une rainure qui le divise en deux limbes, l'un supérieur et l'autre inférieur. Par ce moyen, quand l'une des lunettes est arrêtée dans la position où l'on a besoin qu'elle reste invariablement, l'autre peut recevoir tous les mouvemens nécessaires et faire une révolution entière autour de l'axe sans être gênée en rien par les pièces qui retiennent la première.

La lunette inférieure est en partie cachée derrière le cercle; elle est excentrique; elle n'a ni vernier ni quadruple alidade. A cela près, elle a les mêmes montures, les mêmes rappels et les mêmes dimensions que la lunette supérieure.

Dans le pied on remarque principalement les trois vis qui le soutiennent, les trois rayons dans lesquels entrent les vis, le cercle azimutal, l'alidade avec sa vis de pression *d*, qui sert à la fixer sur un point quelconque de la division; la vis *e* du pignon, qui, lorsque la vis *d* est lâchée, sert à conduire l'alidade sur le point qu'on veut du cercle azimutal, et la lunette sur l'objet qu'on veut observer; enfin, la vis *ε*, qui sert à serrer plus ou moins le pignon contre les dents qui sont à la circonférence du cercle azimutal. La colonne cylindrique *f* renferme l'axe vertical. Cette colonne est terminée par une traverse *gg*, à laquelle s'attache, au moyen de deux vis *hh*, le carré ou double équerre *ilm* qui sert de soutien à l'axe de rotation *nn*. Cet axe est traversé perpendiculairement par un canon *pp* qui renferme l'axe du cercle. Cet axe se termine au centre de la surface la plus éloignée du tambour, où il est retenu par une vis dont nous parlerons plus loin. Entre les montans de la double équerre on voit le tambour *qq*, espèce de roue creuse et remplie de plomb, qui, dans les situations inclinées et verticales, fait contre-poids au cercle, et en outre sert à lui donner un mouvement lent ou rapide autour de son axe.

La vis *r*, que l'on voit à l'un des montans de l'équerre, sert à presser un petit quart de cercle *ss*, qui est attaché à l'une des extrémités de l'axe de rotation, et dont l'office est de fixer le plan du cercle dans une position inclinée quelconque. On ajoute quelquefois à ce quart de cercle une vis de rappel sans fin, qui est d'une grande commodité dans les observations azimutales et dans les opérations que l'on fait pour amener le cercle dans une position bien verticale. Cette vis de rappel manquoit dans nos instrumens, et, pour établir la verticalité, mon cercle nº I n'a qu'une vis fort courte contre laquelle vient s'appuyer le petit quart de cercle quand l'instrument est à peu près vertical ; alors un petit mouvement de cette vis sert à établir exactement la verticalité d'une manière assez commode et peut-être plus solide qu'on ne le peut faire par la vis de rappel qui nous manquoit.

La vis *t* est une vis sans fin qui, engrenant dans les stries du tambour, produit le mouvement lent. Cette vis est pressée contre le tambour par le grand ressort *u*. La clef *v* sert à dégager cette vis en repoussant le grand ressort, et alors le mouvement devient libre. On voit en *xxx* les stries du tambour.

Enfin les trois vis du pied de cuivre sont reçues dans

des coquilles attachées à la surface supérieure du pied de bois, et ces coquilles, non seulement servent à remettre l'instrument dans la position où il étoit à un autre moment et dans d'autres observations, mais elles servent encore à l'y maintenir plus exactement, et malgré le mouvement des vis, qui sans cela feroit charrier l'instrument et en écarteroit sans cesse les lunettes des objets qu'on veut mettre sous le fil.

La *pl. VIII*, *fig.* 1, montre l'instrument dans la position verticale, et comme on le place pour les distances au zénith. On remarquera d'abord le petit triangle qui est sous la vis du milieu. Cette vis, à cause de l'épaisseur de son filet, n'auroit dans ses mouvemens ni assez de lenteur ni assez de régularité. Le petit triangle fait levier contre la grande vis, et la petite vis *u* qui l'élève ou l'abaisse est bien plus fine, et procure un mouvement beaucoup plus lent et plus doux. Voyez ce triangle, *fig.* 2.

Dans cette position on aperçoit le niveau *nn* attaché à la lunette inférieure; la règle de champ qui porte les divisions o...... 30 et o....... 30, que l'on a tracées dans les deux espaces où s'étendent les deux extrémités de la bulle, qui est sujette à s'allonger plus ou moins, selon que la température est plus basse ou plus élevée. Il faut que les extrémités de la bulle atteignent de part et d'autre des divisions correspondantes, telles que 10 et 10, 11 et 11, etc.; c'est alors que l'on dit que le niveau est calé, et c'est la position qu'il doit avoir à l'instant où l'observateur amène le fil de la lunette supérieure sur l'objet dont il mesure la distance au zénith.

La règle de champ est recouverte d'une autre règle destinée à garantir la bulle des rayons directs, quand c'est le soleil qu'on observe.

La *fig.* 3 montre le cercle vu d'en haut par son épaisseur. On voit les deux limbes, la rainure qui les sépare, les deux lunettes, le niveau fixé sur la lunette inférieure. La règle qui couvre le niveau est supprimée à moitié, pour laisser voir la bulle et la règle de champ. On voit à côté l'axe de rotation, le canon qui le traverse et porte le petit niveau, et enfin le tambour dans le sens de son épaisseur. Le petit niveau qui est sur le canon sert à donner à la colonne la position verticale, sans être obligé de recourir au fil à plomb, et pour cet effet on a mis en *aa* deux vis qui appuient sur un ressort et servent à rectifier le petit niveau. Vers les extrémités de l'axe de rotation sont deux bobèches où l'on met des bougies pour les observations nocturnes. Voyez *fig.* 4.

La *fig.* 5 représente le cercle azimutal.

Les *fig.* 6 et 7 sont deux vues de pinces *Pp* que l'on attache, l'une au point le plus haut possible sur le limbe supérieur, et l'autre au point le plus bas du même limbe, quand on veut s'assurer de la verticalité du plan. La pince supérieure porte le fil à plomb, qui doit battre exactement sur un trait marqué sur la pince inférieure *p*.

Dans les observations de distance au zénith pour les objets terrestres, et même dans celles que l'on prend du soleil ou d'une étoile pour régler la pendule, on peut très-bien se contenter de ce petit niveau pour mettre la colonne et le cercle dans un plan vertical; mais, pour les observations de latitude, il est beaucoup plus sûr de recourir au fil à plomb.

La *fig.* 8 montre le vernier de l'une des alidades; les trois autres sont tout pareils.

La *fig.* 9 montre le grand ressort fermé qui applique fortement la vis contre les stries du tambour. On peut ouvrir le ressort en tournant la clef *k*. Alors le tambour est libre, et l'on peut donner au cercle un mouvement rapide autour de son axe.

La *fig.* 10 montre le ressort ouvert.

Au centre du tambour, *fig.* 9, on voit la vis qui retient l'extrémité de l'axe, et dont nous avons parlé ci-dessus, page 162. Cette vis ne doit s'ôter qu'avec précaution; car elle retient la surface extérieure du tambour qui, sans elle, se détacheroit au moindre mouvement et pourroit se fausser ou se briser en tombant.

Ces notions suffisent pour l'astronome qui doit se servir du cercle de Borda; je supprime les détails ultérieurs, qui ne conviendroient qu'aux artistes chargés d'exécuter de pareils instrumens.

La première chose à faire avant de commencer une observation de quelque genre qu'elle puisse être, c'est de voir si l'axe optique des lunettes est parallèle au plan de l'instrument. Rien de plus simple : placez l'instrument sur son pied de manière que l'un des rayons du pied soit dans la direction d'un objet éloigné et à l'horizon, et que l'axe de rotation soit perpendiculaire à cette direction; dirigez le plan de l'instrument à cet objet, d'abord en le faisant tourner autour de l'axe de rotation, et en achevant avec la vis du pied dirigé à l'objet, si le mouvement de rotation n'a pas de vis de rappel; dirigez la lunette à l'objet horizontal, et à côté de cette lunette placez la lunette d'épreuve. Si le fil horizontal de cette dernière lunette ne tombe pas exactement sur l'objet que vous avez choisi, ayez soin de l'y amener par le mouvement, soit de la vis de rappel, soit de la vis du pied. Retournez ensuite la lunette d'épreuve; dans cette nouvelle position le fil horizontal doit se retrouver sur le même point, sans quoi la lunette d'épreuve auroit elle-même besoin d'être rectifiée.

Voyez ensuite si le fil horizontal de la lunette couvre aussi le même point. S'il y a quelque différence, faites-la disparoître en tournant la vis du réticule. Faites la même opération pour l'autre lunette, et la vérification sera complette. Cependant, pour lever tout scrupule, on peut répéter l'opération sur divers points de limbe, comme de cinquante en cinquante degrés décimaux; on saura par ce moyen si le parallélisme est constant, ou s'il est sujet à se déranger par le mouvement de l'alidade.

L'instrument ainsi rectifié ne se dérangera que bien rarement, et presque jamais d'une quantité qui soit de la moindre importance. Mais pour savoir ce qu'on peut négliger à cet égard, soit *LIMB* (*pl. IX*, *fig.* 4) le limbe de l'instrument, *IC*, *MD* l'inclinaison des lunettes; prolongez les arcs perpendiculaires *IC* et *MD* jusqu'à leur rencontre en *Z* : le point *Z* sera le pôle du plan *LIM*; l'angle entre les deux objets terrestres vus aux points C et D des lunettes, sera l'angle à mesurer, et l'instrument donnera l'angle IM. Il s'agit donc de savoir la différence des arcs CD et IM. Il est évident que IM peut être considéré comme un angle horizontal, et CD comme un angle oblique ou un angle des cordes.

Soient donc a et b les deux inclinaisons, et y la réduction de l'angle MI donné par le limbe, on aura (tome I, page 144)

$$\begin{aligned} y = & - \sin^2 . \tfrac{1}{2} (a + b) . \operatorname{tang} . \tfrac{1}{2} A \\ & + \sin^2 . \tfrac{1}{2} (a - b) . \cot . \tfrac{1}{2} A \end{aligned}$$

Les inclinaisons a et b passeront rarement une minute. Supposons pourtant par impossible $a = 5'$ et $b = 4'$, nous aurons, tables I et IV, avec $(a + b) = 9'$ et $(a - b) = 1'$,

$$y = - 0.017 . \operatorname{tang} . \tfrac{1}{2} A + 0.000 . \cot . \tfrac{1}{2} A$$

ou bien, en supposant successivement $A = 20°$ et $A = 160°$,

$$y = - 0.017 \times 3''64 \quad \text{et} \quad y = - 0.017 \times 117''$$

La première de ces valeurs se borne à $0''062$, et la seconde ne va qu'à $1''99$.

Ces corrections décroissent comme les carrés. Si $(a + b)$, au lieu de $9'$, n'est que de $3'$, ce qui est encore bien fort, la réduction ne sera plus que de $0''22$, et par conséquent toujours insensible.

Si les inclinaisons sont dans le même sens, le second terme sera insensible, et la réduction se bornera au premier terme $= -\ sin^2.\ \frac{1}{2}\ (a + b).\ tang.\ \frac{1}{2}\ A$; mais nous n'avons jamais mesuré d'angle qui fût de 140°, et dans ce cas même y ne vaudroit que $0.017 \times 56.67 = 0''96$, pour $(a+b) = 9'$, ou $0''11$ pour $(a+b) = 3'$; d'où il suit qu'à défaut de lunette d'épreuve, pour éluder l'effet d'un petit dérangement causé par le transport, il suffiroit d'amener les deux fils horizontaux sur un même objet éloigné. Par là les deux arcs optiques auroient la même inclinaison, et l'erreur de l'angle seroit insensible. Ainsi, quand on aura mis la lunette supérieure sur zéro, et qu'on l'aura dirigée sur l'objet à droite, avant de conduire la lunette inférieure sur l'objet à gauche, on fera bien de la diriger aussi sur l'objet à droite : alors, si les deux fils couvrent le même point du signal, on sera sûr que les deux lunettes ont la même inclinaison ou qu'elles n'en ont ni l'une ni l'autre.

Si l'une des deux inclinaisons est nulle, faites $b = 0$; alors

$$y = sin^2.\ \tfrac{1}{2}\ a.\ (cot.\ \tfrac{1}{2}\ A - tang.\ \tfrac{1}{2}\ A)$$
$$= 2\ sin^2.\ \tfrac{1}{2}\ a.\ cot.\ A = \tfrac{1}{2}.a^2.\ sin.\ 1''.\ cot.\ A$$

C'est ce qui a lieu dans les distances au zénith, où l'on n'emploie qu'une lunette. Pour les objets terrestres, *cot. A* est toujours une petite fraction, et l'erreur est nulle; pour les étoiles, elle pourroit devenir sensible. Par exemple, pour la chèvre, à 5° du zénith, l'erreur, pour 3' d'inclinaison, seroit 2''5; pour 1' elle seroit 0''28.

Dans ce cas il faudroit faire la vérification avec soin : alors le défaut de parallélisme n'iroit pas à $\frac{1}{4}$ de minute ; l'erreur seroit au-dessous de 0''02, et nous pouvons conclure que, dans aucun des angles qui sont entrés dans notre mesure, on ne doit avoir la moindre incertitude à cet égard.

Manière de placer le pied du cercle.

POUR observer les distances des étoiles au zénith, il faut placer l'un des rayons du pied dans la direction à peu près connue de la méridienne. Par ce moyen, quand on est obligé d'avoir recours à la vis du pied pour achever de placer l'étoile sous le fil, le mouvement que l'on donne au cercle se fait dans le plan du cercle même, et n'altère en rien la verticalité.

Dans cette position, la ligne qui joint les axes des deux autres vis est dans un plan parallèle au premier vertical, et leur effort se porte tout entier dans le sens le plus favorable pour établir la verticalité du plan. Je désignerai la première des trois vis par le nom de vis méridienne ou du milieu, et les deux autres par le nom de vis latérales.

La vis méridienne ou du milieu peut se placer dans deux positions opposées par rapport à la colonne de l'instrument, c'est-à-dire entre la colonne et l'observateur, ou bien de manière que la colonne soit entre l'observateur et la vis méridienne ; à l'ordinaire on la place du côté et sous la main de l'observateur. Quelquefois il peut être plus commode de lui donner la seconde position ; cela dépend de la hauteur de l'astre qu'on observe, et de la manière dont l'alidade est attachée à la colonne. La taille de l'observateur peut encore influer sur le choix.

Quand on observe un objet terrestre ou un astre hors du méridien, on place la vis du milieu dans le vertical de l'objet.

Dans les observations d'azimut on place les vis latérales dans le vertical de l'objet terrestre, on met l'axe de rotation ou le petit axe horizontal du cercle dans ce même plan ; et comme l'objet terrestre est sensiblement dans l'horizon, le mouvement qu'on donne au plan du cercle pour suivre l'astre dans son mouvement vertical, n'empêche pas l'une des lunettes d'être toujours sur l'objet terrestre ; ce qui facilite l'observation et la rend plus prompte et plus sûre.

Pour mesurer les angles entre deux objets terrestres, j'ai vu des observateurs placer les vis latérales et l'axe de rotation dans un plan parallèle à la ligne droite qui joint les deux signaux ; d'autres fois on plaçoit la vis du milieu dans le vertical qui coupoit en deux également l'angle à observer.

Mais, pour donner des règles plus sûres et plus générales, soit (*pl. IX*, *fig.* 5) $HORI$ l'horizon, M et N les deux objets que l'on veut observer, ZMO, ZNR les deux verticaux, on aura

$$\sin. HO : \sin. HR :: \tan g. MO : \tan g. NR$$

ou $$\sin. x : \sin. (x + A) :: \tan g. a : \tan g. b$$

d'où

$$\begin{aligned} sin.\, x &= tang.\, a.\, cot.\, b.\, sin.\, (x + A) \\ &= tang.\, a.\, cot.\, b.\, cos.\, A.\, sin.\, x \\ &+ tang.\, a.\, cot.\, b.\, sin.\, A.\, cos.\, x \end{aligned}$$

$$tang.\, x - tang.\, a.\, cot.\, b.\, tang.\, x = tang.\, a.\, cot.\, b.\, sin.\, A$$

et

$$tang.\, x = \frac{tang.\, a.\, cot.\, b.\, sin.\, A}{1 - tang.\, a.\, cot.\, b.\, cos.\, A}$$

Si $a = 0$, $x = 0$, le plan du grand cercle qui passe par les deux objets coupe l'horizon en O, et c'est à ce point qu'il faut diriger l'axe de rotation et les vis latérales.

Si $b = 0$, $tang.\, x = \frac{tang.\, a\, \infty.\, sin.\, A}{-\, tang.\, a\, \infty.\, cos.\, A} = -\, tang.\, A$, $x = -A$, et c'est au point R qu'il faut diriger les vis latérales et l'axe de rotation.

Si $b = a$, $tang.\, x = \frac{sin.\, A}{1 - cos.\, A} = cot.\, \frac{1}{2} A$, $x = 90^\circ - \frac{1}{2} A$, $Hm = mI$, et les vis latérales, ainsi que l'axe de rotation, doivent être parallèles à la corde OR.

Si $b = -a$, $tang.\, x = \frac{-\, sin.\, A}{1 + cos.\, A} = -\, tang.\, \frac{1}{2} A$, $x = -\frac{1}{2} A = Om$, il faut diriger les vis et l'axe de rotation vers le point m, milieu de l'arc OR.

Hors ces cas, qui sont infiniment rares, on aura

recours à la formule générale ou à la table suivante, dont voici la construction :

$$\text{tang. } x = \frac{\frac{\text{tang. } a}{\text{tang. } b} \text{ sin. } A}{1 - \frac{\text{tang. } a}{\text{tang. } b} \text{. cos. } A} = \frac{\frac{\text{cot. } b}{\text{cot. } a} \text{. sin. } A}{1 - \frac{\text{cot. } b}{\text{cot. } a} \text{. cos. } A}.$$

Supposons à $\frac{\text{tang. } a}{\text{tang. } b}$ les valeurs 0, 1 ; 0, 2 ; 0, 3, etc..et à l'angle A les valeurs 6, 12, 18°, etc. , nous aurons pour x les différentes valeurs qu'offre la table ; et si l'on connoît à peu près a et b, ainsi que l'angle $A = OR$ ou MN, on y trouvera sans peine une valeur suffisamment approchée de x. Mais, avant de montrer l'usage de cette table, remarquons que les arcs HO, OR et RI mesurent les trois angles d'un triangle rectiligne qui a pour côtés les tangentes des distances au zénith ZM et ZN, et pour angle compris l'angle $= OR$.

En effet, imaginez Zp tangente de ZM et Zq tangente de ZN, et menez la ligne droite pq, le triangle rectiligne pZq donnera

$$\text{tang. } p = \frac{\left(\frac{Zq}{Zp}\right) \text{. sin. } A}{1 - \left(\frac{Zq}{Zp}\right) \text{. cos. } A} = \frac{\frac{\text{cot. } b}{\text{cot. } a} \text{. sin. } A}{1 - \frac{\text{cot. } b}{\text{cot. } a} \text{. cos. } A}$$

donc $p = HO$. On prouveroit de même que $q = RI$; d'ailleurs

$$RI = 180 - (HO + OR) = 180 - A - x = q$$

Sur la direction AO de la colonne du cercle à l'objet

à gauche (*fig.* 6), prenez $As =$ *tang.* $HR =$ *tang.* b, et sur la direction AR, à l'objet à droite, prenez $Ar =$ *tang.* $MO =$ *tang.* a; menez rs, le triangle rectiligne Asr donnera

$$\text{tang. } s = \frac{\left(\frac{Ar}{As}\right).\ \sin.\ A}{1 - \left(\frac{Ar}{As}\right).\ \cos.\ A} = \text{tang. } x$$

Donc l'angle $s = x = HO$, et l'angle $r = RI$ de la *fig.* 5; donc s et r sont les angles que l'axe de rotation doit faire avec les directions AO, AR; donc la droite sr est la position que l'on doit donner à l'axe de rotation. Abaissez la perpendiculaire Am, elle indiquera la position que l'on doit donner à celui des trois rayons du pied qui porte la vis du milieu.

Si la tangente a étoit négative, au lieu de la porter en Ar on la porteroit sur le prolongement en Ar'; alors $r's$ seroit de même la direction à donner à l'axe de rotation et aux deux vis latérales, et Am' la direction à donner au rayon qui porte la vis du milieu. Si c'étoit *tang.* b qui fût négative, on porteroit *tang.* b de A en s', et $s'r$ seroit alors la direction de l'axe et des deux vis latérales; si les deux tangentes étoient négatives, on pourroit les porter toutes deux en devant ou en arrière indifféremment; la ligne $r's'$ seroit parallèle à rs, et l'on pourroit, comme dans le premier cas, employer le triangle Ars.

Voici maintenant la table :

TABLE pour trouver la position qu'il convient de donner au pied du cercle pour l'amener facilement dans le plan des objets.

ARGUMENS. *A* ou angle à mesurer, et $\frac{tang.\, a}{tang.\, b}$ ou $-\frac{a}{b}$.

A	*A*	+0.0	+0.1	+0.2	+0.3	+0.4	+0.5	+0.6	+0.7	+0.8	+0.9	+1.0
6°	174°	0°00	0°67	1°50	2°57	3°97	5°93	8°83	13°55	22°	41°90	87°00
12	168	0.00	1.30	2.97	5.05	7.78	11.50	13.48	24.70	37.42	57.38	84.00
18	162	0.00	1.92	4.37	7.38	11.28	16.42	23.35	32.90	45.93	62.62	81.00
24	156	0.00	2.53	5.68	9.53	14.38	20.53	28.37	38.30	50.40	63.78	78.00
30	150	0.00	3.13	6.90	11.45	17.02	23.80	31.98	41.63	52.47	63.88	75.00
36	144	0.00	3.67	7.98	13.10	19.17	26.27	34.42	43.48	53.12	62.80	72.00
42	138	0.00	4.13	8.93	14.48	20.87	28.37	35.92	44.32	52.85	61.18	69.00
48	132	0.00	4.55	9.73	15.58	22.10	29.18	36.68	44.38	51.95	59.25	66.00
54	126	0.00	4.92	10.38	16.42	22.93	29.80	36.87	43.90	50.68	57.10	63.00
60	120	0.00	5.20	10.90	17.00	23.42	30.00	36.58	43.00	49.10	54.78	60.00
66	114	0.00	5.43	11.25	17.33	23.70	29.83	35.93	41.80	47.28	52.37	57.00
72	108	0.00	5.60	11.47	17.45	23.47	29.35	34.98	40.35	45 12	49.85	54.00
78	102	0.00	5.70	11.52	17.38	23.12	28.63	33.92	38.70	43.18	47.28	51.00
84	96	0.00	5.73	11.48	17.13	22.55	27.68	32.48	36.92	40.97	44.65	48.00
90	90	0.00	5.72	11.32	16.70	21.80	26.57	30.97	34.98	38.65	41.98	45.00

Usage de la table.

EXEMPLE. A Dunkerque, entre Watten et Cassel, $A = 42°\ 6'$.
Distance de Watten au zénith. $= 90°\ 0'\ 24''$. Donc $a = -\ 24''$
Distance de Cassel au zénith. $= 89°\ 50'\ 24''$. Donc $b = +\ 9'\ 36''$

Donc $$\frac{a}{b} = -\frac{24}{576} = -\frac{1}{24}$$

Avec 42° pour $-0.1 = -\frac{1}{10}$, la seconde partie de la table donne 3° 57' pour $-\frac{1}{24}$. On aura

$$\frac{3°\ 57 \times 10}{24} = \frac{35.7}{24} = 1°45 = 1°\ 27'$$

Ainsi, à partir du signal de Watten, on doit mesurer sur l'horizon un arc de 1° 27', en allant vers Cassel. Le point ainsi déterminé sera celui où l'on doit diriger l'axe de rotation et les deux vis latérales du pied. On va de Watten vers Cassel pour mesurer l'arc, parce que $\frac{a}{b}$ est négatif; s'il étoit positif, on iroit dans le sens contraire, et en s'éloignant du second signal au lieu d'en approcher.

A Cassel entre Watten et Fiefs, on avoit $A = 79°\ 49' = 79°.8$.
Dist. de Fiefs au zénith . . $90°\ 4'\ 12''$. Donc $a = -\ 4'\ 12'' = -\ 252''$
Dist. de Watten au zénith . $90°\ 18'\ 31''$. Donc $b = -\ 18'\ 31'' = -\ 1111''$

Seconde partie, pour les cas où l'une des tangentes est négative, c'est-à-dire où l'un des objets seulement est au-dessus de l'horizon.

ARGUMENS. A et $-\left(\frac{tang.\ a}{tang.\ b}\right)$.

A	A	−0.0	−0.1	−0.2	−0.3	−0.4	−0.5	−0.6	−0.7	−0.8	−0.9	−1.0
6°	174°	0°00	0.55	1°00	1°23	1°72	2°00	2°25	2°47	2°67	2°85	3°00
12	168	0.00	1.08	1.98	2.77	3.42	4.00	4.50	4.93	5.33	5.68	6.00
18	162	0.00	1.62	2.97	4.12	5.12	5.98	6.73	7.40	7.98	8.52	9.00
24	156	0.00	2.15	3.93	5.47	6.78	7.98	8.95	9.85	10.65	11.37	12.00
30	150	0.00	2.63	4.87	6.78	8.45	9.90	11.17	12.30	13.30	14.18	15.00
36	144	0.00	3.12	5.78	8.07	10.07	11.82	13.35	14.72	15.93	17.02	18.00
42	138	0.00	3.57	6.65	9.32	11.65	13.70	15.52	17.12	18.55	19.83	21.00
48	132	0.00	3.98	7.47	10.52	13.20	15.55	17.65	19.50	21.17	22.65	24.00
54	126	0.00	4.37	8.23	11.65	14.68	17.37	19.73	21.87	23.77	25.47	27.00
60	120	0.00	4.72	8.95	12.73	16.10	19.10	21.78	24.18	26.33	28.25	30.00
66	114	0.00	5.02	9.68	13.73	17.45	20.78	23.78	26.47	28.87	31.03	33.00
72	108	0.00	5.27	10.15	14.63	18.70	22.38	25.70	28.68	31.38	33.82	36.00
78	102	0.00	5.47	10.63	15.43	19.87	23.90	27.55	30.87	33.85	36.55	39.00
84	96	0.00	5.62	11.02	16.13	20.90	25.30	29.32	32.97	36.28	39.28	42.00
90	90	0.00	5.72	11.32	16.70	21.80	26.57	30.97	34.98	38.65	41.98	45.00

Donc $\frac{a}{b} = + \frac{252}{1111} = 0.227$

Avec A = 80° et 0.2, la table donne . . . . 11° 49
Pour 0.1 de plus, la différence est 6° 45'; donc pour 0.02 . . 1° 290
0 007 . . 0° 4515
0.0007 . . 0° 0461

Ainsi x = ... 13° 28

Le calcul de la formule se feroit de la manière suivante :

tang. a =	− 4' 12"	. . . .	− 7.08698
cot. b =	− 18° 31'	. . . .	− 2.26871
cos. A =	79° 49'	. . . .	+ 9.24748
tang. a. cot. b. cos. A =	0.040102	. .	+ 8.60317
tang. A =		. . . .	+ 0.74563
1 − *tang. a. cot. b. cos.* A =	0.959898	. . .	0.01778
tang. x =	13° 5'	. . . .	9.36658

La table donne 13° 17' par le défaut des parties proportionnelles, mais cette erreur est de peu d'importance : il suffiroit d'avoir les degrés.

Cette table suppose, comme on voit, la connoissance au moins approchée des deux hauteurs et de l'angle à observer ; quant aux deux hauteurs, on les peut observer avant de commencer la mesure de l'angle : pour l'angle lui-même, il est encore plus facile d'en avoir la connoissance, car les deux objets étant toujours fort voisins de l'horizon, on n'a qu'à mettre le plan du cercle horizontalement, les deux objets paroîtront dans la lunette, mais non pas précisément au milieu, ce qui n'empêchera pas de mesurer l'angle à peu près ; s'ils ne sont pas dans la lunette, le moindre mouvement de vis de pied les y amenera, alors on aura tout ce qu'il faut pour se servir de la table.

En général je me suis conduit d'après ces règles que je m'étois faites avant de partir, mais le plus souvent M. Bellet, à qui je les avois communiquées, et qui se chargeoit ordinairement de préparer et vérifier l'instrument avant les observations, s'étoit fait des pratiques qui réussissoient ordinairement ; cependant il s'est trouvé plusieurs circonstances où j'ai regreté de n'avoir pas suivi plus scrupuleusement les véritables principes : tout ce que faisoit un observateur pour ramener le plan sur l'objet dérangeoit l'autre ; ce qui faisoit perdre du temps qu'on auroit épargné par une attention facile à ce que la formule indiquoit. En effet, il est évident que l'axe étant dans les nœuds du plan, l'effet de la vis du milieu se porte à 90° de ces nœuds, et place à la fois les deux signaux sous le fil de la lunette.

Rien de plus aisé, comme on voit, que d'amener le

cercle dans le plan des objets ; c'est un avantage de cet instrument sur les quarts de cercle, et M. Méchain m'a dit qu'en 1787, quand il travailloit sur les côtes de France à la jonction des observatoires de Paris et de Greenwich, il ne falloit presque pas plus de temps à MM. Cassini et Legendre pour mesurer vingt fois l'angle avec le cercle entier, qu'il n'en employoit lui-même à le mesurer une seule avec son quart de cercle ; et cependant la règle que donne M. de Cassini, dans son *Exposé des opérations de* 1787, n'est pas générale : c'est de diriger toujours l'axe de rotation entre les deux objets ; ce qui, d'après la formule, n'est exact que pour les cas où les hauteurs sont égales et de signe contraire. Au reste, ce cas est le plus difficile, et l'on suppléoit par les vis du pied à ce que la règle a de défectueux.

Méthode pour rendre le plan bien vertical.

QUAND on a placé l'un des rayons du pied dans le plan du méridien, ou dans le plan de l'objet dont veut mesurer la distance au zénith, il faut donner au plan du limbe une situation bien verticale ; dans cette vue on dirige la lunette supérieure au zénith ; à côté de l'objectif on attache à la partie supérieure du limbe la pince qui porte le fil à plomb, et à la partie inférieure l'autre pince sur laquelle le fil doit battre : alors on dirige le limbe dans un plan parallèle au vertical qui passe par la colonne et la vis du milieu.

Si le fil à plomb couvre exactement le trait marqué

sur la pince inférieure, le plan est vertical au moins dans cette position ; si le fil ne couvre pas le trait, mais qu'il tombe à gauche ou à droite, alors on tourne à la fois et en sens contraire les deux vis latérales du pied, de manière à amener le fil sur le trait, ce qui donne au cercle la situation exactement verticale ; je conseille de tourner les deux vis en sens contraire, par ce moyen l'une attire le plan de ce côté, et l'autre l'y pousse, et l'opération ne prend que la moitié du temps qu'elle exigeroit si l'on ne tournoit qu'une seule vis.

On fait ensuite tourner l'instrument autour de son axe vertical ou de la colonne, et quand il a fait une demi - révolution, on regarde si le fil couvre toujours le trait, dans ce cas le cercle est bien vertical dans les deux situations opposées ; ce qui suffiroit si l'on n'avoit à faire qu'une seule mesure de distance au zénith, ou si l'objet à observer étoit immobile ; mais s'il a un mouvement, on fera faire au cercle un quart de révolution, ce qui le mettra dans un vertical perpendiculaire au premier ; alors on regardera le fil, et s'il ne bat pas sur le trait, on l'y amenera en tournant la vis du milieu, alors le cercle sera vertical dans trois points, dont les différences en azimut seront de 90° chacune, et il le sera nécessairement dans toute autre position intermédiaire.

Après la demi-révolution dont il a été question ci-dessus, si le fil ne couvroit pas exactement le trait, on corrigeroit la moitié de l'écart en tournant à la fois, en sens contraire, les deux vis latérales, et l'on rendroit ainsi la colonne bien verticale ; mais le plan du cercle auroit une inclinaison égale à l'autre moitié de l'erreur, on corrigeroit ce reste d'erreur en tournant la vis de rappel du petit quart de cercle, l'instrument seroit alors complétement rectifié. Pour s'en bien assurer, et parce qu'on n'a pas de moyen bien certain pour partager ainsi l'erreur en deux parties bien égales, on réitérera l'épreuve, et s'il reste encore une inclinaison, elle sera infiniment moindre : on la corrigera en la partageant en deux, comme il vient d'être dit ; et après quelques essais on parviendra surement à n'avoir plus d'erreur sensible, lorsque l'instrument sera dans le vertical de l'objet : c'est alors qu'on fera l'épreuve exposée ci-dessus pour la direction perpendiculaire à ce vertical, et l'instrument pourra faire une révolution azimutale entière sans prendre la moindre inclinaison.

Pour démontrer ce procédé (*fig.* 7), soit CO la colonne de l'instrument, CI l'axe de rotation, LIM le plan du limbe. LIM est une ligne verticale, puisque par la supposition le fil couvre exactement le trait de la pince inférieure ; $CMI = a$ est l'inclinaison de la colonne sur le plan du cercle. Menez la verticale CP, elle sera parallèle à IM, et l'angle $PCM = CMI = a$. Mais PCM est l'inclinaison de la colonne ou b, donc $a = -b$, je donne le signe — parce que ces deux angles sont l'un à droite et l'autre à gauche de COM. Par l'effet de la demi-révolution, LM devient $L'M$, le triangle ICM devient $I'CM$, $CI' = CI$, $MI' = MI$, CM est commun, et $CMI' = CMI = -a$; dans le triangle CuM on a $MCu = uMC$, donc $CuI' = 2\,CMu = 2a$, mais $CuI' = MI'M'$ = inclinaison du plan $L'M$; donc l'inclinaison de ce plan, qui étoit nulle en LIM, est devenu $2a = -2b$, d'où naît évidemment la règle que nous avons donnée.

Cette démonstration est générale et ne suppose aucune valeur particulière à l'angle ICM; dans nos instrumens, qui sont faits au tour, ICM est un angle droit; mais pour s'en assurer et se convaincre que dans ses mouvemens de rotation l'instrument conservera la position verticale, il convient de changer le point de suspension et de promener successivement les pinces sur différentes parties du limbe, comme de 50 en 50 degrés décimaux; c'est ce que j'ai fait sur les différens cercles dont j'ai eu occasion de me servir ou que j'ai eu à vérifier, et l'épreuve a toujours été satisfaisante; jamais je n'ai reconnu de différence bien avérée en quelque endroit que les pinces fussent attachées.

Mais l'instrument conservera-t-il bien sûrement la position qu'on lui aura donnée en commençant une série, et ne doit-on pas craindre que les différentes manœuvres qu'on exécutera pour multiplier les observations, ne produisent quelque dérangement notable? A cette objection j'ai deux faits à opposer. Mon habitude constante en finissant une série est de remettre les pinces, et jamais encore je n'ai vu de différence entre les positions du fil à la fin et au commencement. Pendant tout l'intervalle entre deux séries, les pinces restent en place, et toujours je retrouve le fil dans la même situation quand je reviens observer. Ainsi, à Évaux et à Paris, où j'employois toujours le cercle n° I, qui restoit constamment à la même place, on étoit des mois entiers sans avoir besoin de rétablir la verticalité : il suit delà que si durant les observations il arrivoit quelques variations, elles devoient être au moins très-peu considérables, puisqu'elles se rétablissoient d'elles-mêmes si parfaitement.

En second lieu, la colonne porte à sa partie supérieure un petit niveau dont nous avons déja parlé. Quand l'instrument est amené par le fil à plomb dans une situation bien verticale, on tourne la vis de rappel de ce petit niveau, et l'on place la bulle entre ses deux repères. Pendant l'observation, celui qui cale le grand niveau a souvent les yeux sur la bulle du petit, et M. Bellet m'a toujours assuré qu'il la voyoit immobile; ainsi l'on doit être parfaitement tranquille à cet égard. On dira que le petit niveau n'est pas bien sensible; j'en conviens, mais j'ai mesuré le degré qu'il peut avoir de sensibilité, j'ai constaté le rapport qui existe entre un mouvement perceptible du petit niveau et le mouvement correspondant du fil à plomb; j'ai calculé l'erreur qui pouvoit résulter d'un mouvement trop petit pour être aperçu, et j'ai vu avec satisfaction qu'elle n'étoit d'aucune conséquence. C'est ce qui me reste à prouver.

Soit, *pl. IX*, *fig.* 8, $HZ'E$ le plan incliné de l'instrument, et $Z'E$ la distance observée; soit $Z'Z$ égal à l'inclinaison du plan, Z sera le zénith vrai et ZE

la distance véritable au zénith; l'angle $ZZ'E$ sera droit, la distance observée $Z'E$ sera la base du triangle sphérique $ZZ'E$, dont ZE ou la vraie distance sera l'hypoténuse. Il est évident que $Z'E$ sera plus petit que ZE, l'erreur ne se détruira pas dans la situation opposée, et toujours on observera la base au lieu de l'hypoténuse.

Or le triangle $ZZ'E$ donne

$$\cos. ZZ'. \cos. Z'E = \cos. ZE$$

Soit I l'inclinaison ZZ', et D la distance observée $Z'E$; ZE, vraie distance, sera $(D + x)$, et nous aurons

$$\cos. I. \cos. D = \cos. (D + x) = \cos. D. \cos. x - \sin. D. \sin. x$$

d'où

$$\begin{aligned} \sin. D. \sin. x &= \cos. x. \cos. D - \cos. I \cos. D \\ &= \cos. D. (\cos. x - \cos. I) \\ &= 2 \cos. D. (\sin^2. \tfrac{1}{2} I - \sin^2. \tfrac{1}{2} x) \end{aligned}$$

et

$$\sin. x = 2 \cot. D. \sin^2. I - 2 \cot. D. \sin^2. \tfrac{1}{2} x.$$

et enfin

$$2\sin. \tfrac{1}{2}x. \cos. \tfrac{1}{2}x + 2 \sin^2. \tfrac{1}{2}x. \cot. D = 2 \cot. D. \sin^2. \tfrac{1}{2} I$$

équation semblable à celle que nous avons résolue tome I, page 139. Nous aurons donc, en comparant ces équations,

$$a = \cot. D \quad \text{et} \quad b = a. \sin^2. \tfrac{1}{2} I$$

et par conséquent

$$x = 2b - 2ab^2 + 4\left(\tfrac{1}{8} + a^2\right) b^3 + \text{etc.}$$
$$= 2a.\ sin^2.\ \tfrac{1}{2} I - 2a^3.\ sin^4.\ \tfrac{1}{2} I$$
$$+ 4\left(\tfrac{1}{8} + a^2\right) a^3.\ sin^6.\ \tfrac{1}{2} I + \text{etc.}$$
$$= 2\ cot.\ D.\ sin^2.\ \tfrac{1}{2} I - 2\ cot^3.\ D.\ sin^4.\ \tfrac{1}{2} I$$
$$+ \tfrac{4}{8}.\ cot^3.\ D.\ sin^6.\ \tfrac{1}{2} I + 4\ cot^5.\ D.\ sin^6.\ \tfrac{1}{2} I$$

Le premier terme est toujours suffisant, même à 1° de distance au zénith ; on peut même supposer

$$x = \tfrac{1}{2}.\ sin^2.\ I.\ cot.\ D = \frac{I^2.\ cot.\ D}{sin.\ 2''}$$

et c'est d'après cette formule que j'ai calculé la table suivante :

TABLE de correction des distances au zénith pour 10 minutes d'inclinaison.

D	x	D	x	D	x	D	x	D	x	D	x	D
0°	600″00	10	4″95	20	2″40	30	1″51	40	1″04	60	0″50	120
1	50.00	11	4.49	21	2.27	31	1.45	41	1.00	63	0.44	117
2	24.99	12	4.11	22	2.16	32	1.40	42	0.97	66	0.39	114
3	16.65	13	3.78	23	2.06	33	1.34	43	0.94	69	0.33	111
4	12.48	14	3.50	24	1.96	34	1.29	44	0.90	72	0.28	108
5	9.97	15	3.26	25	1.87	35	1.25	45	0.87	75	0.23	105
6	8.30	16	3.04	26	1.79	36	1.20	48	0.79	78	0.19	102
7	7.11	17	2.85	27	1.71	37	1.16	51	0.71	81	0.14	99
8	6.11	18	2.69	28	1.64	38	1.12	54	0.63	84	0.09	96
9	5.51	19	2.53	29	1.57	39	1.08	57	0.57	87	0.05	93
10	4.95	20	2.40	30	1.51	40	1.04	60	0.50	90	0.00	90

La correction est toujours additive à la distance observée, tant que la distance ne surpasse pas 90°; passé ce terme, elle est soustractive.

En divisant par 100 tous les nombres de la table, on aura la correction pour 1′ d'inclinaison, et multipliant celle-ci par le quarré du nombre des minutes de l'inclinaison, on aura la correction convenable. Ainsi, à 4° de distance au zénith, la correction est + 12″48 pour 10′ d'inclinaison; elle se réduit à 0″1248 pour une minute, elle seroit de 0″4896 pour 2′, de 1″1232 pour 3′, et ainsi des autres.

Aucune des distances au zénith, rapportées dans cet ouvrage, n'est au dessous de 4° $\frac{1}{2}$; ainsi, en supposant 2′ d'inclinaison, jamais la correction ne seroit montée à 0″5, et elle a dû être tout-à-fait insensible pour toutes les distances au zénith, qui sont entrées dans la détermination des latitudes que nous avons observées.

La même conclusion a lieu, à plus forte raison, pour les distances au zénith du soleil ou des étoiles qui ont servi à connoître l'état de la pendule; pour les distances au zénith des objets terrestres, on voit que la correction devoit être si petite, qu'on a pu se contenter toujours du petit niveau pour assurer la verticalité, et que jamais on n'a eu besoin de l'épreuve du fil à plomb.

Soit maintenant *m* l'écart du fil à plomb, *e* l'épaisseur de ce fil, et *c* la corde du cercle qui mesuroit la distance des deux pinces, on aura

$$tang.\ I = \left(\frac{m}{c}\right) \text{ ou } I = \frac{m}{c}, \text{ et l'erreur } \frac{m.\ cot.\ D}{c.\ sin.\ 2''}$$

Pour avoir 2′ d'inclinaison il faudroit que l'on eût $\frac{m}{c} =$

tang. 2′ ou $m = c$. *tang.* 2′ = 0.00058 c. Or, dans mon cercle n° I, et dans les deux cercles de M. Méchain, c = 15 pouces ou 216 lignes, et 216 *tang.* 2′ = 0^l126.

Le fil à plomb dont je me suis toujours servi et dont je me sers encore, avoit $\frac{1}{9}$ de ligne diamètre ou 0^l111; il auroit donc fallu un écart égal à l'épaisseur du fil pour avoir 2′ d'inclinaison, et cet écart produit dans le petit niveau un mouvement si marqué qu'il auroit été impossible de ne pas l'apercevoir; d'où l'on est en droit de conclure qu'au commencement et à la fin de chaque série, l'inclinaison du plan n'étoit pas de 1′, et qu'elle n'atteignoit jamais 2′ dans le courant de la série; nous sommes donc en droit de conclure que jamais nos distances n'ont eu besoin de la correction dont on vient de voir la formule et la table. Si j'ai imprimé qu'il étoit difficile de répondre de deux ou trois minutes (*détermination d'un arc du méridien*, page 52), c'est que je l'avois ainsi jugé par un simple aperçu, et sans prendre bien exactement les mesures dont je viens de rendre compte. Je donnois les raisons qui devoient me consoler de n'avoir point observé la chèvre qui passoit près du zénith à Dunkerque. Mais ces observations, malgré toutes leurs difficultés, ont assez bien réussi à M. Méchain pour démontrer par le fait que l'on n'a jamais rien à redouter du défaut de verticalité quand on prend les précautions convenables.

La hauteur du pole = 90° — distance au zénith ∓ distance au pole, ou $L = 90° - D \mp D'$, donc $dL = \mp dD$, donc l'erreur de la distance au zénith se porte en sens contraire sur la latitude ; donc une distance au zénith trop foible donneroit une latitude trop forte, ce qui doit s'entendre des étoiles qui passent au nord du zénith. Ce seroit le contraire pour les étoiles qui passent au midi. On détruiroit donc l'effet de l'inclinaison en observant des étoiles à même hauteur au nord et au midi ; mais il est difficile de trouver des étoiles ainsi placées : il faudroit supposer les déclinaisons bien connues, ce qui n'est pas : il faudroit que l'inclinaison fût la même dans toutes les observations, ce qui est aussi impraticable au moins que de détruire l'inclinaison.

La latitude ne seroit affectée que de la moitié de l'erreur produite par l'inclinaison, dont l'effet est toujours nul dans les passages inférieurs : au reste, toutes ces remarques sont superflues, puisque l'inclinaison, qu'on n'auroit pu apercevoir, seroit insensible même dans les passages supérieurs.

Inclinaison des fils et distance au fil vertical.

Il nous reste une question à examiner : à moins qu'une étoile ne soit très-brillante et de première grandeur, il est presque impossible de l'observer à la croisée des fils ; on l'observe donc à quelque distance : voyons l'erreur qui peut en résulter.

Soit, (*pl. IX*, *fig.* 9), *HOR* l'horizon, *Z* le zénith, *ZMH* le vertical, qui représente le plan du cercle. Au lieu d'observer l'étoile au point *M*, sous le fil vertical, on l'observe à quelque distance, comme en *N*, la distance véritable est donc ZN, et la distance donnée par l'instrument est ZM; car le fil horizontal est dans le plan du grand cercle MNR. Or

$$\cos.\ ZM.\ \cos.\ MN = \cos.\ ZN$$

formule toute pareille à celle qui exprime l'effet de l'inclinaison du plan : la distance observée est plus foible que la véritable. On aura donc

$$x = \frac{\overline{MN}^2.\ \cot.\ ZM}{\sin.\ 2''} = \frac{f^2.\ \cot.\ D}{\sin.\ 2''}$$

f étant la portion du fil horizontal compris entre l'étoile et le fil vertical. La même table qui sert pour l'inclinaison du cercle donneroit donc la correction pour l'intervalle f qui n'est jamais que d'un petit nombre de secondes, car j'ai toujours eu soin d'observer très-près du fil, et à la distance où l'étoile étoit bien visible.

Il y auroit encore un autre danger à observer à une distance trop grande. En effet, il est difficile de s'assurer que le fil, qui doit être horizontal, n'ait pas une légère inclinaison. Soit (*fig.* 10) FIL le fil horizontal, fil le fil un peu incliné; si l'on observe en a, l'erreur sera

$$ba = Ib..\ \text{tang.}\ I$$

Soit

$$Ib = 2' = 120'' \text{ et } I = 1^\circ;\ ab = 120''\ \text{tang.}\ 1^\circ = 2''1$$

Ainsi 1° d'inclinaison et 1′ de distance donneroient 1″ d'erreur. Mais si l'on observe constamment au même point *a*, il n'y aura pas d'erreur; car la lunette se retournant pour l'observation paire, si la première distance observée est trop foible de 1″, la seconde sera trop forte d'autant; il y aura compensation. On n'a donc qu'à mettre l'étoile toujours à même distance et toujours du même côté; ce qui se fera de la manière suivante.

Supposons que dans l'observation impaire qui se fait à droite on ait mis l'étoile à quelque distance du fil, à droite, par exemple, la lunette renversant les objets, l'étoile à droite en apparence étoit réellement à gauche, c'est-à-dire entre le fil et le limbe. Pour l'observation paire qui se fait à gauche, on placera l'étoile à même distance, mais à gauche; elle sera réellement à droite et par conséquent entre le fil et le limbe, et au même point que dans l'observation impaire.

Erreurs qui dépendent du niveau.

En poussant les séries d'observations jusqu'à l'angle centuple, comme nous avons toujours fait, et souvent beaucoup au delà; sans même aller aussi loin, on est bien sûr d'anéantir les erreurs de la division; il est même très-probable qu'on rend insensibles les petites erreurs que l'on peut commettre en plaçant l'étoile sous le fil. Il est bien vrai que 2 ou 3″ sont si peu de chose dans nos lunettes, qu'il paroît difficile que l'observateur le plus exact réponde toujours d'une quantité si petite; mais s'il se trompe souvent, il est au moins très-invraisemblable que ce soit toujours dans le même sens, et de manière que les erreurs s'accumulent. Ainsi, la différence des erreurs positives aux erreurs négatives se trouvant divisée par le nombre des observations, le quotient ou l'erreur finale doit être fort peu de chose; la parallaxe des fils, la manière de les éclairer, pourroient produire des effets dont la compensation seroit peut-être moins parfaite et moins probable. J'ai rarement eu lieu de soupçonner une parallaxe dans les observations d'étoiles, sur-tout avec le cercle n° I, dont je me suis presque uniquement servi. Quant à la manière d'éclairer, après en avoir essayé plusieurs, je me suis arrêté à celle qui m'a paru la meilleure de toutes. Aux extrémités du carré qui renferme l'axe de rotation, j'ai fait placer deux bobèches, par ce moyen la lumière est toujours à même distance du réflecteur, les fils sont éclairés de même, et je ne soupçonne pas qu'il puisse y avoir d'erreur appréciable; mais on peut supposer une différence entre les observations faites de jour et celles que l'on fait la nuit en éclairant les fils par la lumière d'une bougie. Dans ces dernières l'étoile paroît beaucoup plus forte, elle déborde le fil de part et d'autre : on peut la couper en deux également avec beaucoup d'exactitude. Le jour, au contraire, l'étoile est extrêmement foible; loin de déborder elle disparoît même quelquefois à l'approche du fil, et l'on peut aisément commettre une erreur égale au moins à la demi-épaisseur. Cette erreur peut varier à chaque observation, et pour opérer la compensation autant du moins qu'il étoit en moi, en mettant l'étoile sous le fil, je l'y faisois entrer alternativement par le bord supérieur et par le bord inférieur; ainsi, quoique chacune des distances observées de jour pût être une erreur de quelques secondes, on a tout lieu de croire que le résultat moyen d'une longue série ne doit pas s'écarter sensiblement de la vérité : malgré cette attention, il me semble que j'accorderois beaucoup plus de confiance aux observations nocturnes.

La bonté des observations faites au cercle, la confiance qu'elles peuvent mériter repose entièrement sur la certitude qu'on peut avoir que la bulle du niveau, placée une fois à un point de la division, y restera fixe, ou y reviendra d'elle-même après plusieurs oscillations, après qu'on aura tourné l'instrument de droite à gauche pour chaque observation paire : or, c'est ce dont il est impossible de s'assurer dans le cours des observations; il est de fait, qu'après le retournement jamais ou presque jamais la bulle ne se retrouve au même point. Pour expliquer ce changement, il suffit de rappeler que la colonne, sans sortir du plan vertical où il faut absolument la maintenir, peut cependant avoir et même a presque toujours une inclinaison du nord au sud, ou du sud au nord, par le mouvement qu'on donne à la vis du pied pour amener le fil sur l'étoile dans l'observation impaire. Cette inclinaison ne nuit en rien à la justesse des observations; mais elle doit dans le retournement affecter le niveau, qui prend nécessairement une inclinaison double de celle de la colonne; la bulle doit changer de place, on est donc obligé de la ramener au moyen de la vis du tambour. Mais est-il bien certain qu'en la ramenant au même point de la division on rende au cercle la position qu'il avoit, que la lunette soit dirigée à distance égale du zénith, et que ce soit bien le même diamètre qui soit parallèle à l'horizon? Pour éclaircir ce doute, j'ai fait un grand nombre d'observations. Les premières, loin de me rassurer, parurent d'abord changer le soupçon en une certitude fâcheuse : voici en quoi elles consistoient. Je donnois au cercle un mouvement de 360° en azimut, et quoique je le ramenasse exactement au point de départ, presque jamais la bulle ne revenoit à la même position; il s'en falloit ordinairement d'une partie ou deux, rarement trois; il est pourtant arrivé une fois qu'elle s'étoit dérangée de huit ou neuf parties; la variation étoit tantôt dans un sens, et tantôt dans le sens contraire, mais plus souvent vers la partie voisine de l'objectif de la lunette qui porte le niveau. J'ai soupçonné que la cause pouvoit être le sens dans lequel se faisoit le mouvement azimutal. J'ai essayé dans le sens opposé en faisant varier la vîtesse et la grandeur de l'arc, ce qui n'a pas empêché la bulle d'affecter le mouvement vers l'objectif. J'ai varié l'expérience de bien des manières qu'il seroit trop long de rapporter, d'autant plus qu'elles ne m'ont conduit à rien de bien constant et de bien positif; mais il manquoit dans les premiers essais une précaution essentielle que le local ne me permettoit pas de prendre pour le moment. Ces épreuves se faisoient de jour et sans déplacer l'instrument qui servoit la nuit aux observations, et je n'avois aucun objet extérieur auquel je pusse diriger la lunette, pour m'assurer que le cercle n'avoit éprouvé aucun dérangement vertical pendant le mouvement azimutal que je lui imprimois. Rien de plus facile, en effet, que les stries de la circonférence du tambour dans lesquelles engrenent les pas de la vis, n'eussent glissé sous l'effort du grand ressort qui sert à fixer le cercle dans la position qu'il doit avoir, ou ce qui est encore plus aisé, qu'il n'y ait un peu de jeu dans la colonne. Pour savoir à quoi m'en tenir, dès que je pus, je transportai le cercle dans un endroit d'où il me fût possible d'observer un objet terrestre à l'horizon, et à une distance suffisante. Après avoir calé le niveau, je mettois le fil de la lunette supérieure sur un point bien distinct que je coupois exactement en deux; alors je répétois les observations, mais je n'eus pas besoin de les refaire en si grand nombre. Toutes les fois qu'après le mouvement azimutal la lunette se retrouvoit exactement sur la mire, la bulle avoit repris sa position exacte, et la différence n'a jamais passé une demi-partie; quand, au contraire, il étoit arrivé quelque petit dérangement du côté de la vis du tambour ou dans la colonne, et que j'y avois remédié en remettant le fil sur la mire, je voyois aussitôt la bulle revenir à son point. La même épreuve tentée successivement avec mes deux cercles I et IV réussit également bien, et le doute me paroît complétement dissipé; je crois donc que l'on peut compter à une demi-partie près, et peut-être mieux dans l'état ordinaire de la bulle, c'est-à-dire dans les températures froides et moyennes; dans les grandes chaleurs elle est beaucoup plus courte et sans doute moins sensible. Mais toutes nos observations de latitude ont été faites l'hiver, si l'on excepte une partie de celles que M. Méchain a faites pour la latitude de Paris.

Il étoit bon de savoir ce que peut valoir en secondes une partie du niveau : c'est un point qu'il n'est pas aisé de déterminer avec la dernière précision; mais pour l'usage que nous en voulons faire un à peu près suffit. La règle qui est attachée au niveau n'est pas divisée dans toute sa longueur, en sorte que par delà le point de 30 qui est le dernier de la division, il reste de part et d'autre une étendue assez considérable, et que l'on peut conduire l'extrémité de la bulle du point o jusqu'au point 30 sans que rien gêne le mouvement; à ces 30 parties répond sur le limbe un arc de 120″ environ, ce qui se reconnoît par l'observation d'un objet terrestre, ainsi chaque partie vaut à peu près 4″. J'ai trouvé la même chose à très-peu près sur le niveau du nº IV, qui est un peu plus court, mais au moins aussi sensible; ainsi la demi-partie dont nous ne pouvons répondre, vaut environ 2″, et cette quantité doit se réduire à rien à la fin d'une série d'une médiocre étendue.

Par la même occasion j'ai tenté de mesurer l'épaisseur du fil; mais cet essai m'a toujours donné des quantités évidemment trop fortes, et souvent presque doubles de ce qu'on peut regarder comme la valeur la plus probable. M. Méchain la suppose partout de 6″, et je n'ai jamais trouvé moins de 8, plus souvent 10, 12, et même plus.

Voyez ci-après, à la fin de la station à Dunkerque, des observations qui m'ont donné 8 ou 9″. Il est fâcheux qu'un observateur aussi scrupuleux et aussi exercé n'ait donné nulle part les fondemens de sa détermination. D'après les expériences faites autrefois par Picard, et dont j'ai parlé, tome I, page 114, ce diamètre seroit de près de 8″, et c'est la valeur à laquelle je m'arrêterois faute de mieux, si j'avois besoin de l'employer dans un calcul; mais je l'ai toujours éludée par la manière d'observer, et nous n'avons aucun besoin de la connoître, si ce n'est pour estimer l'erreur des distances au zénith quand l'étoile disparoît entiérement sous le fil, comme il arrive toutes les fois qu'on observe en plein jour, ou qu'on ne la voit qu'à travers les nuages. Il en résulte que les erreurs du pointé et celles du niveau sont à peu près de même ordre, qu'il est également impossible de s'en garantir, et qu'heureusement elles ne sont pas de nature à s'accumuler; qu'on les détruit en multipliant les observations; qu'il n'est pourtant pas impossible qu'elles ne conspirent quelquefois dans le même sens, et delà, sans doute, les anomalies que l'on remarque dans des séries consécutives qui ont été faites avec un soin égal, et dans des circonstances d'ailleurs toutes semblables; heureusement encore ces inégalités ont agi presque toujours en différens sens, et le résultat moyen n'en doit pas être sensiblement altéré.

Telles sont les principales épreuves auxquelles j'ai soumis les deux cercles qui ont servi aux observations;

je n'ai laissé passer aucune occasion de les vérifier, mais de toutes les remarques que j'ai faites en différens temps, je n'ai consigné sur mes registres, et je ne rapporte ici que les principales et celles qui m'ont paru d'une utilité réelle.

J'aurois maintenant à rendre compte de ma manière d'observer, mais pour donner les motifs des règles que je me suis faites, il faut que je parle d'abord des réductions que nécessite la nature du cercle répétiteur.

Correction des distances au zénith observées près du méridien.

Soit (*pl. IX*, *fig.* 11) Z le zénith, P le pôle, ZE la distance observée, Ze la distance au zénith dans le méridien; $Pe = PE$, car l'étoile n'a pas de mouvement sensible dans l'intervalle des observations d'un même jour.

Le triangle ZPE donne

$$\begin{aligned} \cos. ZE &= \cos. P. \sin. PZ. \sin. PE + \cos. PZ. \cos. PE \\ &= \cos. P. \cos. L. \cos. D + \sin. L. \sin. D \\ &= \cos. L. \cos. D + \sin. L. \sin. D \\ &\quad - 2 \sin^2. \tfrac{1}{2} P. \cos. L. \cos. D \\ &= \cos. (L - D) - 2 \sin^2. \tfrac{1}{2} P. \cos. L. \cos. D \end{aligned}$$

ou

$$\cos. (D - L) - 2 \sin^2. \tfrac{1}{2} P. \cos. L. \cos. D$$

La première de ces valeurs a lieu quand l'étoile passe

au midi du zénith; la seconde, quand elle passe entre le zénith et le pôle. Nous examinerons ensuite le cas où elle passe au-dessous du pôle. On aura donc d'abord

$$\cos. ZE - \cos. (L - D) = -2 \sin^2. \tfrac{1}{2} P. \cos. L. \cos. D.$$

Le second membre étant négatif, c'est une preuve que $\cos. ZEL$ est moindre que $\cos. (L - D)$, et que ZE par conséquent est plus grand que $(L - D)$. Soit donc $ZE = (L - D) + x$, x sera une quantité positive. On a donc

$$\cos. (L - D + x) - \cos. (L - D)$$
$$= -2 \sin^2. \tfrac{1}{2} P. \cos. L. \cos. D$$

$$\cos. (L - D). \cos. x - \sin. x. \sin. (L - D) - \cos (L - D)$$
$$= -2 \sin^2. \tfrac{1}{2} P. \cos. L. \cos. D$$

d'où l'on tire

$$2 \sin. \tfrac{1}{2} x. \cos. \tfrac{1}{2} x. \sin. (L - D) + 2 \sin^2. \tfrac{1}{2} x. \cos. (L - D)$$
$$= +2 \sin^2. \tfrac{1}{2} P. \cos. L. \cos. D$$

et

$$2 \sin. \tfrac{1}{2} x. \cos. x + 2 \sin^2. \tfrac{1}{2} x. \cot. (L - D)$$
$$= \frac{2 \sin^2. \tfrac{1}{2} P. \cos. L. \cos. D}{\sin. (L - D)}$$

Cette équation est encore de la forme de celle que nous avons résolue tome I, page 139. La comparaison donne

$$a = \cot. (L - D); \quad b = \frac{\sin^2. \tfrac{1}{2} P. \cos. L. \cos. D}{\sin. (L - D)}$$

et

$$x = 2 b - 2 ab^2 + (\tfrac{4}{3} + 4 a^2) b^3 + \text{etc.}$$

Le troisième terme est toujours insensible ; ainsi nous aurons

$$x = \frac{2 \sin^2. \frac{1}{2} P. \cos. L. \cos. D}{\sin. (L - D). \sin. 1''}$$
$$- \left(\frac{2 \sin^2. \frac{1}{2} P. \cos. L. \cos. D}{\sin. (L - D). \sin. 1''}\right)^2 . \frac{\cot. (L - D). \sin. 1''}{2}$$

Si la déclinaison étoit australe, D seroit négative, et $(L - D)$ deviendroit $(L + D)$.

Cette formule serviroit également pour le soleil et les planètes ; mais il faudroit ensuite prendre en considération le mouvement en déclinaison pendant la durée de la série. Nous en parlerons ci-après.

La même formule serviroit aussi pour les étoiles qui passent entre le zénith et le pôle ; il suffiroit d'y changer $(L - D)$ en $(D - L)$, ainsi que nous l'avons annoncé ci-dessus. En effet, dans ce cas,

$$Ze = (90^\circ - L) - (90^\circ - D) = D - L$$

de plus

$$\cos. (D - L) = \cos. (L - D)$$

ainsi le calcul est entièrement semblable.

Mais nous nous avons fait

$$ZE = (L - D) + x$$

dans le premier cas, et

$$ZE = (D - L) + x$$

dans le second : donc

$$(L - D) = ZE - x \quad \text{ou} \quad (D - L) = ZE - x$$

Donc, dans les deux cas, la valeur de x doit se retrancher de la distance observée ZE, pour avoir la distance méridienne; donc la formule de correction est

$$correct. = -\left(\frac{2\,sin^2.\frac{1}{2}P.\,cos.\,L.\,cos.\,D}{sin.\,(L-D).\,sin.\,1''}\right) + \left(\frac{2\,sin^2.\frac{1}{2}P.\,cos.\,L.\,cos.\,D}{sin.\,(L-D).\,sin.\,1''}\right)^2.\,\frac{cot.\,(L-D).\,sin.\,1''}{2}$$

Quand l'étoile passe au-dessous du pôle, on a toujours

$$cos.\,ZE = cos.\,P.\,cos.\,L.\,cos.\,D + sin.\,L.\,sin.\,D$$

mais comme il est plus commode alors de compter les angles horaires du méridien inférieur, il faut, dans la formule, mettre P' au lieu de P, P et P' étant supplémens l'un de l'autre. Donc

$$P = 180^\circ - P' \quad \text{et} \quad cos.\,P = -\,cos.\,P'$$

La formule sera donc

$$\begin{aligned} cos.\,ZE &= -\,cos.\,P'.\,cos.\,L.\,cos.\,D + sin.\,L.\,sin.\,D \\ &= -\,cos.\,(L+D) + 2\,sin^2.\tfrac{1}{2}P'.\,cos.\,L.\,cos.\,D \\ &= cos.\,(180^\circ - L - D) \\ &\quad + 2\,sin^2.\,\tfrac{1}{2}P'.\,cos.\,L.\,cos.\,D \end{aligned}$$

$$\begin{aligned} cos.\,ZE - cos.\,(180^\circ - L - D) \\ = 2\,sin^2.\,\tfrac{1}{2}P'.\,cos.\,L.\,cos.\,D \end{aligned}$$

Le second membre étant positif, $cos.\,ZE$ est plus grand que $cos.\,(180^\circ - L - D)$; ZE est donc plus petit que $(180^\circ - L - D)$.

Soit

$$ZE = (180^\circ - L - D - x)$$

$$cos. (180^\circ - L - D - x) - cos. (180^\circ - L - D) = 2\, sin^2. \tfrac{1}{2} P'. cos. L. cos. D$$

ou

$$cos. (L + D) - cos. (L + D + x) = 2\, sin^2. \tfrac{1}{2} P'. cos. L. cos. D$$

$$cos. (L + D) - cos. (L + D). cos. x + sin. x. sin. (L + D)$$

$$2\, sin. \tfrac{1}{2} x. cos. \tfrac{1}{2} x. sin. (L + D) + 2\, sin^2. \tfrac{1}{2} x. cos. (L + D) = 2\, sin^2. \tfrac{1}{2} P'. cos. L. cos. D$$

et

$$2\, sin. \tfrac{1}{2} x. cos. \tfrac{1}{2} x + 2\, sin^2. \tfrac{1}{2} x. cot. (L + D) = \frac{2\, sin^2. \tfrac{1}{2} P'. cos. L. cos. D}{sin. (L + D). sin. 1''}$$

$$a = cot. (L + D); \quad b = \frac{sin^2. \tfrac{1}{2} P'. cos. L. cos. D}{sin. (L + D). sin. 1''}$$

et

$$x = \frac{2\, sin^2. \tfrac{1}{2} P'. cos\, L. cos. D}{sin. (L + D). sin. 1''} - \left(\frac{sin^2. \tfrac{1}{2} P. cos. L. cos. D}{sin. (L + D). sin. 1''}\right)^2. \frac{cot. (L + D). sin. 1''}{2}$$

Mais

$$ZE = (180^\circ - L - D - x)$$

donc

$$ZE + x = 180^\circ - L - D$$

donc, en ce cas, x est additif à ZE pour avoir la distante vraie

$$= 180^\circ - L - D = (90^\circ - L) + (90^\circ - D)$$

Le second terme paroît négatif, mais dans le fait il

est positif; car $(L + D)$ surpasse toujours 90°. Et *cot.* $(D + L)$ est négative. En effet puisque l'étoile est sur l'horizon $D > 90° - L$. Soit

$$D = 90° - L + y$$

donc

$$L + D = L + 90° - L + y = 90° + y$$

et comme y est nécessairement une quantité positive, il s'ensuit que $L + D > 90°$.

Quoique le calcul de ces formules soit très-facile, cependant, quand les séries sont longues et nombreuses, il est plus commode et plus sûr de construire d'avance des tables de réduction pour les différens passages que l'on se propose d'observer; mais, dans ces tables, on est obligé de supposer la latitude assez approchée, et la déclinaison bien connue et invariable, ce qui n'est pas exact. Examinons l'erreur qui peut en résulter : d'abord elle est insensible sur le second terme, qui est lui-même fort peu considérable et souvent insensible.

Si nous différentions le premier en faisant varier la latitude, nous aurons

$$\frac{dx}{dL} = -\frac{2\,sin^2.\frac{1}{2}P.\,cos.\,D.\,sin.\,L}{sin.\,(D-L)} + \frac{2\,sin^2.\frac{1}{2}P.\,cos.\,D.\,cos.\,L.\,cos.\,(D-L)}{sin^2.\,(D-L)}$$

$$= + \frac{2\,sin^2.\,\frac{1}{2}\,P.\,cos.\,D}{sin^2.\,(D-L)}.\,[cos.\,L.\,cos.\,(D-L) - sin.\,L.\,sin.\,(D-L)]$$

$$= \frac{2\,sin^2.\,\frac{1}{2}\,P.\,cos^2.\,D}{sin^2.\,(D-L)} = \frac{2\,sin^2.\,\frac{1}{2}\,P.\,cos.\,D.\,cos.\,L}{sin.\,(D-L)}$$

$$\times \frac{cos.\,D}{cos.\,L.\,sin.\,(D-L)} = \frac{sin.\,x.\,cos.\,D}{cosin.\,L.\,cos.\,(D-L)}$$

et

$$dx = \frac{dL.\ sin.\ x.\ cos.\ D}{cos.\ L.\ sin.\ (D - L)}$$

pour les étoiles qui passent entre le zénith et le pôle; pour celles qui passent au-dessous du pôle

$$dx = -\frac{dL.\ sin.\ x.\ cos.\ D}{cos.\ L.\ sin.\ (D + L)}$$

enfin, au midi,

$$dx = -\frac{dL.\ sin.\ x.\ cos.\ D}{cos.\ L.\ sin.\ (L - D)}$$

Dès le premier jour on aura la latitude à 5″ près; supposons cependant $dL = 10''$, l'erreur sera la plus grande dans les passages supérieurs, à cause de *sinus* $(D - L)$ qui est alors plus petit, et qui est au dénominateur. D'après ces formules on trouvera pour les observations de ζ de la grande Ourse, à Montjouy, $dx = 0''05$, quantité insensible, et qui est dans la vérité beaucoup moindre, en ce que l'erreur de la latitude étoit certainement cinq fois moindre, et que la valeur moyenne de x étoit huit fois plus petite. Ainsi l'erreur ne monte pas à 0″002.

Pour la chèvre même que M. Méchain a observée à Barcelone, la plus grande erreur dans la supposition de $dL = 10''$, n'a été qu'une fois de 0″19; l'erreur moyenne n'a jamais été à 0″05, et par conséquent l'erreur possible ne va pas à 0″01. On voit que, dans tous les cas, une erreur de quelques secondes dans la latitude n'affecte en rien l'exactitude des tables qu'on peut se faire d'avance.

On trouveroit de la même manière

$$dx = -\frac{dD.\ sin.\ x.\ cos.\ L}{cos.\ D.\ sin.\ (D - L)}$$

$$dx = -\frac{dD.\ sin.\ x.\ cos.\ L}{cos.\ D.\ sin.\ (D + L)}$$

et

$$dx = +\frac{dD.\ sin.\ x.\ cos.\ L}{cos.\ D.\ sin.\ (L - D)}$$

dD se compose de l'erreur de la déclinaison et des petites variations qu'elle éprouve pendant la durée des observations.

En mettant dans ces formules les valeurs de dD et de $sin.\ x$ pour toutes les étoiles que nous avons observées, on s'assurera qu'elles ne donnent que des quantités absolument insensibles.

Pour le soleil, le mouvement dD peut aller à 1′ en une heure, et comme les séries ne durent guère que 20′, on n'a que 20″ pour dD, et même 10″, en prenant pour calculer x la déclinaison qui avoit lieu à midi; et comme x est toujours peu de chose, il s'ensuit que l'effet de dD est insensible sur la valeur de x, même dans les équinoxes, c'est-à-dire qu'on peut calculer x avec une déclinaison constante pour un même jour; ce qui suppose pourtant qu'on ait fait de part et d'autre du méridien un nombre égal d'observations, et à des temps également éloignés de midi ou à très-peu près. Dans le cas contraire, on fera séparément la somme des angles horaires en temps avant midi, et la somme des angles après midi. Soit a la première de ces sommes et b la seconde, dD le mouvement en déclinaison pour une minute de temps, et n le nombre total des observations, $+\frac{(b-a)\,dD}{n}$ sera la correction due au mouvement en déclinaison. Je suppose que le mouvement dD porte l'astre vers le pôle élevé, sinon il faudroit donner à dD le signe $-$; si $a > b$, $(b-a)$ sera une quantité négative, et l'on suivra la règle algébrique des signes.

La formule de réduction suppose encore que l'on connoisse exactement l'angle horaire de chaque observation. Soit dP l'erreur de cet angle, on aura

$$\frac{dx}{dP} = \frac{2\,\sin.\tfrac{1}{2}P.\cos.\tfrac{1}{2}P.\cos.D.\cos.L}{\sin.(D \mp L)}$$

$$= \frac{2\,\sin^2.\tfrac{1}{2}P.\cot.\tfrac{1}{2}P.\cos.D.\cos.L}{\sin.(D \mp L)} = x.\cot.\tfrac{1}{2}P$$

et

$$dx = dP.\sin.x.\cot.\tfrac{1}{2}P$$

Or dP qui est l'erreur de la pendule ou, ce qui est la même chose, l'erreur sur le temps du passage au méridien, est une quantité constante pour toute une série; si elle diminue les angles horaires avant le passage, elle augmentera d'autant les angles horaires de l'autre côté du méridien; et si ces angles ont chacun leur correspondant de part et d'autre, c'est-à-dire si l'on a un nombre égal d'observations avant et après, et faites dans le même intervalle de temps, on aura une compensation presque parfaite, et c'est ce qu'indique la formule

$$dx = dP. \sin. x. \cot. \tfrac{1}{2} P$$

dP est invariable, et chaque x ainsi que chaque P a son égal, rien ne change donc que le signe de $\cot. \frac{1}{2} P$. Ainsi toutes les fois que l'on ne sera pas parfaitement sûr de l'ascension droite de l'étoile, de l'avance ou du retard de la pendule, il faudra s'imposer la loi de faire les observations en nombre égal avant et après le passage, et de faire ces observations dans le même espace de temps ou à très-peu près, c'est-à-dire dans le moins de temps possible, sans trop se presser pourtant, et en donnant à la bulle du niveau le temps de se bien fixer aux mêmes points dans les deux observations conjuguées. Cette règle se présente si naturellement que, sans nous être, à cet égard, rien communiqué, nous l'avons toujours suivie, M. Méchain et moi, autant du moins que les circonstances nous l'ont permis; de cette manière on élude les erreurs sur le temps du passage. Cette règle indiquée par la théorie se confirme par l'expérience, et il m'est arrivé, en recommençant le calcul des réductions avec un passage altéré de 10″, de retrouver cependant la même distance au zénith à une fraction de seconde près. Ce qui n'empêche pas qu'on ne doive faire tout son possible pour bien connoître l'instant de la culmination; à Dunkerque, Evaux, Carcassonne, la pendule étoit réglée par des hauteurs absolues, à Montjouy par des hauteurs correspondantes; à Évaux j'y ajoutois l'occultation des étoiles derrière le clocher, et à Paris j'obtenois une exactitude encore plus grande avec bien moins de peine. Le rapport de la pendule au temps sidéral étoit constaté presque tous les jours par l'observation de plusieurs étoiles à leur passage à la lunette méridienne.

A peu de distance du méridien les hauteurs varient si lentement qu'il y auroit une perte de temps considérable à attendre que l'astre par son mouvement vînt se placer sous le fil : on est donc obligé de conduire le fil sur l'étoile par les vis, soit de la lunette, soit du petit triangle qui est sous la vis du milieu; mais par ce dernier mouvement on dérange nécessairement le niveau, le second observateur est obligé de le rétablir. On s'avertit mutuellement, car il faut le concours simultané de ces deux circonstances : 1° que le niveau soit bien exact; 2° l'étoile coupée bien également par le fil. Mais quelque soin qu'on y apporte, il est difficile de répondre d'une seconde sur l'instant de ce concours; il est donc important de connoître ce qu'une erreur d'une seconde peut produire sur la réduction. C'est ce que donne encore la formule

$$dx = dP.\ \sin.\ x.\ \cot.\ \tfrac{1}{2}\ P$$

et ce qu'on peut trouver aussi par la seule inspection de la table de réduction pour chaque étoile. Quand l'angle horaire est assez considérable pour qu'une seconde de plus ou de moins fasse varier la réduction d'une seconde de degré, il convient de cesser les observations, et pour trouver ce temps on n'a qu'à prendre *sin.* P pour inconnue, et l'on aura

$$sin.\ P = \frac{dx.\ sin.\ (D \mp L)}{15\ n.\ cos.\ D.\ cos.\ L}$$

dx étant la limite de l'erreur à laquelle on veut bien s'exposer sur la distance au zénith, et n le nombre de secondes, dont on ne peut répondre sur le temps de l'observation. C'est encore une attention que nous avons eue, M. Méchain et moi, et l'on verra que nos séries sont d'autant plus courtes que la réduction varie plus rapidement : c'est une raison qui suffiroit pour rejeter toute étoile qui passe trop près du zénith. Sans parler des difficultés qui naissent de la position de l'observateur et de la verticalité du plan, qui devient alors rigoureusement nécessaire, il faut trop de temps pour avoir un nombre d'observations assez grand pour anéantir les erreurs qui n'ont aucune loi et qu'on ne peut calculer.

P est donné en temps par l'horloge ; pour le convertir en degrés il suffit de le multiplier par $15 = \frac{360}{24}$ si l'horloge est réglée sur les étoiles. Si elle est réglée sur le temps moyen, au lieu de $\frac{360}{24}$, le facteur est

$$\frac{360°\ 59'\ 8''33}{24} = \frac{360.98565}{24} = 15.04106875$$
$$= 15\ (1.00273792)$$

Soit donc T l'angle horaire en temps, $sin^2.\ \frac{1}{2} P$ sera

$$= (1.0027379)^2.\ sin^2.\ \frac{15}{2}\ T = 1.0055.\ sin^2.\ \frac{15}{2}\ T$$

En général, soit

$$\frac{360 + x}{24} = \left(15 + \frac{x}{24}\right) = 15\left(1 + \frac{x}{360}\right)$$

le nombre de degrés qui passent au méridien en une heure de l'horloge, on aura

$$\left(1 + \frac{x}{360}\right)^2 . \sin^2 . \tfrac{15}{2} T = \sin^2 . \tfrac{1}{2} P$$

et

$$\left(1 + \frac{x}{360}\right)^4 . \sin^4 . \tfrac{15}{2} T = \sin^4 . \tfrac{1}{2} P$$

Ainsi, au moyen d'un facteur constant, on raménera les quantités calculées pour l'horloge sidérale et pour les étoiles à celles qui doivent servir pour un astre quelconque et une marche quelconque de l'horloge.

Si c'est une étoile que l'on observe, et que l'horloge suive le mouvement sidéral, $x = 0$.

Si c'est une étoile que l'on observe, et que l'horloge soit réglée sur le temps moyen,

$$x = 59' \, 8''33 = 59'13883 = 0^\circ985647$$

$$\frac{x}{360} = \frac{0.01642745}{6} = 0.00273791$$

Si c'est une étoile que l'on observe, et que l'horloge, au lieu de marquer 24^h pendant une révolution des fixes, marque $24^h + y$, alors le facteur est

$$\frac{360}{24 + y} = \frac{15}{1 + \frac{y}{24}} = 15\left[1 - \frac{y}{24} + \left(\frac{y}{24}\right)^2 - \left(\frac{y}{24}\right)^3 + \text{etc.}\right]$$

Si l'horloge, au lieu d'avancer, retardoit sur les fixes, y seroit négatif, et le facteur de 15 seroit

$$\left[1 + \frac{y}{24} + \left(\frac{y}{24}\right)^2 + \text{etc.}\right]$$

Mais, quand on construit la table, on ne sait pas quelles seront au juste pour chaque jour les valeurs de x ou de y; on est donc obligé de supposer x et $y = 0$. Pour corriger l'erreur, voici un moyen bien simple.

Puisque $24^h + y$ de l'horloge ne valent que 24^h de temps sidéral, tout angle horaire T, pour être à sa juste valeur, doit être multiplié par

$$\left(\frac{24}{24+y}\right) = \frac{1}{1+\frac{y}{24}} = 1 - \frac{y}{24} + \left(\frac{y}{24}\right)^2 - \text{etc.}$$

ainsi

$$T\left[1 - \frac{y}{24} + \left(\frac{y}{24}\right)^2 + \text{etc.}\right] = T - \frac{yT}{24} + \left(\frac{y}{24}\right)^2 T - \text{etc.}$$

Il suffira donc de retrancher de chaque angle horaire T la quantité toujours fort petite de $\left(\frac{y}{24}\right) T$; $\left(\frac{y}{24}\right)$ sera l'avance horaire de la pendule.

A Dunkerque, mon horloge, au lieu d'avancer, retardoit (1). L'avance horaire étoit $-0''1$; le plus grand

(1) En arrivant à Dunkerque, j'avois mis la pendule au temps vrai, pour quelques observations du soleil, et puis, sans toucher aux aiguilles, j'avois remonté la lentille de manière à donner à l'horloge la marche du temps

angle horaire étoit de 30′ = $\frac{1}{2}$ heure; la plus grande correction étoit, à l'ordinaire, + 0″05, quantité insensible. Les premiers jours seulement, le retard horaire alloit à 0″7 et 0″5. La plus grande correction pour ces premiers jours étoit donc 0″35 et 0″25; mais le nombre des angles horaires qui n'avoient pas besoin de correction étoit chaque jour le plus considérable sans comparaison : ainsi jamais le résultat moyen n'a dû être affecté des erreurs de la pendule, et j'aurois pu employer mes angles sans correction.

A Montjouy, Carcassonne et Perpignan, M. Méchain régloit la pendule sur le temps moyen; dans la composition de ses tables de réduction, il étoit obligé de tenir compte du facteur $\left(1 + \frac{x}{360}\right)$; mais à Paris sa pendule étoit, comme la mienne, réglée sur le temps sidéral.

Pour une déclinaison et une latitude données, la formule de réduction ne renferme de variables que $sin^2. \frac{1}{2}P$ et $sin^4. \frac{1}{2}P$. Les logarithmes des deux nombres consécutifs de la table ne peuvent donc différer qu'à raison de la variation de $log. sin^2. \frac{1}{2}P$ et $log. sin^4. \frac{1}{2}P$; ainsi quand on aura le logarithme du premier nombre, on aura ceux de tous les autres, en ajoutant successivement les différences logarithmiques, soit de $sin^2. \frac{1}{2}P$, soit

---

sidéral à peu près; de-là les corrections de plusieurs heures que je fais au temps de la pendule pour avoir ce qu'elle devoit marquer au passage de l'étoile.

de $sin^4. \frac{1}{2} P$. On trouvera la table de ces différences ci-après, page 241 et suivantes; en voici l'usage :

Supposons que la latitude soit . .	$L = 51° \; 2' \; 10''$
La déclinaison	$D = 88° \; 12' \; 50''$
	$D - L = 37° \; 10' \; 40''$
	$D + L = 139° \; 15' \; 0''$

le calcul se fera comme il suit :

Passage supérieur.		*Passage inférieur.*	
log. 2	0.30103		
C. sin. 1″	5.31443		
cos. D	8.49372		
cos. L	9.79853		
	3.90771	. . . .	3.90771
C. sin. (*D* − *L*) .	9.21875	*C. sin.* (*D* + *L*) . .	0.18525
log. a	+ 4.12646	*log. a*	+ 4.09296
2 *log. a*	− 8.25292	2 *log. a*	+ 8.18592
½	9.69897	− ½	− 9.69897
sin. 1″	4.68557	*sin.* 1″	4.68557
cot. (*D* − *L*) . . .	0.12008	*cot.* (*D* + *L*) . . .	− 0.06467
log. b	+ 2.75754	*log. b*	+ 2.63513

log. a	− 4.12646	*log. b.*	+ 2.75754	*log. a*	+ 4.09296	*log. b*	+ 2.63513
Dist. 0′ 10″	3.12127	1′	9.35514	Dist. 0′ 10″	3.12127	1′	9.35514
− 0″0018	7.24773	+ 0″0000	2.11268	+ 0″00	7.21423	0″0000	1.99027
0′ 20″	60206	2′	1.20412	0′ 20″	60206	2′	1.20412
− 0″0071	7.84979	+ 0″0000	3.31680	+ 0″00	7.81629	0.0000	3.19439
0′ 30″	35218	3′	70436		etc.		etc.
− 0″0159	8.20197	+ 0″0000	4.02116				
0′ 40″	24988	4′	49974				
− 0″0284	8.45185	0″0000	4.52090				
0′ 50″	19382	5′	38764				
− 0″0442	8.64567	0″0000	4.90854				
1′ 0″	15836	6′	31670				
− 0″0637	8.80403	0″0000	5.22524				
	etc.		etc.				

On aura de cette manière, par des additions continuelles, les logarithmes des deux nombres dont la réunion formera chaque terme de la table.

Pour vérification, après avoir calculé par les différences de 10 en 10 secondes, on calculera par les différences de 10 en 10 minutes.

Ainsi, au *log. a*		4.12646	au *log. b*		2.75754
Ajoutez la différence pour . . .	10′	6.67757		10′	3.55502
— 6″37		0.80403 + 0″0001			6.11256
	20′	0.60186		20′	1.20370
— 25″46		1.40589 + 0″0021			7.31626
	30′	35184		30′	70368
— 57″24		1.75773 + 0″0105			8.01994
	40′	24939		40′	49878
— 101″64		2.00712 + 0″0330			8.51872

Ces valeurs, si l'on a bien opéré, doivent se trouver les mêmes que celles qu'on a trouvées par les premiers calculs de 10 en 10″; s'il y avoit quelque différence, on trouveroit facilement où l'erreur a commencé, et on la corrigeroit.

On voit qu'à 10′ le terme proportionnel à $sin^4. \frac{1}{2} P$ est encore insensible, puisqu'il ne vaut que 0″0001; que même à 20′ il est encore très-permis de le négliger, puisqu'il n'est que de 0″002. On pourroit donc se dispenser de calculer les vingt premiers termes; on chercheroit de 10′ et de 20′.

Alors au logarithme du terme, pour 20′	7.31626
On ajouteroit la différence à . . . 21′	0.08470
+ 0″0025	7.40096
22′	8076
+ 0″0030	7.48172

Il sera même plus sûr de commencer par les calculs de 10 en 10′; alors on auroit d'avance tous les termes qui doivent servir de vérification, les erreurs s'apercevroient plutôt et se corrigeroient plus facilement, avant qu'elles ne fussent accumulées.

Si l'on suppose $\frac{\cos. L. \cos. D}{\sin. (L - D)} = 1$, la formulé se réduit à

$$x = -\frac{2 \sin^2. \frac{1}{2} P}{\sin. 1''} + \frac{\cot. (L - D). \sin. 1''. \sin^4. \frac{1}{2} P}{2}$$

Le premier terme, $-\frac{2 \sin^2. \frac{1}{2} P}{\sin. 1''}$ se renfermera dans une table qui ne dépendra que de l'angle horaire, et servira pour toutes les latitudes et pour tous les astres sans exception; seulement on devra lui donner le signe $+$ pour les passages au-dessous du pôle.

On prendra dans cette table les valeurs différentes relatives à chacun des angles horaires; en multipliant ensuite la somme de ces valeurs par le facteur commun $\frac{\cos. D. \cos. L}{n. \sin. (L - D)}$, n étant le nombre des observations, on aura la correction moyenne telle que la donneroit une table particulière qui contiendroit le terme entier

$$\frac{2 \sin^2. \frac{1}{2} P. \cos. D. \cos. L}{\sin. (L - D). \sin. 1''}$$

On trouvera ci-après, page 244, cette table générale étendue à tous les angles horaires, de seconde en seconde jusqu'à 16; on y prendra toutes les quantités à vue: elle servira pour tous les astres et pour tous les pays. En 16 minutes on peut, sans se presser, faire douze et même seize observations ; ainsi la table servira pour des séries dont la durée ira jusqu'à 32 minutes, et qui seront composées de ving-quatre à 30 distances au zénith. On gagneroit bien peu de chose à pousser les séries plus loin ; ce nombre suffit pour réduire les petites erreurs de la division et de l'observation fort au-dessous des variations incertaines produites d'un jour à l'autre par les différens états de l'atmosphère.

Si, dans le nombre, il se trouvoit pourtant un angle horaire qui surpassât 16 minutes, on trouveroit facilement la correction qui lui convient ; pour cela on entreroit dans la table avec la moitié de l'angle, et l'on quadrupleroit la quantité donnée par la table, dont les nombres croissent comme les carrés de $sin. \frac{1}{2} P$, et sensiblement comme les carrés des nombres P.

Quand on se borne aux angles horaires de 16 minutes, le second terme

$$\frac{2 \, sin^4. \frac{1}{2} P}{sin. \, 1''} \cdot \left(\frac{cos. \, L. \, cos. \, D}{sin. \, (L - D)}\right)^2 . \, cot. \, (L - D)$$

peut se négliger le plus souvent ; mais, pour en tenir compte, supposons d'abord

$$\left(\frac{cos. \, L. \, cos. \, D}{sin. \, (L - D)}\right)^2 . \, cot. \, (L - D) = 1$$

il ne restera que $\frac{2 \, sin^4. \frac{1}{2} P}{sin. \, 1}$, que l'on peut renfermer dans une seconde table qui servira de même pour tous les pays et tous les astres, et qu'on emploiera de la même façon que la première, avec cette seule différence que les nombres en seront toujours additifs, et que le facteur sera

$$\frac{\cos^2. L. \cos^2. D. \cot. (L-D)}{\sin^2. (L-D)} = \left(\frac{\cos. L. \cos. D}{\sin. (L-D)}\right)^2. \cot. (L-D)$$

c'est-à-dire le carré du premier facteur multiplié par $cot. (L - D)$. Cette table se trouvera page 248.

Les conséquences que l'on peut tirer de ce qu'on vient de lire, sont

1°. Que les tables de réductions ont le double avantage d'abréger les calculs, et de les rendre plus sûrs sans que l'on perde rien du côté de l'exactitude;

2°. Qu'elles sont propres à faire connoître l'étendue que l'on peut donner à chaque série d'observations, en montrant à quelle distance du méridien les réductions commencent à être moins certaines, en sorte que les erreurs auxquelles on s'exposeroit en prolongeant la série passeroient celles qu'on a lieu de craindre de la division de l'instrument ou de la manière de pointer à l'étoile;

3°. Qu'il faut autant qu'il est possible que les observations avant et après le passage soient en nombre égal et à distances égales;

4°. Que les moyens de vérification sont assez simples et assez certains pour n'avoir rien à craindre ni de l'inclinaison du plan, ou de l'axe optique, ni du défaut de mobilité du niveau, ni enfin du manque de stabilité de l'instrument;

5°. Enfin, que les petites inexactitudes qu'on ne peut ni prévenir ni calculer sont du moins de nature à devoir enfin se compenser et se détruire presque totalement, quand on aura, pour déterminer une latitude, une centaine d'observations de chacun des deux passages de deux étoiles qui s'accorderont à donner le même résultat. Cette dernière conséquence, qui ne paroîtra d'abord que d'une grande probabilité, sera, je l'espère, mise hors de doute quand on aura discuté les observations que nous allons présenter. Mais avant d'en donner le tableau, voyons quels moyens il est utile d'employer pour amener facilement dans le champ de la lunette l'étoile qu'on entreprend d'observer : delà dépend en effet la célérité, et par conséquent la bonté des séries qui seront d'autant plus concluantes que les observations seront plus nombreuses, plus voisines du méridien, et qu'elles auront besoin de réductions moins fortes.

Moyens pour amener facilement les étoiles dans le champ de la lunette.

La nécessité d'éclairer les fils et le niveau, empêche souvent que l'on aperçoive à la vue simple l'étoile qu'il s'agit d'observer. Pour la trouver sûrement, il faudroit avoir des moyens faciles de placer le plan du cercle dans l'azimut de l'étoile, et de diriger la lunette à la hauteur qu'elle doit avoir.

Pour trouver l'azimut, on peut employer la formule

$$tang.\ azimut. = \frac{sec.\ L.\ cot.\ D.\ sin.\ P}{tang.\ L.\ cos.\ D.\ cos.\ P \mp 1}$$

Le signe supérieur est pour les étoiles qu'on observe

au méridien au dessus de l'équateur et du pôle; le signe inférieur pour celles qu'on observe au dessous. Au moyen de cette formule on peut facilement construire une petite table qui marque de minute en minute de l'horloge sidérale l'azimut où il faut chercher l'étoile, et j'ai donné dans la *Connoissance des temps* de l'an 12, les moyens de trouver cet angle sur le cercle azimutal du cercle; le seul inconvénient de cette méthode est l'embarras de s'éclairer assez bien pour lire facilement la division et son vernier, et cette opération n'est pas même très-aisée à faire en plein jour. Mais le problème qui, pris dans toute sa généralité, présente des difficultés pratiques assez considérables, devient en certains cas beaucoup plus facile. L'étoile qu'on emploie de préférence à toutes est l'étoile polaire : or, elle a l'avantage de s'écarter très-peu du méridien. En effet, le triangle PEe (*pl. IX, fig.* 11), donne

$$sin.\ Ee = sin.\ PE.\ sin.\ P.$$

Or $PE = 1^\circ\ 47'$, et $sin.\ P$, pour $40'$ d'angle horaire, n'est que 10°; il ne seroit que de 5° pour $20'$. On en tire $Ee = 18'\ 34''$ pour le premier cas, et $9'\ 20''$ pour le second. Il en résulte que la distance au méridien à la hauteur de l'étoile est toujours beaucoup moindre que le demi-champ de la lunette, et que cette distance croît assez uniformément comme les temps. Une ficelle verticale, attachée à quelque distance du cercle, et dans le plan du méridien, serviroit à amener promptement la lunette dans le vertical de l'étoile; mais une seule ficelle ne suffiroit pas, car l'instrument prenant dans les observations conjuguées deux positions parallèles et distantes de quelques pouces l'une de l'autre, il faut deux méridiennes verticales pareillement espacées ; mais l'inconvénient est nul ou bien léger.

Pour β de la petite Ourse, qui est préférable à toute autre étoile après la polaire, $PE = 15°$; une angle horaire de 5° donneroit 1° 18' de distance au méridien; mais on n'observe guère cette étoile à plus de 3°, et alors la distance n'est que 50' moindre encore que le demi-champ de la lunette : ainsi nos verticales méridiennes peuvent encore servir pour β de la petite Ourse dans le passage supérieur. Dans le passage inférieur, il m'est arrivé, quoique assez rarement, de prolonger les séries jusqu'à 4° d'angle horaire : alors la distance perpendiculaire au méridien est de 62', ce qui ne surpasse pas encore le demi-champ de la lunette; ainsi nos verticales serviront toujours ou presque toujours pour nos deux étoiles principales.

Pour α du Dragon, M. Méchain, le seul jusqu'ici qui ait fait usage de cette étoile, ne l'a jamais observée par delà 3° 30' d'angle horaire, c'est-à-dire à plus de 87' de distance perpendiculaire : il arriveroit donc très-rarement que le même moyen se trouvât insuffisant dans la pratique, on ne seroit donc exposé jamais à manquer que quelques distances extrêmes dans des séries qu'il est mieux de ne pas tant prolonger; et après tout, il me paroît que les deux étoiles de la petite Ourse sont préférables à toutes les autres, et qu'il y a plus d'avantage à multiplier les séries de ces étoiles qu'à les mettre en concurrence avec d'autres qui sont bien moins sûres dans les passages supérieurs, à cause des erreurs de la verticalité du plan, et dans les passages inférieurs, à cause des variations plus sensibles de la réfraction. C'est d'après ces idées que je me suis borné toujours à la polaire et à β, d'autant mieux que α du Dragon, qui n'est que de quatrième grandeur, est plus difficile à reconnoître; car, pour peu que l'air soit brumeux, elle devient si petite qu'on pourroit très-aisément la confondre avec une étoile de cinquième grandeur qui en est assez voisine, puisque la chose m'est arrivée plusieurs fois pour α et β, quoique beaucoup plus lumineuses, et quoiqu'elles ne soient guère entourées que d'étoiles de sixième grandeur.

Maintenant il nous reste à élever la lunette à la hauteur de l'étoile. Un moyen se présente d'abord, et M. Méchain l'a pratiqué; c'est de calculer d'avance les multiples de la distance apparente, et de placer la lunette sur les points de la division; mais outre l'incommodité de chercer à la lumière, sur la division du limbe, les degrés indiqués par la table, ce moyen manque totalement pour toutes les observations impaires, puisque la lunette est immobile, et que c'est le limbe que l'on fait tourner. Pour lever la difficulté, M. Méchain avoit fait marquer sur le tambour une division sur laquelle il cherchoit les multiples impairs des distances, après quoi il ne lui restoit qu'à amener et arrêter le point sous un index fixe qu'il n'a pas décrit. Pour moi, quoiqu'il m'eût indiqué ce procédé dont, au reste, il n'étoit pas lui-même très-satisfait, j'ai trouvé bien plus commode l'usage des ficelles directrices attachées horizontalement en travers de la fenêtre inclinée, par laquelle j'observois à Dunkerque et à Evaux. A Paris la ficelle est attachée aux montans de la fenêtre du toit tournant sous lequel est placé mon cercle, et je puis la faire glisser à des hauteurs différentes, suivant les astres que je veux observer. Ces ficelles horizontales m'ont toujours paru d'un usage très-commode, et je crois inutile de chercher d'autre expédient. Pour les placer à la hauteur convenable, voici le moyen fort simple dont je me suis servi. Choisissez un objet terrestre dont la hauteur vous soit connue, ou que vous mesurez tout exprès; supposons que cette hauteur soit d'un demi-degré; placez la lunette sur le point de la division qui marque un demi-degré, et faisant tourner le cercle sur lui-même dans le vertical de l'objet, amenez le fil de la lunette sur le point dont l'alidade marque la hauteur; le rayon de l'instrument qui se termine au point zéro est alors parallèle à l'horizon. Calez le niveau de la lunette inférieure, et marquez sur le cercle un trait qui vous indique en tout temps la position où il faut fixer l'alidade pour que le rayon *o* soit horizontal quand le niveau sera calé: alors le niveau fera l'office d'un fil à plomb, et, dans quelque position que vous mettiez la lunette supérieure, l'alidade vous indiquera la hauteur du point du ciel auquel elle se dirige. Vous pourrez donc, de jour aussi bien que de nuit, placer votre ficelle directrice à la hauteur convenable. Or, la hauteur trouvée exactement, et la direction du méridien étant connue à fort peu près, si l'on n'aperçoit pas tout d'un coup l'étoile dans le champ de la lunette, il ne restera du moins qu'un petit mouvement azimutal à donner au cercle pour amener l'étoile auprès du fil. Ce moyen m'a toujonrs suffi, même de jour, même sans méridienne verticale; car j'avoue que je ne me suis pas avisé d'abord de ce moyen si simple pour trouver l'azimut : je marquois d'un trait de crayon sur un cercle azimutal les deux positions de l'alidade dans les observations conjuguées; ce qui étoit suffisant pour la polaire, mais non pour β de la petite Ourse, sur-tout dans le passage supérieur, car une distance au méridien, fort petite dans la région de l'étoile, devient assez considérable, quand elle est rapportée à l'horizon, pour obliger à un tâtonnement quand on n'a qu'à peu près l'azimut qui change d'une observation à l'autre. Or ce tâtonnement peut devenir assez long quand on observe pendant le jour; car l'étoile est alors si foible qu'on a peine à l'apercevoir même quand elle est dans le champ de la lunette bien tranquille; au lieu qu'à l'aide de deux ficelles, l'une horizontale et l'autre verticale, qui se croisent au lieu qu'occupe l'étoile, on est bien sûr de l'avoir dans le champ de la lunette immobile, et l'on a beaucoup plus de facilité à la distinguer, malgré son peu de lumière, et il ne falloit pas moins que la grande adresse et la vue perçante de M. Méchain pour observer la Chèvre sans ce secours, près du zénith et en plein jour. Observons en finissant qu'à d'aussi grandes hauteurs la ficelle méridienne ne doit pas être verticale, mais inclinée, afin qu'elle passe par le zénith de l'observateur.

Réduction des distances apparentes au zénith en distances vraies, et calcul de la latitude.

Pour faire avec ordre et facilité ces différens calculs, et sur-tout pour abréger autant que possible des opérations que leur longueur et leur uniformité rend si fastidieuses, j'ai réduit en tables tout ce qui en étoit susceptible.

La première chose à faire est d'avoir le tableau de la marche de l'horloge pendant tout le temps des observations. On ne peut le former qu'à mesure; mais, dès le premier ou le second jour, on connoît assez bien l'état de la pendule pour savoir à 1 ou 2″ près le moment du passage de l'étoile, et l'on peut calculer jour par jour les distances observées et en déduire la latitude, sauf à refaire le tout avec les légères modifications qui se trouveront nécessaires lorsque les observations seront terminées. C'est ainsi que nous avons toujours agi, et il n'y a aucune des séries suivantes qui n'ait été calculée ainsi deux fois tout au moins, et quelquefois trois, soit par Méchain et moi, soit par Tranchot, Plessis et Pommard. On trouvera donc d'abord à chaque station le tableau complet de la marche de la pendule, avec l'accélération ou le retardement horaire ou diurne. Mais comme les temps du passage, quoique fort importans, n'ont pas besoin d'être connus avec la même précision que ceux qui servoient aux calculs des azimuts, nous supprimerons les observations qui n'ont eu d'autre objet que de régler la pendule. Elles existent cependant avec tous les calculs, et seront déposées avec tout le reste à l'observatoire impérial; d'ailleurs les variations diurnes sont assez régulières pour nous obtenir la confiance que nous espérons de la part de nos lecteurs.

L'heure du passage de l'étoile au méridien dépend de la position apparente de l'étoile, qui change journellement à raison de la précession, de l'aberration et de la nutation.

J'ai supposé par-tout la précession de 50″1, telle que je l'ai trouvée par mes observations comparées à celles de Bradley, Mayer et la Caille.

J'ai calculé l'aberration d'après les formules que j'ai données en 1785, et qui ont paru dans la *Connoissance des temps* de 1788. Voici ces formules:

$$\textit{aberr. asc. dr.} = -\left(\frac{20''}{15}\right).\frac{\cos.\ \omega.\ \cos.\ A.\ \cos.\ \odot}{\cos.\ D}$$

$$-\left(\frac{20''}{15}\right).\frac{\sin.\ A.\ \sin.\ \odot}{\cos.\ D}$$

$$= -\left(\frac{20''}{15}\right).\frac{\cos.\ \omega.\ \cos.\ A}{\cos.\ D}\left(\cos.\ \odot + \frac{\tang.\ A}{\cos.\ \omega}.\sin.\ \odot\right)$$

$$= -\left(\frac{20''}{15}\right).\frac{\cos.\ \omega.\ \cos.\ A}{\cos.\ D}\left(\cos.\ \odot - \tang.\ x.\ \sin.\ \odot\right)$$

$$= -\left(\frac{20''}{15}\right).\frac{\cos.\ \omega.\cos.\ A.\cos.\ (\odot - x)}{\cos.\ D.\ \cos.\ x}$$

et l'on trouvera x par la formule

$$tang.\ x = \frac{tang.\ A}{cos.\ \omega}$$

ω est l'obliquité de l'écliptique, A l'ascension droite de l'étoile, et D la déclinaison.

$$aberr.\ déc. = -20''.\ cos.\ A.\ sin.\ D.\ sin.\ \odot$$
$$-20''.(sin.\ \omega.\ cos.\ D - cos.\ \omega.\ sin.\ D.\ sin.\ A).\ cos.\ \odot$$
$$= -20''.cos.A.sin.D.\left(sin.\odot + \frac{sin.\omega.cos.D - cos.\omega.sin.D.sin.A}{cos.\ A.\ sin.\ D}.cos.\odot\right)$$
$$= -20''.\ cos.\ A.\ sin.\ D.\ (sin.\ \odot + tang.\ u.\ cos.\ \odot)$$
$$= -\frac{20''.\ cos.\ A.\ sin.\ D.\ sin.\ (\odot + u)}{cos.\ u.}$$

et l'on cherchera d'abord u par la formule

$$tang.\ u = \frac{sin.\ \omega.\ cot.\ D}{cos.\ A} - cos.\ \omega.\ tang.\ A$$

$$nut.\ en\ asc.\ dr. = -\frac{(15''43 + 6''7.\ tang.\ D.\ sin.\ A)}{15}.\ sin.\ \Omega$$
$$-\frac{9''}{15}.\ tang.\ D.\ cos.\ A.\ cos.\ \Omega$$
$$= -\left(\frac{15''43 + 6''7.\ tang.\ D.\ sin.\ A}{15}\right).$$
$$\left(sin.\ \Omega - \frac{9''.\ tang.\ D.\ cos.\ A.\ cos.\ \Omega}{15''43 + 6''7.\ tang.\ D.\ sin.\ A}\right)$$
$$= -\left(\frac{15''43 + 6''7.\ tang.\ D.\ sin.\ A}{15\ cos.\ y}\right).\ sin.\ (\Omega - y)$$

en faisant d'abord

$$tang.\ y = \frac{9''\ tang.\ D.\ cos.\ A}{15''43 + 6''7\ tang.\ D.\ sin.\ A}$$

Enfin

$$nutat.\ en\ déclin. = -9''\ sin.\ A.\ cos.\ \Omega - 6''7\ cos.\ A.\ sin.\ \Omega$$
$$= -\left(\frac{9''\ sin.\ A}{cos.\ v}\right).\ cos.\ (\Omega + v)$$

en faisant d'abord

$$tang.\ v = \frac{6''7}{9}.\ cot.\ A$$

Ces formules de nutation sont de Lambert; 9 et 6″7 sont les deux axes de l'ellipse de nutation. Suivant M. Laplace, ces deux axes seroient 9″63 et 7″17. La différence est insensible pour notre objet; il n'en résulte aucune erreur pour la latitude : la déclinaison de l'étoile conclue de nos observations pourroit tout au plus être trop forte ou trop foible d'environ un quart de seconde, et j'ai cru fort inutile de recommencer les calculs que nous avions faits sur les premières valeurs de ces axes.

Toutes ces formules s'appliquent au lieu moyen de l'astre, pour avoir le lieu apparent.

Ω est la longitude moyenne du nœud de la lune : on a proposé d'y substituer le lieu vrai; mais ce procédé qui seroit moins commode, est aussi moins exact. Le lieu vrai du nœud entre bien dans l'expression différentielle de la nutation; mais, en réduisant le sinus de la longitude vraie du nœud en une suite d'angles croissans comme le temps, on aura pour premier terme le sinus de la longitude du nœud moyen; les termes suivans dépendront d'angles qui décroîtront avec plus de rapidité. Par l'intégration ces termes acquièrent pour diviseurs les coefficiens du temps dans ces angles, et par là ils deviennent insensibles relativement à l'intégrale du premier terme. Il y auroit donc erreur à se servir du lieu vrai, et ce seroit compliquer mal à propos le calcul. Voyez l'analyse de l'article 5 du cinquième livre de la *Mécanique céleste*.

C'est donc au moyen de ces formules qu'ont été formés les tableaux de la position apparente des étoiles pour toute la durée de nos observations. J'ai calculé ces positions de dix en dix jours seulement, et l'on peut facilement les en déduire pour l'instant de chaque observation. M. Méchain les a calculées directement pour chaque jour où il a réellement observé. J'avois trouvé plus simple de les calculer d'avance, et j'ignorois quel jour le ciel seroit assez beau pour me permettre d'observer.

Avant ces tableaux on trouve celui de la marche de la pendule. Si la pendule marquoit exactement le temps sidéral, l'ascension droite de l'étoile seroit aussi le temps que la pendule marqueroit au moment du passage. Mais si la pendule, réglée d'ailleurs sur le temps sidéral, est en avance d'une quantité a, le temps marqué par la pendule à l'instant du passage sera $(A+a)$, A désignant l'ascension droite apparente en temps. Il faut donc à cette ascension droite ajouter l'avance de la pendule. Si la pendule retardoit, on feroit *a* négatif.

Voilà pourquoi, en tête de chaque série, on trouve ce petit calcul. Je prends la première série pour exemple :

Ascension droite de l'étoile	$0^h\ 51'\ 25''$
Correction de la pendule	$5^h\ 10'\ 42''$
Somme ou passage	$6^h\ 2'\ 7''$

La comparaison du temps du passage avec les temps des diverses observations qui composent une même série, et qui sont rapportées au-dessous les unes des autres dans la même colonne, fournit les angles horaires *P* qui forment la colonne suivante à droite. Ainsi, retranchant du passage le temps de l'observation, si elle a été faite avant ce passage, ou retranchant au contraire de cette observation le temps du passage, si elle a été faite après, on aura les angles horaires qui serviront à trouver les réductions dans la table particulière à chaque étoile.

Ces tables particulières de réductions pour les distances observées, viennent immédiatement après le tableau de la position apparente.

La somme des réductions, divisée par le nombre des observations, donne pour quotient la réduction moyenne.

Cette réduction retranchée de l'arc moyen mesuré ce jour-là, si c'est un passage supérieur, ou ajoutée, si c'est un passage inférieur, donne la distance méridienne affectée de la réfraction.

La réfraction, ajoutée à la distance réduite, donne la distance vraie.

A cette distance vraie ajoutez la distance apparente de l'étoile au pôle, si c'est un passage supérieur, et vous aurez le complément de latitude, d'où vous conclurez la latitude même. Si le passage est inférieur, la distance polaire se retranchera au lieu de s'ajouter.

Cet ordre est invariablement suivi dans tous les calculs de latitude. Il reste à exposer comment nous avons calculé la réfraction, et comment nous avons trouvé l'arc observé.

A la fin de chaque série je lisois les quatre alidades; le milieu entre les quatre est l'arc observé, que l'on trouve dans la troisième colonne du tableau des observations. La première contient la date, la seconde le nombre des distances observées chaque jour; la quatrième colonne offre l'arc du jour, qui sera le même que l'arc observé, si l'on a pris zéro pour point de départ. Quand ces arcs diffèrent, c'est que le point de départ étoit l'arc observé de la série précédente. Ainsi, le 19 janvier, l'arc du jour 1900.14425, se trouve, en retranchant de l'arc observé 3717.648, l'arc observé du 17, ou 1817.50375.

A Dunkerque j'avois encore l'idée qu'il étoit bon de consacrer un cercle différent à chaque étoile, et de mettre à la suite les uns des autres tous les multiples d'une même distance au zénith. Je ne vois pas ce qu'on gagne à cette pratique à laquelle j'ai trouvé un inconvénient qui me l'a fait abandonner.

Cet inconvénient est d'avoir sans cesse à déplacer et replacer l'instrument, et d'avoir chaque fois à rétablir la verticalité du plan; ce qui n'est pas très-commode quand on observe deux ou trois passages différens dans la même nuit. M. Méchain, qui jouissoit en Espagne d'un ciel beaucoup plus beau, pouvoit se presser moins, et ne commencer les observations d'un passage que quand il s'étoit procuré d'un autre passage toutes les observations qu'il desiroit. Mais, après ce que j'avois éprouvé à Dunkerque, je jugeai qu'il ne falloit pas perdre une seule occasion d'observer. A Évaux, ainsi qu'à Paris, toutes mes distances au zénith ont été mesurées avec le cercle n° I, qui n'a pas été déplacé une seule fois. Le n° IV, auquel j'avois moins de confiance, même après avoir fait limer le tube, pour avoir la faculté d'enfoncer l'oculaire suffisamment, étoit uniquement employé aux observations pour la pendule. Cet arrangement est beaucoup plus commode.

La latitude en définitif n'en est pas moins bien déterminée. Si, par une faute de la division du cercle ou par une erreur de lecture, je fais l'arc d'une série trop petit, j'ai cette fois une latitude un peu trop grande; mais à la série suivante, en partant du point où je me suis arrêté, le second arc sera trop grand et la latitude trop petite de l'erreur commise à la fin de la première série, et ces deux erreurs se compenseront au moins pour la latitude moyenne conclue de toutes les observations réunies. S'il y avoit quelque différence légère, elle ne seroit que pour les déclinaisons; mais, après des centaines d'observations, on peut être sûr que cette erreur sera bien petite.

Quant à la réfraction, nous avons tous deux employé la formule de Bradley; mais avant de prendre ce parti je m'étois assuré, et je prouverai plus loin, que le choix entre les diverses tables étoit une chose assez indifférente, et qu'on auroit toujours la même amplitude. Pour avoir les réfractions avec toute la précision que comporte la règle de Bradley, il faut laisser les tables et remonter à la formule même. Celle qui est le fondement de toutes les autres est celle de Simpson, qui fait

$$\sin.\ (Z - nr) = m.\ \sin.\ Z$$

r est la réfraction, Z la distance apparente au zénith, m et n deux constantes.

Soit $Z = 90°$, vous aurez

$$m = \cos.\ nr$$

r étant en cette occasion la réfraction horizontale. Nommons R cette réfraction, la formule devient

$$\sin.\ (Z - nr) = \cos.\ nR.\ \sin.\ Z$$

d'où

$$1 : \cos.\ nR :: \sin.\ Z : \sin.\ (Z - nr)$$

$$1 + \cos.\ nR : 1 - \cos.\ nR :: \sin.\ Z + \sin.\ (Z - nr) : \sin.\ Z - \sin.\ (Z - nr)$$

$$\cos^2.\tfrac{1}{2}nR : \sin^2.\tfrac{1}{2}nR :: \text{tang}.\ (Z - \tfrac{1}{2}nr) : \text{tang}.\ \tfrac{1}{2}nr$$

et

$$\text{tang}.\ \tfrac{1}{2}nr = \text{tang}^2.\ \tfrac{1}{2}nR.\ \text{tang}.\ (Z - \tfrac{1}{2}nr)$$

Bradley suppose $\frac{1}{2}n = 3$ et $R = 33'\ 0''$, ce qui revient à $32'\ 53''8$ pour 28 pouces du baromètre, et $+ 10$ degrés du thermomètre de Réaumur. Cette formule a l'inconvénient d'être indirecte et de supposer la quantité que l'on cherche.

En développant on trouve

$$tang.\ \tfrac{1}{2}nr = \frac{tang^2.\ \frac{1}{2}nR.\ (tang.\ Z - tang.\ \frac{1}{2}nr)}{1 + tang.\ \frac{1}{2}nr.\ tang.\ Z}$$

$$tang^2.\tfrac{1}{2}nr.\ tang.\ Z + tang.\tfrac{1}{2}nr + tang.\tfrac{1}{2}nr.\ tang^2.\tfrac{1}{2}nR$$
$$= tang^2.\tfrac{1}{2}nR.\ tang.\ Z$$

$$tang^2.\ \tfrac{1}{2}nr + sec^2.\ \tfrac{1}{2}nR.\ cot.\ Z.\ tang.\ \tfrac{1}{2}nr$$
$$= tang^2.\ \tfrac{1}{2}nR$$

$$(tang^2.\ \tfrac{1}{2}nr + \tfrac{1}{2}sec^2.\ \tfrac{1}{2}nR.\ cot.\ Z)^2$$
$$= (\tfrac{1}{4}sec^2.\ \tfrac{1}{2}nR.\ cot^2.\ Z + tang^2.\ \tfrac{1}{2}nR)$$

et

$$tang.\tfrac{1}{2}nr = -\tfrac{1}{2}sec^2.\tfrac{1}{2}nR.\ cot.\ Z + (\tfrac{1}{4}sec^4.\tfrac{1}{2}nR,\ cot^2.\ Z$$
$$+ tang^2.\ \tfrac{1}{2}nR)^{\frac{1}{2}}$$
$$= \tfrac{1}{2}sec^2.\tfrac{1}{2}nR.\ cot.Z$$
$$[(1 + 4\,sin^2.\tfrac{1}{2}nR.\ cos^2.\tfrac{1}{2}nR.\ tang^2.\ Z)^{\frac{1}{2}} - 1]$$

ou bien, supposant $tang.\ y = sin.\ nR.\ tang.\ Z$,

$$tang.\ \tfrac{1}{2}nr = \tfrac{1}{2}sec^2.\tfrac{1}{2}nR.\ cot.\ Z.\ tang.\ y.\ tang.\ \tfrac{1}{2}y$$
$$= \tfrac{1}{2}sec^2.\tfrac{1}{2}nR.\ cot.\ Z.\ sin.\ nR.\ tang.\ Z.\ tang.\tfrac{1}{2}y$$
$$= tang^2.\tfrac{1}{2}nR.\ tang.\tfrac{1}{2}y$$

Mais

$$\tfrac{1}{2}nr = tang.\,\tfrac{1}{2}nr - \tfrac{1}{3}\,tang^3.\,\tfrac{1}{2}nr$$
$$= tang.\,\tfrac{1}{2}nR.\,tang.\,\tfrac{1}{2}y - \tfrac{1}{3}\,tang^3.\,\tfrac{1}{2}nR.\,tang^3.\,\tfrac{1}{2}y$$
$$= (\tfrac{1}{2}\,nR + \tfrac{1}{8}\,n^3R^3).\,tang.\,\tfrac{1}{2}y$$
$$- \tfrac{1}{3}\,(\tfrac{1}{8}\,n^3R^3.\,tang^2.\,\tfrac{1}{2}\,1''\,tang^3.\,\tfrac{1}{2}y)$$

Ainsi

$$r = R.\,tang.\,\tfrac{1}{2}y + \tfrac{1}{4}n^2R^3.\,tang^2.\,1''\,tang.\,\tfrac{1}{2}y\,(1 - \tfrac{1}{3}\,tang^2.\,\tfrac{1}{2}y)$$
$$= 32'\,53''839\ tang.\,\tfrac{1}{2}y - 0''013\ tang^3.\,\tfrac{1}{2}y$$

Ce petit terme ne vaut que 0″013 à l'horizon même; on peut donc toujours le négliger.

On aura donc

$$log.\ tang.\ y = 8.75881 + log.\ tang.\ Z$$

et

$$log.\ r = 3.29531 + log.\ tang.\ \tfrac{1}{2}\,y$$

C'est par ces deux formules bien simples que nous avons calculé la réfraction moyenne.

On peut développer cette expression en série, et j'ai trouvé

$$r = 56''64775\ tang.\ Z - 0''04664.6938\ \ tang^3.\ Z$$
$$+ 0.00007.78129\ tang^5.\ Z$$
$$- 0.00000.0158\ \ tang^7.\ Z$$
$$= P.\,tang.\,Z - Q.\,tang^3.\,Z + R.\,tang^5.\,Z - S.\,tang^7.\,Z$$

Z est, pour chaque jour, la distance moyenne observée non réduite au méridien, c'est-à-dire l'arc du jour divisé par le nombre des observations, celui qui est désigné dans nos tableaux sous le nom d'arc simple. Cet arc est, à quelques secondes près, le même chaque jour.

Rigoureusement il faudroit calculer la réfraction pour chaque distance observée; mais ces distances particulières sont inconnues : on n'en a que la somme, de laquelle on déduit la distance moyenne arithmétique entre toutes. La réfraction pour cette distance moyenne est sensiblement la moyenne entre toutes les réfractions que l'on auroit en calculant pour chaque distance en particulier; car à toutes les hauteurs où nous avons observé, le changement de réfraction est proportionnel au changement de hauteur. Il seroit donc bien inutile de chercher par trente ou quarante calculs ce qu'on peut obtenir directement et aussi bien par un seul. Si pourtant on en avoit la fantaisie, la chose ne seroit pas tout-à-fait impraticable; il suffiroit d'ajouter à la distance moyenne réduite au méridien chacune des réductions successivement, et l'on auroit ainsi toutes les distances apparentes observées : on calculeroit alors la réfraction qui leur convient; mais ce seroit un travail aussi long qu'inutile.

La distance moyenne ne variant d'un jour à l'autre que de quelques secondes, et quelques secondes de plus ou de moins ne produisant aucun changement sensible dans la réfraction, on peut la calculer une fois pour toutes pour chaque passage, sauf à y faire chaque jour une petite correction que l'on peut réduire en table. On y ajoutera la correction qui dépend de l'état du baromètre et du thermomètre. Tout cela se réduit en tables que l'on calcule d'avance; alors les calculs ont toute la sûreté et toute la briéveté possible.

De

$$r = 57'' \, tang. \, (Z - 3 \, r)$$

on tire

$$dr = \frac{57'' \, dZ}{cos^2. \, (Z - nr)} = 57'' dZ - 57'' dZ . tang. (Z - 3 r)$$
$$= sin. 57'' dZ - rdZ . tang. (Z - 3 r)$$
$$= sin. 57'' dZ - \frac{r^2 . sin. dZ}{57''}$$

Soit $dZ = 60''$, à 82° 30' de distance au zénith (c'est la plus grande où M. Méchain ait observé), on aura

$$dr = 0''867 ; \quad à \; 65° \; 40' ; \quad dr = 0''0928$$

En général, soit dZ la variation exprimée en secondes,

$$dr = 0''00027635 \; dZ + 0''00000.0085055 \; r^2 dZ$$

Dans les calculs préparatoires il est plus commode de calculer la réfraction avec la distance vraie au zénith.

Soit V cette distance vraie, $Z = V - r$. En mettant cette valeur au lieu de Z dans notre formule, nous aurons

$$tang. \tfrac{1}{2} \, nr = \frac{n + (n + 2). \, tang^2. \tfrac{1}{2} \, nR}{(n^2 + 2 \, n). \, tang. \, V} \left[1 + \frac{4 \, (n^2 + 2 \, n). \, tang^2. \tfrac{1}{2} \, nR. \, tang^2. \, V}{[n + (n + 2). \, tang^2. \tfrac{1}{2} \, nR]^2} - 1 \right]$$

Ainsi, en faisant

$$tang. \; u = \frac{2 \, (n^2 + 2 \, n)^{\frac{1}{2}} \, tang. \tfrac{1}{2} \, nR. \, tang. \, V}{n + (n + 2). \, tang^2. \tfrac{1}{2} \, nR}$$

nous aurons

$$r = \left(\frac{2}{n+2}\right)^{\frac{1}{2}} R.\ tang.\ \tfrac{1}{2}\ u$$

ou, supposant $n = 6$,

$$tang.\ u = \frac{(48)^{\frac{1}{2}}\ tang.\ 3\ R.\ tang.\ V}{3 + 4\ tang^2.\ 3\ R}$$

$$r = \left(\frac{3}{4}\right)^{\frac{1}{2}} tang.\ u$$

Soit donc

$$tang.\ u = 0.0662437\ tang.\ V$$
$$r = 1709''36\ tang.\ \tfrac{1}{2}\ u$$

Ces formules sont commodes, sur-tout pour les calculs d'azimuts, où l'on n'a que les distances vraies pour calculer les réfractions.

Nous n'avons par-là que les réfractions moyennes; mais si r est la réfraction moyenne, r' la réfraction vraie, B la hauteur du baromètre en pouces et décimales, t la hauteur du thermomètre de Réaumur au-dessus de 10 degrés, l'on aura

$$r' = \left(\frac{B}{28}\right).\left(\frac{r}{1+mt}\right)$$

Les astronomes ne sont pas parfaitement d'accord sur la valeur de m. J'ai supposé $m = 0.0055$ avec Bradley; suivant Mayer il n'est guère que 0.0047. Nous donnerons plus loin le moyen de corriger notre supposition sans refaire tous les calculs.

$$r' - r = \left(\frac{28 + x}{28}\right) \cdot \left(\frac{r}{1 + mt}\right) - r$$

$$= \left(1 + \frac{x}{28}\right) \cdot \left(\frac{r}{1 + mt}\right) - r$$

$$= \frac{r + \frac{xr}{28} - r - mtr}{1 + mt}$$

$$= \frac{xr}{28}\left(1 - mt + m^2t^2 - m^3t^3 + \text{etc.}\right) - \frac{mtr}{1 + mt}$$

$$= \frac{xr}{28} - \frac{mtr}{1 + mt} - \frac{xmtr}{28}\left(1 - mt + m^2t^2 - m^3t^3 + \text{etc.}\right)$$

$$= \frac{xr}{2t} - \frac{mtr}{1 + mt} - \frac{xmtr}{1 + mt}$$

$\frac{xr}{28^p} = \left(\frac{B - 28}{28}\right) r$, x' étant en pouces. Si on veut x en lignes, ce terme deviendra $\frac{xr}{336}$, alors x exprimera le nombre de lignes dont le baromètre est au-dessus de 28 pouces. On aura donc

$$dr = r' - r = + \frac{xr}{336} - \frac{mtr}{1 + mt} - \left(\frac{x}{336}\right) \cdot \left(\frac{mtr}{1 + mt}\right)$$

Le premier terme ne dépend que du baromètre ; il devient négatif si le baromètre est au-dessous de 28 pouces.

$-\frac{mt}{1 + mt}$ ne dépend que du thermomètre ; il devient $\frac{+ mt}{1 + mt}$ si le thermomètre est au-dessous de 10 degrés.

Le troisième, $-\left(\frac{x}{336}\right) \cdot \left(\frac{mt}{1 + mt}\right)$ est le produit des deux premiers.

Au moyen de l'expression

$$r' = r + r\left(\frac{x}{336} - \frac{mt}{1 + mt} - \frac{x}{336} \cdot \frac{mt}{1 + mt}\right)$$

nous pourrons chaque jour corriger nos réfractions moyennes.

J'ai réduit ces corrections en tables que l'on trouvera à la suite des tables de réductions particulières à chaque étoile. On pourra s'en servir pour vérifier nos calculs.

Voyons maintenant l'effet d'une erreur sur m.

$$d\left(\frac{mt}{1 + mt}\right) = \frac{(1 + mt)\, tdm - mt^2 dm}{(1 + mt)^2} = \frac{tdm}{(1 + mt)^2}$$

Pour réduire le coefficient de Bradley à celui de Mayer, nous aurons

$$dm = -\ 0.0008 \quad \text{et} \quad \frac{dm}{m} = -\ \frac{0.0008}{0.0055} = -\ \frac{1}{6.875}$$

Donc la correction de réfraction qui naîtra de cette considération sera

$$= \frac{(dm)\, tr}{(1 + mt)^2} = -\ \frac{mtr}{6.875\ (1 + mt)^2}$$

et elle deviendra $+ \dfrac{mtr}{6.875\ (1 + mt)^2}$ si on veut l'appliquer à la latitude. On peut encore la mettre sous cette forme

$$\frac{1}{6.875\ (1 + mt)} \cdot \frac{mtr}{1 + mt}$$

$\left(\dfrac{mtr}{1 + mt}\right)$ est la correction thermométrique prise avec un signe contraire. Le facteur $\dfrac{1}{6.875\ (1 + mt)}$ ne dépend que du thermomètre, et il est si petit qu'il est presque constamment 0.15 = $\frac{5}{10}$. Il suffira donc le plus souvent de prendre les $\frac{5}{10}$ de la correction thermométrique, avec un signe contraire.

Donnons un exemple de l'usage de ces tables.

Passage supérieur de la polaire, à Dunkerque, le 15 *janvier* 1796. (Baromètre, 28 pouces 4.6 lignes, thermomètre, + 8.22 degrés.)

		P	Réduct.
Ascension droite .	0h 51' 25"		
Corr. de la pendule	5 10 42		
Passage	6 2 7	M. S.	
Temps de la pendule	6 17 48	15 41	—15"65
	19 57	17 50	20.24
	21 49	19 42	24.70
	24 40	22 33	32.35
	27 11	25 4	39.97
	29 35	27 28	47.98
	31 38	29 31	55.39
	33 25	31 18	62.28
	35 15	33 8	69.77
	37 14	35 7	78.35
Somme			446"68
Somme divisée par 10 . .		—	44"668
Distance moyenne			37° 11' 13.560
Distance méridienne			37° 10' 28"892
Réfraction vraie			+ 43"904
Distance vraie			37° 11' 12"796
Distance de l'étoile au pôle .			1° 46' 39"53
Hauteur de l'équateur			38° 57' 52"326
Latitude.			51° 2' 7"674
dm			+ 0"06
Latitude avec le coefficient de M. Laplace			51° 2' 7"734

Remarques.

L'étoile n'a paru que 15' après le passage au méridien.

Observations faites à travers les nuages, avec le cercle n° IV. On n'en tiendra aucun compte; je ne les rapporte que pour suivre la loi que je me suis imposée de ne rien supprimer.

Réfr. moyenne .	42"928
Baromètre	+ 0"54
Thermomètre . . .	+ 0"43
Produit	+ 0"006
Réfract. vraie . .	+43"904
Dist. vraie.	37° 11' 13"560

En tête on voit l'ascension droite apparente de l'étoile;

au-dessous, la correction de la pendule. La somme de ces deux quantités est le passage de l'étoile en temps de la pendule.

Plus bas sont les temps que la pendule marquoit au moment de chaque observation de distance.

A côté, dans la colonne *P*, sont les angles horaires trouvés, en retranchant le passage $6^h\ 2'\ 7''$ de chacun des temps observés, parce qu'ils sont tous après le passage.

A la droite on voit les réductions prises dans la table particulière de la Polaire, à Dunkerque, passage supérieur. Ci-après, page 250.

On fait la somme de toutes ces réductions; on la divise par le nombre des observations, c'est-à-dire par dix dans notre exemple : le quotient est la correction moyenne, que l'on applique, suivant le signe, à la distance moyenne observée tirée du tableau page 259. On a de cette manière la distance méridienne $37^\circ\ 10'\ 28''892$.

La réfraction moyenne pour $37^\circ\ 11'\ 4''$ de distance zénith est $42''924$, avec une variation de $0''00043$ pour chaque seconde dont la distance moyenne sera plus grande ou plus petite que $37^\circ\ 11'\ 4''$. Ici la distance moyenne étoit plus forte de $10''$; la réfraction moyenne doit donc être augmentée de $0''0043$, et deviendra $42''928$.

Dans la table particulière de correction, page 257, avec le baromètre, 28 pouces 4.6 lignes, je prends la première correction, $+\ 0''54$.

Avec le thermomètre $+\ 8^\circ 22$, je prends dans la table de la page 258 $+\ 0''43$.

La première correction + 0″54, multipliée par le facteur $F = 0.011$, donne pour troisième correction le produit + 0″006.

J'ajoute ces trois corrections, et la réfraction vraie devient + 43″904; je l'ajoute à la distance moyenne pour avoir la distance vraie 37° 11′ 12″796.

Alors je prends dans le tableau de la position apparente de l'étoile, pour le 15 janvier, la distance au pôle 1° 46′ 37″53; je l'ajoute, parce que c'est un passage supérieur : j'ai la hauteur de l'équateur. Je prends le complément de cette hauteur, et j'ai celle du pôle ou la latitude.

La réfraction que nous avons employée est celle de Bradley, pour trouver le changement de latitude qui résulteroit d'une diminution de 0.008 dans le facteur *m* de la température, avec le thermomètre 8,22 je cherche dans la table générale, page 248, le facteur 0.145. Je m'en sers pour multiplier la correction thermométrique 0.43. Le produit est + 0″06, qu'il faut ajouter à la latitude trouvée.

C'est ainsi que l'on pourra vérifier tous les calculs; mais on peut les abréger de la manière suivante:

Soit L la latitude cherchée, D la déclinaison apparente, c la correction des distances au zénith ou la réduction au méridien, r' la réfraction vraie, z la distance moyenne au zénith; dans les passages supérieurs on aura

$$L = D + c - z - r$$

ou $$200° + L = c + (100° - z) + (100° - r') + D$$

Dans les passages inférieurs on aura

$$L = (90^\circ - D) + (90^\circ - z) - c - r'$$

$$200^\circ + L = (100^\circ - c) + (100^\circ - r') + (90^\circ - z) + (90^\circ - D)$$

De cette manière on regarde toujours c comme une quantité positive; toute l'opération est réduite à une addition unique, et l'on épargne plusieurs lignes de chiffres. Ainsi, dans l'exemple de la page 237, on auroit :

Somme des réductions	446″68
Somme divisée par le nombre des observat. $= c$ . .	44″668
(100° — distance moyenne)	62° 48′ 46″44
(100° — réfraction vraie)	99° 59′ 16″096
Déclinaison apparente	88° 13′ 20″470
Et (en rejetant 200°) $L =$	51° 2′ 7″674

Les neuf lignes sont réduites à six, et l'opération n'en est que plus facile.

Ces exemples suffisent pour bien entendre tous les tableaux suivans. Je n'y donne que la latitude selon les réfractions de Bradley; je rapporterai plus loin ce qu'il faudroit y ajouter pour ramener la latitude à celle qu'on auroit eue en préférant le coefficient de Mayer et de M. Laplace.

Pour une étoile boréale observée au midi du zénith,

$$z - c + r' + D = L$$

d'où $\quad 100^\circ + L = (100^\circ - c) + z + r' + D$

Pour une étoile australe,

$$z - c + r' - D = L$$

d'où $\quad 200^\circ + L = (100^\circ - c) + z + r' + (100^\circ - D)$

TABLE pour faciliter la construction des tables de réduction au méridien pour les étoiles. (Premier terme.)

Angle horaire en temps sidéral.	Differ. logar. sin². ½ P.	Angle horaire en temps sidéral.	Differ. logar. sin². ½ P.	Angle horaire en temps sidéral.	Differ. logar. sin². ½ P.	Angle horaire en temps sidéral.	Differ. logar. sin². ½ P.
0′ 0″	... .	5′ 0″	2945	10′ 0″	1460	15′ 0″	970
10	3.12127	10	2848	10	1435	10	960
20	60206	20	2757	20	1412	20	949
30	35218	30	2673	30	1388	30	938
40	24988	40	2593	40	1369	40	929
50	19382	50	2517	50	1347	50	919
1 0	15836	6 0	2447	11 0	1326	16 0	909
10	13390	10	2380	10	1306	10	900
20	11598	20	2316	20	1286	20	890
30	10231	30	2256	30	1268	30	881
40	9151	40	2199	40	1249	40	873
50	8279	50	2145	50	1232	50	864
2 0	7559	7 0	2093	12 0	1215	17 0	855
10	6953	10	2043	10	1198	10	847
20	6436	20	1997	20	1181	20	839
30	5993	30	1952	30	1166	30	831
40	5606	40	1909	40	1150	40	823
50	5265	50	1867	50	1135	50	815
3 0	4965	8 0	1829	13 0	1120	18 0	808
10	4696	10	1791	10	1107	10	800
20	4455	20	1754	20	1092	20	792
30	4238	30	1720	30	1079	30	786
40	4041	40	1687	40	1065	40	779
50	3861	50	1654	50	1053	50	775
4 0	3696	9 0	1623	14 0	1040	19 0	765
10	3546	10	1594	10	1027	10	758
20	3407	20	1565	20	1016	20	752
30	3278	30	1537	30	1004	30	745
40	3158	40	1510	40	992	40	738
50	3048	50	1485	50	981	50	732
5 0	2945	10 0	1460	15 0	970	20 0	727

Angle horaire en temps sidéral.	Differ. logar. $sin^2. \frac{1}{2} P.$	Angle horaire en temps sidéral.	Differ. logar. $sin^2. \frac{1}{2} P.$	Angle horaire en temps sidéral.	Differ. logar. $sin^2. \frac{1}{2} P.$	Angle horaire en temps sidéral.	Differ. logar. $sin^2. \frac{1}{2} P.$
20′ 0″	727	25′ 0″	580	30′ 0″	483	35′ 0″	414
10	720	10	577	10	480	10	411
20	715	20	573	20	478	20	410
30	708	30	569	30	475	30	408
40	703	40	565	40	473	40	406
50	697	50	562	50	470	50	404
21 0	692	26 0	558	31 0	468	36 0	403
10	686	10	554	10	465	10	400
20	681	20	551	20	462	20	399
30	675	30	547	30	460	30	396
40	671	40	544	40	458	40	395
50	665	50	541	50	455	50	393
22 0	660	27 0	537	32 0	453	37 0	391
10	655	10	534	10	450	10	390
20	650	20	531	20	448	20	387
30	645	30	527	30	446	30	386
40	641	40	524	40	444	40	385
50	635	50	521	50	441	50	383
23 0	631	28 0	518	33 0	439	38 0	381
10	627	10	515	10	437	10	379
20	622	20	512	20	435	20	378
30	618	30	508	30	432	30	376
40	613	40	506	40	430	40	374
50	609	50	503	50	429	50	372
24 0	605	29 0	500	34 0	426	39 0	371
10	601	10	497	10	424	10	370
20	596	20	494	20	422	20	368
30	592	30	492	30	419	30	366
40	589	40	489	40	418	40	365
50	584	50	486	50	416	50	363
25 0	580	30 0	483	35 0	414	40 0	362

Différences de 10 en 10′.

P.	Différences.
10′	6.67757
20	0.60186
30	35184
40	24939

Table pour faciliter la construction des tables de réduction au méridien pour les étoiles. (Terme II.)

Angle horaire en temps sidéral.	Différences. logarith. sin. ½ P.	Angle horaire en temps sidéral.	Différences. logarith. sin. ½ P.
0° 0′	0.0000	0° 20′	8906
1	9.35514	21	8470
2	1.20412	22	8076
3	70436	23	7714
4	49974	24	7388
5	38764	25	7084
6	31670	26	6808
7	26778	27	6544
8	23194	28	6310
9	20458	29	6088
10	18302	30	5882
11	16554	31	5688
12	15112	32	5506
13	13900	33	5336
14	12872	34	5178
15	11980	35	5026
16	11208	36	4884
17	10526	37	4748
18	9926	38	4624
19	9386	39	4500
20	8906	40	4388

Différences de 10 *en* 10′.

P.	Différences.
10′	3.35502
20	1.20370
30	70368
40	49878

TABLE GÉNÉRALE de réduction au méridien pour les observations faites au cercle de Borda. Premier terme.

ARGUMENT. Angle horaire en temps.

Sec.	0'	1'	2'	3'	4'	5'	6'	7'
0	0″0	2″0	7″8	17″7	31″4	49″1	70″7	96″2
1	0.0	2.0	8.0	17.9	31.7	49.4	71.1	96.9
2	0.0	2.1	8.1	18.1	31.9	49.7	71.5	97.1
3	0.0	2.2	8.2	18.3	32.2	50.1	71.9	97.6
4	0.0	2.2	8.4	18.5	32.5	50.4	72.3	98.1
5	0.0	2.3	8.5	18.7	32.7	50.7	72.7	98.5
6	0.0	2.4	8.7	18.9	33.0	51.1	73.1	99.0
7	0.0	2.4	8.8	19.1	33.3	51.4	73.5	99.4
8	0.0	2.5	8.9	19.3	33.5	51.7	73.9	99.9
9	0.0	2.6	9.1	19.5	33.8	52.1	74.3	100.4
10	0.1	2.7	9.2	19.7	34.1	52.4	74.7	100.8
11	0.1	2.7	9.4	19.9	34.4	52.7	75.1	101.3
12	0.1	2.8	9.5	20.1	34.6	53.1	75.5	101.8
13	0.1	2.9	9.6	20.3	34.9	53.4	75.9	102.3
14	0.1	3.0	9.8	20.5	35.2	53.8	76.3	102.7
15	0.1	3.1	9.9	20.7	35.5	54.1	76.7	103.2
16	0.1	3.1	10.1	20.9	35.7	54.5	77.1	103.7
17	0.2	3.2	10.2	21.2	36.0	54.8	77.5	104.2
18	0.2	3.3	10.4	21.4	36.3	55.1	77.9	104.6
19	0.2	3.4	10.5	21.6	36.6	55.5	78.3	105.1
20	0.2	3.5	10.7	21.8	36.9	55.8	78.8	105.6
21	0.3	3.6	10.8	22.0	37.2	56.2	79.2	106.1
22	0.3	3.7	11.0	22.3	37.4	56.5	79.6	106.6
23	0.3	3.8	11.1	22.5	37.7	56.9	80.0	107.0
24	0.3	3.8	11.3	22.7	38.0	57.3	80.4	107.5
25	0.3	3.9	11.5	22.9	38.3	57.6	80.8	108.0
26	0.4	4.0	11.6	23.1	38.6	58.0	81.3	108.5
27	0.4	4.1	11.8	23.4	38.9	58.3	81.7	109.0
28	0.4	4.2	11.9	23.6	39.2	58.7	82.1	109.5
29	0.5	4.3	12.1	23.8	39.5	59.0	82.5	110.0
30	0.5	4.4	12.3	24.0	39.8	59.4	83.0	110.4

Sec.	0′	1′	2′	3′	4′	5′	6′	7′
30	0″5	4″4	12″3	24″0	39″8	59″4	83″0	110″4
31	0.5	4.5	12.4	24.3	40.1	59.8	83.4	110.9
32	0.6	4.6	12.6	24.5	40.3	60.1	83.8	111.4
33	0.6	4.7	12.8	24.7	40.6	60.5	84.2	111.9
34	0.6	4.8	12.9	25.0	40.9	60.8	84.7	112.4
35	0.7	4.9	13.1	25.2	41.2	61.2	85.1	112.9
36	0.7	5.0	13.3	25.4	41.5	61.6	85.5	113.4
37	0.7	5.1	13.4	25.7	41.8	61.9	86.0	113.9
38	0.8	5.2	13.6	25.9	42.1	62.3	86.4	114.4
39	0.8	5.3	13.8	26.2	42.5	62.7	86.8	114.9
40	0.9	5.4	14.0	26.4	42.8	63.0	87.3	115.4
41	0.9	5.6	14.1	26.6	43.1	63.4	87.7	115.9
42	1.0	5.7	14.3	26.9	43.4	63.8	88.1	116.4
43	1.0	5.8	14.5	27.1	43.7	64.2	88.6	116.9
44	1.1	5.9	14.7	27.4	44.0	64.5	89.0	117.4
45	1.1	6.0	14.8	27.6	44.3	64.9	89.5	117.9
46	1.2	6.1	15.0	27.9	44.6	65.3	89.9	118.4
47	1.2	6.2	15.2	28.1	44.9	65.7	90.3	118.9
48	1.3	6.4	15.4	28.3	45.2	66.0	90.8	119.5
49	1.3	6.5	15.6	28.6	45.5	66.4	91.2	120.0
50	1.4	6.6	15.8	28.8	45.9	66.8	91.7	120.5
51	1.4	6.7	15.9	29.1	46.2	67.6	92.1	121.0
52	1.5	6.8	16.1	29.4	46.5	67.6	92.6	121.5
53	1.5	7.0	16.3	29.6	46.8	68.0	93.0	122.0
54	1.6	7.1	16.5	29.9	47.1	68.3	93.5	122.5
55	1.6	7.2	16.7	30.1	47.5	68.7	93.9	123.1
56	1.7	7.3	16.9	30.4	47.8	69.1	94.4	123.6
57	1.8	7.5	17.1	30.6	48.1	69.5	94.8	124.1
58	1.8	7.6	17.3	30.9	48.4	69.9	95.3	124.6
59	1.9	7.7	17.5	31.1	48.8	70.3	95.7	125.1
60	2.0	7.8	17.7	31.4	49.1	70.7	96.2	125.7

Sec.	8′	9′	10′	11′	12′	13′	14′	15′
0	125″7	159″0	196″3	237″5	282″7	331″8	384″7	441″6
1	126.2	159.6	197.0	238.3	283.5	332.6	385.6	442.6
2	126.7	160.2	197.6	239.0	284.2	333.4	386.5	443.6
3	127.2	160.8	198.3	239.7	285.0	334.3	387.5	444.6
4	127.8	161.4	198.9	240.4	285.8	335.2	388.4	445.6
5	128.3	162.0	199.6	241.2	286.6	336.0	389.3	446.5
6	128.8	162.6	200.3	241.9	287.4	336.9	390.2	447.5
7	129.4	163.2	200.9	242.6	288.2	337.7	391.1	448.5
8	129.9	163.8	201.6	243.3	289.0	338.6	392.1	449.5
9	130.4	164.4	202.2	244.1	289.8	339.4	393.0	450.5
10	131.0	165.0	202.9	244.8	290.6	340.3	393.9	451.5
11	131.5	165.6	203.6	245.5	291.4	341.2	394.8	452.5
12	132.0	166.2	204.2	246.2	292.2	342.0	395.8	453.5
13	132.6	166.8	204.9	247.0	293.0	342.9	396.7	454.5
14	133.1	167.4	205.6	247.7	293.8	343.7	397.6	455.5
15	133.6	168.0	206.3	248.5	294.6	344.6	398.6	456.5
16	134.2	168.6	206.9	249.2	295.4	345.5	399.5	457.5
17	134.7	169.2	207.6	249.9	296.2	346.3	400.5	458.5
18	135.3	169.8	208.3	250.7	297.0	347.2	401.4	459.5
19	135.8	170.4	208.9	251.4	297.8	348.1	402.3	460.5
20	136.4	171.0	209.6	252.2	298.6	349.0	403.3	461.5
21	136.9	171.6	210.3	252.9	299.4	349.8	404.2	462.5
22	137.4	172.2	211.0	253.6	300.2	350.7	405.1	463.5
23	138.0	172.9	211.6	254.4	301.0	351.6	406.0	464.5
24	138.5	173.5	212.3	255.1	301.8	352.5	407.0	465.5
25	139.1	174.1	213.0	255.9	302.6	353.3	408.0	466.5
26	139.6	174.7	213.7	256.6	303.5	354.2	408.9	467.5
27	140.2	175.3	214.4	257.4	304.3	355.1	409.9	468.5
28	140.7	175.9	215.1	258.1	305.1	356.0	410.8	469.5
29	141.3	176.6	215.8	258.9	305.9	356.9	411.7	470.5
30	141.8	177.2	216.4	259.6	306.7	357.7	412.7	471.5

Sec.	8′	9′	10′	11′	12′	13′	14′	15′
30	141″8	177″2	216″4	259″6	306″7	357″7	412″7	471″5
31	142.4	177.8	217.1	260.4	307.5	358.6	413.6	472.6
32	143.0	178.4	217.8	261.1	308.4	359.5	414.6	473.6
33	143.5	179.0	218.5	261.9	309.2	360.3	415.6	474.6
34	144.1	179.7	219.2	262.6	310.0	361.2	416.6	475.6
35	144.6	180.3	219.9	263.4	310.8	362.1	417.5	476.6
36	145.2	180.9	220.6	264.1	311.6	363.0	418.4	477.6
37	145.8	181.6	221.3	264.9	312.5	363.9	419.4	478.7
38	146.3	182.2	222.0	265.7	313.3	364.8	420.3	479.7
39	146.9	182.8	222.7	266.4	314.2	365.7	421.3	480.7
40	147.5	183.4	223.4	267.2	315.0	366.5	422.2	481.7
41	148.0	184.1	224.1	267.9	315.8	367.5	423.2	482.8
42	148.6	184.7	224.8	268.7	316.6	368.4	424.2	483.8
43	149.2	185.4	225.3	269.5	317.4	369.3	425.1	484.8
44	149.7	186.0	226.2	270.2	318.3	370.2	426.1	485.8
45	150.3	186.6	226.9	271.0	319.1	371.1	427.0	486.9
46	150.9	187.3	227.6	271.8	319.9	372.0	428.0	487.9
47	151.5	187.9	228.3	272.6	320.8	372.9	429.0	488.9
48	152.0	188.5	229.0	273.3	321.6	373.8	430.0	490.0
49	152.6	189.2	229.7	274.1	322.4	374.7	430.9	491.0
50	153.2	189.8	230.4	274.9	323.3	375.6	431.9	492.0
51	153.8	190.5	231.1	275.6	324.1	376.5	432.8	493.1
52	154.4	191.1	231.8	276.4	325.0	377.4	433.8	494.1
53	154.9	191.8	232.5	277.2	325.8	378.3	434.8	495.2
54	155.5	192.4	233.3	278.0	326.7	379.2	435.7	496.2
55	156.1	193.1	234.0	278.9	327.5	380.2	436.7	497.2
56	156.7	193.7	234.7	279.5	328.4	381.1	437.7	498.2
57	157.3	194.4	235.4	280.3	329.2	382.0	438.7	499.2
58	157.8	195.0	236.1	281.1	330.0	382.9	439.6	500.3
59	158.4	195.7	236.8	281.9	330.9	383.8	440.6	501.4
60	159.0	196.3	237.5	282.7	331.8	384.7	441.6	502.5

Table générale. Second terme.

Argument. Angle horaire.

M. S.	S.	Dif.	M. S.	S.	Dif.	M. S.	S.	Dif.
0 0	0·000	0	8 10	0·041	4	12 10	0·205	12
1 0	0·000	0	20	0·045	4	20	0·217	12
2 0	0·000	1	30	0·049	4	30	0·229	12
3 0	0·001	1	40	0·053	4	40	0·241	13
4 0	0·002	2	50	0·057	4	50	0·254	13
5 0	0·004	3	9 0	0·061	5	13 0	0·267	14
10	0·007	1	10	0·066	5	10	0·281	14
20	0·008	1	20	0·071	5	20	0·295	15
30	0·009	1	30	0·076	5	30	0·310	16
40	0·010	1	40	0·081	6	40	0·326	16
50	0·011	1	50	0·087	6	50	0·342	17
6 0	0·012	1	10 0	0·093	7	14 0	0·359	17
10	0·013	1	10	0·100	7	10	0·376	18
20	0·014	2	20	0·107	7	20	0·394	19
30	0·016	2	30	0·114	7	30	0·413	19
40	0·018	2	40	0·121	8	40	0·432	20
50	0·020	2	50	0·129	8	50	0·452	21
7 0	0·022	2	11 0	0·137	8	15 0	0·473	21
10	0·024	2	10	0·145	9	10	0·494	22
20	0·026	3	20	0·154	9	20	0·516	23
30	0·029	3	30	0·163	10	30	0·539	24
40	0·032	3	40	0·173	10	40	0·563	24
50	0·035	3	50	0·183	11	50	0·587	25
8 0	0·038		12 0	0·194		16 0	0·612	

Le second terme est toujours additif, au lieu que le premier n'est additif que dans les passages inférieurs des étoiles circompolaires.

DUNKERQUE.

Marche de la pendule pendant toute la station.

1796.	Réduction en temps sid.	Retard hor.	1796.	Réduction en temps. sid.	Retard hor.
	H. M. S.	M.		H. M. S.	M.
8 janv.	— 5 11 56.5	0.71	16 fév.	— 5 9 24.0	0.13
9 . . .	5 11 42.0	. . .	17 . . .	5 9 21.0	0.13
10 . . .	5 11 15.0	0.48	18 . . .	5 9 18.0	0.13
11 . . .	5 11 4.0	0.48	19 . . .	5 9 14.0	0.13
12 . . .	— 5 10 52.0	. .	20 . . .	— 5 9 11.0	0.13
13 . . .	5 10 48.0	. . .	21 . . .	5 9 8.0	0.13
14 . . .	5 10 45.0	0.11	22 . . .	5 9 5.0	0.13
15 . . .	5 10 42.0	0.12	23 . . .	5 9 1.0	0.09
16 . . .	5 10 40.0	0.13	24 . . .	5 8 58.0	0.09
17 . . .	— 5 10 38.0	0.13	25 . . .	— 5 8 55.0	0.09
18 . . .	5 10 35.0	0.13	26 . . .	5 8 53.0	0.09
19 . . .	5 10 32.0	0.13	27 . . .	5 8 51.0	0.09
20 . . .	5 10 29.0	0.11	28 . . .	5 8 49.0	0.08
21 . . .	5 10 26.0	0.11	29 . . .	5 8 47.0	0.08
22 . . .	— 5 10 24.0	0.11	1 mars.	— 5 8 45.0	0.08
23 . . .	5 10 21.0	0.11	2 . . .	5 8 43.0	0.04
24 . . .	5 10 19.0	0.11	3 . . .	5 8 42.0	0.04
25 . . .	5 10 16.0	0.11	4 . . .	5 8 41.0	0.04
26 . . .	5 10 14.0	0.11	5 . . .	5 8 40.0	0.04
27 . . .	— 5 10 11.0	0.11	6 . . .	— 5 8 39.0	0.07
28 . . .	5 10 9.0	0.11	7 . . .	5 8 36.0	0.07
29 . . .	5 10 7.0	0.10	8 . . .	5 8 34.0	0.07
30 . . .	5 10 5.0	0.08	9 . . .	5 8 33.0	
31 . . .	5 10 3.0	0.08	10 . . .	5 8 32.0	
1 fév.	— 5 10 1.0	0.08	11 . . .	— 5 8 32.0.	Dérangement
2 . . .	5 9 59.0	0.08	12 . . .	5 8 32.0.	
3 . . .	5 9 58.0	0.10	13 . . .	5 8 32.0.	
4 . . .	5 9 56.0	0.10	14 . . .	5 8 15.0	0.15
5 . . .	5 9 54.0	0.10	15 . . .	5 8 12.0	0.15
6 . . .	— 5 9 52.0	0.10	16 . . .	— 5 8 8.0	0.15
7 . . .	5 9 50.0	0.10	17 . . .	5 8 4.0	0.15
8 . . .	5 9 48.0	0.11	18 . . .	5 8 0.0	0.13
9 . . .	5 9 45.0	0.11	19 . . .	5 7 57.0	0.13
10 . . .	5 9 42.0	0.11	20 . . .	5 7 53.0	0.13
11 . . .	— 5 9 39.0	0.11	21 . . .	5 7 50.0	0.13
12 . . .	5 9 36.0	0.11	22 . . .	5 7 46.0	0.13
13 . . .	5 9 33.0	0.11	23 . . .	5 7 43.0	0.13
14 . . .	5 9 30.0	0.13	24 . . .	5 7 39.0	
15 . . .	5 9 27.0	0.13			

La réduction en temps sidéral, renfermée dans la deuxième colonne, est ce que marquoit chaque jour la pendule à 0h 0′ 0″ de temps sidéral.

Elle va toujours en diminuant.

Cette réduction peut cependant servir sans correction pour les passages supérieurs de la Polaire et les passages inférieurs de β de la petite Ourse. Quant aux passages inférieurs de la Polaire et supérieurs de β, on prendra le milieu entre la correction du jour et celle du lendemain.

Du 10 au 16 il y a eu dans la marche de la pendule une irrégularité dont je n'ai pas bien vu la cause; elle n'est d'aucune conséquence.

TABLE de correction pour les distances de l'étoile polaire au zénith.

Latit. 51° 2′ 10″. Déclin. 88° 12′ 50″.

Angle horaire en temps.	Polaire. Passage supér. —	Diff.	Polaire. Passage infér. +	Diff.	Angle horaire en temps.	Polaire. Passage supér. —	Diff.	Polaire. Passage infér. +	Diff.
0′ 0″	0″00		0″00		5′ 0″	1″59		1″48	
10	0.00	0	0.00	0	10	1.70	11	1.57	9
20	0.01	1	0.01	1	20	1.81	11	1.68	11
30	0.02	1	0.02	1	30	1.93	12	1.78	10
40	0.03	1	0.03	1	40	2.05	12	1.89	11
50	0.04	1	0.04	1	50	2.17	12	2.01	12
1 0	0.06	2	0.06	2	6 0	2.29	12	2.12	11
10	0.09	3	0.08	2	10	2.42	13	2.24	12
20	0.11	2	0.10	2	20	2.55	13	2.36	12
30	0.14	3	0.13	3	30	2.69	14	2.49	13
40	0.18	4	0.16	3	40	2.83	14	2.62	13
50	0.21	3	0.20	4	50	2.97	14	2.75	13
2 0	0.25	4	0.24	4	7 0	3.12	15	2.89	14
10	0.30	5	0.28	4	10	3.27	15	3.03	14
20	0.35	5	0.32	4	20	3.42	15	3.17	14
30	0.40	5	0.37	5	30	3.58	16	3.32	15
40	0.45	5	0.42	5	40	3.74	16	3.47	15
50	0.51	6	0.47	5	50	3.91	17	3.62	15
3 0	0.57	6	0.53	6	8 0	4.08	17	3.77	15
10	0.64	7	0.59	6	10	4.24	16	3.93	16
20	0.71	7	0.65	6	20	4.42	18	4.09	16
30	0.78	7	0.72	7	30	4.60	18	4.26	17
40	0.86	8	0.79	7	40	4.78	18	4.43	17
50	0.94	8	0.87	8	50	4.97	19	4.60	17
4 0	1.02	8	0.94	7	9 0	5.16	19	4.77	17
10	1.11	9	1.02	8	10	5.35	19	4.95	18
20	1.20	9	1.11	9	20	5.55	20	5.14	19
30	1.29	9	1.19	8	30	5.75	20	5.32	18
40	1.39	10	1.28	9	40	5.95	20	5.51	19
50	1.49	10	1.38	10	50	6.16	21	5.70	19
5 0	1.59	10	1.48	10	10 0	6.37	21	5.89	19

Angle horaire en temps.	Polaire. Passage supér. −	Diff.	Polaire. Passage infér. +	Diff.	Angle horaire en temps.	Polaire. Passage supér. −	Diff.	Polaire. Passage infér. +	Diff.
10′ 0″	6″37	21	5″89	20	16′ 0″	16″29	35	15″09	31
10	6.58	22	6.09	20	10	16.64	34	15.40	32
20	6.80	22	6.29	21	20	16.98	35	15.72	32
30	7.02	22	6.50	21	30	17.33	35	16.04	33
40	7.24	23	6.71	21	40	17.68	36	16.37	33
50	7.47	23	6.92	21	50	18.04	36	16.70	33
11 0	7.70	24	7.13	22	17 0	18.40	36	17.03	34
10	7.94	24	7.35	22	10	18.76	36	17.37	34
20	8.18	24	7.57	22	20	19.12	37	17.71	34
30	8.42	25	7.79	23	30	19.49	38	18.05	34
40	8.67	25	8.02	23	40	19.87	37	18.39	35
50	8.92	25	8.25	24	50	20.24	38	18.74	35
12 0	9.17	26	8.49	24	18 0	20.62	39	19.09	36
10	9.43	26	8.73	24	10	21.01	39	19.45	36
20	9.69	26	8.97	24	20	21.40	38	19.81	36
30	9.95	27	9.21	25	30	21.78	40	20.17	36
40	10.22	27	9.46	25	40	22.18	39	20.53	37
50	10.49	27	9.71	25	50	22.57	40	20.90	37
13 0	10.76	28	9.96	26	19 0	22.97	41	21.27	38
10	11.04	28	10.22	26	10	23.38	41	21.65	37
20	11.32	28	10.48	26	20	23.79	41	22.02	38
30	11.60	29	10.74	27	30	24.20	42	22.40	39
40	11.89	29	11.01	27	40	24.62	41	22.79	39
50	12.18	30	11.28	27	50	25.03	43	23.18	39
14 0	12.48	30	11.55	28	20 0	25.46	42	23.57	39
10	12.78	30	11.83	28	10	25.88	43	23.96	40
20	13.08	31	12.11	28	20	26.31	44	24.36	40
30	13.39	31	12.39	29	30	26.75	43	24.76	40
40	13.70	31	12.68	29	40	27.18	44	25.16	41
50	14.01	31	12.97	29	50	27.62	44	25.57	41
15 0	14.32	32	13.26	30	21 0	28.06	45	25.98	42
10	14.64	33	13.56	30	10	28.51	45	26.40	41
20	14.97	32	13.86	30	20	28.96	45	26.81	42
30	15.29	33	14.16	30	30	29.41	46	27.23	43
40	15.62	34	14.46	31	40	29.87	46	27.66	43
50	15.96	33	14.77	32	50	30.33	47	28.09	43
16 0	16.29		15.09		22 0	30.80		28.52	

Angle horaire en temps.	Polaire. Passage supér. −	Diff.	Polaire. Passage infér. +	Diff.	Angle horaire en temps.	Polaire. Passage supér. −	Diff.	Polaire. Passage infér. +	Diff.
22′ 0″	30″80	46	28″52	43	28′ 0″	49″86	59	46″17	55
10	31.26	48	28.95	43	10	50.45	60	46.72	55
20	31.74	47	29.38	44	20	51.05	60	47.27	56
30	32.21	48	29.82	45	30	51.65	61	47.83	56
40	32.69	48	30.27	44	40	52.26	61	48.39	57
50	33.17	49	30.71	45	50	52.87	61	48.96	56
23 0	33.66	49	31.16	46	29 0	53.48	61	49.52	57
10	34.15	49	31.62	45	10	54.09	62	50.09	57
20	34.64	50	32.07	46	20	54.71	62	50.66	58
30	35.14	50	32.53	47	30	55.33	63	51.24	58
40	35.64	50	33.00	46	40	55.96	63	51.82	58
50	36.14	50	33.46	47	50	56.59	64	52.40	59
24 0	36.64	51	33.93	47	30 0	57.23	64	52.99	59
10	37.15	51	34.40	48	10	57.87	63	53.58	59
20	37.66	53	34.88	48	20	58.50	64	54.17	60
30	38.19	52	35.36	48	30	59.14	65	54.77	60
40	38.71	52	35.84	49	40	59.79	65	55.37	60
50	39.23	53	36.33	48	50	60.44	66	55.97	61
25 0	39.76	53	36.81	50	31 0	61.10	65	56.58	61
10	40.29	53	37.31	49	10	61.75	66	57.19	61
20	40.82	53	37.80	50	20	62.41	67	57.80	62
30	41.36	54	38.30	50	30	63.08	66	58.42	61
40	41.90	55	38.80	50	40	63.74	67	59.03	62
50	42.45	55	39.30	51	50	64.41	68	59.65	62
26 0	43.00	55	39.81	52	32 0	65.09	68	60.27	64
10	43.55	56	40.33	51	10	65.77	68	60.91	64
20	44.11	56	40.84	52	20	66.45	69	61.55	63
30	44.67	56	41.36	52	30	67.14	69	62.18	64
40	45.23	56	41.88	52	40	67.83	69	62.82	64
50	45.79	57	42.40	53	50	68.52	69	63.46	64
27 0	46.36	58	42.93	54	33 0	69.21	70	64.10	65
10	46.94	58	43.47	53	10	69.91	70	64.75	65
20	47.52	58	44.00	54	20	70.61	71	65.40	66
30	48.10	58	44.54	54	30	71.32	71	66.06	66
40	48.68	59	45.08	54	40	72.03	71	66.72	66
50	49.27	59	45.62	55	50	72.74	72	67.38	67
28 0	49.86		46.17		34 0	73.46		68.05	

Angle horaire en temps.	Polaire. Passage supér. —	Diff.	Polaire. Passage infér. +	Diff.	Angle horaire en temps.	Polaire. Passage supér. —	Diff.	Polaire. Passage infér. +	Diff.
34′ 0″	73″46	72	68″05	66	35′ 0″	77″83	74	72″10	69
10	74.18	73	68.71	68	10	78.57	75	72.79	69
20	74.91	72	69.39	67	20	79.32	75	73.48	69
30	75.63	73	70.06	68	30	80.07	75	74.17	70
40	76.36	73	70.74	68	40	80.82	75	74.87	70
50	77.09	74	71.42	68	50	81.57	76	75.57	70
35 0	77.83		72.10		36 0	82.33		76.27	

Table de correction des distances de β de la petite Ourse au zénith.

Latit. 51° 2′ 10″. Déclin. 74° 59′ 40″.

Angle horaire en temps.	β. Passage supér. —	Diff.	β. Passage infér. +	Diff.	Angle horaire en temps.	β. Passage supér. —	Diff.	β. Passage infér. +	Diff.
0′ 0″	0″00	0″02	0″00	0″01	3′ 0″	7″08	0″81	3″56	0″40
10	0.02	0.07	0.01	0.03	10	7.89	0.86	3.96	0.43
20	0.09	0.11	0.04	0.06	20	8.75	0.89	4.39	0.45
30	0.20	0.15	0.10	0.08	30	9.64	0.94	4.84	0.47
40	0.35	0.20	0.18	0.10	40	10.58	0.99	5.31	0.50
50	0.55	0.24	0.28	0.12	50	11.57	1.02	5.81	0.52
1 0	0.79	0.28	0.40	0.14	4 0	12.59	1.07	6.33	0.53
10	1.07	0.33	0.54	0.16	10	13.66	1.12	6.86	0.56
20	1.40	0.37	0.70	0.19	20	14.78	1.16	7.42	0.59
30	1.77	0.42	0.89	0.21	30	15.94	1.20	8.01	0.60
40	2.19	0.46	1.10	0.23	40	17.14	1.25	8.61	0.62
50	2.65	0.50	1.33	0.25	50	18.39	1.29	9.23	0.65
2 0	3.15	0.55	1.58	0.28	5 0	19.68	1.33	9.88	0.67
10	3.70	0.59	1.86	0.29	10	21.01	1.38	10.55	0.69
20	4.29	0.63	2.15	0.32	20	22.39	1.42	11.24	0.72
30	4.92	0.68	2.47	0.34	30	23.81	1.47	11.96	0.73
40	5.60	0.72	2.81	0.36	40	25.28	1.50	12.69	0.76
50	6.32	0.76	3.17	0.39	50	26.78	1.56	13.45	0.78
3 0	7.08		3.56		6 0	28.34		14.23	

Angle horaire en temps.	β. Passage supér. −	Diff.	β. Passage infér. +	Diff.	Angle horaire en temps.	β. Passage supér. −	Diff.	β. Passage infér. +	Diff.
6′ 0″	28″34	1″59	14″23	0″80	12′ 0″	113″27	3″17	56″92	1″59
10	29.93	1.64	15.03	0.83	10	116.44	3.20	58.51	1.61
20	31.57	1.68	15.86	0.84	20	119.64	3.26	60.12	1.64
30	33.25	1.73	16.70	0.87	30	122.90	3.30	61.76	1.65
40	34.98	1.77	17.57	0.89	40	126.20	3.34	63.41	1.68
50	36.75	1.81	18.46	0.91	50	129.54	3.38	65.09	1.70
7 0	38.56	1.86	19.37	0.93	13 0	132.92	3.42	66.79	1.73
10	40.42	1.90	20.30	0.96	10	136.34	3.47	68.52	1.74
20	42.32	1.95	21.26	0.97	20	139.81	3.51	70.26	1.77
30	44.27	1.99	22.23	1.00	30	143.32	3.56	72.03	1.79
40	46.26	2.03	23.23	1.02	40	146.88	3.60	73.82	1.81
50	48.29	2.07	24.25	1.05	50	150.48	3.65	75.63	1.84
8 0	50.36	2.12	25.30	1.06	14 0	154.13	3.68	77.47	1.85
10	52.48	2.17	26.36	1.09	10	157.81	3.73	79.32	1.88
20	54.65	2.21	27.45	1.11	20	161.54	3.78	81.20	1.90
30	56.86	2.24	28.56	1.13	30	165.32	3.81	83.10	1.92
40	59.10	2.30	29.69	1.15	40	169.13	3.86	85.02	1.94
50	61.40	2.34	30.84	1.17	50	172.99	3.91	86.96	1.96
9 0	63.74	2.38	32.01	1.20	15 0	176.90	. .	88.92	1.99
10	66.12	2.42	33.21	1.22	10	. . .	. .	90.91	2.01
20	68.54	2.47	34.43	1.24	20	. . .	. .	92.92	2.03
30	71.01	2.51	35.67	1.26	30	. . .	. .	94.95	2.05
40	73.52	2.56	36.93	1.29	40	. . .	. .	97.00	2.07
50	76.08	2.60	38.22	1.31	50	. . .	. .	99.07	2.10
10 0	78.68	2.64	39.53	1.33	16 0	. . .	. .	101.17	2.12
10	81.32	2.69	40.86	1.35	10	. . .	. .	103.29	2.14
20	84.01	2.72	42.21	1.36	20	. . .	. .	105.43	2.16
30	86.73	2.78	43.57	1.40	30	. . .	. .	107.59	2.18
40	89.51	2.82	44.97	1.42	40	. . .	. .	109.77	2.21
50	92.33	2.86	46.39	1.44	50	. . .	. .	111.98	2.22
11 0	95.19	2.91	47.83	1.46	17 0	. . .	. .	114.20	2.26
10	98.10	2.94	49.29	1.48	10	. . .	. .	116.46	2.27
20	101.04	2.99	50.77	1.51	20	. . .	. .	118.73	2.29
30	104.03	3.04	52.28	1.52	30	. . .	. .	121.02	2.31
40	107.07	3.08	53.80	1.55	40	. . .	. .	123.33	2.34
50	110.15	3.12	55.35	1.57	50	. . .	. .	125.67	2.36
12 0	113.27		56.92		18 0	. . .		128.03	

Angle horaire en temps.	β. Passage supér. —	Diff.	β. Passage infér. +	Diff.	Angle horaire en temps.	β. Passage supér. —	Diff.	β. Passage infér. +	Diff.
18′ 0″	. . .	. .	128″03	2″38	21′ 0″	. . .	. .	174″24	2″77
10	. . .	. .	130.41	2.39	10	. . .	. .	177.01	2.80
20	. . .	. .	132.80	2.43	20	. . .	. .	179.81	2.82
30	. . .	. .	135.23	2.45	30	. . .	. .	182.63	2.84
40	. . .	. .	137.68	2.47	40	. . .	. .	185.47	2.86
50	. . .	. .	140.15	2.49	50	. . .	. .	188.33	2.89
19 0	. . .	. .	142.64	2.51	22 0	. . .	. .	191.22	2.91
10	. . .	. .	145.16	2.54	10	. . .	. .	194.13	2.93
20	. . .	. .	147.69	2.55	20	. . .	. .	197.06	2.95
30	. . .	. .	150.24	2.57	30	. . .	. .	200.01	2.96
40	. . .	. .	152.81	2.61	40	. . .	. .	202.97	3.00
50	. . .	. .	155.42	2.62	50	. . .	. .	205.97	3.02
20 0	. . .	. .	158.04	2.65	23 0	. . .	. .	208.99	3.04
10	. . .	. .	160.69	2.67	10	. . .	. .	212.03	3.06
20	. . .	. .	163.36	2.68	20	. . .	. .	215.09	3.08
30	. . .	. .	166.04	2.71	30	. . .	. .	218.17	3.10
40	. . .	. .	168.75	2.73	40	. . .	. .	221.27	3.13
50	. . .	. .	171.48	2.76	50	. . .	. .	224.40	3.15
21 0	. . .	. .	174.24		24 0	. . .	. .	227.55	

Quand l'angle horaire est de 15′, une seconde d'erreur sur le temps de l'observation produit 0″4 d'erreur sur la réduction dans le passage supérieur de β; quand l'angle est de 24′, une seconde sur le temps ne fait que 0″3 sur la réduction dans le passage inférieur.

Pour la Polaire, si l'angle est de 36′, une seconde de temps ne fait pas 0″08 sur la réduction; ainsi, dans aucun cas, l'erreur de nos réductions ne doit être sensible.

Position apparente de la Polaire.

1795 et 1796.	Temps.	Différ.	Distance au pôle.	Différ.
31 décembre.	0h 51′ 35″		1° 46′ 39″61	
		— 7″0		— 0″25
10 janvier. .	0 51 28		1 46 39.36	
		7.0		+ 0.34
20	0 51 21		1 46 39.70	
		6.0		0.93
30	0 51 15		1 46 40.63	
		6.0		1.49
9 février . .	0 51 9		1 46 42.12	
		5.0		1.91
19	0 51 4		1 46 44.03	
		4.0		2.31
29	0 51 0		1 46 46.34	
		3.0		2.60
10 mars . . .	0 50 57		1 46 48.94	
		2.0		2.83
20	0 50 55		1 46 51.77	

Position apparente de β de la petite Ourse.

1796.	Temps.	Différ.	Distance au pôle.	Différ.
10 janvier . .	14h 51′ 24″8		15° 0′ 50″54	
		+ 0″8		+ 1″62
20	14 51 25.6		15 0 52.16	
		0.9		1.00
30	14 51 26.5		15 0 53.16	
		0.9		+ 0.40
9 février . .	14 51 27.4		15 0 53.56	
		0.8		— 0.24
19	14 51 28.2		15 0 53.32	
		0.9		0.84
29	14 51 29.1		15 0 52.48	
		0.7		1.38
10 mars . . .	14 51 29.8		15 0 51.10	
		0.6		1.86
20	14 51 30.4		15 0 49.24	

Les différences d'un jour à l'autre sont assez régulières pour que l'interpolation ait toute la précision des calculs directs.

Table de correction pour la réfraction moyenne.
(Table I.)

Baromètre.	Pol. supér.	Pol. infér.	β supér.	β infér.	*F.*	*f.*
PO. LIG.	S.	S.	S.	S.		
27 2	— 1.28	— 1.45	— 0.75	— 2.29	0.0000	0.145
3	1.85	1.30	0.67	2.06	0.0055	0.146
4	1.02	1.16	0.60	1.83	0.0111	0.147
5	0.89	1.01	0.52	1.60	0.0168	0.148
6	0.77	0.87	0.45	1.37	0.0225	0.149
7	0.64	0.72	0.37	1.15	0.0283	0.150
8	0.51	0.58	0.30	0.92	0.0341	0.150
9	0.38	0.43	0.22	0.69	0.0400	0.151
10	0.26	0.27	0.15	0.46	0.0460	0.152
11	0.13	0.14	0.08	0.23	0.0521	0.152
28 0	0.00	0.00	0.00	0.00	0.0582	0.153
1	+ 0.13	+ 0.14	+ 0.08	+ 0.23	0.0644	0.153
2	0.26	0.29	0.15	0.46	0.0706	0.154
3	0.38	0.43	0.22	0.69	0.0770	0.155
4	0.51	0.58	0.30	0.92	0.0834	0.156
5	0.64	0.72	0.37	1.15	0.0899	0.157
6	0.77	0.87	0.45	1.37	0.0964	0.158
7	0.89	1.01	0.52	1.60	0.1031	0.158
8	1.02	1.16	0.60	1.83	0.1098	0.059
9	1.15	1.30	0.67	2.06	0.1167	0.160
10	1.28	1.45	0.75	2.29	0.1236	0.160

Avec le baromètre on prendra dans la première table une première correction ; avec le thermomètre on prendra dans la seconde table une seconde correction. La première correction, multipliée par le facteur *F*, sera la troisième correction, et la seconde, multipliée par le facteur *f*, ramènera au coefficient *m* de Mayer la réfraction calculée suivant celui de Bradley.

Table de correction pour la réfraction moyenne.
(Table II.)

Thermom.	Pol. supér.	Pol. infér.	β supér.	β infér.	F.	f.
10°	+ 0″00	+ 0″00	+ 0″00	+ 0″00	0.0000	0.145
9	0.24	0.27	0.14	0.43	0.0055	0.146
8	0.48	0.54	0.28	0.86	0.0111	0.147
7	0.72	0.82	0.42	1.30	0.0168	0.148
6	0.97	1.10	0.57	1.75	0.0225	0.149
5	1.21	1.38	0.71	2.20	0.0283	0.150
4	1.46	1.65	0.86	2.65	0.0341	0.150
3	1.72	1.95	1.01	3.11	0.0400	0.151
2	1.97	2.24	1.16	3.58	0.0460	0.152
1	2.24	2.54	1.31	4.06	0.0521	0.152
0	2.50	2.84	1.46	4.55	0.0582	0.153
— 1	2.75	3.13	1.62	5.05	0.0644	0.153
2	3.03	3.44	1.78	5.50	0.0706	0.154
3	3.31	3.75	1.93	6.00	0.0770	0.155
4	3.58	4.06	2.10	6.50	0.0834	0.156
5	3.86	4.38	2.26	7.00	0.0899	0.157

Réfraction moyenne . {
Polaire supérieure . . 42″924 + 0.00043 *dz*
Polaire inférieure . . 48.73 + 0.00048 *dz*
β supérieure . . . . 25.14 + 0.00033 *dz*
β inférieure . . . . 77.70 + 0.00079 *dz*

La variation de réfraction pour 1° de plus ou de moins dans le thermomètre est assez petite pour que nous ayons pu employer le milieu entre le thermomètre intérieur et le thermomètre extérieur; en effet, la différence entre les deux thermomètres étoit le plus souvent insensible et n'a jamais passé 2°, en sorte que la plus forte erreur n'a jamais pu aller à 0″5.

OBSERVATIONS.

Passage supérieur de la Polaire.

1796.	Nomb. des observ.	Arcs observés.	Arc du jour.	Arc simple.	Arc sexagésim.	Cercle.	Barom.	Therm.
		G.	G.	G.	D. M. S.		PO. L.	D.
15 janv.	10	413.190	413.190	41.3190	37 11 13.56	IV	28 4.6	+ 8.22
17 . . .	44	1817.50375	1817.50375	41.306903	37 10 34.37	I	28 5.4	6.0
19 . . .	46	3717.648	1900.14425	41.307484	37 10 36.25	I	28 1.6	8.0
20 . . .	24	991.314	991.314	41.30475	37 10 27.39	I	28 0.3	8.0
22 . . .	20	1817.40475	826.09075	41.304537	37 10 26.70	I	27 10.0	8.0
24 . . .	20	2643.52975	826.125	41.30625	37 10 32.25	I	27 9.3	7.0

Remarques. Le 15 janvier l'étoile ne s'est montrée que 16′ après le passage au méridien. Observations très-douteuses, et faites seulement pour nous exercer.

Le 17, plus de la moitié de la série observée dans le crépuscule, et sans éclairer les fils.

Le 19, par une faute de lecture le cahier original porte 3717.548.

Le 20, de jour et sans éclairer les fils. J'avois remis sur zéro.

Le 22, de jour et sans éclairer. Le ciel n'étoit pas très-pur, l'étoile un peu foible; on la voyoit cependant assez bien.

Le 24, de jour et sans éclairer; l'étoile foible. Au commencement elle disparoissoit sous le fil; sur la fin elle débordoit un peu de chaque côté.

Depuis ce jour il m'a été impossible de revoir l'étoile à son passage supérieur.

Passage inférieur de la Polaire.

1796.	Nomb. des observ.	Arcs observés.	Arc du jour.	Arc simple.	Arc sexagésim.	Cercle.	Barom.	Therm.
		G.	G.	G.	D. M. S.		PO. L.	+ D.
8 janv..	14	633.40075	633.40075	45.24291	40 43 7.00	I	27 10.5	5.1
11 . . .	4	180.981	180.98100	45.24525	40 43 14.61	I	28 0.1	+ 7.3
13 . . .	30	1357.388	1357.388	45.24627	40 43 17.90	I	28 2.3	+ 8.2
14 . . .	28	2624.25475	1266.86673	45.24524	40 43 14.58	I	28 1.3	+ 8.8
15 . . .	32	4072.06750	1447.81275	45.24415	40 43 11.04	I	28 4.9	+ 8.0
16 . . .	30	5429.5645	1357.497	45.2499	40 43 29.68	I	28 5.7	+ 6.2
17 . . .	24	1086.00625	1086.00625	45.25026	40 43 30.84	IV	28 3.6	+ 4.2
21 . . .	30	1357.4743	1357.4743	45.24914	40 43 27.22	IV	27 11.5	+ 7.7
22 . . .	8	1719.48025	362.00595	45.25078	40 43 32.54	IV	27 10.0	+ 7.1

Remarques. Le 12, les nuages couvrent l'étoile après la quatrième observation.

Le 13, on voyoit bien l'étoile; cependant le ciel n'étoit pas serein, on n'apercevoit pas la petite étoile compagne de la Polaire.

Le 15, l'étoile paroissoit et disparoissoit par intervalles.

Le 16, vers le milieu de la série, la lunette a reçu un léger choc dont je n'ai été averti qu'à la fin. Par cette raison cette série est moins sûre que les précédentes.

Après cette série le cercle n° I, auquel j'avois plus de confiance, a été réservé pour observer le passage supérieur, et pour continuer les observations du passage inférieur je me suis servi du n° IV.

Le 17, je n'ai aucune confiance en cette série. Je voyois souvent les fils doubles, et je ne suis pas sûr d'avoir pointé bien juste. L'oculaire ne s'enfonçoit pas assez dans le tube de la lunette, et la vision n'étoit pas assez distincte. Voyez ci-dessous 12 février.

Le 20, étoile un peu foible, le ciel couvert de légers nuages; observations peu sûres par la même raison que la précédente.

Le 21, les nuages interrompent les observations pendant 17 minutes après la sixième distance. La même cause d'incertitude subsiste.

Passage supérieur de β de la petite Ourse.

1796.	Nomb. des observ.	Arcs observés.	Arc du jour.	Arc simple.	Arc sexagésim.	Cercle.	Barom.	Therm.
		G.	G.	G.	D. M. S.		PO. L.	D.
12 févr..	12	319.33425	319.33425	26.611187	23 57 0.25	IV	27 9.9	+ 4.0
15 . . .	8	2400.3925	212.8645	26.60806	23 56 50.12	IV	28 0.8	+ 3.8
22 . . .	12	2719.746	319.3535	26.612792	23 57 5.44	IV	28 1.8	+ 3.0
24 . . .	14	3092.31775	372.57175	26.61225	23 57 3.69	IV	28 4.2	+ 1.7
25 . . .	14	3464.8755	372.55775	26.611268	23 57 0.50	IV	28 4.2	+ 1.3
27 . . .	16	3890.639	425.7635	26.610219	23 56 57.11	IV	28 3.8	— 0.9
28 . . .	12	4209.92175	319.28275	26.606896	23 56 46.34	IV	28 2.4	— 2.6
1 mars.	12	4529.25625	319.3345	26.611208	23 57 0.31	IV	27 10.8	— 1.1

Remarques. Le 12, après cette série, j'ai fait limer le tube de la lunette, afin que l'oculaire pût s'enfoncer davantage; depuis ce temps j'ai fort bien vu. Cette première série n'est pas très-sûre; les autres méritent toute confiance.

Le 14, avant cette série, le cercle a été employé à observer le soleil pour la pendule.

Le point de départ est	2187.5280
Retranché de l'arc observé . . . . :	2400.3925
Il laisse pour l'arc du jour	212.8645

Passage supérieur de β de la petite Ourse.

1796.	Nomb. des observ.	Arcs observés.	Arc du jour.	Arc simple.	Arc sexagésim.	Cercle.	Barom.	Therm.
		G.	G.	G.	D. M. S.		PO. L.	D.
2 mars.	8	212.9475	212.9475	26.618437	23 57 23.73	I	27 10.3	— 0.8
3 . . .	16	638.83575	425.88825	26.618016	23 57 22.37	I	27 10.7	— 2.6
4 . . .	16	1064.57375	425.73925	26.608703	23 56 52.20	I	28 2.1	— 3.4
6 . . .	16	1490.3345	425.7595	26.609969	23 56 56.30	I	28 4.3	— 3.6
7 . . .	14	1862.8890	372.5545	26.611036	23 56 59.76	I	28 4.3	— 4.2
		1862.88312	Point de	départ.				
8 . . .	18	2341.938	479.05487	26.61416	23 57 9.88	I	28 1.9	— 1.7
9 . . .	18	2821.05925	479.12125	26.617847	23 57 21.82	I	28 1.0	— 0.7
10 . . .	16	3246.87125	425.812	26.61325	23 57 6.93	I	28 0.4	— 0.6
12 . . .	14	3619.500	372.62875	26.6163393	23 57 16.94	I	28 3.6	+ 4.4
14 . . .	16	4045.31875	425.81875	26.613672	23 57 8.30	I	28 4.7	+ 5.8
15 . . .	16	4471.14825	425.8295	26.614344	23 57 10.47	I	28 3.9	+ 6.3
16 . . .	16	4896.99675	425.8185	26.615531	23 57 14.32	I	28 4.7	+ 4.8
17 . . .	12	5216.33167	319.33492	26.6112425	23 57 0.43	I	28 2.4	+ 4.0
18 . . .	10	5482.40125	266.06958	26.606958	23 56 46.54	I	28 3.7	+ 3.3

Remarques. Cette seconde suite d'observations du passage supérieur de β de la petite Ourse présente des singularités dont la cause est difficile à trouver. Si elle ne peut servir à déterminer la latitude de Dunkerque, elle ne sera du moins pas inutile dans l'histoire du cerle répétiteur, et c'est ce qui me fait un devoir de la publier.

Le 2 et le 3, les séries ne présentèrent encore rien d'extraordinaire. Le 4, les observations ont paru fort bonnes; cependant elles donnent une latitude trop forte de 24″: ce qui ne peut s'expliquer qu'en supposant quelque dérangement dans les lunettes. Le 7, la latitude est trop foible de 10″, quoique les observations aient paru très-bonnes, à cela près que j'ai cru remarquer quelque chose d'extraordinaire dans la vis de pression. Après la série, M. Bellet a examiné cette vis, et n'y a rien trouvé. Cette recherche a dérangé les alidades. Je les ai relues pour connoître le point de départ de la série du 8. La série du 10 ressemble à celle du 7; la série du 16 donne une latitude un peu foible. On a observé cependant avec tout le soin possible pour tâcher de découvrir la cause de ces inégalités. Le lendemain matin M. Bellet a trouvé que les vis qui attachent le niveau à la lunette inférieure étoient relâchées; il les a resserrées, et les deux séries suivantes ont bien réussi. J'avoue cependant que cette explication est loin de me paroître satisfaisante. Il faudroit en effet que les vis du niveau fussent bien relâchées pour que la bulle se dérangeât dans l'intervalle de deux observations conjuguées; car, durant tout ce temps, on se garde bien de toucher ni au tube ni à rien de ce qui concerne le niveau. Un faux mouvement dans l'une des vis du rappel me paroît insuffisant pour expliquer l'erreur de 24″ dans la série du 4. Le nombre des observations étant de seize, il faudroit que ce mouvement fût de 6′ 24″ : on ne fait jamais que quelques secondes avec la vis de rappel. Pour expliquer d'une manière plausible une erreur de 6 à 7′, il faudroit qu'il se trouvât 6 ou 7′ au sud de β de la petite Ourse une étoile assez voisine que j'aurois prise pour β. En effet, il m'est arrivé quelquefois de faire des méprises pareilles, nonobstant la différence de grandeur et d'éclat; car il n'est pas rare que des nuages, sans empêcher l'observation, diminuent la grandeur en sorte qu'une étoile de troisième ordre, comme β, ne paroît plus que de sixième ou septième. Mais je ne vois rien à cette distance de notre étoile; il ne reste donc rien à dire, sinon que j'aurai oublié de serrer une fois la vis de pression, et que, dans le retournement, la lunette, que je supposois fixe, aura rétrogradé de $6'\frac{4}{10}$ sur le limbe; la distance au zénith sera devenue de $6'\frac{4}{10}$ trop foible, et la latitude trop forte de $\frac{6'24''}{16} = 24''$. Je ne vois à cela rien d'impossible; la conclusion la plus sûre est qu'il faut rejeter cette série (1). Celles du 7 et du 10 donnent au contraire des distances au zénith trop fortes : elles ne sont pas plus aisées à expliquer; car, après ce qui m'étoit arrivé le 4, j'avois senti la nécessité de faire une attention particulière à la vis de pression que je serrois avec grand soin. Il faudroit un choc bien violent pour que la lunette fixée contre le limbe reçût un mouvement de 2 ou 3'. Voilà tout ce que j'ai pu imaginer, et rien de tout cela ne me satisfait. Quoique ces anomalies inexplicables m'aient fort tourmenté pendant un mois, je n'ai jamais cru qu'elles vinssent de maladresse, et j'ai depuis été bien rassuré à cet égard par l'exemple de M. Méchain. Voici ce qu'il m'écrivoit le 7 nivose an 7 :

(1) Après tout, ces irrégularités dont nous avons cherché les causes avec tant de soin, se réduisent à quatre séries qui sont évidemment mauvaises et qu'il faut rejeter. Avec quel instrument n'arrive-t-il pas quelquefois de faire de mauvaises observations? On les supprime ordinairement sans en rien dire : je les publie; voilà peut-être tout ce qu'il y a d'extraordinaire.

« Vos observations de latitude dans ces jours de grand » froid ont sans doute mieux réussi que les miennes. » Il y a des discordances dans les résultats de chaque » série, qui excèdent de beaucoup celles que j'ai trouvées » dans les autres à Montjouy, Barcelone, Perpignan » et Carcassonne. Je ne puis les attribuer qu'aux variations » de la réfraction, qui ne sont peut-être pas conformes » à la règle de Bradley pour la température; car » le niveau est calé avec le plus grand soin et autant » de précision, si ce n'est plus, que pour toutes les » précédentes observations. La verticalité du plan du » cercle est aussi rigoureusement établie et vérifiée » chaque fois que cela est possible..... Je ferai encore » plusieurs séries, jusqu'à ce que je trouve plus d'accord » dans les résultats, et il faudra bien que j'y » parvienne. »

Voici ce qu'il mandoit le même jour à M. Borda. J'ai la lettre qui sera déposée à l'Observatoire.

« Je vous envoie les tableaux des résultats de mes » maudites observations de la Polaire, et de β de la » petite Ourse. Vous y verrez la preuve que je ne suis » plus capable de faire des observations de latitude qui » soient même passables, j'en suis désespéré. La Polaire » a été observée à l'un des cercles . . . . . β de la » petite Ourse avec l'autre. J'ai apporté les mêmes » soins que ci-devant, et plus encore : la verticalité du » cercle est vérifiée chaque jour; le niveau assure qu'elle » ne varie pas d'une demi-minute dans le cours des » observations d'un même jour. La position des alidades

» est relue chaque fois avant de commencer, pour voir » si elle n'a pas changé depuis la dernière observation; » on cale le niveau avec le plus de précision que l'on » peut; je pointe à l'étoile aussi juste que j'en suis » capable; jamais je n'ai pris tant de précautions, et » jamais je n'ai si mal réussi. J'ai tourné et retourné » le cercle dans tous les sens, visité toutes les pièces, » cherché ce qui pouvoit causer ces monstrueuses dis- » cordances, et je n'ai rien reconnu quoique j'aie perdu » un temps infini; c'est donc évidemment ma mal- » adresse. Pour la seconde série, j'ai lu l'arc parcouru » vers la moitié des observations, et vous verrez que » ces demi-arcs donnent pour chaque jour à peu près » le même résultat que les arcs totaux, même lorsque » l'écart est très-grand. J'avois négligé cette vérifica- » tion jusqu'à présent, parce que je croyois être sûr » de ne jamais me tromper sur le mouvement des » alidades, et les résultats des observations de chaque » jour en Catalogne et en France (excepté Paris), mon- » trent assez, par le peu de différence qu'il y a entre » eux, que je ne commettois point de méprise. Je me » désolois quand les résultats d'un jour à l'autre diffé- » roient de 1″ ou 2″, précision à laquelle on n'atteint » pas toujours avec un excellent mural de 8 pieds, et » qu'on n'a point dépassée dans les distances zénithales » pour la mesure des degrés faites avec les meilleurs et » les plus grands secteurs. Ici je présumois qu'un petit » nombre d'observations au-dessus et au-dessous du » pôle ne me laisseroient pas une incertitude de plus de

» 2 à 3 dixièmes de seconde. J'ai des écarts de 10", et » le milieu d'une première série ne ressemble point au » milieu d'une deuxième (par *milieu*, M. Méchain » entend la moyenne arithmétique entre toutes les dis- » tances observées le même jour). J'ai perdu. . . . . . » tout mon temps à revirer, calculer ces observations, » et après avoir négligé pour cela un autre travail, je » n'ai que l'assurance du plus mauvais succès. La va- » riation de la réfraction ou des accidens extraordinaires » ne sont rien, puisque M. Delambre, qui observe dans » le même temps, a des résultats aussi satisfaisans qu'on » le puisse désirer. Quand j'ai observé ces jours-ci la » Polaire en plein jour, et avec la plus grande facilité, » j'aurois cru pouvoir jurer que les observations d'un » seul jour donneroient la latitude dans le dixième de » seconde. Que faire? je n'en sais plus rien. Je retour- » nerai encore ces cercles pour tâcher d'en découvrir » le vice caché, s'il y en a un, et que toute la faute » ne soit pas de mon côté. Je ferai encore quelques » suites aux passages du soir; après cela j'en tenterai » le matin pour les deux étoiles. β de la petite Ourse » qui, quoique au méridien inférieur, donne un peu » moins mal que la Polaire, qui devroit donner dix » fois mieux, me réussira-t-elle au passage supérieur » comme à Barcelone et Montjouy, où les résultats de » chaque jour ne présentent pas de différence sensible? »

Le 18 pluviose suivant, il m'écrivoit ce qui suit :

« Depuis les dernières observations dont vous avez le » résultat, je n'en ai pu faire que deux séries de la

» Polaire au passage supérieur, et une de β au-dessous
» du pôle : il y a encore quelques petits écarts, mais
» peu considérables en comparaison des autres. . . . .
» Je ne crois pas que les grandes erreurs de quelques-
» unes des séries précédentes proviennent de ce que la
» lunette supérieure se soit relâchée, et ait glissé sur le
» limbe par son poids; je soupçonnerois plutôt un petit
» déplacement sur le centre dans le retournement du
» cercle, ou plutôt encore un jeu de la vis de rappel
» dans l'écrou ou dans le collet, d'où il résulteroit un
» petit déplacement de la lunette sur le limbe dans le
» retournement du cercle. Je me rappelle à ce sujet
» avoir remarqué un déplacement de cette espèce dans
» quelques-unes des distances et signaux au zénith,
» observées dans la dernière campagne, ce qui me les
» faisoit recommencer, parce que je supposois que la
» lunette avoit éprouvé un petit choc. Voici comment
» j'ai aperçu ce dérangement. Je lisois à la dernière
» observation, ainsi qu'à chacune des précédentes, la
» division dans la situation où se trouvoit la lunette,
» c'est-à-dire presque horizontalement; puis je désen-
» grenois le tambour pour faire tourner le cercle dans
» son plan jusqu'à ce que la lunette fût verticale, et
» le nonius que je voulois lire par en bas. C'est alors
» que j'ai trouvé des différences dix fois plus fortes que
» celles qu'on pourroit attribuer à l'effet de la paral-
» laxe dans une situation oblique et horizontale. Je
» rapportois cela à un petit changement dont on ne
» s'étoit point aperçu et je recommençois. Enfin, comme

» cè même effet avoit lieu assez fréquemment dans les » derniers temps, non-seulement je serrois encore plus » fort la vis de pression près celle de rappel dont je » me servois, mais je serrois aussi l'autre vis de pres- » sion dès que le fil étoit près de l'objet, puis j'achevois » de l'y amener. Dans ce cas l'alidade ne varioit plus » dans quelque situation que la lunette se trouvât, en » faisant tourner le cercle dans son plan. Toujours pré- » venu que ces changemens n'étoient arrivés que par » quelques légers chocs, et n'y pensant même plus ici, » je n'ai pas songé à y obvier; cela ne me revient même » dans l'idée qu'aujourd'hui, après avoir cherché mille » autres causes d'erreur, sans en trouver encore une » seule. Je vais voir si c'est à cela qu'on peut attribuer » les erreurs de mes observations de latitude ici, et je » tâcherai d'y remédier. Il seroit possible que le même » inconvénient eût lieu à l'autre cercle qui sert pour β » petite Ourse, quoique plus foiblement; toujours est-il » certain qu'il y a des momens où, quoique la vis de » pression soit aussi fortement serrée qu'il est possible, » celle de rappel n'agit plus du tout, quoique à moitié » de sa course, et qu'on lui fasse faire vingt tours. »

Je n'ai pas su quel avoit été le résultat des nouvelles recherches que se proposoit M. Méchain, et j'ai cru devoir publier ces lettres dont il auroit sans doute fondu la substance dans le compte qu'il auroit rendu de ses observations. J'y ajouterai quelques remarques.

M. Méchain avoit l'intention de supprimer les observations qu'il appelle *maudites;* il ne vouloit publier que celles des mois de mai, juin, juillet, août et septembre; mais nous les publierons toutes sans en rien supprimer. Malgré quelques irrégularités elles présentent encore une masse très-imposante, et suffiroient seules pour déterminer la hauteur du pôle à Paris, de manière à ne laisser aucun doute. Celles que je faisois en janvier, dans les grands froids, ne présentoient que les variations ordinaires. Ce qui désoloit M. Méchain ne tenoit donc pas aux changemens que la température apportoit aux réfractions. A 43° de distance au zénith, la réfraction de 53″ ne peut, pour — 8° du thermomètre, varier que de $\frac{1}{10}$ ou de 5″; si le coefficient de Bradley étoit trop fort ou trop foible de $\frac{1}{4}$, l'erreur n'iroit pas encore à 2″. Il y a loin de là jusqu'à 10″. Il faut donc imaginer une autre explication. Il est vrai que, suivant la lettre de M. Méchain, son thermomètre centésimal étoit un jour à — 14° = — 11^{d}2, ce qui pourroit donner au plus une erreur de 3″.

Dans la lettre à M. Borda, l'on remarque d'abord cette disposition que M. Méchain avoit à se défier de lui-même, mais personne ne prendra sans doute à la lettre les expressions que lui dictoit un découragement momentané. Ses observations de la latitude de Paris, montrent ce qu'il étoit en état de faire l'été suivant, et puisque *les demi-arcs donnoient la même chose que les arcs totaux, même quand l'écart étoit le plus grand*, il est bien clair qu'il n'y avoit aucune mal-adresse; ce que lui arrivoit alors m'étoit arrrivé quatre fois à Dunkerque, et sans me désoler autant que lui, j'avois comme lui redoublé de précautions. Tout ce qu'il raconte à cet égard est aussi mon histoire; et notre exemple pourra consoler les autres astronomes qui éprouveront des contrariétés pareilles. Il ne croit pas que la lunette supérieure se soit relâchée, et qu'elle ait pu glisser sur le limbe. Il seroit possible qu'une première fois elle eût été mal fixée, et que la vis de pression n'eût pas été assez serrée; mais cela ne peut se supposer des observations suivantes, où l'on portoit une attention particulière à cette vis. Je ne vois pas trop ce que feroit *un petit déplacement sur le centre dans le retournement*. Si j'entends bien ces mots, il faudroit que ce déplacement eût lieu chaque fois que l'on passe de l'observation paire à la suivante impaire, sans quoi l'erreur totale ne seroit pas la même que celle du demi-arc; mais, si elle avoit lieu si régulièrement, elle devroit agir à peu près de même le lendemain, or le lendemain souvent l'observation étoit bonne, et l'on avoit ainsi des alternatives de bons et de mauvais succès qui paroissent mal expliquées par cette cause. *Un petit jeu de la vis de rappel dans l'écrou* produiroit un petit changement dans la distance, mais pour un changement définitif de 10″ il en faudroit un de 200″ si la série est composée de vingt observations, et cela ne paroît guère probable. Je ne me fais pas une idée bien nette de ce qui suit. Quand on serre à la fois les deux vis de pression, l'alidade ne peut plus recevoir de mouvement, à moins qu'on ne tourne à la fois les deux vis de rappel en sens opposés et d'une quantité égale; ce qui n'est pas trop possible quand on vise à l'objet. Pourquoi ce jeu de la vis auroit-il quelquefois des effets si sensibles? Pourquoi ne se reproduiroient-ils pas plus souvent? Pour moi, je n'ai jamais éprouvé qu'après avoir fortement serré la vis de pression, on pût faire tourner la vis de rappel de vingt tours sans produire aucun effet, et d'ailleurs je ne vois pas bien comment cela donneroit la solution de la difficulté.

Passage inférieur de β de la petite Ourse.

1796.	Nomb. des observ.	Arcs observés.	Arc du jour.	Arc simple.	Arc sexagésim.	Cercle.	Barom.	Therm.
		G.	G.	G.	D. M. S.		PO. L.	D.
15 janv..	20	1198.838	1198.838	59.9419	53 56 51.75	IV	28 4.6	+ 8.3
16 . . .	14	839.14125	839.14125	59.93866	53 56 41.26	IV	28 5.5	+ 8.9
17 . . .	12	719.213	719.213	59.93442	53 56 27.51	IV	28 5.0	+ 5.7
1 févr..	20	1198.62975	1198.62975	59.93149	53 56 18.02	IV	27 6.9	+ 4.2

Remarques. On ne doit pas grande confiance à ces quatre séries faites avec un cercle dont la lunette n'alloit pas alors à ma vue. Voyez le 12 février, p. 261.

Le mauvais temps n'a pas permis de faire un plus grand nombre d'observations du passage inférieur, et celles qui ont été faites sont très-médiocres, pour ne pas dire mauvaises. Le 17 janvier, par exemple, les nuages ont couvert l'étoile pendant six minutes, au milieu de la série.

Passage supérieur de la Polaire.

17 janvier 1796. Cercle n° I.

Barom. 28 pouces 5,4 lignes. Thermom. + 6,0 degrés.

	Angle horaire.	Réduction.
0h 51′ 23″		
5 10 38		
6 2 1		
5 37 41	24′ 20″	— 37″66
39 9	22 52	33.27
40 32	21 29	29.37
41 38	20 23	26.44
42 56	19 5	23.18
44 9	17 52	20.32
45 18	16 43	17.79
46 25	15 36	15.49
47 32	14 29	13.36
48 28	13 33	11.69
49 29	12 32	10.00
50 27	11 34	8.52
51 28	10 33	7.09
52 38	9 23	5.61
54 22	7 39	3.72
55 8	6 53	3.01
56 20	5 41	2.06
57 15	4 46	1.45
58 12	3 49	0.93
59 10	2 51	0.52
6 0 8	1 53	0.22
1 46	0 15	0.00
2 54	0 53	0.05
3 59	1 58	0.24
5 6	3 1	0.58
6 12	4 11	1.12

	Angle horaire.	Réduction.
6h 7′ 15″	5′ 14″	— 1″74
8 39	6 29	2.68
9 46	7 45	3.82
10 58	8 57	5.10
12 34	10 33	7.09
13 31	11 30	8.42
14 33	12 32	10.00
15 41	13 40	11.89
18 26	16 25	17.15
19 21	17 20	19.12
20 28	18 27	21.67
22 17	20 16	26.12
23 20	21 19	28.91
24 45	22 44	32.88
25 53	23 52	36.24
26 48	24 47	39.07
27 48	25 47	42.30
28 39	26 38	45.12

44 observations	623.00
Réduction	— 14.387
Arc simple	37 10 34.367
Arc réduit	37 10 19.98
Réfraction	44.78
Distance polaire . . .	1 46 39.60
Colatitude	38 57 44.36
Latitude	51 2 15.64

Quoique l'on trouve ici, comme par-tout ailleurs, un nombre unique pour le thermomètre, nous observions constamment le thermomètre extérieur et intérieur. Ici, par exemple, j'avois à l'intérieur 8.0, et 4 à l'extérieur; rarement la différence est aussi considérable. Nous observions aussi l'hygromètre; il marquoit ici 61.

19 *janvier* 1796. Cercle n° I.

Barom. 28 pouces 1.6 lignes. Thermom. + 8.2 degrés.

			Angle horaire.		Réduction.
0h	51′	22″			
5	10	32			
6	1	54			
5	34	1	27′	53″	— 49″45
	36	20	25	34	41.58
	37	40	24	14	37.35
	39	10	22	44	32.88
	40	38	21	16	28.78
	41	42	20	12	25.97
	42	52	19	2	23.05
	43	59	17	55	20.43
	45	22	16	32	17.40
	46	59	14	55	14.16
	48	7	13	47	12.10
	49	12	12	42	10.27
	50	42	11	12	7.99
	51	41	10	13	6.65
	53	0	8	54	5.05
	54	1	7	53	3.96
	55	36	6	18	2.52
	56	56	4	58	1.57
	58	13	3	41	0.87
	59	31	2	23	0.36
6	0	39	1	15	0.10
	1	37	0	7	0.01
	3	6	1	12	0.09
	4	5	2	11	0.30
	5	14	3	20	0.71
	6	27	4	33	1.32
	8	0	6	6	2.37

			Angle horaire.		Réduction.
6h	8′	57″	7′	3″	— 3″16
	9	58	8	4	4.14
	11	19	9	25	5.65
	12	29	10	35	7.13
	13	37	11	43	8.74
	14	38	12	44	10.33
	15	40	13	46	12.07
	17	0	15	6	14.51
	18	38	16	44	17.82
	19	50	17	56	20.47
	21	12	19	18	23.71
	22	48	20	54	27.80
	24	21	22	27	32.07
	25	36	23	42	35.74
	26	33	24	39	38.66
	27	37	25	43	42.06
	28	51	26	57	46.19
	30	49	28	55	53.18
	31	56	30	2	57.36

46 observations	808.08
Réduction	— 17.57
	37 10 36.247
	37 10 18.68
Réfraction	43.59
Distance polaire . . .	1 46 39.67
Colatitude	38 57 41.94
Latitude.	51 2 18.06

Les thermomètres étoient ici 8.8 et 7.6; l'hygr. 64. En partant de Paris j'avois deux hygromètres qui marchoient bien ensemble; ils ne tardèrent pas à se déranger; ne sachant plus sur quoi compter, je n'ai pu mettre un grand intérêt à cet instrument, et je ne le consultois plus guère que dans les observations de latitude.

20 *janvier* 1796. Cercle nº I.

Barom. 28 pouces 0.3 lignes. Thermom. + 8.0 degrés.

0h 51′ 21″
5 10 29
6 1 50

	Angle horaire.	Réduction.
5 44 57	16′ 53″	— 18″15
46 58	14 52	14.07
48 15	13 35	11.75
5 49 44	12 6	9.33
50 47	11 3	7.77
51 58	9 52	6.20
53 19	8 31	4.62
55 1	6 49	2.96
56 9	5 41	2.06
57 43	4 7	1.08
58 57	2 53	0.53
6 0 25	1 25	0.12
1 42	0 8	0.00
2 47	0 57	0.05
4 8	2 18	0.33
6 6	4 16	1.16
5h 7′ 36″	5′ 46″	— 2″12
9 33	7 43	3.79
11 9	9 19	5.53
13 47	11 57	9.10
14 59	13 9	11.01
16 41	14 51	14.04
17 47	15 57	16.20
19 40	17 50	20.24

24 observations	162.21
Réduction	— 6.759
	37 10 27.390
	37 10 20.631
Réfraction	43.439
Distance polaire . . .	1 46 39.700
Colatitude	38 57 43.77
Latitude	51 2 16.23

22 *janvier* 1796. Cercle nº I.

Barom. 27 pouces 10.0 lignes. Thermom. + 8.0 degrés.

0 51 20
5 10 24
6 1 44

5 51 11	10 33	— 7.09
52 11	9 33	5.81
54 15	7 29	3.56
55 40	6 4	2.34
56 53	4 51	1.50
57 51	3 53	0.96
59 6	2 38	0.44
6 0 1	1 43	0.19
1 17	0 27	0.01
2 34	0 50	0.04
4 18	2 34	0.42
5 55	4 11	1.12
7 1	5 17	1.78
8 42	6 58	3.09
10 0	8 16	4.36
11 25	9 41	5.95
12 58	11 14	8.04
13 58	12 14	9.53
15 15	13 31	11.63
16 25	14 41	13.73

20 observations	81.59
Réduction	— 4.0795
	37 10 26.7015
	37 10 22.622
Réfraction	43.18
Distance polaire . . .	1 46 39.89
Colatitude	38 57 45.69
Latitude	51 2 14.31

24 *janvier* 1796. Cercle n° I.

Barom. 27 pouces 9.3 lignes. Thermom. + 7.0 degrés.

	Angle horaire.	Réduction.
0h 51′ 19″		
5 10 19		
6 1 38		
5 45 16	16′ 22″	— 17″05
46 37	15 1	14.35
47 57	13 41	11.92
49 13	12 25	9.82
51 24	10 14	6.67
52 12	9 26	5.67
54 46	6 52	3.00
59 21	2 17	0.35
6 2 1	0 23	0.01
2 56	1 18	0.11
4 57	2 19	0.34
6 13	4 35	1.34
8 40	7 2	3.15
9 37	7 59	4.06

	Angle horaire.	Réduction.
6h 11′ 19″	9′ 41″	— 5″97
13 29	11 51	8.94
14 45	13 7	10.96
16 36	14 58	14.26
17 43	16 5	16.46
18 50	17 12	18.83
20 observations . . .		153.26
Réduction		— 7.663
		37 10 32.25
		37 10 24.587
Réfraction		43.336
Distance polaire . . .		1 46 40.070
Colatitude		38 57 47.99
Latitude		51 2 12.01

Résumé du passage supérieur.

1796.	Nomb.	Latitude.	Nomb.	Latitude.	dm	+ 1/60
17 janvier .	44	51° 2′ 15″64	44	51° 2′ 15″64	+ 0″18	
19	46	18.01	90	16.98	+ 0.06	
20	24	16.23	114	16.82	+ 0.07	
22	20	14.31	134	16.44	+ 0.06	
24	20	12.01	154	15.89	+ 0.11	— 0″72
		Par . .	154	51 2 15.89	+ 0.10	— 0″72

Du 17 au 24 la parallaxe en déclinaison, s'il y en a une, n'a pas dû varier sensiblement, et a dû être fort petite. Soit P la parallaxe et $\sin. P = \frac{\text{distance de la terre au soleil}}{\text{distance de la terre à l'étoile}}$, la parallaxe en déclinaison a varié de — 028 P à — 040 P. Telle seroit la correction de latitude.

Passage inférieur de la Polaire.

8 *janvier.* Cercle nº I.

Barom. 27 pouces 10.5 lignes. Thermom. + 5.12 degrés.

			Angle horaire.		Réduction.
12h	51′	29″			
5	11	50			
18	3	19			
18	4	46	1′	27″	+ 0″13
	8	42	5	23	1.71
	12	36	9	17	5.08
	14	46	11	27	7.72
	16	45	13	26	10.64
	18	1	14	42	12.74
	19	35	16	16	15.60
	23	9	19	50	23.18
	25	35	22	16	29.21
	28	11	24	52	36.43
	31	38	28	19	47.22

			Angle horaire.		Réduction.
18h	34′	2″	30′	43″	+ 55″55
	35	44	32	25	61.86
	37	38	34	19	69.32

14 observations . . .	376.39
Réduction	+ 26.89
Réfraction	+ 49.78
	40 43 6.799
	40 44 23.47
Distance polaire . . .	1 46 39.41
Colatitude	38 57 44.06
Latitude	51 2 15.94

11 *janvier* 1796. Cercle nº I.

Barom. 28 pouces 0.1 lignes. Thermom. + 7.32 degrés.

12	51	26			
5	10	58			
18	2	24			
17	39	59	22	25	+ 29.60
	43	2	19	22	22.10
	45	36	16	48	16.63
	48	39	12	45	11.14

4 observations	79.47
Réduction	+ 19.87
Réfraction	49.46
	40 43 14.61
Distance polaire . . .	—1 46 39.39
Colatitude	38 57 44.55
Latitude	51 2 15.45

Le calcul pouvoit s'abréger de la manière suivante :

Réduction	+ 19.87
Réfraction	+ 49.46
Distance moyenne . .	40 43 14.61
100° — dist. polaire .	98 13 20.61
L.	51 2 15.45

distance corrigée — *distance polaire* + $L = 100°$

L'étoile étoit très-foible et n'a plus reparu.

13 *janvier* 1796.

Bar. 28 p. 2.3 lig. Therm. + 8.2 deg.

Cercle n° I.

12h 51′ 26″
5 10 47
18 2 13

			Angle horaire.		Réduction.
17	40	28	21′	45″	+ 27″87
	41	50	20	23	24.48
	43	27	18	56	20.75
	45	14	16	59	17.00
	46	56	15	17	13.77
	49	9	13	4	10.06
	51	41	10	32	6.54
	53	30	8	43	4.48
	55	9	7	4	2.95
	57	46	4	27	1.17
	59	57	2	16	0.30
18	1	26	0	47	0.04
	3	25	1	12	0.08
	5	19	3	6	0.57
	6	44	4	31	1.20
	8	9	5	56	2.07
	9	55	7	42	3.50
	11	44	9	31	5.34
	14	39	12	26	9.11
	15	58	13	45	11.14
	17	30	15	17	13.77
	19	9	16	56	16.90
	20	53	18	40	20.53
	22	44	20	31	24.80
	24	39	22	26	29.64
	26	21	24	8	34.31
	28	21	26	8	40.23
	29	44	27	31	44.59
	31	15	29	2	49.63
	32	37	30	24	54.41

30 observations			491.23
Réduction		+	16.374
Réfraction			49.52
	40	43	17.904
Distance polaire . . .	—1	46	39.46
Colatitude	38	57	44.34
Latitude	51	2	15.66

14 *janvier* 1796.

Bar. 28 p. 1.3 lig. Therm. + 8.8 deg.

Cercle n° I.

12h 51′ 25″
5 10 44
18 2 9

			Angle horaire.		Réduction.
17	27	10	34′	59″	+ 72″03
	28	45	33	24	65.67
	30	5	32	4	60.53
	31	46	30	23	54.35
	35	14	26	55	42.66
	38	00	24	9	34.35
	41	14	20	55	25.77
	43	21	18	58	21.20
	44	37	17	32	18.12
	45	36	16	33	16.14
	47	8	15	1	13.29
	49	12	12	57	9.89
	50	41	11	28	7.75
	51	53	10	16	6.21
	53	26	8	43	4.48
	54	41	7	28	3.29
	56	3	6	6	2.19
	57	30	4	39	1.19
18	1	6	1	3	0.07
	3	35	1	26	0.12
	5	15	3	6	0.57
	6	48	4	39	1.27
	9	12	7	3	2.93
	11	32	9	23	5.19
	13	29	11	20	7.57
	15	2	12	53	9.78
	16	35	14	26	12.28
	31	56	29	47	52.23

28 observations . . .			551.12
Réduction		+	19.683
Réfraction			49.39
	40	43	14.58
	40	44	23.650
Distance polaire . .	— 1	46	39.5
Colatitude	38	57	44.15
Latitude	51	2	15.85

15 janvier 1796.

Bar. 28 p. 4.9 lig. Therm. + 7.96 deg.

Cercle n° I.

			Angle horaire.		Réduction.
12h	51'	24"			
5	10	41			
18	2	5			
17	30	6	31'	59"	+ 60"21
	31	44	30	21	54.23
	33	13	28	52	49.07
	34	9	27	56	45.95
	36	20	25	45	39.05
	38	6	23	59	33.88
	40	47	21	18	26.73
	42	22	19	43	22.90
	44	2	18	3	19.20
	45	33	16	32	16.11
	48	28	13	37	10.93
	51	24	10	41	6.73
	53	43	8	22	4.12
	55	32	6	33	2.53
	57	28	4	37	1.25
	59	25	2	40	0.42
18	11	1	1	4	0.07
	2	9	0	4	0.00
	3	25	1	20	0.10
	6	27	4	22	1.13
	8	10	6	5	2.18
	9	55	7	50	3.62
	11	50	9	45	5.60
	13	20	11	15	7.46
	15	8	13	3	10.04
	19	17	17	12	17.44
	21	34	19	29	22.36
	22	56	20	51	25.61
	24	35	22	30	29.82
	28	2	25	57	39.66
	29	30	27	25	44.27
	30	46	28	41	48.45

32 observations . . . 651.12

Réduction		+		20.348
Réfraction		+		49.997
	40	43		11.041
	40	44		21.386
Distance polaire . . .	—1	46		39.53
Colatitude	38	57		41.86
Latitude	51	2		18.14

16 janvier 1796.

Bar. 28 p. 5.7 lig. Therm. + 6.2 deg.

Cercle n° I.

			Angle horaire.		Réduction.
12h	51'	24"			
5	10	39			
18	2	3			
17	41	20	20'	43"	+ 25"28
	42	43	19	20	22.02
	44	6	17	57	18.99
	45	31	16	32	16.11
	46	52	15	11	13.59
	48	0	14	3	11.69
	49	45	12	18	8.92
	50	33	11	30	7.79
	51	39	10	24	6.37
	52	59	9	4	4.84
	54	8	7	55	3.69
	55	14	6	49	2.75
	56	35	5	28	1.76
	57	35	4	28	1.17
	59	17	2	46	0.45
18	0	44	1	19	0.10
	2	17	0	14	0.00
	3	17	1	14	0.09
	4	49	2	46	0.45
	6	13	4	10	1.02
	7	34	5	31	1.79
	9	4	7	1	2.90
	10	40	8	37	4.38
	12	21	10	18	6.25
	14	1	11	58	8.44
	15	3	13	0	9.96
	16	5	14	2	11.61
	17	6	15	3	13.35

	Angle horaire.	Réduction.
18h 18' 35"	16' 32"	+ 16"11
19 55	17 52	18.81

30 observations . . .	240.68
Réduction	+ 8.023
Réfraction	50.540
	40 43 29.676
Distance polaire . . .	—1 46 39.56
Colatitude	38 57 48.68
Latitude	51 2 11.32

17 *janvier* 1796.

Bar. 28 p. 3.6 lig. Therm. + 4.16 deg.

Cercle n° IV.

12h 51' 23"
5 10 37
18 2 0

	Angle horaire.	Réduction.
17 47 6	14' 54"	+ 13"07
48 25	13 35	10.87
49 49	12 11	8.75
51 41	10 19	6.27
53 25	8 35	4.34
54 35	7 25	3.24
55 59	6 1	2.13
57 14	4 46	1.34
58 31	3 29	0.65
59 53	2 7	0.27
18 1 35	0 25	0.01
3 47	1 47	0.19
5 27	3 27	0.70
6 47	4 47	1.35
8 39	6 39	2.61
10 8	8 8	3.90
11 55	9 55	5.80
13 13	11 13	7.42
14 52	12 52	9.76
15 52	13 52	11.33
17 23	15 23	13.95
18 37	16 37	16.28
20 17	18 17	19.70
21 47	19 47	23.06
24 observations . . .		166.01

Réduction	+ 6"917
Réfraction	+ 50.84
	41 43 30.844
Distance polaire . . .	—1 46 39.60
Colatitude	38 47 49.00
Latitude	51 2 11.00

21 *janvier* 1796.

Bar. 27 p. 11 lig. Therm. + 7.07 deg.

Cercle n° IV.

12h 51' 20"
5 10 25
18 1 45

	Angle horaire.	Réduction.
17 38 33	23' 12"	+ 31"71
41 38	20 7	23.84
43 17	18 28	20.10
44 46	16 59	17.00
46 25	15 20	13.86
48 8	13 37	10.93
49 30	12 15	8.85
51 15	10 30	6.50
52 43	9 2	4.81
54 19	7 26	3.26
56 16	4 29	1.18
57 50	3 55	0.90
59 19	2 26	0.35
18 0 46	0 59	0.06
2 25	1 40	0.16
3 48	2 3	0.25
4 52	3 7	0.57
6 50	5 5	1.52
8 1	6 16	2.31
9 13	7 28	3.29
10 41	8 55	4.70
11 47	10 2	5.93
13 58	12 13	8.80
15 21	13 36	10.90
16 42	14 57	13.16
18 36	16 51	16.73
21 32	19 47	23.06
23 3	21 18	26.73
24 7	22 22	29.47
25 6	23 21	32.12
30 observations . . .		323.05

Réduction	+	10″768
Réfraction	+	49.450
		40 43 27.224
Distance polaire. . .	—1	46 39.79
Colatitude		38 57 47.652
Latitude		51 2 12.35

22 *janvier* 1796.

Bar. 27 p. 10.0 lig. Therm. + 7.12 deg.

Cercle n° IV.

	Angle horaire.	Réduction.
12h 51′ 20″		
5 10 23		
18 1 43		
17 48 21	13′ 22″	+ 10″53
49 57	11 46	8.16
51 9	10 34	6.58
52 55	8 48	4.57
54 11	7 32	3.35
56 13	5 30	1.78
Nuages.		
18 14 6	12 23	9.04
15 43	14 0	11.55
8 observations . . .		55.56

Réduction	+	6.94
Réfraction	+	49.26
		40 43′ 32.53
		40 44 28.73
Distance polaire. . .	—1	46 39.89
Colatitude		38 57 48.84
Latitude		51 2 11.16

Résumé du passage inférieur de la Polaire.

1796.	Nomb.	Latitude.	Nomb.	Latitude.	dm	+ 1/60
8 janvier .	14	51° 2′ 16″04	14	51° 2′ 16″04	+ 0″18	
11	4	15.45	18	51 2 15.98	+ 0.11	
13	30	15.66	48	15.75	+ 0.08	
14	28	15.85	76	15.79	+ 0.07	
15	32	18.14	108	15.54	+ 0.08	
16	30	11.32	138	14.67	+ 0.17	
17	24	11.05	162	14.13	+ 0.24	
21	30	12.35	192	13.86	+ 0.12	
22	8	11.16	200	13.78	+ 0.12	— 0″82
Passage inférieur de la Polaire . .			200	51 2 13.78	+ 0.13	— 0.82
Meilleures observations			138	51 2 14.67	+ 0.12	— 0.82
Polaire supérieure			154	51 2 15.89	+ 0.10	— 0.72
Milieu des			292	51 2 15.28	+ 0.11	— 0.77
Milieu des			354	51 2 14 84	+ 0.12	— 0.77

Passage supérieur de β de la petite Ourse.

12 *février* 1796.

Bar. 27 p. 9.9 lig. Therm. + 4.0 deg.

Cercle n° IV.

14h 51′ 28″				
5 9 34				
20 1 2				

			Angle horaire.		Réduction.
19	50	57	10′	5″	— 80″00
	53	33	7	29	44.08
	55	50	5	12	21.29
	57	8	3	54	11.98
	58	57	2	5	3.42
20	0	38	0	24	0.13
	2	7	1	5	0.93
	3	45	2	43	5.82
	5	53	4	51	18.52
	8	54	7	52	48.70
	10	23	9	21	68.79
	12	24	11	22	101.64

12 observations . . .			— 405.30
Réduction			— 33.775
Arc	23	57	0.247
Distance polaire . . .	15	0	53.49
Réfraction			+ 25.72
Colatitude	38	57	45.68
Latitude	51	2	14.32

15 *février* 1796.

Bar. 28 p. 0.8 lig. Therm. + 3.76 deg.

Cercle n° IV.

14	51	28
5	9	25
20	0	53

			Angle horaire.		Réduction.
19	58	11	2	42	— 5.74
	1	6	0	13	0.04
19h	2′	34″	1′	41″	— 2″24
	4	39	3	46	11.18
	5	52	4	59	19.55
	7	25	6	32	33.40
	9	29	8	36	58.20
	11	5	10	12	81.86

8 observations . . .			— 212.21
Réduction			— 26.526
Arc	23	56	50.122
Réfraction			+ 26.100
Distance polaire . . .	15	0	53.42
Colatitude	38	57	43.116
Latitude	51	2	16.884

22 *février* 1796.

Bar. 28 p. 1.85 lig. Therm. + 2.96 deg.

Cercle n° IV.

14	51	28
5	9	6
20	0	34

			Angle horaire.		Réduction.
19	48	40	11	54	— 111.40
	50	47	9	47	75.31
	52	22	8	12	52.91
	54	20	6	14	30.59
	56	2	4	32	16.18
	58	48	1	46	2.47
20	0	45	0	11	0.03
	2	35	2	1	3.21
	5	3	4	29	15.82
	6	38	6	4	28.98
	9	2	8	28	56.42
	12	35	12	1	113.59

12 observations . . . — 500.91.

Réduction	— 41″742
Arc	23 57 5·445
Réfraction	+ 26·27
Distance polaire . . .	15 0 53·06
Colatitude	38 57 43·03
Latitude	51 2 16·97

24 *février* 1796.

Bar. 28 p. 4.2 lig. Therm. + 1.72 deg.

Cercle n° IV.

14h 51′ 29″
5 8 56

			Angle pendule.		Réduction.
20	0	25			
19	48	40	11′	45″	— 108″61
	50	38	9	47	75·31
	51	52	8	33	57·53
	53	19	7	6	39·68
	54	47	5	38	24·99
	56	27	3	58	12·39
	57	59	2	26	4·67
20	0	21	0	04	0·01
	1	59	1	34	1·94
	3	47	3	22	8·93
	5	7	4	42	17·59
	6	33	6	8	29·61
	8	55	8	30	56·86
	10	35	10	10	81·32

14 observations . . .	— 519·44
Réduction	— 37·103
Arc	23 57 3·690
Réfraction	+ 26·641
Distance polaire . . .	15 0 52·90
Colatitude	38 57 46·13
Latitude	51 2 13·87

25 *février* 1796.

Bar. 28 p. 4.2 lig. Therm. + 1.3 deg.

Cercle n° IV.

14h 51′ 29″
5 8 54

			Angle horaire.		Réduction.
20	0	23			
19	49	40	10′	43″	— 90·36
	51	23	9	0	63·74
	53	25	6	58	38·20
	55	2	5	21	22·53
	56	18	4	5	13·13
	58	32	1	51	2·70
20	0	6	0	17	0·07
	2	12	1	49	2·60
	4	5	3	42	10·78
	5	14	4	51	18·52
	6	29	6	6	29·29
	7	52	7	29	44·08
	9	21	8	58	63·27
	10	56	10	33	87·56

14 observations . . .	— 486·83
Réduction	— 34·773
Réfraction	+ 26·72
Arc	23 57 0·566
Distance polaire . . .	15 0 52·82
Colatitude	38 57 45·33
Latitude	51 2 14·67

27 *février* 1796.

Bar. 28 p. 3,8 lig. Therm. — 0.88 deg.

Cercle n° IV.

14 51 29
5 8 50

20	0	19			
19	51	57	8	22	55·09
	53	4	7	15	41·37
	54	34	5	45	26·03

			Angle pendule.		Réduction.
19h	55′	35″	4′	44″	— 17″64
	56	35	3	44	11·02
	57	53	2	26	4·67
	59	0	1	19	1·37
20	0	24	0	5	0·01
	1	39	1	20	1·07
	3	4	2	45	5·96
	4	26	4	7	13·34
	5	47	5	28	23·53
	7	36	7	17	41·75
	9	46	9	27	70·26
	11	19	11	0	95·19
	12	24	12	5	114·85
16 observations . . .					— 523·15

Réduction	— 32·697
Réfraction	+ 27·01
Arc	23 56 57·109
Distance polaire . .	15 0 52·65
Colatitude	38 57 44·06
Latitude	51 2 15·94

28 *février* 1796.

Bar. 28 p. 2.4 lig. Therm. — 2.6 deg.

Cercle nº IV.

14	51	29			
5	8	48			
20	0	17			
19	52	0	8	17	54·00
	53	45	6	32	33·60
	55	21	4	56	19·16
	56	33	3	44	11·02
	57	50	2	27	4·73
	59	30	0	47	0·49
20	0	55	0	38	0·32
	2	42	2	25	4·60
	4	37	4	20	14·78
	6	27	6	10	29·93
	8	27	8	10	52·48
	9	56	9	39	73·27
12 observations . . .					— 298·38

Réduction	— 24″865
Réfraction	+ 27·171
	23 56 46·342
Arc	23 56 48·648
Distance polaire . . .	15 0 52·58
Colatitude	38 57 41·230
Latitude	51 2 18·77

Premier mars 1796.

Bar. 27 p. 10.8 lig. Therm. — 1.12 deg.

Cercle nº IV.

			Angle horaire.		Réduction.
14h	51′	29″			
5	8	44			
20	0	13			
19	50	9	10′	4″	— 79″74
	52	33	7	40	46·26
	55	5	5	8	20·74
	56	19	3	54	11·98
	58	15	1	58	3·05
20	0	5	0	8	0·02
	2	21	2	8	3·59
	4	8	3	55	12·08
	5	51	5	38	24·99
	7	46	7	33	44·87
	9	27	9	14	67·08
	10	51	10	38	88·95
12 observations . . .					— 403·35

Réduction	— 33·61
Réfraction	+ 26·70
Arc	23 57 0·315
Distance polaire . .	15 0 52·34
Colatitude	38 57 45·74
Latitude	51 2 14·26

2 *mars* 1796.

Bar. 27 p. 10.3 lig. Therm. — 0.76 deg.

Cercle n° I.

	Angle horaire.	Réduction.
14h 51′ 29″		
5 8 43		
20 0 12		
19 45 56	14′ 16″	— 160.05
47 25	12 47	128.53
50 38	9 34	72.01
52 51	7 21	42.52
Nuages.		
55 38	4 34	16.42
57 9	3 3	7.32
Nuages.		
20 1 38	1 26	1.62
3 37	3 25	9.19
Nuages.		
8 observations . . .		— 437.66
Réduction		— 54.71
Réfraction		+ 26.59
Arc		23 57 23.74
Distance polaire . . .		15 0 52.20
Colatitude		38 57 47.82
Latitude		51 2 12.18

3 *mars* 1796.

Bar. 27 p. 10.7 lig. Therm. — 2.64 deg.

Cercle n° I.

	Angle horaire.	Réduction.
14 51 29		
5 8 42		
20 0 11		
19 46 52	13 19	— 139.46
48 2	12 9	116.12
49 24	10 47	91.48
51 22	8 49	61.17
53 17	6 54	37.47
55 28	4 43	17.51
19h 57′ 13″	2′ 58″	— 6″93
58 55	1 16	1.27
20 0 45	0 34	0.26
2 12	2 1	3.20
4 32	4 21	14.90
6 22	6 11	30.09
8 16	8 5	51.42
10 9	9 58	78.16
12 15	12 4	114.54
14 0	13 49	150.12
16 observations . . .		— 914.10
Réduction		— 57.131
Réfraction		+ 26.92
Arc		23 57 22.370
Distance polaire . . .		15 0 52.07
Colatitude		38 57 44.23
Latitude		51 2 15.77

4 *mars* 1796.

Bar. 28 p. 2.1 lig. Therm. — 3.4 deg.

Cercle n° I.

Série défectueuse.

	Angle horaire.	Réduction.
14 51 29		
5 8 41		
20 0 10		
19 46 21	13 49	— 150.12
48 33	11 37	106.16
50 59	9 11	66.36
52 13	7 57	49.75
54 1	6 9	29.77
56 59	3 11	7.98
59 16	0 54	0.65
20 1 0	0 50	0.55
2 24	2 14	3.94
3 35	3 25	9.20
5 32	5 22	22.67
6 39	6 29	33.08
7 48	7 38	45.86
9 18	9 8	65.67
11 23	11 13	98.98
13 40	13 30	143.32
16 observations . . .		— 834.06

Réduction	— 52″13
Réfraction	+ 27.28
Arc	23 56 52.20
Distance polaire . . .	15 0 51.93
Colatitude	38 57 19.28
Latitude	51 2 40.72

6 *mars* 1796.

Bar. 28 p. 4.3 lig. Therm. — 3.6 deg.

Cercle n° I.

14h 51′ 29″
5 8 39
20 0 8

			Angle horaire.		Réduction.
19	49	50	10′	18″	— 83″47
	51	14	8	54	62.34
	52	20	7	48	47.88
	53	25	6	43	35.50
	54	47	5	21	22.53
	56	0	4	8	13.45
	57	22	2	46	6.03
	58	35	1	33	1.90
20	0	2	0	6	0.01
	1	13	1	5	0.93
	2	27	2	19	4.23
	3	55	3	47	11.05
	5	41	5	33	24.25
	7	9	7	1	38.75
	8	6	7	58	46.95
	9	11	9	3	64.48

16 observations . . .	— 466.75
Réduction	— 29.17
Réfraction	+ 27.47
Arc	23 56 56.30
Distance polaire . . .	15 0 51.63
Colatitude	38 57 46.23
Latitude	51 2 13.77

7 *mars* 1796.

Bar. 28 p. 4.35 lig. Therm. — 4.2 deg.

Cercle n° I.

14h 51′ 30″
5 8 37
20 0 7

			Angle horaire.		Réduction.
19	50	58	9′	9″	— 65″88
	52	9	7	58	49.95
	53	37	6	30	33.25
	55	9	4	58	19.42
	56	32	3	35	10.11
	58	6	2	1	3.20
	59	13	0	54	0.65
20	0	34	0	27	0.17
	1	58	1	51	2.70
	3	2	2	55	6.70
	4	25	4	18	14.56
	5	35	5	28	23.53
	6	53	6	48	36.40
	8	45	8	38	58.65

14 observations . . .	— 325.17
Réduction	— 23.226
Réfraction	+ 27.604
Arc	23 56 59.756
Distance polaire . . .	15 0 51.51
Colatitude	38 57 55.644
Latitude	51 2 4.356

8 *mars* 1796.

Bar. 28 p. 1.9 lig. Therm. — 1.68 deg.

Cercle n° I.

14 51 30
5 8 33
20 0 3

19	48	50	11	13	— 98.98
	50	9	9	54	77.12
	51	18	8	45	60.25

	Angle horaire.	Réduction.
19h 52′ 37″	7′ 26″	— 43″46
54 0	6 3	28.82
55 8	4 55	19.03
56 23	3 40	10.58
58 16	1 47	2.51
59 43	0 20	0.09
20 1 0	0 57	0.72
2 18	2 15	4.00
3 36	3 33	9.92
5 21	5 18	22.11
6 35	6 32	33.60
8 2	7 59	50.15
9 9	9 6	65.17
10 33	10 30	86.73
12 25	12 22	120.29
18 observations . . .		— 733.53
Réduction		— 40.75
Réfraction		+ 26.99
Arc		23 57 9.99
Distance polaire . . .		15 0 51.38
Colatitude		38 57 47.61
Latitude		51 2 12.38

9 *mars* 1796.

Bar. 28 p. 1.0 lig. Therm. — 0.72 deg.

Cercle n° I.

14 51 30		
5 8 34		
20 0 4		
19 46 40	13 24	— 141.21
48 16	11 48	109.54
49 24	10 40	89.51
50 58	9 6	65.16
52 3	8 1	50.57
53 18	6 46	36.03
54 52	5 12	21.28
56 27	3 37	10.30
58 8	1 56	2.95
20 0 44	0 40	0.35
2 30	2 26	4.67

	Angle horaire.	Réduction.
20h 3′ 47″	3′ 43″	— 10″88
5 17	5 13	21.42
6 40	6 36	34.29
7 53	7 49	48.09
9 21	9 17	67.82
11 13	11 9	97.81
12 40	12 36	124.88
18 observations . . .		— 936.76
Réduction		— 52.042
Réfraction		+ 26.774
Arc		23 57 21.825
Distance polaire . . .		15 0 51.24
Colatitude		38 57 47.797
Latitude		51 2 12.203

10 *mars* 1796.

Bar. 28 p. 0.4 lig. Therm. + 0.64 deg.

Cercle n° I.

Série défectueuse.

14 51 30		
5 8 32		
20 0 2		
19 51 10	8 52	61.87
52 17	7 45	47.27
53 23	6 39	34.81
54 39	5 23	22.83
56 13	3 49	11.47
57 18	2 44	5.89
58 39	1 23	1.51
20 0 0	0 2	0.00
1 28	1 26	1.62
2 31	2 29	4.86
4 10	4 8	13.45
5 9	5 7	20.61
6 24	6 22	31.81
7 50	7 48	47.88
9 11	9 9	65.88
10 44	10 42	90.07
16 observations . . .		— 461.83

Réduction	—		28″87
Réfraction	+		26.60
Arc	23	57	6.93
Distance polaire . . .	15	0	51.10
Colatitude	38	57	55.76
Latitude	51	2	4.24

12 *mars* 1796.

Bar. 28 p. 3.6 lig. Therm. + 4.4 deg.

Cercle n° I.

14ʰ 51′ 30″
5 8 32
20 0 2

			Angle horaire.		Réduction.
19	47	8	12′	54″	— 130″89
	48	33	11	29	103.73
	49	44	10	18	83.47
	51	36	8	26	55.98
	52	59	7	3	39.12
	54	11	5	51	26.94
	55	53	4	9	13.55
	57	10	2	52	6.47
	58	45	1	17	1.31
	59	52	0	10	0.02
20	1	32	1	30	1.77
	2	27	2	25	4.60
	6	43	6	41	35.16
	14	23	14	21	161.82

14 observations . . .	—		664.83
Réduction	—		47.49
Réfraction	+		26.18
Arc	23	57	16.94
Distance polaire . . .	15	0	50.73
Colatitude	38	57	86.36
Latitude	51	2	13.64

Toutes ces séries ont été observées avec un soin extrême, dans la vue de découvrir la cause des irrégularités que présentent quelques-unes d'entre elles.

14 *mars* 1796.

Bar. 28 p. 4.7 lig. Therm. + 5.8 deg.

Cercle n° I.

14ʰ 51′ 30″
5 8 14
19 59 44

			Angle horaire.		Réduction.
19	47	41	12′	3″	— 114″82
	49	51	9	53	76.86
	51	19	8	25	55.75
	52	30	7	14	41.18
	53	50	5	54	27.40
	55	10	4	34	16.42
	56	37	3	7	8.49
	58	43	1	1	0.82
20	0	22	0	38	0.34
	1	36	1	52	2.75
	3	27	3	43	10.88
	4	55	5	11	21.15
	6	34	6	50	36.75
	8	7	8	23	55.31
	9	30	9	46	75.06
	11	8	11	24	102.24

16 observations . . .	—		646.22
Réduction	—		40.39
Réfraction	+		26.07
Arc	23	57	8.30
Distance polaire . . .	15	0	50.36
Colatitude	38	57	44.34
Latitude	51	2	15.66

15 *mars* 1796.

Bar. 28 p. 3.9 lig. Therm. + 6.3 deg.

Cercle n° I.

14 51 30
5 8 10
19 59 40

19	49	11	10	29	— 86.46
	50	30	9	10	66.12
	51	49	7	51	48.50

	Angle horaire.	Réduction.
19h 53′ 24″	6′ 16″	— 30″91
54 46	4 54	18.91
56 50	2 50	6.32
58 19	1 21	1.44
20 0 26	0 46	0.47
1 56	2 16	4.05
3 7	3 27	9.37
5 22	5 42	25.58
6 22	6 42	35.33
7 43	8 3	51.00
9 17	9 37	72.77
10 23	10 43	90.36
11 23	11 43	107.99

16 observations . . .	— 655.58
Réduction	— 40.974
Réfraction	+ 25.944
Arc	23 57 10.476
Distance polaire . . .	15 0 50.17
Colatitude	38 57 45.616
Latitude	51 2 14.384

16 *mars* 1796.

Bar. 28 p. 4.7 lig. Therm. + 4.8 deg.

Cercle n° I.

14	51	30
5	8	6
19	59	36

Série défectueuse.

19 48 6	11 30	— 104.03
49 53	9 43	74.49
51 44	7 52	48.70
53 3	6 33	33.77
54 44	4 52	18.65
55 47	3 39	10.49
57 19	2 17	4.12
59 14	0 22	0.11
20 1 2	1 26	1.62
2 21	2 45	5.96
4 0	4 24	15.24
5 28	5 52	27.09

	Angle horaire.	Réduction.
20h 7′ 4″	7′ 28″	— 43″88
8 15	8 39	58.88
9 54	10 18	83.48
11 3	11 27	103.13

16 observations . . .	— 633.64
Réduction	— 39.602
Réfraction	+ 26.20
Arc	23 57 14.321
Distance polaire . . .	15 0 49.98
Colatitude	38 57 50.900
Latitude	51 2 9.10

17 *mars* 1796.

Bar. 28 p. 2.4 lig. Therm. + 4.0 deg.

Cercle n° I.

14	51	30
5	8	2
19	59	32

19 49 56	9 36	— 72.52
52 25	7 7	39.86
53 21	6 11	30.09
55 6	4 26	15.48
57 8	2 24	4.54
59 49	0 17	0.07
20 2 18	2 46	6.03
3 59	4 27	15.59
5 11	5 39	25.13
6 39	7 7	39.86
7 59	8 27	56.20
9 22	9 50	76.08

12 observations . . .	— 381.45
Réduction	— 31.787
Réfraction	+ 26.17
Arc	23 57 0.426
Distance polaire . . .	15 0 49.80
Colatitude	38 57 44.61
Latitude	51 2 15.39

18 mars 1796.

Bar. 28 p. 3.7 lig. Therm. + 3.28 deg.

Cercle n° I.

	Angle horaire.	Réduction.
14h 51′ 30″		
5 7 58		
19 59 28		
19 56 30	2′ 58″	− 6″93
57 57	1 31	1.81
59 18	0 10	0.02
20 0 12	0 44	0.43
1 42	2 14	3.94
20h 2′ 56″	3′ 28″	− 9.46
4 31	5 3	20.08
6 16	6 48	36.40
7 42	8 14	53.35
8 57	9 29	70.76

10 observations . . .	− 204.18
Réduction	− 20.418
Réfraction	+ 26.372
Arc	23 56 46.544
Distance polaire . . .	15 0 49.61
Colatitude	38 57 42.11
Latitude	51 2 17.89

Passage inférieur de β de la petite Ourse.

15 janvier 1796.

Bar. 28 p. 4.6 lig. Therm. + 8.3 deg.

Cercle n° IV.

14 51 25		
5 10 43		
8 2 8		
7 48 1	14 7	+ 78.77
49 3	13 6	67.65
52 27	9 41	37.06
53 43	8 25	28.00
55 18	6 50	18.46
58 17	3 51	5.86
59 34	2 34	2.61
8 0 33	1 35	0.99
2 1	0 7	0.01
3 12	1 4	0.46
4 40	2 32	2.54
5 52	3 44	5.51
7 4	4 56	9.62
8 14	6 6	14.71
9 25	7 17	20.97
10 39	8 31	28.67
12 28	10 20	42.21
8h 13′ 47″	11′ 39″	+ 53″65
15 21	13 13	69.04
16 41	14 33	83.68

20 observations . . .	+ 570.46
Réduction	+ 28.52
Réfraction	1 19.41
Arc	53 56 51.76
Distance polaire . . —	15 0 51.35
Colatitude	38 57 48.34
Latitude	51 2 11.66

16 janvier 1796.

Bar. 28 p. 5.5 lig. Therm. + 8.88 deg.

Cercle n° IV.

14 51 25		
5 10 40		
8 2 5		
7 46 14	15 51	+ 99.28
48 25	13 40	73.82
50 37	11 28	51.98
52 11	9 54	38.74

	Angle horaire.	Réduction.
7h 53′ 39″	8′ 26″	+ 28″ 12
55 21	6 44	17·93
56 52	5 13	10·75
Nuages.		
8 2 40	0 35	0·14
7 25	5 20	11·24
9 15	7 10	20·30
11 4	8 59	31·89
12 44	10 39	44·83
14 36	12 31	61·92
15 53	13 48	75·27
14 observations . . .		+ 566·21

Réduction	+ 40·443
Réfraction	1 19·34
Arc	53 56 41·261
Distance polaire . . —	15 0 51·52
Colatitude	38 57 49·52
Latitude	51 2 10·48

17 *janvier* 1796.

Bar. 28 p. 5.0 lig. Therm. + 5.68 deg.

Cercle n° IV.

14 51 25
5 10 38
8 2 3

8 6 21	4 18	+ 7·31
7 15	5 12	10·69
8 12	6 9	14·95
9 52	7 49	24·15
11 1	8 58	31·78
11 59	9 56	39·01
13 41	11 38	53·50
14 52	12 49	64·92
16 9	14 6	78·58
17 45	15 42	97·41
18 45	16 42	110·22
20 9	18 6	129·45
12 observations . . .		+ 661·97

Réduction	+ 55·164
Réfraction	1 20·674
Arc	53 56 27·645
Distance polaire . . —	15 0 51·68
Colatitude	38 57 51·803
Latitude	51 2 8·197

2 *février* 1796.

Bar. 27 p. 6.9 lig. Therm. + 4.2 deg.

Cercle n° IV.

14h 51′ 27″
5 9 59
8 1 26

	Angle horaire.	Réduction.
8 0 56	0′ 30″	+ 0″10
2 16	0 50	0·28
3 23	1 57	1·50
4 15	2 49	3·13
5 28	4 2	6·43
6 30	5 04	10·14
7 56	6 30	16·70
8 50	7 24	21·64
10 7	8 41	29·80
11 19	9 53	38·61
12 27	11 1	47·98
13 41	12 15	59·31
14 46	13 20	70·26
15 58	14 32	83·48
17 4	15 38	96·60
18 35	17 9	116·23
19 47	18 21	133·04
21 7	20 41	169·02
22 27	21 1	174·52
23 27	22 1	191·51
20 observations . . .		+ 1270·28

Réduction	+ 63·514
Réfraction	1 18·025
Arc	53 56 18·019
Distance polaire . . —	15 0 53·28
Colatitude	38 57 46·278
Latitude	51 2 13·722

Résumé du passage supérieur de β de la petite Ourse.

ANNÉE 1796.	Nombre d'observ. du jour.	LATITUDE.	Nombre d'observ. réunies.	LATITUDE.	dm	
12 février . .	12	51° 2′ 14″32	12	51° 2′ 14″32	+ 0″.13	— 0.42
15	8	16.88	20	15.34	+ 0.13	
22	12	16.97	32	15.96	+ 0.15	
24	14	13.87	46	15.32	+ 0.18	
25	14	14.67	60	15.17	+ 0.19	
27	16	15.94	76	15.33	+ 0.20	
28	12	18.77	88	15.80	+ 0.28	
1 mars . .	12	14.26	100	15.61	+ 0.25	
2	8	12.18	8	12.18	+ 0.24	
3	16	15.77	24	14.57	+ 0.28	
4	16	40.72	. . .	. . . . .	+ 0.30	
6	16	13.77	40	14.25	+ 0.30	
7	14	4.36	. . .	. . . . .	+ 0.32	
8	18	12.38	58	13.67	+ 0.26	
9	18	12.20	76	13.32	+ 0.23	
10	16	4.24	. . .	. . . . .	+ 0.21	
12	14	13.64	90	13.37	+ 0.12	
14	16	15.66	106	13.72	+ 0.09	
15	16	14.38	122	13.84	+ 0.09	
16	16	9.10	. . .	. . . . .	+ 0.11	
17	12	15.39	134	13.95	+ 0.13	
18	10	17.89	144	14.22	+ 0.15	— 0.42

Les 206 observations de la seconde série . . 51° 2′ 14″50 + 0″20 — 0″42
Les 144 meilleures . . . . 51° 2′ 14″22 + 0″19 — 0″42
Les 100 de la première . . . . 51° 2′ 15″61 + 0″19 — 0″42
Milieu entre ces deux derniers résultats . 51° 2′ 14″91 + 0″19 — 0″42

Je rejette quatre séries évidemment défectueuses, quoique je n'ai pu m'assurer bien incontestablement de ce qui les avoit rendu si mauvaises; mais, quand on les feroit concourir avec les autres, le dernier résultat n'en seroit pas augmenté de 0″15. On voit donc que la latitude doit être 51° 2′ 15″, à fort peu près : c'est aussi ce que nous avons trouvé par la Polaire. Mais ici nous sommes obligés de supposer la déclinaison bien connue, et nous verrons ci-après ce qui peut en être.

Résumé du passage inférieur de β de la petite Ourse.

Année 1796.	Nombre d'observ. du jour.	Latitude.	Nombre d'observ. réunies.	Latitude.	dm.	
15 mars . .	20	51° 2′ 11″66	20	51° 2′ 11″66	+ 0″11	
16	14	10.48	34	10.74	+ 0.07	
17	12	8.20	46	10.07	+ 0.28	
2 février . .	20	13.72	66	11.72	+ 0.21	

Les 66 observations.	51° 2′ 11″72 + 0″17 — 1″03
Le passage supérieur	51° 2′ 14″91 + 0″19 — 0″42
Latitude par β de la petite Ourse . .	51° 2′ 13″32 + 0″18 — 0.72
Latitude par la Polaire	51° 2′ 15″2 + 0″11 — 0″77
Milieu entre les deux étoiles . . .	51° 2′ 14″26 + 0″15 — 0″75
Differ. des passages supér. et infér. . .	+ 3″18
Correction de déclinaison	— 1″59

Mais les observations du passage inférieur sont quatre fois moins nombreuses et beaucoup moins sûres en elles-mêmes. Il paroît donc que l'on ne doit les faire entrer dans la détermination que pour $\frac{1}{5}$ tout au plus.

Ajoutant donc au résultat du passage inférieur	51° 2′ 11″73
Les quatre cinquièmes de la différence 3″18, ou . .	2″544
Nous aurons pour le passage inférieur	51° 2′ 14″27
Retranchons $\frac{2}{5}$ du passage inférieur, nous aurons . . .	51° 2′ 14″27
A cette latitude comparons celle que donne la Polaire .	51° 2′ 15″2
Le milieu sera	51° 2 14″73

Nous reviendrons sur cet objet quand nous aurons discuté les autres latitudes et les déclinaisons des étoiles.

En attendant, il y a grande apparence que la latitude n'est pas moindre que . . . . 51° 2' 15"0

La différence en latitude entre le lieu de l'observation et la tour de Dunkerque est . . . . — 5"3

La latitude du signal sur la tour sera donc . . . . 51° 2' 9"0

Donnons le calcul de cette différence de 5"3 en latitude. Le troisième de mes triangles secondaires, tome I, page 543, donne :

	Angles.	Côtés opposés.
Tour de Dunkerque	122° 1' 49"	. . . . . .
Tourelle de l'intendance . .	56° 51' 22"	9876.5
Bollezèle *	1° 6' 49"	229.25

La distance de Dunkerque à Bollezèle, 9876.5, est empruntée de la *Méridienne vérifiée*, page 165, où elle forme le premier côté du premier triangle de la méridienne.

L'angle à Bollezèle est conclu; on en déduit 229t25 pour la distance de la tourelle à la tour.

L'erreur du côté, pris dans la *Méridienne*, ne passe pas 2 toises, c'est-à-dire environ $\frac{1}{5000}$. Notre distance seroit donc parfaitement sûre, si l'angle conclu n'étoit pas si petit. Voici un second triangle, t. I, p. 543 :

	Angles.	Côtés opposés.
Tour de Dunkerque	137° 3' 38"	. . . . . .
Tourelle de l'intendance . .	42° 15' 55"	13075.96
Watten	0° 40' 27"	228.75

Ce triangle, uniquement fondé sur mes observations,

s'accorde, comme on voit, fort bien avec le précédent. En voici encore un troisième. Voyez t. I, p. 543.

	Angles.	Côtés opposés.
Tour de Dunkerque	94° 57′ 29″	. . . . . .
Tourelle de l'intendance . .	84° 7′ 15″	14088·28
Cassel	0° 55′ 16″	227·67

Celui-ci s'accorde un peu moins bien.

Premier triangle	229″25
Deuxième triangle	228″75
Troisième triangle	227″67
	25″67
Milieu	228″58
L'azimut de Watten sur l'horizon de la tour est . .	25° 19′ 45″0
Entre Watten et la tourelle	137° 3′ 38″0
Donc entre le point sud de l'horizon et la tourelle .	111° 43′ 53″0
On en conclut la distance à la méridienne .	212ᵗ3
Et la distance à la perpendiculaire	84ᵗ633 = 5″34

En 1740 l'observatoire étoit au midi de la tour de 84 toises; le mien étoit plus septentrional de 86 toises à très-peu près, car il étoit de 8 pieds ou 1ᵗ33 plus boréal que la tourelle.

La différence de latitude entre le point où j'ai fait les observations et le signal sur la tour, étoit donc à très-peu près de	− 5″3
La latitude de mon observatoire est de	51° 2′ 15″0
Donc la latitude de Dunkerque	51° 2′ 9″7

Hauteur du signal de la tour au-dessus de la mer	34ᵗ7
Différence de hauteur entre la tour et le centre du cercle à la tourelle	17ᵗ6
Élévation du cercle à la tourelle au-dessus de la basse mer . . .	17ᵗ1
Hauteur de ce cercle au-dessus de celui de l'observatoire	10ᵗ1
Donc hauteur du cercle de l'observatoire	7ᵗ0

Il y avoit à la tourelle un barreau de 10 lignes qui, vu de la tour de Dunkerque, paroissoit un peu plus large que le fil de la lunette, mais de fort peu. A la distance de 228t58 l'angle devoit être de 10″44; ainsi l'épaisseur du fil est de 9″ environ. Par le temps que le bord du soleil ou une étoile employoit à traverser le fil, j'ai toujours trouvé environ 12″; mais, dans les lunettes qui grossissent peu, on juge le contact avant qu'il n'arrive, et le diamètre paroît augmenté en raison de cette erreur.

Notre observatoire étoit dans l'aile à gauche en entrant, dans une espèce de grenier qui en est l'étage le plus élevé. Nous avions percé le toit qui regarde le nord. Notre cercle n'étoit pas loin de la rampe ou cloison qui borde l'escalier. Le plancher étoit assez solide; cependant, de peur que le poids du second observateur, qui se place tantôt à l'est et tantôt à l'ouest, ne fît pencher l'instrument, j'avois fait établir de côté et d'autre des marchepieds dont les appuis étoient à quelque distance, de manière que le poids de l'observateur ne faisoit plus aucun effet sensible au grand niveau que j'avois, pour cette épreuve, placé dans le premier vertical.

PARIS. Observatoire de la rue de Paradis.

Cet observatoire est situé rue de Paradis, au Marais, maison de madame d'Assy, ci-devant n° 1, et maintenant n° 16, la seconde porte à gauche en entrant par la rue du Chaume, et tout à côté de l'hôtel Soubise.

Le cercle n° I, dont je me suis servi constamment, est resté en place pendant tout le temps qu'ont duré ces observations. Je mettois à la suite les uns des autres tous les passages sans aucune distinction, et en prenant toujours ou presque toujours pour point de départ le point où je m'étois arrêté dans la série précédente.

Les tableaux de la marche de la pendule, de la position apparente des étoiles, de la réduction au méridien, et les corrections de la réfraction, ont été calculés de la même manière qu'à Dunkerque, et l'usage en est tout semblable.

TABLEAU de la marche de la pendule.

Jours d'observation.	Correction.	Jours d'observation.	Correction.	Jours d'observation.	Correction.
9 décemb.	+ 36"3	4 janv. *	+ 24"0	23 février .	— 59.2
10	+ 38.6	5	+ 22.2	26	— 58.0
11	+ 38.6	6 . . *	+ 20.8	2 mars . .	— 56.2
15	+ 40.2	11 . . *	+ 13.6	3	— 54.4
17 * . .	+ 42.4	13	+ 10.6	4	— 52.8
20	+ 45.6	14	+ 4.1	5	— 51.3
21	+ 45.5	15	+ 3.2	6	— 50.4
24	+ 42.9	16	+ 1.3	16 * . .	— 51.5
25	+ 41.7	17	+ 0.6	17 * . .	— 51.7
28	+ 39.2	18	— 2.4	18 * . .	— 51.9
29	+ 36.3	19	— 2.4	22	— 52.5
30	+ 35.0	20 . . *	— 1.0	23	— 51 3
3 janvier.	+ 25.8	1 févr. *	— 21.6	26	— 49.0

Nota. Les jours marqués d'une étoile sont ceux où il n'y a pas eu d'observations pour la pendule : les corrections de la pendule pour ces jours-là sont interpolées entre les deux plus voisines, en supposant la marche uniforme.

Position apparente de la Polaire et de β de la petite Ourse.

1795 et 1796.	Temps pour la Polaire.	Diff.	Distance polaire α.	Diff.	Temps pour la β.	Diff.	Distance polaire β.	Diff.
	H. M. S.	S.	D. M. S.	S.	D. M. S.	S.	D M. S.	S
30 novemb.	0 52 14.7	5.9	1 45 43.47	2.19	14 51 25.0	0.5	15 1 35.01	0.00
10 décemb.	0 52 8.8	6.4	1 45 41.28	1.60	14 51 25.5	0.5	15 1 35.01	3.19
20	0 52 2.4	6.7	1 45 39.68	1.00	14 51 26.0	0.7	15 1 38.20	2.74
30	0 51 55.7	6.9	1 45 38.68	0.37	14 51 26.7	0.8	15 1 40.94	2.22
9 janvier .	0 51 48.8	6.5	1 45 38.31	0.26	14 51 27.5	0.9	15 1 43.16	1.66
19	0 51 42.3	6.5	1 45 38.57	0.81	14 51 28.4	0.8	15 1 44.82	1.05
29	0 51 35.8	5.9	1 45 39.38	1.40	14 51 29.2	0.8	15 1 45.87	0.43
8 février .	0 51 29.9	5.0	1 45 40.78	1.86	14 51 30.0	0.8	15 1 46.30	0.19
18	0 51 24.9	4.1	1 45 42.64	2.23	14 51 30.8	0.9	15 1 46.11	0.76
28	0 51 20.8	3.1	1 45 44.87	2.53	14 51 31.7	0.7	15 1 45.35	1.30
10 mars . .	0 51 17.7	2.0	1 45 47.40	2.72	14 51 32.4	0.7	15 1 44.05	1.77
20	0 51 15.7	0.8	1 45 50.12	2.82	14 51 33.1	0.6	15 1 42.28	2.17
30	0 51 14.9	0.3	1 45 52.94	2.81	14 51 33.7	0.4	15 1 40.11	2.48
9 avril . .	0 51 15.2	1.6	1 45 55.75	2.70	14 51 34.1	0.3	15 1 37.63	2.70
19	0 51 16.8	2.6	1 45 58.45	2.50	14 51 34.4	0.1	15 1 34.93	2.82
29	0 51 19.4	3.7	1 46 0.95	2.22	14 51 34.5	0.1	15 1 32.11	2.86
9 mai . .	0 51 23.1	4.5	1 46 3.17	1.83	14 51 34.6	0.1	15 1 29.25	2.81
19	0 51 27.6		1 46 5.00		14 51 34.5		15 1 26.44	

TABLE de correction pour la distance de l'étoile polaire au zénith.

Latit. 48° 51′ 38″. Déclin. 88° 13′ 50″.

Angle horaire en temps.	Passage super. —	Diff.	Passage infér. +	Diff.	Angle horaire en temps.	Passage supér. —	Diff.	Passage infér. +	Diff.
0′ 0″	0″00	0	0″00	0	5′ 0″	1″57	11	1″46	10
10	0.00	1	0.00	1	10	1.68	11	1.56	11
20	0.01	1	0.01	1	20	1.79	11	1.67	10
30	0.02	1	0.02	1	30	1.90	12	1.77	11
40	0.03	1	0.03	1	40	2.02	12	1.88	11
50	0.04	2	0.04	2	50	2.14	12	1.99	12
1 0	0.06	2	0.06	2	6 0	2.26	13	2.11	12
10	0.08	3	0.08	2	10	2.39	13	2.23	12
20	0.11	3	0.10	3	20	2.52	14	2.35	12
30	0.14	3	0.13	3	30	2.66	13	2.47	13
40	0.17	4	0.16	4	40	2.79	15	2.60	13
50	0.21	4	0.20	3	50	2.94	14	2.73	14
2 0	0.25	4	0.23	4	7 0	3.08	15	2.87	14
10	0.29	5	0.27	5	10	3.23	15	3.01	13
20	0.34	5	0.32	5	20	3.38	16	3.14	15
30	0.39	6	0.37	5	30	3.54	16	3.29	15
40	0.45	5	0.42	5	40	3.70	16	3.44	15
50	0.50	7	0.47	6	50	3.86	16	3.59	16
3 0	0.57	6	0.53	6	8 0	4.02	17	3.75	15
10	0.63	7	0.59	6	10	4.19	18	3.90	16
20	0.70	7	0.65	7	20	4.37	17	4.06	17
30	0.77	7	0.72	7	30	4.54	18	4.23	16
40	0.84	8	0.79	7	40	4.72	19	4.39	17
50	0.92	9	0.86	8	50	4.91	18	4.56	18
4 0	1.01	8	0.94	8	9 0	5.09	20	4.74	18
10	1.09	9	1.02	8	10	5.29	19	4.92	18
20	1.18	9	1.10	9	20	5.48	20	5.10	18
30	1.27	10	1.19	9	30	5.68	20	5.28	19
40	1.37	10	1.28	9	40	5.88	20	5.47	19
50	1.47	10	1.37	9	50	6.08	21	5.66	19
5 0	1.57		1.46		10 0	6.29		5.85	

Suite de la table de correction pour la Polaire.

Angle horaire en temps.	Passage supér. −	Diff.	Passage infér. +	Diff.	Angle horaire en temps.	Passage supér. −	Diff.	Passage infér. +	Diff.
10′ 0″	6″29		5″85		16′ 0″	16″10		14″97	
10	6.50	21	6.05	20	10	16.43	33	15.29	32
20	6.72	22	6.25	20	20	16.78	35	15.60	31
30	6.93	21	6.45	20	30	17.12	34	15.93	33
40	7.16	23	6.66	21	40	17.47	35	16.25	32
50	7.38	22	6.87	21	50	17.82	35	16.57	32
11 0	7.61	23	7.08	21	17 0	18.17	35	16.90	33
10	7.84	23	7.29	21	10	18.53	36	17.24	34
20	8.08	24	7.51	22	20	18.89	36	17.57	33
30	8.32	24	7.74	23	30	19.26	37	17.91	32
40	8.56	24	7.96	22	40	19.62	36	18.25	34
50	8.81	25	8.19	23	50	20.00	38	18.60	35
12 0	9.06	25	8.42	23	18 0	20.37	37	18.95	35
10	9.31	25	8.66	24	10	20.75	38	19.31	36
20	9.57	26	8.90	24	20	21.13	38	19.66	35
30	9.83	26	9.14	24	30	21.52	39	20.02	36
40	10.09	26	9.39	25	40	21.91	39	20.38	36
50	10.36	27	9.63	24	50	22.30	39	20.75	37
13 0	10.63	27	9.89	26	19 0	22.70	40	21.12	37
10	10.90	27	10.14	25	10	23.10	40	21.49	37
20	11.18	28	10.40	26	20	23.50	40	21.87	38
30	11.46	28	10.66	26	30	23.91	41	22.25	38
40	11.75	29	10.93	27	40	24.32	41	22.64	39
50	12.04	29	11.19	26	50	24.73	41	23.02	38
14 0	12.33	29	11.47	28	20 0	25.15	42	23.41	39
10	12.62	29	11.74	27	10	25.57	42	23.80	39
20	12.92	30	12.02	28	20	25.99	42	24.20	40
30	13.22	30	12.30	28	30	26.42	43	24.59	39
40	13.53	31	12.58	28	40	26.85	43	24.99	40
50	13.84	31	12.87	29	50	27.29	44	25.40	41
15 0	14.15	31	13.16	29	21 0	27.72	43	25.81	41
10	14.47	32	13.46	30	10	28.17	45	26.23	41
20	14.78	31	13.75	29	20	28.61	44	26.65	42
30	15.11	33	14.05	30	30	29.06	45	27.07	42
40	15.43	32	14.36	31	40	29.51	45	27.50	43
50	15.76	33	14.66	30	50	29.97	46	27.92	42
16 0	16.10	34	14.97	31	22 0	30.43	46	28.35	43

Suite de la table de correction pour la Polaire.

Angle horaire en temps.	Passage supér. —	Diff.	Passage infér. +	Diff.	Angle horaire en temps.	Passage supér. —	Diff.	Passage infér. +	Diff.
22′ 0″	30″43	46	28″35	43	28′ 0″	49″22	59	45″88	54
10	30.89	46	28.78	43	10	49.81	59	46.42	55
20	31.35	47	29.21	44	20	50.40	59	46.97	55
30	31.82	47	29.65	44	30	50.99	60	47.52	56
40	32.29	47	30.09	44	40	51.59	60	48.08	56
50	32.76	47	30.53	45	50	52.19	61	48.64	57
23 0	33.23	48	30.98	45	29 0	52.80	60	49.21	57
10	33.71	49	31.43	45	10	53.40	61	49.78	57
20	34.20	49	31.88	45	20	54.01	62	50.35	57
30	34.69	49	32.33	45	30	54.63	62	50.92	57
40	35.18	50	32.78	46	40	55.25	62	51.49	58
50	35.68	50	33.24	46	50	55.87	62	52.07	59
24 0	36.18	50	33.70	47	30 0	56.49	63	52.66	59
10	36.68	51	34.17	47	10	57.12	63	53.25	59
20	37.19	51	34.64	48	20	57.75	63	53.84	59
30	37.70	51	35.12	48	30	58.38	64	54.43	59
40	38.21	52	35.60	49	40	59.02	65	55.02	60
50	38.73	52	36.09	49	50	59.67	64	55.62	60
25 0	39.25	53	36.58	49	31 0	60.31	65	56.22	61
10	39.78	53	37.07	50	10	60.96	66	56.83	61
20	40.31	53	37.57	50	20	61.62	65	57.44	61
30	40.84	54	38.07	50	30	62.27	66	58.05	61
40	41.37	54	38.57	50	40	62.93	66	58.66	62
50	41.91	54	39.07	50	50	63.59	67	59.28	62
26 0	42.45	55	39.57	51	32 0	64.26	67	59.90	62
10	43.00	55	40.08	51	10	64.93	67	60.52	62
20	43.55	55	40.59	51	20	65.60	68	61.14	63
30	44.10	55	41.10	52	30	66.28	68	61.77	64
40	44.65	56	41.62	52	40	66.96	68	62.41	64
50	45.21	56	42.14	53	50	67.64	69	63.05	65
27 0	45.77	57	42.67	53	33 0	68.33	70	63.70	65
10	46.34	57	43.20	53	10	69.03	69	64.35	65
20	46.91	57	43.73	53	20	69.72	69	65.00	65
30	47.48	58	44.26	54	30	70.41	70	65.65	65
40	48.06	58	44.80	54	40	71.11	71	66.30	65
50	48.64	58	45.34	54	50	71.82	70	66.95	66
28 0	49.22		45.88		34 0	72.52		67.61	

Suite de la table de correction pour la Polaire.

Angle horaire en temps.	Passage supér. —	Diff.	Passage infér. +	Diff.	Angle horaire en temps.	Passage supér. —	Diff.	Passage infér. +	Diff.
34′ 0″	72″52	72	67″61	67	35′ 0″	76″85	73	71″65	68
10	73.24	71	68.28	67	10	77.58	73	72.33	69
20	73.96	72	68.95	67	20	78.31	74	73.02	69
30	74.67	72	69.62	67	30	79.05	74	73.71	69
40	75.39	73	70.29	68	40	79.79	75	74.40	69
50	76.12	73	70.97	68	50	80.54	75	75.09	70
35 0	76.85		71.65		36 0	81.29		75.79	

Table de correction pour la distance de β de la petite Ourse au zénith.

Latit. 48° 51′ 38″. Déclin. 74° 58′ 50.

Angle horaire en temps.	Passage supér. —	Diff.	Passage infér. +	Diff.	Angle horaire en temps.	Passage supér. —	Diff.	Passage infér. +	Diff.
0′ 0″	0″00	0″02	0.00	0.01	2′ 0″	3″04	0″53	1″61	0″28
10	0.02	0.06	0.01	0.03	10	3.57	0.57	1.89	0.30
20	0.08	0.11	0.04	0.06	20	4.14	0.61	2.19	0.33
30	0.19	0.15	0.10	0.08	30	4.75	0.66	2.52	0.35
40	0.34	0.19	0.18	0.10	40	5.41	0.69	2.87	0.36
50	0.53	0.23	0.28	0.12	50	6.10	0.74	3.23	0.40
1 0	0.76	0.27	0.40	0.15	3 0	6.84	0.78	3.63	0.41
10	1.03	0.32	0.55	0.17	10	7.62	0.83	4.04	0.44
20	1.35	0.36	0.72	0.19	20	8.45	0.86	4.48	0.46
30	1.71	0.40	0.91	0.21	30	9.31	0.91	4.94	0.48
40	2.11	0.45	1.12	0.24	40	10.22	0.95	5.42	0.50
50	2.56	0.48	1.36	0.25	50	11.17	0.99	5.92	0.53
2 0	3.04		1.61		4 0	12.16		6.45	

Suite de la table de correction pour β de la petite Ourse.

Angle horaire en temps.	Passage supér. —	Diff.	Passage infér. +	Diff.	Angle horaire en temps.	Passage supér. —	Diff.	Passage infér. +	Diff.
4' 0"	12"16	1"04	6"45	0"54	10' 0"	76"00	2"55	40"32	1"33
10	13.20	1.08	6.99	0.58	10	78.55	2.60	41.65	1.37
20	14.28	1.12	7.57	0.59	20	81.15	2.63	43.02	1.40
30	15.40	1.16	8.16	0.62	30	83.78	2.68	44.42	1.42
40	16.56	1.20	8.78	0.63	40	86.46	2.72	45.84	1.45
50	17.76	1.25	9.41	0.66	50	89.18	2.77	47.29	1.46
5 0	19.01	1.29	10.07	0.69	11 0	91.95	2.81	48.75	1.49
10	20.30	1.32	10.76	0.70	10	94.76	2.84	50.24	1.51
20	21.62	1.38	11.46	0.73	20	97.60	2.89	51.75	1.54
30	23.00	1.41	12.19	0.75	30	100.49	2.93	53.29	1.55
40	24.41	1.46	12.94	0.77	40	103.42	2.98	54.84	1.58
50	25.87	1.50	13.71	0.80	50	106.40	3.02	56.42	1.60
6 0	27.37	1.54	14.51	0.81	12 0	109.42	3.06	58.02	1.62
10	28.91	1.58	15.32	0.84	10	112.48	3.10	59.64	1.65
20	30.49	1.63	16.16	0.86	20	115.58	3.13	61.29	1.66
30	32.12	1.67	17.02	0.89	30	118.71	3.19	62.95	1.69
40	33.79	1.71	17.91	0.91	40	121.90	3.22	64.64	1.71
50	35.50	1.75	18.82	0.92	50	125.12	3.27	66.35	1.74
7 0	37.25	1.80	19.74	0.96	13 0	128.39	3.32	68.09	1.76
10	39.05	1.83	20.70	0.97	10	131.71	3.35	69.85	1.77
20	40.88	1.88	21.67	1.00	20	135.06	3.40	71.62	1.80
30	42.76	1.92	22.67	1.02	30	138.46	3.42	73.42	1.83
40	44.68	1.96	23.69	1.04	40	141.88	3.49	75.25	1.84
50	46.64	2.01	24.73	1.06	50	145.37	3.51	77.09	1.87
8 0	48.65	2.05	25.79	1.09	14 0	148.88	3.57	78.96	1.89
10	50.70	2.09	26.88	1.11	10	152.45	3.60	80.85	1.91
20	52.79	2.13	27.99	1.13	20	156.05	3.66	82.76	1.94
30	54.92	2.17	29.12	1.15	30	159.71	3.68	84.70	1.96
40	57.09	2.22	30.27	1.18	40	163.39	3.73	86.66	1.98
50	59.31	2.25	31.45	1.20	50	167.12	3.77	88.64	2.00
9 0	61.56	2.30	32.65	1.22	15 0	170.89	3.82	90.64	2.02
10	63.86	2.35	33.87	1.25	10	174.71	3.85	92.66	2.05
20	66.21	2.38	35.12	1.26	20	178.56	3.90	94.71	2.07
30	68.59	2.43	36.38	1.29	30	182.46	3.93	96.78	2.09
40	71.02	2.47	37.67	1.31	40	186.39	3.99	98.87	2.11
50	73.49	2.51	38.98	1.34	50	190.38	4.01	100.98	2.14
10 0	76.00		40.32		16 0	194.39		103.12	

Suite de la table de correction pour β de la petite Ourse.

Angle horaire en temps.	Passage supér. —	Diff.	Passage infér. +	Diff.	Angle horaire en temps.	Passage supér. —	Diff.	Passage infér. +	Diff.
16′ 0″	194″39	4″07	103″12	2″16	20′ 0″	303″59	5″07	161″09	2″69
10	198.46	4.10	105.28	2.17	10	308.66	5.11	163.78	2.72
20	202.56	4.15	107.45	2.21	20	313.77	5.16	166.50	2.74
30	206.71	4.19	109.66	2.22	30	318.93	5.18	169.24	2.75
40	210.90	4.25	111.88	2.26	40	324.11	5.23	171.99	2.78
50	215.15	4.26	114.14	2.27	50	329.34	5.30	174.77	2.81
17 0	219.41	4.31	116.41	2.31	21 0	334.64	5.31	177.58	2.83
10	223.72	4.35	118.72	2.29	10	339.95	5.37	180.41	2.85
20	228.07	4.39	121.01	2.34	20	345.32	5.40	183.26	2.87
30	232.46	4.45	123.35	2.35	30	350.72	5.43	186.13	2.89
40	236.91	4.50	125.70	2.38	40	356.15	5.47	189.02	2.92
50	241.41	4.55	128.08	2.41	50	361.62	5.51	191.94	2.94
18 0	245.96	4.59	130.49	2.42	22 0	367.13	5.55	194.88	2.96
10	250.55	4.62	132.91	2.45	10	372.68	5.60	197.84	2.99
20	255.17	4.65	135.36	2.47	20	378.28	5.64	200.83	3.00
30	259.82	4.68	137.83	2.50	30	383.92	5.68	203.83	3.02
40	264.50	4.77	140.33	2.54	40	389.60	5.72	206.85	3.05
50	269.27	4.78	142.87	2.52	50	395.32	5.76	209.90	3.07
19 0	274.05	4.82	145.39	2.57	23 0	401.08	5.80	212.97	3.10
10	278.87	4.85	147.96	2.57	10	406.86	5.85	216.07	3.12
20	283.72	4.90	150.53	2.61	20	412.73	5.90	219.19	3.13
30	288.62	4.94	153.14	2.62	30	418.63	5.94	222.32	3.16
40	293.56	4.99	155.76	2.65	40	424.57	5.99	225.48	3.18
50	298.55	5.04	158.41	2.68	50	430.56	6.03	228.66	3.21
20 0	303.59		161.09		24 0	436.59		231.87	

TABLE de correction pour la réfraction. (Table I.)

Baromètre.	Pol. supér.	Pol. infér.	β supér.	β infér.
27ᵖ 2ˡ	— 1″38	— 1″56	— 0″97	— 2″51
3	1·24	1·41	0·87	2·26
4	1·11	1·25	0·78	2·01
5	0·97	1·10	0·68	1·76
6	0·83	0·94	0·58	1·51
7	0·69	0·78	0·49	1·26
8	0·55	0·62	0·39	1·00
9	0·41	0·47	0·29	0·76
10	0·28	0·31	0·19	0·50
11	0·14	0·16	0·10	0·25
28 0	0·00	0·00	0·00	0·00
1	+ 0·14	+ 0·16	+ 0·10	+ 0·25
2	0·28	0·31	0·19	0·50
3	0·41	0·47	0·29	0·75
4	0·55	0·63	0·39	1·00
5	0·69	0·78	0·49	1·26
6	0·83	0·94	0·58	1·51
7	0·97	1·10	0·68	1·76
8	1·11	1·25	0·78	2·01
9	1·24	1·41	0·87	2·26
10	1·38	1·56	0·97	2·51
11	1·52	1·72	1·07	2·76
29 0	1·66	1·88	1·16	3·01

Polaire supérieure . . 46″429 + 0·0004597 (z — 39° 21′ 44″)
Polaire inférieure . . . 52″569 + 0·0005114 (z — 42° 52′ 21″)
β supérieure . . . . . 27″740 + 0·0003418 (z — 26° 6′ 18″)
β inférieure . . . . . 84·260 + 0·0008802 (z — 56° 8′ 34″)

Observatoire impérial.
- Polaire supérieure . 46·4692 + 0·0004597 (z — 39° 23′ 10″)
- Polaire inférieure . . 52·6189 + 0·0005114 (z — 42° 54′ 40″)
- β supérieure . . . 27·7861 + 0·0003418 (z — 26° 8′ 20″)
- β inférieure . . . . 84·2826 + 0·0008802 (z — 56° 9′ 0″)

TABLE de correction pour la réfraction. (Table II.)

Thermom.	Pol. supér.	Pol. infér.	β supér.	β infér.	F.	f.
+ 10°	+ 0″00	+ 0″00	+ 0″00	+ 0″00	0″0000	0.145
9	0.26	0.29	0.15	0.46	0.0055	0.146
8	0.52	0.58	0.31	0.93	0.0111	0.147
7	0.78	0.88	0.47	1.42	0.0168	0.148
6	1.04	1.18	0.62	1.90	0.0225	0.149
5	1.31	1.49	0.78	2.39	0.0283	0.150
4	1.58	1.79	0.95	2.87	0.0341	0.150
3	1.86	2.10	1.11	3.37	0.0400	0.151
2	2.14	2.42	1.27	3.88	0.0460	0.152
1	2.42	2.74	1.44	4.39	0.0521	0.152
0	2.70	3.06	1.61	4.91	0.0582	0.153
— 1	2.99	3.39	1.79	5.43	0.0644	0.153
2	3.28	3.71	1.96	5.95	0.0706	0.154
3	3.57	4.05	2.13	6.49	0.0770	0.155
4	3.87	4.39	2.31	7.03	0.0834	0.156
5	4.17	4.73	2.49	7.58	0.0899	0.157
6	4.47	5.07	2.67	8.13	0.0964	0.158
7	4.79	5.42	2.86	8.69	0.1031	0.158
8	5.10	5.77	3.05	9.26	0.1098	0.159
9	5.42	6.13	3.24	9.83	0.1167	0.159
10	5.74	6.50	3.43	10.41	0.1236	0.160
11	6.06	6.87	3.62	11.00	0.1306	0.161
12	6.39	7.23	3.82	11.60	0.1376	0.162
13	6.71	7.60	4.02	12.20	0.1446	0.163
14	7.04	7.98	4.23	12.81	0.1518	0.164

Pour l'usage de cette table voyez pag. 257 et 258.

On voit page 307 que le thermomètre intérieur étoit à — 5°9, et l'extérieur à — 12°2, la demi-différence est 3°1 de 9 à 12°; la réfraction de β inférieur varie de 1″77: c'est ce qu'il faut ajouter à la latitude, si l'on veut ne tenir compte que du thermomètre extérieur. Cette différence est la plus grande de toutes.

Passages supérieurs et inférieurs de l'étoile polaire et de β de la petite Ourse.

1798 et 1799.	Nomb.	Étoiles	Arc observé.	Arc de la série.	Arc simple.	Arc sexagésim.	Barom.	Ther. intér.	Ther. extér.
			G	G.	G.	D. M. S.	PO. L.	D.	D.
9 déc. .	40	P. sup.	1749.70175	1749.70175	43.74254	39 22 5.84	28 2	+ 3.2	— 0.0
9 . .	30	β inf. .	3620.5805	1870.87875	62.36262	56 7 34.90	28 2	+ 3.2	— 0.0
10 . .	40	P. sup.	5370.23425	1749.65375	43.74134	39 22 1.95	28 1	+ 2.3	— 0.0
10 . .	30	β inf. .	7241.15425	1870.92	62.364	56 7 39.36	28 1	+ 2.2	— 0.6
11 . .	40	P. sup.	8990.82975	1749.6755	43.74189	39 22 3.72	28 1	+ 0.8	— 2.0
11 . .	30	β inf. .	10861.74325	1870.9135	62.36378	56 7 38.66	28 0	+ 0.5	— 2.6
15 . .	18	P. sup.	787.33925	787.33925	43.74107	39 22 1.06	27 9	+ 4.5	+ 7.5
17 . .	12	P. sup.	524.959	524.959	43.74658	39 22 18 93	27 6	+ 6.2	+ 8.2
20 . .	20	P. sup.	1480.430	874.847	43.74235	39 22 5.21	28 4.7	+ 3.7	— 0.7
20 . .	30	β inf. .	3351.326	1870.896	62.3632	56 7 36.67	28 5	+ 3.6	— 0.4
21 . .	40	P. sup.	5100.9935	1749.6675	43.741689	39 22 3.07	28 6.5	+ 1.0	— 3.2
21 . .	30	β inf. .	6971.9635	1870.97	62.365667	56 7.44.76	26 6.6	+ 0.9	— 4.2
24 . .	40	P. sup.	1749.66975	1749.74174	43.74174	39 22 3.25	28 5.9	— 2.3	— 6.8
24 . .	38	β inf. .	4119.33175	2369.662	62.35953	56 7 24.87	28 5.7	— 2.7	— 8.1
24 . .	10	P. sup.	4595.726	476.393	47.6393	42 52 31.33	28 3.5	— 4.0	— 8.5
25 . .	40	P. sup.	1749.63775	1749.63775	43.74094	39 22 0.66	28 1.2	— 5.5	—11.4
25 . .	38	β inf. .	4119.31475	2369.677	62.35992	56 7 26.14	28 1.6	— 5.9	—12.2
28 . .	44	P. sup.	6044.01375	1924.699	43.74316	39 22 7.84	27 10.3	— 6.2	— 6.8
28 . .	30	β inf. .	7914.956	1870.94225	62.36474	56 7 41 76	27 11.1	— 5.3	— 7.4
29 . .	36	P. sup.	9489.650	1574.694	43.7415	39 22 2.46	28 5	— 7.0	— 8.6
29 . .	34	β inf. .	11609.97375	2120.32375	62.36246	56 7 34.4	28 5	— 6.5	— 8.9
30 . .	36	P. sup.	13184.670	1574.69625	43.74156	39 22 2.66	28 5.3	— 6.6	— 3.9
30 . .	30	β inf. .	15055.64175	1870.97175	62.365725	56 7 44.95	28 5.1	— 6.0	— 4.5
31 . .	34	P. sup.	16542.8345	1487.19275	43.74096	39 22 0.72	28 3.2	— 4.5	— 5.8
3 janv.	. .	β inf. .	18313.806	1870.9715	62.36572	56 7 44.92	28 3	— 4.5	— 5.9
4 . .	40	P. inf.	20319.610	1905.804	47.6451	42 52 50.12	28 2.5	— 5.0	— 7.1
6 . .	32	β inf. .	22315.3515	1995.7415	62.36692	56 7 47.81	28 3.2	— 5.1	— 6.8
6 . .	40	P. inf.	24221.1635	1905.812	47.6453	42 52 50.77	28 3	— 6.7	— 9.2

Dans toutes ces observations je me suis servi du cercle n° I; Bellet tenoit le niveau, Pommard comptoit à la pendule et écrivoit.

Le 17 décembre, je me suis deux fois trompé d'étoile, ce qui m'a fait perdre plusieurs distances. Quand je m'en suis aperçu, j'ai pris pour point de départ le point où la lunette étoit arrivée par les observations défectueuses. On ne voyoit l'étoile qu'à travers les nuages, et elle paroissoit fort petite.

Le 20, erreur semblable qui m'a fait perdre quatorze distances.

Le 24, grand vent au passage supérieur de la Polaire; il est un peu diminué au passage inférieur de β. Au passage inférieur de la Polaire, Pommard tenoit le niveau; une indisposition l'a empêché de continuer, et la série a été interrompue.

1799.	Nomb.	Étoiles	Arc observé.	Arc de la série.	Arc simple.	Arc sexagésim.	Barom.	Ther. intér.	Ther. extér.
			G.	G.	G.	D. M. S.	PO. L.	D.	D.
11 janv.	38	P. inf.	26031.66375	1810.50025	47.644586	42 52 48.46	28 4	— 2.1	— 4.6
13 . .	32	P. inf.	31556.292	1524.62825	47.644633	42 52 48.61	28 4.1	— 2.2	— 5.6
13 . .	30	β inf..	33427.4085	1871.1165	62.37055	56 8 0.58	28 4.2	— 2.5	— 5.5
14 . .	30	β inf..	35298.4525	1871.0440	62.368133	56 7 52.74	28 4.9	— 2.9	— 4.1
15 . .	40	P. inf.	37204.22875	1905.77625	47.644406	42 52 47.88	28 5	— 3.7	— 6.3
16 . .	36	P. inf.	1846.51225	1715.25575	47.645993	42 52 53.02	28 3.4	— 3.6	— 5.8
16 . .	12	β inf..	2194.688	348.17575	29.014646	26 6 47.45	28 3.2	— 3.8	— 6.2
16 . .	28	β inf..	3940.87375	1746.18575	62.363777	56 7 38.64	28 3.2	— 3.0	— 5.3
17 . .	40	P. inf.	5846.6695	1905.79575	47.644894	42 52 49.46	28 3	— 4.3	— 8.1
18 . .	30	P. inf.	7276.0415	1429.3720	47.645733	42 52 52.25	28 1.9	— 5.4	— 9.7
18 . .	22	β sup.	7914.50625	638.46475	29.021125	26 7 8.44	28 1.7	— 5.3	—10.2
19 . .	32	β inf..	9910.3045	1995.79825	62.368695	56 7 54.57	28 2.3	— 4.7	— 4.8
20 . .	40	P. inf.	11116.1265	1905.8220	47.64555	42 52 51.58	28 2	— 5.0	— 7.0
20 . .	24	β sup.	11812.59775	696.47125	29.01964	26 7 3.62	28 2	— 5.0	— 7.0
1 févr.	8	P. inf.	12193.747	381.14925	47.64337	42 52 45.45	27 5.1	+ 2.8	+ 3.7
23 . .	40	P. inf.	1905.89575	1905.89575	47.647394	42 52 57.56	28 3.5	+ 8.5	+ 4.3
26 . .	42	P. inf.	3907.0955	2001.19975	47.647613	42 52 58.27	28 4.6	+ 7.9	+ 2.4
26 . .	24	β sup.	4603.68775	696.59225	29.024675	26 7 19.95	28 4.7	+ 7.5	+ 1.9
3 mars	40	P. inf.	6509.63125	1905.9435	47.64859	42 53 1.42	27 11.0	+ 9.1	+ 6.1
3 . .	24	β sup.	7206.197	696.56575	29.02357	26 7 16.38	27 10.9	+ 9.0	+ 5.9
3 . .	24	β sup.	7902.68333	696.48633	29.020264	26 7 5.65	28 2.3	+ 6.6	+ 0.9
4 . .	26	β sup.	8657.2175	754.53417	29.02055	26 7 6.58	28 2.5	+ 6.4	+ 1.4
5 . .	24	β sup.	9353.71875	696.50125	29.020885	26 7 7.67	28 1.2	+ 6.7	+ 1.9
6 . .	24	β sup.	10050.2395	696.52075	29.02170	26 7 10.30	28 1.9	+ 4.3	— 1.3
16 . .	24	β sup.	10746.74125	696.50175	29.02007	26 7 5.04	27 9.3	+ 3.1	+ 0.3
17 . .	28	β sup.	11559.556	812.81475	29.029098	26 7 34.28	27 10.5	+ 2.9	— 0.6
18 . .	26	β sup.	12314.256	754.700	29.026923	26 7 27.23	27 8.6	+ 1.9	— 1.6
22 . .	22	β sup.	13068.88375	754.62775	29.024144	26 7 18.23	27 8.3	+ 5.5	+ 3.5
23 . .	24	β sup.	13765.48325	696.59950	29.024979	26 7 20.93	27 9.2	+ 7.8	+ 3.9
26 . .	26	β sup.	54520.0585	754.57525	29.022125	26 7 11.68	27 11.3	+ 8.1	+ 3.3

Le 11 janvier, l'étoile étoit si foible que l'on avoit par fois beaucoup de peine à la trouver.

Le 13, même remarque.

Le 16, les observations de β inférieure ont été faites sans éclairer les fils. Beau temps. La difficulté de trouver l'étoile, et la nécessité de marquer des repères, ont seules produit le grand intervalle entre les deux premières observations.

Le 17, β étoit foible; elle se voyoit pourtant sous le fil. L'air étoit embrumé.

Le 18, polaire inférieure, quelques glaçons dans la rainure, entre les deux limbes du cercle, ont occasionné les intervalles de plusieurs minutes entre quelques observations.

Passage supérieur de la Polaire.

9 *décembre* 1798.

Bar. 28 p. 2.0 lig. Therm. + 1.6 deg.

0h 52′ 9″
— 36

0 51 33

Temps	Angle horaire.	Réduction.
0 27 56	23′ 37″	— 35″05
29 12	21 21	31.40
30 26	21 7	28.03
31 42	19 51	24.77
33 22	18 11	20.79
34 32	17 1	18.21
35 32	16 1	16.13
36 25	15 8	14.41
37 54	13 39	11.72
39 6	12 27	9.75
41 8	10 25	6.82
42 15	9 18	5.44
43 22	8 11	4.21
44 41	6 52	2.97
45 50	5 43	2.06
46 57	4 36	1.33
48 5	3 28	0.76
49 8	2 25	0.36
50 33	1 0	0.06
51 39	0 6	0.00
53 27	1 54	0.23
54 32	2 59	0.56
55 30	3 57	0.98
56 36	5 3	1.60
57 49	6 16	2.47
59 10	7 37	3.65
1 0 27	8 54	4.98
2 2	10 29	6.91
3 12	11 39	8.54
4 7	12 34	9.93
5 45	14 12	12.68
6 49	15 16	14.46
7 58	16 25	16.95
9 21	17 48	19.92
10 25	18 52	22.38
11 42	19 9	23.06
1h 13′ 0″	21′ 27″	— 28″93
14 18	22 45	32.53
15 43	24 10	36.79
16 45	25 12	40.01
		522.83
		— 13.071

Distance Z.	39 22 5.842
Dist. Z. au méridien .	39 21 52.771
Réfraction	48.901
Distance polaire . . .	1 45 41.50
Hauteur de l'équat. .	41 8 23.172
Latitude	48 51 36.828

10 *décembre* 1798.

Bar. 28 p. 1.0 lig. Therm. + 1.6 deg.

0 52 9
— 39

0 51 30

Temps	Angle horaire	Réduction
0 27 23	24 7	— 36.64
28 42	22 48	32.67
29 46	21 44	29.69
30 50	20 40	26.85
32 14	19 16	23.34
33 46	17 44	19.77
35 13	16 17	16.78
36 32	14 58	14.09
37 50	13 40	11.75
38 50	12 40	10.09
40 59	10 31	6.95
41 58	9 32	5.72
43 22	8 8	4.16
44 30	7 0	3.08
45 36	5 54	2.19
46 41	4 49	1.46
47 46	3 44	0.87
49 1	2 29	0.38
50 7	1 23	0.12

	Angle horaire.	Réduction.
0h 51′ 17″	0′ 13″	— 0″00
53 9	1 39	0.17
54 18	2 48	0.49
55 30	4 0	1.01
56 29	4 59	1.56
57 36	6 6	2.34
58 56	7 26	3.48
1 0 25	8 55	5.00
1 33	10 3	6.35
2 45	11 15	7.96
3 52	12 22	9.62
5 38	14 8	12.56
6 46	15 16	14.66
8 12	16 42	17.54
9 15	17 45	19.81
10 9	18 39	21.87
11 12	19 42	24.40
12 13	20 43	26.98
13 20	21 50	29.97
14 35	22 5	30.46
15 44	24 14	36.99

40 observations 519.82

— 12.995

Distance Z. 39 22 1.747

Dist. Z. au méridien . 39 21 48.752
Réfraction 48.772

Distance Z. vraie . . 39 22 37.49
Distance polaire . . . 1 45 41.28

Hauteur de l'équat. . 41 8 18.77
Latitude 48 51 41.23

11 *décembre* 1798.

Bar. 28 p. 1.0 lig. Therm. — 0.6 deg.

0 52 8
— 39
0 51 29

	Angle horaire.	Réduction.
0 27 58	23 31	— 34.76
29 5	22 24	31.54
30 25	21 4	27.90
31 34	19 55	24.94
32 51	18 38	21.83
0h 33′ 49″	17′ 40″	— 19″62
35 2	16 27	17.02
36 9	15 20	14.78
37 32	13 57	12.24
38 49	12 40	10.09
41 39	9 50	6.08
42 26	9 3	5.15
43 45	7 44	3.76
44 40	6 49	2.93
45 51	5 38	2.00
46 54	4 35	1.32
47 57	3 32	0.78
49 1	2 28	0.38
50 6	1 23	0.12
51 0	0 29	0.02
52 57	1 28	0.13
54 16	2 47	0.48
55 18	3 49	0.91
56 30	5 1	1.58
57 39	6 10	2.39
58 50	7 21	3.40
59 54	8 25	4.45
1 1 2	9 33	5.74
2 7	10 38	7.11
3 15	11 46	8.71
4 55	13 26	11.35
6 0	14 31	13.25
8 0	16 31	17.16
9 11	17 42	19.70
10 24	18 55	22.50
11 28	19 59	25.11
12 31	21 2	27.81
13 29	22 0	30.43
14 25	22 56	33.06
15 47	24 18	37.20

40 observations . . . 509.73

— 12.743

Distance Z. 39 22 3.716

Dist. Z. au méridien . 39 21 50.973
Réfraction 49.44

Distance Z. vraie . . 39 22 40.41
Distance polaire . . . 1 45 41.44

Hauteur de l'équat. . 41 8 22.25
Latitude 48 51 37.75

15 *décembre* 1798.

Bar. 27 p. 9.0 lig. Therm. + 5.2 deg.

	Angle horaire.	Réduction.
0h 52′ 6″		
— 40		
0 51 26		
0 32 51	18′ 35″	— 21″72
35 5	16 21	16.81
36 20	15 6	14.34
39 8	12 18	9.52
42 18	9 8	5.25
47 21	4 5	1.05
49 39	1 47	0.20
51 19	0 7	0.00
56 37	5 11	1.69
57 55	6 29	2.65
1 0 2	8 36	4.65
2 36	11 10	7.84
3 45	12 19	9.54
5 8	13 42	11.81
6 7	14 41	13.56
7 31	16 5	16.26
9 22	17 56	20.22
10 41	19 15	23.30
18 observations . . .		180.41
		— 10.023
Distance Z.	39 22	1.065
Dist. Z. au méridien .	39 21	51.042
Réfraction		47.311
Distance Z. vraie . .	39 22	38.350
Distance polaire	1 45	40.48
Hauteur de l'équat. .	41 8	18.83
Latitude	48 51	41.17

17 *décembre* 1798.

Bar. 27 p. 6.0 lig. Therm. + 7.2 deg.

	Angle horaire.	Réduction.
0h 52′ 4″		
— 42		
0 51 22		
0 24 37	26′ 45″	— 45″07
26 51	24 31	37.86
28 3	23 19	34.17
29 20	22 2	30.52
30 58	20 24	26.16
32 0	19 22	23.58
33 3	18 19	21.09
33 55	17 27	19.15
35 12	16 10	16.43
36 24	14 58	14.09
37 55	13 27	11.38
39 39	11 43	8.64
12 observations . . .		288.14
		— 24.012
Distance Z.	39 22	18.930
Dist. Z. au méridien .	39 21	54.918
Réfraction		+ 46.42
Distance Z. vraie . .	39 22	41.34
Distance polaire . . .	1 45	40.16
Hauteur de l'équat. .	41 8	21.50
Latitude	48 51	38.50

20 *décembre* 1798.

Bar. 28 p. 4.75 lig. Therm. + 2.2 deg.

0 52 2		
— 45		
0 51 17		
0 49 48	1 29	— 0.14
51 1	0 16	0.01
52 9	0 52	0.04
53 11	1 54	0.23
54 21	3 4	0.59

			Angle horaire.		Réduction.
0h	56′	20″	5′	3″	— 2″00
	57	16	5	59	2·25
	58	34	7	17	3·34
	59	44	8	27	4·49
1	1	32	10	15	6·61
	3	20	12	3	9·13
	5	7	13	50	12·04
	6	6	14	49	13·81
	7	6	15	9	15·73
	8	4	16	47	17·72
	9	12	17	55	20·19
	10	14	18	57	22·58
	11	28	20	11	26·01
	12	41	21	24	28·79
	13	58	22	41	32·34

20 observations . . .			218·04
			— 10·902
Distance Z.	39	22	5·214
Dist. Z. au méridien .	39	21	54·312
Réfraction			49·480
Distance Z. vraie . . .	39	22	43·78
Distance polaire . . .	1	45	39·68
Hauteur de l'équat. .	41	8	23·47
Latitude	48	51	36·57

21 *décembre* 1798.

Bar. 28 p. 6.5 lig. Therm. + 1.1 deg.

0	52	2
	—	46
0	51	16

			Angle horaire.		Réduction.
0	27	38	23	38	— 35·10
	28	50	22	26	31·63
	29	44	21	32	29·15
	31	5	20	11	26·61
	32	8	19	8	23·02
	33	26	17	50	20·00
	34	20	16	56	18·03
	35	9	16	7	16·33
	36	6	15	10	14·47
0h	37′	12″	14′	4″	— 12″45
	38	46	12	30	9·83
	39	55	11	21	8·10
	41	0	10	16	6·63
	42	18	8	58	5·05
	43	25	7	51	3·88
	44	29	6	47	2·90
	45	22	5	54	2·19
	46	37	4	39	1·36
	47	43	3	33	0·79
	48	43	2	33	0·41
	50	23	0	53	0·05
	51	20	0	4	0·00
	52	38	1	22	0·12
	53	43	2	27	0·38
	54	49	3	33	0·79
	56	0	4	44	1·41
	57	9	5	53	2·18
	58	19	7	3	3·12
1	0	7	8	51	4·93
	1	21	10	5	6·39
	3	59	12	43	10·17
	5	33	14	17	12·83
	6	53	15	37	15·37
	8	4	16	48	17·75
	9	25	18	9	20·71
	10	51	19	35	24·11
	12	4	20	48	27·20
	13	9	21	53	30·11
	14	4	22	48	32·67
	15	31	24	15	37·05

40 observations . . .			515·27
			— 12·882
Distance Z.	39	22	3·068
Réfraction			49·84
Dist. Z. au méridien .	39	22	40·026
Distance polaire . . .	1	45	39 58
Hauteur de l'équat. .	41	8	19·61
Latitude	48	51	40·39

24 *décembre* 1798.

Bar. 28 p. 5.9 lig. Therm. — 4.6 deg.

			Angle horaire.		Réduction.
0ʰ	52′	0″			
	—	43			
0	51	17			
0	29	1	22′	16″	— 31″17
	30	23	20	54	27.46
	31	22	19	55	24.94
	32	39	18	38	21.83
	34	3	17	14	18.67
	34	58	16	19	16.75
	35	59	15	18	14.72
	37	0	14	17	12.83
	37	51	13	26	11.35
	38	51	12	26	9.73
	40	51	10	26	6.85
	42	0	9	17	5.42
	43	9	8	8	4.16
	44	3	7	14	3.29
	45	8	6	9	2.38
	46	5	5	12	1.70
	47	5	4	12	1.11
	48	17	3	0	0.57
	49	14	2	3	0.26
	49	55	1	22	0.12
	51	56	0	39	0.03
	53	1	1	44	0.19
	54	28	3	11	0.64
	55	22	4	5	1.05
	56	26	5	9	1.67
	57	32	6	15	2.45
	58	38	7	21	3.40
	59	25	8	8	4.16
1	0	36	9	19	5.46
	1	32	10	15	6.61
	3	0	11	43	8.67
	4	8	12	51	10.39
	5	3	13	46	11.92
	6	12	14	55	13.99
	7	22	16	5	16.27
	8	18	17	1	18.21
	9	47	18	30	21.52
	10	57	19	40	24.32
1ʰ	12′	9″	20′	52″	— 27″38
	13	27	22	10	30.89

40 observations . . .			424.53
			— 10.613
Distance Z.	39	22	3.250
Réfraction			52.101
Dist. Z. au méridien .	39	22	44.74
Distance polaire . . .	1	45	39.28
Hauteur de l'équat. .	41	8	24.02
Latitude	48	51	35.98

25 *décembre* 1798.

Bar. 28 p. 1.3 lig. Therm. — 8.5 deg.

0	51	59			
	—	42			
0	51	17			
0	32	46	18	31	— 21.56
	34	5	17	12	18.60
	34	59	16	18	16.71
	35	55	15	22	14.85
	36	48	14	29	13.19
	37	35	13	42	11.81
	38	25	12	52	10.41
	39	30	11	47	8.67
	40	33	10	44	7.25
	41	29	9	48	6.04
	42	58	8	19	4.35
	43	55	7	22	3.41
	44	46	6	31	2.67
	45	27	5	50	2.14
	46	28	4	49	1.46
	47	13	4	4	1.04
	48	14	3	3	0.59
	49	3	2	14	0.31
	50	8	1	9	0.08
	51	3	0	14	0.00
	52	31	1	14	0.09
	53	41	2	24	0.36
	54	29	3	12	0.64
	55	35	4	18	1.16

	Angle horaire.	Réduction.
0ʰ 56′ 32″	5′ 15″	— 1″73
57 31	6 14	2.44
58 26	7 9	3.22
59 33	8 16	4.30
1 0 25	9 8	5.25
1 51	10 34	6.80
3 7	11 50	8.81
4 7	12 50	10.36
5 0	13 43	11.84
6 13	14 56	14.03
7 5	15 48	15.69
7 47	16 30	17.12
8 42	17 25	19.08
9 26	18 9	20.71
10 21	19 4	22.86
11 53	20 36	26.68
40 observations . . .		338.31
		— 8.458
Distance Z.	39 22	0.658
Réfraction		52.45
Dist. Z. au méridien .	39 22	44.650
Distance polaire . . .	1 45	39.18
Hauteur de l'équat. .	41 8	24.53
Latitude	48 51	35.47

28 *décembre* 1798.

Bar 27 p. 10.3 lig. Therm. — 6.5 deg.

0	51	57
	—	39
0	51	18

	Angle horaire.	Réduction.
0 24 34	26 44	— 45.01
25 59	25 19	40.38
27 19	23 59	36.23
28 21	22 57	33.11
29 27	21 41	29.56
30 32	20 46	27.11
31 20	19 58	25.07
32 27	18 51	22.34
33 31	17 47	19.89
0ʰ 34′ 19″	16′ 59″	— 18″14
35 56	15 22	14.85
36 43	14 35	13.37
37 31	13 47	11.94
38 41	12 37	9.01
39 47	11 31	8.34
40 53	10 25	6.82
42 30	8 48	4.87
43 28	7 50	3.86
44 30	6 48	2.91
45 21	5 57	2.22
46 39	4 39	1.36
47 37	3 41	0.85
48 39	2 39	0.44
49 51	1 27	0.13
50 49	0 29	0.02
51 47	0 29	0.02
52 41	1 23	0.12
53 58	2 40	0.45
55 0	3 42	0.86
56 15	4 57	1.54
57 51	5 33	1.94
58 54	7 36	3.64
59 53	8 35	4.63
1 1 1	9 43	5.94
2 16	10 58	7.55
3 38	12 20	9.57
4 46	13 28	11.41
6 0	14 42	13.59
7 17	15 59	16.07
9 15	17 57	20.26
10 35	19 17	23.38
11 29	20 11	25.61
12 46	21 28	28.97
13 46	22 28	31.73
44 observations . . .		585.11
		— 13.298
Distance Z.	39 22	7.825
Réfraction		51.33
Dist. Z. au méridien .	39 22	45.86
Distance polaire . . .	1 45	38.88
Hauteur de l'équat. .	41 8	24.74
Latitude	48 51	35.26

29 *décembre* 1798.

Bar. 28 p. 5.0 lig. Therm. — 7.8 deg.

			Angle horaire.		Réduction.
0ʰ	51′	56″			
	—	36			
0	51	20			
0	30	23	20′	57″	— 27″59
	31	22	19	58	25.07
	32	20	19	0	22.70
	33	15	18	5	20.56
	34	14	17	6	18.39
	35	33	15	47	15.66
	36	37	14	43	13.62
	38	4	13	16	11.07
	39	1	12	19	9.54
	40	18	11	2	7.66
	42	17	9	3	5.15
	43	36	7	44	3.76
	44	39	6	41	2.80
	45	39	5	41	2.03
	46	44	4	36	1.33
	48	5	3	15	0.66
	49	5	2	15	0.31
	50	23	0	57	0.05
	51	20	0	0	0.00
	52	31	1	11	0.08
	53	40	2	20	0.34
	55	47	4	79	1.24
	56	43	5	23	1.82
	58	12	6	52	2.97
	59	10	7	50	3.86
1	0	16	8	56	5.02
	1	20	10	0	6.29
	2	17	10	57	7.54
	3	22	12	2	9.11
	4	11	12	51	10.39
	5	8	13	48	11.98
	5	59	14	39	13.50
	6	58	15	38	15.37
	8	4	16	44	17.61
	9	1	17	41	19.66
	10	21	19	1	22.74
36 observations . . .					337.47

			— 9.374
Distance Z.	39	32	2.460
Réfraction			52.702
Dist. Z. au méridien .	39	22	45.79
Distance polaire. . .	1	45	38.78
Hauteur de l'équat. .	41	8	24.57
Latitude	48	51	35.43

30 *décembre* 1798.

Bar. 28 p. 5.3 lig. Therm. — 5.2 deg.

			Angle horaire.		Réduction.
0ʰ	51′	56″			
	—	35			
0	51	21			
0	29	44	21′	37″	— 29″38
	30	46	20	35	26.63
	31	56	19	25	23.70
	32	42	18	39	21.87
	33	59	17	22	18.96
	35	14	16	7	16.19
	36	55	14	26	13.10
	38	10	13	11	10.93
	39	24	11	57	8.98
	40	28	10	53	7.45
	42	6	9	15	5.49
	43	4	8	17	4.32
	44	19	7	2	3.38
	45	13	6	8	2.36
	46	17	5	4	1.61
	47	5	4	16	1.14
	48	14	3	7	0.61
	49	16	2	5	0.27
	50	12	1	9	0.08
	51	21	0	0	0.00
	53	10	1	49	0.21
	54	5	2	44	0.47
	55	11	3	50	0.92
	56	36	5	15	1.73
	57	45	6	24	2.59
	58	41	7	20	3.38
	59	49	8	28	4.51
1	1	13	9	52	6.12
	2	15	10	54	7.47
	3	18	11	57	8.98

	Angle horaire.	Réduction.
1h 4' 40"	13' 19"	— 11"15
6 14	14 53	13.87
7 17	15 56	15.96
8 17	16 56	18.03
9 18	17 57	20.26
10 41	19 20	23.50
36 observations . . .		335.50
		— 9.319
Distance Z.	39 22	2.660
Réfraction		51.52
Dist. Z. au méridien .	39 22	44.86
Distance polaire . . .	1 45	38.68
Hauteur de l'équat. .	41 8	23.54
Latitude	48 51	36.46

31 *décembre* 1798.

Bar. 28 p. 3.2 lig. Therm. — 5.1 deg.

0 51 53		
— 26		
0 51 27		

	Angle horaire.	Réduction.
0 34 17	17 10	— 18.53
35 16	16 11	16.46
36 7	15 20	14.78
37 15	14 12	12.68
38 11	13 16	11.07
39 10	12 17	9.47
40 8	11 19	8.06
41 13	10 14	6.59
42 17	9 10	5.29
0h 43' 10"	8' 17"	— 4"32
44 49	6 38	2.76
45 55	5 32	1.92
46 55	4 32	1.29
47 59	3 28	0.76
48 56	2 31	0.40
50 10	1 17	0.10
51 6	0 21	0.01
52 1	0 34	0.02
53 1	1 34	0.15
54 0	2 33	0.41
55 41	4 14	1.13
56 41	5 14	1.72
57 49	6 22	2.55
58 44	7 17	3.34
59 53	8 26	4.47
1 0 59	9 32	5.72
1 53	10 26	6.85
3 5	11 38	8.51
4 3	12 36	9.99
4 55	13 28	11.40
5 57	14 30	13.22
6 51	15 24	14.91
7 36	16 9	16.40
8 45	17 18	18.82
34 observations . . .		234.10
		— 6.885
Distance Z.	39 22	0.721
Réfraction		51.04
Dist. Z. au méridien .	39 22	44.88
Distance polaire . . .	1 45	38.53
Hauteur de l'équat. .	41 8	23.41
Latitude	48 51	36.59

Résumé du passage supérieur de la Polaire.

1798.	n	LATITUDE.	N	LATITUDE.	dm	LATITUDE.
9 décemb.	40	48° 51′ 36″83	40	48° 51′ 36″83	0.33	48° 51′ 37″16
10	40	41.23	80	39.03	0.33	39.36
11	40	37.75	120	38.60	0.35	38.95
15	18	41.17	138	38.93	0.32	39.25
17	12	38.50	150	38.84	0.28	39.12
20	20	36.57	170	38.56	0.28	38.84
21	40	40.39	210	38.92	0.29	39.21
24	40	35.98	250	38.46	0.22	38.68
25	40	35.47	290	38.08	0.39	38.45
28	44	35.26	334	37.68	0.41	38.09
29	36	35.43	370	37.48	0.45	38.93
30	36	36.46	406	37.37	0.47	37.80
31	34	36.59	440	37.31	0.51	37.82

La troisième colonne présente le résultat isolé de chaque série, c'est-à-dire pour le nombre d'observations marqué dans la seconde; la cinquième donne le résultat moyen pour le nombre d'observations marqué dans la quatrième; la sixième montre ce qu'il faudroit ajouter aux latitudes de la cinquième, si l'on préféroit le coefficient m de Mayer, et en effet les résultats s'accorderoient un peu mieux. Enfin il y auroit 0.83 à retrancher du résultat définitif, si l'on augmentoit les réfractions de $\frac{1}{60}$.

Le résultat moyen des 440 observations, au lieu de 48° 51′ 37″82, se réduiroit à 48° 51′ 36″99.

Passage inférieur de la Polaire.

4 janvier 1799.

Bar. 28 p. 2.5 lig. Therm. — 6.0 deg.

			Angle horaire.		Réduction.
12h	51′	52″			
	—	24			
12	51	28			
12	27	55	23′	33″	+ 32″45
	28	57	22	31	29.66
	29	51	21	37	27.28
	30	42	20	46	25.24
	31	43	19	45	22.83
	32	43	18	45	20.56
	33	44	17	44	18.39
	34	57	16	31	15.96
	36	9	15	19	13.72
	37	37	13	51	11.22
	39	13	12	15	8.78
	40	25	11	3	7.14
	41	18	10	10	6.05
	42	19	9	9	4.90
	43	24	8	4	3.81
	44	19	7	9	3.00
	45	16	6	12	2.25
	46	38	4	50	1.37
	47	37	3	51	0.87
	48	42	2	46	0.45
	50	39	0	49	0.04
	51	36	0	8	0.00
	52	35	1	7	0.07
	54	2	2	34	0.39
	55	10	3	42	0.80
	56	23	4	55	1.41
	57	21	5	53	2.03
	58	56	7	28	3.26
13	0	0	8	32	4.26
	1	30	10	2	5.89
	3	35	12	7	8.59
	4	46	13	18	10.35
	5	39	14	11	11.77
	6	42	15	14	13.58
	7	31	16	3	15.07
13h	8′	27″	16′	59″	+ 16″87
	9	21	17	53	18.70
	10	23	18	55	20.94
	11	24	19	56	23.25
	12	14	20	46	24.23

40 observations . . .			437.43
			+ 10.936
Distance Z.	42	52	50.124
Réfraction			57.45
Dist. Z. au méridien .	42	53	58.511
Distance polaire . . .	1	45	38.87
Hauteur de l'équat. .	41	8	19.64
Latitude.	48	51	40.36

6 janvier 1799.

Bar. 28 p. 3.0 lig. Therm. — 7.4 deg.

			Angle horaire.		Réduction.
12	51	51			
	—	21			
12	51	30			
12	26	45	24	45	+ 35.83
	28	18	23	12	31.49
	29	26	22	4	28.45
	30	38	20	52	25.48
	31	41	19	49	22.98
	33	8	18	22	19.73
	34	21	17	9	17.21
	35	37	15	53	14.75
	36	46	14	44	12.70
	37	53	13	37	10.85
	39	27	12	3	8.49
	40	48	10	42	6.70
	41	51	9	39	5.45
	42	59	8	31	4.25
	44	0	7	30	3.29
	45	12	6	18	2.33

	Angle horaire.	Réduction.
12h 46′ 26″	5′ 4″	+ 1″50
47 16	4 14	1.05
48 36	2 54	0.49
49 37	1 53	0.21
51 36	0 6	0.00
52 31	1 1	0.06
53 41	2 11	0.27
55 12	3 42	0.80
56 16	4 46	1.33
57 24	5 54	2.04
58 39	7 9	3.00
13 0 1	8 31	4.25
1 10	9 40	5.47
2 30	11 0	7.08
4 16	12 46	9.53
5 31	14 1	11.50
6 27	14 57	13.07
7 24	15 54	14.78
8 26	16 56	16.77
9 27	17 57	18.84
10 57	19 27	22.13
12 4	20 34	24.75
13 8	21 38	27.33
14 50	22 20	29.16
40 observations . . .		465.39
		+ 11.635
Distance Z.		42 52 50.772
Réfraction		58.56
Dist. Z. au méridien .		42 54 10.97
Distance polaire . . .		1 45 38.94
Hauteur de l'équat. .		41 8 22.030
Latitude		48 51 37.97

11 *janvier* 1799.

Bar. 28 p. 4.0 lig. Therm. — 3.3 deg.

12 51 47		
— 13		
12 51 34		
12 27 7	24 27	+ 34.98
28 18	23 16	31.61

	Angle horaire.	Réduction.
12h 30′ 0″	21′ 34″	+ 27″16
31 17	20 17	24.08
32 18	19 16	21.71
33 17	18 17	19.57
34 11	17 23	17.67
35 27	16 7	15.19
37 38	13 56	11.36
39 19	12 15	8.78
40 17	11 17	7.44
41 19	10 15	6.16
42 29	9 6	4.83
44 13	7 21	3.15
46 31	5 3	1.49
47 45	3 49	0.85
48 45	2 49	0.47
50 3	1 31	0.13
51 4	0 30	0.02
51 58	0 24	0.01
52 51	1 17	0.09
53 59	2 25	0.35
55 15	3 41	0.80
56 31	4 57	1.43
57 53	6 19	2.34
58 58	7 24	3.20
59 52	8 18	4.03
13 0 46	9 12	4.96
1 46	10 12	6.09
2 59	11 25	7.62
4 37	13 3	9.96
5 34	14 0	11.47
8 41	17 7	17.14
10 23	18 49	20.71
11 35	20 1	23.45
12 35	21 1	25.85
14 9	22 35	29.84
15 50	24 16	34.45
38 observations . . .		440.42
		+ 11.589
Distance Z.		42 52 48.457
Réfraction		57.312
Dist. Z. au méridien .		42 53 57.36
Distance polaire . . .		1 45 38.36
Hauteur de l'équat. .		41 8 19.00
Latitude		48 51 41.00

13 *janvier* 1799.

Bar. 28 p. 4.1 lig. Therm. — 3.9 deg.

12h 51′ 46″ — 11 = 12 51 35			Angle horaire.		Réduction.
12	27	3	24′	32″	+ 35″21
	28	37	22	58	30.86
	29	48	21	46	27.66
	30	59	20	36	24.83
	32	25	19	2	21.19
	33	46	17	49	18.57
	35	24	16	11	15.32
	36	49	14	46	12.75
	39	5	12	30	9.14
	41	32	10	3	5.91
	43	17	8	18	4.03
	45	59	5	36	1.84
	47	23	4	12	1.04
	48	52	3	43	0.81
	49	51	1	44	0.18
	51	8	0	27	0.02
	52	19	0	44	0.03
	54	28	2	53	0.49
	55	29	3	54	0.89
	57	19	5	44	1.92
	58	56	7	21	3.16
13	0	31	8	56	4.67
	1	54	10	19	6.27
	3	3	11	28	7.69
	4	8	12	33	9.21
	5	46	14	11	11.77
	7	17	15	42	14.42
	8	28	16	53	16.67
	9	33	17	58	18.88
	10	28	18	53	20.86
	11	31	19	56	23.25
	12	43	21	8	26.05
32 observations . . .					375.65

			+ 11.714
Distance Z.	42	52	48″611
Réfraction			57.411
Distance polaire. . .	98	24	21.59
Hauteur de l'équat. .	41	8	19.33
Latitude	48	51	40.67

15 *janvier* 1799.

Bar. 28 p. 5.0 lig. Therm. — 5.0 deg.

12h 51′ 45″ — 3 = 12 51 42			Angle horaire.		Réduction.
12	26	56	24′	46″	+ 35″88
	28	25	23	17	31.71
	29	27	22	15	28.93
	30	35	21	7	26.11
	31	54	19	48	22.94
	33	10	18	32	20.09
	34	17	17	25	17.73
	35	33	16	9	15.26
	36	47	14	55	13.01
	38	5	13	37	10.85
	39	42	12	0	8.42
	41	0	10	42	6.70
	42	4	9	38	5.43
	43	36	8	6	3.84
	44	43	6	59	2.86
	46	0	5	42	1.90
	47	10	4	32	1.21
	48	8	3	34	0.75
	49	18	2	24	0.34
	50	40	1	2	0.06
	52	25	0	43	0.03
	53	35	1	53	0.21
	54	53	3	11	0.60
	56	26	4	44	1.32
	57	45	6	3	2.15
	58	51	7	9	3.00
	59	51	8	9	3.89
13	0	56	9	14	4.99
	2	13	10	31	6.47
	3	40	11	58	8.37
	6	6	14	24	12.13

	Angle horaire.	Réduction.
13h 7' 27"	15' 45"	+ 14"51
8 37	16 55	16.73
9 58	18 16	19.52
10 56	19 14	21.64
12 6	20 24	24.35
13 9	21 27	26.86
14 25	22 43	30.19
15 31	23 49	33.18
16 34	24 52	36.17

40 observations . . .	520.33
	+ 13.008
Distance Z.	42 52 47.876
Réfraction	58.125
Dist. Z. au méridien .	42 53 59.00
Distance polaire . . .	1 45 38.47
Hauteur de l'équat. .	41 8 20.53
Latitude	48 51 39.47

16 *janvier* 1799.

Bar. 28 p. 3.4 lig. Therm. — 4.7 deg.

12 51 44	
— 1	
12 51 43	

12 30 2	21 44	+ 27.45
31 18	20 25	24.40
32 23	19 20	21.86
33 29	18 14	19.45
34 27	17 16	17.44
35 16	16 27	15.83
36 11	15 32	14.11
37 5	14 38	12.52
38 19	13 24	10.50
39 46	11 57	8.35
41 45	9 58	5.81
42 51	8 52	4.60
43 53	7 50	3.59
45 1	6 62	2.63
46 22	5 21	1.68
47 41	4 2	0.96
49 0	2 43	0.43

	Angle horaire.	Réduction.
12h 50' 26"	1' 17"	+ 0"09
51 42	0 1	0.00
52 43	1 0	0.06
54 43	3 0	0.53
56 27	4 44	1.32
57 57	6 14	2.28
59 22	7 39	3.43
13 0 31	8 48	4.53
1 40	9 57	5.79
2 49	11 6	7.20
4 1	12 18	8.85
5 13	13 30	10.66
6 57	15 14	13.58
8 7	16 24	15.73
9 58	18 11	19.34
11 6	19 23	21.98
12 27	20 44	25.15
13 43	22 0	28.27
14 52	23 9	31.36

36 observations . . .	391.76
	+ 10.882
Distance Z.	42 52 53.017
Réfraction	57.671
Dist. Z au méridien .	42 54 1.570
Distance polaire . . .	1 45 38.49
Hauteur de l'équat. .	41 8 23.080
Latitude	48 51 36.920

17 *janvier* 1799.

Bar. 28 p. 3.0 lig. Therm. — 6.2 deg.

12 51 44	
— 1	
12 51 43	

12 27 31	24 12	+ 34.26
28 46	22 57	30.82
29 50	21 53	27.96
30 52	20 51	25.44
32 16	19 27	22.13
33 17	18 26	19.88
34 19	17 24	17.70

	Angle horaire.	Réduction.
12h 35′ 16″	16′ 27″	+ 15″83
36 38	15 5	13.31
38 16	13 27	10.58
40 22	11 21	7.53
41 22	10 21	6.27
42 35	9 8	4.88
43 33	8 10	3.90
44 42	7 1	2.88
45 33	6 10	2.23
46 57	4 46	1.33
48 2	3 41	0.80
49 2	2 41	0.42
50 14	1 29	0.13
51 49	0 6	0.00
52 52	1 9	0.08
53 52	2 9	0.27
55 11	3 28	0.71
56 16	4 33	1.22
58 58	7 15	3.07
13 0 0	8 17	4.01
1 19	9 36	5.39
2 23	10 40	6.66
3 15	11 32	7.78
4 34	12 51	9.66
5 41	13 58	11.41
6 48	15 5	13.31
7 55	16 12	15.35
9 0	17 17	17.47
9 52	18 9	19.27
10 56	19 13	21.60
12 17	20 34	24.75
13 23	21 40	27.41
14 30	22 47	30.37

40 observations . . .	468.07
	+ 11.702
Distance Z.	42 52 49.456
Réfraction	58.15
Dist. Z au méridien .	42 53 59.31
Distance polaire . . .	1 45 38.52
Hauteur de l'équat. .	41 8 20.79
Latitude.	48 51 39.21

18 *janvier* 1799.

Bar. 28 p. 1.9 lig. Therm. — 7.5 deg.

12 51 42
+ 2
12 51 44

	Angle horaire.	Réduction.
12h 28′ 57″	22′ 47″	+ 30″37
31 29	20 15	24.00
32 43	19 1	21.16
33 57	17 47	18.50
38 31	13 13	10.22
43 49	7 55	3.67
45 49	5 55	2.05
47 25	4 19	1.09
48 28	3 16	0.63
49 26	2 18	0.31
50 29	1 15	0.09
51 46	0 2	0.00
53 7	1 23	0.11
54 11	2 27	0.35
55 13	3 29	0.71
56 11	4 27	1.16
57 13	5 29	1.76
58 22	6 38	2.57
59 19	7 35	3.36
13 0 25	8 41	4.41
1 56	10 12	6.09
2 56	11 12	7.33
3 53	12 9	8.64
4 53	13 9	10.12
5 57	14 13	11.82
7 19	15 35	14.20
8 26	16 42	16.31
9 39	17 55	18.77
10 45	19 1	21.16
11 41	19 57	23.29

30 observations . . .	264.25
	+ 8.808
Distance Z.	42 52 52.248
Réfraction	58.352
Dist. Z au méridien .	42 53 59.408
Distance polaire. . .	1 45 38.54
Hauteur de l'équat. .	41 8 20.87
Latitude.	48 51 39.13

20 *janvier* 1799.

Bar. 28 p. 2.0 lig. Therm. — 6.0 deg.

12	51	42
	+	1
12	51	43

			Angle horaire.		Réduction.
12h	29′	25″	22′	18″	+ 29″07
	30	49	20	54	25.56
	31	44	19	59	23.37
	32	33	19	10	21.49
	33	37	18	6	19.17
	34	35	17	8	17.17
	35	27	16	16	15.48
	36	44	14	59	13.13
	37	53	13	50	11.19
	39	7	12	36	9.29
	40	41	11	2	7.12
	42	3	9	40	5.47
	43	6	8	37	4.34
	44	25	7	18	3.11
	45	19	6	24	2.40
	46	12	5	31	1.78
	47	10	4	33	1.22
	48	17	3	26	0.69
	49	23	2	20	0.32
	50	36	1	7	0.07
	52	25	0	42	0.03
	53	21	1	38	0.15
	54	14	2	31	0.38
	55	30	3	47	0.84
	56	32	4	49	1.36
	57	31	5	48	1.97
	58	26	6	43	2.64
	59	41	7	58	3.72
13	0	35	8	52	4.60
	1	38	9	55	5.76
	3	27	11	44	8.05
	4	21	12	38	9.34
	5	28	13	45	11.06
	6	25	14	42	12.64
	7	30	15	47	14.57
	8	34	16	51	16.60
	9	27	17	44	18.39
13h	10′	26″	18′	43″	+ 20″49
	11	21	19	38	22.56
	12	57	21	14	26.31

40 observations . . .				392.90
				+ 9.823
Distance Z.	42	52		51.582
Réfraction				57.932
Dist. Z au méridien .	42	53		59.337
Distance polaire. . .	1	45		38.65
Hauteur de l'équat. .	41	8		20.69
Latitude.	48	51		39.31

Premier février 1799.

Bar. 27 p. 5.1 lig. Therm. + 3.2 deg.

12	51	34
	+	22
12	51	56

12	27	14	24	42	+ 35.69
	28	23	23	33	32.46
	29	30	22	26	29.43
	30	25	21	31	27.03
	31	21	20	35	24.79
	33	2	18	54	20.90
	34	20	17	36	18.11
	37	43	14	13	11.84

8 observations . . .			200.25
			+ 22.531
Distance Z.	42	52	45.446
Réfraction			53.771
Dist. Z au méridien .	42	58	1.748
Distance polaire. . .	1	45	38.98
Hauteur de l'équat. .	41	8	22.77
Latitude.	48	51	37.23

23 *février* 1799.

Bar. 28 p. 3.5 lig. Therm. + 6.4 deg.

			Angle horaire.		Réduction.
12h	1′	33″			
	+	59			
12	52	22			
12	29	26	22′	56″	+ 30″77
	30	38	21	44	27·58
	31	35	20	47	24·28
	33	7	19	15	21·67
	34	12	18	10	19·31
	35	28	16	54	16·70
	36	27	15	55	14·81
	37	52	14	30	12·30
	39	19	13	3	9·96
	40	20	12	2	8·47
	42	12	10	10	6·05
	43	37	8	45	4·48
	44	37	7	45	3·51
	46	12	6	10	2·23
	47	19	5	3	1·49
	48	44	3	38	0·78
	49	49	2	33	0·38
	51	18	1	4	0·07
	52	14	0	8	0·00
	53	33	1	11	0·08
	55	13	2	51	0·48
	56	37	4	15	1·06
	57	51	5	29	1·76
	59	3	6	41	2·61
13	0	12	7	50	3·59
	1	46	9	24	5·17
	2	56	10	34	6·53
	4	53	12	31	9·16
	5	53	13	31	10·69
	6	56	14	34	12·41
	9	31	17	9	17·21
	10	29	18	7	19·20
	11	27	19	5	21·30
	12	55	20	33	24·71
	14	0	21	38	27·33
	16	5	23	43	32·91
	18	21	25	59	38·49
13h	19′	29″	27′	7″	+ 42″86
	20	28	28	6	46·17
	21	59	29	37	51·29

40 observations . . .			580·15
			+ 14·504
Distance Z.	42	52	57·556
Réfraction			54·163
Dist. Z au méridien .	42	54	6.223
Distance polaire. . .	1	45	43·76
Hauteur de l'équat. .	41	8	22·46
Latitude.	48	51	37·54

26 *février* 1799.

Bar. 28 p. 4 5 lig. Therm. + 5.2 deg.

12	51	22			
	+	58			
12	52	20			
12	26	52	25	28	+ 37·94
	28	18	24	2	33·79
	29	13	23	7	31·27
	29	57	22	23	29·29
	30	59	21	21	26·61
	32	27	19	53	23·14
	33	29	18	51	20·79
	34	30	17	50	18·60
	35	38	16	42	16·31
	36	36	15	44	14·48
	38	10	14	10	11·74
	39	10	13	10	10·14
	40	6	12	14	8.76
	41	22	10	58	7·04
	42	26	9	54	5·74
	43	18	9	2	4·78
	44	15	8	5	3·82
	45	21	6	59	2·86
	46	28	5	52	2·01
	47	39	4	41	1·29
	49	33	2	47	0·45
	50	47	1	33	0·14
	51	47	0	33	0·02

	Angle horaire.	Réduction.
12h 52′ 56″	0′ 36″	+ 0″02
53 50	1 30	0·13
55 11	2 51	0·48
56 13	3 53	0·88
57 21	5 1	1·47
58 27	6 7	2·19
59 53	7 33	3·33
13 1 37	9 17	5·05
2 48	10 28	6·41
3 58	11 38	7·92
5 32	13 12	10·19
6 34	14 14	11·85
7 49	15 29	14·02
8 59	16 39	16·22
10 1	17 41	18·28
11 8	18 48	20·68
12 25	20 5	23·61
13 24	21 4	25·98
14 34	22 14	28·89

42 observations . . .			508·61
			+ 12·11
Distance Z.	42	52	58·266
Réfraction			54·668
Dist. Z au méridien .	42	54	5·044
Distance polaire. . .	1	45	44·42
Hauteur de l'équat. .	41	48	20·62
Latitude	48	51	39·38

3 *mars* 1799.

Bar. 27 p. 11,0 lig. Therm. + 7,6 deg.

0	51	21
	+	57
0	52	18

	Angle horaire.	Réduction.
0 25 32	26 46	+ 41·90
26 55	25 23	37·79
28 15	24 3	33·84
29 39	22 39	30·02
0h 31′ 6″	21′ 12″	+ 26″23
32 17	20 1	23·45
33 19	18 59	21·08
35 15	17 3	17·00
36 22	15 56	14·85
38 14	14 4	11·58
40 14	12 4	8·52
41 23	10 55	6·97
42 27	9 51	5·68
43 40	8 38	4·36
44 42	7 36	3·38
46 1	6 17	2·31
47 16	5 2	1·48
48 17	4 1	0·95
49 42	2 36	0·40
50 45	1 33	0·14
52 26	0 08	0·04
53 41	1 23	0·11
54 43	2 25	0·34
55 54	3 36	0·76
57 8	4 50	1·37
58 32	6 14	2·28
59 28	7 10	3·01
60 43	8 25	4·14
61 46	9 28	5·24
62 39	10 21	6·27
64 4	11 46	8·10
65 2	12 44	9·49
66 12	13 54	11·30
67 20	15 2	13·22
68 14	15 56	14·85
69 22	17 4	17·04
70 26	18 8	19·24
71 52	19 34	22·51
72 49	20 31	24·63
74 13	21 55	28·04

40 observations . . .				40[illegible]·07
Réduction				+ 12·097
Distance		42	53	1·423
Réfraction				+ 53·141
	—	1	45	45·38
		41	8	21·280
		48	51	38·72

Résumé du passage inférieur de la Polaire.

1799.	n	LATITUDE.	N	LATITUDE.	dm	LATITUDE.	
4 janvier .	40	48° 51′ 40″36	40	48° 51′ 40″36	+0.75	48° 51′ 41″ 11	0.97
6	40	37.97	80	39.19	0.78	39.97	0.97
11	38	41.00	118	39.76	0.72	40.48	0.95
13	32	40.59	150	39.93	0.71	40.64	0.94
15	40	39.47	190	39.84	0.71	40.55	0.97
16	36	36.92	226	39.37	0.71	40.08	0.94
17	40	34.21	266	38.60	0.73	39.33	0.97
18	30	39.13	296	38.65	0.74	39.39	0.97
20	40	39.31	336	38.74	0.74	39.48	0.96
1 février .	8	37.23	344	38.69	0.70	39.39	0.88
23	40	37.54	384	38.57	0.65	39.22	0.90
26	42	39.38	426	38.61	0.62	39.23	0.91
2 mars . .	40	38.76	466	38.49	0.56	39.04	0.95

Du 4 janvier au 2 mars la correction de latitude varioit de + 0.07 *P* à + 0.87 *P*. Rien n'indique une parallaxe.

La troisième colonne montre les résultats isolés des séries; la cinquième montre les résultats moyens des observations dont le nombre est dans la quatrième colonne; la sixième colonne montre ce qu'il faut ajouter aux nombres de cette colonne cinquième quand on préfère le facteur de Mayer, et alors on obtient les latitudes de la dernière colonne. Enfin il faudroit retrancher 0″94 si l'on augmentoit la réfraction de $\frac{1}{60}$.

Le résultat des 466, dans les trois hypothèses, sera donc . $\begin{cases} 48° \ 51' \ 38''49 \\ 48° \ 51' \ 39''04 \\ 48° \ 51' \ 38''10 \end{cases}$

Passage supérieur de β de la petite Ourse.

16 *janvier* 1799.

Bar. 28 p. 3.2 lig. Therm. — 5.0 deg.

			Angle horaire.		Réduction.
14h	51'	28"			
	+	1			
14	51	29			
14	35	36	15'	53"	— 191"58
	47	6	4	23	14.62
	49	10	2	19	4.08
	50	35	0	54	0.62
	52	17	0	48	0.49
	53	58	2	29	4.69
	55	3	3	34	9.67
	56	36	5	7	19.91
	57	52	6	23	30.98
	59	46	8	17	52.16
15	1	24	9	55	74.75
	2	37	11	8	94.20

12 observations . . .			497.75
			— 41.48
Distance Z.	26	6	47.45
Réfraction			30.51
Dist. Z au méridien .	26	6	36.48
Distance polaire. . .	15	1	44.52
Hauteur de l'équat. .	41	8	21.00
Hauteur de latitude .	48	51	39.00

			Angle horaire.		Réduction.
14h	43'	21"	8'	9"	— 50.50
	44	22	7	8	38.69
	46	15	5	15	20.96
	47	30	4	0	12.16
	48	45	2	45	5.75
	50	8	1	22	1.42
	51	33	0	3	0.01
	53	42	2	12	3.68
	54	59	3	29	9.22
	56	3	4	33	15.75
	57	22	5	52	26.17
	58	39	7	9	38.87
15	0	35	9	5	62.71
	1	41	10	11	78.81
	3	8	11	38	102.83
	4	12	12	42	122.54
	7	37	16	7	197.24

22 observations . . .			1364.17
			— 62.80
Distance Z.	26	7	8.445
Réfraction			30.891
Dist. Z au méridien .	26	6	37.328
Distance polaire. . .	15	1	44.65
Hauteur de l'équat. .	41	8	21.978
Latitude	48	51	38.022

17 *janvier* 1799.

Bar. 28 p. 1.6 lig. Therm. — 5.2 deg.

14	51	28			
	+	2			
14	51	30			
14	36	42	14	48	— 166.37
	38	0	13	30	138.46
	39	17	12	13	113.41
	40	38	10	52	89.79
	41	59	9	31	68.83

20 *janvier* 1799.

Bar. 28 p. 2.0 lig. Therm. — 6.0 deg.

14	51	28			
	+	1			
14	51	29			
14	36	46	14	43	— 164.51
	38	20	13	9	131.38
	39	26	12	3	110.34
	40	55	10	34	84.95
	41	58	9	31	68.83

	Angle horaire.	Réduction.
14h 42′ 50″	8′ 39″	— 56″87
43 48	7 41	44.88
45 21	6 8	28.61
46 19	5 10	20.30
47 23	4 6	12.78
48 31	2 58	6.69
50 36	0 53	0.60
51 59	0 30	0.19
53 14	1 45	2.33
54 23	2 54	6.40
56 2	4 33	15.75
57 9	5 40	24.41
58 17	6 48	35.16
59 30	8 1	48.85
15 1 6	9 37	70.29
2 10	10 41	86.73
3 21	11 52	107.00
4 39	13 10	131.71
6 1	14 32	160.45
24 observations . . .		1421.01
		— 59.209
Distance Z.	26 7	3.619
Réfraction		30.581
Dist. Z au méridien .	26 6	34.991
Distance polaire. . .	15 1	44.92
Hauteur de l'équat. .	41 8	19.911
Latitude	48 51	40.089

26 *février* 1799.

Bar. 28 p. 4.7 lig. Therm. + 4.7 deg.

14 51 31
+ 58

14 52 29

14 36 44	15 45	— 188.39
37 45	14 44	164.88
38 50	13 39	141.54
39 43	12 46	123.82
40 53	11 36	102.26
42 13	10 16	80.11
43 28	9 1	61.79
45 5	7 24	41.63

	Angle horaire.	Réduction.
14h 46′ 15″	6′ 14″	— 29″54
48 1	4 28	15.18
49 4	3 25	8.88
49 59	2 30	4.75
51 53	0 36	0.28
53 39	1 10	1.03
55 29	3 0	6.84
56 54	4 25	14.84
58 10	5 41	24.56
59 44	7 15	39.96
15 1 10	8 41	57.31
2 39	10 10	78.55
3 47	11 18	97.03
4 58	12 29	118.40
6 13	13 44	143.88
7 48	15 19	178.18
24 observations . . .		1723.63
		— 71.76
Distance Z.	26 7	19.95
Réfraction		28.95
Dist. Z. au méridien .	26 6	37.14
Distance polaire . . .	15 1	45.50
Hauteur de l'équat. .	41 8	21.64
Latitude	48 51	38.36

2 *mars* 1799.

Bar. 27 p. 10.9 lig. Therm. + 7.5 deg.

14 51 32
+ 56

14 52 58

14 35 20	17 8	— 222.86
36 58	15 30	182.46
38 10	14 18	155.33
39 35	12 53	126.10
40 48	11 40	103.42
42 19	10 9	78.30
43 35	8 53	59.98
44 51	7 37	44.12
45 58	6 30	32.12
47 33	4 55	18.38

	Angle horaire.	Réduction.
14h 48′ 47″	3′ 41″	— 10″32
50 11	2 17	3.97
51 51	0 37	0.29
53 32	1 4	0.87
54 33	2 5	3.30
56 30	4 2	12.37
57 38	5 10	20.30
59 3	6 35	32.95
15 0 26	7 58	48.25
1 50	9 22	66.69
3 6	10 38	85.92
4 23	11 55	107.91
5 37	13 9	131.38
7 17	14 49	166.75

24 observations . . .	1714.34
	— 71.431
Distance Z.	26 7 16.376
Réfraction	27.990
Dist. Z. au méridien .	26 6 32.935
Distance polaire . . .	15 1 45.09
Hauteur de l'équat. .	41 8 18.025
Latitude	48 51 41.97

	Angle horaire.	Réduction.
14h 52′ 3″	0′ 23″	— 0″11
53 17	0 51	0.55
54 38	2 12	3.68
55 51	3 25	8.88
57 12	4 46	17.28
58 28	6 2	27.67
59 35	7 9	38.87
15 0 43	8 17	52.17
1 55	9 29	68.35
2 58	10 32	84.32
4 10	11 44	104.61
5 29	13 3	129.39

24 observations . . .	1365.72
	— 56.905
Distance Z.	26 7 5.655
Réfraction	28.927
Dist. Z. au méridien .	26 6 37.677
Distance polaire . . .	15 1 44.960
Hauteur de l'équat. .	41 8 22.64
Latitude	48 51 37.36

3 *mars* 1799.

Bar. 28 p. 2.3 lig. Therm. + 3.7 deg.

14 51 32
+ 54
14 52 26

36 50	15 36	— 184.82
38 16	14 10	152.45
39 42	12 44	123.19
40 44	11 42	104.02
42 3	10 23	81.94
43 36	8 50	59.31
44 50	7 36	43.91
45 50	6 36	33.12
47 0	5 26	22.44
48 7	4 19	14.17
49 20	3 6	7.31
50 24	2 2	3.16

2.

4 *mars* 1799.

Bar. 28 p. 2.5 lig. Therm. + 3.9 deg.

14 51 32
+ 53
14 52 25

14. 37 13	15 12	— 175.48
38 45	13 40	141.88
39 58	12 27	117.77
41 32	10 53	90.01
42 43	9 42	71.51
43 56	8 29	54.71
45 21	7 4	37.97
46 30	5 55	26.62
47 28	4 57	18.63
48 31	3 54	11.57
49 37	2 48	5.96
50 39	1 46	2.38
52 31	0 6	0.01
54 16	1 51	2.61

42

	Angle horaire.	Réduction.
14h 55′ 37″	3′ 12″	− 7″79
56 34	4 9	13.10
57 51	5 26	22.45
54 43	6 18	30.17
59 50	7 25	41.82
15 0 58	8 33	55.57
1 57	9 32	69.08
2 51	10 26	82.73
3 47	11 22	98.18
4 42	12 17	114.65
5 47	13 22	135.74
7 22	14 57	169.76
26 observations . . .		1598.15
		− 61.467
Distance Z.	26 7	6.682
Réfraction		28.911
Dist. Z. au méridien .	26 6	34.026
Distance polaire . . .	15 1	44.83
Hauteur de l'équat. .	41 8	18.856
Latitude	48 51	41.144

5 *mars* 1799.

Bar. 28 p. 1.2 lig. Therm. + 4.3 deg.

14 51 32		
+ 51		
14 52 23		
14 37 3	15 20	− 178.56
38 45	13 38	141.20
40 2	12 21	115.89
41 21	11 2	92.51
42 50	9 33	69.32
43 58	8 25	53.85
45 9	7 14	39.78
46 19	6 4	27.99
47 47	4 36	16.10
49 9	3 14	7.95
50 11	2 12	3.68
51 40	0 43	0.40
53 22	0 59	0.74
54 15	1 52	2.66

	Angle horaire.	Réduction.
14h 55′ 44″	3′ 21″	− 8″54
56 49	4 26	14.95
58 52	6 29	31.96
15 0 17	7 54	47.45
1 17	8 54	60.21
2 14	9 51	73.74
3 23	11 0	91.95
4 23	12 0	109.42
5 31	13 8	131.05
6 41	14 18	155.33
24 observations . . .		1475.22
		− 61.467
Distance Z.	26 7	7.669
Réfraction		28.770
Dist. Z. au méridien .	26 6	34.97
Distance polaire . . .	15 1	44.70
Hauteur de l'équat. .	41 8	19.67
Latitude	48 51	40.33

6 *mars* 1799.

Bar. 28 p. 1.9 lig. Therm. + 1.5 deg.

14 51 32		
+ 50		
14 52 22		
14 36 43	15 39	− 186.00
37 57	14 25	157.88
39 6	13 16	133.72
40 54	11 28	99.91
42 5	10 17	80.47
43 22	9 0	61.56
44 32	7 50	46.64
45 28	6 54	36.20
46 40	5 42	24.70
47 47	4 35	15.98
48 53	3 29	9.22
50 23	1 59	2.99
51 59	0 23	0.11
53 42	1 20	1.35
54 46	2 24	4.38
56 1	3 39	10.13

	Angle horaire.	Réduction.
14h 57′ 19″	4′ 57″	— 18″63
58 37	6 15	29.70
59 53	7 31	42.95
15 1 45	9 23	66.91
2 58	10 36	85.39
4 20	11 58	108.82
5 30	13 8	131.05
7 16	14 54	168.63

24 observations . . .	1523.32
	— 63.472
Distance Z.	26 7 10.301
Réfraction	29.257
Dist. Z. au méridien .	26 6 36.086
Distance polaire . . .	15 1 44.57
Hauteur de l'équat. .	41 8 20.656
Latitude	48 51 39.344

16 *mars* 1799.

Bar. 27 p. 9.3 lig. Therm. + 1.7 deg.

14 51 32
+ 51
14 52 23

14 36 56	15 27	— 181.29
38 7	14 16	154.61
39 14	13 9	131.38
40 24	11 59	109.12
41 35	10 48	88.64
43 25	8 58	61.11
44 39	7 44	45.46
45 45	6 38	33.46
47 30	5 20	21.62
48 34	3 49	11.07
49 59	2 24	4.38
51 3	1 20	1.35
52 38	0 15	0.06
53 30	1 7	0.95
54 38	2 15	3.85
56 3	3 40	10.22
57 14	4 51	17.89
58 17	5 54	26.47

	Angle horaire.	Réduction.
15h 59′ 35″	7′ 12″	— 39.42
0 54	8 31	55.14
2 17	9 54	74.49
3 28	11 5	93.35
4 38	12 15	114.03
5 39	13 16	133.72

24 observations . . .	1413.08
	— 58.478
Distance Z.	29 7 5.036
Réfraction	28.844
Dist. Z. au méridien	26 6 35.002
Distance polaire . . .	15 1 42.99
Hauteur de l'équat. .	41 8 17.992
Latitude	48 51 42.008

27 *mars* 1799.

Bar. 27 p. 10.5 lig. Therm. + 1.1 deg.

14 51 33
+ 52
14 52 25

14 35 50	16 35	— 208.81
37 1	15 24	180.12
38 24	14 1	149.24
39 31	12 54	126.43
40 41	11 44	104.61
41 43	10 42	87.00
43 4	9 21	66.45
44 21	8 4	49.47
45 39	6 46	34.82
47 10	5 15	20.96
48 13	4 12	13.42
49 27	2 58	6.69
50 50	1 35	1.91
52 23	0 2	0.00
53 47	1 22	1.42
55 37	3 12	7.79
56 42	4 17	13.96
58 2	5 37	23.99
59 3	6 38	33.46
15 0 7	7 42	45.07

	Angle horaire.	Réduction.
15h 1' 13"	8' 48"	— 58"87
2 30	10 5	77.28
3 42	11 17	96.75
5 26	13 1	128.72
6 37	14 12	153.17
7 28	15 3	172.03
8 42	16 17	201.23
10 3	17 38	236.02
28 observations . . .		2299.79
		— 1 22.135
Distance Z.	26	7 34.278
Réfraction		29.084
Dist. Z. au méridien .	26	6 41.221
Distance polaire . . .	15	1 42.81
Hauteur de l'équat. .	41	8 24.03
Latitude	48	51 35.97

	Angle horaire.	Réduction.
14h 59' 46"	7' 22"	— 41"26
15 1 31	9 7	63.17
2 43	10 19	80.89
4 8	11 44	104.61
5 20	12 56	127.08
6 35	14 11	152.81
7 47	15 23	179.73
9 15	16 51	215.58
26 observations . . .		2012.73
		— 1 17.413
Distance Z.	26	7 27.231
Réfraction		29.083
Dist. Z. au méridien .	26	6 38.901
Distance polaire . . .	15	1 42.63
Hauteur de l'équat. .	41	8 21.531
Latitude	48	51 38.469

18 *mars* 1799.

Bar. 27 p. 8.7 lig. Therm. + 0.0 deg.

14 51 32
+ 52

14 52 24

14 35 54	16 30	— 206.71
36 59	15 25	180.01
38 18	14 6	151.01
39 32	12 52	125.77
40 52	11 32	101.08
42 33	9 51	73.74
43 51	8 33	55.57
45 5	7 19	40.70
46 5	6 19	30.33
48 3	4 21	14.39
49 12	3 12	7.79
51 2	1 22	1.42
52 5	0 19	0.07
53 36	1 12	1.09
54 37	2 13	3.74
55 50	3 26	8.97
56 55	4 31	15.51
58 39	6 15	29.70

22 *mars* 1799.

Bar. 27 p. 8.2 lig. Therm. + 4.5 deg.

14 51 33
+ 53

14 52 26

14 36 21	16 5	— 196.42
37 41	14 45	165.26
38 40	13 46	143.97
39 37	12 49	124.82
40 48	11 38	102.83
42 25	10 1	76.26
43 55	8 31	55.14
44 53	7 33	43.34
46 8	6 18	30.17
47 25	5 1	19.14
48 28	3 58	11.96
49 57	2 29	4.69
51 11	1 15	1.19
52 9	0 17	0.06
53 44	1 18	1.29
54 56	2 30	4.75
56 5	3 39	10.13
57 38	5 12	20.56

	Angle horaire.	Réduction.
14h 58′ 55″	6′ 29″	— 31″96
15 0 7	7 41	44.88
1 10	8 44	57.98
2 31	10 5	77.27
3 45	11 19	97.32
4 57	12 31	119.03
6 4	13 38	141.20
7 17	14 51	167.60
26 observations . . .		1749.12
		— 1 7.274
Distance Z.	26	7 18.223
Réfraction		28.32
Dist. Z. au méridien .	26	6 39.27
Distance polaire . . .	15	1 41.85
Hauteur de l'équat. .	41	8 21.12
Latitude	48	51 38.88

23 mars 1799.

Bar. 27 p. 9.2 lig. Therm. + 5.8 deg.

14 51 33
+ 52
14 52 25

14 37 11	15 14	— 176.25
38 40	13 45	143.63
40 25	12 0	109.42
41 47	10 38	85.92
42 58	9 27	67.88
44 13	8 12	51.12
45 32	6 53	36.02
46 43	5 42	24.70
47 59	4 26	14.95
49 42	2 43	5.62
50 56	1 29	1.67
52 49	0 24	0.12
54 35	2 10	3.57
55 41	3 16	8.12
56 51	4 26	14.95
58 12	5 47	25.43
59 25	7 0	37.25
15 0 40	8 15	51.75

	Angle horaire.	Réduction.
15h 2′ 0″	9′ 35″	— 69″81
3 31	11 6	93.64
4 39	12 14	113.72
6 5	13 40	141.88
7 13	14 48	166.37
9 5	16 40	210.90
26 observations . . .		1654.59
		— 68.945
Distance Z.	26	7 20.932
Réfraction		28.19
Dist. Z. au méridien .	26	6 40.18
Distance polaire . . .	15	1 41.63
Hauteur de l'équat. .	41	8 21.81
Latitude	48	51 38.19

26 mars 1799.

Bar. 27 p. 11.3 lig. Therm. + 5.7 deg.

14 51 33
+ 49
14 52 22

14 37 7	15 15	— 176.64
38 41	13 41	142.23
39 49	12 33	119.66
41 22	11 0	91.95
42 43	9 39	70.88
43 55	8 27	54.28
45 11	7 11	39.23
46 36	5 46	25.29
47 52	4 30	15.40
48 55	3 27	9.05
50 6	2 16	3.91
51 45	0 37	0.30
52 51	0 29	0.18
54 8	1 46	2.38
55 16	2 54	6.40
56 9	3 47	10.88
57 19	4 57	18.64
58 9	5 47	25.43
59 15	6 53	36.02
15 0 24	8 2	49.06

	Angle horaire.	Réduction.
15h 1′ 44″	9′ 22″	— 66″68
2 55	10 33	84.58
3 51	11 29	100.20
4 55	12 33	118.66
5 55	13 33	139.49
6 50	14 28	158.98
26 observations . . .		1566.40

			— 60.246
Distance Z.	26	7	11.685
Réfraction			28.353
Dist. Z. au méridien .	26	6	39.792
Distance polaire . . .	15	1	40.978
Hauteur de l'équat. .	41	8	20.770
Latitude	48	51	39.230

Résumé du passage supérieur de β de la petite Ourse.

1799.	*n*	LATITUDE.	*N*	LATITUDE.	*dm*
16 Janvier .	12	48° 51′ 39″00	12	48° 51′ 39″00	+ 0″36
17	22	38.02	34	38.37	0.44
20	24	40.09	58	39.08	0.42
26 février . .	26	38.36	84	38.56	0.12
2 mars . . .	24	41.97	108	39.32	0.05
3	24	37.36	132	38.99	0.15
4	26	41.14	158	39.32	0.14
5	24	40.33	182	39.46	0.13
6	24	39.34	206	39.43	0.20
16	24	42.00	230	39.70	0.20
17	28	35.97	258	39.29	0.21
18	26	38.47	284	39.27	0.20
22	26	38.88	310	39.19	0.12
23	24	38.19	334	39.12	0.09
26	26	39.23	360	39.13	0.10

Du 16 janvier au 26 mars la correction de parallaxe varioit de — 0.32 *P* à + 0.76 *P*. Ces observations n'indiquent aucun parallaxe.

Passage inférieur de β de la petite Ourse.

9 *décembre* 1798.

Bar. 28 p. 2.0 lig. Therm. + 1.6 deg.

			Angle horaire.		Réduction.
2h	51'	25"			
	—	36			
2	50	49			
2	32	22	18'	27"	+ 137"09
	33	52	16	57	115.73
	34	58	15	51	101.19
	36	31	14	18	82.38
	37	55	12	54	67.05
	38	53	11	56	57.08
	40	21	10	28	44.14
	41	19	9	30	36.38
	42	27	8	22	28.22
	43	51	6	58	19.56
	46	15	4	34	8.41
	47	36	3	13	4.17
	48	37	2	12	1.95
	50	25	0	24	0.06
	51	27	0	38	0.16
	52	37	1	48	1.31
	54	3	3	14	4.22
	55	5	4	16	7.34
	56	10	5	21	11.53
	57	19	6	30	17.02
	59	25	8	36	29.81
3	1	16	10	27	44.00
	2	23	11	34	53.91
	3	31	12	44	65.32
	4	40	13	51	77.28
	6	8	15	19	94.51
	7	12	16	23	108.11
	8	44	17	55	129.28
	9	49	19	0	145.39
	11	2	20	13	164.60
30 observations . . .					1656.20

			+ 55.207
Distance Z.	56	7	34.905
Réfraction		1	28.750
Dist. Z. au méridien .	56	9	58.862
Distance polaire . . .	15	1	35.01
Hauteur de l'équat. .	41	8	23.85
Latitude	48	51	36.15

10 *décembre* 1798.

Bar. 28 p. 1.0 lig. Therm. + 0.7 deg.

			Angle horaire.		Réduction.
2h	51'	26"			
	—	39			
2	50	47			
2	33	56	16'	51"	+ 114"37
	35	13	15	34	97.62
	36	29	14	18	82.38
	37	25	13	22	71.98
	38	33	12	14	60.30
	39	38	11	9	50.09
	40	53	9	54	38.52
	42	10	8	37	29.92
	43	22	7	25	22.17
	44	31	6	16	15.82
	46	6	4	41	8.84
	47	22	3	25	4.71
	48	44	2	3	1.69
	49	38	1	9	0.54
	50	36	0	11	0.01
	51	35	0	48	0.26
	54	0	2	22	2.26
	54	26	3	39	5.37
	55	51	5	4	10.35
	56	57	6	10	15.32
	58	39	7	52	24.94
	59	46	8	59	32.53
3	0	59	10	12	41.92
	2	31	11	44	55.47
	4	7	13	20	71.62
	5	22	14	35	85.68

	Angle horaire.	Réduction.
3h 6' 28"	15' 41"	+ 99"08
8 0	17 13	119.41
9 24	18 37	139.58
10 49	20 2	161.63
29 observations . . .		1464.38
		+ 48.813
Distance Z.	57	7 39.360
Réfraction		1 28.963
Dist. Z. au méridien .	56	9 57.14
Distance polaire . . .	15	1 35.01
Hauteur de l'équat. .	41	8 22.13
Latitude	48	51 37.87

11 *décembre* 1798.

Bar. 28 p. 0.0 lig. Therm. — 1.0 deg.

2 51 26
— 39

2 50 47

2 33 33	17 14	119.64
34 44	16 3	103.77
36 5	14 42	87.06
37 11	13 36	74.52
38 17	12 30	62.95
39 29	11 18	51.45
40 42	10 5	40.99
41 45	9 2	32.89
42 38	8 9	26.77
43 38	7 9	20.60
45 33	5 14	11.04
46 40	4 7	6.83
48 2	2 45	3.05
49 17	1 30	0.91
50 36	0 9	0.01
52 5	1 18	0.69
53 13	2 26	2.30
54 15	3 28	4.85
55 41	4 54	9.67
56 57	6 10	15.32
58 43	7 56	25.37
3 0 2	9 15	34.50

	Angle horaire.	Réduction.
3h 1' 2"	10' 15"	+ 42"34
2 22	11 35	54.07
3 23	12 36	64.00
4 43	13 56	78.21
5 50	15 3	91.25
6 55	16 8	104.85
8 3	17 16	120.09
9 5	18 18	134.87
30 observations . . .		1418.07
		+ 47.497
Distance Z.	56	7 38.658
Réfraction		1 29.64
Dist. Z. au méridien .	56	9 55.795
Distance polaire . .	15	1 35.33
Hauteur de l'équat. .	41	8 20.465
Latitude	48	51 39.535

20 *décembre* 1798.

Bar. 28 p. 5.0 lig. Therm. + 1.6 deg.

2 51 26
— 46

2 50 40

2 34 31	16 9	+ 105.06
36 5	14 35	85.68
37 39	13 1	68.27
39 14	11 26	52.67
40 20	10 20	43.02
41 49	8 51	31.57
43 4	7 36	23.28
44 16	6 24	16.50
45 22	5 18	11.32
46 49	3 51	5.97
48 13	2 27	2.42
50 13	0 27	0.08
51 34	0 54	0.33
53 3	2 23	2.29
54 8	3 28	4.85
55 16	4 36	8.53
56 19	5 39	12.87
57 19	6 39	17.82

	Angle horaire.	Réduction.
2h 59′ 1″	8′ 21″	+ 28″10
3 0 6	9 26	35.88
1 50	11 10	50.24
2 57	12 17	60.79
4 7	13 27	72.98
5 15	14 35	85.68
6 31	15 51	101.19
8 2	17 22	121.48
8 55	18 15	134.14
10 0	19 20	150.53
10 48	20 8	163.24
11 39	20 59	177.30
30 observations . . .		1674.08
		+ 55.803
Distance Z.		56 7 36.768
Réfraction		89.42
Dist. Z. au méridien .		56 10 1.991
Distance polaire . .		15 1 38.20
Hauteur de l'équat. .		41 8 23.791
Latitude		48 51 36.211

21 *décembre* 1798.

Bar. 28 p. 6.6 lig. Therm. — 1.6 deg.

2 51 26		
— 45		
2 50 41		
2 30 36	20 5	+ 161.44
31 41	19 0	145.39
32 50	17 51	128.32
34 19	16 22	107.89
35 21	15 20	94.71
36 28	14 13	80.42
37 29	13 12	70.20
38 44	11 57	57.56
39 52	10 59	48.60
41 32	9 9	33.75
42 49	7 52	24.94
44 12	6 29	16.93
45 12	5 29	22.12
46 33	4 8	6.88

	Angle horaire.	Réduction.
2h 47′ 53″	2′ 48″	+ 3″16
49 7	1 34	0.99
50 3	0 38	0.16
51 18	0 37	0.16
52 14	1 33	0.97
53 17	2 36	2.73
54 47	4 6	6.77
55 34	4 53	9.61
56 27	5 46	13.40
57 22	6 41	18.00
58 14	7 33	22.98
59 6	8 25	28.56
3 0 19	9 38	37.41
1 20	10 39	45.70
2 19	11 38	54.53
3 31	12 50	66.35
30 observations . . .		1300.63
		+ 43.354
		56 7 44.760
Distance Z.		56 8 28.114
Réfraction		1 31.421
Dist. Z. au méridien .		56 9 59.535
Distance polaire . . .		15 1 38.47
Hauteur de l'équat. .		41 8 21.06
Latitude		48 51 38.94

24 *décembre* 1798.

Bar. 28 p. 5.7 lig. Therm. — 5.4 deg.

2 51 26		
— 43		
2 50 43		
2 28 59	21 44	+ 190.19
30 0	20 43	172.93
31 10	19 33	153.93
32 12	18 31	138.08
33 13	17 30	123.35
34 18	16 25	108.35
35 14	15 29	96.58
36 13	14 30	84.70
37 6	13 37	74.70

		Angle horaire.		Réduction.
2h 38′	7″	12′	36″	+ 63.96
39	44	10	59	48.60
40	41	10	2	40.59
41	49	8	34	31.93
43	3	7	40	23.69
44	5	6	38	17.73
45	10	5	33	12.42
46	13	4	28	8.04
47	20	3	23	4.62
48	19	2	24	2.32
49	23	1	20	0.72
51	10	0	27	0.08
52	6	1	23	0.78
53	7	2	24	2.32
54	32	3	49	5.87
55	26	4	43	8.97
56	27	5	44	13.15
57	24	6	41	18.00
58	25	7	42	23.90
59	58	9	15	34.50
3 0	54	10	11	41.79
2	17	11	34	53.91
3	39	12	56	67.39
4	47	14	4	79.72
6	22	15	39	98.66
7	19	16	36	110.99
8	21	17	38	125.23
9	21	18	38	139.83
10	20	19	37	154.97

38 observations . . .			2377.38
			+ 62.563
Distance Z.	56	7	24.865
Réfraction		1	33.85
Dist. Z. au méridien .	56	10	1.28
Distance polaire . .	15	1	39.30
Hauteur de l'équat. .	41	8	21.98
Latitude	48	51	38.02

25 décembre 1798.

Bar. 28 p. 1.5 lig. Therm. — 9.0 deg.

2h 51′ 26″
— 42
2 50 44

			Angle horaire.		Réduction.
2	29	33	21′	11″	+ 180″70
	30	36	20	8	163.24
	31	41	19	3	146.16
	32	47	17	57	129.77
	33	43	17	1	116.64
	34	45	15	59	102.91
	35	45	14	59	90.44
	36	52	13	52	77.46
	37	50	12	54	67.05
	38	54	11	50	56.42
	40	8	10	36	45.25
	41	14	9	30	36.38
	42	24	8	20	27.99
	43	14	7	30	22.67
	44	19	6	25	16.59
	45	8	5	36	12.64
	45	57	4	47	9.22
	46	45	3	59	6.40
	47	42	3	2	3.71
	48	45	1	59	1.59
	50	30	0	14	0.02
	51	25	0	41	0.19
	52	39	1	55	1.48
	53	43	2	59	3.59
	55	50	5	6	10.48
	56	48	6	4	14.83
	57	54	7	10	20.70
	59	9	8	25	28.56
3	0	17	9	33	36.77
	1	21	10	37	45.41
	3	16	12	32	63.29
	4	37	13	53	77.65
	5	31	14	47	87.05
	6	32	15	48	100.56
	7	24	16	40	111.88
	8	23	17	39	126.46
	9	30	18	46	141.86
	10	39	19	55	159.75

38 observations . . . 2343.76

		+	61.678
Distance Z.	56	7	26.144
Réfraction		1	34.408
Dist. Z. au méridien .	56	10	2.230
Distance polaire . .	15	1	39.57
Hauteur de l'équat. .	41	8	22.660
Latitude	48	51	37.34

		+	48.590
Distance Z.	56	7	41.76
Réfraction		1	32 33
Dist. Z. au méridien .	56	10	2.68
Distance polaire. . .	15	1	40.39
Hauteur de l'équat. .	41	8	22.29
Latitude	48	51	37.71

28 *décembre* 1798.

Bar. 27 p. 11.1 lig. Therm. — 6.4 deg.

2h 51′ 26″ — 39 2 50 47			Angle horaire.		Réduction.
2	31	43	19′	4″	+ 146.42
	33	2	17	45	126.89
	34	8	16	39	111.66
	35	35	15	12	93.07
	36	57	13	50	77.09
	38	36	12	11	59.81
	39	47	11	0	48.75
	41	15	9	32	36.64
	42	30	8	17	27.66
	43	45	7	2	19.93
	45	37	5	10	10.76
	47	15	3	32	5.04
	48	24	2	23	2.29
	49	27	1	20	0.72
	50	18	0	29	0.10
	51	45	0	58	0.38
	52	39	1	52	1.41
	53	34	2	47	3.12
	54	31	3	44	5.62
	55	37	4	50	9.41
	57	13	6	26	16.68
	58	13	7	26	22.27
	59	31	8	44	30.74
3	0	41	9	54	39.52
	2	1	11	14	50.84
	3	48	13	1	68.27
	5	15	14	28	84.31
	6	53	16	6	104.42
	7	54	17	7	118.03
	9	9	18	22	135.85
30 observations . . .					1457.70

29 *décembre* 1798.

Bar. 28 p. 5.0 lig. Therm. — 7.7 deg.

2h 51′ 26″ — 36 2 50 50			Angle horaire.		Réduction.
2	30	58	19′	52″	+ 158.95
	32	40	18	10	132.91
	33	50	17	0	116.41
	35	7	15	43	99.50
	36	30	14	21	82.95
	37	31	13	19	71.44
	38	33	12	17	60.79
	39	20	11	30	53.29
	40	18	10	32	44.70
	41	29	9	21	35.25
	42	1	7	49	24.63
	44	9	6	41	18.90
	45	4	5	46	13.40
	46	10	4	40	8.78
	46	3	3	47	5.77
	47	59	2	51	3.27
	48	58	1	52	1.41
	50	41	0	9	0.01
	51	49	0	59	0.39
	52	47	1	57	1.53
	54	42	3	52	6.03
	56	3	5	13	10.97
	57	17	6	27	16.76
	58	41	7	51	24.84
	59	50	9	0	32.65
3	0	55	10	5	40.99
	1	55	11	5	49.50
	2	49	11	59	57.86
	3	50	13	0	68.09
	5	9	14	19	82.57
	6	37	15	47	100.35

	Angle horaire.	Réduction.
3h 7' 31"	16' 41"	+ 112.11
8 34	17 44	126.65
9 38	18 48	142.36
34 observations . . .		1806.01
		+ 53.12
Distance Z.	56 7 34.38	
Réfraction	1 34.54	
Dist. Z. au méridien .	56 10 2.04	
Distance polaire . . .	15 1 40.91	
Hauteur de l'équat. .	41 8 21.13	
Latitude	48 51 38.87	

30 *décembre* 1798.

Bar. 28 p. 5.1 lig. Therm. — 5.2 deg.

3 51 27		
— 35		
2 50 52		
31 4	19 48	+ 157.88
32 26	18 26	136.84
33 21	17 31	123.59
34 26	16 26	108.78
35 21	15 31	96.99
36 22	14 30	84.70
37 45	13 7	69.22
38 34	12 18	60.96
39 38	11 14	50.84
40 39	10 13	42.06
42 16	8 36	29.81
43 36	7 16	21.28
44 55	5 57	14.27
46 25	4 27	7.98
47 30	3 22	4.57
49 4	1 48	1.31
50 6	0 46	0.24
51 21	0 29	0.09
52 32	1 40	1.12
53 30	2 38	2.80
55 24	4 32	8.28
56 40	5 48	13.56
58 16	7 24	22.07

	Angle horaire.	Réduction.
2h 59' 25"	8' 33"	+ 29"46
3 0 17	9 25	35.75
1 9	10 17	42.61
2 19	11 27	52.83
3 16	12 24	61.95
4 12	13 20	71.62
5 16	14 24	83.54
30 observations . . .		1437.00
		+ 47.900
Distance Z.	56 7 44.95	
Réfraction	1 33.15	
Dist. Z. au méridien .	56 10 6.00	
Distance polaire . .	15 1 40.940	
Hauteur de l'équat. .	41 8 25.06	
Latitude	48 51 34.94	

3 *janvier* 1799.

Bar. 28 p. 3.0 lig. Therm. — 5.2 deg.

2 51 27		
— 26		
2 51 1		
2 32 48	18 13	+ 133.64
34 8	16 53	114.82
35 7	15 54	101.84
36 10	14 51	88.84
37 22	13 39	75.07
38 39	12 22	61.62
39 42	11 19	51.60
40 44	10 17	42.61
41 55	9 6	33.38
43 37	7 26	22.27
45 54	5 7	10.55
47 5	3 56	6.24
48 4	2 57	3.51
49 7	1 54	1.46
50 19	0 42	0.20
51 35	0 34	0.13
52 42	1 41	1.14
53 44	2 43	2.98
54 47	3 46	5.72

			Angle horaire.		Réduction.
2h	55'	49"	4'	48"	+ 9"28
	58	11	7	10	20.70
	59	12	8	11	26.99
3	0	16	9	15	34.49
	1	39	10	38	45.55
	2	40	11	39	54.69
	4	0	12	59	67.92
	5	1	14	0	78.96
	6	26	15	25	95.75
	7	33	16	32	110.10
	8	45	17	44	126.65

30 observations . . .			1428.70
			+ 47.62
Distance Z.	56	7	44.92
Réfraction		1	32.65
Dist. Z. au méridien .	56	10	5.19
Distance polaire. . .	15	1	41.83
Hauteur de l'équat. .	41	8	23.36
Latitude	48	51	36.64

5 *janvier* 1799.

Bar. 28 p. 3.2 lig. Therm. — 5.95 deg.

2	51	27
	—	22
2	51	5

2	32	14	18	51	+ 143.12
	33	12	17	53	128.80
	34	48	16	17	106.80
	35	57	15	8	92.26
	36	54	14	11	81.04
	37	54	13	11	70.03
	38	55	12	10	59.64
	39	56	11	9	50.09
	40	58	10	7	41.25
	41	58	9	7	33.50
	43	45	7	20	21.67
	45	5	6	0	14.51
	46	0	5	5	10.42
	47	18	3	47	5.77
	48	30	2	35	2.69

			Angle horaire.		Réduction.
2h	49'	17"	1'	48"	+ 1"31
	50	45	0	20	0.04
	51	37	0	32	0.12
	52	35	1	30	0.91
	53	22	2	17	2.10
	55	3	3	58	6.34
	56	6	5	1	10.14
	57	3	5	58	14.35
	58	8	7	3	20.03
	59	11	8	6	26.44
3	0	7	9	2	32.89
	1	25	10	20	43.02
	2	34	11	29	53.14
	3	38	12	33	62.46
	4	47	13	42	75.62
	5	49	14	44	87.45
	6	48	15	43	99.50

32 observations . . .			1397.45
			+ 43.670
Distance Z.	56	7	47.81
Réfraction		1	33.148
Dist. Z. au méridien .	86	10	4 62
Distance polaire. . .	15	1	42.67
Hauteur de l'équat. .	41	8	21.95
Latitude	48	51	38.05

13 *janvier* 1799.

Bar. 28 p. 4.1 lig. Therm. — 3.975 deg.

2	51	28
	—	11
2	51	17

2	36	9	15	8	+ 92.26
	37	12	14	5	79.91
	34	12	13	5	68.97
	39	4	12	13	60.13
	40	1	11	16	51.15
	41	13	10	4	40.85
	42	22	8	55	32.05
	43	19	7	58	25.58
	44	20	6	57	19.46

			Angle horaire.		Réduction.
2h	45'	44"	5'	33"	+ 12"42
	46	38	4	39	8.72
	47	37	3	40	5.42
	48	34	2	43	2.98
	49	24	1	53	1.43
	50	51	0	26	0.08
	51	51	0	34	0.13
	52	46	1	29	0.89
	53	55	2	38	2.80
	54	45	3	28	4.85
	55	43	4	26	7.92
	56	33	5	16	11.18
	57	40	6	23	16.42
	58	28	7	11	20.80
	59	51	8	34	29.58
3	0	50	9	33	36.77
	2	30	11	13	50.69
	3	32	12	15	60.47
	5	3	13	46	76.35
	6	9	14	52	89.04
	7	5	15	48	100.56

30 observations . . .			1009.86
			+ 33.662
Distance Z.	56	8	0.582
Réfraction		1	32.298
Dist. Z. au méridien .	56	10	6.542
Distance polaire. . .	15	1	43.824
Hauteur de l'équat. .	41	8	22.718
Latitude	48	51	37.282

14 *janvier* 1799.

Bar. 28 p. 4,9 lig. Therm. — 3.5 deg.

2	51	28
	—	4
2	51	24

2	33	24	18	0	+ 130.49
	34	27	16	57	115.73
	35	49	15	35	97.86
	36	53	14	31	84.90
	37	59	13	25	72.52
	39	16	12	9	59.48

			Angle horaire.		Réduction.
2h	40'	28"	10'	56"	+ 48.17
	41	28	9	56	39.78
	42	19	9	5	33.26
	43	7	8	17	27.66
	45	8	6	16	15.82
	46	16	5	8	10.62
	47	9	4	15	7.28
	49	23	2	1	1.64
	50	39	0	45	0.23
	51	37	0	13	0.02
	52	37	1	13	0.60
	53	43	2	19	2.16
	54	37	3	13	4.17
	56	9	4	45	9.10
	57	42	6	18	15.99
	58	35	7	11	20.80
	59	28	8	4	26.23
3	0	24	9	0	32.65
	1	23	9	59	40.19
	2	25	11	1	48.90
	3	36	12	12	59.97
	4	43	13	19	71.44
	5	47	14	23	83.34
	6	44	15	20	94.71

30 observations . . .			1255.71
			+ 41.857
Distance Z.	56	7	52.742
Réfraction		1	32.248
Dist. Z. au méridien .	56	10	6.847
Distance polaire . . .	15	1	43.990
Hauteur de l'équat. .	41	8	22.857
Latitude	48	51	37.143

16 *janvier* 1799.

Bar. 28 p. 3.2 lig. Therm. — 4.15 deg.

2	51	27
	—	1
2	51	26

2	31	49	19	37	+ 154.97
	32	50	18	36	139.33
	34	1	17	25	122.18

	Angle horaire.	Réduction.
2h 35′ 11″	16′ 15″	+ 106″37
36 19	15 7	92.05
37 14	14 12	81.23
38 18	13 8	69.50
39 41	11 45	55.63
41 5	10 21	43.16
43 8	8 18	27.77
45 5	6 21	16.25
46 19	5 7	10.55
47 14	4 12	7.10
48 47	2 39	2.84
50 6	1 20	0.72
51 30	0 4	0.00
52 29	1 3	0.44
54 1	2 35	2.70
55 39	4 13	7.16
57 30	6 4	14.83
59 31	8 5	26.34

	Angle horaire.	Réduction.
3h 0′ 52″	9′ 26″	+ 35″88
2 18	10 52	47.58
4 32	13 6	69.15
6 53	15 27	96.16
8 8	16 42	112.33
9 42	18 16	134.38
11 21	19 55	159.75
28 observations . . .		1636.35
		+ 58.441
Distance Z.		56 7 38.64
Réfraction		1 32.102
Dist. Z. au méridien .		56 10 9.183
Distance polaire. . .		15 1 44.321
Hauteur de l'équat. .		41 8 24.862
Latitude		48 51 35.138

19 *janvier* 1799.

Barom. 28 pouces 2.3 lignes. Thermom. — 5.25 degrés.

2 51 28		
— 2		
2 51 30		
2 33 43	17 47	+ 127.38
34 48	16 42	112.33
35 52	15 38	98.45
37 8	14 22	83.15
38 7	13 23	72.16
39 13	12 17	60.80
40 25	11 5	49.50
41 25	10 5	40.98
42 22	9 8	33.63
43 11	8 19	27.88
44 47	6 43	18.18
46 9	5 21	11.53
47 6	4 24	7.81
48 18	3 12	4.13
49 21	2 9	1.86
50 13	1 17	0.67
51 42	0 12	0.02
52 51	1 21	0.74
53 51	2 21	2.22

55 7	3 37	5.28
56 43	5 13	10.97
57 27	5 57	14.27
58 32	7 2	19.93
59 37	8 7	26.55
3 0 38	9 8	33.63
1 47	10 17	42.61
2 43	11 13	50.69
3 33	12 3	58.50
4 39	13 9	69.67
5 34	14 4	79.72
6 33	15 3	91.25
7 41	16 11	105.50
32 observations . . .		1361.99
		+ 42.562
Distance Z.		56 7 54.573
Réfraction		1 32.551
Dist. Z. au méridien .		56 10 9.686
Distance polaire . . .		15 1 44.820
Hauteur de l'équat. .		41 8 24.866
Latitude		48 51 35.134

Résultats du passage inférieur de β de la petite Ourse.

1798 et 1799.	n	LATITUDE.	N	LATITUDE.	dm
9 décembre .	30	48° 51′ 36″15	30	48° 51′ 36″15	+ 0″60
10	30	37.88	60	37.01	0.67
11	30	39.58	90	37.87	0.81
20	30	36.21	120	37.45	0.62
21	30	38.94	150	37.75	0.85
24	38	38.02	188	37.85	1.24
25	38	37.34	226	37.78	1.47
28	30	37.71	256	37.76	1.26
29	34	38.87	290	37.89	1.35
30	30	34.94	320	37.62	1.15
3 janvier . .	30	36.64	350	37.53	1.15
6	32	38.05	382	37.58	1.20
13	30	37.28	412	37.56	1.05
14	30	37.14	442	37.53	1.02
16	28	35.14	470	37.41	1.06
19	32	35.13	502	37.24	1.15

Résumé.

β supérieure	48° 51′ 39″13 + 0″19 — 0″67
β inférieure	37″24 + 1″04 — 1″54
Milieu β	48° 51′ 38″18 + 0″61 — 1″105
Polaire supérieure. .	48° 51′ 37″31 + 9″51 — 0″83
Polaire inférieure . .	38″49 + 0″56 — 0″94
Milieu Polaire . . .	48° 51′ 37″9 + 0″54 — 0″885
β	48° 51′ 38″18 + 0″61 — 1″60
Milieu des deux . .	48° 51′ 38″08 + 0″58 — 1″24

Il reste à réduire cette latitude à celle du Panthéon.

Le quatrième de mes triangles secondaires, tome I, page 543, donne pour distance du Panthéon aux Invalides 1362t2

Le cinquième donne 1361t6

Les triangles six et sept, beaucoup moins aigus 1362t5

Les triangles huit et neuf donnent, pour la distance de mon observatoire au Panthéon, ... 884t12

Les triangles dix et onze, moins sûrs, donnent pour cette distance 883t96

Je m'en tiens donc à la première.

L'azimut du Panthéon sur mon observatoire, tome II, page 129, est 29° 12′ 29″. La différence des parallèles sera donc 771t70

La différence des méridiens 431t44

La différence des parallèles sera donc	48″67
La latitude de mon observatoire	48° 51′ 38″04
Donc la latitude du Panthéon	48° 50′ 49″37
Entre l'Observatoire et le Panthéon ci-après . .	— 39″14
Observatoire impérial	48° 50′ 14″23

Cette latitude suppose, comme on a vu, les réfractions de Bradley. Si l'on préféroit pour le thermomètre le coefficient de Mayer, qui est aussi celui de M. Laplace, il faudroit ajouter 0″58, et l'on auroit 48° 50′ 14″83. Mais si l'on augmente la constante de $\frac{1}{60}$, il faudra retrancher 1″24, et il restera 48° 50′ 13″59.

On verra plus loin le calcul de la différence de latitude entre le Panthéon et l'Observatoire impérial.

OBSERVATOIRE IMPÉRIAL.

Observations de latitude faites par M. Méchain.

Passage supérieur de la Polaire.

1798 et 1799.	Observ.	ARCS observés.	ARC du jour.	ARC simple.	ARC sexagésim.	Barom.	Therm.
		G.	G.	G.	D. M. S.	PO. L.	D.
9 déc. .	48	2101.049	2101.049	43.7718542	39 23 40.81	28 0.8	+ 1.0
10 . . .	42	3939.46375	1838.41475	43.7717798	39 23 40.57	28 0.2	+ 0.16
11 . . .	32	5339.99825	1400.53450	43.766703	39 23 24.12	27 10.7	— 1.44
15 . . .	20	6215.55925	875.5610	43.778053	39 24 0.88	27 2.3	+ 6.8
17 . . .	4	6390.680	175.12075	43.7801875	39 24 7.81	27 5.2	+ 6.56
20 . . .	34	7878.7930	1488.113	43.7680294	39 23 28.44	28 4.4	+ 0.80
21 . . .	50	10067.413	2188.620	43.7724	39 23 42.56	28 5.7	— 2.72
23 . . .	8	10417.55925	350.14625	43.768281	39 23 29.23	28 4.3	— 0.8
24 . . .	50	12605.17525	2188.6160	43.77232	39 23 42.32	28 4.4	— 6.56
26 . . .	40	14356.91725	1750.7410	43.768525	39 23 30.02	27 11.8	—11.02
28 . . .	42	16195.2365	1838.31925	43.769506	39 23 33.20	27 10.9	— 7.04
30 . . .	40	17946.0520	1750.8155	43.7703875	39 23 36.06	28 4.7	— 3.44
3 janv.	30	1313.0735	1313.0735	43.769117	39 23 31.94	28 2.5	— 6.64
4 . . .	26	2451.03375	1137.96625	43.767933	39 23 28.10	28 2.5	— 4.80
5 . . .	26	3589.00875	1137.96900	43.768038	39 23 28.44	28 3.0	— 5.8
8 . . .	24	4639.42025	1050.41150	43.767146	39 23 25.55	28 2.2	— 3.52
13 . . .	32	6040.0380	1400.61775	43.7693047	39 23 32.55	28 3.4	— 4.48
14 . . .	30	7353.09525	1313.05725	43.768575	39 23 30.18	28 4.5	— 4.00
15 . . .	28	8578.62825	1225.5330	43.769036	39 23 31.68	28 3.7	— 2.88
16 . . .	30	9891.70075	1313.07250	43.769083	39 23 31.83	28 2.5	— 4.88
18 . . .	30	11204.73450	1313.03375	43.7677917	39 23 27.64	28 1.75	— 6.08
19 . . .	16	11904.99075	700.25625	43.7660156	39 23 21.89	28 1.8	— 4.24
20 . . .	24	12955.42925	1050.4385	43.768271	39 23 29.20	28 0.2	— 1.52
23 . . .	28	14180.9700	1225.54075	43.769325	39 23 32.57	27 8.1	+ 3.20
24 . . .	30	15494.0615	1313.0915	43.7697166	39 23 33.28	27 9.7	+ 4.0
5 fév. .	24	16544.4620	1050.4005	43.7666875	39 23 24.07	27 2.2	+ 7.2
6 . . .	12	17069.648	525.185	43.7655	39 13 20.22	27 7.6	+ 0.8

Passage inférieur de β de la petite Ourse.

1798 et 1799.	Observ.	Arcs observés.	Arc du jour.	Arc simple.	Arc sexagésimal.	Barom.	Therm.
		G.	G.	G.	D. M. S.	PO. L.	D.
11 déc.	20	1247.9101	1247.9101	62.395505	56 9 21.44	27 10.5	− 1.44
20 . . .	26	2870.03112	1622.121025	62.389270	56 9 1.24	28 4.7	+ 0.24
21 . . .	26	4492.157625	1622.1265	62.3894808	56 9 1.91	28 5.7	− 2.80
24 . . .	28	6239.12525	1746.968625	62.3917366	56 9 9.23	28 4.4	− 6.4
25 . . .	22	7611.764	1372.63875	62.39267	56 9 12.25	28 1.4	− 1.2
28 . . .	24	9109.29125	1497.52725	62.396969	56 9 26.18	27 11.3	− 7.36
30 . . .	22	10182.00325	1372.71200	62.39600	56 9 23.04	28 4.75	− 3.52
3 janv. .	24	1497.37375	1497.37375	62.39057	56 9 5.46	28 2.5	− 6.8
4 . . .	24	2994.822	1497.44825	62.393667	56 9 15.48	28 2.5	− 4.8
5 . . .	24	4491.9525	1497.1305	62.380437	56 8 32.62	28 3.0	− 6.48
8 . . .	24	5989.3855	1497.4330	62.393042	56 9 13.45	28 2.4	− 3.52
13 . . .	24	7486.8280	1497.4425	62.3934375	56 9 14.74	28 3.4	− 5.44
14 . . .	24	8984.27075	1497.44275	62.393448	56 9 14.77	28 4.5	− 4.08
16 . . .	24	10481.7165	1497.44575	62.393573	56 9 15.18	28 2.5	− 5.28
18 . . .	24	11979.2145	1497.4980	62.39575	56 9 22.23	28 1.8	− 4.64
20 . . .	14	12853.0380	873.5715	62.397964	56 9 29.40	28 0.2	− 1.84
23 . . .	24	14350.6040	1497.566	62.3985833	56 9 31.41	27 8.25	+ 2.16
24 . . .	12	15099.48575	748.88175	62.4068125	56 9 58.07	27 9.8	+ 2.96
26 . . .	24	16597.01650	1497.53075	62.3971146	56 9 26.65	28 0.1	+ 2.96

M. Méchain avoit supprimé toutes ces observations, dont il avoit cependant présenté les résultats à la commission.

On n'a pu retrouver ni le passage inférieur de la Polaire, ni le passage supérieur de β de la petite Ourse, que M. Méchain avoit aussi observés.

Dans l'intervalle du 18 au 20, il avoit fait d'autres observations qu'on n'a pas retrouvées, et le point de départ pour celles du 20 est 11979.4665.

Passage supérieur de la Polaire.

1799.	Observ.	Arcs observés.	Arc du jour.	Arc simple.	Arc sexagésim.	Barom.	Therm.	Therm.
		G.	G.	G.	D. M. S.	PO. L.		D.
25 juill..	14	612.681	612.781	43.762929	39 23 11.89	28 0.0	0.128	10.24
29 . . .	20	1487.92225	875.241250	43.7620625	39 23 9.08	28 0.7	0.120	9.60
31 . . .	14	2100.55675	612.6345	43.759607	39 23 1.13	27 11.0	0.142	11.36
1 août.	30	3413.45475	1312.898	43.763266	39 23 12.98	28 1.0	0.150	12.00
2 . . .	42	5251.66525	1838.2105	43.7669166	39 23 24.81	27 10.6	0.164	13.12
6 . . .	48	7352.44725	2100.782	43.7662917	39 23 22.78	27 10.4	0.187	14.96
9 . . .	36	8927.90950	1575.46825	43.7628403	39 23 11.60	28 1.1	0.141	11.28
15 . . .	36	10503.43575	1575.52625	43.76461806	39 23 17.36	27 11.25	0.152	12.16
17 . . .	40	12254.10950	1750.67375	43.76614375	39 23 24.57	27 11.2	0.147	11.76
18 . . .	42	14092.33975	1838.23025	43.7673869	39 23 26.33	27 10.2	0.145	11.60
21 . . .	36	15667.86375	1575.5240	43.764555	39 23 17.16	28 2.3	0.110	8.80
23 . . .	42	17506.06950	1838.20575	43.766804	39 23 24.44	28 0.9	0.170	13.60

Passage inférieur de la Polaire.

1799.	Observ.	Arcs observés.	Arc du jour.	Arc simple.	Arc sexagésim.	Barom.	Therm.	Therm. (D.)
17 mai.	42	2002.577	2002.577	47.680405	42 54 44.51	28 1.25	0.101	8.08
22 . . .	58	4767.853	2765.276	47.677172	42 54 34.04	28 2.75	0.130	10.4
23 . . .	36	6484.38675	1716.53375	47.181493	42 54 48.04	28 1.8	0.155	12.4
26 . . .	50	8868.31075	2383.924	47.67848	42 54 38.27	28 2.0	0.120	9.6
27 . . .	52	11347.573	2479.26225	47.67812	42 54 37.11	28 2.4	0.140	11.2
28 . . .	24	12491.990	1144.417	47.684042	42 54 56.30	28 1.25	0.172	13.76
31 . . .	42	14494.46725	2002.47725	47.67803	42 54 36.82	28 1.9	0.143	11.44
1 juin..	20	15448.15250	953.68525	47.68426	42 54 57.01	27 11.3	0.192	15.36
3 . .	20	16401.82050	953.6680	47.68340	42 54 54.22	27 9.0	0.123	9.84
6 . . .	28	17736.904	1335.0835	47.681554	42 54 48.23	28 4.25	0.164	13.12
8 . . .	30	19167.37025	1430.46625	47.682208	42 54 50.36	28 1.67	0.225	18.00
9 . . .	28	20502.50850	1335.13825	47.683509	42 54 54.57	28 0.1	0.245	19.60
13 . . .	10	20979.31375	476.80825	47.680525	42 54 44.90	27 9.6	0.160	12.8
15 . . .	30	22409.76225	1430.4485	47.681617	42 54 48.44	28 0.4	0.160	12.8

Pour réduire ces observations au méridien, M. Méchain avoit calculé des tables particulières; mais elles diffèrent si peu de celles que j'avois faites, et qu'on a vues pages 299-304, qu'il a paru inutile de les imprimer.

Passage supérieur de β de la petite Ourse.

1799.	Observ.	Arcs observés.	Arc du jour.	Arc simple.	Arc sexagésim.	Barom.	Therm.	Therm.
		G.	G.	G.	D. M. S.	PO. L.		D.
17 mai.	18	522.809	522.809	29.044944	26 8 25.620	28 1.25	0.087	6.96
20 . . .	16	987.520	464.711	29.044437	26 8 23.98	28 0.0	0.090	7.2
22 . . .	20	1568.4255	580.9055	29.045275	26 8 26.69	28 2.75	0.117	9.36
24 . . .	18	2091.2425	522.8170	29.045388	26 8 27.06	28 3.67	0.098	7.84
25 . . .	20	2673.15125	580.90875	29.045437	26 8 27.22	28 3.3	0.120	9.6
26 . . .	18	3194.99075	522.8395	29.046639	26 8 31.11	28 2.0	0.110	8.8
27 . . .	20	3775.93825	580.93750	29.046875	26 8 31.875	28 2.7	0.120	9.6
28 . . .	18	4298.77725	522.83900	29.046611	26 8 31.02	28 1.25	0.142	11.36
31 . . .	14	4705.42825	406.65100	29.0465	26 8 30.66	28 1.9	0.126	9.68
1 juin..	18	5228.2755	522.84725	29.0470694	26 8 32.50	27 11.25	0.153	12.24
2 . . .	16	5693.02475	464.74925	29.046828	26 8 31.72	27 10.0	0.114	9.12
3 . . .	16	6157.7550	464.73025	29.045641	26 8 27.88	27 9.0	0.110	8.80
5 . . .	18	6680.59175	522.83675	29.046486	26 8 30.62	28 2.04	0.110	8.80
6 . . .	16	7145.31850	467.72675	29.045422	26 8 28.17	28 4.3	0.143	11.44
7 . . .	16	7610.05625	464.73775	29.046109	26 8 29.39	28 4.75	0.170	13.60
8 . . .	18	8132.91325	522.85700	29.047611	26 8 34.26	28 1.67	0.203	16.24
9 . . .	16	8597.66625	464.75300	29.0490625	26 8 32.49	28 0.25	0.223	17.84
13 . . .	10	8888.21000	290.54375	29.054375	26 8 56.17	27 9.75	0.147	11.76
15 . . .	18	9411.02825	522.81825	29.0454583	26 8 27.28	28 0.7	0.124	9.92
16 . . .	16	9875.79800	464.76075	29.0475469	26 8 34.05	28 1.1	0.114	9.12
20 . . .	18	10398.66200	522.873	29.04850	26 8 37.14	28 1.75	0.164	13.12
21 . . .	14	10805.27475	406.61275	29.043768	26 8 21.81	28 1.2	0.170	13.6
Passage inférieur de β de la petite Ourse.								
29 août.	22	1372.55975	1372.55975	62.389080	56 9 0.62	28 2.1	0.117	9.56
30 . . .	24	2869.87325	1497.31350	62.3880625	56 8 57.32	27 11.7	0.145	11.60
1 sept.	24	4367.13800	1497.26475	62.3860312	56 8 50.74	28 3.6	0.084	6.72
4 . . .	26	5989.09700	1621.9590	62.3830385	56 8 41.04	28 3.6	0.128	10.24
5 . . .	24	7486.413	1497.316	62.3881667	56 8 57.66	28 3.9	0.162	12.96
6 . . .	30	9358.0665	1871.6535	62.38845	56 8 58.58	28 2.8	0.127	10.16
7 . . .	20	10605.91825	1247.85175	62.3925875	56 9 11.98	28 2.4	0.127	10.16
8 . . .	24	12103.25575	1497.33750	62.38[illegible]0625	56 9 0.56	28 0.0	0.105	9.20
9 . . .	26	13725.36550	1622.10975	62.3888365	56 8 59.83	28 1.1	0.124	9.92
20 . . .	26	15347.4685	1622.1030	62.3885769	56 8 58.99	27 9.2	0.124	9.92
22 . . .	26	16969.6175[illegible]	1642.1490	62.3903415	56 9 4.72	27 5.8	0.150	12.0
24 . . .	28	18716.46[illegible]	1746.8510	62.3875357	56 8 55.61	28 1.2	0.102	8.16

Passage supérieur de la Polaire.

9 *décembre* 1798.

Bar. 28 p. 0.8 lig. Therm. + 1.0 deg.

0h 52′	9″	
+	2	
0 52	11	

			Angle horaire.		Réduction.
0	15	47	36′	24″	— 82″69
	17	16	34	55	76.11
	18	45	33	26	69.77
	20	7	32	4	64.21
	21	37	30	34	58.36
	22	59	29	12	53.26
	24	27	27	44	48.05
	26	7	26	4	42.46
	27	51	24	20	37.00
	29	4	23	7	33.41
	31	2	21	9	27.97
	32	29	19	42	24.26
	33	55	18	16	20.86
	35	19	16	52	17.79
	37	16	14	55	15.84
	38	36	13	35	11.54
	39	53	12	18	9.46
	41	30	10	41	7.14
	43	8	9	3	5.13
	44	39	7	32	3.55
	45	51	6	20	2.51
	46	53	5	18	1.76
	48	14	3	57	0.98
	49	48	2	23	0.35
	52	0	0	11	0.00
	53	18	1	7	0.08
	55	3	2	52	0.51
	56	3	3	52	0.94
	57	46	5	35	1.95
	59	19	7	8	3.18
1	0	33	8	22	4.38
	1	58	9	47	5.99
	3	20	11	9	7.78
	4	27	12	6	9.41
	5	51	13	40	11.68
1h	7′	11″	15′	0″	— 14″07
	9	8	16	57	17.96
	10	32	18	21	21.05
	11	45	19	34	23.93
	13	1	20	50	27.13
	14	41	22	30	31.64
	16	7	23	56	35.80
	17	21	25	10	39.58
	18	28	26	17	43.17
	20	4	27	53	48.57
	21	34	29	23	53.93
	24	11	32	0	63.94
	25	17	33	6	68.41

48 observations . . .	1249.56
Réduct. moyenne . .	— 26.0325
Arc simple	39 23 40.8075
Distance Z.	39 23 14.775
Réfraction	+ 49.004
Dist. Z. au méridien .	39 24 3.779
Distance polaire. . .	+ 1 45 41.35
Hauteur de l'équat. .	41 9 45.13
Latitude	48 50 14.87

10 *décembre* 1798.

Bar. 28 p. 0.2 lig. Therm. + 0.16 deg.

0	00	00	On n'a retrouvé ni l'ascension droite de l'étoile, ni la correction de la pendule.
	—	00	
0	52	8	

0	16	15	35	53	80.37
	17	48	34	20	73.59
	19	36	32	32	66.10
	21	48	30	20	57.47
	23	57	28	11	49.62
	25	49	26	19	43.27
	27	14	24	54	38.75
	28	59	23	9	33.50

	Angle horaire.	Réduction.
0h 30′ 52″	21′ 16″	— 28″27
31 58	20 10	25.42
35 0	17 8	18.36
36 41	15 27	14.92
39 1	13 7	11.16
40 42	11 26	8.17
42 46	9 22	5.49
44 18	7 50	3.84
46 35	5 33	1.93
48 13	3 55	0.96
50 17	1 51	0.21
51 35	0 33	0.02
53 19	1 11	0.09
54 40	2 32	0.40
56 18	4 10	1.09
57 38	5 30	1.89
59 16	7 8	3.18
1 0 23	8 15	4.25
2 9	10 1	6.28
3 42	11 34	8.37
5 14	13 6	10.73
6 27	14 19	12.82
7 56	15 48	15.61
9 31	17 23	18.90
11 6	18 58	22.49
12 28	20 13	25.13
15 24	23 16	33.84
17 2	24 54	38.75
18 57	26 49	44.93
20 23	28 15	49.86
23 29	31 21	61.38
24 23	32 15	64.95
26 2	33 54	71.75
27 27	35 19	77.86
42 observations . . .		1135.97
Réduct. moyennne . .		— 27.047
Arc simple		39 23 40.5664
Distance Z.		39 23 13.520
Réfraction		+ 49.154
Dist. Z au méridien .		39 24 2.674
Distance polaire. . .		1 45 41.18
Hauteur de l'équat. .		41 9 43.85
Latitude		48 50 16.15

11 *décembre* 1798.

Bar. 27 p. 10.7 lig. Therm. — 1.44 deg.

0h 00′ 00″ } On n'a retrouvé que les
— 00 } angles horaires.

0 52 5	Angle horaire.	Réduction.
0 30 59	21′ 6″	— 27″83
32 25	19 40	24.18
33 18	18 47	22.05
35 58	16 7	16.24
37 16	14 49	13.73
38 42	13 23	11.20
39 49	12 16	9.41
41 4	11 1	7.59
42 32	9 33	5.71
43 43	8 22	4.38
45 31	6 34	2.70
47 20	4 45	1.41
48 43	3 22	0.71
49 54	2 11	0.30
51 9	0 56	0.05
52 20	0 15	0.01
53 32	1 27	0.13
54 40	2 35	0.41
55 49	3 44	0.87
57 15	5 10	1.67
59 10	7 5	3.14
1 0 20	8 15	4.25
1 51	9 46	5.97
2 48	10 43	7.19
5 9	13 4	10.68
6 5	14 0	12.26
7 25	15 20	14.70
8 46	16 41	17.40
9 51	17 46	19.74
11 27	19 22	23.45
12 47	20 42	26.79
14 14	22 9	30.67
32 observations . . .		326.82

Réduct. moyenne . .	— 10.213
Arc simple.	39 23 24.118
Distance Z.	39 23 13.905
Réfraction	+ 49.340
Dist. Z. au méridien .	39 24 3.30
Distance polaire. . .	1 45 41.00
Hauteur de l'équat. .	41 9 44.30
Latitude	48 50 15.70

15 *décembre* 1798.

Bar. 27 p. 2. lig. Therm. + 6.8 deg.

0h 00′ 00″ / — 00 } Point retrouvé.

0 51 52			Angle horaire.		Réduction.
0	15	58	35′	54″	— 80″45
	16	58	34	54	76.04
	18	27	33	25	69.73
	19	25	32	27	65.76
	20	37	31	16	60.99
	21	54	29	58	56.09
	23	9	28	43	51.52
	24	27	27	25	46.97
	25	50	26	2	42.35
	27	5	24	47	38.38
	28	19	23	33	34.67
	29	37	22	15	30.95
	31	3	20	49	27.09
	32	16	19	36	24.02
	33	53	17	59	20.22
	35	14	16	38	17.30
	Nuages.				
	58	57	7	4	3.14
1	0	16	8	24	4.41
	Nuages.				
	16	5	24	13	36.65
	17	34	25	42	41.27
	Nuages.				
20 observations . . .					828.00

Réduct. moyenne . .	— 41.40
Arc simple.	39 24 0.882
Distance Z.	39 23 19.482
Réfraction	+ 46.653
Dist. Z. au méridien .	39 24 6.13
Distance polaire. . .	1 45 40.30
Hauteur de l'équat. .	41 9 46.43
Latitude	48 50 13.57

17 *décembre* 1798.

Bar. 27 p. 5.2 lig. Therm. + 6.56 deg.

0h 00′ 00″ / — 00 } Point retrouvé.

0 51 46			Angle horaire.		Réduction.
0	19	40	32′	6″	— 64″34
	21	30	30	16	57.22
	23	31	28	15	50.26
	26	23	25	23	40.26
4 observations . . .					212.08

Réduct. moyenne . .	— 53.02
Arc simple.	39 24 7.81
Distance Z.	39 23 14.79
Réfraction	+ 46.43
Dist. Z. au méridien . .	39 24 1.22
Distance polaire. . .	1 45 40.07
Hauteur de l'équat. .	41 9 41.25
Latitude	48 50 18.75

20 *décembre* 1798.

Bar. 28 p. 4.4 lig. Therm. + 0.80 deg.

0 00 00 / — 00 } Point retrouvé.

0 51 31					
0	33	6	18	25	21.20
	34	7	17	24	18.93

	Angle horaire.	Réduction.
0h 35' 39"	15' 52"	— 15"75
37 11	14 20	12.85
39 26	12 5	9.13
40 15	11 6	7.94
41 28	10 3	6.32
42 30	9 1	5.09
43 48	7 43	3.73
45 4	6 27	2.60
46 22	5 9	1.66
47 50	3 41	0.89
49 2	2 29	0.39
50 37	0 54	0.05
51 47	0 16	0.01
53 7	1 36	0.16
54 44	3 13	0.65
56 19	4 48	1.44
57 56	6 25	2.57
59 35	8 4	4.07
1 0 59	9 28	5.61
2 7	10 36	7.03
3 10	11 39	8.49
4 30	12 59	10.54
6 17	14 46	13.64
7 23	15 52	15.75
9 15	17 44	19.67
10 36	19 5	22.77
11 53	20 22	25.93
12 59	21 28	28.81
14 41	23 10	33.55
16 8	24 37	37.87
17 38	26 7	42.62
19 1	27 30	47.25

34 observations . . .	434.96
Réduct. moyenne . .	— 12.793
Arc simple.	39 23 28.435
Distance Z.	39 23 13.642
Réfraction	+ 49.856
Dist. Z. au méridien .	39 24 3.508
Distance polaire. . .	1 45 39.96
Hauteur de l'équat.. .	41 9 43.47
Latitude	48 50 16.53

21 *décembre* 1798.

Bar. 28 p. 5.7 lig. Therm. — 2.72 deg.

0h 00' 00"
— 00
0 51 28

	Angle horaire.	Réduction.
0 15 30	35' 58"	— 80"74
16 31	34 57	76.25
17 52	33 36	70.49
19 0	32 28	65.82
20 13	31 15	62.00
21 16	30 12	56.97
22 30	28 58	52.42
23 34	27 54	48.63
25 12	26 16	43.11
26 27	25 1	39.11
29 23	22 5	30.49
30 15	21 13	28.14
31 25	20 3	25.13
32 55	18 33	21.50
34 35	16 53	17.82
36 4	15 24	14.83
38 1	13 27	11.29
39 13	12 15	9.38
40 33	10 55	7.46
42 5	9 23	5.71
43 48	7 40	3.68
44 56	6 32	2.67
46 48	4 40	1.36
48 31	2 57	0.54
49 45	1 43	0.18
51 19	0 9	0.00
53 5	1 37	0.16
54 30	3 2	0.57
57 0	5 32	1.91
58 47	7 19	3.34
59 54	8 26	4.45
1 1 20	9 52	6.09
3 5	11 37	8.44
4 41	13 13	10.92
6 8	14 40	13.45
7 34	16 6	16.21
9 21	17 53	20.00
11 25	19 57	24.88
13 2	21 34	29.08

	Angle horaire.	Réduction.
0h 14' 40"	23' 12"	— 33"65
16 28	25 0	39.06
18 4	26 36	44.21
19 43	28 15	49.86
20 56	29 28	54.24
22 17	30 49	59.32
23 55	32 27	65.76
25 16	33 48	71.33
26 47	35 19	77.86
28 12	36 44	84.21
29 14	37 46	89.01
50 observations . . .		1582.73

Réduct. moyenne . .	— 31.646
Arc simple.	39 23 42.576
Distance Z.	39 23 10.930
Réfraction	+ 50.81
Dist. Z. au méridien .	39 24 1.74
Distance polaire. . .	1 45 39.44
Hauteur de l'équat.. .	41 9 41.18
Latitude	48 50 18.82

23 *décembre* 1798.

Bar. 28 p. 4.3 lig. Therm. — 0.8 deg.

0 52 0		
— 40		
0 51 20		
0 15 28	35 52	— 80.30
Nuages.		
35 54	15 26	14.89
38 3	13 17	11.04
39 16	12 4	9.21
41 0	10 20	6.68
42 39	8 41	4.72
44 36	6 44	2.84
46 30	4 50	1.46
8 observations . . .		131.04

Réduct. moyenne . .	— 16.38
Arc simple.	39 23 29.23
Distance Z.	39 23 12.85
Réfraction	+ 50.03
Dist. Z. au méridien .	39 24 2.88
Distance polaire. . .	1 48 39.18
Hauteur de l'équat.. .	41 9 42.06
Latitude	48 50 17.94

24 *décembre* 1798.

Bar. 28 p. 4.4 lig. Therm. — 6.56 deg.

0h 00' 00"		
— 00		
0 51 17		
0 15 27	35' 50"	— 80"15
16 42	34 35	74.67
17 59	33 18	69.24
19 2	32 15	64.94
20 25	30 52	59.51
21 41	29 36	54.73
23 11	28 6	49.32
24 31	26 46	44.76
26 25	24 52	38.64
27 51	23 26	34.32
29 7	22 10	30.32
30 22	20 55	27.35
32 6	19 11	23.1
33 6	18 11	20.67
34 43	16 34	17.16
35 58	15 19	14.67
37 16	14 1	12.29
38 49	12 28	9.72
40 28	10 49	7.32
41 39	9 38	5.81
43 48	7 29	3.50
45 11	6 6	2.33
46 15	5 2	1.58
48 38	2 39	0.43
50 13	1 4	0.07
51 30	0 13	0.00
52 44	1 27	0.13
53 28	2 11	0.30
55 40	4 23	1.21

	Angle horaire.	Réduction.
0h 57' 43"	6' 26"	— 2"59
59 19	8 2	4.03
1 0 40	9 23	5.51
1 59	10 42	7.16
3 2	11 45	8.63
4 48	11 31	11.43
6 28	15 11	14.41
7 34	16 17	16.58
9 9	17 52	19.96
10 33	19 16	23.21
11 52	20 35	26.48
13 18	22 1	30.31
14 33	23 16	33.84
15 50	24 33	37.66
17 15	25 58	42.13
18 54	27 37	47.65
21 40	30 23	57.66
23 0	31 43	62.82
24 13	32 56	67.73
25 32	34 15	73.23
26 45	35 28	78.52

50 observations . . .	2420.09
Réduct. moyenne . .	— 28.402
Arc simple.	39 23 42.317
Distance Z.	39 23 13.915
Réfraction	+ 51.778
Dist. Z. au méridien .	39 24 5.693
Distance polaire. . .	1 45 39.07
Hauteur de l'équat. .	41 9 44.76
Latitude	48 50 15.24

26 *décembre* 1798.

Bar. 27 p. 11.8 lig. Therm. — 11.02 deg.

6 51 11

— 00

0 22 34	28 37	— 51.16
24 10	27 1	45.61
25 43	25 28	40.52
27 34	23 37	34.86
29 49	21 22	28.54

	Angle horaire.	Réduction.
0h 32' 10"	19' 1"	— 22"61
33 51	17 20	18.79
35 2	16 9	16.31
36 28	14 43	13.54
37 40	13 31	11.43
39 52	11 19	8.01
41 52	9 19	5.43
43 48	7 23	3.41
45 15	5 56	2.20
47 14	3 57	0.98
48 38	2 33	0.41
50 17	0 54	0.05
51 19	0 08	0.00
52 40	1 29	0.14
53 49	2 38	0.43
55 23	4 12	1.11
57 2	5 51	2.14
58 44	7 33	3.57
1 0 43	9 32	5.69
2 35	11 24	8.12
5 56	14 45	13.60
7 40	16 29	16.99
8 35	17 24	18.93
10 21	19 10	22.97
11 36	20 25	26.05
13 17	21 56	30.08
14 24	23 13	33.69
15 45	24 34	37.71
17 27	26 16	43.11
18 43	27 32	47.36
19 55	28 44	51.58
21 59	30 48	59.25
22 54	31 43	62.82
24 42	33 31	70.14
27 22	36 11	81.71

40 observations . . .	931.05
Réduct. moyenne . .	— 23.276
Arc simple	39 23 30.021
Distance Z	39 23 6.745
Réfraction	+ 52.537
Dist. Z. au méridien .	39 23 59.282
Distance polaire . . .	1 45 38.89
Hauteur de l'équat. .	41 9 38.17
Latitude	48 50 21.83

28 *décembre* 1798.

Bar. 27 p. 10.9 lig. Therm. — 7.05 deg.

0h 00' 00"		
— 00		
0 51 4		

	Angle horaire.	Réduction.
0 24 25	26' 39"	— 44"38
26 30	24 34	37.71
27 43	23 21	34.08
28 50	22 14	30.90
30 16	20 48	27.00
31 17	19 47	24.47
32 39	18 25	21.20
33 54	17 10	18.43
35 4	16 00	16.01
36 31	14 33	13.24
37 56	13 8	10.79
39 7	11 57	8.93
40 33	10 31	6.92
41 40	9 24	5.53
43 7	7 57	3.95
44 10	6 54	2.98
45 34	5 30	1.89
46 41	4 23	1.21
48 0	3 4	0.59
49 23	1 41	0.17
50 51	0 13	0.00
51 48	0 44	0.03
53 2	1 58	0.24
54 9	3 5	0.59
55 42	4 38	1.34
56 36	5 32	1.91
58 14	7 10	3.21
59 4	8 00	4.00
1 0 17	9 13	5.32
1 45	10 41	7.14
3 29	12 25	9.64
4 49	13 45	11.82
6 51	15 47	15.58
7 59	16 55	17.89
9 57	18 53	22.29
10 58	19 54	24.75
12 13	21 9	27.97
13 22	22 18	31.09
14 57	23 53	35.66
1h 16' 45"	25' 41"	— 41"21
18 30	27 26	47.02
19 58	28 54	52.18

42 observations . . .	671.25
Réduct. moyenne . .	— 15.982
Arc simple	39 23 33.199
Distance Z.	39 23 17.217
Réfraction	+ 51.084
Dist. Z. au méridien .	39 24 8.30
Distance polaire . . .	1 45 38.71
Hauteur de l'équat. .	41 9 47.01
Latitude	48 50 12.99

30 *décembre* 1798.

Bar. 28 p. 4.7 lig. Therm. — 3.44 deg.

0 51 55		
— 55		
0 51 0		

	Angle horaire.	Réduction.
0 24 54	26 6	— 42.56
26 29	24 31	37.56
27 57	23 3	33.21
29 13	21 47	29.66
30 26	20 34	26.44
31 46	19 14	23.13
33 5	17 55	20.08
34 24	16 36	17.23
35 40	15 20	14.70
37 32	13 28	11.34
39 12	11 48	8.71
40 38	10 22	6.72
41 49	9 11	5.28
43 19	7 41	3.70
44 33	6 27	2.60
45 35	5 25	1.83
46 53	4 7	1.06
48 32	2 28	0.38
49 48	1 12	0.09
51 6	0 06	0.00
52 47	1 47	0.20

	Angle horaire.	Réduction.
0h 53′ 52″	2′ 52″	— 0″51
55 39	4 39	1.35
56 46	5 46	2.08
58 9	7 9	3.20
59 35	8 35	4.61
1 1 1	10 1	6.28
2 9	11 9	7.78
3 38	12 38	9.98
4 58	13 58	12.20
6 22	15 22	14.76
7 59	16 59	18.03
10 0	19 0	22.57
11 38	20 38	26.61
13 0	22 0	30.26
14 11	23 11	33.50
15 56	24 56	38.85
17 6	26 6	42.56
18 12	27 12	46.22
19 7	28 7	49.39

40 observations . . .	657.22
Réduction moyenne .	— 16.430
Arc simple	39 23 36.055
Distance Z.	39 23 19 625
Réfraction	+ 50.874
Dist. Z. au méridien .	39 24 10.499
Distance polaire . . .	1 45 38.54
Hauteur de l'équat. .	41 9 49.04
Latitude	48 50 10.96

3 *janvier* 1799.

Bar. 28 p. 2.5 lig. Therm. — 6.64 deg.

0	51	51.5
—	1	3.3
0	50	48.2

	Angle horaire.	Réduction.
0 27 14	23 34	— 32.36
28 40	22 8	28.54
30 14	20 34	24.25
31 15	19 33	22.27
32 38	18 10	19.23
0h 33′ 36″	17′ 12″	— 17″25
34 46	16 2	14.98
35 51	14 57	13.03
37 3	13 45	11.02
38 27	12 21	9.13
39 58	10 50	6.84
40 55	9 53	5.70
42 3	8 45	4.46
42 58	7 50	3.58
44 2	6 46	2.67
45 13	5 35	1.82
46 45	4 3	0.95
54 28	3 40	0.78
57 10	6 22	2.36
58 39	7 51	3.60
1 0 49	10 1	5.85
1 58	11 10	7.27
3 27	12 39	9.33
4 40	13 52	11.21
5 55	15 7	13.32
7 29	16 35	16.03
8 51	18 3	18.98
10 5	19 17	21.67
11 51	21 3	25.82
13 27	22 39	29.90

30 observations . . .	384.80
Réduction moyenne .	— 12.8266
Arc simple	39 23 31.938
Distance Z.	39 23 19.11
Réfraction	+ 51.51
Dist. Z. au méridien .	39 24 10.62
Distance polaire . . .	1 45 38.30
Hauteur de l'équat. .	41 9 48.92
Latitude	48 50 11.08

Les calculs de toutes ces observations des mois de décembre, janvier et février sont en entier de M. Méchain.

4 janvier 1799.

Bar. 28 p. 2.5 lig. Therm. — 4.80 deg.

0h 51′ 52″2 — 58.6 0 50 53.6	Angle horaire.	Réduct.
0 31 33	19′ 21″	— 23″41
33 3	17 51	19.93
34 43	16 11	16.37
35 43	15 11	14.41
37 7	13 47	11.88
38 6	12 84	10.25
39 24	11 30	8.27
41 24	9 30	5.65
42 54	8 0	4.00
41 16	6 38	2.75
45 36	5 18	1.76
46 49	4 5	1.04
48 22	2 32	0.40
49 15	1 39	0.17
53 52	2 58	0.55
55 18	4 24	1.22
56 47	5 53	2.17
58 31	7 37	3.63
59 53	8 59	5.06
1 1 20	10 26	6.81
3 15	12 21	9.54
4 24	13 30	11.40
5 30	14 36	13.33
6 34	15 40	15.35
8 6	17 12	18.50
9 24	18 30	21.39
26 observations . . .		229.24
Réduction moyenne .		— 8.817
Arc simple		39 23 28.102
Distance Z.		39 23 19.285
Réfraction		+ 50.642
Dist. Z. au méridien .		39 24 9.93
Distance polaire . . .		1 45 38.27
Hauteur de l'équat. .		41 9 48.20
Latitude		48 50 11.80

5 janvier 1799.

Bar. 28 p. 3.0 lig. Therm. — 5.8 deg.

0h 51′ 51″5 — 59.4 0 50 52.1	Angle horaire.	Réduct.
0 30 33	20′ 19″	— 25″80
33 1	17 55	19.93
34 58	15 54	15.81
36 13	14 39	13.42
37 42	13 10	10.84
39 10	11 42	8.56
40 38	10 14	6.55
41 45	9 7	5.20
43 7	7 45	3.76
44 31	6 21	2.52
45 51	5 1	1.57
47 15	3 37	0.82
50 47	0 8	0.00
52 18	1 26	0.13
53 48	2 56	0.54
55 36	4 44	1.40
57 8	6 16	2.46
59 8	8 16	4.27
1 0 33	9 41	5.87
2 8	11 16	7.94
4 7	13 15	10.98
5 40	14 48	13.70
7 4	16 12	16.41
8 22	17 30	19.15
9 59	19 7	22.85
13 9	22 17	31.04
26 observations . . .		551.52
Réduction moyenne .		— 9.67
Arc simple		39 23 28.44
Distance Z.		39 23 18.77
Réfraction		+ 51.34
Dist. Z. au méridien .		39 24 10.11
Distance polaire . .		1 45 38.25
Hauteur de l'équat. .		41 9 48.36
Latitude		48 50 11.44

8 *janvier* 1799.

Bar. 28 p. 2.2 lig. Therm. — 3.52 deg.

			Angle horaire.		Réduct.
0h 51' 49"6					
— 1 5.5					
50 44.1					
0	34	15	16'	29"	— 16"59
	35	39	15	5	14.23
	36	57	13	47	11.88
	39	15	11	29	8.29
	41	17	9	27	5.59
	42	43	8	1	4.01
	43	56	6	48	2.89
	45	20	5	24	1.82
	46	39	4	5	1.04
	47	59	2	45	0.47
	49	29	1	15	0.10
	50	59	0	15	0.01
	53	47	3	3	0.58
	55	16	4	32	1.29
	56	49	6	5	2.31
	58	3	7	19	3.35
	59	35	8	51	4.90
1	0	51	10	17	6.41
	2	13	11	29	8.25
	4	15	13	31	11.43
	6	6	15	22	14.76
	7	21	16	37	17.27
	8	35	17	51	19.93
	9	35	18	51	22.21

24 observations . . .	179.61
Réduction moyenne .	— 7.484
Arc simple	39 23 25.553
Distance Z.	39 23 17.07
Réfraction	+ 50.21
Dist. Z. au méridien .	39 24 7.28
Distance polaire . . .	1 45 38.17
Hauteur de l'équat. .	41 9 45.45
Latitude	48 50 14.55

13 *janvier* 1799.

Bar. 28 p. 3,4 lig. Therm. — 4.48 deg.

			Angle horaire.		Réduct.
0h 51' 46"3					
— 1 13.9					
0 50 32.4					
0	24	28	26'	4"	— 42"47
	26	51	23	41	35.08
	28	31	22	1	30.32
	30	41	19	51	24.65
	32	5	18	27	21.30
	34	2	16	30	17.03
	35	21	15	11	14.42
	37	9	13	23	11.22
	40	4	10	28	6.87
	41	18	9	14	5.35
	42	28	8	4	4.08
	43	36	6	56	3.02
	44	57	5	35	1.95
	46	10	4	22	1.20
	47	45	2	47	0.49
	48	53	1	39	0.17
	52	14	1	42	0.18
	53	29	2	57	0.54
	55	4	4	32	1.28
	56	1	5	29	1.88
	57	42	7	10	3.20
	59	4	8	32	4.55
1	0	41	10	9	6.44
	1	54	11	22	8.07
	3	44	13	12	10.88
	5	48	15	16	14.56
	7	1	16	29	16.97
	8	50	18	18	21.30
	10	27	19	55	24.78
	11	45	21	13	28.12
	13	30	22	58	32.95
	15	40	24	8	36.38

32 observations . . .	431.70

Réduction moyenne . .	— 13.49
Arc simple	39 23 32.55
Distance Z.	39 23 19.06
Réfraction	+ 50.98
Dist. Z. au méridien .	39 24 10.04
Distance polaire . . .	1 45 38.19
Hauteur de l'équat. .	41 9 48.23
Latitude	48 50 11.77

14 *janvier* 1799.

Bar. 28 p. 4.5 lig. Therm. — 4.00 deg.

0h 51′ 45″7
— 1 15.6
0 50 30.1

	Angle horaire.	Réduct.
0 27 26	33′ 4″	— 33″26
29 31	20 59	27.53
31 27	19 3	22.69
32 52	17 38	19.45
34 49	15 41	15.38
36 50	13 40	11.68
38 16	12 14	9.36
39 18	11 12	7.85
40 37	9 53	6.11
42 7	8 23	4.39
44 14	6 16	2.46
45 23	5 7	1.64
47 34	2 56	0.54
48 41	1 49	0.21
52 34	2 4	0.27
53 37	3 7	0.61
54 49	4 19	1.27
56 13	5 43	2.06
57 24	6 54	2.98
59 20	8 50	4.88
1 1 24	10 54	7.43
2 59	12 29	9.74
4 46	14 16	12.73
6 4	15 34	15.15
7 37	17 7	18.32
8 39	18 9	20.59
9 57	19 27	23.65
1h 11′ 57″	21′ 27″	— 28″76
13 5	22 35	31.87
14 9	23 39	34.96

30 observations . . .	377.72
Réduction moyenne .	— 12.59
Arc simple	39 23 30.18
Distance Z.	39 23 17.59
Réfraction	+ 51.00
Dist. Z. au méridien .	39 24 8.59
Distance polaire . . .	1 45 38.19
Hauteur de l'équat. .	41 9 46.78
Latitude	48 50 13.22

15 *janvier* 1799.

Bar. 28 p. 3.7 lig. Therm. — 2.88 deg.

0 51 45.0
— 1 16.7
0 50 28.3

27 9	23 19	34.00
28 38	21 50	29.81
30 29	19 59	24.97
32 11	18 17	20.91
33 24	17 4	18.22
34 59	15 29	15.00
36 49	13 45	11.83
38 31	11 57	8.94
40 9	10 19	6.67
41 52	8 36	4.63
43 34	6 54	2.99
45 13	5 15	1.73
49 47	0 41	0.03
50 6	0 22	0.01
52 7	1 39	0.17
53 16	2 48	0.49
54 52	4 24	1.21
57 24	6 56	3.01
58 58	8 30	4.51
1 0 27	9 59	6.24

	Angle horaire.	Réduction.
1h 2' 10"	11' 42"	— 8"55
3 16	12 48	10.24
4 36	14 8	12.45
6 35	16 7	16.23
8 9	17 41	19.55
11 11	20 43	26.81
13 0	22 32	31.72
15 46	24 18	36.84

28 observations . . .	357.76
Réduction moyenne .	— 12.78
Arc simple	39 23 31.68
Distance Z.	39 23 18.90
Réfraction	+ 50.56
Dist. Z. au méridien .	39 24 9.46
Distance polaire . . .	1 45 38.20
Hauteur de l'équat. .	41 9 47.66
Latitude	48 50 12.34

16 *janvier* 1799.

Bar. 28 p. 2.5 lig. Therm. — 4.88 deg.

0 51 44.3
— 1 17.8

0 50 26

0 25 18	25 8	39.50
27 5	23 21	34.10
28 38	21 48	29.73
30 21	20 5	25.23
32 42	17 44	19.70
34 7	16 19	16.66
36 9	14 17	12.78
38 5	12 21	9.55
39 39	10 47	7.29
41 1	9 25	5.56
42 50	7 36	3.62
44 13	6 13	2.42
47 33	2 53	0.52
49 43	0 43	0.00
52 53	2 27	0.37
54 28	4 2	1.01

	Angle horaire.	Réduction.
0h 56' 8"	5' 42"	2"03
58 7	7 41	3.69
59 46	9 20	5.44
1 1 1	10 35	7.00
2 22	11 56	8.90
3 52	13 26	11.27
5 50	15 24	14.81
8 12	17 45	19.72
9 25	18 59	22.51
11 46	21 20	28.88
13 0	22 34	31.80
13 53	23 27	34.35
15 6	24 40	38.00
16 30	26 4	42.43

30 observations . . .	478.87
Réduction moyenne .	— 15.962
Arc simple	39 23 31.83
Distance Z.	39 23 15.87
Réfraction	+ 50.97
Dist. Z. au méridien .	39 24 6.84
Distance polaire . . .	1 45 38.23
Hauteur de l'équat. .	41 9 45.07
Latitude	48 50 14.93

18 *janvier* 1799.

Bar. 28 p. 1.75 lig. Therm. — 6.08 deg.

0 51 42.8
— 1 21.3

0 50 21.5

0 27 19	33 2	— 33.19
29 34	20 47	27.02
31 19	19 2	22.67
33 14	17 7	18.34
35 8	15 13	14.49
37 0	13 21	11.16
39 25	10 56	7.49
40 47	9 34	5.74
42 16	8 5	4.09
43 36	6 45	2.85

	Angle horaire.	Réduction.
0h 45' 27"	4' 54"	— 1"51
47 16	3 5	0.60
48 33	1 48	0.20
50 7	0 14	0.01
53 31	3 10	0.63
54 55	4 34	1.30
56 34	6 13	2.41
58 1	7 40	3.67
59 37	9 16	5.36
1 1 0	10 39	7.09
2 28	12 7	9.17
3 44	13 23	11.19
5 9	14 48	13.68
6 9	15 48	15.60
7 55	16 34	17.14
9 4	18 43	21.88
10 53	20 32	26.33
12 31	22 10	30.70
14 0	23 39	34.94
15 28	25 7	39.40
30 observations . . .		389.85
Réduction moyenne .		— 12.99
Arc simple		39 23 27.64
Distance Z.		39 23 14.65
Réfraction		+ 51.22
Dist. Z. au méridien .		39 24 5.87
Distance polaire . . .		1 45 38.33
Hauteur de l'équat. .		41 9 44.20
Latitude		48 50 15.80

19 *janvier* 1799.

Bar. 28 p. 1.8 lig. Therm. — 4.24 deg.

0 52 8.2
— 1 23.2

0 50 45.0

0 34 50	16 55	— 15.85
36 24	14 21	12.88
37 52	12 53	10.38
39 24	11 21	8.05

	Angle horaire.	Réduction.
0h 40' 47"	9' 58"	— 6"22
42 24	8 21	4.36
43 49	6 56	3.01
45 5	5 40	2.01
46 35	4 10	1.09
49 11	1 34	0.13
57 13	6 28	2.61
1 1 51	11 6	7.71
3 29	12 44	10.14
4 31	13 46	11.85
6 3	15 18	14.64
7 47	17 2	18.14
16 observations . . .		129.07
Réduction moyenne .		— 8.07
Arc simple		39 23 21.89
Distance Z.		39 23 13.82
Réfraction		+ 50.67
Dist Z. au méridien .		39 24 4.49
Distance polaire . . .		1 45 38.38
Hauteur de l'équat. .		41 9 42.87
Latitude		48 50 17.13

20 *janvier* 1799.

Bar. 28 p. 0.2 lig. Therm. — 1.52 deg.

0 51 41.5
— 1 29.5

0 50 12.0

0 31 18	18 54	— 22.33
32 17	18 54	20.07
33 41	16 31	17.06
34 46	15 26	14.89
36 26	13 46	11.85
37 39	12 33	9.85
39 27	10 45	7.33
40 56	9 16	5.38
42 29	7 43	2.73
43 56	6 16	2.46
46 37	3 35	0.81
47 55	2 17	0.32

	Angle horaire.	Réduction.
0h 50′ 0″	0′ 12″	— 0″00
51 31	1 19	0.21
54 34	4 12	1.11
55 57	5 45	2.07
57 18	7 6	3.15
58 45	8 33	4.57
1 0 23	10 11	6.49
1 50	11 38	8.46
3 28	13 16	11.01
6 37	16 25	16.85
8 25	18 13	20.74
11 5	20 53	27.26
24 observations . . .		217.90
Réduction moyenne .		— 9.08
Arc simple		39 23 29.20
Distance Z.		39 23 20.12
Réfraction		+ 49.62
Dist. Z. au méridien .		39 24 9.74
Distance polaire . . .		1 45 38 44
Hauteur de l'équat. .		41 9 48.18
Latitude		48 50 11.82

23 *janvier* 1799.

Bar. 27 p. 8.1 lig. Therm. + 3.20 deg.

0 51 39.6		
— 1 31.6		
0 50 8.0		
0 30 39	19 29	— 23.73
31 56	18 12	20.71
33 58	16 10	16.34
34 55	15 13	14.48
36 53	13 15	10.98
38 12	11 56	8.91
40 13	9 55	6.15
41 23	8 45	4.72
42 41	7 27	3.47
43 30	6 38	2.75
45 12	4 56	1.52
46 29	3 39	0.83

	Angle horaire.	Réduction.
0h 48′ 7″	2′ 1″	— 0″26
49 10	0 58	0.06
52 11	2 3	0.26
54 17	4 9	1.08
55 59	5 51	2.14
57 12	7 4	3.13
58 35	8 27	4.47
59 49	9 41	5.87
1 1 13	11 5	7.68
2 40	12 32	9.82
4 14	14 6	12.43
5 43	15 35	15.18
7 21	17 13	18.54
8 55	18 47	22.05
11 28	21 20	28.45
12 31	22 23	31.32
28 observations . . .		277.39
Réduction moyenne .		— 9.90
Arc simple		39 23 32.58
Distance Z.		39 23 22.66
Réfraction		+ 47.71
Dist. Z. au méridien .		39 24 10.37
Distance polaire . . .		1 45 38.65
Hauteur de l'équat. .		41 9 49.02
Latitude.		48 50 10.98

24 *janvier* 1799.

Bar. 27 p. 9.7 lig. Therm. + 4.0 deg.

0 41 38.9		
— 1 33.7		
0 50 5.2		
0 28 6	21 59	— 30.22
29 50	20 15	25.64
31 43	18 22	21.10
32 59	17 6	18.29
34 38	15 27	14.94
36 37	13 28	11.35
38 15	11 50	8.77
39 41	10 24	6.77

	Angle horaire.	Réduction.
0h 41′ 12″	8′ 53″	— 4″94
42 32	7 33	3.57
44 0	6 5	2.32
45 40	4 25	1.23
47 49	2 16	0.32
49 9	0 56	0.05
51 39	1 24	0.12
52 52	2 47	0.48
54 19	4 13	1.12
55 25	5 20	1.78
56 51	6 46	2.86
58 11	8 6	4.10
59 53	9 48	5.59
1 0 59	10 54	7.43
2 15	12 98	9.26
3 32	13 27	11.31
4 53	14 48	13.69
6 11	16 6	16.20
7 33	17 28	19.07
9 8	19 3	22.68
10 33	20 28	26.18
12 27	22 22	31.26
30 observations . . .		322.64
Réduction moyenne .		— 10.75
Arc simple		39 23 33.28
Distance Z.		39 23 22.53
Réfraction		+ 47.74
Dist. Z. au méridien .		39 24 10.27
Distance polaire . . .		1 35 38.73
Hauteur de l'équat. .		41 9 49.00
Latitude		48 50 11.00

	Angle horaire.	Réduction.
0h 32′ 33″	17′ 00″	— 18″06
34 0	16 33	15.11
36 4	13 29	11.64
37 19	12 14	9.35
39 6	10 27	6.83
40 15	9 18	5.40
42 17	7 16	3.29
43 30	6 3	2.28
48 32	1 1	0.06
50 20	0 47	0.04
53 20	3 47	0.90
54 47	5 14	1.72
56 55	7 22	3.40
58 19	8 46	4.81
1 0 53	11 20	8.04
2 39	13 6	10.74
4 49	15 16	14.58
6 34	17 1	18.12
8 54	19 21	23.42
10 1	20 28	26.20
11 27	21 51	29.86
13 7	23 34	34.73
24 observations . . .		297.91
Réduction moyenne .		— 12.413
Arc simple		39 23 24.067
Distance Z.		39 23 11.65
Réfraction		+ 45.82
Dist. Z. au méridien .		39 23 57.47
Distance polaire . . .		1 45 39.68
Hauteur de l'équat. .		41 9 37.15
Latitude		48 50 22.85

5 février 1799.

Bar. 27 p. 2.2 lig. Therm. + 7.2 deg.

0 51 33.1		
2 0.4		
0 49 32.7		
0 29 3	20 30	— 26.26
30 20	19 13	23.07

6 février 1799.

Bar. 27 p. 7.6 lig. Therm. + 0.8 deg.

0 51 32.5		
2 3.0		
0 49 29.5		
0 40 28	9 2	— 5.11
43 33	5 57	2.21

	Angle horaire.	Réduction.
0h 45' 19"	4' 11"	— 1"10
46 40	2 50	0.50
49 00	0 30	0.02
50 20	0 50	0.04
62 40	3 10	0.63
54 12	4 42	1.38
55 58	6 28	2.61
58 1	8 31	4.54
59 46	10 16	6.60
1 1 16	11 46	8.66
12 observations . . .		33.40

Réduction moyenne .	— 2.783
Arc simple	39 23 20.22
Distance Z.	39 23 17.44
Réfraction	+ 48.29
Dist. Z. au méridien .	39 24 5.73
Distance polaire . . .	1 45 39.79
Hauteur de l'équat. .	41 9 45.52
Latitude	48 50 14.48

Passage inférieur de β de la petite Ourse.

11 *décembre* 1798.

Bar. 27 p. 10.5 lig. Therm. — 1.44 deg.

2 00 00.0		
+ 00.0		
2 51 20.0		
2 37 1	14 19	+ 82.65
38 41	12 39	64.53
40 8	11 12	50.58
41 22	9 58	40.06
42 43	8 37	29.95
43 44	7 36	23.29
45 16	6 4	14.86
46 32	4 48	9.29
48 4	3 16	4.30
49 18	2 2	1.67
50 43	0 37	0.16
51 57	0 37	0.16
53 41	2 21	2.22
55 17	3 57	6.29
57 7	5 47	13.49
58 32	7 12	20.90
3 0 8	8 48	31.23
1 32	10 12	41.95
3 33	12 13	60.19
4 58	13 38	74.95
20 observations . . .		57.271

Réduction moyenne .	+ 28.6355
Arc simple	56 9 21.4362
Distance Z.	56 9 50.0717
Réfraction	1 29.5204
Dist. Z. au méridien .	56 11 19.592
Distance polaire . . .	15 1 35.02
Latitude	48 50 15.43

20 *décembre* 1798.

Bar. 28 p. 4.7 lig. Therm. + 0.24 deg.

	Angle horaire.	Réduction.
2 00 00.0		
+ 00.0		
2 50 54.0		
2h 33' 0"	17' 54"	+ 129".18
34 4	16 50	114.25
35 17	15 37	98.33
36 47	14 7	80.35
38 11	12 43	65.21
39 33	11 21	51.95
40 48	10 6	41.14
44 0	6 54	19.20
46 44	4 10	7.00

	Angle horaire.	Réduction.
2h 47′ 54″	3′ 0″	+ 3″63
49 12	1 42	1.17
50 28	0 26	0.07
51 40	0 46	0.24
52 55	2 1	1.64
54 26	3 32	5.03
55 53	4 59	10.01
56 59	6 5	94.93
58 27	7 33	22.98
59 40	8 46	30.99
3 0 53	9 59	40.20
2 30	11 36	54.27
3 41	12 47	65.90
5 12	14 18	82.46
6 32	15 38	98.54
7 53	16 59	116.29
9 18	18 24	136.49
26 observations . . .		1291.45
Réduction moyenne .		+ 49.671
Arc simple		56 9 1.235
Distance Z.		56 9 50.906
Réfraction		+ 1 30.29
Dist. Z. au méridien .		56 11 21.20
Distance polaire . . .		15 1 37.90
Latitude		48 50 16.70

21 *décembre* 1798.

Bar. 28 p. 5.7 lig. Therm. — 2.80 deg.

2 00 00.0		
+ 00.0		
2 50 52.0		
2 33 5	17 47	+ 127.51
34 38	16 14	106.25
36 44	14 8	80.54
38 25	12 27	62.51
39 47	11 5	49.03
40 38	10 14	42.23
42 24	8 28	28.91
43 59	6 53	19.11

	Angle horaire.	Réduction.
2h 45′ 29″	5′ 23″	11″69
47 2	3 50	5.92
48 20	2 32	2.59
49 28	1 24	0.80
50 45	0 7	0.01
52 42	1 50	1.35
54 25	3 33	5.08
55 47	4 55	9.75
57 10	6 18	16.01
58 17	7 25	22.18
59 36	8 44	30.76
3 0 54	10 2	40.60
2 37	11 45	55.69
3 25	12 33	63.52
4 59	14 7	80.35
6 3	15 11	92.95
7 28	16 36	111.11
9 14	18 22	136.00
26 observations . . .		1202.45
Réduction moyenne .		+ 46.248
Arc simple		56 9 1.912
Distance Z.		56 9 48.160
Réfraction		+ 1 32.15
Dist. Z. au méridien .		56 1 20.31
Distance polaire . . .		15 1 38.22
Latitude		48 50 17.91

24 *décembre* 1798.

Bar. 28 p. 4.4 lig. Therm. — 6.4 deg.

2 00 00.0		
+ 00.0		
2 50 42.0		
2 33 59	14 43	+ 112.67
34 58	15 44	99.81
36 8	14 34	85.56
37 2	13 40	75.31
38 13	12 29	62.84
39 13	11 29	53.19
40 48	9 54	39.53

	Angle horaire.	Réduction.
2h 41′ 55″	8′ 41″	31″11
43 17	7 25	22.18
44 28	6 14	15.68
45 45	4 57	9.88
46 52	3 50	5.92
48 22	2 20	2.19
49 50	0 52	0.30
51 31	0 49	0.27
52 18	1 36	1.03
53 44	3 2	3.71
54 39	3 57	6.29
55 54	5 12	10.90
57 4	6 22	16.35
58 16	7 34	23.09
59 24	8 42	30.82
3 1 17	10 35	45.17
2 24	11 42	55.32
3 45	13 3	68.68
5 9	14 27	84.20
6 24	15 42	99.40
7 32	16 50	114.25

28 observations . . .	1175.35
Réduction moyenne .	+ 41.977
Arc simple	56 9 9.227
Distance Z.	56 9 51.204
Réfraction	+ 1 33.802
Dist. Z. au méridien .	56 11 25.00
Distance polaire . . .	15 1 39.27
Latitude	48 50 14.27

25 *décembre* 1798.

Bar. 28 p. 1.4 lig. Therm. — 1.2 deg.

0 00 00		
0 00 00		
2 50 38		
2 35 35	15 3	91.33
36 32	14 6	80.16
37 59	12 39	64.53
38 54	11 44	55.53

	Angle horaire.	Réduction.
2h 40′ 3″	10′ 35″	+ 45″11
41 7	9 31	36.53
43 39	9 59	19.67
44 57	5 41	13.03
46 45	3 53	16.08
44 42	2 56	3.47
49 10	1 28	0.87
51 34	0 4	0.00
52 42	2 4	1.72
54 27	3 49	5.87
55 57	5 19	11.40
57 20	6 42	18.10
59 4	8 26	28.69
3 0 13	9 35	37.04
1 29	10 51	47.47
2 35	11 57	57.60
3 45	13 7	69.38
4 48	14 10	80.92

22 observations . . .	774.50
Réduction moyenne .	+ 35.25
Arc simple	56 9 12.25
Distance Z.	56 9 47.50
Réfraction	+ 1 35.73
Dist. Z. au méridien .	56 11 23.24
Distance polaire . . .	15 1 39.37
Latitude	48 50 16.13

28 *décembre* 1798.

Bar. 27 p. 11.3 lig. Therm. — 7.36 deg.

2 51 24.8		
— 52.8		
2 50 32		
2 35 26	15 6	+ 91.94
37 38	12 54	67.09
39 4	11 28	53.03
40 13	10 19	42.92
41 37	8 55	32.06
42 28	8 4	26.25
43 40	6 52	19.02

	Angle horaire.	Réduction.
2h 44′ 39″	5′ 53″	+ 13″96
46 1	4 31	8.22
47 12	3 20	4.48
48 28	2 4	1.72
49 30	1 2	0.43
50 36	0 4	0.00
51 31	0 59	0.39
52 42	2 20	1.89
53 41	3 9	4.00
55 12	4 40	8.78
56 9	5 37	12.73
57 26	6 54	19.20
58 34	8 2	26.03
59 45	9 13	34.25
3 1 32	11 0	48.79
3 9	12 37	64.19
4 55	14 23	83.42
24 observations . . .		664.79
Réduction moyenne .		+ 27.700
Arc simple		56 9 26.179
Distance Z.		56 9 53.879
Réfraction		+ 1 32.965
Dist. Z. au méridien .		56 11 26.844
Distance polaire. . .		15 1 40.16
Hauteur de l'équat. .		41 9 46.68
Latitude		48 50 13.32

	Angle horaire.	Réduction.
2h 46′ 51″	3′ 38″	— 5″33
48 30	1 59	1.58
50 18	0 11	0.01
51 26	0 57	0.36
52 34	2 5	1.76
54 15	3 46	5.72
55 11	4 42	8.91
56 23	5 54	14.04
57 13	6 44	18.28
59 3	8 34	29.60
3 0 36	10 7	41.27
2 19	11 50	56.48
3 18	12 49	66.24
4 37	14 8	80.54
5 51	15 22	95.21
22 observations . . .		734.07
Réduction moyenne .		+ 33.40
Arc simple		56 9 23.040
Distance Z.		56 9 56.440
Réfraction		+ 1 32.315
Dist. Z. au méridien .		56 11 28.755
Distance polaire . . .		15 1 40.67
Hauteur de l'équat. .		41 9 48.085
Latitude		48 50 11.92

30 *décembre* 1798.

Bar. 28 p. 4.75 lig. Therm. — 3.52 deg.

2 51 24.3		
— 55.2		
2 50 29		
2 35 38	14 51	— 88.92
36 40	13 49	76.98
38 21	12 8	59.38
41 19	9 10	33.88
42 52	7 37	23.39
43 54	6 35	17.48
45 39	4 50	9.42

3 *janvier* 1799.

Bar. 28 p. 2.5 lig. Therm. — 6.8 deg.

2 51 24.7		
— 1 3.5		
2 50 21		
2 33 56	16 25	— 108.16
35 19	15 2	91.12
36 47	13 34	74.22
38 0	12 21	61.51
39 51	10 30	44.46
40 47	9 34	36.91
42 12	8 9	26.79
44 27	5 54	14.04
43 3	4 18	7.46

	Angle horaire.	Réduction.
2h 47′ 23″	2′ 58″	− 3″56
51 6	0 45	0.23
52 18	1 57	1.53
53 53	3 32	5.04
55 25	5 4	10.35
57 7	6 46	18.56
58 35	8 14	27.34
3 0 12	9 51	39.13
1 27	11 6	49.68
2 45	12 24	62.01
4 1	13 40	75.31
5 24	15 3	91.33
6 39	16 18	107.13
8 10	17 49	127.98
9 16	18 55	144.27

24 observations . . .	1228.61
Réduction moyenne .	+ 51.192
Arc simple	56 9 5.46
Distance Z.	56 9 56.65
Réfraction	+ 1 33.50
Dist. Z. au méridien .	56 11 30.15
Distance polaire. . .	15 1 41.62
Hauteur de l'équat. .	41 9 48.53
Latitude	48 50 11.47

	Angle horaire.	Réduction.
2h 45′ 53″	4′ 33″	− 8″35
47 17	3 9	4.00
48 16	2 10	1.89
52 25	1 59	1.58
53 33	3 7	3.92
55 3	4 37	8.59
56 30	6 4	14.85
57 43	7 17	21.39
59 3	8 37	29.95
3 0 27	10 1	40.47
1 35	11 9	50.13
3 21	12 55	67.28
4 23	13 57	78.47
5 52	15 26	96.04
7 6	16 40	112.00

24 observations . . .	1000.39
Réduction moyenne .	+ 41.68
Arc simple	56 9 15.48
Distance Z.	56 9 57.16
Réfraction	+ 1 31.85
Dist. Z. au méridien .	56 11 29.01
Distance polaire. . .	15 1 41.86
Hauteur de l'équat. .	41 9 47.15
Latitude	48 50 12.85

4 janvier 1799.

Bar. 28 p. 2.5 lig. Therm. − 4.8 deg.

2 51 24.7		
− 0 58.7		
2 50 26		
2 34 50	15 36	− 98.12
35 59	14 27	84.20
37 11	13 15	70.80
38 30	11 56	57.44
39 40	10 46	46.74
40 44	9 42	37.95
41 59	8 27	28.80
42 53	7 33	22.99
44 27	5 59	14.44

5 janvier 1799.

Bar. 28 p. 3.0 lig. Therm. − 6.48 deg.

2 51 24.8		
− 59.5		
2 50 25		
2 34 21	16 4	− 104.08
35 29	14 56	89.92
36 40	13 45	76.23
37 50	12 35	63.85
39 36	10 49	47.18
40 40	9 45	38.34
42 12	8 13	27.23
43 1	7 24	22.08
44 11	6 14	15.68

	Angle horaire.	Réduction.
2h 45′ 30″	4′ 55″	— 9″75
46 49	3 42	5.52
48 4	2 21	2.22
52 27	2 02	1.66
53 30	3 5	3.83
55 7	4 42	8.91
56 13	5 48	13.57
57 34	7 9	20.61
58 58	8 33	29.48
3 0 20	9 55	39.66
1 16	10 51	47.47
2 30	12 5	58.89
3 51	13 26	72.77
5 30	15 5	91.73
6 50	16 25	108.66

24 observations	999.32
Réduction moyenne .	+ 41.64
Arc simple	56 8 32.617
Distance Z.	56 9 14.257
Réfraction	+ 1 33.465
Dist. Z. au méridien .	56 10 47.722

Pour les douze dernières :

Arc simple.	56 9 14.805
Réduction moyenne .	+ 41.437
Distance Z.	56 9 56.242
Réfraction	+ 1 33.465
Dist. Z. au méridien .	56 11 29.71
Distance polaire . . .	15 1 42.10
Hauteur de l'équat. .	41 9 47.61
Latitude	48 0 12.39

Nota. Il paroît que les alidades avoient été un peu déplacées, après les observations de la veille, ou qu'il est arrivé quelque méprise dans les mouvemens, ou un autre accident dans le cours des douze premières observations, car l'arc de ces douze premières observations donne l'arc simple trop petit de 1′ 24″, et l'arc total donne encore une erreur en moins de 43″ environ. Il faut donc abandonner les douze premières observations, et ne prendre que l'arc des douze autres.

8 *janvier* 1799.

Bar. 28 p. 2,4 lig. Therm. — 3,52 deg.

2h 51′ 25″1
— 1 5.6
2 50 19.5

	Angle horaire.	Réduct.
2 34 20	15′ 59″	— 103″11
36 4	14 15	81.98
37 30	12 49	66.32
38 39	11 40	54.98
40 11	10 8	41.48
41 24	8 55	32.12
42 51	7 18	21.53
44 31	5 48	13.61
46 6	4 13	7.15
47 39	2 40	2.89
49 45	0 34	0.14
50 50	0 40	0.19
54 17	3 58	6.32
55 21	5 2	10.18
56 47	6 28	16.83
57 45	7 26	22.23
59 4	8 45	30.81
3 0 8	9 49	38.80
1 30	11 11	50.36
3 1	12 42	64.96
4 7	13 48	76.70
5 16	14 57	90.00
6 22	16 3	103.76
7 46	17 27	122.65

24 observations . . .	1059.10
Réduction moyenne .	+ 44.13
Arc simple	59 9 13.45
Distance Z.	56 9 57.58
Réfraction	+ 1 31.33
Dist. Z. au méridien .	56 11 28.91
Distance polaire . . .	15 1 42.751
Hauteur de l'équat. .	14 9 46.16
Latitude	48 50 13.84

13 *janvier* 1799.

Bar. 28 p. 3.4 lig. Therm. — 5.44 deg.

			Angle horaire.		Réduct.
2h	51'	25"4			
—	1	14.0			
2	50	11.4			
2	34	14	15'	57"	— 102"58
	35	44	14	27	84.28
	37	15	12	56	67.50
	38	40	11	31	53.56
	40	15	9	56	39.86
	41	46	8	45	30.82
	42	37	7	34	23.13
	43	40	6	31	17.16
	45	12	4	59	10.04
	46	25	3	45	5.69
	47	42	2	29	2.50
	48	39	1	32	0.96
	50	2	0	9	0.01
	51	21	1	10	0.54
	55	11	5	0	10.05
	56	43	6	32	17.18
	58	15	8	4	26.20
3	0	10	9	59	40.12
	1	20	11	9	50.07
	2	26	12	15	60.45
	4	8	13	57	78.39
	4	57	14	46	87.83
	6	10	15	59	102.92
	7	12	17	1	116.66

24 observations . . .			1028.50
Réduction moyenne . .	+		42.85
Arc simple	58	9	14.74
Distance Z.	58	9	57.59
Réfraction	+	1	33.00
Dist. Z. au méridien .	56	11	30.59
Distance polaire . . .	15	1	43.70
Hauteur de l'équat. .	41	9	46.89
Latitude	48	50	13.11

14 *janvier* 1799.

Bar. 28 p. 4.5 lig. Therm. — 4.68 deg.

			Angle horaire.		Réduct.
2h	51'	25"5			
—	1	15.7			
2	50	9.8			
2	34	6	16'	4"	— 104"04
	35	20	14	50	88.68
	36	57	13	13	70.91
	38	30	11	40	54.87
	40	5	10	5	40.98
	41	17	8	53	31.80
	42	40	7	30	22.66
	44	18	5	52	13.86
	45	26	4	44	9.02
	46	31	3	39	5.37
	47	50	2	20	2.18
	48	55	1	15	0.63
	54	22	4	12	7.12
	55	34	5	24	11.78
	56	46	6	36	17.58
	57	51	7	41	23.82
	59	20	9	10	33.90
3	0	18	10	8	41.44
	1	25	11	15	51.07
	2	38	12	28	62.71
	3	47	13	37	74.80
	4	36	14	26	84.04
	5	47	15	37	98.38
	6	47	16	37	111.48

24 observations . . .			1063.12
Réduction moyenne .	+		44.30
Arc simple	56	9	14.77
Distance Z.	56	9	59.07
Réfraction	+	1	32.54
Dist. Z. au méridien .	51	11	31.61
Distance polaire . . .	15	1	43.87
Hauteur de l'équat. .	41	9	47.74
Latitude	48	50	12.26

16 *janvier* 1799.

Bar. 28 p. 2.5 lig. Therm. — 5.28 deg.

2h 51′ 25″7 — 1 17.9 2 50 7.8	Angle horaire.	Réduct.
2 34 16	15′ 52″	— 101″46
35 46	14 22	83.19
37 19	12 49	66.21
38 25	11 43	55.34
39 46	10 22	43.31
41 13	8 33	32.04
42 32	7 36	23.27
43 52	6 16	15.83
45 33	4 35	8.46
46 48	3 20	4.47
47 45	2 23	2.28
49 4	1 4	0.45
52 36	2 28	2.51
53 41	3 33	5.09
55 21	5 13	10.99
56 23	6 15	15.78
57 37	7 29	22.60
59 27	8 19	35.10
3 0 44	10 36	45.34
2 1	11 53	56.99
3 17	13 9	69.77
4 21	14 13	81.53
5 32	15 24	95.67
6 55	16 47	113.62
24 observations . . .		991.30
Réduction moyenne .		+ 41.30
Arc simple		56 9 15.18
Distance Z.		56 9 56.48
Réfraction		+ 1 32.68
Dist. Z. au méridien .		56 11 29.16
Distance polaire . . .		15 1 44.19
Hauteur de l'équat. .		41 9 44.95
Latitude		48 50 15.05

18 *janvier* 1799.

Bar. 28 p. 1.8 lig. Therm. — 4.64 deg.

2h 51′ 25″8 — 1 21.3 2 50 4.5	Angle horaire.	Réduct.
2 31 1	15′ 3″	— 91″43
36 7	13 57	78.57
37 30	12 34	63.77
38 37	11 27	52.96
40 2	10 2	40.67
41 0	9 4	33.21
42 1	8 3	26.19
42 47	7 17	21.44
44 13	5 51	13.84
45 2	5 2	10.25
46 40	3 24	4.69
47 26	2 38	2.82
50 46	0 42	0.19
52 12	2 8	1.82
53 39	3 35	5.16
54 42	4 38	8.63
55 55	5 51	13.76
56 50	6 46	18.42
58 6	8 2	25.97
59 50	9 46	38.41
3 1 1	10 57	48.28
2 2	11 58	57.68
3 2	12 58	67.72
4 12	14 8	80.45
24 observations . . .		806.33
Réduction moyenne .		+ 33.60
Arc simple		56 9 22.23
Distance Z.		56 9 55.83
Réfraction		+ 1 32.12
Dist. Z. au méridien .		56 11 27.95
Distance polaire . . .		15 1 44.50
Hauteur de l'équat. .		41 9 43.45
Latitude		48 50 16.55

20 *janvier* 1799.

Bar. 28 p. 0,2 lig. Therm. — 1,84 deg.

			Angle horaire.	Réduct.
2h	51'	26"1		
—	1	25.0		
2	50	1.1		
2	37	16	12' 45"	— 65"57
	38	14	11 47	56.02
	39	30	10 31	44.61
	40	47	9 14	34.39
	43	5	7 56	25.38
	44	1	6 0	14.53
	45	17	4 44	9.03
	46	25	3 36	5.23
	44	48	2 13	1.98
	48	58	1 3	0.45
	59	15	9 14	34.37
3	0	10	10 9	41.53
	2	10	12 9	59.52
	3	9	13 8	69.40

14 observations . . .			462.01
Réduction moyenne .	+		33.00
Arc simple	56	9	29.40
Distance Z.	56	10	2.40
Réfraction	+	1	30.20
Dist. Z. au méridien .	56	11	32.60
Distance polaire . . .	15	1	44.75
Hauteur de l'équat. .	41	9	47.85
Latitude	48	50	12.15

			Angle horaire.	Réduction.
2h	37'	23"	12' 32"	— 63"31
	38	23	11 32	53.62
	41	17	8 38	29.95
	42	16	7 39	23.58
	43	27	6 28	16.85
	44	35	5 20	11.46
	46	9	3 46	5.71
	47	12	2 43	2.97
	48	7	1 48	1.30
	49	0	0 55	0.34
	51	58	2 3	1.70
	53	30	3 35	5.19
	54	20	4 25	7.88
	55	26	5 32	12.29
	56	27	6 32	17.00
	57	21	7 26	22.30
	58	45	8 50	31.48
	59	53	9 58	40.09
3	1	16	11 21	51.98
	2	45	12 50	66.40
	4	30	14 35	85.80
	5	23	15 28	96.50

24 observations . . .			809.09
Réduction moyenne .	+		33.71
Arc simple	56	9	31.41
Distance Z.	56	10	5.12
Réfraction	+	1	27.10
Dist. Z. au méridien .	56	11	32.22
Distance polaire . .	15	1	45.13
Hauteur de l'équat. .	41	9	47.09
Latitude	48	50	12.91

23 *janvier* 1799.

Bar. 27 p. 8.25 lig. Therm. + 2,16 deg.

2	51	26.3		
—	1	31.5		
2	49	54.8		
2	35	25	14 30	— 84.74
	36	9	13 46	76.38

24 *janvier* 1799.

Bar. 27 p. 9.8 lig. Therm. + 2,96 deg.

2	51	26.4		
—	1	33.8		
2	49	52.6		
2	44	28	5 25	11.81
	45	54	3 59	6.38

	Angle horaire.	Réduction.
2h 46′ 55″	2′ 58″	— 3″54
47 56	1 57	1.52
49 21	0 32	0.11
50 20	0 27	0.09
51 47	1 54	1.46
53 3	3 10	4.06
54 22	4 29	8.12
55 33	5 40	12.98
56 41	6 48	18.68
58 5	8 13	27.19
12 observations . . .		95.94
Réduction moyenne .		+ 8.00
Arc simple		56 9 58.07
Distance Z.		56 10 6.07
Réfraction		+ 1 27.12
Dist. Z. au méridien .		56 11 33.19
Distance polaire . . .		15 1 45.25
Hauteur de l'équat. .		41 9 47.94
Latitude		48 50 12.06

26 janvier. 1799.

Bar. 28 p. 0.1 lig. Therm. + 2.96 deg.

2 41 26.5
— 1 39.5
2 50 47

	Angle horaire.	Réduction.
2 34 12	16 35	110.88
36 58	13 49	76.98
38 13	12 34	63.69
39 17	11 30	53.34
40 28	10 19	42.92
42 0	8 47	31.11
43 3	7 44	24.12
44 1	6 46	18.47
45 9	5 38	12.80
46 22	4 25	7.87
47 45	3 2	3.71
49 49	0 58	0.38
53 13	2 26	2.39
Nuages.		
55 16	4 29	8.10
56 32	5 45	13.33
57 20	6 33	17.30
58 14	7 27	22.38
59 20	8 33	29.48
3 0 33	9 46	38.48
1 32	10 45	46.60
2 32	11 45	55.69
3 28	12 41	64.87
4 23	13 36	74.58
5 17	14 30	84.78
24 observations . . .		904.25
Réduction moyenne .		+ 37.68
Arc simple		56 9 26.65
Distance Z.		56 10 4.33
Réfraction		+ 1 27.71
Dist. Z. au méridien .		56 11 32.04
Distance polaire . . .		15 1 45.43
Hauteur de l'équat. .		41 9 46.61
Latitude		48 50 13.39

Les observations suivantes n'ont point été communiquées à la commission, et n'ont été commencées qu'après le rapport fait par M. Van Swinden. M. Méchain avoit fait le calcul des réductions au méridien. Le manuscrit qu'il m'a remis pour l'impression, en partant pour l'Espagne, ne contenoit ni les déclinaisons ni la latitude.

Série de quatre cents observations de la Polaire au passage supérieur.

25 *juillet* 1799.

Bar. 28 p. 0.0 lig. Therm. + 10.24 deg.

0h 52′ 11″1
— 37.7
0 51 33.4

	Angle horaire.	Réduct.
0 46 44	4′ 49″4	— 1″45
49 9	2 24.4	0.36
51 48	0 14.6	0.00
53 45	2 11.6	0.30
56 26	4 52.6	1.49
58 27	6 53.6	2.97
1 0 22	8 48.6	4.85
2 18	10 44.6	7.22
4 27	12 53.6	10.40
6 15	14 41.6	13.50
11 56	20 22.6	25.95
17 17	25 43.6	41.35
21 45	30 11.6	56.94
1 24 7	32 33.6	66.20

14 observations . . . 232.98
Réduction . . . . . — 16.64
Arc simple 39 23 11.889
39 22 55.249
46.41
1 46 4.04
41 9 45.70
48 50 14.30

	Angle pendule.	Réduction.
0h 28′ 6″	23′ 22″8	34″17
30 1	21 27.8	28.80
32 49	18 39.8	21.77
34 19	17 9.8	18.42
37 20	14 8.8	12.52
38 34	12 54.8	10.43
40 36	10 52.8	7.40
42 7	9 21.8	5.49
44 5	7 23.8	3.42
45 23	6 5.8	2.33
47 34	3 54.8	0.96
49 9	2 19.8	0.34
51 8	0 20.8	0.01
52 43	1 14.2	0.10
55 19	3 50.2	0.92
57 1	5 32.2	1.92
1 6 11	14 42.2	13.52
16 5	24 36.2	37.83

20 observations . . . 286.91
Réduction . . . . . — 14.34
Arc simple 39 23 9.083
39 22 54.743
46.72
1 46 3.21
41 9 44.67
48 50 15.33

29 *juillet* 1799.

Bar. 28 p. 0.7 lig. Therm. + 9.6 deg.

0 52 13.7
— 44.9
0 51 28.8

0 24 17	27 11.8	46.21
26 4	25 24.8	49.35

31 *juillet* 1799.

Bar. 27 p. 11.0 lig. Therm. + 11.36 deg.

0 52 15.2
— 48.5
0 51 26.7

0 45 33	5 53.7	2.17
47 16	4 10.7	1.10
49 7	2 19.7	0.34

	Angle horaire.	Réduction.
0h 50′ 43″	0′ 43″7	0″03
54 26	2 59.3	0.56
56 2	4 35.3	1.32
58 9	6 42.3	2.81
1 0 3	8 36.3	4.63
2 17	10 50.3	7.35
3 51	12 24.3	9.62
5 54	14 27.3	13.07
7 46	16 19.3	16.66
10 10	18 43.3	21.91
1 12 5	20 38.3	26.63

14 observations . . .		108.20
Réduction		— 7.73
Arc simple	39 23	1.127
	39 22	53.397
		45.985
	1 46	2.79
	41 9	42.17
	48 50	17.83

Premier août 1799.

Bar. 28 p. 1.0 lig. Therm. + 12.0 deg.

0	52	15.8
	—	50.2
0	51	25.6

	Angle horaire.	Réduction.
0 27 56	23 29.6	34.50
29 15	22 10.6	30.75
31 1	20 24.6	26.04
32 20	19 5.6	22.79
34 55	16 30.6	17.04
36 15	15 10.6	14.40
40 35	10 50.6	7.35
43 0	8 25.6	4.44
45 20	6 5.6	2.32
47 1	4 24.6	1.22
48 45	2 40.6	0.44
50 10	1 15.6	0.10
52 7	0 41.4	0.03
54 16	2 50.4	0.50

	Angle horaire.	Réduction.
0h 56′ 39″	5′ 13″4	1″71
58 8	6 42.4	2.82
1 0 0	8 34.4	4.60
1 10	9 44.4	5.94
2 47	11 21.4	8.06
4 17	12 51.4	10.34
6 0	14 34.4	13.28
7 22	15 56.4	15.89
9 9	17 43.4	19.65
10 41	19 15.4	23.19
12 58	21 32.4	29.01
14 23	22 57.4	32.94
16 53	25 27.4	40.49
18 42	27 16.4	46.47
20 45	29 19.4	53.71
23 4	31 38.4	62.52

30 observations . . .		532.54
Réduction		— 17.75
Arc simple	39 23	12.984
	39 22	55.234
		46.105
	1 46	2.58
	41 9	43.92
	48 50	16.08

2 août 1799.

Bar. 27 p. 10.6 lig. Therm. + 13.12 deg.

0	52	16.5
	—	52.0
0	51	24.5

	Angle horaire.	Réduction.
0 13 48	37 36.5	88.27
17 28	33 56.5	71.92
19 12	32 12.5	64.78
21 7	30 17.5	57.31
22 40	28 44.5	51.61
24 0	27 24.5	46.93
25 51	25 33.5	40.82
27 19	24 5.5	36.27
29 42	21 42.5	29.46

	Angle horaire.	Réduction.
0h 30' 57"	20' 27"5	26"16
32 49	18 35.5	21.60
34 20	17 4.5	18.23
36 22	15 2.5	14.15
37 43	13 41.5	11.72
40 4	11 20.5	8.04
41 20	10 4.5	6.36
42 48	8 36.5	4.64
44 32	6 52.5	2.96
46 4	5 20.5	1.79
47 14	4 10.5	1.09
48 46	2 38.5	0.43
50 21	1 3.5	0.07
52 45	1 20.5	0.11
54 20	2 55.5	0.53
56 2	4 37.5	1.34
58 0	6 35.5	2.72
59 57	8 32.5	4.56
1 1 26	10 1.5	6.29
3 25	12 0.5	9.02
4 42	13 17.5	11.05
6 25	15 0.5	14.09
7 54	16 29.5	17.00
9 32	18 7.5	20.54
10 59	19 34.5	23.94
Nuages.		
16 10	24 45.5	38.31
18 0	26 35.5	44.18
20 8	28 43.5	51.55
21 54	30 29.5	58.07
24 52	33 27.5	69.90
26 44	35 19.5	77.89
28 52	37 27.5	87.57
1 31 7	39 42.5	98.37
42 observations . . .		1241.64
Réduction		— 29.56
Arc simple	39 23	24.810
	39 22	55.250
		45.507
	1 46	2.37
	41 9	43.13
	48 50	16.87

6 août 1799.

Bar. 27 p. 10.4 lig. Therm. + 14.96 deg.

0h 52' 18"9
— 1 1.3
0 51 17.6

	Angle horaire.	Réduct.
0 18 36	32' 41"6	66"75
19 53	31 24.6	61.62
21 48	29 29.6	54.34
23 3	28 14.6	49.83
24 48	26 29.6	43.86
26 2	25 15.6	39.87
27 40	23 37.6	34.89
28 54	22 23.6	31.35
30 34	20 43.6	26.85
31 56	19 21.6	23.43
33 41	17 36.6	19.39
34 51	16 26.6	16.90
36 38	14 39.6	13.44
37 49	13 28.6	11.36
39 25	11 52.6	8.82
40 45	10 32.6	6.96
42 14	9 3.6	5.14
43 28	7 49.6	3.83
44 56	6 21.6	2.53
46 14	5 3.6	1.60
47 35	3 42.6	0.86
49 5	2 12.6	0.30
50 21	0 56.6	0.05
51 46	0 28.4	0.02
53 58	2 40.4	0.44
55 6	3 48.4	0.91
56 49	5 31.4	1.91
58 11	6 53.4	2.97
59 38	8 20.4	4.35
1 0 48	9 30.4	5.66
2 28	11 10.4	7.81
3 47	12 29.4	9.75
5 27	14 9.4	12.53
6 47	15 29.4	15.00
8 46	17 28.4	19.09
10 1	18 43.4	21.91
11 32	20 14.4	25.60
13 5	21 47.4	29.68
15 12	23 54.4	35.72

	Angle horaire.	Réduction.
1h 16′ 26″	25′ 8″4	39″50
17 52	26 34.4	44.12
19 6	27 48.4	48.31
21 10	29 52.4	55.74
22 29	31 11.4	60.76
24 30	33 12.4	68.85
25 52	34 34.4	74.63
27 32	36 14.4	81.97
29 46	38 28.4	92.36
48 observations		1283.56
Réduction		— 26.74
Arc simple		39 23 22.785
		39 22 56.045
		45.032
		1 46 1.48
		41 9 42.56
		48 50 17.44

9 *août* 1799.

Bar. 28 p. 1.1 lig. Therm. + 11.28 deg.

0 52 20.0
— 1 6.5
0 51 13.5

	Angle horaire.	Réduction.
0 25 24	25 19.5	40.07
27 6	24 7.5	36.38
28 38	22 35.5	31.90
29 43	21 30.5	28.92
31 5	20 8.5	25.36
32 21	18 52.5	22.27
33 42	17 31.5	19.20
35 8	16 5.5	16.19
36 42	14 31.5	13.19
37 54	13 19.5	11.11
39 32	11 41.5	8.55
40 48	10 25.5	6.80
42 29	8 44.5	4.78
43 55	7 18.5	3.34
45 40	5 33.5	1.93
46 43	4 30.5	1.27
0h 48′ 21″	2′ 52″5	0″51
49 23	1 50.5	0.21
51 16	0 2.5	0.00
52 57	1 43.5	0.18
54 37	3 23.5	0.72
55 57	4 43.5	1.40
57 37	6 23.5	2.56
59 1	7 47.5	3.80
1 0 24	9 10.5	5.27
2 8	10 54.5	7.44
3 49	12 35.5	9.91
5 17	14 3.5	12.36
6 48	15 34.5	15.17
8 7	16 53.5	17.84
10 4	18 50.5	22.19
11 5	19 51.5	24.65
13 1	21 47.5	29.69
14 31	23 17.5	33.91
16 8	24 54.5	38.77
17 28	26 14.5	40.03
36 observations . . .		540.87
Réduction		— 15.02
Arc simple		39 23 11.602
		39 22 56.582
		46.298
		1 46 0.72
		41 9 43.60
		48 50 16.4

15 *août* 1799.

Bar. 27 p. 11.25 lig. Therm. + 12.16 deg.

0 52 23.8
— 1 16.5
0 51 7.3

	Angle horaire.	Réduction.
0 23 12	27 55.3	48.71
24 34	26 33.3	44.06
26 25	24 42.3	38.14
27 41	23 26.3	34.34
29 13	21 54.3	30.00

	Angle horaire.	Réduction.
0h 30′ 37″	20′ 30″3	26″28
32 7	19 0.3	22.58
33 35	17 32.3	19.24
35 8	15 59.3	15.99
36 28	14 39.3	13.43
38 15	12 52.3	10.36
39 25	11 42.3	8.57
40 57	10 10.3	6.48
42 18	8 49.3	4.87
44 29	6 38.3	2.76
47 38	3 29.3	0.77
49 20	1 47.3	0.20
51 0	0 7.3	0.00
53 11	2 3.7	0.26
54 40	3 32.7	0.79
56 11	5 3.7	1.60
57 33	6 25.7	2.58
59 41	8 33.7	4.59
1 0 56	9 48.7	6.02
2 39	11 31.7	8.31
4 6	12 58.7	10.53
5 41	14 33.7	13.26
7 13	16 5.7	16.20
8 55	17 47.7	19.80
10 29	19 21.7	23.44
12 6	20 58.7	27.51
13 33	22 25.7	31.44
15 57	24 49.7	38.52
17 21	26 13.7	42.98
19 18	28 10.7	49.60
21 12	30 4.7	56.51
36 observations . . .		680.72
Réduction		— 18.91
Arc simple		39 23 17.363
		39 22 58.453
		45.828
		1 45 59.18
		41 9 43.46
		48 50 16.54

17 août 1799.

Bar. 27 p. 11.2 lig. Therm. + 11.76 deg.

0h 52′ 25″1
— 1 20.4

0 51 4.7

0 20 14	30′ 50″7	59″42
21 34	29 30.7	54.40
22 45	28 19.7	50.13
24 3	27 1.7	45.64
25 41	25 23.7	40.30
27 6	23 58.7	35.93
28 45	22 19.7	31.17
30 5	20 59.7	27.56
31 26	19 38.7	24.13
32 50	18 14.7	20.81
34 47	16 17.7	16.60
36 1	15 3.7	14.19
38 6	12 58.7	10.53
39 29	11 35.7	8.41
41 0	10 4.7	6.36
42 14	8 50.7	4.89
43 46	7 18.7	3.34
45 3	6 1.7	2.27
46 26	4 38.7	1.35
Interrompu pour observer la comète.		
54 11	3 6.3	0.60
55 40	4 35.3	1.32
56 55	5 50.3	2.13
58 34	7 29.3	3.51
59 52	8 47.3	4.83
1 1 29	10 24.3	6.77
2 39	11 34.3	8.37
4 11	13 6.3	10.74
5 45	14 40.3	13.46
7 28	16 23.3	16.79
8 47	17 42.3	19.60
10 24	19 19.3	23.34
11 45	20 40.3	26.71
13 26	22 21.3	31.24
14 48	23 43.3	35.17
16 41	25 36.3	40.96
17 51	26 46.3	44.78
19 40	28 35.3	51.05

	Angle horaire.	Réduction.
1h 21′ 12″	30′ 7″3	56″67
22 36	31 31.3	62.05
24 6	33 1.3	68.09
40 observations . . .		985.61
Réduction		— 24″64
Arc simple		39 23 24.574
		39 22 59.934
		45.786
		1 45 58.58
		41 9 44.30
		48 50 15.7

18 *août* 1799.

Bar. 27 p. 10.2 lig. Therm. + 11.60 deg.

0	52	25.6
—	1	22.1
0	51	3.5

	Angle horaire.	Réduction.
0 16 40	34 23.5	73.84
18 23	32 40.5	66.67
20 18	30 45.5	59.09
22 0	29 3.5	52.75
23 40	27 23.5	46.89
25 18	25 45.5	41.46
27 1	24 2.5	36.12
28 35	22 28.5	31.59
30 8	20 55.5	27.37
31 40	19 23.5	23.51
33 12	17 51.5	19.95
34 39	16 24.5	16.83
36 11	14 52.5	13.84
37 49	13 14.5	10.97
39 41	11 22.5	8.09
41 24	9 39.5	5.84
43 28	7 35.5	3.61
45 17	5 46.5	2.09
47 15	3 48.5	0.91
48 47	2 16.5	0.32
50 28	0 35.5	0.03
51 51	0 47.5	0.04
53 36	2 32.5	0.40
0h 55′ 1″	3′ 57″5	0″98
56 38	5 34.5	1.94
58 5	7 1.5	3.09
59 58	8 54.5	4.97
1 1 31	10 27.5	6.84
3 14	12 10.5	9.27
4 56	13 52.5	12.04
6 47	15 43.5	15.46
8 33	17 29.5	19.13
10 8	19 4.5	22.75
11 44	20 40.5	26.72
13 20	22 16.5	31.02
14 49	23 45.5	35.28
16 30	25 26.5	40.44
18 1	26 57.5	45.41
19 45	28 41.5	51.43
21 22	30 18.5	57.38
22 54	31 50.5	63.31
24 23	33 19.5	69.35
42 observations . . .		1059.06
Réduction		— 25.21
Arc simple		39 23 26.334
		39 23 1.124
		45.827
		1 45 58.27
		41 9 45.22
		48 50 14.78

21 *août* 1799.

Bar. 28 p. 2.3 lig. Therm. + 8.8 deg.

0	52	27.2
—	1	29.8
0	50	57.4

	Angle horaire.	Réduction.
0 20 54	30 3.4	56.42
22 34	28 23.4	50.35
24 1	26 56.4	45.35
25 26	25 31.4	40.70
27 13	23 44.4	35.23
28 57	22 0.4	30.28
30 38.	20 19.4	25.81

	Angle horaire.	Réduction.
0h 32' 5"	18' 52"4	22"27
33 56	17 1.4	18.12
35 32	15 25.4	14.87
37 15	13 42.4	11.75
38 45	12 12.4	9.32
40 41	10 16.4	6.60
42 16	8 41.4	4.73
43 56	7 1.4	3.09
45 21	5 36.4	1.97
47 2	3 55.4	0.96
48 52	2 5.4	0.27
50 32	0 25.4	0.02
52 11	1 13.6	0.10
53 48	2 50.6	0.50
55 13	4 15.6	1.14
57 1	6 3.6	2.30
58 44	7 46.6	3.79
1 0 22	9 24.6	5.54
2 5	11 7.6	7.74
3 43	12 45.6	10.18
5 14	14 16.6	12.75
7 0	16 2.6	16.10
8 50	17 52.6	19.99
10 37	19 39.6	24.16
11 45	20 47.6	27.03
13 14	22 16.6	31.02
14 32	23 34.6	34.75
15 54	24 56.6	38.88
17 22	26 24.6	43.58

36 observations . . . 657.46

Réduction . . . . . — 18.26
Arc simple 39 23 17.160

39 22 58.900
47.10
1 45 57.37

41 9 43.37
48 50 16.63

23 *août* 1799.

Bar. 28 p. 0.9 lig. Therm. + 13.6 deg.

0h 52' 28"2
— 1 34.7

0 50 53.5

	Angle horaire.	Réduct.
0 20 52	30' 1"5	56"30
22 10	28 43.5	51.55
23 43	27 10.5	46.14
24 56	25 57.5	42.11
26 23	24 30.5	37.54
27 43	23 10.5	33.57
29 23	21 30.5	28.92
30 51	20 2.5	25.10
32 28	18 25.5	21.22
33 49	17 4.5	18.23
35 31	15 22.5	14.78
36 52	14 1.5	12.30
38 13	12 40.5	10.04
39 37	11 16.5	7.95
41 24	9 29.5	5.64
42 44	8 9.5	4.16
44 19	6 34.5	2.70
45 51	5 2.5	1.59
47 22	3 31.5	0.78
49 0	1 53.5	0.22
50 46	0 7.5	0.00
52 12	1 18.5	0.11
53 48	2 54.5	0.53
55 6	4 12.5	1.11
56 50	5 56.5	2.21
58 23	7 29.5	3.51
1 0 10	9 16.5	5.38
1 33	10 39.5	7.11
3 7	12 13.5	9.35
4 36	13 42.5	11.75
6 14	15 20.5	14.72
7 52	16 58.5	18.02
9 16	18 22.5	21.10
10 44	19 50.5	24.61
12 52	21 58.5	30.19
14 22	23 28.5	34.45
16 8	25 14.5	39.81
17 33	26 39.5	44.40

	Angle horaire.	Réduction.
1h 18′ 57″	28′ 3″5	49″18
20 22	29 28.5	54.27
21 44	30 50.5	59.41
23 17	32 23.5	65.52
42 observations . . .		917.58

Réduction	— 21.85
Arc simple	39 23 24.444
	39 23 2.594
	45.701
	1 45 56.76
	41 9 45.06
	48 50 14.94

Résultats du passage supérieur de la Polaire.

1799.	*n*	LATITUDE.	*N*	LATITUDE.	*dm*
25 juillet . .	14	48° 50′ 14″30	14	48° 50′ 14″30	0″00
29	20	15.33	34	14.91	0.00
31	14	17.83	48	15.76	+ 0.03
1 août . . .	30	16.08	78	15.88	— 0.07
2	42	16.87	120	16.22	— 0.12
6	48	17.44	168	16.58	— 0.18
9	36	16.40	204	16.58	— 0.22
15	36	16.54	240	16.54	— 0.07
17	40	15.70	280	16.42	0.00
18	42	14.78	322	16.21	— 0.07
21	36	16.63	358	16.25	+ 0.07
23	42	14.94	400	16.11	— 0.15

Passage inférieur de la Polaire.

17 *mai* 1799.

Bar. 28 p. 1.25 lig. Therm. + 8.08 deg.

12 51 27.2
— 20.4
12 51 6.8

	Angle horaire.	Réduction.
12h 26′ 56″	24′ 10″8	34″07
27 54	23 12.8	31.40
29 24	21 42.8	27.48
30 23	20 43.8	25.04
31 31	19 35.8	22.38
32 32	18 34.8	20.12
33 55	17 11.8	17.24
35 9	15 57.8	14.85
36 11	14 55.8	13.00
12 24 34	26 32.8	41.05
25 38	25 28.8	37.82

	Angle horaire.	Réduction.
12h 37′ 3″	14′ 3″8	11″53
38 30	12 36.8	9.27
39 36	11 30.8	7.73
41 3	10 3.8	5.91
42 23	8 43.8	4.44
43 51	7 15.8	3.08
44 52	6 14.8	2.28
46 10	4 56.8	1.43
47 29	3 37.8	0.76
49 38	1 28.8	0.13
50 47	0 19.8	0.01
51 59	0 52.2	0.04
53 3	1 56.2	0.22
54 25	3 18.2	0.64
55 54	4 47.2	1.33
57 39	6 32.2	2.49
59 8	8 1.2	3.75
13 0 15	9 8.2	4.87
1 26	10 19.2	6.21
2 56	11 49.2	8.14
4 9	13 2.2	9.90
6 22	15 15.2	13.56
7 26	16 19.2	15 52
8 37	17 30.2	17.86
9 43	18 36.2	20 17
10 54	19 47.2	22.81
12 20	21 13.2	26.24
13 58	22 51.2	30.43
15 14	24 7.2	33.90
16 31	25 24.2	37.60
17 47	26 40.2	41.43
42 observations . . .		628.13
Réduction		+ 15.19
Arc simple		42 54 44.511
Réfraction		53.441
100°—Déclinaison . .		98 13 56.41
Hauteur de l'Equat. .		41 9 49.55
Latitude		48 50 10.45

22 *mai* 1799.

Bar. 28 p. 2,75 lig. Therm. + 10.4 deg.

12h 51′ 28″9
— 24.9
12 51 4.0

	Angle horaire.	Réduction.
12 14 50	36′ 14″	76″41
16 34	34 30	67.29
18 8	32 56	63.14
19 9	31 55	59.31
20 24	30 40	54.76
21 26	29 38	51.14
23 9	27 55	45.39
24 8	26 56	42.25
25 50	25 14	37.10
26 52	24 12	34.12
28 13	22 51	30.42
29 26	21 38	27.28
30 44	20 20	24.09
31 46	19 18	21.71
33 10	17 54	18.67
34 11	16 53	16.62
35 30	15 34	14 12
36 40	14 24	12.09
38 4	13 0	9.85
39 6	11 58	8.34
40 28	10 36	6.55
41 32	9 32	5.30
42 45	8 19	4.03
43 44	7 20	3.14
44 48	6 16	2.29
46 4	5 0	1.46
47 12	3 52	0.87
48 20	2 44	0.43
49 29	1 35	0.14
50 39	0 25	0.01
51 53	0 49	0.04
53 4	2 0	0.23
54 28	3 24	0.67
55 30	4 26	1.14
57 8	6 4	2.15
58 5	7 1	2.87
59 26	8 22	4.08
13 0 37	9 33	5.32
2 10	11 6	7.18

	Angle horaire.	Réduction.
13h 3′ 14″	12′ 10″	8″63
4 50	13 46	11.05
6 6	15 2	13.18
8 11	17 7	17.08
9 28	18 24	19.73
10 46	19 42	22.62
11 47	20 43	15.01
13 7	22 3	28.33
14 18	23 14	31.45
15 52	24 48	85.83
16 57	25 53	39.03
18 13	27 9	42.94
19 26	28 22	46.87
21 26	30 22	53.70
22 42	31 38	58.27
23 51	32 47	62.57
25 1	33 57	67.10
26 19	35 15	72.33
27 29	36 25	77.17

58 observations . . .	1533.35
Réduction	+ 26.44
	52.921
Arc simple	42 54 34.039
	98 13 55.61
	41 9 49.01
	48 50 10.99

23 *mai* 1799.

Bar. 28 p. 1.8 lig. Therm. + 12.40 deg.

12 51 29.6
— 26.9

12 51 2.7

	Angle horaire.	Réduction.
12 26 27	24 35.7	35.24
28 25	22 37.7	29.83
30 41	20 21.7	24.16
33 5	17 57.7	18.80
34 44	16 18.7	15.50
36 6	14 56.7	13.02
37 44	13 18.7	10.33
12h 38′ 58″	12′ 4″7	8″50
41 0	10 2.7	5.88
42 14	8 48.7	4.53
43 59	7 03.7	2.91
45 13	5 49.7	1.98
46 30	4 32.7	1.20
47 39	3 23.7	0.67
48 46	2 16.7	0.30
49 53	1 9.7	0.08
51 21	0 18.3	0.01
52 52	1 49.3	0.20
54 58	3 55.3	0.89
56 5	5 2.3	1.48
57 11	6 8.3	2.20
58 23	7 20.3	3.14
59 37	8 34.3	4.28
13 0 39	9 36.3	5.38
1 54	10 51.3	6.86
3 6	12 3.3	8.47
4 21	13 18.3	10.31
5 19	14 16.3	11.87
6 46	15 43.3	14.40
7 46	16 43.3	16.30
8 57	17 54.3	18.68
10 0	18 57.3	20.94
11 11	20 8.3	23.63
12 19	21 16.3	26.37
13 46	22 43.3	30.08
15 29	24 26.3	34.80

36 observations . . .	413.22
Réduction	+ 11.48
	52.21
Arc simple	42 54 48.037
	98 13 55.44
	41 9 47.17
	48 50 12.83

26 *mai* 1799.

Bar. 28 p. 2.0 lig. Therm. + 9.6 deg.

12h 51' 32"1
— 32.0
12 51 0.1

	Angle horaire.	Réduction.
12 18 34	32' 26"1	61"25
19 43	31 17.1	56.99
21 3	29 57.1	52.24
23 8	27 52.1	45.24
24 17	26 43.1	41.58
25 39	25 21.1	37.44
26 55	24 5.1	33.80
28 14	22 46.1	30.21
29 28	21 32.1	27.03
30 44	20 16.1	23.94
32 48	18 22.1	19.66
33 53	17 7.1	17.08
35 13	15 47.1	14.52
36 39	14 21.1	12.01
40 40	10 20.1	6.23
42 6	8 54.1	4.62
43 24	7 36.1	3.37
44 34	6 26.1	2.41
45 48	5 12.1	1.58
46 57	4 3.1	0.95
48 5	2 55.1	0.49
49 11	1 49.1	0.20
50 21	0 39.1	0.03
51 30	0 29.9	0.02
52 48	1 47.9	0.19
53 51	2 50.9	0.47
54 58	3 57.9	0.91
56 26	5 25.9	1.72
57 46	6 45.9	2.67
58 48	7 57.9	3.70
13 0 0	8 59.9	4.72
1 13	10 12.9	6.09
2 42	11 41.9	7.97
3 51	12 50.9	9.62
4 58	13 57.9	11.37
6 5	15 4.9	13.26
7 16	16 15.9	15.42
8 30	17 29.9	17.85
9 45	18 44.9	20.49
13h 10' 47"	19' 46"9	22"80
12 6	21 5.9	25.94
13 45	22 44.9	30.16
15 13	24 12.9	34.17
16 24	25 23.9	37.58
17 47	26 46.9	41.78
19 18	28 17.9	46.64
20 30	29 29.9	50.67
21 37	30 36.9	54.58
22 47	31 46.9	58.81
24 1	33 0.9	63.46

50 observations . . . 1075.93

Réduction . . . . . + 21.52
Arc simple 42 54 38.275
53.037
98 13 54.91

41 9 47.82
48 50 12.18

27 *mai* 1799.

Bar. 28 p. 2.4 lig Therm. + 11.2 deg.

12 51 32.6
— 33.5
12 50 59.1

12 17 5	33 54.1	66.91
18 35	32 24.1	61.13
19 47	31 12.1	56.69
20 50	30 9.1	52.94
22 32	28 27.1	47.15
23 30	27 29.1	44.00
25 11	25 48.1	38.78
26 35	24 24.1	34 69
27 38	23 21.1	31.77
28 47	22 12.1	28.72
29 48	21 11.1	26.16
31 19	19 40.1	22.54
32 29	18 30.1	19.95
33 29	17 30.1	17.85
34 36	16 23.1	15.65
36 0	14 59.1	13.09

	Angle horaire.	Réduction.
12h 37' 12"	13' 47"1	11"08
38 28	12 31.1	9.14
39 33	11 26.1	7.62
41 47	9 12.1	4.94
42 53	8 6.1	3.83
43 12	7 47.1	3.54
44 21	6 38.1	2.56
45 10	5 49.1	1.97
47 55	3 4.1	0.54
49 47	1 12.1	0.08
51 19	0 19.9	0.01
52 35	1 35.9	0.15
54 10	3 10.9	0.59
55 14	4 14.9	1.05
57 9	6 9.9	2.22
58 20	7 20.9	3.15
59 30	8 30.9	4.23
13 0 37	9 37.9	5.41
1 56	10 56.9	6.98
2 59	11 59.9	8.39
4 15	13 15.9	10.25
5 16	14 16.9	11.89
6 48	15 48.9	14.58
8 10	17 10.9	17.21
9 24	18 24.9	19.77
10 25	19 25.9	22.00
11 48	20 48.9	25.25
13 21	22 21.9	29.14
14 43	23 43.9	32.82
16 31	25 31.9	37.97
18 0	27 0.9	42.51
19 0	28 0.9	45.71
20 34	29 34.9	50.96
21 49	30 49.9	55.35
23 16	32 16.9	60.68
24 35	33 35.9	65.71

52 observations . . .		1202.48
Réduction	+	23.12
Arc simple	42 54	37.11
		52.64
	98 13	54.80
	41 9	47.67
	48 50	12.33

28 *mai* 1799.

Bar. 28 p. 1.25 lig. Therm. + 13.76 deg.

12h 51' 33"2
— 35.0
12 50 58.2

	Angle horaire.	Réduction.
12 43 0	7' 58"2	3"70
44 56	6 2.2	2.12
46 9	4 49.2	1.35
47 17	3 41.2	0.79
48 20	2 38.2	0.40
49 28	1 30.2	0.13
50 29	0 29.2	0.02
51 51	0 52.8	0.04
52 53	1 54.8	0.21
53 29	3 0.8	0.52
55 28	4 29.8	1.18
56 22	5 23.8	1.70
57 40	6 41.8	2.61
58 38	7 39.8	3.43
59 54	8 55.8	4.65
13 1 0	10 1.8	5.87
1 55	10 56.8	6.98
3 16	12 17.8	8.81
4 24	13 25.8	10.51
5 25	14 26.8	12.17
6 47	15 48.8	14.57
8 18	17 19.8	17.50
9 44	18 45.8	20.52
10 51	19 52.8	23.03

24 observations . . .		142.81
Réduction	+	5.95
Arc simple	42 54	56.29
		52.59
	98 13	54.69
	41 9	49.52
	48 50	10.48

31 *mai* 1799.

Bar. 28 p. 1.9 lig. Therm. + 11.44 deg.

12h 51′ 34″8
— 39.7

12 50 55.1	Angle horaire.	Réduction.
12 18 49	32′ 46″1	62″51
21 3	29 52.1	51.95
22 45	28 10.1	46.22
23 58	26 57.1	42.31
25 33	25 22.1	37.49
27 3	23 52.1	33.20
28 54	22 1.1	28.25
30 21	20 34.1	24.65
32 5	18 50.1	20.67
33 42	17 13.1	17.28
35 10	15 45.1	14.46
36 24	14 31.1	12.29
38 38	12 17.1	8.80
39 44	11 11.1	7.29
41 23	9 32.1	5.30
42 43	8 12.1	3.92
44 23	6 32.1	2.49
45 55	5 0.1	1.46
47 40	3 15.1	0.62
48 59	1 56.1	0.22
51 21	0 25.1	0.01
54 15	3 19.9	0.65
56 44	5 48.9	1.97
58 19	7 23.9	3.19
13 0 9	9 13.9	4.97
1 20	10 24.9	6.33
3 0	12 4.9	8.51
4 30	13 34.9	10.75
6 4	15 8.9	13.38
7 32	16 36.9	16.09
9 15	18 19.9	19.59
10 44	19 48.9	22.88
12 8	21 12.9	26.23
13 33	22 37.9	29.85
15 17	24 21.9	34.59
16 29	25 33.9	38.07
18 8	27 12.9	43.14
19 12	28 16.9	46.59
13h 20′ 42″	29′ 46″9	51″65
21 40	30 44.9	55.05
22 53	31 57.9	59.49
24 16	33 20.9	64.74

42 observations . . . + 979.10

Réduction 23.31
Arc simple 42 54 36.82
52.49
98 13 54.36

41 9 46.98
48 50 13.02

Premier juin 1799.

Bar. 27 p. 11.3 lig. Therm. + 15.36 deg.

12 51 35.6
— 42.3

12 50 53.3		
12 36 30	14 23.3	12.07
37 44	13 9.3	10.08
41 23	9 30.3	5.26
42 30	8 23.3	4.10
43 52	7 1.3	2.88
44 42	6 11.3	2.24
46 35	4 18.3	1.08
47 30	3 23.3	0.67
49 5	1 48.3	0.19
51 2	0 8.7	0.00
52 43	1 49.7	0.20
54 32	3 38.7	0.77
56 34	5 40.7	1.88
57 53	6 59.7	2.86
59 15	8 21.7	4.08
13 0 34	9 40.7	5.46
3 2	12 8.7	8.60
4 23	13 29.7	10.61
6 11	15 17.7	13.63
7 28	16 34.7	16.02

20 observations . . . 102.88

Réduction	+	5.14
Arc simple	42 54	57.01
		51.01
	98 13	54.26
	41 9	47.42
	48 50	12.58

3 *juin* 1799.

Bar. 27 p. 9.0 lig. Ther. + 9.84 deg.

12h 51′ 36″7
— 45.8
12 50 50.9

	Angle horaire.	Réduction.
12 34 20	16′ 30″9	15″90
40 58	9 52.9	5.69
42 58	7 52.9	3.62
45 1	5 49.9	1.98
46 34	4 16.9	1.07
48 12	2 38.9	0.40
49 32	1 18.9	0.10
50 57	0 6.1	0.01
52 50	1 59.1	0.23
54 15	3 24.1	0.67
56 15	5 24.1	1.70
57 23	6 32.1	2.49
13 1 19	10 28.1	6.39
2 45	11 54.1	8.25
5 22	14 31.1	12.29
6 31	15 40.1	14.30
7 53	17 2.1	16.92
9 7	18 16.1	19.45
10 29	19 48.1	22.85
12 9	21 18.1	26.44
20 observations . . .	+	160.75

Réduction		8.04
Arc simple	42 54	54.22
		52.19
	98 13	54.04
	41 9	48.49
	48 50	11.51

6 *juin* 1799.

Bar. 28 p. 4.25 lig. Ther. + 13.12 deg.

12h 51′ 38″3
— 50.8
12 50 47.5

	Angle horaire.	Réduction.
12 19 19	31′ 28″5	57″69
20 33	30 14.5	53.26
22 13	28 34.5	47.56
24 10	26 37.5	41.29
Nuages.		
38 21	12 26.5	9.03
39 47	11 0.5	7.06
41 11	9 36.5	5.38
42 13	8 34.5	4.29
43 42	7 5.5	2.94
44 50	5 57.5	2.07
46 6	4 41.5	1.28
47 44	3 3.5	0.54
50 28	0 19.5	0.01
52 18	1 30.5	0.13
54 3	3 15.5	0.62
55 36	4 48.5	1.35
57 5	6 17.5	2.31
58 13	7 25.5	3.22
59 46	8 58.5	4.69
13 1 22	10 34.5	6.52
2 56	12 8.5	8.59
4 3	13 15.5	10.24
6 8	15 20.5	13.71
7 23	16 35.5	16.04
8 54	18 6.5	19.10
10 5	19 17.5	21.69
11 24	20 36.5	24.75
12 52	22 4.5	28.39
28 observations . . .		393.75

Réduction	+	14.06
Arc simple	42 54	48.23
		52.39
	98 13	53.71
	41 9	48.44
	48 50	11.56

8 *juin* 1799.

Bar. 28 p. 1.67 lig. Therm. + 18.0 lig.

12h 51' 39"6
— 56.0
12 50 43.6

	Angle horaire.	Réduction.
12 24 59	25' 44"6	38"61
26 47	23 56.6	33.40
29 3	21 40.6	27.39
30 40	20 3.6	23.45
36 36	14 7.6	11.63
37 54	12 49.6	9.59
39 18	11 25.6	7.61
41 1	9 42.6	5.50
42 10	8 33.6	4.27
43 6	7 37.6	3.39
44 47	5 56.6	2.06
46 40	4 3.6	0.96
47 17	2 26.6	0.35
50 0	0 43.6	0.03
51 40	0 56.4	0.05
53 4	2 20.4	0.32
54 43	3 59.4	0.93
56 6	5 22.4	1.68
57 28	6 44.4	2.65
58 38	7 54.4	3.65
13 0 15	9 31.4	5.29
1 42	10 58.4	7.02
4 33	13 49.4	11.14
7 22	16 38.4	16.14
9 15	18 31.4	20.00
11 2	20 18.4	24.03
13 3	22 19.4	29.03
14 13	23 29.4	32.15
15 37	24 53.4	36.09
16 46	26 2.4	39.50
30 observations . . .		397.91
Réduction	+	13.26
Arc simple		42 54 50.36
		50.66
		98 13 53.60
		41 9 47.88
		48 50 12.12

9 *juin* 1799.

Bar. 28 p. 0.1 lig. Therm. + 19.60 deg.

12h 51' 40"1
— 57.9
12 50 42.2

	Angle horaire.	Réduction.
12 19 46	30' 56"2	55"73
Nuages.		
35 30	15 12.2	13.47
38 0	12 42.2	9.40
39 37	11 5.2	7.16
41 49	8 53.2	4.60
42 55	7 47.2	3.54
45 24	5 18.2	1.64
46 21	4 21.2	1.10
47 41	3 1.2	0.53
48 47	1 55.2	0.22
50 2	0 40.2	0.03
51 8	0 25.8	0.02
52 17	1 34.8	0.14
53 23	2 40.8	0.41
54 43	4 0.8	0.94
55 55	5 12.8	1.59
57 34	6 51.8	2.75
58 56	8 13.8	3.95
13 0 18	9 35.8	5.37
1 16	10 33.8	6.51
2 45	12 2.8	8.46
3 59	13 16.8	10.28
5 20	14 37.8	12.48
7 35	16 52.8	16.61
9 24	18 41.8	20.37
10 33	19 50.8	22.95
11 57	21 14.8	26.31
13 9	22 26.8	29.36
28 observations . . .		269.92
Réduction	+	9.57
Arc simple		42 54 54.57
		50.09
		98 10 53.54
		41 9 47.77
		48 50 12.23

13 *juin* 1799.

Bar. 27 p. 9.6 lig. Therm. + 12.8 deg.

12h 51′ 42″8
— 1 5.5
12 50 37.3

	Angle horaire.	Réduction.
12 23 13	27′ 24″3	43″75
Nuages.		
28 25	22 12.3	28.73
Nuages.		
34 8	16 29.3	15.85
Nuages.		
41 3	9 34.3	5.34
42 34	8 3.3	3.78
43 44	6 53.3	2.77
45 37	5 0.3	1.46
49 55	0 42.3	0.03
51 58	1 20.7	0.10
Nuages.		
13 29 1	38 23.7	85.78
10 observations . . .		187.59
Réduction		+ 18.76
Arc simple		42 54 44.901
		51.45
		98 13 53.31
		41 9 48.42
		48 50 11.58

15 *juin* 1799.

Bar. 28 p. 0.4 lig. Therm. + 12.8 deg.

12 51 44.3
— 1 9.3
12 50 35.0

	Angle horaire.	Réduction.
12 25 14	25 21	37.44
27 13	23 22	31.81
12h 30′ 49″	19′ 46″	22″77
31 52	18 43	20.42
34 5	16 30	15.87
35 40	14 55	12.97
38 14	12 21	8.89
39 27	11 8	7.23
41 3	9 32	5.30
42 17	8 18	4.02
44 23	6 12	2.24
45 47	4 48	1.34
47 55	2 40	0.41
49 48	0 47	0.04
51 59	1 24	0.11
53 17	2 42	0.42
55 0	4 25	1.13
56 8	5 33	1.79
57 55	7 20	3.14
59 37	9 2	4.75
13 3 36	13 1	9.88
4 46	14 11	11.73
6 43	16 8	15.17
8 28	17 53	18.63
10 3	19 28	22.09
11 0	20 25	24.29
12 43	22 8	28.54
14 5	23 30	32.18
17 35	27 0	42.46
18 36	28 1	45.71
30 observations . . .		432.77
Réduction		+ 14.43
Arc simple		42 54 48.44
		51.88
		98 13 53.20
		41 9 47.95
		48 50 12.05

Résultats du passage inférieur de la Polaire.

Année 1799.	*n*	Latitude.	*N*	Latitude.
17 mai	42	48° 50′ 10″45	42	48° 50′ 10″45
22	58	10.99	100	10.77
23	36	12.83	136	11.32
26	50	12.18	186	11.55
27	52	12.33	238	11.75
28	24	10.48	262	11.61
31	42	13.02	304	11.80
1 juin	20	12.58	324	11.85
3	20	11.51	344	11.83
6	28	11.56	372	11.81
8	30	12.12	402	11.83
9	28	12.23	430	11.86
13	10	11.58	440	11.59
15	30	12.05	470	11.86

Passage supérieur .	400	. . . .	48.50 16.11
Passage inférieur .	470	. . . .	48.50 11.86
Milieu.	870	. . . .	48.50 13.985

Passage supérieur de β de la petite Ourse.

17 *mai* 1799.

Bar. 28 p. 1.25 lig. Therm. + 6.96 deg.

	Angle horaire.	Réduction.
14h51′ 32″1		
— 20.4		
14 51 11.7		
14 42 9	9′ 2″7	62″22
43 16	7 55.7	48.20
44 28	6 43.7	34.40
45 24	5 47.7	25.55
46 36	4 35.7	16.07
44 46	3 25.7	9.02
48 58	2 13.7	3.78
50 29	0 42.7	0.39
51 40	0 28.3	0.17
52 54	1 42.3	2.21
54 16	3 4.3	7.18
55 27	4 15.3	13.78
56 49	5 37.3	24.05
58 2	6 50.3	35.56
59 9	7 57.3	48.12
15 0 18	9 6.3	63.05
1 36	10 24.3	82.32
2 30	11 18.3	97.17
18 observations . . .		573.24

Réduction moyenne . .	—		31.62
Arc simple	26	8	25.620
Distance Z.	26	7	54.000
Réfraction		+	28.363
Dist. Z. au méridien .	26	8	22.363
Distance polaire . . .	15	1	27.14
Hauteur de l'équat. .	41	9	49.50
Latitude	48	50	10.50

20 mai 1799.

Bar. 28 p. 0.0 lig. Therm. + 7.2 deg.

14h 51′ 32″0
— 23.7

14 51 8.3

	Angle horaire.	Réduction.
14 40 50	10′ 18″3	80″75
42 11	8 57.3	60.99
43 30	7 38.3	44.38
45 1	6 7.3	28.51
46 51	4 16.3	13.89
48 26	2 42.3	5.57
49 35	1 33.3	1.84
50 45	0 23.3	0.12
52 32	1 23.7	1.48
53 44	2 35.7	5.12
55 12	4 3.7	12.55
56 14	5 5.7	19.75
57 17	6 8.7	28.73
58 45	7 36.7	44.06
15 0 15	9 6.7	63.14
1 32	10 23.7	82.16

16 observations . . .			493.04
Réduction moyenne .	—		30.81
Arc simple	26	8	23.978
Distance Z.	26	7	53.168
Réfraction		+	28.219
Dist. Z. au méridien .	26	8	21.387
Distance polaire . . .	15	1	26.33
Hauteur de l'équat. .	41	9	47.72
Latitude	48	50	12.28

22 mai 1799.

Bar. 28 p. 2.75 lig. Therm. + 9.36 deg.

14h 51′ 32″
— 27

14 51 5

	Angle horaire.	Réduction.
14 40 58	10′ 7″	77″82
42 11	8 54	60.24
43 35	7 30	42.78
44 31	6 34	32.79
45 38	5 27	22.60
46 45	4 20	14.29
47 56	3 9	7.55
48 58	2 7	3.41
50 9	0 56	0.67
51 14	0 9	0.02
52 30	1 25	1.53
53 54	2 49	6.04
54 55	3 50	11.18
55 52	4 47	17.41
57 5	6 0	27.30
58 2	6 57	36.74
59 5	8 0	48.67
59 58	8 53	60.02
15 1 8	10 3	76.80
2 27	11 22	98.23

20 observations . . .			645.69
Réduction	—		32.28
Arc simple	26	8	26.691
Distance Z.	26	7	54.411
Réfraction		+	28.114
Dist. Z. au méridien .	26	8	22.525
Distance polaire . . .	15	1	25.74
Hauteur de l'équat. .	41	9	48.26
Latitude	48	50	11.74

24 mai 1799.

Bar. 28 p. 3.67 lig. Therm. + 7.84 deg.

14h 51' 32"0
— 29.4
14 51 2.6

	Angle horaire.	Réduction.
14 40 18	10' 44"6	87"76
41 24	9 38.6	70.72
42 34	8 28.6	54.65
43 39	7 23.6	41.57
45 11	5 21.6	26.13
46 20	4 42.6	16.88
47 27	3 5.6	9.83
48 29	2 33.6	4.99
49 36	1 26.6	1.58
50 40	0 22.6	0.11
52 0	0 57.4	0.70
53 26	2 23.4	4.34
55 8	4 5.4	12.73
56 21	5 18.4	21.43
57 58	6 55.4	36.45
59 13	8 10.4	50.80
15 0 11	9 8.4	63.53
1 19	10 16.4	80.25
18 observations . . .		584.47
Réduction		— 32.47
Arc simple		26 8 27.060
Distance Z.		26 7 54.590
Réfraction		+ 28.427
Dist. Z. au méridien .		26 8 23.017
Distance polaire . . .		15 1 25.25
Hauteur de l'équat. .		41 9 48.27
Latitude		48 50 11.73

25 mai 1799.

Bar. 28 p. 3.3 lig. Therm. + 9.6 deg.

14h 51' 32"0
— 30.7
14 51 1.3

	Angle horaire.	Réduction.
14 40 3	10' 58"3	91"52
41 34	9 27.3	67.98
42 30	8 31.3	55.22
43 31	7 30.3	42.84
44 53	6 8.3	28.67
45 53	5 8.3	20.09
46 55	4 6.3	12.82
48 5	2 56.3	6.57
49 14	1 47.3	2.43
50 15	0 46.3	0.46
51 21	0 19.7	0.08
52 20	1 18.7	1.31
53 22	2 20.7	4.18
54 27	3 25.7	8.94
55 26	4 24.7	14.81
56 26	5 24.7	22.28
57 43	6 41.7	34.09
59 4	8 2.7	49.22
15 0 46	9 44.7	72.22
2 3	11 1.7	92.46
20 observations . . .		628.19
Réduction		— 31.41
Arc simple		26 8 27.217
Distance Z.		26 7 55.807
Réfraction		+ 28.122
Dist. Z. au méridien .		26 8 23.929
Distance polaire . . .		15 1 24.78
Hauteur de l'équat. .		41 9 48.71
Latitude		48 50 11.29

26 mai 1799.

Bar. 28 p. 2.0 lig. Therm. + 8.8 deg.

14h 51′ 32″0
— 32.0
14 51 0.0

	Angle horaire.	Réduction.
14 40 15	10′ 45″	87″87
41 50	9 10	63.90
43 5	7 55	47.66
44 7	6 53	36.03
45 33	5 27	22.60
47 10	3 50	11.18
48 8	2 52	6.26
49 26	1 34	1.87
50 37	0 23	0.11
52 17	1 17	1.25
53 25	2 25	4.44
54 36	3 36	9.86
55 40	4 40	16.57
56 53	5 53	26.34
57 52	6 52	35.86
59 25	8 25	53.87
15 0 30	9 30	68.63
1 45	10 45	87.87
18 observations . . .		541.57
Réduction		— 30.09
Arc simple		26 8 31 110
Distance Z.		26 8 1.020
Réfraction		+ 28.14
Dist. Z. au méridien .		26 8 29.16
Distance polaire . . .		15 1 24.71
Hauteur de l'équat. .		41 9 53.87
Latitude		48 50 6.13

27 mai 1799.

Bar. 28 p. 2.4 lig. Therm. + 9.6 deg.

14h 51′ 32″1
— 33.7
14 50 59.4

	Angle horaire.	Réduction.
14 40 8	10′ 51″4	89″62
41 24	9 35.4	69.94
42 38	8 21.4	53.11
44 0	6 59.4	37.15
45 32	5 27.4	22.65
46 40	4 19.4	14.23
47 56	3 3.4	7.12
49 9	1 50.4	2.57
50 26	0 33.4	0.24
51 26	0 26.6	0.15
52 34	1 34.6	1.89
53 46	2 46.6	5.87
54 51	3 51.6	11.34
56 4	5 4.6	19.61
57 3	6 3.6	27.94
58 25	7 25.6	41.95
59 36	8 36.6	56.38
15 0 47	9 47.6	72.93
1 40	10 40.6	86.67
2 50	11 50.6	106.63
20 observations . . .		727.99
Réduction		— 31.40
Arc simple		26 8 31.87
Distance Z.		26 8 0.47
Réfraction		+ 28.050
Dist. Z. au méridien .		26 8 28.520
Distance polaire . .		15 1 24.44
Hauteur de l'équat. .		41 9 52.96
Latitude		48 50 7.04

28 *mai* 1799.

Bar. 28 p. 1.25 lig. Therm. + 11.36 deg.

14h 51' 31"8
— 35.1

14 50 56.7	Angle horaire.	Réduction.
14 40 35	10' 21"7	81.64
41 44	9 12.7	64.58
42 53	8 3.7	49.43
44 16	6 40.7	33.92
45 41	5 15.7	21.16
46 42	4 14.7	13.71
47 46	3 10.7	7.68
48 56	2 0.7	3.07
50 9	0 47.7	0.48
51 14	0 17.3	0.06
52 25	1 28.3	1.64
54 12	3 15.3	8.06
55 22	4 25.3	14.88
56 31	5 34.3	23.62
58 32	7 35.3	43.78
59 47	8 50.3	59.40
15 0 52	9 55.3	74.86
2 11	11 14.3	96.08

18 observations . . .	598.05
Réduction	— 33.22
Arc simple	26 8 31.020
Distance Z.	26 7 57.800
Réfraction	+ 26.687
Dist. Z. au méridien .	26 8 24.487
Distance polaire. . .	15 1 24.17
Hauteur de l'équat. .	41 9 48.66
Latitude	48 50 11.34

31 *mai* 1799.

Bar. 28 p. 1.9 lig. Therm. + 9.68 deg.

14h 51' 31"7
— 40.1

14 50 5 .6	Angle horaire.	Réduction.
14 40 26	10' 25"6	82"66
42 12	8 39.6	57.03
44 21	6 30.6	32.23
46 5	4 46.6	17.36
48 0	2 51.6	6.23
49 54	0 57.6	0.70
51 18	0 26.4	0.15
53 7	2 15.4	3.87
54 45	3 53.4	11.51
55 54	5 2.4	19.32
57 32	6 40.4	33.86
58 35	7 43.4	45.36
15 0 27	9 35.4	69.94
1 30	10 38.4	86.08

14 observations . . .	466.30
Réduction	— 33.31
Arc simple	26 8 30.660
Distance Z.	26 7 57.350
Réfraction	+ 27.996
Dist. Z. au méridien .	26 8 25.346
Distance polaire . . .	15 1 23.40
Hauteur de l'équat. .	41 9 48.75
Latitude	48 50 11.25

Premier juin 1799.

Bar. 27 p. 11.25 lig. Therm. + 12.24 lig.

$14^h 51' 31''7$
— 42.4
14 50 49.3

	Angle horaire.	Réduction.
14 40 5	10' 44"3	87" 67
41 10	9 39.3	70.89
42 19	8 30.3	55.00
43 32	7 17.3	40.40
44 31	6 18 3	30.24
45 50	4 59.3	18.93
46 53	3 56.3	11.80
48 29	2 20.3	4.16
49 34	1 15.3	1.19
50 55	0 5.7	0.01
52 22	1 32.7	1.83
53 48	2 58.7	6.75
54 58	4 8.7	13.07
56 4	5 14.7	20.93
57 21	6 31.7	32.41
58 23	7 33.7	43.48
59 26	8 36.7	56.40
15 0 37	9 47.7	72.96

18 observations . . .			568.12
Réduction		—	31.56
Arc simple	26	8	32.505
Distance Z.	26	8	0.945
Réfraction		+	27.393
Dist. Z. au méridien .	26	8	28.338
Distance polaire . . .	15	1	23.18
Hauteur de l'équat. .	41	9	51.52
Latitude	48	50	8.48

2 *juin* 1799.

Bar. 27 p. 10 0 lig. Therm. + 9.12 deg.

$14^h 51' 31''7$
— 44.2
14 50 47.5

	Angle horaire.	Réduction.
14 40 12	10' 35"5	85"30
41 13	9 34.5	69.72
42 56	7 51.5	46.96
43 56	6 51.5	35.77
45 3	5 44.5	25.08
46 14	4 33.5	15.81
47 24	3 23.5	8.75
48 37	2 10.5	3.60
50 23	0 24.5	0.13
51 57	1 9.5	1.02
53 52	3 4.5	7.20
55 22	4 34.5	15.93
56 52	6 4.5	28.08
57 58	7 10.5	39.15
59 14	8 26.5	54.19
15 0 40	9 52.5	74.15

16 observations . . .			510.84
Réduction		—	31.93
Arc simple	26	8	31.723
Distance Z.	26	7	59.793
Réfraction		+	27.758
Dist. Z. au méridien .	26	8	27.551
Distance polaire . . .	15	1	22.97
Hauteur de l'équat. .	41	9	50.52
Latitude	48	50	9.48

3 *juin* 1799.

Bar. 27 p. 9.0 lig. Therm. + 8.80 deg.

14h 51′ 31″6 — 45.9 14 50 45.7	Angle horaire.	Réduction.
14 41 6	9′ 39″7	70.99
42 38	8 7.7	50.24
43 50	6 55.7	36.50
46 9	4 36.7	16.18
47 37	3 8.7	7.53
48 38	1 57.7	2.92
50 21	0 24.7	0.13
51 45	0 59.3	0.74
52 58	2 12.3	3.70
54 8	3 22.3	8.65
55 21	4 35.3	16.02
56 19	5 33.3	23.47
57 29	6 43.3	34.36
58 37	7 51.3	46.91
59 42	8 56.3	60 75
15 0 54	10 8.3	78.15

16 observations . . .	457.44
Réduction	— 28.59
Arc simple	26 8 27.876
Distance Z.	26 7 59.286
Réfraction	+ 27.72
Dist. Z. au méridien .	26 8 27.006
Distance polaire . . .	15 1 22.68
Hauteur de l'équat. .	41 9 49.69
Latitude	48 50 10.33

5 *juin* 1799.

Bar. 28 p. 2.04 lig. Therm. + 8.8 deg.

14h 51′ 31″6 — 49.5 14 50 42.1	Angle horaire.	Réduction.
14 39 45	10′ 57″1	91″18
41 4	9 38.1	70.59
42 3	8 39.1	56.92
43 20	7 22.1	41.29
44 35	6 7.1	28.48
45 48	4 54.1	18.28
47 15	3 27.1	9.06
48 25	2 17.1	3.97
49 45	0 57.1	0.69
51 5	0 22.9	0.11
52 3	1 20.9	1.37
53 15	2 32.9	4.94
54 34	3 51.9	11.37
55 52	5 9.9	20 30
56 57	6 14.9	29 70
58 8	7 25.9	42.01
59 21	8 38.9	56.88
15 1 8	10 25.9	82.75

18 observations . . .	569.99
Réduction	— 31.67
Arc simple	26 8 30.615
Distance Z.	26 7 58.945
Réfraction	+ 28.143
Dist. Z. au méridien .	26 8 27.088
Distance polaire . . .	15 1 22.18
Hauteur de l'équat. .	41 9 49.27
Latitude	48 50 10.73

6 juin 1799.

Bar. 28 p. 4.3 lig. Therm. + 11.44 deg.

14h 51' 31"5 — 51.0 14 50 40.5	Angle horaire.	Réduction.
14 40 6	10' 34"5	85"03
41 39	9 1.5	61.94
43 41	6 59.5	37.17
44 45	5 55.5	26.71
46 22	4 18.5	14.13
47 41	2 59.5	6.81
48 56	1 44.5	2.31
49 49	0 51.5	0.56
51 25	0 44.5	0.42
52 37	1 56.5	2.87
53 49	3 8.5	7.51
55 5	4 24.5	14.79
56 28	5 47.5	25.53
57 30	6 49.5	35.42
58 46	8 5.5	49.79
59 44	9 3.5	62.40
16 observations . . .		433.39
Réduction		— 27.09
Arc simple		26 8 27.167
Distance Z.		26 8 0.077
Réfraction		+ 27.924
Dist. Z. au méridien .		26 8 28.001
Distance polaire . . .		15 1 21.93
Hauteur de l'équat. .		41 9 49.93
Latitude		48 50 10.07

7 juin 1799.

Bar. 28 p. 4.75 lig. Therm. + 13.6 deg.

14h 51' 31"5 — 52.7 14 50 38.8	Angle horaire.	Réduction.
14 40 1	10' 37"8	85"92
41 6	9 32.8	69.31
42 24	8 14.8	51.72
43 48	6 50.8	35.65
45 3	5 35.8	23.83
46 12	4 26.8	15.05
47 26	3 12.8	7.85
48 43	1 55.8	2.83
50 17	0 21.8	0.10
51 13	0 34.2	0.25
52 32	1 53.2	2.71
54 4	3 25.2	8.90
55 43	5 4.2	19.56
56 55	6 16.2	29.91
58 17	7 38.2	44.35
59 28	8 49.2	59.16
16 observations . . .		457.10
Réduction		— 28.57
Arc simple		26 8 29.394
Distance Z.		26 8 0.824
Réfraction		+ 27.639
Dist. Z. au méridien .		26 8 28.463
Distance polaire . . .		15 1 21.71
Hauteur de l'équat .		41 9 50.17
Latitude		48 50 9.83

8 *juin* 1799.

Bar. 28 p. 1.67 lig. Therm. + 16.24 deg.

14h 51' 31"4 — 56.2 14 50 35.2	Angle horaire.	Réduction.
14 40 15	10' 20"2	81"24
41 23	9 12.2	64.41
43 0	7 35.2	43.77
44 34	6 1.2	27.57
45 50	4 45.2	17.19
47 7	3 28.2	9.16
48 19	2 16.2	3.92
49 43	0 52.2	0.58
51 2	0 26.8	0.15
51 59	1 23.8	1.49
53 29	2 53.8	6.39
54 40	4 4.8	12.66
56 3	5 27.8	22.70
57 9	6 33.8	32.76
58 25	7 49.8	46.62
59 41	9 5.8	62.93
15 0 45	10 9.8	78.54
1 48	11 12.8	95.59

18 observations . . .	611.67
Réduction	— 33.98
Arc simple	26 8 34.260
Distance Z.	26 8 0.280
Réfraction	+ 27.008
Dist. Z. au méridien .	26 8 27.288
Distance polaire . . .	15 1 21.49
Hauteur de l'équat. .	41 9 48.78
Latitude	48 50 11.23

9 *juin* 1799.

Bar. 28 p. 0.25 lig. Therm. + 17.84 deg.

14h 51' 31"4 — 58.0 14 50 33.4	Angle horaire.	Réfraction.
14 39 47	10' 46"4	88".25
41 54	8 39.4	56.99
43 20	7 13.4	39.68
44 28	6 5.4	28.22
45 35	4 58.4	18.81
47 11	3 22.4	8.65
48 42	1 51.4	2.61
50 20	0 13.4	0.04
51 41	1 7.6	0.96
52 54	2 20.6	4.18
55 1	4 27.6	15.13
56 3	5 29.6	22.96
57 55	7 21.6	41.20
59 12	8 38.6	56.81
15 0 22	9 48.6	73.18
1 47	11 13.6	95.83

16 observations . . .	553.50
Réduction	— 34.59
Arc simple	26 8 32.488
Distance Z.	26 7 57.898
Réfraction	+ 26.671
Dist. Z. au méridien .	26 8 24.569
Distance polaire . . .	15 1 21.27
Hauteur de l'équat. .	41 9 45.84
Latitude	48 50 14.16

13 *juin* 1799.

Bar. 27 p. 9.75 lig. Therm. + 11.76 deg.

14h 51′ 31″3
— 1 5.5
14 50 25.8

	Angle horaire.	Réduction.
14 44 13	6′ 12″8	29″37
45 9	5 16.8	21.21
55 2	4 36.2	16.12
56 4	5 38.2	24.17
57 23	6 57.2	36.77
58 25	7 59.2	48.51
59 42	9 16.2	65.35
15 0 34	10 8.2	78.13
2 6	11 40.2	103.53
2 59	12 33.2	119.79

10 observations . . .	542.95
Réduction	— 54.19
Arc simple	26 8 56.175
Distance Z.	26 8 1.985
Réfraction	+ 27.800
Dist. Z. au méridien .	26 8 29.785
Distance polaire . . .	15 1 20.68
Hauteur de l'équat. .	41 9 5 0.47
Latitude	48 50 9.53

15 *juin* 1799.

Bar. 28 p. 0.7 lig. Therm. + 9.92 deg.

14 51 31.2
— 1 9.4
14 50 21.8

	Angle horaire.	Réduction.
14 39 14	11 7.8	94.18
40 39	9 42.8	71.75
42 18	8 3.8	49.44
43 32	6 49.8	35.48
44 59	5 22.8	22.02
45 53	4 28.8	15.28
14h 47′ 22″	2′ 59″8	6″84
48 16	2 5.8	3.34
49 28	0 53.8	0.61
50 29	0 7.2	0.01
51 46	1 24.2	1.50
52 40	2 18.2	4.03
53 50	3 28.2	9.16
54 57	4 35.2	16.01
56 18	5 56.2	26.82
57 27	7 5.2	38.19
58 42	8 20.2	52.85
59 50	9 28.2	68.20

18 observations . . .	515.71
Réduction	— 28.65
Arc simple	26 8 27.285
Distance Z.	26 7 58.635
Réfraction	+ 27.851
Dist. Z. au méridien .	26 8 26.486
Distance polaire . . .	15 1 19.94
Hauteur de l'équat. .	41 9 46.43
Latitude	48 50 13.57

16 *juin* 1799.

Bar. 28 p. 1.1 lig. Therm. + 9.12 deg.

14 51 31.3
— 1 11.3
14 50 20.0

14 39 58	10 22	81.71
40 54	9 26	67.67
42 27	7 53	47.26
43 36	6 44	34.48
45 13	5 7	19.92
46 22	3 58	11.98
48 13	2 7	3.41
49 43	0 37	0.29
51 31	1 11	1.06
52 55	2 35	5.08
54 4	3 44	10.61
55 9	4 49	17.65

	Angle horaire.	Réduction.
14h 56' 35"	6' 15"	29"72
58 15	7 55	47.66
59 46	9 26	67.67
15 0 43	10 23	81.98
16 observations . . .		528.15

Réduction	— 33.01
Arc simple	26 8 34.052
Distance Z.	26 8 1.042
Réfraction	+ 28.017
Dist. Z. au méridien .	26 8 29.059
Distance polaire . . .	15 1 19.72
Latitude	48 50 11.22

20 *juin* 1799.

Bar. 28 p. 1.75 lig. Therm. + 13.12 deg.

14 51 30.9
— 1 23.6
14 50 7.3

	Angle horaire.	Réduction.
14 39 35	10 32.3	84.44
41 13	8 54.3	60.31
42 39	7 28.3	42.46
44 3	6 4.3	28.04
45 28	4 39.3	16.49
46 22	3 45.3	10.73
47 22	2 45.3	5.78
48 24	1 43.3	2.25
50 7	0 0.3	0.00
51 29	1 21.7	1.41
52 55	2 47.7	5.95
54 9	4 1.7	12.35
55 34	5 26.7	22.56
56 49	6 41.7	34.09
58 7	7 59.7	48.61
59 39	9 31.7	69.04
15 0 44	10 36.7	85.62
2 2	11 54.7	107.86
18 observations . . .		638.59

Réduction	— 35.48
Arc simple	26 8 37.140
Distance Z.	26 8 1.660
Réfraction	+ 27.462
Dist. Z. au méridien .	26 8 29.122
Distance polaire . . .	15 1 18.86
Latitude	48 50 12.02

21 *juin* 1799.

Bar. 28 p. 2.2 lig. Therm. + 13.60 deg.

14h 51' 30"9
— 1 26.3
14 50 4.6

	Angle horaire.	Réduction.
14 43 55	6' 9"6	28"87
44 54	5 10.6	20.39
46 22	3 42.6	10.47
47 12	2 52.6	6.30
48 18	1 46.6	2.40
49 18	0 46.6	0.46
50 37	0 32.4	0.23
51 44	1 39.4	2.09
53 11	3 6.4	7.35
54 20	4 15.4	13.79
55 47	5 42.4	24.79
57 4	6 59.4	37.16
58 7	8 2.4	49.16
59 19	9 5.4	62.84
14 observations . . .		266.30

Réduction	— 19.02
Arc simple	26 8 21.808
Distance Z.	26 8 2.788
Réfraction	+ 27.348
Dist. Z. au méridien .	26 8 30.136
Distance polaire . . .	15 1 18.80
Latitude	48 50 11.06

On a supprimé la hauteur de l'équateur; la somme des trois dernières lignes est de 90°.

Résultats du passage supérieur de β de la petite Ourse.

AN 1797.	*n*	LATITUDE.	*N*	LATITUDE.	*dm*	$\frac{1}{60}$.
17 mai .	18	48° 50′ 10″50	18	48° 50′ 10″50	+ 0″07	
20 . . .	16	12.28	34	11.33	+ 0.07	
22 . . .	20	11.74	54	11.49	+ 0.02	
24 . . .	18	11.73	72	11.54	+ 0.04	
25 . . .	20	11.29	92	11.49	+ 0.02	
26 . . .	18	6.13	110	10.61	+ 0.02	
27 . . .	20	7.04	130	10.08	+ 0.02	
28 . . .	18	11.34	148	10.22	+ 0.03	
31 . . .	14	11.25	162	10.31	— 0.01	
1 juin .	18	8.48	180	10.12	+ 0.05	
2 . . .	16	9.48	196	10.07	+ 0.02	
3 . . .	16	10.33	212	10.09	+ 0.04	
5 . . .	18	10.73	230	10.14	— 0.04	
6 . . .	16	10.07	246	10.14	— 0.03	
7 . . .	16	9.83	262	10.12	— 0.07	
8 . . .	18	11.12	280	10.18	— 0.16	
9 . . .	16	14.16	296	10.40	— 0.18	
13 . . .	10	9.53	306	10.22	— 0.05	
15 . . .	18	13.57	324	10.42	0.00	
16 . . .	16	11.22	340	10.45	+ 0.02	
20 . . .	18	12.02	358	10.56	— 0.07	
21 . . .	14	11.06	372	10.54	— 0.09	— 0.45

Passage inférieur de β de la petite Ourse.

29 août 1799.

Bar. 28 p. 2.1 lig. Therm. + 9,36 deg.

14ʰ 51′ 25″5
+ 13.0
14 51 38.5

	Angle horaire.	Réduction.
14 36 32	15′ 6″5	92″02
37 42	13 56.5	78.38
14ʰ 39′ 32″	12′ 6″5	59″13
40 41	10 57.5	48.42
42 12	9 26.5	35.96
43 25	8 13.5	27.29
44 41	6 57.5	19.53
46 15	5 23.5	11.73
47 48	3 50.5	5.95
49 11	2 27.5	2.44

	Angle horaire.	Réduction.
14h 50′ 38″	1′ 0″5	0″41
51 52	0 13.5	0.02
53 21	1 42.5	1.18
54 43	3 4.5	3.81
56 59	5 20.5	11.51
58 12	6 33.5	17.35
59 49	8 10.5	26.96
15 0 51	9 12.5	34.19
2 51	11 12.5	50.66
4 7	12 28.5	62.76
5 34	13 55.5	78.19
7 8	15 29.5	96.77

22 observations . . .	764.66
Réduction	+ 34.76
Arc simple	56 9 0.618
Distance Z.	56 9 35.378
Réfraction	+ 1 25.106
Dist Z. au méridien .	56 11 0.484
Distance polaire . . .	74 58 42.16
Latitude	48 50 17.36

30 *août* 1799.

Bar. 27 p. 11.7 lig. Therm. + 11.60 deg.

14 51 25.4
+ 10.9
14 51 36.3

14 34 28	17 8.3	118.43
35 57	15 39.3	98.81
37 42	13 54.3	77.96
39 12	12 24.3	62.06
40 41	10 55.3	48.10
42 22	9 14.3	34.42
44 7	7 29.3	22.61
45 44	5 52.3	13.90
47 29	4 7.3	6.85
48 45	2 51.3	3.29
50 28	1 8.3	0.52
51 38	0 1.7	0.00
53 18	1 41.7	1.16

	Angle horaire.	Réduction.
14h 54′ 25″	2′ 48″7	3″19
56 3	4 26.7	7.96
57 19	5 42.7	13.16
58 59	7 22.7	21.95
15 0 14	8 37.7	30.03
1 46	10 9.7	41.64
2 55	11 18.7	51.60
4 20	12 43.7	65.33
5 25	13 48.7	76.92
7 7	15 30.7	97.02
8 15	16 38.7	111.71

24 observations . . .	1008.62
Réduction	+ 42.03
Arc simple	56 8 57.323
Distance Z.	56 9 39.353
Réfraction	+ 1 23.520
Dist. Z. au méridien .	56 11 2.873
Distance polaire . .	74 58 42.00
Latitude	48 50 15.63

Premier septembre 1799.

Bar. 28 p. 3.6 lig. Therm. + 6.72 deg.

14 51 25.2
+ 6.4
14 51 31.6

14 34 7	17 24.6	122.22
35 28	16 3.6	104.00
37 15	14 16.6	82.19
38 25	13 6.6	69.31
40 13	11 18.6	51.59
41 33	9 58.6	40.14
43 3	8 28.6	28.98
44 16	7 15.6	21.25
45 54	5 37.6	12.77
47 22	4 9.6	6.98
48 56	2 35.6	2.72
50 18	1 13.6	0.61
52 33	1 1.4	0.42
53 54	2 22.4	2.27

	Angle horaire.	Réduction.
14h 55′ 18″	3′ 46″4	5″74
56 27	4 55.4	9.78
57 56	6 24.4	16.56
59 0	7 28.4	22.52
15 0 54	9 22.4	35.43
2 21	10 49.4	47.23
4 10	12 38.4	64.43
5 28	13 56.4	78.36
7 3	15 31.4	97.16
8 52	17 20.4	121.23

24 observations . . .	1083.89
Réduction	+ 45.16
Arc simple	56 8 50.741
Distance Z.	56 9 35.901
Réfraction	+ 1 26.733
Dist. Z. au méridien .	56 11 2.634
Distance polaire . .	74 58 41.64
Latitude	48 50 15.73

	Angle horaire.	Réduction.
14h 55′ 20″	3′ 52″8	6″07
57 3	5 35.8	12.63
58 37	7 9.8	20.69
15 0 17	8 49.8	31.44
1 43	10 15.8	42.48
3 38	12 10.8	59.83
4 58	13 30.8	73.64
6 16	14 48.8	88.48
7 25	15 57.8	102.75
9 7	17 39.8	125.79
10 37	19 9.8	148.06

26 observations . . .	1455.10
Réduction	+ 55.97
Arc simple	56 8 41.044
Distance Z.	56 9 37.014
Réfraction	+ 1 25.056
Dist. Z. au méridien .	56 11 2.070
Distance polaire . .	74 58 41.11
Latitude	48 50 16.82

4 septembre 1799.

Bar. 28 p. 3.6 lig. Therm. + 10.24 deg.

14 51 25.0		
+ 2.2		
14 51 27.2		
14 31 54	19 33.2	154.15
33 20	18 7.2	132.38
34 46	16 41.2	112.27
36 13	15 14.2	93.61
37 46	13 41.2	75.53
39 21	12 6.2	59.08
41 10	10 17.2	42.67
42 36	8 51.2	31.59
44 31	6 56.2	19.41
45 56	5 31.2	12.29
47 30	3 57.2	6.30
49 59	1 28.2	0.88
50 54	0 33.2	0.12
52 16	0 48.8	0.27
54 2	2 34.8	2.69

5 septembre 1799.

Bar. 28 p. 3.9 lig. Therm. + 12.96 deg.

14 51 25.0		
+ 0.4		
14 51 25.4		
14 35 12	16 13.4	106.12
36 26	14 59.4	90.60
38 17	13 8.4	69.63
39 17	12 8.4	59.44
41 10	10 15.4	42.42
42 40	8 45.4	30.92
44 39	6 46.4	18.50
46 5	5 20.4	11.50
47 31	3 54.4	6.15
48 57	2 28.4	2.47
50 17	1 8.4	0.53
51 34	0 8.6	0.01
53 5	1 39.6	1.11
54 25	2 59.6	3.61

	Angle horaire.	Réduction.
14h 56′ 13″	4′ 47″6	9″27
57 29	6 3.6	14.81
59 9	7 43.6	24.07
15 0 24	8 58.6	32.49
1 56	10 30.6	44.54
3 6	11 40.6	54.99
4 49	13 23.6	72.34
6 1	14 35.6	85.88
7 25	15 59.6	103.13
8 44	17 18.6	120.81

24 observations . . .	1007.36
Réduction	+ 41.97
Arc simple	56 8 57.660
Distance Z.	56 9 39.63
Réfraction	+ 1 23.902
Dist. Z. au méridien .	56 11 3.532
Distance polaire . .	74 58 40.88
Latitude	48 50 15.59

6 septembre 1799.

Bar. 28 p. 2.8 lig. Therm. + 10.16 deg.

14 51 24.9
— 1.4
14 51 23.5

	Angle horaire.	Réduction.
14 35 11	16 12.5	105.92
36 23	15 0.5	90.82
37 34	13 49.5	77.07
38 36	12 47.5	65.98
39 43	11 40.5	54.98
40 24	10 59.5	48.72
41 46	9 37.5	37.37
42 36	8 47.5	31.17
43 46	7 37.5	23.44
44 43	6 40.5	17.97
45 49	5 34.5	12.54
46 56	4 27.5	8.01
48 15	3 8.5	3.98
49 22	2 1.5	1.65
50 26	0 57.5	0.37
14h 51′ 39″	0′ 15″5	0″03
53 9	1 45.5	1.25
54 17	2 53.5	3.38
55 27	4 3.5	6.64
56 27	5 3.5	10.32
57 40	6 16.5	15.89
58 50	7 26.5	22.33
15 0 27	9 3.5	33.09
1 34	10 10.5	41.75
2 57	11 33.5	53.89
3 54	12 30.5	63.09
5 17	13 53.5	77.81
6 9	14 45.5	87.83
7 21	15 57.5	102.69
8 47	17 23.5	121.96

30 observations . . .	1221.94
Réduction	+ 40.73
Arc simple	56 8 58.578
Distance Z.	56 9 39.308
Réfraction	+ 1 24.91
Dist. Z. au méridien .	56 11 4.218
Distance polaire . .	74 58 40.66
Latitude	48 50 15.92

7 septembre 1799.

Bar. 28 p. 2.4 lig. Therm. + 10.16 deg.

14 51 24.8
— 4.4
14 51 20.4

	Angle horaire.	Réduction.
14 40 16	11 4.4	49.44
41 41	9 39.4	37.61
43 12	8 8.4	26.72
44 35	6 45.4	18.41
45 58	5 22.4	11.64
47 9	4 11.4	7.08
48 49	2 31.4	2.57
50 3	1 17.4	0.68
51 29	0 8.6	0.01
52 29	1 8.6	0.53

	Angle horaire.	Réduction.
14h 54′ 0″	2′ 39″6	2″86
55 26	4 5.6	6.76
56 45	5 24.6	11.81
58 6	6 45.6	18.43
59 41	8 20.6	28.08
15 1 7	9 46.6	38.55
2 36	11 16.6	51.13
3 47	12 26.6	62.44
5 10	13 49.6	77.09
6 37	15 16.6	94.10

20 observations . . .	545.94
Réduction	+ 27.30
Arc simple	56 9 11.983
Distance Z.	56 9 39.283
Réfraction	+ 1 24.821
Dist. Z. au méridien .	56 11 4.104
Distance polaire . .	74 58 40.42
Latitude	48 50 15.58

	Angle horaire.	Réduction.
14h 55′ 20″	4′ 3″	6″61
57 4	5 47	13.49
58 13	6 56	19.39
59 33	8 16	27.57
15 0 45	9 28	36.15
2 26	11 9	50.13
3 39	12 22	61.67
5 0	13 43	75.86
6 3	14 46	87.93

24 observations . . .	927.41
Réduction	+ 38.72
Arc simple	56 9 0.563
Distance Z.	56 9 39.283
Réfraction	+ 1 24.653
Dist. Z. au méridien .	56 11 3.936
Distance polaire . .	74 58 40.19
Latitude	48 50 15.87

8 *septembre* 1799.

Bar. 28 p. 0.0 lig. Therm. + 9.20 deg.

14 51 24.7
— 7.7
14 51 17.0

14 34 19	16 58	116.07
35 39	15 38	98.54
37 9	14 8	80.54
38 15	13 2	68.50
39 59	11 18	51.50
41 7	10 10	41.68
42 26	8 51	31.58
43 38	7 39	23.60
45 1	6 16	15.84
46 11	5 6	10.49
47 53	3 24	4.66
49 0	2 17	2.10
50 40	0 37	0.16
52 20	1 3	0.44
53 58	2 41	2.91

9 *septembre* 1799.

Bar. 28 p. 1.1 lig. Therm. + 9.92 deg.

14 51 24.7
— 10.9
14 51 13.8

14 34 20	16 53.8	115.11
35 35	15 38.8	98.71
37 27	13 46.8	76.57
38 50	12 23.8	61.97
40 13	11 0.8	48.91
41 17	9 56.8	39.90
43 8	8 5.8	26.44
44 14	6 59.8	19.74
45 35	5 38.8	12.86
46 57	4 16.8	7.39
48 30	2 43.8	3.01
50 0	1 13.8	0.61
51 42	0 28.2	0.09
53 3	1 49.2	1.33
54 23	3 9.2	4.01
55 29	4 15.2	7.30

	Angle horaire.	Réduction.
14h 56′ 50″	5′ 36″2	12″66
57 53	6 39·2	17·85
59 14	8 0·2	25·83
15 0 23	9 9·2	33·78
1 53	10 39·2	45·77
2 52	11 38·2	54·62
4 2	12 48·2	66·10
5 16	14 2·2	79·44
6 50	15 36·2	98·17
8 9	16 55·2	115·43

26 observations	1073·60
Réduction	+ 41·29
Arc simple	56 8 59·830
Distance Z.	56 9 41·12
Réfraction	+ 1 24·596
Dist. Z. au méridien .	56 11 5·716
Distance polaire . . .	74 58 39·97
Latitude	48 50 16·23

20 *septembre* 1799.

Bar. 27 p. 9.2 lig. Therm. + 9.92 deg.

14 51 24·0
— 25·3
14 50 58·7

14 33 21	17 37·7	125·30
34 40	16 18·7	107·28
36 15	14 43·7	87·47
37 33	13 25·7	72·72
39 0	11 58·7	57·87
40 5	10 53·7	47·86
41 25	9 33·7	36·88
42 43	8 15·7	27·53
Nuages.		
45 19	5 39·7	12·93
46 46	4 12·7	7·15
48 7	2 51·7	3·30
49 28	1 30·7	0·92
51 5	0 6·3	0·01
52 15	1 16·3	0·66

	Angle horaire.	Réduction.
14h 53′ 27″	2′ 28″3	2″46
55 3	4 4·3	6·69
56 29	4 30·3	12·22
57 43	6 44·3	18·31
59 0	8 1·3	25·95
15 0 7	9 8·3	33·67
1 23	10 24·3	43·66
2 44	11 45·3	55·74
5 7	14 8·3	80·60
6 17	15 18·3	94·45
7 47	16 48·3	113·87
9 0	18 1·3	130·95

26 observations . . .	1204·45
Réduction	+ 46·32
Arc simple	56 8 58·989
Distance Z.	56 9 45·309
Réfraction	+ 1 23·618
Dist. Z. au méridien .	56 11 8·927
Distance polaire . .	74 58 37·16
Latitude	48 50 13·92

22 *septembre* 1799.

Bar. 27 p. 5.8 lig. Therm. + 12.0 deg.

14 51 23·9
— 28·6
14 50 55·3

14 34 2	16 53·3	115·00
35 24	15 31·3	97·14
36 46	14 9·3	80·79
37 47	13 8·3	69·61
39 3	11 52·3	56·85
40 19	10 36·3	45·35
41 53	9 2·3	32·94
42 54	8 1·3	25·95
44 20	6 35·3	17·51
45 31	5 24·3	11·78
46 57	3 58·3	6·36
48 14	2 41·3	2·92
49 40	1 15·3	0·64

	Angle horaire.	Réduction.
14h 51′ 0″	0′ 4″7	0″00
52 19	1 23.7	0.79
53 37	2 41.7	2.92
55 14	4 18.7	7.50
56 14	5 18.7	11.38
58 0	7 4.7	20.21
59 2	8 6.7	26.54
15 0 33	9 37.7	37.39
2 0	11 4.7	49.49
3 26	12 30.7	63.13
Nuages.		
5 17	14 21.7	83.17
6 50	15 54.7	102.09
7 48	15 52.7	114.86
26 observations . . .		1082.21
Réduction		+ 41.62
Arc simple		56 9 4.722
Distance Z.		56 9 46.345
Réfraction		+ 1 21.837
Dist. Z. au méridien .		56 11 8.179
Distance polaire . . .		74 58 36.61
Latitude		48 50 15.21

24 septembre 1799.

Bar. 28 p. 1.2 lig. Therm. + 8.16 deg.

14 51 23.8		
— 31.8		
14 50 52.0		
14 32 3	18 49	142.75
33 24	17 28	123.01
35 11	15 41	99.17

	Angle horaire.	Réduction.
14h 36′ 15″	14′ 37″	86″15
37 38	13 14	70.62
38 43	12 9	59.54
40 15	10 37	45.45
41 32	9 20	35.13
43 9	7 43	24.01
44 7	6 45	18.38
45 21	5 31	12.28
46 27	4 25	7.87
47 53	2 59	3.59
49 4	1 48	1.30
50 38	0 14	0.02
51 38	0 46	0.24
53 4	2 12	1.95
54 22	3 30	4.94
56 4	5 12	10.90
57 11	6 19	16.10
58 34	7 42	23.91
59 42	8 50	31.46
15 1 17	10 25	43.76
2 45	11 53	56.96
4 2	13 10	69.91
5 18	14 26	84.00
6 40	15 48	100.66
8 2	17 10	118.82
28 observations . . .		1292.88
Réduction		+ 46.17
Arc simple		56 8 55.615
Distance Z.		56 9 41.785
Réfraction		+ 1 25.439
Dist. Z. au méridien .		56 11 7.224
Distance polaire . . .		74 58 36.06
Latitude		48 50 16.72

On a supprimé la hauteur de l'équateur; mais on peut aisément vérifier l'opération en considérant que la somme des trois dernières lignes est de 180° dans le passage inférieur : elle étoit de 90° dans le supérieur.

Résumé du passage inférieur de β de la petite Ourse.

An 1799.	*n*	Latitude.	*N*	Latitude.	*dm*	$\frac{1}{60}$.
29 août .	22	48° 50′ 17″36	22	48° 50′ 17″36	+ 0.07	
30 . . .	24	15.63	46	16.46	— 0.10	
1 sept. .	24	15.73	70	16.21	+ 0.24	
4 . . .	26	16.82	96	16.12	— 0.02	
5 . . .	24	15.59	120	16.22	— 0.21	
6 . . .	30	15.92	150	16.15	— 0.01	
7 . . .	20	15.58	170	16.09	— 0.01	
8 . . .	24	15.87	194	16.06	+ 0.05	
9 . . .	26	16.23	220	16.09	+ 0.05	
20 . . .	26	13.92	246	15.56	+ 0.06	
22 . . .	26	15.21	272	15.79	— 0.14	
24 . . .	28	16.72	300	15.88	+ 0.13	— 1.40

Résultats.

Passage supérieur de β . .	372 observ. . .	48° 50′ 10″54 — 0″01 — 0″45
Passage inférieur de β . .	300 observ. . .	48° 50′ 15″88 + 0″01 — 1.40
Milieu	672 observ. . .	48° 50′ 13″21 + 0″00 — 0″92

On a vu, page 391, que par un milieu entre 870 observations de la Polaire, la latitude du point où observoit M. Méchain est de . . . . 48° 50′ 13″985

Et ici, par un milieu entre 672 observations de β, elle est . . . . 48° 50′ 13″21

Ainsi le milieu de 1542 observations est . . . . 48° 50′ 13″6

Réduction au Panthéon . . . . 35″14

Donc la latitude du Panthéon, suivant M. Méchain . 48° 50′ 48″74

Ajoutons-y les corrections de réfraction, nous aurons :

Latitude du Panthéon.	Méchain,	1542 obs.	48° 50′ 48″74 — 0″07 — 0″87
	Delambre,	1768 obs.	48° 50′ 49″37 + 0″58 — 1″24
	Milieu	3310 obs.	48° 50′ 49″06 + 0″25 — 1″055

Nous n'avons ici tenu compte que des observations faites par M. Méchain, en été, après le rapport de M. Van Swinden. Ce sont les seules qu'il m'ait remises pour l'impression. Il les jugeoit sans doute préférables, et vouloit supprimer les autres entièrement ; mais nous les avons rapportées ci-dessus. Voyons donc ce qu'elles donneroient. En voici le tableau :

Passage supérieur de la Polaire.

JOURS.	n	LATITUDE.	N	LATITUDE.
9 décembre	48	48° 50′ 14″87	48	48° 50′ 14″87
10	42	16.15	90	15.58
11	32	15.70	122	15.53
15	20	13.57	142	15.24
17	4	18.75	146	15.35
20	34	16.53	180	15.57
21	50	18.82	230	16.28
23	8	17.94	238	16.33
24	50	15.24	288	16.08
26	40	21.83	328	16.77
28	42	12.99	370	16.34
30	40	10.96	410	15.82
3 janvier	30	11.08	440	15.49
4	26	11.80	466	15.29
5	26	11.44	492	15.28
8	24	14.55	516	15.00
13	32	11.77	548	14.87
14	30	12.82	578	14.76
15	28	12.34	606	14.65
16	30	14.93	636	14.66
18	30	17.80	666	14.80
19	16	16.63	682	14.85
20	24	11.82	706	14.34
23	28	10.98	734	14.64
24	30	11.00	764	14.45
5 février	24	22.85	788	14.72
6	12	14.48	800	14.71

Malgré quelques irrégularités de détail qui se perdent dans le nombre considérable des observations, cette série présente une masse si imposante que je me félicite de l'avoir retrouvée, et les astronomes sans doute me sauront quelque gré de l'avoir sauvée de l'oubli.

On a vu, page 382, que par 400 observations faites en juillet et août, M. Méchain a trouvé . . . . 48° 50′ 16″11
Ici par 800 il nous donne . . . . 48° 50′ 14″71

Le milieu est donc, passage supérieur . . . . . . 48° 50′ 15″41
Page 391, passage inférieur, 470 observations . . . . 48° 50′ 11″86

Milieu entre 1670 de la Polaire . . . . 48° 50′ 13″64

Mais il y a peut-être quelque incertitude à comparer un passage supérieur observé dans deux saisons très-différentes, avec un passage inférieur observé seulement en mai et juin. Le même inconvénient va se trouver dans le résultat que nous allons tirer de β de la petite Ourse.

Passage inférieur de β de la petite Ourse.

JOURS.	*n*	LATITUDE.	*N*	LATITUDE.
11 décembre	20	48° 50′ 15″43	20	48° 50′ 15″43
20	26	16.70	46	16.07
21	26	17.91	72	16.79
24	28	14.27	100	16.18
25	22	16.09	122	16.17
28	24	13.32	146	15.69
30	22	11.92	168	15.20

Suite du passage inférieur de β de la petite Ourse.

JOURS.	n	LATITUDE.	N	LATITUDE.
3 janvier	24	48° 50′ 11″47	192	48° 50′ 14″72
4	24	12·85	216	14·51
5	12	12·39	228	14·40
8	24	13·84	252	14·35
13	24	13·11	276	14·25
14	24	12·26	300	14·08
16	24	15·05	324	14·16
18	24	16·55	348	14·32
20	14	12·15	362	14·29
23	24	12·91	386	14·15
24	12	12·06	398	14·09
26	24	13·39	422	14·02

Cette série n'offrant aucune irrégularité remarquable, on ne voit pas ce qui avoit engagé M. Méchain à la supprimer, sinon que ne voulant pas publier ce qu'il avoit fait en hiver pour le passage supérieur, il a cru devoir anéantir de même les observations du passage inférieur, ne croyant pas qu'il y eût assez de sûreté à comparer un passage d'hiver avec un passage d'été.

Nous avons eu par	300 observations d'été, page 409, . . .	48° 50′ 15″88
Ici, par	422 d'hiver	48° 50′ 14″02
Ainsi par	722 observat. du passage infér. de β . .	48° 50′ 14″95
	372 observ. d'été, passage sup. de β. . .	48° 50′ 10″54
Donc par	1094 observations de β	48° 50′ 12″75
Mais par	1670 de la Polaire, page 410	48° 50′ 13″64
Donc	2764 observations de M. Méchain . . .	48° 50′ 13″2

Quant à moi, par . . 906 observ. de la Polaire, j'ai trouvé . 48° 50′ 14″11
Par . . . . 862 de β de la petite Ourse . . . . 48° 50′ 14″39

Donc par . . . 1768 . . . . 48° 50′ 14″25

On voit ici un peu plus d'accord, parce que toutes les observations ont été faites dans la même saison. En nous bornant aux observations d'été de M. Méchain, nous aurions 0″4 de plus pour la latitude.

Ainsi la latitude du Panthéon, qui d'après la totalité des observations de M. Méchain seroit de . . . . 48° 50′ 48″35
Sera par les observations d'été de . . . . 48° 50′ 48″74
Par mes observations . . . . 48° 50′ 49″37
Et par la totalité de nos 4532 observations . . . . 48° 50′ 48″86

Ceci diffère un peu de ce que nous avions présenté à la commission. Voici ce qu'on lit dans le rapport fait par M. Van Swinden le 11 floréal an 7 (30 avril 1799), c'est-à-dire dix-sept jours avant la première des observations d'été de M. Méchain :

« La latitude du Panthéon a été conclue de deux » manières : d'abord de la latitude de l'Observatoire » national, où M. Méchain vient de faire avec le plus » grand soin une longue suite d'observations, et de la » distance qu'il y a de l'Observatoire au Panthéon dans » le sens du méridien ; ensuite de la latitude de l'ob- » servatoire particulier de M. Delambre, que cet astro- » nome a déterminée avec la plus grande exactitude, et » de la distance connue de cet observatoire au Panthéon.

» La première de ces méthodes donne pour la latitude
» du Panthéon . . . . 48° 50′ 49″67
» La seconde . . . . 48° 50′ 49″75

» La différence est insensible. Nous avons employé » la seconde détermination. » (Nous donnerons dans le tome III ce rapport en entier.)

Les commissaires ont adopté la latitude que je leur avois communiquée à la fin de mars, immédiatement après ma dernière observation, qui est du 26. Leurs calculs étoient commencés quand M. Méchain leur communiqua sa latitude, et la différence étoit si légère qu'ils la regardèrent comme nulle. Mes derniers calculs diminuent cette latitude de 0"4; les observations de M. Méchain la diminueroient encore davantage, mais on voit que les deux passages qu'il a supprimés l'augmenteroient un peu, puisque, réunis aux passages qu'on a retrouvés, ils donnoient 48° 50′ 49"67. On pourroit donc, avec beaucoup de probabilité, s'en tenir à 48° 50′ 49"37 que donnent mes observations.

Nous reviendrons sur cet objet quand nous examinerons les déclinaisons que l'on peut conclure de ces observations par la comparaison des passages supérieurs et inférieurs ; il nous reste à rendre compte des moyens que nous avons pris pour connoître les différences de latitude entre l'Observatoire impérial, le Panthéon et mon observatoire.

J'ai rapporté dans le tome I, page 544, deux triangles dont le premier donnera la distance du signal de l'Observatoire à l'axe du dôme du Panthéon, et le second la distance du signal de l'Observatoire à la pyramide de Montmartre.

Voici ces triangles :

	ANGLES.	CÔTÉS OPPOSÉS.
Panthéon	78° 30′ 36″	1390ᵗ7
Observatoire impérial	73 45 56	1362.5
Invalides	27 43 28	660.2
Panthéon	138 4 39	2919.1
Observatoire impérial	33 13 53	2394.4
Pyramide de Montmartre . . .	8 41 28	660.2

La distance de la Pyramide de Montmartre au signal de l'Observatoire impérial est donc de	2919ᵗ1
Du signal à la face méridionale de l'Observatoire impérial . . .	8ᵗ67
Ainsi de la pyramide à la face méridionale de l'Observatoire impérial	2927ᵗ77
Suivant le livre de la *Méridienne vérifiée*, page 125, cette distance seroit	2927ᵗ25
Ou mieux	2927ᵗ50
La distance du signal de l'Observatoire au Panthéon, 660ᵗ2, multipliée par le sinus de l'angle à l'Observatoire, donne pour distance du Panthéon à la méridienne de l'Observatoire	361ᵗ8
Multipliée par le cosinus du même angle, elle sera la distance du Panthéon à la perpendiculaire qui passe par le signal. Ce sera	552ᵗ32
Ajoutons pour la façade méridionale	8ᵗ67
La distance du Panthéon à la perpendiculaire sera donc . . .	560ᵗ99
Mais la fenêtre par laquelle observoit M. Méchain étoit plus méridionale que le signal ou puits de l'Observatoire de	4ᵗ0
Ajoutez-les à la distance du Panthéon à la perpendiculaire du signal	552ᵗ32
La différence des parallèles entre le Panthéon et le lieu des observations sera	556ᵗ32
Ce qui fait en secondes	35″09
Pour la façade la différence de latitude seroit	35″38

Ces calculs supposent quelques angles mesurés en 1753 par l'abbé de la Caille, dont j'ai le manuscrit. Pour tirer ces réductions de mes observations propres, il me manquoit l'angle à l'Observatoire entre le Panthéon et les Invalides, que j'espérois trouver avec plusieurs autres dans les manuscrits de M. Méchain. M. Bouvard a bien voulu observer cet angle, et voici ses observations :

DISTANCES AU ZÉNITH.

Invalides.

30 angles . . . 2964g68375 . . 98g8227917 . . 88° 58′ 25″86

Panthéon.

30 angles . . . 2925g12400 . . 97g5041333 . . 87° 45′ 13″39

Angle entre le Panthéon et les Invalides.

60 angles . . . 4932g14325 . . 82g20238750 . . 73° 58′ 55″74

$r = 4'0378 \quad y = 139° \ 13' \ 33''$

Mais avant de calculer la réduction, comme les objets sont peu distans, il faut corriger cet angle de l'excentricité de la lunette inférieure.

Avec la distance 660t de l'objet à droite, pour 18″ d'excentricité, la table du t. I, p. 102, donne la correction . .	+ 3″3
La distance 1391 de l'objet à gauche	— 1″6
Correction totale	+ 1″7
Ainsi l'angle corrigé sera	73° 58′ 57″4
Réduction à l'horizon	+ 1′ 35″8
Angle à l'horizon	74° 0′ 33″2
Réduction au centre	— 18′ 2″5
Angle vrai	73° 42′ 30″7

Soit maintenant (*pl. IX*, *fig.* 12) A l'Observatoire de la rue de Paradis, SAN le méridien, P le Panthéon, VR son méridien, O le signal de l'Observatoire impérial, M la pyramide de Montmartre, OM sera le méridien de l'Observatoire, I les Invalides, C le centre du cercle qui passe par les trois points IPO; menez les trois rayons CI, CP, CO et Cbd perpendiculaire à PI.

Suivant mes observations ci-dessus, p. 129, $SAP = Z =$	29° 12′ 29″
$180° - \left(\frac{AP.\ 3600''}{57075^t}\right).\ sin.\ Z.\ tang.$ latitude de $P =$	179° 59′ 29″
Somme $= APR = Z'$. . . . . $=$	209° 11′ 58″
APM (t. I, p. 544, triangle 9) . . . . $=$	37° 53′ 42″
Différence, ou $RPM = Z''$ . . . . $=$	171° 18′ 16″
$180° - \left(\frac{PM.\ 3600''}{57075^t}\right).\ sin.\ Z''.\ tang.$ latitude de $M =$	179° 59′ 34″
Somme, ou $PMO = Z'''$. . . . . $=$	351° 17′ 50″

RPM est l'azimut de la pyramide sur l'horizon du Panthéon, et PMO l'azimut du Panthéon sur l'horizon de la pyramide, en allant du sud vers l'ouest.

$PMI =$ angle entre le Panthéon et les Invalides (t. I, p. 544, triangle 8) . . . . $=$	34° 35′ 49″
$OMI =$ azimut des Invalides sur l'horizon de Montmartre $= aMI$ . . . . $=$	25° 53′ 39″
$MIP =$ (*ibid.* triangle 8) $= MIa$ . . . . $=$	85° 50′ 8″
D'où l'on conclut le troisième angle MaI . . . $=$	68° 16′ 13″
	180° 0′ 0″

Nous connoissons $PI = 1362^t5$ et les trois angles du triangle MPI ou triangle 8, nous en déduirons $MI = 2069^t96$ et $MP = 2393^t2$. Alors, dans le triangle aMI nous aurons $Ma = 2221^t40$ et aI $=$ 972^t68

Mais $bI = \frac{1}{2} PI$ . . . . $=$	681^t25
Donc ab . . . . $=$	291^t43
Et $Pa = Pb - ab = \frac{1}{2} PI - ab$ . . . . $=$	389^t82

Le triangle PMa donne directement Pa . . . . $=$ 389^t8245
et Ma, comme ci-dessus

Or $CP = \frac{Pb}{\sin. PCb} = \frac{Pb}{\sin. IOP} = \frac{681^t25}{\sin. 73^\circ\ 42'\ 31''} =$ 709^t748

IOP est l'angle observé par M. Bouvard.

$Cb = CP. \cos. IOP$ . . . . $=$ 199^t10

Le triangle rectangle abd donne $ad = \frac{ab}{\cos. a}$ . . $=$ 787^t19

Nous avons Ma . . . . $=$ 2221^t40

Donc Md . . . . $=$ 1434^t21

Le même triangle donne $bd = ad. \sin. a$ . . . . . . $=$ 731^t25

Nous avons Cb . . . . $=$ 199^t10

Donc Cd . . . . $=$ 930^t35

Le triangle OCd donne $\sin. COd = \frac{Cd. \sin. d}{CO}$

$= \frac{930^t35. \cos. a}{CP}$ . . . . $=$ $29^\circ\ 1'\ 56''$

d . . . . $=$ $21^\circ\ 43'\ 47''$

3^e angle, OCd (ou $POI + 2\ PIO$) . . . $=$ $129^\circ\ 14'\ 17''$

Retranchons POI . . . . $=$ $73^\circ\ 42'\ 31''$

Il restera $2\ PIO$ . . . . $=$ $55^\circ\ 31'\ 46''$

Nous aurons donc PIO . . . . $=$ $27^\circ\ 45'\ 53''$

IOP . . . . $=$ $73^\circ\ 42'\ 31''$

Donc OPI (3e angle) . . . . $=$ $78^\circ\ 31'\ 36''$

Nous avons trouvé COd . . . . $=$ $29^\circ\ 1'\ 56''$

$90^\circ - OPI = COI$ . . . . $=$ $11^\circ\ 28'\ 24''$

Donc MOI ou dOI . . . . $=$ $40^\circ\ 30'\ 20''$

MOI sera donc l'azimut des Invalides sur l'horizon de l'Observatoire.

POI . . . . $= 73^\circ\ 42'\ 31''$

$MOP = POI - MOI$ . . . . $= 33^\circ\ 12'\ 11''$

$OP = 2\ CP. \sin. IOP$ . . . . $=$ 661^t26

$OI = 2\ CP. \sin. OPI$ . . . . $=$ 1391^t13

OP est la distance du Panthéon au signal de l'Observatoire.

OI est la distance des Invalides au même signal.

$Od = \frac{CO.\ sin.\ OCd}{sin.\ d}$	=	1484ᵗ79
Nous avons ci-dessus *Md*	=	1434ᵗ21
Donc *MO*	=	2919ᵗ00
Ajoutons pour la distance du signal à la face méridionale		8ᵗ67
Donc distance de la pyramide à la face méridionale . .		2927ᵗ67
Par le triangle 12 (t. I, p. 544) nous avons eu . . .		2927ᵗ77

On ne peut desirer un accord plus satisfaisant.

Enfin $OP.\ cos.\ MOP \left(\frac{3600''}{57075^t}\right)$ = différence des latitudes des points *O* et *P*	=	34″90
Différence de latitude entre *O* et le point où observoit M. Méchain $\frac{4^t\ 3600''}{57075^t}$	=	0″24
Différence de latitude entre le Panthéon et le cercle de M. Méchain		35″14
Latitude suivant les observat. préférées par M. Méchain .		48° 50′ 13″60
Latitude du Panthéon suivant M. Méchain		48° 50′ 48″74

$OI.\ cos.\ MOI. \left(\frac{3600''}{57075^t}\right)$ seroit la différence de latitude entre les Invalides et le cercle de M. Méchain.

$OI.\ sin.\ MOI$ et $OP.\ sin.\ MOP$ seroient les distances des Invalides et du Panthéon à la méridienne de l'Observatoire, et l'on trouve 903.6 pour les Invalides et 362.10 pour le Panthéon.

Les distances à la perpendiculaire de la face méridionale seroient 1061.1 pour les Invalides, et 557.3 pour le Panthéon.

Nous voici arrivés par un chemin un peu long aux mêmes résultats que nous avions obtenus d'une manière bien plus simple par les observations de Lacaille, combinées avec les miennes. On auroit évité la plus grande partie de ces calculs en observant l'angle *OPI* ou *IPO*; mais quand je fis la station du Panthéon, Paris n'étoit rien moins que tranquille : on avoit abattu mon signal de l'Observatoire, et je trouvai plus commode de calculer quelques triangles que d'aller solliciter la permission de rétablir ce signal et de porter un cercle au dôme des Invalides. J'espérois trouver le triangle *OPI* dans les manuscrits de M. Méchain, et c'est à l'instant où je me disposois à rédiger cet article que j'aperçus qu'il me manquoit plusieurs angles. Il est bien démontré qu'il n'en peut résulter 0''1 d'incertitude sur la latitude du Panthéon; c'est tout ce que l'on peut désirer.

LATITUDE D'ÉVAUX.

Après ce que j'ai dit des stations de Dunkerque et de Paris, j'aurai peu de chose à ajouter pour celle d'Évaux, où ma manière d'observer étoit celle que j'ai suivie deux ans après dans mon observatoire de la rue de Paradis, à l'exception des moyens dont je me servois pour régler ma pendule. Mon observatoire d'Évaux étoit dans un grenier de l'auberge du Cheval-Blanc, sur la voûte de la porte dite de Chambon. J'avois fait dans le toit une ouverture du côté du nord; par la fenêtre qui regardoit l'église je prenois des hauteurs absolues de α d'Orion, de Procyon, de ζ de la Vierge ou d'Arcturus, et dans les derniers temps, pour abréger, j'observois les occultations de diverses étoiles derrière le clocher, qui est une flèche aiguë; en sorte que je pouvois en peu de minutes observer les immersions et les émersions. Ces mêmes observations m'ont donné l'azimut du clocher, et j'en ai mesuré la distance à mon cercle directement le long de la rue qui aboutit à l'entrée de l'église et à l'axe du clocher; en sorte que je n'ai pas eu besoin de triangle subsidiaire pour déterminer la différence des parallèles entre mon observatoire et le clocher, qui est le sommet d'un triangle. Pendant toute la station le cercle n° IV est resté à la même place pour ces mêmes observations, et le cercle n° I à la place où j'observois les distances au zénith. Ce dernier étoit sur la même ligne méridienne que le n° IV, à très-peu près, et 8 pieds plus au nord.

Je ne rapporterai point les hauteurs absolues qui ont réglé la pendule, vu le peu d'importance de ces observations, sur lesquelles il n'est pas possible de se tromper d'une quantité qui puisse affecter les résultats quand on observe à égales distances des deux côtés du méridien; mais je donnerai les occultations des étoiles, pour que l'on voie le parti que l'on peut tirer de ce genre d'observations pour régler une pendule qui suit à peu près le temps sidéral. Ce seroit à peu près la même chose si elle suivoit le temps moyen; seulement les corrections varieroient autrement d'un jour à l'autre.

Ma pendule qui, à Dunkerque, suivoit exactement le temps sidéral, retardoit à Évaux de 26″ par jour, quoique j'eusse remonté la lentille aussi haut que le permettoit la construction de la verge et de sa suspension. Le transport, qui s'étoit fait sur une charette, par des chemins très-raboteux, avoit sans doute occasionné quelque dérangement; mais si la marche en étoit ralentie, elle n'en étoit pas moins régulière. Il auroit été très-facile d'y porter remède, mais il étoit encore plus simple d'y avoir égard dans les calculs, et j'ai pris ce parti pour ne pas perdre un temps précieux, dans une saison où les beaux jours étoient assez rares.

Le 15 décembre 1796, à 2h 18′ 15″, temps de la pendule, α d'Orion me parut dans le vertical du clocher; il passoit un peu au-dessus. Pour observer le passage de l'étoile au fil de la lunette, j'étois obligé de faire sortir du champ la pointe de la flèche. Je me dirigeois sur le bonnet qu'elle supportoit alors au lieu de girouette.

Le 16, α d'Orion dans le vertical du clocher, à 2h 17′ 45″, temps de la pendule.

Après ces observations je relève la lentille.

		Temps de la pendule.	
25 janv. 1797.	Immersion de Procyon au clocher.	3h 40′ 56″0	3h 41′ 34″0
	Émersion plus sûre	3 42 12.0	
27	Immersion de Procyon	3 40 13.0	3 40 54.0
	Émersion	3 41 35.0	
30	Immersion de Procyon	3 38 50.0	3 39 29.0
	. . . .	40 8.0	

abcd (*pl. IX, fig.* 13) est le parallèle de Procyon.

L'étoile disparoît en *b* et reparoît en *c*. J'estime que l'axe coupe le parallèle en *v*, de manière que $bv = 2\,vc$. Le temps de l'occultation est de 81 à 82″; en sorte qu'il faut ajouter 54 ou 55″ à l'immersion, et retrancher 27″ de l'émersion, ou bien ajouter 14″ à la moyenne arithmétique entre les deux observations.

Le point *v* a 64° 51′ d'azimut vers le levant, et 21 toises de hauteur au-dessus du pavé.

		Temps de la pendule.	
2 février	Immersion de Procyon Émersion	3h 37′ 26″0 38 47.0	3h 38′ 6″5
3	Immersion Émersion	3 37 0.0 38 21.0	3 37 40.5
Petite étoile qui accompagne Pr.	Immersion Émersion	3 37 40.0 39 7.0	3 38 23.5
4	Immersion de Procyon Émersion	3 36 35.0 37 55.0	3 37 15.0
Idem	Immersion de la suivante Émersion	3 37 13.0 38 41.0	3 37 57.0
5	Immersion de Procyon Émersion	3 36 7.0 37 27.5	3 36 47.25
Idem	Immersion de la suivante Émersion	3 36 47.0 38 13.0	3 37 30.0
6	Immersion de Procyon Émersion	3 35 39.0 37 0.0	3 36 19.5
Idem	Immersion de la suivante Émersion	3 36 20.5 37 46.0	3 37 3.25
7	Immersion de Procyon Émersion	3 35 11.0 36 32.0	3 35 51.5
Idem	Immersion de la suivante Émersion	3 35 53.5 37 19.0	3 36 6.25
8	Immersion de Procyon Émersion	3 34 42.0 36 3.5	3 35 22.75
Idem	Immersion de la suivante Émersion	3 35 23.5 36 51.0	3 36 7.25

		Temps de la pendule.	
11 février	Immersion de Procyon	3h 33′ 16″0	3h 33′ 58″0
	Émersion à travers les nuages	34 40.0	
12	Immersion de Procyon	3 32 49.0	3 33 29.5
	Émersion	34 10.0	
Idem	Immersion de la suivante	3 33 29.0	3 34 12.0
	Émersion	34 55.0	
13	Immersion de Procyon	3 32 20.5	3 33 1.25
	Émersion	33 42.0	
14	Immersion de la suivante	3 33 1.0	3 33 44.0
	Émersion	34 27.0	
Idem	Immersion de β ♍	7 32 52.0	
18	[illegible]	[illegible]	3 30 56.0
	Émersion de Procyon	3 31 37.0	
Idem	Immersion de υ ♌	7 5 33.0	
Idem	Immersion de β ♍	7 30 15.0	
19	Immersion de Procyon	3 29 49.0	3 30 30.5
	Émersion	31 12.0	
Idem	Immersion de β ♍	7 29 49.0	
20	Immersion de Procyon	3 29 20.0	3 30 1.5
	Émersion	30 43.0	
Idem	Immersion de β ♍	7 29 19.0	
21	Immersion de Procyon	3 28 55.0	3 29 35.0
	Émersion	30 15.0	
23	Immersion de Procyon	3 29 52.0	3 30 34.0
	Émersion	31 16.0	

Ici la pendule avance au lieu de retarder; je ne sais ce qui lui est arrivé.

24	Immersion de β ♍	7 30 41.0	
	Émersion	36 26.0	
25	Émersion de β ♍	7 36 30.0	
26	Immersion de Procyon	3 30 40.0	3 31 22.5
	Émersion	32 5.0	

		Temps de la pendule.	
26 février . .	Immersion de β ♍	7h 30′ 56″0	
	Émersion	36 44.0	
27	Immersion de Procyon	3 30 52.0	3h 31′ 34″5
	Émersion	32 17.0	
Idem	Émersion de β ♍	7 36 45	
28	Immersion de Procyon	3 20 33.0	
	Émersion	31 59.0	
16 mars . . .	Émersion de β ♍	7 33 52.0	
18	Immersion de β ♍	7 33 46.0	
19	Émersion de β ♍	7 33 59.0	
20	Émersion de β ♍	7 33 42.0	
21	Immersion de β ♍	7 35 29.0	
	Émersion	41 15.0	
Idem	Immersion de γ ♍	8 12 56.0	
22	Immersion d'une petite étoile .	9 27 21.0	
	Émersion	30 26.0	
26	Immersion de ζ ♍	9 22 28.0	
	Émersion	32 34.0	
Idem	Immersion d'une petite étoile .	9 40 3.0	
	Émersion	42 39.0	

Ces dernières observations serviront à trouver la réduction au temps sidéral le 22 mars ; on n'y emploiera que les immersions, qui sont plus sûres que les émersions.

Durée des occultations de Procyon.		Durée des occultat. de la suivante.	
25 janvier	1′ 16″0	3 février	1′ 27″0
27	1 22.0	4	1 28.0
30	1 18.0	5	1 26.0
2 février	1 21.0	6	1 25.5
3	1 21.0	7	1 25.5
4	1 22.0	8	1 27.5
5	1 20.5	12	1 26.0
6	1 21.0	13	1 26.0
7	1 21.0		
8	1 21.5	Milieu	1 26.4

Durée des occultations de Procyon.			Durée des occult. de β de la Vierge.		
11 février	1′	24″0	24 février	5′	45″0
12	1	21.0	26	5	48.0
13	1	21.5	21 mars	5	46.0
19	1	23.0	Milieu	5	46.33
20	1	23.0			
21	1	20.0			
23	1	24.0			
26	1	25.0			
27	1	25.0			
28	1	26.0			
		36.5			
Milieu	1	21.8			

Voici maintenant l'usage de ces observations :

Le 15 décembre, α d'Orion étoit dans le vertical du clocher, à . . . . 2ʰ 18′ 15″0 de la pendule.

D'après les hauteurs absolues observées le même jour, la réduction étoit . . . . . . + 42″5

Temps sidéral . . . . 2ʰ 18′ 57″5

Le 16, passage d'Orion au vertical . . . . . . 2ʰ 17′ 45″0

D'après les hauteurs observées le même jour, réduction + 1′ 10″0

Temps sidéral . . . . 2ʰ 18′ 55″0

Milieu . . . . 2ʰ 18′ 56″25

Ascension droite de l'étoile . . . . . . 5ʰ 44′ 11″0

Angle horaire . . . . 3ʰ 25′ 14″75

En degrés . . . . 51° 18′ 41″25 = P

La hauteur de l'équateur est 43° 49′ 18″ = H ; la déclinaison, 7° 21′ 27″ ; la distance de l'étoile au pôle, 82° 38′ 33″ = C. L'azimut Z, compté du midi, se trouvera donc (ci-dessus, p. 88), par la formule,

$$\cot. Z = \cot. P. \cos. H - \frac{\cot. C. \sin. H}{\sin. P} = \cot. 65° 9'$$

Mais ceci n'est qu'une approximation ; car ne pouvant voir la pointe du clocher et l'étoile à la fois sans mouvoir la lunette, je ne puis répondre de l'observation.

Procyon nous donnera plus d'exactitude. La déclinaison étant 5° 42′ 6″ B., la formule devient

$$cot.\ Z = 0.72149.\ cot.\ P - \frac{0.06953}{sin.\ P}$$

	Immersion.		Émersion.	
2 février	3h 37′ 26″0	3h 58′ 30″1	3h 38′ 47″0	3h 59′ 51″1
Réduction .	21 4.1		21 4.1	
8 février	3 34 42.0	3 58 29.0	3 36 3.5	3 59 50.5
Réduction . .	23 47.0		23 47.0	
18 février			3 31 37.0	3 59 49.0
			28 12.0	
Milieu		3 58 29.55		3 59 50.2
Ascension droite . .		7 28 40.1		7 28 40.1
Angle horaire . . .		3 30 10.55		3 28 48.9

On voit d'abord que, par un milieu, les immersions arrivoient à 3h 58′ 29″55 ou 30″ de temps sidéral, et les émersions à 3h 59′ 50″. Il suffisoit donc d'une observation de ce genre pour connoître chaque jour le temps sidéral et la correction de la pendule.

De plus, l'angle horaire de l'étoile à l'immersion étoit . . . . . 3h 30′ 10″ 33‴ = 52° 32′ 38″0 = P
A l'émersion . . . . 3h 38′ 48″ 54‴ = 52° 12′ 13″5 = P′

Ainsi l'azimut du point où se faisoit l'immersion étoit .	65° 1′ 40″
Celui de l'émersion	64° 45′ 7″
La différence est	16′ 33″
Dont le tiers	5′ 31″
Et l'azimut de l'axe du clocher	64° 50′ 38″
Le milieu simple donneroit	64° 53 23″

Cette précision est plus que suffisante pour déterminer une différence de latitude qui n'est pas tout-à-fait de 1″.

Voyons pourtant ce que donneront les occultations de β ♍.

Le 14 février, immersion de β ♍ . . .	$7^h\ 32'\ 52''0$	$7^h\ 58'\ 30''3$
Réduction au temps sidéral . .	$+\ 24'\ 38''3$	
Le 18 février, immersion de β ♍ . . .	$7^h\ 30'\ 15''0$	$7^h\ 58'\ 31''4$
Réduction	$+\ 28'\ 16''4$	
Temps sidéral de l'immersion		$7^h\ 58'\ 30''85$
Durée de l'immersion		$5'\ 46''33$
Temps sidéral de l'émersion		$8^h\ 4'\ 17''18$
Ascension droite de l'étoile		$11^h\ 40'\ 7''73$
Angle horaire à l'émersion		$3^h\ 35'\ 50''55$
Angle horaire à l'immersion		$3^h\ 41'\ 36''88$
D'où il suit que l'azimut du point d'immersion est . .		$65°\ 32'\ 20''0$
L'azimut du point d'émersion		$64°\ 17'\ 30''0$
Et le milieu seroit		$64°\ 54'\ 55''0$

Ce doit être à peu près l'azimut de l'axe.

Soit (*pl. IX*, *fig.* 14) *C* le clocher d'Évaux, *A* la place du cercle n° IV, *B* celle du n° I, *N* le point nord de la méridienne *NBA*, *AC*, mesuré sur le terrain $= 29^t833$ et $AB = 1^t333$.

Nous trouvons pour *CAP* les valeurs 64° 51′ et 64° 55′.

Nous aurons donc *AP*, différence des parallèles $= 12^t65$.

Une incertitude de 5′ en amène une de 0^t04; une de 20′ ne produiroit que 0^t16. Nous aurions donc pu nous en tenir à l'azimut déterminé par les observations très-douteuses de α d'Orion.

A la différence des parallèles AP = ... 12'65
Ajoutons pour AB . . . . 1'33

Nous aurons pour BP . . . . 13'98 ou 0''883

C'est la différence de latitude entre le clocher et le cercle n° I, et la quantité qu'il faudra retrancher de la latitude observée pour avoir celle du clocher.

Dans tout ceci j'ai négligé la réfraction qui ne change pas l'azimut observé. Cependant, comme elle élève l'étoile et diminue la distance au pôle, dans le calcul de cet azimut il faudroit appliquer à la distance au pôle l'équation

$$+ 57''. \cot. C - \frac{\left(\frac{57''}{\sin. C. \cos. C}\right)}{1 + \tang. H. \tang. C. \cos. P}$$

démontrée page 144.

On trouveroit alors par Procyon . 64° 50' 43'' au lieu de 64° 50' 38''
Et par β ♍ . . . . 64° 55' 45'' au lieu de 64° 54' 55''

Ce qui ne change rien à la différence de latitude.

Avant de passer aux observations de latitude, nous allons donner, comme aux deux stations précédentes, les tables qui serviront aux réductions. La première contient la correction à faire aux temps de la pendule calculée chaque jour pour le moment de l'observation de chacune des deux étoiles. On y remarquera du 18 au 22 février des inégalités dont je n'ai pu me rendre raison, mais qui n'ont aucun effet sur la latitude, comme on le verra dans le calcul des observations faites dans ces derniers jours.

La seconde offre les réductions au méridien pour α et β de la petite Ourse.

La troisième, la position apparente, calculée de dix en dix jours.

La quatrième, les corrections de température pour la réfraction moyenne.

Réduction au temps sidéral pour les instans des passages au méridien.

Nota. Les jours marqués d'un astérisque sont ceux où j'ai observé des hauteurs d'étoiles pour la pendule. Les autres jours la correction a été calculée ou par interpolation ou par le moyen des occultations d'étoiles au clocher.

Mois et jours.	Polaire supérieure.	Polaire inférieure.	β pet. Ourse inférieure.	β pet. Ourse supérieure.
11 décemb. 1796	* + 1′ 00″	+ 1′ 29″	+ 1′ 5″	+ 1′ 34″
12	1 58	2 37	2 3	1 32
13	2 56	3 25	3 1	3 29
14	* 3 54	4 23	3 59	4 27
15	* + 0 41	+ 0 53	+ 0 43	+ 0 55
16	* 1 9	1 21	1 11	1 23
17	1 35	1 48	1 37	1 50
18	2 3	2 16	2 5	2 18
19	* 2 30	3 42	2 32	2 44
1 janvier 1797	7 53	8 4	7 55	8 6
2	8 17	8 30	8 19	8 32
17	* 14 3	14 15	14 5	14 17
18	* 14 26	14 38	14 28	14 40
19	14 50	15 2	14 52	15 4
20	15 22	15 34	15 24	15 36
21	15 46	15 58	15 48	16 0

Suite de la réduction au temps sidéral.

Mois et jours.	Polaire supérieure.	Polaire inférieure.	β pet. Ourse inférieure.	β pet. Ourse supérieure.
22 janvier 1797 .	* + 16′ 11″	+ 16′ 23″	+ 16′ 13″	+ 16′ 25″
23	16 38	16 50	16 39	16 52
24	17 4	17 17	17 6	17 19
25	17 30	17 43	17 32	17 45
26	17 57	18 10	17 59	18 12
27	18 23	18 36	18 25	18 38
28	18 50	19 3	18 52	19 5
29	19 16	19 29	19 18	19 31
30	19 42	19 55	19 44	19 57
31	20 9	20 22	20 11	20 24
1 février	20 35	20 48	20 37	20 50
2	21 1	21 14	21 3	21 16
3	21 28	21 41	21 30	21 43
4	* 21 55	22 8	21 57	22 10
5	22 23	22 36	22 25	22 38
6	22 50	23 3	22 52	23 5
7	23 17	23 30	23 19	23 32
8	* 23 44	23 57	23 46	23 59
9	. . . .	. . . . . .	24 13	24 26
10	. . . .	. . . . . .	24 40	24 53
11	. . . .	. . . . . .	25 6	25 19
12	. . . .	. . . . . .	25 33	25 46
13	. . . .	. . . . . .	25 59	26 12
14	*	. . . . . .	26 25	26 38
15	. . . .	. . . . . .	26 52	27 5
16	. . . .	. . . . . .	27 18	27 31
17	. . . .	. . . . . .	27 45	27 58
18	. . . .	. . . . . .	28 11	28 24
16 mars	. . . .	24 37	. . . . . .	24 37
17	. . . .	24 40	. . . . . .	24 40
18	. . . .	24 41	. . . . . .	24 40
19	. . . .	24 20	. . . . . .	24 15
20	. . . .	23 27	. . . . . .	23 25
21	. . . .	22 50	. . . . . .	22 45
22	*	21 47	. . . . . .	21 41

TABLE de correction pour les distances de l'étoile polaire au zénith,

Latit. 46° 10′ 45″. Déclin. 88° 13′ 40″.

Angle horaire en temps.	Polaire. Passage supér. —	Diff.	Polaire. Passage infér. +	Diff.	Angle horaire en temps.	Polaire. Passage supér. —	Diff.	Polaire. Passage infér. +	Diff.
0′ 0″	0″00		0″00		5′ 0″	1″58		1″48	
10	0.00	0	0.00	0	10	1.68	10	1.58	10
20	0.01	1	0.01	1	20	1.79	11	1.68	10
30	0.02	1	0.02	1	30	1.91	12	1.79	11
40	0.03	1	0.03	1	40	2.03	12	1.90	11
50	0.04	1	0.04	1	50	2.15	12	2.01	11
1 0	0.06	2	0.06	2	6 0	2.27	12	2.13	12
10	0.09	3	0.08	2	10	2.40	13	2.25	12
20	0.11	2	0.11	3	20	2.53	13	2.37	12
30	0.14	3	0.13	2	30	2.67	14	2.50	13
40	0.17	3	0.16	3	40	2.80	13	2.63	13
50	0.21	4	0.20	4	50	2.95	15	2.76	13
2 0	0.25	4	0.24	4	7 0	3.08	13	2.90	14
10	0.30	5	0.28	4	10	3.23	15	3.04	14
20	0.34	4	0.32	4	20	3.38	15	3.18	14
30	0.39	5	0.37	5	30	3.54	16	3.33	15
40	0.45	6	0.42	5	40	3.70	16	3.47	14
50	0.51	6	0.47	5	50	3.86	16	3.62	15
3 0	0.57	6	0.53	6	8 0	4.03	17	3.78	16
10	0.63	6	0.59	6	10	4.20	17	3.93	15
20	0.70	7	0.66	7	20	4.36	16	4.10	17
30	0.77	7	0.72	6	30	4.54	18	4.26	16
40	0.85	8	0.79	7	40	4.72	18	4.43	17
50	0.93	8	0.87	8	50	4.90	18	4.60	17
4 0	1.01	8	0.95	8	9 0	5.09	19	4.77	17
10	1.09	8	1.03	8	10	5.28	19	4.95	18
20	1.18	9	1.11	8	20	5.47	19	5.13	18
30	1.28	10	1.20	9	30	5.67	20	5.32	19
40	1.37	9	1.29	9	40	5.87	20	5.50	18
50	1.47	10	1.38	9	50	6.07	20	5.70	20
5 0	1.58	11	1.48	10	10 0	6.28	21	5.89	19

Angle horaire en temps.	Polaire. Passage supér. —	Diff.	Polaire. Passage infér. +	Diff.	Angle horaire en temps.	Polaire. Passage supér. —	Diff.	Polaire. Passage infér. +	Diff.
10' 0"	6"28	21	5"89	20	16' 0"	16"06	35	15"06	32
10	6.49	21	6.09	19	10	16.41	34	15.38	32
20	6.70	22	6.28	21	20	16.75	35	15.70	32
30	6.92	23	6.49	21	30	17.10	35	16.02	33
40	7.15	22	6.70	21	40	17.45	35	16.35	33
50	7.37	23	6.91	21	50	17.80	34	16.68	32
11 0	7.60	23	7.12	22	17 0	18.14	36	17.00	33
10	7.83	24	7.34	22	10	18.50	36	17.33	34
20	8.07	24	7.56	23	20	18.86	37	17.67	35
30	8.31	24	7.79	23	30	19.23	37	18.02	34
40	8.55	25	8.02	22	40	19.60	36	18.36	35
50	8.80	24	8.24	23	50	19.96	38	18.71	35
12 0	9.04	26	8.47	24	18 0	20.34	38	19.06	35
10	9.30	25	8.71	24	10	20.72	38	19.41	36
20	9.55	26	8.95	25	20	21.10	38	19.77	36
30	9.81	27	9.20	24	30	21.48	39	20.13	37
40	10.08	27	9.44	25	40	21.87	39	20.50	37
50	10.35	27	9.69	26	50	22.26	40	20.87	36
13 0	10.62	26	9.95	26	19 0	22.66	39	21.23	38
10	10.88	28	10.21	26	10	23.05	41	21.61	38
20	11.16	28	10.47	25	20	23.46	40	21.99	38
30	11.44	29	10.72	27	30	23.86	40	22.37	38
40	11.73	29	10.99	27	40	24.26	42	22.75	39
50	12.02	29	11.26	27	50	24.68	41	23.14	39
14 0	12.31	29	11.53	28	20 0	25.09	41	23.53	39
10	12.60	30	11.81	28	10	25.50	42	23.92	40
20	12.90	30	12.09	29	20	25.92	44	24.32	40
30	13.20	31	12.38	28	30	26.36	43	24.72	40
40	13.51	31	12.66	29	40	26.79	44	25.12	40
50	13.82	30	12.95	29	50	27.23	43	25.52	42
15 0	14.12	32	13.24	30	21 0	27.66	44	25.94	41
10	14.44	32	13.54	30	10	28.10	45	26.35	42
20	14.76	32	13.84	30	20	28.55	45	26.77	42
30	15.08	33	14.14	31	30	29.00	45	27.19	41
40	15.41	33	14.45	31	40	29.45	46	27.60	43
50	15.74	32	14.76	30	50	29.91	45	28.03	44
16 0	16.06		15.06		22 0	30.36		28.47	

Angle horaire en temps.	Polaire. Passage supér. −	Diff.	Polaire. Passage infér. +	Diff.	Angle horaire en temps.	Polaire. Passage supér. −	Diff.	Polaire. Passage infér. +	Diff.
22′ 0″	30″36	46	28″47	43	27′ 0″	45″73	57	42″86	53
10	30.82	47	28.90	44	10	46.30	56	43.39	54
20	31.29	47	29.34	43	20	46.86	58	43.93	53
30	31.76	47	29.77	44	30	47.44	57	44.46	54
40	32.23	48	30.21	45	40	48.01	58	45.00	55
50	32.71	47	30.66	45	50	48.59	58	45.55	55
23 0	33.18	48	31.11	45	28 0	49.17	58	46.10	55
10	33.66	49	31.56	45	10	49.75	59	46.65	55
20	34.15	49	32.01	46	20	50.34	59	47.20	55
30	34.64	50	32.47	47	30	50.93	60	47.75	56
40	35.14	50	32.94	46	40	51.53	60	48.31	56
50	35.64	49	33.40	47	50	52.13	60	48.87	57
24 0	36.13	51	33.87	47	29 0	52.73	61	49.44	57
10	36.64	51	34.34	48	10	53.34	61	50.01	57
20	37.15	51	34.82	48	20	53.95	62	50.58	57
30	37.66	51	35.30	48	30	54.57	61	51.15	58
40	38.17	52	35.78	49	40	55.18	62	51.73	58
50	38.69	51	36.27	48	50	55.80	63	52.31	59
25 0	39.20	53	36.75	49	30 0	56.43	63	52.90	59
10	39.73	53	37.24	50	10	57.06	62	53.49	59
20	40.26	53	37.74	50	20	57.68	64	54.08	60
30	40.79	53	38.24	50	30	58.32	64	54.68	60
40	41.32	54	38.74	50	40	58.96	64	55.28	60
50	41.86	55	39.24	51	50	59.60	64	55.88	61
26 0	42.41	54	39.75	51	31 0	60.24	65	56.49	61
10	42.95	55	40.26	52	10	60.89	66	57.10	61
20	43.50	56	40.78	52	20	61.55	66	57.71	61
30	44.06	55	41.30	52	30	62.21	65	58.32	62
40	44.61	56	41.82	52	40	62.86	66	58.94	62
50	45.17	56	42.34	52	50	63.52	67	59.56	62
27 0	45.73		42.86		32 0	64.19		60.18	

TABLE de correction des distances de β de la petite Ourse au zénith.

Latit. 46° 10′ 45″. Déclin. 74° 58′ 50″.

Angle horaire en temps.	β. Passage supér. —	Diff.	β. Passage infér. +	Diff.	Angle horaire en temps.	β. Passage supér. —	Diff.	β. Passage infér. +	Diff.
0′ 0″	0″00	0″02	0″00	0″01	5′ 0″	18″28	1″24	10″29	0″69
10	0.02	0.06	0.01	0.04	10	19.52	1.28	10.98	0.72
20	0.08	0.10	0.05	0.05	20	20.80	1.32	11.70	0.75
30	0.18	0.15	0.10	0.08	30	22.12	1.36	12.45	0.76
40	0.33	0.18	0.18	0.11	40	23.48	1.40	13.21	0.79
50	0.51	0.22	0.29	0.12	50	24.88	1.45	14.00	0.81
1 0	0.73	0.27	0.41	0.15	6 0	26.33	1.47	14.81	0.84
10	1.00	0.30	0.56	0.17	10	27.80	1.52	15.65	0.86
20	1.30	0.35	0.73	0.20	20	29.32	1.57	16.51	0.88
30	1.65	0.38	0.93	0.21	30	30.89	1.60	17.39	0.90
40	2.03	0.43	1.14	0.24	40	32.49	1.64	18.29	0.92
50	2.46	0.47	1.38	0.27	50	34.13	1.69	19.21	0.95
2 0	2.93	0.50	1.65	0.28	7 0	35.82	1.73	20.16	0.97
10	3.43	0.55	1.93	0.31	10	37.55	1.76	21.13	1.00
20	3.98	0.59	2.24	0.33	20	39.31	1.81	22.13	1.02
30	4.57	0.63	2.57	0.36	30	41.12	1.85	23.15	1.04
40	5.20	0.67	2.93	0.37	40	42.97	1.88	24.19	1.06
50	5.87	0.71	3.30	0.40	50	44.85	1.93	25.25	1.08
3 0	6.58	0.75	3.70	0.43	8 0	46.78	1.97	26.33	1.11
10	7.33	0.79	4.13	0.44	10	48.75	2.01	27.44	1.13
20	8.12	0.84	4.57	0.47	20	50.76	2.05	28.57	1.16
30	8.96	0.87	5.04	0.49	30	52.81	2.09	29.73	1.17
40	9.83	0.91	5.53	0.52	40	54.90	2.13	30.90	1.21
50	10.74	0.96	6.05	0.53	50	57.03	2.17	32.11	1.22
4 0	11.70	0.99	6.58	0.56	9 0	59.20	2.22	33.33	1.24
10	12.69	1.04	7.14	0.59	10	61.42	2.25	34.57	1.27
20	13.73	1.08	7.73	0.60	20	63.67	2.29	35.84	1.30
30	14.81	1.11	8.33	0.63	30	65.96	2.33	37.14	1.31
40	15.92	1.16	8.96	0.65	40	68.29	2.38	38.45	1.34
50	17.08	1.20	9.61	0.68	50	70.67	2.42	39.79	1.36
5 0	18.28		10.29		10 0	73.09		41.15	

Angle horaire en temps.	β. Passage supér. −	Diff.	β. Passage infér. +	Diff.	Angle horaire en temps.	β. Passage supér. −	Diff.	β. Passage infér. +	Diff.
10′ 0″	73″09	2″45	41″15	1.39	15′ 0″	164″36	3″67	92″61	2″08
10	75.54	2.50	42.54	1.40	10	168.03	3.71	94.69	2.09
20	78.04	2.53	43.94	1.43	20	171.74	3.75	96.78	2.11
30	80.57	2.58	45.37	1.45	30	175.49	3.79	98.89	2.14
40	83.15	2.62	46.82	1.48	40	179.28	3.83	101.03	2.16
50	85.77	2.65	48.30	1.50	50	183.11	3.87	103.19	2.19
11 0	88.42	2.70	49.80	1.52	16 0	186.98	3.91	105.38	2.20
10	91.12	2.74	51.32	1.54	10	190.89	3.95	107.58	2.23
20	93.86	2.78	52.86	1.56	20	194.84	3.98	109.81	2.25
30	96.64	2.82	54.42	1.59	30	198.82	4.04	112.06	2.27
40	99.46	2.86	56.01	1.61	40	202.86	4.07	114.33	2.30
50	102.32	2.90	57.62	1.64	50	206.93	4.11	116.63	2.33
12 0	105.22	2.95	59.26	1.67	17 0	211.04	4.15	118.96	2.34
10	108.17	2.98	60.93	1.68	10	215.19	4.20	121.30	2.37
20	111.15	3.02	62.61	1.70	20	219.39	4.24	123.67	2.39
30	114.17	3.07	64.31	1.72	30	223.63	4.26	126.06	2.41
40	117.24	3.10	66.03	1.75	40	227.89	4.32	128.47	2.43
50	120.34	3.14	67.78	1.77	50	232.21	4.35	130.90	2.46
13 0	123.48	3.19	69.55	1.80	18 0	236.56	4.39	133.36	2.48
10	126.67	3.22	71.35	1.82	10	240.95	4.43	135.84	2.51
20	129.89	3.27	73.17	1.84	20	245.38	4.49	138.35	2.52
30	133.16	3.30	75.01	1.87	30	249.87	4.52	140.87	2.55
40	136.46	3.34	76.88	1.88	40	254.39	4.55	143.42	2.57
50	139.80	3.40	78.76	1.91	50	258.94	4.59	145.99	2.59
14 0	143.20	3.43	80.67	1.94	19 0	263.53	4.64	148.58	2.62
10	146.63	3.46	82.61	1.96	10	268.17	4.67	151.20	2.64
20	150.09	3.51	84.57	1.97	20	272.84	4.72	153.84	2.67
30	153.60	3.54	86.54	2.00	30	277.56	4.76	156.51	2.68
40	157.14	3.58	88.54	2.02	40	282.32	4.79	159.19	2.71
50	160.72	3.64	90.56	2.05	50	287.11	4.84	161.90	2.74
15 0	164.36		92.61		20 0	291.95		164.64	

Position apparente de la Polaire et de β de la petite Ourse.

1796 et 1797.	Ascension droite.	Diff.	Distance au pôle.	Diff.	Ascension droite.	Distance au pôle.	Diff.
10 décem.	0h 51′ 54″1	6″3	1° 46′ 22″47	1″55	14h 51′ 23″	15° 0′ 58″67	3″19
20	47.8	6.7	20.92	0.94	24	1 1.86	2.70
30	41.1	6.9	19.98	0.32	24	1 4.58	2.23
9 janvier.	34.2	6.7	19.66	0.30	25	6.81	1.63
19 . . .	27.5	6.4	19.96	0.85	26	8.44	1.03
29	21.1	5.8	20.81	1.47	27	9.47	0.41
8 février.	15.3	5.0	22.28	1.90	28	9.88	0.21
18	10.3	4.1	24.18	2.28	28	9.67	0.81
28 . . .	6.2	3.1	26.46	2.58	29	8.86	1.33
10 mars .	3.1	1.8	29.04	2.76	30	7.53	1.82
20	1.3	0.9	31.80	2.68	31	5.71	2.06
30	0 51 0.4		1 46 34.48		14 51 31	15 1 3.65	

Corrections des réfractions moyennes.

Barom.	Pol. sup. —	Pol. infér. —	β sup. —	β infér. —
26p 6l	2″73	3″09	1″67	5″00
7	2.61	2.92	1.57	4.72
8	2.43	2.75	1.48	4.45
9	2.28	2.58	1.39	4.17
10	2.13	2.41	1.29	3.89
11	1.97	2.23	1.20	3.61
27 0	1.82	2.06	1.11	3.33
1	1.67	1.89	1.02	3.06
2	1.52	1.72	0.93	2.78
3	1.37	1.55	0.83	2.50

Therm.	Pol. sup. +	Pol. inf. +	β sup. +	β infér. +	F	f +
9	0″28	0″32	0″17	0″51	0.0055	0.146
8	0.57	0.64	0.35	1.04	0.0111	0.147
7	0.86	0.97	0.52	1.57	0.0168	0.148
6	1.15	1.30	0.70	2.10	0.0225	0.149
5	1.44	1.63	0.88	2.64	0.0283	0.150
4	1.74	1.97	1.06	3.18	0.0341	0.150
3	2.04	2.31	1.25	3.73	0.0400	0.151
2	2.35	2.66	1.43	4.29	0.0460	0.152
1	2.66	3.01	1.63	4.86	0.0521	0.152
—0	2.97	3.36	1.81	5.43	0.0582	0.153
1	3.29	3.72	2.00	6.01	0.0644	0.153
2	3.61	4.08	2.20	6.59	0.0706	0.154
3	3.93	4.45	2.40	7.19	0.0777	0.154
4	4.25	4.82	2.60	7.79	0.0834	0.155
5	4.59	5.19	2.80	8.39	0.0899	0.156
6	4.92	5.57	3.00	9.00	0.0964	0.157
7	5.26	5.95	3.21	9.62	0.1031	0.158
8	5.61	6.34	3.42	10.26	0.1098	0.158

Réfractions moyennes.

Polaire supérieure . . . . . . $51''020 + 0.0002214\ (Z - 42^\circ\ 2')$

Polaire inférieure . . . . . . $57''738 + 0.0002836\ (Z - 45^\circ\ 34'\ 40'')$

β de la petite Ourse supérieure . $31''136 + 0.0000825\ (Z - 28^\circ\ 48'\ 25'')$

β de la petite Ourse inférieure . . $93''349 + 0.0007415\ (Z - 52^\circ\ 48'\ 40'')$

Passages supérieurs et inférieurs de la Polaire et de β de la petite Ourse.

1796 et 1797.	Étoiles.	Observ.	Arcs observés.	Arc du jour.	Arc simple.	Arc sexagésim.	Barom.	Ther. intér.	Ther. extér.
Déc.			G.	G.	G.	D. M. S.	PO. L.	D.	D.
11 . .	P. sup.	12	560.4505	560.4505	46.704208	42 2 1.63	27 0.0	. . .	−8.0
14 . .	. . .	28	1868.22975	1307.77925	46.706402	42 2 8.74	26 8.0	. . .	5.2
15 . .	. . .	24	2989.16225	1120.9325	46.705521	42 2 5.89	26 8.0	. . .	2.72
16 . .	. . .	40	4857.59625	1868.4340	46.71085	42 2 23.15	26 9.0	. . .	0.16
17 . .	. . .	24	5978.58875	1120.9925	46.708021	42 2 13.99	26 8.0	−3.84	+4.0
Janv.									
2 . .	P. sup.	28	1307.819	1307.819	46.707821	42 2 10.34	26 10.0	5.12	3.8
			1436.705						
2 . .	β inf. .	18	2612.8735	1176.1685	65.342694	58 48 30.33	26 10.0	3.04	4.4
17 . .	P. sup.	26	3547.01687	934.14375	46.707169	42 2 11.23	27 1.0	0.0	0.0
18 . .	P. sup.	24	4667.98725	1120.96625	46.706927	42 2 10.44	27 1.0	0.0	0.0
18 . .	β inf. .	20	5974.75775	1306.7705	65.338525	58 48 16.82	27 1.0	0.7	−2.0
21 . .	P. sup.	10	6441.84425	467.0865	46.70865	42 22 16.03	27 1.8	+2.8	+3.6
21 . .	β inf. .	24	8010.02675	1568.1825	65.34094	58 48 24.64	27 1.8	3.2	1.8
21 . .	P. inf.	20	90220.854	1012.82725	50.64136	45 34 38.01	27 1.0	. . .	0.4
22 . .	β inf. .	14	9937.70975	914.85575	65.34684	58 48 43.76	27 1.0	4.0	3.2
22 . .	P. inf.	30	11456.91475	1519.205	50.64019	45 34 34.14	27 1.0	0.7	−0.8
22 . .	β sup.	22	12161.06825	704.1535	32.00694	28 48 22.49	27 1.0	0.5	0.8
23 . .	β inf. .	26	13859.94275	1698.8745	65.341327	58 48 25.90	27 0.0	4.4	+3.6
23 . .	P. inf.	30	15379.11975	1519.177	50.63923	45 34 31.14	26 11.0	0.6	1.8
			16887.310						
25 . .	β inf. .	10	16540.69675	653.38675	65.338675	58 48 17.31	27 1.0		
			16802.046						
26 . .	β inf. .	26	18500.9055	1698.85950	65.340750	58 48 24.00	26 10.0	3.0	2.4
26 . .	P. inf.	26	19817.52775	1316.62225	50.639317	45 34 31.39	26 10.0	2.6	1.8
26 . .	β sup.	20	20457.6795	640.15175	32.0075875	28 48 24.58	26 10.0	2.4	1.4
27 . .	β inf. .	16	21503.20025	1045.52075	65.345047	58 48 37.95	26 11.0	3.2	2.4
27 . .	P. inf.	18	22414.71575	911.5155	50.639722	45 34 32.7	26 9.5	2.4	2.0
28 . .	P. inf.	30	23933.90175	1519.186	50.639533	45 34 32.09	27 0.0	1.4	−0.2
			24382.30775						
30 . .	P. inf.	22	25496.38175	1114.074	50.639727	45 34 32.72	27 1.0	0.0	0.8
			25562.187						
30 . .	β sup.	20	26202.35325	640.16625	32.0083125	28 48 26.93	27 1.0	0.0	0.8
Févr.									
2 . .	β inf. .	24	27770.57775	1568.2245	65.3426875	58 48 30.3	27 2.0	6.2	+5.2
2 . .	P. inf.	20	28783.41225	1012.8345	50.641725	45 34 39.19	27 1.3	2.2	0.0
2 . .	β sup.	20	29423.52225	640.11	32.0055	28 48 17.82	27 1.3	1.6	−1.0
3 . .	β inf. .	20	30730.36625	1306.844	65.3422	58 48 28.73	27 1.0	5.6	+4.8
4 . .	β inf. .	22	32167.88475	1437.5185	65.34175	58 48 27 27	27 1.0	8 0	8.2
5 . .	β inf. .	22	34245.51325	1437.4085	65.3403864	58 48 22.85	27 2.0	7.2	6.9
5 . .	β sup.	20	34885.65425	640.141	32.00705	28 48 22.84	37 2.0	3 3	1.4
5 . .	β inf. .	22	36323.180	1437.52575	65.34208	58 48 28.34	27 2.0	0.6	0.6
6 . .	β inf. .	40	38348.69275	2025.51275	50.637819	45 34 26.53	27 2.0	3.8	2.5
6 . .	β sup.	22	39052.82425	704.1315	32.0059773	28 48 19.37	27 2.2	3.2	2.0

Suite des passages de la Polaire et de β de la petite Ourse.

1797.	Étoiles.	Observ.	Arcs observés.	Arc du jour.	Arc simple.	Arc sexagésim.	Barom.	Ther. intér.	Ther. extér.
Fév.			G.	G.	G.	D. M. S.	PO. L.	D.	D.
7. .	β sup.	10	39706.283						
7. .	. . .	12	40490.36875	784.08575	65.340479	58 48 23.15	27 2.0		
7. .	P. inf.	30	42009.589	1519.22025	50.640675	45 34 35.79	27 2.0	3.1	0.8
7. .	β sup.	20	42649.70375	640.11475	32.0057375	28 48 18.59	27 2.0	2.8	0.5
9. .	β sup.	10	319.9905	319.9905	31.99905	28 47 56.92	27 3.0	— 0.8	— 2.8
10. .	β sup.	20	960.09925	640.10875	32.0054375	28 48 17.62	27 2.0	+ 2.1	+ 0.8
16. .	β sup.	20	1600.15125	640.052	32.0026	28 48 8.42	27 1.0	— 1.4	— 3.4
17. .	β sup.	20	2240.26275	640.1115	32.005575	28 48 18.06	27 0.0	1.4	4.0
Mars.									
17. .	P. inf.	30	3759.543	1519.28025	50.642675	45 34 42.27	26 6.5	+ 0.4	1.4
17. .	β sup.	20	4399.61675	640.07375	32.0036875	28 48 11.95	26 6.7	— 0.4	1.8
18. .	P. inf.	30	5918.89475	1519.278	50.6426	45 34 42.01	26 8.0	+ 0.8	1.8
18. .	β sup.	16	6430.903	512.00825	32.000516	28 48 1.67	26 8.0	0.0	2.4
19. .	P. inf.	14	7139.9195	709.0165	50.644036	45 34 46.68	26 8.5	0.8	1.0
19. .	β sup.	20	7779.96975	640.05025	32.0025125	28 48 8.14	26 8.5	0.2	2.1
19. .	P. inf.	20	8792.8275	1012.85775	50.6428875	45 34 42.96	26 10.0	— 1.0	3.4
20. .	β sup.	20	9432.88625	640.05875	32.0029375	28 48 9.52	26 10.0	2.0	4.0
21. .	P. inf.	24	10648.35175	1215.4655	50.6440625	45 34 47.76	27 0.0	0.6	3.2
22. .	P. inf.	26	11965.055	1316.70325	50.6424326	45 34 41.48	27 1.0	+ 0.8	0.8
22. .	β sup.	16	12477.066	512.011	32.0006875	28 48 2.23	27 1.0	+ 0.3	1.1

Remarques.

Ici, comme à Paris, j'ai observé les différens passages au cercle n° I, qui, pendant toute la station, n'a pas une seule fois changé de place. J'ai très-rarement remis l'alidade sur zéro, et le point de départ pour chaque série et le point où s'étoit terminée la série précédente. Il m'est arrivé quelquefois, quand les nuages faisoient paroître l'étoile plus petite qu'à l'ordinaire, de me tromper et de prendre pour elle une étoile voisine qui, n'éprouvant pas une pareille diminution, ressembloit entièrement à celle que je devois observer. Le nuage venant à s'éclaircir, et les étoiles se montrant dans leur éclat naturel, je reconnoissois mon erreur; alors, regardant comme non avenues les observations faites jusqu'à ce moment, je lisois les alidades pour avoir un nouveau point de départ. Ainsi, le 2 janvier, ayant commencé une série au point 1307.819, j'aperçus une erreur de ce genre quand je fus arrivé au point 1436.705. L'arc parcouru jusqu'à ce moment, ou 128.886, qui est à peu près égal à la double distance au zénith, devient absolument inutile, et c'est du point 1436.705 qu'il faut compter l'arc parcouru dans les dix-huit observations que je fis ensuite. La même chose m'est arrivée le 23. Le 25, j'ai eu du doute après les quatre premières observations; j'ai relu, et n'ai employé que les vingt-six dernières.

Dans les quatre premières séries je n'avois que le thermomètre extérieur.

Le 17 janvier, la Polaire fut observée dans le crépuscule, et sans éclairer les fils; elle se voyoit bien, même sous le fil. Le 18 c'étoit la même chose; mais le 21 l'étoile étoit très-difficile à trouver, et les jours suivans je ne pus l'apercevoir.

Le 23, la série de β inférieure est marquée dans mon registre comme douteuse, quoique la nuit fût superbe, comme les précédentes.

Le 27, β inférieure étoit par fois très-foible, et notamment dans la dernière observation.

La Polaire inférieure étoit foible et ne débordoit le fil que d'une quantité insensible; il n'y avoit aucune scintillation, et à cet égard la série me paroît plus sûre que beaucoup d'autres observées par un plus beau temps.

Le 30, l'arc 24382.30775, qui n'est là que pour servir de point de départ, étoit le point où j'étois parvenu après quatorze observations de β supérieure. Un dérangement dans l'alidade m'empêcha de continuer.

Le 2 février, temps superbe; mais la vis de pression s'étant relâchée, la lunette a pu se déranger, et l'on ne peut compter sur la série de β inférieure.

Le 3, les huit premières observations ont été faites sans éclairer les fils.

Le 4, même remarque.

Le 5, je n'éclaire les fils qu'à la treizième observation. Le 6, de même.

Le 7, après la dixième observation, quand j'ai voulu déserrer la vis de pression, j'ai trouvé qu'elle s'étoit relâchée d'elle-même. J'ai lu, et je n'ai fait aucun usage de ces dix observations.

Le 9, on avoit racommodé la vis de pression; mais, après cette réparation, la vis de rappel tournoit difficilement, et la série doit être médiocrement bonne.

Passage supérieur de la Polaire.

11 *décembre* 1796.

Bar. 27 p. 0.0 lig. Therm. — 8.0 deg.

	Angle horaire.	Réduction.
0h 51′ 55″		
— 1 0		
0 50 55		
0 37 49	13′ 6″	— 10″78
42 53	8 2	4.06
45 8	5 47	2.11
47 8	3 47	0.91
48 39	2 16	0.32
50 16	0 39	0.03
52 33	1 38	0.16
54 39	3 44	0.88
56 35	5 40	2.03
58 55	8 0	4.03
61 18	10 23	6.77
63 49	12 54	10.46
12 observations . . .		42.54
		— 3.545
Distance Z.	42 2	1.635
Dist. Z. au méridien .	42 1	58.09
Réfraction		54.59
Distance polaire . .	1 46	22.31
Hauteur de l'équat. .	43 49	14.99
Latitude	46 10	45.01

14 *décembre* 1796.

Bar. 26 p. 8.0 lig. Therm. — 5.2 deg.

	Angle horaire.	Réduction.
0 51 52		
— 3 54		
0 47 58		
0 29 6	18 52	— 22.34
30 49	17 9	18.46
32 52	15 6	14.31
0h 35′ 3″	12′ 55″	— 10″48
36 41	11 17	8.00
37 59	9 59	6.26
39 17	8 41	4.74
40 53	7 5	3.15
42 41	5 17	1.76
44 1	3 57	0.99
46 5	1 53	0.22
47 41	0 17	0.01
49 47	1 49	0.21
50 58	3 0	0.57
52 34	4 36	1.33
53 44	5 46	2.10
55 38	7 40	3.70
57 31	9 33	5.73
59 2	11 4	7.69
60 35	12 37	10.00
62 15	14 17	12.81
63 31	15 33	15.18
64 58	17 0	18.14
66 17	18 19	21.06
67 49	19 51	24.72
69 15	21 17	28.42
70 58	23 0	33.18
72 32	24 34	37.86
28 observations . . .		313.43
		— 11.194
Distance Z.	42 2	8.742
Dist. Z. au méridien .	42 1	57.548
Réfraction		52.958
Distance polaire . . .	1 46	22.85
Hauteur de l'équat. .	43 49	12.356
Latitude	46 10	47.644

15 décembre 1796.

Bar. 26 p. 8.0 lig. Therm. — 2.7 deg.

0h 51' 51" — 41 0 51 10	Angle horaire.		Réduction.
0 33 31	17'	39"	— 19"19
35 22	15	48	15.68
37 16	13	54	12.14
39 3	12	7	9.22
40 38	10	32	6.97
42 0	9	10	5.28
43 32	7	38	3.67
45 0	6	10	2.40
46 35	4	35	1.32
47 42	3	28	0.76
49 23	1	47	0.20
50 55	0	15	0.00
52 39	1	29	0.14
54 2	2	52	0.52
55 36	4	26	1.24
56 36	5	26	1.86
58 17	7	7	3.20
59 18	8	8	4.17
60 42	9	32	5.69
61 54	10	41	7.17
63 34	12	24	9.65
65 16	14	6	12.49
66 30	15	20	14.76
68 2	16	52	17.92
24 observations . . .			155.64
			— 6.485
Distance Z.	42	2	5.887
Dist. Z. au méridien .	42	1	59.402
Réfraction			52.193
Distance polaire . . .	1	46	21.70
Hauteur de l'équat. .	43	49	13.295
Latitude	46	10	46.705

16 décembre 1796.

Bar. 26 p. 9.0 lig. Therm. — 0.16 deg.

0h 51' 50" — 1 9 50 41	Angle horaire.		Réduction.
0 19 57	30'	44"	— 59"22
21 33	29	28	53.22
24 2	26	39	44.55
25 2	25	39	41.27
26 49	23	52	35.74
28 19	21	22	28.64
30 1	20	40	26.79
31 28	19	13	23.17
33 11	17	30	19.23
35 1	15	40	15.41
37 2	13	39	11.70
38 54	11	47	8.73
40 21	10	20	6.70
41 57	8	44	4.79
43 56	6	45	2.87
45 17	5	24	1.84
46 31	4	10	1.09
47 45	2	56	0.55
49 12	1	29	0.14
51 0	0	19	0.01
52 35	1	54	0.23
54 14	3	33	0.79
55 45	5	4	1.62
57 25	6	44	2.86
58 59	8	18	4.33
60 6	9	25	5.57
61 22	10	41	7.17
62 35	11	54	8.90
64 1	13	20	11.16
65 18	14	37	13.43
66 34	15	53	15.84
67 39	16	58	18.09
69 6	18	25	21.29
70 43	20	2	25.17
72 5	21	24	28.71
73 17	23	36	32.04
75 18	24	37	38.02
76 33	25	52	41.97

	Angle horaire.	Réduction.
0h 77′ 59″	27′ 18″	— 46″75
79 17	28 36	51.29
40 observations . . .		760.89
		— 19.022
Distance Z.	42 2 23.154	
Dist. Z. au méridien .	42 2 4.132	
Réfraction	51.581	
Distance polaire . .	1 46 21.54	
Hauteur de l'équat. .	43 49 17.253	
Latitude	46 10 42.747	

	Angle horaire.	Réduction.
0h 70′ 23″	20′ 9″	— 25″46
72 8	21 54	30.09
24 observations . . .		295.93
		— 12.330
Distance Z.	42 2 13.987	
Dist. Z. au méridien .	42 2 1.657	
Réfraction	50.255	
Distance polaire . . .	1 46 21.38	
Hauteur de l'équat. .	43 49 13.292	
Latitude	46 10 46.708	

17 *décembre* 1796.

Bar. 26 p. 8.0 lig. Therm. + 3.9 deg.

0 51 49
— 1 35
0 50 14

0 28 16	21 58	— 30.27
29 29	20 45	27.01
31 8	19 6	22.89
32 14	18 0	20.34
33 43	16 31	16.13
35 0	15 14	14.57
36 45	13 29	11.41
38 7	12 7	9.22
40 6	10 8	6.45
42 6	8 8	4.17
43 48	6 26	2.61
44 46	5 28	1.89
46 4	4 10	1.09
47 36	2 38	0.44
52 8	1 54	0.23
53 49	3 35	0.81
56 10	5 56	2.22
60 32	10 18	6.66
62 20	12 6	9.18
64 59	14 45	13.66
67 10	16 56	18.03
68 34	18 20	21.10

2 *janvier* 1797.

Bar. 26 p. 10.0 lig. Therm. + 4.5 deg.

0 51 39
— 8 17
0 43 22

0 28 40	14 42	— 13.57
29 39	13 43	11.82
30 27	12 55	10.48
31 44	11 38	8.50
32 47	10 35	7.04
34 3	9 19	5.45
35 15	8 7	4.15
36 16	7 6	3.17
37 47	5 35	1.97
39 6	4 16	1.14
40 23	2 59	0.56
41 11	2 11	0.30
42 13	1 9	0.09
43 53	0 31	0.02
45 16	1 54	0.23
46 28	3 6	0.61
47 55	4 33	1.31
48 59	5 37	1.99
50 4	6 42	2.83
50 57	7 35	3.62
52 22	9 0	5.09
53 31	10 9	6.47

	Angle horaire.	Réduction.
0ʰ 54′ 51″	11′ 29″	— 8″29
55 44	12 22	9·68
57 11	13 49	11·99
58 16	14 54	13·94
59 54	16 32	17·17
61 13	17 51	20·00
28 observations . . .		171·48
		— 6·124
Distance Z.		42 2 13·341
Dist. Z. au méridien .		42 2 7·217
Réfraction		50·714
Distance polaire . . .		1 46 19·89
Hauteur de l'équat. .		43 47 17·821
Latitude		46 10 42·179

17 *janvier* 1797.

Bar. 27 p. 1,0 lig. Therm. 0,0 deg.

0 51 29		
— 14 3		
0 37 26		
0 24 10	13 16	— 11·05
26 2	11 24	8·17
27 19	10 7	6·43
29 0	8 26	4·47
30 5	7 21	3·40
31 18	6 8	2·38
32 40	4 46	1·43
34 19	3 7	0·61
35 21	2 5	0·27
36 39	0 47	0·04
37 54	0 24	0·01
39 32	2 06	0·28
40 57	3 31	0·78
42 16	4 50	1·47
43 23	5 57	2·23
44 31	7 5	3·15
45 43	8 17	4·31
47 0	9 34	5·75

	Angle horaire.	Réduction.
0ʰ 48′ 9″	10′ 43″	— 7″22
49 15	11 49	8·77
20 observations . . .		72·22
		— 3·611
Distance Z.		42 2 11·226
Dist. Z. au méridien .		42 2 7·615
Réfraction		52·193
Distance polaire . . .		1 46 19·90
Hauteur de l'équat. .		43 49 19·708
Latitude		46 10 40·292

18 *janvier* 1797.

Bar. 27 p. 1,0 lig. Therm. 0,0 deg.

0 51 28		
— 14 26		
0 37 2		
0 22 58	14 4	— 12·43
24 27	12 35	9·94
27 55	9 7	5·22
29 35	7 27	3·49
30 55	6 7	2·37
31 54	5 8	1·66
32 54	4 8	1·07
34 5	2 57	0·55
35 11	1 51	0·21
36 25	0 37	0·03
37 13	0 11	0·00
38 36	1 34	0·15
39 27	2 25	0·36
40 34	3 32	0·81
41 40	4 38	1·35
42 55	5 53	2·19
44 13	7 11	3·25
45 32	8 30	4·54
46 39	9 37	5·81
47 46	10 44	7·24
48 43	11 41	8·57
50 1	12 59	10·59
51 27	14 25	13·08
52 43	15 41	15·44
24 observations . . .		110·35

			— 4.598
Distance Z.	42	2	10.444
Dist. Z. au méridien .	42	2	5.846
Réfraction			52.193
Distance polaire . . .	1	46	19.93
Hauteur de l'équat. .	43	49	17.969
Latitude	46	10	42.031

21 *janvier* 1797.

Bar. 27 p. 2.0 lig. Therm. + 3.2 deg.

0h 51′ 26″
— 15 46
0 35 40

	Angle horaire.	Réduction.
0 19 10	16′ 30″	— 17″10
27 44	7 56	3.96
0h 40′ 19″	4′ 39″	1″36
41 26	5 46	2.10
43 52	8 12	4.23
45 8	9 28	5.63
46 17	10 37	7.08
49 12	13 32	11.50
50 35	14 55	13.98
51 48	16 8	16.34
10 observations . . .		83.28

			—. 8.328
Distance Z.	42	2	15.864
Dist. Z. au méridien .	42	2	7.536
Réfraction			52.448
Distance polaire . .	1	46	20.13
Hauteur de l'équat. .	43	49	20.14
Latitude	46	10	39.886

Passage inférieur de la Polaire.

21 *janvier* 1797.

Bar. 27 p. 1.0 lig. Therm. + 0.4 deg.

12 51 26
— 15 58
12 35 28

12 25 56	9 32	+ 5.36
27 3	8 25	4.18
28 1	7 27	3.29
28 59	6 29	2.49
30 10	5 18	1.66
31 13	4 15	1.07
32 21	3 7	0.58
33 14	2 14	0.30
34 10	1 18	0.11
35 3	0 25	0.01
36 15	0 47	0.03
37 10	1 42	0.17
38 16	2 48	0.46
39 20	3 52	0.89
12 40 27	4 59	+ 1.47
41 32	6 4	2.18
43 14	7 46	3.57
44 26	8 58	4.74
45 37	10 9	6.07
46 29	11 1	7.14
19 observations . . .		45.77

			+ 2.288
Distance Z.	45	34	38.014
Réfraction			58.950
Dist. Z. au méridien .	45	35	39.253
Distance polaire . . .	1	46	20.13
Hauteur de l'équat. .	43	49	19.123
Latitude	46	10	40.877

22 *janvier* 1797.

Bar. 27 p. 1.0 lig. Therm. 0,0 deg.

12h 51' 26"
— 16 23
12 35 3

	Angle horaire.	Réduction.
12 16 52	18' 11"	+ 19"45
18 29	16 34	16.12
19 42	16 21	13.87
20 57	14 6	11.64
22 4	12 59	9.74
23 15	11 48	8.20
24 27	10 36	6.62
25 48	9 15	5.04
26 56	8 7	3.89
28 3	7 0	2.90
29 3	6 0	2.13
30 19	4 44	1.33
31 31	3 32	0.73
32 31	2 32	0.38
34 1	1 2	0.06
35 26	0 23	0.01
36 30	1 27	0.12
37 53	2 50	0.47
39 32	4 29	1.19
40 47	5 44	1.94
42 37	7 34	3.39
43 48	8 45	4.51
45 1	9 58	5.85
46 11	11 8	7.30
47 16	12 13	8.78
48 1	13 8	9.84
49 36	14 33	13.52
50 32	15 29	14.11
52 0	16 57	16.90
52 59	17 56	18.92
30 observations . . .		208.95
		+ 6.965
Distance Z.		45 34 34.14
Réfraction		59.066
Dist. Z. au méridien .		45 35 40.171
Distance polaire. . .		1 46 20.201
Hauteur de l'équat. .		43 49 19.97
Latitude		46 10 40.03

23 *janvier* 1797.

Bar. 26 p. 11.0 lig. Therm. + 1.0 deg.

12h 51' 25"
— 16 48
12 34 37

	Angle horaire.	Réduction.
12 16 20	18' 17"	+ 19"66
17 33	17 4	17.13
18 56	15 41	14.46
19 55	14 42	12.72
21 4	13 33	10.80
22 27	12 10	8.71
23 48	10 49	6.89
25 7	9 30	5.32
26 27	8 10	3.93
27 46	6 51	2.77
29 8	5 29	1.78
30 17	4 20	1.11
31 12	3 25	0.69
32 51	1 46	0.18
33 56	0 41	0.03
35 10	0 33	0.01
36 30	1 53	0.21
37 48	3 11	0.60
38 46	4 9	1.02
40 14	5 37	1.87
41 15	6 38	2.60
42 42	8 5	3.85
43 53	9 16	5.05
45 27	10 50	6.91
46 33	11 56	8.38
47 54	13 17	10.32
49 4	14 27	12.29
50 5	15 28	14.08
51 9	16 32	16.08
52 27	17 50	18.71
30 observations . . .		208.16
		+ 6.929
Distance Z.		45 34 29.973
Réfraction		58.373
Dist. Z. au méridien .		45 35 35.275
Distance polaire . .		1 46 20.30
Hauteur de l'équat. .		43 49 14.975
Latitude		46 10 45.025

26 janvier 1797.

Bar. 26 p. 10.0 lig. Therm. + 2.25 deg.

			Angle horaire.		Réduction.
12h	51′	22″			
—	18	10			
12	33	12			
12	12	30	20′	42″	+ 24″20
	14	33	18	39	20.46
	15	50	17	22	17.74
	17	21	15	51	14.79
	18	35	14	37	12.58
	20	15	12	57	9.87
	21	28	11	44	8.11
	22	41	10	31	6.51
	23	42	9	30	5.32
	24	43	28	29	4.24
	26	4	7	8	3.03
	27	29	5	43	1.93
	28	45	4	27	1.17
	30	17	2	55	0.50
	31	44	1	28	0.13
	33	20	0	8	0.00
	34	48	1	36	0.15
	37	5	3	53	0.89
	38	40	5	28	1.70
	39	52	6	40	2.63
	41	1	7	49	3.61
	42	10	8	58	4.74
	43	12	10	0	5.89
	44	28	11	16	7.47
	45	47	12	35	9.32
	47	4	13	52	11.31

Nuages.

26 observations . . .			178.29
			+ 6.857
Distance Z.	45	34	31.388
Réfraction			58.315
Dist. Z. au méridien .	45	35	36.56
Distance polaire . . .	1	46	20.56
Hauteur de l'équat. .	43	49	16.00
Latitude	46	10	44.00

27 janvier 1797.

Bar. 26 p. 9.5 lig. Therm. + 2.2 deg.

			Angle horaire.		Réduction.
12h	51′	22″			
—	18	36			
12	32	46			
12	15	0	17′	46″	+ 18″57
	16	20	16	26	15.89
	17	33	15	13	13.63
	19	3	13	43	11.07
	20	6	12	40	9.44
	21	2	11	44	8.11
	22	7	10	39	6.68
	23	17	9	29	5.30
	24	29	8	17	4.05
	26	3	6	43	2.67
	27	30	5	16	1.64
	29	0	3	46	0.84
	30	51	1	55	0.22
	32	28	0	18	0.01
	34	8	1	22	0.12
	35	25	2	39	0.41
	36	34	3	48	0.85
	37	56	5	10	1.58

18 observations . . .			101.08
			+ 5.615
Distance Z.	45	34	32.79
Réfraction			57.738
Dist. Z. au méridien .	45	35	36.143
Distance polaire . . .	1	46	20.64
Hauteur de l'équat. .	43	49	15.50
Latitude	46	10	44.05

28 janvier 1797.

Bar. 27 p. 0.0 lig. Therm. + 0.6 deg.

12	51	22			
—	19	3			
12	32	19			
12	12	13	20	16	23.76
	14	27	17	52	18.78

			Angle horaire.		Réduction.
12h	15'	55"	16'	24"	+ 15"83
	17	30	14	49	12.92
	18	47	13	32	10.77
	20	4	12	15	8.83
	21	42	10	37	6.63
	23	10	9	9	4.93
	24	33	7	46	3.57
	25	53	6	26	2.45
	27	20	4	59	1.47
	29	7	3	12	0.60
	30	36	1	43	0.17
	32	25	0	6	0.00
	33	46	1	27	0.12
	36	11	3	52	0.89
	37	32	5	13	1.61
	38	27	6	8	2.23
	39	27	7	8	3.01
	40	27	8	8	3.90
	41	37	9	18	5.09
	43	5	10	46	6.83
	44	14	11	55	8.35
	45	37	13	18	10.42
	46	49	14	30	12.38
	48	35	16	16	15.57
	49	50	17	31	18.05
	51	19	19	0	21.23
	52	28	20	9	23.88
	55	2	22	43	30.34

30 observations . . .			274.61
			+ 9.154
Distance Z.	45	34	32.088
Réfraction			58.661
Dist. Z. au méridien .	45	35	39.903
Distance polaire. . .	1	46	20.73
Hauteur de l'équat. .	43	49	19.17
Latitude	46	10	40.83

30 *janvier* 1797.

Bar. 27 p. 1.0 lig. Therm. — 0.4 deg.

12h	51'	20"
—	19	55
12	31	25

			Angle horaire.		Réduction.
12	15	0	16'	29"	+ 15"86
	16	25	14	56	13.13
	17	59	13	30	10.72
	19	47	11	38	9.97
	22	4	9	21	5.15
	24	10	7	15	3.11
	25	40	5	45	1.95
	27	45	3	40	0.79
	29	1	2	24	0.34
	30	45	0	40	0.03
	32	22	0	57	0.05
	33	37	2	12	0.29
	35	20	3	55	0.91
	37	4	5	39	1.89
	38	23	6	58	2.87
	39	30	8	5	3.85
	40	51	9	26	5.24
	41	55	10	30	6.49
	43	54	12	29	9.18
	45	35	14	10	11.21
	47	8	15	43	14.54
	48	29	17	4	17.13

22 observations . . .			134.70
			+ 6.123
Distance Z.	45	34	32.716
Réfraction			59.181
Dist Z. au méridien .	45	35	38.020
Distance polaire . . .	1	46	20.95
Hauteur de l'équat. .	43	49	17.07
Latitude	46	10	42.93

2 *février* 1797.

Bar. 27 p. 1.3 lig. Therm. + 1.1 deg.

12h 51′ 19″
— 21 14

12 30 5	Angle horaire.		Réduct.
12 23 44	6′ 21″	+	2″38
24 42	5 23		1.71
25 46	4 19		1.10
26 53	3 12		0.60
27 56	2 9		0.28
29 6	0 59		0.06
30 15	0 10		0.00
31 32	1 27		0.12
32 30	2 25		0.34
33 54	3 49		0.86
35 6	5 1		1.49
36 4	5 59		2.12
37 13	7 8		3.01
38 50	8 45		4.51
39 52	9 47		5.64
40 54	10 49		6.89
42 0	11 55		8.35
42 51	12 46		9.59
43 56	13 51		11.29
44 57	14 52		13.01

20 observations . . .	73.35
	+ 3.667
Distance Z.	45 34 39.189
Réfraction	+ 58.72
Dist. Z. au méridien .	45 35 41.576
Distance polaire . . .	1 46 21.40
Hauteur de l'équat. .	43 49 20.176
Latitude	46 10 39.824

6 *février* 1797.

Bar. 27 p. 2.0 lig. Therm. + 3.2 deg.

12h 51′ 16″
— 23 3

12 28 13	Angle horaire.		Réduct.
12 3 29	24′ 44″	+	35″98
5 45	22 28		29.68
7 19	20 54		25.68
8 32	19 41		22.79
9 56	18 17		19.67
11 0	17 13		17.43
12 1	16 12		15.44
13 11	15 2		12.03
14 32	13 41		11.02
15 35	12 38		9.40
16 40	11 33		7.85
17 45	10 28		6.45
19 22	8 51		4.62
20 27	7 46		3.57
21 32	6 41		2.64
22 43	5 30		1.79
24 16	3 57		0.93
25 10	3 3		0.55
26 24	1 49		0.20
27 34	0 39		0.03
27 27	1 14		0.10
30 38	2 25		0.34
31 52	3 39		0.78
33 4	4 51		1.39
35 0	6 47		2.72
37 22	9 9		4.93
38 31	10 18		6.24
39 48	11 35		7.90
40 55	12 42		9.49
42 25	14 12		11.87
43 42	15 29		14.11
45 0	16 47		16.58
46 2	17 49		18.67
47 17	19 4		21.34
48 18	20 5		23.72
49 25	21 12		26.43
50 29	22 16		29.16

	Angle horaire.	Réduction.
12h 51′ 34″	23′ 21″	+ 32″05
52 39	24 26	35.11
53 57	25 44	38.94

40 observations . . .	529.62
	+ 13.240
Distance Z.	45 34 26.533
Réfraction	58.20
Dist. Z. au méridien .	45 35 37.973
Distance polaire . . .	1 46 22.08
Hauteur de l'équat. .	43 49 15.893
Latitude	46 10 44.107

7 *février* 1793.

Bar. 27 p. 2.0 lig. Therm. + 2.0 deg.

12 51 16
— 23 30
12 27 46

12 9 46	18 0	+ 19.06
11 39	16 7	15.28
12 47	14 59	12.92
14 0	13 46	11.15
15 16	12 30	9.20
16 35	11 11	7.36
17 51	9 55	5.79
19 21	8 25	4.18
20 35	7 11	3.05
22 0	5 46	1.97
23 6	4 40	1.29
24 18	3 28	0.71
26 0	1 46	0.18
27 14	0 32	0.01
28 23	0 37	0.02
29 36	1 50	0.20
30 57	3 11	0.60
32 7	4 21	1.12
33 10	5 24	1.72
34 12	6 26	2.45
35 20	7 34	3.39
36 18	8 32	4.29
37 21	9 35	5.41

	Angle horaire.	Réduction.
12h 38′ 30″	10′ 44″	+ 6″78
39 34	11 48	8.20
40 43	12 57	9.88
42 7	14 21	12.12
42 58	15 12	13.60
44 4	16 18	15.64
45 16	17 30	18.02

30 observations . . .	195.59
	+ 6.52
Distance Z.	45 34 35.787
Réfraction	58.604
Dist. Z. au méridien .	45 35 40.911
Distance polaire . . .	1 46 22.13
Hauteur de l'équat. .	43 49 18.78
Latitude	46 10 41.22

17 *mars* 1797.

Bar. 26 p. 6.5 lig. Therm. — 0.5 deg.

12 51 2
— 24 40
12 26 22

12 10 4	16 18	+ 15.64
11 28	14 54	13.07
12 39	13 43	11.07
14 9	12 13	8.78
15 30	10 52	6.95
16 50	9 32	5.36
17 53	8 29	4.24
19 11	7 11	3.05
20 21	6 1	2.15
21 31	4 51	1.39
22 43	3 39	0.78
23 58	2 24	0.34
25 8	1 14	0.09
26 18	0 4	0.00
27 42	1 20	0.11
28 55	2 33	0.38
29 51	3 29	0.71
30 57	4 35	1.24
32 4	5 42	1.92

	Angle horaire.	Réduction.
12h 33′ 25″	7′ 3″	+ 2″94
34 58	8 36	4.36
36 7	9 45	5.60
37 13	10 51	6.93
38 31	12 9	7.32
39 50	13 28	10.67
41 22	15 0	13.24
42 27	16 5	15.22
43 28	17 6	17.20
44 39	18 17	19.66
45 49	19 27	22.26
30 observations . . .		202.67
		+ 6.756
Distance Z.		45 34 42.267
Réfraction		58.20
Dist. Z. au méridien .		45 35 47.223
Distance polaire . . .		1 46 30.98
Hauteur de l'équat. .		43 49 16.243
Latitude		46 10 43.757

18 *mars* 1797.

Bar. 26 p. 8.0 lig. Therm. — 0.5 deg.

12 51 2		
— 24 41		
12 26 21		
12 11 22	14 59	+ 13.22
12 42	13 39	10.96
13 50	12 31	9.22
14 57	11 24	7.65
16 9	10 12	6.13
17 9	9 12	5.01
18 10	8 11	3.95
19 6	7 15	3.11
20 9	6 12	2.27
21 12	5 9	1.57
22 10	4 11	1.04
22 57	3 24	0.68
23 58	2 23	0.33
25 16	1 5	0.07
26 23	0 2	0.00

	Angle horaire.	Réduction.
12h 27′ 26″	1′ 5″	+ 0″07
29 3	2 42	0.43
30 18	3 57	0.93
31 19	4 58	1.46
32 16	5 55	2.07
33 12	6 51	2.77
34 16	7 55	3.70
36 0	9 39	5.48
37 2	10 41	6.72
38 26	12 5	8.59
40 0	13 39	10.96
41 17	14 56	13.13
41 13	15 52	14.82
43 17	16 56	16.87
44 13	17 52	18.76
30 observations . . .		171.97
		+ 5.732
Distance Z.		45 34 42.024
Réfraction		58.459
Dist. Z. au méridien .		45 35 46.215
Distance polaire. . .		1 46 31.25
Hauteur de l'équat. .		43 49 14.96
Latitude		46 10 45.04

19 *mars* 1797.

Bar. 26 p. 8.5 lig. Therm. — 0.1 deg.

12 51 1		
— 24 20		
12 26 41		
12 22 59	3 42	+ 0.81
24 8	2 33	0.40
25 12	1 29	0.13
26 22	0 19	0.01
27 24	0 43	0.03
28 24	1 43	0.17
29 40	2 59	0.52
30 29	3 48	0.85
31 30	4 49	1.37
32 29	5 48	1.99
33 33	6 52	2.79

	Angle horaire.	Réduction.
12h 34′ 25″	7′ 44″	+ 3″53
35 28	8 47	4.55
36 14	9 33	5.37
14 observations . . .		22.52
		+ 1.61
Distance Z.		45 34 46.676
Réfraction		58.407
Dist. Z. au méridien .		45 35 46.692
Distance polaire . . .		1 46 31.52
Hauteur de l'équat. .		43 49 15.172
Latitude		46 10 44.828

20 *mars* 1797.

Bar. 26 p. 10.0 lig. Therm. — 1.76 deg.

12 51 1
— 23 27
12 27 34

12 15 6	12 28	+ 9.15
16 29	11 5	7.23
17 47	9 47	5.64
19 5	8 29	4.08
20 16	7 18	3.15
21 17	6 17	2.33
22 23	5 11	1.59
23 40	3 54	0.90
24 51	2 43	0.43
26 5	1 29	0.13
27 8	0 26	0.01
28 12	0 38	0.03
29 25	1 51	0.20
30 44	3 10	0.59
31 56	4 22	1.13
33 30	5 56	2.08
34 39	7 5	2.97
35 39	8 5	3.85
36 41	9 7	4.90
37 35	10 1	5.19
20 observations . . .		56.30
		+ 2.815
Distance Z.		45 34 42.956
Réfraction		+ 59.239
Dist. Z. au méridien .		45 35 45.010
Distance polaire . . .		1 46 31.80
Hauteur de l'équat. .		43 49 13.21
Latitude		46 10 46.79

21 *mars* 1797.

Bar. 27 p. 0.0 lig. Therm. — 1.92 deg.

12h 51′ 0″
— 22 50
12 28 10

	Angle horaire.	Réduct.
12 14 24	13′ 46″	+ 11″15
15 49	12 21	8.97
16 55	11 15	7.45
17 57	10 13	6.15
19 20	8 50	4.60
20 32	7 38	3.44
21 32	6 38	2.60
22 27	5 43	1.93
23 31	4 39	1.28
24 49	3 21	0.67
26 8	2 2	0.24
27 4	1 6	0.07
28 5	0 5	0.00
29 8	0 58	0.06
30 3	1 53	0.21
31 21	3 11	0.60
32 24	4 14	1.06
33 36	5 26	1.75
34 54	6 44	2.68
35 55	7 45	3.55
36 58	8 48	4.57
37 57	9 47	5.64
38 56	10 46	6.83
40 29	12 19	8.93
24 observations . . .		84.43

			+ 3.517
Distance Z.	45	34	47.842
Réfraction			+ 59.643
Dist. Z. au méridien .	45	35	51.003
Distance polaire . .	1	46	32.07
Hauteur de l'équat. .	43	49	18.93
Latitude	46	10	41.07

			Angle horaire.		Réduction.
12h	25'	41"	3'	32"	+ 0"73
	26	56	2	17	0.31
	27	54	1	10	0.11
	28	50	0	23	0.01
	29	49	0	36	0.02
	30	51	1	38	0.15
	31	52	2	39	0.42
	32	44	3	31	0.73
	33	50	4	37	1.26
	34	57	5	44	1.94
	35	53	6	40	2.63
	37	2	7	49	3.61
	38	9	8	56	4.70
	39	7	9	54	5.78
	40	7	10	54	6.99
	41	20	12	7	8.64

22 *mars* 1797.

Bar. 27 p. 1.9 lig. Therm. 0.0 deg.

			Angle horaire.		Réduction.
12h	51'	0"			
—	21	47			
12	29	13			
12	14	18	14'	55"	+ 13"18
	15	35	13	38	10.94
	16	48	12	25	9.08
	17	51	11	22	7.61
	18	51	10	22	6.32
	20	4	9	9	4.93
	21	8	8	5	3.86
	22	19	6	54	2.82
	23	37	5	36	1.86
	24	38	4	35	1.24

26 observations . . .			99.87
			+ 3.84
Distance Z.	45	34	41.484
Réfraction			59.146
Dist. Z. au méridien .	45	35	44.470
Distance polaire . . .	1	46	32.35
Hauteur de l'équat. .	43	49	12.12
Latitude	46	10	47.88

Passage supérieur de β de la petite Ourse.

22 *janvier* 1797.

Bar. 27 p. 1.0 lig. Therm. — 0.16 deg.

14	51	27			
—	16	25			
14	35	2			
14h	21'	5"	13'	11"	— 126"99
	23	1	12	1	105.51
	24	16	10	46	83.72
	25	52	9	10	61.42
	27	0	8	2	47.17
	28	39	6	23	— 29.79
	29	47	5	15	20.14
	30	54	4	8	12.49
	32	25	2	37	5.01
	33	41	1	21	1.33
	34	35	0	27	0.15
	35	55	0	53	0.58
	37	0	1	58	2.84
	38	13	3	11	7.41
	39	30	4	28	14.59
	40	26	5	24	21.33
	41	23	6	21	29.48
	42	20	7	18	38.96
	43	46	8	44	55.75

	Angle horaire.	Réduction.
14h 45′ 9″	10′ 7″	— 74″69
46 31	11 29	96·36
47 49	12 47	119·41
22 observations . . .		955·12
		— 43·414
Distance Z.		28 48 22·275
Dist. Z. au méridien .		28 47 38·861
Réfraction		31·883
Distance polaire . . .		15 1 8·71
Hauteur de l'équat. .		43 49 19·454
Latitude		46 10 40·546

26 *janvier* 1797.

Bar. 26 p. 10.0 lig. Therm. + 2.25 deg.

14 51 27
— 18 12
14 33 15

14 19 5	14 10	— 146·63
22 9	11 6	90·04
23 44	9 31	66·19
25 1	8 14	49·55
26 35	6 40	32·49
27 45	5 30	22·12
29 56	3 19	8·04
31 11	2 4	3·13
32 32	0 43	0·38
33 58	0 43	0·38
35 37	2 22	4·10
36 52	3 37	9·57
38 30	5 15	20·16
39 34	6 19	29·17
41 5	7 50	44·85
42 2	8 47	56·39
43 25	10 10	75·54
44 25	11 10	91·12
45 42	12 27	113·26
47 18	14 3	144·23
20 observations . . .		1007·34
		— 50·367
Distance Z.		28 48 24″583
Dist. Z. au méridien .		28 47 34·216
Réfraction		31·167
Distance polaire . . .		15 1 9·16
Hauteur de l'équat. .		43 49 14·543
Latitude		46 10 45·457

30 *janvier* 1797.

Bar. 27 p. 1.0 lig. Therm. — 0.4 deg.

14h 51′ 27″
— 19 57
14 31 30

	Angle horaire.	Réduction.
14 23 37	7′ 53″	— 45″48
24 40	6 50	34·13
25 39	5 51	25·02
27 44	3 46	10·38
28 38	2 52	6·01
30 6	1 24	1·44
31 5	0 25	0·13
32 2	0 32	0·21
33 23	1 53	2·60
34 47	3 17	7·10
36 21	4 51	12·20
37 43	6 13	28·26
38 56	7 26	40·40
39 53	8 23	51·37
41 0	9 30	65·96
42 18	10 48	85·25
43 24	11 54	103·48
45 30	14 0	143·20
46 47	15 17	170·63
48 42	17 12	216·03
20 observations . . .		1054·28
		— 52·714
Distance Z		28 48 26·932
Dist. Z. au méridien .		28 47 34·218
Réfraction		+ 31·945
Distance polaire . . .		15 1 9·51
Hauteur de l'équat. .		43 49 15·673
Latitude		46 10 44·327

2 *février* 1797.

Bar. 27 p. 1.3 lig. Therm. + 1,1 deg.

			Angle horaire.		Réduction.
14h	51′	27″			
—	21	16			
14	30	11			
14	16	52	13′	19″	— 129″57
	18	50	11	21	94.14
	19	55	10	16	77.04
	21	3	9	8	60.98
	22	28	7	43	43.53
	23	33	6	38	32.17
	25	24	4	47	16.73
	26	43	3	28	8.79
	27	57	2	14	3.65
	28	59	1	12	1.06
	30	16	0	5	0.01
	32	2	1	50	2.46
	33	13	3	2	6.73
	34	49	4	38	15.70
	36	0	5	49	24.74
	37	40	7	29	40.94
	38	52	8	41	55.11
	40	8	9	57	72.36
	41	23	11	12	91.67
	42	38	12	27	113.26

20 observations . . .			890.64
			— 44.532
Distance Z.	28	48	17.820
Dist. Z. au méridien .	28	47	33.288
Réfraction			31.665
Distance polaire. . .	15	1	9.63
Hauteur de l'équat. .	43	49	14.583
Latitude	46	10	45.417

4 *février* 1797.

Bar. 27 p. 1.5 lig. Therm. + 3.0 deg.

			Angle horaire.		Réduction.
14h	51′	28″			
—	22	10			
14	29	18			
14	15	59	13′	19″	— 129″57
	18	7	11	11	91.39
	19	43	9	35	67.13
	20	52	8	26	51.79
	22	4	7	14	38.25
	24	10	5	8	19.27
	25	17	4	1	11.80
	26	34	2	44	5.47
	28	5	1	13	1.09
	29	17	0	1	0.00
	30	28	1	10	1.00
	31	47	2	29	4.51
	32	53	3	35	9.39
	34	22	5	4	18.78
	35	47	6	29	30.73
	37	22	8	4	47.57
	38	44	9	26	64.05
	40	22	11	4	89.50
	41	30	12	12	108.77
	43	54	14	36	153.72

20 observations . . .			943.78
			— 47.189
Distance Z.	28	48	22.68
Dist. Z. au méridien .	28	47	35.491
Réfraction			31.370
Distance polaire . . .	15	1	9.62
Hauteur de l'équat. .	43	49	16.481
Latitude	46	10	43.519

5 *février* 1797.

Bar. 27 p. 2.0 lig. Therm. + 2.3 deg.

			Angle horaire.		Réduction.
14h	51'	28"			
—	22	38			
14	28	50			
14	16	6	12'	44"	— 118"48
	18	16	10	34	81.60
	19	58	8	52	57.46
	20	59	7	51	45.04
	22	38	5	22	21.06
	24	5	4	45	16.50
	25	20	3	30	8.96
	26	38	2	12	3.54
	27	51	0	59	0.71
	29	9	0	19	0.08
	30	19	1	29	1.62
	31	31	2	41	5.27
	33	13	4	23	14.05
	34	33	5	43	23.90
	26	18	7	28	40.76
	37	36	8	46	56.18
	39	21	10	31	80.83
	40	39	11	49	102.03
	42	12	13	22	130.43
	43	40	14	50	160.72
20 observations . . .					969.22
					— 48.461
Distance Z.			28	48	22.842
Dist. Z. au méridien .			28	47	34.381
Réfraction					31.540
Distance polaire . . .			15	1	9.76
Hauteur de l'équat. .			43	49	15.681
Latitude			46	10	44.319

6 *février* 1797.

Bar. 27 p. 2.2 lig. Therm. + 2.2 deg.

			Angle horaire.		Réfraction.
14h	51'	28"			
—	23	5			
14	28	23			
14	14	53	13'	30"	— 133"16
	16	25	11	58	104.64
	17	20	11	3	89.23
	18	45	9	38	67.83
	20	3	8	20	50.76
	21	16	7	7	37.03
	22	50	5	33	22.54
	24	5	4	18	13.52
	25	18	3	5	6.95
	26	34	1	49	2.42
	27	54	0	29	0.17
	28	56	0	37	0.22
	30	11	1	48	2.38
	31	24	3	1	6.65
	32	33	4	18	12.69
	33	48	5	25	21.46
	35	1	6	38	33.17
	36	4	7	41	43.16
	37	11	8	48	56.60
	38	25	10	2	73.48
	39	24	11	1	88.69
	40	23	12	0	105.22
22 observations . . .					970.97
					— 44.135
Distance Z.			28	48	19.366
Dist. Z. au méridien .			28	47	35.231
Réfraction					31.509
Distance polaire . . .			15	1	9.80
Hauteur de l'équat. .			43	49	16.540
Latitude			46	10	43.46

7 *février* 1797.

Bar. 27 p. 2.0 lig. Therm. + 1.6 deg.

			Angle horaire.		Réduction.
14h	51′	28″			
—	23	32			
14	27	56			
14	14	20	13′	36″	— 135″14
	15	45	12	11	108.47
	17	18	10	38	82.63
	19	4	8	52	57.46
	20	21	7	35	42.04
	21	33	6	23	29.79
	22	56	5	0	18.28
	24	0	3	56	11.32
	25	4	2	52	6.01
	26	48	1	8	0.95
	27	50	0	6	0.02
	28	50	0	54	0.60
	30	26	2	30	4.57
	31	17	3	21	8.20
	33	19	5	23	21.20
	34	23	6	27	30.42
	35	27	7	31	41.30
	36	48	8	52	57.46
	38	6	10	10	75.54
	39	28	11	32	97.10

20 observations . . .			828.50
		—	41.425
Distance Z.	28	48	18.589
Dist. Z. au méridien .	28	47	37.164
Réfraction		+	31.665
Distance polaire . . .	15	1	9.84
Hauteur de l'équat. .	43	49	18.669
Latitude	46	10	41.331

9 *février* 1797.

Bar. 27 p. 3.0 lig. Therm. — 1.8 deg.

			Angle horaire.		Réduction.
14h	51′	28″			
—	24	26			
14	27	2			
14	23	40	3′	22″	— 8″29
	26	2	1	0	0.73
	27	30	0	28	0.16
	29	35	2	33	4.76
	30	46	3	44	10.19
	32	15	5	13	19.90
	33	15	6	13	28.26
	35	3	8	1	46.98
	36	23	9	21	63.90
	37	59	10	57	87.63

10 observations . . .			270.80
		—	27.08
Distance Z.	28	47	56.922
Dist. Z. au méridien .	28	47	29.842
Réfraction		+	32.381
Distance polaire . . .	15	1	9.86
Hauteur de l'équat. .	43	49	12.083
Latitude	46	10	47.917

10 *février* 1797.

Bar. 27 p. 2.0 lig. Therm. + 1.44 deg.

14	51	28			
—	24	53			
14	26	35			
14	12	21	14	14	— 148.21
	14	8	12	27	113.26
	16	7	10	28	80.02
	18	9	8	26	51.99
	19	29	7	6	36.86
	20	41	5	54	25.46
	21	55	4	40	15.92
	23	2	3	33	9.22

	Angle horaire.	Réduction.
14h 24' 22"	2' 13"	— 3"59
26 33	0 2	0.00
28 3	1 28	1.58
29 16	2 41	5.27
30 29	3 54	11.12
31 50	5 15	20.16
32 48	6 13	28.26
33 48	7 13	38.08
35 7	8 32	53.23
36 24	9 49	70.43
37 45	11 10	91.12
39 21	12 46	119.10
20 observations . . .		922.92
		— 46.146
Distance Z.		28 48 17.617
Dist. Z. au méridien .		28 47 31.471
Réfraction		+ 31.696
Distance polaire . . .		15 1 9.84
Hauteur de l'équat. .		43 49 13.007
Latitude		46 10 46.993

14 *février* 1797.

Bar 27 p. 1.0 lig. Therm. — 2.4 deg.

14 51 28		
— 27 31		
14 23 57		
14 10 10	13 47	— 138.80
11 49	12 8	107.58
13 31	10 26	79.56
14 52	9 5	60.31
15 57	8 0	46.78
17 2	6 55	34.97
18 16	5 41	23.62
19 24	4 33	15.14
20 42	3 15	7.73
21 51	2 6	3.23
23 1	0 56	0.64
24 17	0 20	0.08
25 14	1 17	1.21
26 18	2 21	4.04

	Angle horaire.	Réduction.
14h 27' 20"	3' 23"	— 8"37
28 37	4 40	15.92
29 52	5 55	25.60
31 53	7 56	46.01
33 23	9 26	65.04
34 52	10 55	87.09
20 observations . . .		771.72
		— 38.586
Distance Z.		28 48 8.424
Dist. Z. au méridien .		28 47 29.838
Réfraction		+ 32.288
Distance polaire . . .		15 1 9.71
Hauteur de l'équat. .		43 49 11.836
Latitude		46 10 48.164

17 *février* 1797.

Bar. 27 p. 0.0 lig. Therm. — 2.7 deg.

14 51 28		
— 27 58		
14 23 30		
14 9 27	14 3	-144.23
11 8	12 22	111.65
12 54	10 36	82.12
14 45	8 45	55.96
15 50	7 40	42.97
17 21	6 9	27.65
18 31	4 59	18.16
19 39	3 51	10.84
21 3	2 27	4.39
22 32	0 58	0.69
24 18	0 48	0.48
25 54	2 24	4.22
27 24	3 54	11.12
28 32	5 2	18.53
29 45	6 15	28.56
31 1	7 31	41.30
32 17	8 47	56.39
33 20	9 50	70.67

	Angle horaire.	Réduction.
14h 35′ 8″	11′ 38″	— 98″90
36 21	12 51	120·65
20 observations . . .		949·48
		— 47·47
Distance Z.		28 48 18·06
Dist. Z. au méridien .		28 47 30·59
Réfraction		+ 32·257
Distance polaire. . .		15 1 9·69
Hauteur de l'équat. .		43 49 12·54
Latitude		46 10 47·46

17 *mars* 1797.

Bar. 26 p. 6.9 lig. Therm. — 1.1 deg.

14 51 31
— 24 40
14 26 51

14 14 11	12 40	— 117·24
15 16	11 35	98·05
16 19	10 32	81·09
19 3	7 48	44·48
20 16	6 35	31·69
21 15	5 36	22·94
22 15	4 36	15·48
23 25	3 26	8·62
24 35	2 16	3·76
25 33	1 18	1·24
26 37	0 14	0·04
27 50	0 59	0·71
28 59	2 8	3·33
30 10	3 19	8·04
31 29	4 38	15·70
32 53	6 2	26·58
33 59	7 8	37·20
35 1	8 10	48·75
36 16	9 25	64·13
37 26	10 35	81·86
20 observations . . .		710·93
		— 35·546
Distance Z.		28 48 11·947
Dist. Z. au méridien .		28 47 36·401
Réfraction . . . . ,		+ 31·537
Distance polaire. . .		15 1 6·26
Hauteur de l'équat. .		43 49 14·198
Latitude		46 10 45·802

18 *mars* 1797.

Bar. 26 p. 8.0 lig. Therm. — 1.2 deg.

14h 51′ 31″
— 24 40
14 26 51

	Angle horaire.	Réduction.
14 17 31	9′ 20″	— 63″67
18 40	8 11	48·95
19 50	7 1	35·99
21 2	5 49	24·74
22 5	4 46	16·62
23 9	3 42	10·02
24 11	2 40	5·20
25 52	0 59	2·88
26 57	0 6	0·01
28 5	1 14	1·12
29 6	2 15	3·70
30 24	3 33	9·22
31 36	4 45	16·50
32 51	6 0	26·33
33 56	7 5	36·48
34 56	8 5	47·76
16 observations . . .		349·19
		— 21·824
Distance Z.		28 48 1·671
Dist. Z. au méridien .		28 47 39·847
Réfraction		+ 31·659
Distance polaire. . .		15 1 6·07
Hauteur de l'équat. .		43 49 17·576
Latitude		46 10 42·424

19 *mars* 1797.

Bar. 26 p. 8.5 lig. Therm. — 0.96 deg.

14h 51′ 31″ — 24 15 14 27 16	Angle horaire.	Réduction.
14 15 56	11′ 20″	— 93″86
16 55	10 21	78.29
18 11	9 5	60.31
19 11	8 5	47.77
20 16	7 0	35.82
21 20	5 56	25.75
22 32	4 44	16.38
23 50	3 26	8.62
25 1	2 15	3.71
25 51	1 25	1.48
27 25	0 9	0.02
28 35	1 19	1.27
29 54	2 38	5.08
31 22	4 6	12.29
32 41	5 25	21.46
33 42	6 26	30.28
34 54	7 38	42.60
35 55	8 39	54.69
37 2	9 46	69.72
37 52	10 36	82.12
20 observations . . .		691.54
		— 34.577
Distance Z.		28 48 8.141
Dist. Z. au méridien .		28 47 33.564
Réfraction		+ 31.662
Distance polaire . . .		15 1 5.89
Hauteur de l'équat. .		43 49 11.116
Latitude		46 10 48.884

20 *mars* 1797.

Bar. 26 p. 10.0 lig. Therm. — 2.6 deg.

14h 51′ 31″ — 23 25 14 28 6	Angle horaire.	Réduction.
14 15 46	12′ 20″	— 111″15
16 48	11 18	93.31
18 26	9 40	68.29
19 57	8 9	48.55
21 2	7 4	36.51
22 16	5 50	24.88
23 26	4 40	15.92
24 33	3 33	9.22
25 40	2 26	4.33
26 46	1 20	1.30
27 50	0 16	0.06
29 17	1 11	1.03
30 17	2 11	3.48
31 19	3 13	7.41
32 31	4 25	14.27
33 44	5 38	23.21
34 46	6 40	32.49
35 37	7 31	41.30
36 50	8 44	55.75
37 50	9 44	69.24
20 observations		661.70
		— 33.085
Distance Z.		28 48 9.517
Dist. Z. au méridien .		28 47 36.432
Réfraction		+ 32.073
Distance polaire. . .		15 1 5.71
Hauteur de l'équat. .		43 49 14.215
Latitude		46 10 45.785

22 *mars* 1797.

Bar. 27 p. 1.0 lig. Therm. — 0.4 deg.

14h	51′	31″
—	21	41
14	29	50

			Angle horaire.		Réduction.
14	18	21	11′	29″	— 96″36
	19	33	10	17	77.29
	20	43	9	7	60.75
	22	40	7	10	37.55
	23	44	6	6	27.21
	24	42	5	8	19.27
	25	50	4	0	11.70
	26	57	2	53	6.08
	28	21	1	29	1.62
	29	20	0	30	0.18
14h	30′	20″	0′	30″	— 0″18
	31	23	1	33	1.76
	32	14	2	24	4.21
	33	20	3	30	8.96
	34	30	4	40	15.92
	36	34	6	44	33.15

16 observations . . .			402.19
			— 25.137
Distance Z.	28	48	2.228
Dist. Z. au méridien .	28	47	37.091
Réfraction			+ 31.971
Distance polaire. . .	15	1	5.30
Hauteur de l'équat. .	43	49	14.36
Latitude	46	10	45.64

Passage inférieur de β de la petite Ourse.

2 *janvier* 1797.

Bar. 26 p. 10.0 lig. Therm. + 3.7 deg.

14	51	24
—	8	19
14	43	5

14	35	40	7	25	+ 22.64
	36	46	6	19	16.42
	38	25	4	40	8.96
	39	27	3	38	5.43
	41	25	1	40	1.14
	42	28	0	37	0.16
	43	39	0	34	0.13
	44	43	1	38	1.10
	45	57	2	52	3.38
	46	56	3	51	6.10
14	48	9	5	4	+ 10.57
	49	13	6	8	15.48
	50	29	7	24	22.54
	52	13	9	8	34.08
	53	20	10	15	43.24
	54	15	11	10	51.32
	55	23	12	18	62.28
	56	36	13	31	75.20

18 observations . . .			380.17
			+ 21.120
Distance Z.	58	48	30.330
Réfraction		1	32.696
Dist. Z. au méridien .	58	50	24.146
Distance polaire. . .	15	1	5.27
Hauteur de l'équat. .	43	49	18.876
Latitude	46	10	41.124

18 *janvier* 1797.

Baromètre, 27 pouces 1.0 lignes. Th. — 1.4.

14h 51′ 26″ — 14 28 14 36 58	Angle horaire.	Réduction.
14 20 40	16′ 18″	+ 109″27
22 55	14 3	81.28
24 33	12 25	63.46
26 7	10 51	48.45
27 38	9 20	35.84
28 45	8 13	27.83
30 11	6 47	18.93
32 23	4 35	8.64
34 35	2 23	2.33
36 40	0 18	0.04
38 31	1 33	0.99
40 28	3 40	5.53
41 40	4 42	9.09
42 44	5 46	13.68
44 0	7 2	20.26
45 8	8 10	27.44
46 44	9 46	39.25
47 42	10 44	47.41
49 11	12 13	61.43
50 36	13 38	76.51
20 observations . . .		697.66
		+ 34.883
Distance Z.		58 48 16.902
Réfraction		1 35.211
Dist. Z au méridien .		58 50 26.996
Distance polaire. . .		15 1 8.32
Hauteur de l'équat. .		43 49 18.676
Latitude		46 10 41.324

21 *janvier* 1797.

Baromètre, 27 pouces 1,8 lignes. Th. + 2.5.

14h 51′ 26″ — 15 48 14 35 38	Angle horaire.	Réduction.
14 20 15	15′ 23″	+ 97″41
22 9	13 29	74.83
23 45	11 53	58.11
25 25	10 13	42.96
26 46	8 52	32.35
27 40	7 58	26.11
28 54	6 44	18.66
30 10	5 28	11.56
31 20	4 18	7.61
32 27	3 11	4.17
34 27	1 11	0.58
35 54	0 16	0.03
37 10	1 32	0.97
38 17	2 39	2.89
39 26	3 48	5.95
40 19	4 41	9.02
41 21	5 43	13.45
42 19	6 41	18.38
43 32	7 54	25.68
44 40	9 2	33.58
46 2	10 24	44.51
47 4	11 26	53.80
48 10	12 32	64.65
49 18	13 40	76.88
24 observations . . .		724.14
		+ 30.172
Distance Z.		58 48 24.637
Réfraction		1 33.364
Dist. Z. au méridien .		58 50 28.173
Distance polaire. . .		15 1 8.65
Hauteur de l'équat. .		43 49 19.523
Latitude		46 10 40.477

22 *janvier* 1797.

Baromètre, 27 pouces 1.0 lig. Th. + 3.6.

14h 51′	27″	
— 16	13	
14 35	14	

	Angle horaire.	Réduction.
14 29 59	5′ 15″	+ 11″34
30 59	4 15	7.44
32 11	3 3	1.83
33 7	2 7	1.85
34 11	1 3	0.45
35 4	0 10	0.01
36 26	1 12	0.59
37 22	2 8	1.87
38 23	3 9	4.09
39 6	3 52	6.16
40 36	5 22	11.85
41 50	6 36	17.93
43 6	7 52	25.47
44 12	8 58	33.09
14 observations . . .		125.97
		+ 8.998
Distance Z.	58 48	43.759
Réfraction	1	33.536
Dist. Z. au méridien .	58 50	26.293
Distance polaire. . . .	15 1	8.75
Hauteur de l'équat. . .	43 49	17.543
Latitude	46 10	42.457

	Angle horaire.	Réduction.
14h 24′ 25″	10′ 22″	+ 44″23
25 23	9 24	36.36
26 41	8 6	27.00
27 35	7 12	21.33
28 54	5 53	14.24
30 1	4 46	9.35
31 10	3 37	5.39
32 20	2 27	2.48
33 16	1 31	0.95
34 7	0 40	0.18
35 7	0 20	0.05
36 20	1 33	0.99
38 19	3 32	5.14
39 24	4 37	8.77
40 53	6 6	15.31
42 26	7 39	24.09
43 34	8 47	31.75
44 59	10 12	42.82
46 10	11 23	53.33
47 26	12 39	65.86
48 33	13 46	78.01
49 32	14 45	89.55
26 observations . . .		874.40
		+ 33.61
Distance Z.	58 48	26.18
Réfraction	1	33.07
Dist. Z. au méridien .	58 50	32.86
Distance polaire . .	15 1	8.85
Hauteur de l'équat. .	43 49	24.01
Latitude	46 10	35.99

23 *janvier* 1797.

Baromètre, 27 pouces 0.0 lig. Th. + 4.0.

14 51 26			
— 16 39			
14 34 47			
14 19 19	15 28	+	98.47
20 52	13 55		79.71
22 18	12 29		64.14
23 14	11 33		54.90

25 *janvier* 1797.

Baromètre, 27 pouces 0.0 lig. Th. + 1.6.

14 51 27			
— 17 32			
14 33 55			
14 34 55	1 0	+	0.41
36 19	2 34		2.37
37 29	3 34		5.24
38 52	4 57		10.09

	Angle horaire.	Réduction.
14h 40' 3"	6' 8"	+ 15"48
42 7	8 12	27·67
43 20	9 25	36·49
44 51	10 46	47·71
47 52	13 57	80·10
49 54	15 59	105·16

10 observations . . .	330·72
	+ 33·072
Distance Z.	58 48 17·307
Réfraction	1 34·282
Dist. Z. au méridien .	58 50 24·661
Distance polaire . . .	15 1 9·06
Hauteur de l'équat. .	43 49 15·601
Latitude	46 10 44·399

	Angle horaire.	Réduction.
14h 41' 18"	7' 50"	+ 25"25
42 37	9 9	34·25
43 38	10 10	42·54
44 51	11 23	53·33
45 51	12 23	63·11
46 37	13 9	71·18
47 46	14 18	84·18
48 38	15 10	94·69
50 9	16 41	14·56
50 56	17 28	125·57

30 observations . . .	1076·68
	+ 35·889
	58 48 22·545
Distance Z.	58 48 58·434
Réfraction	1 33·256
Dist. Z. au méridien .	58 50 31·690
Distance polaire . . .	15 1 9·16
Hauteur de l'équat. .	43 49 22·53
Latitude	46 10 37·47

26 *janvier* 1797.

Bar. 26 p. 10,0 lig. Therm. + 2.72 deg.

14 51 27
— 17 59
14 33 28

14 18 47	14 41	+ 88·74
21 37	11 51	57·78
22 58	10 30	45·37
24 8	9 20	35·84
25 41	7 47	24·93
26 28	7 0	20·16
27 30	5 58	14·65
28 21	5 7	10·77
29 22	3 59	6·53
30 21	3 7	4·00
31 31	1 57	1·57
32 36	0 52	0·31
33 40	0 12	0·02
34 29	1 1	0·42
35 25	1 57	1·53
36 25	2 57	3·58
37 39	4 11	7·20
38 22	4 54	9·88
39 25	5 57	14·57
40 26	6 58	19·97

27 *janvier* 1797.

Bar. 26 p. 11.0 lig. Therm. + 2.8 deg.

14 51 27
— 18 25
14 33 2

14 22 36	10 26	+ 44·80
24 33	8 29	29·61
25 36	7 26	22·75
26 53	6 9	15·57
29 46	3 16	4·39
30 46	2 16	2·12
32 7	0 55	0·35
33 8	0 6	0·01
34 13	1 11	0·58
35 6	2 4	1·76
36 6	3 4	3·83
36 56	3 54	6·26
38 18	5 16	11·41
39 58	6 59	19·78

Nuages.

	Angle horaire.	Réduction.
14h 44′ 21″	11′ 19″	+ 52″71
45 23	12 21	62.78
16 observations . . .		278.71
		+ 17.419
Distance Z.		58 48 37.952
Réfraction		1 33.442
Dist. Z. au méridien .		58 50 28.813
Distance polaire . . .		15 1 9.26
Hauteur de l'équat. . .		43 49 19.55
Latitude		46 10 40.45

2 février 1797.

Bar. 27 p. 2.0 lig. Therm. + 5.8 deg.

14 51 27
— 21 3
14 30 24

	Angle horaire.	Réduction.
14 17 17	13 7	+ 70.82
19 0	11 24	53.48
20 9	10 15	43.24
21 36	8 48	31.87
22 56	7 28	22.95
24 15	6 9	15.57
25 23	5 1	10.36
26 40	3 44	5.74
27 53	2 31	2.61
29 35	0 49	0.28
30 53	0 29	0.10
31 47	1 23	0.79
32 45	2 21	2.27
33 59	3 35	5.28
35 2	4 38	8.83
36 2	5 38	13.06
37 13	6 49	19.12
39 4	8 40	30.90
40 23	9 59	41.01
41 28	11 4	50.41
42 31	12 7	60.43
43 48	13 24	73.91

	Angle horaire.	Réduction.
14h 44′ 41″	14′ 17″	+ 83″98
45 47	15 23	97.41
24 observations . . .		744.42
		+ 31.017
Distance Z.		58 48 30.307
Réfraction		1 32.696
Dist. Z. au méridien .		58 50 34.020
Distance polaire . . .		15 1 9.63
Hauteur de l'équat. .		43 49 24.39
Latitude		46 10 35.61

3 février 1797.

Bar. 27 p. 1.0 lig. Therm. + 5.2 deg.

14 51 28
— 21 29
14 29 59

	Angle horaire.	Réduction.
14 16 25	13 34	+ 75.76
18 14	11 45	56.81
19 38	10 21	44.08
21 2	8 57	32.96
22 12	7 47	25.33
23 43	6 16	16.17
25 12	4 47	9.41
26 27	3 32	5.14
27 51	2 8	1.87
29 36	0 23	0.06
30 59	1 0	0.41
32 4	2 5	1.79
33 23	3 24	4.76
35 7	5 8	10.84
36 28	6 29	17.30
37 39	7 40	24.19
38 53	8 54	32.60
40 54	10 55	49.05
42 0	12 1	59.43
43 4	13 5	70.45
20 observations . . .		538.41

			+ 26·920
Distance Z.	58	48	28·728
Réfraction		1	32·696
Dist. Z. au méridien .	58	50	28·344
Distance polaire . . .	15	1	9·67
Hauteur de l'équat. . .	43	49	18·674
Latitude	46	10	41·326

4 février 1797.

Bar. 27 p. 1.0 lig. Therm + 8 deg.

14h 51′ 28″
— 21 57
14 29 31

			Angle horaire.		Réduction.
14	15	57	13′	34″	+ 75″76
	17	35	11	56	58·60
	18	44	10	47	47·86
	20	24	9	7	34·20
	21	29	8	2	26·55
	22	42	6	49	19·12
	24	14	5	17	11·48
	26	0	3	31	5·09
	27	11	2	20	2·24
	28	45	0	46	0·25
	29	53	0	22	0·06
	31	27	1	56	1·54
	33	5	3	34	5·24
	34	12	4	41	9·02
	35	24	5	53	14·24
	36	41	7	10	21·13
	37	41	8	10	27·44
	38	47	9	16	35·33
	40	13	10	42	47·12
	41	43	12	12	61·27
	42	43	13	12	71·72
	44	3	14	32	86·94
22 observations . . .					662·20

			+ 30·10
Distance Z.	58	48	27·27
Réfraction		1	31·29
Dist. Z. au méridien .	58	50	28·66
Distance polaire. . .	15	1	9·72
Hauteur de l'équat. . .	43	49	18·94
Latitude	46	10	41·06

5 février 1797.

Bar. 27 p. 2.0 lig. Therm. + 6.8 deg.

14h 51′ 28″
— 22 25
14 29 3

			Angle horaire.		Réduction.
14	14	16	14′	47″	+ 89″95
	15	30	13	33	75·57
	16	44	12	19	62·44
	17	46	11	17	52·40
	19	9	9	54	40·33
	20	34	8	29	29·61
	22	28	6	35	17·84
	23	48	5	15	11·34
	24	53	4	10	7·14
	26	29	2	34	2·71
	27	34	1	29	0·91
	28	47	0	16	0·03
	30	10	1	7	0·51
	31	32	2	29	2·54
	33	4	4	1	6·64
	34	49	5	46	13·68
	36	6	7	3	20·45
	37	42	8	39	30·78
	38	51	9	48	39·52
	41	6	12	3	59·76
	42	17	13	14	72·08
	43	30	14	27	85·89
22 observations					722·12

			+ 32·824
Distance Z.	58	48	22·852
Réfraction		1	32·136
Dist. Z. au méridien .	58	50	27·812
Distance polaire . . .	15	1	9·76
Hauteur de l'équat. .	43	49	18·05
Latitude	46	10	41·95

6 *février* 1797.

Bar. 27 p. 2.0 lig. Therm. + 5.6 deg.

14h 51′ 28″
— 22 52
14 28 36

			Angle horaire.		Réduction.
14	14	13	14′	23″	+ 85″08
	15	37	12	59	69·37
	16	54	11	42	56·33
	18	28	10	8	42·26
	19	41	8	55	32·72
	20	56	7	40	24·19
	22	22	6	14	15·99
	23	22	5	14	11·27
	24	36	4	0	6·58
	26	17	2	19	2·21
	27	53	0	43	0·21
	28	54	0	18	0·04
	30	21	1	45	1·26
	31	15	2	39	2·89
	32	38	4	2	6·69
	34	28	5	52	14·16
	35	44	7	8	20·93
	37	7	8	31	29·85
	38	26	9	50	39·79
	39	29	10	53	44·75
	40	43	12	7	60·43
	42	4	13	28	74·64

22 observations . . .			645·64
			+ 29·347
Distance Z.	58	48	28·339
Réfraction		1	32·789
Dist. Z. au méridien .	58	50	30·475
Distance polaire . . .	15	1	9·800
Hauteur de l'équat. .	43	49	20·675
Latitude	46	10	39·325

7 *février* 1797.

Bar. 27 p. 2.0 lig. Therm. + 6.0 deg.

14h 51′ 28″
— 23 19
14 28 9

			Angle horaire.		Réduction.
14	29	3	0′	54″	+ 0″34
	29	55	1	46	1·28
	30	59	2	50	3·30
	32	13	4	4	6·08
	34	0	5	51	14·40
	35	11	7	2	20·36
	36	14	8	5	26·85
	37	31	9	22	36·11
	38	47	10	38	46·53
	39	57	11	48	57·30
	41	10	13	1	69·73
	42	41	14	32	86·94

12 observations . . .			369·97
			+ 30·831
Distance Z.	58	48	23·155
Réfraction		1	32·603
Dist. Z. au méridien .	58	50	26·589
Distance polaire . . .	15	1	9·84
Hauteur de l'équat. .	43	49	16·749
Latitude	46	10	43·251

Résultats du passage supérieur de la Polaire.

1796 et 1797	n	LATITUDE.	N	LATITUDE.	dm	$\frac{1}{60}$."
11 décemb.	12	46° 10' 45"01	12	46° 10' 45" 01	+ 0"90	
14	28	47.64	40	46.86	0.74	
15	24	46.70	64	46.80	0.60	
16	40	42.75	104	45.24	0.26	
17	24	46.71	128	45.51	0.45	
2 janvier .	28	42.18	156	44.92	0.22	
17	20	40.29	176	44.39	0.45	
18	24	42.03	200	44.11	0.45	
21	10	39.89	210	43.91	0.30	
					+ 0.53	—0.85

Passage inférieur.

1796 et 1797	n	LATITUDE.	N	LATITUDE.	dm	$\frac{1}{60}$."
21 janvier .	20	46 10 40.88	20	46 10 40.88	+ 0.49	
22	30	40.03	50	40.37	0.51	
23	30	45.02	80	42.11	0.45	
26	26	44.00	106	42.58	0.37	
27	18	44.50	124	42.85	0.60	
28	30	40.83	154	42.46	0.50	
30	22	42.93	176	42.37	0.52	
3 février .	20	39.82	196	42.12	0.40	
6	40	44.11	236	42.46	0.33	
7	30	41.22	266	42.32	0.40	
17 mars . .	30	43.76	296	42.46	0.52	
18	30	45.04	326	42.69	0.52	
19	14	44.83	340	42.78	0.51	
20	20	46.79	360	43.01	0.60	
21	24	41.07	384	42.86	0.60	
22	26	47.88	410	43.20	0.51	
					+ 0.49	—0.96

Résumé des passages de la Polaire

Passage supérieur	210 . . .	46° 10′ 43″91	+ 0″53	— 0″85
Passage inférieur	410 . . .	46° 10′ 43″20	+ 0″49	— 0″96
Milieu	620 . . .	46° 10′ 43″555	+ 0″51	— 0″905
Différence		+ 0″71	+ 0″02	+ 0″11
Correction de déclinaison		— 0″35	— 0″01	+ 0″05

Résultats du passage supérieur de β de la petite Ourse.

1797.	*n*	LATITUDE.	*N*	LATITUDE.	*dm*	$dr\ \frac{1}{60}$
22 janvier .	22	46° 10′ 40″55	22	46° 10′ 40″55	+ 0″27	
26	20	45.46	42	42.88	0.21	
30	20	44.33	62	43.35	0.28	
2 février .	20	45.43	82	43.85	0.25	
4	20	43.52	102	43.79	0.19	
5	20	44.32	122	43.88	0.21	
6	22	43.46	144	43.81	0.21	
7	20	41.33	164	43.58	0.22	
9	10	47.92	174	43.77	0.33	
10	20	46.99	194	44.09	0.22	
14	20	48.16	214	44.48	0.34	
17	20	47.46	234	44.73	0.35	
17	20	45.80	254	44.89	0.30	
18	16	42.42	270	44.68	0.30	
19	20	48.88	290	44.96	0.30	
20	20	45.78	310	45.02	0.35	
22	16	45.64	326	45.05	0.28	
					+ 0.274	—0.52

Résultats du passage inférieur de β de la petite Ourse.

1797.	n	Latitude.	N	Latitude.	dm	dr $\frac{1}{60}$
2 janvier .	18	46° 10' 41" 12	18	46° 10' 41" 12	+ 0.59	
18	20	41.32	38	41.22	0.93	
21	24	40.48	62	40.94	0.60	
22	14	42.46	76	41.22	0.51	
23	26	* 35.99	102	39.89	0.48	
25	10	44.40	112	40.29	0.68	
26	26	39.22	138	40.09	0.59	
27	16	40.97	154	40.12	0.57	
2 février .	24	* 35.61	178	39.52	0.32	
3	20	41.33	198	39.70	0.37	
4	22	41.06	220	39.84	0.16	
5	22	41.95	242	40.03	0.24	
6	22	37.33	264	39.97	0.35	
7	12	43.251	276	40.112	0.32	
En rejetant 2 mauvaises séries .			226	41.064	+ 0.49	— 1.55

Résumé général.

β petite Ourse, passage sup. .	326 . . 46° 10' 45"15	+ 0"27	— 0"52	
β petite Ourse, passage inf. .	226 . . . 46° 10' 41"06	+ 0"49	— 1"55	
Milieu	552 . . 46° 10' 43"10	+ 0"38	— 1"035	
Différence.	+ 3"09	— 0"22	+ 1"03	
Correction de déclinaison . .	— 1"54	+ 0"11	— 0"51	
Polaire	620 . . . 46° 10' 43"555	+ 0"51	— 0"905	
β de la petite Ourse. . . .	552 . . 46° 10' 43"10	+ 0"38	— 0"035	
Milieu	1172 . . 46° 10' 43"327	+ 0"445	— 0.92	
Réduction au clocher	— 0"883			
Latitude du clocher d'Évaux .	46° 10' 42"444	+ 0"445	— 0.92	

LATITUDE DE CARCASSONNE.

Ces observations ont été faites, par M. Méchain, à l'école centrale. La pendule étoit réglée sur le temps moyen.

1797.	Observ.	Temps de la pendule.	Réduction au temps moyen.	
2 janvier .	6	9h 54′ 54″ 55	— 0′ 25″ 15	Hauteurs absolues du ⊙
2	6	2 48 47.67	— 0 25.31	*Idem.*
10	8	0 7 45.87	+ 0 32.93	Hauteurs corresp. du ⊙
18	6	10 16 37.50	+ 1 31.19	Hauteurs absolues du ⊙
18	6	2 10 58.00	+ 1 30.97	*Idem.*

De ces observations M. Méchain a tiré le tableau suivant de la marche de sa pendule :

	Temps moyen au midi vrai.	Retard diurne.	Réduction au temps moyen.		Temps moyen au midi vrai.	Retard diurne.	Réduction au temps moyen.
2	0h 4′ 50″ 5		— 0′ 25″ 23	10	0h 8′ 17″ 9		+ 0′ 32″ 93
3	5 18.0	7″ 27	0 17.96	11	8 41.4	7″ 27	0 40.20
4	5 45.3	7.27	0 10.69	12	9 4.2	7.27	0 47.47
5	6 12.0	7.27	0 3.42	13	9 26.3	7.27	0 54.54
6	6 38.2	7.27	+ 0 3.85	14	9 47.7	7.27	1 2.01
7	7 4.0	7.27	0 11.12	15	10 8.5	7.26	1 9.27
8	7 29.2	7.27	0 18.39	16	10 28.6	7.27	1 16.54
9	7 53.9	7.27	0 25.66	17	10 48.0	7.27	1 0.81
10	8 17.9	7.27	0 32.93	18	11 6.7	7.27	+ 1 31.08
Retard horaire . . . . 0″303							

Cette table du temps moyen au midi vrai est prise dans la *Connoissance des temps*. M. Méchain n'a eu aucun égard aux deux hauteurs correspondantes observées le 10 avec le cercle, et la raison est la variation que le niveau a pu éprouver dans l'intervalle.

Année 1797.		Temps de la pendule.			Réduction au temps moyen.	
20 mars	6	10h	7'	8"41	+ 1"99	3"575
20.	6	3	0	23.17	+ 5.16	
24.	6	1	40	33.33	+ 22.2	23.865
25.	6	10	22	3.67	+ 25.53	26.515
25.	6	2	39	48.0	+ 27.50	

Année 1797.	Réduction au temps moyen à midi vrai.		Temps moyen au midi vrai.	
20 mars . .	+ 3"57	4"55	7' 27"9	18"4
21	+ 8.12	4.55	7 9.5	18.5
22	+ 12.67	4.55	6 51.0	18.5
23	+ 17.62	4.55	6 32.5	18.5
24	+ 21.77	4.55	6 14.0	18.5
25	+ 26.32		6 55.5	
Retard horaire . . . . . . 0"1896				

Pour former ce dernier tableau j'ai pris, comme a fait M. Méchain pour le premier, le temps moyen à midi vrai dans la *Connoissance des temps*.

La table de réduction pour les distances au zénith, pages 475 et suiv. a été calculée par M. Méchain, ainsi que la table qui donne le temps moyen du passage de l'étoile au méridien et la déclinaison apparente pour chacun des jours où il a observé.

J'y ai ajouté la table des corrections des réfractions moyennes, à raison des variations du baromètre et du thermomètre; elle est construite sur les formules de la page 236.

Table pour le passage supérieur de l'étoile polaire au méridien.

Table pour la déclinaison apparente de la Polaire.

Date des observations. 1797.	Ascension droite apparente de l'étoile, et ascension droite moyenne du soleil.	Temps moyen du passage au méridien.	Passage supérieur.
2 janvier . . .	0h 51' 38"8 18 51 19.2	6h 0' 19"6	88° 13' 40"41
7	0 51 35.6 19 10 58.7	5 40 36.9	88 13 40.53
10	. . . .	5 28 47.2	88 13 40.55
12	0 51 32.4 19 30 38.2	5 20 54.2	88 13 40.53
13	. . . .	5 16 57.6	88 13 40.51
15	. . . .	5 9 4.5	88 13 40.46
16	. . . .	5 5 8.0	88 13 40.42
17	0 51 29.2 19 50 17.8	5 11 11.4	88 13 40.37
Passage inférieur.			
20 mars	0 51 3.5 23 26 2.1	12 55 1.4	88 13 28.37
21	. . . .	12 51 5.4	88 13 28.08
22	. . . .	12 47 9.4	88 13 27.80
23	. . . .	12 43 13.4	88 13 27.52
24	0 51 3.2 0 11 45.8	12 39 17.4	88 13 27.24

TABLE *de réduction des distances de la Polaire au méridien.*

Angle horaire	Passage sup. Réduct.	Passage sup. Diff.	Passage inf. Réduct.	Passage inf. Diff.	Angle horaire	Passage sup. Réduct.	Passage sup. Diff.	Passage inf. Réduct.	Passage inf. Diff.
0′ 0″	0″00	0″00	0″00	0″00	5 0	1″57	0″11	1″49	5″10
10	0.00	01	0.00	01	10	1.68	11	1.59	10
20	0.01	01	0.01	01	20	1.79	11	1.69	11
30	0.02	01	0.02	01	30	1.90	12	1.80	11
40	0.03	01	0.03	01	40	2.02	12	1.91	11
50	0.04	02	0.04	02	50	2.14	13	2.02	12
1 0	0.06	03	0.06	02	6 0	2.27	12	2.14	12
10	0.09	02	0.08	03	10	2.39	14	2.26	12
20	0.11	03	0.11	02	20	2.53	13	2.38	13
30	0.14	03	0.13	03	30	2.66	14	2.51	13
40	0.17	04	0.16	04	40	2.80	14	2.64	13
50	0.21	04	0.20	04	50	2.94	15	2.77	14
2 0	0.25	05	0.24	04	7 0	3.09	14	2.91	14
10	0.30	04	0.28	04	10	3.23	15	3.05	14
20	0.34	05	0.32	05	20	3.38	16	3.19	15
30	0.39	06	0.37	05	30	3.54	16	3.34	15
40	0.45	06	0.42	06	40	3.70	16	3.49	15
50	0.51	06	0.48	06	50	3.86	17	3.64	16
3 0	0.57	06	0.54	06	8 0	4.03	17	3.80	16
10	0.63	07	0.60	06	10	4.20	17	3.96	17
20	0.70	07	0.66	07	20	4.37	18	4.13	16
30	0.77	08	0.73	07	30	4.55	18	4.29	17
40	0.85	08	0.80	07	40	4.73	18	4.46	17
50	0.93	08	0.87	08	50	4.91	19	4.63	18
4 0	1.01	08	0.95	08	9 0	5.10	19	4.81	18
10	1.09	09	1.03	09	10	5.29	19	4.99	18
20	1.18	09	1.12	08	20	5.48	20	5.17	19
30	1.27	10	1.20	09	30	5.68	20	5.36	19
40	1.37	10	1.29	10	40	5.88	21	5.55	19
50	1.47	10	1.39	10	50	6.09	21	5.74	20
5 0	1.57		1.49		10 0	6.30		5.94	

Suite de le table de réduct. des dist. de la Polaire au mérid.

Angle horaire.	Passage sup. Réduct.	Passage sup. Diff.	Passage inf. Réduct.	Passage inf. Diff.	Angle horaire.	Passage sup. Réduct.	Passage sup. Diff.	Passage inf. Réduct.	Passage inf. Diff.
10′ 0″	6″30	0″21	5″94	0″20	16′ 0″	16″11	0″34	15″20	0″32
10	6·51	21	6·14	20	10	16·45	34	15.52	32
20	6·72	22	6·34	21	20	16·79	35	15·84	33
30	6·94	22	6·55	21	30	17·14	35	16·17	33
40	7·16	23	6·76	21	40	17·49	35	16·50	33
50	7·39	23	6·97	22	50	17·84	35	16·83	33
11 0	7·62	23	7·19	22	17 0	18·19	36	17·16	34
10	7·85	24	7·41	22	10	18·55	36	17·50	34
20	8·09	24	7·63	23	20	18·91	37	17·84	35
30	8·33	24	7·86	23	30	19·28	37	18·19	35
40	8·57	25	8·09	23	40	19·65	37	18·54	35
50	8·82	25	8·32	23	50	20·02	37	18·89	35
12 0	9·07	25	8·55	24	18 0	20·39	38	19·24	36
10	9·32	26	8·79	24	10	20·77	39	19·60	36
20	9·58	26	9·03	25	20	21·16	38	19·96	36
30	9·84	26	9·28	25	30	21·54	39	20·32	37
40	10·10	27	9·53	25	40	21·93	39	20·69	37
50	10·37	27	9·78	26	50	22·32	40	21·06	38
13 0	10·64	27	10·04	26	19 0	22·72	40	21·44	37
10	10·91	28	10·30	26	10	23·12	40	21·81	38
20	11·19	28	10·56	26	20	23·52	41	22·19	39
30	11·47	29	10·82	27	30	23·93	41	22·58	38
40	11·76	29	11·09	28	40	24·34	42	22·97	39
50	12·05	29	11·37	27	50	24·76	41	23·36	40
14 0	12·34	29	11·64	28	20 0	25·17	42	23·76	39
10	12·63	30	11·92	28	10	25·59	43	24·15	40
20	12·93	31	12·20	29	20	26·02	43	24·55	40
30	13·24	30	12·49	29	30	26·45	43	24·95	41
40	13·54	31	12·78	29	40	26·88	43	25·36	41
50	13·85	31	13·07	29	50	27·31	44	25·77	41
15 0	14·16	32	13·36	30	21 0	27·75	44	26·18	42
10	14·48	32	13·66	30	10	28·19	45	26·60	42
20	14·80	32	13·96	31	20	28·64	45	27·02	42
30	15·12	33	14·27	31	30	29·09	45	27·44	43
40	15·45	33	14·58	31	40	29·54	46	27·87	43
50	15·78	33	14·89	31	50	30·00	46	28·30	43
16 0	16·11		15·20		22 0	30·46		28·73	

Suite de la table de réduct. des dist. de la Polaire au mérid.

Angle horaire.	Passage sup.		Passage inf.		Angle horaire.	Passage sup.		Passage inf.	
	Réduct.	Diff.	Réduct.	Diff.		Réduct.	Diff.	Réduct.	Diff.
22′ 0″	30″46	0″46	28″73	0″44	28′ 0″	49″31	0″59	46″52	0″56
10	30.92	47	29.17	44	10	49.90	59	47.08	56
20	31.39	47	29.61	44	20	50.49	60	47.64	56
30	31.86	47	30.05	45	30	51.09	60	48.20	56
40	32.33	48	30.50	45	40	51.69	60	48.76	57
50	32.81	48	30.95	45	50	52.29	60	49.33	57
23 0	33.29	48	31.40	46	29 0	52.89	61	49.90	58
10	33.77	49	31.86	46	10	53.50	61	50.48	57
20	34.26	49	32.32	46	20	54.11	62	51.05	58
30	34.75	49	32.78	47	30	54.73	62	51.63	59
40	35.24	50	33.25	47	40	55.35	62	52.22	59
50	35.74	50	33.72	47	50	55.97	63	52.81	59
24 0	36.24	51	34.19	48	30 0	56.60	63	53.40	59
10	36.75	50	34.67	48	10	57.23	63	53.99	60
20	37.25	51	35.15	48	20	57.86	64	54.59	60
30	37.76	52	35.63	49	30	58.50	64	55.19	60
40	38.28	52	36.12	49	40	59.14	65	55.79	61
50	38.80	52	36.61	49	50	59.79	64	56.40	61
25 0	39.32	53	37.10	49	31 0	60.43	65	57.01	61
10	39.85	53	37.59	50	10	61.08	65	57.62	62
20	40.38	53	38.09	50	20	61.73	66	58.24	62
30	40.91	53	38.59	51	30	62.39	66	58.86	62
40	41.44	54	39.10	51	40	63.05	66	59.48	63
50	41.98	55	39.61	51	50	63.71	67	60.11	63
26 0	42.53	54	40.12	52	32 0	64.38	. .	60.74	63
10	43.07	55	40.64	52	10	. . .	. .	61.37	64
20	43.62	56	41.16	52	20	. . .	. .	62.01	64
30	44.18	55	41.68	52	30	. . .	. .	62.65	65
40	44.73	56	42.20	53	40	. . .	. .	63.30	64
50	45.29	57	42.73	53	50	. . .	. .	63.94	65
27 0	45.86	56	43.26	54	33 0	. . .	. .	64.59	65
10	46.42	57	43.80	54	10	. . .	. .	65.24	66
20	46.99	58	44.34	54	20	. . .	. .	65.90	66
30	47.57	58	44.88	54	30	. . .	. .	66.56	66
40	48.15	58	45.42	55	40	. . .	. .	67.22	67
50	48.73	58	45.97	55	50	. . .	. .	67.89	67
28 0	49.31		46.52		34 0	. . .	. .	68.56	

Suite de la table de réduct. des dist. de la Polaire au mérid.

Angle horaire.	Passage sup. Réduct.	Passage sup. Diff.	Passage inf. Réduct.	Passage inf. Diff.	Angle horaire.	Passage sup. Réduct.	Passage sup. Diff.	Passage inf. Réduct.	Passage inf. Diff.
34′ 0″	. . .	. .	68″56	0″67	35′ 0″	. . .	. .	72″64	0″69
10	. . .	. .	69.23	68	10	. . .	. .	73.33	70
20	. . .	. .	69.91	68	20	. . .	. .	74.03	70
30	. . .	. .	70.59	68	30	. . .	. .	74.73	70
40	. . .	. .	71.27	68	40	. . .	. .	75.43	71
50	. . .	. .	71.95	69	50	. . .	. .	76.14	70
35 0	. . .	. .	72.64		36 0	. . .	. .	76.84	

Correction de la réfraction moyenne.

Barom.	Pol. sup.	Pol. inf.	Therm.	Pol. sup.	Pol. inf.	F	f
27po 8l	— 0″67	— 0″76	10°	+ 0″00	+ 0″00	+ 0″0000	+ 0″145
9	— 0.51	— 0.57	9	0.31	0.35	0.0055	0.146
10	— 0.34	— 0.38	8	0.63	0.71	0.0111	0.147
11	— 0.17	— 0.19	7	0.95	1.08	0.0168	0.148
28 0	— 0.00	— 0.00	6	1.27	1.44	0.0225	0.149
1	+ 0.17	+ 0.19	5	1.60	1.81	0.0283	0.150
2	+ 0.34	+ 0.38	4	1.93	2.18	0.0341	0.150
3	+ 0.51	+ 0.57	3	2.26	2.56	0.0400	0.151
4	+ 0.67	+ 0.76	2	2.59	2.94	0.460	0.152

Réfraction moyenne.

Polaire supérieure . . . 56″591 + 0.0000553. (*Z* — 45° 0′ 10″)

Polaire inférieure . . . . 66″030 + 0.0000625. (*Z* — 48° 32′ 18″)

Passage supérieur de la Polaire.

Année 1797.	Observ.	Arc observé.	Arc du jour.	Arc simple.	Arc sexagésimal.	Barom.	Therm. centés.	Therm. Réaum.
		G	G.	G.	D. M. S.	PO. L.		D.
2 janv.	26	1300.040	1300.040	50.0015385	45 0 4.98	27 11.0	0.106	8.48
7 . . .	36	3100.139	1800.099	50.00275	45 0 8.91	28 1.0	0.066	5.22
10 . . .	40	5100.27575	2000.13675	50.00341875	45 0 11.08	27 10.0	0.100	8.0
12 . . .	4	5300.2775	200.00175	50.0004375	45 0 1.42	27 10.5	0.045	3.6
13 . . .	34	7000.4685	1700.1910	50.0056176	45 0 18.20	28 1.0	0.048	3.84
15 . . .	28	8400.6165	1400.1480	50.0052857	45 0 17.13	27 10.5	0.090	7.2
16 . . .	8	8800.6255	400.009	50.001125	45 0 3.64	27 10.8	0.108	8.64
17 . . .	24	10000.6695	1200.0440	50.001833	45 0 5.94	28 1.5	0.060	4.8
				Passage inférieur.				
20 mars.	50	2696.5545	2696.5545	53.93109	48 32 16.73	27 9.0	0.058	4.64
21 . . .	52	5500.9415	2804.3870	53.930519	48 32 14.88	28 0.4	0.045	3.6
22 . . .	54	8413.1865	2912.2450	53.930463	48 32 14.64	28 2.6	0.048	3.84
23 . . .	28	9923.2750	1510.0885	53.931732	48 32 18.81	28 2.0	0.067	5.36
24 . . .	50	12619.9095	2696.6345	53.93269	48 32 21.92	27 11.0	0.087	6.96

Nous avons les originaux de ces observations, et en outre deux copies des calculs, l'une de la main de M. Méchain en partie, et en partie de M. Tranchot; l'autre, plus nouvelle, d'une autre main et entièrement conforme à la première. Il est peu vraisemblable que M. Méchain ait été oisif du 17 janvier au 20 mars; il est à croire qu'il ne nous a donné que les observations dont il aura été pleinement satisfait, et qu'il aura impitoyablement proscrit toutes les autres, pour quelques irrégularités qui peut-être les auroient rendues précieuses pour la théorie des réfractions. Il est singulier sur-tout qu'il n'ait pas tenté une seule fois d'observer β de la petite Ourse. Du

17 janvier jusqu'à la fin de mars j'ai eu presque constamment, à Évaux, le temps le plus superbe; et Carcassonne, qui est au midi d'Évaux, n'est pas d'ailleurs à une telle distance que le ciel ait dû être moins favorable.

Passage supérieur de la Polaire.

2 *janvier* 1797.

Bar. 27 p. 11.0 lig. Ther. + 8.5 deg.

6h 0′ 20″		
+ 0 23		
6 0 43	Angle horaire.	Réduction.
5 43 24	17′ 19″	— 18″87
45 2	15 41	15.48
46 23	14 20	12.93
47 28	13 15	11.05
49 2	11 41	8.60
50 7	10 36	7.07
51 29	9 14	5.37
52 32	8 11	4.22
53 48	6 55	3.01
55 9	5 34	1.95
56 49	3 54	0.96
58 3	2 40	0.45
59 14	1 29	0.14
6 0 20	0 23	0.01
2 4	1 21	0.11
3 9	2 26	0.37
4 28	3 45	0.89
6 14	5 31	1.91
7 54	7 11	3.25
9 16	8 33	4.60
11 0	10 17	6.66
12 14	11 31	8.35
13 30	12 47	10.29
15 20	14 37	13.45
16 42	15 59	16.08
17 51	17 8	18.48
26 observations . . .		174.55

Réduct. moyenne . .		—	6.71
Arc simple.	45	0	4.98
Distance Z.	44	59	58.27
Réfraction		+	56.89
Dist. Z. au méridien .	45	0	55.16
Distance polaire. . .	1	46	19.59
Hauteur de l'équat. .	46	47	14.75
Latitude	43	12	45.25

7 *janvier* 1797.

Bar. 28 p. 0.1 lig. Therm. + 5.3 deg.

5h 40′ 37″		
— 0 13		
5 40 24	Angle horaire.	Réduction.
5 15 40	24′ 44″	— 38″49
16 56	22 29	34.71
18 26	21 58	30.37
19 38	20 46	27.14
21 11	29 43	23.24
22 16	18 8	20.70
23 18	17 6	18.41
24 44	15 40	15.45
26 0	14 24	13.05
26 59	13 25	11.33
28 31	11 53	8.90
29 53	10 31	6.96
31 16	9 8	5.25
32 21	8 3	4.08
33 53	6 31	2.68
35 5	5 19	1.78

	Angle horaire.	Réduction.
5h 36' 43"	3' 41"	0"86
38 8	2 16	0.32
39 46	0 38	0.03
40 59	0 35	0.02
42 25	2 01	0.26
43 27	3 3	0.59
44 58	4 34	1.31
46 16	5 52	2.16
47 33	7 09	3.22
48 49	8 25	4.46
50 23	9 59	6.28
51 30	11 07	7.78
52 57	12 33	9.92
53 57	13 33	11.55
55 55	15 31	15.15
56 59	16 35	17.31
58 22	17 58	20.32
59 47	19 23	23.64
6 1 13	20 49	27.27
2 11	21 47	29.86

36 observations . . .	444.85
Réduction moyenne .	— 12.36
Arc simple.	45 0 8.91
Distance Z.	44 59 56.55
Réfraction	+ 58.26
Dist. Z au méridien .	45 0 55.21
Distance polaire. . .	1 46 19.47
Hauteur de l'équat. .	46 47 14.68
Latitude.	43 12 45.32

10 *janvier* 1797.

Bar. 27 p. 10 lig. Therm. + 8.0 deg.

5	28	47
—	0	34
5	28	13

	Angle horaire.	Réduction.
5 2 13	26 0	42.51
3 45	24 28	37.63
6 16	21 57	30.30
7 37	20 36	26.70
9 34	18 39	21.88
5h 11' 19"	16' 54"	17"97
13 29	14 44	13.65
14 32	13 41	11.78
15 51	12 22	9.62
16 46	11 27	8.25
18 11	10 2	6.33
19 36	8 37	4.67
20 46	7 27	3.49
22 4	6 9	2.37
23 23	4 50	1.47
24 28	3 45	0.89
26 4	2 9	0.29
27 7	1 6	0.08
28 52	0 39	0.03
30 30	2 17	0.33
31 24	3 11	0.64
32 38	4 25	1.23
34 3	5 50	2.14
35 4	6 51	2.96
36 48	8 35	4.65
37 49	9 36	5.81
39 13	11 0	7.63
40 10	11 57	9.00
41 20	13 7	10.84
42 33	14 20	12.94
43 54	15 41	15.49
45 9	16 56	18.06
46 43	18 30	21.55
47 52	19 39	24.31
49 36	21 23	28.79
50 50	22 37	32.20
53 8	24 55	39.07
54 20	26 7	42.92
55 53	27 40	48.17
57 1	28 48	52.19

40 observations . . .	620.83
Réduction moyenne .	— 15.52
Arc simple	45 0 11.08
Distance Z.	44 59 55.56
Réfraction	+ 59.23
Dist. Z au méridien .	45 0 55.19
Distance polaire. . .	1 46 19.45
Hauteur de l'équat. .	46 47 14.64
Latitude.	43 12 45.36

12 *janvier* 1797.

Bar. 27 p. 10.5 lig. Therm. + 3.6 deg.

5h 20′ 54″
— 49

5 20 5

	Angle horaire.	Réduct.
5 4 10	15′ 55″	15″95
20 35	0 30	0.02
25 14	5 9	1.67
27 9	7 4	3.14
4 observations . . .		20.78
Réduction moyenne .		— 5.19
Arc simple		45 0 1.42
Distance Z.		44 59 56.23
Réfraction		+ 58.38
Dist. Z. au méridien .		45 0 54.61
Distance polaire . . .		1 46 19.46
Hauteur de l'équat. .		46 47 14.07
Latitude		43 12 45.93

13 *janvier* 1797.

Bar. 28 p. 1.0 lig. Therm. + 3.8 deg.

5 16 58
— 56

5 16 1

	Angle horaire.	Réduction.
4 46 23	29 38	55.25
50 31	25 30	40.93
52 10	23 51	35.81
54 35	21 26	28.93
57 5	18 56	22.58
59 37	16 24	16.94
5 1 12	14 49	13.83
2 59	13 12	10.98
4 47	11 14	7.96
6 42	9 19	5.47
9 58	6 3	2.31
12 7	3 54	0.97
5h 14′ 4″	1′ 57″	0″24
15 28	0 33	0.02
17 7	1 6	0.08
18 32	2 31	0.39
20 0	3 59	1.06
21 36	5 35	1.96
23 30	7 29	3.52
24 41	8 40	4.72
26 33	10 32	6.98
27 56	11 55	8.93
29 33	13 32	11.52
31 28	15 27	15.10
34 3	18 2	20.45
35 44	19 43	24.45
37 24	21 23	28.76
38 42	22 41	32.36
40 20	24 19	37.18
41 19	25 18	40.25
43 3	27 2	45.95
44 35	28 34	51.31
46 9	30 8	57.08
47 7	31 6	60.79
34 observations . . .		694.91
Réduction moyenne .		— 20.44
Arc simple		45 0 18.20
Distance Z.		44 59 57.76
Réfraction		+ 58.75
Dist. Z. au méridien .		45 0 56.51
Distance polaire		1 46 19.49
Hauteur de l'équat. .		46 47 16.00
Latitude		43 12 44.00

15 *janvier* 1797.

Bar. 27 p. 10.5 lig. Therm. + 7.2 deg.

5 9 5
— 1 11

5 7 54

4 39 59	27 55	49.01
41 29	26 25	43.89

	Angle horaire.	Réduction.
4h 45' 32"	22' 22"	31"47
46 42	21 12	28.27
49 5	18 49	22.27
51 15	16 39	17.45
54 17	13 47	11.96
55 10	12 44	10.20
58 21	9 33	5.74
5 0 21	7 33	3.58
2 05	5 54	2.19
3 24	4 30	1.27
5 22	2 32	0.40
7 14	0 40	0.03
14 41	6 47	2.90
16 33	8 39	4.72
18 31	10 37	7.10
20 11	12 17	9.51
21 28	13 34	11.59
22 55	15 1	14.20
24 22	16 28	17.08
25 31	17 37	19.55
26 56	19 2	22.81
28 26	20 32	26.54
29 52	21 58	30.38
31 37	23 43	35.40
34 17	26 23	43.80
36 7	28 13	50.09

28 observations . . .	523.40
Réduction moyenne .	— 18.69
Arc simple	45 0 17.13
Distance Z.	44 59 58.44
Réfraction	+ 57.21
Dist. Z. au méridien .	45 0 55.65
Distance polaire . . .	1 46 19.54
Hauteur de l'équat. . .	46 47 15.19
Latitude	43 12 44.81

16 *janvier* 1797.

Bar. 27 p. 10.8 lig. Therm. + 8.6 deg.

5h 5' 8"
— 1 18
5 3 50

	Angle horaire.	Réduction.
4 44 57	18' 53"	22"44
49 28	14 22	12.99
55 38	8 12	4.23
59 13	4 37	1.34
5 1 13	2 37	0.43
2 46	1 4	0.10
4 39	0 49	0.04
6 26	2 36	0.43

8 observations . . .	42.00
Réduction moyenne .	— 5.25
Arc simple	45 0 3.64
Distance Z.	44 59 58.39
Réfraction	+ 56.81
Dist. Z. au méridien .	45 0 55.20
Distance polaire . . .	1 46 19.58
Hauteur de l'équat. .	46 47 14.78
Latitude	44 12 45.22

17 *janvier* 1797.

Bar. 28 p. 1.5 lig. Therm. + 4.8 deg.

5 1 11
— 1 25
4 59 46

4 43 46	16 0	16.11
46 58	12 48	10.32
48 41	11 5	7.74
50 12	9 34	5.76
51 36	8 10	4.20
52 49	6 57	3.05
54 27	5 19	1.78
56 24	3 22	0.71

	Angle horaire.	Réduction.
4h 57' 54"	1' 52"	+ 0"22
59 26	0 20	0.01
5 1 27	1 41	0.17
3 5	3 19	0.69
4 44	4 58	1.55
6 23	6 37	2.76
8 10	8 24	4.44
9 37	9 51	6.11
11 41	11 55	8.94
13 9	13 23	11.27
14 56	15 10	14.48
16 14	16 28	17.07
17 58	18 12	20.84
19 24	19 38	24.25
5h 21' 18"	21' 32"	29"17
23 6	23 20	34.26

24 observations . . .			225.90
Réduction moyenne .		—	9.41
Arc simple	45	0	5.94
Distance Z.	44	59	56.53
Réfraction		+	58.50
Dist. Z. au méridien .	45	0	55.03
Distance polaire . . .	1	46	19.63
Hauteur de l'équat. .	46	47	14.66
Latitude	43	12	45.34

Passage inférieur de la Polaire.

20 mars 1797.

Bar. 27 p. 9.0 lig. Therm. + 4.6 deg.

12 45 1
— 6

12 54 55

12 19 57	34 58	72.53
21 19	33 36	66.98
22 42	32 13	61.59
23 45	31 10	57.64
25 14	29 41	52.30
26 35	28 20	47.66
28 2	26 53	42.91
29 28	35 27	38.46
31 11	23 44	33.46
32 18	22 37	30.38
34 8	20 47	25.66
35 8	19 47	23.26
36 18	28 27	20.21
37 46	17 9	17.48
39 24	15 31	14.31
40 17	14 38	12.73
41 56	12 59	10.02
43 3	11 52	8.38
44 31	10 24	6.43
46 46	9 9	4.98
47 23	7 32	3.38
48 25	6 30	2.52
50 25	4 30	1.20
51 38	3 17	0.65
53 54	1 1	0.06
55 10	0 15	0.01
56 36	1 41	0.16
57 56	3 1	0.54
59 48	4 53	1.42
13 1 3	6 8	2.23
2 49	7 54	3.70
3 50	8 55	4.71
5 27	10 32	6.58
6 43	11 48	8.26
8 14	13 19	10.52
9 20	14 25	12.33
11 0	16 5	15.35
12 15	17 20	17.83
13 42	18 47	20.93
15 15	20 20	24.53
17 20	22 25	29.81
18 22	23 27	32.62
19 57	25 2	37.18

	Angle horaire.	Réduction.
13h 21′ 4″	26′ 9″	40″57
22 32	27 37	45.24
23 54	28 59	49.82
25 32	30 37	55.59
26 43	30 48	59.96
28 34	33 39	67.13
30 15	35 20	74.00

50 observations . . .	1276.20
Réduction moyenne .	+ 25.52
Arc simple	48 32 16.73
Distance Z.	48 32 42.25
Réfraction	+ 1 5.39
Dist. Z. au méridien .	48 33 47.64
Distance polaire . .	1 46 31.63
Hauteur de l'équat. .	46 47 16.01
Latitude	43 12 43.99

21 *mars* 1797.

Bar. 28 p. 0.4 lig. Therm. + 3.6 deg.

12	51	5
	—	11
12	50	55

	Angle horaire.	Réduction.
12 16 3	34 52	72.07
17 4	33 51	67.94
18 20	32 35	62.96
19 27	31 28	58.72
20 31	30 24	54.82
21 48	29 7	50.29
23 3	27 52	45.07
24 36	25 19	41.10
26 6	24 49	36.55
27 8	23 47	33.57
29 20	21 35	27.65
30 28	20 27	24.82
31 58	18 57	21.32
33 3	17 52	18.95
34 27	16 28	16.10
35 37	15 18	13.89
36 58	13 57	11.55
38 6	12 49	9.75
12h 39′ 46″	11′ 9″	7″38
40 45	10 10	6.14
42 5	8 50	4.63
43 26	7 29	3.32
44 49	6 6	2.21
45 55	5 0	1.49
47 13	3 42	0.81
48 38	2 17	0.31
50 19	0 36	0.03
51 27	0 32	0.02
52 49	1 54	0.22
54 14	3 19	0.65
55 48	4 53	1.42
56 56	6 1	2.15
58 25	7 30	3.34
59 38	8 43	4.51
13 1 14	10 19	6.32
2 29	11 34	7.96
4 8	13 13	10.38
5 6	14 11	11.95
6 36	15 41	14.62
7 39	16 44	16.64
9 28	18 33	20.44
10 39	19 44	23.13
12 29	21 34	27.62
14 19	23 24	32.51
17 16	26 21	41.22
18 30	27 35	45.16
20 0	29 5	50.20
21 12	30 17	54.42
22 42	31 47	59.93
23 55	33 0	64.60
25 25	34 30	70.60
26 32	35 37	75.23

52 observations . . .	1339.68
Réduction moyenne .	+ 25.76
Arc simple	48 32 14.88
Distance Z.	48 32 40.64
Réfraction	+ 1 6.43
Dist. Z. au méridien .	48 33 47.07
Distance polaire . . .	1 46 31.92
Hauteur de l'équat. .	46 47 15.15
Latitude	43 12 44.85

22 *mars* 1797.

Bar. 28 p. 2.5 lig. Therm. + 3.84 deg.

12h	47′	9″
	—	15
12	46	54

			Angle horaire.		Réduction.
12	12	14	34′	40″	71″28
	13	25	33	29	66.51
	14	59	31	55	60.44
	16	23	30	31	55.26
	17	47	29	7	50.32
	18	44	28	10	47.09
	20	14	26	40	42.21
	21	6	25	48	39.52
	22	31	24	23	35.30
	23	38	23	16	32.15
	24	54	22	0	28.74
	26	0	20	54	25.94
	27	15	19	39	22.94
	28	24	18	30	20.33
	29	38	17	16	17.71
	38	50	16	4	15.33
	32	19	14	35	12.64
	33	47	13	7	10.23
	35	9	11	45	8.21
	36	10	10	44	6.85
	37	43	9	11	5.01
	38	45	8	9	3.95
	40	25	6	29	2.50
	41	20	5	34	1.85
	42	36	4	18	1.10
	44	3	2	51	0.49
	45	52	1	2	0.06
	47	13	0	19	0.01
	48	45	1	51	0.20
	50	17	3	23	0.68
	52	22	5	18	1.67
	53	30	6	36	2.58
	55	9	8	15	4.04
	56	11	9	17	5.11
	57	47	10	53	7.03
	59	1	12	7	8.71
13	1	2	14	8	11.86
	2	6	15	12	13.71
	3	28	16	34	16.30
13h	4′	34″	17′	40″	18″53
	5	59	19	5	21.62
	7	9	20	15	24.34
	8	42	21	48	28.21
	9	57	23	3	31.53
	11	29	24	35	35.87
	12	55	26	1	40.16
	14	10	27	16	44.11
	15	7	28	13	47.24
	16	43	29	49	52.74
	17	59	31	5	57.30
	19	35	32	41	63.35
	20	31	33	37	67.01
	21	40	34	46	71.66
	22	40	35	46	75.84

54 observations . . .			1435.37
Réduction moyenne .	+		26.58
Arc simple	48	32	14.64
Distance Z.	48	32	41.22
Réfraction	+	1	6.75
Dist. Z. au méridien .	48	33	47.97
Distance polaire . . .	1	46	32.20
Hauteur de l'équat. .	46	47	15.77
Latitude	43	12	44.23

23 *mars* 1797.

Bar. 28 p. 2 0 lig. Therm. + 5.36 deg.

12	43	13
	—	20
12	42	54

12	8	10	34	44	71.51
	9	19	33	35	66.86
	10	54	32	0	60.71
	12	6	30	48	56.25
	13	17	29	36	52.02
	14	44	28	10	47.06
	16	22	26	32	41.76
	17	29	25	25	38.32
	18	55	23	59	34.12

	Angle horaire.	Réduction.
12h 20′ 31″	22′ 23″	29″72
21 46	21 8	26.50
22 58	19 56	23.58
24 27	18 27	20.20
25 42	17 12	17.55
27 2	15 52	14.94
28 32	14 22	12.25
30 2	12 52	9.82
31 19	11 35	7.97
32 42	10 12	6.17
34 20	8 34	4.35
36 30	6 24	2.43
38 8	4 46	1.35
40 54	2 0	0.24
48 49	5 55	2.08
51 50	8 56	4.75
53 31	10 37	6.71
56 53	13 59	11.62
13 1 6	18 12	19.69

28 observations . . .	690.53
Réduction moyenne .	+ 24.66
Arc simple	48 32 18.81
Distance Z.	48 32 43.47
Réfraction	+ 1 6.09
Dist. Z. au méridien .	48 33 49.56
Distance polaire . . .	1 46 32.48
Hauteur de l'équat. .	46 47 17.08
Latitude	43 12 42.92

24 mars 1797.

Barom. 27 pouces 11.0 lignes. Therm. + 6.96 degrés.

12 29 17		
— 24		
12 38 53		
12 6 17	32 36	63.04
7 32	31 21	58.30
8 58	29 55	53.10
10 24	28 29	48.14
11 30	27 23	43.50
12 48	26 5	40.38
14 3	24 50	36.61
15 3	23 50	33.72
16 36	22 17	29.48
17 52	21 1	26.22
19 21	19 32	22.66
20 20	18 53	20.44
21 52	17 1	17.19
22 58	15 55	15.04
24 40	14 13	12.00
25 48	13 5	10.17
27 30	11 23	7.70
28 50	10 3	6.00
30 12	8 41	4.48
31 19	7 34	3.40
32 39	6 14	2.31
33 51	5 2	1.51
35 23	3 30	0.73
36 31	2 22	0.33
37 48	1 5	0.07
39 1	0 8	0.00
40 23	1 30	0.13
41 20	2 27	0.15
43 1	4 8	1.01
44 9	5 16	1.65
45 55	7 2	2.94
47 2	8 9	3.94
48 46	9 53	5.80
49 59	11 6	7.32
51 20	12 27	9.20
52 17	13 24	10.66
53 34	14 41	12.81
55 5	16 12	15.58
56 39	17 46	18.75
57 44	18 51	21.10

	Angle horaire.	Réduction.
12h 59′ 43″	20′ 50″	25″77
13 0 46	21 53	28.43
2 3	23 10	81.86
3 14	24 21	35.20
4 41	25 48	39.51
5 56	27 3	48.42
7 14	28 21	47.70
8 20	29 27	51.46
9 48	30 55	56.70
10 54	32 1	60.80
50 observations		1088.61

Réduction moyenne .	+ 21.77
Arc simple	48 32 21.92
Distance Z.	48 32 43.69
Réfraction	+ 1 4.92
Dist. Z. au méridien .	48 33 48.61
Distance polaire . . .	1 46 32.76
Hauteur de l'équat. .	46 47 15.85
Latitude	43 12 44.15

Résultats du passage supérieur de la Polaire.

ANNÉE 1797.	*n*	LATITUDE.	*N*	LATITUDE.	*dm*
2 janvier . .	26	43° 12′ 45″25	26	43° 12′ 45″25	+ 0″07
7	36	45.32	62	45.29	+ 0.24
10	40	45.36	102	45.32	+ 0.10
12	4	45.93	106	45.34	+ 0.32
13	34	44.00	140	44.94	+ 0.33
15	28	44.81	168	44.92	+ 0.21
16	8	45.22	176	44.93	+ 0.15
17	24	45.34	200	44.98	+ 0.27
Passage inférieur.					
20 mars . . .	50	43 12 43.99	50	43 12 43.99	+ 0.28
21	52	44.85	102	44.93	+ 0.33
22	54	44.23	156	44.36	+ 0.33
23	28	42.92	184	44.15	+ 0.24
24	50	44.15	234	44.15	+ 0.16

Résumé des passages de la Polaire.

Passage supérieur . . .	200 obs. . . .	43° 12′ 44″98	+ 0″21 — 0″95
Passage inférieur . . .	234 obs. . . .	43° 12′ 44″15	+ 0.27 — 1″01
Milieu	434 obs. . . .	43° 12′ 44″565	+ 0″24 — 0″98
Réduction à la tour		+ 9″742	
Latitude de la tour		43° 12′ 54″307	+ 0″24 — 0″98
Différence		+ 0″83	
Correction de la déclinaison		— 0″41	
Déclinaison supposée		88° 13′ 27″00	
Déclinaison moyenne en 1797		88° 13′ 26″59	

Cherchons la différence des parallèles entre le lieu des observations et la tour de Saint-Vincent que nous venons d'employer d'après M. Méchain, qui l'a trouvée de + 9″742.

Pour réduire à la tour Saint-Vincent de Carcassonne la latitude observée à l'école centrale, voici les renseignemens que je trouve dans les manuscrits de M. Méchain :

Les rues de Carcassonne sont presque toutes alignées et dirigées à peu près du nord au sud et de l'est à l'ouest. La tour de Saint-Vincent et celle de Saint-Michel répondent aux extrémités d'une rue. Saint-Vincent est au nord, Saint-Michel au sud. La ligne qui joint les centres des deux tours se dirige précisément sur le pic de Bugarach. Or nous avons vu que l'azimut de Nore sur l'horizon de Saint-Vincent est de . . . . . . 201° 18′ 58″9

L'angle entre Nore et Alaric (t. I, p. 374) est de . . 86° 48′ 57″8

L'angle entre Alaric et Bugarach (t. I, p. 375) est de 68° 25′ 46″9

Donc, azimut de Bugarach et de Saint-Michel . . . . 356° 33′ 43″6

Soit donc (*planche IX*, *fig.* 16) *V* Saint-Vincent, *M* Saint-Michel, *VR* le méridien, l'angle *MVR* sera . . . . 3° 26′ 16″4

Soit *NV* = *MS* = ... 3ᵗ62

NS sera parallèle à VR; et si l'on mène NT parallèle à VR, NT sera le méridien de N, et TNR = ... 3° 26′ 16″4

O est un point de la ligne NS d'où l'on apercevoit les signaux E et N. La mesure sur le terrain a donné NOE = ... 85° 30′ 0″0

$NO = 164^t$ et $OE = 126^t20833$.

On en conclut ONE = ... 39° 13′ 55″0

Et $NE = 198^t93$.

De ONE retranchons ONT = ... 3° 26′ 16″0

Il restera TNE = ... 35° 47′ 39″0

Abaissons la perpendiculaire $EP = NE.\ sin.\ TNE$ = . 116^t35

Nous aurons aussi $NP = NE.\ cos.\ TNE$ = . . . 161^t36

Menons EC parallèle à NT, C sera le point dont on a observé la latitude. Prenons $P\Pi = PC$ = ... 7^t08

Il restera $N\Pi = V\pi$ = différence de latitude . . . . 154^t28

Et $\frac{154.28 \times 3600''}{56992} = 9''74$.

C'est ce qu'il faut ajouter à la latitude observée en C pour avoir celle de la tour de Saint-Vincent.

$P\Pi\pi = VN.\ cos.\ RVM = 3^t625.\ sin.\ 85°\ 30'$ = . . . 3^t614

Mais $C\Pi = EP$ = ... 116^t35

Donc $C\pi$ = ... 119^t96

Or $V\pi = N\Pi + NV\ cos.\ 85°\ 30' = 151^t28 + 0^t28$ = 154^t56

$$tang.\ CV\pi = \frac{C\pi}{V\pi} = tang.\ 37°\ 49'$$

et

$$VC = \frac{V\pi}{cos.\ CV\pi} = 195^t66$$

C'est la distance du cercle ou du point C à l'axe de la tour de Saint-Vincent.

Le bord de la tour de Saint-Vincent étoit éloigné de 85° 3′ 46″ du zénith du point C; d'où il suit que le bord de la tour étoit de . . 16^t84 plus élevé que le centre du cercle. La hauteur de ce centre au-dessus du pavé de la chambre étoit de 3^p75 = ... 0^t62

Donc la hauteur des bords de la tour au-dessus du pavé de la chambre . . . . 17^t46

Tous ces résultats sont conformes aux calculs de M. Méchain ; ce qui nous assure que la figure précédente représente exactement la position respective des différens points observés. Ainsi l'on peut compter sur la différence 9″74 de latitude entre l'école centrale et la tour de Saint-Vincent.

LATITUDE DE PERPIGNAN.

Nota. Tout ce qui est marqué de guillemets est tiré des manuscrits de M. Méchain.

« Nous avons profité de notre séjour à Perpignan » pour y faire des observations de latitude, dans l'espé- » rance qu'elles pourroient servir à reconnoître si l'at- » traction des Pyrénées altère la hauteur méridienne des » astres à Perpignan, en faisant dévier le fil à plomb, ou » le niveau de ces instrumens vers le sud, comme on l'a » conjecturé, en remarquant que le degré entre Rodès » et Perpignan, conclu des opérations de Cassini et La- » caille, étoit sensiblement trop grand (1). Cette con- » jecture ne manque pas de vraisemblance.

» C'est dans le jardin de la maison occupée par l'ad- » ministration départementale que nous avons fait nos » observations. MM. les administrateurs se sont em-

(1) Si ce degré est trop grand, il faut l'attribuer principalement à la mauvaise base de Rodès, d'après laquelle on avoit ajouté 21t76 à l'arc terrestre, c'est-à-dire 13t056 au degré. Je reviendrai sur se sujet quand nous ferons la comparaison de nos bases à celles de la *Méridienne vérifiée.*

» pressés de nous offrir toutes les facilités qu'ils pou-
» voient nous procurer.

» Le cercle étoit placé très-près de la porte du cabinet
» dans lequel on avoit établi la pendule, et où on le
» transportoit après les observations pour le mettre à
» l'abri des injures du temps. Chaque jour on le repla-
» çoit sur la même terrasse, précisément au même point;
» mais avant de recommencer les observations, on exa-
» minoit la position des alidades pour voir si elle n'avoit
» pas varié d'après la dernière observation du jour pré-
» cédent, et l'on n'y a jamais reconnu le moindre chan-
» gement. On vérifioit fréquemment la verticalité du
» plan de l'instrument, celle de la colonne étant établie
» d'abord dans toutes les directions azimutales; et l'on
» entretenoit le plan dans cette situation au moyen du
» petit niveau de la colonne.

» L'un des observateurs calloit le grand niveau, tandis
» que l'autre dirigeoit la lunette de manière que le fil
» horizontal partageât le disque apparent de l'étoile en
» deux parties égales, et le plus près possible du centre
» de la lunette, dont on avoit rendu l'axe parallèle au
» plan de l'instrument au moyen d'une lunette d'épreuve;
» une troisième personne comptoit à la pendule; enfin
» on a pris toutes les précautions nécessaires pour que
» ces observations eussent toute l'exactitude possible.

» On n'a pas eu besoin d'éclairer les fils de la lunette;
» dès le premier jour le crépuscule étoit assez fort pour
» qu'on les vît bien sans ce secours. Dans les derniers jours
» l'étoile passoit au méridien avant le coucher du soleil,

» et on la voyoit fort bien dans la lunette; il y avoit » seulement quelquefois un peu de difficulté à la » trouver. . . . . .

» Nous n'avions qu'un seul cercle et aucun instrument » pour régler la pendule, pendant le cours des obser- » vations de l'étoile; mais pour suppléer à ce défaut, » nous avons pris, plusieurs jours avant et après ces ob- » servations, des hauteurs absolues du soleil, le matin et » soir, avec le cercle, et ces hauteurs nous ont servi à » déterminer l'état et la marche de la pendule relative- » ment au temps moyen : on a même pris deux fois des » hauteurs correspondantes avec le cercle. Ces moyens » nous ont paru suffisans pour n'avoir pas à craindre » qu'il y ait d'erreur sensible sur l'état de la pendule, » et sa marche qui est très-uniforme : cette machine » a été construite par M. Louis Berthoud, et elle a une » verge de compensation. »

Je n'ai pu retrouver ces observations du soleil, ni même les originaux des distances de l'étoile au zénith; j'ai seulement entre les mains trois copies des calculs de la latitude, où je vais prendre tout ce qui suit. L'ascension droite moyenne de l'étoile y est supposée de $14^h 51' 27''$, au premier janvier 1796, et la déclinaison $74^o. 59'. 19''65$, la pendule retardoit de $8''05$ par jour.

Pour rapporter la latitude observée à la tour de St.-Jaumes (St.-Jacques), voici les moyens employés par M. Méchain.

SI (*planche X*, *fig.* 17), représente une règle placée bien verticalement sur le haut et au centre de la tour

St.-Jacques ; cette règle portoit deux toises S et I, distantes l'une de l'autre de 14p 1l 5 = 2t33507. Du point D, sur le haut de la maison du département, on a mesuré avec un bon micromètre adapté à une lunette acromatique de 3p 10p de foyer, l'angle IDS de 20′ 29″.

Pour vérification, la règle SI ayant été transférée au point D où répondoit l'objectif de la lunette, on a pris au centre de la tour l'angle entre les deux mires, et on l'a trouvé de. . . . . 20′ 31″

On peut donc, par un milieu, supposer IDS = . . . 20′ 30″

L'angle SID, ou la distance du point D au zénith de la tour, a été mesuré avec le cercle, et trouvé de . . . . 92° 11′ 7″

D'où l'on conclut ISD = ... 87° 28′ 23″

Et dans le triangle rectangle DBI, l'angle BDI = . . 2° 11′ 7″

Et dans le triangle rectangle DBS, l'angle BDS = . . 2° 31′ 37″

D'où, suivant M. Méchain, DI = 391t201, et BI = . 14t917

On sait d'ailleurs que la hauteur du point I au-dessus de la mer est d'environ 42t0

Ainsi la hauteur de DB au-dessus de la mer est de . . 27t1

Et si l'on suppose que HO soit la distance DI réduite à l'horizon de la mer, on aura

$$HO = 390^t 9093$$

Pour déterminer l'azimut de l'axe SIO de la tour, on a fait au point D les observations suivantes :

	Temps vrai.	Dist. entre le point I et le centre du ☉
29 juillet matin...	5° 58′ 12″00	
	6° 0′ 23″00	$\frac{119^g 676}{4}$ = 29g919 = 26° 55′ 37″6
	6° 2′ 56″00	
	6° 4′ 38″00	
Milieu . . .	6° 1′ 32″25	

Angle ZDI ou distance du point I au zénith de D = 87° 48′ 53″

A ces données si l'on joint 18° 37′ 5″ = déclinaison ☉, et 42° 42′ 4″1 = latitude du point D, on trouvera

101° 19′ 22″ pour la déclinaison du point *I* du nord à l'est de *D*, ou 11° 19′ 22″ de l'est au sud.

Soit maintenant *H* (*fig.* 18) le pied de la verticale abaissée du point *D* sur l'horizon, *E* le point est, *O* le pied de l'axe de la tour, *OM* le méridien, qui est perpendiculaire à la ligne *HE*, dont la direction est de l'ouest à l'est, l'angle $MHO = 11° 19' 22''$ déclinaison observée de l'est au sud; *OM* sera la quantité dont la tour *O* est plus sud que le point *H*, *HM* sera la différence en longitude:

$$HM = HO. \cos. H = 390^{t}9093. \cos. 11° 19' 22'' = 383^{t}295$$
$$OM = HO. \sin. H = 390^{t}9093. \sin. 11° 19' 22'' = 76^{t}749$$

Mais l'instrument étoit en *C*, et *CH* mesuré sur le terrain fut trouvé de 7″396, et $CHO = 93° 22'$. Donc

$$CHM = 93° 22' - 11° 19' 22'' = 82° 2' 38''$$

et

$$Ca = CH. \sin. H = 7^{t}396. \sin. 82° 2' 38'' = 7^{t}325$$

et

$$Ha = CH. \cos. H = 1^{t}024$$

Donc la différence en longitude se réduit à

$$382^{t}27 = Ma$$

et la différence en latitude devient

$$84^{t}074 = Ca + MO$$

La différence de longitude entre le cercle et la tour sera donc 32″68, et la différence en latitude 5″31.

On voit dans le livre de la *Méridienne vérifiée*, page 95, que l'endroit où l'on a observé les distances des étoiles au zénith étoit plus septentrional que la tour de Saint-Jaumes de 93^t5, et, page LXVII, qu'il étoit plus occidental de 391^t. Ces mesures ne diffèrent des précédentes que de $9^t\frac{2}{3}$. Il paroît donc que les auteurs de la *Méridienne vérifiée* ont observé dans le même enclos; et les $9^t\frac{2}{3}$ dont ils étoient plus au nord répondent à 0″60 dont leur latitude devoit être plus forte que celle de M. Méchain.

Passage supérieur de β de la petite Ourse.

Année 1796.	Obs.	Arcs observés.	Arc du jour.	Arc simple.	Arc sexagésimal.	Barom.	Therm.
		G.	G.	G.	D. M. S.	PO. L.	D.
30 juin . .	8	287.0245	287.0245	35.8780625	32 17 24.92	28 2.0	+ 15.2
2 juillet .	12	717.5840	430.5595	35.8799513	32 17 31.07	28 2.4	16.2
4	14	1219.8595	502.2755	35.8768214	32 17 20.90	28 1.2	15.7
5	16	1793.9255	574.066	35.879125	32 17 28.36	28 1.2	16.5
7	16	2367.9930	574.0675	35.879219	32 17 28.67	28 2.5	15.6
9	16	2942.0870	574.0940	35.880875	32 17 34.03	28 3.7	15.8
10	18	3587.923	645.836	35.879778	32 17 30.48	28 2.2	18.8
12	12	4018.4985	430.5755	35.881292	32 17 35.38	28 3.0	14.1
13	12	4449.0335	430.5350	35.877917	32 17 24.45	28 2.8	14.6
15	16	5023.12	574.0865	35.880406	32 17 32.52	28 2.0	18.2
16	12	5453.713	430.5930	35.88275	32 17 40,11	28 1.2	21.0

Position apparente de l'étoile.

Année 1796.	Asc. droite appar.	Passage, temps m.	Déclinaison.
30 juin	14° 51′ 29″6	8h 13′ 8″2	74° 59′ 34″53
2 juillet . . .	29.4	8 5 16.2	34.81
4	29.3	7 57 24.3	35.07
5	29.2	7 53 28.3	35.20
7	29.1	7 46 36.3	35.42
9	28.9	7 37 44.4	35.64
10	28.8	7 33 48.4	35.75
12	28.7	7 25 56.4	35.95
13	28.6	7 22 0.4	36.03
15	28.5	7 14 8.5	36.17
16	28.4	7 10 12.5	36.24

Cette détermination suppose 74° 59′ 19″65 pour la déclinaison moyenne en 1796. Nous reviendrons sur cet objet quand nous aurons discuté les autres latitudes et la déclinaison de β de la petite Ourse.

TABLE de réduction pour le passage supérieur de β de la petite Ourse.

ANGLE horaire.	Réduct.	Différ.	ANGLE horaire.	Réduct.	Différ.	ANGLE horaire.	Réduct.	Différ.
0′ 0″	0″00		4′ 0″	11″25		8′ 0″	44″99	
10	0.02	0″02	10	12.21	0″96	10	46.89	1″90
20	0.08	0.06	20	13.21	1.00	20	48.82	1.93
30	0.18	0.10	30	14.24	1.03	30	50.79	1.97
40	0.31	0.13	40	15.31	1.07	40	52.80	2.01
50	0.48	0.17	50	16.43	1.12	50	54.85	2.05
1 0	0.70	0.22	5 0	17.58	1.15	9 0	56.94	2.09
10	0.96	0.26	10	18.77	1.19	10	59.07	2.13
20	1.25	0.29	20	20.00	1.23	20	61.23	2.16
30	1.58	0.33	30	21.27	1.27	30	63.44	2.21
40	1.95	0.37	40	22.58	1.31	40	65.68	2.24
50	2.36	0.41	50	23.93	1.35	50	67.97	2.29
2 0	2.81	0.45	6 0	25.31	1.38	10 0	70.29	2.32
10	3.30	0.49	10	26.74	1.43	10	72.65	2.36
20	3.83	0.53	20	28.20	1.46	20	75.05	2.40
30	4.39	0.56	30	29.71	1.51	30	77.49	2.44
40	5.00	0.61	40	31.25	1.54	40	79.97	2.48
50	5.65	0.65	50	32.83	1.58	50	82.49	2.52
3 0	6.33	0.68	7 0	34.45	1.62	11 0	85.04	2.55
10	7.05	0.72	10	36.11	1.66	10	87.64	2.60
20	7.81	0.76	20	37.81	1.70	20	90.27	2.63
30	8.61	0.80	30	39.55	1.74	30	92.94	2.67
40	9.45	0.84	40	41.32	1.77	40	95.66	2.72
50	10.33	0.88	50	43.14	1.82	50	98.41	2.75
4 0	11.25	0.92	8 0	44.99	1.85	12 0	101.20	2.79

Réfraction moyenne = 35″786.

Série de cent cinquante-deux observations de β de la petite Ourse au passage supérieur.

30 *juin* 1796.

Bar. 28 p. 2.0 lig. Therm. + 15.2 deg.

8h 13′ 8″2
— 2 25.0

	Angle horaire.	Réduct.
8 10 43.2		
8 1 07	9′ 36″2	64″83
2 56	7 47.2	42.63
6 52	3 51.2	11.27
9 11	1 32.2	1.66
11 50	1 6.8	0.88
13 47	3 3.8	6.60
17 13	6 29.8	29.68
19 38	8 54.8	55.85
8 observations . . .		213.40
Réduction moyenne .	—	26.63
Arc simple		32 17 24.92
Distance Z.		32 16 58.29
Réfraction		+ 0 35.00
Dist. Z. au méridien .		32 17 33.29
Distance polaire . . .		15 0 25.47
Hauteur de l'équat. .		47 17 58.76
Latitude		42 42 1.24

2 *juillet* 1796.

Bar. 28 p. 2.4 lig. Therm. + 16.16 deg.

8 5 16.2
— 2 41.0

	Angle horaire.	Réduction.
8 2 35.2		
7 52 58	9 37.2	65.05
54 20	8 15.2	47.89
56 15	6 20.2	28.23
57 33	5 2.2	17.84
7h 59′ 44″	2′ 51″2	5″73
8 1 27	1 8.2	0.91
3 40	1 4.8	0.83
5 4	2 28.8	0.32
7 45	5 9.8	18.75
9 9	6 33.8	30.29
10 58	8 22.8	49.37
12 52	10 16.8	74.28
12 observations . . .		343.49
Réduction moyenne .	—	28.62
Arc simple		32 17 31.07
Distance Z.		32 17 2.45
Réfraction		+ 0 34.86
Dist. Z. au méridien.		32 17 37.31
Distance polaire . . .		15 0 25 19
Hauteur de l'équat. .		47 18 2.50
Latitude		42 41 57.50

4 *juillet* 1796.

Bar. 28 p. 1.2 lig. Therm. + 15.68 deg.

7 57 24.3
— 2 57.2

7 54 27.1		
7 45 2	9 25.1	62.36
46 31	7 56.1	44.26
47 56	6 31.1	29.87
49 27	5 0.1	17.59
50 57	3 30.1	8.62
52 12	2 15.1	3.56
53 52	0 35.1	0.24
55 0	0 32.9	0.22
56 19	1 51.9	2.45
57 35	3 7.9	6.90

	Angle horaire.	Réduction.
7h 59′ 2″	4′ 34″9	14″77
8 0 20	5 52·9	24·34
1 50	7 22·9	38·30
3 7	8 39·9	52·78

14 observations . . .		306·26
Réduction moyenne .	—	21·88
Arc simple	32 17 20·90	
Distance Z.	32 16 59·02	
Réfraction	+ 0 34·83	
Dist. Z. au méridien .	32 17 33·85	
Distance polaire. . .	15 0 24·93	
Hauteur de l'équat. .	47 17 58·78	
Latitude	42 42 1·22	

5 juillet 1796.

Bar. 28 p. 1 2 lig. Therm. + 16.48 deg.

7 53 28·3		
— 3 5·2		
7 50 23·1		
7 40 55	9 28·1	63·00
42 15	8 8·1	46·52
43 39	6 44·1	31·88
44 54	5 29·1	21·14
46 21	4 2·1	11·44
47 38	2 45·1	5·33
48 59	1 24·1	1·38
50 29	0 5·9	0·01
52 7	1 43·9	2·11
53 29	3 5·9	6·75
55 14	4 50·9	16·54
56 37	6 13·9	27·32
58 10	7 46·9	42·58
59 37	9 13·9	59·91
8 0 58	10 34·9	78·72
1 57	11 33·9	94·00
16 observations . . .		508·63

Réduction moyenne .	—	31·79
Arc simple	32 17 28·36	
Distance Z.	32 16 56·57	
Réfraction	+ 0 34·68	
Dist. Z. au méridien .	32 17 31·25	
Distance polaire. . .	15 0 24·80	
Hauteur de l'équat. .	47 17 56·05	
Latitude.	42 42 3·95	

7 juillet 1796.

Bar. 28 p. 2.5 lig. Therm. + 15.64 deg.

	Angle horaire.	Réduct.
7h 45′ 36″3		
— 3 21·3		
7 42 15·0		
7 31 45	10′ 30″	77″49
33 29	8 46	54·03
35 15	7 0	34·45
36 27	5 48	23·66
37 46	4 29	14·14
39 05	3 10	7·05
40 28	1 47	2·24
41 50	0 25	0·13
43 28	1 13	1·05
45 3	2 48	5·52
46 31	4 16	12·81
47 51	5 36	22·05
49 22	7 7	35·61
50 53	8 38	52·39
52 0	9 45	66·82
53 10	10 55	83·76
16 observations . . .		493·20

Réduction moyenne .	—	30·82
Arc simple	32 17 28·67	
Distance Z.	32 16 57·85	
Réfraction	+ 0 34·97	
Dist. Z. au méridien .	32 17 32·82	
Distance polaire . . .	15 0 24·58	
Hauteur de l'équat. .	47 17 57·40	
Latitude.	42 42 2·60	

9 *juillet* 1796.

Bar. 28 p. 3.7 lig. Therm. + 15.84 deg.

7h 37′ 44″4		
— 3 37.4		
7 34 7.0		

	Angle horaire.	Réduct."
7 22 45	11′ 22″	90″80
24 29	9 38	65.23
27 17	6 50	32.83
28 29	5 38	22.31
29 52	4 15	12.71
31 9	2 58	6.19
32 30	1 37	1.84
34 0	0 7	0.01
35 53	1 46	2.19
37 27	3 20	7.81
39 14	5 7	18.42
41 8	7 1	34.61
42 37	8 30	50.79
43 37	9 30	63.44
46 12	11 5	86.34
46 12	12 5	102.61

16 observations . . .	598.13
Réduction moyenne .	— 37.38
Arc simple	32 17 34.03
Distance Z.	32 16 56.65
Réfraction	+ 0 35.05
Dist. Z. au méridien .	32 17 31.70
Distance polaire . . .	15 0 24.36
Hauteur de l'équat. .	47 17 56.06
Latitude	42 42 3.94

10 *juillet* 1796.

Bar. 28 p. 2.2 lig. Therm. + 18.80 deg.

7 33 48.4		
— 3 45.4		
7 30 3.0		

	Angle horaire.	Réduction.
7 18 45	11 18	89.74
20 2	10 1	70.53
7h 21′ 43″	8′ 20″	48″82
22 49	7 14	36.79
24 11	5 52	24.21
25 34	4 29	14.14
26 55	3 8	6.90
28 13	1 50	2.36
29 52	0 11	0.03
30 58	0 55	0.59
32 40	2 37	4.82
33 53	3 50	10.33
35 12	5 9	18.65
36 21	6 18	27.91
37 27	7 24	38.51
38 36	8 33	51.39
39 51	9 48	67.51
41 14	11 11	87.90

18 observations . . .	601.13
Réduction moyenne .	— 33.40
Arc simple	32 17 30.48
Distance Z.	32 16 57.08
Réfraction	+ 0 34.36
Dist. Z. au méridien .	32 17 31.44
Distance polaire . . .	15 0 24.25
Hauteur de l'équat. .	47 17 55.69
Latitude	42 42 4.31

12 *juillet* 1796.

Bar. 28 p. 3.0 lig. Therm. + 14.08 deg.

7 25 56.4		
— 4 1.5		
7 21 54.9		

	Angle horaire.	Réduction.
7 10 14	11 40.9	95.90
12 55	8 59.9	56.92
14 58	6 56.9	33.94
15 48	6 6.9	26.29
21 9	0 45.9	0.41
22 38	0 43.1	0.36
24 48	2 53.1	5.85
26 0	4 5.1	11.73

	Angle horaire.	Réduction.
7h 27' 47"	5' 52"1	24"21
29 18	7 23.1	38.34
30 58	9 3.1	57.59
32 34	10 39.1	79.73
12 observations . . .		431.27

Réduction moyenne . — 35.94
Arc simple 32 17 35.38

Distance Z. 32 16 59.44
Réfraction . . . . . + 0 35.31

Dist. Z. au méridien . 32 17 34.75
Distance polaire . . . 15 0 24.05

Hauteur de l'équat. . 47 17 58.80
Latitude 42 42 1.20

13 *juillet* 1796.

Bar. 28 p. 2.8 lig. Therm. + 14.56 deg.

7 22 0.4
— 4 9.5

7 17 50.9

7 6 54	10 56.9	84.29
9 28	8 22.9	49.39
11 50	6 0.9	25.44
13 0	4 50.9	16.53
15 08	2 42.9	5.19
16 20	1 30.9	1.61
17 45	0 5.9	0.01
18 57	1 6.1	0.86
20 20	2 29.1	4.34
21 38	3 47.1	10.07
26 54	9 3.1	57.60
28 16	10 25.1	76.29
12 observations . . .		331.62

Réduction moyenne . — 27.63
Arc simple 32 17 24.45

Distance Z. 32 16 56.82
Réfraction . . . . . + 0 35.20

Dist. Z. au méridien . 32 17 32.02
Distance polaire . . . 15 0 23.97

Hauteur de l'équat. . 47 17 55.99
Latitude 42 42 4.01

15 *juillet* 1796.

Bar. 28 p. 2.0 lig. Therm. + 18.24 deg.

7h 14' 8"5
— 4 25.7

7 9 42.8

	Angle horaire.	Réduct.
6 58 51	10' 51"8	82"95
1 19	8 23.8	49.57
3 53	5 49.8	23.90
5 18	4 24.8	13.70
6 51	2 51.8	5.78
8 07	1 35.8	1.80
9 22	0 20.8	0.09
11 06	1 23.2	1.36
12 20	2 37.2	4.83
13 47	4 4.2	11.64
15 11	5 28.2	21.04
16 23	6 40.2	31.28
17 59	8 16.2	48.08
19 10	9 27.2	62.82
20 28	10 45.2	81.28
21 27	11 44.2	96.81
16 observations . . .		536.93

Réduction moyenne . — 33.56
Arc simple 32 17 32.52

Distance Z. 32 16 58.96
Réfraction . . . . . + 0 34.44

Dist. Z. au méridien . 32 17 33.40
Distance polaire . . . 15 0 23.83

Hauteur de l'équat. . 47 17 57.23
Latitude. 42 42 2.77

16 juillet 1796.

Bar. 28 p. 1.2 lig. Therm. + 20.96 deg.

7h 10' 12"5	
— 4 33.7	
7 5 38.8	

	Angle horaire.	Réduct.
6 55 25	10' 13"8	73"56
57 36	8 2.8	45.52
59 03	6 35.8	30.60
7 0 23	5 15.8	19.48
2 15	3 23.8	8.10
4 47	0 51.8	0.52
6 25	0 46.2	0.41
8 4	2 25.2	4.12
13 19	7 40.2	41.35
7h 15' 0"	9' 21"2	61"49
16 19	10 40.2	80.02
17 58	12 14.2	105.23

12 observations . . .	470.40
Réduction moyenne .	— 39.20
Arc simple	32 17 40.11
Distance Z.	32 17 0.91
Réfraction	+ 0 33.88
Dist. Z. au méridien .	32 17 34.79
Distance polaire . . .	15 0 23.76
Hauteur de l'équat. .	47 17 58.55
Latitude	42 42 1.45

Résultats du passage supérieur de β de la petite Ourse.

ANNÉE 1796.	*n*	LATITUDE.	*N*	LATITUDE.
30 juin	8	42° 42' 1"24	8	42° 42' 1"24
2 juillet	12	41 57.50	20	41 59.00
4	14	42 1.22	34	41 59.92
5	16	42 3.95	50	42 1.55
7	16	2.66	66	42 2.05
9	16	3.94	82	2.73
10	18	4.31	100	3.45
12	12	1.20	112	3.20
13	12	4.01	124	3.48
15	16	2.77	140	3.48
16	12	1.45	152	3.32

LATITUDE DE MONTJOUY.

Passage supérieur de la Polaire.

Année 1792.	Observ.	Arcs observés.			Arc du jour.			Arc sexagésim.			Arc simple.			Barom.		Ther. cent.	Ther. sexag.
		D.	M.	P.	D.	M.	P.	D.	M.	S.	D.	M.	S.	PO.	L.	D.	D.
15 déc.	14	670	10	4.575	655	30	11.7375	655	35	52.125	46	49	42.29	27	8.3	0.100	7.8
16	16	1419	20	15.5875	1749	10	10.9125	749	15	27.375	46	49	42.96	27	7.2	0.115	9.2
18	18	2262	20	4.25	842	50	08.6625	842	54	19.875	46	49	41.10	27	11.4	0.1025	8.2
19	18	3105	10	12.8875	842	50	8.6375	842	54	19.125	46	49	41.06	27	10.4	0.107	8.56
20	20	4041	50	4.45	936	30	11.5625	936	35	46.875	46	49	47.34	27	9.1	0.122	9.76
27	18	842	50	12.1875	842	50	11.1475	842	56	5.625	46	49	46.98	27	4.0	5.12	4.8
28	22	1873	10	2.56	1030	10	10.3725	1030	15	11.175	46	49	46.87	27	5.5	5.52	4.96
29	20	2809	40	12.88	936	30	10.32	936	35	9.6	46	49	45.48	27	6.7	6.88	6.16
30	20	3746	20	5.235	936	30	12.355	936	36	10.65	46	49	48.53	27	6.9	7.12	5.92
31	20	4682	50	17.105	936	30	11,870	936	35	56.1	46	49	47.80	27	6.0	7,60	6.72

On voit que ces observations ont été faites avec le cercle divisé en 360°. Les vingt parties du vernier valent 10 minutes : en prenant la moitié des parties observées, on aura des minutes et fractions de minutes qu'il faudra multiplier par 60, pour les convertir en secondes.

Ainsi, le premier jour, l'arc . . . . 655° 30′ 11p7375
Deviendra successivement . . . . 655° 35′ 86875
Et . . . . 655° 35′ 52″125

On peut faire l'opération d'une manière un peu plus courte, en prenant pour les minutes la moitié du plus grand nombre pair qui se trouve dans les entiers, et multipliant le reste par 30. Ainsi le plus grand nombre pair contenu dans 11″7375 est 10, en ne considérant que les entiers.

L'arc sera donc . . . . 655° 35′ 52″125

car le reste 1,7375, multiplié par 30, donnera 52″125, que l'on mettra à la suite des minutes.

De même l'arc 749° 10′ 10″9125 deviendra . 749° 15′ 27″375

Cette opération n'est pas bien difficile, mais elle se répète souvent. Il est bien plus commode que le vernier donne des unités de la même espèce que le limbe; la notation, à l'avantage de l'uniformité, joint celui de tenir moins de place et donner plus de facilité pour les divisions continuelles que demande la réduction des angles multiples à l'angle simple. Aussi tous les observateurs donnent-ils hautement la préférence à la division décimale des cercles répétiteurs. Je me suis souvent félicité de ce que mes deux cercles étoient ainsi divisés. M. Méchain se servoit presque toujours du cercle décimal; il faisoit porter le cercle sexagésimal aux stations où il n'alloit pas lui-même : il l'a ensuite cédé aux astronomes de Milan, et l'a remplacé par un autre cercle décimal.

Passage inférieur de la Polaire.

Année 1796.	Observ.	Arcs observés.	Arc du jour.	Arc simple.	Arc sexagésim.	Baromètre	Ther. intér.	Ther. extér.
		G.	G.	G.	D. M. S.	PO. L.	D.	D.
27 déc. .	20	1120.21315	1120.21315	56.0106575	50 24 34.53	27 6.2	1.6	1.76
28 . . .	12	1792.36590	672.15275	56.0127292	50 24 41.24	27 5.3	4.2	4.8
29 . . .	2	1904.39035	112.02445	56.0122215	50 24 39.61	27 7.1	6.4	5.84
30 . . .	24	3248.634025	1344.243575	56.0101531	50 24 32.90	27 6.3	6.54	6.0
31 . . .	20	4368.845275	1120.21125	56.0105625	50 24 34,22	27 5.4	2.24	1.76
2 janv..	20	5489.002265	1120.157375	56.00786875	50 24 25.49	27 5.9	3.6	3.04
4 . . .	22	6721.218025	1232.215375	56.00978977	50 24 31.72	27 7.3	5 76	6.16
6 . . .	20	7841.418525	1120.2005	56.010025	50 24 32.48	27 9.6	5.2	5.52

Passage supérieur de β de la petite Ourse.

Année 1792.	Observ.	Arcs observés.	Arc du jour.	Arc simple.	Arc sexagésimal.	Barom.	Ther. intér.	Ther. extér.
		G.	G.	G.	D. M. S.	PO. L.	D.	D.
7 févr..	12	448.413175	448.413175	37.5677646	33 37 51.56	27 9.3	5.6	5.36
8. . .	12	896.826225	448.41305	37.3677542	33 37 51.52	27 8.1	5.2	4.24
9. . .	12	1345.24935	448.423125	37.36859375	33 37 54.24	27 7.9	6.72	6.88
10. . .	12	1793.6701	448.42075	37.36839583	33 37 53.60	27 6.6	6.72	6.08
11. . .	12	2242.09085	448.42075	37.36839583	33 37 53.60	27 8.65	4.96	4.32
13. . .	12	2690.51085	448.42000	37.368333	33 37 53.40	27 8.2	8.0	7.84
19. . .	12	3138.93858	448.427725	37.368977	33 37 55.49	27 6.0	4.56	4.64
21. . .	12	3587.38185	448.443275	37.370273	33 37 59.68	27 8.2	4.64	4.56
22. . .	12	4035.81910	448.43725	37.369771	33 37 58.06	27 10.1	5.44	5.36
24. . .	12	4484.237225	448.418125	37.368177	33 37 52.89	27 11.4	7.52	7.44
25. . .	12	4932.66217	448.4237225	37.368746	33 37 54.74	27 8.5	6.64	6.32
26. . .	12	5381.086475	448.42430	37.3686917	33 37 54.56	27 9.0	6.96	6.56

Passage inférieur.

Année 1792.	Observ.	Arcs observés.	Arc du jour.	Arc sexagésimal.	Arc simple.	Barom.	Ther. intér.	Ther. extér.
		D. M. P.	D. M. P.	D. M. S.	D. M. S.	PO. L.	D.	D.
21 janv.	16	1017 30 15.65	1017 30 15.65	1017 37 49.5	63 36 6.84	27 11.2	7.12	5.28
22. . .	16	2035 10 8.02	1017 30 12.37	1017 36 11.1	63 36 0.69	28 0.3	7.2	5.6
23. . .	16	3052 40 18.995	1017 30 10.975	1017 35 29.25	63 35 58.08	28 0.8	6.8	6.0
24. . .	16	4070 20 14.625	1017 30 15.630	1017 37 48.90	63 36 6.81	27 10.0	6.48	6.32
25. .	16	5088 0 6.1375	1017 30 11.5125	1017 35 45.375	63 35 59.09	27 8.4	9.28	8.72
26. . .	16	6105 40 2.12	1017 30 15.9825	1017 37 59.475	63 36 7.47	27 7.5	8.96	7.60
27. . .	6	6487 10 14.1375	381 30 12.0175	381 36 0.525	63 36 0.09	27 9.7	7.68	7.2
28. . .	16	7504 50 5.2125	1017 30 11.0750	1017 35 32.25	63 35 58.27	27 9.7	6.96	6.16
29. . .	14	8395 10 14.7375	890 20 9.525	890 24 45.75	63 36 3.27	27 9.1	7.04	5.36
30. . .	12	9158 30 3.6625	763 10 8.925	763 14 27.75	63 36 12.31	27 6.8	7.68	5.6

On voit que les observations du passage inférieur ont été faites au cercle sexagésimal.

α du Dragon, passage supérieur.

Année 1793.	Observ.	Arcs observés.	Arc du jour.	Arc simple.	Arc sexagésimal.	Barom.	Ther. intér.	Ther. extér.
		G.	G.	G.	D. M. S.	PO. L.	D.	D.
22 janv.	12	320.16925	320.16925	26.68077	24 0 45.70	28 0.4	4.56	4.48
23 . . .	12	640.40850	320.23925	26.686604	24 1 4.60	27 11.5	5.36	4.8
25 . . .	12	960.609325	320.200825	26.683402	24 0 54.22	27 7.8	7.2	6.56
27 . . .	12	1280.8037	320.199375	26.683281	24 0 53.83	27 9.5	5.04	4.32
29 . . .	12	1600.963885	320.155175	26.679598	24 0 41.90	27 7.6	3.2	2.56
31 . . .	12	1921.125625	320.161750	26.680146	24 0 43.67	27 5.9	5.28	4.56

α du Dragon, passage inférieur.

Année 1793.	Observ.	Arcs observés.	Arc du jour.	Arc sexagésimal.	Arc simple.	Barom.	Ther. intér.	Ther. extér.
		D. M. P.	D. M. P.	D. M. S.	D. M. S.	PO. L.	D.	D.
13 janv.	14	1024 50 14.7675	1024 50 14.7675	1024 57 23.025	72 12 40.22	27 3.5	7.2	6.56
14 . . .	14	2049 50 7.6425	1024 50 12.8750	1024 56 26.25	73 12 36.16	27 1.8	6.56	6.56
15 . . .	10	2781 0 3.925	732 0 16.2825	732 8 8.475	73 12 48 85	27 3.7	5.84	5.28
16 . . .	14	3806 50 16.8175	1024 50 12.8925	1024 56 26.775	73 12 36.20	27 3.7	4.96	4.0
18 . . .	2	3953 20 7.055	146 20 10.2375	146 25 7.125	73 12 33.56	27 8.0	3.68	3.2
19 . . .	12	4831 50 11.2425	878 30 4.1875	878 32 5.625	73 12 40.47	27 10.3	5.92	5.28
20 . . .	6	5271 10 5.1675	439 10 13.9250	439 16 57.75	73 12 49.62	27 10.5	6.4	5.6

ζ de la grande Ourse, passage supérieur.

Année 1793.	Observ.	Arcs observés.	Arc du jour.	Arc simple.	Arc sexagésimal.	Barom.	Ther. intér.	Ther. extér.
		G.	G.	G.	D. M. S.	PO. L.	D.	D.
7 janv.	6	97.726	97.726	16.28767	14 39 32.04	27 9.5	4.8	4.64
8 . . .	8	228.378625	130.652625	16.3315781	14 41 54.31	27 7.8	6.16	6.24
10 . . .	8	358.71025	130.331625	16.2914531	14 39 41.31	27 8.5	6.16	6.16
12 . . .	10	521.667575	162.957325	16.2957325	14 39 58.17	27 5.2	5.76	5.28
14 . . .	6	624.608625	162.94105	16.294105	14 39 52.90	27 2.1	4.0	3.68
15 . . .	10	847.5830	162.974375	16.2974375	14 40 3.70	27 4.1	2.96	2.8
18 . . .	12	1043.176125	195.593125	16.299427	14 40 10.14	27 8.9	2.8	2.4
19 . . .	10	1206.182875	163.00675	16.300675	14 40 14.19	27 10.3	3.52	3.52
20 . . .	8	1336.628	130.445125	16.305641	14 40 30.27	27 10.0	4.41	4.56

ζ grande Ourse, passage inférieur.

Année 1793.	Observ.	Arcs observés.	Arc du jour.	Arc sexagésimal.	Arc simple.	Barom.	Ther. intér.	Ther. extér.
		D. M. P.	D. M. P.	D. M. S.	D. M. S.	PO. L.	D.	D.
3 janv.	10	825 0 7.785	825 0 7.785	825 3 55.55	82 30 23.35	27 6.45	6.24	6.4
5 . . .	12	1815 10 0.1675	990 0 12.3825	990 6 11.475	82 30 30.96	27 6.0	6.24	6.4
6 . . .	14	2970 10 9.06	1155 0 8.8925	1155 4 26.775	82 30 19.06	27 8.9	8.00	7.2
7 . . .	2	3960 10 17.685	990 0 8.625	990 4 18.75	82 30 21.56	27 9.8	7.44	7.2
8 . . .	18	4620 20 5.9625	660 0 8.2775	660 4 8.325	82 30 31.04	27 9.2	6.56	5.76
10 . . .	14	5775 20 10.325	155 0 4.3625	1155 2 10.875	82 30 9.35	27 9.0	8.16	7.2
11 . . .	12	6765 20 17.81	1990 0 7.485	990 3 44.55	82 30 18.71	27 8.9	6.96	6.16

β du Taureau.

		D. M. P.	D. M. P.	D. M. S.	D. M. S.	PO. L.	D.	D.
4 fév. .	8	103 40 17.55	103 40 17.55	103 48 46.5	12 58 35.81	27 6.15	7.6	7.6
5 . .	8	207 40 6.275	103 50 8.725	103 54 21.75	12 59 17.72	27 6.0	7.52	7.04
6 . . .	8	311 30 17.20	103 50 10.925	103 55 27.75	12 59 25.97	27 7.05	8.32	7.84
8 . . .	8	415 30 9.15	103 50 5.95	103 52 58.5	12 59 7.31	27 9.5	7.44	6.16
10 . . .	8	519 20 4.3525	103 50 1.2025	103 50 36.075	12 58 49.51	27 7.15	9.44	8.96
11 . . .	6	597 10 10.0125	77 50 5.66	77 52 49.8	12 58 48.30	27 8.0	7.52	6.4
13 . . .	10	726 50 19.67	129 40 9.6575	129 44 49.725	12 58 28.97	27 7.6	9.04	5.56
14 . . .	8	830 40 14.40	103 40 14.73	103 47 21.90	12 58 25.24	27 7.05	7.44	8.32
20 . . .	8	934 30 9.05	103 40 14.65	103 47 19.5	12 58 24.94	27 6.7	6.4	5.57
21 . . .	8	1038 20 4.075	103 40 15.025	103 47 30.75	12 58 26.34	27 7.8	6.24	5.44
24 . . .	8	1112 0. 7.675	103 40 3.6	103 41 48.00	12 57 43.50	27 11.4	8.0	7.2

β de Gémeaux Pollux.

25 mars.	8	102 50 19.950	102 50 19.950	102 59 58.5	12 52 29.81	27 0.6	4.96	4.64
27 . . .	8	205 50 15.1425	102 50 15.1925	102 57 35.775	12 52 11.97	27 4.1	7.92	7.76
28 . . .	8	308 50 9.65	102 50 14.5075	102 57 15.225	12 52 9.40	27 2.8	6.4	6.0
31 . . .	8	411 50 4.95	102 50 15.30	102 57 39.0	12 52 12.38	27 4.3	8.16	8.08
2 avril.	8	514 50 2.35	102 50 17.4	102 58 42.0	12 53 20.25	27 5.95	10 40	10.08

Corrections des réfractions moyennes.

Baromètre.	Polaire sup.	Polaire inf.	β supér.	β infér.	α supér.	α infér.	ζ supér.	ζ infér.		
27P·0l	− 2″16	....	....	....	....	− 6″64	− 0″53	− 14″70		
1	1.98	....	....	....	....	6.09	0.48	13.47		
2	1.80	....	....	....	....	5.54	0.44	12.25		
3	1.62	− 1″83	− 0″96	....	....	4.98	0.40	11.02		
4	1.44	1.63	0.85	....	− 0″60	4.43	0.35	9.80		
5	1.26	1.43	0.74	....	0.52	3.88	0.31	8.57		
6	1.08	1.22	0.64	− 2″03	0.45	3.32	0.26	7.35		
7	0.90	1.02	0.53	1.69	0.37	2.77	0.22	6.12		
8	0.72	0.81	0.42	1.35	0.30	2.21	0.18	4.90		
9	0.54	0.61	0.32	1.02	0.22	1.66	0.13	3.67		
10	0.36	0.41	0.21	0.68	0.15	1.11	0.09	2.45		
11	− 0.18	− 0.20	− 0.11	− 0.34	− 0.08	− 0.55	− 0.04	− 1.22		
28 0	0.00	0.00	0.00	0.00	0.00	0.00	0.00	0.00		
1	+ 0.18	+ 0.20	+ 0.11	+ 0.34	+ 0.08	+ 0.55	+ 0.04	+ 1.22		
2	0.36	0.41	0.21	0.68	0.15	1.11	0.09	2.45		
Thermomètre.									*F*	*f*
10	+ 0.00	+ 0.00	+ 0.00	+ 0.00	+ 0.00	+ 0.00	+ 0.00	+ 0.00	0.0000	0.145
9	0.38	0.38	0.21	0.63	0.14	1.02	0.08	2.26	55	146
8	0.67	0.75	0.42	1.26	0.28	2.06	0.16	4.57	0111	147
7	1.01	1.15	0.63	1.91	0.42	3.13	0.25	6.91	0168	148
6	1.36	1.54	0.85	2.56	0.57	4.19	0.33	9.26	0225	149
5	1.71	1.94	1.07	3.22	0.71	5.26	0.42	11.65	0283	150
4	2.06	2.33	1.28	3.88	0.86	6.34	0.50	14.04	0341	150
3	2.41	2.74	1.51	4.55	1.01	7.44	0.59	16.46	0400	151
2	2.77	3.15	1.73	5.23	1.16	8.56	0.68	18.93	0460	152
1	3.14	3.56	1.96	5.92	1.31	9.69	0.77	21.44	0521	152
0	3.51	3.97	2.19	6.62	1.46	10.83	0.85	23.98	0582	153

Réfraction moyenne.

Polaire supérieure . . = 60″312 + 0·0005857. (Z — 46° 49′ 05″)
Polaire inférieure . . = 68″397 + 0·0006742. (Z — 50° 24′ 34″)
β supérieure . . . . = 37″678 + 0·0003949. (Z — 33° 17′ 53″)
β inférieure . . . . = 113″703 + 0·0013699. (Z — 63° 35′ 58″)
α supérieur . . . . = 25″227 + 0·0003304. (Z — 24° 0′ 50″)
α inférieur . . . . = 186″019 + 0·0032194. (Z — 73° 12′ 40″)
ζ supérieure . . . . = 14″813 + 0·0002950. (Z — 14° 39′ 32″)
ζ inférieure . . . . = 411″610 + 0·0184180. (Z — 82° 30′ 10″)

TABLE pour le passage de l'étoile polaire au méridien, et pour sa distance apparente au pôle.

Passage supérieur.

DATES des observations.	TEMPS MOYEN du passage au méridien.	DISTANCE apparente au pôle.
15 déc. 1792 .	7h 10' 53"7	1° 47' 35"92
16	7 6 57.2	35.78
18	6 59 4.3	35.49
19	6 55 7.8	35.46
20	6 51 11.3	35.26
27	6 23 36.9	34.60
28	6 19 40.3	34.52
29	6 15 43.7	34.46
30	6 11 47.1	34.40
31	6 7 50.4	1 47 34.37

Passage inférieur.

DATES des observations.	TEMPS MOYEN du passage au méridien.	DISTANCE apparente au pôle.
27 déc. 1792 .	18 21 38.6	1 47 34.54
28	18 17 42.0	34.47
29	18 13 45.4	34.41
30	18 9 48.7	34.38
31	18 5 52.1	34.36
2 janv. 1793 .	17 57 59.1	34.25
4	17 50 6.0	34.21
6	17 42 12.9	1 47 34.19

TABLE de réduction des distances de la Polaire au méridien.

Angle horaire.	Passage sup. Réduct.	Passage sup. Diff.	Passage inf. Réduct.	Passage inf. Diff.	Angle horaire.	Passage sup. Réduct.	Passage sup. Diff.	Passage inf. Réduct.	Passage inf. Diff.
0′ 0″	0″00	0″00	0″00	0″00	5′ 0″	1″59	0″11	1″50	0″10
10	0.00	0.01	0.00	0.01	10	1.70	0.11	1.60	0.11
20	0.01	0.01	0.01	0.01	20	1.81	0.11	1.71	0.11
30	0.02	0.01	0.02	0.01	30	1.92	0.12	1.82	0.11
40	0.03	0.01	0.03	0.01	40	2.04	0.12	1.93	0.12
50	0.04	0.02	0.04	0.02	50	2.16	0.13	2.05	0.12
1 0	0.06	0.03	0.06	0.02	6 0	2.29	0.13	2.17	0.12
10	0.09	0.02	0.08	0.03	10	2.42	0.13	2.29	0.12
20	0.11	0.03	0.11	0.03	20	2.55	0.14	2.41	0.13
30	0.14	0.04	0.14	0.03	30	2.69	0.14	2.54	0.13
40	0.18	0.03	0.17	0.03	40	2.83	0.14	2.67	0.14
50	0.21	0.04	0.20	0.04	50	2.97	0.15	2.81	0.14
2 0	0.25	0.05	0.24	0.04	7 0	3.12	0.15	2.95	0.14
10	0.30	0.05	0.28	0.05	10	3.27	0.15	3.09	0.14
20	0.35	0.05	0.33	0.05	20	3.42	0.15	3.23	0.15
30	0.40	0.05	0.38	0.05	30	3.57	0.16	3.38	0.15
40	0.45	0.06	0.43	0.05	40	3.73	0.17	3.53	0.16
50	0.51	0.06	0.48	0.06	50	3.90	0.17	3.69	0.16
3 0	0.57	0.07	0.54	0.06	8 0	4.07	0.17	3.85	0.16
10	0.64	0.07	0.60	0.07	10	4.24	0.17	4.01	0.17
20	0.71	0.07	0.67	0.07	20	4.41	0.18	4.18	0.17
30	0.78	0.07	0.74	0.07	30	4.59	0.18	4.35	0.17
40	0.85	0.08	0.81	0.07	40	4.77	0.19	4.52	0.17
50	0.93	0.09	0.88	0.08	50	4.96	0.19	4.69	0.18
4 0	1.02	0.08	0.96	0.08	9 0	5.15	0.19	4.87	0.18
10	1.10	0.09	1.04	0.09	10	5.34	0.20	5.05	0.19
20	1.19	0.10	1.13	0.09	20	5.54	0.20	5.24	0.19
30	1.29	0.09	1.22	0.09	30	5.74	0.20	5.43	0.19
40	1.38	0.10	1.31	0.09	40	5.94	0.20	5.62	0.19
50	1.48	0.11	1.40	0.10	50	6.14	0.21	5.81	0.20
5 0	1.59		1.50		10 0	6.35		6.01	

Suite de la table de réduct. des dist. de la Polaire au mérid.

Angle horaire.	Passage sup. Réduct.	Diff.	Passage inf. Réduct.	Diff.	Angle horaire.	Passage sup. Réduct.	Diff.	Passage inf. Réduct.	Diff.
10′ 0″	6″35	0″21	6″01	0″21	16′ 0″	16″26	0.34	15″39	0″32
10	6.56	0.22	6.22	0.20	10	16.60	0.35	15.71	0.33
20	6.78	0.23	6.42	0.21	20	16.95	0.35	16.04	0.33
30	7.01	0.22	6.63	0.21	30	17.30	0.35	16.37	0.33
40	7.23	0.23	6.84	0.22	40	17.65	0.35	16.70	0.33
50	7.46	0.23	7.06	0.22	50	18.00	0.36	17.03	0.34
11 0	7.69	0.23	7.28	0.22	17 0	18.36	0.36	17.37	0.35
10	7.92	0.24	7.50	0.22	10	18.72	0.37	17.72	0.34
20	8.16	0.24	7.72	0.23	20	19.09	0.37	18.06	0.35
30	8.40	0.25	7.95	0.23	30	19.46	0.37	18.41	0.35
40	8.65	0.25	8.18	0.24	40	19.83	0.37	18.76	0.36
50	8.90	0.25	8.42	0.24	50	20.20	0.38	19.12	0.36
12 0	9.15	0.26	8.66	0.25	18 0	20.58	0.38	19.48	0.36
10	9.41	0.26	8.91	0.24	10	20.96	0.39	19.84	0.36
20	9.67	0.26	9.15	0.25	20	21.35	0.39	20.20	0.37
30	9.93	0.26	9.40	0.25	30	21.74	0.39	20.57	0.37
40	10.19	0.27	9.65	0.25	40	22.13	0.40	20.94	0.38
50	10.46	0.28	9.90	0.26	50	22.53	0.40	21.32	0.38
13 0	10.74	0.28	10.16	0.26	19 0	22.93	0.41	21.70	0.38
10	11.02	0.28	10.42	0.27	10	23.34	0.40	22.08	0.39
20	11.30	0.28	10.69	0.27	20	23.74	0.41	22.47	0.39
30	11.58	0.29	10.96	0.27	30	24.15	0.42	22.86	0.39
40	11.87	0.29	11.23	0.28	40	24.57	0.42	23.25	0.39
50	12.16	0.29	11.51	0.28	50	24.99	0.42	23.64	0.40
14 0	12.45	0.30	11.79	0.28	20 0	25.41	0.42	24.04	0.40
10	12.75	0.30	12.07	0.28	10	25.83	0.43	24.44	0.41
20	13.05	0.31	12.35	0.29	20	26.26	0.43	24.85	0.41
30	13.36	0.31	12.64	0.29	30	26.69	0.44	25.26	0.41
40	13.67	0.31	12.93	0.30	40	27.13	0.44	25.67	0.42
50	13.98	0.31	13.23	0.30	50	27.57	0.44	26.09	0.42
15 0	14.29	0.32	13.53	0.30	21 0	28.01	0.44	26.51	0.42
10	14.61	0.33	13.83	0.31	10	28.45	0.45	26.93	0.42
20	14.94	0.32	14.14	0.31	20	28.90	0.45	27.35	0.43
30	15.26	0.33	14.45	0.31	30	29.35	0.46	27.78	0.43
40	15.59	0.34	14.76	0.31	40	29.81	0.46	28.21	0.44
50	15.93	0.33	15.07	0.32	50	30.27	0.47	28.65	0.44
16 0	16.26		15.39		22 0	30.74		29.09	

Suite de la table de réduct. des dist. de la Polaire au mérid.

ANGLE horaire.	PASSAGE SUP. Réduct.	Diff.	PASSAGE INF. Réduct.	Diff.	ANGLE horaire.	PASSAGE SUP. Réduct.	Diff.	PASSAGE INF. Réduct.	Diff.
22′ 0″	30″74	0″46	29″09	0″44	25′ 0″	39″68	0″53	37″55	0″50
10	31.20	0.47	29.53	0.44	10	40.21	0.54	38.05	0.51
20	31.67	0.48	29.97	0.45	20	40.75	0.53	38.56	0.51
30	32.15	0.48	30.42	0.46	30	41.28	0.54	39.07	0.51
40	32.63	0.48	30.88	0.45	40	41.82	0.55	39.58	0.52
50	33.11	0.48	31.33	0.56	50	42.37	0.55	40.10	0.52
23 0	33.59	0.49	31.79	0.46	26 0	42.92	0.55	40.62	0.52
10	34.08	0.49	32.25	0.47	10	43.47	0.55	41.14	0.52
20	34.57	0.50	32.72	0.47	20	44.02	0.56	41.66	0.53
30	35.07	0.50	33.19	0.47	30	44.58	0.56	42.19	0.53
40	35.57	0.50	33.66	0.47	40	45.14	0.57	42.72	0.54
50	36.07	0.50	34.13	0.48	50	45.71	0.57	43.26	0.54
24 0	36.57	0.51	34.61	0.48	27 0	46.28		43.80	
10	37.08	0.51	35.09	0.49					
20	37.59	0.52	35.58	0.49					
30	38.11	0.52	36.07	0.49					
40	38.63	0.52	36.56	0.49					
50	39.15	0.53	37.05	0.50					
25 0	39.68		37.55						

Série de quatre-vingt-six observations de la Polaire au passage supérieur.

16 *décembre* 1792.

Bar. 27 p. 8.3 lig. Therm. — 7.80 deg.

7^h 10′ 53″7
\+ 1 18.6
7. 12 12.3

	Angle horaire.	Réduction.
7 1 57	10′ 15″3	6″68
3 37	8 35.3	4.69
5 30	6 42.3	2.86
7 12	5 0.3	1.59
7^h 8′ 50″	3′ 22″3	0″73
10 20	1 52.3	0.22
12 2	1 10.3	0.00
14 7	1 54.7	0.23
15 48	3 35.7	0.82
17 34	5 21.7	1.83
19 32	7 19.7	3.41
20 52	8 39.7	4.77
22 28	10 15.7	6.69
24 36	12 23.7	9.77
14 observations . . .		44.29

Réduction moyenne .	— 3.16
Arc simple	46 49 42.29
Distance Z.	46 49 39.13
Réfraction	+ 1 0.37
Dist. Z. au méridien .	46 50 39.50
Distance polaire . . .	1 47 35.92
Hauteur de l'équat. .	48 38 15.42
Latitude	41 21 44.58

16 *décembre* 1792.

Bar. 27 p. 7.2 lig. Therm. + 9.20 deg.

7h 6′ 57″2
+ 1 12.4
7 8 9.6

	Angle horaire.	Réduction.
6 53 54	14′ 15″6	12.92
56 12	11 57.6	9.09
57 35	10 34.6	7.11
59 5	9 4.6	5.24
7 0 25	7 44.6	3.81
1 45	6 24.6	2.61
3 47	4 22.6	1.22
5 46	2 23.6	0.37
7 20	0 49.6	0.04
9 21	1 11.4	0.09
10 46	2 36.4	0.43
12 21	4 11.4	1.11
14 2	5 52.4	2.19
16 20	8 10.4	4.24
18 20	10 10.4	6.57
21 0	12 50.4	10.47
16 observations . . .		67.51

Réduction moyenne .	— 4.22
Arc simple	46 49 42.96
Distance Z.	46 49 38.74
Réfraction	+ 59.71
Dist. Z. au méridien .	46 50 38.45
Distance polaire . . .	1 47 35.78
Hauteur de l'équat. .	48 38 14.23
Latitude	41 21 45.77

18 *décembre* 1792.

Bar. 27 p. 11.4 lig. Therm. + 8.20 deg.

6h 59′ 4″3
+ 1 1.2
7 0 5.5

	Angle horaire.	Réduction.
6 45 18	14′ 47″5	13″90
47 7	12 58.5	10.70
48 32	11 33.5	8.49
50 25	9 40.5	5.95
51 56	8 9.5	4.23
53 37	6 28.5	2.67
55 26	4 39.5	1.38
57 45	2 20.5	0.35
58 56	1 9.5	0.09
7 0 37	0 31.5	0.02
2 5	1 59.5	0.25
3 40	3 34.5	0.81
5 0	4 54.5	1.53
7 14	7 8.5	3.25
9 2	8 56.5	5.08
10 26	10 20.5	6.79
11 59	11 53.5	8.99
14 13	13 7.5	10.95
18 observations . . .		85.43

Réduction moyenne .	— 4.75
Arc simple	46 49 41.10
Distance Z.	46 49 36.35
Réfraction	+ 1 0.80
Dist. Z. au méridien .	46 50 37.15
Distance polaire . . .	1 47 35.49
Hauteur de l'équat. .	48 38 12.64
Latitude	41 21 47.36

19 *décembre* 1792.

Bar. 27 p. 10.4 lig. Therm. + 8.56 deg.

6h 55′ 7″8 + 0 57.4 6 56 5.2	Angle horaire.	Réduction.
6 45 12	10′ 53″2	7″53
47 40	8 25.2	4.50
49 0	7 51.2	3.20
50 38	5 27.2	1.89
51 54	4 11.2	1.11
53 33	2 32.2	0.41
54 52	1 13.2	0.10
56 10	0 4.8	0.00
57 35	1 29.8	0.14
59 5	2 59.8	0.57
7 0 48	4 42.8	1.41
2 19	6 13.8	2.47
3 37	7 31.8	3.60
5 47	9 41.8	5.98
6 53	10 47.8	7.41
8 21	12 15.8	9.56
10 12	14 6.8	12.65
11 38	15 32.8	15.35

18 observations . . .	77.88
Réduction moyenne .	— 4.33
Arc simple	46 49 41.06
Distance Z.	46 49 36.73
Réfraction	+ 1 0.50
Dist. Z. au méridien .	46 50 37.23
Distance polaire . . .	1 47 35.46
Hauteur de l'équat. .	48 38 12.69
Latitude	41 21 47.31

20 *décembre* 1792.

Bar. 27 p. 9.1 lig. Therm. + 9.76 deg.

6h 51′ 11″3 + 0 53.5 6 52 4.8	Angle horaire.	Réduction.
6 37 9	14′ 55″8	14″16
39 11	12 53.8	10.57
40 29	11 35.8	8.55
41 59	10 5.8	6.47
43 20	8 44.8	4.86
44 32	7 32.8	3.62
46 0	6 4.8	2.35
47 35	4 29.8	1.29
49 7	2 57.8	0.56
50 38	1 26.8	0.13
52 19	0 14.2	0.00
54 8	2 3.2	0.27
55 56	3 51.2	0.94
57 35	5 30.2	1.92
59 22	7 17.2	3.38
7 1 37	9 32.2	5.78
3 6	11 1.2	7.72
5 24	12 19.2	9.64
6 36	14 31.2	13.40
8 32	16 27.2	17.20

20 observations . . .	112.81
Réduction moyenne .	— 5.64
Arc simple	46 49 47.34
Distance Z.	46 49 41.70
Réfraction	+ 59.87
Dist. Z. au méridien .	46 50 41.57
Distance polaire . . .	1 47 35.26
Hauteur de l'équat. .	48 38 16.83
Latitude	41 21 43.17

27 *décembre* 1792.

Bar. 27 p. 4.0 lig. Therm. + 5.12 deg.

6h 23′ 36″9
— 0 34.5
6 23 2.4

	Angle horaire.	Réduction.
6 13 2	10′ 0″5	6″36
14 44	8 18.4	4.38
16 21	6 41.4	2.85
19 7	3 55.4	0.98
20 48	2 14.4	0.32
22 22	0 40.4	0.03
23 45	0 42.6	0.03
25 37	2 34.6	0.42
27 16	4 13.6	1.13
28 57	5 54.6	2.22
30 26	7 23.6	3.47
32 12	9 9.7	5.33
33 48	10 45.7	7.36
35 3	12 0.7	9.17
36 24	13 21.7	11.35
39 33	16 30.7	17.32
41 22	18 19.7	21.34
44 59	21 56.7	30.58

18 observations	124.64
Réduction moyenne .	— 6.92
Arc simple	46 49 46.98
Distance Z.	46 49 40.06
Réfraction	+ 1 0.49
Dist. Z. au méridien .	46 50 40.55
Distance polaire. . .	1 47 34.60
Hauteur de l'équat. .	48 38 15.15
Latitude.	41 21 44.85

28 *décembre* 1792.

Bar. 27 p. 5.5 lig. Therm. + 5.24 deg.

6h 19′ 40″3
— 0 42.6
6 18 57.7

	Angle horaire.	Réfraction.
6 4 6	14′ 51″8	14″04
5 51	13 6.8	10.93
7 3	11 54.8	9.02
9 21	9 36.8	5.88
10 25	8 32.7	4.64
12 17	6 40.7	2.84
13 43	5 14.7	1.75
15 25	3 32.7	0.80
17 1	1 56.7	0.24
18 59	0 1.3	0.00
20 25	1 27.3	0.13
22 0	3 2.3	0.59
23 18	4 20.3	1.19
25 4	6 6.3	2.37
26 18	7 20.3	3.42
27 53	8 55.3	5.06
29 35	10 37.4	7.17
31 23	12 25.4	9.81
32 47	13 49.4	12.14
34 36	15 38.4	15.54
36 2	17 4.4	18.52
37 52	18 54.4	22.71

22 observations . . .	148.79
Réduction moyenne .	— 6.76
Arc simple	46 49 46.87
Distance Z.	46 49 40.11
Réfraction	+ 1 0.73
Dist. Z. au méridien .	46 50 40.84
Distance polaire . . .	1 47 34.52
Hauteur de l'équat. .	48 38 15.36
Latitude	41 21 44.64

29 *décembre* 1792.

Bar. 27 p. 6.7 lig. Therm. + 6.52 deg.

6h 15' 43" 7 — 0 51.1 = 6 14 52.6	Angle horaire.	Réduction.
6 0 42	14' 10" 7	12.77
2 25	12 7.7	9.87
3 33	11 19.7	8.15
4 51	10 1.7	6.38
6 0	8 52.6	5.01
7 25	7 27.6	3.53
9 40	5 12.6	1.73
12 3	2 49.6	0.51
13 9	1 43.6	0.19
15 2	0 9.4	0.00
16 10	1 17.4	0.10
18 50	3 57.4	1.00
20 36	5 43.4	2.08
22 30	7 37.4	3.69
23 47	8 54.4	5.04
25 26	10 33.5	7.09
26 30	11 37.5	8.59
28 15	13 22.5	11.23
29 56	15 3.5	14.40
32 24	17 31.5	19.52

20 observations . . .	121.02
Réduction moyenne .	— 6.05
Arc simple	46 49 45.48
Distance Z.	46 49 39.43
Réfraction	+ 1 0.51
Dist. Z. au méridien .	46 50 39.94
Distance polaire . . .	1 47 34.46
Hauteur de l'équat. .	48 38 14.40
Latitude	41 21 45.60

30 *décembre* 1792.

Bar. 27 p. 6.9 lig. Therm. + 6.52 lig.

6h 11' 47" 1 — 1 0.9 = 6 10 46.2	Angle horaire.	Réduction.
6 1 15	9' 31" 3	5" 77
3 1	7 45.2	3.82
4 23	6 23.2	2.59
5 27	4 19.2	1.18
7 29	3 17.2	0.69
9 21	1 45.2	0.20
10 56	0 9.8	0.00
12 35	1 48.8	0.11
13 49	3 2.8	0.59
15 30	4 43.8	1.42
16 49	6 2.8	2.33
18 31	7 44.8	3.81
20 13	9 26.9	5.68
22 28	11 41.9	8.70
23 50	13 3.9	10.85
25 7	14 20.9	13.08
26 37	15 50.9	15.96
28 0	17 13.9	18.86
29 22	18 35.9	21.97
31 4	20 17.9	26.17

20 observations . . .	143.88
Réduction moyenne .	— 7.19
Arc simple	46 49 48.53
Distance Z.	46 49 41.34
Réfraction	+ 1 0.58
Dist. Z. au méridien .	46 50 41.92
Distance polaire . . .	1 47 34.40
Hauteur de l'équat. .	48 38 16.32
Latitude	41 21 43.68

31 *décembre* 1792.

Bar. 27 p. 6.0 lig. Therm. + 7.16 deg.

6h 7′ 50″4
— 1 9·2
6 6 41·2

	Angle horaire.	Réduction.
5 47 28	19′ 13″3	23″47
49 7	17 34·3	19·62
50 22	16 19·3	16·92
51 38	15 3·3	14·39
53 0	13 41·3	11·91
54 44	11 57·3	9·08
56 11	10 30·3	7·02
57 41	9 0·3	5·16
59 0	7 41·2	3·75
6 1 0	5 41·2	2·05
2 20	4 21·2	1·20
3 28	3 13·2	0·66
5 15	1 26·2	0·13
6 41	0 0·2	0·00
7 52	1 10·8	0·09
6 30	2 48·8	0·50
10 38	3 56·8	0·99
11 53	5 11·8	1·72
13 0	6 18·8	2·53
14 32	7 50·8	3·91

20 observations . . .	125·10
Réduction moyenne .	— 6″25
Arc simple	46 49 47·81
Distance Z.	46 49 41·56
Réfraction	+ 1 0·19
Dist. Z. au méridien .	46 50 41·75
Distance polaire. . .	1 47 34·37
Hauteur de l'équat. .	48 38 16·12
Latitude	41 21 43·88

Série de cent quarante observations de la Polaire au passage inférieur.

27 *décembre* 1792.

Bar. 27 p. 6.2 lig. Ther. + 1.88 deg.

18 21 38·6
— 0 38·4
18 21 0·2

18 5 25	15 35·3	14·61
8 31	12 29·3	9·38
10 4	10 56·3	7·20
11 37	9 23·3	5·30
12 42	8 18·2	4·15
14 12	6 48·2	2·78
15 12	5 48·2	2·03
16 36	4 24·2	1·17
17 52	3 8·2	0·59
19 39	1 21·2	0·11
21 11	0 10·8	0·00
23 52	2 51·8	0·49
26 6	5 5·8	1·56
28 5	7 4·8	3·02
29 24	8 23·8	4·24
30 53	9 52·9	5·87
23 17	11 16·9	7·65
34 7	13 6·9	0·34
35 32	14 31·9	12·69
37 3	16 2·9	15·48

20 observations . . .	108·66
Réduction moyenne .	+ 5·43
Arc simple	50 24 34·53
Distance Z.	50 24 39·96
Réfraction	+ 1 10·34
Dist. Z. au méridien .	50 25 50·30
Distance polaire . . .	1 47 34·54
Hauteur de l'équat. .	48 38 15·76
Latitude	41 21 44·24

28 *décembre* 1792.

Bar. 27 p. 5.5 lig. Therm. + 4.52 deg.

18h 17' 42"0 — 0 47.1 = 18 16 54.9	Angle horaire.	Réduction.
18 9 14	7' 40"9	3"54
11 8	5 46.9	2.01
12 15	4 39.9	1.31
13 25	3 29.9	0.74
14 38	2 16.9	0.31
16 12	0 42.9	0.03
17 37	1 17.9	0.10
19 19	2 24.1	0.35
20 18	3 23.1	0.69
22 21	5 26.1	1.78
24 3	7 8.1	3.06
26 33	9 38.2	5.58
12 observations . . .		19.50
Réduction moyenne .		+ 1.63
Arc simple		50 24 41.24
Distance Z.		50 24 42.87
Réfraction		+ 1 9.14
Dist. Z. au méridien .		50 25 52.01
Distance polaire . . .		1 47 34.47
Latitude		41 21 42.46

29 *décembre* 1792.

Bar. 27 p. 7.1 lig. Therm. + 6.12 deg.

18 13 45.4 — 0 55.9 = 18 12 49.5		
18 3 29	9 20.6	5.25
5 25	7 24.5	3.30
2 observations . . .		8.55
Réduction moyenne .		+ 4.28
Arc simple		50 24 39.61
Distance Z.		50 24 43.89
Réfraction		+ 1 8.86
Dist. Z. au méridien .		50 25 52.75
Distance polaire . . .		1 47 34.41
Latitude		41 21 41.66

30 *décembre* 1792.

Bar. 27 p. 6.3 lig. Therm. + 6.28 deg.

18h 9' 48"7 — 1 5.0 = 18 8 43.7	Angle horaire.	Réduction.
17 50 38	18' 5"8	19"69
52 7	16 36.8	16.59
53 37	15 6.8	13.73
55 25	13 18.8	10.66
56 53	11 50.8	8.44
58 19	10 24.8	6.52
59 57	8 46.7	4.63
18 1 13	7 30.7	3.39
2 14	6 29.7	2.54
3 58	4 45.7	1.36
5 17	3 26.7	0.72
7 8	1 35.7	0.16
8 38	0 5.7	0.00
10 16	1 32.3	0.15
11 38	2 54.3	0.50
13 23	4 39.3	1.30
14 40	5 56.3	2.12
16 26	7 42.3	3.57
17 59	9 15.4	5.15
19 26	10 42.4	6.89
20 50	12 6.4	8.82
22 54	14 10.4	12.08
24 13	15 29.4	14.43
26 5	17 21.4	18.11
24 observations . . .		161.55

Réduction moyenne .	+	6.73
Arc simple	50 24 32.90	
Distance Z.	50 24 39.63	
Réfraction	+ 1 8.63	
Dist. Z. au méridien .	50 25 48.26	
Distance polaire . . .	1 47 34.38	
Latitude	41 21 46.12	

31 *décembre* 1792.

Bar. 27 p. 5.4 lig. Therm. + 2.0 deg.

18h 5′ 52″1
— 1 12.7

18 4 39.4	Angle horaire.	Réduction.
17 53 48	10′ 51″5	7″09
55 30	9 9.5	5.04
56 47	7 52.4	3.73
59 0	5 39.4	1.92
18 0 0	4 39.4	1.30
2 17	2 22.4	0.34
4 0	0 39.4	0.03
5 37	0 57.6	0.05
6 53	2 13.6	0.30
8 34	3 54.6	0.92
9 45	5 5.6	1.56
11 22	6 42.6	2.71
12 39	7 59.6	3.84
14 19	9 39.7	5.61
15 25	10 45.7	6.96
17 45	13 5.7	10.31
18 55	14 15.7	12.23
20 21	15 41.7	14.81
22 0	17 20.7	18.08
23 48	19 8.7	22.03

20 observations . . .		118.86
Réduction moyenne .	+	5.94
Arc simple	50 24 34.22	
Distance Z.	50 24 40.16	
Réfraction	+ 1 10.12	
Dist. Z. au méridien .	50 25 50.28	
Distance polaire . . .	1 47 34.36	
Latitude	41 21 44.08	

2 *janvier* 1793.

Bar. 27 p. 5.9 lig. Therm. + 3.32 deg.

17h 57′ 59″1
— 1 30.1

17 56 29.0	Angle horaire.	Réduction.
17 38 47	17′ 42″1	18″83
41 14	15 15.1	13.99
44 23	12 6.1	8.81
50 55	5 34.0	1.86
58 0	1 31.0	0.14
59 48	3 19.0	0.66
18 1 26	4 57.0	1.47
3 6	6 37.0	2.63
4 7	7 38.0	3.50
6 8	9 39.1	5.60
7 46	11 17.1	7.66
9 6	12 37.1	9.57
10 36	14 7.1	11.99
12 35	16 6.1	15.58
13 49	17 20.1	18.06
15 53	19 24.1	22.63
17 12	20 43.1	25.80
19 10	22 41.1	30.93
20 40	24 11.2	35.15
22 35	26 6.2	40.94

20 observations . . .		275.80
Réduction moyenne .	+	13.79
Arc simple	50 24 25.49	
Distance Z.	50 24 39.28	
Réfraction	+ 1 9.70	
Dist. Z. au méridien .	50 25 48.98	
Distance polaire . . .	1 47 34.25	
Latitude	41 21 45.27	

4 janvier 1793.

Bar. 27 p. 7.35 lig. Therm. + 5 96 deg.

17h 50′ 6″0
— 1 45.7
17 48 20.3

	Angle horaire.	Réduction.
17 31 30	16′ 50″4	17″04
34 49	13 31.4	11.00
36 39	11 41.4	8.21
39 0	9 20.4	5.25
40 26	7 54.3	3.76
41 58	6 22.3	2.44
43 34	4 46.3	1.37
45 52	2 28.3	0.37
47 28	0 52.3	0.04
49 37	1 16.7	0.10
51 16	2 55.7	0.51
52 54	4 33.7	1.25
54 16	5 55.7	2.12
56 19	7 58.7	3.83
57 50	9 29.8	5.43
59 59	11 38.8	8.15
18 1 42	13 21.8	10.74
3 41	15 20.8	14.16
5 19	16 58.8	17.33
7 22	19 1.8	21.77
8 56	20 35.8	25.50
11 13	22 52.8	31.46

22 observations . . .	191.83
Réduct. moyenne . .	+ 8.72
Arc simple.	50 24 31.72
Distance Z.	50 24 40.44
Réfraction	+ 1 8.97
Dist. Z. au méridien .	50 25 49.41
Distance polaire . . .	1 47 34.21
Latitude	41 21 44.80

6 janvier 1793.

Bar. 27 p. 9.6 lig. Therm. + 5.36 deg.

17h 42′ 12″9
— 2 7.9
17 40 5.0

	Angle horaire.	Réduction.
17 23 32	16′ 33″1	16″47
26 12	13 53.1	11.60
27 49	12 16.1	9.05
30 4	10 1.1	6.03
31 34	8 31.0	4.37
34 28	5 37.0	1.90
35 56	4 9.0	1.03
38 21	1 44.0	0.18
40 33	0 28.0	0.02
42 24	2 19.0	0.32
43 47	3 42.0	0.82
45 16	5 11.0	1.61
46 53	6 48.0	2.78
48 44	8 39.0	4.50
50 3	9 58.1	5.97
51 27	11 22.1	7.77
52 53	12 48.1	9.85
55 1	14 56.1	13.41
56 18	16 13.1	15.81
57 43	17 38.1	18.69

20 observations . . .	132.18
Réduction moyenne .	+ 6.61
Arc simple	50 24 32.48
Distance Z.	50 24 39.09
Réfraction	+ 1 9.68
Dist. Z. au méridien .	50 25 48.77
Distance polaire	1 47 34.19
Latitude	41 21 45.42

TABLE pour le passage de β de la petite Ourse au méridien, et pour sa distance apparente au pôle.

Passage supérieur.

DATES des observations.	TEMPS MOYEN du passage au méridien.	DISTANCE apparente au pôle.
7 février 1793.	17h 36′ 23″9	15° 0′ 9″90
8	17 32 28.0	9.91
9	17 28 32.2	9.90
10	17 24 36.4	9.89
11	17 20 40.5	9.88
13	17 12 48.9	9.84
19	16 49 14.0	9.52
21	16 41 22.4	9.40
22	16 37 26.5	9.34
24	16 29 34.8	9.16
25	16 25 39.0	9.05
26	16 21 43.3	15 0 8.94

Passage inférieur.

DATES des observations.	TEMPS MOYEN du passage au méridien.	DISTANCE apparente au pôle.
21 janvier . . .	6 45 10.8	15 0 8.87
22	6 41 15.0	8.97
23	6 37 19.2	9.08
24	6 33 23.3	9.18
25	6 29 27.5	9.27
26	6 25 31.6	9.35
27	6 21 35.8	9.44
28	6 17 40.0	9.51
29	6 13 44.2	9.58
30	6 9 48.4	15 0 9.65

Table de réduction des distances de β de la petite Ourse au méridien.

Angle horaire	Passage sup. Réduct.	Passage sup. Diff.	Passage inf. Réduct.	Passage inf. Diff.	Angle horaire	Passage sup. Réduct.	Passage sup. Diff.	Passage inf. Réduct.	Passage inf. Diff.
0′ 0″	0″00	0″02	0″00	0″01	5′ 0″	17″3	1″18	10″70	0″73
10	0.02	0.06	0.01	0.04	10	18.49	1.21	11.43	0.75
20	0.08	0.09	0.05	0.06	20	19.70	1.25	12.18	0.77
30	0.17	0.14	0.11	0.08	30	20.95	1.29	12.95	0.80
40	0.31	0.17	0.19	0.11	40	22.24	1.32	13.75	0.82
50	0.48	0.21	0.30	0.13	50	23.58	1.37	14.57	0.84
1 0	0.69	0.25	0.43	0.15	6 0	24.93	1.40	15.41	0.87
10	0.94	0.29	0.58	0.18	10	26.33	1.44	16.28	0.89
20	1.23	0.33	0.76	0.20	20	27.77	1.48	17.17	0.91
30	1.56	0.37	0.96	0.23	30	29.25	1.52	18.08	0.94
40	1.93	0.40	1.19	0.25	40	30.77	1.56	19.02	0.96
50	2.33	0.44	1.44	0.27	50	32.33	1.59	19.98	0.99
2 0	2.77	0.48	1.71	0.30	7 0	33.92	1.64	20.97	1.02
10	3.25	0.52	2.01	0.32	10	35.56	1.67	21.99	1.04
20	3.77	0.56	2.33	0.35	20	37.23	1.71	23.03	1.05
30	4.33	0.59	2.68	0.37	30	38.94	1.75	24.08	1.08
40	4.92	0.64	3.05	0.39	40	40.69	1.79	25.16	1.10
50	5.56	0.67	3.44	0.41	50	42.48	1.83	26.26	1.13
3 0	6.23	0.71	3.85	0.44	8 0	44.31	1.86	27.39	1.16
10	6.94	0.75	4.29	0.46	10	46.17	1.91	28.55	1.18
20	7.69	0.79	4.75	0.49	20	48.08	1.94	29.73	1.20
30	8.48	0.83	5.24	0.52	30	50.02	1.98	30.93	1.22
40	9.31	0.87	5.76	0.54	40	52.00	2.02	32.15	1.25
50	10.18	0.90	6.30	0.55	50	54.02	2.05	33.40	1.27
4 0	11.08	0.94	6.85	0.58	9 0	56.07	2.10	34.67	1.29
10	12.02	0.98	7.43	0.61	10	58.17	2.13	35.96	1.32
20	13.00	1.02	8.04	0.63	20	60.30	2.18	37.28	1.35
30	14.02	1.06	8.67	0.65	30	62.48	2.21	38.63	1.36
40	15.08	1.09	9.32	0.68	40	64.69	2.24	39.99	1.39
50	16.17	1.14	10.00	0.70	50	66.93	2.29	41.38	1.42
5 0	17.31		10.70		10 0	69.22		42.80	

Suite de le table de réduction des distances de β de la petite Ourse au méridien.

Angle horaire.	Passage sup. Réduct.	Passage sup. Diff.	Passage inf. Réduct.	Passage inf. Diff.
10′ 0″	69″22	2″33	42″80	1″44
10	71.55	2.36	44.24	1.46
20	73.91	2.40	45.70	1.48
30	76.31	2.44	47.18	1.51
40	78.75	2.48	48.69	1.53
50	81.23	2.52	50.22	1.56
11 0	83.75	2.56	51.78	1.58
10	86.31	2.59	53.36	1.61
20	88.90	2.63	54.97	1.63
30	91.53	2.67	56.60	1.65
40	94.20	2.71	58.25	1.68
50	96.91	2.75	59.93	1.70
12 0	99.66	. .	61.63	1.72
10	. . .	. .	63.35	1.74
20	. . .	. .	65.09	1.77
30	. . .	. .	66.86	1.80
40	. . .	. .	68.66	1.82
50	. . .	. .	70.48	1.84
13. 0	. . .	. .	72.32	

Angle horaire.	Passage sup. Réduct.	Passage sup. Diff.	Passage inf. Réduct.	Passage inf. Diff.
13′ 0″	. . .	. .	72″32	1″87
10	. . .	. .	74.19	1.89
20	. . .	. .	76.08	1.91
30	. . .	. .	77.99	1.94
40	. . .	. .	79.93	1.96
50	. . .	. .	81.89	1.98
14 0	. . .	. .	83.87	2.01
10	. . .	. .	85.88	2.03
20	. . .	. .	87.91	2.05
30	. . .	. .	89.96	2.08
40	. . .	. .	92.04	2.11
50	. . .	. .	94.15	2.12
15 0	. . .	. .	96.27	2.15
10	. . .	. .	98.42	2.18
20	. . .	. .	100.60	2.20
30	. . .	. .	102.80	
40				
50				
16 0				

Série de cent quarante-quatre observations de β de la petite Ourse au passage supérieur.

7 février 1793.

Bar. 27 p. 9.3 lig. Therm. + 5.48 deg.

17h 36′ 23″9
— 8 15.1
17 28 8.8

	Angle horaire.	Réduction.
17 18 7	10′ 2″0	69″68
20 1	8 8.0	45.79
21 32	6 36.9	30.29
23 11	4 57.9	17.07
24 41	3 27.9	8.31
26 49	1 19.9	1.23
28 9	0 0.1	0.00
29 44	1 35.1	1.75
31 9	3 0.1	6.24
33 34	5 25.1	20.34

	Angle horaire.	Réduction.
17h 35′ 9″	7′ 0″2	33″95
37 14	9 5.2	57.16
12 observations . . .		291.81
Réduct. moyenne . .		— 24.32
Arc simple		33 37 51.56
Distance Z.		33 37 27.24
Réfraction		+ 38.30
Dist. Z. au méridien .		33 38 5.54
Distance polaire . . .		15 0 9.90
Hauteur de l'équat. .		48 38 15.44
Latitude		41 21 44.56

8 *février* 1793.

Bar. 27 p. 8.1 lig. Therm. + 4.72 deg.

17 32 28.0
—8 27.0
17 24 1.0

	Angle horaire.	Réduction.
17 14 5	9 56.1	68.32
15 50	8 11.1	46.38
17 29	6 32.0	29.56
19 27	4 34.0	14.44
20 56	3 5.0	6.58
22 46	1 15.0	1.08
24 11	0 10.0	0.02
26 0	1 59.0	2.72
27 47	3 46.0	9.83
29 40	5 39.0	22.11
31 26	7 25.1	38.10
33 58	9 57.1	68.55
12 observations . . .		307.69
Réduction moyenne .		— 25.64
Arc simple		33 37 51.52
Distance Z.		33 37 25.88
Réfraction		+ 38.33
Dist. Z. au méridien .		33 38 4.21
Distance polaire . . .		15 0 9.91
Hauteur de l'équat. .		48 38 14.12
Latitude		41 21 45.88

9 *février* 1793.

Bar. 27 p. 7.9 lig. Therm. + 6.80 deg.

17h 28′ 32″2
— 8 39.2
17 19 53.0

	Angle horaire.	Réduction.
17 10 0	9′ 53″1	67″64
12 12	7 41.1	40.89
13 36	6 17.0	27.33
15 23	4 30.0	14.02
17 10	2 43.0	5.11
19 37	0 16.0	0.05
21 19	1 26.0	1.42
23 11	3 18.0	7.54
24 56	5 3.0	17.66
26 37	6 44.0	31.39
28 7	8 14.1	46.95
30 5	10 12.1	72.04
12 observations . . .		332.04
Réduct. moyenne . .		— 27.67
Arc simple.		33 37 54.24
Distance Z.		33 37 26.57
Réfraction		+ 37.86
Dist. Z. au méridien .		33 38 4.43
Distance polaire . . .		15 0 9.90
Hauteur de l'équat. .		48 38 14.33
Latitude		41 21 45.67

10 *février* 1793.

Bar. 27 p. 6.6 lig. Therm. + 6.40 deg.

17 24 36.4
— 8 51.4
17 15 45.0

	Angle horaire.	Réduction.
17 5 37	10 8.1	71.10
7 13	8 32.1	50.43
9 6	6 39.0	30.62
11 7	4 38.0	14.86

	Angle horaire.	Réduction.
17h 12' 50"	2' 55"0	5"89
14 30	1 15.0	1.08
16 28	0 43.0	0.36
18 51	3 6.0	6.65
20 11	4 26.0	13.61
21 58	6 13.0	26.76
23 10	7 25.1	38.10
25 45	10 0.1	69.24
12 observations . . .		328.70

Réduct. moyenne . .	— 27.39
Arc simple.	33 37 53.60
Distance Z.	33 37 26.21
Réfraction	+ 37.80
Dist. Z. au méridien .	33 38 4.01
Distance polaire. . .	15 0 9.89
Hauteur de l'équat. .	48 38 13.90
Latitude.	41 21 46.10

11 *février* 1793.

Bar. 27 p. 8.65 lig. Therm. + 4.64 deg.

17 20 40.5
— 9 3.7
17 11 36.8

17 1 21	10 15.9	72.94
3 39	7 57.9	43.92
5 21	6 15.8	27.16
7 46	3 50.8	10.25
9 12	2 24.8	4.03
11 35	0 1.8	0.00
13 0	1 23.2	1.33
14 39	3 2.2	6.38
16 19	4 42.2	15.33
18 2	6 25.2	28.55
19 27	7 50.3	42.53
21 13	9 36.3	63.87
12 observations . . .		316.29

Réduction moyenne .	— 26.36
Arc simple	33 37 53.60
Distance Z.	33 37 27.24
Réfraction	+ 38.46
Dist. Z. au méridien .	33 38 5.70
Distance polaire. . .	15 0 9.88
Hauteur de l'équat. .	48 38 15.58
Latitude.	41 21 44.42

13 *février* 1793.

Bar. 27 p. 8.2 lig. Therm. + 7.92 deg.

71h 12' 48"9
— 9 28.6
17 3 20.3

	Angle horaire.	Réduction.
16h 53' 57"	9' 23"4	61"04
55 58	7 22.4	37.64
57 37	5 43.3	22.68
59 17	4 3.3	11.39
17 1 4	2 16.3	3.57
2 59	0 21.3	0.09
4 58	1 37.7	1.84
6 55	3 34.7	8.87
8 17	4 56.7	16.93
10 0	6 39.7	30.72
11 18	7 57.8	43.91
13 7	9 46.8	66.21
12 observations . . .		304.89

Réduct. moyenne . .	— 25.41
Arc simple	33 37 53.40
Distance Z.	33 37 27.99
Réfraction	+ 37.66
Dist. Z. au méridien .	33 38 5.65
Distance polaire . .	15 0 9.84
Hauteur de l'équat. .	48 38 15.49
Latitude.	41 21 44.51

19 *février* 1793.

Bar. 27 p. 6.0 lig. Therm. + 4.60 deg.

16h 49′ 14″0		
— 10 39.7		
16 38 34.3	**Angle horaire.**	**Réduction.**
16h 28′ 35″	9′ 59″4	69″08
30 32	8 2.4	44.75
32 24	6 10.3	26.37
34 20	4 14.3	12.44
35 53	2 41.3	5.00
37 45	0 49.3	0.47
39 20	0 45.7	0.39
41 42	3 7.7	6.77
43 36	5 1.7	17.51
45 37	7 2.8	34.38
47 16	8 41.8	52.36
48 54	10 19.8	73.86
12 observations . . .		343.38
Réduct. moyenne . .		— 28.62
Arc simple.		33 37 55.49
Distance Z.		33 37 26.87
Réfraction		+ 38.12
Dist. Z. au méridien .		33 38 4.99
Distance polaire. . .		15 0 9.52
Hauteur de l'équat. .		48 38 14.51
Latitude		41 21 45.49

21 *février* 1793.

Bar. 27 p. 8.2 lig. Ther. + 4.60 deg.

16 41 22.4		
— 11 2.0		
16 30 20.4	**Angle horaire.**	**Réduction.**
16 20 18	10 2.5	69.80
22 9	8 11.5	46.46
23 56	6 24.4	28.42
26 38	3 42.4	9.52
16h 28′ 21″	1′ 59″4	2″74
30 22	0 . 1.6	0.00
32 13	1 52.6	2.44
34 13	3 52.6	10.41
36 0	5 39.6	22.19
38 14	7 53.7	43.16
39 47	9 26.7	61.76
41 47	11 26.7	90.66
12 observations . . .		387.56
Réduct. moyenne . .		— 32.30
Arc simple.		33 37 59.68
Distance Z.		33 37 27.38
Réfraction		+ 38.36
Dist. Z. au méridien .		33 38 5.74
Distance polaire . .		15 0 9.40
Hauteur de l'équat. .		48 38 15.14
Latitude		41 21 44.86

22 *février* 1793.

Bar. 27 p. 10.1 lig. Therm. + 5.40 deg.

16 37 26.5		
— 11 13.0		
16 26 13.5		
16 16 14	9 59.6	69.13
18 28	7 45.6	41.69
20 11	6 2.5	25.28
22 4	4 9.5	11.97
24 14	1 59.5	2.75
26 0	0 13.5	0.04
27 45	1 31.5	1.62
29 52	3 38.5	9.19
32 8	5 54.5	24.18
33 53	7 39.6	40.62
35 24	9 10.6	58.30
37 13	10 59.6	83.65
12 observations . . .		368.42

Réduct. moyenne . .	— 30.70
Arc simple	33 37 58.06
Distance Z.	33 37 27.36
Réfraction	+ 38.41
Dist. Z. au méridien .	33 38 5.77
Distance polaire. . .	15 0 9.34
Hauteur de l'équat. .	48 38 15.11
Latitude	41 21 44.89

24 *février* 1793.

Bar. 27 p. 11.4 lig. Therm. + 7.48 deg.

16h 29′ 34″8
— 11 35.6
16 17 59.2

	Angle horaire.	Réduction.
16 8 0	9′ 59″3	69″06
9 48	8 11.3	46.42
11 15	6 44.2	31.43
12 55	5 4.2	17.81
14 33	3 26.2	8.18
16 12	1 47.2	2.22
18 7	0 7.8	0.01
20 11	2 11.8	3.34
21 45	3 45.8	9.81
23 56	5 56.8	24.49
25 42	7 42.9	41.21
27 39	9 39.9	64.66
12 observations		318.64
Réduct. moyenne . .		— 26.55
Arc simple		33 37 52.89
Distance Z.		33 37 26.34
Réfraction		+ 38.12
Dist. Z. au méridien .		33 38 4.46
Distance polaire . . .		15 0 9.16
Hauteur de l'équat. .		48 38 13.62
Latitude		41 21 46.38

25 *février* 1793.

Bar. 27 p. 8.5 lig. Therm. + 6.48 deg.

16h 25′ 39″0
— 11 47.3
16 13 51.7

	Angle horaire.	Réduction.
16 3 54	9′ 57″8	68″72
5 50	8 1.8	44.64
7 23	6 28.7	29.06
9 17	4 34.7	14.52
10 34	3 17.7	7.52
12 28	1 23.7	1.35
13 56	0 4.3	0.01
16 24	2 32.3	4.47
18 3	4 11.3	12.15
19 59	6 7.3	25.95
21 33	7 41.4	40.94
23 39	9 47.4	66.35
12 observations . . .		315.68
Réduction moyenne .		— 26.31
Arc simple		33 37 54.74
Distance Z.		33 37 28.43
Réfraction		+ 38.00
Dist. Z. au méridien .		33 38 6.43
Distance polaire . . .		15 0 9.05
Hauteur de l'équat. .		48 38 15.48
Latitude		41 21 44.52

26 *février* 1793.

Bar. 27 p. 9.0 lig. Therm. + 6.76 deg.

16 21 43.3
— 11 59.2
16 9 44.1

16 0 4	9 40.2	64.73
1 52	7 52.2	42.88
3 16	6 28.1	28.97

	Angle horaire.	Réduction.
16h 5′ 19″	4′ 25″1	13″52
6 56	2 48.1	5.44
9 11	0 33.1	0.22
10 45	1 0.9	0.71
12 43	2 58.9	6.16
14 26	4 41.9	15.29
16 6	6 21.9	28.05
17 35	7 51.0	42.66
20 21	10 37.0	78.02
12 observations . . .		326.65

Réduct. moyenne . .	— 27.22
Arc simple	33 37 54.56
Distance Z.	33 37 27.34
Réfraction	+ 37.99
Dist. Z. au méridien .	33 38 5.43
Distance polaire . .	15 0 8.94
Hauteur de l'équat. .	48 38 14.37
Latitude	41 21 45.63

Série de cent quarante-quatre observations de β de la petite Ourse au passage inférieur.

21 *janvier* 1793.

Bar. 27 p. 11.2 lig. Therm. + 6.20 deg.

6 45 10.8		
— 4 47.0		
6 40 23.8		
6 28 1	12 22.9	65.60
30 25	9 58.9	42.64
31 33	8 50.9	33.51
34 42	5 41.8	13.90
35 42	4 41.8	9.44
37 52	2 31.8	2.74
39 27	0 56.8	0.39
41 16	0 52.2	0.33
42 31	2 7.2	1.92
44 26	4 2.2	6.98
45 25	5 1.2	10.79
47 19	6 55.2	20.49
48 50	8 26.3	30.48
50 31	10 7.3	43.85
51 25	11 1.3	51.98
52 50	12 46.3	69.80
16 observations . . .		404.84

Réduction moyenne .	+ 25.30
Arc simple	63 36 6.84
Distance Z.	63 36 32.14
Réfraction	+ 1 55.85
Dist. Z. au méridien .	63 38 27.99
Distance polaire . . .	15 0 8.87
Latitude	41 21 40.88

22 *janvier* 1793.

Bar. 28 p. 0.3 lig. Therm. + 6.4 deg.

6 41 15.0		
— 4 58.8		
6 36 16.2		
6 23 56	12 20.3	65.14
25 40	10 36.3	48.13
27 13	9 3.3	35.09
28 30	7 46.3	52.85
29 49	6 27.2	17.82
31 19	4 57.2	10.50
32 51	3 25.2	5.00
34 50	1 26.2	0.88
36 8	0 8.2	0.01

	Angle horaire.	Réduction.
6h 39′ 0″	2′ 43″8	3″19
40 32	4 15·8	7·78
42 25	6 8·8	16·17
44 5	7 48·9	26·14
45 43	9 26·9	38·21
47 37	11 20·9	55·12
50 2	13 45·9	81·08

16 observations . . .	436·11
Réduction moyenne .	+ 27·26
Arc simple.	63 36 0·69
Distance Z.	63 36 27·95
Réfraction	+ 1 56·09
Dist. Z. au méridien .	63 38 24·04
Distance polaire . .	15 0 8·97
Latitude	41 21 44·93

23 *janvier* 1793.

Bar. 28 p. 0.8 lig. Therm. + 6.4 deg.

6 37 19·2
— 5 10·7

6 32 8.5

6 19 17	12 51·6	70·77
21 41	10 27·6	86·82
23 34	8 34·6	31·49
25 46	6 22·5	17·39
27 11	1 57·5	10·52
29 42	2 26·5	2·55
31 5	1 3·5	0·48
32 24	0 15·5	0·03
33 42	1 33·5	1·04
35 14	3 5·5	4·09
37 49	5 40·5	13·79
40 3	7 54·6	26·78
41 40	9 31·6	38·85
43 38	11 29·6	56·53
45 5	12 56·6	71·69
46 49	14 40·6	92·16
16 observations . . .		484·98

Réduction moyenne .	+ 30·31
Arc simple	63 35 58·08
Distance Z.	63 36 28·39
Réfraction	+ 1 56·26
Dist. Z. au méridien .	63 38 24·65
Distance polaire. . .	15 0 9·08
Latitude	41 21 44·43

24 *janvier* 1793.

Bar. 27 p. 10.0 lig. Therm. + 6.4 deg.

6 33 23·3
— 5 22·5

6 28 0·8

6 16 32	11 28·9	56·42
19 22	8 38·9	32·01
20 25	7 35·9	24·71
22 8	5 52·8	14·80
24 37	3 23·8	4·93
26 16	1 44·8	1·31
27 50	1 10·8	0·01
29 26	1 25·2	0·86
30 36	2 35·2	2·86
32 32	4 31·2	8·75
34 6	6 5·2	15·86
35 24	7 23·3	23·37
36 37	8 36·3	31·70
37 54	9 53·3	41·85
39 4	11 3·3	52·30
40 56	12 55·3	71·45

16 observations . . .	383·19
Réduction moyenne .	+ 23·95
Arc simple	63 36 6·81
Distance Z.	63 36 30·76
Réfraction	+ 1 55·31
Dist. Z. au méridien .	63 38 26·07
Distance polaire . . .	15 0 9·18
Latitude	41 21 43·11

25 *janvier* 1793.

Bar. 27 p. 8.4 lig. Therm. + 9.0 deg.

6h 29′ 27″5
— 5 34.3
6 23 53.2

	Angle horaire.	Réduction.
6 13 39	10′ 14″3	44″86
15 29	8 24.3	30.24
17 9	6 44.2	19.42
19 1	4 52.2	10.15
20 54	2 59.2	3.82
22 38	1 15.2	0.67
24 29	0 35.8	0.15
26 1	2 7.8	1.94
27 15	3 21.8	4.84
30 23	6 29.8	18.06
31 42	7 48.9	26.14
33 5	9 11.9	36.21
34 32	10 38.9	48.52
35 55	12 1.9	61.96
37 11	13 17.9	75.68
39 9	15 15.9	99.70
16 observations . . .		482.36

Réduction moyenne .	+ 30.15
Arc simple	63 35 59.09
Distance Z.	63 36 29.24
Réfraction	+ 1 53.21
Dist. Z. au méridien .	63 38 22.45
Distance polaire . . .	15 0 9.27
Latitude	41 21 46.82

26 *janvier* 1793.

Bar. 27 p. 7.5 lig. Therm. + 8.28 deg.

6 25 31.6
— 5 45.8
6 19 45.8

	Angle horaire.	Réduction.
6 7 47	11 58.9	61.44
10 19	9 26.9	38.21
6h 12′ 26″	7′ 19″9	23″02
14 17	5 28.8	12.85
15 41	4 4.8	7.12
17 20	2 25.8	2.53
19 31	0 14.8	0.03
21 4	1 18.2	0.73
22 13	2 27.2	2.58
23 26	3 40.2	5.77
24 34	4 48.2	9.88
26 26	6 40.2	19.04
27 49	8 3.3	27.77
29 37	9 51.3	41.56
30 55	11 9.3	53.25
33 13	13 27.3	77.47
16 observations . . .		383.25

Réduction moyenne .	+ 23.95
Arc simple	63 36 7.47
Distance Z.	63 36 31.42
Réfraction	+ 1 53.26
Dist. Z. au méridien .	63 38 24.68
Distance polaire . . .	15 0 9.35
Latitude	41 21 44.67

27 *janvier* 1793.

Bar. 27 p. 9.7 lig. Therm. + 7.44 deg.

6 21 35.8
— 5 57.4
6 15 38.4

6. 7 52	7 46.5	25.87
10 7	5 31.4	13.06
12 51	2 47.4	3.34
23 41	8 2.7	27.70
25 7	9 28.7	38.45
26 47	11 8.7	53.16
6 observations . . .		161.58

Réduction moyenne .	+ 26.93
Arc simple	63 36 0.09
Distance Z.	63 36 27.02
Réfraction	+ 1 54.53
Dist. Z. au méridien .	63 38 21.55
Distance polaire . . .	15 0 9.44
Latitude	41 21 47.89

28 *janvier* 1793.

Bar. 27 p. 9.7 lig. Therm. + 6.56 deg.

6h 17′ 40″0
— 6 8.9
6 11 31.1

	Angle horaire.	Réduction.
5 59 4	12′ 27″1	66″36
6 1 34	9 57.1	42.40
2 41	8 50.1	33.42
4 53	6 38.1	18.84
6 2	5 29.1	12.88
9 17	2 14.1	2.14
10 30	1 1.1	0.44
12 37	1 5.9	0.52
13 45	2 13.9	2.13
16 29	4 57.9	10.55
17 42	6 10.9	16.36
19 17	7 46.0	25.82
20 38	9 7.0	35.57
22 8	10 37.0	48.23
23 32	11 51.0	60.10
24 42	13 11.0	74.38

16 observations . . .	450.14
Réduction moyenne .	+ 28.13
Arc simple	63 35 58.27
Distance Z.	63 36 26.40
Réfraction	+ 1 55.09
Dist. Z. au méridien .	63 38 21.49
Distance polaire . .	15 0 9.51
Latitude	41 21 48.02

29 *janvier* 1793.

Bar. 27 p. 9.1 lig. Therm. + 6.20 deg.

6h 13′ 44″2
— 6 20.3
6 7 23.9

	Angle horaire.	Réduction.
5 55 6	12′ 18″0	64″74
57 32	9 52.0	41.66
6 1 3	6 20.9	17.25
3 1	4 22.9	8.22
4 23	3 0.9	3.89
6 5	1 18.9	0.74
7 42	0 18.1	0.04
9 37	2 13.1	2.11
11 15	3 51.1	6.35
13 0	5 36.1	13.43
14 28	7 4.2	21.39
16 45	9 21.2	37.44
18 17	10 53.2	50.72
20 9	12 45.2	69.60

14 observations . . .	337.58
Réduction moyenne .	+ 24.11
Arc simple	63 36 3.27
Distance Z.	63 36 27.38
Réfraction	+ 1 55.12
Dist. Z. au méridien .	63 38 22.50
Distance polaire . . .	15 0 9.58
Latitude	41 21 47.08

30 *janvier* 1793.

Bar. 27 p. 7.55 lig. Therm. + 6.64 deg.

6 9 48.4
— 6 31.8
6 3 16.6

5 52 35	10 41.7	48.95
54 2	9 14.7	36.58

	Angle horaire.	Réduction.
5h 56′ 39″	7′ 37″7	24″91
57 37	5 39.6	13.72
59 40	3 36.6	5.58
6 1 47	1 29.6	0.95
3 44	0 27.4	0.09
5 25	2 8.4	1.96
7 16	3 59.4	6.82
8 44	5 27.4	12.75
10 19	7 2.5	21.22
12 20	9 3.5	35.12
12 observations . . .		208.65

Réduction moyenne .	+ 17.39
Arc simple	63 36 12.31
Distance Z.	63 36 29.70
Réfraction	+ 1 54.32
Dist. Z. au méridien .	63 38 24.02
Distance polaire . . .	15 0 9.65
Latitude	41 21 45.63

TABLE pour le passage de l'étoile α du Dragon au méridien, et pour sa distance apparente au pôle.

Passage supérieur.

DATES des observations.	TEMPS MOYEN du passage au méridien.	DISTANCE apparente au pôle.
22 janv. 1793 .	17h 46′ 46″3	24° 38′ 7″01
23	17 42 50.4	7.08
25	17 34 58.7	7.15
27	17 27 7.0	7.23
29	17 19 15.3	7.28
31	17 11 23.6	24 38 7.30
Passage inférieur.		
13 janvier . . .	6 24 6.8	24 38 6.20
14	6 20 11.0	6.32
15	6 16 15.1	6.42
16	6 12 19.3	6.52
18	6 4 27.6	6.71
19	6 0 31.8	6.79
20	5 56 36.0	24 38 6.86

TABLE de réduction des distances de α du Dragon au méridien.

Angle horaire.	Passage sup. Réduct.	Passage sup. Diff.	Passage inf. Réduct.	Passage inf. Diff.	Angle horaire.	Passage sup. Réduct.	Passage sup. Diff.	Passage inf. Réduct.	Passage inf. Diff.
0′ 0″	0″00	0″04	0″00	0″02	5′ 0″	37″95	2.57	16″13	1.09
10	0.04	0.13	0.02	0.05	10	40.52	2.66	17.22	1.13
20	0.17	0.21	0.07	0.09	20	43.18	2.74	18.35	1.16
30	0.38	0.29	0.16	0.13	30	45.92	2.82	19.51	1.20
40	0.67	0.38	0.29	0.16	40	48.74	2.91	20.71	1.24
50	1.05	0.47	0.45	0.20	50	51.65	2.99	21.95	1.27
1 0	1.52	0.55	0.65	0.23	6 0	54.64	3.08	23.22	1.31
10	2.07	0.63	0.88	0.27	10	57.72	3.16	24.53	1.34
20	2.70	0.72	1.15	0.30	20	60.88	3.24	25.87	1.38
30	3.42	0.80	1.45	0.34	30	64.12	3.33	27.25	1.41
40	4.22	0.88	1.79	0.38	40	67.45	3.42	28.66	1.45
50	5.10	0.97	2.17	0.41	50	70.87	3.50	30.11	1.49
2 0	6.07	1.06	2.58	0.45	7 0	74.37	3.58	31.60	1.52
10	7.13	1.14	3.03	0.48	10	77.95	3.66	33.12	1.56
20	8.27	1.22	3.51	0.52	20	81.61	3.75	34.68	1.60
30	9.49	1.31	4.03	0.56	30	85.36	3.84	36.28	1.63
40	10.80	1.39	4.59	0.59	40	89.20	3.92	37.91	1.66
50	12.19	1.47	5.18	0.63	50	93.12	4.00	39.57	1.70
3 0	13.66	1.56	5.81	0.66	8 0	97.12	4.08	41.27	1.74
10	15.22	1.65	6.47	0.70	10	101.20	4.17	43.01	1.77
20	16.87	1.73	7.17	0.73	20	105.37	4.26	44.78	1.81
30	18.60	1.81	7.90	0.77	30	109.63	4.34	46.59	1.85
40	20.41	1.90	8.67	0.81	40	113.97	4.42	48.44	1.88
50	22.31	1.98	9.48	0.84	50	118.39	4.51	50.32	1.92
4 0	24.29	2.07	10.32	0.88	9 0	122.90	4.59	52.24	1.95
10	26.36	2.15	11.20	0.91	10	127.49	4.68	54.19	1.99
20	28.51	2.23	12.11	0.95	20	132.17	4.76	56.18	2.02
30	30.74	2.32	13.06	0.99	30	136.93	4.84	58.20	2.06
40	33.06	2.40	14.05	1.02	40	141.77	4.92	60.26	2.10
50	35.46	2.49	15.07	1.06	50	146.69	5.01	62.36	2.13
5 0	37.95		16.13		10 0	151.70		64.49	

Suite de la table de réduct. des dist. de α du Dragon au mérid.

Angle horaire.	Passage sup. Réduct.	Diff.	Passage inf. Réduct.	Diff.	Angle horaire.	Passage sup. Réduct.	Diff.	Passage inf. Réduct.	Diff.
10	151″70	5.09	64″49	2″17	12′ 0″	218″34	6″09	92.86	2.60
	156.79	5.18	66.66	2.20	10	224.43	6.18	95.46	2.63
20	161.97	5.26	68.86	2.24	20	230.61	6.28	98.09	2.67
30	167.23	5.34	71.10	2.27	30	236.89	. .	100.76	2.70
40	172.57	5.43	73.37	2.31	40	. . .	. .	103.46	2.74
50	178.00	5.51	75.68	2.35	50	. . .	. .	106.20	2.78
11 0	183.51	5.59	78.03	2.38	13 0	. . .	. .	108.98	2.81
10	189.10	5.68	80.41	2.42	10	. . .	. .	111.79	2.85
20	194.78	5.77	82.83	2.45	20	. . .	. .	114.64	2.88
30	200.55	5.85	85.28	2.49	30	. . .	. .	117.52	2.92
40	206.40	5.93	87.77	2.53	40	. . .	. .	120.44	2.95
50	212.33	6.01	90.30	2.56	50	. . .	. .	123.39	2.99
12 0	218.34		92.86		14 0	. . .		126.38	

Série de soixante et douze observations de l'etoile α du Dragon au passage supérieur.

22 *janvier* 1793.

Bar. 28 p. 0.4 lig. Therm. + 4.52 deg.

17ʰ 46′ 46″3		
— 5 4.3		
17 41 42.0	Angle horaire.	Réduction.
17 31 47	9′ 55″1	149″24
34 17	7 25.1	83.52
35 42	6 0.0	54.64
37 54	3 48.0	21.92
39 18	2 24.0	8.75
41 54	0 12.0	0.06
43 4	1 22.0	2.84
45 6	3 24.0	17.55
46 49	5 7.0	39.74
49 7	7 25.1	83.52
17ʰ 50′ 3″	8′ 41″1	114″46
52 53	11 11.1	189.72

12 observations . . .	765.96
Réduction moyenne .	— 1 3.83
Arc simple	24 0 45.70
Distance Z.	23 59 41.87
Réfraction	+ 26.04
Dist. Z. au méridien .	24 0 7.91
Distance polaire . . .	24 38 7.01
Hauteur de l'équat. .	48 38 14.92
Latitude	41 21 45.08

23 *janvier* 1793.

Bar. 27 p. 11.5 lig. Therm. + 5.08 deg.

17ʰ 42′ 50″4
— 5 16.2

17 37 34.2

	Angle horaire.	Réduction.
17 26 47	10′ 47″4	176″59
28 33	9 1.4	123.54
30 16	7 18.4	81.02
33 18	4 16.3	27.71
35 18	2 16.3	7.85
37 34	0 0.3	0.00
39 33	1 58.7	5.94
41 33	3 58.7	24.03
43 26	5 51.7	52.16
45 59	8 24.8	107.41
47 35	10 0.8	152.11
49 52	12 17.8	229.25

12 observations . . .	987.61
Réduction moyenne .	— 1 22.30
Arc simple	24 1 4.60
Distance Z.	23 59 42.30
Réfraction	+ 25.89
Dist. Z. au méridien .	24 0 8.19
Distance polaire . . .	24 38 7.08
Hauteur de l'équat. .	48 38 15.27
Latitude	41 21 44.73

25 *janvier* 1793.

Bar. 27 p. 7.5 lig. Therm. + 6.88 deg.

17 34 58.7
— 5 39.6

17 29 19.1

	Angle horaire.	Réduction.
17 18 56	10 23.2	163.65
20 55	8 24.2	107.16
22 38	6 41.1	67.82
17ʰ 24′ 45″	4′ 34″1	31″69
26 40	2 39.1	10.68
28 38	0 41.1	0.71
30 17	0 57.9	1.42
32 44	3 24.9	17.72
34 31	5 11.9	41.02
36 30	7 11.0	78.31
38 28	9 9.0	127.03
40 41	11 22.0	195.93

12 observations . . .	843.14
Réduction moyenne .	— 1 10.26
Arc simple	24 0 54.22
Distance Z.	23 59 43.96
Réfraction	+ 25.32
Dist. Z. au méridien .	24 0 9.28
Distance polaire . . .	24 38 7.15
Hauteur de l'équat. .	48 38 16.43
Latitude	41 21 43.57

27 *janvier* 1793.

Bar. 27 p. 9.5 lig. Therm. + 4.68 deg.

17 27 7.0
— 6 2.8

17 21 4.2

	Angle horaire.	Réduction.
17 10 13	11 1.3	184.24
12 47	8 17.3	104.24
14 45	6 19.2	60.63
17 7	3 57.2	23.73
18 39	2 25.2	8.90
21 19	0 14.8	0.10
22 52	1 47.8	4.91
24 59	3 54.8	23.26
26 32	5 27.8	45.32
28 22	7 17.9	80.84
29 55	8 50.9	118.79
32 54	11 49.9	212.27

12 observations . . . 867.23

Réduction moyenne .	— 1		12.27
Arc simple	24	0	53.83
Distance Z.	23	59	41.56
Réfraction	+		25.79
Dist. Z. au méridien .	24	0	7.35
Distance polaire. . .	24	38	7.23
Hauteur de l'équat. .	48	38	14.58
Latitude	41	21	45.42

29 *janvier* 1793.

Bar. 27 p. 7.6 lig. Therm. + 2.88 deg.

17h 19′ 15″3
— 6 25.6
17 12 49.7

	Angle horaire.	Réduction.
17 2 40	10′ 9″8	156″69
4 30	8 19.8	105.29
5 59	6 50.7	71.11
8 8	4 41.7	33.47
10 14	2 35.7	10.24
11 58	0 51.7	1.13
13 36	0 46.3	0.91
15 42	2 52.3	12.53
17 22	4 32.3	31.27
19 11	6 21.3	61.30
20 52	8 2.4	98.10
23 15	10 25.4	164.81
12 observations . . .		746.85

Réduction moyenne .	— 1		2.24
Arc simple	24	0	41.90
Distance Z.	23	59	39.66
Réfraction	+		25.79
Dist. Z. au méridien .	24	0	5.45
Distance polaire . . .	24	38	7.28
Hauteur de l'équat. .	48	38	12.73
Latitude	41	21	47.27

31 *janvier* 1793.

Bar. 27 p. 5.9 lig. Therm. + 4.92 deg.

17h 11′ 23″6
— 6 48.9
17 4 34.7

	Angle horaire.	Réduction.
16 53 33	11′ 1″8	184″52
56 11	8 23.8	106.98
57 33	7 1.8	75.01
59 29	5 5.7	39.41
17 1 12	3 22.7	17.34
3 30	1 4.7	1.78
4 58	0 23.3	0.24
7 3	2 28.3	9.28
8 30	3 55.3	23.36
10 28	5 53.3	52.64
12 11	7 36.4	87.82
14 10	9 35.4	139.54
12 observations . . .		737.92

Réduction moyenne .	— 1		1.49
Arc simple	24	0	43.67
Distance Z.	23	59	42.18
Réfraction	+		25.48
Dist. Z. au méridien. .	24	0	7.66
Distance polaire . . .	24	38	7.30
Hauteur de l'équat. .	48	38	14.96
Latitude	41	21	45.04

Série de soixante et douze observations de l'étoile α du Dragon au passage inférieur.

13 *janvier* 1793.

Bar. 27 p. 3.5 lig. Therm. + 6.88 deg.

6h 24′ 6″8 — 3 16.8 6 20 50.0	Angle horaire.	Réduction.
6 8 43	12′ 7″2	94″74
11 14	9 36.2	59.48
12 33	8 17.2	44.28
14 21	6 29.1	27.13
15 58	4 52.1	15.29
18 10	2 40.1	4.64
19 32	1 18.1	1.10
22 29	1 38.9	1.75
24 16	3 25.9	7.60
26 9	5 18.9	18.23
27 53	7 3.0	32.05
30 9	9 19.0	55.98
31 25	10 35.0	72.23
33 30	12 40.0	103.46
14 observations . . .		537.96
Réduction moyenne .		+ 38.43
Arc simple		73 12 40.22
Distance Z.		73 13 18.65
Réfraction		+ 3 4.48
Dist. Z. au méridien .		73 16 23.13
Distance polaire. . .		24 38 6.20
Latitude.		41 21 43.07

14 *janvier* 1793.

Bar. 27 p. 1.8 lig. Therm. + 6.56 deg.

6h 20′ 11″0 — 3 27.7 6 16 43.3	Angle horaire.	Réduction.
6 4 17	12′ 26″4	— 99″80
7 5	9 38.4	59.93
9 38	7 5.4	32.42
12 0	4 43.3	14.39
13 30	3 13.3	6.70
15 40	1 3.3	0.72
17 13	0 29.7	0.16
19 41	2 57.7	5.66
21 24	4 40.7	14.12
23 24	6 40.7	28.76
24 35	7 51.8	39.88
26 45	10 1.8	64.88
28 1	11 17.8	82.30
30 51	14 7.8	128.74
14 observations . . .		578.46
Réduction moyenne .		+ 41.32
Arc simple		73 12 36.16
Distance Z.		73 13 17.48
Réfraction		+ 3 3.84
Dist. Z. au méridien .		73 16 21.32
Distance polaire. . .		24 38 6.32
Latitude.		41 21 45.00

15 *janvier*. 1793.

Bar. 27 p. 3.7 lig Therm. + 5.56 deg.

6h 16′ 15″1
— 3 38·7
6 12 36·4

	Angle horaire.	Réduction.
6 8 18	4′ 18″4	11″96
11 46	0 50·4	0·46
13 24	0 47·6	0·41
14 45	2 8·6	2·97
16 21	3 44·6	9·04
18 18	5 41·6	20·91
19 50	7 13·7	33·70
21 36	8 59·7	52·18
23 0	10 23·7	69·69
25 10	12 33·7	101·76

10 observations . . .	303·08
Réduction moyenne .	+ 30·31
Arc simple	73 12 48·85
Distance Z.	73 13 19·16
Réfraction	+ 3 5·98
Dist. Z. au méridien .	73 16 25·14
Distance polaire . .	24 38 6·42
Latitude	41 22 41·28

16 *janvier* 1793.

Bar. 27 p. 3.7 lig. Therm. + 4.48 deg.

6 12 19·3
— 3 49·7
6 8 29·6

5 55 48	12 41·7	103·93
59 27	9 2·7	52·77
6 0 56	7 33·7	36·88
3 0	5 29·6	19·46
4 26	4 3·6	10·64
6 18	2 11·6	3·11
7 49	0 40·6	0·30

	Angle horaire.	Réduction.
6h 9′ 52″	1′ 22″4	1″22
11 0	2 30·4	4·05
13 43	5 13·4	17·60
15 24	6 54·4	30·77
17 27	8 57·5	51·76
19 6	10 36·5	72·58
21 26	12 56·5	108·01

14 observations . . .	513·08
Réduction moyenne .	+ 36·65
Arc simple	73 12 36·20
Distance Z.	73 13 12·85
Réfraction	+ 3 7·08
Dist. Z. au méridien .	73 16 19·93
Distance polaire . . .	24 38 6·52
Latitude	41 21 46·59

18 *janvier* 1793.

Bar. 27 p. 8.0 lig. Therm. + 3.44 deg.

6 4 27·6
— 4 11·9
6 0 15·7

5 50 23	9 52·8	62·95
53 46	6 29·7	27·21

2 observations . . .	90·16
Réduction moyenne .	+ 45·08
Arc simple	73 12 33·56
Distance Z.	73 13 18·64
Réfraction	+ 3 10·64
Dist. Z. au méridien .	73 16 29·28
Distance polaire . . .	24 38 6·71
Latitude	41 21 37·43

19 *janvier* 1793.

Bar. 27 p. 10.3 lig. Therm. + 5.6 deg.

6h 0′ 31″8
— 4 23.3
5 56 8.5

	Angle horaire.	Réduction.
5 45 54	10 14.6	67.67
47 24	8 44.6	49.30
49 15	6 53.5	30.63
50 45	5 23.5	18.76
52 54	3 14.5	6.78
55 4	1 4.5	0.75
56 53	0 44.5	0.36
58 33	2 24.5	3.74
6 0 38	4 29.5	13.01
2 22	6 13.5	25.00
4 16	8 7.6	42.59
7 26	11 17.6	82.25

12 observations . . .	340.84
Réduction moyenne .	+ 28.40
Arc simple	73 12 40.47
Distance Z.	73 13 8.87
Réfraction	+ 3 9.66
Dist. Z. au méridien .	73 16 18.53
Distance polaire . . .	24 38 6.79
Latitude	41 21 48.26

20 *janvier* 1793.

Bar. 27 p. 10.5 lig. Therm. + 6.0 deg.

5h 56′ 36″0
— 4 34.9
5 52 1.1

	Angle horaire.	Réduction.
5 47 32	4′ 29″1	12″97
50 33	1 28.1	1.39
52 59	0 57.9	0.61
56 0	3 58.9	10.23
58 32	6 30.9	27.38
6 2 6	10 5.0	65.57

6 observations . . .	118.15
Réduction moyenne .	+ 19.69
Arc simple	73 12 49.63
Distance Z.	73 13 9.32
Réfraction	+ 3 9.38
Dist. Z. au méridien .	73 16 18.70
Distance polaire . .	24 38 6.86
Latitude	41 21 48.16

TABLE pour le passage de ζ de la grande Ourse au méridien, et pour sa distance apparente au pôle.

Passage supérieur.

DATES des observations.	TEMPS MOYEN du passage au méridien.	DISTANCE apparente au pôle.
7 janv. 1793 .	18h 2' 38"4	33° 59' 38"60
8	17 58 42.5	38.72
10	17 50 50.8	38.92
12	17 42 59.0	39.09
14	17 35 7.3	39.28
15	17 31 11.4	39.35
18	17 19 23.8	39.54
19	17 15 27.9	39.[illegible]8
20	17 11 32.0	33 59 39.63

Passage inférieur.

DATES des observations.	TEMPS MOYEN du passage au méridien.	DISTANCE apparente au pôle.
3 janvier . . .	6 20 19.8	33 59 38.03
4	6 16 23.9	38.18
6	6 8 32.2	38.44
7	6 4 36.3	38.55
8	6 0 40.4	38.67
10	5 52 48.6	38.88
11	5 48 52.8	33 59 38.97

TABLE de réduction des distances de ζ de la grande Ourse au méridien.

ANGLE horaire.	PASSAGE SUP. Réduct.	PASSAGE SUP. Diff.	PASSAGE INF. Réduct.	PASSAGE INF. Diff.	ANGLE horaire.	PASSAGE SUP. Réduct.	PASSAGE SUP. Diff.	PASSAGE INF. Réduct.	PASSAGE INF. Diff.
0′ 0″	0″00	0″09	0″00	0″02	5′ 0″	81″86	5″54	20″88	1″42
10	0.09	0.27	0.02	0.07	10	87.40	5.73	22.30	1.46
20	0.36	0.46	0.09	0.12	20	93.13	5.91	23.76	1.51
30	0.82	0.64	0.21	0.16	30	99.04	6.09	25.27	1.55
40	1.46	0.82	0.37	0.21	40	105.13	6.27	26.82	1.60
50	2.28	1.00	0.58	0.26	50	111.40	6.45	28.42	1.65
1 0	3.38	1.18	0.84	0.30	6 0	117.85	6.62	30.07	1.70
10	4.46	1.37	1.14	0.35	10	124.47	6.81	31.77	1.74
20	5.83	1.54	1.49	0.39	20	131.28	7.00	33.51	1.78
30	7.37	1.73	1.88	0.44	30	138.28	7.17	35.29	1.83
40	9.10	1.91	2.32	0.49	40	145.45	7.35	37.12	1.88
50	11.01	2.09	2.81	0.53	50	152.80	7.53	39.00	1.93
2 0	13.10	2.28	3.34	0.58	7 0	160.33	7.71	40.93	1.97
10	15.38	2.46	3.92	0.63	10	168.04	7.90	42.90	2.02
20	17.84	2.64	4.55	0.67	20	175.94	8.07	44.92	2.07
30	20.48	2.82	5.22	0.72	30	184.01	8.26	46.99	2.11
40	23.30	3.00	5.94	0.77	40	192.27	8.43	49.10	2.16
50	26.30	3.18	6.71	0.81	50	200.70	8.61	51.26	2.20
3 0	29.48	3.37	7.52	0.86	8 0	209.31	8.79	53.46	2.25
10	32.85	3.55	8.38	0.90	10	218.10	8.98	55.71	2.30
20	36.40	3.73	9.28	0.95	20	227.08	9.15	58.01	2.34
30	40.13	3.91	10.23	1.00	30	236.23	9.33	60.35	2.39
40	44.04	4.09	11.23	1.05	40	245.56	9.52	62.74	2.44
50	48.13	4.28	12.28	1.09	50	255.08	9.69	65.18	2.48
4 0	52.41	4.45	13.37	1.14	9 0	264.77	9.87	67.66	2.53
10	56.86	4.64	14.51	1.18	10	274.64	10.05	70.19	2.57
20	61.50	4.82	15.69	1.23	20	284.69	10.22	72.76	2.62
30	66.32	5.00	16.92	1.27	30	294.91	10.41	75.38	2.67
40	71.32	5.18	18.19	1.32	40	305.32	10.59	78.05	2.71
50	76.50	5.36	19.51	1.37	50	315.91	10.76	80.76	2.76
5 0	81.86		20.88		10 0	326.67		83.52	

Suite de la table de réduction des distances de ζ de la grande Ourse au méridien.

Angle horaire.	Passage sup. Réduct.	Diff.	Passage inf. Réduct.	Diff.	Angle horaire.	Passage sup. Réduct.	Diff.	Passage inf. Réduct.	Diff.
10' 0"	326"67	10"95	83"52	2"81	12' 0"	. . .		120"27	3.36
10	337.62	11.12	86.33	2.86	10	. . .	. .	123.63	3.41
20	348.74	11.30	89.19	2.90	20	. . .	. .	127.04	3.46
30	360.04	11.48	92.09	2.94	30	. . .	. .	130.50	3.50
40	371.52	11.65	95.03	2.99	40	. . .	. .	134.00	3.55
50	383.17	11.84	98.02	3.04	50	. . .	. .	137.55	3.60
11 0	395.01	12.01	101.06	3.09	13 0	. . .	. .	141.15	3.64
10	407.02	12.19	104.15	3.13	10	. . .	. .	144.79	3.68
20	419.21	12.37	107.28	3.18	20	. . .	. .	148.47	3.73
30	431.58	12.54	110.46	3.22	30	. . .	. .	152.20	3.78
40	444.12	12.72	113.68	3.27	40	. . .	. .	155.98	3.83
50	456.84	12.91	116.95	3.32	50	. . .	. .	159.81	3.89
12 0	459.75		120.27		14 0	. . .	. .	163.70	

Série de quatre-vingt-deux observations de ζ de la grande Ourse au passage supérieur.

7 janvier 1793.

Bar. 27 p. 9.5 lig. Therm. + 4.72 deg.

18h 2' 38"4		
— 2 18.7		
18 0 19.7	Angle horaire.	Réduction.
17 56 32	3' 47"7	47"17
59 2	1 17.7	5.50
18 0 41	0 21.3	0.41
3 43	3 23.7	37.76
5 39	5 19.7	92.95
8 21	8 1.4	210.53
6 observations		394.32

Réduction moyenne .	— 1 5.72
Arc simple	14 39 32.04
Distance Z.	14 38 26.32
Réfraction	+ 15.14
Dist. Z. au méridien .	14 38 41.46
Distance polaire . . .	33 59 38.60
Hauteur de l'équat. .	48 38 20.06
Latitude	41 21 39.94

8 *janvier* 1793.

Bar. 27 p. 7.8 lig. Therm. + 6.20 deg.

17h 58' 42"5
— 2 29.2
17 56 13.3

	Angle horaire.	Réduction.
17 46 13	10' 0"4	327"11
49 5	7 8.4	166.79
51 38	4 35.3	68.96
54 57	1 16.3	5.50
18 1 24	5 10.7	87.79
4 19	8 5.8	214.39
6 18	10 4.8	331.90
8 9	11 55.8	464.31
17h 50' 8"	2' 7"0	14"68
52 27	4 26.0	64.37
57 48	5 47.0	109.50
56 27	8 26.1	232.64

8 observations . . .	624.65
Réduction moyenne .	— 1 18.08
Arc simple	14 39 44.31
Distance Z.	14 38 26.23
Réfraction	+ 14.98
Dist. Z. au méridien .	14 38 41.21
Distance polaire . . .	13 59 38.92
Hauteur de l'équat. .	28 38 20.13
Latitude	41 21 39.87

8 observations . . .	1666.55
Réduction moyenne .	— 3 28.32
Arc simple	14 41 54.31
Distance Z.	14 38 25.99
Réfraction	+ 14.98
Dist. Z. au méridien .	14 38 40.97
Distance polaire . .	33 59 38.72
Hauteur de l'équat. .	48 38 19.69
Latitude	41 21 40.31

10 *janvier* 1793.

Bar. 27 p. 8.5 lig. Therm. + 6.16 deg.

17 50 50.8
— 2 48.8
17 48 1.0

17 41 20	6 41.0	146.18
44 17	3 44.0	45.66
46 8	1 53.0	11.62
48 1	0 0.0	0.00

12 *janvier* 1793.

Bar. 27 p. 5.2 lig. Therm. + 5.52 deg.

17 42 59.0
— 3 11.5
17 39 47.5

17 31 1	8 46.6	251.82
34 8	5 39.5	104.82
35 37	4 10.5	57.09
37 38	2 9.5	15.26
39 22	0 25.5	0.59
41 35	1 47.5	10.52
43 0	3 12.5	33.72
44 41	4 53.5	78.35
46 12	6 24.5	134.42
48 47	8 59.6	264.37

10 observations . . .	950.96
Réduction moyenne .	— 1 35.10
Arç simple	14 39 58.17
Distance Z.	14 38 23.07
Réfraction	+ 14.89
Dist. Z. au méridien .	14 38 37.96
Distance polaire . . .	33 59 39.09
Hauteur de l'équat. .	48 38 17.05
Latitude	41 21 42.95

14 *janvier* 1793.

Bar 27 p. 2.1 lig. Therm. + 3.84 deg.

17h 35′ 7″3		
— 3 33.6		
17 31 33.7	Angle horaire.	Réduction.
17 22 46	8′ 47″8	252″97
25 16	6 17.7	129.70
27 4	4 29.7	66.17
28 48	2 45.7	24.99
30 43	0 50.7	2.34
33 14	1 40.3	9.15
34 37	3 3.3	30.59
36 27	4 53.3	78.25
37 32	5 58.3	116.74
39 11	7 37.4	190.11

10 observations . . .	901.01
Réduction moyenne .	— 1 30.10
Arc simple	14 39 52.90
Distance Z.	14 38 22.80
Réfraction	+ 14.88
Dist. Z. au méridien .	14 38 37.68
Distance polaire . . .	33 59 39.28
Hauteur de l'équat. .	48 38 16.96
Latitude	41 21 43.04

15 *janvier* 1793.

Bar. 27 p. 4.1 lig. Therm. + 2.88 deg

	Angle horaire.	Réduction.
17 31 11.4		
— 3 44.6		
17 27 26.8		
17 21 4	6 22.8	133.22
23 9	4 17.8	60.46
24 49	2 37.8	[illegible].66
26 28	0 58.8	[illegible].15
17 28 13	0′ 46″2	1″95
30 5	2 38.2	22.78
31 39	4 12.2	57.87
34 3	6 36.2	142.70
35 24	7 57.3	206.97
37 30	10 3.3	330.26

10 observations . . .	982.02
Réduction moyenne .	— 1 38.20
Arc simple	14 40 3.70
Distance Z.	14 38 25.50
Réfraction	+ 15.06
Dist. Z. au méridien .	14 38 40.56
Distance polaire . .	33 59 39.35
Hauteur de l'équat. .	48 38 19.91
Latitude	41 21 40.09

18 *janvier* 1793.

Bar. 27 p. 8.9 lig. Therm. + 2.60 deg.

17 19 23.8		
— 4 17.2		
17 15 6.6		
17 6 53	8 13.7	221.40
9 8	5 58.6	116.94
10 44	4 22.6	62.74
12 30	2 36.6	22.32
13 46	1 20.6	5.92
15 32	0 25.4	0.59
16 46	1 39.4	8.99
18 34	3 27.4	39.14
20 24	5 17.4	91.62
22 7	7 0.5	160.71
23 19	8 12.5	220.33
25 13	10 6.5	333.77
12 observations . . .		1284.47

Réduction moyenne .	— 1 47.04
Arc simple	14 40 10.14
Distance Z.	14 38 23.10
Réfraction	+ 15.31
Dist. Z. au méridien .	14 38 38.41
Distance polaire . .	33 59 39.54
Hauteur de l'équat. .	48 38 17.95
Latitude	41 21 42.05

19 *janvier* 1793.

Bar. 27 p. 10,3 lig. Therm. + 3,52 deg.

17h 15′ 27″9
— 4 28.5

17 10 59.4	Angle horaire.	Réduction.
17 1 45	9′ 14″5	279″14
3 33	7 26.5	181.17
5 4	5 55.4	114.86
7 18	3 41.4	44.60
9 17	1 42.4	9.54
12 11	1 11.6	4.67
13 34	2 34.6	21.75
15 57	4 57.6	80.56
17 39	6 39.6	145.16
19 39	8 39.7	245.27

10 observations . . .	1126.72
Réduction moyenne .	— 1 52.67
Arc simple	14 40 14.19
Distance Z.	14 38 21.52
Réfraction	+ 15.31
Dist. Z. au méridien .	14 38 36.83
Distance polaire . . .	33 59 39.58
Hauteur de l'équat. .	48 38 16.41
Latitude	41 21 43.59

20 *janvier* 1793.

Bar. 27 p. 10,0 lig. Therm. + 4.48 deg.

17h 11′ 32″0
— 4 40.6

17 6 51.4	Angle horaire.	Réduction.
16 59 24	7′ 27″5	181″98
17 1 14	5 37.4	103.53
3 15	3 36.4	42.61
6 35	0 16.4	0.24
9 24	2 32.6	21.20
12 54	6 2.6	119.56
14 45	7 53.7	203.86
17 14	10 22.7	351.77

8 observations . . .	1024.75
Réduction moyenne .	— 2 8.09
Arc simple	14 40 30.28
Distance Z.	14 38 22.19
Réfraction	+ 15.20
Dist. Z. au méridien .	14 38 37.39
Distance polaire . . .	33 59 39.63
Hauteur de l'équat. .	48 38 17.02
Latitude	41 21 42.98

Série de quatre-vingt-deux observations de ζ de la grande Ourse au passage inférieur.

3 *janvier* 1793.

Bar. 27 p. 6.45 lig. Therm. + 6.0 lig.

	Angle horaire.	Réduction.
6h 20′ 19″8		
— 1 34·0		
6 18 45·8		
6 13 48	4′ 57″8	20″57
16 57	1 48·8	2·75
18 39	0 6·8	0·01
20 26	1 40·2	2·33
22 15	3 29·2	10·15
24 3	5 17·2	23·35
25 59	7 13·3	43·57
27 56	9 10·3	70·27
29 59	11 13·3	105·18
31 52	13 6·3	143·44
10 observations . . .		421·62
Réduction moyenne .		+ 42·16
Arc simple		82 30 23·36
Distance Z.		82 31 5·52
Réfraction		+ 6 54·05
Dist. Z. au méridien .		82 37 59·57
Distance polaire. . .		33 59 38·03
Latitude		41 21 38·46

4 *janvier* 1793.

Bar. 27 p. 6.0 lig. Therm. + 6.32 deg.

	Angle horaire.	Réduction.
6 16 23·9		
— 1 42·3		
6 14 41·6		
6 4 57	9′ 44″7	79″32
6 51	7 50·7	51·41
6h 9′ 7″	5′ 34″6	25″98
11 20	3 21·6	9·43
13 12	1 29·6	1·86
14 54	0 12·4	0·03
16 20	1 38·4	2·25
18 11	3 29·4	10·17
19 54	5 12·4	22·65
21 16	6 34·4	36·09
23 13	8 31·5	60·71
24 55	10 13·5	87·33
12 observations . . .		387·23
Réduction moyenne .		+ 32·27
Arc simple		82 30 30·96
Distance Z.		82 31 3·23
Réfraction		+ 6 52·85
Dist Z. au méridien .		82 37 56·08
Distance polaire . . .		33 59 38·18
Latitude		41 21 42·10

6 *janvier* 1793.

Bar. 27 p. 8.9 lig. Therm. + 7.60 deg.

6 8 32·2		
— 2 2·2		
6 6 30·0		
5 54 14	12 16·1	125·71
55 50	10 40·1	95·06
57 38	8 52·1	65·70
59 28	7 2·1	41·34
6 1 50	4 40·0	18·19
3 26	3 4·0	7·86
5 6	1 24·0	1·65
6 58	0 28·0	0·19
9 42	3 12·0	8·56

	Angle horaire.	Réduction.
6h 11' 15"	4' 45"0	18"85
13 10	6 40.0	37.12
14 41	8 11.1	55.96
16 5	9 35.1	76.74
17 37	11 7.1	103.25
14 observations . . .		656.18

Réduction moyenne .	+ 46.87
Arc simple	82 30 19.06
Distance Z.	82 31 5.93
Réfraction	+ 6 53.36
Dist. Z. au méridien .	82 37 59.29
Distance polaire . .	33 59 38.44
Latitude	41 21 39.15

7 *janvier* 1793.

Bar. 27 p. 9.8 lig. Therm. + 7.32 deg.

6h 4' 36"3
— 2 13.0
6 2 23.3

5 54 4	8' 19"4	57"87
56 46	5 37.3	26.40
57 2	3 21.3	9.40
6 0 40	1 43.3	2.48
2 0	0 23.3	0.13
4 47	2 23.7	4.80
6 21	3 57.7	13.12
8 23	5 59.7	30.02
9 41	7 17.8	44.47
11 57	9 33.8	76.39
14 16	11 52.8	117.88
16 4	13 40.8	156.28
12 observations . . .		539.24

Réduction moyenne .	+ 44.94
Arc simple	82 30 21.56
Distance Z.	82 31 6.50
Réfraction	+ 6 55.16
Dist. Z. au méridien .	82 38 1.66
Distance polaire . .	33 59 38.45
Latitude	41 21 36.79

8 *janvier* 1793.

Bar. 27 p. 9.2 lig. Therm. + 6.16 deg.

6h 0' 40"4
— 2 24.0
5 58 16.4

	Angle horaire.	Réduction.
5 46 5	12' 11"5	124"14
48 20	9 56.5	82.55
54 43	3 33.4	10.57
56 59	1 17.4	1.40
58 39	0 22.6	0.12
6 0 42	2 25.6	4.92
2 35	4 18.6	15.52
4 17	6 0.6	30.17
8 observations		269.39

Réduction moyenne .	+ 33.67
Arc simple	82 30 31.04
Distance Z.	82 31 4.71
Réfraction	+ 6 57.23
Dist. Z. au méridien .	82 38 1.92
Distance polaire . . .	33 59 38.67
Latitude	41 21 36.75

10 *janvier* 1793.

Bar. 27 p. 9.0 lig. Therm. + 7.68 deg.

5h 52′ 48″6 — 2 44.6 5 50 4.0	Angle horaire.	Réduction.
5 38 13	11′ 51″1	117″31
41 34	8 30.1	60.37
43 17	6 47.0	38.44
46 5	3 59.0	13.26
47 30	2 34.0	5.51
49 33	0 31.0	0.23
51 0	0 56.0	0.74
52 53	2 49.0	6.63
54 9	4 5.0	13.94
57 2	6 58.0	40.54
58 20	8 16.1	57.11
6 0 42	10 38.1	94.47
1 50	11 46.1	115.67
3 49	13 45.1	157.93
14 observations . . .		722.15

Réduction moyenne .	+ 51.58
Arc simple	82 30 9.35
Distance Z.	82 31 0.93
Réfraction	+ 6 53.17
Dist. Z. au méridien .	82 37 54.10
Distance polaire . . .	33 59 38.88
Latitude	41 21 44.78

11 *janvier* 1793.

Bar. 27 p. 8.9 lig. Therm. + 6.56 deg.

5h 48′ 52″8 — 2 55.0 5 45 57.8	Angle horaire.	Réduction.
5 37 58	7′ 59″9	53″44
40 20	5 37.8	26.48
42 16	3 41.8	11.42
44 27	1 30.8	1.91
46 6	0 8.2	0.02
47 44	1 46.2	2.62
49 31	3 33.2	10.55
51 37	5 39.2	26.70
53 17	7 19.3	44.78
55 35	9 37.3	77.33
57 20	11 22.3	108.01
59 37	13 39.3	155.72
12 observations . . .		518.98

Réduction moyenne .	+ 43.25
Arc simple	82 30 18.71
Distance Z.	82 31 1.96
Réfraction	+ 6 55.75
Dist. Z. au méridien .	82 37 57.71
Distance polaire . .	33 59 38.97
Latitude	41 21 41.26

TABLE pour le passage de β (corne du Taureau) au méridien, et pour sa distance apparente au pôle.

Dates des observations.	Temps moyen du passage au méridien.	Distance apparente au pôle.
4 février 1793 .	8h 11' 33"3	28° 24' 55"08
5	8 7 37·3	55·08
6	8 3 41·4	55·08
8	7 55 49·6	55·12
10	7 47 57·7	55·12
11	7 44 1·8	55·12
13	7 36 10·0	55·13
14	7 32 14·2	55·12
20	7 8 38·6	55·12
21	7 4 42·7	55·11
24	6 52 54·8	28 24 55·09

TABLE de réduction des distances de β du Taureau au méridien.

ANGLE HOR.	RÉDUCTION.	DIFFÉR.	ANGLE HOR.	RÉDUCTION.	DIFFÉR.
0′ 0″	0″00		5′ 0″	145″18	
10	0.16	0″16	10	155.01	9″83
20	0.65	0.49	20	165.15	10.14
30	1.45	0.80	30	175.62	10.47
40	2.58	1.13	40	186.40	10.78
50	4.04	1.46	50	197.50	11.10
1 0	5.82	1.78	6 0	208.92	11.42
10	7.92	2.10	10	220.66	11.74
20	10.34	2.42	20	232.72	12.06
30	13.08	2.74	30	245.10	12.38
40	16.15	3.07	40	257.79	12.69
50	19.55	3.40	50	270.80	13.01
2 0	23.26	3.71	7 0	284.13	13.33
10	27.30	4.04	10	297.78	13.65
20	31.66	4.36	20	311.74	13.96
30	36.34	4.68	30	326.02	14.28
40	41.34	5.00	40	340.62	14.60
50	46.67	5.33	50	355.53	14.91
3 0	52.32	5.65	8 0	370.76	15.23
10	58.29	5.97	10	386.30	15.54
20	64.58	6.29	20	402.16	15.86
30	71.20	6.62	30	418.33	16.17
40	78.13	6.93	40		
50	85.39	7.26	50		
4 0	92.97	7.58	9 0		
10	100.87	7.90	10		
20	109.09	8.22	20		
30	117.63	8.54	30		
40	126.50	8.87	40		
50	135.68	9.18	50		
5 0	145.18	9.50	10 0		

Série de quatre-vingt-huit observations de β (corne du Taureau).

4 février 1793.

Bar. 27 p. 6.15 lig. Therm. + 7.60 deg.

8ʰ 11′ 33″3
— 7 33.7
8 3 59.6

	Angle horaire.	Réduct.
7 56 30	7′ 29″7	325″58
58 51	5 8.6	163.61
8 0 56	3 3.6	54.43
3 0	0 59.6	5.74
4 55	0 55.4	4.96
6 29	2 29.4	36.05
8 33	4 33.4	120.61
10 43	6 43.4	262.18
8 observations. . . .		963.16
Réduction moyenne .		— 2 0.40
Arc simple		12 58 35.81
Distance Z.		12 56 35.41
Réfraction		+ 12.98
Dist. Z. au méridien .		12 56 48.39
Distance polaire . . .		28 24 55.08
Latitude		41 21 43.47

5 février 1793.

Bar. 27 p. 6.0 lig. Therm. + 7.28 deg.

8ʰ 7′ 37″3
— 7 45.8
7 59 51.5

	Angle horaire.	Réduct.
7 52 20	7′ 31″6	328″33
55 2	4 49.5	135.21
57 34	2 17.5	30.54
59 5	0 46.5	3.49
8ʰ 2′ 18″	2′ 26″5	34″67
3 53	4 1.5	94.14
6 6	6 14.5	226.05
8 20	8 28.6	416.05
8 observations. . . .		1268.48
Réduction moyenne .		— 2 38.56
Arc simple		12 59 17.72
Distance Z.		12 56 39.16
Réfraction		+ 13.01
Dist. Z. au méridien .		12 56 52.17
Distance polaire . . .		28 24 55.08
Latitude		41 21 47.25

6 février 1793.

Bar. 27 p. 7.05 lig. Therm. + 8.08 deg.

8 3 41.4
+ 7 58.0
7 55 43.4

	Angle horaire.	Réduct.
7 48 29	7 14.5	304.02
50 22	5 21.4	166.60
51 56	3 47.4	83.47
53 50	1 53.4	20.78
57 54	2 10.6	27.56
8 0 6	4 22.6	111.28
2 9	6 25.6	239.61
3 55	8 11.7	388.98
8 observations. . . .		1342.30

Réduction moyenne . . — 2 47.79
Arc simple 12 59 25.97

Distance Z. 12 56 38.18
Réfraction . . . . . + 12.99

Dist. Z. au méridien . 12 56 51.17
Distance polaire . . . 28 24 55.08

Latitude 41 21 46.25

8 *février* 1793.

Bar. 27 p. 9.5 lig. Therm. + 6.80 deg.

7h 55′ 49″ 6
— 8 22.4

7 47 27.2

	Angle horaire.	Réduction.
7 41 1	6′ 26″2	240″37
42 48	4 39.2	125.78
45 55	1 32.2	13.73
47 48	0 20.8	0.79
50 17	2 39.8	41.23
52 26	4 58.8	144.02
53 50	6 22.8	236.16
55 26	7 58.9	369.07
8 observations		1171.06

Réduction moyenne . — 2 26.38
Arc simple 12 59 7.31

Distance Z. 12 56 40.93
Réfraction . . . . . + 13.18

Dist. Z. au méridien . 12 56 54.11
Distance polaire . . . 28 24 55.12

Latitude 41 21 49.23

10 *février* 1793.

Bar. 27 p. 7.15 lig. Therm. + 9.20 deg.

7 47 57.7
— 8 46.5

7 39 11.2

	Angle horaire.	Réduction.
7 32 9	7′ 2″3	287″24
33 49	5 22.2	167.43
7h 35′ 45″	3′ 26″2	68″65
37 36	1 35.2	14.64
40 33	1 21.8	10.81
42 13	3 1.8	53.37
44 8	4 56.8	142.11
46 9	6 57.8	281.17
8 observations		1025.42

Réduction moyenne . — 2 8.18
Arc simple 12 58 49.51

Distance Z. 12 56 41.33
Réfraction . . . . . + 12.92

Dist. Z. au méridien . 12 56 54.25
Distance polaire . . . 28 24 55.12

Latitude 41 21 49.37

11 *février* 1793.

Bar. 27 p. 8.0 lig. Therm. + 6.96 deg.

7 44 1.8
— 8 58.9

7 35 2.9

	Angle horaire.	Réduction.
7 29 16	5 46.9	194.02
30 52	4 10.9	101.60
32 51	2 11.9	28.11
38 5	3 2.1	53.55
40 12	5 9.1	154.11
41 48	6 45.1	264.39
6 observations		795.78

Réduction moyenne . — 2 12.63
Arc simple 12 58 48.30

Distance Z. 12 56 35.67
Réfraction . . . . . + 13.11

Dist. Z. au méridien . 12 56 48.78
Distance polaire . . . 28 24 55.12

Latitude 41 21 43.90

13 *février* 1793.

Bar. 27 p. 7.6 lig. Therm. + 8.20 deg.

7h 36′ 10″0		
— 9 23.7		
7 26 46.3	Angle horaire.	Réduction.
7 19 42	7′ 4″4	290″10
21 2	5 44.3	191.13
22 22	4 24.3	112.72
24 16	2 30.3	36.49
26 2	0 44.3	3.18
27 28	0 41.7	2.81
28 53	2 6.7	25.94
30 19	3 32.7	73.04
31 48	5 1.7	146.83
33 16	6 29.7	244.73
10 observations . . .		1126.97
Réduction moyenne .		— 1 52.70
Arc simple		12 58 28.97
Distance Z.		12 56 36.27
Réfraction		+ 13.01
Dist. Z. au méridien .		12 56 49.28
Distance polaire . . .		28 24 55.13
Latitude		41 21 44.41

14 *février* 1793.

Bar. 27 p. 7.05 lig. Therm. + 8.88 deg.

	Angle horaire.	Réduction.
7 32 14.2		
— 9 36.3		
7 22 37.9		
7 15 57	6 40.9	258.95
17 57	4 40.9	127.31
19 46	2 51.9	47.72
21 41	0 56.9	5.23
23 31	0 53.1	4.56
25 16	2 38.1	40.35
7h 27′ 14″	4′ 36″1	123″02
28 53	6 15.1	226.77
8 observations . . .		833.91
Réduction moyenne .		— 1 44.24
Arc simple		12 58 25.24
Distance Z.		12 56 41.00
Réfraction		+ 12.94
Dist. Z. au méridien .		12 56 53.94
Distance polaire. . .		28 24 55.12
Latitude		41 21 49.06

20 *février* 1793.

Bar. 27 p. 6.7 lig. Therm. + 5.95 deg.

7 8 38.6		
— 10 46.5		
6 57 52.1		
6 51 3	6 49.1	269.62
52 55	4 57.1	142.39
54 33	3 19.1	64.00
56 20	1 32.1	13.70
58 7	0 14.9	0.36
7 0 10	2 17.9	30.71
2 8	4 15.9	105.68
4 17	6 24.9	238.75
8 observations. . . .		865.21
Réduction moyenne .		. 1 48.15
Arc simple		12 58 24.94
Distance Z.		12 56 36.79
Réfraction		+ 13.11
Dist. Z. au méridien .		12 56 49.90
Distance polaire. . .		28 24 55.12
Latitude		41 21 45.02

21 février 1793.

Bar. 27 p. 7.8 lig. Therm. + 5.84 deg.

7h 4′ 42″7
— 10 57·6

6 53 45·1

	Angle horaire.	Réduction.
6 46 50	6′ 55″1	277″56
48 36	5 9·1	154·12
50 51	3 24·1	67·26
52 21	1 24·1	11·42
53 48	0 2·9	0·00
56 8	2 22·9	32·99
58 3	4 17·9	107·33
59 50	6 4·9	214·63
8 observations. . . .		865·31
Réduction moyenne .		— 1 48·16
Arc simple		12 58 26·34
Distance Z.		12 56 38·18
Réfraction		+ 13·19
Dist. Z. au méridien .		12 56 51·37
Distance polaire. . .		28 24 55·11
Latitude		41 21 46·48

24 février 1793.

Bar. 27 p. 11.4 lig. Therm. + 7.60 deg.

6h 52′ 54″8
— 11 31·2

6 41 23·6

	Angle horaire.	Réduction.
6 36 21	5′ 2″6	147″71
38 10	3 13·6	60·52
39 22	2 1·6	23·89
40 49	0 34·6	1·93
41 59	0 35·4	2·02
43 31	2 7·4	26·22
45 0	3 36·4	75·60
46 43	5 19·4	164·53
8 observations. . . .		502·42
Réduction moyenne .		— 1 2·80
Arc simple		12 57 43·50
Distance Z.		12 56 40·70
Réfraction		+ 13·20
Dist. Z. au méridien .		12 56 53·90
Distance polaire. . .		28 24 55·09
Latitude		41 21 48·99

TABLE pour le passage de β de Pollux au méridien, et pour sa déclinaison apparente.

DATES des observations.	TEMPS MOYEN du passage au méridien.	DÉCLINAISON apparente.
25 mars 1793.	7h 17′ 55″2	28° 30′ 37″44
27.	7 10 3·4	37·54
28.	7 6 7·4	37·58
31.	6 54 19·7	37·72
2 avril.	6 46 27·8	28 30 37·79

Table de réduction des distances de β de Pollux au méridien.

Angle hor.	Réduction.	Differ.	Angle hor.	Réduction.	Differ.
0' 0"	0"00	0"16	4' 0"	93"56	7"95
10	0.16	0.49	10	101.51	8.28
20	0.65	0.81	20	109.79	8.59
30	1.46	1.14	30	118.38	8.92
40	2.60	1.46	40	127.30	9.24
50	4.06	1.79	50	136.54	9.57
1 0	5.85	2.12	5 0	146.11	9.88
10	7.97	2.44	10	155.99	10.21
20	10.41	2.76	20	166.20	10.53
30	13.17	3.09	30	176.73	10.85
40	16.26	3.41	40	187.58	11.17
50	19.67	3.74	50	198.75	11.50
2 0	23.41	4.06	6 0	210.25	12.81
10	27.47	4.39	10	222.06	12.13
20	31.86	4.71	20	234.19	12.46
30	36.57	5.04	30	246.65	
40	41.61	5.36	40		
50	46.97	5.68	50		
3 0	52.65	6.01	7 0		
10	58.66	6.33	10		
20	64.99	6.66	20		
30	71.65	6.98	30		
40	78.63	7.31	40		
50	85.94	7.62	50		
4 0	93.56		8 0		

Série de quarante observations de β de Pollux.

25 mars 1793.

Bar. 27 p. 0.6 lig. Therm. + 4.8 deg.

7h 17′ 55″2
— 17 18.3
7 0 36.9

	Angle horaire.	Réduction.
6 54 36	6′ 0″9	211″30
55 55	4 41.9	129.03
57 31	3 5.9	56.16
58 56	1 40.9	16.55
7 0 34	0 2.9	0.01
2 46	2 9.1	27.09
4 37	4 0.1	93.64
6 41	6 4.1	215.05
8 observations . . .		748.83
Réduction moyenne .		— 1 33.60
Arc simple		12 52 29.81
Distance Z.		12 50 56.21
Réfraction		+ 12.85
Dist. Z. au méridien .		12 51 9.06
Distance polaire. . .		28 30 37.44
Latitude		41 21 46.50

27 mars 1793.

Bar. 27 p. 4.1 lig. Therm. + 7.64 deg.

7 10 3.4
— 17 41.9
6 52 21.5

	Angle horaire.	Réduction.
6 46 43	5 38.5	185.93
48 12	4 9.5	101.10
49 32	2 49.5	46.69
50 56	1 25.5	11.89
52 33	0 11.5	0.23
54 31	2 9.5	27.25
6h 55′ 57″	3′ 35″5	75″45
57 39	5 17.5	163.62
8 observations . . .		612.16
Réduction moyenne .		— 1 16.52
Arc simple		12 52 11.85
Distance Z.		12 50 55.33
Réfraction		+ 12.80
Dist. Z. au méridien .		12 51 8.13
Distance polaire . . .		28 30 37.54
Latitude		41 21 45.67

28 mars 1793.

Bar. 27 p. 2.8 lig. Therm. + 6.20 deg.

7 6 7.4
— 17 53.5
6 48 13.9

	Angle horaire.	Réduction.
6 42 16	5 57.9	207.81
44 32	3 41.9	79.99
45 46	2 27.9	35.55
47 23	0 50.9	4.21
48 45	0 31.1	1.57
50 1	1 47.1	18.65
51 41	3 27.1	69.69
53 44	5 30.1	176.84
8 observations . . .		594.31
Réduction moyenne .		— 1 14.29
Arc simple		12 52 9.53
Distance Z.		12 50 55.24
Réfraction		+ 12.85
Dist. Z. au méridien .		12 51 8.09
Distance polaire . .		28 30 37.58
Latitude		41 21 45.67

31 *mars* 1793.

Bar. 27 p. 4.7 lig. Therm. + 8,12 deg.

6h 54′ 19″7 — 18 28.8 6 35 50.9	Angle horaire.	Réduction.
6 30 36	5′ 14″9	160″95
32 21	3 29.9	71.57
34 0	1 50.9	20.00
35 32	0 18.9	0.58
37 4	1 13.1	8.69
38 21	2 30.1	36.62
39 59	4 8.1	99.97
41 37	5 46.1	194.36
8 observations . . .		592.74
Réduction moyenne .		— 1 14.09
Arc simple		12 52 12.38
Distance Z.		12 50 58.29
Réfraction		+ 12.79
Dist. Z. au méridien .		12 51 11.08
Distance polaire. . .		28 30 37.72
Latitude		41 21 48.80

2 *avril* 1793.

Bar. 27 p. 5.95 lig. Therm. + 10.24 deg.

6h 46′ 27″8 — 18 52.5 6 27 35.3	Angle horaire.	Réduction.
6 21 45	5′ 50″5	199″32
23 42	3 53.5	88.57
25 12	2 23.5	33.47
26 37	0 58.5	5.57
28 10	0 34.5	1.94
29 44	2 8.5	26.84
31 27	3 51.5	87.06
33 24	5 49.0	197.62
8 observations . . .		640.39
Réduction moyenne .		— 1 20.05
Arc simple		12 52 20.25
Distance Z.		12 51 0.20
Réfraction		+ 12.69
Dist. Z. au méridien .		12 51 12.89
Distance polaire . . .		28 30 37.79
Latitude		41 21 50.68

Toutes ces observations pour la latitude de Montjouy ont été faites dans un observatoire construit tout exprès sur la plate-forme de la tour. Le cercle étoit 10 pieds 6 pouces au nord du centre de la tour et 27 pieds environ à l'ouest. Voyez *pl. X*.

Résultats du passage supérieur de la Polaire.

1792 et 1793.	n	LATITUDE.	n'	LATITUDE.	dm
15 décembre .	14	41° 21' 44"58	14	41° 21' 44"58	+ 0"09
16	16	45.77	30	45.15	0.03
18	18	47.36	48	46.02	0.09
19	18	47.31	66	46.39	0.06
20	20	43.17	86	45.63	0.01
27	18	44.85	104	45.49	0.09
28	22	44.64	126	45.35	0.12
29	20	45.60	146	45.39	0.16
30	20	43.68	166	45.18	0.18
31	20	43.88	186	45.03	0.17
Passage inférieur.					
27 décembre .	20	41 21 44.24	20	41 21 44.24	+ 0.42
28	12	42.46	32	43.57	0.33
29	2	41.66	34	43.47	0.21
30	24	46.12	58	44.56	0.20
31	20	44.08	78	44.45	0.42
2 janvier . .	20	45.27	98	44.73	0.36
4	22	44.80	120	44.64	0.23
6	20	45.42	140	44.75	0.27

Résumé.

Polaire supérieure . . .	186 observ.	41° 21' 45"03 + 0"12 — 1"00
Polaire inférieure	140 . . .	41° 21' 44"75 + 0"30 — 1"14
Total	326 . . .	41° 21' 44"89 + 0.21 — 1"07

+ 0"28

Correction de la déclinaison . . . . — 0"14

Déclinaison supposée en 1793 . . . 88° 12' 9"00

Déclinaison corrigée . . . . 88° 12' 8"86

Résultats du passage supérieur de β de la petite Ourse.

Année 1793.	n	Latitude.	n'	Latitude.	dm
7 février . .	12	41° 21′ 44″56	12	41° 21′ 44″56	+ 0″13
8	12	45.88	24	45.22	0.17
9	12	45.67	36	45.37	0.10
10	12	46.10	48	45.55	0.11
11	12	44.42	60	45.33	0.17
13	12	44.51	72	45.19	0.06
19	12	45.49	84	45.23	0.18
21	12	44.86	96	45.18	0.18
22	12	44.89	108	45.15	0.11
24	12	46.36	120	45.27	0.11
25	12	44.52	132	45.21	0.08
26	12	45.63	144	45.24	0.13
		Passage inférieur.			
21 janvier .	16	41 21 40.88	16	41 21 40.88	+ 0.39
22	16	44.93	32	42.90	0.39
23	16	44.83	48	43.55	0.37
24	16	43.11	64	43.44	0.37
25	16	46.82	80	44.11	0.09
26	16	44.67	96	44.26	0.15
27	6	47.89	102	44.42	0.25
28	16	48.02	118	44.91	0.33
29	14	47.08	132	45.09	0.39
30	12	45.63	144	45.18	0.33

Résumé.

Passage supérieur. . .	144 observ. .	41° 21′ 45″24	+ 0″1	— 0″60
Passage inférieur . . .	144	41° 21′ 45″18	+ 0″31	— 1″09
Milieu . . .	288	41° 21′ 45″21	+ 0″21	— 0″85
Différence		+ 0″06		
Correction de la déclinaison		— 0″03		
Déclinaison en 1793		75° 0′ 4″46		
Déclinaison corrigée		75° 0′ 4″43		

Résultats du passage supérieur de α du Dragon.

Année 1793.	n	Latitude.	n'	Latitude.	dm
22 janvier .	12	41° 21′ 45″08	12	41° 21′ 45″08	+ 0″11
23	12	44.33	24	44.70	0.10
25	12	43.57	36	44.32	0.07
27	12	45.42	48	44.60	0.07
29	12	47.27	60	45.13	0.15
31	12	45.04	72	45.12	0.10

Passage inférieur.

Année 1793.	n	Latitude.	n'	Latitude.	dm
13 janvier . .	14	41 21 43.07	14	41 21 43.07	+ 0.45
14	14	45.00	28	44.03	0.54
15	10	41.28	38	43.21	0.64
16	14	46.59	52	44.21	0.87
18	2	47.43	54	43.97	1.02
19	12	48.26	66	44.74	0.72
20	6	48.16	72	45.03	0.63

Résumé.

Passage supérieur . . .	72 obs. .	41° 21′ 45″12 + 0″10 — 0′31
Passage inférieur . . .	72 . . .	41° 21′ 45″03 + 0″70 — 3″10
Milieu. . . .	144 . . .	41° 21′ 45″07 + 0″40 — 1″70
Différence		+ 0″09
Correction de la déclinaison . . .		— 0″05
Déclinaison en 1793		64° 22′ 8″00
Déclinaison corrigée		64° 22′ 7″95

Résultats du passage supérieur de ζ de la grande Ourse.

Année 1793.	n	Latitude.	n'	Latitude.	dm
7 janvier . .	6	41° 21' 39″.94	6	41° 21' 39″.94	+ 0″.06
8	8	40.31	14	40.15	0.04
10	8	39.87	22	40.05	0.04
12	10	42.95	32	40.96	0.05
14	10	43.04	42	41.45	0.07
15	10	40.09	52	41.19	0.08
18	12	42.05	64	41.35	0.09
19	10	43.59	74	41.65	0.08
20	8	42.98	82	41.78	0.07
		Passage inférieur.			
3 janvier . .	10	41 21 38.46	10	41 21 38.46	+ 1.39
4	12	42.10	22	40.43	1.24
6	14	39.15	36	39.87	0.78
7	12	36.79	48	39.11	0.88
8	8	36.75	56	38.77	1.29
10	14	44.78	70	39.97	0.74
11	12	41.26	82	40.16	1.14

Résumé.

Passage supérieur	82 observ.	41° 21' 41″78 + 0″07 — 0″25
Passage inférieur . . .	82 . . .	41° 21' 40″16 + 1″10 — 6″90
Milieu.	164 . . .	41° 21' 40″92 + 0″56 — 3″57

Résultats du passage de β du Taureau.

ANNÉE 1793.	n	LATITUDE.	n'	LATITUDE.	dm
4 février . .	8	41° 21' 43" 47	8	41° 21' 43" 47	
5	8	47.25	16	45.36	
6	8	46.25	24	45.66	
8	8	49.23	32	46.55	
10	8	49.37	40	46.93	
11	6	43.90	46	46.41	
13	10	44.41	56	46.67	
14	8	49.06	64	46.63	
20	8	45.02	72	46.45	
21	8	46.48	80	46.46	
24	8	48.99	88	46.59	

Résultats du passage de β de Pollux.

	n		n'		
25 mars . . .	8	41 21 46.50	8	41 21 46 50	
27	8	45.67	16	46.08	
28	8	45.67	24	45.95	
31	8	48.80	32	46.66	
2 avril . . .	8	50.68	40	47.46	

Résumé général du passage des étoiles.

Polaire	326 obs. . . .	41° 21' 44" 89	+ 0" 21	— 1" 07
β de la petite Ourse .	288	41° 21' 45" 21	+ 0" 21	— 0" 85
α du Dragon	144	41° 21' 45" 07	+ 0" 40	— 1" 70
ζ de la grande Ourse .	164	41° 21' 40" 97	+ 0" 33	— 3" 57
β du Taureau	88	41° 21' 46" 45	. . .	— 0" 21
β de Pollux	40	41° 21' 47" 46	. . .	— 0" 21
Milieu des 6 étoiles . .	. . . .	41° 21' 45" 01		
Milieu des 3 premières .	618	41° 21' 45" 06	+ 0" 27	— 1" 21

Nous nous arrêterons à ce résultat, car ζ de la grande

est trop incertain à cause des réfractions que l'on ne connoît pas suffisamment à cette hauteur, et les deux autres à cause de l'incertitude qu'il est impossible de lever sur la déclinaison ; au reste, on voit que le milieu entre toutes est le même que le milieu entre les trois premières ; ce qui arrive presque toujours quand on a un grand nombre d'observations ; celles qui sont douteuses se compensent et ne changent rien à la conclusion.

Ces observations ont été faites au nord du centre de la tour ; la différence dans le sens du méridien est 10P 5 = 1t 75, c'est-à-dire 0″ 1, dont il faut diminuer la latitude qui deviendra par ce moyen 41° 21′ 44″ 90. L'accord entre les trois étoiles sur lesquelles on pouvoit raisonnablement compter est tel qu'on pouvoit l'attendre d'un observateur aussi habile et aussi scrupuleux, muni d'excellens instrumens, et favorisé par le plus beau climat. Cependant M. Méchain étoit si difficile à satisfaire que, non content d'avoir tout recommencé l'année suivante à Barcelone, après le refus qu'on lui avoit fait de passeports pour rentrer en France, il vouloit, en l'an 7, retourner encore à Montjouy pour y chercher de nouvelles vérifications. Je vins à bout de le faire renoncer à cette idée, en l'assurant, comme j'en étois bien persuadé moi-même, que cette latitude étoit, de toutes celles que nous avions alors observées, la plus sûre et la plus solidement établie.

Les observations de Barcelone ont été faites à l'auberge de la *Fontana de oro*, auprès du signal qu'on avoit placé sur la terrasse. (*Voyez* tome I, page 98.) Il faut donc déterminer la position de ce point relativement à la tour du fort de Montjouy où, depuis la guerre, M. Méchain n'avoit plus la permission d'entrer. C'est ce que nous allons faire au moyen des triangles 42 et 48; tome I, pages 549 et 550.

Voici les angles de ces triangles corrigés pour le calcul, avec les longueurs que l'on en conclut pour les côtés opposés:

42	Valvidrera	15° 29′ 1″	1249ᵗ 60	Montjouy. Barcelone.
	Montjouy	71 16 51	4433·2	Valvidrera. Barcelone.
	Barcelone, cathéd.	93 14 8	4672·3	Valvidrera. Montjouy.
48	Montjouy	9 13 6	243·94	Barcelone. Fontana.
	Barcelone, cathéd.	45 55 33	1094·02	Montjouy. Fontana.
	Fontana-de-Oro .	124 51 21	1249·60	Montjouy. Barcelone.

Or nous avons vu (page 149) que, sur l'horizon de Montjouy, l'azimut du signal de Matas, compté du midi à l'ouest, est de . . 207° 39′ 55″

Angle entre Matas et Valvidrera (tome I, page 501) . . 78° 24′ 55″

Donc Azimut de Valvidrera . . . . 129° 15′ 0″

Angle entre Valvidrera et la cathéd. de Barcelone (p. 502), 71° 16′ 49″

Donc azimut de la cathédrale sur l'horizon de Montjouy . . 200° 31′ 49″

$180° - 1249^t 6 . \left(\frac{3600''}{56992^t}\right) . \sin . 200° 31' 49'' . \tang . 42° 29' 45''$ 180° + 24″

Azimut de Montjouy sur l'horizon de la cathédrale . . . . 20° 32′ 13″

Angle entre Montjouy et Fontana-de-Oro (t. 1, p. 507) . . 45° 55′ 34″

Azimut de Fontana sur l'horizon de la cathédrale . . . . . 334° 36′ 39″

$180° - 243^t 94 . \sin . 334° 36' 49'' . \tang . 41° 22' 45'' . \left(\frac{3600''}{56992^t}\right)$. 180° + 6″

Azimut de la cathédrale sur l'horizon de Fontana . . . . . 154° 36′ 45″

Angle entre la cathédrale et Montjouy (p. 508) . . . . . 124° 51′ 21″

Azimut de Montjouy sur l'horizon de Fontana = Z = . . 29° 45′ 24″

La distance de Montjouy à Fontana est de 1094^t02. Cette distance, multipliée par le cosinus de l'azimut Z, ou

$$1094^t02.\ \cos.\ 29^\circ\ 45'\ 24'' = 949^t80$$

c'est la différence de latitude en toises qui vaut 59″994.

Mais le point où l'on observoit à Fontana étoit de 6^t6667 au midi du signal ; ce qui diminue de 0″421 la différence de latitude, et la réduit à 59″533.

C'est ce qu'il faudra retrancher des latitudes observées à Fontana-de-Oro, pour les comparer à celles qui ont été observées à Montjouy.

La hauteur du cercle au-dessus du niveau de la mer étoit de 9^t5 environ.

Dans la *Connoissance des temps* de l'an 12 (1803, 1804) on voit, pages 242 et 243, que M. Méchain supposoit la latitude de

Montjouy	41° 21′ 45″00
Et celle de Barcelone	41° 22′ 44″84
La différence est de	59″84

Ce qui s'accorde à 0″307, avec ce que nous donnent les deux triangles ; avant d'avoir mesuré ces triangles, M. Méchain supposoit 59″9 en décembre 1793 pour les observations du solstice. Il paroît donc que la différence des parallèles est bien établie entre l'observatoire de Fontana et celui de Montjouy, et nous la ferons de 59″53. Le doute, s'il en restoit, ne seroit guères que de $\frac{1}{3}$ de seconde ; mais par une lettre que M. Méchain m'écrivoit de Perpignan, le 12 vendémiaire an 4, je vois qu'il supposoit définitivement 59″57, ce qui lève toute difficulté.

LATITUDE DE BARCELONE.

Marche de la pendule pendant le cours des observations.

Nota. L'état et la marche de la pendule, relativement au temps moyen, ont été déterminés par des hauteurs absolues du soleil, qu'on observoit avec un cercle entier, le matin et le soir, à peu près à égales distances de midi. En voici les résultats :

Jours des observations du mouvement du ☉.	Temps moyen à midi vrai.	Retard de la pendule sur le temps moyen à midi vrai.	Retard de la pendule sur le mouvement moyen du ☉.	Retard en 24 heures sur le mouvement moyen du ☉.
15 déc. 1793 .	11ʰ 55′ 53″2	1′ 3″5	11″9	5″95
17	11 56 52.1	1 15.4	24.6	6.15
21	11 58 51.5	1 40.0	13.95	6.95
23	11 59 51.6	1 53.95	25.40	6.35
27	0 1 51.0	2 19.35	39.75	6.62
2 janv. 1794 .	0 4 44.5	2 59.10	27.26	6.80
6	0 6 32.8	3 26.36	49.67	7.10
13	0 9 22.1	4 16.03	30.93	7.73
17	0 10 44.6	4 46.96	38.21	7.64
22	0 12 11.5	5 25.17	51.40	7.34
29	0 13 30.6	6 16.57	15.16	7.58
31	0 13 58.9	6 31.73	39.37	7.85
5 février . . .	0 14 29.8	7 11.10	39.88	7.98
10	0 14 40.1	7 50.98	41.05	8.21
15	0 14 30.8	8 32.03	33.78	8.44
19	0 14 10.2	9 5.81	40.81	8.16
24	0 13 29.6	9 46.62	42.17	8.43
1 mars	0 12 35.3	10 28.79	41.11	8.22
6	0 11 28.2	11 9.90	41.85	8.37
11	0 10 10.6	11 51.75	84.99	8.50
21	0 7 14.3	13 16.74	44.12	8.82
26	0 5 41.3	14 0.86	53.35	8.89
1 avril	0 3 50.4	14 54.21	49.43	8.986
6 à 12ʰ . . .	0 2 12.34	15 43.64	74.10	8.720
14	11 59 54.00	16 57.74	35.00	8.750
19	11 58 56.66	17 32.74		

Corrections des réfractions moyennes.

Baromètre.	Polaire sup.	Polaire inf.	β supér.	β infér.	ζ supér.	ζ infér.	Chèvre.	Pollux.	F	f
po. l.	M.	M.	M.	M.	M.	M.	M.	M.		
27 8	− 0.72	− 0.81	− 0.45	−1.35	−0.16	− 4.90	− 0.05	− 0.15		
9	0.54	0.61	0.34	1.01	0.13	3.67	0.04	0.12		
10	0.36	0.41	0.22	0.68	0.09	1.45	0.03	0.08		
11	− 0.18	− 0.20	− 0.11	−0.34	−0.04	− 1.22	− 0.01	− 0.04		
28 0	0.00	0.00	0.00	0.00	0.00	0.00	0.00	0.00		
1	+ 0.18	+ 0.20	+ 0.11	+0.34	+0.04	+ 1.22	+ 0.01	+ 0.04		
2	0.36	0.41	0.22	0.68	0.09	2.45	0.03	0.08		
3	0.54	0.61	0.34	1.01	0.13	3.67	0.04	0.12		
4	0.72	0.82	0.45	1.35	0.18	4.90	0.05	0.15		
5	0.90	1.02	0.56	1.69	0.22	6.12	0.06	0.19		
6	1.08	1.23	0.67	2.03	0.26	7.34	0.08	0.23		
7	1.26	1.43	0.78	2.37	0.31	8.57	0.09	0.27		
8	1.44	1.63	0.90	−2.70	0.35	9.79	0.10	0.31		
Thermomètre.										
2	+ 2.77	+ 3.14	+ 1.73	+5.23	+0.68	+18.91	+ 0.20	+ 0.60	0.0460	0.152
3	2.41	2.73	1.50	4.55	0.59	16.45	0.17	0.52	400	0.151
4	2.06	2.33	1.28	3.88	0.50	14.02	0.15	0.44	341	0.150
5	1.71	1.94	1.07	3.22	0.42	11.64	0.12	0.37	283	0.150
6	1.36	1.54	0.85	2.56	0.33	9.25	0.10	0.29	225	0.149
7	1.01	1.15	0.63	1.91	0.25	6.91	0.07	0.22	168	0.148
8	0.67	0.76	0.42	1.26	0.16	4.56	0.05	0.14	111	0.147
9	+ 0.33	+ 0.38	+ 0.21	+0.62	+0.08	+ 2.26	+ 0.02	+ 0.07	055	0.146
10	0.00	0.00	0.00	0.00	0.00	0.00	0.00	0.00	0.0000	0.145
11	− 0.33	− 0.38	− 0.21	−0.62	−0.08	− 2.26	− 0.02	− 0.07	055	0.144
12	0.66	0.75	0.41	1.23	0.16	4.48	0.05	0.14	109	0.144
13	0.98	1.11	0.61	1.84	0.24	6.66	0.07	0.21	162	0.143
14	1.30	1.47	0.82	2.45	0.32	8.84	0.09	0.28	215	0.142
15	1.61	1.83	1.04	3.04	0.40	10.98	0.12	0.35	267	0.142

Polaire, passage supérieur.

1793 et 1794.	Observ.	Arc obser. décimal.	Arc observé.	Arc du jour.	Arc simple.	Barom.	Therm.
		G.	D. M. S.	D. M. S.	D. M. S.	PO. L.	D.
15 déc..	14		655 25 54.525	655 25 54.525	46 48 59.609	28 1.7	10.4
17 . . .	26		1872 41 14.550	1217 15 20.025	46 49 3.078	28 4.1	9.76
18 . . .	20		2809 1 23.175	936 20 8.625	46 49 0.431	28 2.8	8.16
19 . . .	24		3932 37 19.050	1123 35 55.875	46 48 59.828	28 0.2	5.76
20 . . .	20		4868 57 0.300	936 19 41.250	46 48 59.062	27 9.6	7.36
Polaire, passage inférieur.							
27 . . .	26	1455.602625	1310 2 32.505	1310 2 32.505	50 23 10.481	28 0.0	3.6
30 . . .	26	2911.210875	2620 5 23.235	1310 2 50.73	50 23 11.182	28 1.0	2.88
31 . . .	26	4366.812125	3930 7 51.285	1310 2 37.05	50 23 10.310	27 10.6	3.6
1 janv.	26	5822.419125	5240 10 37.965	1310 2 46.68	50 23 11.026	27 11.6	3.52
β de la petite Ourse, passage supérieur.							
30 . . .	16	597.46415	537 43 3.846	537 43 3.846	33 36 26.490	28 5.0	6.4
31 . . .	14	1120.27950	1008 15 5.58	470 32 1.739	33 36 34.410	28 3.9	6.4
2 fév..	8	1419.00470	1277 6 15.228	268 51 9.688	33 36 23.706	28 3.2	7.36
3 . . .	16	2016.492625	1814 50 36.105	537 44 20.877	33 36 31.305	28 3.5	6.4
4 . . .	16	2613.479075	2352 34 52.203	537 44 16.098	33 36 31.006	28 3.7	6.24
7 . . .	16	3211.454825	2890 18 33.633	537 43 41.430	33 36 28.839	28 5.6	6.2
8 . . .	16	3808.929825	3428 2 12.633	537 43 39.000	33 36 28.687	28 5.5	6.08
9 . . .	16	4406.409325	3965 46 6.213	537 43 53.580	33 36 29.599	28 5.2	5.84
β de la petite Ourse, passage inférieur.							
19 janv.	18	1271.695175	1144 31 32.367	1144 31 32.367	63 35 5.131	28 6.5	6.96
21 . . .	18	2543.44705	2289 6 8.442	1144 34 36.075	63 35 15.337	28 5.8	6.72
24 . . .	18	3815.22145	3433 41 57.498	1144 35 49.056	63 35 19.392	28 2.7	7.04
26 . . .	18	5086.990075	4578 17 27.843	1144 35 30.345	63 35 18.3525	27 11.7	5.2
27 . . .	18	6358.76258	5722 53 10.662	1144 35 42.819	63 35 19.0455	28 1.7	6.24
29 . . .	18	7630.539425	6867 29 7.737	1144 35 57.075	63 35 19.8375	28 1.9	8.4

M. Méchain n'a point observé α du Dragon à Barcelone. Cette étoile est peu brillante, et pour peu que le ciel soit nébuleux, on risque à chaque instant d'observer à la place l'étoile i qui n'est pas éloignée. C'est ce qui m'est arrivé à Dunkerque, où j'avois essayé deux ou trois fois sans pouvoir jamais achever une série. Dans nos climats septentrionaux, je pense qu'il vaut mieux multiplier les observations de la Polaire et de β de la petite Ourse, que d'employer une étoile comme α du Dragon qui se voit moins bien, qui est moins sûre par l'inconstance des réfractions dans le passage inférieur, et qui est incommode à observer dans le passage supérieur.

ζ de la grande Ourse, passage supérieur.

1793 et 1794.	Observ.	Arc observé.	Arc du jour.	Arc simple.	Barom.	Therm.
		D. M. S.	D. M. S.	D. M. S.	PO. L.	D.
5 janv.	10	146 21 52.625	146 21 52.625	14 38 11.262	28 1.2	5.36
6 . . .	10	292 44 27.375	146 22 34.75	14 38 15.475	28 3.3	5.2
9 . . .	10	439 6 9.75	146 21 42.375	14 38 18.240	28 0.5	7.2
12 . . .	10	585 27 9.75	146 21 0.0	14 38 6.000	28 1.0	2.8
13 . . .	10	731 48 35.25	146 21 25.5	14 38 8.550	28 2.6	4.96
16 . . .	10	878 8 0.00	146 19 24.75	14 37 56.475	28 3.6	4.32
17 . . .	10	1024 27 21.75	146 19 21.75	14 37 56 17	28 5.9	2.72
18 . . .	10	1170 46 55.60	146 19 33.75	14 37 57.375	28 5.3	3.84

ζ de la grande Ourse, passage inférieur.

1793 et 1794.	Observ.	Arc observé.	Arc du jour.	Arc simple.	Barom.	Therm.
24 déc..	12	989 55 36.125	989 55 36.125	82 29 38.010	27 9.7	6.4
25 . . .	14	2144 51 18.125	1154 55 42.000	82 29 41.57	28 0.0	6.56
26 . . .	6	2639 50 27.575	494 59 9.45	82 29 51.575	28 1.4	6.16
27 . . .	12	3629 46 51.125	989 36 23.55	82 29 41.962	28 1.1	4.56
1 janv.	12	4619 44 52.625	989 58 1.5	82 29 50.125	27 11.3	5.92
3 . . .	12	5609 42 34.625	989 57 42.0	82 29 48.50	28 4.0	6.02
4 . . .	12	6599 41 19.625	989 58 45.0	82 29 53.75	28 3.6	8.00

α de la Chèvre, au midi du zénith.

Année 1794.	Observ.	Arc observé.	Arc du jour.	Arc simple.	Barom.	Therm.
		D. M. S.	D. M. S.	D. M. S.	PO. L.	D.
15 Fév.	6	26 27 34.625	26 27 34.625	4 24 35.771	28 1.2	11.36
18 . . .	6	26 28 22.70	26 28 22.700	4 24 43.783	28 1.0	10.4
19 . . .	6	52 55 43.25	26 28 20.55	4 24 43.420	28 2.2	9.6
20 . . .	6	79 24 1.70	26 27 18.45	4 24 33.075	28 4.0	10.64
21 . . .	6	105 50 41.375	26 26 39.675	4 24 26.612	28 4.5	9.4
25 . . .	6	132 17 56.075	26 27 14.7	4 24 32.45	28 3.7	11.36
3 mars.	6	158 45 0.50	26 27 4.425	4 24 30.737	28 4.1	10.56
4 . . .	6	185 17 11.75	26 32 11.25	4 25 21.875	28 4.1	11.36
5 . . .	6	211 43 29.75	26 26 18.0	4 24 23.000	28 4.4	10.88
6 . . .	6	238 10 26.00	26 26 56.25	4 24 29.375	28 3.4	12.24
9 . . .	6	264 36 55.00	26 26 29.00	4 24 24.833	28 4.0	12.24
10 . . .	4	282 16 4.00	17 39 9.0	4 24 47.25	28 2.8	11.2
14 . . .	6	308 43 18.00	26 27 14.0	4 24 32.333	28 3.7	10.96
15 . . .	6	335 10 22.625	26 27 4.625	4 24 30.771	28 5.0	13.12
16 . . .	6	361 36 32.75	26 26 10.125	4 24 21.687	28 4.2	11.2
23 . . .	6	388 3 9.125	26 26 36.375	4 24 26.062	28 3.0	11.52
24 . . .	6	414 32 14.50	26 29 5.375	4 24 50.896	28 3.6	12.16
25 . . .	6	440 59 2.75	26 26 48.25	4 24 28.042	28 3.9	13.76

β de Pollux, au midi.

Année 1794.	Observ.	Arc observé.	Arc du jour.	Arc simple.	Barom.	Therm.
25 . . .	8	103 3 11.75	103 3 11.75	12 52 53.969	28 3.8	12.0
29 . . .	8	206 16 17.375	103 3 5.625	12 52 53.203	28 3.2	12.4
31 . . .	8	309 9 41.75	103 3 24.375	12 52 55.547	28 2.7	12.0
1 avril.	4	360 41 16.50	51 31 34.75	12 52 53.69	28 1.0	11.7
2 . . .	6	437 58 47.625	77 17 31.125	12 52 55.187	28 1.4	12.8
3 . . .	8	541 1 44.750	103 2 57.125	12 52 52.141	28 0.8	13.0
5 . . .	6	618 20 48.50	77 19 3.75	12 53 10.625	28 1.9	11.84
6 . . .	8	721 22 52.75	103 2 4.25	12 52 45.531	28 1.0	12.40
8 . . .	8	824 26 27.25	103 3 34.5	12 52 56.812	27 10.0	12.80
14 . . .	8	927 32 54.25	103 6 27.0	12 53 18.375	28 2.8	13.6
15 . . .	6	1004 50 17.00	77 17 22.75	12 52 53.792	28 3.2	14.56
16 . . .	8	1108 2 37.25	103 12 20.25	12 54 2.531	28 3.7	15.04
17 . . .	6	1185 27 34.25	77 24 57.00	12 54 9.50	28 4.0	12.8
18 . . .	8	1288 31 7.625	103 3 33.375	12 52 56.672	28 3.7	14.6

Ces observations sont présentées un peu autrement que celles des stations précédentes, parce que M. Méchain avoit fait la conversion des verniers en secondes sur les arcs totaux, et qu'il n'avoit cherché l'arc du jour qu'après cette conversion.

TABLE pour le passage de l'étoile polaire au méridien, et pour sa distance apparente au pôle.

Passage supérieur.

DATE des observations. 1793 et 1794.	ASCENSION DROITE apparente de l'étoile, et ascension droite moyenne du soleil.	TEMPS MOYEN du passage au méridien.	PASSAGE supérieur.
15 déc. 1793 .	0h 51′ 29″6		
15	17 39 28.9	7h 12′ 0″7	1° 47′ 18″30
17	. . . .	7 4 7.7	1 47 18.01
18	0 51 27.8		
18	17 51 16.7	7 0 11.1	1 47 17.88
19	. . . .	6 56 14.6	1 47 17.75
20	0 51 26.6		
20	17 59 8.5	6 52 18.1	1 47 17.64
Passage inférieur.			
27 décembre . .	0 51 21.9		
27	18 28 37.7	18 22 44.2	1 47 16.91
30	0 51 29.9		
30	18 40 25.5	18 10 54.4	1 47 16.72
31	. . . .	18 6 57.9	1 47 16.69
1 janvier . . .	0 51 18.6		
1	18 48 17.3	18 3 1.3	1 47 16.65

Ascension droite moyenne de l'étoile le premier janvier 1794 . 0h 51′ 4″5
Distance moyenne au pôle . . . . 1° 47′ 31″50

TABLE de réduction ou du changement de la distance de la Polaire au zénith aux environs du méridien.

Angle horaire.	Passage sup.		Passage inf.		Angle horaire.	Passage sup.		Passage inf.	
	Réduct.	Diff.	Réduct.	Diff.		Réduct.	Diff.	Réduct.	Diff.
0′ 0″	0″00	0″00	0″00	0″00	5′ 0″	1″58	0″11	1″50	10
10	0.00	01	0.00	01	10	1.69	11	1.60	11
20	0.01	01	0.01	01	20	1.80	12	1.71	11
30	0.02	01	0.02	01	30	1.92	12	1.81	12
40	0.03	01	0.03	01	40	2.04	12	1.93	11
50	0.04	02	0.04	02	50	2.16	12	2.04	12
1 0	0.06	03	0.06	02	6 0	2.28	13	2.16	12
10	0.09	02	0.08	03	10	2.41	13	2.28	13
20	0.11	03	0.11	03	20	2.54	14	2.41	13
30	0.14	04	0.14	03	30	2.68	14	2.54	13
40	0.18	03	0.17	03	40	2.82	14	2.67	13
50	0.21	04	0.20	04	50	2.96	15	2.80	14
2 0	0.25	05	0.24	04	7 0	3.11	15	2.94	14
10	0.30	05	0.28	05	10	3.26	15	3.08	14
20	0.35	05	0.33	05	20	3.41	15	3.22	15
30	0.40	05	0.38	05	30	3.56	16	3.37	15
40	0.45	06	0.43	05	40	3.72	17	3.52	16
50	0.51	06	0.48	06	50	3.89	17	3.68	16
3 0	0.57	06	0.54	06	8 0	4.06	17	3.84	16
10	0.63	07	0.60	07	10	4.23	17	4.00	16
20	0.70	08	0.67	07	20	4.40	18	4.16	17
30	0.78	07	0.74	07	30	4.58	18	4.33	17
40	0.85	08	0.81	07	40	4.76	18	4.50	18
50	0.93	08	0.88	08	50	4.94	19	4.68	18
4 0	1.01	09	0.96	08	9 0	5.13	19	4.86	18
10	1.10	09	1.04	08	10	5.32	20	5.04	18
20	1.19	09	1.12	09	20	5.52	20	5.22	19
30	1.28	10	1.21	09	30	5.72	20	5.41	19
40	1.38	10	1.30	10	40	5.92	21	5.60	20
50	1.48	10	1.40	10	50	6.13	21	5.80	20
5 0	1.58		1.50		10 0	6.34		6.00	

Suite de la table de réduct. des dist. de la Polaire au zénith.

Angle horaire.	Passage sup.		Passage inf.		Angle horaire.	Passage sup.		Passage inf.	
	Réduct.	Diff.	Réduct.	Diff.		Réduct.	Diff.	Réduct.	Diff.
10′ 0″	6″34	0″21	6″00	0″20	16′ 0″	16″22	0″34	15″35	0″32
10	6.55	22	6.20	20	10	16.56	34	15.67	33
20	6.77	22	6.40	21	20	16.90	35	16.00	32
30	6.99	22	6.61	21	30	17.25	35	16.32	33
40	7.21	23	6.82	22	40	17.60	35	16.65	34
50	7.44	23	7.04	22	50	17.95	36	16.99	34
11 0	7.67	23	7.26	22	17 0	18.31	36	17.33	34
10	7.90	24	7.48	22	10	18.67	36	17.67	34
20	8.14	24	7.70	23	20	19.03	37	18.01	35
30	8.38	24	7.93	23	30	19.40	37	18.36	35
40	8.62	25	8.16	24	40	19.77	37	18.71	36
50	8.87	25	8.40	24	50	20.14	38	19.07	35
12 0	9.12	26	8.64	24	18 0	20.52	38	19.42	36
10	9.38	26	8.88	24	10	20.90	39	19.78	37
20	9.64	26	9.12	25	20	21.29	39	20.15	37
30	9.90	27	9.37	25	30	21.68	39	20.52	37
40	10.17	27	9.62	26	40	22.07	40	20.89	37
50	10.44	27	9.88	26	50	22.47	40	21.26	38
13 0	10.71	27	10.14	26	19 0	22.87	40	21.64	38
10	10.98	28	10.40	26	10	23.27	40	22.02	39
20	11.26	29	10.66	26	20	23.67	41	22.41	38
30	11.55	28	10.92	27	30	24.08	42	22.79	39
40	11.83	29	11.19	28	40	24.50	41	23.18	40
50	12.12	30	11.47	28	50	24.91	42	23.58	40
14 0	12.42	30	11.75	28	20 0	25.33	43	23.98	. .
10	12.72	30	12.03	28	10	25.76	42	. . .	. .
20	13.02	30	12.31	29	20	26.18	43	. . .	. .
30	13.32	31	12.60	30	30	26.61	44	. . .	. .
40	13.63	31	12.90	29	40	27.05	44	. . .	. .
50	13.94	31	13.19	30	50	27.49	44	. . .	. .
15 0	14.25	32	13.49	30	21 0	27.93	44	. . .	. .
10	14.57	32	13.79	31	10	28.37	45	. . .	. .
20	14.89	33	14.10	31	20	28.82	45	. . .	. .
30	15.22	33	14.41	31	30	29.27	46	. . .	. .
40	15.55	33	14.72	31	40	29.73	46	. . .	. .
50	15.88	34	15.02	32	50	30.19	46	. . .	. .
16 0	16.22		15.35		22 0	30.65		. . .	. .

Suite de la table de réduct. des dist. de la Polaire au zénith.

Angle horaire.	Passage sup. Réduct.	Diff.	Passage inf. Réduct.	Diff.	Angle horaire.	Passage sup. Réduct.	Diff.	Passage inf. Réduct.	Diff.
22′ 0″	30″65		. . .	. .	23′ 0″	33″50		. . .	. .
		0″47					0″48		
10	31.12		. . .	. .	10	33.98		. . .	. .
		47					49		
20	31.59		. . .	. .	20	34.47		. . .	. .
		47					50		
30	32.06		. . .	. .	30	34.97		. . .	. .
		47					50		
40	32.53		. . .	. .	40	35.47		. . .	. .
		48					50		
50	33.01		. . .	. .	50	35.97		. . .	. .
		49					50		
23 0	33.50		. . .	. .	24 0	36.47		. . .	. .

Série de cent quatre observations de la Polaire au passage supérieur.

15 *décembre* 1793.

Bar. 28 p. 1,7 lig. Therm. + 10.4 deg.

7h 12′ 0″7
— 1 5.3
7 10 55.4

	Angle horaire.	Réduction.
6 56 6	14′ 49″4	— 13″92
57 26	13 29.4	11.53
59 4	11 51.4	8.91
7 0 22	10 33.4	7.06
1 46	9 9.4	5.31
3 0	7 55.4	3.98
4 43	6 12.4	2.44
5 57	4 58.4	1.56
7 32	3 23.4	0.73
8 35	2 20.4	0.35
9 58	0 57.4	0.06
11 17	0 21.6	0.01
12 42	1 46.6	0.20
13 46	2 50.6	0.51
14 observations . . .		56.57

Réduction moyenne .		—	4.04
Réfraction		+	60.46
		+	56.42
Distance observée . .	46	48	59.61
Distance polaire. . .	1	47	18.30
Colatitude	48	37	14.33
Latitude	41	22	45.67

17 *décembre* 1793.

Bar. 28 p. 4.1 lig. Therm. + 9.76 deg.

7h 4′ 7″7
— 1 17.2
7 2 50.5

	Angle horaire.	Réduction.
6 48 46	14′ 4″5	12″55
49 58	12 52.5	10.51
51 35	11 15.5	8.03
53 14	9 36.5	5.85
55 4	7 46.5	3.83
56 49	6 1.5	2.30
58 42	4 8.5	1.09
7 0 14	2 36.5	0.43

	Angle horaire.	Réduction.
7h 1' 52"	0' 58"5	0"06
4 35	1 44.5	0.20
6 6	3 15.5	0.67
7 16	4 25.5	1.24
8 53	6 2.5	2.31
10 6	7 15.5	3.34
11 37	8 46.5	4.88
12 50	9 59.5	6.33
14 32	11 41.5	8.66
15 41	12 50.5	10.45
16 52	14 1.5	12.46
18 4	15 13.6	14.68
19 35	16 44.6	17.77
20 42	17 51.6	20.20
21 49	18 58.6	22.81
23 7	20 16.6	26.03
24 34	21 43.6	29.89
25 59	23 8.6	33.91

26 observations . . .	260.48
Réduction moyenne .	— 10.02
Réfraction	+ 61.10
	+ 51.08
Distance observée . .	46 49 3.08
Distance polaire . . .	1 47 18.01
Colatitude	48 37 12.17
Latitude	41 22 47.83

18 *décembre* 1793.

Bar. 28 p. 2.8 lig. Therm. + 8.16 deg.

7 0 11.1
— 1 23.3
6 58 47.8

6 45 0	13 47.8	12.06
46 38	12 9.8	9.38
48 26	10 21.8	6.81
49 35	9 12.8	5.38
51 30	7 17.8	3.38
52 57	5 50.8	2.17
54 51	3 56.8	0.98
56 49	1 58.8	0.25

	Angle horaire.	Réduction.
6h 58' 36"	0' 11"8	0"00
7 0 11	1 23.2	0.12
1 40	2 52.2	0.52
3 5	4 17.2	1.16
4 51	6 3.2	2.32
6 19	7 31.2	3.58
7 56	9 8.2	5.28
9 11	10 23.2	6.84
10 44	11 56.2	9.02
12 48	14 0.2	12.42
15 0	16 12.3	16.63
16 32	17 44.3	19.93

20 observations . . .	118.23
Réduction moyenne .	— 5.91
Réfraction	+ 61.41
	+ 55.50
Distance observée . .	46 49 0.43
Distance polaire . . .	1 47 17.88
Colatitude	48 37 13.81
Latitude	41 22 46.19

19 *décembre* 1793.

Bar. 28 p. 0.2 lig. Therm. + 5.76 deg.

6 56 14.6
— 1 29.5
6 54 45.1

6 40 54	13 51.1	12.15
42 16	12 29.1	9.88
43 30	11 15.1	8.02
44 42	10 3.1	6.40
46 10	8 35.1	4.67
47 15	7 30.1	3.57
48 48	5 57.1	2.24
49 55	4 50.1	1.48
51 26	3 19.1	0.69
52 42	2 3.1	0.27
54 17	0 28.1	0.02
55 38	0 52.9	0.05
57 20	2 34.9	0.43
58 21	3 35.9	0.82

	Angle horaire.	Réduction.
6h 59' 51"	5' 5"9	1"65
7 1 16	6 30.9	2.69
2 53	8 7.9	4.19
4 4	9 18.9	5.50
5 33	10 47.9	7.39
6 57	12 11.9	9.44
8 23	13 37.9	11.77
9 45	14 59.9	14.25
11 43	16 58.0	18.23
13 5	18 20.0	21.29
24 observations . .		147.09
Réduction moyenne .		— 6.13
Réfraction		+ 61.76
		+ 55.61
Distance observée . .		46 48 59.83
Distance polaire . .		1 47 17.75
Colatitude		48 37 13.19
Latitude		41 22 46.81

20 décembre 1793.

Bar. 27 p. 9.6 lig. Therm. + 7.36 deg.

6 52 18.1
— 1 35.6

6 50 42.5

	Angle horaire.	Réduction.
6 35 42	15 0.5	14.27
6h 37' 7"	13 35"5	11"70
38 25	12' 17.5	9.58
39 56	10 46.5	7.36
41 30	9 12.5	5.37
42 55	7 47.5	3.85
44 23	6 19.5	2.53
45 46	4 56.5	1.55
47 9	3 33.5	0.80
48 36	2 6.5	0.28
50 12	0 30.5	0.02
51 45	1 2.5	0.07
53 19	2 36.5	0.43
55 40	4 57.5	1.56
57 40	6 57.5	3.07
59 36	8 53.5	5.01
7 0 53	10 10.5	6.56
2 21	11 38.5	8.59
3 34	12 51.5	10.48
5 5	14 22.5	13.09
20 observations . . .		106.17
Réduction moyenne .		— 5.31
Réfraction		+ 60.73
		+ 55.42
Distance observée . .		46 48 59.06
Distance polaire . . .		1 47 17.64
Colatitude		48 37 12.12
Latitude		41 22 47.88

Toutes ces observations de Barcelone ont été scrupuleusement comparées à l'original écrit le plus souvent au crayon par M. Méchain, et quelquefois couvert d'encre ensuite; ce qui n'empêche pas de voir le trait original; puis à une copie qui est en entier de la main de M. Méchain, et à laquelle il a joint tous les calculs et les réductions; et troisièmement enfin à la copie qui m'a été remise par lui pour l'impression. Ces trois copies sont sur des feuilles volantes; la feuille qui contenoit les calculs du 20 décembre, de la main de M. Méchain, ne s'est pas retrouvée.

Série de 104 *observations de la Polaire au passage inf.*

27 *décembre* 1793.

Bar. 28 p. 0.0 lig. Therm. + 3.6 deg.

18h 22' 44"2
— 2 24.2
18 20 20.0

	Angle horaire.	Réduction.
18 1 3	19' 17"0	22"29
2 41	17 39.0	18.68
4 23	15 57.0	15.25
5 42	14 38.0	12.84
7 11	13 9.0	10.37
8 12	12 8.0	8.83
9 55	10 25.0	6.51
10 57	9 23.0	5.28
12 29	7 51.0	3.70
13 29	6 51.0	2.81
14 52	5 28.0	1.79
15 54	4 26.0	1.17
17 22	2 58.0	0.53
18 38	1 42.0	0.18
20 27	0 7.0	0.00
21 24	1 4.0	0.07
22 56	2 36.0	0.41
24 13	3 53.0	0.90
26 21	6 1.0	2.17
27 41	7 21.0	3.24
29 27	9 7.0	4.99
30 43	10 23.0	6.46
32 39	12 19.0	9.10
33 53	13 33.0	11.00
35 19	14 59.0	13.46
37 23	17 3.0	17.43
26 observations		179.46
Réduct. moyenne . .		+ 6.90
Réfraction		1 10.82
Distance apparente .		50 23 10.48
10° + déclinaison .		98 12 43.09
Colatitude		48 37 11.29
Latitude		41 22 48.71

30 *décembre* 1793.

Bar. 28 p. 1.0 lig. Therm. + 2.88 deg.

18h 10' 54"4
— 2 44.2
18 8 10.2

	Angle horaire.	Réduction.
17 50 0	18' 10"3	19"79
51 14	16 56.3	17.20
52 57	15 13.3	13.88
54 24	13 46.2	11.36
56 0	12 10.2	8.88
57 20	10 50.2	7.04
59 40	9 6.2	4.97
18 0 18	7 52.2	3.72
2 3	6 7.2	2.25
3 27	4 43.2	1.33
4 48	3 22.2	0.68
5 59	2 11.2	0.29
7 27	0 43.2	0.03
8 37	0 26.8	0.01
9 52	1 41.8	0.17
10 55	2 44.8	0.35
12 15	4 4.8	1.00
13 12	5 1.8	1.52
14 30	6 19.8	2.41
15 39	7 28.8	3.35
17 2	8 51.8	4.71
18 30	10 19.8	6.40
20 10	11 59.8	8.63
21 15	13 4.8	10.26
22 39	14 28.8	12.57
23 44	15 33.9	14.53
26 observations . . .		157.34
Réduct. moyenne . .		+ 6.05
Réfraction		1 11.32
Distance apparente .		50 23 11.18
10° + déclinaison +		98 12 43.28
Colatitude		48 37 11.83
Latitude		41 22 48.17

31 *décembre* 1793.

Bar. 27 p. 10.6 lig. Therm. + 3.6 deg.

18h 6′ 57″9 — 2 50·8 18 4 7·1	Angle horaire.	Réduction.
17 46 37	17′ 30″2	18″36
47 48	16 19·2	15·97
49 18	14 49·1	13·16
50 32	13 35·1	11·06
52 29	11 38·1	8·11
53 42	10 25·1	6·51
55 3	9 4·1	4·93
56 49	7 18·1	3·19
18 4 34	0 26·9	0·02
6 3	1 55·9	0·22
7 21	3 13·9	0·63
8 21	4 13·9	1·07
9 38	5 30·9	1·82
10 36	6 28·9	2·53
11 43	7 35·9	3·46
12 40	8 32·9	4·38
13 53	9 45·9	5·72
14 50	10 42·9	6·89
16 4	11 56·9	8·57
17 0	12 52·9	9·95
18 23	14 15·9	12·20
19 22	15 15·0	13·94
20 31	16 24·0	16·12
21 26	17 19·0	17·97
22 33	18 26·0	20·37
23 33	19 26·0	22 63
26 observations . . .		229·80
Réduction moyenne .		+ 8·84
Réfraction		1 10·52
Distance apparente .		50 23 10·31
10° + déclinaison .		98 12 43·31
Colatitude		48 37 12·98
Latitude		41 22 47·02

Premier janvier 1793.

Bar. 27 p. 11.6 lig Therm. + 3.52 deg.

18h 3′ 1″3 — 2 57·4 18 0 3·9	Angle horaire.	Réduction.
17 43 27	16′ 37″0	16″55
45 29	14 34·9	12·75
47 2	13 1·9	10·19
48 19	11 44·9	8·28
50 15	9 48·9	5·78
51 24	8 39·9	4·50
53 2	7 1·9	2·97
54 20	5 43·9	1·97
55 44	4 19·9	1·12
57 5	2 58·9	0·53
58 46	1 17·9	0·11
18 0 2	0 1·9	0·00
1 50	1 46·1	0·19
3 36	3 32·1	0·75
5 0	4 56·1	1·46
6 2	5 58·1	2·14
7 37	7 33·1	3·42
8 50	8 46·1	4·61
10 23	10 19·1	6·38
11 41	11 37·1	8·09
13 12	13 8·1	10·35
14 24	14 20·1	12·27
15 43	15 39·2	14·69
17 4	17 0·2	17·36
18 27	18 23·2	20·26
19 28	19 24·2	22·56
26 observations. . .		189·29
Réduction moyenne .		+ 7·28
Réfraction		1 10·77
Distance apparente .		50 23 11·03
10° + déclinaison .		98 12 43·35
Colatitude		48 37 12·43
Latitude		41 22 47·57

TABLE pour le passage de β de la petite Ourse au méridien, et pour sa distance apparente au pôle.

Passage supérieur.

DATES des observations. ANNÉE 1794.	ASCENSION DROITE apparente de l'étoile, et ascension droite moyenne du soleil.	TEMPS MOYEN du passage au méridien.	DISTANCE apparente au pôle.
30 janvier . . .	14h 51' 26"1		
30	20 42 38.3	18h 8' 47"8	15° 0' 23"89
31	. . . .	18 4 52.0	23.94
2 février . . .	. . . .	17 57 0.3	24.05
3	14 51 26.5		
3	20 58 22.0	17 53 4.5	24.09
4	. . . .	17 49 7.0	24.11
7	14 51 26.8		
7	21 14 5.6	17 37 21.2	24.14
8	. . . .	17 33 25.4	24.14
9	14 51 27.0		
9	21 21 57.4	17 29 29.6	24.14

Passage inférieur.

DATES des observations. ANNÉE 1794.	ASCENSION DROITE apparente de l'étoile, et ascension droite moyenne du soleil.	TEMPS MOYEN du passage au méridien.	DISTANCE apparente au pôle.
19 janvier . . .	14 51 25.1		
19	19 57 25.4	6 53 59.7	15 0 22.79
21 janvier . . .	. . . .	6 46 8.1	23.05
24	14 51 25.6		
24	20 17 5.0	6 34 20.6	23.38
26	. . . .	6 26 29.0	23.58
27	. . . .	6 22 33.2	23.66
29	14 51 26.0		
29	20 36 44.5	6 14 41.5	23.82

Ascension droite moyenne le premier janvier 1794 . . 14h 51' 27"8

Distance moyenne au pôle . . . . 15° 0' 10"50

TABLE de réduction ou du changement de la distance de β de la petite Ourse au zénith aux environs du méridien.

Angle horaire	Passage sup. Réduct.	Passage sup. Diff.	Passage inf. Réduct.	Passage inf. Diff.	Angle horaire.	Passage sup. Réduct.	Passage sup. Diff.	Passage inf. Réduct.	Passage inf. Diff.
0′ 0″	0″00	0″02	0″00	0″01	5′ 0″	17″32	1″17	10″70	0″73
10	0·02	0·06	0·01	0·04	10	18·49	1·22	11·43	0·75
20	0·08	0·09	0·05	0·06	20	19·71	1·25	12·18	0·77
30	0·17	0·14	0·11	0·08	30	20·96	1·28	12·95	0·80
40	0·31	0·17	0·19	0·11	40	22·24	1·33	13·75	0·82
50	0·48	0·21	0·30	0·13	50	23·57	1·37	14·57	0·84
1 0	0·69	0·25	0·43	0·15	6 0	24·94	1·40	15·41	0·87
10	0·94	0·29	0·58	0·18	10	26·34	1·44	16·28	0·89
20	1·23	0·33	0·76	0·20	20	27·78	1·49	17·17	0·92
30	1·56	0·36	0·96	0·23	30	29·27	1·52	18·09	0·94
40	1·92	0·41	1·19	0·25	40	30·79	1·55	19·03	0·96
50	2·33	0·44	1·44	0·27	50	32·34	1·60	19·99	0·99
2 0	2·77	0·48	1·71	0·30	7 0	33·94	1·64	20·98	1·01
10	3·25	0·52	2·01	0·32	10	35·58	1·67	21·99	1·03
20	3·77	0·56	2·33	0·34	20	37·25	1·71	23·02	1·06
30	4·33	0·60	2·67	0·37	30	38·96	1·75	24·08	1·08
40	4·93	0·63	3·04	0·39	40	40·71	1·79	25·16	1·11
50	5·56	0·68	3·43	0·42	50	42·50	1·82	26·27	1·13
3 0	6·24	0·71	3·85	0·44	8 0	44·32	1·87	27·40	1·15
10	6·95	0·75	4·29	0·46	10	46·19	1·91	28·55	1·18
20	7·70	0·79	4·75	0·49	20	48·10	1·94	29·73	1·20
30	8·49	0·82	5·24	0·51	30	50·04	1·98	30·93	1·22
40	9·31	0·87	5·75	0·54	40	52·02	2·02	32·15	1·25
50	10·18	0·91	6·29	0·56	50	54·04	2·06	33·40	1·27
4 0	11·09	0·94	6·85	0·58	9 0	56·10	2·10	34·67	1·30
10	12·03	0·98	7·43	0·61	10	58·20	2·13	35·97	1·32
20	13·01	1·02	8·04	0·63	20	60·33	2·17	37·29	1·34
30	14·03	1·06	8·67	0·65	30	62·50	2·21	38·63	1·37
40	15·09	1·09	9·32	0·68	40	64·71	2·25	40·00	1·39
50	16·18	1·14	10·00	0·70	50	66·96	2·29	41·39	1·42
5 0	17·32		10·70		10 0	69·25		42·81	

Suite de la table de réduction ou du changement de la distance de β de la petite Ourse au zénith aux environs du méridien.

Angle horaire.	Passage sup. Réduct.	Diff.	Passage inf. Réduct.	Diff.	Angle horaire.	Passage sup. Réduct.	Diff.	Passage inf. Réduct.	Diff.
10′ 0″	69″25	2″33	42″81	1″44	14′ 0″	. . .	. .	83″90	2″01
10	71.58	2.37	44.25	1.46	10	. . .	. .	85.91	2.03
20	73.95	2.40	45.71	1.49	20	. . .	. .	87.94	2.05
30	76.35	2.44	47.20	1.51	30	. . .	. .	89.99	2.08
40	78.79	2.48	48.71	1.53	40	. . .	. .	92.07	2.11
50	81.27	2.52	50.24	1.56	50	. . .	. .	94.18	2.13
11 0	83.79		51.80	1.58	15 0	. . .	. .	96.31	2.15
10	. . .	. .	53.38	1.60	10	. . .	. .	98.46	2.17
20	. . .	. .	54.98	1.63	20	. . .	. .	100.63	2.20
30	. . .	. .	56.61	1.65	30	. . .	. .	102.83	2.22
40	. . .	. .	58.26	1.68	40	. . .	. .	105.05	2.25
50	. . .	. .	59.94	1.70	50	. . .	. .	107.30	2.27
12 0	. . .	. .	61.64	1.72	16 0	. . .	. .	109.57	2.29
10	. . .	. .	63.36	1.74	10	. . .	. .	111.86	2.32
20	. . .	. .	65.10	1.77	20	. . .	. .	114.18	2.34
30	. . .	. .	66.87	1.80	30	. . .		116.52	
40	. . .	. .	68.67	1.83	40				
50	. . .	. .	70.50	1.85	50				
13 0	. . .	. .	72.35	1.87	17 0				
10	. . .	. .	74.22	1.88	10				
20	. . .	. .	76.10	1.91	20				
30	. . .	. .	78.01	1.94	30				
40	. . .	. .	79.95	1.96	40				
50	. . .	. .	81.91	1.99	50				
14 0	. . .	. .	83.90		18 0				

Série de cent dix-huit observations de β de la petite Ourse au passage supérieur.

30 *janvier* 1793.

Bar. 28 p. 5.0 lig. Therm. + 6.4 deg.

18h 8′ 47″8
— 6 29.8
18 2 18.0

	Angle horaire.	Réduction.
17 53 24	8′ 54″0	54″86
54 35	7 43.0	41.25
56 2	6 16.0	27.20
57 3	5 15.0	19.10
58 22	3 56.0	10.73
59 20	2 58.0	6.10
18 0 29	1 49.0	2.29
1 26	0 52.0	0.52
2 40	0 22.3	0.10
3 30	1 12.0	1.00
4 39	2 21.0	3.83
5 43	3 25.0	8.09
6 56	4 38.0	14.87
7 49	5 31.0	21.09
9 3	6 45.0	31.56
10 16	7 58.0	43.96
16 observations . . .		286.55
Réduction moyenne .		— 17.91
Réfraction		+ 38.92
		+ 21.01
Distance observée . .		33 36 26.49
Distance polaire . .		15 0 23.89
Latitude		41 22 48.61

31 *janvier* 1794.

Bar. 28 p. 3.9 lig. Therm. + 6.4 deg.

18h 4′ 52″0
— 6 37.6
17 58 14.4

	Angle horaire.	Réduction.
17 49 18	8′ 56″4	55″36
50 30	7 44.4	41.49
52 16	5 58.4	24.72
53 11	5 3.4	17.71
54 14	4 0.4	11.13
55 17	2 57.4	6.06
56 25	1 49.4	2.31
57 23	0 51.4	0.51
18 0 32	2 17.6	3.64
1 48	3 33.6	8.78
4 28	6 13.6	26.86
5 25	7 10.6	35.68
7 3	8 48.6	53.76
8 21	10 6.6	70.78
12 observations . . .		358.79
Réduction moyenne .		— 25.63
Réfraction		+ 38.83
		+ 13.20
Distance observée . .		33 36 34.41
Distance polaire . . .		15 0 23.94
Latitude		41 22 48.45

2 *février* 1794.

Bar. 28 p. 3.2 lig. Therm. + 7.36 deg.

	Angle horaire.	Réduction.
17h 57′ 0″3		
— 6 53.3		
17 50 7.0		
17 42 59	7′ 8″0	35″25
44 37	5 30.0	20.96
45 53	4 14.0	12.42
46 32	3 35.0	8.90
47 27	2 40.0	4.73
48 27	1 40.0	1.92
53 6	2 59.0	6.17
58 20	8 13.0	46.76

8 observations . . .	137.31
Réduction moyenne .	— 17.16
Réfraction	+ 38.54
	+ 21.38
Distance observée . .	33 36 23.71
Distance polaire . . .	15 0 24.05
Latitude	41 22 50.86

3 *février* 1794.

Bar. 28 p. 3.5 lig. Therm. + 6.4 deg.

	Angle horaire.	Réduction.
17 53 4.5		
— 7 1.2		
17 46 3.3		
17 37 1	9 2.3	56.58
38 6	7 57.3	43.83
39 31	6 32.3	29.62
40 44	5 19.3	19.62
41 56	4 7.3	11.77
43 0	3 3.3	6.47
44 30	1 33.3	1.68
45 35	0 28.3	0.15
47 8	1 4.7	0.81
48 0	1 56.7	2.62
49 22	3 18.7	7.60
17h 50′ 16″	4′ 12″7	12″29
51 25	5 21.7	19.92
52 36	6 32.7	29.68
53 49	7 45.7	41.73
55 8	9 4.7	57.09

16 observations . . .	341.46
Réduct. moyenne . .	— 21.34
Réfraction	+ 38.78
	+ 17.44
Distance observée . .	33 36 31.30
Distance polaire . .	15 0 24.09
Latitude	41 22 47.17

4 *février* 1794.

Bar. 28 p. 3.7 lig. Therm. + 6.24 deg.

17 49 8.7		
— 7 9.0		
17 41 59.7		
17 33 5	8 54.7	55.01
34 14	7 45.7	41.73
35 30	6 29.7	29.22
36 54	5 5.7	17.98
38 11	3 48.7	10.07
39 26	2 33.7	4.55
40 49	1 10.7	0.96
42 7	0 7.3	0.01
43 19	1 19.3	1.21
44 20	2 20.3	3.79
45 34	3 34.3	8.84
46 43	4 43.3	15.45
47 47	5 47.3	23.21
48 43	6 43.3	31.30
50 0	8 0.3	44.38
51 5	9 5.3	57.21

16 observations	344.92

Réduction moyenne .	—	21.56
Réfraction	+	38.93
	+	16.37
Distance observée . .		33 36 31.01
Distance polaire . . .		15 0 24.11
Latitude		41 22 48.51

7 *février* 1794.

Bar. 28 p. 5.6 lig. Therm. + 4.96 deg.

17h 37′ 21″2
— 7 32.8
17 29 48.4

	Angle horaire.	Réduction.
17 20 54	8′ 54″4	54″94
22 2	7 46.4	41.85
23 23	6 25.4	28.58
25 2	4 46.4	15.78
26 4	3 44.4	9.69
27 0	2 48.4	5.46
28 3	1 45.4	2.14
29 7	0 41.4	0.33
30 23	0 34.6	0.23
31 40	1 51.6	2.40
32 54	3 5.6	6.63
33 52	4 3.6	11.42
35 16	5 27.6	20.65
36 20	6 31.6	29.51
37 28	7 39.6	40.64
38 45	8 56.6	55.39

16 observations . . .		325.64
Réduction moyenne .	—	20.35
Réfraction	+	39.34
	+	18.99
Distance observée . .		33 36 28.84
Distance polaire . .		15 0 24.14
Latitude		41 22 48.03

8 *février* 1794.

Bar. 28 p. 5.5 lig. Therm. + 6.08 deg.

17h 33′ 25″4
— 7 40.8
17 25 44.6

	Angle horaire.	Réduction.
17 16 47	8′ 57″6	55″60
18 3	7 41.6	40.99
19 16	6 28.6	29.05
20 35	5 9.6	18.44
21 50	3 54.6	10.59
22 52	2 52.6	5.73
24 0	1 44.6	2.10
25 2	0 42.6	0.35
26 10	0 25.4	0.12
27 10	1 25.4	1.40
28 30	2 45.4	5.26
29 39	3 54.4	10.58
31 2	5 17.4	19.39
32 1	6 16.4	27.26
33 10	7 25.4	38.17
34 29	8 44.4	52.90

16 observations . . .		317.92
Réduct. moyenne . .	—	19.87
Réfraction	+	39.08
	+	19.21
Distance observée . .		33 36 28.69
Distance polaire . .		15 0 24.14
Latitude		41 22 47.96

9 *février* 1794.

Bar. 28 p. 5.2 lig. Therm. + 5.84 deg.

17 29 29.6
— 7 48.8
17 21 40.8

17 12 54	8 46.8	53.39
14 25	7 15.8	36.54
15 23	6 17.8	27.46

	Angle horaire.	Réduction.
17h 16′ 42″	4′ 58″8	17″18
17 53	3 47·8	9·98
18 46	2 54·8	5·88
20 0	1 40·8	1·95
21 13	0 27·8	0·15
22 34	0 53·1	0·54
23 41	2 0·2	2·78
25 2	3 21·2	7·79
25 56	4 15·2	12·53
27 5	5 24·2	20·23
28 17	6 36·2	30·20

	Angle horaire.	Réduction.
17h 29′ 28″	7′ 47″2	41″99
30 29	8 48·2	53·67
16 observations . . .		322·26
Réduction moyenne . .		— 20·14
Réfraction		+ 39·10
		+ 39·10
Distance observée . .		33 36 29·60
Distance polaire . . .		15 0 24·14
Latitude		41 22 44·06

Série de cent huit observations de β de la petite Ourse au passage inférieur.

19 *janvier* 1794.

Bar. 28 p. 6.5 lig. Therm. + 6.96 deg.

6 53 59·7		
— 5 4·3		
6 48 55·4		
6 42 0	6 55·4	20·52
43 42	5 13·4	11·68
45 1	3 54·4	6·54
45 58	2 57·4	3·74
47 39	1 16·4	0·70
49 7	0 11·6	0·02
50 49	1 53·6	1·54
52 4	3 8·6	4·23
53 30	4 34·6	8·96
54 41	5 45·6	14·20
56 1	7 5·6	21·54
57 16	8 20·6	29·80
58 24	9 28·6	38·44
59 27	10 31·6	47·44
7 0 56	12 00·6	61·74
2 24	13 28·6	77·74
4 10	15 14·6	99·46
5 25	16 29·6	116·42
18 observations . . .		564·71

Réduction moyenne .	+ 31·37
Réfraction	1 57·81
Distance observée . .	63 35 5·13
Dist. polaire + 10° .	84 59 37·21
Colatitude	48 37 11·52
Latitude	41 22 48·48

21 *janvier* 1794.

Bar. 28 p. 5.8 lig. Therm. + 6.72 deg.

6 46 8·1		
— 5 19·7		
6 40 48·4		
6 28 49	11 59·4	61·54
29 54	10 54·4	50·92
31 20	9 28·4	38·42
32 24	8 24·4	30·26
34 22	6 26·4	17·75
35 29	5 19·4	12·14
37 18	3 30·4	5·26
38 25	2 23·4	2·45
39 53	0 55·4	0·37
40 57	0 8·6	0·01
42 25	1 36·6	1·11

	Angle horaire.	Réduction.
6h 43' 29"	2' 40"6	3"07
45 6	4 17.6	7.89
46 7	5 18.6	12.07
47 50	7 1.6	21.14
49 2	8 13.6	28.97
50 21	9 32.6	38.98
51 42	10 53.6	50.80

18 observations . . .	383.15
Réduction moyenne .	+ 21.29
Réfraction	+ 1 57.72
Distance observée . .	63 35 15.34
Dist. polaire. + 10° .	84 59 36.95
Latitude	41 22 48.70

24 *janvier* 1794.

Bar. 28 p. 2.7 lig. Therm. + 7.04 deg.

6 34 20.6
— 5 41.8

6 28 38.8

6 17 1	11 37.8	57.89
18 21	10 17.8	45.39
19 26	9 12.8	36.33
20 26	8 12.8	28.88
22 0	6 38.8	18.91
23 6	5 32.8	13.17
24 34	4 4.8	7.12
25 37	3 1.8	3.93
26 53	1 45.8	1.33
27 49	0 49.2	0.30
29 28	0 49.2	0.29
30 38	1 59.2	1.69
32 8	3 29.2	5.20
33 15	4 36.2	9.07
34 46	6 7.2	16.03
36 0	7 21.2	23.15
37 25	8 46.2	32.92
39 6	10 27.2	46.78

18 observations . . .	348.38
Réduct. moyenne . .	+ 19.35
Réfraction	+ 1 56.45
Distance observée . .	63 35 19.39
Dist. polaire + 10° .	84 59 36.62
Latitude	41 22 48.29

26 *janvier* 1794.

Bar. 27 p. 11.7 lig. Therm. + 5.2 deg.

6h 26' 29"0
— 5 56.4

6 20 32.6

	Angle horaire.	Réduction.
6 10 0	10' 32"6	47"59
11 0	9 32.6	38.98
12 8	8 24.6	30.28
13 9	7 23.6	23.40
14 23	6 9.6	16.25
15 32	5 0.6	10.74
17 16	3 16.6	4.59
18 30	2 2.6	1.79
19 54	0 38.6	0.18
21 2	0 29.4	0.11
22 22	1 49.4	1.43
23 24	2 51.4	3.49
25 16	4 43.4	9.55
26 31	5 58.4	15.27
28 0	7 27.4	23.80
29 17	8 44.4	32.70
30 48	10 15.4	45.04
32 38	12 5.4	62.56

18 observations . . .	367.75
Réduction moyenne .	+ 20.43
Réfraction	+ 1 56.62
Distance observée . .	63 35 18.35
Dist. polaire + 10° .	84 59 36.42
Latitude	41 22 48.18

27 janvier 1794.

Bar. 28 p. 1.7 lig. Therm. + 6.2¼ deg.

6h 22′ 33″2 — 6 3.8 6 16 29.4	Angle horaire.	Réduction.
6 5 34	10′ 55″4	51″08
6 46	9 43.4	40.47
8 0	8 29.4	30.86
9 9	7 20.4	23.06
10 40	5 49.4	14.52
11 48	4 41.4	9.41
13 6	3 23.4	4.91
14 15	2 14.4	2.15
15 54	0 35.4	0.15
17 32	1 2.6	0.47
18 53	2 23.6	2.45
19 55	3 25.6	5.00
21 5	4 35.6	9.03
22 29	5 59.6	15.38
23 50	7 20.6	23.08
24 45	8 15.6	29.21
26 6	9 36.6	39.53
27 38	11 8.6	53.16
18 observations . . .		353.92
Réduction moyenne .		+ 19.66
Réfraction		+ 1 56.62
Distance observée . .		63 35 19.05
Dist. polaire + 10° .		84 59 36.34
Latitude		41 22 48.37

29 janvier 1794.

Bar 28 p. 1.9 lig. Therm. + 8.4 deg.

6h 14′ 41″5 — 6 18.5 6 8 23.0	Angle horaire.	Réduction.
5 57 29	10′ 54″0	50″86
58 31	9 52.0	41.67
59 48	8 35.0	31.53
6 0 51	7 32.0	24.29
2 30	5 53.0	14.82
3 26	4 57.0	10.49
5 0	3 23.0	4.89
6 12	2 11.0	2.04
8 20	0 3.0	0.00
9 30	1 7.0	0.53
10 47	2 24.0	2.47
11 44	3 21.0	4.80
12 55	4 32.0	8.80
14 8	5 45.0	14.15
15 25	7 2.0	21.18
16 25	8 2.0	27.63
17 43	9 20.0	37.29
19 8	10 45.0	49.47
18 observations . . .		346.91
Réduction moyenne .		+ 19.27
Réfraction		+ 1 55.30
Distance observée . .		63 35 19.84
Dist. polaire + 10° .		84 59 36.18
Latitude		41 22 49.41

Il est impossible de trouver des observations qui s'accordent mieux ensemble que ces différentes séries de β de la petite Ourse dans ses deux passages. Celles de la polaire offrent de même un accord très-satisfaisant ; et je ne vois pas la possibilité d'élever le moindre doute sur une latitude ainsi déterminée.

TABLE pour le passage de ζ de la grande Ourse au méridien, et pour la distance apparente au pôle.

Passage supérieur.

DATES des observations. 1793 et 1794.	ASCENSION DROITE apparente de l'étoile, et ascension droite moyenne du soleil.	TEMPS MOYEN du passage au méridien.	DISTANCE apparente au pôle.
5 janv. 1794 .	13h 15' 34"6	18h 11' 29"7	33° 59' 55"72
5	19 4 4.9		
6	. . . .	18 7 33.8	55.83
9	13 15 34.8	17 55 46.2	56.20
9	19 19 48.6		
12	. . . .	17 43 58.6	56.50
13	13 15 35.0	17 40 2.8	56.59
13	19 35 32.2		
16	13 15 35.1	17 28 15.3	56.80
16	19 45 19.8		
17	. . . .	17 24 19.3	56.87
18	13 15 35.2	17 20 23.4	56.94
18	19 55 11.8		

Passage inférieur.

DATES	ASCENSION DROITE	TEMPS MOYEN	DISTANCE
24 déc. 1793 .	13 15 34.0	7 0 38.0	33° 59' 53.68
24	18 14 56.0		
25	. . . .	6 56 42.1	53.87
26	. . . .	6 52 46.3	54.05
27	13 15 34.2	6 48 50.4	54.24
27	18 26 43.8		
1 janv. 1794 .	13 15 34.4	6 29 1.1	55.10
1	18 46 23.3		
3	. . . .	6 21 19.3	55.37
4	13 15 34.5	6 17 23.5	55.51
4	18 58 11.0		

Ascension droite moyenne le premier janvier 1794 . . 13° 15' 35"9
Distance moyenne au pôle . . . . 33° 59' 43"50

TABLE de réduction ou du changement de la distance de ζ de la grande Ourse au zénith aux environs du méridien.

ANGLE horaire.	PASSAGE SUP. Réduct.	Diff.	PASSAGE INF. Réduct.	Diff.	ANGLE horaire.	PASSAGE SUP. Réduct.	Diff.	PASSAGE INF. Réduct.	Diff.
0′ 0″	0″00	0″09	0″00	0″02	5′ 0″	81″96	5″55	20″88	1″42
10	0.09	0.27	0.02	0.07	10	87.51	5.74	22.30	1.46
20	0.36	0.46	0.09	0.12	20	93.25	5.91	23.76	1.51
30	0.82	0.64	0.21	0.16	30	99.16	6.09	25.27	1.55
40	1.46	0.82	0.37	0.21	40	105.25	6.28	26.82	1.60
50	2.28	1.00	0.58	0.26	50	111.53	6.46	28.42	1.65
1 0	3.28	1.19	0.84	0.30	6 0	117.99	6.63	30.07	1.69
10	4.47	1.36	1.14	0.35	10	124.62	6.82	31.76	1.74
20	5.83	1.55	1.49	0.39	20	131.44	7.00	33.50	1.79
30	7.38	1.73	1.88	0.44	30	138.44	7.18	35.29	1.83
40	9.11	1.92	2.32	0.49	40	145.62	7.36	37.12	1.88
50	11.03	2.09	2.81	0.53	50	152.98	7.55	39.00	1.93
2 0	13.12	2.28	3.34	0.58	7 0	160.53	7.72	40.93	1.97
10	15.40	2.46	3.92	0.63	10	168.25	7.90	42.90	2.02
20	17.86	2.64	4.55	0.67	20	176.15	8.09	44.92	2.06
30	20.50	2.83	5.22	0.72	30	184.24	8.26	46.98	2.11
40	23.33	3.00	5.94	0.77	40	192.50	8.44	49.09	2.16
50	26.33	3.19	6.71	0.81	50	200.94	8.63	51.25	2.20
3 0	29.52	3.37	7.52	0.86	8 0	209.57	. .	53.45	2.25
10	32.89	3.55	8.38	0.90	10	. . .	. .	55.70	2.30
20	36.44	3.74	9.28	0.95	20	. . .	. .	58.00	2.34
30	40.18	3.92	10.23	1.00	30	. . .	. .	60.34	2.39
40	44.10	4.09	11.23	1.04	40	. . .	. .	62.73	2.44
50	48.19	4.28	12.27	1.09	50	. . .	. .	65.17	2.48
4 0	52.47	4.46	13.36	1.14	9 0	. . .	. .	67.65	2.53
10	56.93	4.65	14.50	1.18	10	. . .	. .	70.18	2.57
20	61.58	4.82	15.68	1.23	20	. . .	. .	72.75	2.62
30	66.40	5.01	16.91	1.28	30	. . .	. .	75.37	2.67
40	71.41	5.18	18.19	1.32	40	. . .	. .	78.04	2.71
50	76.59	5.37	19.51	1.37	50	. . .	. .	80.75	2.76
5 0	81.96		20.88		10 0	. . .	. .	83.51	

Suite de la table de réduction ou du changement de la distance de ζ de la grande Ourse au zénith aux environs du mérid.

Angle horaire.	Passage sup. Réduct.	Passage sup. Diff.	Passage inf. Réduct.	Passage inf. Diff.	Angle horaire.	Passage sup. Réduct.	Passage sup. Diff.	Passage inf. Réduct.	Passage inf. Diff.
10′ 0″	. . .	. .	83″51	2″81	11′ 0″	. . .	. .	101″05	3″08
10	. . .	. .	86.32	2.85	10	. . .	. .	104.13	3.13
20	. . .	. .	89.17	2.90	20	. . .	. .	107.26	3.18
30	. . .	. .	92.07	2.95	30	. . .	. .	110.44	3.23
40	. . .	. .	95.02	2.99	40	. . .	. .	113.67	3.27
50	. . .	. .	98.01	3.04	50	. . .	. .	116.94	3.32
11 0	. . .	. .	101.05		12 0	. . .		120.26	

Série de quatre-vingts observations de ζ de la grande Ourse au passage supérieur.

5 février 1794.

Bar. 28 p. 1.2 lig. Therm. + 5.36 deg.

18h 11′ 29″7
— 3 24.6

18 8 5.1

	Angle horaire.	Réduction.
18 1 21	6′ 44″1	148″61
2 57	5 8.1	86.48
5 50	2 15.1	16.63
7 32	0 33.1	1.00
8 55	0 49.9	2.27
10 1	1 55.9	12.24
11 26	3 20.9	36.77
12 39	4 33.9	68.33
13 59	5 53.9	114.02
15 36	7 30.9	184.97
10 observations . . .		671.32

Réduction moyenne .	—	67.13
Réfraction	+	15.23
	—	51.90
Arc simple	14 38	11.26
Distance observée . .	14 37	19.36
Distance polaire. . .	33 59	55.72
Latitude	41 22	44.90

6 janvier 1794.

Bar. 28 p. 3.3 lig. Therm. + 5.2 deg.

18h 7′ 33″8
— 3 31.7

18 4 2.1

	Angle horaire.	Réduction.
17 57 3	6′ 59″1	159″84
59 54	4 8.1	56.07
18 1 28	2 34.1	21.64

	Angle horaire.	Réduction.
18h 3′ 28″	0′ 34″1	1″06
4 53	0 50.9	2.35
5 53	1 50.9	11.21
7 17	3 14.9	34.61
8 45	4 42.9	72.89
10 35	6 32.9	140.50
11 54	7 51.9	202.56

10 observations . . .		702.73
Réduction moyenne .	−	70.27
Réfraction	+	15.34
	−	54.93
Arc simple	14 38	15.47
Distance observée . .	14 37	20.54
Distance polaire . .	33 59	55.83
Latitude	41 22	43.63

9 *janvier* 1794.

Bar. 28 p. 0.5 lig. Therm. + 7.2 deg.

17 55 46.2
− 3 32.9

17 51 53.3

17 46 0	5 53.3	113.64
47 31	4 22.3	62.67
49 21	2 32.3	21.13
50 50	1 3.3	3.65
52 20	0 26.7	0.65
53 39	1 45.7	10.18
55 11	3 17.7	35.60
56 37	4 43.7	73.30
58 18	6 24.7	134.71
59 29	7 35.7	188.92
10 observations . . .		644.45

Réduction moyenne .	−	64.44
Réfraction	+	15.04
	−	49.50
Arc simple	14 38	10.24
Distance observée . .	14 37	20.84
Distance polaire . . .	33 59	56.20
Latitude	41 22	42.96

12 *janvier* 1794.

Bar. 28 p. 1.0 lig. Therm. + 2.8 deg.

17h 43′ 58″6
− 4 14.1

17 39 44.5

	Angle horaire.	Réduction.
17 32 42	7′ 2″5	162″44
34 6	5 38.5	104.32
35 47	3 57.5	51.38
37 16	2 28.5	20.09
38 54	0 50.5	2.33
40 18	0 33.5	1.03
41 51	2 6.5	14.58
43 8	3 23.5	37.73
44 40	4 55.5	79.52
46 13	6 28.5	137.37

10 observations . . .		610.79
Réduction moyenne .	−	61.08
Réfraction	+	15.44
	−	45.64
Arc simple	14 38	6.00
Distance observée . .	14 37	20.36
Distance polaire . . .	33 59	56.50
Latitude	41 22	43.10

13 *janvier* 1794.

Bar. 28 p. 2.6 lig. Therm. + 4.96 deg.

17h 40′ 2″8
— 4 21.3
17 35 41.5

	Angle horaire.	Réduction.
17 28 53	6′ 48″5	151″87
31 3	4 38.5	70.65
32 42	2 59.5	29.36
34 0	1 41.5	9.39
35 50	0 8.5	0.08
37 11	1 29.5	7.30
38 51	3 9.5	32.72
39 54	4 12.5	58.08
41 28	5 46.5	109.31
42 45	7 3.5	163.21
10 observations . . .		636.97
Réduction moyenne .		— 63.20
Réfraction		+ 15.32
		— 47.88
Arc simple		14 38 8.55
Distance observée . .		14 37 20.67
Distance polaire . . .		33 59 56.59
Latitude		41 22 42.74

16 *janvier* 1794.

Bar. 28 p. 3.6 lig. Therm. + 4.32 deg.

17 28 15.3
— 4 44.8
17 23 30.5

	Angle horaire.	Réduction.
17 16 41	6 49.5	152.61
18 0	5 30.5	99.46
19 19	4 11.5	57.62
20 49	2 41.5	23.74
22 7	1 23.5	6.35
23 22	0 8.5	0.08
24 53	1 22.5	6.20
17h 26′ 2″	2′ 31″5	20″91
27 28	3 57.5	51.38
28 53	5 22.5	94.71
10 observations . . .		513.06
Réduct. moyenne . .		— 51.31
Réfraction		+ 15.43
		— 35.18
Arc simple.		14 37 56.47
Distance observée . .		14 37 21.29
Distance polaire . . .		33 59 56.80
Latitude		41 22 41.91

17 *janvier* 1794.

Bar. 28 p. 5.9 lig. Therm. + 2.72 deg.

17 24 19.3
— 4 52.4
17 19 26.9

	Angle horaire.	Réduction.
17 12 59	6 27.9	136.96
16 4	3 22.9	37.50
17 12	2 14.9	16.58
18 27	0 59.9	3.27
19 48	0 21.1	0.41
20 56	1 29.1	7.24
22 18	2 51.1	26.67
23 24	3 57.1	51.21
24 47	5 20.1	93.31
26 11	6 44.1	148.61
10 observations . . .		521.76
Réduction moyenne .		— 52.18
Réfraction		+ 15.67
		— 36.51
Arc simple		14 37 56.17
Distance observée . .		14 37 19.66
Distance polaire . . .		33 59 56.87
Latitude		41 22 43.47

18 *janvier* 1794.

Bar. 28 p. 5.3 lig. Therm. + 3.84 deg.

17h 20′ 23″4		
— 5 0.1		
17 15 23.3	Angle horaire.	Réduction.
17 9 34	5′ 49″3	111″10
11 20	4 3.3	53.92
12 42	2 41.3	23.71
13 46	1 37.3	8.63
15 14	0 9.3	0.07
16 28	1 4.7	3.82
17 55	2 31.7	20.97
19 26	4 2.7	53.66
17h 21′ 2″	5′ 38″7	104″45
22 23	6 59.7	160.30

10 observations . . .	540.63
Réduction moyenne .	— 54.06
Réfraction	+ 15.54
	— 38.52
Arc simple	14 37 18.85
Distance observée . .	14 37 18.85
Distance polaire . . .	33 39 56.94
Latitude	41 22 44.21

Série de quatre-vingts observations de ζ de la grande Ourse au passage inférieur.

24 *décembre* 1793.

Bar. 27 p. 9.7 lig. Therm. + 6.4 deg.

7 0 38.0		
— 2 2.0		
6 58 36.0		
6 52 18	6 18.0	33.15
54 23	4 13.0	14.85
55 59	2 37.0	5.72
57 45	0 51.0	0.61
59 34	0 58.0	0.79
7 1 10	2 34.0	5.50
2 37	4 1.0	13.47
3 47	5 11.0	22.44
5 27	6 51.0	39.19
7 11	8 35.0	61.53
9 4	10 28.0	91.49
10 18	11 42.0	114.32
12 observations . . .		403.06

Réduction moyenne .	+ 33.59
Réfraction	+ 6 56.60
Arc simple	82 29 38.01
Distance observée . .	82 37 8.20
Distance polaire. . .	33 59 53.68
Latitude	41 22 45.48

25 *décembre* 1793.

Bar. 28 p. 0.0 lig. Therm. + 6.56 deg.

6 56 42.1		
— 2 8.4		
6 54 33.7		
6 49 3	5 30.7	25.38
50 28	4 5.7	14.00
52 0	2 33.7	5.48
53 15	1 18.7	1.45
54 35	0 1.3	0.00
55 40	1 6.3	1.03

	Angle horaire.	Réduction.
6h 57′ 9″	2′ 35″3	5″60
58 35	4 1.3	13.50
7 0 5	5 31.3	25.47
1 2	6 28.3	34.98
2 7	7 33.3	47.67
3 5	8 31.3	60.65
4 16	9 42.3	78.58
5 33	10 59.3	100.84
14 observations . . .		414.63
Réduction moyenne .	+	29.62
Réfraction	+ 6	59.14
Arc simple	82 29	41.57
Distance observée . .	82 37	10.33
Distance polaire . . .	33 59	53.87
Latitude	41 22	43.54

26 *décembre* 1793.

Bar. 28 p. 1.4 lig. Therm. + 6.16 deg.

6 52 46.3
— 2 14.8
6 50 31.5

6 46 20	4 11.5	14.67
47 47	2 44.5	6.28
49 27	1 4.5	0.97
54 7	3 35.5	10.77
56 11	5 39.5	26.74
57 28	6 46.5	38.34
6 observations . . .		97.77
Réduction moyenne .	+	16.30
Réfraction	+ 7	1.98
Arc simple	82 29	51.57
Distance observée . .	82 37	9.85
Distance polaire . . .	33 59	54.05
Latitude	41 22	44.20

27 *décembre* 1793.

Bar. 28 p. 1.1 lig. Therm. + 4.56 deg.

6h 48′ 50″4
— 2 21.3
6 46 29.1

	Angle horaire.	Réduction.
6 38 52	7′ 37″1	48″66
40 26	6 3.1	30.59
41 44	4 45.1	18.86
43 0	3 29.1	10.14
44 40	1 49.1	2.77
46 9	0 20.1	0.09
47 58	1 28.9	1.84
49 18	2 48.9	6.63
50 51	4 21.9	15.91
51 50	5 20.9	23.90
53 1	6 31.9	35.64
54 15	7 45.9	50.36
12 observations . . .		245.39
Réduction moyenne .	+	20.45
Réfraction	+ 7	5.26
Arc simple	82 29	41.96
Distance observée . .	82 37	7.67
Distance polaire . . .	33 59	54.24
Latitude	41 22	46.57

Premier janvier 1794.

Bar. 27 p. 11.0 lig. Therm. + 5.92 deg.

6 29 11.1
— 2 54.3
6 26 16.8

6 19 0	7 16.8	44.27
20 25	5 51.8	28.71
22 0	4 16.8	15.30
23 20	2 56.8	7.26
24 52	1 23.8	1.63

	Angle horaire.	Réduction.
6h 26′ 5″	0′ 11″8	0″03
27 53	1 36.2	2.15
28 54	2 37.2	5.82
30 25	4 8.2	14.29
31 35	5 18.2	23.50
32 49	6 32.2	35.69
34 0	7 43.2	49.78
12 observations . . .		228.43

Réduction moyenne .	+ 19.04
Réfraction	+ 6 59.52
Arc simple	82 29 50.12
Distance observée . .	82 37 9.68
Distance polaire . . .	33 59 55.10
Latitude	41 22 45.42

3 *janvier* 1794.

Bar. 28 p. 4.0 lig. Therm. + 6.32 deg.

6h 21′ 19″3
— 3 7.6
6 18 11.7

	Angle horaire.	Réduction.
6 11 36	6 35.7	36.33
12 34	5 37.7	26.46
13 55	4 16.7	15.29
15 10	3 1.7	7.66
16 54	1 17.7	1.41
18 8	0 3.7	0.01
19 21	1 9.3	1.12
20 52	2 40.3	5.96
22 22	4 10.3	14.54
23 24	5 12.3	22.63
24 44	6 32.3	35.71
26 31	8 19.3	57.84
12 observations . . .		224.96

Réduction moyenne .	+ 18.75
Réfraction	+ 7 4.80
Arc simple	82 29 48.50
Distance observée . .	82 37 12.05
Distance polaire . . .	33 59 55.37
Latitude	41 22 43.32

4 *janvier* 1794.

Bar. 28 p. 3.6 lig. Therm. + 8.0 deg.

6h 17′ 23″5
— 3 14.4
6 14 9.1

	Angle horaire.	Réduction.
6 6 27	7′ 42″1	49″54
7 35	6 34.1	36.04
9 0	5 9.1	22.17
10 6	4 3.1	13.71
11 37	2 32.1	5.37
12 49	1 20.1	1.49
14 3	0 6.1	0.01
14 57	0 47.9	0.53
16 17	2 7.9	3.80
17 20	3 10.9	8.46
19 2	4 52.9	19.91
20 30	6 20.9	33.66
12 observations . . .		194.69

Réduction moyenne .	+ 16.22
Réfraction	+ 7 0.44
Arc simple	82 29 53.75
Distance observée . .	82 37 10.41
Distance polaire . . .	33 59 55.51
Latitude	41 22 45.11

Ces observations de ζ de la grande Ourse présentent un accord non moins satisfaisant que celles des deux étoiles précédentes ; et ce qui est remarquable, c'est qu'elles confirment l'erreur des réfractions de Bradley à $82^\circ \frac{1}{2}$ du zénith, indiquée par les observations de Montjouy.

TABLE pour le passage de la Chèvre au méridien, et pour la déclinaison apparente.

DATES des observations. ANNÉE 1794.	ASCENSION DROITE apparente de l'étoile, et ascension droite moyenne du soleil.	TEMPS MOYEN du passage au méridien.	DISTANCE apparente au pôle.
18 février . . .	5h 1' 30"1	7h 5' 46"2	45° 46' 10"43
18	21 55 43.9		
19	. . . .	7 1 50.2	10.44
20	. . . .	6 57 54.3	10.46
21	5 1 30.1	6 53 58.4	10.49
21	22 7 31.7		
25	5 1 30.0	6 38 14.7	10.53
25	22 23 15.3		
3 mars	5 1 29.9	6 14 39.1	10.52
3	22 46 50.8		
4	. . . .	6 10 43.1	10.51
5	. . . .	6 6 47.2	10.50
6	5 1 29.8	6 2 51.3	10.49
6	22 58 38.5		
9	. . . .	5 51 3.5	10.45
10	5 1 29.8	5 47 7.6	10.42
10	23 14 22.2		
14	5 1 29.7	5 31 23.9	10.29
14	23 30 5.8		
15	. . . .	5 27 28.0	10.26
16	5 1 29.6	5 23 32.1	10.22
16	23 37 57.5		
23	5 1 29.4	4 56 0.5	9.88
23	0 5 28.9		
24	. . . .	4 52 4.5	9.82
25	5 1 29.4	4 48 8.6	45 46 9.77
25	0 13 20.8		

Ascension droite de la chèvre le 1er janvier 1794 5h 1' 29"7
Déclinaison moyenne . . . . 45° 46 10.0

TABLE de réduction ou du changement de la distance de la Chèvre au zénith, aux environs du méridien.

Angle horaire.	Réduct.	Différ.	Angle horaire.	Réduct.	Différ.	Angle horaire.	Réduct.	Différ.
0' 0"	0"00	0"06	1' 40"	37"45	3"05	3' 20"	149"26	6"00
4	0.06	0.18	44	40.50	3.17	24	155.26	6.12
8	0.24	0.30	48	43.67	3.29	28	161.38	6.23
12	0.54	0.42	52	46.96	3.41	32	167.61	6.35
16	0.96	0.54	56	50.37	3.53	36	173.96	6.47
0 20	1.50	0.66	2 0	53.90	3.65	3 40	180.43	6.58
24	2.16	0.78	4	57.55	3.76	44	187.01	6.70
28	2.94	0.90	8	61.31	3.88	48	193.71	6.81
32	3.84	1.02	12	65.19	4.01	52	200.52	6.93
36	4.86	1.14	16	69.20	4.12	56	207.45	7.04
0 40	6.00	1.26	2 20	73.32	4.24	4 0	214.49	
44	7.26	1.38	24	77.56	4.35			
48	8.64	1.50	28	81.91	4.48			
52	10.14	1.62	32	86.39	4.59			
56	11.76	1.73	36	90.98	4.71			
1 0	13.49	1.86	2 40	95.69	4.83	5 8	351.68	9.08
4	15.35	1.98	44	100.52	4.95	12	360.76	9.20
8	17.33	2.09	48	105.47	5.06	16	369.96	9.31
12	19.42	2.22	52	110.53	5.18	20	379.27	
16	21.64	2.34	56	115.71	5.30			
1 20	23.98	2.45	3 0	121.01	5.42			
24	26.43	2.58	4	126.43	5.53			
28	29.01	2.69	8	131.96	5.65			
32	31.70	2.82	12	137.61	5.77			
36	34.52	2.93	16	143.38	5.88			
1 40	37.45		3 20	149.26				

Dans toutes ces observations de latitude M. Tranchot tenoit le niveau. Ce qui doit se sous-entendre toutes les fois que le contraire n'est pas dit expressément.

Série de cent observations de distances de la Chèvre au zénith.

18 *février* 1794.

Bar. 28 p. 1.0 lig. Therm. + 10.4 deg.

7h 5′ 46″2		
— 8 59.8		
6 56 46.4	Angle horaire.	Réduction.
6 53 29	3′ 17″4	145″54
54 41	2 5.4	58.86
56 18	0 28.4	3.03
57 32	0 45.6	7.80
59 16	2 29.6	83.69
7 0 34	3 47.6	193.03

6 observations . . .	491.95
Réduction moyenne .	— 81.99
Arc simple	4 24 43.80
Distance Z.	4 23 21.81
Réfraction	+ 4.37
Distance corrigée . .	4 23 26.18
Déclin. apparente . .	45 46 10.43
Latitude	41 22 44.25

19 *février* 1794.

Bar. 28 p. 2.2 lig. Therm. + 9.6 deg.

	Angle horaire.	Réduction.
7 1 50.2		
— 9 8.2		
6 52 42.0		
6 49 7	3 35.0	172.61
50 11	2 31.0	85.26
51 32	1 10.0	18.36
53 12	0 30.0	3.38
6h 54′ 39″	1′ 57″0	51″24
56 6	3 24.0	155.26

6 observations . . .	486.11
Réduction moyenne .	— 81.02
Arc simple	4 24 43.41
Distance Z.	4 23 22.39
Réfraction	+ 4.41
Distance corrigée . .	4 23 26.80
Déclin. apparente . .	45 46 10.44
Latitude	41 22 43.64

20 *février* 1794.

Bar. 28 p. 4.0 lig. Therm. + 10.64 deg.

6 57 54.3		
— 9 16.4		
6 48 37.9		
6 45 19.5	3 18.4	146.89
46 28	2 9.9	63.14
47 46	0 51.9	10.10
49 17	0 39.1	5.74
50 53	2 15.1	68.29
52 2	3 24.1	155.41

6 observations. . . .	449.57
Réduction moyenne .	— 1 14.93
Arc simple	4 24 33.09
Distance Z.	4 23 18.16
Réfraction	+ 4.41
Distance corrigée . .	4 23 22.57
Déclin. apparente . .	5 46 10.46
Latitude	41 22 47.89

21 *février* 1794.

Bar. 28 p. 4.5 lig. Therm. + 9.4 deg.

6h 53′ 58″4
— 9 24.5
6 44 33.9

	Angle horaire.	Réfraction.
6 41 13	3′ 20″9	150″60
42 31	2 2.9	56.63
43 56	0 37.9	5.39
45 4	0 30.1	3.40
46 28	1 54.1	48.74
47 36	3 2.1	123.84
6 observations . . .		388.50

Réduction moyenne .	— 1 4.75
Arc simple	4 24 26.60
Distance Z.	4 23 21.85
Réfraction	+ 4.44
Distance corrigée . .	4 23 26.29
Déclin. apparente . .	45 46 10.49
Latitude.	41 22 44.20

25 *février* 1794.

Bar. 28 p. 3.7 lig. Therm. + 11.36 deg.

6 38 14.7
— 9 57.2
6 28 17.5

6 24 54	3 23.5	154.51
26 24	1 53.5	48.22
27 36	0 41.5	6.45
28 53	0 35.5	4.73
30 25	2 7.5	60.84
31 31	3 13.5	139.76
6 observations . . .		414.51

Réduction moyenne .	+ 1 9.08
Arc simple	4 24 32.46
Distance Z.	4 23 23.38
Réfraction	+ 4.38
Distance corrigée . .	4 23 27.76
Déclin. apparente . .	45 46 10.53
Latitude	41 22 42.77

3 *mars* 1794.

Bar. 28 p. 4.1 lig. Therm. + 10.56 deg.

6h 14′ 39″1
— 10 47.7
6 3 51.4

	Angle horaire.	Réduction.
6 0 36	3′ 15″4	142″52
1 45	2 6.4	59.79
3 6	0 45.4	7.73
4 20	0 28.6	3.07
5 47	1 55.6	50.03
7 6	3 14.6	141.33
6 observations . . .		404.47

Réduction moyenne .	— 1 7.41
Arc simple	4 24 30.73
Distance Z.	4 23 23.32
Réfraction	+ 4.41
Distance corrigée . .	4 23 27.73
Déclin. apparente . .	45 46 10.52
Latitude	41 22 42.79

4 *mars* 1794.

Bar. 28 p. 4.1 lig. Therm. + 11.36 deg.

6 10 43.1
— 10 55.6
5 59 47.5

5 56 24.5	3 23.0	154.50
59 13	0 34.5	4.45

	Angle horaire.	Réduction
6h 0' 56"	1' 8"5	17"59
1 42	1 54.5	49.08
2 55	3 7.5	131.27
5 1	5 13.5	364.20
6 observations . . .		721.09
Réduct. moyenne. . .		— 2 0.18
Arc simple		4 25 21.88
Distance Z.		4 23 21.70
Réfraction		+ 4.39
Distance corrigée . .		4 23 26.09
Déclin. apparente . .		45 46 10.51
Latitude		41 22 44.42

5 *mars* 1794.

Bar. 28 p. 4.4 lig. Therm. + 10.88 deg.

6 6 47.2
— 11 3.6
5 55 43.6

5 52 36	3 7.6	131.41
53 43	2 0.6	54.45
54 56	0 47.6	8.48
56 13	0 29.4	3.24
57 27	1 43.4	40.03
58 57	3 13.4	139.61
6 observations . . .		377.22
Réduction moyenne .		— 1 2.87
Arc simple.		4 24 23.00
Distance Z.		4 23 20.13
Réfraction		+ 4.40
Distance corrigée . .		4 23 24.53
Déclin. apparente . .		45 46 10.50
Latitude		41 22 45.97

6 *mars* 1794.

Bar. 28 p. 3.4 lig. Therm. + 11.04 deg.

6h 2' 51"3
— 11 11.9
5 51 39.4

	Angle horaire.	Réduction.
5 48 10	3' 29"4	163"57
49 53	1 46.4	42.39
51 8	0 31.4	3.70
52 14	0 34.6	4.50
53 44	2 4.6	58.11
54 49	3 9.6	134.20
6 observations . . .		406.47
Réduction moyenne .		— 1 7.74
Arc simple		4 24 29.38
Distance Z.		4 23 21.64
Réfraction		+ 4.39
Distance corrigée . .		4 23 26.03
Déclin. apparente . .		45 46 10.49
Latitude		41 22 44.46

9 *mars* 1794.

Bar. 28 p. 4.0 lig. Therm. + 12.24 deg.

5 51 3.5
— 11 37.0
5 39 26.5

5 36 4	3 22.5	153.00
36 58	2 28.5	82.47
38 14	1 12.5	19.70
39 24	0 2.5	0.03
40 44	1 17.5	22.50
41 59	2 32.5	86.96
6 observations . . .		364.66

Réduction moyenne .	— 1 0.74
Arc simple	4 24 24.84
Distance Z.	4 23 24.10
Réfraction	+ 4.37
Distance corrigée . .	4 23 28.47
Déclin. apparente . .	45 46 10.45
Latitude	41 22 41.98

10 *mars* 1794.

Bar. 28 p. 2.8 lig. Therm. + 11.2 deg.

	Angle horaire.	Réduction.
5h 47′ 7″6		
— 11 45.3		
5 35 22.3		
5 32 3.5	3′ 18″8	147″48
34 26	0 56.3	11.88
37 30	2 7.7	61.03
38 24	3 1.7	123.30
4 observations . . .		343.69
Réduct. moyenne . .		— 1 25.92
Arc simple.		4 24 47.25
Distance Z.		4 23 21.33
Réfraction		+ 4.38
Distance corrigée . .		4 23 25.71
Déclin. apparente . .		45 46 10.42
Latitude		41 22 44.71

14 *mars* 1794.

Bar. 28 p. 3.7 lig. Therm. + 10.96 deg.

	Angle horaire.	Réduction.
5 31 23.9		
— 12 19.0		
5 19 4.9		
5 15 45.5	3 19.4	148.40
16 49.0	2 15.9	69.10
18 5.0	0 59.9	13.45
5h 19′ 40″0	0′ 35″1	4″62
21 18.0	2 13.1	66.29
22 17.5	3 12.6	138.48
6 observations . . .		440.34
Réduction moyenne .		— 1 13.39
Arc simple		4 24 32.33
Distance Z.		4 23 18.94
Réfraction		+ 4.39
Distance corrigée . .		4 23 23.33
Déclin. apparente . .		45 46 10.29
Hauteur de l'équat. .		48 38 16.83
Latitude		41 22 46.96

15 *mars* 1794.

Bar. 28 p. 5.0 lig. Therm. + 13.12 deg.

5 27 28.0		
— 12 27.6		
5 15 0.4		
5 11 37	3 23.4	154.36
12 40	2 20.4	73.74
13 52	1 8.4	17.54
15 24	0 23.6	2.09
16 37	1 36.6	34.96
17 55	2 54.6	113.89
6 observations . . .		396.58
Réduction moyenne .		— 1 6.10
Arc simple		4 24 30.78
Distance Z.		4 23 24.68
Réfraction		+ 4.36
Distance corrigée . .		4 23 29.04
Déclin. apparente . .		45 46 10.26
Latitude		41 22 41.22

16 *mars* 1794.			23 *mars* 1794.		
Bar. 28 p. 4.2 lig. Therm. + 11.2 deg.			Bar. 28 p. 3.0 lig. Therm. + 11.52 deg.		
5h 23′ 32″ 1			4h 56′ 0″5		
— 12 36.1			— 13 36.2		
5 10 56.0	Angle horaire.	Réduction.	4 42 24.3	Angle horaire.	Réduction.
5 7 45	3′ 11″0	136″19	4 39 5	3′ 19″3	148″23
8 55	2 1.0	54.81	40 23	2 1.3	55.08
10 27	0 29.0	3.16	41 31	0 53.3	10.66
11 20	0 24.0	2.16	42 52	0 27.7	2.88
12 42	1 46.0	42.07	44 21	1 56.7	50.98
13 51	2 55.0	114.38	45 31	3 6.7	130.15
6 observations . . .		352.77	6 observations. . . .		397.98
Réduction moyenne .		— 58.79	Réduction moyenne .		— 1 6.33
Arc simple		4 24 21.69	Arc simple		4 24 26.06
Distance Z.		4 23 22.90	Distance Z.		4 23 19.73
Réfraction		+ 4.40	Réfraction		+ 4.37
Distance corrigée . .		4 23 27.30	Distance corrigée . .		4 23 24.10
Déclin. apparente . .		45 46 10.22	Déclin. apparente . .		45 46 09.88
Latitude		41 22 42.92	Latitude		41 22 45.78

24 *mars* 1794.			25 *mars* 1794.		
Bar. 28 p. 3.6 lig. Therm. + 12.16 deg.			Bar. 28 p. 3.9 lig. Therm. + 13.76 deg.		
4h 52′ 4″5			4h 48′ 8″6		
— 13 44.9			— 13 53.7		
4 38 19.6	Angle horaire.	Réduction.	4 34 14.9	Angle horaire.	Réduction.
4 35 3	3′ 16″6	144″26	4 30 59.5	3′ 15″4	142″52
36 9	2 10.6	63.82	32 16	1 58.9	52.92
37 59	0 20.6	1.59	33 38	0 36.9	5.11
39 38	1 18.4	23.03	34 50	0 35.1	4.62
40 58	2 38.4	93.80	36 12	1 57.1	51.31
42 16	3 56.4	208.15	37 24	3 9.1	133.50
6 observations . . .		534.65	6 observations . . .		389.98
Réduction moyenne .		— 1 29.11	Réduction moyenne . .		— 1 5.00
Arc simple		4 24 50.90	Arc simple		4 24 28.04
Distance Z.		4 23 21.79	Distance Z.		4 23 23.04
Réfraction		+ 4.36	Réfraction		+ 4.33
Distance corrigée . .		4 23 26.15	Distance corrigée . .		4 23 27.37
Déclin. apparente . .		45 46 09.82	Déclin. apparente . .		45 46 09.77
Latitude		41 22 43.67	Latitude		41 22 42.40

Le peu de différence que l'on trouve entre les résultats de ces séries de 4 ou 6 observations à 4° 23′ de distance au zénith, est une des choses les plus étonnantes qu'on ait faites avec le cercle répétiteur de Borda. Rien n'est plus propre à prouver l'extrême habileté de l'observateur et le soin qu'il prenoit pour s'assurer de la position verticale du plan de son cercle.

TABLE pour le passage de β des Gémeaux au méridien, et pour la distance apparente au pôle.

DATES des observations. ANNÉE 1794.	ASCENSION DROITE apparente de l'étoile, et ascension droite moyenne du soleil.	TEMPS MOYEN du passage au méridien.	DÉCLINAISON apparente.
25 mars . . .	7h 32′ 41″5	7h 18′ 56″0	28° 30′ 31″67
25	0 13 45.5		
29	7 32 41.4	7 3 12.3	31.85
29	0 29 29.1		
31	. . . .	6 55 20.4	31.95
1 avril	. . . .	6 51 24.5	31.99
2	7 32 41.4	6 47 28.6	32.03
2	0 45 12.8		
3	. . . .	6 43 32.7	32.07
5	7 32 41.4	6 35 40.8	32.26
5	0 57 0.6		
6	. . . .	6 31 44.9	32.21
8	7 32 41.3	6 23 53.1	32.29
8	1 8 48.2		
14	7 32 41.2	6 0 17.5	32.50
14	1 32 23.7		
15	. . . .	5 56 21.5	32.54
16	. . . .	5 52 25.6	32.58
17	. . . .	5 48 29.7	32.61
18	7 32 41.1	5 44 33.8	28 30 32.64
18	1 48 7.3		

Ascension droite moyenne de β le 1er janvier 1794 . 7h 32′ 41″1

Déclinaison moyenne. . . . . 28h 30′ 37″33

TABLE de réduction ou du changement de la distance de β des Gémeaux au zénith, aux environs du méridien.

ANGLE HOR.	RÉDUCTION.	DIFFÉR.	ANGLE HOR.	RÉDUCTION.	DIFFÉR.
0′ 0″	0″00		5′ 0″	145″87	
10	0.16	0″16	10	155.74	9″87
20	0.65	0.49	20	165.93	10.19
30	1.46	0.81	30	176.44	10.51
40	2.60	1.14	40	187.28	10.84
50	4.06	1.46	50	198.43	11.15
1 0	5.84	1.78	6 0	209.90	11.47
10	7.95	2.11	10	221.69	11.79
20	10.39	2.44	20	233.81	12.12
30	13.15	2.76	30	246.25	12.44
40	16.23	3.08	40	259.00	12.75
50	19.64	3.41	50	272.07	13.07
2 0	23.37	3.73	7 0	285.47	13.40
10	27.42	4.05	10	299.18	13.71
20	31.80	4.38	20	313.21	14.03
30	36.51	4.71	30	327.55	14.34
40	41.54	5.03	40	342.22	14.67
50	46.89	5.35	50	357.20	14.98
3 0	52.57	5.68			
10	58.57	6.00			
20	64.89	6.32			
30	71.53	6.64	9 50	561.61	
40	78.50	6.97	10 0	580.69	19.08
50	85.79	7.29	10 10	600.08	19.39
4 0	93.41	7.62			
10	101.35	7.94			
20	109.61	8.26			
30	118.19	8.58			
40	127.09	8.90			
50	136.32	9.23			
5 0	145.87	9.55			

Série de cent observations de distances de β des Gémeaux au zénith.

25 *mars* 1794.

Bar. 28 p. 3.8 lig. Therm. + 12.0 lig.

7h 18′ 56″0
— 13 54.7
7 5 1.3

	Angle horaire.	Réduction.
7 0 43	4′ 18″3	108.19
2 15	2 46.3	44.88
3 47	1 14.3	8.96
3 58	0 3.3	0.02
6 17	1 15.7	9.30
7 13	2 11.7	28.14
8 43	3 41.7	79.72
10 10	5 8.7	154.44
8 observations . . .		433.65
Réduction moyenne .		— 54.21
Arc simple		12 52 53.97
Distance Z.		12 51 59.76
Réfraction		+ 12.96
Distance corrigée . .		12 52 12.72
Déclin. apparente . .		28 30 31.67
Latitude		41 22 44.39

29 *mars* 1794.

Bar. 28 p. 3.2 lig. Therm. + 12.4 deg.

7 3 12.3
— 14 30.1
6 48 42.2

	Angle horaire.	Réduction.
6 44 5	4 37.2	124.57
45 26	3 16.2	62.45
46 38	2 4.2	25.04
6h 48′ 5″	0′ 37″2	2″25
49 16	0 33.8	1.86
50 30	1 47.8	18.87
51 53	3 10.8	59.06
53 19.0	4 36.8	124.21
8 observations . . .		418.31
Réduction moyenne .		— 52.30
Arc simple		12 52 53.20
Distance Z.		12 52 00.90
Réfraction		+ 12.90
Distance corrigée . .		12 52 13.80
Déclin. apparente . .		28 30 31.85
Latitude		41 22 45.65

31 *mars* 1794.

Bar. 28 p. 2.7 lig. Therm. + 12.0 deg.

6 55 20.4
— 14 47.9
6 40 32.5

6 37 28	3 4.5	55.23
38 28.0	2 4.5	25.15
39 55.0	0 37.5	2.28
41 03.5	0 31.0	1.56
42 25.5	1 53.0	20.73
43 35.0	3 2.5	54.04
44 45.0	4 12.5	113.39
46 1.0	5 28.5	174.85
8 observations . . .		437.23

Réduct. moyenne . .	— 54.65
Arc simple	12 52 55.55
Distance Z.	12 52 00.90
Réfraction	+ 12.88
Distance corrigée . .	12 52 13.78
Déclin. apparente . .	28 30 31.95
Latitude	41 22 45.73

Premier avril 1794.

Bar. 28 p. 1.0 lig. Therm. + 11.7 deg.

6h 51' 24"5
— 14 56.7
6 36 27.8

	Angle horaire.	Réduction.
6 32 29	3' 58"8	92.47
34 49	1 38.8	15.84
38 19	1 51.2	20.07
40 22	3 54.2	88.95
4 observations . . .		217.33
Réduction moyenne .		— 54.33
Arc simple		12 52 53.68
Distance Z.		12 51 59.35
Réfraction		+ 12.87
Distance corrigée . .		12 52 53.68
Déclin. apparente . .		28 30 31.99
Latitude		41 22 44.21

2 *avril* 1794.

Bar. 28 p. 1.4 lig. Therm. + 12.8 deg.

6 47 28.6
— 15 5.7
6 32 22.9

	Angle horaire.	Réduction.
6 28 0	4 22.9	112.06
30 32	1 50.9	19.96
13 42	0 40.9	2.70
33 16	0 53.1	4.58
6h 35' 15"	2' 52"1	48"06
36 57	4 34.1	121.80
6 observations . . .		309.16
Réduction moyenne .		— 51.53
Arc simple		12 52 55.19
Distance Z.		12 52 00.61
Réfraction		+ 12.81
Distance corrigée . .		12 52 13.42
Déclin. apparente . .		28 30 32.03
Latitude		41 22 45.45

3 *avril* 1794.

Bar. 28 p. 0.8 lig. Ther. + 13.0 deg.

6 43 32.7
— 15 14.7
6 28 18.0

6 23 42	4 36.0	123.49
24 55	3 23.0	66.85
26 17	2 1.0	23.76
27 19	0 59.0	5.65
28 50	0 32.0	1.66
29 58	1 40.0	16.23
31 15	2 57.0	50.83
32 36	4 18.0	107.93
8 observations . . .		396.40
Réduction moyenne .		— 49"55
Arc simple		12 52 52.14
Distance Z.		12 52 02.59
Réfraction		+ 12.77
Distance corrigée . .		12 52 15.36
Déclin. apparente . .		28 30 32.07
Latitude		41 22 47.43

5 *avril* 1794.

Bar. 28 p. 1.9 lig. Therm. + 11.84 deg.

6h 35′ 40″8
— 15 32.6
6 20 8.2

	Angle horaire.	Réduction.
6 15 30	4′ 38″2	125″46
16 44	3 24.2	67.64
18 20	1 48.2	19.00
19 32	0 36.2	2.13
23 40	3 31.8	72.76
25 6	4 57.8	143.74
6 observations . . .		430.73
Réduction moyenne .		— 1 11.79
Arc simple		12 53 10.63
Distance Z.		12 51 58.84
Réfraction		+ 12.90
Distance corrigée . .		12 52 11.74
Déclin. apparente . .		28 30 32.16
Latitude		41 22 43.90

6 *avril* 1794.

Bar. 28 p. 1.0 lig. Therm. + 12.4 deg.

6. 31 44.9
— 15 41.6
6 16 3.3

6 11 40	4 23.3	112.40
13 38	2 25.3	34.26
14 53	1 10.3	7.99
15 39	0 24.3	0.96
17 8	1 4.7	6.79
18 08	2 4.7	25.25
19 18	3 14.7	71.50
20 30	4 26.7	115.32
8 observations . . .		364.47
Réduction moyenne .		— 45.56
Arc simple		12 52 45.53
Distance Z.		12 51 59.97
Réfraction		+ 12.82
Distance corrigée . .		12 52 12.79
Déclin. apparente . .		28 30 32.21
Latitude		41 22 45.00

8 *avril* 1794.

Bar. 27 p. 10.0 lig. Therm. + 12.8 deg.

6h 23′ 53″1
— 15 59.5
6 7 53.6

	Angle horaire.	Réduction.
6 3 33	4′ 20″6	110″12
4 49	3 4.6	55.29
6 19	1 34.6	14.53
7 16	0 37.6	2.29
8 41	0 47.4	3.65
9 56	2 2.4	24.31
11 28	3 34.4	74.56
13 8	5 14.4	160.18
8 observations . . .		444.93
Réduction moyenne .		— 55.62
Arc simple		12 52 56.81
Distance Z.		12 52 01.19
Réfraction		+ 12.68
Distance corrigée . .		12 52 13.87
Déclin. apparente . .		28 30 32.29
Latitude		41 22 46.16

14 *avril* 1794.

Bar. 28 p. 2.8 lig. Therm. + 13.6 deg.

	Angle horaire.	Réduction.
6h 0′ 17″5		
— 16 51.2		
5 43 26.3		
5 38 47	4′ 39″3	126″46
40 13	3 13.3	60.62
41 33	1 53.3	20.83
42 31	0 55.3	4.96
44 5	0 38.7	2.43
45 54	2 27.7	35.40
47 46	4 19.7	109.36
50 7	6 40.7	259.90
8 observations . . .		619.96
Réduct. moyenne . .		— 1 17.49
Arc simple.		12 53 18.39
Distance Z.		12 52 00.90
Réfraction		+ 12.81
Distance corrigée . .		12 52 13.71
Déclin. apparente . .		28 30 32.50
Latitude		41 22 46.21

15 *avril* 1794.

Bar. 28 p. 3.2 lig. Therm. + 14.56 lig.

5 56 21.5		
— 16 59.9		
5 39 21.6		
5 34 41	4 40.6	127.64
35 48	3 33.6	74.00
37 50	1 31.6	13.62
38 57	0 24.6	0.99
41 17	1 55.4	21.61
43 7	3 45.4	82.40
6 observations . . .		320.26
Réduction moyenne .		— 53.38
Arc simple		12 52 53.79
Distance Z.		12 52 00.41
Réfraction		+ 12.74
Distance corrigée . .		12 52 13.15
Déclin. apparente . .		28 30 32.54
Latitude		41 22 45.69

16 *avril* 1794.

Bar. 28 p. 3.7 lig. Therm. + 15.04 deg.

	Angle horaire.	Réduction.
5h 52′ 25″6		
— 17 8.6		
5 35 17.0		
5 30 27	4′ 50″0	136″32
31 50	3 27.0	69.50
34 25	0 52.0	4.39
35 38	0 21.0	0.72
37 4	1 47.0	18.58
38 20	3 3.0	54.34
39 30	4 13.0	103.79
45 19.5	10 2.5	585.61
8 observations . . .		973.25
Réduction moyenne .		— 2 1.66
Arc simple		12 54 2.53
Distance Z.		12 52 0.87
Réfraction		+ 12.76
Distance corrigée . .		12 52 13.63
Déclin. apparente . .		28 30 32.58
Latitude		41 22 46.21

17 *avril* 1794.

Bar. 28 p. 4.0 lig. Therm. + 12,8 deg.

5h 48′ 29″7		
— 17 17.4		
5 31 12.3	Angle horaire.	Réduction.
5 26 30	4′ 42″3	129″18
28 0	3 12.3	59.99
33 25	2 12.7	28.57
34 50	3 37.7	76.87
36 40	5 27.7	173.99
38 18	7 5.7	293.25
6 observations . . .		761.85
Réduction moyenne .		— 2 6.98
Arc simple		12 54 9.50
Distance Z.		12 52 2.52
Réfraction		+ 12.93
Distance corrigée . .		12 52 15.45
Déclin. apparente . .		28 30 32.61
Latitude		41 22 48.06

18 *avril* 1794.

Bar. 28 p. 3.7 lig. Therm. + 14.6 deg.

5h 44′ 33″8		
— 17 26.1		
5 27 7.7	Angle horaire.	Réduction.
5 22 7	5′ 0″7	146″55
23 21	3 46.7	83.35
24 39	2 28.7	35.88
25 59	1 8.7	7.66
27 19	0 11.3	0.21
28 39	1 31.3	13.53
30 11	3 3.3	54.51
31 45.5	4 37.8	125.10
8 observations		466.79
Réduction moyenne .		— 58.35
Arc simple		12 52 56.67
Distance Z.		12 51 58.32
Réfraction		+ 12.77
Distance corrigée . .		12 52 11.09
Déclin. apparente . .		28 30 32.64
Latitude		41 22 43.73

Ces observations de β des gémeaux qui paroissent de la plus grande exactitude ne s'accordent pourtant pas très-bien avec celles qui ont été faites à Montjouy. Voyez ci-après p. 615; la différence est en sens contraire de celles que donnent les étoiles précédentes : mais il est à remarquer que β des gémeaux passe au sud du zénith.

Résumé du passage supérieur de la Polaire.

1793 et 1794.	*n*	LATITUDE.	N	LATITUDE.	*dm*
15 décembre.	14	41° 22′ 45″67	14	41° 22′ 45″67	+ 0″00
17	26	47.83	40	47.07	0.00
18	20	46.19	60	46.78	0.10
19	24	46.81	84	46.79	0.24
20	20	47.88	104	47.00	0.15
Polaire inférieure.					
27	26	41 22 48 71	26	41 22 48.71	+ 0.36
30	26	48.17	52	48.44	0.36
31	26	47.02	78	47.93	0.33
1 janvier. .	26	47.57	104	47.87	0.33
Polaire supérieure			104	41 22 47.00	+ 0.10
Polaire inférieure			104	41 22 47.87	+ 0.34
Milieu			208	41 22 47.43	+ 0.22
Différence des parallèles			. . .	— 0 59.53	
Latitude de Montjouy			. . .	41 21 47.90	+ 0.22
Différence			. . .	— 0.87	
Correction de la déclinaison			. . .	+ 0.43	
Déclinaison supposée			1794	88 12 28.50	
Déclinaison corrigée			1794	88 12 28.97	
A Montjouy			1793	88 12 8.86	
Mouvement annuel			. . .	20.11	
Milieu			1793 ½	88 12 18.46	

Résumé du passage supérieur de β de la petite Ourse.

Année 1794.	*n*	Latitude.	N	Latitude.	*dm*
30 janvier . .	16	41° 22′ 48″61	16	41° 22′ 48″61	+ 0″14
31	16	48.45	32	48.53	0.14
2 février . .	8	50.86	40	48.97	0.08
3	16	47.17	56	48.48	0.14
4	16	48.51	72	48.51	0.16
7	16	48.03	88	48.40	0.15
8	16	47.96	104	48.33	0.14
9	16	47.30	120	48.19	0.13
β de la petite Ourse inférieure.					
19 janvier . .	18	41 22 48.48	18	41 22 48 48	+ 0.29
21	18	48.70	36	48.59	0.33
24	18	48.29	54	48.49	0.29
26	18	48.18	72	48.21	0.45
27	18	48.37	90	48.23	0.39
29	18	49.41	108	48.57	0.22
β de la petite Ourse supérieure . . .			120	41 22 48.19	+ 0.13
β de la petite Ourse inférieure . . .			108	41 22 48.57	+ 0.33
Milieu			228	41 22 48.38	+ 0.23
Différence des parallèles			. . .	— 0 59.53	
Montjouy			. . .	42 21 48.85	
Différence			. . .	— 0.38	
Correction de la déclinaison			. . .	+ 0.19	
Déclinaison supposée			1794	74 59 49.50	
Déclinaison corrigée			1794	74 59 49.69	
A Montjouy			1793	75 0 4.43	
Milieu			1793 ½	74 59 57.06	

Passage supérieur de ζ de la grande Ourse.

1793 et 1794.	n	Latitude.	n'	Latitude.	dm
5 janvier . .	10	41° 22′ 44″ 90	10	41° 22′ 44″ 90	+ 0.06
6	10	43.63	20	44.26	0.06
9	10	42.96	30	43.83	0.05
12	10	43.10	40	43.65	0.09
13	10	42.74	50	43.47	0.06
16	10	41.91	60	43.21	0.08
17	10	43.47	70	43.24	0.09
18	10	44.21	80	43.37	0.08
ζ de la grande Ourse inférieure.					
24 décembre.	12	41 22 45.48	12	41 22 45.48	+ 1.25
25	14	43.54	26	44.44	1.23
26	6	44.20	32	44.49	1.38
27	12	46.57	44	44.89	1.95
1 janvier . .	12	45.42	56	45.08	1.44
3	12	43.32	68	44.77	1.38
4	12	45.11	80	44.82	0.69
ζ supérieure			80	41 22 43.37	+ 0.07
ζ inférieure			80	41 22 44.82	+ 1.32
Milieu			160	41 22 44.10	+ 0.70
Différence des parallèles			. . .	59.53	
Montjouy			. . .	41 21 44.57	+ 0.70
Différence			. . .	— 1.45	— 1 25
Correction de la déclinaison			. . .	+ 0.72	
Déclinaison supposée			1794	56 0 16.50	
Déclinaison corrigée			1794	56 0 17.22	+ 1.25
Montjouy			1793	56 0 34.69	
Milieu			1793 ½	56 0 25.96	
Polaire			208	41 21 47.90	+ 0.22
β de la petite Ourse			228	41 21 48.85	+ 0.23
ζ de la grande Ourse			160	41 21 44.57	+ 0.72
Milieu des deux premières .			436	41 21 48.37	+ 0.23
Montjouy			758	41 21 45.06	
Milieu			1194	41 21 46.7	

Résumé du passage de la Chèvre.

ANNÉE 1794.	n	LATITUDE.	n'	LATITUDE.	dm
15 février * .	6	41° 42′ 46″00	6	41° 42′ 46″00	— 0″00
18	6	44.27	12	45.13	
19	6	43.63	18	44.63	
20	6	47.89	24	45.45	
21	6	44.20	30	45.20	
25	6	42.77	36	44.79	
3 mars . . .	6	42.79	42	44.51	
4	6	44.42	48	44.50	
5	6	45.97	54	44.67	
6	6	44.46	60	44.64	
9	6	41.98	66	44.40	
10	4	44.71	70	44.38	
14	6	46.96	76	44.49	
15	6	41.22	82	44.25	
16	6	42.92	88	44.17	
23	6	45.78	94	44.27	
24	6	43.67	100	44.25	
25	6	42.40	106	44.14	— 0.01

* M. méchain avoit rejeté la série du 15 pour une raison qui ne m'a pas paru tout-à-fait décisive.

Résumé du passage de Pollux.

	n	LATITUDE.	n'	LATITUDE.	dm
25	8	41 22 44.39	8	41 22 44.39	
29	8	45.65	16	45.04	
31	8	45.73	24	45.27	
1 avril . . .	8	44.21	32	45.00	— 0.01
2	6	45.45	38	44.81	
3	8	47.43	46	45.25	
5	6	43.90	52	44.64	
6	8	45.00	60	44.93	
8	8	46.16	68	45.07	
14	8	46.21	76	45.19	
15	6	46.69	82	45.32	
16	8	46.21	90	45.40	
17	6	48.06	96	45.45	
18	8	43.73	104	44.66	— 0.04
Pollux			104	41 22 44.66	
				— 59.53	
Latitude de Montjouy			104	41 21 45.13	
A Montjouy			40	41 21 47.46	

La Polaire, à Montjouy, donnoit	41° 21′ 44″89
Nous trouvons par Barcelone	47″90
Excès	+ 3″01
L'étoile β de la petite Ourse donnoit à Montjouy .	45″21
A Barcelone	48″85
Excès	+ 3″64
ζ de la grande Ourse à Montjouy	41° 21′ 40″97
A Barcelone	41° 21′ 44″57
Excès	+ 3″60
β des Gémeaux ou Pollux, à Barcelone	41° 21′ 45″13
A Montjouy	41° 21′ 47″46
	— 2″33
Polaire	41° 21′ 47″90
β	48″85
ζ	44″57
Pollux	45″13
La Chèvre	44″61
	31″06
Milieu des cinq étoiles	41° 21′ 46″21
Les six étoiles observées à Montjouy	41° 21′ 45″01
La moyenne seroit	41° 21′ 45″61

Mais toutes ces étoiles ne méritent pas même confiance.

Les trois étoiles circompolaires à Montjouy . . .	41° 21′ 45″06
Les deux de Barcelone	41° 21′ 48″37
La différence est donc	3″21

Une inclinaison dans le plan, à Montjouy, auroit rendu les distances au zénith trop foibles; elle auroit augmenté la latitude, qui est cependant la plus foible des deux.

Une inclinaison à Barcelone auroit aussi rendu trop fortes les distances au zénith, et la latitude trop grande.

Supposons 10′ d'inclinaison, l'excès de la latitude sera

Par la Polaire supérieure, à	46° 49′	0″85	0″785
Inférieure, à	50° 23′	0″72	
Par β supérieure, à	33° 26′	1″33	0″89
Inférieure, à	63° 35′	0″45	
Par ζ supérieure, à	14° 38′	3″36	1″735
Inférieure, à	82° 30′	0″11	
Par la Chèvre		11″00	
Par Pollux qui passe au midi du zénith		— 4″00	

Mais la Chèvre n'indique aucune inclinaison; au contraire elle confirme la latitude de Montjouy.

Pollux indiqueroit une inclinaison de 5 ou 6 minutes au plus.

Si nous nous en tenons à la Polaire et à β, 10′ d'inclinaison ne donneroient par un milieu que 0″83, à retrancher de la latitude, et nous avons à retrancher 3″21, c'est-à-dire quatre fois plus; il faudroit donc une inclinaison de 20′, qui est absolument invraisemblable. D'ailleurs cette inclinaison si forte introduiroit une différence de 5″32 — 1″80 = 3″52 entre les passages supérieur et inférieur de β, et ces passages, calculés avec la déclinaison observée à Montjouy, s'accordent mieux et aussi bien qu'on puisse le désirer.

Dira-t-on enfin que M. Méchain, dans l'état de

souffrance et de gêne où il étoit encore huit mois après son accident, ne pouvoit pas observer aussi bien qu'il avoit fait auparavant et qu'il a fait depuis en France; mais à ce soupçon l'on peut opposer que les diverses séries de ses étoiles présentent l'accord le plus satisfaisant. Les observations de la Chèvre surtout, par leur difficulté et leur accord étonnant, pour des séries de six observations seulement, et si près du zénith, indiquent un observateur très-adroit et très-exercé. Cette dernière explication n'est donc pas plus probable que les autres; et la différence de 3″ reste inexplicable.

Cette différence de 3″, dont il est si difficile de rendre raison est sans doute la cause secrète qui avoit produit ce désir si vif et si singulier que M. Méchain a montré de retourner en Espagne, au moment où il venoit d'achever ses triangles. Au reste, la commission n'a eu aucun égard à ces observations de Barcelone, et nous pourrions en faire de même par la raison que celles de Montjouy sont plus directes et n'ont besoin d'aucune réduction. En rendant compte du travail de Barcelone, M. Méchain l'avoit présenté comme moins complet et moins certain. Mais, plus je l'examine et plus j'y reconnois tout ce qui est capable d'inspirer la plus grande confiance. Sans les observations de Montjouy, qui sont peut-être encore meilleures, nous regarderions la latitude de Barcelone comme une des plus sûres que l'on connoisse. Mais une différence de 3″ suffit-elle pour nous faire rejeter un travail aussi achevé? Barcelone et Montjouy ne sont éloignés que de 1094 toises. La distance dans le sens du méridien n'est même que de 950 toises, mais la position de ces deux lieux est fort différente. Barcelone est au bord de la mer, et Montjouy est sur une hauteur. L'observatoire de ce fort étoit de 80 toises plus élevé que celui de la Fontana-de-Oro. La différence de niveau paroît pourtant un peu foible pour expliquer un effet aussi considérable. Le défaut d'attraction vers la mer et l'attraction plus forte des terres qui sont au nord de Barcelone et de Montjouy présenteroit une explication plus plausible, mais l'influence de cette cause a dû agir dans le même sens; elle devoit attirer le fil à plomb ou la liqueur du niveau vers le nord, déplacer le zénith et l'éloigner des étoiles boréales; on n'auroit donc observé que les différences des deux effets et non leur somme, ce qui ne feroit qu'augmenter la difficulté. Cette cause auroit dû faire trouver trop foibles les deux latitudes. Mais pourquoi l'effet se seroit-il fait sentir à Montjouy plus fortement qu'à Barcelone?

On seroit donc obligé d'imaginer dans l'intérieur de la terre, des masses d'une densité très-inégale à Barcelone et à Montjouy. Rien ne s'y oppose, mais cette explication ne seroit qu'une hypothèse dont il seroit impossible de prouver la vérité. Il en résulteroit qu'on ne pourroit plus compter à 2 ou 3″ près sur aucune latitude; et qu'il ne faudroit plus s'étonner des différences de quelques toises qu'on remarque dans les degrés mesurés. Ainsi, pour connoître plus exactement la grandeur du quart du méridien, on a eu grande raison de choisir l'arc le plus long qu'il fût possible de mesurer, et les deux degrés que MM. Biot et Arago vont y ajouter assureront d'autant plus la supériorité que notre mesure avoit déjà sur toutes celles qui ont été exécutées jusqu'à présent.

M. Mudge, qui vient de mesurer en Angleterre un arc de 2° 50′ 23″38 qu'il a partagé en deux autres, l'un de 1° 36′ 19″98, et l'autre de 1° 14′ 3″40, a trouvé 60864 fathoms ou toises anglaises pour le degré dont la latitude moyenne est 51° 36′ 18″ et 60776 seulement pour le degré dont la latitude moyenne est 52° 50′ 30″, quoique celui-ci, comme le plus boréal des deux, dût être le plus fort. Cette irrégularité, de plus de 100 toises entre deux degrés consécutifs, indique dans les latitudes des anomalies bien plus fortes que celle qui me paroît constatée par les observations de M. Méchain. C'est un fait qui mérite toute l'attention des astronomes. Il faudroit s'assurer, par des observations très-précises et très-nombreuses, si deux lieux, assez voisins l'un de l'autre pour que leur différence, dans le sens du méridien, soit parfaitement connue, ne pourroient pourtant pas avoir des latitudes assez différentes de celles qui résulteroient de leur distance; par exemple, on connoît parfaitement la distance de Montmartre à l'observatoire impérial, et à mon observatoire de la rue de Paradis. La latitude de Montmartre s'accorderoit-elle avec celles que nous avons trouvées pour nos observatoires par des milliers d'observations. Montmartre est sur une hauteur au nord de Paris. La différence de niveau n'est à la vérité que de 40 à 50 toises relativement à l'étage où

M. Méchain observoit, mais elle est de 70 toises par rapport à mon observatoire.

Ce qui me fortifie dans la persuasion que la différence de 3″ entre Barcelone et Montjouy ne doit pas être imputée à l'observateur ; c'est que cette différence, qui est de 3″ et un peu plus pour chacune des étoiles circompolaires, est de — 2″33 pour Pollux qui étoit au sud du zénith, c'est-à-dire en sens contraire pour les étoiles différemment placées ; ce qui paroît tenir à une cause qui agit toujours dans le même sens.

Mais, pour ne rien omettre de ce qui concerne un fait aussi intéressant et aussi singulier, il faut avertir que M. Méchain n'avoit pas en Espagne, pour s'assurer de la position verticale de son cercle, les moyens imaginés depuis, et dont nous nous sommes servis constamment dans toutes les stations en France. Pour y suppléer, M. Méchain employoit un cheveu qu'il colloit par un bout à l'arc supérieur du limbe avec un peu de cire, et qui, par l'autre bout, portoit une balle de plomb. Il faisoit passer ce cheveu entre les alidades et le limbe, ce qui rendoit la vérification difficile et incommode. Mais, quand il avoit réussi à faire ainsi passer le cheveu sans le rompre, l'épreuve n'étoit ni moins exacte ni moins sûre que celle des deux pinces et du fil à plomb, et dans toutes les lettres où M. Méchain me parle de ce moyen qu'il avoit imaginé, il ne paroît nullement douter du plein succès de sa vérification. Ces lettres seront déposées à l'observatoire avec tous ses manuscrits ; mais, quoique bien persuadé que le défaut de verticalité n'entre pour rien dans l'effet qu'il s'agit d'expliquer, je crois devoir transcrire en cet endroit quelques passages de ces lettres.

Perpignan, le 12 vendémiaire an 4.

« Voici les précautions que l'on prenoit pour assurer au- » tant que possible l'exactitude des observations. Avant » de commencer une suite, et chaque jour, on vérifioit » la verticalité de la colonne au moyen du petit niveau, » en tournant l'ensemble dans les sens opposés; puis on » vérifioit la verticalité du plan du cercle au moyen » d'un cheveu portant un plomb. On attachoit le cheveu » dans la partie supérieure du cercle du côté des divisions » avec de la cire, et l'on faisoit passer ce cheveu entre » les branches des alidades et les rayons du cercle, ce » qui n'étoit ni facile ni commode. On faisoit tourner » le cercle dans le sens azimutal pour s'assurer si, dans » les positions opposées, le cheveu rasoit toujours la « partie inférieure du limbe. Cela fait, on ôtoit le cheveu. » L'un des deux coopérateurs tenoit une petite lanterne » pour éclairer le niveau et le réflecteur, etc.

» Le point où nous observions étoit de 59″57 au nord » de Montjouy.

» Je pense, comme vous le jugez sans doute, que les » observations voisines du zénith sont moins sûres que » celles que l'on fait à une certaine distance. Il est trop » difficile de s'assurer de la verticalité du plan du cercle, » et de la conserver pendant la durée des observations » d'un même jour et la plus légère inclinaison altère » sensiblement les distances près du zénith. Je crois qu'il

» y auroit un moyen assez bon, même assez simple, » pour s'assurer que le plan est vertical. J'ai souvent » engagé notre artiste (Esteveny) à l'exécuter.... Mais » il me dit que Borda et Lenoir ont rejeté ce moyen. » Cela ne me persuade cependant pas que leur moyen » soit suffisant, et que celui que j'avois proposé fût » mauvais. Quoiqu'il en soit les résultats partiels des » observations de la chèvre sont assez d'accord entre » eux, le plus fort ne diffère du plus foible que de 5″, » et je ne faisois que six observations par jour.

» Je desirois ardemment que vous eussiez observé à » Dunkerque en même temps que j'observois au Mont» jouy, on auroit comparé les résultats à mesure, et » j'aurois multiplié les observations autant qu'il eût été » nécessaire.... sauf à observer à Barcelone dans un » nouvel établissement fait avec tous les moyens et la » dépense nécessaire, après qu'on m'eut délogé de » Montjouy. Je vous avoue que j'ai été bien affligé, » que je le suis toujours, d'avoir quitté cette station » avant qu'on eût fait les mêmes observations à Dun» kerque. Si je n'ai pas assez insisté sur cette nécessité » indispensable, la commission auroit dû y penser. » Vous sentez à quoi cela m'expose si l'on est obligé de » renvoyer à Barcelone, car sûrement à bon droit ce » sera de ce côté que se portera le doute ».

En nous parlant de l'accord de ses différentes séries à Barcelone, M. Méchain nous avoit laissé ignorer que malgré cet accord les deux latitudes présentoient une irrégularité de 3″, et dans une réponse que je lui faisois en floréal an IV et que j'ai retrouvée dans ses manuscrits, je lui marquois :

« Je crois vous l'avoir déjà dit, au moins je l'ai répété plus d'une fois à l'Institut, je regarde vos observations de Montjouy et de Barcelone comme les plus précises et les plus parfaites que l'on pût espérer. Je n'ai jamais pu me flatter de faire mieux, ni même aussi bien. Les circonstances où je me trouvois n'étoient pas aussi favorables et ce seroit pour moi une excuse spécieuse si j'avois la prétention de lutter avec vous. Je crois l'amplitude de notre arc bien déterminée par les deux étoiles de la petite ourse. Vos observations de ζ de la grande ourse prouvent que la table des réfractions de Bradley, telle qu'elle est imprimée, ne vaut rien près de l'horizon. Borda ainsi que tous les géomètres et les astronomes nos confrères sont de cet avis, et le premier par ses expériences qui ne sont pas encore terminées, trouve jusqu'ici $56''27$ pour la réfraction à 45°. (Dans un premier essai que j'avois fait pour concilier les observations de ζ avec celles des trois autres circompolaires, j'avois été conduit à cette même supposition).

En suivant l'ordre de la correspondance je ne puis résister à l'envie de transcrire un fragment d'une lettre de M. Borda, relative à cette défiance que M. Méchain témoignoit de ses observations, on verra que nous ne nous entendions pas parce que M. Méchain parloit de la différence de $3''$ entre les deux latitudes, tandis que nous ne parlions que de l'accord des différentes séries et des différentes étoiles à la même station.

Paris, 14 messidor an 4.

« Venons à ce que vous me dites des opérations de » Delambre, mais ici je vais me fâcher contre vous et » tout de bon. Où avez-vous pris que ses observations, » soit astronomiques soit terrestres, sont meilleures que » les vôtres ? et pourquoi dépréciez-vous votre travail ou » plutôt celui de la commission, lorsque tout le monde » le trouve excellent. Vous dites que vous supprimerez » vos observations de ζ de la grande ourse, etc., et » pourquoi s'il vous plaît ? Est-ce parce qu'il a plu à » Bradlei de donner une formule de réfraction qui n'est » pas suffisamment exacte ; mais c'est précisément pour » savoir si elle étoit exacte, et pour déterminer la cons- » tante qu'il devoit employer que vous avez fait cette » observation, et quand même vos autres observations » ne s'accorderoient pas avec sa formule de quelque ma- » nière qu'on la retournât, cela prouveroit seulement » que le travail de Bradlei a besoin d'être revu. Quant à » moi j'ai une opinion toute formée à cet égard, et je » crois qu'il s'en faut de beaucoup que cette formule » donne exactement la réfraction pour les petites » hauteurs.

» Je ne vois pas pourquoi vous ne voulez pas faire les » observations d'Evaux conjointement avec Delambre, » mais surtout je ne comprends pas comment vous pouvez » ajouter qu'au moins on aura deux latitudes bien ob- » servées dans la méridienne. Vous savez que l'observa- » tion de la latitude d'Evaux est presque de suréroga-

» tion, et qu'on ne l'a fait que parce que les deux lati-
» tudes de Montjouy et Dunkerque étant excellentes,
» si l'on peut en faire une troisième à Evaux qui soit
» aussi bonne, on pourra en tirer quelques lumières sur
» le vrai rapport des axes de la terre, ce qui servira à
» corriger l'arc de la très-petite erreur qui vient de ce
» que le 45e degré ne le partage pas en deux parties
» égales. Je crois donç que vous devez faire l'observa-
» *tion d'Evaux avec Delambre à moins que vous n'ayez*
» une très-grande envie de revenir à Paris, auquel cas
» je retire mon avis et je dirai que vous avez raison de
» revenir, mais je n'en desire pas moins que vous restiez».

M. Méchain fit encore mieux; comme j'ignorois ses intentions, que je le savois occupé sur la montagne Noire, et que je voyois Evaux des stations de Laage et de Sermur que j'avois faites les dernières, je m'étois établi à Evaux et je m'en félicite, puisque ce parti nous a valu les observations de Carcassonne qui ont donné à 0″11 près à la polaire la déclinaison que je trouvois à Evaux. Dans une lettre datée de Carcassonne le 25 germinal an V, M. Méchain me mandoit : « Vous n'avez
» pû accorder le résultat de ζ de la grande ourse avec
» ceux des autres étoiles, ce ζ m'a désespéré et décou-
» ragé. J'ai regretté de l'avoir observé à Montjouy.
» Puis j'ai voulu l'observer de nouveau à Barcelone,
» et vous voyez que ces nouvelles observations s'écartent
» encore à peu près autant de la polaire et de β de la
» petite ourse qu'à Montjouy. Cependant j'ai redoublé
» de soins pour assurer la verticalité du cercle à Barce-

» lone. Je voyois bien qu'une petite inclinaison n'altéroit pas sensiblement la distance zénithale de cette étoile au-dessous du pôle, et qu'au dessus elle devoit produire un effet contraire à celui que j'observois.....

» Je sais que Borda a fait un grand travail et beaucoup d'expériences sur cet objet (les réfractions), il m'avoit demandé mes observations de Montjouy.... et depuis celles de Barcelone. Il m'a fait dire qu'il en étoit content, et que ζ de la grande ourse donnoit plutôt un peu trop qu'un peu moins pour la latitude. J'aurois désiré avoir ses formules pour en essayer l'application. Je les lui ai demandées, il n'a pas répondu. Vous savez qu'il ne répond pas. (Je savois de plus qu'il m'avoit refusé ces formules qu'il avoit pourtant bien voulu me montrer).

» Malheureusement on ne m'a pas écouté sur la nécessité d'avoir des moyens bien sûrs pour établir la verticalité du plan, la vérifier et rectifier à chaque instant; et plus malheureusement encore je ne pouvois plus me procurer ces moyens à Barcelone. On a enfin reconnu cette nécessité à Paris, un peu tard à la vérité, mais il étoit encore temps d'y revenir.... Si j'avois bien fait, si j'avois jamais su prendre un parti, j'aurois été recommencer à l'autre bout, sans consulter personne et à mes propres dépens, mais il falloit avoir les petites pièces pour la verticalité, je les sollicite depuis un an. Voilà qu'on me les envoie, il est bien temps. »

Le 30 brumaire an VI, à Pradelles.

« Vous savez que depuis long-temps je vous ai témoigné de l'inquiétude sur le résultat de mes observations de latitude en Catalogne ; elle est fondée principalement sur le défaut de moyen de bien m'assurer de la verticalité du plan du cercle. Je n'ai pu rien obtenir à cet égard et j'ai été réduit à y suppléer comme je vous l'ai dit.... Je crains que ma latitude ne soit trop foible, quoique je sache bien que l'inclinaison du plan l'auroit donné trop forte ; quoique toutes les étoiles dont les distances au zénith étoient très-différentes, donnent à fort peu près la même chose. Quelle seroit donc la cause de l'erreur ? Je l'ignore. »

M. Méchain voit donc bien que le défaut de verticalité n'a pu faire l'erreur de la latitude de Montjouy. Il la croit pourtant trop foible ; c'est qu'il la comparoit à celle que donnoient les observations de Barcelone, et c'est ce qu'il nous étoit impossible de deviner. En la comparant à celle de Carcassone il ne trouvoit pas l'aplatissement qu'il supposoit le plus vraisemblable, et il ajoutoit : « Voilà donc ce qui a renouvelé et augmenté mes inquiétudes sur la latitude de Barcelone ou Montjouy, et qui me fait vivement desirer d'aller la vérifier cet hiver. Veuillez bien, je vous en supplie, réfléchir un moment sur cela ; en conférer avec le citoyen Borda et si, d'après vos réflexions vous pensiez l'un et l'autre qu'il fût nécessaire ou seulement utile

» d'aller vérifier cette latitude veuillez bien me le faire » savoir le plutôt possible, en arrivant à Barcelone » vers le 20 décembre j'y serais encore assez à temps. » J'y porterais deux cercles, et deux mois au plus me » suffiroient dans ce pays là où le ciel est beaucoup » plus favorable qu'à Paris.... Ne dites rien de ce qui » sera décidé pour Barcelone, et n'en conférez qu'avec » le citoyen Borda.... Si je vais à Barcelone, je vous » enverrai à mesure et deux fois par semaine mes ob- » servations ».

Je communiquai donc cette lettre à Borda avec une copie de la réponse que j'y avois faite; on verra par nos réponses que nous n'étions pas informés du véritable état de la question.

Je lui mandois que son projet de retourner à Barcelone me paroissoit à la fois inutile et impossible. Inutile, *parce que plusieurs étoiles observées deux années de suite ont donné la latitude avec un accord qui ne laisse rien à désirer*. (C'est ce que je n'aurois pu dire si j'eusse connu la différence de 3″ qu'il trouvoit entre ces deux latitudes.) Impossible, parce que ce qu'il demande ne lui arriveroit jamais assez tôt pour commencer à temps les observations à Barcelone. Voici la réponse que Borda lui faisoit le 12 frimaire an VI :

« Je ne suis point d'avis que vous reveniez en aucune » manière sur votre travail de Barcelone. Les observa- » tions que vous y avez faites sont excellentes et je vous » défierois vous et tout autre d'en faire de meilleures, » de mieux choisies et d'aussi concluantes. Je prétends

» même m'en servir pour mon travail sur les réfractions » qu'elles confirment très-bien. Ne vous embarrassez, » mon cher ami, que de finir vos triangles.... le plutôt » possible. Pendant ce temps-là Delambre mesurera la » base de Paris, et nous verrons s'il ne conviendra pas » qu'il aille vous joindre de suite pour celle de Per» pignan que vous pourrez faire ensemble. Quant à la » latitude de Paris, ce sera vous qui la déterminerez....

Enfin dans une lettre écrite de Saint-Pons le 15 vendémiaire an VII, M. Méchain me disoit : « Vous allez » bientôt savoir si la latitude de Montjouy est passa» blement bonne. Je me chargerois volontiers d'aller » l'observer de nouveau cet hiver. Je sais bien ce qu'il » faudroit faire pour écarter plusieurs causes d'erreurs » et d'incertitude. »

Peu de temps après nous nous vîmes à Carcassonne où il reproduisit avec plus de force son idée de vérification de latitude à Barcelone, mais en taisant toujours le véritable motif de son inquiétude ; je combattis son projet par les raisons exposées déjà, et nous revînmes ensemble à Paris. La commission voulût que nous observassions tous deux la latitude. J'eus fini le premier, la commission adopta mon résultat. M. Méchain présenta depuis le sien qui n'en différoit pas de $\frac{1}{6}$ de seconde. Il avoit déjà communiqué ses observations de Carcassonne et de Montjouy. Quant à celles de Barcelone il n'en parla sans doute que vaguement et comme d'un travail qui méritoit peu d'attention, car le nom de Barcelone n'est pas une seule fois dans le rapport de M. Vanswinden qui ne fait mention que de Montjouy. N'étant point présent à la séance dans laquelle il rendit compte de ses observations de latitude, j'ignore s'il a parlé des 3″ de différence entre Barcelone et Montjouy, mais elle m'étoit encore entièrement inconnue quand ses manuscrits revenus d'Espagne me furent livrés pour être réunis aux miens et déposés à l'observatoire.

De tout ce qu'on vient de lire, je crois être en droit de conclure,

1° Que la latitude de Montjouy est parfaitement déterminée ou du moins que l'erreur, s'il y en a, ne peut venir que de circonstances locales qu'il est peut-être impossible de reconnoître et de calculer;

2° Que la latitude de Barcelone n'est pas moins sûre; que les observations qui l'ont donnée attestent un astronome exact, soigneux et très-exercé; et qu'elles ne méritent pas l'oubli auquel l'auteur vouloit les condamner;

3° Que la différence de 3″ qui se remarque entre ces deux latitudes comparées à la distance réelle des deux observatoires est une preuve nouvelle des inégalités de la terre, et de même genre que celle qui nous est fournie par les trois nouveaux degrés d'Angleterre; que cette différence ne peut en aucune manière être imputée au peu d'attention ou d'adresse de l'observateur;

Et enfin qu'elle donne lieu à cette question très-importante, savoir si une latitude observée au bord de la mer ne diffère pas sensiblement de celle que l'on concluroit d'une observation faite sous le même méridien à un mille ou deux en avant dans les terres. Personne que je sache ne s'est occupé de cette question. De tous les degrés mesurés jusqu'ici il n'y en a que deux qui l'aient été partie sur le continent, et partie dans une isle. Le premier est le degré de M. Mudge entre Dunnose et Arbury ; la mer est au sud et le degré paroît trop grand. Le second est le nouveau degré de Suède dont l'extrémité méridionale paroît être dans une petite isle au fond du golfe de Bothnie. Il est très-difficile d'estimer la part que cette situation au milieu des eaux peut avoir dans la différence de 200^t, dont le nouveau degré se trouve plus court que l'ancien ; d'ailleurs nous ne savons vers quelle partie de l'isle étoit l'observatoire.

A Barcelone, la mer devoit être au midi. Si la mer a moins d'attraction que le continent, le zénith devoit être porté vers le sud ; le complément de latitude devoit être trop grand et la latitude trop petite. A Montjouy, qui paroît moins voisin de la mer, l'effet devoit être moins sensible ; la cause étoit plus éloignée et agissoit plus obliquement. Cependant c'est à Barcelone que la latitude paroît augmentée.

Pour Dunkerque, il semble que l'inégalité d'attraction doit être fort peu de chose, car la distance de la tour à la mer est de plus de 1000^t.

Mes observations donnent pour le Panthéon	48° 50′ 49″37
Celles de M. Méchain.	48° 50′ 48″72
Différence	0.65

Cette petite différence tiendroit-elle aux densités inégales de la terre?

DÉCLINAISONS

Des étoiles qui ont servi à déterminer les latitudes.

Si nos observations sont bonnes, elles nous donneront de bonnes déclinaisons aussi bien que de bonnes latitudes. Ces déclinaisons doivent s'accorder entre elles, si elles ont été faites dans le même temps par deux astronomes différens, et elles doivent ne différer que du mouvement de précession si elles ont été faites en différentes années. L'accord de nos déclinaisons est donc fort propre à nous faire juger de la bonté de nos latitudes.

Au-dessus du pôle . . . . . $L = D - Z$
Au-dessous du pôle . . . . $L = 180 - D - Z'$

Au lieu de D si l'on emploie $(D + dD)$, alors le calcul donnera

Au-dessus du pôle . . . . $L + dD = D + dD - Z = L'$
Au-dessous du pôle . . $L - dD = 180 - D - dD - Z' = L''$

d'où l'on tire

$$2\,dD = (L' - L'');\quad dD = \tfrac{1}{2}(L' - L'')$$

et la correction de la déclinaison sera

$$-\tfrac{1}{2}(L' - L'') = +\tfrac{1}{2}(L'' - L')$$

Appliquons cette formule à nos différentes étoiles.

Dunkerque.

Polaire supérieure . . .	51° 2′ 15″89 + 0″10 — 0″72	= *L′* p. 281.
Polaire inférieure . . .	51° 2′ 14″69 + 0″12 — 0″82	= *L″ Ibid.*
	+ 1″20 — 0″02 + 0″10	= *L′* — *L″*
	— 0″60 + 0″01 — 0″05	= ½ (*L″* — *L′*)
Déclin. supp. en 1796 .	88° 13′ 7″33	
Déclin corr. en 1796 . .	88° 13′ 6″73 + 0″01 — 0″05	= *D*
β supérieure	51° 2′ 14″91 + 0″19 — 0″42	= *L′* p. 293.
β inférieure	51° 2′ 11″73 + 0″17 — 0″03	= *L″ Ibid.*
	+ 3″18 + 0″02 + 0″61	= *L′* — *L″*
	— 1″59 — 0″01 — 0″305	= ½ (*L″* — *L′*)
Déclin. supp. en 1796 .	74° 59′ 21″33	
Déclin. corr. en 1796 . .	74° 59′ 19″74 — 0″01 — 0″305	= *D*

d'où l'on voit que la déclinaison de la Polaire est moins altérée par l'erreur des réfractions que celle de β de la petite Ourse.

Paris, rue de Paradis.

Polaire supérieure . .	48° 51′ 37″31 + 0″51 — 0″83	= *L′* p. 344.
Polaire inférieure . .	48° 51′ 38″49 + 0″56 — 0″94	= *L″ Ibid.*
	+ 1″18 + 0″05 — 0″11	= *L″* — *L′*
	+ 0″59 + 0″025 — 0″055	= ½ (*L″* — *L′*)
Déclin. supp. en 1799.	88° 14′ 5″43	
	88° 14′ 6″02 + 0″025 — 0″055	= *D*
β supérieure	48° 51′ 39″13 + 0″19 — 0″67	= *L′* p. 344.
β inférieure	48° 51′ 37″24 + 1″04 — 1″54	= *L″ Ibid.*
	+ 1″89 — 0″85 + 0″87	= *L′* — *L″*
	— 0″945 + 0″425 — 0″435	= ½ (*L″* — *L′*)
	74° 58′ 35″08	
	74° 58′ 34″635 + 0″425 — 0″435	= *D*

Jusqu'ici nos résultats pour la déclinaison avoient été à peu près indépendans du facteur de la température. Ici nous avions 0″425 de plus avec le coefficient de Mayer qu'avec celui de Bradley ; mais il y auroit compensation si l'on augmentoit la réfraction de $\frac{1}{60}$. Ainsi la table de Bradley et celle de M. Laplace donneroient la même déclinaison, qui seroit 74° 58′ 34″135.

Paris, Observatoire impérial.

Polaire supérieure . .	48° 50′ 16″11	− 0″15	− 0″77	= L′ p. 391.
Polaire inférieure . . .	48° 50′ 11″86	− 0″13	− 0″87	= L″ *Ibid.*
	+ 4″25	− 0″02	+ 0″10	= L′ − L″
	− 2″125	+ 0″01	− 0″05	= (L″ − L′)
Déclin. supp. en 1799 .	88° 14′ 6″41			
Déclin. corrigée . . .	88° 14′ 4″285	+ 0″01	− 0″05	= D
β supérieure	48° 50′ 10″54	− 0″01	− 0″45	= L′ p. 409.
β inférieure	48° 50′ 15″88	+ 0″01	− 1″40	= L″ *Ibid.*
	+ 5″24	+ 0″02	− 0″95	= L″ − L′
	+ 2″67	+ 0″01	− 0″475	= ½ (L″ − L′)
Déclinaison supposée .	74° 58′ 35″08			
Déclinaison corrigée. .	74° 58′ 37″75	+ 0″01	− 0″475	= D

Évaux.

Polaire supérieure . .	46° 10′ 43″91	+ 0″53	− 0″85	= L
Polaire inférieure . . .	46° 10′ 43″20	+ 0″49	− 0″96	= L″
	+ 0″71	+ 0″04	+ 0″11	= L′ − L″
	− 0″355	− 0″02	− 0″055	= ½ (L″ − L′)
Déclin. supp. en 1797 .	88° 13′ 26″84			
Déclin. corrigée . . .	88° 13′ 26″485	− 0″02	− 0″055	= D

β supérieure	46° 10′ 45″15 + 0″27 — 0″52	= L′ p. 471.
β inférieure	46° 10′ 41″06 + 0″49 — 1″55	= L″ Ibid.
	+ 4″09 — 0″22 + 1″03	= (L′ — L″)
	— 2″04 + 0″11 — 0″51	= ½ (L″ — L′)
Déclin. supp. en 1797 .	74° 59′ 6″79	
Déclin. corrigée . . .	74° 59′ 4″75 + 0″11 — 0″51	= D

Carcassonne.

Polaire supérieure . .	43° 12′ 44″98 + 0″21 — 0″95	= L′ p. 489.
Polaire inférieure . . .	43° 12′ 44″15 + 0″27 — 1″01	= L″ Ibid.
	+ 0″83 — 0″06 + 0″06	= L′ — L″
	— 0″41 + 0″03 — 0″03	= ½ (L″ — L′)
Déclinaison supposée .	88° 13′ 27″00	
Déclin. corr. en 1797 .	88° 13′ 26″59 + 0″03 — 0″03	= D

Cette déclinaison s'accorde, à 0″11 près, avec celle que j'ai trouvée à Évaux dans le même temps.

Montjouy.

Polaire supérieure . .	41° 21′ 45″03 + 0″12 — 1″00	= L′ p. 558.
Polaire inférieure . . .	41° 21′ 44″75 + 0″30 — 1″14	= L″ Ibid.
	+ 0″28 — 0″18 + 0″14	= L′ — L″
	— 0″14 + 0″09 — 0″07	= ½ (L″ — L′)
Déclin. supp. en 1993 .	88° 12′ 9″00	
Déclin. corrigée . . .	88° 12′ 8″86 + 0″045 — 0″035	= D
β supérieure	41° 21′ 45″24 + 0″10 — 0″60	= L′ p. 559.
β inférieure	41° 21′ 45″18 + 0″31 — 1″09	= L″ Ibid.
	+ 0″06 — 0″21 + 0″49	= (L′ — L″)
	— 0″03 + 0″105 — 0″245	= ½ (L″ — L′)
Déclin. supp. en 1793 .	75° 0′ 4″46	
Déclin. corrigée . . .	75° 0′ 4″43 + 0″105 — 0″245	= D

Barcelone.

Polaire supérieure . . . 41° 22′ 47″00 + 0″10 — 1″00 = L'
Polaire inférieure . . . 41° 22′ 47″87 + 0″34 — 1″14 = L''

+ 0″87 + 0″24 — 0″14 = $L'' - L'$
+ 0″435 + 0″12 — 0″07 = $\frac{1}{2}(L'' - L')$

Déclin. supp. en 1794 . 88° 12′ 28″50

Déclin. corrigée . . . 88° 12′ 28″935 + 0″12 — 0″07 = D

β supérieure . . . . . 41° 22′ 48″19 + 0″13 — 0″60 = L'
β inférieure . . . . . 41° 22′ 48″57 + 0″33 — 1″09 = L''

+ 0″38 + 0″20 — 0″49 = $L'' - L'$
+ 0″19 + 0″10 — 0″245 = $\frac{1}{2}(L'' - L')$

Déclin. supp. en 1794 . 74° 49′ 59″50

Déclin. corrigée . . . 74° 59′ 49″69 + 0″10 — 0″245 = D

Rassemblons ces déclinaisons par ordre :

Années.		Déclinaisons.	dm	$\frac{1}{60}$
1793	Montjouy	88° 12′ 8″86	+ 0″045	— 0″035
1794	Barcelone	88 12 28.93	+ 0.120	0.070
1796	Dunkerque	88 13 6.73	+ 0.010	0.05
1797	Évaux	88 13 26.48	— 0.02	0.05
1797	Carcassonne	88 13 26.59	+ 0.03	0.03
1799	Paris, rue de Paradis . .	88 14 6.02	+ 0.025	0.055
1799	Paris, Observ. impérial .	88 14 4.28	+ 0.01	— 0.05
1793	Montjouy	75 0 4.43	+ 0.105	— 0.245
1794	Barcelone	74 59 49.69	+ 0.10	0.245
1796	Dunkerque	74 59 19.74	— 0.01	0.305
1797	Évaux	74 59 4.75	+ 0.11	0.510
1799	Paris, rue de Paradis . .	74 58 34.13	+ 0.425	0.435
1799	Paris, Observ. impérial .	74 58 37.75	+ 0.01	— 0.475

Années.	Stations	Nombre.	Mouvem. total.	Mouvem. annuel.	*dm*	$\frac{1}{60}$
De 1793 à 1794	M. B. ..	1	+ 20″07	+20″07	— 0″075	— 0″035
1793 à 1796	M. D...	3	57.87	19.29	— 0.035	— 0.015
1793 à 1797	M. E. ..	4	77.62	19.405	— 0.065	— 0.015
1793 à 1797	M. C. ..	4	77.73	19.432	— 0.015	+ 0.005
1793 à 1799	M. P. P.	6	117.16	19.527	— 0.020	— 0.020
1793 à 1799	M. P. O.	6	115.42	19.237	— 0.035	— 0.015
1794 à 1796	B. D....	2	37.80	18.900	— 0.110	+ 0.02
1794 à 1797	B. E. ...	3	57.55	19.183	— 0.14	+ 0.02
1794 à 1797	B. C. ...	3	57.66	19.220	— 0.09	+ 0.041
1794 à 1799	B. P. P..	5	97.09	19.418	— 0.095	+ 0.015
1794 à 1799	B. P. O..	5	95.35	19.070	— 0.11	+ 0.02
1796 à 1797	D. E....	1	19.75	19.75	— 0.03	0.00
1796 à 1797	D. C....	1	19.86	19.86	+ 0.02	+ 0.02
1796 à 1799	D. P. P..	3	59.29	19.763	+ 0.015	— 0.005
1796 à 1799	D. P. O..	3	57.55	19.183	0.00	0.00
1797 à 1799	E. P. P..	2	39.54	19.770	+ 0.05	+ 0.02
1797 à 1799	E. P. O..	2	37.80	18.900	+ 0.045	+ 0.005
1797 à 1799	C. P. P..	2	39.43	19.715	— 0.02	— 0.005
1797 à 1799	C. P. O..	2	+ 37.69	18.845	— 0.015	— 0.005
Sommes . .	. . . .	58	1122.23	+19.35	— 0.010	+ 0.010

Ainsi, par un milieu entre toutes les combinaisons, le mouvement annuel est 1122,23 : 58 = ... 19″35 — 0″01 + 0″01

Les mouvement calculé est . . . . 19″514, en supposant 50″28 de précession lunisolaire.

On pourroit donc soupçonner à l'étoile un petit mouvement propre qui seroit de — 0″16. Quoi qu'il en soit, il paroît que la déclinaison de 1797 est la plus sûre de toutes, car nous nous accordons M. Méchain et moi à 0″11 près. Celle de 1794 paroît un peu trop forte ; car elle donne un mouvement trop fort si on la compare à celle de 1793, et un mouvement trop foible généralement si on la compare aux années suivantes. Celle de 1793 paroît bonne. Celle de 1796 semble un peu trop foible. Celle que j'ai déterminée en 1799 paroît bonne; celle de M. Méchain trop foible sensiblement. Au total il est évident que l'on peut compter sur les latitudes de Dunkerque, de l'Observatoire de la rue de Paradis, d'Evaux, de Carcassonne et Montjouy, données par la Polaire; celle de Barcelone paroît moins sûre: mais l'erreur ne seroit que d'une demi-seconde à-peu-près; celle de l'Observatoire impérial un peu moins sûre peut-être, l'erreur pouvant aller à 0″67. Voyons si β de la petite Ourse ne changera rien à ces résultats :

Années.	Stations.	Nombre.	Mouvem. observé.	Mouvem. annuel.	dm	$\frac{1}{60}$
1793 et 1794	M. B....	1	— 17″74	—14″74	+ 0″005	0″00
1793 et 1796	M. D. ..	3	44·69	14·897	+ 0·115	+ 0·06
1793 et 1797	M. E....	4	59·68	14·92	— 0·005	+ 0·265
1793 et 1799	M. P. P..	6	90·30	15·05	— 0·320	+ 0·19
1793 et 1799	M. P. O.	6	86·68	14·447	+ 0·095	+ 0·23
1794 et 1796	B. D....	2	29·95	14·975	+ 0·11	+ 0·015
1794 et 1797	B. E....	3	44·94	14·980	— 0·01	+ 0·02
1794 et 1799	B. P. P. .	5	75·56	15·029	— 0·325	+ 0·06
1794 et 1799	B. P. O..	5	71·94	14·398	+ 0·09	+ 0·265
1796 et 1797	D. E....	1	14·99	14·99	— 0·12	+ 0·19
1796 et 1799	D. P. P..	3	45·61	15·20	+ 0·435	+ 0·23
1796 et 1799	D. P. O..	3	41·99	14·00	+ 0·315	+ 0·20[illegible]
1797 et 1799	E. P. P..	2	30·12	15·06	+ 0·100	— 0·07
1797 et 1799	E. P. O..	2	— 27·00	13·50	+ 0·415	— 0·035
Sommes		46	—678·19	—14·71		
Mouvement calculé . . .		. .	. . . .	—14·04		

Il paroît encore que la déclinaison de 1799 à l'Observatoire impérial est un peu moins sûre que les autres; car, dans toutes les combinaisons, elle donne un mouvement trop foible : elle seroit donc un peu trop forte. Celle de 1796, que j'aurois cru beaucoup trop foible, tient le milieu entre celles de 1793, observée à Montjouy, et rue de Paradis en 1799, et elle va dans toutes ses combinaisons mieux que je n'attendois.

Montjouy en 1793	75° 0' 4"43
Rue de Paradis en 1799	74° 58' 34"63
Donc en 1796	74° 59' 19"53
Dunkerque en 1796	74° 59' 19"74
On pourroit supposer	74° 59' 19"6
Le milieu entre toutes seroit . .	74° 59' 19"63

La Latitude de Dunkerque donnée par β n'est donc pas si fort à négliger que je le croyois. Cependant, comme on voit que la déclinaison dépend des réfractions beaucoup plus que celle de la Polaire, elle est par conséquent moins sûre; et si l'on compte le résultat de β pour un, celui de la Polaire paroît devoir compter au moins pour deux et même trois.

La Polaire donne	51° 2' 15"24 + 0"11 — 0"77
β	51° 2' 13"32 + 0"18 — 0"72
Le milieu seroit	51° 2' 14"28 + 0"14 — 0"75
Dans le rapport de $\frac{2}{1}$	51° 2' 14"60
Dans celui de $\frac{3}{1}$	51° 2' 14"76
Dans celui de $\frac{3}{4}$	51° 2' 14"86

En comparant le nombre et la bonté des observations j'ai toujours pensé

que l'on devoit supposer 51° 2' 15" à très-peu près; je m'arrête à	51° 2' 14"7
Ainsi la latitude de la tour de Dunkerque sera	52° 2' 9"2
Tout au plus pourroit-on supposer	51° 2' 9"7

et ce seroit en rejetant tout-à-fait β de la petite Ourse.

Dans les calculs présentés à la commission je proposois de m'en tenir à la Polaire, c'est-à-dire à 15"2 ou 9"7 pour la tour, ou 10" si l'on vouloit un nombre rond. Avec les réfractions de Bradley diminuées selon l'idée de M. Maskelyne, je trouvois 11"; la commission a pris 10"5, apparemment par un milieu. Mais les réfractions, au lieu d'être diminuées, ont bien plutôt besoin d'être augmentées.

Je crois donc pouvoir assurer que la latitude de Dunkerque est	51° 2' 9"2 + 0"14 — 0"75
Ainsi avec le coefficient de Mayer et de M. Laplace	51° 2' 9"34
Et si l'on augmentoit les réfractions de $\frac{1}{60}$ . .	51° 2' 8"69

La latitude de mon observatoire rue de Paradis est :

Par la Polaire p. 344	48° 51' 37"90 + 0"55 — 0"88
Par β de la petite Ourse	48° 51' 38"18 + 0"61 — 1"10
Milieu	48° 51' 38"04 + 0"58 — 0"99
	— 48"67
Celle du Panthéon	48° 50' 49"37 + 0"58 — 0"99

La latitude de l'Observatoire impérial, 3 toises $\frac{1}{2}$ au sud du puits ou du signal :

Par la Polaire	48° 50′ 13″985 — 0″14 — 0″82
Par β de la petite Ourse	48° 50′ 13″21 + 0″02 — 0″95
	48° 50′ 13″6 — 0″06 — 0″88
	+ 35″12
Panthéon	48° 50′ 48″72 — 0″06 — 0″88
M. Méchain avoit donné à la comm. .	48° 50′ 49″67
Le milieu seroit	48° 50′ 49″20

Mais, à cause des petites différences entre les observations de M. Méchain, je m'arrêterai à faire la latitude du Panthéon = ... 48° 50′ 49″37 + 0″58 — 0″99

La commission, d'après mes premiers calculs, avoit adopté . . . . 48° 50′ 49″75

La latitude d'Évaux est :

Par la Polaire	46° 10′ 43″56 + 0″53 — 0″90
Par β de la petite Ourse	46° 10′ 43″10 — 0″02 — 0″03
Milieu	46° 10′ 43″33 + 0″25 — 0″96
	— 0″88
Clocher d'Évaux	46° 10′ 42″45 + 0″25 — 0″96

La latitude de Carcassonne est :

Tour de Saint-Vincent.	43° 12′ 44″56 — 0″06 — 0″98
	+ 9″74
	43° 12′ 54″30 — 0″06 — 0″98

La latitude de Montjouy est :

Par la Polaire	41° 21′ 44″89 + 0″21 — 1″07
Par β de la petite Ourse	41° 21′ 45″21 + 0″21 — 0″85
Par α du Dragon	41° 21′ 45″07 + 0″40 — 1″70
	41° 21′ 45″06 + 0″27 — 1″20
	— 0″1
Tour de Montjouy	41° 21′ 44″96 + 0″27 — 1″20

Stations.	Latitudes.			Intervalles.	Latitude moyenne.	Commission
	D. M. S.	S.	S.	D. M. S	D. M. S.	D. M. S.
Dunkerque . .	51 2 9.20	+ 0.14	− 0.75	2 11 19.83	48 56 29.30	2 11 20.76
Panthéon . . .	48 50 49.37	+ 0.58	− 0.99	2 10 6.92	47 30 45.91	2 40 5.44
Évaux	46 10 42.54	+ 0.25	− 0.96	2 57 48.15	44 41 48.37	2 57 47.74
Carcassonne . .	43 12 45.30	− 0.06	− 0.98	1 51 9.34	42 17 19.60	1 51 9.58
Montjouy . . .	41 21 44.96	+ 0.22	− 1.20			
				9 40 24.24	46 11 57.05	9 40 23.52
Perpignan . . .	42 42 3.32					

Pour calculer cette dernière latitude M. Méchain a supposé à l'étoile β de la petite Ourse une déclinaison qui diffère très-peu de celle qui résulte des observations de Montjouy, de Dunkerque et de la rue de Paradis. Il n'y a donc rien à y changer.

Pour fixer la latitude de Montjouy nous n'avons fait aucun usage de ζ de la grande Ourse, parce qu'à la distance zénitale de 82° 30′, qui est celle de cette étoile dans son passage inférieur, les réfractions sont trop incertaines. Quand elles seroient beaucoup mieux connues, cette étoile ajouteroit bien peu à la certitude que nous avons acquise par la Polaire, β de la petite Ourse et α du Dragon ; et dans l'état actuel de nos connoissances elle ne pourroit produire que des doutes. M. Méchain avoit essayé de faire accorder ζ de la grande Ourse avec les trois autres étoiles. Il employoit la méthode de Boscowich pour corriger la constante principale de Bradley ; mais il conservoit l'autre constante $\frac{1}{2}\, n = 3$, quoiqu'elle ne soit pas plus certaine que la première. J'avois aussi, par une autre méthode et en faisant varier à la fois les deux constantes; cherché à concilier les quatre étoiles, et je n'avois pu éviter des différences de 1″; mais aujourd'hui que j'ai entre les mains toutes les observations, et non plus seulement les quatre déterminations de la latitude de Montjouy, j'ai repris cette recherche d'une manière plus générale.

Nous avons trouvé par la Polaire supérieure, pour la distance du pôle au zénith, ou $90° - L$, la valeur . .	48° 38′ 14″93
Et pour cela nous avons supposé la réfraction moyenne	1′ 0″31
Donc la distance du pôle au zénith affectée de la réfraction moyenne, ou $90° - L - r$ . . . . =	48° 37′ 14″62
Pour la Polaire inférieure nous avons $90° - L$ . . . =	48° 38′ 15″25
Otons la réfraction moyenne r' . . . . =	1′ 8″40
Donc $90° - L - r'$ . . . . =	48° 37′ 6″85
Donc $180° - 2L - r - r'$ . . . . =	97° 14′ 21″47

Donc

$$180° - 2L = 90° \ 14' \ 21''47 + r + r'$$

Mais supposons

$$r = P. \ tang. \ Z - Q. \ tang^3. \ Z + R. \ tang^5. \ Z$$

et

$$r' = P. \ tang. \ Z' - Q. \ tang^3. \ Z' + R. \ tang^5. \ Z'$$

Z et Z' étant les distances de l'étoile observée dans les deux passages, nous aurons

$$\begin{aligned}180° - 2L = 97° \ 14' \ 21''47 &+ P. \ (tang. \ Z + tang. \ Z') \\ &- Q. \ (tang.^3 Z + tang.^3 Z') \\ &+ R. \ (tang.^5 Z + tang.^5 Z')\end{aligned}$$

Cette équation renferme quatre inconnues L, P, Q et R; il faut donc quatre équations pareilles pour les éliminer. Mais nous avons quatre étoiles ; par ce moyen j'ai trouvé

Polaire. . . $180^\circ - 2L = 97^\circ\ 14'\ 21''47 + 2.27634\ P - 2.98440\ Q + 2.9740\ R$

β. . . . . $180^\circ - 2L = 97^\circ\ 13'\ 58''17 + 2.67976\ P - 8.47044\ Q + 33.31284\ R$

α du Dragon. $180^\circ - 2L = 97^\circ\ 12'\ 58''60 + 3.75994\ P - 36.50251\ Q + 400.06998\ R$

ζ. . . . . $180^\circ - 2L = 97^\circ\ 9'\ 31''65 + 7.86330\ P - 439.26963\ Q + 25581.80700\ R$

Si l'on prend la différence de la première de ces équations à chacune des trois autres, on aura pour éliminer L

$(1) - (2)\ 0 = 0'\ 23''30 - 0.40342\ P + 5.48604\ Q - 29.33884\ R$
$(1) - (3)\ 0 = 1'\ 22''87 - 1.4836\ P + 33.51807\ Q - 396.09598\ R$
$(1) - (4)\ 0 = 4'\ 49''82 - 5.58696\ P + 436.58523\ Q - 25577.83300\ R$

ou

$0 = 57''7562 - P + 13.5983\ Q - 72.7253\ R$ . . (A)
$0 = 55''8574 - P + 22.5924\ Q - 266.9830\ R$ . . (B)
$0 = 51''8744 - P + 78.0899\ Q - 4578.1280\ R$ . . (C)

d'où

$0 = 1''8988 - 8''9941\ Q + 194.2577\ R$ . . . . . (A — B)
$0 = 5''8818 - 64''4916\ Q + 4505.4027\ R$ . . . . . (A — C)

ou

$0 = 0''21112 - Q + 21''5983\ R$ . . . . (D)
$0 = 0''09120 - Q + 69''8603\ R$ . . . . (E)

et

$$0 = 0''11992 - 48.2620\ R$$

d'où

$$R = + \frac{0''11992}{48''2620} = + 0''002485$$
$$Q = 0''2648$$
$$P = 61''1766$$

$$r = 61''1766.\ tang.\ Z - 0''2648.\ tang.^3 Z + 0''002485.\ tang.^5 Z$$

$$
\begin{aligned}
180^\circ - 2L &= 97^\circ\ 16'\ 39''95 \\
180^\circ - 2L &= 97^\circ\ 16'\ 39''95 \\
180^\circ - 2L &= 97^\circ\ 16'\ 39''95 \\
180^\circ - 2L &= 97^\circ\ 16'\ 39''94 \\
\hline
\text{Milieu} \ldots\ldots &= 97^\circ\ 16'\ 39''9475 = 180^\circ - 2L \\
& \quad 48^\circ\ 38'\ 19''97375 = 90^\circ - L \\
& \quad 41^\circ\ 21'\ 40''02625 = L
\end{aligned}
$$

Voilà donc les quatre étoiles qui donnent la même latitude, à 0''005 près; mais les réfractions que donne la formule nouvelle sont beaucoup plus fortes vers 45 et 60 degrés que l'on ne suppose communément. Il est vrai qu'elles forceroient à diminuer toutes les latitudes observées jusqu'à présent; ce qui accorderoit à fort peu près les observations desquelles on a conclu ces latitudes.

Nous avons conservé le coefficient m de Bradley. Avec celui de Mayer j'ai trouvé

$$r = 63''302.\ tang.\ Z - 0''34396.\ tang.^3 Z + 0''0033923.\ tang.^5 Z$$

Ce qui diffère encore plus des réfractions adoptées communément, et diminueroit la latitude en proportion.

Les changemens que les coefficiens de Mayer apportent à nos équations sont pourtant bien peu de chose, et fort au-dessous de l'erreur possible et probable des observations.

Ces observations ne sont pas propres à déterminer exactement le coefficient P; car ce coefficient dépend principalement de la première équation $0 = 23''30$

— $0''4\ P$ + etc. Un huitième de seconde sur chacune des quatre distances qui contribuent à former cette équation, produiroit $0''5$ sur la quantité $23''30$: or $\frac{0''5}{23''3} = \frac{1}{47}$ de la valeur P, ou $1''2$ sur P. Trois huitièmes feroient presque 4 secondes. J'ai déterminé autrefois le coefficient P par un très-grand nombre d'observations de M. Piazzi et de moi, et j'ai trouvé $57''131$. Si nous mettons cette valeur dans nos trois équations (A), (B) et (C), elles deviendront

$$\begin{aligned} 0 &= +\ 0''6252 + 13''5983\ Q - 72''7253\ R \\ 0 &= -\ 1''2736 + 22''5924\ Q - 266''9830\ R \\ 0 &= -\ 5''2566 + 78''0899\ Q - 4578''1280\ R \end{aligned}$$

Mais nous n'avons plus que deux inconnues, nous n'avons plus besoin que de deux équations. Réunissons les deux premières en une somme, et nous aurons

$$\begin{aligned} 0 &= -\ 0''6484 + 36''1907\ Q - 339''7083\ R \\ 0 &= -\ 5''2566 + 78''0899\ Q - 4558''1280\ R \end{aligned}$$

ou

$$\begin{aligned} 0 &= -\ 0''017916 + Q - 9''3866\ R \\ 0 &= -\ 0''067315 + Q - 58''6264\ R \end{aligned}$$

$$0 = +\ 00''49399 + 49''2398\ R$$

$$R = -\ \frac{0''049399}{49''2398} = -\ 0''00100323$$

$$Q = +\ 0''008499 \quad \text{ou} \quad 0''0085$$

De sorte que

$$r = 57''13.\ tang.\ Z - 0''0085\ tang.^3 Z - 0''001.\ tang.^5 Z$$

Alors nos quatre équations deviennent

$180^\circ - 2L = 97^\circ\ 16'\ 31''49 \qquad 90^\circ - L = 48^\circ\ 38'\ 15''745$

$180^\circ - 2L = 97^\circ\ 16'\ 31''97 \qquad 90^\circ - L = 48^\circ\ 38'\ 15''985$

$180^\circ - 2L = 97^\circ\ 16'\ 32''70 \qquad 90^\circ - L = 48^\circ\ 38'\ 16''35$

$180^\circ - 2L = 97^\circ\ 16'\ 31''60 \qquad 90^\circ - L = 48^\circ\ 38'\ 15''80$

Milieu . . . . . $90^\circ - L = 48^\circ\ 38'\ 15''97$

$L = 41^\circ\ 21'\ 44''03$

Nos quatre latitudes ne s'accordent plus aussi bien, parce que nous avons réuni deux équations en une, ce qui suppose une valeur moyenne entre celles qui satisfaisoient à toutes deux. Mais le plus grand écart tombe sur α du Dragon, et il n'est que de $-0''38$. Si l'on compare au résultat moyen la latitude fournie par chaque étoile, l'écart est $+0''215$ pour la Polaire; il est de $-0''015$ pour β et $+0''17$ pour ζ; ces quantités n'ont rien que de possible, et nous pouvons dire que toutes les observations sont suffisamment bien représentées par la formule

$$r = 57''131.\ tang.\ Z - 0''0085.\ tang.\ {}^3Z - 0''001.\ tang.\ {}^5Z$$

Cette formule s'écarte fort peu des réfractions adoptées généralement; ce qu'elle a de singulier, c'est la petitesse du coefficient $0''0085$ de *tang.* ^3Z, et le signe du coefficient de *tang.* ^5Z. Ce signe seroit + dans la formule de Bradley; mais aussi elle représente mal les observations.

Avec notre formule nous avons pour nos latitudes les corrections suivantes :

Dunkerque . . .	Polaire supérieure .	$-0''395$	$-0''423$	$-0''467$
	Polaire inférieure .	-0.451		
	β supérieure . . .	-0.237	-0.510	
	β inférieure	-0.783		

Paris	Polaire supérieure . . — 0″431	— 0″461	— 0″512
	Polaire inférieure . — 0.492		
	β supérieure. . . . . — 0.258	— 0.563	
	β inférieure. . . . . — 0.869		
Évaux	Polaire supérieure . — 0.464	— 0.506	— 0.567
	Polaire inférieure . — 0.548		
	β supérieure . . . — 0.280	— 0.634	
	β inférieure. . . . . — 0.989		
Carcassonne. . .	Polaire supérieure . — 0.537	— 0.583	— 0.579
	Polaire inférieure . — 0.630		
Montjouy	Polaire . . . . — 0.645		— 1.088
	β de la petite Ourse . . . . . — 1.200		
	α du Dragon . . . . — 1.420		

Nos latitudes et nos amplitudes deviendroient ce qu'on verra dans la table ci-joint :

Stations.	Latitudes.	Intervalles.
Dunkerque	51° 2′ 8″73 — 0″14 — 0″75	2° 11′ 19″87
Paris	48 50 48.86 + 0.58 — 0.99	2 40 6.89
Évaux	46 10 41.97 + 0.25 — 0.96	2 57 48.25
Carcassonne . . .	43 12 53.72 — 0.06 — 0.98	1 51 9.85
Montjouy	41 21 43.87 + 0.20 — 1.20	
		9 40 24.86
L'amplitude totale seroit augmentée de		0.62

A Montjouy je n'emploie ici que les trois étoiles les plus voisines du pôle ; mais en y joignant ζ de la grande Ourse la latitude

seroit	41° 21′ 44″03
Et celle de Dunkerque étant	51 2 8.73
L'amplitude totale seroit	9 40 24.70
Nous avons avec les réfractions de Bradley	9 40 24.30
Différence	0.40

Tout cela n'étant ni bien considérable ni bien sûr,

nous nous en tiendrons au résultat donné par les réfractions de Bradley.

Les réfractions de M. Laplace, appliquées à ζ de la grande Ourse, feroient trouver 41° 21′ 42″, à fort peu près, pour la latitude tirée uniquement de cette étoile. C'est environ 2″ de moins qu'il ne faut; mais les tables de M. de Laplace à cette distance au zénith de 82° ½ n'ont pas été encore assez éprouvées pour que l'on puisse répondre de quelques secondes. Les bonnes observations à pareille distance sont rares, par la raison qu'on a très-rarement besoin d'en faire.

Tels sont donc les premiers résultats de tout le travail. Nous avons rapporté les observations avec tout le détail nécessaire pour que l'on puisse recommencer le calcul de toutes les réductions que nous y avons appliquées. Les originaux de toutes les observations et de nos calculs seront déposés à l'Observatoire, pour que l'on puisse en tout temps les consulter, vérifier tous les doutes et rectifier les fautes d'impression qui auroient pu nous échapper; ce qui est presque inévitable dans un si grand nombre de chiffres. Au reste, tous nos angles étant donnés sous plusieurs formes, il sera preque toujours possible de reconnoître les fautes d'impression sans recourir aux manuscrits originaux. Cet ouvrage contient donc véritablement toutes les pièces justificatives de l'opération, et quoique nous ayons fait tous nos efforts pour justifier la confiance des lecteurs qui seroient disposés à nous en croire sans refaire nos calculs, nous avons desiré donner à tous les moyens de juger par eux-mêmes à quel point nous avons pu mériter cette confiance. Le reste de l'ouvrage ne contiendra plus que les calculs et les développemens des résultats que l'on doit tirer de nos mesures pour la détermination du quart du méridien et de l'unité fondamentale du système métrique décimal. Avant de passer à ces calculs nous donnerons encore les déclinaisons de α du Dragon, de ζ de la grande Ourse, de la Chèvre, de β du Taureau et de Pollux, telles qu'elles se déduisent des observations de M. Méchain.

Nous avons vu que la déclinaison de la Polaire en 1797, par les observations d'Évaux, est de	88°	13′	26″48
Par celles de Carcassonne	88	13	26.59
Milieu	88	13	26.53
Mouvement annuel par un milieu entre toutes les combinaisons différentes			19.35
Nous n'avons point d'observations simultanées pour la déclinaison de β de la petite Ourse; mais nous avons vu, page 639, que l'on peut supposer en 1796	74	59	19.6
Et que le milieu de toutes nos observations seroit	74	59	19.63
Avec un mouvement de		—	14.74
qui n'est pas tout-à-fait aussi sûr que le précédent.			
α du Dragon n'a été observé qu'à Montjouy, et la déclinaison qui en résulte pour 1793 est	64	22	7.95
ζ de la grande Ourse a été observé à Montjouy et à Barcelone. Le passage supérieur donne, latitude	41	21	41.78
Le passage inférieur	41	21	40.16
Différence		+	1.62
Correction de déclinaison		—	0.81
Déclinaison supposée	56	0	35.5
Donc déclinaison en 1793	56	0	34.7

A Barcelone nous avons, passage supérieur		41° 22′ 43″37
Passage inférieur		41 22 44.82
Différence	—	1.45
Correction de déclinaison	+	0.72
Déclinaison supposée en 1794		56 0 16.5
Déclinaison corrigée en 1794		56 0 17.22
Idem en 1793		56 0 34.7
Milieu en 1793 ½		56 0 26.0

La correction est en sens contraire les deux années. On pourroit donc supposer bonne la déclinaison supposée en 1793 ou 56° 0′ 35″5 ; mais la réfraction doit l'avoir altérée. Il sera plus sûr de la déduire des passages supérieurs observés à Montjouy et Barcelone.

Ce passage a donné pour la latitude		41° 21′ 41″8
Mais la latitude est		41 21 45.0
Donc la correction de déclinaison est	+	3.2

En effet

$$Z = 90° - L - (90 - D) = D - L$$

donc

$$D = L + Z$$

donc

$$dL = dD$$

Déclinaison supposée en 1793		56 0 35.5
Donc déclinaison en 1793		56 0 38.7

A Barcelone, le passage supérieur donne	41° 22′ 43″37
Mais la latitude a été trouvée	41 22 48.37
$dL = dD$	+ 5.0
Déclinaison supposée en 1794	56 0 16.5
Déclinaison corrigée en 1794	56 0 21.5
En 1793 à Montjouy	56 0 38.7
Milieu en 1793 ½	56 0 30.1
Mouvement calculé pour six mois	+ 9.4
Déclinaison en 1793.	56 0 39.5

β du Taureau à Montjouy, latitude	41 21 46.6
Latitude vraie	41 21 45.0
$dL = dD$	— 1.6
Déclinaison supposée en 1793	28 25 1.1
Déclinaison corrigée	28 24 59.5

β de Pollux à Montjouy, latitude	41 21 46.46
Latitude vraie	41 21 45.0
$dL = dD$	— 1.5
Déclinaison supposée en 1793	28 30 45.1
Déclinaison corrigée en 1793	28 30 43.6

A Barcelone, latitude par Pollux	41 22 44.66
Latitude vraie	41 22 48.37
$dL = dD$	+ 3.71
Déclinaison supposée en 1794	28 30 37.3
Déclinaison corrigée en 1794	28 30 41.0
Déclinaison corrigée en 1793	28 30 43.6
Déclinaison corrigée en 1793 ½	28 30 42.3
Mouvement pour six mois	— 3.8
En 1794	28 30 38.5

Par la Chèvre, à Barcelone	41° 42′ 44″14
Latitude observée	41 42 48.37
$dL = dD$	+ 4.33
Déclinaison supposée en 1794	45 46 10.0
Déclinaison corrigée	45 46 14.23

En général toutes ces déclinaisons et toutes celles qu'on peut observer sont affectées de l'erreur de la réfraction à la hauteur du pôle; ainsi aucune n'est sûre à la seconde peut-être.

Elles sont encore sujettes aux incertitudes qui peuvent naître de la quantité précise de la nutation et de l'aberration et de la parallaxe, si pourtant les étoiles ont une parallaxe sensible. Mais ces causes d'erreur sont nulles ou à peu près pour la latitude. En effet

$$180 - 2L = (Z + 90 - D) + Z' - 90 + D' = Z + Z' + D' - D$$

Si les observations du passage supérieur et inférieur sont de la même époque, comme cela est vrai à fort peu près, $D' = D$ en conséquence les erreurs de la déclinaison calculée se détruisent complétement, car D' ne peut différer de D que dans le cas où l'erreur sur la déclinaison calculée auroit changé dans l'intervalle.

Si les observations des deux passages diffèrent de un ou deux mois (c'est le plus), la nutation n'a pas dû changer beaucoup; l'erreur de la nutation beaucoup moins encore.

Si les observations sont éloignées de deux mois, l'aberration a pu changer, mais elle est connue à $\frac{1}{80}$ près; l'erreur n'aura pas changé sensiblement; la latitude sera donc bonne, ainsi la nutation et l'aberration n'affectent en rien la latitude, et la déclinaison ne peut être affectée que de la moitié de l'erreur.

La parallaxe pourroit changer dans l'intervalle de deux mois; mais voyons quel effet il en peut résulter.

La parallaxe des étoiles se calcule par les mêmes règles que l'aberration; il suffit d'ajouter trois signes au lieu actuel du soleil, et de multiplier les aberrations en déclinaison prises dans les tables particulières de chaque étoile par $\frac{P}{20}$, P étant la parallaxe. Soit $P = 1''$, il faudra prendre le vingtième de l'aberration prise dans la table avec le lieu du soleil augmenté de 3 signes. C'est ainsi que j'ai formé le tableau suivant :

Parallaxe en déclinaison, en supposant 1″ pour la parallaxe absolue de l'étoile.

Lieu du soleil.	Mois et jours de l'année.		Polaire.	β de la pet. Ourse.	α du Dragon.	ζ de la gr. Ourse.
0^s 0 VI^s	21 mars . .	23 septem.	− 0″97 +	+ 0″70 −	+ 0″79 +	+ 0″78 −
10	31	3 octob. .	0.99	0.82	0.88	0.85
20	10 avril . .	14 . . .	0.97	0.90	0.94	0.89
I 0 VI	20	24	0.93	0.96	0.97	0.91
10	1 mai . .	3 novemb.	0.85	1.00	0.97	0.90
20	11	13	0.76	1.00	0.95	0.86
II 0 VII	21	22	0.64	0.96	0.89	0.80
10	1 juin . .	2 décemb.	0.50	0.90	0.81	0.71
20	11	12	0.34	0.82	0.70	0.60
III 0 IX	22	22	− 0.18 +	0.70	0.58	0.47
10	2 juillet .	1 janvier .	0.00	0.57	0.43	0.32
20	13	11	+ 0.17 −	0.42	0.27	0.17
IV 0 X	23	20	0.33	0.26	+ 0.10 −	+ 0.01 −
10	3 août . .	30	0.49	+ 0.08 −	− 0.06 +	− 0.15 +
20	13	9 février.	0.63	− 0.08 +	0.23	0.31
V 0 XI	23	19	0.75	0.26	0.40	0.45
10	3 septem.	1 mars . .	0.85	0.42	0.55	0.58
20	13	11	0.93	0.57	0.68	0.69
VI 0 XII	23	21	+ 0.97 −	− 0.70 +	− 0.79 +	− 0.78 +

Ce tableau montre d'abord que, pour β de la petite Ourse, la parallaxe en déclinaison peut égaler la parallaxe absolue; que, pour la Polaire, la différence ne va pas à $\frac{1}{100}$; que, pour α du Dragon, elle monte à $\frac{8}{100}$, et à $\frac{9}{100}$ pour ζ de la grande Ourse.

Mais il reste à savoir ce que pouvoit être la parallaxe au temps des observations, et quel a été son effet sur nos latitudes.

Dans les passages supérieurs nous avons calculé la latitude par la formule $L = D - Z$; mais pour former D, qui est la déclinaison apparente, nous avons supposé la parallaxe nulle. Soit p cette parallaxe, la valeur exacte de la latitude sera donc

$$L = (D - Z) + p$$

Toutes les latitudes que nous avons conclues des passages supérieurs ont donc besoin de la correction $+ p$.

Dans les passages inférieurs nous avons fait $L = 180 - D - Z$. La valeur véritable sera donc

$$L = (180 - D - Z) - p$$

A ces latitudes ci-dessus déterminées il faut appliquer la parallaxe avec un signe contraire. Ainsi à Dunkerque nous aurons, d'après la table précédente :

Polaire, passage supérieur	$+ p =$	$- 0.23\ P$
Passage inférieur	$- p =$	$+ 0.20\ P$
Somme des deux corrections	$=$	$- 0.03\ P$
Moitié, ou correction de latitude . . .	$=$	$- 0.015\ P$

β de la petite Ourse, passage supérieur	$+p$	$= + 0.28\ P$
Passage inférieur	$-p$	$= - 0.55\ P$
Somme		$= - 0.27\ P$
Correction de latitude		$= - 0.135\ P$

Ces quantités doivent être insensibles, celle de la Polaire surtout.

A Évaux, Polaire supérieure	$+p$	$= + 0.07\ P$
Polaire inférieure	$-p$	$= + 0.65\ P$
Somme		$= + 0.72\ P$
Correction de latitude.		$= + 0.36\ P$
β de la petite Ourse, passage supérieur	$+p$	$= + 0.08\ P$
Passage inférieur	$-p$	$= + 0.13\ P$
Correction de latitude.		$= + 0.105\ P$

Ici la correction seroit beaucoup plus forte pour la Polaire que pour β; mais nos deux latitudes s'accordant très-bien, il y a tout lieu de croire que ces corrections sont à peu près nulles, et en appliquant à chaque observation en particulier la correction qui lui est due, je n'ai pas vu que les différentes séries s'accordassent mieux entre elles, au contraire.

A Carcassonne, Polaire supérieure	$+p$	$= - 0.18\ P$
Polaire inférieure	$-p$	$= + 0.97\ P$
Correction de latitude.		$= + 0.40\ P$

c'est-à-dire à peu près la même qu'à Évaux.

A Montjouy, Polaire supérieure	$+p$	$= + 0.15\ P$
Polaire inférieure	$-p$	$= - 0.12\ P$
Correction de latitude		$= + 0.15\ P$

β de la petite Ourse passage supérieur	$+p = + 0.21$	P
Passage inférieur	$-p = + 0.18$	P
Correction de latitude	$= + 0.19$	P
α du Dragon, passage supérieur	$= p = + 0.01$	P
Passage inférieur	$-p = + 0.17$	P
Correction de latitude	$= + 0.09$	P
ζ de la grande Ourse, passage supérieur . . .	$+p = - 0.12$	P
Passage inférieur	$-p = + 0.23$	P
Correction de latitude	$= + 0.05$	P

La parallaxe n'a donc pu altérer sensiblement la latitude de Montjouy, et elle ne paroît pas pouvoir expliquer la différence de 4″ qui se trouve pour la latitude entre ζ et les trois autres étoiles. C'est à la réfraction seule qu'il faut l'attribuer.

A Barcelone, Polaire supérieure	$+p = + 0.25$	P
Polaire inférieure	$-p = - 0.04$	P
Correction de latitude	$= + 0.10$	P
β de la petite Ourse, passage supérieur	$+p = - 0.01$	P
Passage inférieur	$-p = + 0.17$	P
Correction de latitude	$= + 0.08$	P
ζ de la grande Ourse, passage supérieur	$+p = - 0.14$	P
Passage inférieur	$-p = + 0.37$	P
Correction de latitude	$= + 0.11$	P

Ces corrections sont encore insensibles et ne peuvent expliquer ni pourquoi ζ donne une latitude plus foible de 4″, ni pourquoi les trois étoiles donnent pour Barcelone une latitude plus forte de 3″ que celle qui se déduit des observations de Montjouy.

En général ces observations paroissent peu propres à décider la question de la parallaxe des étoiles. Voyons si cette parallaxe expliquera mieux la petite différence qui se trouve pour la latitude de Paris entre les observations d'hiver et celles d'été.

A Paris, nous avons pour la latitude du Panthéon par la Polaire :

En hiver	48° 50′ 49″48 + 0″55 − 0″48 + 0″26 *P*
En été.	48° 50′ 49″12 − 0″14 − 0″82 + 0″52 *P*
Différence .	+ 0″36 + 0″69 − 0″02 − 0″26 *P*

Le nombre 0″36 ne surpassant pas les erreurs possibles, on ne peut rien tirer de cette comparaison qui mérite beaucoup de confiance.

Le nombre 0″69 dépend de la différence entre la constance de Bradley et celle de M. Laplace pour l'effet de la température.

Le nombre 0″02 est l'effet de $\frac{1}{60}$ d'augmentation dans la réfraction moyenne de Bradley : il n'est ici d'aucune importance.

Égalons à zéro l'expression ci-dessus, *P* sera la parallaxe qui accordera les deux latitudes, et nous aurons, avec les réfractions de Bradley :

$$P = \frac{0''36}{0''26} = 1''4 \text{ environ.}$$

Avec les réfractions de M. Laplace,

$$P = \frac{0''36 + 0''69 - 0''02}{0''26} = \frac{1''03}{0''26} = 4'' \text{ environ.}$$

Cette dernière parallaxe est bien forte; la première seroit moins invraisemblable.

Par β de la petite Ourse nous avons trouvé pour la latitude du Panthéon :

$$\begin{array}{ll} \text{En hiver} \ldots\ldots & 48^\circ\ 50'\ 49''51 + 0''61 - 1''10 + 0''50\ P \\ \text{En été} \ldots\ldots & 48^\circ\ 50'\ 48''35 + 0''02 - 0''95 + 0''69\ P \\ \hline & + 1''16 + 0''59 - 0''15 - 0''19\ P \end{array}$$

d'où, suivant Bradley,

$$P = \frac{1''16}{0''19} = 6''1$$

et, suivant M. Laplace,

$$P = \frac{1''60}{0''19} = 8''4$$

Ces parallaxes sont tout-à-fait invraisemblables. La petitesse des facteurs de P prouve d'ailleurs que ces observations ne sont pas propres à une recherche aussi délicate. Il est bien vrai que de l'hiver à l'été le signe de l'aberration change; mais comme il est différent aussi pour chacun des deux passages, la somme des deux aberrations reste à peu près la même, et l'on n'a véritablement que la différence des deux aberrations, et jamais leur somme. En effet on a, en hiver comme en été :

$$\begin{array}{ll} \text{Passage supérieur} \ldots & L = D - Z + P \\ \text{Passage inférieur} \ldots & L = 180^\circ - D - Z' - P' \\ \text{Et} \ldots\ldots\ldots\ldots & 2L = 180^\circ (Z + Z') + P - P') \end{array}$$

L'examen que nous venons de faire n'est pourtant pas inutile, car il nous fait voir quelles sont les observations auxquelles nous pouvions avoir plus de confiance pour nos latitudes : ainsi l'influence de la parallaxe est à peu près nulle à Dunkerque. A Évaux il en est de même pour β de la petite Ourse. Par la Polaire la latitude peut être en erreur du tiers de la parallaxe absolue ; mais comme les deux étoiles donnent la même latitude, on peut croire l'aberration de la Polaire fort petite. C'est la même chose à Carcassonne, à Barcelone et à Montjouy. A Paris, en hiver, l'effet de la parallaxe est moitié moindre qu'en été pour la Polaire : il est à peu près le même pour β ; mais les deux étoiles m'ont donné la même latitude en hiver, au lieu qu'en été M. Méchain a trouvé 0''77 de différence, et qu'en hiver, à Barcelone et à Montjouy, ses différentes étoiles, ζ de la grande Ourse exceptés, s'accordoient toutes à très-peu-près.

CALCUL DES TRIANGLES.

Pour faire ces calculs avec toute l'exactitude possible, et sans y rien négliger qui puisse produire un effet appréciable, il faut avoir égard à la figure de la terre, et suivre pas à pas les opérations que nous avons exécutées, en commençant par celles qui servent de fondement à tout le reste, c'est-à-dire par la mesure des bases, et d'abord par les moyens qui nous ont servi à placer de cent en cent toises les piquets sur lesquels nous nous sommes dirigés dans cette mesure.

Nous supposerons la terre un ellipsoïde formé par la révolution d'un demi-ellipse autour de son petit axe.

Ainsi l'équateur et tous les parallèles seront des cercles.

Tous les méridiens seront des ellipses parfaitement égales à l'ellipse génératrice ; ce qui au reste doit s'écarter bien peu de la figure véritable dans le fuseau si étroit qui renferme tous nos triangles.

Formules pour calculer les parties de l'ellipsoïde.

Soit DE (*pl. XI*, *fig.* 19) le diamètre de l'équateur $CE = \frac{1}{2}DE$ = *demi-grand axe* $= m$; DPE la moitié nord du méridien elliptique CP = *demi-petit axe* $= n$; $DP'E$ le demi-cercle circonscrit ;

aF l'ordonnée du cercle : la partie AF sera l'ordonnée à l'ellipse, aT la tangente au cercle au point a, AT sera la tangente à l'ellipse au point A.

En effet, imaginons que le demi-cercle DPE, tournant autour de son axe DE, arrive en une situation telle que $P'P$ soit perpendiculaire au demi-petit axe de l'ellipse, le demi-petit axe sera la projection orthographique du rayon CP' ; et si l'on nomme I l'inclinaison du cercle sur l'ellipse, on aura

$$CP = CP'.\cos. I \text{ ou } n = m.\cos. I \text{ et } \cos. I = \frac{n}{m} \quad \ldots\ldots (1)$$

La perpendiculaire $P'P = m.\sin. I = (1 - \cos^2. I)^{\frac{1}{2}} = \left(1 - \frac{n^2}{m^2}\right)^{\frac{1}{2}}$

$$= \left(\frac{m^2 - n^2}{m^2}\right)^{\frac{1}{2}} = \frac{\sqrt{(m+n).(m-n)}}{m} \quad \ldots (2)$$

$$\text{tang}. I = \frac{\frac{\sqrt{(m+n).(m-n)}}{m}}{\frac{n}{m}} = \frac{\sqrt{(m+n).(m-n)}}{n} \quad \ldots\ldots (3)$$

Mais

$$\cos. I = \frac{1 - \text{tang}^2.\frac{1}{2} I}{1 + \text{tang}^2.\frac{1}{2} I}$$

d'où

$$\text{tang}^2.\tfrac{1}{2} I = \frac{1 - \cos. I}{1 + \cos. I} = \frac{1 - \frac{n}{m}}{1 + \frac{n}{m}} = \frac{m-n}{m+n} \quad \ldots\ldots (4)$$

L'équation $\sin^2. I = \frac{m^2 - n^2}{m^2}$ fait voir que $\sin^2. I$ est le carré de l'excentricité de l'ellipse. Soit e cette excentricité en parties du rayon :

$$\text{Sin}. I = e;\ \cos. I = \frac{n}{m} = \left(\frac{1 - e^2}{1}\right)^{\frac{1}{2}} \text{ et } \text{tang}^2.\tfrac{1}{2} I = \frac{1 - (e - e^2)^{\frac{1}{2}}}{1 + (e - e^2)^{\frac{1}{2}}}$$

Ces dernières expressions supposent $m = 1$.

Soit a l'aplatissement, $(1 - a)$ sera le petit axe

$$a = 1 - \cos. I = 2 \sin^2. \tfrac{1}{2} I \ldots\ldots\ldots (5)$$

$2 \sin^2. \frac{1}{2} I$ est donc égal à l'aplatissement.

$$\tan g^2. \tfrac{1}{2} I = \frac{1 - \cos. I}{1 + \cos. I} = \frac{a}{(2 - a)} = \left(\frac{\frac{1}{2} a}{1 - \frac{1}{2} a}\right) = \left(\frac{1}{m + n}\right) \ldots (6)$$

nous supposerons $m - n = 1$.

$$1 + \cos. I = 2 - a = 2. \cos^2. \tfrac{1}{2} I$$

donc

$$\cos^2. \tfrac{1}{2} I = 1 - \tfrac{1}{2} a \ldots\ldots\ldots\ldots (7)$$

Une ordonnée quelconque aF du cercle aura pour projection orthographique la ligne $AF = aF. \cos. I$. Donc

$$aF - AF = aF. (1 - \cos. I) = AF\ 2 \sin^2. \tfrac{1}{2} I = a. aF.$$

Les ordonnées de la projection seront égales aux ordonnées correspondantes du cercle multipliées par une constante $\cos. I$, ou diminuées d'une quantité proportionnelle à l'abscisse aF; ce qui fait voir que notre ellipse peut être considérée comme la projection orthographique d'un cercle dont l'inclinaison a pour sinus l'excentricité de l'ellipse.

La tangente aT du cercle aura pour projection une ligne droite qui tombera toute entière hors de l'ellipse, avec laquelle elle n'aura de commun que le point A, projection du point a. Donc AT sera tangente à l'ellipse au point A.

Menons la normale ALM jusqu'à la rencontre en M

avec le petit axe ; ALT sera la latitude telle qu'on l'observe au point A. Soit $L = ALT$.

Menons de même la normale aC, c'est-à-dire le rayon au point a du cercle, et soit $aCT = l$. l sera la latitude dans le cercle circonscrit.

$$\text{tang. } FTA = \text{cot. } FAT = \text{cot. } L = \frac{AF}{FT}$$

$$\text{tang. } aTF = \frac{aF}{FT} = \text{cot. } aCL = \text{cot. } l$$

donc

$$\frac{\text{cot. } L}{\text{cot. } l} = \frac{AF}{aF} = \frac{aF. \cos I}{aF} = \cos. I$$

donc

$$\text{tang. } l = \cos. I. \text{ tang. } L = \frac{n}{m}. \text{ tang. } L \ldots \ldots \quad (8)$$

et par conséquent (t. I, p. 150)

$$L - l. = \text{tang}^2. \tfrac{1}{2} I. \frac{\sin. 2L}{\sin. 1''} - \tfrac{1}{2}. \text{tang}^4. \tfrac{1}{2} I. \frac{\sin. 4L}{\sin. 2''}$$
$$+ \tfrac{1}{3}. \text{tang}^6. \tfrac{1}{2} I. \frac{\sin. 6L}{\sin. 3''} - \text{etc.}$$
$$= \left(\frac{m-n}{m+n}\right). \frac{\sin. 2L}{\sin. 1''} - \tfrac{1}{2}. \left(\frac{m-n}{\sin. 2''}\right)^2. \frac{\sin. 4L}{\sin. 2''} + \text{etc.}$$
$$= \left(\frac{a}{2-a}\right). \frac{\sin. 2L}{\sin. 1''} - \tfrac{1}{2}. \left(\frac{a}{2-a}\right)^2. \frac{2 \sin. 4L}{\sin. 2''} + \text{etc.} \quad (9)$$

M. Duséjour et M. Legendre font grand usage de cette latitude. Le premier en a donné une table calculée sur la formule $\text{tang. } l. = \frac{n}{m}. \text{ tang. } L$; mais la série est beaucoup plus commode. Il suffit de logarithmes à cinq décimales, et l'on aura beaucoup plus de précision qu'en employant la formule finie avec des logarithmes à sept décimales.

On fait aussi grand usage en astronomie de la latitude *ACE* réduite au centre de la terre. Soit λ cette nouvelle latitude :

$$tang.\ l = \frac{aF}{CF};\quad tang.\ \lambda = \frac{AF}{CF} = \frac{aF.\ cos.\ I}{CF}$$

donc

$$\frac{tang.\ \lambda}{tang.\ l} = \frac{aF.\ cos.\ I}{aF}$$

ou

$$tang.\ \lambda = cos.\ I.\ tang.\ l = cos^2.\ I.\ tang.\ L = \frac{n^2}{m^2}.\ tang.\ L$$

d'où (t. I, p. 150)

$$L - \lambda = \left(\frac{1 - \frac{n^2}{m^2}}{1 + \frac{n^2}{m^2}}\right).\frac{sin.\ 2L}{sin.\ 1''} - \tfrac{1}{2}.\left(\frac{1 - \frac{n^2}{m^2}}{1 + \frac{n^2}{m^2}}\right)^2.\frac{sin.\ 4L}{sin.\ 2''} + \text{etc.}$$

$$= \left(\frac{m^2 - n^2}{m^2 + n^2}\right).\frac{sin.\ 2L}{sin.\ 1''} - \tfrac{1}{2}.\left(\frac{m^2 - n^2}{m^2 + n^2}\right)^2.\frac{sin.\ 4L}{sin.\ 2''} + \text{etc.} \quad (10)$$

Si l'on suppose $m - n = 1$, on aura

$$L - \lambda = \left(\frac{m + n}{m^2 + n^2}.\right)\frac{sin.\ 2L}{sin.\ 1''} - \tfrac{1}{2}.\left(\frac{m + n}{m^2 + n^2}\right)^2.\frac{sin.\ 4L}{sin.\ 2''} + \text{etc.}$$

Cette formule sera commode pour calculer la table de l'angle de la verticale avec le rayon, dont on fait un grand usage pour les parallaxes. En effet

$$L - \lambda = ALF - LCA = CAL$$

On peut, dans les formules (9) et (10), négliger le troisième terme sans risquer jamais une erreur de 0″006, même en supposant $\frac{1}{230}$ d'aplatissement :

$$AF = aF.\ cos.\ I = m.\ sin.\ l.\ cos.\ I;\quad CF = m.\ cos.\ l$$

$$\overline{CA}^2 = \overline{AF}^2 + \overline{CF}^2 = m^2.\,\sin^2.\,l.\,\cos^2.\,I + m^2.\,\cos^2.\,l$$

$$= \frac{m^2.\,\cos^2.I}{\text{coséc}^2.\,l} + \frac{m^2}{\sec.\,l} = \frac{m^2.\,\cos^2.\,I}{1+\cot^2.\,l} + \frac{m^2}{1+\text{tang}^2.\,l}$$

$$= \frac{m^2.\,\cos^2.\,I.\,\text{tang}^2.\,l + m^2}{1+\text{tang}^2.\,l} = m^2.\left(\frac{1+\cos^2.\,I.\,\text{tang}^2.\,l}{1+\cos^2.\,I.\,\text{tang}^2.\,L}\right)$$

$$= m^2.\left(\frac{1+\cos^2\,I.\,\text{tang}^2.\,L}{1+\cos^2.\,I.\,\text{tang}^2.\,L}\right) = m^2.\left(\frac{\cos^2.\,L+\cos^2.\,I.\,\sin^2.\,L}{\cos^2.\,L+\cos^2\,I.\,\sin^2.\,L}\right)$$

$$= m^2.\left(\frac{\cos^2.\,L+\cos^2\,I.\,(1-\sin^2.\,I).\,\sin^2.\,L}{1-\sin^2.\,I.\,\sin^2.\,L}\right)$$

$$= m^2.\left(\frac{\cos^2.\,L+\cos^2.\,I.\,\sin^2\,L-\sin^2\,I\,\cos^2.\,I.\,\sin^2\,L}{1-\sin^2.\,I.\,\sin^2.\,L}\right)$$

$$= m^2.\left(\frac{\cos^2.\,L+\sin^2.\,L-\sin^2.\,I.\,\sin^2.\,L-\sin^2.\,I\,\cos^2\,I.\,\sin^2.\,L}{1-\sin^2.\,I.\,\sin^2.\,L}\right)$$

$$= m^2.\left(\frac{1-\sin^2.\,I.\,\sin^2.\,L-\sin^2.\,I.\,\cos^2.\,I.\,\sin^2.\,L}{1-\sin^2.\,I.\,\sin^2.\,L}\right)$$

$$= m^2.\left(1-\frac{\sin^2.\,I.\,\cos^2\,I.\,\sin^2.\,L}{1-\sin^2.\,I.\,\sin^2.\,L}\right)$$

et

$$CA = m\left[\left(1-\frac{\sin^2.\,I.\,\cos^2.\,I.\,\sin^2.\,L}{1-\sin^2.\,I.\,\sin^2.\,L}\right)^{\frac{1}{2}}\right] \ldots\ldots (11)$$

d'où

$$CA = \log.\,m - \tfrac{1}{2}K\left[\left(\frac{\sin^2.\,I.\,\cos^2.\,I\,\sin^2.\,L}{1-\sin^2.\,I.\,\sin^2.\,L}\right)+\tfrac{1}{2}\left(\frac{\sin^2.\,I.\,\cos^2.\,I.\,\sin^2.\,L}{1-\sin^2.\,I.\,\sin^2.\,L}\right)^2 + \tfrac{1}{3}\text{ etc.}\right]$$

$$= \log.\,m. - K.\,[\tfrac{1}{4}.\,\sin^2.\,I + \tfrac{1}{32}.\,\sin^4.\,I - \tfrac{1}{96}.\,\sin^6.\,I$$
$$- (\tfrac{1}{4}.\,\sin^2.\,I + \tfrac{1}{8}.\,\sin^4.\,I + \tfrac{3}{64}.\,\sin^6.\,I).\,\cos.\,2\,L$$
$$+ (\tfrac{1}{32}.\sin^4.I + \tfrac{1}{32}.\sin^6.I).\cos.4L - \tfrac{7}{192}.\sin^6.I.\cos.6L. - \text{etc.}].\ (12)$$

Mais l'aplatissement

$$a = 2\,\sin^2.\,\tfrac{1}{2}\,I = \frac{2\,\sin^2.\,\frac{1}{2}\,I.\,\cos^2.\,\frac{1}{2}\,I}{\cos^2.\,\frac{1}{2}\,I} = \frac{\frac{1}{2}.\,\sin^2.\,I}{1-\sin^2.\,\frac{1}{2}\,I} = \frac{\frac{1}{2}.\,\sin^2.\,I}{1-\frac{1}{2}\,a}$$

donc

$$a - \tfrac{1}{2}a^2 = \tfrac{1}{2}.\sin^2.I;\ \sin^2.I = 2a - \tfrac{1}{2}a;\ \sin^4.I = 4a^2 - 4a^3;\ \sin^6.I = 8a^3$$

donc

$$\log.\,CA = \log.\,m - K\,[\tfrac{1}{2}\,a - \tfrac{1}{8}\,a^2 - \tfrac{10}{48}\,a^3 - (\tfrac{1}{2}a + \tfrac{1}{4}\,a - \tfrac{1}{8}\,a^3).\,\cos.\,2\,L$$
$$+ \tfrac{3}{8}\,(a+a^3).\cos.4L - \tfrac{7}{24}a^3.\cos.6L + \text{etc.}]\ (13)$$

quantité suffisamment approchée, et dans laquelle on pourroit même négliger les a^3. En exprimant par une seule lettre chacune des constantes de cette formule, on aura

$$log.\ rayon\ de\ la\ terre = log.\ m - P + Q.\cos.2L - R.\cos.4L + S.\cos.6L$$

formule commode pour calculer la table des logarithmes des rayons de la terre, dont on se sert pour les parallaxes. J'ai donné cette formule sans démonstration dans le discours préliminaire des tables du bureau des longitudes, en supposant $m = 1$.

Nous avons trouvé

$$\overline{CF}^2 = \frac{m^2}{1 + \cos^2.I.\ tang^2.L} = \frac{m^2.\cos^2.L}{1 - \sin^2.I.\sin^2.L},$$

d'où

$$CF = \frac{m.\cos.L}{(1 - \sin^2.I.\sin^2.L)^{\frac{1}{2}}}, \text{ c'est le rayon du parallèle} \ldots \quad (14)$$

$$\overline{AF}^2 = \frac{m^2.\cos^2.I.\ tang^2.l}{1 + tang.L} = \frac{m^2.\cos^2.I.\ tang^2.L}{1 + \cos^2.I.\ tang^2.L} = \frac{m^2.\cos^2.I.\sin^2.L}{\cos^2.L + \cos^2.I.\sin^2.L}$$
$$= \frac{m.\cos^2.I\ \sin^2.L}{1 - \sin^2.I.\sin^2.L}$$

donc

$$AF = \frac{m.\cos^2.I.\sin.L}{(1 - \sin^2.I.\sin^2.L)^{\frac{1}{2}}} \ldots\ldots\ldots\ldots \quad (15)$$

De l'expression 14 on tire

$$log.\ CF = log.\ m + log.\cos.L - \tfrac{1}{2}\ log.\ (1 - \sin^2.I.\sin^2.L)$$
$$= log.\ m + log.\cos.L + \tfrac{1}{2}K(\sin^2.I.\sin^2.L + \tfrac{1}{2}.\sin^4.I.\sin^2.L$$
$$+ \tfrac{1}{3}.\sin^6.I.\sin^6.L + \text{etc.} \ldots \quad (16)$$

formule commode et très-convergente.

Dans la sphère $log.\ CF = log.\ m + log.\cos.L$, dans le sphéroïde il faut ajouter $\frac{1}{2}K(\sin^2.I.\sin^2.L$

+ etc.), Donc les rayons des parallèles sont plus grands dans le sphéroïde que dans la sphère; donc les degrés de longitude sont aussi plus grands.

La seule inspection de la figure 19 donne les formules suivantes.

$$AT = AF.\ sec.\ L = \frac{m.\ cos^2.\ I.\ tang.\ L.}{(1 - sin^2.\ I.\ sin^2.\ L)^{\frac{1}{2}}} \ldots\ldots (17)$$

$$FT = AF.\ tang.\ L = \frac{m.\ cos^2.\ I.\ sin.\ L\ tang.\ L}{(1 - sin^2.\ I.\ sin^2.\ L)^{\frac{1}{2}}} \ldots\ldots (18)$$

$$LF = AF.\ cot.\ L = \frac{m.\ cos^2.\ I.\ cos.\ L}{(1 - sin^2.\ I.\ sin^2.\ L)^{\frac{1}{2}}} \ldots\ldots (19)$$

$$LT = AT.\ cosec.\ L = \frac{m.\ cos^2.\ I}{(1 - sin^2.\ I.\ sin^2\ L)^{\frac{1}{2}}} \ldots\ldots (20)$$

$$CT = \frac{m^2}{CF} = \frac{m.\ (1 - sin^2.\ sin^2.\ L)^{\frac{1}{2}}}{cos.\ L} \ldots\ldots (21)$$

$$AL = LF.\ sec.\ L = \frac{m.\ cos^2.\ I}{(1 - sin^2.\ I\ sin^2.\ L)^{\frac{1}{2}}} \ldots\ldots (22)$$

$$CL = CF - CL = \frac{m.\ sin^2.\ I\ cos.\ L}{(1 - sin^2.\ I.\ sin^2.\ L).^{\frac{1}{2}}} \ldots\ldots (23)$$

$$CM = CL.\ tang.\ L = \frac{m.\ sin^2.\ I.\ sin^2.\ L}{(1 - sin^2.\ I.\ sin^2.\ L)^{\frac{1}{2}}} \ldots\ldots (24)$$

$$LM = CL.\ sec.\ L = \frac{m.\ sin^2.\ I}{(1 - sin^2.\ I.\ sin^2.\ L)^{\frac{1}{2}}} \ldots\ldots (25)$$

$$AM = AL + LM = \frac{m.\ (cos^2.\ I + sin^2.\ I)}{(1 - sin^2.\ I.\ sin^2\ L)^{\frac{1}{2}}}$$

$$= \frac{m}{(1 - sin^2.\ I.\ sin^4.\ L)^{\frac{1}{2}}} \ldots\ldots (26)$$

$$At = AM.\ cot.\ L = \frac{m.\ cot.\ L}{(- sin^2.\ I.\ sin.\ L)^{\frac{1}{2}}} \ldots\ldots (27)$$

$$Ct = CT.\ cot.\ L = \frac{m.(1 - sin^2.\ I.\ sin^2.\ L)^{\frac{1}{2}}}{sin.\ L} \ldots\ldots (28)$$

Le point *M* est celui où la normale coupe le grand axe, et *CM* augmentant comme le sinus de la latitude, il en résulte que deux normales ne sauroient se rencontrer dans l'axe si les latitudes sont différentes; et si les normales sont aussi dans deux méridiens différens elles ne se rencontreront nulle part, car les plans de ces méridiens n'ont de points communs que ceux qui sont dans l'axe.

Soient A et A' (*pl. XI*, *fig.* 20) deux points dont les latitudes soient L et $L' = (L + dL)$, nous aurons, en supposant $m = 1$:

$$CM = \sin^2. I. \sin. L + \tfrac{1}{2}. \sin^4. I. \sin^3. L + \tfrac{1}{8}. \sin^6. I. \sin^5. L$$

$$CM' = \sin^2. I. \sin. L' + \tfrac{1}{2}. \sin^4. I. \sin^3. L' + \tfrac{1}{8}. \sin^6. I. \sin^5. L'$$

$$\begin{aligned}
CM' - CM &= e^2. \sin. (L' - \sin. L) + \tfrac{1}{2} e^4. (\sin^3. L' - \sin^3. L) \\
&= e^2. 2 \sin. \tfrac{1}{2}. (L' - L). \cos. \tfrac{1}{2}. (L' + L) \\
&\quad + \tfrac{1}{2} e^4. (\tfrac{3}{4}. \sin. L' - \tfrac{3}{4}. \sin. L - \tfrac{1}{4}. \sin. 3 L' + \tfrac{1}{4}. \sin. 3 L) \\
&= e^2. \sin. dL. \cos. (L + \tfrac{1}{2} dL) + \tfrac{3}{8} e^4. 2 \sin. \tfrac{1}{2} dL. \cos. (L + \tfrac{1}{2} dL) \\
&\quad - \tfrac{1}{8} e^4. 2 \sin. \tfrac{3}{2} dL. \cos. \tfrac{3}{2}. (L' + L) \\
&= e^2. \sin. dL. \cos. L. \cos. \tfrac{1}{2} dL - e^2. \sin. dL. \sin. L. \sin. \tfrac{1}{2} dL \\
&\quad + \tfrac{3}{8} e^4. \sin. dL. \cos. L - \tfrac{3}{8} e^4. \sin. dL. \cos. 3 L \\
&= (e^2 + \tfrac{3}{8} e^4). \sin. dL. \cos. L - \tfrac{1}{2} e^2. \sin^2. dL. \sin. L \\
&\quad - \tfrac{3}{8} e^4. \sin. dL. \cos. 3 L \\
&= e^2. \sin. dL. \cos. L - \tfrac{1}{2} e^2. \sin^2. dL. \sin. L \\
&\quad + \tfrac{3}{8} e^4. \sin. dL. (\cos. L - \cos. 3 L) \\
&= e^2. \sin. dL. \cos. L - \tfrac{1}{2} e^2. \sin^2. dL. \sin. L \\
&\quad + \tfrac{3}{4}. e^4. \sin. dL. \sin. L. \sin. 2 L \\
&= e^2. \sin. dL. \cos. L - \tfrac{1}{2} e^2. \sin^2. dL. \sin. L \\
&\quad + \tfrac{3}{2} e^4. \sin. dL. \sin^2. L. \cos. L \; \ldots\ldots\ldots\ldots \quad (29)
\end{aligned}$$

$\sin. I$ est un facteur de l'ordre de dL. on voit donc que nous avons négligé tous les termes qui passent le troisième ordre. Ceux du quatrième sont en effet insensibles, et nous verrons même que ceux du troisième n'auront presque jamais d'effet qu'on ne puisse négliger.

L'angle $MAM' = PMA - PM'A = (90° - L) - (90° - L - x) = x$ est l'erreur de la latitude quand on la rapporte à l'oblique AM' au lieu de la rapporter à la normale AM. Or

$$MAM' = \left(\frac{MM'}{AM}\right).\, sin.\,(AMM') + \tfrac{1}{2}.\left(\frac{MM'}{AM}\right)^2.\, sin.\, 2\,(AMM') + \tfrac{1}{3}\text{ etc.}$$

$$= \left(\frac{CM' - CM}{AM}\right).sin.(180^\circ - 90 + L) + \tfrac{1}{2}.\left(\frac{CM' - CM}{AM}\right)^2.sin.(180 + 2L) + \tfrac{1}{3}\text{ etc.}$$

$$= \left(\frac{CM' - CM}{AM}\right).\, sin.\,(90^\circ + L) - \tfrac{1}{2}.\left(\frac{CM' - CM}{AM}\right).\, sin.\, 2L + \tfrac{1}{3}\text{etc.}$$

$$= \left(\frac{CM' - CM}{AM}\right).\, cos.\, L - \tfrac{1}{2}.\left(\frac{CM' - CM}{AM}\right).\, sin.\, 2L + \text{etc.}$$

mais

$$(CM' - CM) = e^2.\, sin.\, dL.\, cos.\, L - \tfrac{1}{2}\, e^2.\, sin^2.\, dL.\, sin.\, L + \tfrac{1}{2}\, e^4\, dL.\, sin^2.\, L.\, cos.\, L$$

$$\frac{1}{AM} = (1 - e^2.\, sin^2.\, L)^{\frac{1}{2}} = 1 - \tfrac{1}{2}\, e^2.\, sin^2.\, L - \tfrac{1}{2}.\tfrac{1}{4}\, e^4.\, sin^4.\, L$$

$$\frac{CM' - CM}{AM} = (e^2.\, sin.\, dL.\, cos.\, L - \tfrac{1}{2}\, e^2.\, sin^2.\, dL.\, sin.\, L + \tfrac{1}{2}\, e^4.sin.dL\, sin^2.L.cos.L).\,(1 - \tfrac{1}{2}e^2.sin^2.\, L - \tfrac{1}{8}e^4.sin^3.L)$$

$$= e^2.\, sin.\, dL.\, cos.\, L - \tfrac{1}{2}\, e^2.\, sin^2.\, dL.\, sin.\, L. + e^4.\, sin.\, dL.\, sin^2.\, L.\, cos.\, L$$

Donc

$$MAM' = x = e^2.\, sin.\, dL.\, cos^2.\, L - \tfrac{1}{2}\, e^2.\, sin^2.\, dL.\, sin.\, L.\, cos.\, L + e^4.\, sin.\, dL.\, sin^2.\, L.\, cos^2.\, L - e^4.\, sin^2.\, dL.\, sin.\, L.\, cos^5.\, L$$

$$= e^2.sin.\delta.cos.Z.cos^2.L - \tfrac{1}{2}e^2.sin^2.\delta.cos^2.Z.\, sin.\, L.\, cos.\, L + e^4.\, sin.\, \delta.\, cos.\, Z.\, sin^2.\, L.\, cos^2.\, L \;\ldots\ldots\ldots \quad (30)$$

car, soit δ l'arc de distance entre les deux signaux à la surface de la terre, $dD = \delta.\, cos.\, Z$, à fort peu près.

Les plans $AA'M$ et AAM' ont pour intersection commune la corde AA' autour de laquelle ils font un angle qu'il faut évaluer.

Soit (*fig.* 21) CMM' une partie de l'axe de la terre

dont C est le centre ; AA' la corde de l'arc de distance entre deux signaux ; AM et $A'M'$ les deux normales. Du point A et du rayon arbitraire Aa décrivons les trois arcs an, nm et ma ; ils formeront un triangle sphérique. L'arc nm mesurera l'angle $MAM' = x$ que nous venons de déterminer. an et am sont les angles que fait la corde AR' avec la normale AM et l'oblique AM. Ces angles diffèrent très-peu de 90°, et valent $90° - \frac{1}{2}\delta$ à très-peu près.

anm est le supplément à 180° de l'azimut A' sur l'horizon de A compté du nord, et l'angle extérieur $an\omega$ est cet azimut ; amn est l'azimut rapporté à la ligne oblique AM' ; l'angle nam est l'angle des deux plans à leur intersection en AA'. Or

$$sin.\ ma : sin.\ n :: sin.\ nm : sin.\ a = \frac{sin.\ mn.\ sin.\ n}{sin.\ ma} = \frac{sin\ x.\ sin.\ Z}{cos.\ \frac{1}{2}\delta}$$

donc

$$\begin{aligned} nam = \frac{x.\ sin\ Z}{cos.\ \frac{1}{2}\delta} &= x.\ sin.\ Z. = e^{2}\ \delta.sin.\ Z.\ cos.\ Z.\ cos^{2}.\ L \\ &= 2\ a\delta.\ sin.\ Z.\ cos.\ Z.\ cos^{2}.\ L \\ &= a\delta.\ sin.\ 2\ Z.\ cos^{2}.\ L \ \ldots\ldots\ldots\ (31) \end{aligned}$$

quantité du second ordre et toujours fort petite. Remarquons que $e^2 = 2\,a$ est quantité du premier ordre. a est ici l'aplatissement.

Le même triangle sphérique donne encore

$$\begin{aligned} tang.\ m &= \frac{sin.\ n}{sin.\ mn.\ cot.\ an.\ -\ cos.\ mn.\ cos.\ n} \\ &= \frac{sin.\ Z}{sin.\ x.\ tang.\ \frac{1}{2}\delta + cos.\ x.\ cos.\ Z} \end{aligned}$$

$$\text{tang.}\, Z - \text{tang.}\, m = \frac{\sin.\,(Z-m)}{\cos.\, Z.\, \cos\, m} = \text{tang.}\, Z - \frac{\sin.\, Z}{\sin.\, x.\, \text{tang.}\, \frac{1}{2}\, \delta + \cos.\, x.\, \cos.\, Z}$$

$$= \frac{\text{tang.}\, Z.\, \sin.\, x.\, \text{tang.}\, \frac{1}{2}\, \delta + \sin.\, Z.\, \cos.\, x - \sin.\, Z}{\sin.\, x.\, \text{tang.}\, \frac{1}{2}\, \delta + \cos.\, x.\, \cos.\, Z}$$

ou

$$\sin.\,(Z-m) = \frac{\text{tang.}\, x.\, \text{tang.}\, \frac{1}{2}\, \delta.\, \text{tang.}\, Z - 2\, \sin.\, Z.\, \sin^2.\, \frac{1}{2}\, x\, \cos.\, m}{1 + \text{tang.}\, \frac{1}{2}\, \delta.\, \sin.\, x}$$

ou bien en raison de ce que Z diffère très-peu de m

$$(Z-m) = x.\, \text{tang.}\, \frac{1}{2}\, \delta.\, \sin^2. - \text{etc.}$$

$$= \frac{1}{4}\, e^2\, \delta.\, \text{tang.}\, \delta.\, \sin.\, 2\, Z.\, \cos^2.\, L \;\ldots\; (32)$$

quantité du troisième ordre qui est toujours insensible. On peut donc supposer qu'il n'y a aucune différence entre l'azimut rapporté à la normale et l'azimut rapporté à l'oblique AM', terminée au pied de la normale $A'M'$.

L'arc du cercle AA' tracé dans le plan $AA'M$ n'a que les deux points A et A' de commun avec l'arc AA' tracé dans le plan $AA'M'$; le plus grand écart de ces deux arcs sera vers le milieu. Pour le mesurer nous avons déja l'angle des deux plans (formule 31); l'arc étant δ la corde sera $2\, \sin.\, \frac{1}{2}\, \delta$; la flèche, $1 - \cos.\, \frac{1}{2}\, \delta = 2\, \sin^2.\, \frac{1}{4}\, \delta$: l'écart des deux arcs ou le petit arc qui en joindra les milieux sera donc $2\,(nam)\, \sin^2.\, \frac{1}{4}\, \delta$.

$$\text{ou } e^2\, \delta.\, \sin.\, 2\, Z.\, \cos^2.\, L\, \sin^2.\, \frac{1}{4}\, \delta = \frac{1}{16}\, e^2.\, \sin^3.\, \delta.\, \sin.\, 2\, Z.\, \cos^2.\, L. \;.\; (33)$$

La longueur de nos petits arcs, qui seroit M' dans la sphère avec le rayon $= 1$, sera

$$M'\,(1 - e^2.\, \sin^2.\, L)^{\frac{1}{2}} \quad \text{ou} \quad M'\,(1 + \varepsilon^2.\, \sin^2.\, L')^{\frac{1}{2}}$$

selon que, pour l'évaluer, nous prendrons la normale AM ou la normale $A'M'$. Or

$$M'(1 - e^2.\ sin^2.\ L')^{\frac{1}{2}} = M' - \tfrac{1}{2}\ e^2.\ sin^2.\ L'$$
$$M\ (1 - e^2.\ sin^2.\ L)^{\frac{1}{2}} = M - \tfrac{1}{2}\ e^2.\ sin^2.\ L$$

La différence sera . . $= - M\ (\tfrac{1}{2}\ e^2.\ sin^2.\ L' - sin^2.\ L)$

$$= - M\ \tfrac{1}{2}\ e^2.\ sin.\ (L' - L).\ sin.\ (L + L')$$
$$= - \tfrac{1}{2}\ e^2\ M\ sin.\ dL.\ sin.\ 2\ L$$
$$= - \tfrac{1}{2}\ e^2\ M^2.\ cos.\ Z.\ sin.\ 2\ L\ \ldots\ldots \quad (34)$$

quantité du troisième ordre, et qu'on pourra toujours négliger, car elle n'est pas de 0^t06 sur le plus grand de nos côtés entre Dunkerque et Barcelone, et elle ne sera guère plus considérable dans les côtés qui joindront Ivice au continent, puisque Z alors différera peu de 90°, et *cos.* Z sera par conséquent une petite fraction.

Soit AA' l'élément de la courbe du méridien, $AA' = dA$ (*fig.* 19).

$$A'u = dA.\ sin.\ L = - dCF = - d\left(\frac{m.\ cos.\ L}{(1 - sin^2.\ I.\ sin^2.\ L)^{\frac{1}{2}}}\right)$$
$$= - \frac{md.\ cos.\ L}{(1\ sin^2.\ I.\ sin^2.\ L)^{\frac{1}{2}}}$$
$$- \frac{\frac{1}{2}\ m.\ cos.\ L.\ d.\ (1 - sin^2.\ I.\ sin^2.\ L)}{(1 - sin^2.\ I.\ sin^2.\ L)^{\frac{3}{2}}}$$
$$= \frac{m\,dL\ (1 - sin^2.\ I).\ sin.\ L}{(1 - sin^2.\ I.\ sin^2.\ L)^{\frac{3}{2}}}$$

donc

$$\frac{dA}{dL} = \frac{m.\ cos^2.\ I}{(1 - sin^2.\ I.\ sin^2.\ L)^{\frac{3}{2}}} \ldots\ldots\ldots\ldots \quad (35)$$

$\frac{dA}{dL}$ est le rayon de courbure du méridien. Soit r ce rayon :

$$r = m.\ cos^2.\ I.\ (1 - sin^2.\ I.\ sin^2.\ L)^{-\frac{3}{2}} \ldots\ldots\ldots \quad (36)$$

$$log.r = log.m + 2\,log.cos.I + K\left(\begin{array}{l}\tfrac{3}{2}.sin^2.I.sin^2.L + \tfrac{3}{2}.\tfrac{5}{4}.sin^4.I.sin^4.L \\ + \tfrac{3}{2}.\tfrac{5}{4}.\tfrac{7}{6}.sin^6.I.sin^6.L)\ \ldots\end{array}\right).(37)$$

L'équation 35 donne

$$m = \left(\frac{dA}{dL}\right) \cdot \frac{(1 - sin^2.\ I.\ sin^2.\ L)^{\frac{3}{2}}}{cos^2.\ I} \ldots\ldots\ldots \quad (37)$$

C'est le rayon de l'équateur ; ainsi, pour le déterminer, il suffit de connoître à une latitude donnée L le rapport $\left(\frac{dA}{dL}\right)$ ou le nombre de toises dA qui répond à un changemeut dL de latitude. Alors, quand on connoît m on s'en sert pour trouver $n = m.\ cos.\ I.$

Si l'on développe l'expression

$$\frac{dA}{m.\ dL.\ cos^2.\ I} = (1 - sin^2.\ I.\ sin^2.\ L)^{-\frac{3}{2}}$$

on aura, en mettant e^2 pour $sin^2.\ I$,

$$\begin{aligned}
\frac{dA}{m.\ dL.\ cos^2.\ I} &= 1 + \frac{3}{2}\,e^2.\ sin^2.\ L + \frac{3}{2}.\frac{5}{4}\,e^4.\ sin^4.\ L \\
&\quad + \frac{3}{2}.\frac{5}{4}.\frac{7}{6}\,e^6.\ sin^6.\ L + \text{etc.} \\
&= 1 + \frac{3}{2}\ \frac{2}{1.2^2}\,e^2 + \frac{3.5}{2.4}.\frac{4.3}{1.2.2^4}\,e^4 \\
&\quad + \frac{3.5.7}{2.4.6}.\frac{6.5.4}{1.2.3.2^6}\,e^6 \\
&\quad + \frac{3.5.7.9}{2.4.6.8}.\frac{8.7.6.5}{1.2.3.4.2^8}\,e^8 + \text{etc.} \\
&\quad - \left\{\begin{aligned} &\frac{3}{2}.\frac{1}{2}\,e^2 + \frac{3.5}{2.4}.\frac{4}{2^3}\,e^4 \\ &+ \frac{3.5.7}{2.4.6}.\frac{6.5}{1.2.2^5}\,e^6 \\ &+ \frac{3.5.7.9}{2.4.6.8}.\frac{8.7.6}{1.2.3.2^7} \end{aligned}\right\}.\ cos.\ 2\ L \\
&\quad + \left\{\begin{aligned} &\frac{3.5}{2.4}.\frac{1}{2}\,e^4 + \frac{3.5.7}{2.4.6}.\frac{6}{2.2^5}\,e^6 \\ &+ \frac{3.5.7.9}{2.4.6.8}.\frac{8.7}{1.2.2^7}\,e^8 \end{aligned}\right\}.\ cos.\ 4\ L \\
&\quad - \left(\frac{3.5.7}{2.4.6}.\frac{1}{2^5}\,e^5 + \frac{3.5.7.9}{2.4.6.8}.\frac{8}{1.2^7}\,e^8\right).\ cos.\ 6\ L \\
&\quad + \left(\frac{3.5.7.9}{2.4.6.8}.\frac{1}{2^7}\,e^8\right).\ cos.\ 8\ L
\end{aligned}$$

La loi de cette série est assez évidente pour que l'on puisse la continuer à volonté. En intégrant on aura

$$\frac{A}{cos^2. I} = \left\{ \begin{array}{l} 1 + \frac{3}{2}. \frac{2}{1.2^2} e^2 + \frac{3.5}{2.4}. \frac{4.3}{1.2.2^4} e^4 + \frac{3.5.7}{2.4.6}. \frac{6.5.4}{1.2.3.2^6} e^6 \\ + \frac{3.5.7.9}{2.4.6.8}. \frac{8.7.6.5}{1.2.3.4.2^8} e^8 \end{array} \right\} L$$

$$- \frac{1}{2} \left\{ \begin{array}{l} \frac{3}{2}. \frac{1}{2} e^2 + \frac{3.5.4}{2.4.2^3} e^4 + \frac{3.5.7}{2.4.6}. \frac{6.5}{1.2.2^5} e^6 \\ + \frac{3.5.7.9}{2.4.6.8}. \frac{8.7.6}{1.2.3.2^7} e^8 \end{array} \right\} . sin. 2 L.$$

$$+ \frac{1}{4} \left(\frac{3}{2}. \frac{5}{4}. \frac{1}{2^3} e^4 + \frac{3.5.7}{2.4.6}. \frac{6}{1.2^5} e^6 + \frac{3.5.7.9}{2.4.6.8}. \frac{8.7}{1.2.3.2^7} e^8 \right) . sin. 4 L$$

$$- \frac{1}{6} \left(\frac{3.5.7}{2.4.6}. \frac{1}{2^5} e^6 + \frac{3.5.7.9}{2.4.6.8}. \frac{8}{1.2}. \frac{7}{2^7} e^8 \right) . sin. 6 L$$

$$+ \frac{1}{8} \left(\frac{3.5.7.9}{2.4.6.8}. \frac{1}{2^7} e^8 \right) . sin. 8 L - \text{etc.} \ldots \quad (39)$$

Il n'y a pas de constante à ajouter, parce que A et L deviennent zéro en même temps. Cette série donne donc la valeur d'un arc quelconque du méridien commençant à l'équateur, et terminé au point où la latitude est L. Elle se réduira au premier terme si $L = 90°$.

Soit, pour abréger,

$$\frac{A}{cos^2. I} = aL - \beta. sin. 2 L + \gamma. sin. 4 L - \delta. sin. 6 L + \epsilon. sin. 8 L$$

Soit un autre arc dont la latitude extrême soit L', on aura de même

$$\frac{A'}{cos^2. I} = aL' - \beta. sin. 2 L' + \gamma. sin. 4 L' - \delta. sin. 6 L' + \epsilon. sin. 8 L'$$

d'où

$$\begin{aligned} \frac{(A' - A)}{cos^2. I} &= \alpha. (L' - L) - \beta. (sin. 2 L' - sin. 2 L) + \gamma. (sin. 4 L' - sin. 4 L) \\ &\quad - \delta. (sin. 6 L' - sin. 6 L) \\ &= \alpha. (L' - L) - 2 \beta. sin. (L' - L). cos. (L' + L) \\ &\quad + 2 \gamma. sin. 2 (L' - L). cos. 2 (L' + L) \\ &\quad - 2 \delta. sin. 2 (L' - L). cos. 3 (L' + L) \end{aligned}$$

Soit Q le quart du méridien $\frac{Q}{\cos^2 . I} = \alpha\, 90°$. Donc

$$\frac{Q}{-A} = \frac{Q.\ \sec^2 . I}{(A' - A).\ \sec^2 . I}$$

$$= \left[\frac{\alpha.\ 90°}{\alpha(L'-L) - 2\beta.\sin.(L'-L).\cos.(L'+L) + 2\gamma.\sin.2(L'-L).\cos.2(L'+L) - 2\delta.\sin.3(L'-L).\cos.3(L'+L)}\right]$$

En se bornant aux e^6, qui suffiront toujours,

$$\alpha = 1 + \frac{3}{4}e^2 + \frac{45}{64}e^4 + \frac{175}{256}e^6,$$

$$\beta = \frac{3}{8}e^2 + \frac{15}{32}e^4 + \frac{525}{1024}e^6,$$

$$\gamma = \frac{15}{256}e^4 + \frac{105}{1024}e^6$$

$$\delta = \frac{35}{3072}e^6$$

$$\frac{2\beta}{\alpha} = \frac{3}{4}e^2 + \frac{3}{8}e^4 + \frac{111}{512}e^6$$

$$\frac{2\gamma}{\alpha} = \frac{15}{128}e^4 + \frac{15}{128}e^6$$

$$\frac{2\delta}{\alpha} = \frac{35}{1536}e^6$$

On peut même supprimer les e^6, qui ne font pas une toise sur le quart du méridien, et l'on aura

$$Q = \left(\frac{A'-A}{L'-L}\right).\ (90°).\ \left[1 + \frac{3}{4}e^2 + \frac{3}{8}e^4\right].\ \frac{\sin.\ (L'-L).\ \cos.\ (L'+L)}{(L'-L)}$$

$$+ \frac{9}{16}e^4.\ \frac{\sin^2.\ (L'-L.)\ \cos^2.\ (L'+L)}{(L'-L)^2}$$

$$- \frac{15}{128}e^4.\ \frac{\sin.\ 2\ (L'-L.)\ \cos.\ 2\ (L'+L)}{(L'-L)} \quad \ldots\ldots\ldots\ldots\ 40$$

Si $(A' - A)$ est donné en toises, le quart du méridien sera pareillement en toises; pour l'avoir en lignes il faudra le multiplier par 864; le mètre en sera la dix-millionième partie.

Soit μ le mètre en lignes,

$$\mu = 0.0000864.(1.570796326795).(A'-A).\left\{\begin{array}{l} 1+\left(\frac{3}{4}e^2+\frac{3}{8}e^4\right).\frac{\sin.(L'-L).\cos.(L'+L)}{(L'-L)} \\ +\frac{9}{16}e^4.\sin^2.(L'-L).\cos^2.(L'+L) \\ -\frac{15}{128}e^4.\frac{\sin.2.(L'-L).\cos.2\,(L'+L)}{(L'-L)} \end{array}\right\}$$

$$= \frac{0.0001357168026 35.(A'-A)}{(L'-L)}\left\{\begin{array}{l} 1+\frac{3}{4}.\left(e^2+\frac{1}{2}e^4\right).\frac{\sin^2.(L'-L).\cos.(L'+L)}{(L'-L)} \\ +\frac{9}{16}e^4.\frac{\sin^2.(L'-L).\cos^2.(L'+L)}{(L'-L)^2} \\ -\frac{15}{128}e^4.\frac{\sin.2\,(L)-L'.\cos.2\,(L'+L)}{(L'-L)} \end{array}\right\} \quad (41)$$

Si l'on a deux arcs différens, pour évaluer le mètre on laissera indéterminées e^2 et e^4, et l'on en tirera la valeur de e^2 en résolvant une équation du second degré.

Si l'aplatissement étoit nul, la valeur du mètre se réduiroit au premier terme. Les trois suivans sont donc la correction due à l'aplatissement.

Si l'on avoit $(L+L') = 90^\circ$, la correction se réduiroit au terme

$$+\frac{0.0001357168.(A-A')}{(L-L')}.\frac{13}{128}e^4.\frac{\sin.2\,(L-L')}{(L-L')}$$

quantité presque insensible.

La latitude de Montjouy	=	41° 21′ 45″
Celle du Panthéon	=	48° 50′ 50″
$L'L$.	=	90° 12′ 35″

La correction d'aplatissement sera donc encore bien légère :

$$Q = m\alpha.\cos^2.I.(90^\circ) = m\alpha.(1-e^2).(90^\circ)$$
$$= m.(90^\circ).(1-\tfrac{1}{4}e^2-\tfrac{3}{64}e^4-\tfrac{5}{256}e^6).\ .\ .\ .\ .\ (42)$$

Donc

$$\begin{aligned}\tfrac{1}{90}\, Q &= m\ 1^\circ.\ (1 - \tfrac{1}{4}\, e^2 - \tfrac{3}{64}\, e^4 - \tfrac{5}{256}\, e^6) \\ &= m\ 1^\circ.\ (1 - e^2).\ (1 - \tfrac{3}{4}\, e^2 + \tfrac{45}{64}\, e^4 + \tfrac{177}{256}\, e^6)\ .\ .\ \ (43)\end{aligned}$$

c'est le degré moyen.

L'expression générale d'un degré est

$$1^\circ.\ (1 - e^2).\ (1 - e^2.\ sin^2.\ L)^{\frac{3}{2}}$$

Égalant ces deux valeurs on a

$$1 - e^2.\ sin^2.\ L = (1 + \tfrac{3}{4}\, e^2 + \tfrac{45}{64}\, e^4 + \tfrac{179}{256}\, e^6)^{-\frac{2}{3}}$$

d'où

$$e^2.\ sin^2\ L = \tfrac{1}{2}\, e^2 + \tfrac{5}{32}\, e^4 + \tfrac{5}{64}\, e^6$$

et

$$sin^2.\ L = \tfrac{1}{2} + \tfrac{5}{32}\, e^2 + \tfrac{5}{64}\, e^4 .\ .\ .\ .\ .\ .\ .\ .\ .\ (44)$$

On voit donc que la latitude du degré moyen diffère très-peu de 45°, car $sin^2.\ 45^\circ = \frac{1}{2}$:

$$sin^2.\ L - sin^2.\ 45^\circ = \tfrac{5}{32}\, e^2 + \tfrac{5}{64}\, e^4 = sin.\ (L - 45^\circ).\ sin.\ (L + 45^\circ)$$

Soit

$$x = (L - 45^\circ)$$

donc

$$sin.\ x.\ cos.\ x = \tfrac{1}{2}.\ sin.\ 2\ x = \tfrac{5}{32}\, e^2 + \tfrac{5}{64}\, e^4 = \tfrac{5}{32}\, e^2.\ (1 + \tfrac{1}{2}\, e^2)$$

et

$$\begin{aligned}sin^2.\ x &= \tfrac{5}{16}.\ (e^2).\ (1 + \tfrac{1}{2}\, e^2) = \tfrac{5}{16}\, e^2.\ (1 + \tfrac{1}{2}\, e^2) \\ &= \tfrac{5}{16}.\ (2\ a + a^2 - 2\ a^3 + a^4) = \tfrac{5}{16}\ 2\ a\end{aligned}$$

ou

$$sin.\ x = \tfrac{5}{16}\ a \text{ à fort peu près}$$

$$x = \frac{a}{3.\ 2.\ sin.\ 1''} = \frac{10\ a}{sin.\ 32''} = \frac{10\ a}{sin.\ 320''}$$

Soit

$$a = \tfrac{1}{230};\quad x = 4'\ 20''$$

Soit

$$a = \tfrac{1}{300};\quad x = 3'\ 25''$$

Ainsi il faudroit que la latitude moyenne fût de . . .	45° 3′ ou 4′
Celle de Dunkerque étant de	51° 2′
Le demi-arc seroit	5° 59′
Et la plus petite latitude	39° 4′

M. Méchain se proposoit de prolonger notre méridien jusqu'au pic de Los-Masons, dans Ivice. La latitude de ce point est 39° 7′ environ. Ainsi l'arc entier auroit eu la condition requise, à 3 ou 4′ près.

Nous aurons trouvé

$$\frac{A'-A}{Q}=\frac{\alpha.(L'-L)-2\beta.\sin.(L'-L).\cos.(L'+L)+2\gamma.\sin.2(L'-L).\cos.2(L'+L)-2\delta.\sin.3(L'-L).\cos.3(L'+L)\ldots}{\alpha\,90^{\circ}=\alpha\,\frac{1}{2}\pi}$$

Donc

$$A'-A=\frac{2Q}{\pi}\left\{\begin{array}{l}(L'-L)-\frac{2\beta}{\alpha}.\sin.(L'-L).\cos.(L'+L)\\ +\frac{2\gamma}{\alpha}.\sin.2(L'-L).\cos.2(L'+L)\\ -\frac{2\delta}{\alpha}.\sin.3(L'-L).\cos.3(L'+L)\end{array}\right\}$$

$$=\frac{2Q}{\pi}\left\{\begin{array}{l}(L'-L)\\ -[\frac{3}{4}e^2+\frac{3}{8}e^4\frac{111}{512}e^6.\sin.(L'-L).\cos.(L'+L)]\\ +\frac{15}{128}.(e^4+e^6.\sin.)\,2(L'-L).\cos.2(L'+L)\\ -\frac{35}{1536}e^6.\sin.3(L'-L).\cos.3(L'+L)\end{array}\right\}\quad(45)$$

Cette formule donnera directement un arc quelconque du méridien, compris entre les parallèles dont les latitudes sont L et L'.

Si l'on suppose $L=0$, on aura la distance à l'équateur

$$A=\frac{2Q}{\pi}.\left\{\begin{array}{l}L'-(\frac{3}{8}e^2+\frac{3}{16}e^4+\frac{111}{1024}e^6).\sin.2L'\\ \quad+\frac{15}{256}(e^4+e^6).\sin.4LL'-\frac{35}{3072}e^6.\sin.6L'\end{array}\right\}\quad(46)$$

Si l'on suppose $L' = 90°$, on aura la distance au pôle

$$A' - A = \frac{2Q}{\pi} . \left\{ \begin{array}{l} (90° - L) + (\frac{3}{8} e^4 + \frac{3}{16} e^6). \ sin. \ 2 L \\ \quad - (\frac{15}{256} . (e^4 + e^6). \ sin. - 4 L \\ \quad + (\frac{35}{3072} . e^6 . \ sin. \ 6 L' \end{array} \right\} \quad (47)$$

On aura le rayon de l'équateur par la formule (42), qui donne

$$m = \frac{Q}{(1 - e^2) . \alpha . 90°} = \frac{2Q}{\pi . (1 - \frac{1}{4} e^2 - \frac{3}{64} e^4 - \frac{5}{256} e^6)}$$
$$= \frac{2Q}{\pi} . (1 + \frac{1}{4} e^2 + \frac{7}{64} e^4 + \frac{15}{256} e^6) \ldots\ldots (48)$$

Ensuite

$$n = m . (1 - e^2)^{\frac{1}{2}} = m . (1 - \frac{1}{2} e^2 - \frac{1}{8} e^4 - \frac{1}{16} e^6)$$
$$= \frac{2Q}{\pi} . (1 - \frac{1}{4} e^2 - \frac{9}{64} e^4 - \frac{23}{256} e^6) \ldots\ldots\ldots (49)$$

d'où

$$\frac{m - n}{m} = \frac{1}{2} e^2 + \frac{1}{8} e^4 + \frac{1}{16} e^6 = aplatissement \ldots (50)$$

On trouveroit la même chose plus directement par la formule

$$1 - a = (1 - e^2)^{\frac{1}{2}} = 1 - \frac{1}{2} e^2 - \frac{1}{8} e^4 - \frac{1}{16} e^6)$$
$$1 - e^2 = 1 - 2a + a^2$$

Donc

$$e^2 = 2a - a^2; \quad e^4 = 4a^2 - 4a^3 + a^4 \quad e^6 = 8a^3$$

Donc

$$m = \frac{2Q}{\pi} . (1 + \frac{1}{2} a + \frac{3}{16} a^2 + \frac{1}{32} a^3) \ldots\ldots (51)$$

$$n = \frac{2Q}{\pi} . (1 - \frac{1}{2} a - \frac{5}{16} a^2 - \frac{5}{32} a^3) \ldots\ldots (52)$$

$$log.\ m = log.\left(\frac{2\,Q}{\pi}\right) + K.\left[\left(\tfrac{1}{4}e^2 + \tfrac{7}{64}e^4 + \tfrac{15}{256}e^6\right) - \tfrac{1}{2}(\,)^2 + \tfrac{1}{3}(\,)^3\right]$$

$$= log.\left(\frac{2\,Q}{\pi}\right) + K.\ \left(\tfrac{1}{4}e^2 + \tfrac{5}{4}e^4 + \tfrac{3}{262}e^6\right)\ \ldots\ldots\ (53)$$

$$= log.\left(\frac{2\,Q}{\pi}\right) + K.\ \left(\tfrac{1}{2}\alpha + \tfrac{1}{16}\alpha^2 - \tfrac{1}{48}\alpha^3\right)\ \ldots\ldots\ (54)$$

$$log.\ n = log.\left(\frac{2\,Q}{\pi}\right) - K.\left[\left(\tfrac{1}{4}e^2 + \tfrac{9}{64}e^4 + \tfrac{23}{256}e^6\right) - \tfrac{1}{2}(\,)^2 + \tfrac{1}{3}(\,)^3\right]$$

$$= log.\left(\frac{2\,Q}{\pi}\right) - K.\ \left(\tfrac{1}{4}e^2 + \tfrac{7}{64}e^4 + \tfrac{23}{384}e^6\right)\ \ldots\ldots\ (55)$$

$$= log.\left(\frac{2\,Q}{\pi}\right) - K\ \left(\tfrac{1}{2}\alpha + \tfrac{7}{16}\alpha^2 + \tfrac{17}{48}\alpha^3\right)\ \ldots\ldots\ (56)$$

$(\,)^2$ $(\,)^3$ sont des expressions abrégées des puissances du terme précédent.

Ces formules nous serviront à calculer les logarithmes des deux axes, quand nous aurons le quart du méridien et l'aplatissement. Nous savons d'avance que le quart du méridien sera de 10000000 de mètres : Ainsi 2 Q = 20.0000.00 mètres, quelle que soit la valeur du mètre en parties de la toise.

Nous aurons donc

$$log.\ 2\ Q = 7.30102.99957$$

Or

$$C.\ log.\ \pi = 9.50285.01273$$

donc

$$log.\left(\frac{2\,Q}{\pi}\right) = 6.80388.01230$$

c'est la constante des logarithmes de m et de n ou des deux demi-axes.

Nous avons donné ci-dessus (16) la formule qui sert à calculer le logarithme du rayon d'un parallèle quelconque. En ajoutant à ce dernier logarithme celui d'un arc quelconque exprimé en parties du rayon, ou *log.* (arc en secondes) + *log. sin.* 1″, on aura la valeur de cet arc en mètres.

La formule (46) donneroit un arc quelconque du méridien en prenant l'équateur pour point de départ On réduiroit en secondes la latitude L, et *log.* L' seroit *log.* (L' en secondes) + *log. sin.* 1″.

La formule (45) donneroit l'arc terminé par les latitudes L et L'.

La formule (47) donneroit la distance au pôle pour un point quelconque du méridien.

Les formules (17 - 24 serviroient enfin à calculer toutes les parties de l'ellipsoïde terrestre, et former une table beaucoup plus complète encore que celle qui est dans le tome III des *Tables de Berlin*, pag. 164 et suivantes.

Si l'on veut le degré qui est égal à celui de la sphère circonscrite, la formule sera

$$(1 - e^2).(1 - e^2.\sin^2.L)^{-\frac{3}{2}} = 1$$

d'où

$$\sin^2.L = \frac{1-(1-e^2)^{\frac{2}{3}}}{e^2} = \tfrac{2}{3}\left(1 + \tfrac{1}{6}e^2 + \tfrac{1}{6}.\tfrac{4}{9}e^4 + \tfrac{1}{6}.\tfrac{4}{9}.\tfrac{7}{12}e^6\right)\ .\ . \quad (57)$$

On voit donc que L diffère peu de l'arc qui a pour sinus $\sqrt{\tfrac{2}{3}}$

Veut-on le degré égal à celui de la sphère inscrite, la formule sera

$$(1 - e^2)^{\frac{1}{2}} = (1 - e^2.\sin^2.L)^{\frac{3}{2}}$$

$$(1 - e^2) = (1 - e^2.\sin^2.L)^3$$

ou

$$(1 - e^2)^{\frac{1}{3}} = 1 - e^2.\sin^2.L$$

$$\sin^2.L = \frac{1-(1-e^2)^{\frac{1}{3}}}{e^2}$$

$$\sin^2.L = \tfrac{1}{3} + \tfrac{1}{3}.\tfrac{2}{6}e^2 + \tfrac{1}{3}.\tfrac{2}{6}.\tfrac{5}{9}.e^4 + \tfrac{1}{3}.\tfrac{2}{6}.\tfrac{5}{9}.\tfrac{8}{12}e^6\ .\ .\ .\ . \quad (50)$$

Ces deux latitudes diffèrent donc très-peu de celles qui ont pour sinus $\sqrt{\frac{2}{3}}$ et $\sqrt{\frac{1}{3}}$. Ces deux dernières latitudes sont complémens l'une de l'autre à 90°.

Ces différentes formules nous seront utiles, soit pour calculer la grandeur du méridien et le mètre, soit pour distinguer les quantités qu'il nous sera permis de négliger, d'avec celles qu'il faudra faire entrer dans nos calculs. Nous allons d'abord chercher les moyens de résoudre les triangles primitifs entre Dunkerque et Barcelone, et de déterminer la longueur de tous leurs côtés d'après les bases que nous avons mesurées à Melun et à Perpignan.

Courbure des bases.

Par le soin que nous avons pris de réduire à l'horizon toutes les règles que l'inégalité du terrain nous forçoit de placer dans des plans inclinés, notre base est composée d'une suite de lignes droites de deux toises et quelques lignes chacune, en y comprenant la languette de chaque règle; le tout formant un polygone de 3021 côtés à Melun et de 2787 à Perpignan.

Ainsi (*pl. XI*, *fig.* 21) la règle AB ayant sur le terrain une position qui faisoit avec l'horizontale AB' un angle BAB', cet angle a été reconnu au moyen de l'équerre EQV où l'alidade marquoit l'angle $mQn = BAB'$. On a donc d'abord calculé la différence des lignes AB et AB' pour la retrancher de la longueur mesurée; après quoi la ligne AB' a été réduite elle-même au niveau de la mer, c'est-à-dire à la ligne ab.

Par ces deux réductions nos bases sont des polygones $mabc$ circonscrits à la courbe terrestre.

Si la terre étoit sphérique, tous les rayons mC, aC, bC, etc. de ce polygone seroient tous égaux et concourroient au centre C de la sphère. Tous les angles, tels que aCi, se trouveroient par la formule

$$tang.\ aCi = \frac{ai}{Ci} = \frac{1^t}{3271226}$$

ou

$$aCi = \frac{1^t}{3271226.\ sin.\ 1''} = 0''063$$

Donc

$$Cai = 89^\circ\ 59'\ 59''937 \quad \text{et} \quad mab = 179^\circ\ 59'\ 59''874$$

On voit donc combien peu mab diffère d'une ligne droite.

La différence de l'arc à la tangente est

$$\frac{(ai)^3}{3\ (Ci)^2} = \frac{1^t}{3\ (3271226)^2}$$

et la différence du polygone circonscrit à l'arc total est

$$\frac{6076}{3\ (Ci)^2} = 0^t00000.00005.55$$

et par conséquent insensible. Notre polygone seroit donc un arc de grand cercle, dans l'hypothèse de la terre sphérique.

Si nos arcs étoient dans la direction du méridien, nos arcs seroient des arcs elliptiques dont le rayon de courbure seroit

$$\frac{(1 - e^2).(Ci)}{(1 - e^2.\ sin^2.\ L)^{\frac{3}{2}}} = (1 - e^2).\ (1 + \tfrac{3}{2}\ e^2.\ sin^2.\ L.).\ (Ci)$$
$$= (1 - \tfrac{1}{4}\ e^2 - \tfrac{3}{4}\ e^2.\ cos.\ 2\ L).\ (Ci)$$

$$aCi = \frac{1}{3271226.\ sin.\ 1''.\ (1 - \frac{1}{4}e^2).\ (1 + 3\ cos.\ 2\ L)}$$
$$= 0''063.[1 + \frac{1}{4}e^2.(1 + 3\ cos.\ 2\ L)] = 0''063.\left[1 + \frac{a}{2}.\ (1 + 3\ cos.\ 2\ L)\right]$$

Si nos bases étoient dans une direction perpendiculaire au méridien nous aurions

$$aCi = \frac{ai}{3271226.\ sin.\ 1''.\ (1 - e^2.\ sin^2.\ L)^{\frac{1}{2}}} = 0''063.\ (1 + \frac{1}{2}\ e^2.\ sin^2.\ L)$$
$$= 0''063.\ \left(1 + \frac{sin^2.\ L}{300}\right)$$

Si nos bases étoient dans une direction intermédiaire, en sorte que le rayon de courbure fût moyen proportionnel géométrique entre les rayons de moindre ou plus grande courbure, nous aurions

$$aCi = \frac{0''063}{1 - \frac{1}{2}\ e^2.\ cos.\ 2\ L} = 0''063.\ \left(1 + \frac{cos.\ 2\ L}{300}\right)$$
$$= 0''063 + 0''00012.\ cos.\ 2\ L$$

et dans toutes ces suppositions nous pouvons tirer les mêmes conséquences qui avoient lieu dans l'hypothèse sphérique ; mais dans tout ceci nous avons supposé que la base étoit toute entière dans un plan vertical faisant un angle droit, aigu ou nul avec le méridien. Dans la réalité nos arcs sont des courbes à double courbure ; à la vérité cette seconde courbure paroît devoir être encore plus insensible que la première. En effet, le sphéroïde différant beaucoup moins de la sphère que la sphère ne diffère d'un plan, les termes que la considération du sphéroïde introduiroit dans l'expression de notre base doivent être d'un ordre plus élevé que ceux qui proviennent de la sphéricité, et par conséquent d'une extrême petitesse. Pour assigner la limite que ces termes ne sauroient atteindre, suivons pas à pas les opérations du tracé de nos bases.

Soit *M* le sommet du signal de Melun (*pl. XI, fig.* 22), *C* le coude formé vers le milieu de la base.

L'arc dans le vertical *CAM* est d'environ trois mille toises; l'arc *MBC*, intersection de la surface terrestre par un vertical qui passe par le zénith de *M*, est sensiblement égal en longueur à *CAM*, dont le plan passe par le zénith de *C*. Ces deux arcs forment à la surface une espèce de fuseau dont la corde est la droite *CM*. La plus grande largeur de ce fuseau est (Form. 33.)

$$\tfrac{1}{4}\,a.\frac{K^3}{R^2}.\,sin.\,Z.\,cos.\,Z.\,cos^2.\,L = \tfrac{1}{8}\,a.\frac{K^3}{R^2}.sin.\,2\,Z.\,cos^2.\,L$$
$$= \left(\frac{K^3}{2400\,R^2}\right).\,sin.\,2\,Z.\,cos^2.\,L$$

en supposant $a = \frac{1}{300}$. Exprimons la largeur en lignes, elle sera

$$\frac{K^3 \times 0.36.\,sin.\,2\,Z.\,cos^2.\,L}{R^2}$$

soit $K = 3000$ toises. La largeur sera donc

$$0^l0009084.\,sin.\,2\,Z.\,cos^2.\,L$$

pour un arc de 6000 toises la largeur sera huit fois plus grande, ou $0^l0072672.\,sin.\,2\,Z.\,cos^2.\,L$; pour un arc de 60000 toises la largeur seroit mille fois plus grande encore, ou $7^l2672.\,sin^2.\,Z.\,cos^2.\,L$. En France, $cos^2.\,L. = \frac{1}{2}$, à fort peu près. La largeur de notre plus grand fuseau n'est donc que de 0^l00045 à peu près, quantité tout à fait insensible. Pour un côté de 60000 toises elle seroit en France 3″6. *sin.* 2 *Z*, quantité fort au-dessous des erreurs nécessaires dans les meilleures observations. Nous pouvons donc supposer que nos deux verticaux n'en font qu'un, et que tous les côtés de nos triangles sont des intersections de la surface de la terre par des verticaux qui passent à la fois par les deux signaux.

Après avoir transporté mon cercle de *C* en *a*, j'ai marqué le point *b* dans l'intersection *abM* du vertical passant par le zénith de *a*. Le vertical *MB'a* passant par le zénith de *M* formoit avec *abM* un second fuseau un peu plus étroit que le premier, puisque la corde étoit de cent toises plus courte.

Transportant de nouveau mon cercle en *b* sur l'intersection *abM*, j'ai marqué le point *c*, qui m'a donné un troisième fuseau plus étroit encore que le second, et ainsi de suite.

Le premier fuseau étant de 0″00045, le second de 0″00041, le troisième de 0″00033, le quatrième de 0″00029, le cinquième de 0″00027, le sixième de 0″00023, le septième de 0″00020, le huitième de 0″00018, le neuvième de 0″00016, le dixième de 0″00014, le onzième de 0″00012, le douzième de 0″00010, le treizième de 0″00008, le quatorzième de 0″00007, le quinzième de 0″00006 et le seizième de 0″00005, etc. il est visible que deux verticaux consécutifs tels que *abM*, *aAM*, ne s'écartoient nulle part de 0″0001, et que trente écarts pareils ne feroient encore que 0″003; en sorte que si les inégalités du terrain m'eussent permis de considérer du point C tous mes piquets, je n'en eusse pas vu un seul s'écarter du vertical primitif CAM d'un $\frac{8}{1000}$ de ligne, quantité mille fois au-dessous des erreurs de l'alignement dont nous avons évalué les effets au chapitre des bases, p. 30.

Nous pouvons donc conclure que l'effet de la double courbure est absolument insensible, non seulement pour nos bases, mais même pour le plus grand côté de nos triangles, qui n'est que de 30000 toises, et qu'on pourroit le négliger même pour un côté de 100000 toises. Quant à l'arc du méridien il n'a qu'une simple courbure, du moins en supposant la terre un solide de révolution, et rien ne prouve jusqu'ici bien évidemment le contraire; et s'il y a un aplatissement dans le sens des parallèles, en attendant qu'on ait pu l'apercevoir il est bien permis de le supposer nul ou moindre encore que celui des méridiens.

Nous supposerons donc sans aucun scrupule que les côtés de nos triangles sont tous formés par l'intersection de la surface de la terre et d'un vertical, et que l'angle entre deux signaux quelconques est celui de deux plans verticaux dont l'intersection commune est la normale au lieu de l'observation. Mais les trois angles d'un triangle sphéroïdique se rapportent à trois normales différentes qui n'ont aucun point de concours, pas même considérées deux à deux, parce qu'elles sont toutes dans des plans différens, sauf le cas qui n'est jamais arrivé, que deux signaux fussent tous deux dans le même méridien ou sur le même parallèle. Rien ne lie donc les trois angles d'un triangle sphéroïdique; nous ne pouvons les rapporter à aucune pyramide qui puisse nous fournir l'expression de la relation qu'ils ont entre eux. Nous ne pouvons avoir cette expression qu'en rapportant les trois angles à l'une des trois normales ou à une normale moyenne entre les trois, et dans cette supposition nous altérons au moins deux des angles observés. Heureusement nous voyons par la formule (32) que ces altérations sont insensibles et fort au-dessous des erreurs inévitables de l'observation.

On élude cette difficulté d'une manière fort simple, en abandonnant les triangles, soit sphériques, soit sphéroïdiques, pour ne considérer que le triangle rectiligne formé par les trois cordes. Ces triangles ont l'avantage que la somme de leurs angles est constamment égale à deux droits, ce qui fait juger de l'accord des observations. Or la réduction de l'angle observé, rapporté à la vraie normale, est la même dans la sphère et dans le sphéroïde. Cette réduction à l'angle des cordes dépend, il est vrai, de l'arc de distance entre les deux signaux; mais imaginons sur la corde qui joint les signaux un arc sphéroïdique et un arc du cercle osculateur; il est démontré que ces deux arcs ne diffèrent que d'une très-petite fraction de toise. Or, soit P et Q les cordes menées aux deux signaux, et A l'angle observé que l'on veut réduire, la correction sera (t. I, p. 144)

$$+ 0''00000.00000.00005.8557.\ \sin.\ 1''.\ (P - Q)^2.\ \cot.\ \tfrac{1}{2} A$$
$$- 0''00000.00000.00005.8557.\ \sin.\ 1''.\ (P + Q)^2.\ \tang.\ \tfrac{1}{2} A$$

Mais il est aisé de voir que dix et vingt toises d'erreur

sur P et Q en toises, n'auront aucun effet sensible sur la correction. La justesse de cette réduction est donc indépendante de la figure sphéroïdique de la terre; de plus, les trois réductions pour un même triangle, calculées par cette formule, se sont toujours trouvées égales à l'excès sphérique calculé par les méthodes de la page 148 du tome I : d'où il suit que l'excès sphéroïdique est sensiblement égal à l'excès sphérique. Il est donc fort indifférent pour l'exactitude des résultats que l'on calcule les triangles des cordes ou les triangles sphériques, et j'ai trouvé les mêmes quantités par les deux méthodes (1).

Nos triangles, soit rectilignes, soit sphériques, ont tous leurs sommets à la surface de la terre et dans la normale du lieu. La surface de ces triangles s'élève donc, en allant vers l'équateur, comme la surface de la terre. Nos bases réduites au niveau de la mer doivent donc s'accorder ensemble aussi bien que sur une sphère ou sur un plan. La différence entre la base conclue et la base mesurée ne peut donc venir que des petites erreurs inévitables dans une opération si compliquée.

---

(1) M. Legendre a nouvellement traité cette question dans nos *Mémoires* pour 1805. Son analyse savante a confirmé pleinement toutes les conséquences auxquelles j'étois arrivé par trois voies différentes, mais toutes également élémentaires.

Calcul des triangles des cordes et des triangles sphériques.

Le calcul des triangles formés par les cordes n'offre aucune difficulté. A l'aide d'une table entre la corde et l'arc, on changera chaque corde en un arc, si l'on en a besoin sous cette forme.

Dans les triangles sphériques, si nous désignons par A, A', A'' les trois angles, et par C, C', C'' les trois côtés, nous aurons

$$\sin. A : \sin. C :: \sin. A' : \sin. C'$$

Nous connoissons tous les angles, il nous suffira donc d'avoir le sinus d'un seul côté pour calculer ceux de tous les autres.

Nos bases sont des cordes; mais nous connoissons assez bien ce que vaut en minutes et secondes un côté donné en toises, pour connoître la différence entre une corde donnée et son arc, ou entre un arc donné et sa corde, la différence entre l'arc et le sinus, et même la différence entre la corde et le sinus. En effet

$$\text{corde } A = A - \tfrac{1}{24} A^3 + \text{etc.}$$
$$\sin. A = A - \tfrac{1}{6} A^3 + \text{etc.}$$

donc

$$\text{corde } A - \sin. A = (\tfrac{1}{6} - \tfrac{1}{24}) A^3 = \left(\frac{4-1}{24}\right) A^3 = \tfrac{1}{8} A^3$$

Soit B la base en ligne droite ou en corde, l'arc $B = \text{corde } B + \frac{1}{24}. \left(\frac{B^3}{R^2}\right)$; le sinus de $B = \text{corde } B - \frac{1}{8}. \left(\frac{B^3}{R^2}\right)$, R étant le rayon de la terre en toises. Ces deux corrections sont également faciles à calculer ; elles diffèrent par le signe, et la seconde est le triple de la première. Ces corrections se réduisent facilement en tables.

Nous aurons donc le sinus d'un côté ; nous en conclurons le sinus de tous les autres. Tous ces sinus seront exprimés en toises, comme le sinus de la base, et le calcul aura la même simplicité que celui des triangles rectilignes. Nous n'aurons pas besoin d'altérer nos angles, qui resteront purement sphériques et serviront sans aucune variation pour le calcul des parties de la méridienne interceptées dans les divers triangles ; au lieu que dans la méthode de M. Legendre, le même angle appartenant toujours consécutivement à deux triangles inégaux en surface, on est obligé d'y appliquer successivement deux corrections différentes, puisqu'elles sont chacune le tiers d'un excès sphérique différent, après quoi le même angle doit de nouveau être considéré comme sphérique pour le calcul des azimuts et des latitudes.

Soit un arc quelconque A, et soit $sin.\ A = xA$,

$$sin.\ A = A - \frac{A^3}{1.\,2.\,3} + \frac{A^5}{1.\,2.\,3.\,4.\,5} - \text{etc.}$$
$$= A.\left(1 - \frac{A^2}{6} + \frac{A^4}{120} - \text{etc.}\right)$$

donc

$$x = 1 - \tfrac{1}{6}A^2 + \tfrac{1}{120}A^4;\quad log.\ x = log.\ (1 - \tfrac{1}{6}A^2 + \tfrac{1}{120}A^4)$$
$$= -K.\ [\tfrac{1}{6}A^2.\,(1 - \tfrac{1}{20}A^2)] + -\tfrac{1}{2}.\,[\tfrac{1}{6}A^2.\,(1 - \tfrac{1}{20}A^2)]^2 + -\tfrac{1}{3}\ \text{etc.}$$
$$= -K.\,\frac{A^2}{6}.\left(1 + \frac{A^2}{30}\right) = -\tfrac{1}{6}KA^2$$

car le terme $\frac{A^4 K}{180}$ est toujours insensible. K est le module des tables.

Cette expression suppose les arcs en toises; pour les réduire en parties de l'unité il faut diviser A par R. Donc

$$\log. x = - \frac{K. A^2}{6 R^2}$$

Nous ne connoissons pas R en toises, mais nous connoissons la valeur du degré; ainsi nous savons que le degré moyen ne diffère pas considérablement de 57008[t]. Donc

$$R \times \text{arc } 1° = 57008 \quad \text{ou} \quad R = \frac{57008}{\text{arc } 1°} = \frac{57008 \times 180°}{\pi}$$

ou soit D la valeur de 1° $R = \left(\frac{180}{\pi}\right) D$ et $\frac{1}{R} = \frac{\pi}{180. D}$.
Ainsi

$$\log. x = - \frac{K}{6}. \frac{A^2}{R^2} = - \left(\frac{K}{6}\right). \left(\frac{\pi}{180}\right)^2. \frac{A^2}{D^2} \dots \quad (59)$$

La valeur de $\log. x$ dépendra donc de celle que nous supposerons au degré D. Ainsi, supposant $A = 10000$ toises, et au degré les valeurs suivantes, nous aurons pour $\log. x$ les quantités que renferme la table ci-jointe.

VALEUR du degré.	LOGARITHME x pour 1000 toises.	Différence.
57080	0.00000.06767.37	
		2.37
57070	06769.34	
		2.37
57060	06772.11	
		2.38
57050	06774.49	
		2.37
57040	06776.86	
		2.38
57030	06779.24	
		2.38
57020	06781.62	
		2.38
57010	06784.00	
		2.38
57000	06786.38	
		2.38
56990	06788.76	
		2.38
56980	06791.14	

Ainsi, en nous bornant à huit décimales, nous aurions

$$log.\ x = 0,00000,0681$$

Cette valeur peut donc servir pour toutes nos opérations; mais comme le degré moyen entre tous ceux que nous avons mesurés ne diffère pas sensiblement de 57020, j'ai choisi cette valeur et pris pour logarithme x — 0.00000.06781.62, en supposant $A =$ 10000 toises, et comme $log. x$ est proportionnel au carré de A, pour $A =$ 100 toises, il sera

$$0.00000.00000.67816.26$$

et si je fais une table pour toutes les valeurs de A de 100 en 100 toises, la différence seconde de la table sera

$$0.00000.00001.35632.4$$

C'est ainsi que j'ai construit par de simples additions la table I qui précède le tableau des triangles.

Soit l'arc A en toise $= 14088{,}2858$ du logarithme

de cet arc		4·14885·84218
La table nous donne à retrancher pour 14000 . . .		13292·0
A raison de 190.5 pour 100 toises, on aura pour	80 . .	152·40
	8 . .	15·24
	0·2 . .	0·38
	0·08 . .	15
	0·006 . .	01
Ainsi le logarithme sinus de cet arc sera		4·14885·70757·8

On peut rendre les parties proportionnelles additives de la manière suivante :

Arc donné	14088,2858.	Logarithme . . .	4·14885·84218
Arc voisin plus fort .	14100.0000.	Compl. arithm. .	9·99999·86517·5
Différence . .	11.7142		
Parties proportionnelles			19·05
			1·905
			1·333
			19
Logarithme sinus			4·14885·70757·8

On a de même

$$cos.\ A = -\tfrac{1}{2}A^2 + \tfrac{1}{8}A^4$$

$$log.\ cos.\ A = -K.\ [(\tfrac{1}{2}A^2 - \tfrac{1}{8}A^4) - \tfrac{1}{2}.\ (\tfrac{1}{2}A^2 - \tfrac{1}{8}A^4)^2 \text{ etc.}]$$
$$= -\tfrac{1}{2}K.(A^2 - \tfrac{1}{8}A^4) = -\tfrac{1}{2}KA^2 = -3.(\tfrac{1}{6}KA^2) = -3\,log.x$$
$$= -3\ log.\left(\frac{A}{sin.\ A}\right) = +3\ log.\left(\frac{sin.\ A}{A}\right)$$

donc

$$log.\ sin.\ A = log.\ A + \tfrac{1}{3}.\ log.\ cos.\ A \ldots\ldots \quad (60)$$

Donc on peut aussi du logarithme de A retrancher le tiers du logarithme de *cos.* A, et l'on aura *log. sin.* A.

Pour le prouver par le fait, convertissons 14088'2858 en secondes	4·14886
Log. 3600"	3·55630
C. 57020	5·24397
Nous trouverons 14088.2858 = 14' 49"5	2·94913

Au logarithme de 18088.2858	4·14885·84218
Ajoutons $\frac{1}{3}$. *log. cos.* 14' 94"5	9·99999·86539
Et nous aurons, comme ci-dessus, *log. sin. A* . . .	4·14885·70757

A présent

$$\text{corde } A = A - \tfrac{1}{24} A^3 = A. (1 - \tfrac{1}{24} A^2)$$

donc

$$\log. \text{corde } A = \log. A - \frac{K}{24}. A^2 = \log. A - \tfrac{1}{4}.\frac{K}{6}. A^2 = \log. A - \tfrac{1}{4}. \log. x$$

Ainsi, pour réduire l'arc à la corde, il faut en retrancher $\frac{1}{4}$ de *log. x* ou y ajouter $\frac{1}{12}$. *log. cos. A*.

log. A	4·14885·84218
— *log. x* — 9 99999·86539; $\frac{1}{4}$	9·99999·96635
log. corde A = 14088'2858	4·14885·80853

On a de même

$$A = \text{tang}. A - \tfrac{1}{3}. \text{tang}^3. A = \text{tang}. A. (1 - \tfrac{1}{3}. \text{tang}^2. A)$$

et

$$\log. A = \log. \text{tang}. A - \tfrac{1}{3}. K. \text{tang}^2. A$$

d'où

$$\begin{aligned} \log. \text{tang}. A &= \log. A + \tfrac{1}{3}. K. \text{tang}^2. A \\ &= \log. A + \tfrac{1}{3}. K A^2 \\ &= \log. A + \tfrac{2}{6}. K A^2 \\ &= \log. A + 2 \log. x \\ &= \log. A + \tfrac{1}{3}. \log. \sec. A \\ &= \log. A + \tfrac{1}{3}. \text{compl. arith. } \log. \cos. A \quad . \; . \; . \; (61) \end{aligned}$$

Par exemple, soit

$A = 2° = 72000''$. *log. tang.* A . . .	8.54308.38049
$\frac{1}{3}$. *log. cos.* A	9.99991.17863
Idem.	9.99991.17863
log. A, parties du rayon	8.54290.73775
C. log. sin. $1''$	5.31442.51332
log. $72000''$	3.85733.25107

Ces remarques peuvent avoir leur utilité dans les calculs astronomiques : ainsi nous avons trouvé (t. I, p. 140)

$$tang. \tfrac{1}{2} x = b - (a - b).\, b^2 + \tfrac{1}{3}.\, 4\, (a - b)^2.\, b^3 - \tfrac{1}{4}.\, \tfrac{1}{3}.\, 4^2.\, (a - b)^3.\, b^4 + \text{etc.}$$

série dont la loi est évidente, et dont on peut calculer autant de termes qu'on voudra. Ensuite, pour avoir $\frac{1}{2} x$ au lieu de *tang.* $\frac{1}{2} x$, nous avons transformé cette série en une autre dont la loi n'est pas visible ou seroit du moins peu simple. On pourroit donc préférer l'expression de *tang.* $\frac{1}{2} x$ comme plus commode, et pour avoir $\frac{1}{2} x$, au logarithme de *tang.* $\frac{1}{2} x$, on ajouteroit $\frac{2}{3}$ *log. cos.* $\frac{1}{2} x$; ce qui sera toujours facile, parce que $\frac{1}{2} x$ sera toujours un petit arc dont le cosinus variera fort peu. Ainsi il suffit de connoître à quelques secondes près l'arc $\frac{1}{2} x$ par sa tangente.

Si l'on avoit une formule qui donnât *sin.* A, on en déduiroit la valeur de A par la formule

$$\tfrac{1}{3}.\ log.\ cos.\ A + log.\ A = log.\ sin.\ A$$

ou

$$log.\ A = log.\ sin.\ A - \tfrac{1}{3}.\ log.\ cos.\ A. = log.\ sin.\ A + \tfrac{1}{3}.\ compl.\ arith.\ cos.\ A$$

La table dont nous venons d'expliquer la construction

et l'usage a pour argument A en toises. Il seroit encore plus commode qu'elle eût pour argument le logarithme de l'arc ou du sinus en toises; car c'est ce logarithme que le calcul donne immédiatement, et il est plus court et plus exact de ne pas employer les nombres mêmes, la construction de la table en sera même plus aisée.

En effet, $\log. x = -\left(\frac{K}{6}\right).\left(\frac{\pi}{180\,D}\right)^2.A^2$. Cette valeur se calcule au moyen des logarithmes. Au lieu de prendre A^2 pour argument prenons $\log. A$, nous aurons

$$\log. x = -\log.\left(\frac{K}{6}\right).\left(\frac{\pi}{180\,D}\right)^2 + 2\log.(A) = 5.83133.33700 + 2\log. A$$

Nous donnerons à $\log. A$ toutes les valeurs depuis 3.0 jusqu'à 4.0, c'est-à-dire depuis 1000 toises jusqu'à 10000. C'est ainsi que j'ai calculé la table II ci-après. Nous en verrons plus loin les usages, mais nous nous en servirons dès à présent pour convertir en sinus la base de Melun que nous avons rapportée ci-dessus en arc.

Soit donc *log.* base de Melun en toises et en arc . . .	3.78361.06224
Pour 3.783 la table donne à retrancher	2496.51
A raison de 11.52 pour 0.001, nous aurons pour 0.0006	6.912
Ou 0.00001	0.115
	3.78361.03721.5

Cette préparation bien simple nous met en état de calculer toute la chaîne des triangles depuis Dunkerque jusqu'à Barcelone par la trigonométrie sphérique, et sans le moindre embarras relatif à la petitesse des arcs qui sont les côtés des triangles. Il est vrai que nous n'aurons ainsi que les logarithmes des sinus des côtés; mais la table II les changera, si nous voulons, en logarithmes de ces arcs, et les corrections que nous y prendrons seront toujours additives. Observons que si l'on calculoit avec les logarithmes à sept décimales, ce qui est très-suffisant, les corrections x se prendroient à vue, et qu'on n'auroit pas l'embarras des parties proportionnelles.

	Stations.	Angles sphériques.	Logarithmes des sinus.
1	Dunkerque	42° 6′ 9″73	9.82637.39216
	Watten	74 28 45.28	9.98386.68557
	Cassel	63 25 6.17	9.95148.21779
		180 0 1.18	
3	Watten	69° 34′ 45″38	9.97181.18092
	Cassel	79 48 35.35	9.99309.48079
	Fiefs	30 36 40.94	9.70689.88412
		180 0 1.67	

Formation de tableau complet des triangles.

La première colonne renferme les numéros des triangles tels qu'ils sont dans le tableau des angles, t. I, p. 513.

A côté du nom de chaque station, on voit dans la troisième colonne les angles sphériques tels qu'on les a donnés tom. I, p. 513 et suiv.; c'est-à-dire corrigés du tiers de la somme des trois erreurs. Ces angles et ces sinus s'emploieront sans la moindre altération dans tous les calculs qui nous restent à faire pour trouver la direction et la longueur de notre méridienne.

Les logarithmes des sinus ont été calculés de deux manières différentes par les tables de Vlacq à dix décimales. Ainsi le sinus du premier angle ou de 42° 6′ 9″73, a été trouvé en ajoutant au sinus de 42° 6′ 0″ la partie proportionnelle pour 9″73 et ensuite en retranchant du sinus de 42° 6′ 10″ la partie pour 0″27 = 10″ — 9″73.

Ces doubles calculs ont encore été comparés à d'autres où l'on s'étoit servi des tables de Callet qui n'ont que sept décimales pour s'assurer qu'on ne s'étoit pas trompé dans les dixaines de secondes, car la première vérification prouvoit seulement que les parties proportionnelles avoient été calculées très-exactement.

Dans ces calculs on n'a eu aucun égard aux secondes différences; on avoit commencé par se démontrer qu'elles ne devoient jamais avoir d'effet qui fût de la moindre importance.

Notre base ne se trouve qu'au 43e triangle; cependant pour la suite des calculs, il m'a paru commode de ne pas intervertir l'ordre, et j'ai laissé sous une forme indéterminée le sinus de la distance de Dunkerque à Cassel c'est-à-dire que j'ai pris ce sinus pour unité. Les sinus de tous les autres côtés ont ainsi été exprimés provisoirement en parties de ce premier sinus. La base de Melun qui est un des côtés du 43e triangle s'est trouvée de même exprimée en parties du premier sinus. En comparant le sinus calculé de la base de Melun, à celui de la base mesurée en toises, j'ai trouvé le logarithme constant qu'il falloit ajouter à tous les sinus calculés jusqu'alors pour les réduire en toises.

Exemple de ces calculs.

Complément arith.	Sinus Watten	0·01613·31443
	Sinus Cassel	9·95148·21779
	Sinus Dunkerque-Watten.	9·96761·53222
	Logarithme constant	4·14885·70758
Sinus Dunkerque-Watten en toises.		4·11647·23980
Complément arith.	Sinus Watten	0·01613·31443
	Sinus Dunkerque	9·82637·39216
	Sinus Watten-Cassel *	9·84250·70659
	Logarithme constant	4·14885·70758
Sinus Watten-Cassel en toises.		3·99136·41417

Le logarithme du sinus (Watten-Cassel *) servira de base au second triangle :

	Sinus Watten-Cassel *	9·84250·70659
Complément arith.	Sinus Fiefs	0·29310·11588
	log. p	0·13560·82247
	Sinus Watten	9·97181·18092
	Sinus Cassel-Fiefs	0·10742·00339
	Logarithme constant.	4·14885·70758
Sinus Cassel-Fiefs en toises		4·25627·71097
	log. p	0·13560·82247
	Sinus Cassel	9·99309·48079
	Sinus Watten-Fiefs	0·12870·30326
	Logarithme constant	4·14885·70758
Sinus Watten-Fiefs en toises		4·27756·01084

Le logarithme constant n'a été connu et placé sous chaque sinus qu'après le calcul du quarante-troisième triangle.

J'ai continué de cette manière jusqu'au quarante-troisième triangle où j'ai trouvé pour le sinus de la distance de Lieursaint à Melun :

	log. sin. A	9.63475.32963
Mais la mesure de la base a donné	(*log. sin. A'*) .	3.78361.03721
	Donc *log. const.*	4.14885.70758

Ce logarithme est ce qu'il faut ajouter au *log. sin.* de tous les côtés dans les quarante-trois triangles calculés jusqu'à Melun ; c'est le logarithme sinus de la distance de Dunkerque à Cassel.

Reprenons l'explication des colonnes du tableau général.

La première présente le numéro tel qu'on le trouve au tableau des angles, tome I, page 543 et suivantes.

La seconde, le nom de la station.

La troisième, les angles sphériques.

Tout, jusqu'au quarante-troisième triangle, est conforme au tableau du tome I, page 513 ; mais ici, dans le tableau des angles sphériques on trouvera, à partir de Melun jusques vers Perpignan, des changemens de 0"1 ou 0"05 dans les angles. Nous allons en rendre compte à l'instant.

La quatrième, l'excès sphérique.

La cinquième, les logarithmes des sinus des angles sphériques.

La sixième colonne donne les logarithmes des sinus des côtés opposés exprimés en toises.

La septième, les logarithmes des côtés en arcs et en toises.

La huitième, les arcs eux-mêmes en toises.

La neuvième, les cordes des arcs précédens, aussi en toises.

La dixième, les hauteurs au-dessus de la mer; ces hauteurs sont celles des sommets des signaux.

La onzième, la hauteur du sol qui portoit le signal.

La douzième, les distances vraies des sommets des signaux en ligne droite inclinée à l'horizon.

La treizième, les côtés opposés en mètres.

Tous ces nombres de toises ou de mètres ne sont là que pour la curiosité du lecteur. Tous les calculs ont été faits sur les logarithmes, sans y faire entrer aucun nombre.

En continuant jusqu'à Perpignan le calcul des triangles sur la base de Melun, nous aurions trouvé pour le logarithme arc de la distance du Vernet à Salces 3.77859.23288

Tandis que, suivant la mesure, nous avons eu . . . 3.77860.30659

La différence est 0.00001.07371

Et elle répond à $\frac{0^t01 \times 1.07371}{72308} = \frac{0^t0107371}{72308} = 0^t14849$ c'est-à-dire à $10^p\ 8^l3$ ou 128^l3.

Cette différence est quadruple de celle dont nous ne croyons pas pouvoir répondre sur la mesure de chacune des bases, et si l'on nous passe 64 lig. pour la somme des erreurs inévitables dans ces deux mesures, il en résultera 64 l. pour l'erreur à répartir entre tous les angles des 60 triangles intermédiaires; c'est-à-dire entre 180 angles, nous aurions donc pu fort bien, et à plus juste titre qu'en 1718, conclure que la seconde base confirmoit la première et ne rien changer aux côtés calculés; nous aurions pu retrancher 64 lig. de la base de Perpignan et les ajouter à celle de Melun, et calculer tout sur une base moyenne. La commission a préféré de calculer l'arc entre Dunkerque et Évaux sur la base de Melun, et d'employer ensuite celle de Perpignan, à calculer l'arc entre Évaux et Montjouy; il en résulte seulement cet inconvénient très-léger, que l'on donne ainsi à la distance d'Orgnat à Sermur deux valeurs différentes, et que l'on trouble un peu l'accord des angles et des azimuts dans cette partie de la méridienne.

Pour rétablir l'harmonie j'ai cru qu'il me seroit permis de faire aux angles entre Melun et Perpignan des changemens très-légers qui accorderont les deux bases. La Caille en avoit donné l'exemple dans la méridienne vérifiée. Il retranchoit 5″ d'un angle pour les ajouter à un autre angle du même triangle. Je n'avois pas besoin de corrections si fortes, et c'est ce qui m'a encouragé à me les permettre. Dans le triangle 44 j'ai retranché 0″1 à l'angle de Torfou, et ajouté 0″05 à chacun des deux autres. Ces changemens sont imperceptibles en eux-mêmes, mais agissant toujours dans le même sens, ils produisent l'effet que j'avois en vue, celui de faire disparoître la différence entre les deux bases que je crois plus certaines encore que nos angles. Changeant ainsi mes angles de manière à diminuer le sinus qui se trouve au dénominateur et augmenter celui qui est au numérateur, j'augmentois progressivement tous les côtés, et je me trouvai juste à Perpignan. Je n'eus pas même besoin d'aller jusques-là, le 95e triangle est le dernier où les corrections aient été — 0"1 et + 0"05. Au 96e les corrections n'étoient plus que — 0"05 + 0"05, et le 3e angle étoit intact. Au 97e elles étoient encore — 0"05 + 0"05; aux 98, 99 et 100e — 0"01 + 0"01, et après cela nulles. J'aurois pu arriver au même but en réduisant tous les angles aux simples dixièmes de secondes, et obtenir de cette façon des petits changemens qui auroient tout accordé et n'auroient semblé dus qu'au hasard. Mais je n'ai voulu me permettre rien dont je ne rendisse le compte le plus scrupuleux, et d'ailleurs on a le résultat des calculs de la commission, auxquels on pourra s'en tenir si l'on veut, et je trouvois cet avantage à conserver les centièmes, que mes angles sphériques approchoient d'autant plus de leur véritable valeur, et devoient me fournir plus d'accord entre les calculs que je ferois par différentes méthodes pour être plus assuré des résultats.

Telles sont donc les raisons des différences que l'on trouve entre les angles sphériques du tableau complet des triangles et ceux du tableau qui termine le tome Ier.

Les sinus des côtés opposés que présente la sixième colonne sont calculés d'après les angles corrigés comme nous venons de dire; ces sinus supposent le degré moyen de $5 7 0 2 0^t$ et rayon de la terre $= \frac{57020^t \times 180}{\pi}$ $= \frac{1026360^t}{\pi}$.

Pour réduire les logarithmes de ces sinus à ceux de l'arc contenu dans la colonne 7e, on y a ajouté les quantités prises dans la table II avec le logarithme employé comme argument.

Pour exemple de ces calculs, soit *log. sin.* (Dunkerque-Watten)	4·14885·70758	
Dans la table II, en diminuant d'une unité la caractéristique 4, on trouve pour 3·148, la correction 0·00000·00130·47, d'où je conclus que pour 4.148 j'aurai la correction	0·00000·13407	
Avec une différence de 62 parties pour 0.001.		
On aura donc . . . . . . Pour	0.0008	49·6
On voit qu'il faut multiplier Pour	5	3·10
62 par 0.8570758 . . . . . . Pour	7	434
Pour	07	4
Ainsi le logarithme du côté sera	4·14885·84218	
Dans les tables de Vlacq on trouve, pour 14088.0000 $= n$, le logarithme	4·14884·93430	
La soustraction me donne *d. log.* $n =$	0·00000·90788	
Compl log. (module) = *log.* 2·302685 . .	0·36222	
log. n.	4·14885	
log. *d log.* n.	4·95803	
log. $dn = 0^t 2945$	9·46910	
$n =$	14088·0000	
$n + dn =$ côté cherché	14088·2945	

Quand on se sert des tables de Vlacq qui ont dix décimales, le calcul des parties proportionnelles est extrêmement fastidieux; l'attention se perd et l'on se trompe. Il est plus sûr de faire ce calcul au moyen des petites tables à cinq décimales en faisant

$$dn = \left(\frac{n. \, dlog. \, n}{module}\right)$$

Dans les tables anti-logarithmiques de Dodson pour le logarithme 4.14885 on trouveroit le nombre	14088.021314
Avec une différence de 324392 à multiplier par les cinq dernières figures 84218 du logarithme du côté en arc, le produit seroit	273197
Ainsi le côté en arc seroit.	14088.294511

Ce qui confirme le calcul de la petite formule *dn* ci-dessus.

Pour trouver le logarithme de l'arc par celui du sinus nous avons ajouté ci-dessus	0.13460
Le quart de cette correction est	0.03365
Otons cette quantité du logarithme du côté	4.14885.84218
Et nous aurons pour le logarithme de la corde.	4.14885.80853

On pourra donc trouver ainsi les logarithmes des cordes. J'ai cru fort inutile de les rapporter à côté des logarithmes du sinus et de l'arc dont la différence divisée par 4 donnera la correction soustractive qui changera le logarithme de l'arc en celui de la corde.

Le logarithme de la corde 4.14885.80153 répond au nombre 14088^{t}.283546 ; pour avoir ce nombre sans passer par le logarithme, il sera plus court de chercher dans la table III avec l'arc en toises une correction soustractive qui dans notre exemple se trouvera de 0^{t}.0110 : ainsi l'arc étant 14088^{t}.2945 la corde sera 14088^{t}.2835.

Cette table est calculée sur la formule

$$(A - \text{corde } A) = \frac{\frac{1}{24} \cdot A^3}{R^2} = \frac{1}{4} \cdot \left(\frac{1}{6} \cdot \frac{A^3}{R^2}\right) = \frac{1}{4}\,(A - \sin.\ A)$$

On la trouvera ci-après, avant le tableau complet des triangles.

Avant que la commission prît connoissance de notre travail, j'avois calculé tous les triangles de Dunkerque à Montjouy par les angles rectilignes formés par les cordes. Mais les angles différoient de quelques fractions de seconde des angles arrêtés depuis par la commission. J'ai depuis calculé tous les mêmes triangles par la méthode de M. Legendre, et ce sont ces derniers calculs qui ont été comparés à ceux des trois autres membres de la commission, et il a été fait sur les angles qu'elle avoit arrêtés. J'ai depuis refait tous ces calculs en entier par la même méthode, mais avec les angles modifiés, comme j'ai dit, pour faire accorder les deux bases ; enfin je les ai refaits une dernière fois sur les angles sphériques, et ces derniers calculs sont ceux que je présente ici.

M. Méchain de son côté avoit calculé tous les triangles en donnant une valeur hypothétique approchée à la distance de Dunkerque à Cassel, se réservant d'ajouter une constante aux logarithmes de tous les côtés ainsi déterminés.

Il avoit fait ces mêmes calculs deux fois avec des logarithmes à huit décimales toujours sur la base hypothétique. Ces calculs n'ont point été achevés.

Antérieurement encore il avoit tout calculé suivant

ma méthode des cordes, et m'avoit envoyé de cette manière tous les triangles de Dunkerque à Rodès, tandis que je préparois à Melun la mesure de la première base. Voilà tout ce que j'ai retrouvé dans ses manuscrits. Je suis pourtant presque sûr qu'il avoit calculé les longitudes, les latitudes, les azimuts de tous les signaux par ma méthode des cordes. Il avoit aussi fait quelques essais de la méthode de M. Legendre et de celle de Duséjour; mais personne que je sache n'a vu ces calculs, je ne les ai point retrouvés.

J'avois encore avec sept décimales seulement calculé tous les triangles, comme on faisoit autrefois, sans m'embarrasser de l'excès sphérique et en réduisant toutes les sommes d'angles à 180°, regardant l'excès comme uniquement dû aux erreurs d'observation, et distribuant l'erreur également sur les trois angles. Voyant que les résultats s'accordoient mieux que je n'avois espéré, avec ceux des méthodes qui me sembloient plus rigoureuses, j'ai voulu déterminer *à priori* l'erreur de cette *ancienne méthode, et voici ce que j'avois trouvé.*

La somme des angles d'un triangle sphérique ABC est

$$180^\circ + \tfrac{1}{2}.\ AB.\ AC.\ sin.\ A = 180^\circ + \tfrac{1}{2}.\ AB.\ CB.\ sin.\ B$$
$$= 180^\circ + \tfrac{1}{2}.\ AC.\ BC.\ sin.\ C$$

(tome I, page 147). Je sousentends dans ces expressions la constante $\left(\frac{1}{R^2.\ sin.\ 1''}\right)$. En prenant le tiers de ces trois expressions la somme des trois angles est

$$180^\circ + \tfrac{1}{6}.\ AB.\ AC.\ sin.\ A + \tfrac{1}{6}.\ AB.\ CB.\ sin.\ B. + \tfrac{1}{6}.\ AC.\ BC.\ sin.\ C$$

En distribuant l'excès également, et en retranchant le tiers de chacun des angles, on faisoit

$$A' = A - \tfrac{1}{6}.\ AB.\ AC.\ sin.\ A$$
$$B' = B - \tfrac{1}{6}.\ AB.\ CB.\ sin.\ B$$
$$C' = C - \tfrac{1}{6}.\ AC.\ BC.\ sin.\ C$$

On faisoit ensuite l'analogie

$$AC = \frac{BC.\ sin.\ B'}{sin.\ A'} = \frac{BC.\ sin.\ (B - \tfrac{1}{6}.\ AB.\ CB.\ sin.\ B)}{sin.\ (A - \tfrac{1}{6}.\ BA.\ CA.\ sin.\ A)}$$
$$= \frac{BC.\ (sin.\ B.\ cos.\ \tfrac{1}{3}\,\omega - cos.\ B\ \tfrac{1}{6}.\ AB\ \ CB.\ sin.\ B)}{(sin.\ A.\ cos.\ \tfrac{1}{3}\,\omega - cos.\ A\ \tfrac{1}{6}.\ BA.\ CA\ sin.\ A)}$$

(Je fais, pour abréger, $\frac{1}{3}\,\omega = \frac{1}{3}$ excès sphérique.)

$$= \frac{BC.\ (sin.\ B - cos.\ B.\ séc.\ \tfrac{1}{3}\,\omega\ \tfrac{1}{6}.\ AB.\ CB.\ sin.\ B)}{(sin.\ A - cos.\ A.\ séc.\ \tfrac{1}{3}\,\omega\ \tfrac{1}{6}.\ BA.\ CA.\ sin.\ A)}$$
$$= \frac{\left(\frac{BC.\ sin.\ B}{sin.\ A}\right) - \left(\frac{BC.\ sin.\ B}{sin.\ A}\right).\ séc.\ \tfrac{1}{3}\omega\ \tfrac{1}{6}\ AB.CB.\ cos.\ B}{1 - \tfrac{1}{6}.\ BA.\ CA.\ cos.\ A.\ séc.\ \tfrac{1}{3}\,\omega}$$
$$= \frac{BC.\ sin.\ B}{sin.\ A}.\ \left(\frac{1 - \tfrac{1}{6}.\ AB.\ CB.\ cos.\ B.\ séc.\ \tfrac{1}{3}\,\omega}{1 - \tfrac{1}{6}.\ BA.\ CA.\ cos.\ A.\ séc.\ \tfrac{1}{3}\,\omega}\right)$$

Or $\frac{1}{3}\,\omega$ va bien rarement à 1″ et jamais à 1″5, du moins dans les opérations faites jusqu'ici. On peut donc supposer $séc.\ \frac{1}{3}.\ \omega = 1$ surtout dans les termes aussi petits que ceux où il entre comme facteur.

On faisoit donc

$$AC = \frac{BC.\ sin.\ B}{sin.\ A}.\ \left(\frac{1 - \tfrac{1}{6}.\ AB.\ CB.\ cos.\ B}{1 - \tfrac{1}{6}.\ BA.\ CA.\ cos.\ A}\right)$$
$$= \frac{BC.\ sin.\ B}{sin.\ A}.\ (1 - \tfrac{1}{6}.\ AB.\ CB.\ cos.\ B + \tfrac{1}{6}.\ BA.\ CA\ cos.\ A.\ etc.)$$
$$= \frac{BC.\ sin.\ B}{sin.\ A}.\ (1 - \tfrac{1}{6}.\ AB.BD. + \tfrac{1}{6}.\ BA.\ AD) \quad (Pl.\ XI, fig.\ 25.)$$
$$= \frac{BC.\ sin.\ B}{sin.\ A}.\ [1 - \tfrac{1}{6}.\ AB.(BD - AD)]$$

Mais

$$(BD - AD) = \frac{(BC + CA).(BC - CA)}{AB} = \left(\frac{\overline{BC}^2 - \overline{CA}^2}{AB}\right)$$

Donc on faisoit

$$AC = \frac{BC.\ sin.\ B}{sin.\ A}.\left[1 - \tfrac{1}{6}.\ AB.\ \frac{(\overline{BC}^2 - \overline{CA}^2)}{AB}\right]$$

$$= \frac{BC.\ sin.\ B}{sin.\ A}.\ [1 - \tfrac{1}{6}.\ (\overline{BC}^2 - \overline{CA}^2)]$$

$$= \frac{BC.\ sin.\ B}{sin.\ A}. - \tfrac{1}{6}.\ \frac{\overline{BC}^3.\ sin.\ B}{sin.\ A} + \tfrac{1}{6}.\ \frac{BC.\ \overline{CA}^2.\ sin.\ B}{sin.\ A}$$

$$= \frac{BC.\ sin.\ B}{sin.\ A}. - \tfrac{1}{6}.\ \frac{\overline{BC}^3.\ sin.\ B}{sin.\ A} + \tfrac{1}{6}.\ \overline{CA}^3$$

ou

$$AC = (BC - \tfrac{1}{6}.\ \overline{BC}^3).\ \frac{sin.\ B}{sin.\ A} + \tfrac{1}{6}.\ \overline{CA}^3$$

ou

$$AC - \tfrac{1}{6}.\ \overline{AC}^3 = (BC - \tfrac{1}{6}.\ \overline{BC}^3).\ \frac{sin.\ B}{sin.\ A}$$

ou, ce qui revient au même

$$sin.\ AC = \frac{sin.\ BC.\ sin.\ B}{sin.\ A}$$

C'est-à-dire que l'on faisoit l'équivalent de l'analogie que demande le triangle sphérique, et que l'on se conformoit d'avance et sans le savoir, comme par instinct, au théorème de M. Le Gendre que j'ai ainsi trouvé en cherchant autre chose, après avoir fait autrefois quelques essais inutiles pour en trouver la démonstration que M. Le Gendre n'a donnée que depuis.

Dans les transformations que l'on vient de voir nous avons négligé les termes

$$(\tfrac{1}{6}.\ AB.\ CA.\ cos.\ A).\ (\tfrac{1}{6}.\ BA.\ CA.\ cos.\ A)^2$$

et

$$(\tfrac{1}{6}.\ AB.\ CB\ \ cos.\ B).\ (\tfrac{1}{6}.\ BA.\ CA.\ cos.\ A)$$
$$(\tfrac{1}{6}.\ AB.\ CB.\ cos.\ B).\ (\tfrac{1}{6}.\ BA.\ CA.\ cos.\ A)$$

et d'autres plus petits encore. Nous avons encore négligé

$$séc\ \tfrac{1}{3}\ \omega = 1 + tang.\ \tfrac{1}{3}\ \omega\ tang.\ \tfrac{1}{6}\ \omega = 1 + \tfrac{1}{2}.\ tang^2.\ \tfrac{1}{3}\ \omega$$
$$= 1 + \tfrac{1}{2}.\ (\tfrac{1}{3}.\ AB.\ AC.\ sin.\ A)^2$$

En faisant $séc.\ \frac{1}{3}\ \omega = 1$ nous avons donc négligé le petit terme $\frac{1}{8}\ \overline{AB}^2\ \overline{AC}^2$ sinus^2 A dont le produit par $(\overline{BC}^2 - \overline{AC}^2)$ auroit été du sixième ordre.

Dans la dernière transformation, celle où nous avons mis sinus AC au lieu de sinus $(AC - \frac{1}{6}\ \overline{AC}^3)$ et sinus BC au lieu de $(BC - \frac{1}{6}\ \overline{BC}^3)$ nous n'avons négligé que des quantités du cinquième ordre.

Notre approximation sera dont suffisamment exacte tant que l'on pourra négliger les quantités du cinquième ordre, c'est-à-dire, tant que $\frac{A^6}{R^5}$ sera une quantité insensible dans nos calculs : or dans la supposition que nous avons faite pour R, $\left(\frac{A^6}{R^5}\right) = \left(\frac{100000^t}{R^5}\right)^6 = 0^t0027$ quantité qui sera toujours au-dessous des erreurs de l'observation ; en conséquence la méthode ancienne et le théorème de M. Le Gendre ont plus que l'exactitude à laquelle on peut prétendre, quand même on auroit à calculer des côtés de 100000 toises, et personne n'en a mesuré de pareils.

On peut donc, d'après ce qu'on vient de lire, suivre la méthode ancienne toutes les fois qu'il s'agit simplement de calculer les côtés des triangles. L'excès sphérique n'est plus alors qu'un objet de curiosité qui peut faire juger de l'exactitude des observations; mais l'excès sphérique étant renfermé dans des bornes assez étroites, on peut avoir une idée exacte de la précision obtenue sans faire ce petit calcul, et nous avons donné tome I, pag. 166, une méthode graphique pour trouver cet excès avec une précision suffisante.

Mais la méthode ancienne ne peut s'appliquer également aux triangles dans lesquels les triangles primitifs sont décomposés par la méridienne ou la perpendiculaire qui les traverse. Dans ces triangles nouveaux on a besoin de connoître les angles sphériques; c'est alors qu'il faut indispensablement recourir au théorème de M. Le Gendre ou à l'une des méthodes que nous exposerons quand nous serons arrivés au calcul de l'arc du méridien compris entre les parallèles de Dunkerque et Barcelone.

En attendant continuons l'explication de notre tableau complet des triangles primitifs. Il nous reste à dire comment nous avons calculé les hauteurs des signaux au-dessus de la mer et les distances en lignes droites entre les sommets des signaux. Ces distances nous ont paru nécessaires parce que ce sont elles en effet que l'on observeroit véritablement si l'on vouloit faire une opération trigonométrique où l'on prendroit pour base un des côtés de nos triangles.

Soit, *pl. X*, *fig.* 21, M' le centre de la terre, A et A' les sommets des deux signaux, ZAA' l'angle entre le zénith du signal A et le sommet du signal A', VAA' l'angle entre le zénith du signal A' et le sommet du signal A:

$$Z'AA' = 180^\circ - A'AM'$$
$$VA'A = 180^\circ - AA'M$$

$$\begin{aligned} Z'AA' + VA'A &= 360^\circ - (A'AM' + AA'M') \\ &= 360^\circ - (180^\circ - M') \\ &= 180^\circ + M' \ldots\ldots\ldots\ldots \quad (59) \end{aligned}$$

Ainsi la somme des deux distances au zénith observée réciproquement aux signaux devroit surpasser 180° d'une quantité égale à l'angle M', c'est-à-dire, à l'arc de grand cercle mené d'un signal à l'autre sur la terre réputée sphérique.

Pour que cette équation fût vraie, il faudroit que dans les deux observations on eût placé le centre du cercle au sommet même du signal; et c'est ce qui n'a jamais lieu dans la pratique. Le cercle est toujours au-dessous des sommets A et B d'une quantité que j'ai nommée dH, et qui se trouve parmi les observations dans la préface de chacune des stations.

En suivant la formule donnée, tome I, pag. 152, si l'on nomme D la distance rectiligne qui joint les deux signaux, δ la distance au zénith observée, et Δ la distance corrigée on aura

$$\Delta = \delta + \left(\frac{dH}{D}\right) \cdot \frac{\sin. \delta}{\sin. 1''} + \text{etc.}$$

le premier terme suffisant toujours.

Je n'ai point donné ces corrections à la suite de mes distances au zénith pour épargner la place de deux lignes à la suite de chaque observation. M. Méchain a donné ces corrections dans toutes les stations qu'il a faites depuis Rieupeiroux jusqu'à Montjouy ; mais il a calculé ces corrections un peu différemment parce qu'il réduisoit tout au pied du signal et non pas au sommet.

Je vais donc réunir ici toutes les distances observées avec les distances corrigées qui seules serviront pour les calculs des différences de niveau, et par la suite pour la réfraction terrestre quand nous nous occuperons de la détermination de cet élément.

Distances des signaux au zénith, réduites pour le calcul de la réfraction terrestre et de la différence de niveau.

SIGNAUX.	DISTANCES OBSERV.	DIST. RÉDUITES.
	Dunkerque.	
Gravelines	90° 3′ 53″3	90° 4′ 37″4
Cassel	89 50 23.3	89 50 52.6
Watten, pointe du clocher	89 59 53.5	90 0 25.0

SIGNAUX.	DISTANCES OBSERV.	DIST. RÉDUITES.
Watten.		
Gravelines	90° 11′ 49″6	90° 12′ 43″6
Cassel	89 48 45.8	89 49 38.4
Fiefs	89 57 18.0	89 57 18.0
Helfaut	89 59 0.4	90 0 7.5
Dunkerque	90 10 47.0	90 11 6.7

Pour le signal de Dunkerque j'ai réduit la distance à la pointe du clocher.

Pour Fiefs je n'ai point fait de réduction, parce que de Fiefs j'ai observé le parapet de la tour, qui étoit à la hauteur du centre du cercle, ou du moins il ne s'en falloit pas de l'épaisseur de la lunette.

Pour les autres signaux, j'ai réduit au sommet du signal que j'ai fait placer au-dessus du clocher.

SIGNAUX.	DISTANCES OBSERV.	DIST. RÉDUITES.
Cassel.		
Dunkerque	90 21 46.4	90 21 59.4
Watten	90 18 31.0	90 18 49.7
Fiefs	90 4 12.7	90 4 22.9
Mesnil	90 9 17.0	90 9 25.7
Helfaut	90 15 49.0	90 16 6.1
Béthune . . (*brume*) . . .	90 17 42.7	90 17 54.0

Pour le signal de Dunkerque on pourroit prendre pour distance corrigée 90° 21′ 46″.

SIGNAUX.	DISTANCES OBSERV.	DIST. RÉDUITES.
Fiefs.		
Watten	90 19 25.8	90 20 25.7
Cassel	90 11 16.2	90 12 19.1
Helfaut	90 20 2.0	90 21 42.3
Mesnil	90 9 44.5	90 11 32.8
Sauti	90 8 48.0	90 9 50.6
Bonnières	90 11 5.8	90 12 22.5

SIGNAUX.	DISTANCES OBSERV.	DIST. RÉDUITES.
Béthune.		
Cassel	89° 56′ 2″4	89° 56′ 20″4
Helfaut	90 3 56.5	90 4 13.6
Fiefs	89 44 9.7	89 44 34.6
Mesnil	89 31 22.5	89 32 12.8
Mesnil.		
Cassel	90 9 19.0	90 9 41.9
Fiefs	89 58 3.7	89 58 49.6
Béthune	90 31 19.2	90 32 42.1
Sauti	90 1 45.3	90 2 23.3
Sauti.		
Fiefs	90 5 2.1. Soir.	90 5 55.2
Mesnil	90 7 6.0. Soir.	90 8 22.1
Bonnières	90 8 9.0. Soir.	90 9 42.7
Beauquêne	90 8 17.3. Soir.	90 10 3.8
Mailli	90 9 23.8. Soir.	90 11 18.9
Bonnières.		
Fiefs	90 1 57.5	90 3 16.5
Sauti	89 57 23.3	89 59 17.1
Beauquêne	90 3 31.3	90 5 24.0
Beauquêne.		
Sauti	89 54 4.0	89 56 20.9
Bonnières	90 3 0.5	90 4 59.8
Mailli	90 1 13.5. Soir.	90 3 52.5
Vignacourt	90 5 43.8	90 8 11.3
Bayonvilliers	90 11 28.2	90 12 47.9

SIGNAUX.	DISTANCES OBSERV.	DIST. RÉDUITES.
Mailli.		
Sauti	89° 53′ 18″2	89° 54′ 52″7
Beauquêne	90 0 44.0	90 2 25.6
Bayonvillers	90 11 2.6	90 12 6.5
Villers-Bretonneux	90 9 48.0	90 10 52.1
Bayonvillers.		
Mailli	89 57 58.8	89 59 9.2
Beauquêne	90 0 17.0	90 1 13.1
Villers-Bretonneux	89 55 41.0	89 59 11.7
Arvillers	89 59 1.0	90 1 12.0
Sourdon	89 59 17.2	90 0 29.3
Villers-Bretonneux.		
Mailli	89 58 36.4	89 59 51.6
Bayonvillers	90 1 21.6	90 5 6.2
Arvillers	90 1 53.4	90 3 42.0
Sourdon	89 58 24.2	89 59 56.8
Amiens	89 59 59.7	90 1 54.8
Vignacourt	90 2 49.1	90 3 53.7
Beauquêne	89 58 34.0. Soir.	89 59 44.0
Arvillers.		
Bayonvillers	90 2 25.4	90 4 37.2
Villers-Bretonneux	90 2 4.4	90 3 47.0
Sourdon	89 57 7.6	89 58 40.6
Coivrel	90 0 9.7	90 1 26.1

SIGNAUX.	DISTANCES OBSERV.	DIST. RÉDUITES.
Sourdon.		
Arvillers	90° 8′ 1″1	90° 8′ 59″5
Villers-Bretonneux	90 8 31.6	90 9 26.4
Vignacourt	90 8 23.2	90 8 52.5
Amiens	90 7 26.5	90 8 15.9
Noyers	89 57 56.2. Soir.	89 58 49.5
Coivrel	90 4 43.2	90 5 34.7
Vignacourt.		
Beauquêne.	89 56 48.5	89 58 43.2
Villers-Bretonneux.	90 7 50.8	90 8 57.8
Amiens.	90 3 50.4	90 5 54.8
Sourdon	90 6 10.0	90 7 1.3
Amiens.		
Villers-Bretonneux.	89 55 43.4	90 5 40.1
Vignacourt	89 50 19.1	90 0 41.3
Coivrel.		
Arvillers	90 8 6.6	90 8 44.1
Sourdon	90 3 10.5	90 3 50.8
Noyers.	89 58 38.4	89 59 17.8
Clermont	90 5 5.9	90 5 44.4
Jonquières.	90 5 44.4	90 6 22.8
Saint-Christophe	90 1 45.3	90 2 10.9

SIGNAUX.	DISTANCES OBSERV.	DIST. RÉDUITES.
	Noyers.	
Sourdon	90° 8′ 24″8	90° 8′ 46″4
Coivrel	90 8 53.3	90 9 13.8
Clermont	90 10 11.5	90 10 31.0
	Clermont.	
Noyers	89 58 48.9	89 59 8.4
Coivrel	90 3 56.5	90 4 16.5
Jonquières	90 5 12.5	90 5 31.6
Saint-Christophe	89 54 10.9	89 54 34.3
Dammartin	90 4 54.7	90 5 5.3
Saint-Martin-du-Tertre	89 58 57.5	89 59 11.8
	Jonquières.	
Coivrel	90 3 19.6	90 3 56.5
Clermont	90 4 24.9	90 5 00.2
Saint-Christophe	89 52 17.1	89 53 2.6
Saint-Martin-du-Tertre	90 3 21.5	90 3 40.5
Dammartin	90 3 43.5	90 4 4.7
	Saint-Christophe.	
Coivrel	90 12 45″9	90 13 32.7
Clermont	90 13 30.3	90 14 52.4
Jonquières	90 13 47.2	90 15 13.8
Saint-Martin-du-Tertre	90 2 41.4	90 3 42.8
Dammartin	90 6 5.2	90 7 9.8

STATIONS.	DISTANCES OBSERV.	DIST. RÉDUITES.
Saint-Martin-du-Tertre.		
Clermont	90° 14′ 9″0	90° 14′ 55″1
Saint-Christophe	90 6 44.0	90 7 40.5
Dammartin	90 6 31.7	90 7 27.4
Panthéon	90 15 11.0	90 15 59.1
Dammartin.		
Jonquières.	90 12 20.0	90° 13′ 19″0
Clermont	90 12 0.0	90 12 54.6
Saint-Christophe.	90 2 47.8	90 4 22.1
Saint-Martin-du-Tertre . . .	90 1 34.3	90 3 2.7
Bellassise	90 10 15.0	90 11 39.2
Panthéon	90 13 28.0	90 14 34.2
Invalides	90 14 9.0	90 15 12.9
Panthéon.		
Saint-Martin-du-Tertre . . .	89 56 32.0	89 57 20.1
Dammartin	90 0 40.5	90 1 22.2
Bellassise	90 4 28.9	90 5 14.7
Brie	90 5 45.0	90 6 39.2
Montlhéri	90 3 43.6	90 4 41.9
Torfou	90 4 37.3	90 5 16.2
Invalides	90 0 20.25	90 9 10.2
Bellassise.		
Dammartin	89 58 42.0	89 59 57.8
Panthéon	90 7 33.6	90 8 39.1
Brie	90 6 7.0	90 7 55.4
Invalides	90 10 55.5	90 11 33.8

STATIONS.	DISTANCES OBSERV.	DIST. RÉDUITES.
Brie.		
Panthéon	90° 3′ 45″0	90° 5′ 28″0
Bellassise	89 58 24.0	90 0 48.5
Montlhéri	90 2 58.4	90 4 43.4
Tour de Croy	89 59 31.5	90 1 10.6
Malvoisine	90 0 2.7	90 1 53.8
Montlhéri.		
Panthéon	90 5 16.9	90 5 58.6
Brie	90 6 51.5	90 7 30.9
Malvoisine	89 59 11.4	90 0 9.7
Torfou	89 53 37.7	89 55 0.7
Tour de Croy	89 54 48.6	89 55 44.7
Lieursaint	90 9 44.0	90 10 19.3
Saint-Yon	89 52 22.3	89 53 57.7
Malvoisine.		
Brie	90 8 6.0	90 10 10.5
Forêt	90 3 43.0	90 6 6.6
Montlhéri	90 2 49.5	90 4 43.1
Torfou	89 59 56.8	90 2 13.5
Bruyères	90 14 32.0	90 16 16.4
Chapelle-la-Reine	90 13 15.4	90 4 34.9
Montlhéri	90 7 0.2	90 7 24.5
Lieursaint	90 13 59.2	90 14 24.9
Melun	90 16 47.3	90 17 11.1
Lieursaint.		
Montlhéri	89 58 0.1	89 58 45.1
Malvoisine	89 51 43.6	89 52 41.1
Melun	90 6 12.6	90 7 31.8

STATIONS.	DISTANCES OBSERV.	DIST. RÉDUITES.
	Melun.	
Malvoisine	89° 48′ 9″1	89° 49′ 2″3
Lieursaint	89 56 6.7	89 57 25.9
	Torfou.	
Montlhéri	90 7 50.0	90 9 57.3
Malvoisine	90 3 27.4	90 5 15.0
Chapelle-la-Reine	90 8 41.3	90 9 25.6
Panthéon	90 10 25.3	90 11 7.9
Bruyères	90 29 22.6	90 32 47.9
Forêt	90 5 40.0	90 7 14.7
Saint-Yon	89 56 42.4	90 2 53.1
Tour de Méréville	89 56 52.0	89 58 7.3
	Bruyères.	
Malvoisine	89 52 31.3	89 52 52.7
Torfou	89 29 6.0	89 29 59.6
	Forêt.	
Malvoisine	90 0 46.0	90 1 31.1
Chapelle-la-Reine.	90 4 32.0	90 5 6.5
Torfou	89 58 14.0	89 59 9.6
Pithiviers Bas de la Flèche. .	90 4 9.5	90 4 48.1
Lanterne	. . . .	90 2 39.6
	Chapelle-la-Reine.	
Malvoisine	90 2 37.1	90 4 31.2
Forêt	90 4 22.4	90 6 9.8
Pithiviers.	90 3 23.1	90 5 3.3
Boiscommun	90 4 0.0	90 5 23.3
Bromeille	89 58 24.0	90 1 26.8

STATIONS.	DISTANCES OBSERV.	DIST. RÉDUITES.
Pithiviers. — Les corrections sont nulles.		
Chapelle-la-Reine.	90° 6′ 26″6	
Forêt	90 6 29.3	
Boiscommun	90 0 59.5	
Châtillon	89 57 18.0	
Orléans	90 6 5.6	
Bromeille	90 3 31.1	
Tour de Méréville	90 4 3.0	
Boiscommun.		
Chapelle-la-Reine	90 8 51.4	90 9 13.2
Pithiviers	90 5 32.1	90 6 13.2
Châtillon	89 56 47.0	89 58 4.5
Châteauneuf	90 5 53.0	90 6 25.2
Haut de Châtillon.		
Boiscommun	90 3 53.8	90 5 25.4
Pithiviers	90 7 51.4	90 8 52.4
Orléans.	90 4 39.0	90 5 7.6
Châteauneuf.	90 7 10.9	90 7 53.7
Châteauneuf.		
Boiscommun	90 0 34.6	90 2 5.2
Châtillon	89 57 30.4	89 59 12.4
Orléans	89 58 54.1	90 0 22.5
Vouzon	90 2 25.3	90 3 42.1

STATIONS.	DISTANCES OBSERV.	DIST. RÉDUITES.
Orléans.		
Châteauneuf	90° 4′ 47″4	90° 10′ 32″5
Châtillon	90 3 22″5	90 7 48.9
Chaumont	90 5 17.5	90 9 27.9
Vouzon	90 5 14.0	90 9 39.9
Vouzon.		
Châteauneuf	90 5 40.0	90 7 36.4
Orléans	90 2 36.8	90 4 20.1
Chaumont	89 57 40.4	90 1 58.5
Soême	90 6 42.4	90 7 55.7
Sainte-Montaine	90 4 11.6	90 5 15.4
Ennordre	90 4 53.7	90 5 42.9
Oison	89 58 53.3	89 59 35.6
Chaumont.		
Vouzon	89 55 57.3	89 59 58.9
Orléans	90 2 34.9	90 4 6.0
Soême	90 5 2.6	90 6 52.7
Soême.		
Vouzon	90 1 10.9	90 2 58.4
Chaumont	90 3 22.6	90 4 54.3
Ennordre	89 51 9.5	89 53 57.8
Sainte-Montaine	89 54 7.7	89 57 47.9
Méry	89 45 10.0	89 46 55.6
Aubigny	89 52 33.2	89 54 37.4

STATIONS.	DISTANCES OBSERV.	DIST. RÉDUITES.
Oison.		
Châteauneuf	90° 18′ 17″7	90° 18′ 42″3
Vouzon	90 17 25.5	90 17 55.1
Soême	90 19 14.7	90 19 58.3
Aubigny	90 17 8.7	90 19 53.5
Sainte-Montaine.		
Vouzon	90 5 53.7	90 6 32.0
Soême	90 7 8.3	90 8 38.3
Ennordre	89 51 24.4	89 53 25.1
Ennordre.		
Vouzon	90 10 26.0	90 11 4.4
Soême	90 11 41.1	90 13 10.6
Sainte-Montaine	90 5 46.7	90 8 23.6
Méri	89 39 25.6	89 40 58.3
Morogues	89 33 15.9	89 34 7.0
Méri.		
Soême	90 22 23.0	90 23 19.2
Ennordre	90 21 57.4	90 23 30.1
Morogues	89 36 10.8	89 37 19.2
Bourges	90 13 19.6	90 14 14.7
Morogues.		
Ennordre	90 36 40.3	90 37 36.6
Méri	90 30 4.7	90 31 20.2
Tour de Bourges	90 32 0.3	90 32 53.3
Dun	90 26 40.9	90 27 14.1

STATIONS.	DISTANCES OBSERV.	DIST. RÉDUITES.
Bourges.		
Méri	89° 55′ 4″8	89° 55′ 55″6
Morogues	89 38 11.8	89 38 56.2
Dun	90 6 15.8	90 7 2.9
Chezal-Benoît	90 8 15.7	90 8 49.2
Morlac	90 6 27.8	90 6 57.2
Dun.		
Morogues	89 51 34.0	89 51 57.2
Bourges	90 3 23.0	90 4 2.2
Morlac	90 1 22.9	90 1 59.9
Belvédère	89 40 0.0	89 41 2.2
Morlac.		
Bourges	90 10 45.1	90 11 14.5
Dun	90 9 49.0	90 10 33.4
Belvédère	89 49 40.8	89 50 46.3
Cullan	89 41 25.8	89 42 27.2
Saint-Saturnin	89 41 1.5	89 41 48.5
Belvédère.		
Dun	90 25 31.6	90 26 35.9
Morlac	90 16 54.4	90 17 50.8
Cullan	89 56 39.0	89 57 24.2
Saint-Saturnin.		
Morlac	90 28 57.6	90 29 32.9
Cullan	90 14 7.6	90 15 5.5
Laage	89 40 11.6	89 40 53.4

STATIONS.	DISTANCES OBSERV.	DIST. RÉDUITES.
Cullan.		
Morlac	90° 26′ 0″0	90° 26′ 52″9
Belvédère	90 12 38.5	90 13 23.7
Saint-Saturnin	89 51 29.4	89 52 35.9
Laage	89 36 38.4	89 37 20.6
Arpheuille	89 55 15.0	89 55 39.5
Laage.		
Cullan	90 32 54.8	90 33 37.0
Saint-Saturnin	90 28 4.8	90 28 52.8
Arpheuille	90 8 48.8	90 9 29.3
Sermur	89 53 44.8	89 54 10.7
Orgnat	90 7 47.7	90 8 21.2
Toulx	89 38 46.7	89 39 57.4
Évaux	90 17 12.9	90 18 6.6
Arpheuille.		
Cullan	90 22 47.0	90 23 34.5
Laage	90 0 47.0	90 2 5.5
Sermur	89 45 38.5	89 46 38.4
Sermur.		
Laage	90 22 46.6	90 23 53.5
Arpheuille	90 27 4.3	90 28 24.2
Orgnat	90 28 0.6	90 29 38.7
Puy-de-Dôme	89 17 8.1 en hiv.	. . . . . .
	89 18 31.0 en été.	89 19 27.6
Mendren	89 50 18.4	89 51 55.1
Les Bordes	89 58 40.6	90 0 18.5
Lafagitière	89 49 8.8	89 50 39.7
Herment	89 54 20.4	89 55 17.5
Mont d'Or	89 5 44.1	89 6 30.2

STATIONS.	DISTANCES OBSERV.	DIST. RÉDUITES.
	Évaux.	
Laage	89° 47′ 31″6	89° 51′ 6″6
Orgnat	89 55 32.3	89 58 3.4
	Orgnat.	
Laage	90 5 12.0	90 5 53.1
Sermur	89 41 30.6	89 42 17.2
Évaux	90 13 58.8	90 14 45.1
Mendren	89 40 45.6	89 41 19.1
Toulx	89 44 13.9	89 45 19.0
Les Bordes	89 36 17.6	89 37 2.7
Arbre de Saint-Michel . . .	89 44 15.6	89 44 48.5
	Les Bordes.	
Orgnat	90 34 25.4	90 35 8.1
Sermur	90 11 32.7	90 12 16.7
La Fagitière	89 44 36.6	89 45 49.1
	La Fagitière.	
Sermur	90 22 13.9	90 22 54.8
Les Bordes	90 20 28.9	90 21 41.4
Herment	90 11 40.5	90 12 28.9
Bort	90 11 3.2	90 11 32.2
Meimac	89 49 12.6	89 50 8.2
	Herment.	
Sermur	90 16 31.8	90 17 16.5
La Fagitière	89 58 12.8	89 59 1.2
Bort	90 7 33.0	90 8 2.9

STATIONS.	DISTANCES OBSERV.	DIST. RÉDUITES.
Bort.		
Herment	90° 10′ 52″5	90° 11′ 22″4
La Fagitière	90 6 30.4	90 6 59.4
Meimac	89 54 19.2	89 54 56.5
Aubassin	90 22 12.9	90 22 48.0
Violan	88 46 29.7	88 47 7.8
Mont d'Or	88 14 49.1	88 15 27.5
Meimac.		
La Fagitière	90 18 48.8	90 19 44.4
Bort	90 19 7.3	90 19 44.6
Aubassin	90 30 49.1	90 31 17.2
Aubassin.		
Meimac	89 47 46.8	89 48 14.9
Bort	89 51 55.3	89 52 30.4
Violan	88 42 1.4	88 42 35.3
La Bastide	90 1 52.8	90 2 23.9
Violan.		
Bort	91 25 51.0	91 26 28.9
Aubassin	91 32 45.3	91 33 19.2
La Bastide	91 7 9.9	91 7 34.3
Montsalvi	91 6 26.5	91 7 52.3
Puy Mary	89 30 59.8	89 33 46.9

STATIONS.	DISTANCES OBSERV.	DIST. RÉDUITES.
La Bastide.		
Aubassin	90° 15′ 4″0	90° 15′ 47″1
Puy Violan	89 15 8.2	89 15 42.0
Montsalvi	90 2 12.8	90 3 3.2
Rieupeyroux	90 11 13.8	90 11 42.3
Cantal	89 7 39.8	89 8 9.4
Col de Cabre	89 14 19.0	89 14 50.1
Grosse montagne	89 6 30.8	89 7 2.6
Signal	89 15 10.0	
Seuil de la chapelle St-Laurent près Saint-Mammet	90 6 45.0	
Montsalvi.		
Puy Violan	89 13 58.2	89 14 24.0
La Bastide	90 11 30.1	90 12 6.4
Rieupeiroux	90 12 41.8	90 13 6.3
Rodez	90 20 10.5	90 20 40.1
Cantal	88 48 54.5	88 49 22.0
Col de Cabre	89 1 58.0	89 2 25.4
Grosse montagne	88 58 2.7	88 58 30.2

Les distances du signal de Montsalvi au Cantal, au col de Cabre et à la grosse montagne ne sont ici déterminées que grossièrement ; ainsi l'on ne peut compter sur les distances au zénith corrigées.

STATIONS.	DISTANCES OBSERV.	DIST. RÉDUITES.
Rieupeiroux.		
La Bastide	90 16 14.4	90 16 51.6
Montsalvi	90 9 28.0	90 10 12.1
Rodez	90 18 15.4	90 19 33.8
Cantal	89 42 19.6	89 42 43.0
Col de Cabre	89 48 42.2	89 49 5.5

STATIONS.	DISTANCES OBSERV.	DIST. RÉDUITES.
Rodez.		
Montsalvi	89° 57′ 56″4	89° 58′ 38″4
Rieupeiroux	89 52 7.0	89 53 8.9
Signal de la Gaste	89 33 32.7	89 34 29.1

Les stations suivantes sont de M. Méchain, qui a donné, tome I, les distances réduites telles qu'elles doivent entrer dans le calcul de la réfraction et des différences de niveau. Nous ne donnerons ici que ces dernières distances.

Rieupeiroux.

Rodez	90° 18′ 5″1
La Gaste	89 57 54.0
Puy Saint-Georges	90 37 52.8
Alby	90 54 19.0
La Rogière	89 46 7.1

Rodez.

Rieupeiroux	89 54 32.1
La Gaste	89 35 39.5
La Rogière	89 14 48.8
Montsalvi	89 59 44.9
Cantal	89 29 13 6
Puy Violan	87 45 15.0

La Gaste.

Rodez	90 35 58.4
Rieupeiroux	90 20 4.2
Puy Saint-Georges	90 52 31.7
Alby	91 1 26.2
Montredon	90° 36′ 3″7
Cambatjou	90 21 20.6
Montalet	89 49 0.9
La Rogière	89 44 1.4

Puy Saint-Georges.

Rieupeiroux	89 38 6.9
La Gaste	89 22 32.7
Puy Cambatjou	89 30 33.4
Montredon	92 0 36.7
Tour de la cathédrale	91 6 17.4

Cambatjou.

La Gaste	89 52 23.9
Puy Saint-Georges	90 42 8.9
Montredon	90 38 1.1
Montalet	89 2 53.3

Montredon.

Puy Saint-Georges	90 13 38.6
Cambatjou	89 33 29.8

Montalet	89°	1′	5″5
Saint-Pons	89	30	35.3
Nore	89	7	44.8
Castres	91	23	21.9
Pic des Pyrénées	89	38	54.3
Rieupeiroux	90	2	29.2
La Gaste	89	47	56.1

Montalet.

La Gaste	90	34	14.9
Cambatjou	91	8	46.5
Montredon	91	15	37.3
Nore	90	13	8.6
Saint-Pons	90	48	17.9
Pic du Canigou	89	50	5.2
La mer (direction du sud à l'est)	91	3	29.1

Saint-Pons.

Montalet	89	20	20.2
Montredon	90	48	59.7
Nore	89	40	50.3
Alaric	90	44	43.3
Narbonne	91	25	35.0
Beziers	91	22	11.5
Pic des Pyrénées	89	56	4.2
Puy-Prigue	89	34	38.2
Pic de Salfare	90	19	36.4
La mer (direction ouest).	90	57	5.1

Nore.

Montredon	91	9	16.5
Château de Montredon.	91	7	22.5
Montalet.	90	3	59.7
Saint-Pons	90	30	20.7
Alaric	91	10	15.3
Carcassonne	92	30	18.1
Castelnaudary	91	28	11.0
Castres	92	13	59.8
Pic du midi de Bigore	90	15	51.4
Puy-Prigue	89	26	13.7
Pic de Salfare.	90	23	52.6
La mer (direction du sud vers l'est)	91	1	28.2
Id. (direct. 90° sud-est)	91	0	38.2

Distances au zénith de plusieurs autres points remarquables, mais qui n'appartiennent pas aux triangles qui ont l'un de leurs sommets à Nore.

La Gaste	90°	30′	9″6
Cambatjou	90	39	48.2
Rieupeiroux	90	50	37.3
Pic du Canigou	89	28	47.6
Pic de la Estella	90	3	58.5
Tour de Baterre	90	15	14.2
Costa-Bona	89	47	16.6

Alaric.

Saint-Pons	89	34	57.6
Nore	89	5	6.8
Carcassonne	91	9	21.4
Bugarach	89	10	21.2
Tauch	89	30	13.6
Pic du Canigou	88	30	10.8
Narbonne	91	5	58.2
Beziers	90	43	36.0
La mer (direct à l'est)	90	43	28.0

Carcassonne.

Nore	87	40	54.1
Alaric	89	1	31.0
Bugarach	88	34	5.8
Pic du Canigou	88	21	27.25
Mont St.-Barthélemy	88	14	53.5
Castelnaudary	89	59	21.3

Pic de Bugarach.

Carcassonne	91	43	23.6
Alaric	91	6	22.7
Tauch	90	52	55.7
Forceral	91	28	20.6
Puy de la Estella	89	23	57.9
Pic du Canigou	87	51	13.3
Mont St.-Barthélemy.	88	50	1.5
La mer (direction du sud à l'est)	91	1	27.4

Tauch.

Alaric . . . . 90° 41′ 57″7
Bugarach 89 17 22.9
Forceral 91 7 14.25
Espira 91 49 50.7
Narbonne 91 17 37.1
Beziers 90 54 51.0
Perpignan 91 39 14.8
Fort de Bellegarde . . 90 40 3.1
La mer (direction du sud à l'est) 90 51 25.7

Forceral.

Espira 90 16 7.0
Tauch 89 2 6.8
Idem 89 2 4.5
Bugarach 88 44 45.4
Idem 88 44 58.3
Pic du Canigou . . . 85 50 53.3
Estella 87 21 1.3
Puy-Camellas 89 43 53.9
Perpignan 91 31 6.0
Bellegarde 90 13 53.25
Salces 91 50 38.3
Vernet 91 26 26.6
Tautavel 90 0 43.4
La mer (direction du sud à l'est) 90 39 32.45

Espira.

Tauch 88 16 14.2
Forceral 89 50 1.8
Vernet 91 50 12.9
Salces 92 41 48.6
Pic du Canigou 87 9 0.7
Tour de Bellegarde . . 90 10 13.5
Perpignan 91 22 37.8
Tour de Rivesaltes . . 92 43 7.6
La mer (direct. est) . . 90 37 37.9
La même 90 36 33.1

Vernet.

Salces 90 7 59.1
Espira 88 15 51.7
Forceral . . . . 88° 16′ 19″9
Tautavel 88 3 48.0
Perpignan 89 5 23.4

Salces.

Espira 87 22 27.9
Vernet 89 57 25.0
Tautavel 87 49 24.4
Rivesaltes 89 40 29.7
Perpignan 89 47 27.0
Pic du Canigou . . . 87 3 26.5
Cap de Leucate . . . 89 53 43.6
A Salces, distance du sommet du signal . . 89 31 6.6

Pont de l'Agly.

Terme septentr. . . . 90 2 26.9
Terme austr. 89 51 10.1

Rivesaltes.

Terme boréal de la base (hauteur) 90 18 56.7
Terme austral (haut.). 90 10 30.3
Pont de l'Agly 90 51 57.7
La mer (direct. est) . . 90 13 14.6

Perpignan.

Terme bor. de la base . 90 16 39.2
Espira 88 44 53.9
Tauch 88 34 19.0
Forceral 88 36 24.5
Puy-Camellas 88 49 25.0
Pic du Canigou . . . 86 26 22.7
La mer (dir. nord-est). 90 14 54.9
Idem sud-est 90 14 58.7
Idem sud-est 90 14 56.8

Estella.

Forceral 92 50 41.1
Bugarach 90 55 9.9
Puig-se-Calme 90 30 13.35
Notre-Dame-du-Mont. 91 19 17.45

Puy-Camellas	92°	34'	6"85
Perpignan	92	53	48.4
La mer (dir. nord-est).	91	13	48.6

Puy-Camellas.

Perpignan	91	24	11.1
Tautavel	90	28	21.9
Forceral	90	31	7.5
Bugarach	89	45	26.3
Estella	87	36	38.1
Notre-Dame-du-Mont.	89	6	6.1
Figuières	91	48	15.3
Tour du cap Mongò	90	57	23.2
Parelada	91	55	32.4
Castellon	91	27	57.6
Tour de la Mala-Vehina	91	46	54.1
Fort de la Trinité	91	8	43.7
La mer (dir. sud-est)	90	48	17.5

Notre-Dame-du-Mont.

Puy-Camellas	91	4	24.1
Tour de Baterre	89	29	32.5
Puy-la-Estella	88	55	1.4
Canigou	87	26	46.45
Costa-Bona	87	55	9.2
Puig-se-Calm	89	22	34.8
Roca-Corva	90	26	11.65
Figuières	92	54	59.7
Cap Mongò	91	32	59.4
Perelada	92	28	11.6
Castellon	92	7	24.2
Tour de la Mala-Vehina	92	9	11.7
Fort de la Trinité	91	38	30.3
La mer (dir. nord-est).	90	59	38.3

Puy-se-Calm.

Costa-Bona	88	27	18.3
La Estella	89	50	30.6
Notre-Dame-du-Mont.	90	51	17.0
Id. pour le signal de 1792	90	51	2.3
Tour de Baterre	90°	15'	41"0
Roca-Corva	91	16	27.0
Matagall	89	50	8.85
Puig-Rodòs	90	50	45.4

Roca-Corva.

Notre-Dame-du-Mont.	89	42	37.1
Puig-se-Calm	88	54	56.7
Matagall	89	6	0.0
La mer (dir. vers l'est).	90	56	7.2

Signal de Matagall ou de Monsên.

Roca-Corva	91	11	55.0
Puig-se-Calm	90	26	8.9
Puig-Rodòs	91	45	54.4
Mont-Matas	91	9	9.8

Puig-Rodòs.

Puig-se-Calm	87	27	0.8
Matagall	88	24	35.1
Mont-Matas	91	0	10.9
Mont-Serrat	89	52	10.5
Signal de Serrateix	90	40	52.3
La mer (direction du sud à l'est)	90	58	3.4

Mont-Matas.

Signal de Matagall	88	5	35.9
Puig-Rodòs	89	18	9.3
St.-Laurent-du-Mont	88	38	48.9
Mont-Serrat	89	2	28.1
Valvidrera	90	3	56.9
Tour de Montjouy	90	53	48.9
La mer (direction du sud à l'est)	90	38	30.5

Mont-Serrat.

Puig-Rodòs	90	25	11.9
Mont-Matas	91	15	43.0
Valvidrera	91	32	14.9

Valvidrera.

Mont-Serrat	88°	41′	21″5
Id. tour de l'abbaye .	89	31	49.7
Mont-Matas	90	4	31.3
Montjouy	91	42	19.2
Barcelone	92	42	4.55
Id. tour de la citadelle.	92	39	50.7
Id. sommet de la lanterne du port . . .	92	37	51.5
Campanille de Saint-Pierre-Martyr . . .	91	30	50.1
Tour de Castel-de-Fells	91	16	35.2
La mer (dir. sud-est) .	90	38	38.9

Montjouy.

Mont-Matas	89	14	29.65
Idem	89	14	41.9
Valvidrera	88	21	38.3
Matarò	90	22	49.0
Barcelone (fanal du port	94	55	38.5
Id. tour de la citadelle.	92	51	57.5
Id. tour septentrionale de la cathédrale . .	93	8	14.2
Id. pointant sur la balustrade de la tour. .	93	13	58.15
Saint-Pierre-Martyr .	88	21	10.3
Las Agujas	89	5	48.3
Autre sommet de la Siera Morella . . .	89	4	58.3
Castel-de-Fells	90	27	49.4
Ile de Mayorque . . .	90	14	44.4
La mer (direction du sud 30° est)	90	25	30.5
2° série, au même point	90	25	34.7
3° série, centre du cercle	90	25	6.6
4° série, le cercle comme la précédente . .	90	25	25.8
5° série, *Idem*	90	25	24.7
6° série	90	23	59.25

Tour septentrioale de la cathédrale de Barcelone.

Valvidrera	87	20	21.0
Montjouy	86	44	51.7
Signal sur la terrasse de Fontana-de-Oro . .	95	36	5.2

Signal de Fontana-de-Oro.

Girouette de la tour septentrionale de la cathédrale	83	50	29.9
Montjouy	85	1	43.9

Ces réductions supposent que l'on connoît la distance rectiligne des signaux, et le calcul des triangles a donné cette distance réduite au niveau de la mer. Pour évaluer l'erreur, soit K la distance connue ou la corde de l'ellipsoïde, et D la distance vraie $= K + x$. On aura donc

$$\Delta = \delta + \left(\frac{dH}{K+x}\right) \cdot \frac{\sin.\ \delta}{\sin.\ 1''}$$
$$= \delta + \left(\frac{dH}{K}\right) \cdot \frac{\sin.\ \delta}{\sin.\ 1''} \cdot \left(1 - \frac{x}{K} + \frac{x^2}{K} - \text{etc.}\right)$$

Soit N la normale au point de l'ellipse par lequel

passe l'axe du signal prolongé, $(N + dN)$ la normale prolongée jusqu'au sommet du signal

$$N + dN : N :: D : K$$

d'où

$$D - K = \frac{KdN}{N} = x \quad \text{et} \quad \frac{x}{K} = \left(\frac{dN}{N}\right)$$

Ainsi

$$\Delta - \delta = \left(\frac{dN.\ sin.\ \delta}{K.\ sin.\ 1''}\right).\ \left(1 - \frac{dN}{N} + \frac{dN^2}{N} - \text{etc.}\right)$$

Dans le cas le plus défavorable $\left(\frac{dN.\ sin.\ \delta}{K.\ sin.\ 1''}\right).\ \left(\frac{dN}{N}\right)$ ne va pas à 0″02. On peut donc négliger cette erreur, et faire dans tous les cas

$$(\Delta - \delta) = \frac{dH.\ sin.\ \delta}{K.\ sin.\ 1''}$$

Désormais nous nommerons δ les distances au zénith corrigées comme nous venons de le dire, et telles qu'elles sont dans la table des pages 715 et suivantes.

Différence de niveau sur le sphéroïde.

Si la terre étoit sphérique, deux objets seroient de niveau quand ils seroient dans une même surface sphérique qui auroit pour centre le centre même de la terre, quel que fût d'ailleurs le rayon de cette surface.

Si la terre est une ellipsoïde de révolution, deux objets seront de niveau quand ils seront à la surface d'un ellipsoïde semblable et concentrique à l'ellipsoïde terrestre.

La distance de *A* au zénith de *A'* (*pl. XI*, *fig.* 20)

est l'angle $VA'A = 180° - AA'M'$; mais la distance de A' au zénith de A est l'angle $ZAA' = 180° - MAA'$, AM étant la normale au point A.

Les deux distances au zénith sont dans des plans différens, parce que les deux normales AM et $A'M'$ ne se coupent nulle part. Rien n'exprime la relation des deux distances. Réduisons la seconde à l'oblique AM', menée au pied de la normale $A'M'$.

Prolongeons en Z (*pl. XI*, *fig.* 20) la normale MA Z sera le véritable zénith de A.

Prolongeons en Z' l'oblique $M'A$, Z' sera un zénith fictif auquel nous rapporterons la distance de A' au zénith de A qui s'observe relativement à la normale AM.

Le triangle sphérique *nam* donne

$$\cos. n. \sin. mn. \sin. na. + \cos. mn. \cos. na = \cos. ma$$

ou

$$- \cos. Z. \sin. x. \sin. \delta' - \cos. x. \cos. \delta' = - \cos. \delta''$$

Mais x n'étant jamais de $6''$, on peut supposer $\cos. x = 1$. Alors

$$\cos. \delta'' - \cos. \delta' = \sin. x \cos. Z. \sin. \delta'$$

$$2 \sin. \tfrac{1}{2}. (\delta' - \delta'') = \frac{\sin. x \cos. Z. \sin. \delta'}{\sin. \frac{1}{2} (\delta' + \delta'')}$$

et

$$\delta' - \delta'' = x \cos. Z$$

et enfin

$$\delta'' = \delta' - x. \cos. Z \quad \ldots\ldots\ldots\ldots \quad (60)$$

Cette correction ne change jamais de signe, parce que x et $\cos. Z$ en changent toujours tous deux à la fois. Ainsi, pour calculer les différences de niveau sur le sphéroïde, nous commencerons par appliquer à la seconde distance observée la correction $-x \cos. Z$.

Comme j'allois du nord au midi j'ai nommé première distance ou δ celle du signal plus méridional observé à la station la plus septentrionale, et seconde distance ou δ' la distance observée au signal plus méridional, et cette seconde distance δ' je la change en δ'' en retranchant $x \cos. Z$. Nous aurons alors

$$\begin{aligned}\delta' + \delta'' &= VA'A + Z'AA' = 180° - M'A'A + 180° - M'AA' \\ &= 180° + (180° - M'A'A - M'AA') \\ &= 180° + M' \ldots\ldots\ldots\ldots \quad (61).\end{aligned}$$

Mais les distances δ et δ' ou δ'' ne sont pas les distances qui s'observent. Ces dernières sont diminuées de la réfraction terrestre, qui est supposée proportionnelle à l'angle des deux normales ou à l'angle M, et qui par conséquent est égale pour les deux observations. Soit r cette réfraction, ce seront donc $\delta + r$ et $\delta'' + r$ qu'il faudra faire égales à $VA'A + Z'AA'$ ou à $180° + M'$. Ainsi nous aurons

$$\delta + r + \delta'' + r = 180° + M' = 180° + C \ldots \quad (62)$$

en nommant C l'angle au pied de la verticale. On en déduit

$$2r = 180° + C - \delta - \delta''$$

et

$$r = \tfrac{1}{2} C - \tfrac{1}{2}. (\delta + \delta'' - 180°) \ldots\ldots \quad (63)$$

et

$$\frac{r}{C} = \tfrac{1}{2} - \tfrac{1}{2}. \left(\frac{\delta + \delta'' - 180°}{C}\right) \ldots\ldots \quad (64)$$

$$\delta + r = 90° + \tfrac{1}{2} C + \tfrac{1}{2}. (\delta - \delta'') \ldots\ldots \quad (65)$$

$$\delta'' + r = 90° + \tfrac{1}{2} C - \tfrac{1}{2}. (\delta - \delta'') \ldots\ldots \quad (66)$$

Les côtés $A'M'$ et AM' étant inégaux, les angles $M'A'A$ et $M'AA'$ seront inégaux.

Soit y leur demi-différence, on aura

$$tang.\ y = \left(\frac{A'M' - AM'}{A'M' + AM'}\right).\ cot.\ \tfrac{1}{2}\ M' = \frac{A'M' - AM'}{2\ A'M'.\ tang.\ \tfrac{1}{2} M'}$$
$$= \frac{A'M' - AM'}{A'M'.\ tang.\ M'} = \frac{A'M' - AM'}{K}$$

à fort peu près. D'où

$$K.\ tang.\ y = (A'M' - AM')$$

K étant donné en toises, il faut que $(A'M' - AM')$ soit aussi en toises. Ainsi l'on aura

$$K.\ tang.\ y = \frac{R.\ (A'M' - AM')}{(1 - e^2.\ sin^2.\ L)^{\frac{1}{2}}} \dots\dots\dots (67)$$

R étant le rayon de l'équateur en toises. Nous aurons ainsi

$$M'AA' = 90° - \tfrac{1}{2}\ M' + y = 90° - \tfrac{1}{2}\ C + y \dots (68)$$

et

$$M'A'A = 90° - \tfrac{1}{2}\ C - y \dots\dots\dots\dots (69)$$

Soit maintenant $A'A$ la corde de l'ellipsoïde terrestre (*pl. XI*, *fig.* 24), C le pied de la normale de la station nord, S et S' deux signaux élevés au-dessus de la surface de l'ellipsoïde, Σ et Σ' les deux signaux également déplacés par la réfraction,

$$VS'S = \delta + r;\quad ZSS' = \delta'' + r$$

Soit SS'' parallèle à la corde de l'ellipsoïde, $S'S''$ sera la différence de niveau ou la quantité qu'il faudra retrancher de l'élévation du point S' pour avoir celle du point S.

Le triangle $S'SS''$ donne

$$\sin. S' : SS'' :: \sin. S'SS'' : S'S'' = \frac{SS'' \sin. S'SS''}{\sin. S'}.$$

Ainsi

$$\begin{aligned}
dN &= -\frac{K.\sin.(S'SC - S''SC)}{\sin.(\delta + r)} \\
&= -\frac{K.\sin.(180^\circ - \delta'' - r - A'AC)}{\sin.(\delta + r)} \\
&= -\frac{K.\sin.(\delta'' + r + A'AC)}{\sin.(\delta + r)} \\
&= -\frac{K.\sin.(\delta'' + r + 90^\circ - \frac{1}{2}C + y)}{\sin.(\delta + r)} \\
&= -\frac{K\cos.(\delta'' + r - \frac{1}{2}C + y)}{\sin.(\delta + r)} \\
&= -\frac{K.\cos.(180^\circ + C - \delta - 2r + r - \frac{1}{2}C + y)}{\sin.(\delta + r)} \\
&= +\frac{K\cos.(\delta + r - \frac{1}{2}C + y)}{\sin.(\delta + r)} \\
&= +\frac{K.\cos.(\delta + r - \frac{1}{2}C).\cos.y + \sin.(\delta + r - \frac{1}{2}C).\sin.y}{\sin.(\delta + r - \frac{1}{2}C).\cos.\frac{1}{2}C + \cos.(\delta + r - \frac{1}{2}C).\sin.\frac{1}{2}C} \\
&= \frac{K.\left(\frac{\cos.y}{\cos.\frac{1}{2}C}\right)\cot.(\delta + r - \frac{1}{2}C) + K.\left(\frac{\sin.y}{\cos.\frac{1}{2}C}\right)}{1 + \tan g.\frac{1}{2}C.\cot.(\delta + r - \frac{1}{2}C)} \\
&= +K.\sec.\tfrac{1}{2}C.\cot.(\delta + r - \tfrac{1}{2}C) \\
&\quad - K.\sec.\tfrac{1}{2}C.\tan g.\tfrac{1}{2}C.\cot^2.(\delta + r - \tfrac{1}{2}C) \\
&\quad + K.\sin.y. \ldots\ldots\ldots\ldots \quad (70)
\end{aligned}$$

et

$$\begin{aligned}
dN &= -K.\sec.\tfrac{1}{2}C.\cot.(\delta'' + r - \tfrac{1}{2}C) \\
&\quad - K.\sec.\tfrac{1}{2}C.\tan g.\tfrac{1}{2}C.\cot^2.(\delta'' + r - \tfrac{1}{2}C) \\
&\quad + K.\sin.y. \ldots\ldots\ldots\ldots \quad (71)
\end{aligned}$$

Ces formules serviront quand on aura δ ou δ'' seulement; mais alors il faudra supposer r connue.

Éliminons r, la formule (70) deviendra.

$$
\begin{aligned}
dN &= -K.\ séc.\ \tfrac{1}{2}C.\ cot.\ (\delta + \tfrac{1}{2}C - \tfrac{1}{2}\delta - \tfrac{1}{2}\delta'' + 90^\circ - \tfrac{1}{2}C)\ \text{etc.}\\
&= -K.\ séc.\ \tfrac{1}{2}C.\ cot.\ (\tfrac{1}{2}\delta - \tfrac{1}{2}\delta'' + 90^\circ)\ \text{etc.}\\
&= +K.\ séc.\ \tfrac{1}{2}C.\ tang.\ (\tfrac{1}{2}\delta'' - \tfrac{1}{2}\delta)\ \text{etc.}\\
&= +K.\ séc.\ \tfrac{1}{2}C.\ tang.\ \tfrac{1}{2}.\ (\delta'' - \delta)\\
&\quad - K.\ séc.\ \tfrac{1}{2}C.\ tang.\ \tfrac{1}{2}C.\ tang^2.\ \tfrac{1}{2}(\delta'' - \delta) + K.\ sin.\ y.\quad (72)
\end{aligned}
$$

La formule (71) donneroit la même chose.

La formule (72) est indépendante de la réfraction; elle suppose seulement que les deux réfractions sont égales. Elle n'est donc en erreur que de la demi-différence inconnue qui peut exister entre les deux réfractions.

Mais (formule 62)

$$\delta'' = \delta' - x\ cos.\ Z$$

ainsi

$$
\begin{aligned}
dN &= +K.\ séc.\ \tfrac{1}{2}C.\ tang.\ \tfrac{1}{2}.\ (\delta' - x\ cos.\ Z - \delta) - \text{etc.}\\
&= +K.\ séc.\ \tfrac{1}{2}C.\left(\frac{tang.\ \tfrac{1}{2}.(\delta' - \delta) - tang.\ \tfrac{1}{2}.(x\ cos.\ Z)}{1 + tang.\ \tfrac{1}{2}.(x\ cos.\ Z).\ tang.\ \tfrac{1}{2}.(\delta' - \delta)}\right) - \text{etc.}\\
&= +K.\ séc.\ \tfrac{1}{2}C.\ tang.\ \tfrac{1}{2}.\ (\delta' - \delta)\\
&\quad - K.\ tang.\ \tfrac{1}{2}Z\ cos.\ Z.\ tang^2.\ \tfrac{1}{2}.\ (\delta' - \delta)\\
&\quad - \tfrac{1}{2}K.\ tang.\ x\ cos.\ Z\\
&= +K.\ séc.\ \tfrac{1}{2}C.\ tang.\ \tfrac{1}{2}.\ (\delta' - \delta)\\
&\quad - K.\ séc.\ \tfrac{1}{2}C.\ tang.\ \tfrac{1}{2}C.\ tang^2.\ \tfrac{1}{2}.\ (\delta' - \delta)\\
&\quad + K.\ sin.\ y - \tfrac{1}{2}K.\ tang.\ x\ cos.\ Z \ldots\ldots\ldots\ldots (73)
\end{aligned}
$$

car x n'étant que de 4 à 5″, le terme $K.\ tang.\ \tfrac{1}{2}\ x\ cos.\ Z.\ tang^2.\ \tfrac{1}{2}\ (\delta' - \delta)$ est toujours insensible.

Supposez x et $y = 0$, la formule conviendra à la terre sphérique, et δ'' sera $= \delta'$. Ainsi la correction de l'aplatissement se réduit aux deux très-petits termes $K.\ sin.\ y$ et $\frac{1}{2}\ K.\ tang.\ x\ cos.\ Z$. Or, formule (67)

$$K.\ tang.\ y \quad \text{ou} \quad K.\ sin.\ y = R.\ (A'M' - AM')$$

et (*fig.* 20)

$$sin.\ AM'M : sin.\ AMM' :: AM : AM'$$
$$= \frac{AM'\ sin.\ AMM'}{AM'M} = \frac{AM\ cos.\ L}{cos.\ (L+x)}$$
$$= \frac{AM\ cos.\ L}{sin.\ L\ cos.\ x - sin.\ L\ sin.\ x}$$
$$= \frac{AM.\ séc.\ x}{1 - tang.\ x.\ tang.\ L} = \frac{AM.\ (1 + tang.\ x.\ tang.\ \frac{1}{2}\ x)}{1 - tang.\ x.\ tang.\ L}$$

Mais x (formule 29) est une quantité du second ordre dont nous pouvons négliger le carré. Nous aurons donc

$$AM = \frac{AM}{1 - tang.\ x.\ tang.\ L} = AM\ (1 + tang.\ x.\ tang.\ L)$$
$$= (1 + \tfrac{1}{2}\ e^2.\ sin^2.\ L + \tfrac{3}{8}\ e^4.\ sin^4.\ L)\ (1 + tang.\ x.\ tang.\ L)$$
$$= 1 + \tfrac{1}{2}\ e^2.\ sin^2.\ L + \tfrac{3}{8}\ e^4.\ sin^4.\ L + tang.\ x.\ tang.\ L$$
$$+ \tfrac{1}{2}\ e^2.\ sin^2.\ L\ tang.\ x.\ tang.\ L.$$

Or nous avons de même

$$A'M' = 1 + \tfrac{1}{2}\ e^2.\ sin^2\ (L + dL) + \tfrac{3}{8}\ e^4.\ sin^4.\ (L + dL)$$

donc

$$A'M' - AM' = \tfrac{1}{2}\ e^2.\ [sin^2.\ (L + dL) - sin^2.\ L]$$
$$+ \tfrac{3}{8}\ e^4.\ [sin^4.\ (L + dL) - sin^4.\ L]$$
$$- tang.\ x.\ tang.\ L\ (1 + \tfrac{1}{2}\ e^2\ sin^2.\ L)$$
$$= \tfrac{1}{2}\ e^2.\ sin.\ dL\ sin.\ (2\ L + dL)$$
$$+ \tfrac{3}{8} e^4. [sin^2. (L+dL) - sin^2. L]. [sin^2. (L+dL) + sin^2. L]$$
$$- tang.\ x\ tang.\ L\ (1 + \tfrac{1}{2}\ e^2\ sin^2.\ L)$$

A présent (formule 29)

$$sin.\ x \text{ ou } tang.\ x = e^2.\ sin.\ dL\ cos^2.\ L - \tfrac{1}{2}\ e^2.\ sin^2.\ dL.\ sin.\ L\ cos.\ L$$
$$+ e^4.\ sin.\ dL.\ sin^2.\ L\ cos^2.\ L$$

donc

$$tang.\ x.\ tang.\ L = e^2.\ sin.\ dL.\ sin.\ L.\ cos.\ L. - \tfrac{1}{2}\ e^2.\ sin^2.\ dL\ sin^2.\ L$$
$$+ e^4.\ sin.\ dL.\ sin^3.\ L.\ cos.\ L$$

et

$$tang.\ x.\ tang.\ L\ (1 + \tfrac{1}{2}\ e^2.\ sin^2.\ L) = e^2.\ sin.\ dL.\ sin.\ L.\ cos.\ L$$
$$- \tfrac{1}{2}\ e^2.\ sin^2.\ dL.\ sin^2.\ L$$
$$+ e^4.\ sin.\ dL.\ sin^3.\ L\ cos.\ L.$$
$$+ \tfrac{1}{2} e^4.\ sin.\ dL\ sin^3.L\ cos.\ L$$

Et par conséquent

$$A'M' - AM' = \tfrac{1}{2}\ e^2.\ sin.\ dL.\ cos.\ dL\ sin.\ 2\ L + \tfrac{1}{2}\ e^2.\ sin^2.\ dL\ cos.\ 2\ L$$
$$+ \tfrac{1}{4}\ e^4.\ sin.\ dL.\ sin.\ 2\ L\ sin^2.\ L$$
$$- e^2.\ sin.\ dL.\ sin.\ L\ cos.\ L + \tfrac{1}{2}\ e^2.\ sin^2.\ dL.\ sin^2.\ L$$
$$- \tfrac{1}{2}\ e^4.\ sin.\ dL.\ sin^3.\ L\ cos.\ L$$
$$= + \tfrac{1}{2}\ e^2.\ sin^2.\ dL.\ (\ cos.\ 2\ L + sin^2.\ L)$$
$$= \tfrac{1}{2}\ e^2.\ sin^2.\ dL\ cos^2.\ L$$
$$= \frac{\tfrac{1}{2}\ e^2 K^2\ cos^2.\ Z\ cos^2.\ L}{R^2}$$

en négligeant tous les termes du quatrième ordre. Ainsi

$$A'M' - AM' = K.\ sin.\ y = \frac{\tfrac{1}{2}\ e^2.\ K^2.\ cos^2.\ Z.\ cos^2.\ L}{R}$$

Mais

$$\tfrac{1}{2} K.\ sin.\ x\ cos.\ Z = \tfrac{1}{2}\ K.\ e^2\ sin.\ dL.\ cos.\ Z\ cos^2.\ L$$
$$- \tfrac{1}{4}\ K\ e^2.\ sin^2.\ dL\ cos.\ Z.\ sin.\ L\ cos.\ L$$
$$+ \tfrac{1}{2}\ K\ e^4.\ sin.\ dL\ cos.\ Z.\ sin^2.\ L\ cos^2.\ L$$

donc

$$K.\sin.y - \tfrac{1}{2}K.\sin.x\cos.Z = \left(\frac{\frac{1}{2}e^2}{R}\right)K^2.\cos^2.Z.\cos^2.L$$
$$- \left(\frac{\frac{1}{2}e^2}{R}\right)K^2.\cos^2.Z\cos^2.L$$
$$+ \left(\frac{\frac{1}{4}e^2}{R^2}\right)K^3.\cos^3.Z\sin.L\cos.L$$
$$- \left(\frac{\frac{1}{2}e^4}{R}\right)K^2.\cos^2.Z.\sin^2.L\cos^2.L$$
$$= \left(\frac{\frac{1}{2}a}{R^2}\right)K^3\cos^3.Z.\sin.L\cos.L$$
$$- \left(\frac{2a^2}{R}\right)K^2\cos^2.Z.\sin^2.L\cos^2.L \ldots\ldots\ldots (74)$$

Le premier de ces termes, même pour le triangle d'Ivice, n'ira pas à $0''06\cos^3.Z.\sin.L\cos.L.$

Le second est encore moindre : ainsi le résultat des deux corrections se réduit à des quantités qu'on peut toujours négliger.

Le calcul des différences de niveau sera donc le même sur le sphéroïde qu'il seroit sur la sphère, quand on aura observé les deux distances réciproques des signaux au zénith.

Mais si l'on n'avoit que la distance δ observée dans le lieu le plus boréal, il est évident que l'on auroit alors à calculer la correction *K. tang. y* qui ne seroit pas détruite par la correction $-x\cos.Z$; mais dans ce cas il faudra faire une hypothèse sur la constante de la réfraction, et l'erreur de cette hypothèse sera le plus souvent beaucoup plus forte que le terme *K. tang. y* qu'il est assez inutile de calculer.

Si l'on n'avoit que la distance δ', on mettroit pour δ'' sa valeur $\delta' - x.\ cos.\ Z$ dans la formule (71), qui deviendroit

$$dN = -\frac{K.\ [1 + tang.\ x.\ cos.\ Z.\ tang.\ (\delta' + r - \frac{1}{2} C)]}{tang.\ (\delta' + r - \frac{1}{2} C) - tang.\ x.\ cos.\ Z}$$

$$= -\frac{K.\ [1 + tang.\ x.\ cos.\ Z.\ tang.\ (\delta' + r - \frac{1}{2} C).\ cot.\ (\delta' + r - \frac{1}{2} C)]}{1 - tang.\ x.\ cos.\ Z.\ cot.\ (\delta' + r - \frac{1}{2} C)} - \text{etc.}$$

$$= -K.\ cot.\ (\delta' + r - \frac{1}{2} C) - tang.\ x.\ cos.\ Z - \text{etc.} \quad . \ . \ (75)$$

et le terme $-\ tang.\ x.\ cos.\ Z$ détruiroit encore le terme $+\ K.\ sin.\ y.$

On n'aura donc à songer à l'aplatissement que dans le seul cas où l'on auroit uniquement la distance au zénith observé dans le plus boréal des deux lieux dont on cherche la différence de niveau.

La correction se réduit au terme

$$\tfrac{1}{2} Re^2.\ sin^2.\ dL.\ cos^2.\ L = \tfrac{1}{2} Re^2.\ \frac{K^2}{R^2}.\ cos^2.\ Z.\ cos^2.\ L$$

$$= \frac{a}{R}\ K^2.\ cos^2.\ Z.\ cos^2.\ L$$

et la formule (70) devient

$$dN = K.\ sec.\ \tfrac{1}{2} C.\ cot.\ (\delta + r - \tfrac{1}{2} C)$$

$$- K.\ sec.\ \tfrac{1}{2} C.\ tang.\ \tfrac{1}{2} C.\ cot^2.\ (\delta + r - \tfrac{1}{2} C)$$

$$+ \left(\frac{a}{R}\right) K^2.\ cos^2.\ Z.\ cos^2.\ L \quad . \ . \ . \ . \ . \ . \ . \ . \ . \ . \ . \ (76)$$

Elle seroit environ $0^t 34.\ cos^2.\ Z.\ cos^2.\ L$ pour un côté de 30000 toises, ce qui en France ne vaut guère que $0^t 15.\ cos^2.\ Z$, et peut d'autant plus se négliger que dans ce cas on suppose la réfraction connue, et qu'elle est sujette à des variations bien plus fortes que cette petite correction.

De

$$dN = \frac{K.\, séc.\, \tfrac{1}{2} C.\, tang.\, \tfrac{1}{2}.\, (\delta' - \delta)}{1 - tang.\, \tfrac{1}{2} C.\, tang.\, \tfrac{1}{2}.\, (\delta' - \delta)},$$

on tire

$$dN - dN.\, tang.\, \tfrac{1}{2} C.\, tang.\, \tfrac{1}{2}.\, (\delta' - \delta) = K.\, séc.\, \tfrac{1}{2} C.\, tang.\, \tfrac{1}{2}.\, (\delta' - \delta)$$

et

$$tang.\, \tfrac{1}{2}.\, (\delta' - \delta) = \frac{dN}{K.\, séc.\, \tfrac{1}{2} C + K.\, tang.\, \tfrac{1}{2} C} = \frac{dN.\, cos.\, \tfrac{1}{2} C}{K + dN.\, sin.\, \tfrac{1}{2} C}$$
$$= \frac{\left(\frac{dN}{K}\right).\, cos.\, \tfrac{1}{2} C}{1 + \left(\frac{dN}{K}\right).\, sin.\, \tfrac{1}{2} C}$$

et enfin

$$\tfrac{1}{2}.\, (\delta' - \delta) = K.\, \frac{dN}{K}.\, \frac{sin.\, (90^\circ - \tfrac{1}{2} C)}{sin.\, 1''} - \left(\frac{dN}{K}\right)^2.\, \frac{sin.\, (180^\circ - \tfrac{1}{2} C)}{sin.\, 2''}$$
$$+ \left(\frac{dN}{K}\right)^3.\, \frac{sin.\, (270^\circ - \tfrac{1}{2} C)}{sin.\, 3''} - \text{etc.}$$
$$= \left(\frac{dN}{K}\right).\, \frac{cos.\, \tfrac{1}{2} C}{sin\, 1''} - \left(\frac{dN}{K}\right)^2.\, \frac{sin.\, \tfrac{1}{2} C}{sin.\, 2''}$$
$$- \left(\frac{dN}{K}\right)^3.\, \frac{cos.\, \tfrac{1}{2} C}{sin.\, 3''} + \text{etc.} \ldots \quad (77)$$

série dont le premier terme suffira presque toujours. Elle suppose que la station boréale est la plus élevée des deux; si c'étoit le contraire on changeroit le signe des termes où dN est à une puissance impaire.

dN étant pris positivement, la demi-différence $\tfrac{1}{2}.\, (\delta' - \delta)$ sera additive à la distance observée dans la station moins élevée pour avoir la distance qu'on n'auroit pu observer dans la plus élevée ; elle se retrancheroit de la distance observée dans le lieu plus élevé, si cette distance étoit la seule que l'on connût.

Ces calculs supposent la valeur K de la parallèle à la corde de l'ellipsoïde ; le calcul des triangles donne la corde même, qui est toujours plus petite. Soit h la hauteur du signal au-dessus de la mer, la valeur trouvée pour dN devra se multiplier par $\frac{N+h}{N} = \left(1 + \frac{h}{N}\right)$. h ne passe pas 910^t, $N > 3270000$; $\frac{h}{N}$ ne passe donc pas $\frac{9}{32700} = \frac{1}{3633} = n$. La plus grande différence de niveau n'est que de 630 toises, et $\frac{630}{3633} = \frac{1}{6} = 1$ pied environ. On pourroit négliger cette erreur qui sera bien rare ; il est aisé d'en tenir compte.

Il nous reste à examiner le cas où l'un des signaux seroit à l'horizon, comme il arrive quand on a observé l'horizon de la mer.

Soit (*pl. XI*, *fig.* 24) S la mer. Du point S' on a observé $VS'\Sigma = \delta$; ainsi

$$VS'S = \delta + r = \delta + nC = 90^\circ + C$$

car $S'SC = 90^\circ$. On a donc

$$C - nC = (\delta - 90^\circ)$$

et

$$C = \left(\frac{\delta - 90^\circ}{1 - n}\right)$$

Or

$$S'S'' = dN = \frac{SS'.\ sin.\ S'SS''}{sin.\ S''} = \frac{SS'.\ sin.\ (S'SC - S''SC)}{sin.\ S''}$$

$$= \frac{SS'.\ sin.\ (90^{\circ} - 90^{\circ} + \frac{1}{2}\ C - y)}{sin.\ (90^{\circ} - \frac{1}{2}\ C - y)} = \frac{SS'.\ sin.\ (\frac{1}{2}\ C - y)}{cos.\ (\frac{1}{2}\ C + y)}$$

$$= SS'.\ \left(\frac{tang\ \frac{1}{2}\ C.\ -\ tang.\ y}{1 - tang.\ \frac{1}{2}\ C.\ tang.\ y}\right)$$

$$= SS'.\ tang.\ \tfrac{1}{2}\ C - SS'.\ tang.\ y,$$ car on peut négliger le dénominateur.

$$= CS.\ tang.\ C.\ tang.\ \tfrac{1}{2}\ C - CS.\ tang.\ C.\ tang.\ y$$

$$= \tfrac{1}{2}\ CS.\ tang^2.\ C. - CS.\ tang.\ C.\ tang.\ y$$

$$= \tfrac{1}{2}\ CS.\ tang^2.\ \left(\frac{\delta - 90^{\circ}}{1 - n}\right) - K.\ tang.\ y$$

$$= \frac{\frac{1}{2}\ CS}{(1 - n)^2}.\ tang^2.\ (\delta - 90^{\circ}) - K.\ tang.\ y$$

$$= \frac{\frac{1}{2}\ R.\ tang^2.\ (\delta - 90^{\circ})}{(1 - e^2.\ sin^2.\ L)^{\frac{1}{2}}.\ (1 - n)^2} - \tfrac{1}{2}\ Re^2.\ sin^2.\ dL.\ cos^2.\ L$$

$$= \frac{\frac{1}{2}\ R.\ tang^2.\ (\delta - 90^{\circ})}{(1 - e^2.\ sin^2.\ L)^{\frac{1}{2}}.\ (1 - n)^2} - \frac{\frac{1}{2}\ Re^2.\ tang^2.\ C.\ cos^2.\ L.\ cos^2.\ Z}{(1 - e^2.\ sin^2.\ L)^{\frac{1}{2}}}$$

$$= \frac{\frac{1}{2}\ R.\ tang^2.\ (\delta - 90^{\circ})}{(1 - \frac{1}{2}\ e^2.\ sin^2.\ L).\ (1 - n)^2} - \frac{\frac{1}{2}\ Re^2.\ tang^2.\ (\delta - 90^{\circ}).\ cos^2.\ L.\ cos^2.\ Z}{(1 - \frac{1}{2}\ e^2.\ sin^2.\ L).\ (1 - n)^2}$$

$$= \frac{\frac{1}{2}\ R.\ tang^2.\ (\delta - 90^{\circ})}{(1 - \frac{1}{2}\ e^2.\ sin^2.\ L).\ (1 - n)^2}.\ (1 - e^2.\ cos^2.\ L.\ cos^2.\ Z)$$

$$= \frac{\frac{1}{2}\ R.\ tang^2.\ (\delta - 90^{\circ})}{(1 - a.\ sin^2.\ L).\ (1 - n)^2}.\ (1 - 2\ a.\ cos^2.\ L.\ cos^2.\ Z).\ (78)$$

Nous avons supposé le point de station plus voisin du pôle que le point observé de la mer. Dans le cas contraire, nous avons vu, page 746, que les deux corrections se détruisent.

On pourroit faire du facteur $2\ a.\ cos^2.\ L.\ cos^2.\ Z$ une table dépendante des argumens L et Z, qui donneroit les nombres par lesquels il faudroit multiplier le terme $\frac{\frac{1}{2} R. \, tang^2. \, (\delta - 90^\circ)}{(1 - a \, sin^2. \, L). \, (1 - n)^2}$ pour avoir la correction; mais je n'en ai fait nul usage, parce qu'en France $2 \, a. \, cos^2. \, L$ diffère peu de a, en sorte que la correction est tout au plus de $\frac{1}{300}$ du terme principal. Or le facteur $\frac{1}{(1 - n)^2}$, qui est souvent incertain, produit par ses variations des erreurs beaucoup plus fortes que cette correction.

Hauteurs des signaux et du sol au-dessus de la laisse de basse mer à Dunkerque.

					Sol.
Dunkerque, hauteur de la tour				161p	
Hauteur du signal				19	
				180 = 30t	
Différence du niveau entre le pied de la tour et la laisse de basse mer				4.67	
Élévation du signal au-dessus de la mer				34.67	4'67
Watten par Dunkerque	34'67 +	20t35 =	. . .	55.02	
Balustrade de la tour	55.02 —	1.32 =	. . .	53.70	38.70
Signal	55.02 +	1.33 =	. . .	56.35	
Cassel par Dunkerque	34.67 +	63.32 =	97.99	97.33	85.00
Par Watten	55.02 +	41.64 =	96.66		
Graveline par Dunkerque	34.67 —	1.31	33.36	33.04	
Par Watten	56.35 —	23.62	32.73		
Fiefs par Watten	53.70 +	63.75	117.45	117.80	98.30
Par Cassel	97.33 +	20.82	118.15		
Mesnil par Cassel	93.33 +	0.82	98.15	98.27	95.20
Par Fiefs	117.80 —	19.40	98.40		
Béthune par Cassel	97.33 —	48.43	48.90	48.00	19.30
Par Mesnil	98.27 —	51.07	47.90		

					Sol.
Helfaut par Cassel..........	97·33 —	35·44 =	61·89	62·40	
Par Watten..........	55·02 +	7·30	62·32		
Par Fiefs..........	117·80 —	56·37	61·43		
Par Béthune..........	47·20 +	16·59	63·79		
Sauti par Fiefs..........	117·80 —	10·33	107·47	108·40	84·20
Par Mesnil..........	98·27 +	11·01	109·28		
Bonnières par Fiefs..........	117·80 —	19·58	98·22	95·50	78·00
Par Sauti..........	108·38 —	15·59	92·79		
Beauquène par Sauti..........	108·38 —	18·04	90·34	92·62	73·00
Par Bonnières..........	95·50 —	0·60	94·90		
Mailli par Sauti..........	108·38 —	19·99	88·39	90·25	73·00
Par Beauquène..........	92·62 —	0·51	92·11		
Bayonvillers par Beauquène..	92·62 —	26·15	66·47	66·70	42·40
Par Mailli..........	90·25 —	23·33	66·92		

Les incertitudes viennent de la réfraction qui étoit fort variable. Temps humide et chaud; il paroît qu'elles se sont compensées pour Bayonvillers.

Villers-Bretonneux par Mailli.	92·25 —	19·74 =	72·51	71·38	54·60
Par Bayonvillers.......	66·70 +	3·55	70·25		

La hauteur du sol de Villers-Bretonneux doit être celle de la base de ce nom, car cette base aboutissoit à l'axe du clocher. Voyez *Méridienne vérifiée*, page 42. La terrasse dont il y est fait mention, et qui s'élevoit de 13 pieds au-dessus du reste de la base, s'élevoit presque autant au-dessus du pied du clocher. On pourra donc supposer 55 toises pour l'élévation de cette base au-dessus de la mer.

Vignacourt par Beauquène...	92·62 —	11·55 =	81·07	81·52	66·00
	71·38 +	10·59	81·97		
Amiens par Villers-Bretonneux	71·38 +	4·40	75·78	75·71	20·7
Par Vignacourt........	81·52 —	5·88	75·64		

La hauteur du clocher d'Amiens est de 55 toises.

Arvillers par Bayonvillers....	66.70	+	3.29 =	69.99	70.78	56.0
Par Villers-Bretonneux..	71.38	+	0.10	71.48		
Sourdon par Villers-Breton..	71.38	+	13.86	85.24	85.58	73.0
Par Arvillers...........	70 78	+	14.14	84.92		
Par Vignacourt.........	81.52	+	5.06	81.52		
Coivrel par Arvillers........	70.78	+	12.23	83.10	82.95	73.0
Par Villers-Bretonneux.	85.58	—	2.69	82.89		
Noyers par Sourdon.........	85.58	+	14.94	100.52	99.58	87.0
Par Coivrel............	82.89	+	15.76	98.67		
Clermont par Coivrel........	82.85	—	2.38	80.57	80.62	
Par Noyers............	99.58	—	18.90	80.68		
Jonquières par Coivrel......	82.95	—	3.96	78.79	79.35	76.0
Par Clermont..........	80.62	—	0.90	78.72		
St-Christophe par Clermont..	80.62	+	28.20	108.82	108.71	106.0
Par Jonquières.........	79.35	+	29.25	108.60		
St-Martin-du-Tertre par Clermont..................	80.62	+	35.75	116.37	116.22	
Par St-Christophe.......	108.71	+	7.37	116.08		
Dammartin par Clermont....	80.60	+	23.92	104.52	104.59	
Par Jonquières.........	79.35	+	26.09	105.44		
Par St-Christophe.......	108.71	—	4.95	103.76		
Par St-Martin	116.22	—	8.32	107.50		

Je ne tiens pas compte de l'observation de St-Martin.

Panthéon par St-Martin.....	116.22	—	40.74 =	75.48	73.41
Par Dammartin........	104.57	—	33 23	71.34	
Signal de l'Observ. Panthéon.	69.91	—	24.53	45.38	Toit de l'escalier.
				44.0	Plateforme.
Dôme des Invalides. Panthéon.	73.41	+	0.02	73.43	
Observatoire rue de Paradis..	69.91	—	41.0	28.91	
Collége Mazarin..........	69.91	—	31.67	38.24	Boule au-dessus de la croix.
Assomption	69.91	—	20.18	49.73	
Salpétrière...............	69.91	—	22.11	46.80	
Dôme des Invalides. St-Louis.		—	22.14	47.77	
Val-de-Grace.............		—	9.92	59.99	
St-Sulpice. Tour boréale....		—	15.62	54.25	

Pyramide de Montmartre. Panthéon	69.91 —	8.05 =	61.86	60.96
Rue de Paradis	28.91 +	31.15	60.06	
Belvedère Flécheux	69.91 +	1.17	71.08	71.00
	28.91 +	42.02	70.93	
Observatoire par le Belvedère Flécheux	71.00 +	25.66	45.34	Parapet.
Nous avons trouvé ci-dessus			45.38	Toit de l'escalier.
Tour de Croy à Châtillon-Brie	71.29 +	20.17	91.46	93.0
Par Montlhéri	76.17 +	22.32	95...	
	—	3.5		
Par le Panthéon	69.91 +	22.33	92.2	

Quoique les deux résultats soient très-peu d'accord, il paroît par les élévations de Belleassise, Brie, Montlhéri et Torfou que le milieu n'est pas fort éloigné de la vérité.

Belleassise par Dammartin	104.57 —	23.15 =	81.42	81.32	
Par le Panthéon	73.41 +	7.81	81.22		
Brie par le Panthéon	73.41 —	2.30	71.11	71.29	43.0
	81.32 —	9.85	71.47		
Montlhéri par Brie	71.29 +	5.34	76.63	76.17	70.0
Par le Panthéon	73.41 +	2.31	75.72		
Malvoisine par Brie	71.29 +	14.76	86.05	85.78	
Par Montlhéri	76.17 +	9.33	85.50		
Lieursaint par Montlhéri	76.17 —	18.01	58.16	58.74	45.9
Par Malvoisine	85.76 —	26.46	59.33		
Melun par Malvoisine	85.78 —	37.02	48.76	49.28	36.1
Par Lieursaint	58.74 —	8.93	49.81		

Coude de la base	par Melun	49.28 —	6.70 —	0.06	41.91	42.06
	par Lieursaint	58.74 —	15.40 —	0.66	42.68	
	par Malvoisine	85.78 —	43.54 —	0.66	41.58	

Cette hauteur du sol au coude est à fort peu près la hauteur moyenne de la base.

Le sommet du signal de Melun est au-dessus de la lunette de	6.70
Hauteur du signal	13.17
D'où le sol du signal étoit au-dessous de la lunette de	6.47
Le sommet du signal de Lieursaint est au-dessous de la lunette de Melun. de	15.40
Le signal de Lieursaint est élevé de	12.83
Donc le sol de Lieursaint est au-dessus de la lunette de Melun à. .	2.57
A cette quantité ajoutons la hauteur de la lunette à Melun . . .	6.47
Donc la différence entre le sol des signaux est	9.04
C'est la différence de niveau entre les deux extrémités de la base, les distances réciproques au zénith donnoient pour différence des sommets.	8.97
Différence des hauteurs des signaux	0.34
Différence de niveau des extrémités de la base	9.27
Ci-dessus.	9.04
Milieu entre les deux	9.15

Torfou par le Panthéon	73.41 +	15.86 =	89.27	89.24	76.00
Par Montlhéri	76.17 +	13.50	89.67		
Par Malvoisine.	85.50 +	3.27	88.77		
Bruyères par Malvoisine	85.50 —	32.79	52.71	53.38	52.0
Par Torfou	89.24 —	35.18	54.60		
Forêt par Malvoisine	85.50 —	6.87	78.63	79.02	
	89.24 —	9.82	79.42		
Chapelle-la-Reine par Malvois. .	85.50 —	0.12 . . .	85.38	83.23	64.0
Par Forêt	79.02 +	2.06 . . .	81.08		

Cette hauteur est fondée sur deux observations fort incertaines. Il paroît cependant par celle qui suit que le résultat moyen ne s'écarte pas beaucoup de la vérité. Il semble que la réfraction étoit plus foible qu'elle n'est ordinairement en hiver.

Pithiviers par Forêt	79.02 +	6.70 =	85.72	85.93	63.0
Par Chapelle-la-Reine . . .	83.23 +	2.91	86.14		
Boiscom. par Chapelle-la-Rein.	83.23 +	9.67	92.90	92.91	73.0
Par Pithiviers	85.93 +	7.00	92.93		

Châtillon par Pithiviers	85.93 +	12.51 =	98.44	98.28	87.5
Par Boiscommun	92.91 +	5.21	98.12		
Châteauneuf par Boiscommun	92.91 —	7.41	87.50	86.29	68.0
Par Châtillon	98.28 —	13.20	85.08		
Orléans par Châtillon	98.28 +	6.09	104.37	104.25	60.0
Par Châteauneuf	86.29 +	17.83	104.12		
Vouzon par Châteauneuf	82.29 +	7.87	94.16	93.14	75.0
Par Orléans	104.25 —	12.13	92.12		
Chaumont par Orléans	104.25 —	10.30	93.95	94.27	72.0
Par Vouzon	93.14 +	1.46	94.60		
Oison par Vouzon	93.14 +	54.19	147.33	144.87	141.0
Par Châteauneuf	86.29 +	56.13	142.4[illegible]		

A Châteauneuf on a employé la réfraction 0.08 *C*. Il auroit fallu une réfraction plus forte pour faire accorder les deux résultats. Le premier est fondé sur des observations réciproques, mais faites par un temps horrible. Même remarque pour Soême à peu près.

Soême par Vouzon	93.14 —	9.02 =	84.12	86.60	70.0
Par Oison	144.87 —	55.75	89.12		

A Soême δ' étoit inconnu, on a fait la réfraction = 0.08 *C*.

Sainte-Montaine par Vouzon	93.14 +	3.50 =	96.64	95.39	81.0
Par Soême	84.12 +	10.02	94.14		
Ennordre par Vouzon	93.14 +	13.63	106.77	106.42	102.0
Par Soême	86.62 +	20.93	107.55		
Par Sainte-Montaine	96.64 +	8.31	104.95		
Méri par Soême	86.62 +	63.16	149.98	150.56	147.0
Par Ennordre	106.42 +	44.73	151.15		
Morogues par Ennordre	106.42 +	121.03	227.45	227.48	223.0
Par Méri	150.56 +	76.96	227.52		
Bourges par Méri	150.56 —	32.42	118.14	118.14	81.0
Par Morogues	227.48 —	109.34	118.14		

Dun par Morogues	227.48 — 114.16 =	113.32	112.85	92.0
Par Bourges	118.14 — 5.76	112.38		
Morlac par Bourges	118.14 + 14.61	132.75	131.47	122.0
Par Dun	112.85 + 17.34	130.19		
Belvedère par Dun	112.85 + 54.91	167.76	167.52	161.0
Par Morlac	131.47 + 35.81	167.28		
Cullan par Morlac	131.47 + 65.16	196.63	195.78	193.5
Par Belvedère	167.52 + 27.41	194.93		
Saint-Saturnin par Morlac	131.47 + 91.40	228.87	222.45	219.0
Par Cullan	195.78 + 26.24	222.08		
Laage par Cullan	195.78 + 103.21	298.99	299.44	296.0
Par Saint-Saturnin	222.45 + 77.44	299.89		
Arpheuille par Cullan	195.78 + 88.17	285.95	284.62	274.0
Par Laage	299.44 — 14.15	285.29		
Sermur par Laage	299.44 + 88.89	388.33	388.97	381.0
Par Arpheuille	284.62 + 105.00	389.62		
Puy-de-Dôme par Sermur	388.97 + 368.72	757.69	758.64	759.0
	388.97 + 369.67	758.64		

La première détermination suppose la réfraction 0.08 *C*, la seconde 0.075. En employant la distance de Sermur au Puy-de-Dôme prise dans la méridienne vérifiée, la hauteur du Puy-de-Dôme diminueroit de deux toises. Voyez tome I, page 240. Je n'ai fait aucun usage de l'observation de brumaire, les deux de prairial s'accordent à une seconde.

Orgnat par Laage	299.44 — 5.70 =	293.74	295.05	289.0
Par Sermur	388.97 — 96.61	292.36		
Eveux par Laage	299.44 — 37.49	261.95	260.36	239.0
Par Orgnat	293.05 — 34.27	258.78		
Les Bordes Orgnat	293.05 + 122.42	415.47	414.45	411.0
Par Sermur	388.97 + 24.46	413.43		
La Fagitière par Sermur	388.97 + 70.97	459.94	459.46	456.0
Par les Bordes	314.45 + 44.53	458.98		

Herment par Sermur........	388.97 +	44.30 =	433.67	494.05	422.0
Par La Fagitière.......	459.46 —	25.03	434.43		
Bort par La Fagitière.......	459.46 —	14.13	445.33	444.69	441.0
Par Herment..........	434.05 +	10.00	444.05		
Meimac par La Fagitière....	459.46 +	47.90	507.36	505.91	502.0
Par Bort.............	444.69 +	59.77	504.46		
Mont-d'Or par Sermur......	388.97 +	579.58	968.55	968.85	969.0
Par Bort..............	444.69 +	124.46	969.15		
Toulx Ste-Croix par Laage...	299.44 +	51.31	350.78	349.92	340 environ.
Par Orgnat............	293.05 +	56.02	349.07		
Arbre de St-Mich. par Orgnat.	293.05 +	139.29	432.34	432.34	426.0
Aubassin par Bort..........	444.69 —	77.77	366.92	367.46	364.0
Par Meimac...........	505.91 —	137.91	368.00		
Puy-Violan par Bort........	444.69 +	378.29	822.98	822.06	818.0
Par Aubassin..........	367.46 +	453.66	821.12		
La Bastide par Aubassin....	367.46 +	38.79	406.25	806.45	401.0
Par Violan............	822.05 —	415.20	406.66		
Chapelle Saint-Laurent par La Bastide.................	402.00 —	7.40	396.60	Clocher 409 $\frac{1}{2}$ Seuil de la porte.	
Puy-Mary par Violan.......	818.5 +	33.00	851.50	Sommet de la montagne.	
Montsalvy par Violan.......	822.06 —	395.44	426.60	427.77	424.0
Par La Bastide.........	406.45 +	22.47	428.92		
Rieupeiroux par La Bastide..	406.45 +	22.40	428.85		
Par Montsalvy.........	427.77 —	10.65	417.12	417.12	411.0

L'observation de La Bastide a été faite le soir, et la distance au zénith étoit trop foible de 1′ au moins, probablement de deux, ce qui accorderoit tout. Je m'en tiens au résultat de Montsalvy confirmé par Rodez.

Rodez par Montsalvy.......	427.77 —	67.04 =	360.73	361.67
Par Rieupeiroux.......	417.12 —	54.51	362.61	
Cantal par La Bastide.......	406.45 +	546.43	952.88	952.99
Par Rieupeiroux	417.12 +	532.97	950.09	
Par Montsalvy	427.77 +	528.24	936.01	

Le peu d'accord vient peut-être des distances au

Cantal qui ne sont pas assez connues. L'erreur ne doit pas excéder deux ou trois toises.

Col de Calabre............	406.45 + 465.55 = 868.0	867.3
Montsalvy............	427.77 + 444.33 .. 872.1	
Rieupeiroux............	417.12 + 444.67 .. 861.79	

Hauteurs au-dessus de la mer Méditerranée, à Barcelone, calculées d'après les observations de M. Méchain.

On trouve, page 495 du premier volume (1), que la hauteur du bord des créneaux de la tour de Montjouy au-dessus de la mer a été trouvée par un nivellement de 105.096 toises.

Aux pages 499 et 500, on trouve différentes distances de la mer au zénith de la tour. Si l'on calcule toutes ces observations par la formule

$$H = \frac{R}{2(0,72)} \cdot tang^2 (\delta - 90°).$$

ou, ce qui revient au même, par la formule

$$log. H = 6.28053 + 2 \, log. \, tang. (\delta - 90°)$$

on aura les quantités suivantes :

(1) M. Méchain avoit annoncé le détail de cette opération. J'en ai trouvé deux copies dans ses manuscrits ; j'en extrairai seulement les mesures suivantes :

Du bord de la mer au seuil de la porte de la tour....	660pi	5po	1l
Hauteur de la tour jusqu'aux créneaux............	73	10	0
Total....................	734	3	1

Ces pieds sont des tiers de la vare de Castille ; M. Méchain les a réduites en toises de France, d'après le livre de D. Georges Juan et de D. Antoine de Ulloa. La hauteur de la tour est de 6.7 toises.

Dist. au zénith.		H
90° 25′ 30″5	107.4 — 0.08	107.5
25 34.68	107.1 — 0.08	107.2
25 6.6	103.2 + 0.25	103.5
25 26.0	105.9 + 0.25	106.2
25 24.7	105.7 + 0.25	106.5
23 59.25	94.2 + 6.30	100.5
Milieu		105.2
Pour 3″ = ½ épaisseur du fil		0.4
		105.6
Nivellement		105.1
		0.5

Pour accorder ces différentes séries entre elles avec le nivellement, il faudroit changer le coefficient $n = 0.08$ de la réfraction terrestre. Mais on doit remarquer que toutes ces observations ayant été faites vers le coucher du soleil, la réfraction devoit élever la mer plus que dans l'état moyen et faire paroître la hauteur de la tour trop petite. Elles prouvent qu'une observation de l'horizon de la mer prise isolément peut donner une erreur de 5 à 6 toises. Nous nous en tiendrons donc au résultat du nivellement, et nous en déduirons les élévations des signaux jusqu'à Rodez en venant de la Méditerranée, comme nous avons fait ci-dessus en venant de la basse mer à Dunkerque.

Élévation du pied des signaux au-dessus de la Méditerranée.

Valvidrera par Montjouy. . . .	105t 10 + 136t 42 =	241·52	241·02
Par la mer directement. .	. . . .	240·53	
Mont-Matas par Montjouy . . .	105·10 + 135·34 =	240·44	239·50
Par Valvidrera	241·00 — 1·60	239·44	
Mer	. . . .	238·80	
Mont-Serrat par Valvidera . . .	241·00 + 394·41	635·41	634·15
Par Matas.	239·50 + 393·42	632·92	
Puig-Rodos par Matas.	239·50 + 301·95	541·45	542·46
Par Mont-Serrat.	634·15 — 98·58	541·57	
Mer	. . . .	544·34	
Matagalls par Matas.	239·50 + 629·64	869·14	870·62
Par Rodos.	542·50 + 329·62	872·12	
Puig-se-Calm-Rodos	542·50 + 236·04	777·54	776·87
Par Matagalls	870·60 — 94·41	776·19	
Roca-Corva par Matagalls . . .	870·60 — 362·80	507·80	508·83
Par Puig-se-Calm.	776·87 — 265·99	510·88	
Mer	. . . .	507·81	
N. D. du Mont par Roca-Corva .	508·83 + 67·53	576·36	575·63
Par Puig-se-Calm	776·87 — 199·95	576·92	
Mer	. . . .	573·60	
Estella par N. D. du Mont . . .	575·63 + 334·73	910·36	908·41
Par Puig-se-Calm.	776·87 + 129·59	906·46	
Mer . . . . . . n.	0·08	879·49	
n.	0·09	896·10	
n.	0·10	912·70	

Il faut donc supposer $n = 0.10$. L'observation est du 12 brumaire, vers le coucher du soleil.

Camellas par N. D. du Mont . .	575·63 — 199·19 =	376·44	375·80
Par Estella.	908·41 — 534·09	374·32	
Mer	. . . .	376·65	
Perpignan par Camellas	375·80 — 338·20	37·60	37·20
Par Estella.	36·23 + 1·06	37·29	
Par Forceral.	257·20 — 220·60	36·60	

Forceral par Camellas	375.80 — 118.11	257.69	257.20
Par Estella	908.40 — 651.60	256.80	
Mer		251.80	
Bugarach par Estella	908.41 — 281.28	627.13	627.28
Par Forceral	257.20 + 370.24	627.44	
Mer		609.15	
Tauch par Forceral	257.20 + 190.82	448.02	447.81
Par Bugarach	626.28 — 178.55	447.63	
Espina par Forceral	257.20 — 26.73	230.47	229.66
Par Tauch	447.81 — 217.30	230.51	
Mer		228.02	
Vernet par Forceral	257.20 — 244.14	13.06	12.75
Par Espira	229.66 — 217.22	12.44	
Salces par Espira	229.66 — 226.90	2.76	3.14
Par Vernet	12.75 — 9.23	3.52	
Nivellement			6.14
Différence			3.00

Mais ce nivellement n'est peut-être pas bien sûr en ce qu'on ne l'a conduit qu'au bord d'un étang, qui pourtant communiquoit en ce moment avec la mer, au rapport des pêcheurs interrogés par M. Méchain. Nous n'aurons donc aucun égard à ce nivellement dans ce qui va suivre. Au reste il sera bien aisé d'ajouter trois toises à toutes les observations jusqu'à Rodez, si l'on veut partir de ce nivellement, qui est moins direct et moins sûr, ou d'ajouter une toise et demie seulement, si l'on veut prendre le milieu entre les deux.

Alaric par Bugarach	627.28 — 324.87	302.41	303.85
Par Tauch	447.81 — 143.05	304.76	
Mer		304.40	
Carcassonne par Bugarach	627.28 — 551.90	75.38	76.31
Par Alaric	303.85 — 226.60	77.25	
Nore par Carcassonne	76.31 + 538.52	614.83	615.84
Par Alaric	303.85 + 313.01	616.86	

Mer		594.58	
Mer		609.40	
Saint-Pons par Alaric	303.85 + 222.86	526.71	525.84
Par Nore	615.84 — 90.56	525.28	
Mer		525.54	
Montrédon par Nore	615 84 — 330.96	284.88	284.81
Par Saint-Pons	525.84 — 241.10	284.74	
Montulet par Montrédon	284.21 + 355.65	639.89	640.30
Par Saint-Pons	525.84 + 114.87	640.71	
Cambatjou par Montrédon	284.81 + 120.34	405.15	405.41
Par Montalet	640.30 — 234.62	405.68	
Puy St-Georges par Montrédon	284.41 — 30.18	254.23	255.93
Par Cambatjou	405.41 — 147.99	257.42	
La Gaste par Cambatjou	405.41 + 65.58	470.99	471.43
Par Saint-Georges	255.93 + 215.94	471.87	
Rieupeiroux par Saint-Georges	255.93 + 151.36	407.29	407.45
Par La Gaste	471.43 — 63.81	407.62	
Rodes par La Gaste	471.43 — 111.97	359.46	359.15
Par Rieupeiroux	407.45 — 48.60	358.85	

On peut ajouter pour le nivellement de Salces	1.5
Et l'on aura pour un milieu entre les deux nivellemens	360.65
J'ai trouvé au-dessus de la mer à Dunkerque	361.67
En partant du nivellement de Salces	362.15
En partant du nivellement de Montjouy	359.15
Milieu entre les quatre résultats	360.92
Milieu entre les deux nivellemens. Méditerranée	360.65
Océan, basse mer	361.67
Élévation moyenne au-dessus de la mer	361.16
Différence entre la Méditerranée et la basse mer à Dunkerque	1.02

Mais la mer moyenne est de 0ᵗ97 plus haute que la basse mer; en ajoutant cette quantité à toutes les hauteurs depuis Dunkerque jusqu'à Rodez, nous aurons haut. au-dessus de l'océan 360.70, au-dessus de la méditerranée 360.65. Au reste il y a sans doute un peu de hasard dans cet accord si parfait de nos mesures. On voit en effet que les deux déterminations d'une même hauteur diffèrent ordinairement de 1 et 2 toises et quelquefois 3 toises; elles s'accordent quelquefois un peu mieux; mais quand la différence est plus grande, on peut voir que les observations sont données comme douteuses. Nous ne dirons donc pas que ces observations prouvent que les deux mers ont exactement le même niveau, mais seulement que nos mesures ne prouvent aucune inégalité sensible.

Ces observations de hauteurs n'étoient pour nous que des objets très-secondaires; elles ne devoient nous servir qu'à réduire nos bases au niveau de la mer, et nous les connoissons avec plus d'exactitude qu'il ne faut pour cet objet. Si nous avions été chargés de faire un nivellement très-exact, nous aurions pris d'autres précautions; nous aurions divisé les intervalles; nous aurions tâché que les observations réciproques de deux signaux eussent été simultanées et faites vers le milieu du jour et par un beau tems. Mais ces précautions eussent coûté trop de temps, de dépenses et de peines, et, malgré tant de soins, l'incertitude des réfractions est telle que nous aurions pu bien difficilement répondre de deux pieds au lieu de dix ou de douze dont on est en droit de dire que nos élévations au-dessus des deux mers peuvent être en erreur. En effet, M. Méchain a beaucoup plus que moi multiplié ces observations, et cependant on trouve dans ses hauteurs, comme dans les miennes des différences de 2, 3 et même 4 toises. Pour ne citer que celle de 3 et 4, voyez Matagalls, Roca-

Corva, Estella, Vernet et Puy-Saint-Georges. J'ai des erreurs pareilles à Beauquène, Mailli, au Panthéon, Chapelle-la-Reine, Évaux, Meimac. Je ne compte pas Oison ni Rieupeiroux par La Bastide. J'ai donc six différences de 3 à 4 toises sur 71 stations, M. Méchain 5 sur 29. Il m'est arrivé d'observer pendant tout l'hiver de 1792 à 1793 et jusqu'à la fin de décembre 1795. Malgré tout cela mes erreurs ne sont ni plus fortes, ni plus nombreuses ; c'est qu'elles ne dépendent pas des observations, mais des variations déréglées des réfractions terrestres. Malgré cet obstacle, qui probablement sera toujours insurmontable, ce n'est pas un des résultats les moins curieux de notre opération qu'une centaine de points entre Dunkerque et Barcelone dont on connoît la hauteur au-dessus de la mer avec une précision de 1 ou 2 toises, et qui peuvent servir à déterminer avec une précision presque égale celle de tout point d'où l'on peut découvrir un ou deux des sommets de nos triangles. De proche en proche on pourroit en tirer le nivellement assez exact de toute la France.

Ajoutons aux points principaux ci-dessus les hauteurs de quelques points secondaires observés par M. Méchain, et que j'ai calculés en supposant la réfraction terrestre = 0.08 *C*.

Alby par Rieupeiroux	122	124 Tourelle de la Cathédrale.
Par Lagaste.	126	
Par Puy-Saint-Georges. . . .	124	
La Roguière par Rieupeiroux. . .	729	730.5
Par Lagaste	732	
Plomb-de-Cantal par Rodès. . . .	945	
J'ai trouvé.	950, 53 et 56 milieu 951	

Castres par Montrédon.	123	
Canigou par Nore.	1224	incertaine à cause de la distance
Par Montalet.	1250	peu connue.
Par Carcassone	1426	
Par Alaric.	1432	
Par Bugarach.	1426	
Par Forceral	1431	Milieu des 7 . . . 1431
Par Espira.	1411	
Par Salces	1458	
Par Perpignan	1432	
Narbonne par Saint-Pons.	32	
Par Alaric.	33	34 Tour de la Cathédrale.
Par Tauch.	37	
Par la mer j'ai trouvé.		33

Mais c'étoit vers le soir, et l'on peut remarquer que presque toutes les observations de ce genre faites par M. Méchain ont eu lieu vers le soir. C'est l'instant où l'horizon est mieux terminé et plus distinct. Mais la réfraction plus forte que vers le milieu du jour doit faire juger la mer trop haute et la station trop peu élevée.

Béziers par Saint-Pons.	51	
Par Alaric.	58	58
Par Tauch.	62	
Clocher de Saint-Pons.		233
Puy-Prigue par Saint-Pons.		1432
Par Nore		1432
Pic de Salfare par Saint-Pons	682	677.5
	673	
Castelnaudari par Nore.	116	117
Par Carcassonne.	118	
Tour de Baterre par Nore	737	
Par N. D. du M.	742	740
Par Secalm	740	
Costabonne par Nore	1258	
Par N. D. du M.	1264	1263
Par Secalm	1265	
Mont St-Barthelemi par Carcassonne.	1220	1222
Par Bugarach.	1224	

Bellegarde par Tauch	221	225 Tour.
Par Forceral	228	
Par Espira	227	
Tautavel par Vernet	259	261
Par Salces	260	
Par Camellas	265	
Rivesaltes par Espira	24	25
Par Salces	26	
Cap de Leucate par Salces		19
Tour de Figuières par Camellas	36	39
Par N. D. du M.	42	
Tour de la Muga par Camellas	51	51 $\frac{1}{2}$
Par N. D. du M.	52	
Clocher de Perelada par Camellas	30	31
Par N. D. du M.	32	
Castellon par Camellas	27	26 $\frac{1}{2}$
Par N. D. du M.	26	
Malavchina par Camellas	54.7	54.5
Par N. D. du M.	54.4	
Fort de la Trinité par Camellas	48.1	48.1
Par N. D du M.	48.2	
St-Laurent du Mont par Matas	572	572
St-Pierre Martyr par Valvidrera	204.7	204.65
Par Montjouy	204.6	
Castel de Fells par Valvidrera	35.6	35.4
Par Montjouy	35.3	
Las Agujas par Montjouy	283	
Mataro par Montjouy	32.4	Bas de Flèche.
Barcelone. Cathéd. par Valvidrera	34	34.5
	35	
Citadelle par Montjouy	22	21.5
Citadelle par Valvidrera	21	
Fanal par Valvidrera	14	14.5
Par Montjouy	15	

Pour faciliter le calcul de tous ces lieux que l'on n'a observés que de loin, et dont on n'a point les distances réciproques, j'ai donné une forme différente à la formule qui n'emploie que la distance δ.

$$dN = K.\ cot.\ (\delta - 0.42\ C) + K.\ tang.\ \tfrac{1}{2}\ C.\ cot_{1}.\ (\delta - 0.42\ C)$$
$$= K.\ cot.\ \delta + 0.42\ K.\ tang.\ C + 0.42\ K.\ tang.\ C.\ cot^{1}.\ \delta$$
$$+ K.\ tang.\ \tfrac{1}{2}\ C.\ cot_{1}.\ \delta$$
$$= K.\ cot.\ \delta + \frac{0.42}{R}\ K_{1} + 0.42\ \frac{K^{2}}{R}.\ cot_{1}\ \delta + \frac{\tfrac{1}{2}\ K^{2}.\ cot^{2}.\ \delta}{R^{2}}$$
$$= K.\ cot.\ \delta + 0.00000.0128\ K_{1} + 0.00000.01284\ K_{1}.\ cot_{1}.\ \delta$$
$$= K.\ cot.\ \delta + \frac{0.00000.0128\ K^{2}}{sin^{2}.\ \delta} = K.\ cot.\ \delta + 0.00000.01284\ K_{1}$$

car le terme 0.00000.1284 K^{2} *cot.* $^{2}\ \delta$ sera presque toujours insensible. On peut réduire en table le terme 0.00000.01284 K^{2}. Voici cette table : les corrections y sont comme les carrés des distances ; si la distance étoit 10 fois moindre, la correction seroit 100 fois plus petite.

TABLE pour corriger les différences de niveau de l'effet de la réfraction terrestre.

DIST.	CORRECT.	DIFFÉR.	DIST.	CORRECT.	DIFFÉR.	DIST.	CORRECT.	DIFFÉR.
Toises.	Toises.	Toises.	Toises.	Toises.	Toises.	Toises	Toises.	Toises.
1000	0.13	0.38	18000	41.6	4.8	35000	157.3	9.1
2000	0.51	0.55	19000	46.4	5.0	36000	166.4	9.4
3000	1.16	0.89	20000	51.4	5.2	37000	175.8	9.6
4000	2.05	1.16	21000	56.6	5.5	38000	185.4	9.9
5000	3.21	1.41	22000	62.1	5.8	39000	195.3	10.1
6000	4.62	1.67	23000	67.9	6.1	40000	205.4	10.4
7000	6.29	1.93	24000	74.0	6.3	41000	215.8	10.7
8000	8.22	2.18	25000	80.3	6.5	42000	226.5	10.9
9000	10.40	2.44	26000	86.8	6.8	43000	237.4	11.2
10000	12.84	2.70	27000	93.6	7.1	44000	[illegible].6	11.4
11000	15.54	2.95	28000	100.7	7.3	45000	260.0	11.7
12000	18.49	3.21	29000	10[illegible].0	7.6	46000	271.7	11.9
13000	21.70	3.47	[illegible]0000	115.6	7.8	47000	[illegible]3.6	12.2
14000	25.17	3.72	31000	123.4	8.1	48000	295.8	12.5
15000	28.89	3.98	32000	131.5	8.3	49000	3[illegible]8.3	12.7
16000	32.87	4.24	33000	139.8	8.6	50000	321.0	13.0
17000	37.11	4.49	34000	148.4	8.9	51000	334.0	13.3
18000	41.60		35000	157.3		52000	347.3	

Le coefficient n, que nous avons supposé 0.08, pouvant varier de 0.07 à 0.09, et même quelquefois à 0.10, on voit que notre coefficient $0.42 = 0.50 - 0.08$ peut varier de 42 à 40, 41 et 43; ce seroit $\frac{1}{42}$ ou $\frac{2}{42}$ à ajouter ou retrancher à tous les nombres de la table, ce qui peut produire une ou deux toises d'erreur quand la distance est de 18000 toises.

Au moyen de cette table on n'a plus qu'à calculer le terme $K. \cot. \delta$.

Presque toutes les hauteurs de la table précédente ont été déterminées de deux points différens. On peut les regarder comme sûres dans les limites que nous avons dites; celles qui n'ont été déterminées que d'un seul point peuvent être douteuses, non seulement parce que la réfraction peut avoir été assez différente de la moyenne, mais parce que la distance n'aura pas été assez bien connue, ou enfin par quelque faute de calcul.

Distances des sommets des signaux.

PAR la manière dont nous avons calculé nos triangles tous nos côtés sont réduits à l'horizon de la mer, et par conséquent plus courts que l'arc terrestre qui joint les pieds des signaux, qui d'ailleurs sont différemment élevés au-dessus de la mer. La ligne droite qui les joint est donc plus grande que la corde de l'arc dont nous venons de parler. Ainsi (*pl. XI*, *fig.* 25) nous n'avons que la corde EF ou l'arc EF. La droite qui joint le pied des signaux est $A''B'$; corde de l'arc terrestre, AaB. C'est la seule que l'on pourroit observer si l'on vouloit prendre un des côtés de nos triangles pour base d'une opération nouvelle. Il s'agit donc de déterminer la différence entre la corde EF qu'on trouve dans le tableau complet de nos triangles, et la droite AB,

$$\overline{AB}^2 = \overline{CA}^2 + \overline{CB}^2 - 2\, CA.\, CB.\, \cos.\, C$$
$$= R^2 + R^2 - 2\, RR.\, \cos.\, C$$
$$\overline{EF}^2 = (R + h)^2 + (R + H)^2 - 2\,(R + H)\,(R + h).\, \cos.\, C$$

donc

$$\overline{AB}^2 - \overline{EF}^2 = R^2 + 2\, Rh + h^2 + R^2 + 2\, RH + H^2$$
$$- 2\,(R^2 + Rh + RH + Hh).\, \cos.\, C$$
$$- R^2 - R^2 + 2.R.\, \cos.\, C$$
$$(EF + x)^2 - EF^2 = 2\, Rh + h^2 + 2\, RH + H^2$$
$$- 2\,(Rh + RH + Hh).\, \cos.\, C$$
$$(K + x)^2 - K^2 = 2\, Rh + h^2 + 2\, RH + H^2$$
$$- 2\,(Rh + RH + Hh).\, (1 - \tfrac{1}{2}.\, \sin.\, C)$$
$$2\, Kx + x^2 = 2\, Rh + h^2 + 2\, RH + H^2$$
$$- 2\, Rh - 2\, RH - 2\, Hh$$
$$+ RH.\, \sin^2.\, C + RH.\, \sin^2.\, C$$
$$+ Hh\, \sin^2.\, C$$
$$(2\, K + x)\, x = H^2 + h^2 - 2\, Hh + \frac{RH.\, K^2}{R^2} + \frac{Rh.\, K^2}{R^2}$$
$$+ \frac{Hh.\, K^2}{R^2}$$
$$= (H^2 + h^2 - 2\, Hh) + \frac{HK^2}{R} + \frac{hK^2}{R}$$
$$+ \frac{Hh.\, K^2}{R^2}$$

donc

$$x = \frac{(H - h)^2}{2\, K + x} + \frac{(H + h)\, K^2}{R.\, (2\, K + x)} + \frac{Hh.\, K^2}{R^2.\, (2\, K + x)}$$
$$= \frac{\left(\frac{(H - h)^2}{2\, K}\right)}{1 + \frac{x}{2\, K}} + \frac{\left(\frac{H + h}{2\, RK}\right) K^2}{\left(1 + \frac{x}{2\, K}\right)} + \frac{\frac{Hh.\, K}{2\, R^2\, K}}{1 + \frac{x}{2\, K}}$$
$$x = \left[\frac{(H - h)^2}{K\, 2} + \frac{(H + h)\, K}{2\, K} + \frac{Hh.\, K}{2\, R^2}\right].\left(1 - \frac{x}{2\, K}\right)$$

Soit $x' = \frac{(H-h)_1}{2K}$, x' différera très-peu de x. Donc

$$x = \left[\frac{(H-h)^2}{2K} + \frac{(H+h)K}{2R} + \frac{HhK}{2R^2}\right] \cdot \left(1 - \frac{(H-h)^2}{4K^2}\right)$$

$$= \frac{(H-h)^2}{2K} + \frac{(H+h)K}{2R} + \frac{HhK}{2R^2} - \frac{(H-h)^4}{8K^3} - \text{etc.}$$

$$= \frac{(H-h)^2}{2K} - \left(\frac{(H-h)^2}{2K}\right)^2 \cdot \frac{1}{2K} + \frac{(H+h)K}{2R} + \frac{HhK}{2R^2}$$

De ces quatre termes il n'y aura même que le premier et le troisième qui vaudront la peine d'être calculés.

Pour exemple choisissons celui de nos triangles où la différence ($H - h$) est la plus forte, c'est le triangle entre Estella, Camellas et Forceral :

H = ...	908	*compl.* K...	5.90881	*compl. log.* 2 R......	3.18482
h = ...	376	½	9.69897	K...............	4.09119
$H + h$ = ...	1284	....	3.10856	$H + h$	3.10856
$H - h$ = ...	532	....	2.72591	*log.* 3e terme......	0.38457
K .... =	12336.422	*log.* 1er terme..	1.44225	H..........	2.95809
1er terme ... +	27.685	*id*.........	1.44225	h..........	2.57519
2e........... −	0.038	*compl* 2 K.....	5.60778	K..........	4.09119
3e........... +	2.424	*log.* 2e terme...	8.49228	*compl.* 2 R^2.........	6.66927
4e........... +	0.000				
$K + x$ =	12366.500			*log.* 4e terme..........	6.29374

On pourra donc toujours négliger le quatrième terme et presque toujours le second, x est ici le plus fort que puissent fournir nos triangles. La distance entre les signaux de Camellas et d'Estella en ligne droite est donc 12366^{t}500.

Il ne nous reste plus qu'à donner la réfraction terrestre calculée sur la formule (65) ci-dessus, pag. 739.

Réfraction terrestre déterminée par les distances réciproques au zénith.

	Noms des stations.	Fact. n.		Noms des stations.	Fact. n.
	Dunkerque, Watten	0.0803		Clermont, Saint-Martin	0.0707
	Dunkerque, Cassel	0731		Saint-Christophe, St.-Martin	0757
	Watten, Cassel	0888		Jonquières, Dammartin	0740
	Watten, Fiefs	0549		St.-Christophe, Dammartin	0484
5	Cassel, Fiefs	0.0607	45	Dammartin, Belleassise	0.0935
	Cassel, Mesnil	0.0676		Saint-Martin, Panthéon	0.0778
	Fiefs, Mesnil	0288		Dammartin, Panthéon	0618
	Cassel, Béthune	0814		Panthéon, Belleassise	0802
	Mesnil, Béthune	0969		Panthéon, Brie	0665
10	Fiefs, Sauti	0.0857	50	Brie, Belleassise	0.0633
	Mesnil, Sauti	0.0955		Panthéon, Montlhéri	0.0893
	Fiefs, Bonnières	—0035		Montlhéri, Brie	0554
	Sauti, Bonnières	+0869		Brie, Malvoisine	0393
	Sauti, Beauquêne	1623		Montlhéri, Malvoisine	0930
15	Bonnières, Beauquêne	0.0231	55	Montlhéri, Lieursaint	0.0965
	Sauti, Mailli	0.1475		Malvoisine, Lieursaint	0.0962
	Mailli, Beauquêne	1147		Melun, Malvoisine	1723
	Beauquêne, Bayonvillers	0702		Melun, Lieursaint	1113
	Mailli, Bayonvillers	0667		Panthéon, Torfou	0574
20	Mailli, Villersbretonneux	0.0861	60	Torfou, Montlhéri	0.1194
	Bayonvillers, Villersbretonn.	0.0051		Malvoisine, Torfou	0.0165
	Beauquêne, Vignacourt	1081		Malvoisine, Bruyères	0480
	Villersbretonneux, Vignacourt	0640		Torfou, Bruyères	1960
	Villersbretonneux, Amiens	0527		Malvoisine, Forêt	1471
25	Vignacourt, Amiens	0.0937	65	Torfou, Forêt	0.0779
	Bayonvillers, Arvillers	0.0833		Malvoisine, Chapelle-la-Reine	0.1574
	Villersbretonneux, Arvillers	0832		Forêt, Chapelle-la-Reine	1007
	Villersbretonneux, Sourdon	0545		Forêt, Pithiviers	1381
	Arvillers, Sourdon	1126		Chapelle-la-Reine, Pithiviers	1199
30	Arvillers, Coivrel	0.0843	70	Chapelle-la-R., Boiscommun	0.0966
	Sourdon, Coivrel	0.0796		Pithiviers, Boiscommun	0.1264
	Sourdon, Noyers	1497		Pithiviers, Châtillon	0985
	Coivrel, Noyers	1278		Boiscommun, Châtillon	1584
	Coivrel, Clermont	0733		Chapelle-la-R., Boiscommun	1646
35	Noyers, Clermont	0.0979	75	Châtillon, Châteauneuf	0.1761
	Coivrel, Jonquières	0.0605		Boiscommun, Châteauneuf	0.1352
	Clermont, Jonquières	0707		Brouillard	1493
	Clermont, Saint-Christophe	0297		*Idem*	1592
	Jonquières, Saint-Christophe	0656		*Idem*	1521
40	Clermont, Dammartin	0.0920		*Idem*	0.1591

	Noms des stations.	Fact. n.		Noms des stations.	Fact. n.
	Boiscommun, Châteauneuf	0.1604		Bordes, la Fagitière	0.0814
	Idem.	1536		Hermant, Sermur	1826
	Idem.	1467		Hermant, la Fagitière	0710
	Idem.	1656		Bort, la Fagitière	0874
	Idem.	0.1751	120	Bort, Hermant	0.0533
76	Orléans, Châtillon	0.1055		Meimac, la Fagitière	0.0775
	Orléans, Châteauneuf	1015		Meimac, Bort	0782
	Vouzon, Châteauneuf	1122		Aubassin, Bort	0872
	Vouzon, Orléans	0740		Aubassin, Meimac	0776
80	Vouzon, Oison	0.0899	125	Bort, Puy-Violan	0.1011
	Vouzon, Soême	0.0577		Puy-Violan, Aubassin	0.0746
	Vouzon, Sainte-Montaine	0859		La Bastide, Aubassin	0656
	Soême, Sainte-Montaine	—0351		Puy-Violan, la Bastide	0739
	Vouzon, Ennordre	+0126		Montsalvi, Puy-Violan	0577
85	Ennordre, Sainte-Montaine	0.2977	130	Montsalvi, la Bastide	0.0772
	Soême, Ennordre	0.0462		Rieupeiroux, la Bastide	0.0612
	Soême, Méri	1000		Rieupeiroux, Montsalvi	0604
	Méri, Ennordre	2052		Montsalvi, Rodès	0607
	Ennordre, Morogues	0745		Rodès, Rieupeiroux	0733
90	Méri, Morogues	0.0794	135	*Idem*, M. Méchain	0.0766
	Méri, Bourges	0.1027		Rieupeiroux, Lagaste	0.0681
	Bourges, Morogues	0961		Rodès, Lagaste	0663
	Dun, Morogues	0894		Rieupeiroux, Saint-Georges	0652
	Bourges, Dun	0984		Lagaste, Cambatjou	0802
95	Morlac, Bourges	0.1425	140	Lagaste, Saint-Georges	0.0652
	Morlac, Dun	0.0710		Saint-Georges, Montredon	0.0719
	Dun, Belvédère	0614		Saint-Georges, Cambatjou	0805
	Belvédère, Morlac	0649		Cambatjou, Montredon	0727
	Cullan, Morlac	0593		Cambatjou, Montalet	0668
100	Cullan, Belvédère	0.0636	145	Montredon, Montalet	0.0627
	Saint-Saturnin, Morlac	0.0893		Montalet, Nore	0.0655
	Saint-Saturnin, Cullan	0435		Montredon, Nore	0673
	Laage, Cullan	0861		Montredon, Saint-Pons	0591
	Laage, Saint-Saturnin	0808		Saint-Pons, Alaric	0962
105	Arpheuille, Cullan	0.0784	150	Nore, Saint-Pons	0.0758
	Arpheuille, Laage	0.0807		Nore, Alaric	0.0746
	Sermur, Laage	0818		Nore, Carcassonne	0843
	Sermur, Arpheuille	0838		Alaric, Carcassonne	0753
	Orgnat, Laage	0737		Carcassonne, Bugarach	1062
110	Orgnat, Sermur	0.0950	155	Alaric, Bugarach	0.0717
	Evaux, Laage	0.0574		Alaric, Tauch	0.0769
	Evaux, Orgnat	0679		Salces, Vernet	0720
	Bordes, Orgnat	0998		Salces, Espira	0832
	Bordes, Sermur	0849		Vernet, Espira	0848
115	La Fagitière, Sermur	0.0729	160	Vernet, Forceral	0.0763

	Noms des stations.	Fact. *n*.		Noms des stations.	Fact. *n*.
	Espira, Tauch	0.0860		N.-D.-du-Mont, Roca	0.1063
	Espira, Forceral	0848		Roca, Puy-se-Calm	0810
	Tauch, Bugarach	1125		Roca, Matagalls	0695
	Tauch, Forceral	0764		Puy-se-Calm, Matagalls	0702
165	Bugarach, Forceral	0.0992	180	Puy-se-Calm, Rodòs	0.0617
	Bugarach, Estella	0.0706		Matagalls, Rodòs	0.0563
	Perpignan, Forceral	0884		Matas, Matagalls	1048
	Forceral, Estella	0897		Rodès, Montserrat	0712
	Forceral, Camellas	0841		Rodès, Matas	0704
170	Camellas, Perpignan	0.0691	185	Montserrat, Matas	0.0697
	Estella, Camellas	0.0853		Montserrat, Valvidrera	0.0917
	Camellas, N.-D.-du-Mont	0861		Matas, Valvidrera	0798
	Estella, Puy-se-Calm	0662		Matas, Montjouy	0779
	Estella, N.-D.-du-Mont	0728	189	Valvidrera, Montjouy	0.0976
175	N.-D.-du-Mont, Puy-se-Calm	0.0742			

Remarques. Les quarante-cinq premiers résultats ont été obtenus depuis le mois de mai jusqu'en novembre, c'est-à-dire dans la saison où l'on observe le plus communément. Ils offrent cependant des inégalités très-sensibles.

Le 12e est négatif. Les deux observations sont du mois de juillet. A Fiefs le temps étoit très-chaud et orageux, et le clocher de Bonnières se voyoit mal. Cette dernière circonstance devoit augmenter la distance au zénith de quelques secondes. En diminuant de $9''$ la distance observée on auroit $n = 0.0020$; mais il n'en est pas moins sûr qu'à l'instant des deux observations la réfraction étoit à peu près nulle. Elle étoit encore assez foible quand on observoit Beauquêne de Bonnières; elle étoit plus forte quand on observoit Sauti, et cependant l'observation de Sauti a été faite entre les deux autres, et toutes trois sont de dix à onze heures du matin. Fiefs étoit presque au nord, Sauti vers l'est, et Beauquêne au sud-ouest.

La réfraction étoit encore très-foible à Fiefs quand on observoit le Mesnil, tandis que toutes les observations faites au Mesnil indiquent le plus souvent une réfraction plus forte que la moyenne.

Sauti, dans toutes les combinaisons, indique une forte réfraction. Il est au milieu d'un bois, et tous ces clochers se voient au-delà de bois d'une étendue assez considérable.

La première dixaine donne par un milieu . .	0.07082
La seconde	0.08495
La troisième	0.07415
Milieu des trois premières dixaines	0.07664

La réfraction a toujours été assez forte à Noyers. Nous étions aux premiers jours d'octobre, et les observations se faisoient vers le soir.

La quatrième dixaine donne par un milieu . .	0.08468
Les quatre dixaines donnent	0.07865
Les quarante-cinq premières donnent.	0.07796

Les cinq dernières sont d'été; les cinq suivantes sont d'hiver ou d'un temps froid et pluvieux. Elles indiquent pourtant la réfraction peu forte.

La cinquième dixaine donne	0.7119
Et les cinquante	0.077158
Les dix suivantes sont de plein hiver et donnent	0.09301
Les soixante	0.07956
La septième dixaine est d'un hiver très-rigoureux et donne	0.10982
Les soixante et dix	0.08407

Les observations de Boiscommun ont été faites par un temps de brouillard ; celles de Pithiviers et Châtillon sur la neige et par un froid très-rigoureux.

A Boiscommun j'ai répété les observations un grand nombre de fois, pour voir si les changemens du baromètre et de l'hygromètre influoient sur la réfraction : je n'ai rien pu remarquer.

J'ai laissé pendant plusieurs heures l'instrument bien callé et la lunette dirigée sur Châteauneuf, dans l'intervalle des observations de distances au zénith, et je n'ai pas vu de variations sensibles dans la hauteur, si ce n'est en observant le clocher de Chapelle-la-Reine (tome I, page 165).

Il paroît que c'est le brouillard qui influe surtout sur les réfractions, et qui donne pour n des valeurs de 0.14 à 0.17. Je laisse donc à part les observations non numérotées de Boiscommun.

La dixaine suivante présente des irrégularités singulières. Les observations de Vouzon, Soême et Sainte-Montaine ont été faites par des temps affreux. D'Ennordre à Méri le rayon visuel rasoit une plaine couverte de bruyères, et les ondulations étoient excessives. Il en étoit de même à peu près d'Ennordre à Méri et Soême. Les 89 et 90 ont été observées par des temps plus doux quoique pluvieux.

Les dix donnent	0.09241
Les cinq dixaines d'hyver de 40 à 90 donnent . .	0.09743
La dixième est entièrement d'été, elle donne pourtant	0.08493
Les cent réunies donnent	0.088667
Les dix suivantes sont d'été et donnent	0.07931

Les dix suiv. de 110 à 120, quoique d'été, donnent	0·08586
De 120 à 130, été pluvieux.	0·07706
De 130 à 140 le milieu est	0·06772

A commencer de 135 toutes les observations sont de M. Méchain qui a toujours fait plusieurs séries pour la même distance, et qui, à l'exception de quelques stations de Nore au Vernet, n'a guère observé passé le mois d'octobre, et presque toujours sur des montagnes où le rayon visuel ne rasoit pas le sol.

De 140 à 150.	0·07185
De 150 à 160.	0·08053
De 160 à 170.	0·08608
De 170 à 180.	0·07733
De 180 à 189.	0·07194
Les 89 dernières	0·09768
Le milieu entre les 189	0·08388
En rejetant les observations faites dans le brouillard et dans le temps décidément pluvieux, il restera 159 observations qui par un milieu donneront	0·07876
Les 17 observations de l'horizon de la mer donnent par un milieu.	0·0783

J'ai rejeté de 57 à 69 inclusivement, de 71 à 75, de 76 à 88. Pour avoir quelque chose de plus précis il faudroit des observations réciproques, simultanées, en très-grand nombre.

M. Méchain avoit commencé des calculs semblables pour la partie espagnole de la Méridienne; mais comme il n'avoit rien achevé, j'ai cru devoir tout recommencer d'autant plus que ne trouvant pas ses formules, je ne concevois pas trop d'abord quelle méthode il avoit imaginée. En examinant ses calculs, voici à peu près comme je soupçonne qu'il aura raisonné.

Supposons qu'on ait mesuré les deux distances réciproques δ et δ' au zénith, on aura

$$dN = K.\cot.\,\delta + (\tfrac{1}{2} - n)\,K.\,\text{tang}.\,C$$

n est là pour tenir compte de la réfraction. Négligeons d'abord la réfraction nous aurons

$$dN = K.\cot.\,\delta' + \tfrac{1}{2}\,K.\,\text{tang}.\,C = K.\cot.\,\delta + \frac{\tfrac{1}{2}K^2}{R}$$
$$= K.\cot.\,\delta + \frac{K^2}{2R}$$

On aura de même pour l'autre distance

$$dN = K.\cot.\,\delta' + \frac{K^2}{2K}$$

Ces deux valeurs de dN devroient être égales au signe près, et elles le seroient si l'on n'eût pas négligé la réfraction ; leur inégalité sera proportionnelle à la réfraction négligée. Elle sera donc propre à faire connoître la réfraction ; il suffira de la diviser par $K \sin. 1''$.

La réfraction connue on aura

$$n = \frac{r}{C}$$

Exemple. On avoit trouvé

$\delta' = 91°\ 15'\ 48''$ distance de Matas au zénith de Montserrat.

et

$\delta = 89\ \ 2.28$ distance de Monserrat au zénith de Matas.

K	4.30784		4.30784	$C.\ log.\ R$.....	3.48530
$cot.\ \delta'$	8.34347	$cot.\ \delta$.	8.22369	$C.\ log.\ 2$......	9.69897
	2.65131		2.53153	$log.\ constant$..	3.18427
$-$ 448ᵗ03		$+$ 340ᵗ03		$2\ log.\ K$	8.61568
$+$ 63.09		$+$ 63.09			
$dN =$ 384.94		$dN' =$ 403.12			1.79995

$dN' =$ 403.12 Ces deux valeurs diffèrent à cause de la réfraction négligée ; l'une est trop forte et l'autre trop foible. L'effet de la réfraction diminuoit δ' et sa cotangente, mais en diminuant δ il augmentoit sa cotangente.

$dN + dN' +$ 788.06

$dN'' =$ 394.03 $= \frac{1}{2}(dN + dN')$

$\frac{1}{2}$ différence 9.19 $= dN' - dN''$

$\frac{1}{2}(dN' - dN'') =$ 9ᵗ09........ 0.95856
$C.\ K$......... 5.69216
$compl.\ sin.\ I''$ 5.31443

$R = I'$ 32''3 .... 1.96515
$C\ K$........ 5.69216
$C.\ log.\ constant$........ 1.20040

$n =$ 0.07206...... 8.85771

Montserrat est donc élevé de.......... 393ᵗ 98 au dessus de Matas.
Mais Matas est au-dessus de la mer de.. 240.56

Donc l'élévation de Montserrat....... 634.54

Pour comparer K et R il falloit réduire K en secondes ; c'est ce qu'on fait au moyen du logarithme constant dont le complément est 1.20040.

Calculons le même exemple par ma méthode.

$\delta'' =$ 91° 15' 48''
$\delta =$ 89 2 28

$\delta' - \delta =$ 2 13 20 K..... 4.30784
$\frac{1}{2}(\delta' - \delta) =$ 1 6 40 $tang$... 8.28769

$dN =$ 394ᵗ 03... 2.59553
Ci-dessus $dN'' =$ 393.98

Différence $=$ 0.05

$\delta' + \delta - 180° =$ 18' 16''... 3.03981
$\frac{1}{2} R.\ sin.\ I''$................ 0.89941
$C.\ Log.\ K$ 5.69216

$-$ 0.42794.......... 9.63138
$\frac{1}{2} = +$ 0.5

$n =$ 0.07206
Ci-dessus.. 0.07206

Cette méthode de M. Méchain est très-ingénieuse, mais elle est un peu longue. Elle donne dN avec une précision suffisante ; mais la valeur qu'elle fait trouver pour n est un peu trop dépendante de celle de

$\frac{1}{2}(dN' - dN)$. Supposons en effet $\frac{1}{2}(dN' - dN)$ $= 9^t24$, c'est-à-dire, plus forte de 0^t15, et nous aurons $n = 0.07325$ au lieu de 0.07206. Or la formule qui donne dN n'étant qu'approximative, on ne peut pas répondre de 0^t15, ni par conséquent de 0.001 sur n. Il sera toujours plus exact de recourir aux données primitives. Malgré ces petits inconvéniens j'ai cru qu'on verroit cette méthode avec plaisir. En voici une seconde que je trouve sans aucun renseignement dans un autre manuscrit qui n'est point complet.

A Matas, Montserrat . .	$\delta = 89^\circ\ 2'\ 28''$	*log. constant*	8.79960
A Monserrat, Matas. . .	$\delta' = 91\ 15\ 48$	K. . . .	4.30784
$\delta + \delta' - 180 =$ . . .	18 16	$K'' = 21'\ 20''7$	3.10744
K = . . .	21 20.7		
Double réfraction . .	3 4.70	$C. K''$ . . .	6.89256
Réfraction. .	1 32.35		1.96544
		$0.07211 = n$.	8.85800
$90^\circ - \delta$. . . .	$0^\circ\ 57'\ 32''$		
$\frac{1}{2}K''$. . . . . . +	10 40.3		
Réfraction. . . —	1 32.3		
$\frac{1}{2}(\delta - \delta')$. . .	1 6 40.0	*sin.* . . .	8.28761
$90^\circ + - K$. . .	90 10 40	*C. sin.* . . .	0.00000
		K. . . .	4.30784
$dN =$	393^t96		2.59545
Hauteur de Matas . . .	240.56		
Hauteur de Montserrat .	634.52		

C'est tout simplement la méthode trigonométrique ; elle est plus longue que mes formules, et quand on a tant de calculs pareils à exécuter, le moindre avantage devient précieux. Quand on ne gagneroit que deux logarithmes à chaque opération, ce seroit ici au total près de 400 logarithmes de moins à chercher.

Il nous reste à voir comment M. Méchain calculoit les observations de l'horizon de la mer. Voici son premier calcul pour Montjouy.

Degré du grand cercle....	570508	4.7562418
Rayon du cercle..................		1.7581226
Log. $\frac{68}{58}$ pour la réfraction,	1.172414	0.0690809
		0.3010300
Log. 2 r...........		6.8844953
2 *log.* (2 R'')...........		1.2309102
Log. constant...........		5.6535851
(25′ 35″ 59)².........		6.3725480
dN = 106ᵗ208.........		2.026133

Suivant moi

$\frac{1}{2}$............	9.69897
$R^2 (1 + \frac{1}{2} n)$..	6.51543
$C. (1 - n) = (0.92)^2$..	0.07242
log. constant.........	6.28682
*tang*² $(\delta - 90)$.......	5.74336
dN = 107ᵗ20.........	2.03218

La différence entre ces deux valeurs de dN vient de ce que j'ai fait n un peu trop fort; en faisant $n = 0.076$, j'aurois eu à très peu près la même valeur pour dN.

D'autres observations m'ont donné. .	107.2
	107.1
	103.5
	106.5
	106.2
	100.5
	105.2
Le nivellement a donné	105.1
	+ 0.1

Ces distances ont été mesurées dans une direction sud 30° à l'est, ainsi $Z = 30°$.

Nous devrions ajouter 0ᵗ13 pour l'aplatissement. Nous aurons donc au total 0ᵗ2 pour l'excès des distances sur le nivellement. Quelques légers changemens à la valeur de *n* accorderoient ces observations. Mais on voit qu'une observation unique ne seroit pas sûre à 6 toises près sur cent, même dans des circonstances qui paroissent favorables. Il est vrai que la dernière de ces séries, celle qui donne la moindre hauteur a été faite vers le soir, et que la réfraction devoit être plus forte que la moyenne.

Les distances réciproques doivent être plus sûres en ce qu'elles ne supposent que l'égalité des deux réfractions et qu'on a la chance des compensations.

J'ai calculé de même toutes les autres observations de la mer ; en voici la table :

STATIONS.	MER.	DIST. récipr.	DIFFÉR.	*n*.	MER.	DIST. récipr.	DIFFÉR.
Montjouy	106.0	105.1	+ 1.0	74			
Valvidrera	244.2	241.5	+ 2.7	78	241.8	241.4	+ 0.4
Rodès	552.9	541.5	+ 11.4	70	547.1	542.2	+ 4.9
Matas	242.3	239.8	+ 2.5	70	240.0	240.5	− 0.5
Roca	515.8	509.3	+ 6.5	75	511.4	510.6	+ 0.8
Notre-Dame-du-Mont	581.3	575.2	+ 6.1	75	576.6	578.5	+ 1.9
Estella	891.0	908.4	− 17.4	68	882.0	913.0	− 31.0
Camellas	382.4	375.4	+ 7.0	75	378.6	378.9	− 0.3
Perpignan	36.7	30.5	+ 0.2	80			
Forceral	255.6	257.2	− 1.6	81			
Espira	231.3	229.0	+ 2.3	78			
Alaric	309.4	304.4	+ 5.0	76			
Saint-Pons	534.0	526.6	+ 7.4	70			
Bugarach	618.2	626.3	+ 8.1	81			
Tauch	432.5	446.9	− 14.4	95			
Nore	616.4	616.4	+ 0.0	80			
Montalet	660.1	641.3	+ 18.3	70			

La colonne *n* indique les valeurs qu'il faudroit donner au facteur de la réfraction pour accorder la mer avec les distances réciproques. Le milieu entre toutes ces valeurs est $n = 0.0783$.

Les trois dernières colonnes contiennent les quantités trouvées par M. Méchain. Il n'a pas poussé plus loin ces calculs. Sa manière pour tenir compte de l'aplatissement est de donner aux degrés du grand cercle différentes valeurs, suivant l'angle qu'ils font avec le méridien.

Ainsi à Monjouy il suppose . . .	57050ᵗ 8	30°	S. E.
A Valvidrera.	57102.8	51	S. E.
A Matas.	57087.9	18	S. E.
A Rodòs.	57020.5	41	S. E.
A Roca.	57211.9	90	E.
A Notre-Dame-du-Mont. . .	57102.8	45	N. E.
A Camellas	57102.8	45	S. E.
A Estella	57007.2	80	N. E.

Le manuscrit ne dit pas comment on a trouvé ces valeurs des degrés, et l'on ne voit pas bien comment à Roca et Estella une différence de 10° dans l'azimut en produit une de 200 toises dans la valeur du degré.

Par la première des tables suivantes on trouvera la correction soustractive qui changera le logarithme de l'arc en celui de sinus. Pour passer du sinus à l'arc la correction seroit additive.

Dans la table II, dont les logarithmes sont à douze décimales, on trouve ce qu'il faut ajouter à *log. sin. A* pour avoir *log. A*.

Si la caractéristique étoit plus forte d'une unité que celles de la table, on centupleroit la correction; ainsi auprès du logarithme 3.000 de sinus *A* on trouve la correction + 0.00000.00067.81 à douze décimales. Si l'on avoit 4000 au lieu de 3800, la correction seroit 0.00000.06781.

Pour passer du *log.* de *A* à celui de *tang. A*, on ajouteroit le double du nombre donné par l'une ou l'autre de ces tables.

TABLE I.

Différences entre le logarithme du sinus et celui de l'arc.

Côtés en toises.	Logarithme x à 11 décimales. —	Différ.	Côtés en toises.	Logarithme x à 11 décimales. —	Différ.
100	0.00000.00000.7	2.0	3100	0.00000.00651.7	42.7
200	2.7	3.4	3200	.694.4	44.1
300	6.1	4.8	3300	.738.5	45.5
400	10.9	6.1	3400	.784.0	46.7
500	17.0	7.4	3500	.830.7	48.2
600	24.4	8.8	3600	.878.9	49.5
700	33.2	10.2	3700	.928.4	50.9
800	43.4	11.5	3800	.979.3	52.2
900	54.9	12.9	3900	1.031.5	53.6
1000	67.8	14.3	4000	1.085.1	54.9
1100	82.1	15.6	4100	1.140.0	56.3
1200	97.7	16.9	4200	1.196.3	57.6
1300	114.6	18.3	4300	1.253.9	59.0
1400	132.9	19.7	4400	1.312.9	60.4
1500	152.6	21.0	4500	1.373.3	61.7
1600	173.6	22.4	4600	1.435.0	63.1
1700	196.0	23.7	4700	1.498.1	64.4
1800	219.7	25.1	4800	1.562.5	65.8
1900	244.8	26.5	4900	1.628.3	67.1
2000	271.3	27.8	5000	1.695.4	68.5
2100	299.1	29.1	5100	1.763.9	69.8
2200	328.2	30.5	5200	1.833.7	71.3
2300	358.7	31.9	5300	1.905.0	72.5
2400	390.6	33.3	5400	1.977.5	73.9
2500	423.9	34.5	5500	2.051.4	75.3
2600	458.4	36.0	5600	2.126.7	76.6
2700	494.4	37.3	5700	2.203.3	78.0
2800	531.7	38.6	5800	2.281.3	79.4
2900	570.3	40.0	5900	2.360.7	80.7
3000	0.00000.00610.3	41.4	6000	0.0000002.441.4	82.0

Côtés en toises.	Logarithme x à 11 décimales.	Différ.	Côtés en toises.	Logarithme x à 11 décimales.	Différ.
6100	0.0000002.503.4	83.4	9600	0.0000006.249.9	130.9
6200	2.606.8	84.8	9700	6.380.8	132.3
6300	2.691.6	86.2	9800	6.513.1	133.6
6400	2.777.8	87.4	9900	6.646.7	134.9
6500	2.865.2	88.9	10000	6.781.6	136.3
6600	2.954.1	90.2	10100	6.917.9	137.7
6700	3.044.3	91.5	10200	7.055.6	139.0
6800	3.135.8	92.9	10300	7.194.6	140.4
6900	3.228.7	94.3	10400	7.335.0	141.7
7000	3.323.0	95.6	10500	7.466.7	143.1
7100	3.418.6	97.0	10600	7.619.8	144.5
7200	3.515.6	98.3	10700	7.764.3	145.8
7300	3.613.9	99.7	10800	7.910.7	147.1
7400	3.713.6	101.1	10900	8.057.2	148.6
7500	3.814.7	102.4	11000	8.205.8	149.8
7600	3.917.1	103.7	11100	8.355.6	151.3
7700	4.020.8	105.1	11200	8.506.9	152.5
7800	4.125.9	106.5	11300	8.659.4	154.0
7900	4.232.4	107.8	11400	80813.4	155.3
800.	4.340.2	109.2	11500	8.968.7	156.6
8100	4.449.4	110.6	11600	9.125.3	158.1
8200	4.560.0	111.9	11700	9.283.4	159.3
8300	4.671.9	113.2	11800	9.442.7	160.7
8400	4.784.1	115.7	11900	9.603.4	162.1
8500	4.999.8	115.9	12000	9.765.5	163.5
8600	5.015.7	117.3	12100	9.929.0	164.8
8700	5.133.0	118.7	12200	10.093.8	166.1
8800	5.251.7	120.0	12300	10.259.9	167.5
8900	5.371.7	121.4	12400	10.427.4	168.9
9000	5.493.1	122.8	12500	10.596.3	170.2
9100	5.615.9	124.1	12600	10.766.5	171.6
9200	5.740.0	125.4	12700	10.938.1	172.9
9300	5.865.4	126.8	12800	11.111.0	174.3
9400	5.992.2	128.2	12900	11.285.[illegible]	175.6
9500	0.0000006.120.4	129.5	13000	0.0000011.460.9	177.0

Côtés en toises.	Logarithme x à 11 décimales. —	Différ.	Côtés en toises.	Logarithme x à 11 décimales. —	Différ.
13100	0.0000011.637.9	178.4	16600	0.0000018.687.4	225.9
13200	11.816.3	179.7	16700	18.913.3	227.1
13300	11.996.0	181.1	16800	19.140.4	228.6
13400	12.177.1	182.4	16900	19.369.0	229.9
13500	12.359.5	183.8	17000	19.598.9	231.2
13600	12.543.3	185.1	17100	19.830.1	232.6
13700	12.728.4	186.5	17200	20.062.7	234.0
13800	12.914.9	187.9	17300	20.296.7	235.3
13900	13.102.8	189.2	17400	20.532.0	236.7
14000	13.292.0	190.5	17500	20.768.7	238.0
14100	13.482.5	192.0	17600	21.006.7	239.4
14200	13.674.5	193.2	17700	21.246.1	240.8
14300	13.867.7	194.7	17800	21.486.9	242.1
14400	14.062.4	196.0	17900	21.739.0	243.4
14500	14.258.4	197.3	18000	21.972.4	244.9
14600	14.455.7	198.7	18100	22.217.3	246.1
14700	14.654.4	200.1	18200	22.463.4	247.6
14800	14.854.5	201.4	18300	22.711.0	249.0
14900	15.055.9	202.7	18400	22.960.0	250.1
15000	15.258.6	204.2	18500	23.210.1	251.6
15100	15.462.8	205.5	58600	23.461.7	252.9
15200	15.668.3	206.8	18700	23.714.6	254.4
15300	15.875 1	208.2	18800	23.969.0	255.6
15400	16.083.3	209.5	18900	24.224.6	257.0
15500	16.292.8	210.9	16006	24.481.6	258.4
15600	16.503.7	212.3	19100	24.740.0	259.8
15700	16.716.0	213.6	19200	24.999.8	261.1
15800	16.929.6	215.0	19300	25.260.9	262.4
15900	17.144.6	216.3	19400	25.523.3	263.8
16000	17.360.9	217.7	19500	25.787.1	265.2
16100	17.578.6	219.1	19600	26.052.3	266.5
16200	17.797.7	220.4	19700	26.318.8	267.2
16300	18.018.1	221.7	19800	26.586.7	269.2
16400	18.239.8	223.2	19900	26.855.9	270.6
16500	0.0000018.463.0	124.4	20000	0.0000027.126.5	271.9

Côtés en toises.	Logarithme x à 11 décimales.	Differ.
20100	0.0000027.398.4	273.3
20200	27.671.7	274.7
20300	27.946.4	276.0
20400	28.222.4	277.4
20500	28.499.8	278.7
20600	28.778.5	280.1
20700	29.058.6	281.4
20800	29.340.0	282.8
20900	29.622.8	284.2
21000	29.907.0	285.4
21100	30.192.4	286.9
21200	30.479.3	288.2
21300	30.767.5	289.6
21400	31.057.1	290.9
21500	31.348.0	292.3
21600	31.640.3	293.7
21700	31.934.0	295.0
21800	32.229.0	296.3
21900	32.525.3	297.7
22000	32.823.0	299.1
22100	33.122.1	300.4
22200	33.422.5	301.8
22300	33.724.3	303.1
22400	34.027.4	304.6
22500	34.332.0	305.8
22600	34.637.8	307.2
22700	34.945.0	308.6
22800	35.253.6	309.9
22900	35.563.5	311.3
23000	35.874.8	312.6
23100	36.187.4	314.0
23200	36.501.4	315.3
23300	36.816.7	316.7
23400	37.133.4	318.1
23500	0.0000037.451.5	319.4

Côtés en toises.	Logarithme x à 11 décimales.	Differ.
23600	0.0000037.770.9	320.8
23700	38.091.7	322.1
23800	38.413.8	323.5
23900	38.737.3	324.8
24000	39.062.1	326.2
24100	39.388.3	327.6
24200	39.715.9	328.9
24300	40.044.8	330.2
24400	40.375.0	331.7
24500	40.706.7	332.9
24600	41.039.6	334.4
24700	41.374.0	335.7
24800	41.709.7	337.0
24900	42.046.7	338.4
25000	42.385.1	339.8
25100	42.724.9	341.1
25200	43.066.0	342.5
25300	43.408.5	343.8
25400	43.752.3	345.2
25500	44.097.5	346.5
25600	44.444.0	347.9
25700	44.791.9	349.3
25800	45.141.2	350.6
25900	45.491.8	351.9
26000	45.843.7	353.4
26100	46.197.1	354.6
26200	46.551.7	356.1
26300	46.907.8	357.4
26400	47.265.2	358.7
26500	47.623.9	360.1
26600	47.984.0	361.5
26700	48.345.5	362.8
26800	48.708.3	364.2
26900	49.072.5	365.5
27000	0.0000049.438.0	366.9

Côtés en toises.	Logarithme x à 11 décimales. —	Differ.	Côtés en toises.	Logarithme x à 11 décimales. —	Differ.
27100	0·0000049·804·9	368·2	30600	63·500·4	415·7
27200	50·173·1	369·6	30700	63·916·1	417·0
27300	50·542·7	371·0	30800	64·333·1	418·5
27400	50·913·7	372·3	30900	64·751·6	419·8
27500	51·286·0	373·7	31000	65·171·4	421·1
27600	51·659·7	375·0	31100	65·592·5	422·5
27700	52·034·7	376·4	31200	66·015·0	423·8
27800	52·411·7	377·7	31300	66·438·8	425·2
27900	52·788·8	379·1	31400	66·864·0	426·6
28000	53·167·9	380·4	31500	67·290·6	427·9
28100	53·548·3	381·8	31600	67·718·5	429·3
28200	53·938·1	383·2	31700	68·147·8	430·6
28300	54·313·3	384·5	31800	68·578·4	432·0
28400	54·697·8	385·9	31900	69·010·4	433·4
28500	55·083·7	387·2	32000	69·443·8	434·7
28600	55·470·9	388·6	32100	69·878·5	436·0
28700	55·859·5	390·0	32200	70·314·5	437·5
28800	56·249·5	391·3	32300	70·752·0	438·7
28900	56·640·8	392·6	32400	71·190·7	440·1
29000	57·033·4	394·8	32500	71·630·8	441·5
29100	57·427·4	395·4	32600	72·072·3	442·9
29200	57·822·8	396·7	32700	72·515·2	444·2
29300	58·219·5	398·1	32800	72·959·4	445·5
29400	58·617·6	399·4	32900	73·404·9	446·9
29500	59·017·0	400·8	33000	73·851·8	448·3
29600	59·417·8	402·2	33100	74·300·1	449·6
29700	59·820·0	403·5	33200	74·749·7	451·0
29800	60·223·5	404·8	33300	75·200·7	452·3
29900	60·628·3	406·3	33400	75·653·0	453·7
30000	61·034·6	407·5	33500	76·106·7	455·1
30100	61·442·1	409·0	33600	76·561·8	456·4
30200	61·851·1	410·3	33700	77·010·2	457·7
30300	62·261·4	411·6	33800	77·475·9	459·1
30400	62·673·0	413·0	33900	77·935·0	460·5
30500	0·0000063·086·0	414·4	34000	78·395·5	461·8

Côtés en toises.	Logarithme x à 11 décimales. —	Differ.	Côtés en toises.	Logarithme x à 11 décimales. —	Differ.
34100	0·0000078·857·3	463·2	37100	0·0000093·342·9	503·9
34200	79·320·5	464·6	37200	93·846·8	505·2
34300	79·785·1	465·9	37300	94·352·0	506·6
34400	80·251·0	467·2	37400	94·858·6	507·9
34500	80·718·2	468·6	37500	95·366·5	109·3
34600	81·186·8	470·0	37600	95·875·8	510·7
34700	81·656·8	471·3	37700	96·386·5	512·0
34800	82·128·1	472·7	378 0	96·898·5	513·3
34900	82·600·8	474·0	37900	97·411·8	514·8
35000	83·074·8	475·4	38000	97·926·6	516·1
35100	83·550·2	476·8	38100	98·442·7	517·4
35200	84·027·0	478·1	38200	98·960·1	518·8
35300	84·505·1	479·4	38300	99·478·9	520·1
35400	84·984·5	480·9	38400	99·999·0	521·5
35500	85·465·4	482·1	38500	100·520·5	622·9
35600	85·947·5	483·6	38600	101·043·4	524·2
35700	86·431·1	484·8	38700	101·567·6	525·6
35800	86·915·9	486·3	38800	102·093·2	526·9
35900	87·402·2	487·6	38900	102·620·1	528·3
36000	87·889·8	488·9	39000	103·148·4	529·7
36100	88·378·7	490·3	39100	103·678·1	531·0
3620	88·869·0	491·7	39200	104·209·1	532·3
36300	88·360·7	493·0	39300	104·741·4	533·7
36400	89·853·7	494·4	39400	105·275·1	535·1
36500	90·348·1	495·8	39500	105·810·2	536·4
36600	90·843·9	497·0	39600	106·346·6	537·8
36700	91·340·9	498·5	39700	106·884·4	539·2
36800	91·839·4	499·8	39800	107·423·6	540·4
36900	92·339·2	501·2	39900	107·964·0	541·9
37000	0·0000092·840·4	502·5	40000	0·0000108·505·9	543·2

Nota. Dans la table II on a supprimé tous les zéros qui précèdent les figures significatives.

Si la caractéristique du logarithme sin. A étoit 4 au lieu de 3, on chercheroit avec la caractéristique 3, et l'on centupleroit la correction trouvée, en avançant tous les chiffres de deux rangs vers la gauche.

TABLE II ou *table des logarithmes de* $\left(\frac{A}{sin. A}\right)$.

A douze décimales.

ARGUMENT, *log. sin.* de *A* en toises.

Log. sin. A.	Log. $\left(\frac{A}{sin. A}\right)$.	Differ.	Log. sin. A.	Log. $\left(\frac{A}{sin. A}\right)$.	Differ.	Log. sin. A.	Log. $\left(\frac{A}{sin. A}\right)$.	Differ.
2.000	0.68	0.39						
2.1	1.07	0.63	21	74.70	0.35	51	85.77	0.40
2.2	1.70	1.00	22	75.05	0.34	52	86.17	0.39
2.3	2.70	1.58	23	75.39	0.35	53	86.56	0.40
2.4	4.26	2.50	24	75.74	0.35	54	86.96	0.40
2.5	6.78	3.96	25	76.39	0.35	55	87.36	0.41
2.6	10.74	6.29	26	76.44	0.36	56	87.77	0.40
2.7	17.03	9.97	27	76.80	0.35	57	88.17	0.41
2.8	17.00	15.79	28	77.15	0.36	58	88.58	0.41
2.9	42.79	25.02	29	77.51	0.35	59	88.99	0.40
3.000	67.81	0.31	3.030	77.86	0.36	3.060	89.39	0.42
3.001	68.13	0.32	31	78.22	0.36	61	89.81	0.42
2	68.44	0.32	32	78.58	0.37	62	90.23	0.41
3	68.76	0.32	33	78.95	0.36	63	90.64	0.42
4	69.08	0.32	34	79.31	0.37	64	91.06	0.42
5	69.40	0.32	35	79.68	0.37	65	91.48	0.42
6	69.72	0.32	36	80.05	0.36	66	91.90	0.43
7	70.04	0.32	37	80.41	0.38	67	92.33	0.42
8	70.36	0.33	38	80.79	0.37	68	92.75	0.43
9	70.69	0.32	39	81.16	0.38	69	93.18	0.43
3.010	71.01	0.33	3.040	81.54	0.37	3.070	93.61	0.43
11	71.34	0.33	41	81.81	0.38	71	94.04	0.44
12	71.67	0.33	42	82.29	0.38	72	94.48	0.43
13	72.00	0.33	43	82.67	0.38	73	94.91	0.44
14	72.33	0.34	44	83.05	0.38	74	95.35	0.44
15	72.67	0.33	45	83.43	0.38	75	95.79	0.45
16	73.00	0.34	46	83.81	0.39	76	96.24	0.44
17	73.34	0.34	47	84.20	0.39	77	96.68	0.45
18	73.68	0.34	48	84.99	0.39	78	97.13	0.44
19	74.02	0.34	49	84.98	0.40	79	97.57	0.45
3.020	74.36	0.34	3.050	85.38	0.39	3.080	98.02	0.46

Log. sin. A.	Log. $\left(\frac{A}{\sin. A}\right)$.	Différ.	Log. sin. A.	Log. $\left(\frac{A}{\sin. A}\right)$.	Différ.	Log. sin. A.	Log. $\left(\frac{A}{\sin. A}\right)$.	Différ.
81	98.48	0.45	116	115.70	0.53	151	135.94	0.62
82	98.93	0.46	117	116.13	0.54	152	136.56	0.63
83	99.39	0.46	118	116.77	0.54	153	137.19	0.64
84	99.85	0.46	119	117.31	0.54	154	137.83	0.63
85	100.31	0.46	3.120	117.85	0.54	155	138.46	0.64
86	100.77	0.47	121	118.39	0.55	156	139.10	0.64
87	101.24	0.46	122	118.94	0.55	157	139.74	0.65
88	101.70	0.47	123	119.49	0.55	158	140.39	0.65
89	102.17	0.47	124	120.04	0.56	159	141.04	0.65
3.090	102.84	0.48	125	120.60	0.55	3.160	141.69	0.65
91	103.12	0.48	126	121.15	0.56	161	142.34	0.66
92	103.60	0.47	127	121.71	0.55	162	143.00	0.66
93	104.07	0.48	128	122.27	0.57	163	143.66	0.66
94	104.55	0.48	129	122.84	0.57	164	144.32	0.67
95	105.03	0.49	3.130	123.41	0.57	165	144.99	0.67
96	105.52	0.49	131	123.98	0.57	166	145.66	9.67
97	106.01	0.49	132	124.55	0.57	167	146.33	0.68
98	106.50	0.49	133	125.12	0.58	168	147.01	0.67
99	106.99	0.49	134	125.70	0.58	169	147.68	0.68
3.100	107.48	0.50	135	126.28	0.58	3.170	148.36	0.69
101	107.98	0.50	136	126.86	0.59	171	149.05	0.69
102	108.48	0.50	137	127.45	0.59	172	149.74	0.69
103	108.98	0.50	138	128.04	0.59	173	150.43	0.69
104	109.48	0.50	139	128.63	0.59	174	151.12	0.70
105	109.98	0.51	3.140	129.22	0.60	175	151.82	0.71
106	110.49	0.51	141	129.82	0.60	176	152.52	0.70
107	111.00	0.51	142	130.42	0.60	177	153.23	0871
108	111.51	0.52	142	131.02	0.60	178	153.93	0.71
109	112.03	0.52	144	131.62	0.61	179	154.64	0.72
3.110	112.55	0.52	145	132.23	0.61	3.180	155.35	0.72
111	113.07	0.52	146	132.84	0.61	181	156.07	0.72
112	113.59	0.52	147	133.45	0.62	182	157.79	0.73
113	114.11	0.53	148	134.07	0.62	183	157.52	0.73
114	114.64	0.53	149	134.69	0.62	184	158.25	0.73
115	115.17	0.53	3.150	135.31	0.63	185	158.98	0.73

Log. sin. A.	Log. $\left(\frac{A}{sin. A}\right)$.	Differ.	Log. sin. A.	Log. $\left(\frac{A}{sin. A}\right)$.	Differ.	Log. sin. A.	Log. $\left(\frac{A}{sin. A}\right)$.	Differ.
186	159.71	0.74	221	187.64	0.87	256	220.46	1.02
187	160.45	0.74	222	188.51	0.87	257	221.48	1.02
188	161.19	0.74	223	189.38	0.87	258	222.50	1.03
189	161.93	0.75	224	190.25	0.88	259	223.53	1.03
3.190	162.68	0.75	225	191.13	0.88	3.260	224.56	1.04
191	163.43	0.75	226	192.01	0.89	261	225.60	1.04
192	164.18	0.76	227	192.90	0.89	262	226.64	1.04
193	164.94	0.76	228	193.79	0.90	263	227.68	1.05
194	165.70	0.77	229	194.69	0.90	264	228.73	1.06
195	166.47	0.77	3.230	195.59	0.90	265	229.79	1.06
196	167.24	0.77	231	196.49	0.91	266	230.85	1.06
197	168.01	0.78	232	197.40	0.91	267	231.91	1.07
198	168.79	0.78	233	198.31	0.91	268	232.98	1.08
199	169.57	0.78	234	199.22	0.92	269	234.06	1.08
3.200	170.35	0.78	235	200.14	0.92	3.270	235.14	1.09
201	171.13	0.79	236	201.06	0.93	271	236.23	1.09
202	171.92	0.80	237	201.99	0.93	272	237.32	1.10
203	172.73	0.80	238	202.92	0.94	273	238.42	1.10
204	173.52	0.80	239	203.86	0.94	274	239.52	1.10
205	174.32	0.80	3.240	204.80	0.94	275	240.62	1.11
206	175.12	0.81	241	205.74	0.95	276	241.73	1.12
207	175.93	0.81	242	206.69	0.96	277	242.85	1.12
208	176.74	0.82	243	207.65	0.96	278	243.97	1.12
209	177.56	0.82	244	208.61	0.96	279	245.09	1.13
3.210	178.38	0.82	245	209.57	0.97	3.280	246.22	1.14
211	179.20	0.83	246	210.54	0.97	281	247.36	1.14
212	180.03	0.83	247	211.51	0.97	282	248.50	1.15
213	180.86	0.83	248	212.48	0.98	283	249.65	1.15
214	181.69	0.84	249	213.46	0.99	284	250.80	1.16
215	182.53	0.84	3.250	214.45	0.99	285	251.96	1.16
216	183.37	0.85	251	215.44	1.00	286	253.12	1.17
217	184.22	0.85	252	216.44	1.00	287	254.29	1.18
218	185.07	0.85	253	217.44	1.00	288	255.47	1.18
219	185.92	0.86	254	218.44	1.01	289	256.65	1.18
3.220	186.78	0.86	255	219.45	1.01	3.290	257.83	1.19

Log. sin. A.	Log. $\left(\frac{A}{\sin. A}\right)$.	Differ.	Log. sin. A.	Log. $\left(\frac{A}{\sin. A}\right)$.	Differ.	Log. sin A.	Log. $\left(\frac{A}{\sin. A}\right)$.	Differ.
291	259·02	1·20	326	304·32	1·41	361	357·54	1·65
292	260·22	1·20	327	305·73	1·41	362	359·19	1·66
293	261·42	1·20	328	307·14	1·42	363	360·85	1·67
294	262·62	1·21	329	308·56	1·42	364	362·52	1·67
295	263·83	1·22	3·330	309·98	1·43	365	364·19	1·68
296	365·05	1·23	331	311·41	1·44	366	365·77	1·69
297	266·28	1·23	332	312·85	1·44	367	367·56	1·70
298	267·51	1·23	333	314·29	1·45	368	369·29	1·71
299	268·74	1·24	334	315·74	1·46	369	370·97	1·71
3·300	269·98	1·25	335	317·20	1·46	3·370	372·68	1·72
301	271·23	1·25	336	318·66	1·47	371	374·40	1·73
302	272·48	1·26	337	320·13	1·48	372	376·13	1·74
303	273·74	1·26	338	321·61	1·49	373	377·47	1·74
304	275·00	1·27	339	323·10	1·49	374	379·61	1·75
305	276·27	1·28	3·340	324·59	1·50	375	381·36	1·76
306	277·55	1·28	341	326·09	1·50	376	383·12	1·77
307	278·84	1·29	342	327·59	1·51	377	384·89	1·78
308	280·12	1·29	343	329·10	1·52	378	386·67	1·78
309	281·41	1·30	344	330·62	1·53	379	388·45	1·79
3·310	282·71	1·30	345	332·15	1·53	3·380	390·24	1·80
311	284·01	1·31	346	333·58	1·54	381	392·04	1·81
312	285·32	1·32	447	335·22	1·55	382	393·85	1·82
313	286·64	1·32	348	336·77	1·55	883	395·67	1·83
314	287·9[illegible]	1·33	349	338·32	1·56	384	397·50	1·83
315	289·29	1·33	3·350	339·88	1·57	385	399·33	1·84
316	290·62	1·34	351	341·45	1·58	386	401·17	1·85
317	291·96	1·35	352	343·03	1·59	387	403·02	1·86
318	293·31	1·36	353	344·61	1·60	388	404·88	1·87
319	294·67	1·36	354	346·20	1·61	389	406·75	1·88
3·320	296·03	1·37	355	347·80	1·61	3·390	408·63	1·89
321	297·40	1·37	356	349·41	1·62	391	410·52	1·90
322	298·77	1·38	357	351·02	1·63	392	412·42	1·90
323	300·15	1·38	358	352·64	1·63	393	414·32	1·91
324	301·53	1·39	359	354·27	1·64	394	416·23	1·92
325	302·92	1·40	3·360	355·90	1·65	395	418·15	1·93

Log. sin. A.	Log. $\left(\frac{A}{sin. A}\right)$.	Différ.	Log. sin. A.	Log. $\left(\frac{A}{sin. A}\right)$.	Différ.	Log. sin. A.	Log. $\left(\frac{A}{sin. A}\right)$.	Différ.
3.396	420.08	1.94	431	493.55	2.28	466	579.87	2.68
397	422.02	1.95	432	495.83	2.29	467	582.45	2.69
398	423.97	1.96	433	498.12	2.30	468	585.24	2.70
399	425.93	1.96	434	500.42	2.31	469	587.94	2.71
3.400	427.89	1.97	435	502.73	2.32	3.470	590.65	2.73
401	429.86	1.98	436	505.05	2.33	471	593.38	2.74
402	431.84	2.00	437	507.38	2.34	472	596.12	2.75
403	433.84	2.01	438	509.72	2.35	473	598.87	2.76
404	435.85	2.01	439	512.07	2.37	474	601.63	2.78
405	437.86	2.02	3.440	514.44	2.37	475	604.41	2.79
406	439.88	2.03	441	516.81	2.38	476	607.20	2.80
407	441.91	2.04	442	519.19	2.40	477	610.00	2.82
408	443.95	2.05	443	521.59	2.41	478	612.82	2.83
409	446.00	2.06	444	524.00	2.42	479	615.65	2.84
3.410	448.06	2.07	445	526.42	2.43	3.480	618.49	2.85
411	450.13	2.08	446	528.85	2.44	481	621.34	2.87
412	452.21	2.09	447	531.29	2.45	482	624.21	2.88
413	454.30	2.09	448	533.74	2.46	483	627.09	2.90
414	456.39	2.10	449	536.20	2.48	484	629.99	2.91
415	458.49	2.11	3.450	538.68	2.49	485	632.90	2.92
416	460.60	2.13	451	541.17	2.50	486	635.82	2.93
417	462.73	2.14	452	543.67	2.51	487	638.75	2.95
418	464.87	2.15	453	546.18	2.52	488	641.70	2.96
419	467.02	2.16	454	548.70	2.53	489	644.66	2.98
3.420	469.18	2.17	455	551.23	2.54	3.490	647.64	2.99
421	471.35	2.17	456	553.77	2.56	491	650.63	3.00
422	473.52	2.18	457	556.33	2.57	492	653.63	3.02
423	475.70	2.19	458	558.90	2.58	493	656.65	3.03
424	477.89	2.21	459	561.48	2.59	494	659.68	3.05
425	480.10	2.22	3.460	564.07	2.60	495	662.73	3.06
426	482.32	2.23	461	566.67	2.62	496	665.79	3.07
427	484.55	2.24	462	569.29	2.63	497	668.86	3.08
428	486.79	2.25	463	571.92	2.64	498	671.94	3.10
429	489.04	2.25	364	574.56	2.65	499	675.04	3.12
3.430	491.29	2.26	465	577.21	2.66	3.500	678.16	3.13

Log. sin *A*.	Log. $\left(\frac{A}{\sin. A}\right)$.	Differ.	Log. sin. *A*.	Log. $\left(\frac{A}{\sin. A}\right)$.	Differ.	Log. sin. *A*.	Log. $\left(\frac{A}{\sin. A}\right)$.	Differ.
3.501	681.29	3.15	3.536	800.45	3.69	3.571	940.44	4.34
502	684.44	3.16	537	804.[illegible]4	3.71	572	944.78	4.36
503	687.60	3.17	538	807.85	3.73	573	949.14	4.38
504	690.77	3.19	539	811.58	3.75	574	953.52	4.40
505	693.96	3.20	3.540	815.33	3.76	575	957.92	4.42
506	697.16	3.22	541	819.09	3.78	576	962.34	4.44
507	700.38	3.23	542	822.87	3.80	577	966.78	4.47
508	703.61	3.25	543	826.67	3.82	578	971.25	4.49
509	706.86	3.26	544	830.49	3.83	579	975.74	4.50
3.510	710.12	3.28	545	834.32	3.85	3.580	980.24	4.52
511	713.40	3.29	546	838.17	3.87	581	984.76	4.55
512	716.69	3.31	547	842.04	3.89	582	989.31	4.57
513	720.00	3.32	548	845.93	3.91	583	993.88	4.59
514	723.32	3.34	549	849.84	3.92	584	998.47	4.61
515	726.66	3.36	3.550	853.76	3.94	585	1003.98	4.63
516	730.02	3.37	551	857.70	3.96	586	1007.71	4.65
517	733.39	3.38	552	861.66	3.97	587	1012.36	4.67
518	736.77	3.40	553	865.63	3.99	588	1017.03	4.69
519	740.17	3.42	554	869.62	4.01	589	1021.72	4.72
3.520	743.59	3.43	555	873.63	4.03	3.590	1026.44	4.74
521	747.02	3.45	556	877.66	4.05	591	1031.18	4.76
522	750.47	3.46	557	881.71	4.07	592	1035.94	4.78
523	753.93	3.48	558	885.78	4.09	593	1040.72	4.80
524	757.41	3.50	559	889.87	4.11	594	1045.52	4.83
525	760.91	3.51	3.560	893.98	4.13	595	1050.35	4.85
526	764.42	3.53	561	898.11	4.15	596	1055.20	4.87
527	767.95	3.55	562	902.26	4.17	597	1060.07	4.89
528	771.50	3.56	563	906.43	4.19	598	1064.96	4.92
529	775.06	3.57	564	910.62	4.20	599	1069.88	4.94
3.530	778.63	3.60	565	914.82	4.22	3.600	1074.82	4.96
531	782.23	3.61	566	919.04	4.24	601	1079.78	4.98
532	785.84	3.63	567	923.28	4.26	602	1084.76	5.01
533	789.47	3.64	568	927.54	4.28	603	1089.77	5.03
534	793.11	3.66	569	931.82	4.30	604	1094.80	5.05
535	796.77	3.68	3.570	936.12	4.32	605	1099.85	5.08

Log. sin. *A*.	Log. $\left(\frac{A}{sin. A}\right)$.	Differ.	Log. sin. *A*.	Log. $\left(\frac{A}{sin. A}\right)$.	Differ.	Log. sin. *A*.	Log. $\left(\frac{A}{sin. A}\right)$.	Differ.
3.606	1104.93	5.10	3.641	1298.17	5.99	3.676	1525.22	7.04
607	1110.03	5.12	642	1304.16	6.02	677	1532.26	7.08
608	1115.15	5.15	643	1310.18	6.05	678	1539.34	7.11
609	1120.30	5.17	644	1316.23	6.08	679	1546.45	7.14
3.610	1125.47	5.19	645	1322.31	6.11	3.680	1553.59	7.17
611	1130.66	5.22	646	1328.42	6.13	681	1560.76	7.20
612	1135.88	5.25	647	1334.55	6.16	682	1567.96	7.24
613	1141.13	5.27	648	1340.71	6.19	683	1575.20	7.27
614	1146.40	5.29	649	1346.90	6.21	684	1582.47	7.30
615	1151.69	5.31	3.650	1353.11	6.24	685	1589.77	7.34
616	1157.00	5.34	651	1359.35	6.27	686	1597.18	7.37
617	1162.34	5.37	652	1365.62	6.30	687	1604.48	7.40
618	1167.71	5.39	653	1371.92	6.34	688	1611.88	7.44
619	1173.10	5.41	654	1378.26	6.37	689	1619.32	7.48
3.620	1178.51	5.44	655	1384.63	6.40	3.690	1626.80	7.51
621	1183.96	5.46	656	1391.03	6.42	691	1634.31	7.54
622	1189.41	5.49	657	1397.45	6.44	692	1641.85	7.58
623	1194.90	5.52	658	1403.89	6.48	693	1649.43	7.61
624	1200.42	5.54	659	1410.37	6.51	694	1657.04	7.65
625	1205.96	5.57	3.600	1416.88	6.54	695	1664.69	7.68
626	1211.53	5.59	661	1423.42	6.57	696	1672.37	7.72
627	1217.12	5.62	662	1429.99	6.60	697	1680.09	7.76
628	1222.74	5.64	663	1436.59	6.63	698	1687.85	7.79
629	1228.38	5.67	664	1443.22	6.66	699	1695.64	7.82
3.630	1234.05	5.70	665	1449.88	6.69	3.700	1703.46	7.87
631	1239.75	5.72	666	1456.57	6.73	701	1711.33	7.90
632	1245.47	5.75	667	1463.30	6.76	702	1719.23	7.94
633	1251.22	5.77	668	1470.06	6.79	703	1727.17	7.97
634	1256.99	5.80	669	1476.85	6.82	704	1735.14	8.01
635	1262.79	5.83	3.670	1483.67	6.84	705	1743.15	8.04
636	1268.62	5.86	671	1490.51	6.87	706	1751.19	8.08
637	1274.48	5.89	672	1497.38	6.91	707	1759.27	8.12
638	1280.37	5.91	673	1504.29	6.94	708	1767.39	8.16
639	1286.28	5.93	674	1511.23	6.98	709	1775.55	8.20
3.640	1292.21	5.96	675	1518.21	7.01	3.710	1783.75	8.23

Log. *sin. A*.	Log. $\left(\frac{A}{sin. A}\right)$.	Différ.	Log. *sin. A*.	Log. $\left(\frac{A}{sin. A}\right)$.	Différ.	Log. *sin. A*.	Log. $\left(\frac{A}{sin. A}\right)$.	Différ.
3.711	1791.98	8.27	3.746	2105.40	9.72	3.781	2473.62	11.42
712	1800.25	8.31	747	2115.12	9.76	782	2485.04	11.47
713	1808.56	8.35	748	2124.88	9.80	783	2496.51	11.53
714	1816.91	8.39	749	2134.68	9.85	784	2508.04	11.58
715	1825.30	8.42	3.750	2144.53	9.90	785	2519.61	11.63
716	1833.72	8.46	751	2154.43	9.95	786	2531.24	11.69
717	1842.18	8.50	752	2164.38	9.99	787	2542.93	11.74
718	1850.68	8.54	753	2174.37	10.04	788	2554.67	11.79
719	1859.22	8.58	754	2184.41	10.08	789	2566.46	11.84
3.720	1867.80	8.62	755	2194.49	10.13	3.790	2578.26	11.90
721	1876.42	8.67	756	2204.62	10.18	791	2590.20	11.96
722	1885.09	8.70	757	2214.80	10.22	792	2602.16	12.02
723	1893.79	8.74	758	2225.02	10.27	793	2614.18	12.06
724	1902.53	8.79	759	2235.29	10.32	794	2626.24	12.12
725	1911.32	8.83	3.760	2245.61	10.36	795	2638.36	12.18
726	1920.15	8.86	761	2255.97	10.42	796	2650.54	12.24
727	1929.01	8.90	762	2266.39	10.46	797	2662.78	12.29
728	1937.91	8.94	763	2276.85	10.51	798	2675.07	12.34
729	1946.85	8.99	764	2287.36	10.55	799	2687.41	12.40
3.730	1955.84	9.03	765	2297.91	10.61	3.800	2699.81	12.46
731	1964.87	9.07	766	2308.52	10.66	801	2712.27	12.53
732	1973.94	9.11	767	2319.18	10.70	802	2724.80	12.58
733	1983.05	9.15	768	2329.88	10.75	803	2737.38	12.63
734	1992.20	9.20	769	2340.63	10.81	804	2750.01	12.69
735	2001.40	9.24	3.770	2351.44	10.85	805	2762.70	12.75
736	2010.64	9.28	771	2362.29	10.91	806	2775.45	12.81
737	2019.92	9.32	772	2373.20	10.95	807	2788.26	12.87
738	2029.24	9.36	773	2384.15	11.01	808	2801.13	12.93
739	2038.60	9.41	774	2395.16	11.05	809	2814.06	12.99
3.740	2048.01	9.46	775	2406.21	11.11	3.810	2827.05	13.05
741	2057.47	9.50	776	2417.32	11.17	811	2840.10	13.11
742	2066.97	9.54	777	2428.49	11.21	812	2853.21	13.17
743	2076.51	9.58	778	2439.69	11.25	813	2866.38	13.23
744	2086.09	9.63	779	2450.95	11.31	814	2879.61	13.29
745	2095.72	9.68	3.780	2462.26	11.36	815	2892.90	13.35

Log. sin. A.	Log. $\left(\frac{A}{\sin. A}\right)$.	Différ.	Log. sin. A.	Log. $\left(\frac{A}{\sin. A}\right)$.	Différ.	Log. sin. A.	Log. $\left(\frac{A}{\sin. A}\right)$.	Différ.
3.816	2906.25	13.42	3.851	3414.55	15.77	3.886	4011.75	18.52
817	2919.67	13.48	852	3430.32	15.83	887	4030.27	18.60
818	2933.15	13.54	853	3446.15	15.90	888	4048.87	18.69
819	2946.69	13.60	854	3462.05	15.98	889	4067.56	18.77
3.820	2960.29	13.66	855	3478.03	16.06	3.890	4086.33	18.86
821	2973.95	13.73	856	3494.09	16.13	891	4105.19	18.95
822	2987.68	13.79	857	3510.22	16.20	892	4124.14	19.04
823	3001.47	13.85	858	3526.42	16.27	893	4143.18	19.13
824	3015.32	13.92	859	3542.69	16.35	894	4162.31	19.21
825	3029.24	13.98	3.860	3559.04	16.43	895	4181.52	19.30
826	3043.22	14.05	861	3575.47	16.51	896	4200.82	19.39
827	3057.27	14.11	862	3591.98	16.58	897	4220.21	19.48
828	3071.38	14.17	863	3608.56	13.65	898	4239.69	19.57
829	3085.55	14.25	864	3625.21	16.74	899	4259.26	19.66
3.830	3099.80	14.31	865	3641.95	16.42	3.900	4278.92	19.75
831	3114.11	14.38	866	3658.77	16.88	901	4298.67	19.84
832	3128.49	14.43	867	3675.65	16.96	902	4318.51	19.93
833	3142.92	14.51	868	3692.61	17.04	903	4338.44	20.02
834	3157.43	14.57	869	3709.65	17.12	904	4358.46	20.12
835	3172.00	14.64	3.870	3726.77	17.21	905	4378.58	20.21
836	3186.64	14.71	871	3743.98	17.28	906	4398.79	20.30
837	3201.35	14.78	872	3761.26	17.36	907	4419.09	20.40
838	3216.13	14.85	873	3778.62	17.45	908	4439.49	20.50
839	3230.98	14.91	874	3796.07	17.52	909	4459.99	20.59
3.840	3245.89	14.98	875	3813.59	17.60	3.910	4480.58	20.68
841	3260.87	15.05	876	3831.19	17.68	911	4501.26	20.77
842	3275.92	15.12	877	3848.87	17.77	912	4522.03	20.87
843	3291.04	15.20	878	3866.64	17.85	913	4542.90	20.97
844	3306.24	15.26	879	3884.49	17.93	914	4563.87	21.06
845	3321.50	15.33	3.880	3902.42	18.01	915	4584.93	21.17
846	3336.83	15.40	881	3920.43	18.10	916	4606.10	21.26
847	3352.23	15.47	882	3938.53	18.18	917	4627.36	21.36
848	3367.70	15.55	883	3956.71	18.26	918	4648.72	21.46
849	3383.25	15.61	884	3974.97	18.35	919	4670.18	21.56
3.850	3398.86	15.69	885	3993.32	18.43	3.920	4691.74	21.66

Log. sin. A.	Log. $\left(\frac{A}{\sin. A}\right)$.	Differ.	Log. sin. A.	Log. $\left(\frac{A}{\sin. A}\right)$.	Differ.	Log. sin. A.	Log. $\left(\frac{A}{\sin. A}\right)$.	Differ.
3.921	4713.40	21.75	3.951	5411.70	24.98	3.981	6213.46	28.68
922	4735.15	21.86	952	5436.68	25.09	982	6242.14	28.81
923	4757.01	21.95	953	5461.77	25.21	983	6270.95	28.95
924	4778.96	22.06	954	5486.98	25.33	984	6299.90	29.08
925	4801.02	22.16	955	5512.31	25.44	985	6328.98	29.21
926	4823.18	22.26	656	5537.75	25.56	986	6358.19	29.35
927	4845.46	22.36	957	5563.31	25.68	987	6337.54	29.49
928	4867.82	22.46	958	5588.99	25.80	988	6417.03	29.62
929	4890.28	22.57	959	5614.79	25.92	989	6446.65	29.75
3.930	4922.85	22.68	3.960	5640.71	26.04	3.990	6476.40	29.90
931	4935.53	22.79	961	5666.75	26.15	991	6506.30	30,03
932	4958.32	22.88	962	5692.90	26.28	992	6536.33	30.17
933	4981.20	22.99	963	5719.18	26.40	993	6566.50	30.31
934	5004.19	23.10	964	5745.58	26.52	994	6596.81	30.44
935	5027.29	23.20	965	5772.10	26.64	995	6627.25	30.59
936	5050.49	23.31	966	5798.74	26.77	996	6657.84	30.74
937	5073.80	23.42	967	5825.51	26.89	997	6688.58	30.87
938	5097.22	23.53	968	5852.40	27.01	998	6719.45	31.01
939	5120.75	23.64	969	5879.41	27.14	999	6750.46	31.16
3.940	5144.39	23.75	3.970	5906.55	27.26	4.000	6781.62	
941	5168.14	23.85	971	5933.81	27.39			
942	5191.99	23.96	972	5961.20	27.51			
943	4215.95	24.07	973	5988.71	27.65			
944	5240.02	24.19	974	6015.36	27.77			
945	5264.21	24.30	975	6044.13	27.90			
946	5288.51	24.42	976	6072.03	28.02			
947	5312.93	24.52	977	6100.05	28.16			
948	5337.45	24.63	978	6128.21	28.29			
949	5362.08	24.75	979	6156.50	28.41			
3.950	5386.83	24.87	3.980	6184.91	28.55			

On voit qu'au logarithme 4.000 répond le logarithme 0.00000.06781.62 centuple du logarithme qui répond au logarithme 3.000. On a donc pu se dispenser de prolonger la table au-delà de 4,000 ; ainsi quand la caractéristique sera 4 on cherchera avec 3, et l'on centuplera le nombre trouvé.

Table II. Différence de l'arc à la corde.

A.	*A* — *corde A.*	Différence.	*A.*	*A* — *corde A.*	Différence.
Toises.	Toises.	Toises.	Toises.	Toises.	Toises.
1000	0^t 0000	0·0000	21000	0^t 0361	0·0054
2000	0·0000	0·0001	22002	0·0415	0·0059
3000	0·0001	0·0002	23000	0·0474	0·0065
4000	0·0003	0·0002	24000	0·0539	0·0071
5000	0·0005	0·0003	25000	0·0619	0·0077
6000	0·0008	0·0005	26000	0·0687	0·0083
7000	0·0013	0·0007	27000	0·0770	0·0089
8000	0·0020	0·0009	28000	0·0859	0·0095
9000	0·0029	0·0011	29000	0·0954	0·0101
10000	0·0040	0·0013	30000	0·1055	0·0108
11000	0·0053	0·0015	31000	0·1163	0·0116
12000	0·0068	0·0018	32000	0·1279	0·0124
13000	0·0086	0·0021	33000	0·1403	0·0132
14000	0·0107	0·0025	34000	0·1035	0·0140
15000	0·0132	0·0028	35000	0·1675	0·0148
16000	0·0160	0·0032	36000	0·1823	0·0156
17000	0·0192	0·0036	37000	0·1979	0·0164
18000	0·0228	0·0040	38000	0·2143	0·0173
19000	0·0268	0·0044	39000	0·2316	0·0182
20000	0·0312	0·0049	40000	0·2498	

Pour avoir la différence de l'arc au sinus on quadruplera les nombres de la table.

Pour avoir la différence de la corde au sinus on les triplera.

Pour avoir la différence de l'arc à la tangente on les multipliera par 8.

La table II fournit de même un moyen facile pour changer un logarithme sinus en logarithme tangente et pour avoir le logarithme cosinus du même arc.

Supposons que le *log. sin. A* . . . . = 4·00000·

Vous aurez par la table *log. A* . . . . = 4·00000·06781·62

Triplez la correction, *log. tang. A* . . . . . = 4·00000·20344·86

Enfin *log. cos. A* = *log. sin. A* — *log. tang. A* = 9·99999·79655·14

TABLEAU COMPLET DES TRIANGLES.

Nos	Noms des stations.	Angles sphériques.	Excès sphérique.	Logarithme. Sinus des angles.	Logarithme. Sinus des côtés opposés.
1	Dunkerque	42° 6′ 9″73	— 0″34	9·82637·39216	3·99136·41417
	Watten	74 28 45·28	— 0·45	9·98386·68557	4·14885·70758
	Cassel	63 25 6·17	— 0·39	9·95148·21779	4·11647·23980
		180 0 1·18	— 1·18		
2	Dunkerque	46 52 0·32	— 0·21	9·86318·34478	3·98004·62061
	Watten	45 33 44·65	— 0·23	9·85370·63681	3·97056·91264
	Gravelines	87 34 15·89	— 0·42	9·99960·06397	. . . . . .
		180 0 0·86	— 0·86		
3	Watten	69 34 45·38	— 0·54	9·97181·18092	4·25627·71098
	Cassel	79 48 35·35	— 0·68	9·99309·48079	4·27756·01085
	Fiefs	30 36 40·94	— 0·45	9·70689·88412	. . . . . .
		180 0 1·67	— 1·67		
4	Watten	74 39 23·20	— 0·28	9·98423·76331	4·03081·35696
	Cassel	43 37 35·73	— 0·21	9·83882·11224	3·88539·70588
	Helfaut	61 43 1·78	— 0·22	9·94478·82052	. . . . . .
		180 0 0·71	— 0·71		
5	Cassel	36 10 59·00	— 0·11	9·77112·20692	4·05376·35984
	Fiefs	34 3 15·47	— 0·12	9·74817·11992	4·03081·27284
	Helfaut	109 45 46·64	— 0·88	9·97363·55806	. . . . . .
		180 0 1·11	— 1·11		

TABLEAU COMPLET DES TRIANGLES.

Logarithme des côtés opposés.	Côtés oppos. Arcs en toises.	Côtés oppos. Cordes en toises.	Haut. sur la mer.	Haut. du sol.	Distance vraie des signaux.	Côtés. Arcs en mètres.
3.99136.47934	9803.1307	9803.1270	34.7	4.7	9803.680	19106.6604
4.14885.84218	14088.2945	14088.2836	55.0	38	14088.878	27458.6015
4.11647.35575	13075.9593	13075.9505	97.3	85	. . . . .	25485.5237
3.98004.68247	9550.9556	9550.9522	34.7	5	9551.183	18615.1620
3.97056.97186	9344.7937	9344.7905	55.0	38	9344.895	18213.3449
. . . . . .	. . . . .	. . . . .	33.0	. . .	. . . . .	. . . . .
4.25627.93172	18041.7773	18041.7543	55.0	38	18042.350	35164.0841
4.27756.25533	18947.9637	18947.9371	97.3	85	18948.738	36930.2746
. . . . . .	. . . . .	. . . . .	117.8	98	. . . . .	. . . . .
4.03081.43510	10735.3041	10735.2992	55.0	38	10734.006	20923.4923
3.88539.74589	7680.6409	7680.6391	97.3	85	7680.829	14969.8502
. . . . . .	. . . . .	. . . . .	62.4	. . .	. . . . .	. . . . .
4.05376.44671	11317.8639	11317.8582	97.3	85	11318.616	22058.9320
4.03081.35099	10735.2833	10735.2784	167.8	98	10735.810	20923.4600
. . . . . .	. . . . .	. . . . .	62.4	. . .	. . . . .	. . . . .

Nos.	Noms des stations.	Angles sphériques.	Excès sphérique.	Logarithme. Sinus des angles.	Logarithme. Sinus des côtés opposés.
6	Cassel	29° 50′ 27″ 95	— 0.41	9.69687.71120	4.02022.22380
	Fiefs	91 11 19.40	— 0.93	9.99990.65238	4.32325.16498
	Mesnil	58 58 14.45	— 0.46	9.93293.19838	. . . .
		180 0 1.80	— 1.80		
7	Cassel	39 42 10.51	— 0.51	9.80536.96804	4.07020.54812
	Béthune	78 39 44.58	— 0.73	9.99144.13090	. . . .
	Fiefs	61 38 6.71	— 0.56	9.94445.33493	4.20928.91501
		180 0 1.80	— 1.80		
8	Béthune	62 55 40.04	— 0.16	9.94960.15601	. . . .
	Mesnil	87 31 2.11	— 0.27	9.99959.21409	4.07021.28188
	Fiefs	29 33 18.44	— 0.16	9.69307.64883	3.76369.71661
		180 0 0.59	— 0.59		
9	Cassel	75 53 9 51	— 0.64	9.98668.77119	4.23316.70639
	Béthune	37 29 18.86	— 0.45	9.78433.42176	. . . .
	Helfaut	66 37 33.27	— 0.55	9.96281.15113	4.20929.08633
		180 0 1.64	— 1.64		
10	Helfaut	43 8 13.37	— 0.28	9.83489.46401	4.07020.64911
	Béthune	41 10 25.44	— 0.26	9.81845.31810	4.05376.50321
	Fiefs	95.41 22.48	— 0.75	9.99785.52128	. . . .
		180 0 1.29	— 1.29		
11	Fiefs	42 59 49.63	— 0.22	9.83375.99148	4.10232.22074
	Mesnil	102 38 9.63	— 0.80	9.98935.16782	4.25791.39709
	Sauti	34 22 1.98	— 0.22	9.75165.99453	
		180 0 1.24	— 1.24		

Logarithme des côtés opposés.	Côtés oppos. Arcs en toises.	Côtés oppos. Cordes en toises.	Haut. sur la mer.	Haut. du sol.	Distance vraie des signaux.	Côtés. Arcs en mètres.
4·02022·29824	10476·6632	10476·6587	97·3	85	10477·173	20419·3999
4·32325·46548	21050·1238	21050·0875	117·8	98	21050·720	41027·4615
. . . . . .	. . . . .	. . . . .	98·3	95	. . . .	. . . . .
4·07020·64182	11754·5611	11754·5548	97·3	85	11755·355	22910·0697
. . . . . .	. . . . .	. . . . .	48·0	19	. . . .	. . . . .
4·20929·09281	16191·6433	16191·6267	117·8	98	16192·202	31558·1053
. . . . . .	. . . . .	. . . . .	48·0	19	. . . .	. . . . .
4·07021·37576	11754·7597	11754·7534	98·3	95	11755·547	22910·4568
3·61369·73946	5803·5990	5803·5983	117·8	98	5804·456	11311·4268
4·23316·90485	17106·8107	17106·7911	97·3	85	17107·139	33341·8001
. . . . . .	. . . . .	. . . . .	48·0	19	. . . .	. . . . .
4·20929·37558	16191·7072	16191·6906	62·4	. . .	16192·260	31558·2298
4·07020·74281	11754·5885	11754·5821	62·4	. . .	11755·376	22910·1231
4·05376·59011	11317·9013	11317·8955	48·0	19	11318·653	22059·0038
. . . . . .	. . . . .	. . . . .	117·8	98	. . . .	. . . . .
4·10232·32938	12656·7819	12656·7739	117·8	98	12657·303	24668·5310
4·25791·61950	18109·9060	18109·8828	98·3	95	18109·451	35276·8695
. . . . . .	. . . . .	. . . . .	108.4	84	. . . .	. . . . .

Nos.	Noms des stations.	Angles sphériques.	Excès sphérique.	Logarithme. Sinus des angles.	Logarithme. Sinus des côtés opposés.
12	Fiefs	34 32 51.42	— 0.34	9.75365.27131	4.01559.91326
	Sauti.	54 45 8.66	— 0.38	9.91204.43611	4.16999.07806
	Bonnières	90 42 1.39	— 0.75	9.99996.75515	. . . .
		180 0 1.47	— 1.47		
13	Bonnières	51 56 49.41	— 0.25	9.89621.83227	3.95625.81411
	Sauti	64 36 51.99	— 0.29	9.95590.09394	4.01594.07578
	Beauquêne	63 26 19.42	— 0.28	9.95155.93142	. . . .
		180 0 0.82	— 0.82		
14	Sauti.	52 57 13.04	— 0.18	9.90208.34907	3.89121.00380
	Beauquêne	59 3 27.81	— 0.19	9.93332.82005	3.92245.47478
	Mailli	67 59 19.73	— 0.21	9.96713.15938	. . . .
		180 0 0.58	— 0.58		
15	Mailli	78 53 28.70	— 0.38	9.99178.56172	4.12250.51842
	Villersbretonneux .	35 10 33.65	— 0.25	9.76049.04709	. . . .
	Beauquêne	65 55 58.56	— 0.28	9.96050.34709	4.09122.30379
		180 0 0.91	— 0.91		
16	Villersbretonneux .	35 4 56.87	— 0.29	9.75948.26215	3.92384.31416
	Vignacourt	65 14 50.05	— 0.33	9.95814.46641	. . . .
	Beauquêne	79 40 14.14	— 0.44	9.99290.37910	4.15726.43111
		180 0 1.06	— 1.06		
17	Villersbretonneux .	99 5 50.46	— 0.83	9.99450.24124	4.27352.44046
	Vignacourt	31 49 57.92	— 0.30	9.72217.43686	4.00119.63609
	Sourdon	49 4 12.98	— 0.23	9.87824.23189	. . . .
		180 0 1.36	— 1.36		

Logarithme des côtés opposés.	Côtés oppos. Arcs en toises.	Côtés oppos. Cordes en toises.	Haut. sur la mer.	Haut. du sol.	Distance vraie des signaux.	Côtés. Arcs en mètres.
4·01159·98480	10270·6954	10270·6913	117·8	98	10271·119	20017·9612
4·16999·22641	14790·8204	14790·8077	108·4	84	14791·456	28827·8502
. . . . . .	. . . . . .	. . . . .	95·5	78	. . . . .	. . . . . .
3·95625·86955	9041·8792	9041·8763	95·5	78	9042·320	17622·9542
4·01594·14876	10373·8865	10373·8820	108·4	84	10374·206	20219·0844
. . . . . .	. . . . .	. . . . .	92·6	73	. . . . .	. . . . . .
3·89121·04489	7784·1366	7784·1348	108·4	84	7784·387	15171·5671
3·92245·52223	8364·7935	8364·7912	92·6	73	8365·257	16303·2886
. . . . . .	. . . . .	. . . . . .	90·2	73	. . . . .	. . . . . .
4·12250·63764	13258·8659	13258·8568	90·2	73	13259·326	25842·0148
. . . . . .	. . . . . .	. . . . . .	71·4	55	. . . . .	. . . . .
4·09122·40702	12337·4122	12337·4147	92·6	73	12337·883	24046·0875
3·92384·36191	8391·5774	8391·5753	71·4	55	8391·923	16355·4914
. . . . . .	. . . .	. . . . . .	81·5	66	. . . . .	. . . . .
4·15726·57102	14363·6796	14363·6680	92·6	73	14364·062	27995·3371
4·27352·67946	18772·7024	18722·6765	71·4	55	18773·179	36588·6839
4·00119·70428	10027·6010	10025·5970	81·5	66	10027·793	19544·1613
. . . . . .	. . . . . .	. . . . . .	85·6	73	. . . . .	. . . . . .

Nos.	Noms des stations.	Angles sphériques.	Excès sphérique.	Logarithme. Sinus des angles.	Logarithme. Sinus des côtés opposés.
18	Villersbretonneux .	60 20 43.56	— 0.24	9.93903.18309	3.97417.72678
	Sourdon	52 0 56.00	— 0.22	9.89662.42388	3.93176.96757
	Arvillers	67 38 21.16	— 0.26	9.96605.09240	. . . . . .
		180 0 0.72	— 0.72		
19	Beauquêne	52 5 17.43	— 0.19	9.89705.34925	4.09241.44426
	Mailli	98 8 55.18	— 0.55	9.99559.29183	4.19095.38685
	Bayonvillers	29 45 48.30	— 0.17	9.69584.90878	. . . . . .
		180 0 0.91	— 0.91		
20	Mailli	19 15 24.14	— 0.13	9.51825.21427	3.61624.17499
	Bayonvillers . . .	79 54 16.09	— 0.18	9.99322.31563	4.09121.27635
	Villersbretonneux .	80 50 20.26	— 0.18	9.99442.48355	. . . . . .
		180 0 0.49	— 0.49		
21	Bayonvillers. . . .	102 20 57.90	— 0.15	9.98983.29827	3.93175.53605
	Villersbretonneux .	49 27 35.23	— 0.04	9.88078.49926	3.82270.73703
	Arvillers	28 11 27.13	— 0.07	9.67431.93721	. . . . . .
		180 0 0.26	— 0.26		
22	Villersbretonneux .	75 1 3.02	— 0.30	9.98497.93103	4.04634.31811
	Sourdon	44 27 3.75	— 0.22	9.84528.38454	3.90664.77161
	Amiens	60 31 54.00	— 0.25	9.93983.24902	. . . . . .
		180 0 0.77	— 0.77		
23	Villersbretonneux .	24 4 48.74	= 0.07	9.61067.62054	3.88844.10507
	Vignacourt	25 10 55.58	— 0.06	9.62889.61730	3.90666.10183
	Amiens	130 44 16.13	— 0.58	9.87949.94658	. . . . . .
		180 0 0.45	— 0.45		

Logarithme des côtés opposés.	Côtés oppos. Arcs en toises.	Côtés oppos. Cordes en toises.	Haut. sur la mer.	Haut. du sol.	Distance vraie des signaux.	Côtés opposés en mètres.
3.97417.78699 3.93177.01827	9422.7544 8546.1433	9422.7510 8546.1404	71.4 85.6 70.8	55 73 56	9423.102 8546.378	18365.2931 16656.7460 . . . . .
4.09241.54748 4.19095.55024	12371.3041 15522.2796	12371.2960 15522.2649	92.6 90.2 66.7	73 73 42	12371.760 15522.779	24112.1244 30253.4917 . . . . . .
3.61624.18602 4.09121.37957	4132.7761 12337.1202	4132.7758 12337.1128	90.2 66.7 71.4	73 42 55	4132.930 12337.542	8054.9318 24045.4987 . . . . . .
3.93175.58658 3.82270.76671	8545.8617 6648.2550	8545.8592 6648.2537	66.7 71.4 70.8	42 55 56	8546.053 6648.435	16656.1975 12757.6923 . . . . . .
4.04634.40205 3.90664.81573	11126.1272 8065.8132	11126.1217 8065.8111	71.4 85.6 75.7	55 73 21	11126.471 8066.097	21685.2290 15720.5651 . . . . . .
3.88844.14564 3.90666.14595	7734.6641 8066.0602	7734.6623 8066.0581	71.4 81.5 75.7	55 66 21	7734.861 8066.807	15075.1434 15721.0465 . . . . . .

Nos.	Noms des stations.	Angles sphériques.	Excès sphérique.	Logarithme. Sinus des angles.	Logarithme. Sinus des côtés opposés.
24	Arvillers	60 29 18·89	— 0·31	9·93964·77923	4·02817·40189
	Sourdon	69 17 28·16	— 0·33	9·97099·24698	4·05951·86964
	Coivrel	50 13 13·86	— 0·27	9·88565·10412	. . . . . .
		180 0 0·91	— 0·91		
25	Sourdon	62 33 21·29	— 0·33	9·94814·92877	4·03763·09402
	Coivrel	57 10 38·82	— 0·30	9·92446·19290	4·01394·35815
	Noyers	60 16 0·83	— 0·31	9·93869·23664	. . . . . .
		180 0 0·94	— 0·94		
26	Coivrel	62 21 38·68	— 0·35	9·94737·78133	4·05808·80070
	Noyers	59 57 15·31	— 0·34	9·93733·02461	4·04804·04398
	Clermont	57 41 7·04	— 0·34	9·92692·07466	. . . . . .
		180 0 1·03	— 1·03		
27	Coivrel	62 59 9·47	— 0·37	9·94982·66581	4·06722·48669
	Clermont	58 32 27·30	— 0·35	9·93095·56901	4·04835·38989
	Jonquières	58 28 24·29	— 0·34	9·93064·22310	. . . . . .
		180 0 1·06	— 1·06		
28	Clermont	49 18 58·93	— 0·25	9·87985·28597	3·95733·99792
	Jonquières	53 5 25·91	— 0·26	9·90286·48632	3·98035·19827
	Saint-Christophe . .	77 35 36·00	— 0·33	9·98973·77474	. . . . . .
		180 0 0·84	— 0·84		
29	Coivrel	32 49 39·79	— 0·13	9·73409·12713	3·98032·57844
	Clermont	107 51 26·38	— 0·74	9·97855·62177	4·22479·07308
	Saint-Christophe . .	39 18 54·82	— 0·12	9·80180·59267	. . . . . .
		180 0 0·99	— 0·99		

LOGARITHME des côtés opposés.	CÔTÉS OPPOS. Arcs en toises.	CÔTÉS OPPOS. Cordes en toises.	HAUT. sur la mer.	HAUT. du sol.	DISTANCE vraie des signaux.	CÔTÉS Arcs en mètres.
4·02817·47910	10670·2548	10670·2503	70·8	56	10670·550	20796·7171
4·05951·95884	11468·8425	11468·8365	85·5	73	11469·188	22353·1937
. . . . . .	. . . . .	. . . . .	82·9	73	. . . .	. . . . .
4·03763·17467	10905·1526	10905·1474	85·6	73	10905·596	21254·5415
4·01394·43046	10326·2897	10326·2853	82·9	73	10326·705	20126·3165
. . . . . .	. . . . .	. . . . .	99·6	87	. . . .	. . . . .
4·05808·88932	11431·1229	11431·1170	82·9	73	11431·584	22279·6768
4·04804·12859	11169·6943	11169·6887	99·6	87	11169·975	21770·1429
. . . . . .	. . . . .	. . . . .	80·6	. . .	. . . .	. . . . .
4·06722·57911	11674·1640	11674·1587	82·9	73	11674·459	22753·3728
4·04835·47462	11177·7591	11177·7535	80·6	. . .	11178·068	21785·8615
. . . . . .	. . . . .	. . . . .	79·3	76	. . . .	. . . . .
3·95734·05364	9064·4308	9064·4278	80·6	. . .	9065·040	17666·9073
3·98035·26022	9557·6826	9557·6791	79·3	76	9558·235	18628·2731
. . . . . .	. . . . .	. . . . .	108·7	. . .	. . . .	. . . . .
3·98032·64038	9557·1060	9557·1025	82·9	73	9557·659	18627·1473
4·22479·26403	16780·2643	16780·2458	80·6	. . .	16780·888	32705·3489
. . . . . .	. . . . .	. . . . .	108·7	. . .	. . . .	. . . . .

Nos.	Noms des stations.	Angles sphériques.	Excès sphérique.	Logarithme. Sinus des angles.	Logarithme. Sinus des côtés opposés.
30	Clermont	54 39 57.66	— 0.33	9.91158.08831	4.10640.38258
	Saint-Christophe . .	87 43 28.46	— 0.56	9.99965.74299	4.19448.03726
	Saint-Martin . . .	37 36 35.07	— 0.30	9.78552.90400	. . . . . .
		180 0 1.19	— 1.19		
31	Saint-Christophe . .	62 36 58.37	— 0.45	9.94838.63494	4.11276.80883
	Saint-Martin . . .	56 20 9.00	— 0.43	9.92028.03977	4.08466.21367
	Dammartin	61 2 53.96	— 0.45	9.94202.20868	. . . . . .
		180 0 1.33	— 1.33		
32	Clermont	38 1 22.43	— 0.43	9.78956.40310	4.11275.46396
	Dammartin	48 1 54.16	— 0.48	9.87128.97640	. . . . . .
	Saint-Martin . . .	93 56 45.33	— 1.01	9.99896.92568	4.32215.98655
		180 0 1.92	— 1.92		
33	Clermont	65 57 33.31	— 0.67	9.96059.25181	4.28842.99571
	Jonquières	80 45 32.16	— 0.91	9.99432.65762	4.32216.40152
	Dammartin	33 16 56.70	— 0.59	9.73938.74279	. . . . . .
		180 0 2.17	— 2.17		
34	Jonquières	36 15 48.57	— 0.66	9.77195.44027	. . . . . .
	Dammartin	81 18 52.89	— 0.03	9.99499.10137	4.33580.46993
	Saint-Martin . . .	62 25 20.94	— 0.71	9.94762.25509	4.28843.62364
		180 0 2.40	— 2.40		
35	Saint-Martin . . .	76 2 31.25	— 0.72	9.98698.33953	4.23832.76828
	Dammartin	57 20 18.42	— 0.57	9.92524.66515	4.17659.09389
	Panthéon	46 37 12.12	— 0.50	9.86142.38008	. . . . . .
		180 0 1.79	— 1.79		

LOGARITHME des côtés opposés.	CÔTÉS OPPOS. Arcs en toises.	CÔTÉS OPPOS. Cordes en toises.	HAUT. sur la mer.	HAUT. du sol.	DISTANCE vraie des signaux.	CÔTÉS. Arcs en mètres.
4.10640.49328	12776.2951	12776.2869	80.6	. . .	12776.799	24901.4667
4.19448.20333	15648.8358	15648.8244	108.7	. . .	15649.516	30500.1536
. . . . . .	. . . . .	. . . . .	116.2	. . .	. . . .	. . . . .
4.11276.92282	12964.9017	12964.8932	108.7	. . .	12965.434	25269.0678
4.08466.31382	12152.4300	12152.4229	116.2	. . .	12152.856	23685.5313
. . . . . .	. . . . .	. . . . .	104.6	. . .	. . . .	. . . . .
4.11275.57794	12964.5002	12964.4917	80.6	. . .	12965.024	25268.2853
. . . . . .	. . . . .	. . . . .	104.6	. . .	. . . .	. . . . .
4.32216.28456	20997.2711	20997.2350	116.2	. . .	20997.939	40924.4487
4.28843.25169	19428.1978	19428.1687	80.6	. . .	19428.848	37866.2684
4.32216.70052	20997.4717	20997.4366	79.3	76	20998.141	40924.8407
. . . . . .	. . . . .	. . . . .	104.6	. . .	. . . .	. . . . .
. . . . . .	. . . . .	. . . . .	79.3	76	. . . .	. . . . .
4.33580.78830	21667.4530	21667.4133	104.6	. . .	21668.685	42230.6607
4.28843.87942	19428.4787	19428.4500	116.2	. . .	19429.120	37866.8138
4.23832.97151	17310.3013	17311.2810	116.2	. . .	17311.919	33740.3597
4.17659.24683	15017.3211	15017.3080	104.6	. . .	15118.014	29269.3083
. . . . . .	. . . . .	. . . . .	73.4	. . .	. . . .	. . . . .

Nos.	Noms des stations.	Angles sphériques.	Excès sphérique.	Logarithme. Sinus des angles.	Logarithme. Sinus des côtés opposés.
36	Dammartin	59 52 2.86	— 0.63	9.93694.90590	4.19746.73730
	Panthéon	48 17 35.15	— 0.59	9.87306.35723	4.13358.08863
	Bellassise	71 50 23.96	— 0.75	9.97781.03688	. . . . . .
		180 0 1.97	— 1.97		
37	Dammartin	63 49 26.66	— 0.71	9.95300.72539	4.23208.62086
	Bellassise	70 30 24.54	— 0.77	9.97436.48451	4.25344.37998
	Invalides	45 40 10.71	— 0.43	9.85450.19316	. . . . . .
		180 0 1.91	— 1.91		
38	Panthéon	37 1 41.00	— 0.34	9.77974.50870	3.97848.07259
	Bellassise	57 21 2.28	— 0.34	9.92530.58366	4.12404.14756
	Brie	85 37 17.95	— 0.55	9.99873.07341	. . . . . .
		180 0 1.23	— 1.23		
39	Panthéon	61 13 48.41	— 0.47	9.94278.15308	4.11730.35626
	Brie	55 51 49.21	— 0.44	9.91787.54074	4.09239.74393
	Montlhéri	62 54 23.77	— 0.48	9.94951.94438	. . . . . .
		180 0 1.39	— 1.39		
40	Brie	39 42 39.00	. . . .	9.80544.19166	3.96319.10176
	Montlhéri	74 38 4.00	. . . .	9.98419.18426	4.14193.99437
	Tour de Croy . . .	65 39 17.00	. . . .	9.95955.54616	. . . . . .
		180 0 0.00	. . . .		
41	Brie	40 32 37.94	— 0.28	9.81293.34751	3.94708.15573
	Montlhéri	65 18 40.75	— 0.34	9.95836.82940	4.09251.63762
	Malvoisine	74 8 42.32	— 0.39	9.98315.54803	. . . . . .
		180 0 1.01	— 1.01		

Logarithme des côtés opposés.	Côtés oppos. Arcs en toises.	Côtés oppos. Cordes en toises.	Haut. sur la mer.	Haut. du sol.	Distance vraie des signaux.	Côtés. Arcs en metres.
4·19746·80567	15756·8013	15756·7859	104·6	. . .	15757·196	30710·5823
4·13358·21409	13601·3539	13601·3440	73·4	. . .	13601·895	26509·5364
. . . . . .	. . . . .	. . . . .	81·3	. . .	. . . .	. . . . .
4·23208·81834	17064·2885	17064·2691	104·6	. . .	17064·707	33258·9227
4·25344·59796	17924·4548	17924·4333	81·3	. . .	17925·080	34735·4183
. . . . . .	. . . . .	. . . . .	73·4	. . .	. . . .	. . . . .
3·97848·13401	9516·5896	9516·5861	73·4	. . .	9516·800	18548·1814
4·12404·27126	13305·8528	13305·8436	81·3	. . .	13306·159	25939·5940
. . . . . .	. . . . .	. . . . .	71·3	43	. . . .	. . . . .
4·11730·47265	13101·0845	13101·0757	73·4	. . .	13101·404	25534·4931
4·09239·84774	12370·8194	12370·8123	71·3	43	12371·112	24111·1797
. . . . . .	. . . . .	. . . . .	76·2	70	. . . .	. . . . .
3·96319·15880	9187·3781	9187·3750	71·3	43	. . . .	17906·5361
4·14194·12475	13865·6824	13865·6720	76·2	70	. . . .	27024·7224
. . . . . .	. . . . .	. . . . .		. . .	. . . .	. . . . .
3·94708·20888	8852·8293	8852·8265	71·3	43	8853·138	17254·4882
4·09251·75892	12374·2130	12374·2055	76·2	70	12374·608	24117·7939
. . . . . .	. . . . .	. . . . .	85·8	. . .	. . . .	. . . . .

Nos.	Noms des stations.	Angles sphériques.	Excès sphérique.	Logarithme. Sinus des angles.	Logarithme. Sinus des côtés opposés.
42	Montlhéri	49 34 22.56	— 0.20	9.88151.70643	3.92268.17369
	Malvoisine	76 47 43.21	— 0.28	9.98836.28610	4.02952.65335
	Lieursaint	53 37 54.93	— 0.22	9.90591.68848	. . . . . .
		180 0 0.70	— 0.70		
43	Malvoisine	40 36 56.84	— 0.13	9.81356.99297	3.78361.03721
	Lieursaint	75 39 29 83	— 0.19	9.98625.01102	3.95629.05526
	Melun	63 43 33.82	— 0.17	9.95264.12944	. . . . . .
		180 0 0.49	— 0.49		
44	Montlhéri	55 10 1.23	— 0.14	9.91424.81670	3.86675.13100
	Malvoisine	43 52 3.44	— 0.12	9.84072.98094	3.79323.29524
	Torfou	80 57 55.76	— 0.17	9.99457.84144	. . . . . .
		180 0 0.43	— 0.43		
45	Malvoisine	21 15 12.46	— 0.00	9.55930.12268	3.58561.23130
	Torfou	114 54 56.52	— 0.28	9.95757.31019	3.98388.41882
	Bruyères	43 49 51.32	— 0.02	9.84044.02238	. . . . . .
		180 0 0.30	— 0.30		
46	Montlhéri	19 37 23.00	. . . .	9.52612.02932	3.32902.19427
	Torfou	58 19 54.00	. . . .	9.92998.13053	3.73288.29548
	Saint-Yon	102 2 43.00	. . . .	9.99033.13028	. . . . . .
		180 0 0.00	. . . .		
47	Malvoisine	53 22 25.16	— 0.15	9.90446.84449	3.92163.94992
	Torfou	81 36 50.14	— 0.23	9.99533.14395	4.01250.24938
	Forêt	45 0 45.25	— 0.17	9.84958.02557	. . . . . .
		180 0 0.55	— 0.55		

Logarithme des côtés opposés.	Côtés oppos. Arcs en toises.	Côtés oppos. Cordes en toises.	Haut. sur la mer.	Haut. du sol.	Distance vraie des signaux.	Côtés. Arcs en mètres.
3·92268·22119 4·02952·83104	8369·1673 10703·5616	8369·1643 10703·5567	76·2 85·8 58·7	70 . . . 46	8369·596 10703·885	16811·8133 20861·6332 . . . . .
3·78361·06225 3·95629·11071	6075·9001 9042·5539	6075·8993 9042·5510	85·8 58·7 49·3	. . . 46 36	. . . . . 9042·968	11832·4063 17624·2684 . . . . .
3·86675·16771 3·79328·82141	7357·8627 6212·1595	7357·8612 6212·1579	76·2 85·8 89·2	70 . . . 76	7358·415 6212·490	14340·7436 12107·7262 . . . . .
3·58561·24136 3·98388·48179	3851·3449 9635·7347	3851·3446 9635·7308	85·8 89·2 53·4	. . . 76 52	3852·093 9636·174	7506·4121 18780·3989 . . . . .
3·32902·19736 3·73288·31530	2133·1528 5406·0885	2133·1528 5406·0879	76·2 89·2	70 76		4157·5929 10536·6643 . . . . .
3·92163·99719 4·01250·32122	8349·1059 10292·0814	8349·1036 10292·0770	85·8 89·2 79·0	. . . 76 . . .	8349·419 10292·878	16272·7129 20059·6433 . . . . .

Nos.	Noms des stations.	Angles sphériques.	Excès sphérique.	Logarithme. Sinus des angles.	Logarithme. Sinus des côtés opposés
48	Malvoisine	70 51 38.21	— 0.44	9.97530.48350	4.12834.0989
	Forêt	62 47 29.98	— 0.40	9.94907.26299	4.10210.8784
	Chapelle-la-Reine .	46 20 52.99	— 0.34	9.85946.65390	. . . . . .
		180 0 1.18	— 1.18		
49	Forêt	68 35 59.69	— 0.53	9.96897.54614	4.15842.32868
	Chapelle-la-Reine .	51 5 13.80	— 0.43	9.89103.67968	4.08048.46202
	Pithiviers	60 18 47.96	— 0.49	9.93889.31645	. . . . . .
		180 0 1.45	— 1.45		
50	Chapelle-la-Reine .	35 31 38.0	. . . .	9.36424.31702	3.96382.22363
	Pithiviers	29 55 18.0	. . . .	9.69793.99617	3.89751.90277
	Bromeille	114 33 4.0	. . . .	9.95884.42207	. . . . . .
		180 0 0.0	. . . .		
51	Forêt	57 11 18.0	. . . .	9.92451.51277	4.00530.30172
	Pithiviers	30 40 20.0	. . . .	9.70767.74504	3.78846.53403
	Méréville	92 8 22.0	. . . .	9.99969.66886	. . . . . .
		180 0 00.0	. . . .		
52	Chapelle-la-Reine .	31 58 53.36	— 0.34	9.72398.50808	3.96332.13430
	Pithiviers	91 55 6.18	— 0.67	9.99975.66805	4.23909.29427
	Boiscommun . . .	56 6 1.77	— 0.30	9.91908.70246	. . . . . .
		180 0 1.31	— 1.31		
53	Pithiviers	31 53 2.57	— 0.09	9.72279.99886	3.68817.38298
	Boiscommun . . .	52 33 5.64	— 0.07	9.89976.62990	3.86514.01402
	Châtillon	95 33 52.13	— 0.18	9.99794.75018	. . . . . .
		180 0 0.34	— 0.34		

Logarithme des côtés opposés.	Côtés oppos. Arcs en toises.	Côtés oppos. Cordes en toises.	Haut. sur la mer.	Haut. du sol.	Distance vraie des signaux.	Côtés. Arcs en mètres.
4.12834.22145	13438.2345	13438.2250	85.8	. . .	13438.967	26191.6108
4.10210.98701	12650.5635	12650.5555	79.2	. . .	12651.081	24656.4112
. . . . . .	. . . . . .	. . . . . .	83.2	64	. . . . .	. . . . . .
4.15842.46934	14402.0625	14402.0508	79.0	. . .	14402.603	28070.1468
4.08048.56026	12036.0949	12036.0880	83.2	64	12036.432	23458.7894
. . . . . .	. . . . . .	. . . . . .	85.9	63	. . . . .	. . . . . .
3.96382.28104	9200.7411	9200.7380	83.2	64	. . . .	17932.5811
3.89751.94507	7898.0422	7898.0403	85.9	63	. . . .	15393.5733
. . . . . .	. . . . . .	. . . . . .	. . .	. . .	. . . .	. . . . .
4.00530.37124	10222.8713	10222.8680	79.0	. . .	. . . .	19729.8466
3.78846.55963	6144.2031	6144.2023	85.9	63	. . . .	11975.2766
. . . . . .	. . . . . .	. . . . . .	. . .	. . .	. . . .	. . . . .
3.96332.19155	9190.1355	9190.1324	83.2	64	9190.452	17911.9104
4.23909.49822	17341.8323	17341.8118	85.9	63	17342.330	33799.8657
. . . . . .	. . . . .	. . . . . .	92.9	73	. . . .	. . . . .
3.68817.39911	4877.2386	4877.2381	85.9	63	4877.479	9505.9163
3.86514.05046	7330.6166	7330.6151	92.9	73	7330.973	14287.6400
. . . . . .	. . . . . .	. . . . . .	98.3	87	. . . .	. . . . .

Nos.	Noms des stations.	Angles sphériques.	Excès sphérique.	Logarithme. Sinus des angles.	Logarithme. Sinus des côtés opposés.
54	Boiscommun . . .	62 31 30·55	— 0·11	9·94802·81193	4·01897·22307
	Châtillon	93 0 17·48	— 0·24	9·99940·30128	4·07034·71242
	Châteauneuf. . . .	24 28 12·45	— 0·13	9·61722·97184	. . . . . .
		180 0 0·48	— 0·48		
55	Châtillon	50 28 6·87	— 0·31	9·88720·95908	4·08112·74685
	Châteauneuf. . . .	87 35 9·39	— 0·58	9·99961·44034	4·19353·22811
	Orléans.	41 56 44·95	— 0·32	9·82505·43530	. . . . . .
		180 0 1·21	— 1·21		
56	Châteauneuf. . . .	73 48 14·19	— 0·60	9·98241·27522	4·19425·37675
	Orléans.	58 27 25·66	— 0·49	9·93056·64798	4·14240·74952
	Vouzon	47 44 21·70	— 0·46	9·86928·64532	. . . . . .
		180 0 1·55	— 1·55		
57	Orléans	22 7 35·10	— 0·24	9·57593·95925	3·79657·86405
	Vouzon	87 38 40·05	— 0·44	9·99963·28757	4·22027·19237
	Chaumont	70 13 45·79	— 0·26	9·97361·47195	. . . . . .
		180 0 0·94	— 0·94		
58	Vouzon	94 40 24·06	— 0·39	9·99855·37351	4·13794·88174
	Chaumont	58 19 3·54	— 0·15	9·92991·57505	4·06931·08328
	Soême	27 0 33·11	— 0·17	9·65718·35582	. . . . . .
		180 0 0·71	— 0·71		
59	Vouzon	89 3 17·2	. . . .	9·99994·08986	4·38780·42963
	Oison	34 37 43·6	. . . .	9·75454·48761	. . . . . .
	Châteauneuf. . . .	56 18 59·2	. . . .	9·92018·24810	4·30804·58787
	Ce triangle est inutile.	180 0 0·0	. . . .		

LOGARITHME des côtés opposés.	CÔTÉS OPPOS. Arcs en toises.	CÔTÉS OPPOS. Cordes en toises.	HAUT. sur la mer.	HAUT. du sol.	DISTANCE vraie des signaux.	CÔTÉS. Arcs en mètres.
4.01897.29708	10446.5520	10446.5474	92.9	73	10446.967	20360.7121
4.07034.80620	11758.3955	11758.3891	98.3	87	11759.244	22917.5431
... ...	.....	.....	86.3	68	.....	.....
4.08112.78539	12053.9075	12053.9006	98.3	87	12054.393	23493.5068
4.19353.39367	15614.7105	15614.6956	86.3	68	15615.567	30433.6421
... ...	.....	.....	104.2	60	.....	.....
4.19425.54264	15640.6727	15640.6577	86.3	68	15641.198	30484.2434
4.14240.88018	13880.6212	13880.6108	104.2	60	13881.036	27053.8386
... ...	.....	.....	93.1	75	.....	.....
3.79657.89063	6260.0659	6260.0648	104.2	60	6260.852	12201.0975
4.22027.37939	16606.3350	16606.3171	93.1	75	16606.880	32366.3546
... ...	.....	.....	94.3	72	.....	.....
4.13795.00976	13738.8410	13738.8309	93.1	75	13739.257	26777.5038
4.06931.17659	11730.3715	11730.3651	94.3	72	11730.734	22862.9233
... ...	.....	.....	86.6	...	.....	.....
4.38780.43415	24423.5248	24423.4679	93.1	75	24224.610	47602.3435
.....	.....	.....	144.9	141	.....	.....
4.30804.86805	20325.8483	20325.8155	86.3	68	20326.86	39615.8221

Nos.	Noms des stations.	Angles sphériques.	Excès sphérique.	Logarithme. Sinus des côtés opposés.	Logarithme. Sinus des côtés opposés.
60	Vouzon	40 53 7.5	. . . .	9.81594.17701	4.13962.53679
	Oison	33 49 51.9	. . . .	9.74565.73768	4.06934.09745
	Soême	105 17 0.6	. . . .	9.98436.22809	. . . . . .
	Ce triangle est inutile.	180 0 0.0	. . . .		
61	Vouzon	25 3 47.42	— 0.15	9.62697.36529	3.75774.43902
	Soême	94 42 18.91	— 0.36	9.99853.38994	4.12930.46367
	Sainte-Montaine . .	60 13 54.30	— 0.12	9.93854.09955	. . . . . .
		180 0 0.63	— 0.63		
62	Soême	34 34 51.38	— 0.04	9.75401.93348	3.63069.90051
	Sainte-Montaine . .	95 54 58.17	— 0.14	9.99768.06735	3.87436.03438
	Ennordre	49 30 10.68	— 0.05	9.88106.47199	. . . . . .
		180 0 0.23	— 0.23		
63	Vouzon	19 23 7.0	. . . .	9.52103.17966	3.87436.26160
	Soême	129 17 7.0	. . . .	9.88874.26057	4.24207.34251
	Ennordre	31 19 46.0	. . . .	9.71598.03589	. . . . . .
	Ce triangle est inutile.	180 0 0.0	. . . .		
64	Soême	35 7 27.04	— 0.08	9.75993.24532	3.85910.81008
	Ennordre	108 17 52.93	— 0.34	9.97746.58046	4.07664.14520
	Méry	36 34 40.53	— 0.08	9.77518.46962	. . . . . .
		180 0 0.50	— 0.50		
65	Ennordre	47 23 37.62	— 0.12	9.86689.17639	3.99100.81041
	Méri	99 42 6.94	— 0.41	9.99374.37869	4.11786.01272
	Morogues	32 54 16.11	— 0.14	9.93499.17605	. . . . . .
		180 0 0.67	— 0.67		

Logarithme des côtés opposés.	Côtés oppos. Arcs en toises.	Côtés oppos. Cordes en toises.	Haut. sur la mer.	Haut. du sol.	Distance vraie des signaux.	Côtés. Arcs en mètres.
4·13962·74192	13792·0542	13792·0439	93·1	75	13793·012	26881·2183
4·06934·19078	11731·1857	11731·1704	144·9	141	11731·539	22864·5102
. . . . . .	. . . . .	. . . . .	86·6	70	. . . .	. . . . .
3·75774·46124	5724·5930	5724·5923	93·1	75	5724·914	11157·4412
4·12930·59368	13468·8773	13468·8677	86·6	70	13469·278	26251·3347
. . . . . .	. . . . .	. . . . .	95·4	81	. . . .	. . . . .
3·63069·91289	4272·6679	4272·6675	86·6	70	4273·013	8327·5861
3·87436·07240	7487·9119	7487·9103	95·4	81	7488·376	14594·2143
. . . . . .	. . . . .	. . . . .	106·4	102	. . . .	. . . . .
3·87436·29962	7487·9511	7487·9495	93·1	75	7488·426	14594·2907
4·24207·54927	17461·2565	17461·2356	86·6	70	17461·842	34032·6279
. . . . . .	. . . . .	. . . . .	106·4	102	. . . .	. . . . .
3·85910·84552	7229·5032	7229·5017	86·6	70	7230·471	14090·5663
4·07664·47135	11930·1173	11930·1106	106·4	102	11931·183	23252·2352
. . . . . .	. . . . .	. . . . .	150·6	147	. . . .	. . . . .
3·99100·87552	9795·0973	9795·0935	106·4	102	9798·127	19091·0031
4·11786·12942	13117·8082	13117·7999	150·6	147	13120·011	25567·0882
. . . . . .	. . . . .	. . . . .	227·5	223	. . . .	. . . . .

Nos.	Noms des stations.	Angles sphériques.	Excès sphérique.	Logarithme. Sinus des angles.	Logarithme. Sinus des côtés opposés.
66	Méri	77 55 22·32	— 0·46	9·90027·97090	4·14410·43583
	Morogues	58 39 21·78	— 0·34	9·93148·84178	4·08531·30671
	Bourges	43 25 17·01	— 0·31	9·83718·34548	. . . .
		180 0 1·11	— 1·11		
67	Morogues	15 21 24·5	. . . .	9·42296·59075	3·63308......
	Bourges	43 50 47·8	. . . .	9·84056·40643	4·05068......
	Vasselai	120 47 47·7	. . . .	9·93398·83249	. . . .
		180 0 0·0	. . . .		
68	Les Ais	26 23 16·0	. . . .	9·64781·71423	. . . .
	Bourges.	50 28 8·0	. . . .	9·88721·15543	3·87248......
	Vasselai	103 8 36·0	. . . .	9·98847·16745	3·97374......
		180 0 0·0	. . . .		
69	Morogues	33 36 17·41	— 0·20	9·74308·76909	4·11857·54226
	Bourges	110 27 11·77	— 1·28	9·97171·98952	4·34720·76269
	Dun	35 56 32·47	— 0·17	9·76861·66267	. . . .
		180 0 1·65	— 1·65		
70	Bourges	40 27 26·55	— 0·30	9·81216·58385	4·14394·82536
	Dun	101 48 16·56	— 1·09	9·99071·65743	4·32249·89893
	Morlac	37 44 18·61	— 0·33	9·78679·30074	. . . .
		180 0 1·72	— 1·72		
71	Dun	41 17 13·47	— 0·12	9·81943·34909	3·97528·91026
	Morlac	35 21 26·73	— 0·15	9·76243·49543	3·91829·05660
	Belvédère	103 21 20·54	— 0·47	9·98809·26417	. . . .
		180 0·74	— 0·74		

LOGARITHME des côtés opposés.	CÔTÉS OPPOS. Arcs en toises.	CÔTÉS OPPOS. Cordes en toises.	HAUT. sur la mer.	HAUT. du sol.	DISTANCE vraie des signaux.	CÔTÉS. Arcs en mètres.
4.14410.56751 4.08531.40716	13934.9584 12170.6752	13934.9478 12170.6681	150.6 227.5 118.1	147 223 81	13935.529 12171.534	27159.7438 23721.0913 . . . . .
. . . .	4296.2 11237.8	. . . .	227.5 118.1 . . .	223 81 . . .	. . . .	8373.4 21902.8 . . . . .
. . . .	. . . . . 7456.6 9413.2 9416.5	. . . . Méridienne	. . . 118.1 . . . vérifiée	. . . 81 . . . p. 217	. . . .	. . . . . 1462.9 18346.7
4.11857.65934 4.34721.09823	13139.4321 22243.9025	13139.4232 22243.8596	227.5 118.1 112.8	223 81 92	13139.932 22245.888	25609.2340 43354.1799 . . . . .
4.14394.95695 4.32250.19839	13929.9505 21013.6737	13929.9399 21013.6375	118.1 112.8 131.5	81 92 122	13931.618 21014.546	27149.9832 40956.4190 . . . . .
3.97528.97078 3.91829.10315	9446.9085 8284.9718	9446.9051 8284.9695	112.8 131.5 167.5	92 122 161	9447.908 8286.238	18412.3703 16147.7132 . . . . .

Nos.	Noms des stations.	Angles sphériques.	Excès sphérique.	Logarithme. Sinus des angles.	Logarithme. Sinus des côtés opposés.
72	Morlac	74 5 48.24	— 0.33	9.98305.12165	4.07101.78901
	Belvédère	55 25 0.79	— 0.27	9.91556.00601	4.00352.67338
	Cullan	50 29 11.83	— 0.26	9.88732.24290	. . . . . .
		180 0 0.86	— 0.86		
73	Morlac	37 28 27.45	— 0.17	9.78419.30552	3.90400.01366
	Cullan	92 36 35.30	— 0.42	9.99954.93123	4.11935.63936
	Saint-Saturnin . . .	49 54 58.02	— 0.18	9.88371.96524	. . . . . .
		180 0 0.77	— 0.77		
74	Cullan	60 16 9.00	— 0.26	9.93870.21910	4.04502.17011
	Saint-Saturnin . . .	80 51 28.93	— 0.34	9.99444.81277	4.10076.76379
	Laage	38 52 22.91	— 0.24	9.79768.06264	. . . . . .
		180 0 0.84	— 0.84		
75	Cullan	33 18 2.32	— 0.10	9.73959.78306	4.11877.71600
	Laage	114 54 53.89	— 1.26	9.95757.56742	4.33675.50036
	Arpheuille	31 47 5.28	— 0.13	9.72158.83085	. . . . . .
		180 0 1.49	— 1.49		
76	Laage	56 19 32.95	— 0.61	9.92022.98350	4.23564.19215
	Arpheuille	84 11 26.13	— 0.98	9.99776.37599	4.31317.58461
	Sermur	39 29 3.07	— 0.56	9.80336.50735	. . . . . .
		180 0 2.15	— 2.15		
77	Laage	42 53 41.32	— 0.56	9.83292.67355	4.14684.89042
	Sermur	50 27 49.72	— 0.57	9.88717.97885	4.20110.19573
	Orgnat	86 38 31.10	— 1.01	9.99925.36776	. . . . . .
		180 0 2.14	— 2.14		

Logarithme des côtés opposés.	Côtés oppos. Arcs en toises.	Côtés oppos. Cordes en toises.	Haut. sur la mer.	Haut. du sol.	Distance vraie des signaux.	Côtés. Arcs en mètres.
4·07101·88291	11776·5704	11776·5639	131·5	122	11777·666	22952·9664
4·00352·74231	10081·5527	10081·5486	167·5	161	10083·108	19649·3151
. . . . . .	. . . . .	. . . . .	195·8	193	. . . . .	. . . . .
3·90400·05725	8016·7912	8116·7892	131·5	122	8017·969	15625·0194
4·11935·75686	13163·0814	13163·0745	195·8	193	13165·002	25655·3273
. . . . . .	. . . . .	. . . . .	222·4	219	. . . . .	. . . . .
4·04502·25355	11092·3237	11092·3183	195·8	193	11093·619	21619·3448
4·10076·87165	12611·5573	12611·5494	222·4	219	12614·506	24580·3870
. . . . . .	. . . . .	. . . . .	299·4	296	. . . . .	. . . . .
4·11877·83319	13145·5370	13145·5281	195·8	193	13147·014	25621·[illegible]326
4·33675·82013	21714·9189	21714·8788	299·4	296	21717·463	42323·1715
. . . . . .	. . . . .	. . . . .	284·6	274	. . . . .	. . . . .
4·23564·39288	17204·5742	17204·5543	299·4	296	17208·366	3353[illegible]·3447
4·31317·87148	20567·3678	20567·3338	284·6	274	20571·087	40086·5525
. . . . . .	. . . . .	. . . . .	389·0	381	. . . . .	. . . . .
4·14685·02378	14023·3004	14023·2896	299·4	296	14027·077	27331·9262
4·20110·36694	15889·2599	15889·2442	389·0	381	15890·796	30968·7490
. . . . . .	. . . . .	. . . . .	295·0	289	. . . . .	. . . .

Nos.	Noms des stations.	Angles sphériques.	Excès sphérique.	Logarithme. Sinus des angles.	Logarithme. Sinus des côtés opposés.
78	Laage	61 12 37.87	— 0.41	9.94269.99480	4.14945.06777
	Orgnat	38 0 39.25	— 0.37	9.78944.77343	3.99619.84640
	Evaux	80 46 44.20	— 0.54	9.99435.12276	....
		180 0 1.32	— 1.32		
79	Sermur	62 7 48.10	— 0.57	9.94645.75428	4.16096.14440
	Orgnat	59 1 41.36	— 0.55	9.93319.37566	4.14769.76578
	Bordes	58 50 32.19	— 0.53	9.93234.50030	....
		180 0 1.65	— 1.65		
80	Sermur	33 45 52.26	— 0.31	9.74490.36014	3.93127.56848
	Bordes	80 3 31.08	— 0.45	9.99342.95899	3.17980.16732
	Lafagitière	66 10 37.80	— 0.38	9.96132.55745	....
		180 0 1.14	— 1.14		
81	Sermur	52 5 47.77	— 0.49	9.89710.32364	4.10648.91279
	Lafagitière	58 48 46.35	— 0.52	9.93221.01881	4.14159.60794
	Hermant	69 5 27.47	— 0.58	9.97041.57819	....
		180 0 1.59	— 1.59		
82	Lafagitière	69 20 48.19	— 0.83	9.97115.14565	4.31537.81777
	Hermant	75 18 45.67	— 0.95	9.98557.19247	4.32979.86458
	Bort	35 20 28.60	— 0.68	9.76226.24066	....
		180 0 2.46	— 2.46		
83	Lafagitière	49 57 51.74	— 0.33	9.88402.72211	4.21932.65331
	Bort	30 56 10.42	— 0.37	9.71103.38326	4.04633.31446
	Meimac	99 5 59.59	— 1.05	9.99449.93338	....
		180 0 1.75	— 1.75		

Logarithme des côtés opposés.	Côtés oppos. Arcs en toises.	Côtés oppos. Cordes en toises.	Haut. sur la mer.	Haut. du sol.	Distance vraie des signaux.	Côtés. Arcs en mètres.
4·14945·20273	14107·5640	14107·5544	299·4	296	14108·905	27496·1585
3·99619·91304	9912·8637	9912·8598	293·0	289	9914·812	19320·5341
. . . . . .	. . . . .	. . . . .	260·4	239	. . . .	. . . . .
4·16096·28671	14486·4799	14886·4680	389·0	381	14492·184	28234·6794
4·14769·89966	14050·7335	14050·7227	293·0	289	14053·940	27385·3937
. . . . . .	. . . . .	. . . . .	414·4	411	. . . .	. . . . .
3·93127·61561	8536·4280	8536·4255	389·0	381	8539·866	16637·8096
4·17980·32253	15128·7563	15128·7427	414·4	411	15130·902	29486·4994
. . . . . .	. . . . .	. . . . .	459·5	456	. . . .	. . . . .
4·10649·02353	12778·8039	12778·7966	389·0	381	12781·329	24906·3564
4·14159·73812	13854·7082	13854·6978	459·5	456	13857·913	27003·3332
. . . . . .	. . . . .	. . . . .	434·0	422	. . . .	. . . . .
4·31538·10756	20671·9324	20671·8979	459·5	456	20674·841	40290·3527
4·32980·17556	21369·8639	21369·8258	434·0	422	21373·078	41650·6467
. . . . . .	. . . . .	. . . . .	444·7	441	. . . .	. . . . .
4·21932·83951	16570·2246	16570·2008	459·5	456	16574·363	32295·9741
4·04633·39840	11125·8701	11125·8646	444·7	441	11129·546	21684·7279
. . . . . .	. . . . .	. . . . .	505·9	502	. . . .	. . . . .

Nos.	Noms des stations.	Angles sphériques.	Excès sphérique.	Logarithme. Sinus des angles.	Logarithme. Sinus des côtés opposés
84	Bort	80 5 59.00	— 1.18	9.99348.40630	4.34305.40130
	Meimac	52 5 36.04	— 0.79	9.89708.40063	4.24665.39562
	Aubassin	47 48 27.72	— 0.79	9.86975.65831	. . . . . .
		180 0 2.76	— 2.76		
85	Bort.	65 4 1.59	— 0.89	9.95751.25466	4.26159.29570
	Aubassin	53 45 12.21	— 0.78	9.90659.33893	4.21067.37998
	Violan	61 10 48.69	— 0.82	9.94257.35458	. . . . . .
		180 0 2.49	— 2.49		
86	Violan	51 10 11.50	— 0.99	9.89154.20566	4.29933.58210
	Aubassin	83 15 22.36	— 0.55	9.99698.47570	4.40477.85216
	Bastide.	45 34 29.62	— 0.94	9.85379.91927	. . . . . .
		180 0 3.48	— 3.48		
87	Violan	40 19 25.66	— 1.07	9.81097.57305	4.23211.34693
	Bastide.	65 18 18.08	— 1.28	9.95834.63479	4.37948.40867
	Montsalvy	74 22 20.05	— 1.44	9.98364.07827	. . . . . .
		180 0 3.79	— 3.79		
88	Bastide.	57 30 4.00	— 1.12	9.92603.45569	4.40198.59599
	Montsalvy	87 43 24.66	— 1.98	9.99965.71118	4.47560.85147
	Rieupeiroux. . . .	34 46 35.49	— 1.05	9.75616.20664	. . . . . .
		180 0 4.15	— 4.15		
89	Montsalvy	34 12 36.16	— 0.72	9.74991.27509	4.15190.16370
	Rieupeiroux. . . .	56 0 3.88	— 0.72	9.91857.97236	4.32056.86096
	Rodez	89 47 22.82	— 1.42	9.99999.70736	. . . . . .
		180 0 2.86	— 2.86		

LOGARITHME des côtés opposés.	CÔTÉS OPPOS. Arcs en toises.	CÔTÉS OPPOS. Cordes en toises.	HAUT. sur la mer.	HAUT. du sol.	DISTANCE vraie des signaux.	CÔTÉS. Arcs en mètres.
4.34305.73045	22032.1716	22032.1288	444.7	441	22037.807	42941.5086
4.24665.60679	17646.3979	17646.3764	505.9	502	17648.948	34393.4752
. . . . . .	. . . . .	. . . . .	367.5	364	. . . .	. . . . .
4.26159.52192	18263.9715	18263.9476	444.7	441	18285.132	35597.1488
4.21067.55891	16243.3495	16243.3327	367.5	364	16261.186	31658.8825
. . . . . .	. . . . .	. . . . .	822.1	819	. . . .	. . . . .
4.29933.85126	19922.2558	19922.2250	822.1	819	19925.359	38829.2055
4.40478.28957	25397.0279	25396.9633	367.5	364	25411.773	49499.7367
. . . . . .	. . . . .	. . . . .	406.4	401	. . . .	. . . . .
4.23211.54443	17065.3596	17065.3402	822.1	819	17068.057	33261.0103
4.37948.79799	23960.5881	13960.5465	406.4	401	23963.769	46700.0630
. . . . . .	. . . . .	. . . . .	427.8	424	. . . .	. . . . .
4.40199.03123	25234.2447	25234.1819	406.4	401	25237.629	49182.4663
4.47561.45743	29896.1026	29896.0081	427.8	424	29899.924	58268.5979
. . . . . .	. . . . .	. . . . .	417.1	411	. . . .	. . . . .
4.15190.30020	14187.4062	14187.3950	427.8	424	14190.620	27651.7738
4.32057.15977	20920.4776	20920.4409	417.1	411	20924.230	40774.7764
. . . . . .	. . . . .	. . . . .	361.7	3,8	. . . .	. . . . .

Nos.	Noms des stations.	Angles sphériques.	Excès sphérique.	Logarithme. Sinus des angles.	Logarithme. Sinus des côtés opposés.
90	Rieupeiroux. . . .	40 1 11.10	— 0.40	9.80824.58425	4.10596.06679
	Rodez	94 21 13 02	— 0.94	9.99874.50459	4.29645.98713
	Lagaste.	45 37 37.62	— 0.40	9.85418.68116	. . . .
		180 0 1.74	— 1.74		
91	Rieupeiroux. . . .	52 4 10.50	— 0.81	9.89694.37040	4.21746.29465
	Lagaste.	56 49 37 83	— 0.83	9.92272.78714	4.24325.71139
	Saint-George . . .	71 6 14.30	— 0.99	9.97594.06289	. . . .
		180 0 2.63	— 2.63		
92	Lagaste.	53 18 30.94	— 0.62	9.90410.14092	4.15875.24864
	Saint-George . . .	60 3 57.39	— 0.66	9.93781.88247	4.19246.98959
	Cambatjou	66 37 33.67	— 0.72	9.96281.18752	. . . .
		180 0 2.00	— 2.00		
93	Saint-George . . .	49 43 15.43	— 0.51	9.88247.03507	4.10806.08614
	Cambatjou	71 15 30 05	— 0.64	9.97633.94076	4.20192.99184
	Montredon	59 1 16 21	— 0.54	9.93316.19696	. . . .
		180 0 1.69	— 1.69		
94	Cambatjou	90 17 11.31	— 0.80	9.99999.45714	4.25945.02944
	Montredon	44 49 47.31	— 0.39	9.84819.11319	4.10764.68551
	Montalet	44 53 2.96	— 0.39	9.84860.51384	. . . .
		180 0 1.58	— 1.58		
95	Montredon	24 58 27.53	— 0.36	9.62553.04845	3.95330.88666
	Montalet	96 19 49.06	— 0.90	9.99734.39122	4.32512.22944
	Saint-Pons	58 41 44.98	— 0.31	9.93167.19123	. . . .
		180 0 1.57	— 1.57		

Logarithme des côtés opposés.	Côtés oppos. Arcs en toises.	Côtés oppos. Cordes en toises.	Haut. sur la mer.	Haut. du sol.	Distance vraie des signaux.	Côtés. Arcs en mètres.
4·10596·17726	12763·2646	12763·2564	417·1	411	12767·740	24876·0697
4·29646·25275	19790·7625	19790·7322	361·8	318	19794·659	38572·9203
. . . . . .	. . . . .	. . . . .	471·4	471	. . . . .	. . . . .
4·21746·47926	16499·2724	16499·2548	417·1	411	16505·845	32157·6856
4·24325·91929	17508·9134	17508·8924	471·4	471	17513·749	34125·5129
. . . . . .	. . . . .	. . . . .	256·0	256	. . . . .	. . . . .
4·15875·38892	14412·9835	14412·9718	471·3	471	14417·861	28091·4322
4·19247·15413	15576·5567	15576·5447	256·0	256	15578·823	30359·2799
. . . . . .	. . . . .	. . . . .	405·4	405	. . . . .	. . . . .
4·10806·19768	12825·1359	12825·1276	255·9	256	12829·743	24996·6592
4·20193·16370	15919·5812	15919·5654	405·4	405	15921·362	31027·8463
. . . . . .	. . . . .	. . . . .	284·8	285	. . . . .	. . . . .
4·25945·25342	18174·0849	18174·0607	405·4	405	18185·648	35421·9565
4·10764·79684	12812·9157	12812·9074	284·8	285	12824·613	24972·8415
. . . . . .	. . . . .	. . . . .	640·0	640	. . . . .	. . . . .
3·95330·94136	8980·6840	8980·6811	284·8	285	8983·413	17503·6817
4·32512·53253	21140·9902	21140·9533	640·3	640	21150·381	41204·5635
. . . . . .	. . . . .	. . . . .	525·8	526	. . . . .	. . . . .

Nos.	Noms des stations.	Angles sphériques.	Excès sphérique.	Logarithme Sinus des angles.	Logarithme. Sinus des côtés opposés.
96	Montredon	36 8 25·11	— 0·60	9·77067·87320	4·09956·56066
	Saint-Pons	61 23 36·44	— 0·66	9·94345·90450	4·27234·59196
	Nore.	82 28 0·69	— 0·98	9·99623·54199	. . . . . .
		180 0 2·24	— 2·24		
97	Saint-Pons	51 22 11·76	— 0·47	9·89275·83295	4·23539·52686
	Nore.	93 47 1·65	— 1·12	9·99905·22814	4·34168·92203
	Alaric.	34 50 48·65	— 0·47	9·75692·86676	. . . . . .
		180 0 2·06	— 2·06		
98	Nore.	45 2 10·57	— 0·39	9·84975·97459	4·08582·59518
	Alaric.	48 8 53·37	— 0·40	9·87208·20053	4·10813·82112
	Carcassonne. . . .	86 48 57·56	— 0·71	9·99932·90628	. . . . . .
		180 0 1·50	— 1·50		
99	Alaric	75 30 28·85	— 0·85	9·98595·72962	4·30190·96175
	Carcassonne. . . .	68 25 47·08	— 0·76	9·96846·77563	4·28442·00776
	Bugarach	36 3 46·26	— 0·58	9·76987·36305	. . . . . .
		180 0 2·19	— 2·19		
100	Alaric	41 53 53·32	— 0·40	9·82465·19099	4·10957·30081
	Bugarach.	45 21 2·52	— 0·42	9·85212·70570	4·13704·81551
	Tauch	92 45 5·86	— 0·88	9·99949·89794	. . . . . .
		180 0 1·70	— 1·70		
101	Bugarach	41 57 26·78	— 0·32	9·82515·23349	4·02047·46999
	Tauch	82 52 31·57	— 0·58	9·99663·37372	4·19195·61022
	Forceral	55 10 2·92	— 0·37	9·91425·06432	. . . . . .
		180 0 1·27	— 1·27		

Logarithme des côtés opposés.	Côtés oppos. Arcs en toises.	Côtés oppos. Cordes en toises.	Haut. sur la mer.	Haut. du sol.	Distance vraie des signaux.	Côtés. Arcs en mètres.
4.09956.66793 4.27234.82966	12576.7110 18721.8299	12576.7032 18721.8042	284.8 525.8 515.8	285 526 616	12580.372 18731.822	24512.4699 36489.5315 . . . . .
4.23539.72737 4.34169.25017	17194.8057 21963.0425	17194.7858 21963.0012	615.8 303.8 76.3	616 304 60	17200.554 11973.427	33513.3057 42807.7735 . . . . .
4.08582.69587 4.10814.93271	12185.0318 12827.7187	12185.0247 12827.7104	615.8 303.8 76.3	616 304 60	12189.285 12842.631	23749.0228 25001.6931 . . . . .
4.30191.23412 4.28442.25906	20040.7210 19249.6391	20040.6900 19249.6112	303.8 76.3 627.3	304 76 627	20052.676 19252.246	39060.0985 37518.2510 . . . . .
4.10957.41314 4.13704.94299	12869.8692 13710.3781	12869.8608 13710.3680	303.8 627.3 447.8	304 627 448	12879.436 13715.861	25083.8460 26722.0284 . . . . .
4.02047.54451 4.19195.77437	10482.7553 15558.1421	10482.7507 15558.1273	627.3 447.8 257.2	627 448 257	10490.310 15570.744	20431.2737 30323.3890 . . . . .

Nos.	Noms des stations.	Angles sphériques.	Excès sphérique.	Logarithme. Sinus des angles.	Logarithme. Sinus des côtés opposés.
102	Tauch	45 53 40.57	— 0.10	9.82462.19867	3.84799.20873
	Forceral	41 29 48.53	— 0.11	9.82123.72731	3.84460.73737
	Espira	96 36 31.38	— 0.27	9.99710.45993	. . . . . .
		180 0 0.48	— 0.48		
103	Forceral	55 32 44.53	— 0.13	9.91623.16002	3.84302.44689
	Espira	67 56 9.42	— 0.17	9.96696.93938	3.89376.22625
	Vernet	56 31 6.49	— 0.14	9.92119.92186	. . . . . .
		180 0 0.44	— 0.44		
104	Espira	57 45 19.01	— 0.08	9.92725.58696	3.77860.30555
	Vernet.	43 25 33.74	— 0.08	9.83722.06736	3.68856.78595
	Salces	78 49 7.53	— 0.12	9.99167.72831	. . . . . .
		180 0 0.28	— 0.28		
105	Bugarach	39 44 57.56	— 0.48	9.80579.29448	4.13287.04407
	Forceral	93 8 41.17	— 1.05	9.99934.55041	4.32642.30030
	Estella	47 6 23.28	— 0.48	9.86487.86064	. . . . . .
		180 0 2.01	— 2.01		
106	Forceral	45 24 17.59	— 0.43	9.85253.23996	4.99118.83954
	Estella	82 59 3.11	— 0.71	9.99673.59854	4.23539.19812
	Camellas	51 36 40.89	— 0.45	9.89421.44449	. . . . . .
		180 0 1.59	— 1.59		
107	Estella	46 9 21.85	— 0.37	9.85807.33778	4.06354.10999
	Camellas	83 36 45.92	— 0.61	9.99729.58067	4.20276.35288
	N. D. du Mont . .	50 13 53.59	— 0.38	9.88572.06732	. . . . . .
		180 0 1.36	— 1.36		

Logarithme des côtés opposés.	Côtés oppos. Arcs en toises.	Côtés oppos. Cordes en toises.	Haut. sur la mer.	Haut. du sol.	Distance vraie des signaux.	Côtés. Arcs en mètres.
3.84799.24240	7046.8060	7046.8047	447.8	448	7848.036	13734.4827
3.84460.77053	6992.1012	7992.0999	257.2	257	7003.363	13627.8611
. . . . . .	. . . . .	. . . . .	229.7	230	. . . . .	. . . . .
3.84302.47980	6966.6630	6966.6617	257.2	257	6970.673	13578.2811
3.89376.26783	7830.0165	7830.0146	229.7	230	7832.478	15269.9887
. . . . . .	. . . . .	. . . . .	12.7	13	. . . . .	. . . . .
3.77860.33001	6006.2485	6006.2477	229.7	230	. . . . .	11706.3985
3.68856.80211	4881.6656	4881.6651	12.7	13	. . . . .	9514.5449
. . . . . .	. . . . .	. . . . .	. . .	. . .	. . . . .	. . . . .
4.13287.16912	13579.1220	13579.1122	627.8	628	13609.513	26466.2057
4.32642.60521	21204.4031	21204.3659	257.2	257	21226.319	41328.157
. . . . . .	. . . . .	. . . . .	908.4	908	. . . . .	. . . . .
4.09118.94275	12336.4280	12336.4206	257.2	257	12356.537	24044.1496
4.23539.39862	17194.6756	17194.6557	908.4	908	17198.556	33513.0519
. . . . . .	. . . . .	. . . . .	375.8	376	. . . . .	. . . . .
4.06354.20086	11575.5599	11575.5537	908.4	908	11585.465	22561.1898
4.20276.52541	15950.1678	15950.1519	375.8	376	15969.216	31087.4605
. . . . . .	. . . . .	. . . . .	575.6	576	. . . . .	. . . . .

Nos.	Noms des stations.	Angles sphériques.	Excès sphérique.	Logarithme. Sinus des angles.	Logarithme. Sinus des côtés opposés.
108	Estella	41 30 27·50	— 0·53	9·82133·00086	4·19024·28865
	N. D. du Mont . .	95 29 5·05	— 1·31	9·99800·71025	4·36691·99805
	Secalm.	43 0 29·82	— 0·53	9·83385·06509	. . . . . .
		180 0 2·37	— 2·37		
109	N. D. du Mont . .	56 4 9·79	— 0·39	9·91892·84998	4·11438·76842
	Secalm	42 47 36·58	— 0·36	9·83209·86872	4·02755·78715
	Roca.	81 8 14·95	— 0·57	9·99478·37022	. . . . . .
		180 0 1·32	— 1·32		
110	Secalm.	77 26 11 28	— 0·89	9·98947·44705	4·29685·57693
	Roca.	62 40 52 92	— 0·70	9·94864·18035	4·25602·31023
	Matagalls	39 52 58·00	— 0·61	9·80700·63853	. . . . . .
		180 0 2·20	— 2·20		
111	Secatus.	34 53 7·57	— 0·52	9·75734·84830	4·05130·34231
	Matagalls.	78 42 53·54	— 0·78	9·99152·08911	4·28547·58312
	Rodos	66 24 0·81	— 0·62	9·96206·81623	. . . . . .
		180 0 1·92	— 1·92		
112	Matagalls	85 56 48·24	— 0·89	9·99891·23679	4·30849·68806
	Rodos	60 34 7·29	— 0·53	9·93999·09470	4·24957·54597
	Matas	33 29 6·39	— 0·50	9·74171·89104	. . . . . .
		180 0 1·92	— 1·92		
113	Rodos	61 32 52·59	— 1·12	9·94409·56135	4·30744·76519
	Matas	56 38 53·57	— 1·07	9·92184·80924	4·28520·01308
	Montserrat	61 48 17·16	— 1·13	9·94514·48422	. . . . . .
		180 0 3·32	— 3·32		

Logarithme des côtés opposés.	Côtés oppos. Arcs en toises.	Côtés oppos. Cordes en toises.	Haut. sur la mer.	Haut. du sol.	Distance vraie des signaux.	Côtés. Arcs en mètres.
4·19024·45151	15496·8888	15496·8742	908·4	908	15508·858	30204·0033
4·36692·36517	23276·8204	23276·7712	575·6	576	13287·515	45367·3745
. . . . . .	. . . . .	. . . . .	776·9	777	. . . .	. . . . .
4·11438·88327	13013·3417	13013·3331	575·6	576	13029·145	25363·4791
4·02755·97527	10655·1546	10655·1497	776·9	777	10660·336	20767·2862
. . . . . .	. . . . .	. . . . .	508·3	508	. . . .	. . . . .
4·29685·84303	19808.8121	19808·7817	7769·	777	19825·576	38608·0996
4·25602·53071	18031·2281	18231·2052	508·3	508	18040·049	35143·5234
. . . . . .	. . . . .	. . . . .	870·6	871	. . . .	. . . . .
4·05130·42820	11253·9310	11253·9262	776·9	777	11277·060	21934·3233
4·28547·83563	19296·4917	19296·4636	870·6	871	19129·322	37609·5684
. . . . . .	. . . . .	. . . . .	542·5	512	. . . .	. . . . .
4·3c849·96882	20346·5675	20346·9345	870·6	871	20355·002	39656·5942
4·24957·75990	17765·2057	17765·4847	541·5	542	17787·797	34625·6205
. . . . . .	. . . . .	. . . . .	239·5	240	. . . .	. . . . .
4·30745·04460	20297·8690	20297·8363	541·5	542	20309·042	39561·2896
4·28520·26527	19284·2456	19284·2175	239·5	240	19290·529	37585·7003
. . . . . .	. . . .	. . . . .	634·1	634	. . . .	. . . . .

Nos.	Noms des stations.	Angles sphériques.	Excès sphérique.	Logarithme. Sinus des angles.	Logarithme. Sinus des côtes opposés.
114	Matas	49 35 52.10	— 0.20	9.88167.75975	4.20037.38645
	Montserrat	27 25 5.84	— 0.29	9.66321.37455	3.98191.00126
	Valvidrera	102 59 3.49	— 0.94	9.98875.63849	. . . . . .
		180 0 1.43	— 1.43		
115	Matas	28 30 4.95	— 0.11	9.67868.20960	3.66953.06668
	Valvidrera	73 5 0.73	— 0.14	9.98078.93974	3.97163.79682
	Montjouy	78 24 54.73	— 0.16	9.99106.14418	. . . . . .
		180 0 0.41	— 0.41		

Le logarithme du côté qui a servi de base à chaque triangle se trouve toujours au triangle précédent. Ainsi dans le triangle 105 la base est le côté opposé à l'angle Montjouy, c'est-à-dire, la distance entre Matas et Valvidrera. Or la distance entre Matas et Valvidrera est opposée à Montserrat. Son logarithme est. . 3.98191.00126

Ajoutez à ce logarithme le complément du sinus de Montjouy . . 0.00893.85582

La somme sera. 3.99084.85708

A cette somme ajoutez successivement *log. sin.* Matas. 9.67858.20960

et *log. sin.* Valvidrera. . . . 9.98078.93974

Et vous retrouverez le *log. sin.* des deux côtés dans le triangle 115. {3.66953.05668, 3.97158.79682}

On peut avoir une autre vérification en ajoutant le *log. sin.* du premier angle au *log. sin.* du second côté et réciproquement, les deux sommes doivent être égales.

Log. sin. Matas.	9.67868.20960	*l. sin.* Valvidr. .	9.98078.97974
Log. sin. Matas, Montjouy . .	3.96163.79682	Matas, Montj. .	3.66953.06668
	3.65032.00642		3.65032.00642

Tous les calculs du tome III ont été faits avec les logarithmes sinus de ces angles et de ces côtés sans y employer un seul des nombres qui suivent.

Logarithme des côtés opposés.	Côtés oppos. Arcs en toises.	Côtés oppos. Cordes en toises.	Haut. sur la mer.	Haut. du sol.	Distance vraie des signaux.	Côtés. Arcs en mètres.
20037.55709	15862.6438	15862.6282	239.5	250	15875.617	30916.873
98191.06366	9592.0324	9592.0288	634.1	634	9592.484	18695.222
. . . . .	. . . . .	. . . . .	241.0	421	. . . .	. . . . .

Logarithme des côtés opposés.	Côtés oppos. Arcs en toises.	Côtés oppos. Cordes en toises.	Haut. sur la mer.	Haut. du sol.	Distance vraie des signaux.	Côtés. Arcs en mètres.
66953.08148	4672.3010	4672.3006	239.5	240	4778.095	9106.485
97163.85634	9367.8206	9367.8173	241.0	240	9370.770	18258.225
. . . . .	. . . . .	. . . . .	105.1	105	. . . .	. . . . .

Les logarithmes des côtés opposés ont été placés ici pour ceux qui voudroient calcu[ler l'ar]c du méridien entre Dunkerque et Barcelone par la méthode de M. Legendre.

Je n'ai fait aucun usage des arcs en toises, si ce n'est pour trouver leurs cordes au toises, dont j'avois besoin pour calculer la distance vraie des signaux.

Les côtés en mètres ont été calculés au moyen d'une table fort exacte de conversi[on des] toises en mètres.

Pour avoir le logarithme des cotés exprimés *en mètres*, on ajouteroit le logarith[me con]stant 0.28981.99927 au logarithme de l'arc en toises.

Triangles secondaires.

Noms des stations.	Angles.	Sinus.	Logarith. côtés opposés.	Côtés opposés.
Rieupeiroux	56° 1′ 50″	9.9187303	4.4827928	30394.3
Lagaste	91 17 7	9.9998907	4.5639532	36639.8
La Rosière	32 41 3	9.7324[illegible]00	4.2964625	
Rodez	111 18 47	9.9692334	4.4828017	30395.0
Lagaste	45 39 29	9.8544161	4.3679844	23333.7
La Rosière	23 1 44	9.5923935	4.1059618	
Rieupeiroux	67 24 44	9.9653392	4.3717980	23540.1
Lagaste	61 40 14	9.9445979	4.3510667	22442.7
Alby	50 55 2	9.8899937	4.2964625	
Rieupeiroux	52 29 38	9.8994310	4.4236424	26524.2
Lagaste	91 12 50	9.9999025	4.5241139	33420.3
Montrédon	36 17 32	9.7722511	4.2964525	
Montrédon	61 6 50	9.9422967	4.2733132	1876[illegible].5
Montalet	60 52 58	9.9413256	4.2723419	18721.6
Nore	58 0 12	9.9284362	4.2594525	
Nore	52 36 33	9.9001003	4.2408778	17413.1
Carcassonne	91 34 2	9.9998375	4.3406143	21908.6
Castelnaudari	35 49 25	9.7673725	4.1081493	
Saint-Pons	73 43 0	9.9822201	4.4267793	26655.1
Alaric	54 0 42	9.9080219	4.3515811	22468.9
Beziers	52 16 18	9.8981331	4.3416925	
Saint-Pons	41 39 45	9.8226528	4.1990009	15812.5
Alaric	70 55 25	9.9754702	4.3518183	22481.1
Narbonne	67 24 50	9.9653444	4.3416925	
Alaric	105 35 12	9.9837278	4.5197774	33096.1
Tauch	50 53 46	9.8898637	4.4259133	26663.3
Beziers	23 31 2	9.6009998	4.1370494	
Alaric	88 40 26	9.9998837	4.3157066	20687.4
Tauch	49 49 50	9.8831730	4.1989959	15812.3
Narbonne	41 29 44	9.8212265	4.1370494	

Noms des stations.	Angles.	Sinus.	Logarith. côtés opposés.	Cotés opposés.
Nore	140° 59′ 36″	9·7989392	4·7867123	61194·5
Saint-Pons	31 34 27	9·7190012	4·7067743	50906·6
Puyprigue	7 25 57	9·1117936		
Carcassonne	50 4 15	9·8847039	4·4010227	25178·1
Bugarach	92 18 46	9·9996461	4·5159649	32806·8
Saint-Barthélemi	37 36 59	9·7855965		
Carcassonne	65 25 34	9·9587672	4·5629355	36554·0
Alaric	96 55 37	9·9968184	4·6009867	39901·3
Canigou	17 38 49	9·4816587		
Bugarach	50 36 26	9·8880748	4·1949748	15666·6
Forceral	79 15 58	9·9923338	4·2992338	19917·4
Canigou	50 7 36	9·8850577		
Espira	58 11 33	9·9293291	3·8564810	7185·9
Salces	86 32 43	9·9992101	3·9263620	8440·4
Perpignan	35 15 44	9·7614161		
Forceral	63 55 20	9·9533722	3·9263746	8440·6
Espira	67 29 53	9·9656094	3·9386118	8681·8
Perpignan	48 34 47	9·8749900		
Forceral	60 51 47	9·9412421	4·1767283	15022·0
Camellas	30 19 3	9·7031119	3·9385981	8681·6
Perpignan	88 49 10	9·9999078		
Stella	55 29 5	9·9159141	4·1767066	15021·2
Camellas	81 55 44	9·9956767	4·2564692	18049·7
Perpignan	42 35 11	9·8303969		
Tauch	33 11 49	9·7383957	3·9386033	8681·8
Forceral	105 25 9	9·9840800	4·1842876	15285·8
Perpignan	41 23 2	9·8202678		
Forceral	119 23 21	9·9401709	4·3154205	20673·8
Espira	43 20 2	9·8364816	4·2117312	16282·9
Bellegarde	17 16 37	9·4727428		
Salces	60 26 38	9·9394559	3·6413830	4379·1
Espira	43 41 41	9·8393623	3·5412894	3477·6
Rivesaltes	75 51 41	9·9866409		

NOMS DES STATIONS.	ANGLES.	SINUS.	LOGARITH. côtés opposés.	CÔTÉS opposés.
Salces.	18° 22′ 10″	9·4985076	3·4651836	2918·7
Rivesaltes.	139 34 10	9·8119273		
Vernet	22 3 40	9·5747202	3·5413962	3470·5
Forceral.	62 12 15	9·9467502	3·8506998	7090·8
Vernet	40 9 27	9·8094863	3·7134359	5169·3
Tautavel	77 38 18	9·9898127		
Vernet	59 47 9	9·9365894	3·8191928	6594·7
Salces	68 18 14	9·9680894	3·8506928	7090·8
Tautavel	51 54 37	9·8959999		
Camellas.	80 22 30	9·9938431	4·3058452	20223·0
Notre-Dame-du-Mont. .	65 16 7	9·9582193	4·2702214	18630·4
La Trinité	34 21 23	9·7515399		
Camellas	56 0 10	9·9185884	4·0312712	10746·6
Notre-Dame-du-Mont. .	60 44 33	9·9407317	4·0534145	11308·8
Figuières	63 15 17	9·9508592		
Camellas	64 29 46	9·9554742	4·3332057	21538·0
Notre-Dame-du-Mont. .	86 29 11	9·9991828	4·3769143	23818·5
Mouga	29 1 3	9·6858105		
Camellas	71 45 39	9·9776131	4·1167228	13083·5
Notre-Dame-du-Mont. .	51 4 4	9·8909181	4·0300278	10715·9
Perelada.	57 10 17	9·9244323		
Camellas	81 10 19	9·9948244	4·1634028	14568·1
Notre-Dame-du-Mont. .	47 5 30	9·8647744	4·0333528	10798·2
Malavéhina	51 44 11	9·8949636		
Camellas	72 1 5	9·9782508	4·1946639	15655·4
Notre-Dame-du-Mont. .	63 17 28	9·9509982	4·1674113	14703·2
Castellon	44 41 27	9·8471289		
Notre-Dame-du-Mont. .	59 54 0	9·9370921	4·2235100	16730·5
Puy-se-Calm.	66 50 24	9·9635093	4·2499272	17779·8
Costebonne	53 15 36	9·9038266		
Notre-Dame-du-Mont. .	78 52 54	9·9917712	4·3054238	20203·5
Puy-se-Calm.	52 17 53	9·8982878	4·2119404	16290·8
Girone	48 49 13	9·8765919		

Noms des stations.	Angles.	Sinus.	Logarith. côtés opposés.	Côtés opposés.
Notre-Dame-du-Mont . .	98° 16′ 57″	9·9954465	4·3665465	23256·6
Puy-se-Calm	40 27 50	9·8122237	4·1833237	15251·9
Tour de Baterre	41 15 13	9·8191445		
Notre-Dame-du-Mont . .	97 28 6	9·9963002	4·2065029	16088·0
Roca-Corva	41 29 2	9·8211265	4·0313292	10748·0
Figuières	41 2 52	9·8173571		
Notre-Dame-du-Mont . .	155 6 22	9·6242191	4·3655636	23204·0
Roca-Corva	13 44 56	9·3759690	4·1173135	13101·3
Bellegarde	11 8 42	9·2862153		
Notre-Dame-du-Mont . .	22 48 45	9·5885145	3·8852733	7678·4
Roca-Corva	124 38 18	9·9152712	4·2120300	16294·1
Girone	32 32 57	9·7308010		
Notre-Dame-du-Mont . .	4 6 46	8·8556397	3·7252802	5312·3
Puy-se-Calm	7 57 50	9·1416032	4·0112437	10262·3
Aulot	167 55 24	7·3206040		
Matas	37 15 59	9·7821296	4·1040335	12706·7
Rodos	38 34 17	9·7948290	4·1167329	13083·8
Saint-Laurent	104 9 44	9·9865958		
Matas	19 22 56	9·5209660	3·9572955	9063·5
Montserrat	28 37 29	9·6803996	4·1167291	13083·7
Saint-Laurent	131 59 35	9·8711209		
Montserrat	33 10 49	9·7382058	4·1040329	12706·7
Rodos	22 58 37	9·5914654	3·9572925	9063·4
Saint-Laurent	123 50 34	9·9193756		
Rodos	66 37 15	9·9627948	4·2897513	19487·3
Montserrat	48 6 11	9·8717755	4·1987320	15803·0
Serrateix	65 16 34	9·9582455		
Valvidrera	15 29 1	9·4264506	3·0965853	1249·1
Montjouy	71 16 49	9·9763958	3·6466200	4432·2
Barcelone	93 14 10	9·9993069		
Valvidrera	20 13 38	9·5387547	3·2201646	1660·2
Montjouy	83 6 46	9·9968548	3·6782647	4767·2
Citadelle	76 39 36	9·9881209		

Noms des stations.	Angles.	Sinus.	Logarith. côtés opposés.	Côtés opposés.
Valvidrera	11° 49′ 8″	9.3113697	3.0211022	1049.8
Montjouy	102 27 18	9.9896570	3.6993895	5004.8
Fanal	65 43 34	9.9597983		
Valvidrera	22 28 9	9.5822750	3.5323459	3406.8
Montjouy	9 8 32	9.2010848	3.1511557	1416.3
Saint-Pierre	148 23 19	9.7194599		
Valvidrera	101 59 45	9.9904111	4.2643781	18381.4
Montjouy	47 18 40	9.8663146	4.1402816	13812.8
Abbaye de Montserrat .	30 41 35	9.7079436		
Valvidrera	82 35 14	9.9963551	4.0115731	10270.1
Montjouy	70 35 45	9.9746031	3.9898211	9768.4
Castel de Fels	26 49 1	9.6543128		
Montjouy	9 13 6	9.2046546	2.3871123	243.8
Barcelone	45 55 33	9.8563905	3.0388482	1093.6
Fontana-de-Oro	124 51 21	9.9141276		
Montjouy	134 49 32	9.8508032	4.2611017	18243.2
Matas	23 48 58	9.6061691	4.0164676	10386.4
Las Agujas	21 21 30	9.5613395		
Montjouy	90 7 26	9.9999987	4.9689558	93101.3
Las Agujas	83 28 15	9.9971740	4.9661311	92497.7
Torellas	6 24 19	9.0475104		
Montjouy	156 58 16	9.5923935	4.4091916	25656.2
Las Agujas	13 55 0	9.3811339	4.1979320	15773.6
Matarò	9 6 44	9.1996694		
Matas	23 31 48	9.6012224	4.0515116	11259.3
Montjouy	137 4 12	9.8332137	4.2835029	19209.1
Silla-Morella	19 24 0	9.5213488		
Montjouy	146 49 40	9.7381123	4.1900792	15491.0
Las Agujas	13 51 0	9.3790894	3.8310563	6777.3
Château de Mongat . . .	19 19 20	9.5196711		

FIN DU TOME SECOND.

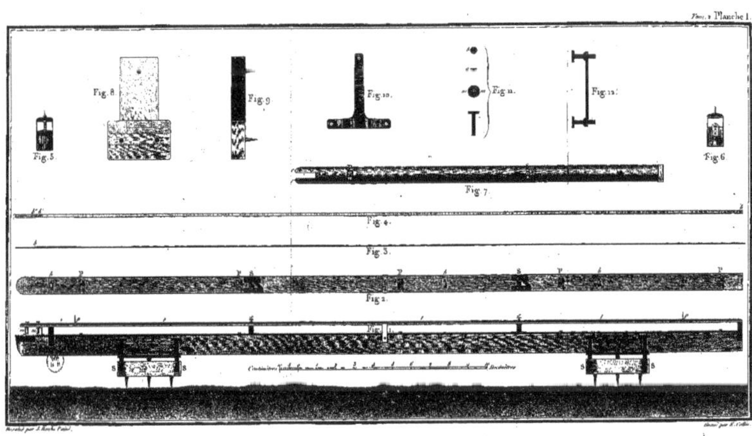

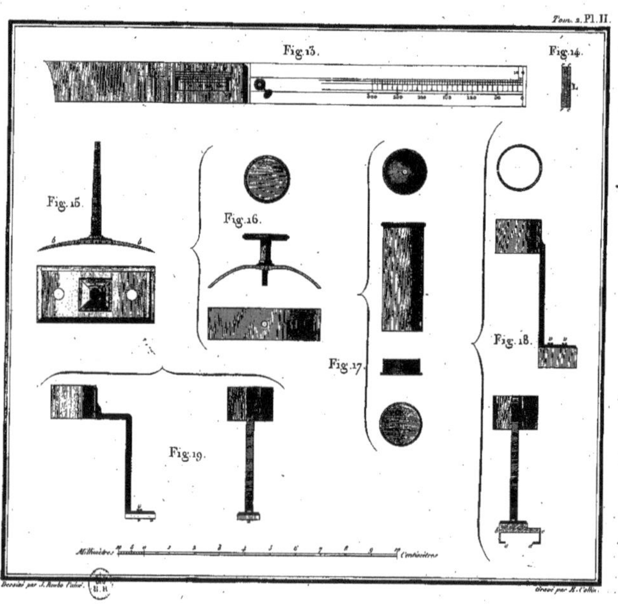

Dessiné par J. Roubo l'aîné.

Gravé par B. Collin.

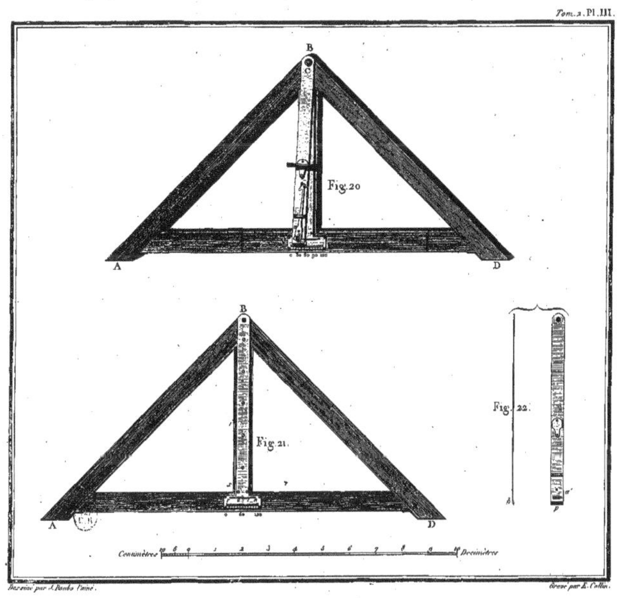

Dessiné par J. Bonbo l'ainé. Gravé par E. Collin.

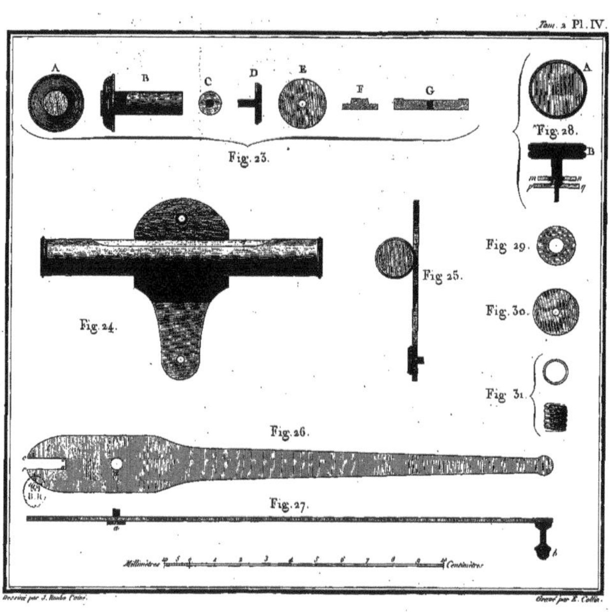

Dessiné par J. Roubo l'ainé.

Gravé par E. Collin.

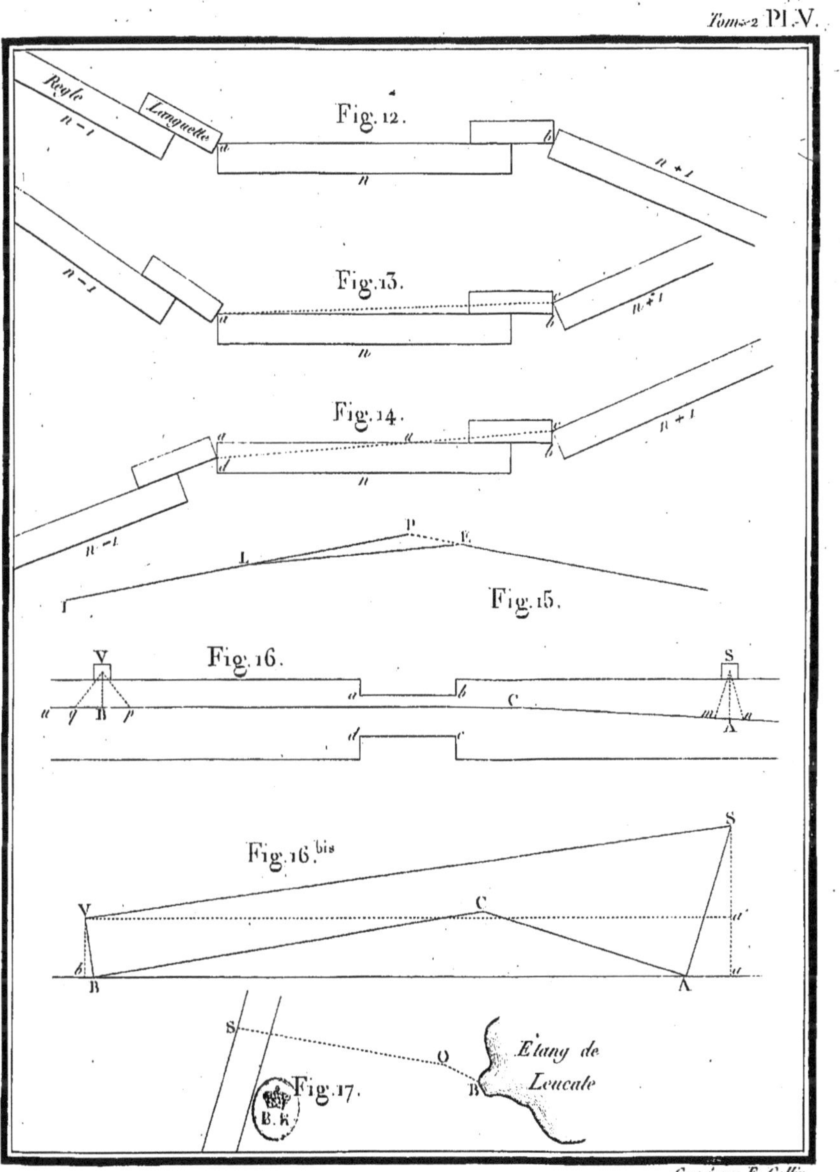

Gravé par E. Collin.

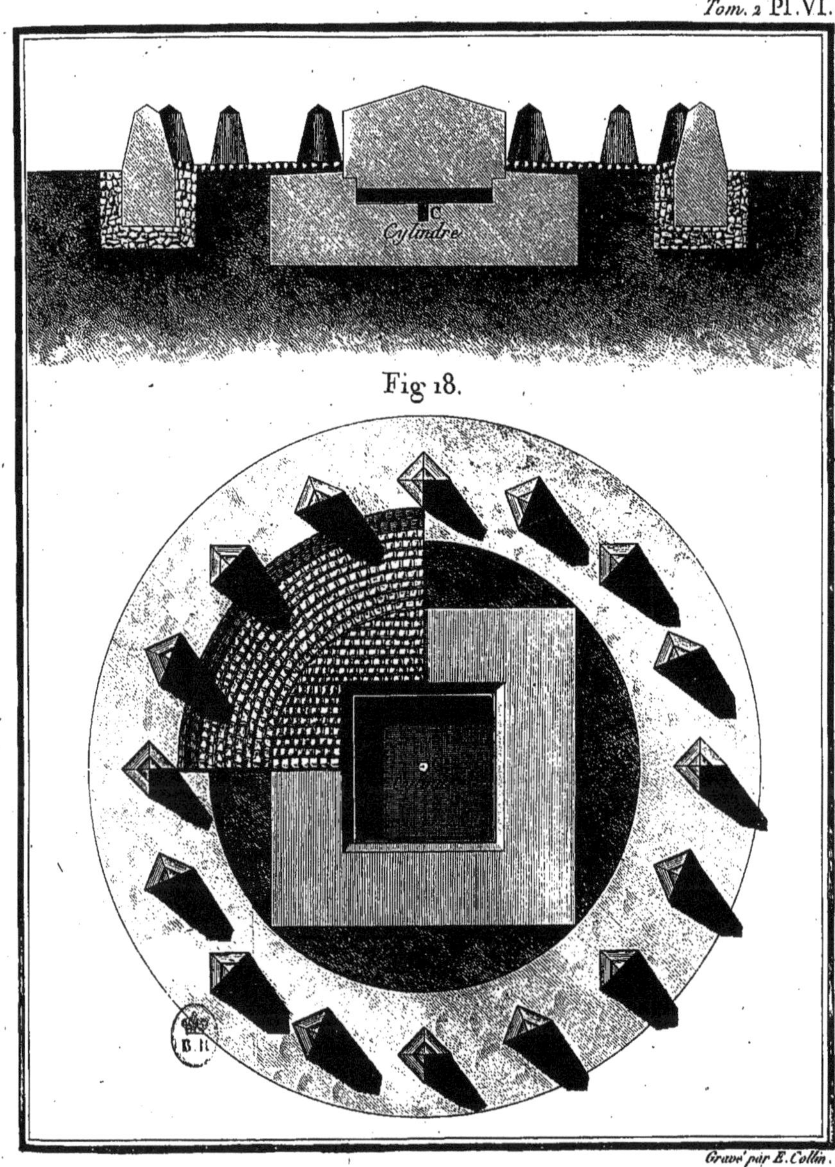

Fig 18.

Gravé par E. Collin.

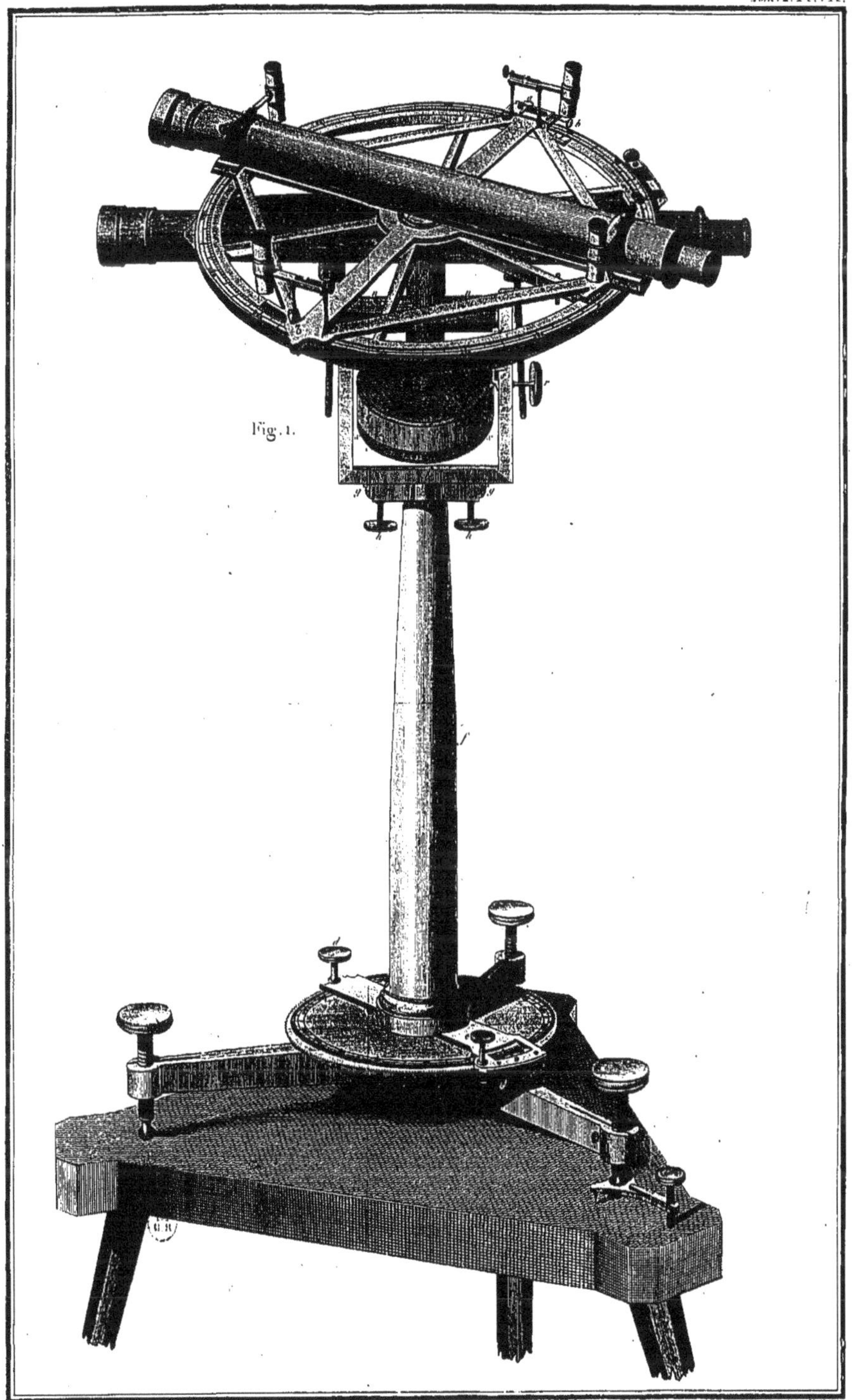

Fig. 1.

Dessiné par J. Roubo l'aîné.

Gravé par E. Collin.

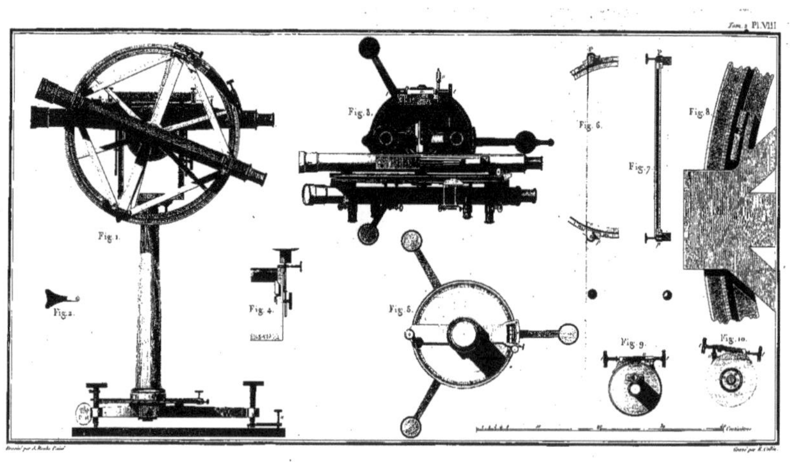
Tom. 3 Pl. VIII
Fig. 1.
Fig. 2.
Fig. 3.
Fig. 4.
Fig. 5.
Fig. 6.
Fig. 7.
Fig. 8.
Fig. 9.
Fig. 10.

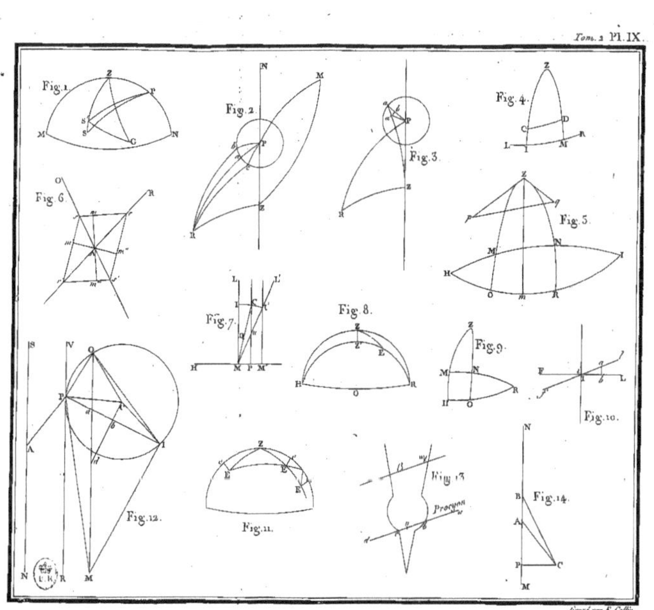
Tom. 2 Pl. IX.
Fig. 1.
Fig. 2.
Fig. 3.
Fig. 4.
Fig. 5.
Fig. 6.
Fig. 7.
Fig. 8.
Fig. 9.
Fig. 10.
Fig. 11.
Fig. 12.
Fig. 13
Procyon
Fig. 14.
Gravé par E. Collin.

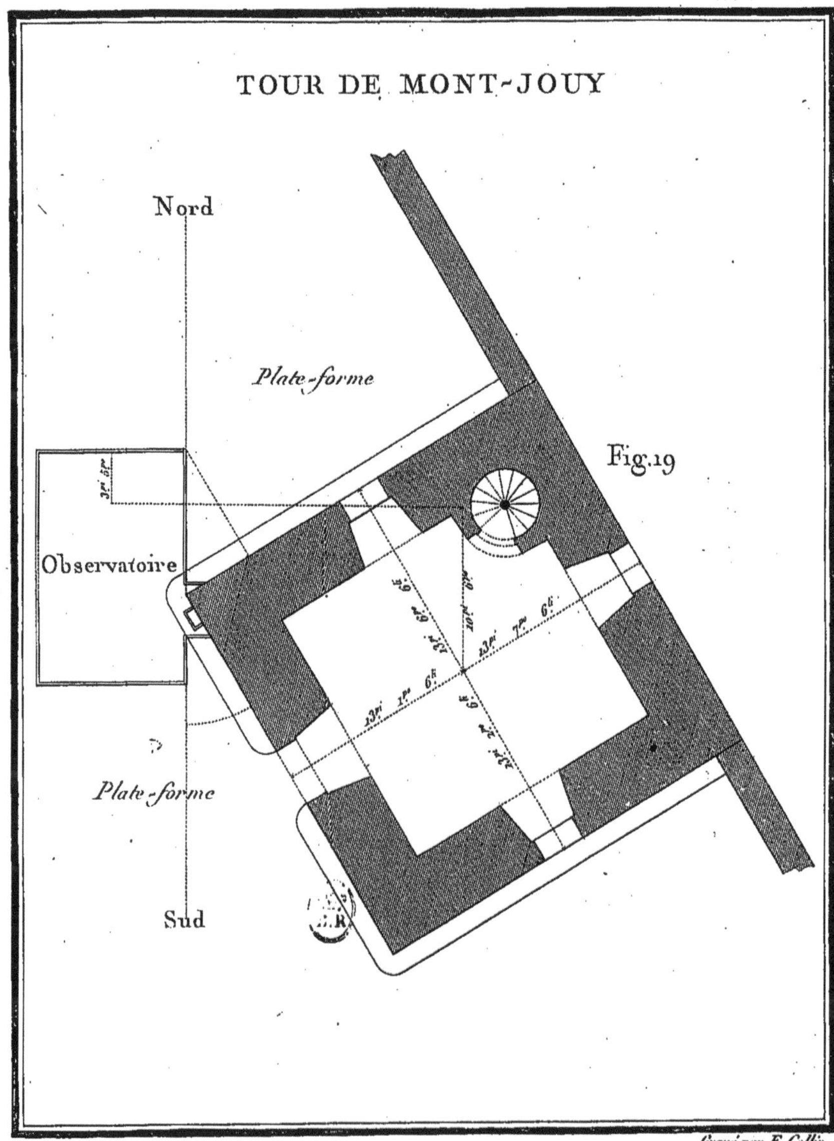

Gravé par E. Collin.

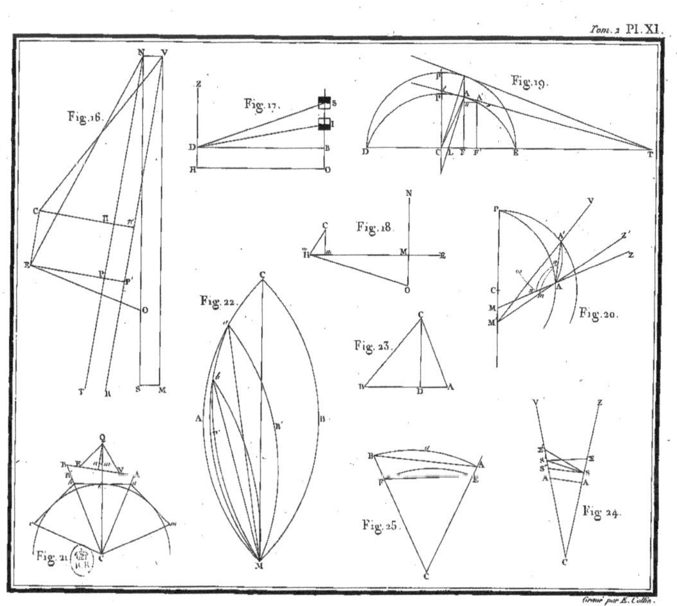

Gravé par E. Collin.

www.ingramcontent.com/pod-product-compliance
Ingram Content Group UK Ltd.
Pitfield, Milton Keynes, MK11 3LW, UK
UKHW020112130726
13696UKWH00001B/7